大型水库工程
施工关键技术研究与应用

林四庆　李永江　曹先升　严实 等　著

中国水利水电出版社
www.waterpub.com.cn
·北京·

内 容 提 要

本书系统介绍了建设单位工程的施工技术，主要内容包括：绪论、大坝基础工程施工关键技术研究与应用、坝体填筑关键技术研究与应用、大坝混凝土施工关键技术研究与应用、泄洪及引水发电工程施工技术研究与应用、其他关键技术研究与应用等。

本书适用于水利水电工程设计、管理与施工人员，也可作为大专院校师生的参考书。

图书在版编目（CIP）数据

大型水库工程施工关键技术研究与应用 / 林四庆等著. -- 北京 : 中国水利水电出版社, 2017.11
ISBN 978-7-5170-6102-1

Ⅰ. ①大… Ⅱ. ①林… Ⅲ. ①大型水库－工程施工－研究 Ⅳ. ①TV62

中国版本图书馆CIP数据核字(2017)第300586号

书　　名	**大型水库工程施工关键技术研究与应用** DAXING SHUIKU GONGCHENG SHIGONG GUANJIAN JISHU YANJIU YU YINGYONG
作　　者	林四庆　李永江　曹先升　严实　等　著
出版发行	中国水利水电出版社 （北京市海淀区玉渊潭南路1号D座　100038） 网址：www.waterpub.com.cn E-mail：sales@waterpub.com.cn 电话：（010）68367658（营销中心）
经　　售	北京科水图书销售中心（零售） 电话：（010）88383994、63202643、68545874 全国各地新华书店和相关出版物销售网点
排　　版	中国水利水电出版社微机排版中心
印　　刷	天津嘉恒印务有限公司
规　　格	184mm×260mm　16开本　38.25印张　906千字
版　　次	2017年11月第1版　2017年11月第1次印刷
印　　数	0001—1500册
定　　价	**168.00**元

凡购买我社图书，如有缺页、倒页、脱页的，本社营销中心负责调换

前　言

河口村水库工程位于济源市克井镇黄河一级支流沁河最后一段峡谷出口处，水库控制流域面积 9223km^2，占沁河流域面积的 68.2%，占黄河小浪底至花园口无工程控制区间面积的 34%。工程任务是以防洪、供水为主，兼顾灌溉、发电、改善下游河道生态基流，为大（2）型水利枢纽工程，由混凝土面板堆石坝、泄洪洞、溢洪道及引水发电系统组成。工程总库容 3.17 亿 m^3，总投资 27.75 亿元，总工期 60 个月。

河口村水库是国家 172 项节水供水重点水利工程之一，也是河南省“十二五”期间的重点建设项目。水库建成后将沁河下游河道防洪标准不足 25 年一遇提高到 100 年一遇，减轻沁河下游的洪水威胁。水库与三门峡、小浪底、故县、陆浑等水库联合调度，可使黄河花园口 100 年一遇洪峰流量削减 900m^3/s，从而减轻黄河下游堤防的防洪压力，减少东平湖滞洪区分洪运用几率，进一步完善黄河下游防洪工程体系，改善了黄河下游调水调沙条件；同时还能保证南水北调中线工程总干渠穿沁工程等基础设施的防洪安全，发挥巨大的防洪减灾效益。工程运行后，每年向济源市、焦作市及华能沁北电厂提供城镇生活及工业用水量 1.28 亿 m^3，提供下游灌溉面积 31.05 万亩（1 亩＝666.67m^2），补源面积 20 万亩，改善沁河下游生态环境，保证沁河下游五龙口断面 5m^3/s 的流量 。

中华人民共和国成立以来，水利部黄河水利委员会（以下简称黄委会）和山西、河南两省曾多次对沁河干流工程进行规划研究，1956 年初，黄委会组织专业水利工程技术人员到济源河口村实地考察后认为，河口村的山势地貌适宜修筑水库，要彻底解决沁河下游及减少入黄流量、削减入黄河洪峰，唯有在该河口村峡口出口处筑坝，峡谷内拦蓄洪水，控制洪水；初步提出了“在河口村修筑水库”的意见。但由于适逢中华人民共和国成立初期，人力、物力，财力及技术等方面条件尚不成熟而搁浅。直至 20 世纪 80 年代初，黄委会设计院（黄河勘测规划设计有限公司）经过对沁河五龙口以上坝址进行查勘设计，于1980年5月初步提出工程规划阶段的《沁河河口村水库初步设计阶段报告》，确定河口村水库的开发任务为防洪、灌溉并兼顾发电，推荐选用河口村坝址。1991年，黄委会设计院向国家提交的《沁河水资源利用规划报告》得以批准，1994年，河南省人民政府将河口村水库工程确定为河南省重点建设的三座大型水库之一。2005年3月，黄河设计公司正式编制了《沁河河口村水库工程项目建议书》呈报水利部水利水电规划设计总院。水利部于2005年5月作出批复，决定由河南省组建项目法人，河南省水利厅于当年7月21日成立河南省河口村水库筹建处；2008年8月，河南省历经两年多的筹建，正式成立河南省河口村水库工程建设管理局，至此，河口村水库工程建设步入正轨，河口村水库工程建设全面开启。2009年2月，国家发展和改革委员会（以下简称国家发改委）以（发改农经〔2009〕562号）批复项目建议书；2011年2月25日，国家发改委予以发改农经〔2011〕413号文批复《沁河河口村水库工程可行性研究报告》；2011年12月30日，水利部以水总〔2011〕686号文正式批复《沁河河口村水库工程初步设计报告》。

河口村水库于2008年5月前期工程开工，2011年4月主体工程开工，2011年10月19日大坝截流，2013年12月25日导流洞下闸封堵蓄水，2014年9月23日水库下闸蓄水，2015年12月主体工程完工，2016年10月水库工程全部完工，2017年工程竣工验收。

河口村水库坐落于沁河最后一个出山口的弯道处，这里地质条件复杂，涉及大小断层14条，特别是122.5m的大坝建在厚达42m的覆盖层上，高达百米的两座泄洪洞进水塔坐落在大坝上游左岸的狭窄陡坡岸边。同时河口村水库建设工期紧、任务重，涉及各项工程施工计划、技术及专项方案调整、深覆盖层基础处理、工程提前开工、大坝截流及坝基处理提前施工干扰、大坝及泄洪洞施工与安全度汛、泄洪洞与导流洞同期施工爆破与干扰影响、泄洪洞（导流洞）爆破开挖与武庙坡大断层影响、泄洪洞进口高塔架混凝土运输及浇筑、泄洪洞进水塔大体积混凝土温控防裂等多项技术难题。

河口村水库的建设者们坚持科学指导施工，科学创新过程，科学服务工程，加大科研投入，借科技“尖刀”破难攻坚，采用了10多项新技术、新材料、新工艺，解决了典型建筑物施工技术与工艺、设备、结构等难题，保证了工程建设质量、安全和进度，取得了一批科研成果：其中1项达到国际先进水平；7项达到国内领先水平；1项获省自然科学学术一等奖，5项分获河南省科技进步二等奖、三等奖；5项获河南省水利科技进步一等奖、二等奖；5项获河南省优秀工程咨询成果一等奖、二等奖、三等奖；19项获国家发明专利或实用新型证书；中国钢结构金奖1项；公开发表学术论文约140篇。

河口村水库的建设不仅为当地勾勒出一幅“高峡出平湖”的美丽画卷，它也凝聚着几代水利人的智慧和汗水，展现出整个建设过程中参与设计、建设管理、监理及施工等单位的广大工程技术及管理人员的求实创新、科技创新的精神，昭示出河口村水库水利人科学治水的新战略、新思路，彰显着共享、创新、绿色等发展的新理念。为了更好地总结河口村水库施工期施工关键技术等方面的经验与教训，项目法人组织参建人员编写本书。本书分绪论、大坝基础工程施工关键技术研究与应用、坝体填筑关键技术研究与应用、大坝混凝土施工关键技术研究与应用、泄洪及引水发电工程施工技术研究与应用、其他关键技术研究与应用，介绍了各建设单位工程的施工技术，并针对一些关键技术问题或技术创新做了重点介绍，以此书丰富河南省水利工程施工关键技术方面的技术宝库，也为后期的水利工程设计、管理与施工人员提供参考。

本书以河口村水库施工期施工关键技术为主要内容，第1章由林四庆、郑会春、李泽民、竹怀水编写；第2章由李永江、汪军、任博、潘路路、陈相龙、申志、尹聪科编写；第3章由曹先升、魏水平、郭文良、吕仲祥、孙志伟、严俊、任炳昱、卢金阁、张亚铭、闫二磊编写；第4章由孙觅博、建剑波、解枫赞、徐腾飞、赵文博、武鹏程编写；第5章由严实、甘继胜、梁军、王勇、翟春明、王冬冬、杨盼根、冯相辉、黄达海、司马军、董志强、王建飞、陈尊、吴庆申编写；第6章由张兆省、杨金顺、于宗泉、姜龙、张玉霞、张华、赵兆、王长生、王丙申编写。

在工程施工和本书编写过程中，各建设单位和研究单位作出了应有的贡献，李永江、李泽民对全书进行了校对，华北水利水电大学汪伦焰教授、郭利霞和郭磊副教授对全书进行了审稿，书中引用了其他文献资料，在此表示衷心感谢！

限于作者水平有限，书中如有不当之处，敬请广大读者批评指正。

作者

2017年4月

目　录

1 绪论

1.1 工 程 设 计

河口村水库工程位于黄河一级支流沁河峡谷段出口五龙口以上约 9km 处，河南省济源市克井镇内，工程开发任务以防洪、供水为主，兼顾灌溉、发电、改善生态。枢纽为大(2) 型工程，由大坝、泄洪（导流）洞、溢洪道及引水电站组成。

1.1.1 大坝工程

1.1.1.1 坝型选择

从项目建议书、可研到初步设计，根据河口村水库坝址区的地形地质条件，天然建筑分布各储运情况，工程坝型选择曾做了黏土心墙坝、沥青混凝土心墙坝、重力坝及混凝土面板堆石坝，最后通过各种方案比较后选择了混凝土面板堆石坝。

河口村水库最早曾设计研究了黏土心墙堆石坝，后来由于原大社土料场地已修建小学、住宅等，其他土料场储量不够，已不具备修建黏土心墙坝的条件，故不再考虑黏土心墙堆石坝坝型。对于重力坝，首先由于坝址处覆盖层较深，做重力坝开挖量大，其次坝址位于弯道处，采用重力坝泄流直接顶冲对岸山坡，对山坡稳定不利，同时坝址下游于 1994 年已经修建河口电站，泄流冲刷电站，因此坝址也不再考虑重力坝型。坝址在可研阶段重点进行混凝土面板堆石坝与沥青混凝土心墙堆石坝坝型比选。其中混凝土面板堆石坝根据其趾板布置形式，又研究了河床趾板建在基岩上（开挖形式）和河床趾板建在覆盖层上（不开挖形式）两种形式。

根据河口村水库地质地形情况，坝址（线）混凝土面板堆石坝和沥青混凝土心墙坝均适合修建。根据施工条件，沥青混凝土心墙构造较复杂，施工质量、施工设备及施工工艺要求都较高。沥青混凝土心墙坝总投资比面板坝高 4.2%，总工期 67 个月，比混凝土面板坝（不开挖方案）工期长 7 个月；另外，由于沥青心墙坝坝高 124m，国内 120m 左右沥青心墙高坝工程实例和筑坝经验仅有 1 个（冶勒水电站），加上河口村坝基覆盖层夹层较多构造较复杂，坝体坝基变形较大，坝基防渗墙、帷幕灌浆位置位于坝体中部，不便于工程运用期的检修和维护。因此，沥青心墙坝由于在投资、工期上不具明显优势，且坝体变形和基础沉降较大，国内外工程实例少。综合上述比较，从投资节省、构造简单、施工方便、工期短，运行期维修方便角度出发，推荐采用混凝土面板坝堆石坝坝型。

由于河口村水库坝址基础为深覆盖层，又通过对面板基础趾板修建在基岩面上（开挖方案）和趾板修建在覆盖层上（不开挖方案）两种混凝土面板堆石坝结构进行了比较，两种方案技术上均是可行的，开挖方案比不开挖方案投资增加约 18%，不开挖方案同时可以缩短工期约 4 个月，且施工方便。综合上述比较，运用工程类比、相关资料分析、结合坝坡稳定计算、大坝三维有限元应力应变计算分析等成果，类比梅溪、那兰、察汗乌苏、九甸峡等国内 100m 以上高面板坝建在深覆盖层上的工程实践经验及有关专题研究成果，初步认为不开挖方案是可行的。因此，最后推荐采用面板基础趾板建在覆盖层上的混凝土面板堆石坝作为河口村水库的代表坝型（见图 1.2）。

1.1.1.2 坝线选择

河口村水库坝址区吓魂潭至河口村，全长 2.5km 地段，呈反 S 形，设计前期曾在水库附近自上而下选择了四条坝线，根据各坝线地形地质条件，结合不同坝型比较，一坝线、四坝线均存在古河道需要处理，且一坝线有 F_{11} 断层分布于两岸坝肩，又存在Ⅰ级、Ⅱ级阶地处理工程量较大。在可研阶段舍掉一坝线，重点比较了二坝线、三坝线、四坝线，经过技术经济比较后推荐二坝线。通过对二坝线和四坝线混凝土面板堆石坝、三坝线碾压混凝土重力坝进行技术经济比较，三条坝线都不存在制约否定该坝型的技术因素，存在的地质问题都可以通过工程措施予以解决。只是三坝线碾压混凝土重力坝方案工程投资较二坝线混凝土面板堆石坝方案增加 2200 万元，四坝线比二坝线和三坝线地质条件都好，但投资要比二坝线方案增加 19900 万元，因此，在可研阶段初步选定了二坝线。进入初步设计阶段，在二坝线的基础上进一步进行了优化比较和论证，结合混凝土面板堆石坝特点，尽可能使坝轴线与主河道趋于正交，以缩短坝轴线长度，减小坝体填筑量；按照趾板布置合理、两岸开挖量少，经济合理、安全可靠的要求，从地形地质条件、工程总体布置、施工条件、工程投资等方面最终比较确定坝轴线为二坝线，其控制坐标为：坝左 A：X＝376952.098，Y＝3896927.693；坝右 B：X＝377163.810，Y＝3897439.900。坝轴线长 530m。

1.1.1.3 坝体结构布置

河口村水库最大坝高 122.5m，坝顶高程 288.50m，防浪墙高 1.2m，坝顶长度 530.0m，坝顶宽 9.0m，上游坝坡 1∶1.5，下游坝坡 1∶1.5，坝后高程 220.00m 以下为坝后堆渣，堆渣边坡 1∶2.5，设 10.0m 宽的“之”字形上坝公路从下游围堰（高程 184.00m）至高程 220.00m 平台。坝体自上游至下游分别为上游压盖、面板、垫层区、过渡层区、主堆石区、下游堆石区以及下游压坡组成。大坝防渗是在坝体上游面布设钢筋混凝土面板，面板基础为趾板，其中河床段趾板置于深覆盖层上，两岸趾板均坐落于基岩上，趾板与防渗面板（周边缝）设止水连接，形成坝基以上的防渗体；河床段趾板下坝基覆盖层采用混凝土防渗墙截渗，防渗墙下设帷幕灌浆，防渗墙与趾板通过连接板连接，使坝基与坝体形成完整的防渗体系。大坝面板上游死水位以下设壤土压盖（防渗补强区），靠近面板铺设粉煤灰和壤土，外面是石渣压盖；大坝下游为弃渣压戗区，主要堆积大坝等建筑物开挖弃料。

大坝平面布置见图 1.1，混凝土面板堆石坝见图 1.2。

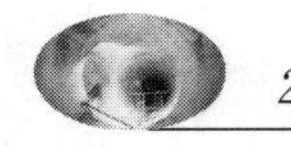

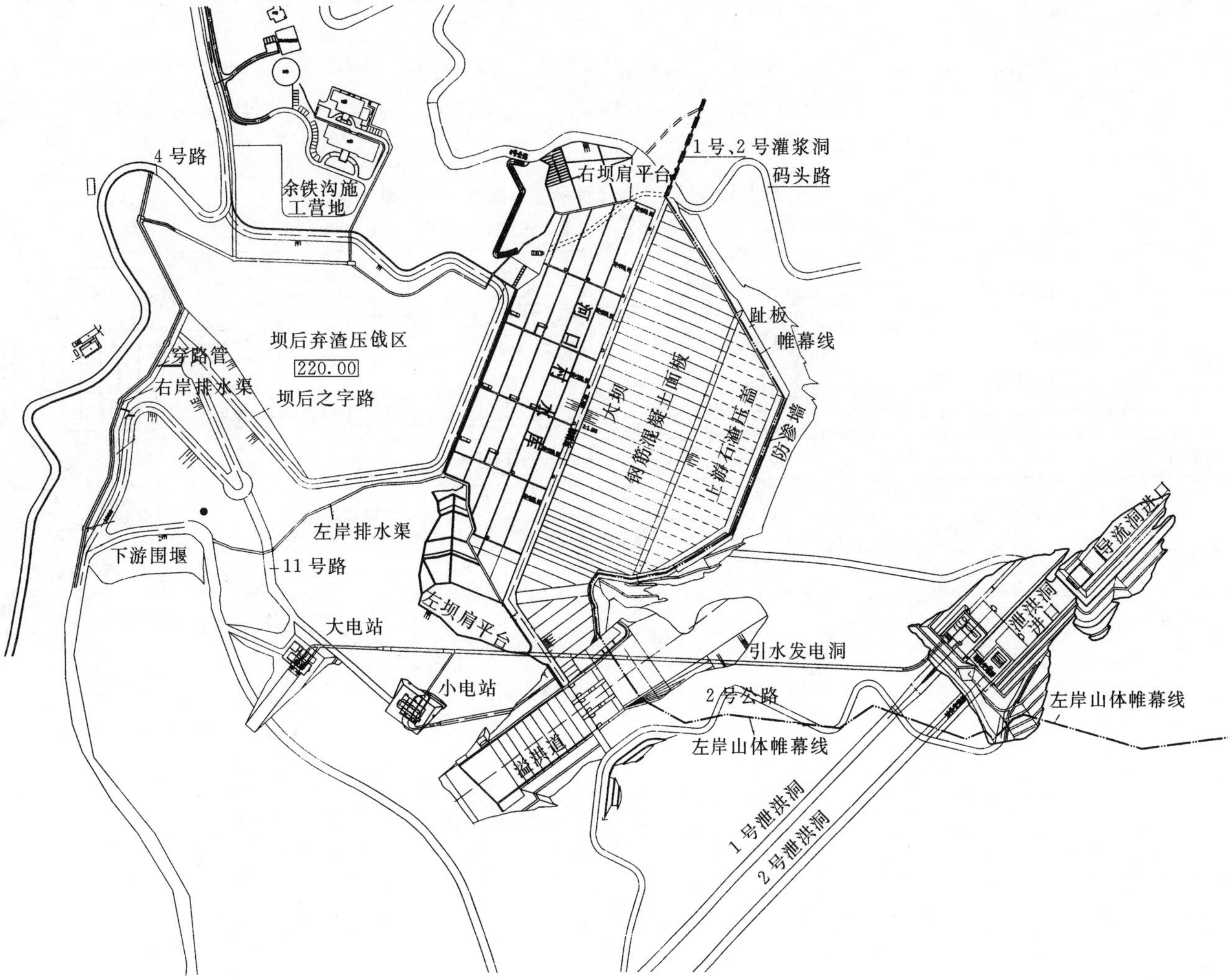

图 1.1　大坝平面布置图

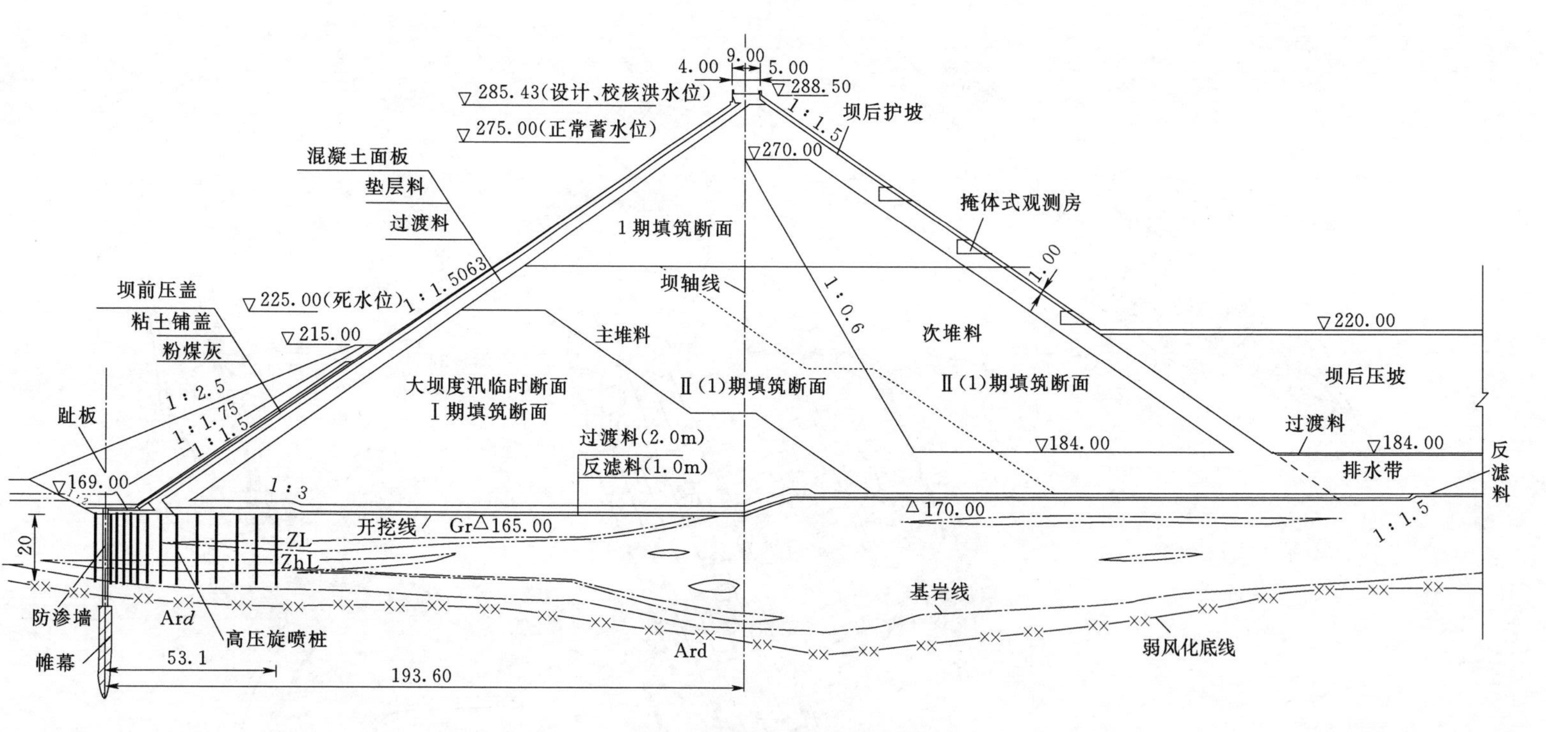

图 1.2　混凝土面板堆石坝横剖面图(单位:m)

1.1.1.4 筑坝材料及填筑标准

大坝分区从坝前压盖至下游坝坡划分为坝前压盖—挤压边墙—垫层料—过渡料—主堆料—次堆料—坝基反滤料—下游预制块护坡—坝后石渣压坡—坝基及坝后石渣压坡下排水带。

(1) 坝前压盖设计。对于高面板坝，由于死水位以下的面板及接缝，很少有放空水库进行检修的机会，因而加设上游铺盖及其盖重区。该料区位于面板上游周边缝处，也属于辅助防渗设施。顶部高程215.00m，顶部宽度为6.0m，分内外两层布置。内层为粉煤灰和壤土料，其中粉煤灰作为面板开裂及周边缝止水损坏后的自愈填充材料，粉煤灰铺盖(1A2)水平宽度1.0m。在粉煤灰铺盖上游设壤土铺盖(1A1)，顶部水平宽度4.0m，上游坡1∶1.75，采用轻、中粉质壤土，压实后的干密度$\gamma_d \geqslant 1.65g/cm^3$，渗透系数不小于$10^{-4}cm/s$；外层为开挖石渣料，顶宽6m，上游坡1∶2.5，用于保护内层土料，防止库水冲蚀，石渣压实后的干密度$\gamma_d \geqslant 2.12g/cm^3$。

(2) 挤压边墙设计。混凝土面板堆石坝在进行大坝上游垫层料填筑时，为保证上游坡面碾压密实，一般向上游侧超填一定宽度，进行水平碾压，待垫层料铺填一定高度后，进行人工削坡整理、修整，斜坡碾压，然后喷8～10cm砂浆(或喷涂乳化沥青)进行固坡。这种施工方法的优点是技术成熟、施工容易掌握，但缺点存在垫层料斜坡面密实度难以保证、施工工序复杂、坡面易受雨水冲刷、垫层料超填后坡面整理及浪费量较大。

挤压边墙是面板坝垫层料坡面保护及固坡的一种新型施工技术，由于其混凝土强度低、弹模低，和垫层料有同等的半透性；同时由于挤压边墙为素混凝土结构，特别针对本工程施工期有临时挡水度汛要求，可以大大提高坝体挡水安全度汛的安全性；况且该挤压边墙属于早强混凝土，施工简单易行，施工方便，安全可靠，因此大坝在进行上游垫层料填筑时引进了挤压边墙新技术。主要在施工垫层料之前先采用定型挤压机挤压形成一道坡面垫层料拦渣墙，拦渣墙的高度跟随大坝上游面垫层料摊铺高度布置，可满足与垫层料同步上升的要求。在进行上游面垫层料施工时，通过挤压边墙的拦渣作用，防止垫层料坍塌，保护并形成垫层料上游坡面；因而具有能保证垫层料压实质量、提高坡面防护能力以及降低劳动强度、避免垫层料浪费等特点。

挤压边墙混凝土技术指标见表1.1。

表1.1 挤压边墙混凝土技术指标表

项　目	干密度/(g/cm^3)	渗透系数/(cm/s)	弹性模量/MPa	抗压强度/MPa
指标	>2.1	10^{-3}～10^{-4}	3000～5000	3～5

挤压式边墙断面为梯形，墙高为垫层料的设计铺填厚度40cm，边墙上游侧坡度与混凝土面板堆石坝的上游坝坡相同，为1∶1.5，顶部宽度为10cm，边墙下游侧坡度采用8∶1。由于挤压边墙也为混凝土结构，为消除挤压边墙对面板的基础约束，在沿面板垂直缝方向将挤压边墙凿断，其凿断缝底宽度不小于6cm，缝口宽度不小于10cm，凿断后采用小区料填缝并人工分层锤实，其次在挤压边墙表面喷涂“三油两砂”，即在乳化沥青喷涂后撒砂，待其与沥青固化胶结后形成具有一定厚度的胶砂混合体“油-砂结构”，起到隔离挤压边墙和混凝土面板的作用。

(3) 垫层料（2A）设计。垫层料（2A）位于面板挤压边墙下部，主要作用是为面板提供均匀、平整、可靠的支撑面，避免面板产生应力集中，当面板开裂和止水局部破坏时，对上游堵缝材料起反滤作用，限制渗漏，为面板坝提供第二道渗漏防线。

坝址区附近缺少天然砂砾料，因此垫层料采用石料场中新鲜、坚硬的厚层灰岩人工轧制掺配而成，饱和抗压强度不小于60MPa。料源来自坝址下游约3km河口村村后山石料场，为奥陶系马家沟组（O_2m^2）灰色厚层状白云岩、白云质灰岩和灰岩。垫层料的最大粒径采用80mm，由于小于5mm颗粒的含量对垫层的压实特性、渗透特性、抗剪强度、施工性能以及自愈反滤作用均有很大的影响，根据谢腊德曲线，类比其他已建灰岩坝料工程，综合考虑，垫层料小于5mm颗粒的含量定为35%～50%；为保证它的半透水性，垫层料小于0.075mm细粒含量小于8%。渗透系数K控制在10^{-3}～10^{-4}cm/s，填筑干密度$\gamma_d \geqslant 2.29$g/kg，孔隙率$n \leqslant 16\%$。垫层料设计水平宽3m，填筑层厚40cm，采用22t以上振动碾碾压。

在面板周边缝下游侧设置薄层碾压的特殊垫层料（2B），主要为面板周边缝底部止水提供比垫层料更密实、均匀、平整的支撑面。当止水局部破坏出现渗漏时，加强垫层料对渗漏的控制。因此，特殊垫层料的最大粒径应比垫层料更小，小于5mm颗粒的含量更多。根据国内外工程经验，特殊垫层料采用剔除大于40mm以上垫层料颗粒后剩余的部分。其最大粒径40mm，小于5mm颗粒的含量为35%～60%，小于0.075mm颗粒的含量为5%～10%，填筑层厚20cm，采用大功率平板震动碾压实，设计干密度2.20t/m³。

(4) 过渡料（3A）设计。过渡料（3A）位于垫层与主堆石料之间，形成对垫层粒径的过渡和反滤作用，防止垫层中细颗粒的流失，变形特点和强度介于垫层料和主堆料之间，要求饱和抗压强度不小于60MPa，级配良好，并满足各种料之间的反滤要求。料源来自河口村石料场，爆破开采微风化岩石，最大粒径$D_{max}=300$mm，小于5mm的颗粒含量为12.1%～25%，小于0.075mm的颗粒含量不大于5%，级配连续。填筑干密度$\gamma_d \geqslant 2.21$g/cm³，孔隙率$n \leqslant 19\%$，渗透系数K控制在10^{-2}cm/s，填筑厚度为40cm。在制备料过程中需进行专门的爆破设计和现场试验，满足连续级配要求，同时满足对垫层料反滤要求，必要时可掺配一定比例的人工砂等细料。过渡层顶部水平厚度为3.0m，上游侧坡度1∶1.5，下游侧坡度1∶1.45。过渡料填筑厚度为40cm，采用22t以上振动碾碾压。

在大坝主堆石体、次堆石体与大坝两岸岸坡相接处以及堆石体与其他建筑物相接处均采用过渡料填筑，以确保结合紧密，填筑水平宽度1.5m。坝基主河槽基础面反滤料和主堆料之间也设有过渡料，坝轴线上游过渡料厚2.0m，坝轴线下游厚1.0m，以确保反滤料和主堆料反滤过渡。

(5) 主堆料（3B）设计。主堆料（3B）是大坝的主要承载结构，是水荷载的主要传递区，对坝体稳定和面板变形具有重要意义，应满足抗剪强度高、压缩性低和透水性强的要求，要求压缩模量高，抗剪强度大，饱和抗压强度不小于60MPa。料源来自河口村石料场，爆破开采微弱风化料，控制最大粒径800mm，小于5mm的颗粒含量为10.0%～20.0%，小于0.075mm的颗粒含量不大于5%，级配连续。干密度$\gamma_d \geqslant 2.2$g/cm³，孔隙率$n \leqslant 20\%$，渗透系数K控制在10^{-1}cm/s，压实后层厚80cm，采用22t以上振动碾碾压。

主堆石体除主要填筑在大坝坝轴线上游，在大坝坝轴线下游次堆石以下，下游河床最高水位高程184.00m以下整个坝基范围，为满足坝基排水要求，也采用主堆料填筑，以作为坝基排水带；在坝轴线下游次堆石外部（坝下坡）也设有主堆料包边，以确保大坝下游坡边坡在地震工况下满足边坡稳定要求。

河口村混凝土面板堆石坝主堆石料、过渡料、垫层料级配曲线见图1.3，坝体填筑料设计指标及碾压参数见表1.2。以上各区的设计填筑标准，还需现场爆破及碾压试验复核和修正。

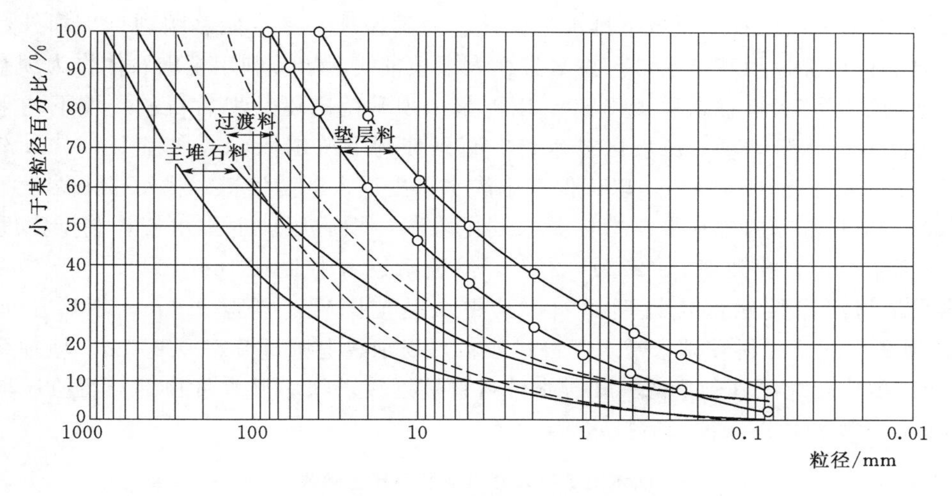

图1.3　主堆石料、过渡料、垫层料级配曲线图

（6）次堆料（3C）设计。次堆石料（3C）位于坝轴线下游主堆石区后侧，受水荷载影响较小，其压缩变形对上游面板变形的影响也相对较小，仅起到稳定下游坝体的作用，因此对该区的坝料和铺填碾压要求低于主堆石区。为节省投资，原则上尽可能多的利用枢纽工程各建筑物如坝基、溢洪道、泄洪洞及引水发电洞等开挖弃料（岩性灰岩、砂岩、页岩、花岗片麻岩及花岗岩等），不足部分取自石料场的微风化、弱风化料等。饱和抗压强度不小于40MPa，控制最大粒径80cm（原设计为100cm，施工期修改），小于0.075mm的颗粒含量不大于8%，次堆石干密度$\gamma_d \geqslant 2.12 g/cm^3$，孔隙率$n \leqslant 21\%$。填筑层厚80cm（原设计为120cm，施工期修改），采用22t以上震动碾压实。

（7）坝基反滤料设计。主坝基础过渡料与河床覆盖层接触段、排水带和覆盖层接触段之间均设一层反滤料，料源来自石料场，但需人工轧制掺配而成。饱和抗压强度不小于60MPa。最大粒径60mm，粒径小于5mm含量35%～55%，粒径小于0.074mm含量不大于8%，相对密度0.75，渗透系数不小于10^{-3}cm/s，碾压后层厚40cm。

（8）下游预制块护坡（3D）设计。下游坝面护坡（3D）主要保护下游主堆石边坡，同时满足坝坡稳定及抗震要求；其次结合运行期美化要求，采用混凝土异形块＋混凝土格梁护坡。格梁宽1.2m，厚0.4m，采用C25混凝土，内配构造筋，格梁间距约20m；格梁之间设C25混凝土异形块，异形块尺寸为50cm×50cm，厚12cm，异形块基础下设50cm厚垫层料。

(9) 坝后石渣压坡（4A 区）设计。河口村水库建筑物开挖时存在大量弃渣，由于场址狭窄，根据环保要求，结合大坝下游坝坡稳定及防止坝基覆盖层及夹砂层在 8 度地震下液化，将大坝、溢洪道、电站等建筑物开挖弃渣，及坝下河道滩地 1 号临时堆渣场需回采料布置在坝后坡脚高程 220.00m 以下，形成坝后石渣压坡盖重。石渣压坡从坝脚一直延伸到坝下游围堰结束，全长约 360m，其中 220.0m 平台面积约 4.8 万 m^2，高约 50.0m，可堆积约 230 万 m^3。坝后石渣压坡从下游围堰高程 184.00 至高程 220.00m 平台之间设之子路，之子路之间边坡为 1∶2.5，坡面植草，除保护边坡外，也起到环保绿化作用。

(10) 坝基及坝后石渣压坡下排水带设计。为确保坝基渗水能够顺利排出坝外，在坝体与主河槽结合部设坝基排水带。排水带在大坝坝轴线上游，利用主堆石体作为坝基排水带，在坝轴线下游次堆石高程 184.00m 以下整个坝基范围以及坝后石渣压坡下均采用主堆料作为坝基排水带。坝后压坡区排水带一直延伸到下游围堰，从高程 184.00m 渐变至 177.00m，并从下游围堰穿出，以确保基础渗水排出进入下游河道。排水带末端设干砌石护坡保护。坝基范围内排水带料指标要求同主堆料，坝后压坡下排水带控制干密度 γ_d = 2.12～2.17g/cm^3，孔隙率 n=22%～23%，渗透系数 K 控制在 1cm/s。

排水带与河床接触部位设反滤料，其中坝基范围反滤料厚 1.0m，坝后压坡区为 0.3m，坝基范围反滤料和排水带之间设过渡料，坝轴线上游过渡料厚 2.0m，坝轴线下游厚 1.0m，坝后压坡区基础反滤料和排水带料直接连接。坝后排水带顶部与石渣压坡之间设厚 50cm 过渡料，以保护坝后排水带。

表 1.2　坝体填筑料设计指标及碾压参数表

料物名称	小区料	垫层料	过渡料	主堆石	次堆石	反滤料
饱和抗压强度（MPa、不小于）	60	60	60	60	40	60
软化系数（不小于）	0.75	0.75	0.75	0.75	—	0.75
孔隙率/%	17	16	19	20	21	—
相对密度	—	—	—	—	—	0.75
干密度/(g/cm^3)	2.20	2.29	2.21	2.2	2.12	2.26
渗透系数 K/(cm/s)	1×10^{-3} ～1×10^{-4}	1×10^{-2} ～1×10^{-3}	$\geqslant1\times10^{-2}$	1×10^{-1}	—	$\geqslant1\times10^{-3}$
铺层厚度/cm	20	40	40	80	80	40
最大粒径/mm	40	80	300	800	800	60
小于 5mm 粒径/%	—	35～50	≤25	≤20	—	35～55
小于 0.075mm 粒径/%	—	≤8	≤5	≤5	≤8	≤8
加水量/%	10～20	10	10～20	15～20	10～20	10
碾压设备	大功率平板振动碾碾压	不小于 22t 的拖式振动碾或同等激振力的自行式碾压设备（带 GPS 实时监控系统）				

1.1.1.5　面板设计

(1) 面板结构尺寸。混凝土面板是坝体的主要防渗结构，其主要作用是防渗。面板厚度随水深渐变，面板结构厚度按不大于 200 的允许水力梯度控制，面板顶端厚度为 0.3m，底部最大厚度为0.72m，最大水力梯度170（<200），满足抗渗要求。

（2）面板混凝土设计。根据已建工程经验，拟定面板混凝土采用C30高性能混凝土，抗渗等级W12，抗冻等级F250，面板总面积69316m^2。

（3）面板配筋。面板配筋的主要目的是为了限制裂缝的开展，将裂缝宽度限制在0.2mm以下，减少渗漏。大多数已建工程面板均采用单层双向配筋，近几年建设的面板坝也有采用双层配筋，特别是高坝采用双层配筋有增多的趋势。配筋率一般为0.3%～0.5%，目前有越来越小的趋势。根据本工程三维计算面板的应力分布规律，类比已建工程经验，如已建洪家渡面板坝、老渡口面板坝、潘口电站面板坝、斜卡面板坝、盘石头水库等面板坝双层配筋形式，考虑到本面板坝为122.5m的高坝，且坝基坐落在深覆盖层上，基础变形大，由于面板不同部位受力的复杂性，在施工期和蓄水期往往难以准确判断不同部位面板鼓向上游或者下游，在相对单层配筋率不变或增加较少的前提下面板布置采用双层双向钢筋。每层配筋率顺坡向为0.4%～0.5%，坝轴向为0.35%～0.4%。为抵抗基础不均匀沉陷产生的弯曲，避免局部应力集中使混凝土压坏。面板垂直缝和周边缝附近布置抗挤压钢筋。

1.1.1.6　趾板（防渗板）及连接板

（1）趾板布置。趾板是支撑面板的基础，与面板通过设有止水的周边缝连接，形成坝基以上的防渗体。趾板基础原则上建在轻微卸荷带内，局部可坐落于经过基础处理的强卸荷带内；其次趾板线布置尽可能平顺，为避免开挖工程量过大，可适当设置转折点；趾板线尽可能避开断裂发育、岩溶洞穴和风化强烈等不利地质条件地基，使趾板基础的开挖和处理工作量较少。趾板的位置由“X”基准线控制，“X”基准线初期结合地形、地质、结构受力、经济及施工条件择优比较确定，施工期根据开挖揭露的地质情况，进行二次调整定线。

（2）趾板形式与结构尺寸。趾板形式有斜趾板和平趾板两种，根据本工程的地形地质条件，均采用平趾板形式，即趾板横截面上底面线为水平线，面板与趾板顶面线之间的夹角随趾板轴线与坝轴线之间的交角变化而变化。平趾板体形的优点是趾板的立模、混凝土浇筑、钻孔和灌浆均比较方便，缺点是开挖工程量较大。

1）岸坡段趾板。右岸趾板、防渗板整体工程地质条件较好，断层等构造不发育，岩体较完整，强风化层较薄；岩层倾向坡内，为逆向坡，边坡稳定条件较好；仅在$\in_1 m^3$地层，岩性较软，具有易风化、遇水泥化等特点，其中还有岩溶现象发育，工程地质特性较差。左岸岸趾板、防渗板位于一岸边陡坡地形上，基岩大部分直接裸露，其处于龟头山褶皱断裂发育区内，出露的地层主要是太古界登封群Ard及中元古界汝阳群$Pt_2 r$。基岩岩性坚硬，受构造影响，岩体较破碎，出露有F_{11}断层，边坡稳定条件整体较好。

因此，在趾板部位，考虑大部分地段挖除强卸荷带岩体，将趾板建在弱卸荷带中部岩体上，极少部分建在强卸荷带下部岩体上，并对建基岩体进行固结灌浆、置换混凝土处理，提高建基岩体的抗冲蚀能力。经过处理后的基岩，其设计允许水力比降采用15。根据设计允许水力比降，确定趾板宽度为6～10m，相应最大水力比降为8.08～10.9。

由于趾板存在接触面抗冲蚀稳定要求，如全部由趾板来承担，造成趾板尺寸及趾板边坡开挖量都比较大。在满足允许水力比降的前提下，为减少开挖工程量，参照国内外其他工程的经验，结合水布垭面板堆石坝的实际情况，趾板结构体型推荐采用标准板＋防渗板。标准平趾板段宽度满足固结灌浆和帷幕灌浆施工的要求，在平趾板的下游，则设置一定长度的防渗板，趾板和防渗板的总长度满足趾板基础接触渗流控制标准，平趾板与防渗板之间设铜片止水。

趾板分为 7 类，按不同高程设计，趾板尺寸（见表 1.3）。

表 1.3　河口村水库岸边趾板特征表

趾板类型	高程 /m	标准板宽度 /m	厚度 /m	防渗板宽度 /m	最大水力梯度	备注
A	286.00～226.50	6.0	0.6	10	8.083333	右岸
B	226.50～225.09	6.0～10.0	0.6～0.9	10		
	225.09～166.00	10.0	0.9	15	10.9	
C	167.61～195.10	10.0	0.9	15	10.9	左岸
D	197.61～215.38	7.5	0.9	15	10.46667	
E	217.76～242.00	6.5	0.7	15	9.0	
F	242.00～242.00	6.0	0.5	0	5.5	
G	242.00～250.95	6.0	0.5	0	5.5	

2）河床段的趾板。河床段趾板坐落在覆盖层上，通过连接板与防渗墙连接成一个防渗整体，其趾板的宽度除受渗透坡降控制，因是面板支撑的基础，还要满足面板受力的需要，按此确定面板宽度为 6.5m，厚度 0.9m。

（3）趾板混凝土及钢筋。趾板作为面板的支撑体，也是面板与防渗帷幕之间的连接结构，要求混凝土具有一定的强度、良好的抗渗性和耐久性，因此选用趾板混凝土设计强度等级 C25，抗渗等级 W12，抗冻等级 F250。

趾板配筋，在岸坡岩石基础上的趾板混凝土表面配单层双向钢筋，每向配筋率 0.37%～0.5%，趾板靠周边缝侧内设抗挤压钢筋；右岸趾板在 0＋076～0＋082、0＋088～0＋096、0＋102～0＋111 三段基础为泥灰岩，岩石较软，变形较大，趾板采用双层配筋。置于河床覆盖层基础上的趾板，混凝土配双层双向钢筋。防渗板配置单层双向钢筋，配筋率为 0.28%，布置于防渗板的中部。

（4）趾板锚筋。为防止两岸边坡上的趾板产生滑动，趾板基础设置锚筋，锚入基岩 5.0m，间距为 1.5m×1.5m。

1.1.1.7　面板（趾板）分缝和止水

（1）分缝设计。根据已建工程的观测表明，90%的面板应变量是由堆石体的沉降变形引起的。为了适应坝体变形，避免面板开裂，保证大坝的防渗安全性，面板必须分缝。本工程分别设有面板与面板间、面板与趾板间、趾板与连接板间、连接板与防渗墙间、趾板（连接板）与趾板（连接板）间、面板与防浪墙间接缝，根据其受力及变形特点可分为受拉缝、受压缝、周边缝。

1）面板分缝。面板分缝主要为顺坝坡方向的条带缝，根据坝址区河谷狭窄，岸坡陡峻，参照已建工程经验和坝体三维有限元计算结果，面板两岸部分处在受拉区，因此两岸边面板布置张性垂直缝；河床中央部分，面板受压为主，布置压性垂直缝。面板分缝宽度参照国内外已建工程经验，结合施工面板分缝间距一般为 12.0m；左岸坝肩在趾板 X5～X7 之间，为面板转角变化一带，为避免应力集中带来的不利因素，该段缝间距为 6.0m。左岸趾板 X7～X10 之间，为大坝转弯段，为便于转弯两端面板布置和连接，在趾板 X8 附近设有一面板连接板，面板连接板宽 12.0m。为满足大坝施工、度汛及沉降期要求，面板分两期施工，在高程 233.00m 设水平施工缝一道，面板内钢筋过缝，缝面凿毛处理。

面板和趾板之间，面板与坝顶防浪墙之间、左岸面板与溢洪道翼墙连接处均设伸缩缝。

2）趾板与防渗板分缝。岸坡段：岸坡段趾板均在基岩上，为方便施工，趾板纵向方向一般不设结构缝，仅在地形变化处或转弯处为适应趾板基础的不均匀沉降设永久缝。由于趾板较长，为防止产生裂缝，趾板在纵向每间隔 14～16m 设 2m 宽后浇带，后浇带为补偿收缩混凝土。岸坡段趾板部分设有防渗板，防渗板与趾板之间设缝隔开，防渗板与防渗板之间不再设缝。

河床段：河床段趾板基础坐落在深覆盖层上，需要设缝以适应基础变形，伸缩缝缝宽和河床段面板分缝原则上对应，同时考虑和两岸趾板连接，一般每隔 12.0m 设一道缝，部分为 11.0m 和 13.45m，但缝的位置和面板分缝错开，缝宽 25mm，缝内填塞沥青杉板。

3）连接板分缝。连接板主要设置在主河床段，分缝和河床段趾板一样，一般每隔 12.0m 设一道缝，但缝的位置和趾板分缝错开，缝宽 25mm，缝内填塞沥青杉板。

连接板与趾板之间设周边缝，缝宽 25mm，连接板与防渗墙之间也设周边缝连接，缝宽 12mm，缝内均填塞沥青杉板。

（2）止水设计。参照国内外工程实例，比较国内近年修建的那兰、九甸峡、水布垭、洪家渡、芹山、吉林台等面板坝的系列止水型式，根据本工程基础为深覆盖层，初步确定采用变形能力较大的新型止水型式（见表 1.4）。

表 1.4　　河口村面板坝分缝止水型式表

分缝类型	缝宽/mm	分缝间距/m	止水类型	备注
周边缝	12		复合橡胶盖板＋塑性填料＋波形橡胶止水带＋PVC 棒＋铜止水	包括河床部位，岸坡部位面板与趾板交界部位，另外面板及趾板与溢洪道交界处也按周边缝处理
河床段趾板与连接板接缝	25		复合橡胶盖板＋塑性填料＋波形橡胶止水带＋PVC 棒＋铜止水	
连接板与防渗墙接缝	12		复合橡胶盖板＋塑性填料＋波形橡胶止水带＋PVC 棒＋铜止水	
连接板自身分缝	25	12	复合橡胶盖板＋塑性填料＋波形橡胶止水带＋PVC 棒＋铜止水	
河床段趾板自身分缝	25	12	复合橡胶盖板＋塑性填料＋波形橡胶止水带＋PVC 棒＋铜止水	

续表

分缝类型	缝宽/mm	分缝间距/m	止水类型	备注
岸坡段趾板自身分缝			橡胶止水	不分缝，采取预留宽槽（2m）跳仓浇筑，跳块间浇筑低热微膨胀混凝土，钢筋过缝
防浪墙自身分缝	12	15	复合橡胶盖板＋塑性填料＋PVC棒＋铜止水	
面板顶部与高防浪墙接缝	12		复合橡胶盖板＋塑性填料＋波形橡胶止水带＋PVC棒＋铜止水	
面板的张性缝	3	6	复合橡胶盖板＋塑性填料＋波形橡胶止水带＋PVC棒＋铜止水	
面板压性缝	12	12	复合橡胶盖板＋塑性填料＋PVC棒＋铜止水	
防渗墙顶部现浇墙分缝	3	12	一道铜止水	界面刷乳化沥青
现浇墙与槽孔墙间缝	3		一道铜止水	

1.1.1.8 坝基开挖及高压旋喷桩处理

（1）坝基处理。大坝基础为深覆盖层，一般厚度30m，最大厚度为41.87m，岩性为含漂石及泥的砂卵石层，夹4层连续性不强的黏性土及十几处砂层透镜体，存在着坝基不均匀沉降，影响坝体稳定及上游混凝土面板的安全。根据大坝三维有限元分析计算结果，无论是施工期还是运行期面板垂直缝和周边缝的变位由于趾板坐落在覆盖层上，相比其他工程均较大。尤其是大坝趾板—连接板错动量为50.5mm，趾板—防渗墙相对沉降量104mm，已超过止水最大承受能力，反映大坝上游坝基变形较大，需对大坝上游基础进行处理。

按照上述情况，设计比较了开挖、强夯、固结灌浆、振冲碎石桩、高压旋喷桩等可能的地基处理方案进行比较，最后选用高压旋喷桩方案，其方案施工相对灵活，不受围堰及截流等影响，在坝基清理前后均可进行施工，同时受地下水影响较小，工期相对较短，费用相对较低。该方案在防渗墙至下游53m范围核心区域布置高压旋喷桩，桩基布置前将表层第一层壤土夹层挖掉，挖至165.00m高程，桩基布置5排，间排距2m、趾板下游按满足变形过渡要求桩间距逐渐加大，依次向下游（趾板“X”线下50m）间排距按2.0m、3.0m、4.0m、5.0m、6.0m进行渐变；桩深以穿过基础第二～第四层软土夹层布置为20.0m，桩径1.2m，共布置约597根桩。

除大坝上游核心区采用高压旋喷桩处理外，其他部位，坝轴线上游至防渗墙之间基础由原河床高程173.00～175.00m挖至高程165.00m，旨在将上部变形较大的第一层黏性土夹层全部挖掉，坝轴线下游次堆石区覆盖层基础基岩清除表层1.0m松散体（开挖至高程170.00m）。基础开挖后采用不小于25t振动碾静碾2遍，动碾10遍，控制基础相对密度不小于0.70，干密度不小于2.2g/m^{3}方可填坝。同时基础开挖至设计高程后如遇砂质透镜体、黏性土夹层及含土量偏高的砂卵石基础应予以全部挖出，并采用过渡料进行换填。

(2) 趾板基础开挖及处理。河床部位：趾板基础为覆盖层，挖至高程165.00m。岸坡部位：无强风化处，表面岩体开挖3～5m；有强风化处，开挖至强风化下限以下1m，使趾板建在弱风化岩体上。不满足时挖除并采用C15素混凝土回填。

趾板基础高边坡按1:0.5～1:0.75开挖，每隔20m设2m宽马道，并经边坡稳定计算，满足稳定要求，开挖后边坡岩石较差时采用挂网喷锚支护，锚杆长4.0m和6.0m，直径25mm，间排距2.0m，钢筋网为Φ6@150×150，喷C20混凝土厚度10cm。边坡岩石相对较好时采用随机锚杆＋素喷混凝土保护。喷混凝土边坡设排水孔，排水孔直径75mm，间排距3.0m。

(3) 坝基液化处理。坝基范围内砂层透镜体约14个，主要分布在坝轴线附近及下游，其中有3个透镜体分布在下游坝脚附近，砂层透镜体分布高程为142.90～173.90m。位于坝基覆盖层上部砂层透镜体，局部埋藏较浅、较松散的砂层透镜体，不排除产生地震液化的可能性。结合坝基开挖，能挖掉的尽量挖掉，位于大坝下游附近采用压盖处理。

1.1.1.9 坝基防渗墙及高趾墙

(1) 混凝土防渗墙设计。由于大坝主河床段趾板未坐落在基岩上，为解决基础渗漏，根据目前国内外已建、在建和待建工程河床覆盖层防渗处理均采用防渗墙截渗方案。混凝土防渗墙轴线平行于坝轴线布置，墙顶长114m，防渗墙顶高程166.90m，防渗墙墙厚1.2m，墙底嵌入基岩1.0m，最大墙高27.8m。混凝土防渗墙采用机械造孔成墙，混凝土强度等级为C25、抗渗标号W12。

防渗墙与趾板之间连接一般通过连接板连接，其连接有柔性连接和刚性连接两种方式，刚性连接是趾板两端直接支撑在防渗墙上，一般这种情况是要做两道防渗墙（或一道防渗墙和一道灌筑桩支撑基础），刚性连接一般趾板变形较小，但平趾板周边缝变形较大，对止水材料要求较高，其次投资较高。柔性连接是在防渗墙和趾板之间加一道连接板（或多个连接板），连接板和防渗墙与趾板之间进行对接，接缝处设止水，这种连接方式适应基础变形能力较好。该工程趾板与防渗墙连接采用柔性连接，采用单连接板（见图1.4），连接板长度4.0m，厚度0.9m，连接板与趾板和防渗墙之间设置止水。同时，为协调连接板、趾板之间的变形，在其底部铺设有厚0.1m砂浆垫层及厚1.0m垫层料。

根据三维有限元计算分析，防渗墙存在拉应力需配置钢筋，墙体上下游侧均配钢筋网。

(2) 混凝土高趾墙设计。防渗墙与两岸基岩连接设混凝土高趾墙，高趾墙高5.6m，其中左岸长4.0m，右岸长9.0m，为满足稳定及变形要求，高趾墙为重力墙式，顶宽1.2m，基础宽4.18m。为C25 W12F150混凝土。高趾墙表面设防裂钢筋，高趾墙坐落在基岩上，和基岩下设锚筋连接，锚筋直径28mm，伸入基岩6.0m。高趾墙与防渗墙之间采用键槽式连接，高趾墙与下游连接板之间设缝连接，缝内设止水和填缝板。

1.1.1.10 大坝右岸冲沟加固

大坝右岸趾板X2（桩号约0＋110左右）处有一冲沟，冲沟下半部为坡积块碎石夹

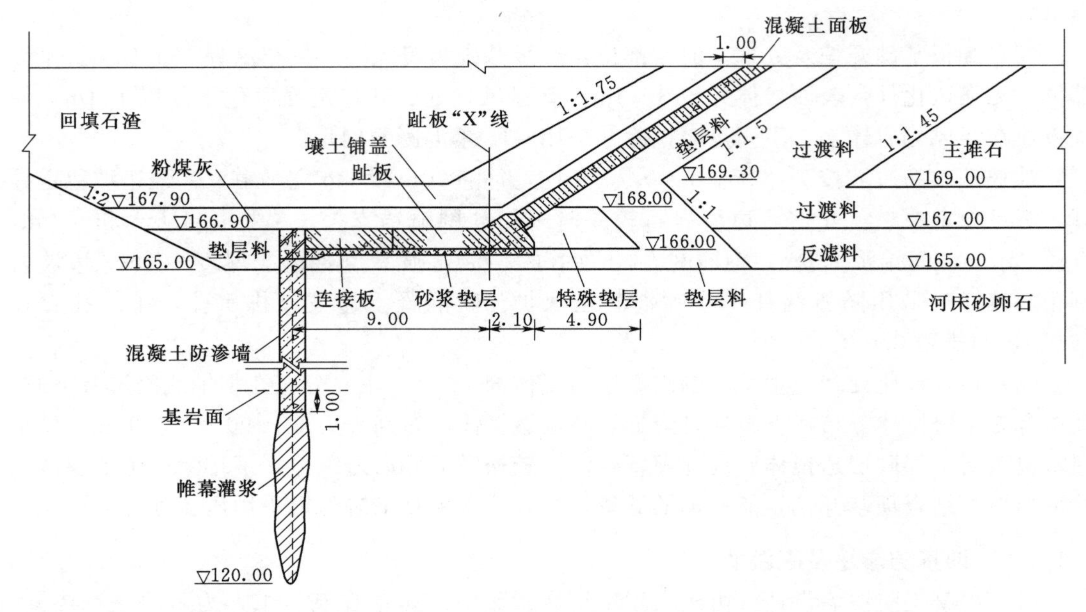

图 1.4 防渗墙—连接板—趾板连接图（单位：m）

土，一般厚度为 5～8m，以上为后期人工堆积的碎石、块石等大量弃渣，厚度 5～14m。冲沟堆渣体积约 6 万 m^3，表面松散、欠固结、空隙大，稳定性差，外边坡 1：2.2 左右。根据稳定复核计算成果，施工期冲沟堆渣处于稳定状态，水库蓄水期、水位骤降及地震工况下冲沟边坡不满足稳定要求，由于该冲沟位于趾板上方，危急趾板及部分面板安全。最初曾考虑将冲沟全部挖除，但由于该冲沟上部为施工期去库区移民和大坝上游填筑、一期面板、连接板、高趾墙施工道路，一旦挖除将会导致断路，严重影响库区移民和大坝现场施工；同时根据业主要求，该处作为水库运行期工作码头。因此，结合水库运行要求，经研究，采用局部削坡减载，坡脚布置抗滑墙，坡面布置网格梁加预应力长锚杆进行加固处理。

加固方案具体为坡面中下部布置混凝土框格梁，框格梁网格尺寸 3m×3m，框格梁尺寸 0.4m×0.4m，框格梁结点布置预应力锚杆，直径 40mm，长度 15～20m，穿过堆渣体深入基岩深度不小于 5m，预应力张拉吨位为 300kN。上部边坡采用浆砌石护坡，坡脚设置衡重式抗滑挡土墙。

1.1.1.11 坝基固结及帷幕灌浆

（1）坝基固结灌浆。两岸基岩趾板及防渗板基础全面进行固结灌浆，趾板固结灌浆垂直基岩面孔深 10m，孔距 2m，排距一般为 1.5m，并根据趾板形式和帷幕灌浆孔布置调整。防渗板孔深 5.0m，间排距 2.5m。固结灌浆分两序施工，施工次序为下游排→上游排→中间排，孔施工循序为一序孔→二序孔，固结灌浆均在趾板及防渗板浇筑完成后进行。

（2）坝基帷幕灌浆。坝基趾板及防渗墙虽然都坐落在基岩上，但由于基岩存在裂隙、断层及可能的透水层，为确保大坝稳定和安全，满足水库功能要求，需对大坝趾板、防渗墙等基础基岩进行帷幕灌浆，使大坝基础形成连续防渗帷幕。

大坝基础帷幕从左岸溢洪道至右岸坝肩，全长约803m，其中向右岸坝肩延长210m。大坝防渗帷幕深度即帷幕底线设在基岩相对不透水层（3Lu吕荣值：压力为1MPa时，每米试验段的压入流量为1L/min的透水率）以下5m。帷幕线布置从右岸坝肩灌浆洞→右岸趾板→河床段防渗墙→左岸趾板→左岸溢洪道，并与左岸山体帷幕连成整体，形成一道完整防渗帷幕线。

防渗墙下帷幕按单排布置，孔距1.5m，帷幕深度（从防渗墙基础算起）23.0～46.3m。

右岸帷幕分右岸趾板段与右岸坝肩延长段。平面布置从防渗墙端部开始沿趾板线布置至右岸坝肩（D0＋385.00），然后沿右岸坝肩灌浆洞（大坝桩号D0＋404.00）中心（坝轴线）向右岸坝肩方向延长210.00m，即对应大坝桩号D0＋595.00处结束。右岸趾板段帷幕布置主副帷幕两排，主帷幕轴线在趾板“X”线上游1.0m，副帷幕轴线位于主帷幕上游2m处，副帷幕孔深度一般为主帷幕孔的2/3，主副帷幕孔距均采用2.0，梅花形布置。右坝肩延长段分两层布置，上层在1号灌浆洞内布置，洞底高程281.00～285.00m，采用单排帷幕，孔距2.0m，帷幕轴线处向略上游倾斜5°，以便于和下层灌浆洞衔接，帷幕底部高程238.00m。下层在2号灌浆洞内布置，洞底高程243.00m。2号灌浆隧洞采用双排帷幕，主副帷幕深度一致，向下灌浆至高程195.00m，排距1.0m，孔距2.0m，成梅花形布置。上层帷幕和下层帷幕在2号灌浆洞向上游侧采用双排水平衔接灌浆连接，水平帷幕深8.0m，排距1.0m，孔距2.0m。

左岸帷幕深度一般为21.2～46.0m，采用主副帷幕两排，主帷幕轴线在趾板“X”线上游1.0m，副帷幕轴线位于主帷幕上游2m处，主副帷幕孔距均采用2.0m，梅花形布置。

1.1.2 泄洪洞工程

1.1.2.1 泄洪洞布置

泄洪洞布置在老断沟下游，S形河道上弯段一带，走向225°。主要承担水库泄洪、排沙及放空水库任务。泄洪洞布置两条，均为明流洞，两洞泄量为3918.37m^3/s，由左岸岸边向山体内依次为1号泄洪洞（低位洞）和2号泄洪洞（高位洞）。1号泄洪洞进口高程195.00m，进口分两孔事故门和两孔工作门，洞身长600.0m；2号泄洪洞由导流洞改建而成，进口高程为210.00m，洞长616.28m；两条泄洪洞洞身标准断面均为9.0m×13.5m（宽×高）城门洞型。洞身后接挑流鼻坎，水流直接挑入下游河道。泄洪洞进口采用塔式结构，1号进水塔高102.0m，2号进水塔高84.5m。

1.1.2.2 1号泄洪洞布置设计

1号泄洪洞主要由进口引渠、进水塔、洞身段、出口段组成，最大泄量1961.60m^3/s，最高运用水头90.43m。

（1）进口引渠，引渠布置在1号泄洪洞进水塔上游，由进口山体开凿形成，断面为梯形，渠底高程195.00m，宽33.0m，边坡1∶0.2，其中靠近塔架20m长范围内设C25混凝土板衬砌，板厚1.0m，其余为喷混凝土保护。

（2）进水塔，采用岸塔式结构，进水塔进口高程195.00m，塔顶高程291.00m，塔高102.5m。塔基尺寸49.0m×33.0m（长×宽），为L形布置。进水塔高程220.00m以下为大体积混凝土结构，225.00m高程以上为田字形井筒结构，两者之间为渐变段。进水口为有压短进口布置形式，分为两孔，单孔净宽4.0m，中墩宽5.0m，左边墩宽6.7m，右边墩结合布置发电洞进水口，宽13.3m，塔架除流道为$C_{90}50$抗冲磨混凝土，其余为C25混凝土。

由于1号泄洪洞运用水头较高，变幅较大，承担排沙、凑泄运用条件，工作门采用安全性高、止水效果好、启闭灵活的突跌突扩偏心铰弧型钢闸门，尺寸4.0m×7.0m（宽×高）；事故检修门为平板钢闸门，尺寸4m×9m，为前止水型式。

（3）洞身段，桩号1泄0+024.96～1泄0+600.00，其中1泄0+024.96～1泄0+044.96段洞身为两孔，1泄0+044.96～1泄0+060.20段洞身逐渐由两孔渐变为单孔；1泄0+067.53～1泄0+097.53洞身断面由14.0m×14.5m（宽×高）断面过渡为9.0m×13.5m（宽×高）标准城门型断面，直至出口，洞身纵坡为2.338%，标准断面直墙高11.0m，拱高2.5m，洞身全断面衬砌厚度0.8～2.0m。

（4）出口段，泄洪洞出口采用挑流消能结构，为整体槽式结构，长度为43.00m，鼻坎顶高程为179.70m，边墙顶高程为189.50m，挑坎反弧半径为55.00m，挑角为20°，鼻坎净宽9.00m。鼻坎下游设置钢筋混凝土护板，顺水流向长度为10.00m，厚度为1.50m，护板顶高程为168.50m，护板上下游边设齿墙。

1.1.2.3 2号泄洪洞

为高位洞，也为明流洞，由导流洞改建形成，最大泄量1956.77m³/s，最高运用水头75.43m。

（1）进口引渠段，渠底高程210.00m，开挖边坡1∶0.3，靠近塔架20m长范围内设C25混凝土板衬砌，板厚1.0m，其余为喷混凝土护坡。

（2）进水塔，为塔式框架结构，进口高程210.00m，塔顶高程291.00m，塔基尺寸43.0m×25.0m（长×宽），塔高84.6m，塔顶高程291.00m。塔基尺寸43.0m×25.0m（长×宽），高程225.00m以下为大体积混凝土结构，高程238.50m以上为“田”字形井筒结构，两者之间为渐变段。进水口为有压短进口布置形式，单孔布置，孔宽7.5m，边墩宽8.75m。进水塔设单孔7.5m×10m事故平板钢闸门和单孔7.5m×8.2m弧形工作门各一道。塔架除流道为抗冲磨混凝土，其余为C25混凝土。

（3）洞身段，桩号2泄0+015.00～2泄0+616.28m，洞身纵坡为1%，洞身断面为城门洞型9.00m×13.50m（宽×高），直墙高11.0m，拱高2.5m。洞身前段利用前期导流洞改造形成，桩号2泄0+015.00～2泄0+150.28之间，设一龙抬头形成。桩号2泄0+015.00～2泄0+070.00为龙抬头抛物线段，桩号2泄0+070.00～2泄0+094.49为龙抬头斜线段，坡度1∶2.5；桩号2泄0+94.49～2泄0+150.28为龙抬头反弧段，反弧半径为150.23m；2泄0+150.28（龙抬头）后接原导流洞。桩号2泄0+000.00～2泄0+070.00，洞身宽7.50m，洞高13.5m；桩号2泄0+070.00～2泄0+150.28洞高有

13.5m 渐变为 12.5m。龙抬头末尾处以突跌突扩方式与原导流洞洞身结合，洞身两侧对称突扩各为 0.75m，突跌高度为 1.0m。洞身全断面衬砌厚度 0.8～2.0m，混凝土除洞身下部及底板为抗冲磨混凝土外，其余为 C25 混凝土。

（4）出口段，出口采用挑流消能结构，为整体槽式结构，长度为 39.00m，鼻坎顶高程为 176.00m，边墙顶高程为 189.40m，挑坎反弧半径为 55.00m，挑角为 28°。其中鼻坎高程 169.30m 以上反弧段在改建期建成，出口过流面采用抗冲磨混凝土，其余均为 C25 混凝土。

1.1.2.4 高速水流抗冲磨设计

河口村水库两条泄洪洞泄流均为高速水流，1 号洞最大流速为 35m/s，2 号泄洪洞最大流速为 41.1m/s。1 号泄洪洞需满足导流、排沙、泄洪多项运用要求，且运行期需局开运用，以满足水库排沙、凑泄。沁河虽然不是多泥沙河流，但由于泥沙多集中在汛期，多年平均含沙量 4.84kg/m^3，实测最大含沙量（1973 年 7 月 7 日）112.0kg/m^3，因此，两洞洞身在高速水流夹砂作用下对洞身衬砌的破坏作用也比较大，需考虑高速水流作用下的抗冲磨设计。

设计合理的体型曲线，使之具有较小的初生数，改善水流流态，使过流边界上不出现负压或出现较小的负压，这是防止气蚀的基本措施。结合水工模型试验，优化调整体型，使各部位压力分布均匀，并严格控制洞身表面平整度。掺气减蚀是解决高水头泄水建筑物过流表面空蚀的有效措施，根据泄洪洞各特征水位下水力计算结果及模型试验的流速分布，在 1 号泄洪洞弧形工作门后底部突跌和两边突扩部位，布置专门的通向水舌下部的掺气管，形成掺气通道；2 号洞因流速较大，洞身分别在龙抬头末端及 2 号泄 0＋350 处设置掺气槽，以达到良好的减蚀效果。

选择高抗冲磨材料是防止高速水流对混凝土冲磨的主要手段，国内外已建高速水流下抗冲磨材料较多，如硅粉或硅粉剂混凝土、纤维（钢纤维、塑钢纤维及合成纤维）混凝土、粉煤灰混凝土、铁钢砂混凝土、铸石混凝土、环氧树脂混凝土、HF 混凝土、聚脲及 FS 型抗冲耐磨涂料等。从既能抗冲磨、又能防裂及较经济出发，并经专家论证最初选用 HF 混凝土和硅粉剂混凝土作论证比较。根据本工程 2 号泄洪洞是高位洞，泥沙相对较少，泥沙颗粒较细，经比较选用较为经济实用的 HF 混凝土，进口塔架流道及龙抬头段底板采用 C_{90}50HF 混凝土，洞身侧墙下部及底板采用 C_{90}40HF 混凝土。1 号洞属于低位洞，砂石及颗粒都比较大，泄洪时泥沙以推移质为主，选用抗冲磨能力较强的硅粉剂混凝土，塔架流道部分、洞身侧墙下部及底板为 C_{90}50 硅粉剂混凝土。

1.1.2.5 导流洞封堵设计

（1）导流洞布置。河口村水库施工导流采用河床一次断流，枯水期土石围堰挡水，汛期坝体挡水，左岸布置一条 9m×13.5m 导流洞泄流。导流洞全长 740m，前段 274.0m 为导流专用，后期封堵；后段 466.0m 后期改建为永久泄洪洞部分。

导流洞布置分四个部分：进口明渠段、闸室段、洞身段和出口段。

进口明渠段长 119.04m，开挖边坡 1：0.3～1：1.0，底板高程 177.20m；闸前 20m 引渠段采用钢筋混凝土护砌，底板厚 1.5m，侧墙厚 1.0m；明渠底板及侧墙均为 C30 混凝土结构。

闸室段进口采用喇叭形，进口尺寸 14.0m×17.0m（宽×高），闸后孔口尺寸为 9.0m ×13.5m（宽×高），边墩和底板厚均为 3.5m。封堵闸门采用后止水的平板闸门，门槽尺寸 1.98m×1.0m（宽×高）。闸室安装了 1 扇（9m×13.5m－27m）/4 平板钢闸门，其设计挡水水头 27.0m，满足永久堵头施工时挡水的需要。

洞身段长 740.0m，进口底板高程 177.20m，出口底板高程 169.80m，纵坡 1%，洞身侧墙下部及底板采用 C40HF 混凝土，其余为 C30 混凝土。

导流洞出口采用整体槽式结构，长 39m，纵坡 0.01，平底泄流，后期改建为 2 号洞挑流鼻坎。为方便后期改建，底板下部按泄洪洞鼻坎体型设计，底板顶高程比出口断面洞底高程降低 0.5m，出口过流断面采用抗冲磨 C40 高强硅粉混凝土，其余均为 C25 混凝土。

（2）导流洞封堵闸门设计。导流洞封堵闸门为平面滑动闸门，孔口尺寸为 9.0m×13.5m，底坎高程为 177.20m，设计挡水水头 27.0m，导流洞下闸封堵时下门水头 2m；提门水头 9m。闸门止水布置在下游侧，闸门分 5 节制造，现场安装时焊成整体。导流洞闸门的运用条件为动水闭门，启闭设备选用临时起吊设备，闸门落下后不再提出，启闭容量 2×800kN，扬程 16m。

（3）导流洞堵头布置。导流洞运用结束后改建为 2 号泄洪洞，导流洞前 274.0m 需进行封堵，永久堵头长度为 64m，堵头段位于 2 号进水塔架下方，桩号导 0＋080.00～导 0＋144.00 洞段、桩号导 0＋144.00～导 0＋193.72.00 洞段为封堵回填段，桩号导 0＋193.72.00～导 0＋274.00 洞段为 2 号洞龙抬头下段。为保证堵头施工安全，在封堵闸门后设 12m 临时堵头段，桩号为导 0＋000.00～导 0＋012.00 洞段。

导流洞封堵体体型为洞身全断面柱形重力式堵头，为加强堵头混凝土与原衬砌混凝土之间结合，增加堵头的稳定性，底板布置锚杆锚固。堵头为 C25 混凝土，临时堵头段及封堵回填段为 C20 混凝土，洞身封堵后进行接缝灌浆，确保堵头封堵密实。

1.1.3 溢洪道工程

1.1.3.1 总体布置

溢洪道布置在左岸坝肩龟头山南鞍部地带，右侧与副坝连接，左侧靠近龟头山山脊。溢洪道轴线沿垭口向下游布置，走向 45°，与坝轴线夹角 32.54°。

溢洪道的主要作用是泄洪，采用 WES 型混凝土实体堰，开敞式，最大下泄流量为 6924m^3/s。

1.1.3.2 结构布置

溢洪道由引渠段、闸室段、泄槽段和出口挑流消能段组成。

（1）引渠段（桩号 0－153.74～0＋000.00）。引渠底板高程 259.70m，进口为喇叭形，沿 3.5°角向两侧扩散。引渠分衬砌段和非衬砌段，桩号 0－153.74～0－050.00 为非衬砌段，左岸在前 76.74m 段采用 1：0.7 的开挖边坡，后 77.00m 段为与左岸导墙连接，开挖边坡由 1：0.7 渐变至 1：0.5；开挖坡采用喷锚支护形式。

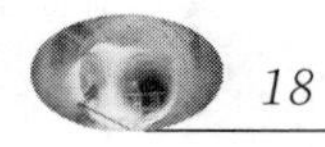

桩号 0－050.00～0＋000.00 为衬砌段，引渠底采用混凝土护面，帷幕前底板厚 0.5m，帷幕后底板厚 1.0m，底板基础采用锚筋锚入基岩。引渠左侧边坡为贴坡式护坡导墙渐变成衡重式挡墙；右岸设右导墙和大坝连接，导墙为混凝土重力式挡墙，导墙端部设半径为 10.00m 圆弧，避免在进流时端部导墙处出现水流脱离现象，造成旋涡。

引渠底板、左侧导墙为 C25 混凝土、右侧导墙为 C20 混凝土。

（2）控制闸（桩号 0＋000.00～0＋042.00）。控制闸为开敞式溢流堰，堰顶高程 267.50m，墩顶高程 288.50m，3 孔，单孔尺寸 15.00m×18.43m（宽×高）。底板为分离式，跨中分缝。堰型采用 WES 型实用堰，即采用双圆弧堰面曲线，上游堰面坡度 3∶2，下游直线段坡降 i=0.445，与闸后泄槽底板相接。

溢洪道控制闸设弧形钢闸门，尺寸为 15.00m×18.13m（宽×高），由于闸门尺寸较大，采用三支臂结构。根据水库运用情况，溢洪道检修时间充足，因此溢洪道控制闸仅设检修门槽而不设检修门。控制闸下游设交通桥与坝顶相接。

控制闸除过流面为抗冲磨混凝土，牛腿为 C40 混凝土，其余为 C30 混凝土。

（3）泄槽段（桩号 0＋042.00～0＋136.00）。泄槽段为矩形横断面，净宽为 52.20m，底坡为 1∶2.25 的斜坡，混凝土底板衬砌厚 1.0m，边墙为贴坡式直立挡墙，厚 1.0m，均采用锚筋锚入基岩。泄槽底板伸缩缝采用通缝设计，纵缝间距 8.10m，横缝间距 15.50m 左右，底板纵、横缝一侧基础面设置软式排水管，穿过鼻坎通向下游。泄槽边墙间距 10.50m 设置伸缩缝，墙后设置两道软式排水管。泄槽除过流面为抗冲磨混凝土，其余为 C30 混凝土。

（4）挑流鼻坎（桩号 0＋136.00～0＋173.27）。挑流段采用与泄槽等宽的连续式高低斜鼻坎，反弧半径 40.00m，挑射角 15°～30°，鼻坎顶高程为 210.38～214.36m。鼻坎不设横缝，仅设纵缝，纵缝间距 12.00m，底板最薄处厚 3.00m。边墙为半重力式挡土墙，与基础连接均采用锚筋锚入基岩。除过流面为抗冲磨混凝土，其余为 C25 混凝土。

1.1.3.3 高速水流抗冲磨设计

溢洪道也为高速水流，最大流速为 36.5m/s，但溢洪道进口位置高，泄流泥沙少，以悬移质为主，除了做好体型设计、严格要求平整度外，由于长期暴露在外部，建筑物抗冲磨及混凝土抗裂要求比较高。参照泄洪洞国内高速水流抗冲磨材料研究的状况，结合溢洪道的具体情况，在闸室、泄槽、鼻坎段过流面表层采用 C_{90}40HF 混凝土，并掺 UF500 纤维素纤维以提高混凝土的抗裂能力。

1.1.4 引水发电工程

1.1.4.1 总体布置

引水发电工程由引水发电洞、水电站厂房、尾水建筑物及厂区组成。引水发电洞布置在泄洪洞右侧，进口与 1 号泄洪洞为联合进水口。水电站厂房布置在大坝左坝肩龟头山背后，地面式厂房。水电站总装机容量 11.6MW，分上、下两个水电站，大水电站装机容量 10MW，设有 2 台单机容量 5MW 的混流式水轮发电机组，最大水头 102.90m，最小水头 52.20m，额定水头 76.00m，单机额定流量 7.55m³/s，机组安装高程 171.20m。小水电站装机容量 1.6MW，设有 2 台单机容量为 0.8MW 的卧式发电机组，最大水头 57.50m，最小水头 31.00m，额定水头 41.00m，单机额定流量 $2.39m^3/s$，机组安装高程 217.17m，水电站采用 35kV 电压接入系统。

1.1.4.2 引水发电洞布置

引水发电洞从 1 号泄洪洞进口，在平面做一转弯，转弯半径 30.0m，从溢洪道进口至下部穿出。

引水发电洞主洞洞径 3.5m，长 711.0m，桩号引 0+035.150～引 0+547.000 为混凝土衬砌，全断面衬砌厚 0.5～0.7m，为 C25W8F100 混凝土；桩号引 0+547.000 后及岔洞全段采用压力钢管衬砌，主洞压力钢管直径 2.4～3.5m，壁厚 14～20mm，岔洞长 70m，钢管直径 1.4～1.8m，壁厚 10～12mm。

1.1.4.3 水电站进水口

水电站进水口为避免河流较大泥沙对水电站的影响，进口及洞身尽量避开高边坡及大的断层和不良地质条件，减少开挖工程量、节省投资等。经比较选择采用紧邻 1 号泄洪洞布置，便于通过泄洪洞拉沙，将水电站进水口布置在 1 号泄洪洞进水口的右侧，和 1 号泄洪洞一起组成联合进水口，结构同 1 号泄洪洞进水口，为岸塔式进水口。

1.1.4.4 大、小水电站厂房布置

（1）水电站场区布置。为满足华能集团沁北电厂供水要求，引水发电系统布置大小水电站两座。大水电站主要以发电和解决地方灌溉供水为主，小水电站尾水专供华能集团沁北电厂。大水电站位于坝后龟头山南侧坡脚下，该处为沁河二级阶地，地形较为平坦。水电站厂房区地层岩性除上部为 10～25m 坡积堆积物外，下部基岩为太古界登封群（Ar*d*）变质岩系，厂房区未发现断层等大的地质构造，适合建筑场区布置。

小水电站厂房坐落于龟头山南侧半坡上，位于大水电站厂房东南约 120m，地面高差不大。厂房下游面全部位于太古界登封群（Ar*d*）花岗片麻岩内，上部为坡积碎石及土等。

两处水电站均位于溢洪道上游，受溢洪道泄流影响较小，对面为地方河口电站，出口水流基本不受影响。

（2）大水电站厂房。

1）主厂房。总长 28.92m，其中机组段长 17.90m，安装间长 11.00m；跨度 13.00m，其中上游侧跨度为 7.00m，下游侧跨度为 6.00m，总高度 24.54m；机组安装高程 171.20m。由于水电站尾水位较高，为使厂房既能满足防洪要求，又节省工程量，主厂房安装间和主机段采用错层布置；主厂房分三层布置，地上一层，地下两层，分别为发电机层（高程 178.67m）、水轮机层（高程 173.50m）、蜗壳层（高程 169.20m）。发电机层下游侧布置机旁盘，上游侧布置蝶阀吊孔及楼梯等；水轮机层下游侧布置机墩进人孔、油汽水管路，上游侧布置调速器、蝶阀吊孔及楼梯等；蜗壳层布置有引水管道、蝶阀、尾水管进人孔及楼梯等。安装间分两层布置，安装间高程 180.30m，布置 3.0m×2.0m 的吊物孔，下游布置通往底层的楼梯及上桥机钢梯；底层高程 173.50m（水轮机层），布置低压空压机室、油罐室、转子支墩及 2 台渗漏检修排水泵；渗漏检修集水井设在安装间最底

层，集水井底高程 166.20m。

2）副厂房。副厂房布置在主厂房的上游侧。其中安装间段为四层布置，净宽 8.20m，建筑高度 14.14m；底层高程为 173.50m（水轮机层），主要布置 35kV 开关柜；二层高程 177.50m，为电缆夹层；三层高程 180.30m，布置中控室和交接班室；四层高程 184.80m，布置电工实验室、通信室及卫生间。主机房段为两层布置，净宽 8.20m，底层高程为 169.20m（蜗壳层），引水管道从该层通过；二层高程 173.50m（水轮机层），主要布置低压开关柜、发电机电压配电装置及 1 号、2 号厂变，其顶部室外 180.00m 高程平台布置两台主变压器。

3）主变压器布置。主变压器布置在主厂房上游侧高程 180.00m 的室外平台上，在变压器与厂房之间、两台主变压器之间设置防火墙。

4）尾水布置。尾水平台高程为 180.00m，校核尾水位为 179.45m，厂房外围护墙 180.50m 以下设混凝土挡水墙。尾水平台设机组尾水闸门，孔口尺寸为 3.328m×1.431m（宽×高），底板高程 168.20m，采用平板钢闸门，两台机组共用一台单轨移动式启闭机。尾水平台下接尾水渠，尾水渠为明渠，长 80.20m，渠底高程 168.20～169.20m，171.15m 以下为矩形断面，断面宽 10.33m，全面面混凝土护砌，171.50m 以上为梯形断面，坡比 1：1.75，浆砌石护坡，尾水渠出口接下游河道。

（3）小水电站厂房。

1）主厂房布置。主厂房总长 27.02m，其中机组段及旁通阀段长 21.00m，安装间长 6.00m，考虑机组检修时向沁北电厂供水的需要，在 2 号机组左侧设一旁通阀。主厂房跨度 9.80m，其中上游侧跨度为 5.80m，下游侧跨度为 4.00m，建筑高度 9.5m，机组安装高程 217.17m，运行层高程 215.97m。安装间与运行层同高程；渗漏检修集水井设在安装间最底层，集水井底高程 210.85m。

2）副厂房布置。副厂房布置在主厂房的上游侧，宽度 4.85m，地面高程 215.97m，主要布置励磁变、移动式空压机及厂用开关柜等设备。

3）尾水布置。设计尾水位 215.00m，尾水平台与运行层同高 215.97m。尾水底坎高程 212.27m，尾水平台设机组尾水闸门 3 道（含旁通阀），单孔尺寸为 2.60m×1.60m（宽×高），采用平板钢闸门，机组与旁通阀尾水闸门共用一台单轨移动式启闭机。

根据小水电站供水要求，尾水平台后设供水分水池（尾水池），一侧向沁北电厂供水，另一侧向济源市供水。分水池由机组尾水池、集分水池、沁北电厂引水渠，济源市供水前池及退水渠组成。尾水池及集分水池长 15.8m，其中尾水池净宽 3.0m，集分水池净宽 5.0m，净深 2.0m。沁北电厂尾水渠从分水池引出后直接进入沁北电厂引水洞。济源供水前池长 10.9m，宽 8.0m，深 7.25m，前池末端接济源市供水管道。退水渠宽 2.0m，从溢洪道鼻坎下退水。

1.1.4.5 水电站水利机械

大水电站水轮机水头运行范围 102.90～52.20m。选用运行稳定性好、运行范围宽、效率较高的混流式水轮机，其主要参数见表 1.5。

小水电站机组运行水头范围取 57.5～31.0m，也采用混流式水轮机，其主要参数见表 1.6。

表 1.5 大水电站水轮发电机组主要参数表

项目	参数	项目	参数
机组台数	2	比转速 n_s/(m-kW)	194
水轮机型式	HLA801-LJ-100	允许吸出高度 H_s/m	≤2.51
额定水头 H_r/m	76.0	水轮机安装高程/m	171.20
最大水头 H_{max}/m	102.9	发电机型式	SF5000-10/2600
最小水头 H_{min}/m	52.2	发电机额定功率/MW	5.0
水轮机额定效率 η_r/%	94.3	额定转速 n_r/(r/min)	600
转轮直径 D_1/m	1.0	发电机额定电压/kV	10.5
水轮机额定流量 Q_r/(m^3/s)	7.55	发电机额定效率/%	96.4
水轮机额定出力 N_r/MW	5.26	功率因数 $\cos\varphi$	0.85

表 1.6 小水电站水轮发电机组主要参数表

项目	参数	项目	参数
组台数	2	比转速 n_s/(m-kW)	280
水轮机型式	HLA551-WJ-55	允许吸出高度 H_s/m	2.44
额定水头 H_r/m	41.0	水轮机安装高程/m	217.17
最大水头 H_{max}/m	57.5	发电机型式	SFW800-6/1180
最小水头 H_{min}/m	31.0	发电机额定功率/MW	0.8
水轮机额定效率 η_r/%	91.0	额定转速 n_r/(r/min)	1000
转轮直径 D_1/m	0.55	发电机额定电压/kV	10.5
水轮机额定流量 Q_r/(m^3/s)	2.31	发电机额定效率/%	95.0
水轮机额定出力 N_r/MW	0.842	功率因数 $\cos\varphi$	0.8

经初步计算机组 $T_w=2.5$s、$T_a=4.73$s，满足 $T_w>2\sim4$s 不设置调压井的条件，水电站不设调压井。本水电站总装机容量 10MW，水电站容量在电网中所占比例很小，机组事故甩负荷停机不致影响电网安全。

1.1.4.6 电工一次

大、小水电站之间直线距离约为 120m 左右。水电站利用供水及汛期部分弃水进行发电，根据《关于济源河口村水库工程配套 2×5+2×0.8MW 水电机组接入系统方案审查意见的通知》的要求，河口村水电站输电方案及接入系统方式如下：

水电站出线电压等级为 35kV，出线规模 1 回，架空接入 110kV 工业变电站 35kV 母线，线路长度约为 7km。

水电站电气主接线方案为：由 1 台 5MW 和 1 台 0.8MW 发电机分别组成一个单母线接线，两段单母线之间通过装设分段断路器进行连接。任一段母线发生故障或进行检修，都能保持 50%的发电功率送出。根据本工程以防洪、供水为主，兼顾灌溉及发电的运行方式，若此时有 1 台 5MW 大发电机组在正常供水情况下运行、另有 1 台 0.8MW 小发电机组也在正常供水情况下运行，而此时两台发电机组不在同一母线段上，则可以通过分段断路器将两台发电机接在同一母线上，通过主变压器送出。35kV 电压侧仅有一回出线，采用单母线接线。

主要电气设备，主变压器为两台 S10－8000/35 型三相油浸双卷铜芯自然冷却无载调压升压变压器；35kV 配电装置采用户内金属铠装移开式开关柜；发电机回路采用 10kV 电缆，主变压器低压侧采用共箱母线；10.5kV 发电机电压配电装置采用户内金属铠装移开式开关柜；厂用、坝用变压器选用干式变压器。

1.1.4.7 电工二次

主要为水电站计算机监控系统，闸门计算机监控系统，继电保护及安全自动装置。电站计算机及闸门计算机监控系统，分为现地控制单元和上位机系统两部分，计算机通过通信接口与济源地调通信实现调度自动化。闸门监控系统通过通信接口与水库管理局进行通信并将信息传送至黄委会和河南省水利厅防汛调度部门。水库和水电站按“无人值班”（少人值守）设计，设 1 套视频监视系统。水库水利系统通信以租用 10M 电信公网为主要通信方式。生产调度通信在大水电站内设 1 套 48 端口具有调度功能的程控用户交换机，并与济源公共通信网相连。水文自动测报系统通信方式与“小花间”相同，遥测站和区域水文信息集成传输站采用卫星和 GSM 信道通信，双信道互为备份。

1.1.5 左岸山体防渗工程

1.1.5.1 左岸山体帷幕布置

根据左岸地质构造条件、岩体透水性分布规律及库坝区渗流模拟计算结果，由于库区左岸山体存在武庙坡断层带，左岸山体渗透问题比较明显，左岸渗漏量较大，主要集中在坝肩—老断沟向五庙坡断层带渗漏，仅该段渗漏量占了全部渗漏量的 65.5%，需对左岸山体进行防渗处理，经比较采用帷幕措施，以解决近坝区库区渗漏问题。左岸山体防渗帷幕布置见图 1.5。

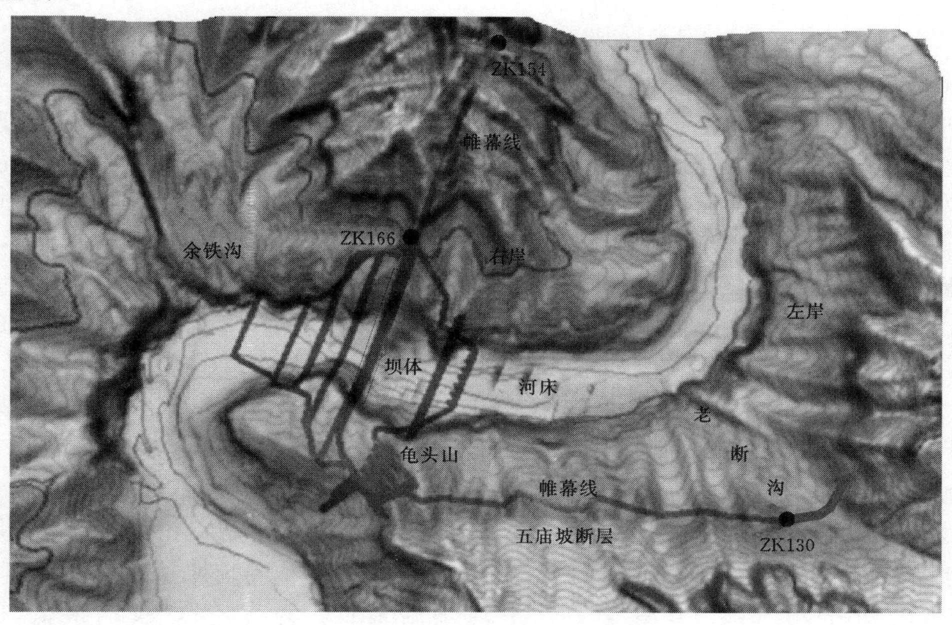

图 1.5 左岸山体防渗帷幕布置图

左岸帷幕全长1211.72m，帷幕线从左岸坝基防渗帷幕线开始，途经溢洪道闸室前铺盖，近似平行五庙坡断层并位于该断层带北侧向东（上游）延伸，过泄洪洞进口段后，继续平行于五庙坡断层带向东跨越老断沟，跨越老断沟后，由于地形急剧升高，在高程309.00m处布置灌浆洞进行灌浆，洞长165.0m，为城门洞型，断面尺寸为2.5m×3.5m（宽×高）。

帷幕底高程根据库坝区渗流模拟计算及地质勘探成果，在老断沟以西按渗透系数小于3Lu控制，跨过老断沟按5Lu线控制，确定帷幕底高程210.00～260.00m。

1.1.5.2 左岸山体帷幕设计

左岸防渗帷幕在有溢洪道及泄洪洞建筑物段（从左岸坝基开始至桩号ZM0＋454.90）帷幕灌浆孔为两排，上、下游排帷幕孔同深，孔距2m，排距1.0m；剩余帷幕灌浆段帷幕灌浆孔布置一排，孔距2m。

左岸山体帷幕老段沟山体采用灌浆洞，其余地带根据山体地形布置灌浆平台进行灌浆，最高灌浆平台高程320.00m，灌浆平台宽3.0m，设厚0.3m混凝土盖重。桩号ZM0＋023.30～ZM0＋048.95范围，现状地形低于帷幕顶高程，南侧又为五庙坡断层带，布置混凝土挡墙截渗，墙下进行帷幕灌浆。

1.2 施工组织设计

1.2.1 施工基本条件

1.2.1.1 工程布置特点及自然条件

（1）地形地质条件。坝址区位于河口村以上，吓魂潭与河口滩之间，长约2.5km。河谷呈两端南北向、中间近东西向的反S形展布。坝线位于龟头山北侧，河谷底宽134m，坝顶河谷宽450m。河床深槽基岩面高程131.06m左右，覆盖层为含漂石砂卵石层夹黏性土及砂层透镜体，最大厚度41.87m；右坝肩古河道残留宽10m，堆积物厚约5m。由于坝址处为高山峡谷，地形陡峭，施工道路布置比较困难；距坝址右岸下游1km左右河口滩地，面积约16.8万m^2，距坝址左岸下游1.6km左右金滩滩地，面积约3.1万m^2；两滩地现状高程均位于天然河道洪水重现期20年水位以上，适宜布置施工生产设施，也可以布置临时堆料场地。为安全考虑，施工生活及文化福利设施可以布置在靠近河口滩地的阶地上，面积约2.4万m^2；坝址上游右岸亦有部分滩地可做临时场地使用。

（2）水文气象条件。河口村坝址以上沁河流域属副热带季风区。冬季受蒙古高压控制，气候干燥、寒冷。春季很少受西南季风影响，雨量增加有限。夏季西太平洋副高增强，暖湿海洋气团从西南、东南方侵入到本流域，同时又处于西风带环流影响下，冷暖空气交换频繁，雨量集中。7—8月雨量占全年的40%以上。最大月雨量出现在7月，最高温度出现在雨季开始之前。据济源气象站1971—2000年资料统计，多年平均降雨量为600.3mm，年平均气温14.3℃，1月平均气温最低，为0.2℃，极端最低气温为－18.5℃；7月平均气温最高为27.0℃，极端最高气温出现在6月，达42.0℃。年平均蒸发量为1611.2mm。无霜期180d左右。

坝址以上控制流域面积9223km²，占沁河流域面积的68.2%。沁河径流主要为流域内降雨形成，7—10月为汛期，11月至次年6月为非汛期。一次洪水历时均在5d之内，洪峰陡涨陡落，呈单峰型或双峰型，洪量集中。水文分析，坝址洪水重现期20年一遇洪水流量为3100m³/s，50年一遇洪峰流量为4580m³/s，200年一遇洪峰流量为7200m³/s，非汛期20年一遇洪峰流量为31.8m³/s。

1.2.1.2 场内外交通条件

(1) 对外交通条件。坝址右岸约11km有济（济源）阳（阳城）公路通过，且有低等级公路连接至坝址；坝址左岸下游约9km有207国道及二广高速通过，并有乡间简易道路Y006连接至坝址；坝址南距焦枝铁路约9km，与济源市、洛阳市、焦作市和新乡市，均有公路、铁路相通，对外交通条件较好。

工程对外交通运输方案选择公路运输。现有连接上述简易道路因沿线村庄密集，且地处煤矿塌陷区，因此不能满足施工期外来物资运输要求。设计中，结合当地交通现状及规划情况，考虑了既满足施工期运输要求，又提高本工程运行期防汛抢险可靠程度，还能够服务于地方经济等因素，选择新修坝址至裴村外线道路；该路全长约10.5km，等级为公路三级，沥青混凝土路面，路基宽8.5m，路面宽7m，沿线有隧洞段长约近1000m。

(2) 场内交通条件。工程区除有一条经过河口电站至上游拴驴泉小电站的引沁济莽干渠简易检修便道外，没有可供枢纽施工的现有道路。根据工程布置特点、施工方法、施工机械配套和对外交通选用公路运输等特点，按照前期施工与后期施工、临时道路与永久道路、施工与运行管理三结合的原则，场内交通道路，共规划新建干线施工道路12条，总长15.9km，分别通向左右岸的大坝、溢洪道、泄洪洞进出口、引水发电洞及发电厂房、业主营地、变电站、导流洞等建筑物。根据使用功能、担负任务量大小，道路级别分矿-Ⅱ级和矿-Ⅲ级两种，均为泥结碎石路面。矿-Ⅱ级道路路面宽7m，总长10.9km；矿-Ⅲ级道路路面宽6.5m，总长5.0km。工程完工后，将对通往左右坝肩、溢洪道、泄洪洞进口、电站厂房、业主营地、变电站的道路路面进行改建为沥青混凝土路面，以满足运行管理、度汛抢险、旅游观光之交通需要；改建路段总长8.7km。

1.2.1.3 施工期水、电条件和通信设施

(1) 供水：对坝址区的河水、孔隙水、基岩裂隙水皆属弱碱性淡水，对混凝土皆无腐蚀性。没有超出污染技术指标，均基本上能满足饮用水的要求。因此工程生产生活用水可以打井或提取河水。另外，位于坝址右岸高程约285.00m山体内有引沁济莽干渠通过，常年流水，水量较大且有富余，水质清澈，可实现自流用水。

(2) 供电：克井镇现有110kV变电站，距坝址约15km；五龙口镇郑村有35kV变电站；坝址下游右岸有河口小水电站，装机3×3600kW，从引沁济莽干渠引水发电，运行平稳。工程高峰用电量约6700kW，选择了T接堽头110kV变电站—河口水电站35kV线路。设变电站1座，变电站设2台SZ10－5000/35主变压器，电压35kV，容量10000kVA，配电电压10kV，用6回线路分别送至各负荷中心。工程建设期间，济源市在孔山工业园区新建了一座110kV变电站，距离本工程约7km，更方便与工程建成后永

久电源的改造。

（3）施工通信方式采用固定电话和移动电话，固定电话由本地通信公司安装。

1.2.1.4 主要建筑材料

（1）工程周边有济源、洛阳、焦作及郑州等大中城市，并分布有济源太行水泥有限公司、焦作坚固水泥有限公司、洛阳铁门水泥有限公司，济钢、安钢、沁北电厂、首阳山电厂等大型厂家。因此，工程建设所需要的钢材、水泥、粉煤灰、火工材料等材料均可供应。

（2）工程区内选择土料场2处，石料场1处，粗细骨料均采取现场加工方式获得。

（3）工程距济源市、洛阳市较近，人口众多，人力和生活物质供应充足。

（4）有线电视、电话、网络以及无线通信都已经覆盖本区域，通信条件优越。

（5）工程距洛阳较近，洛阳为工业城市，工矿企业较多，技术力量雄厚，如洛阳矿山机械厂、洛阳第一拖拉机厂和洛阳工程机械厂等工矿企业，可为本工程施工机械修理和金属结构加工提供服务。

1.2.1.5 机械修配及保养

施工期主要施工机械为挖掘机、装载机、推土机、起重机、碾压机械、自卸汽车、钻孔及灌浆机械等。主要服务大坝、泄洪洞、溢洪道、防渗及水电站等工程，根据业主提供的施工场地，由各个标段负责修配及保养。其中大坝标段设在余铁沟施工营地，泄洪洞、溢洪道设在2号渣场，水电站及防渗标段设在泄洪洞出口对面河道高滩、1号临时堆渣场附近。

1.2.1.6 生活设施

（1）业主营地。河口村水库业主营地位于河口水电站厂房下游向南约600m，河口村北冲沟以北，与厂区1号路相连。业主营地占地面积约20000m^2，生活管理区建筑面积约5000m^2，有营地办公楼、职工食堂（含宿舍）和监理办公楼。工程施工期间，除建设管理人员外，监理及设计代表都在此办公。

（2）施工单位营地。大坝、泄洪洞、防渗、溢洪道及电站等标段的施工营地，根据业主规划，均设置在大坝右坝肩坝下余铁沟冲沟内，并按照永临结合的方式建造，施工区作为承包商的营地，施工结束后移交给业主，作为业主运行期水库培训中心。

余铁沟为一条西北高，东南低的山谷，两边山坡陡立。位于大坝下游西北侧，南邻坝后压戗平台，西、北、东三面由库区四号路包围。余铁沟水库职工培训中心，以培训、接待、会议等功能为主，由六栋建筑单体组成，1号、2号楼为综合培训中心，3号楼为餐厅，4号、5号、6号楼为小培训楼。总用地面积60698m^2，总建筑面积10634m^2。

1.2.1.7 业主提供条件

业主为承包人提供对外交通和厂区施工道路，生产和生活场地、堆渣场、弃渣场、基本水电设施及合格的料场和料源。

1.2.2 施工导截流及安全度汛

1.2.2.1 施工导流

（1）导流标准。导流建筑物级别为4级，拦洪围堰采用当地材料，即土石围堰，相应

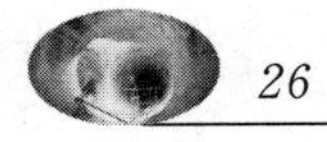

设计洪水标准为10～20年洪水重现期。考虑下游有焦枝铁路桥和河口小水电站，且围堰拦洪期间所保护基坑基础处理复杂，围堰一旦失事将影响焦枝铁路运行安全和工程的工期，因此选择初期导流标准为20年一遇洪水重现期。

中后期导流采用坝体临时挡水度汛，当 $P=2\%$，$Q=4580m^3/s$，$Q_t=3068m^3/s$，$H_s=218.9m$ 时，拦洪库容为0.4亿m^3，在0.1亿～1亿m^3之间，根据坝型及坝前拦洪库容，临时度汛洪水标准为50～100年洪水重现期。考虑临时坝体挡水时间较短，确定临时度汛洪水标准为50年洪水重现期。

根据施工进度安排，截流后第三年汛前导流建筑物已封堵，汛期坝体度汛洪水标准采用200年一遇洪水，相应洪峰流量$7200m^3/s$。

导流洞下闸选择在11月上旬，设计洪水标准 $P=10\%$，设计流量$46.1m^3/s$。

导流洞封堵设计在非汛期11月至次年4月，设计洪水标准 $P=10\%$，设计流量$175m^3/s$。

（2）导流方式。

1）导流泄水方式。坝址地形狭窄，岸坡较陡，河床宽约130m，河谷形状系数约为4.3，无天然滩地、台地可结合利用。经综合分析采用河床一次拦断、围堰挡水，隧洞导流的方式。

大坝及厂房采用全年施工方案。结合坝址处的地形、地质、水文条件和水工建筑物的布置特点，在截流后的初期导流阶段，由围堰挡水，导流洞过流；在水库下闸蓄水前的中期导流阶段，由坝体（临时）挡水度汛，导流洞与1号泄洪洞联合泄流；在水库下闸蓄水后，采用坝体挡水，1号泄洪洞过流。

2）导流方案。导流方案选择，进行了全年围堰与枯水期围堰方案、坝体过水和不过水技术经济方案比较，采用了枯水期围堰挡水、汛期坝体临时断面挡水的导流方案。

（3）导流程序。

1）工程开工后第3年11月上旬截流。

2）第4年即截流后第一个枯水期由枯水期围堰挡水，导流洞（后期改建为2号泄洪洞）过流，进行基坑开挖及坝体基础防渗、临时度汛坝体填筑；汛期度汛由坝体临时断面挡水，导流洞和1号泄洪洞过流。

3）第5年即截流后第二个枯水期由枯水期围堰挡水，导流洞过流，进行坝体填筑及一期面板（至高程233.00m）施工，汛期由坝体临时挡水，导流洞和1号泄洪洞过流。

4）第5年11月上旬导流洞下闸，水库开始蓄水，导流洞进行龙抬头改建；第六年3—4月进行二期面板（至高程286.00m）施工；下闸蓄水至高程195.00m后由1号泄洪洞过流。

5）第6年8月底工程竣工；汛期由坝体挡水，溢洪道和1号、2号泄洪洞具备过流条件，工程进入正常泄洪度汛，施工导流结束。

1.2.2.2 施工截流

（1）截流方式。根据本工程的地形、地质和施工设备条件，采用立堵截流方式。立堵截流准备工作简单、造价低，且国内施工经验丰富。考虑到截流设计流量较小，两岸均为陡峭山体，料源及施工道路在右岸的特点，选择自右岸向左岸单戗堤立堵进占截流方式。

（2）截流戗堤布置与设计。截流戗堤为围堰的组成部分，本工程将截流戗堤轴线布置在上游围堰轴线的下游侧。截流戗堤设计断面为梯形，堤顶宽15m，可满足进占施工时2～3辆15～20t自卸汽车同时抛投的要求。戗堤顶高程180.00m，上下游边坡1∶1.5，进占方向堤头边坡1∶1.25。

（3）龙口宽度确定。龙口宽度的确定，不仅需要考虑渣场粒径情况和预进占允许流速，减少预进占材料的流失量，减少预进占段中石的用量，同时，也要考虑龙口截流的总工程量不宜过大，抛投强度要适中，减少截流施工难度。

综合上述各种原因，确定龙口宽度为30m，并逐渐进行水力计算。截流过程中龙口进占至20m宽时，由梯形龙口过渡至三角形龙口，龙口最大平均流速为3.93m/s，最大单宽流量为11.37m^3/(s·m)，最大单宽能量28.34t·m/(s·m)，最大落差4.22m。

1.2.3 施工总布置

1.2.3.1 施工总体布置规划原则

（1）在保证现场施工需要的基础上，尽量少占耕地。

（2）多方利用社会潜力，最大限度地压缩一线生产生活设施。

（3）根据作业面相对集中的特点，本着便于生产生活、方便管理、经济合理的原则，左、右岸分别集中布置生产、生活设施。

（4）在保证生产、生活的前提下，作好三废处理，保护施工环境，达到文明生产，安全施工。

（5）在工程土石方弃渣规划时，场地选择应满足水土保持和环境保护的要求；尽量提高可利用开挖料的用量。

（6）主要施工工厂设施和临时设施的布置应考虑施工期洪水的影响。根据工程规模、施工工期、沁河水文特性，防洪标准采用10年一遇洪水重现期。

1.2.3.2 施工交通布置

除了对外交通外，根据工程布置、施工方法、施工机械规格和对外交通运输要求等特点，按照前期施工与后期施工、临时道路与永久道路、施工与运行管理三结合的原则，进行场内交通道路规划，共新建干线施工道路12条，总长15.9km，道路等级为矿-Ⅱ级、矿-Ⅲ级，采用泥结碎石路面；矿-Ⅱ级道路路面宽7m，矿-Ⅲ级道路路面宽6.5m。

1号道路：在三孔窑接对外交通道路，经河口村，终点至金滩沁河大桥桥头，长约1.5km，连接沁河两岸的交通运输，主要承担外来物资运输、大坝左岸及泄洪系统开挖出渣、泄洪系统混凝土浇筑、大坝填筑、混凝土面板浇筑等交通运输任务，该道路后期改建为水库运行管理的永久道路。

2号道路：起点在金滩沁河桥，经过泄洪洞出口上部、溢洪道左侧、左坝肩，终点为泄洪洞进口附近，主要承担大坝左岸岸坡、溢洪道、泄洪洞进出水口高部位的开挖、混凝土浇筑、金属结构安装等交通运输任务。该道路后期改建为大坝、溢洪道、泄洪洞进水口运行管理的永久道路。

3号道路：起点在金滩村口现有的乡村公路，终点为泄洪洞出口，主要承担泄洪洞及

其进出口的开挖出渣、混凝土浇筑等运输任务。

4号道路：起点为对外交通道路的终点三孔窑，经沁河河口电站、余庄、余铁沟，到达右坝肩，为右岸上坝的高线道路；主要承担大坝坝肩开挖、填筑、面板浇筑的交通运输任务。该道路后期改建为大坝运行管理的永久道路。

5号道路：在建设管理营地接1号道路，沿沁河右岸逆流而上，终点为大坝坝址。截流前该道路主要承担岸坡开挖出渣等运输任务；截流后，通过下游围堰，连接水电站厂房，为厂房开挖、低线坝体填筑、混凝土浇筑、机组安装施工的运输道路；后期改建为水电站运行管理的永久道路。

6号道路：在坝址接5号道路，沿沁河右岸河滩至2号临时堆料场，主要担负大坝右岸下部岸坡开挖、基坑开挖，围堰填筑、坝前石渣铺盖填筑等交通任务。

7号道路：起点为右坝肩，终点为2号临时堆料场，并连接6号道路，主要承担大坝右岸岸坡的开挖、弃渣、河床段趾板、连接板、高趾墙、坝前压盖黏土、粉煤灰填筑等交通运输任务。

8号道路：起点接3号道路终点，沿左岸逆流而上，至泄洪洞进口，主要承担大坝左岸下部岸坡开挖、发电洞、泄洪洞开挖、混凝土浇筑等交通运输任务。截流后，8号道路被大坝、导流洞截断，仅能部分继续使用。

9号道路：起点接1号路，终点为石料场，担负上坝石料、混凝土骨料等运输任务。

10号道路：起点接2号路，终点为2号弃渣场，主要担负左岸岸坡、泄洪洞、引水发电洞等开挖弃渣任务。

11号道路：起点为下游围堰，终点至小水电站厂房，施工期为小水电站施工道路，后期改建为小水电站运行管理永久道路。

12号道路：起点为1号路，终点至变电站，为水电站施工道路，后期改建为变电站运行管理永久道路。

场内主要临时道路的防洪标准采用10年一遇洪水重现期；后期改建为永久道路的，按公路三级防洪标准考虑，采用25年一遇洪水重现期。

1.2.3.3 砂石料加工布置

河口村水库工程混凝土总量57.73万m^3（其中主体工程50.55万m^3，导流工程7.18万m^3），大坝填筑垫层料、反滤料21.65万m^3，下游排水、F_{11}断层及围堰填筑反滤料3.37万m^3，土工布砂垫层7.50万m^3，需加工成品砂石骨料约138.74万t（其中粗骨料91.15万t，细骨料47.59万t），成品垫层料51.92万t。

根据施工总进度安排，混凝土浇筑高峰强度出现在第三年8—10月，在此期间，混凝土浇筑月平均高峰强度3.0万m^3/月，考虑施工过程中的不均衡性，按每日2班制(14h)，每月生产25d，确定砂石加工系统处理能力为250t/h，成品生产能力为200t/h。

砂石加工系统布置在3号渣场附近，紧邻9号施工道路，系统距离河口村石料场400m，系统占地面积36700m^2。

1.2.3.4 土石料场布置

(1) 土料场。主要用于坝前黏土压盖，上下游围堰，有松树滩土和谢庄两处土料场，均在库区内。松树滩土料场位于坝址上游沁河右岸，松树滩村旁，距坝址 3km 左右，储量约 16 万 m^3。松树滩产地土料岩性比较复杂，质量不稳定，含有较多的钙质结核和碎石，黏粒含量低，由于坝前铺盖土料和围堰防渗体用土料要求较低，但适当筛选后应能满足坝前铺盖土料和围堰用土料要求。

谢庄土料场位于坝址上游沁河左岸，谢庄村旁，距坝址 4～5km，储量为 15 万 m^3，谢庄土料为非分散性土。谢庄土料场除天然含水量小于最优含水量外，其余指标均符合规程要求，应能满足坝前铺盖用土料和围堰防渗土料要求。

(2) 石料场。河口村石料场主要为大坝坝体堆石料和人工混凝土骨料，位于坝址下游河口村村南冲沟两侧，储量 1700 万 m^3。用料取自上部马家沟组（O_2m^2）灰色厚层状白云岩、白云质灰岩和灰岩等；岩石基本裸露，岩层厚度及质量较稳定，风化轻微，为Ⅱ类料场。无地下水出露，施工场地开阔，距坝址直线距离 2～3km，开采运输比较便利，料场石料用作人工混凝土粗骨料时，其干密度、饱和抗压强度、吸水率、冻融损失率（硫酸盐及硫化物含量）等指标均满足技术质量要求，同时碱活性试验结果表明，岩石不具有碱活性，满足块石料及混凝土粗骨料的质量技术要求。

坝体大部分填筑料来源于河口村石料场，部分次堆料取自溢洪道、泄洪洞及电站开挖料。

1.2.3.5 堆渣、弃渣场布置

工程土石方开挖总量 418.1 万 m^3，其中利用 311.3 万 m^3；弃渣 86.8 万 m^3，折合松方 126.6 万 m^3。共设弃渣场 3 个，容量 148.0 万 m^3；设临时堆料场 2 个，容量 271.0 万 m^3。

1 号弃渣场位于 2 号路起点附近的左侧山沟，主要堆存泄洪洞出口石方明挖弃渣。

2 号弃渣场位于 2 号路起点附近的右侧山沟，主要堆存泄洪洞进口石方明挖弃渣和出口覆盖层开挖弃渣。

3 号弃渣场位于石料场东侧的冲沟内，主要堆存石料场的覆盖层和无用层开挖弃渣。

1 号临时堆料场位于大坝下游 800m 处右岸的河口滩，临时堆存部分大坝垫层料和大部分开挖可利用料，其中后者主要用于大坝次堆石区、大坝坝后压戗和下游围堰、泄洪系统建筑物石渣回填。

2 号临时堆料场位于大坝上游 500m 处右岸河滩，堆存小部分开挖可利用料，主要为上游围堰和大坝坝前压盖填筑料。

上述 3 个弃渣场施工后期都按照水保要求进行了水土保持整治及绿化。1 号临时堆渣场在大坝回采后也按照水保要求进行了治理及绿化；2 号临时堆渣场位于库区内，施工期进行了临时防护，水库蓄水后淹没于库区内。

大坝基础开挖料及部分溢洪道开挖料，作为坝后压戗堆积在坝脚至下游围堰之间，后期也按照水保要求进行了水保绿化。

1.2.4 施工总进度

1.2.4.1 施工分期

工程建设施工总工期 60 个月，划分为四个施工时段：工程筹建期、工程准备期、主

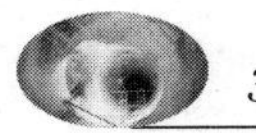

体工程施工期及工程完建期。

(1) 准备工程开工以前为工程筹建期；工程筹建期24个月，不列入总工期。

(2) 从准备工程开工到河道截流为工程准备期；工程准备期26个月。

(3) 从截流到具备供水条件为主体工程施工期；主体工程施工期27个月。

(4) 从具备供水条件到工程竣工为工程完建期；完建期7个月。

1.2.4.2 筹建期工程进度

筹建期工程项目原则上按《水利水电工程施工组织设计规范》(SL 303—2004)一般工程建设施工时段划分所包括的工程项目，但由于场内交通公路、桥梁、供水等工程规模较大，将部分准备工程列入筹建期，以使主体工程尽早开工。

筹建期主要完成施工征地及移民安置，35/10kV变电站及相应输电线路，对外新建改建公路、连接两岸的交通桥、部分施工供水系统、通信系统及建设管理营地等。

1.2.4.3 准备期工程进度

工程准备期从第1年9月初开始至第3年10月底结束，历时26个月，主要包括准备工程、导流工程以及部分主体工程等。

1.2.4.4 主体工程施工期进度

主体工程施工期从第3年11月初河床截流后开始，至第6年1月底具备供水条件结束，共27个月。

1.2.4.5 完建期进度

工程完建期自第6年2—8月，共7个月。工作内容主要是剩余机组安装、导流洞封堵、2号泄洪洞出口挑流鼻坎改建、坝顶防浪墙施工、坝顶道路等附属工程的施工。

1.2.4.6 关键线路

本工程关键线路：导流洞工程施工→河床截流→大坝基坑开挖及处理→坝体一期、二期、三期填筑→二期面板浇筑→坝顶防浪墙施工→坝顶道路等附属工程施工。

施工技术指标设计见表1.7。

表1.7　　施工技术指标设计表

<table>
<tr><th rowspan="2">序号</th><th rowspan="2" colspan="2">项　目　名　称</th><th rowspan="2">单位</th><th colspan="6">指　　标</th></tr>
<tr><th>第1年</th><th>第2年</th><th>第3年</th><th>第4年</th><th>第5年</th><th>第6年</th></tr>
<tr><td>1</td><td colspan="2">总工期</td><td>月</td><td colspan="6">60</td></tr>
<tr><td>2</td><td colspan="2">截流日期</td><td></td><td colspan="6">第3年11月初</td></tr>
<tr><td>3</td><td colspan="2">供水时间</td><td></td><td colspan="6">第6年2月初</td></tr>
<tr><td>4</td><td colspan="2">第1台机组发电时间</td><td></td><td colspan="6">第6年3月初</td></tr>
<tr><td rowspan="2">5</td><td rowspan="2">覆盖层开挖</td><td>最高月平均强度</td><td>$10^4 m^3$/月</td><td></td><td>4.41</td><td>22.23</td><td>13.45</td><td>3.46</td><td>0.69</td></tr>
<tr><td>年开挖量</td><td>$10^4 m^3$</td><td></td><td>13.25</td><td>53.79</td><td>49.34</td><td>5.55</td><td>0.69</td></tr>
<tr><td rowspan="2">6</td><td rowspan="2">石方明挖</td><td>最高月平均强度</td><td>$10^4 m^3$/月</td><td></td><td>12.63</td><td>17.31</td><td>7.73</td><td>6.25</td><td></td></tr>
<tr><td>年开挖量</td><td>$10^4 m^3$</td><td></td><td>45.90</td><td>103.32</td><td>43.56</td><td>12.08</td><td></td></tr>
</table>

续表

序号	项目名称		单位	指标					
				第1年	第2年	第3年	第4年	第5年	第6年
7	石方洞挖	最高月平均强度	10^4m^3/月		3.61	3.89	0.19	1.54	
		年开挖量	10^4m^3		5.94	24.41	0.44	1.61	
8	混凝土浇筑	最高月平均强度	10^4m^3/月		0.21	3.00	2.23	2.01	1.17
		年浇筑量	10^4m^3		0.62	20.43	12.39	14.93	4.62
9	土石填筑	最高月平均强度	10^4m^3/月			12.56	29.77	34.89	1.04
		年填筑量	10^4m^3			24.59	324.68	284.77	1.98
10	劳动力	高峰人数	人	250	1250	2700	3100	2050	600
		总劳动量	10^4 工日	7.36	14.55	69.80	78.84	54.64	4.83
11	施工期最大用风量		m^3/min	15.00	191.00	283.00	423.00	344.00	11.00
12	施工期最大用水量		m^3/h	36.00	41.00	758.00	1090.00	813.00	112.00
13	施工期最大用电负荷		kW	1300	2626.00	4066.00	6700.00	5439.00	1731.00

1.3 施工期技术问题综述

河口村水库工程从20世纪50年代开始勘查、到21世纪立项到建设完成，历经半个世纪，其复杂程度可想而知，概括有几大特点：①复杂的地基条件，坝址区主要断层14条，武庙坡组合大断层影响宽度达105m，穿越两条泄洪洞及溢洪道；大坝基础为深覆盖层，最厚达42m，夹有多层壤土夹层，给设计及施工带来很大难度。②由于建设需要，初步设计审查尚未结束，工程就提前招标、提前截流，导致整个工期紧，任务重。③泄洪洞进水塔高102.5m，又建于狭窄河床边，混凝土垂直运输及施工困难很大。④河口村水库打造国优精品，各建筑物实体及外观质量、景观及建筑物周边生态恢复及美化要求标准高。这几大特点给工程施工带来的技术问题和难题体现在如下方面。

1.3.1 大坝截流及坝基处理提前问题

河口村水库于2011年3月底进行初步设计审查，2011年9月，国家发展和改革委员会对河口村水库进行概算审查，2011年12月水利部正式批复河口村水库初步设计。由于河口村水库建设需要，2011年3月底河口村水库初步设计审查刚刚结束，即着手进行主体工程的招标工作，2011年4月主体工程完成招标，2011年5月主体工程正式开始施工，因此要求2011年10月大坝截流，这样导致河口村水库工程施工整整提前了一年。根据新的建设目标，需重编施工组织设计，制定新的截流方案。其中大坝上游围堰截渗墙是确保大坝截流的施工关键，因此要求上游围堰需在汛前完成；其次大坝一旦截流，大坝就要进入基坑开挖和回填，但由于大坝填筑断面上游区域基础设置有高压旋喷桩加固基础，并需要做基础处理区加固试验后才能进行，如果加固试验放到截流后进行，将严重影响大坝基础开挖和回填，因此大坝基础处理实验需提前跨汛期施工。

1.3.2 坝体开挖填筑与其他标段施工交叉干扰问题

（1）两坝肩开挖与坝基高压旋喷桩处理存在立体交叉施工。由于河口村大坝基础为深覆盖层，根据设计要求河床段坝基采用高压旋喷桩加固。为保证大坝基础加固按时完成，根据工期安排，基础高压旋喷桩实验从2011年6月开始进行，实验周期较长，跨汛期施工，当时两岸坝肩正在开挖，两岸爆破影响坝基高压旋喷桩基础作业，有时因两岸爆破不得不停止坝基河床段的基础加固施工。

（2）基础防渗（上游围堰防渗墙）施工干扰问题。坝基开挖、回填、混凝土浇筑，根据进场道路安排，主要有大坝下游的5号道路和上游的7号道路，虽然大坝交通主要从下游5号道路进入，但部分交通也需要从上游7号道路进场。由于上游围堰和坝基基础防渗墙有其他标段施工，从上游7号路进场时需跨基础防渗墙（含围堰），施工干扰较大，施工交通布置难度大。

（3）泄洪洞、溢洪道开挖爆破及出渣影响。泄洪洞进口距离坝上游约260m，泄洪洞进口开挖高度约100m；溢洪道在大坝左坝肩布设；其中泄洪洞进口开挖和大坝开挖同期进行，溢洪道开挖稍晚，但和大坝填筑同期进行。

泄洪洞进口在低位开挖时，首先爆破开挖对大坝上游施工有影响，其次泄洪洞出渣需穿越坝体进入从坝下游出渣，存在施工交叉干扰。

溢洪道在大坝填筑到一定高度时开始开挖，由于溢洪道紧邻左坝肩，爆破开挖对大坝浇筑左岸趾板及大坝填筑影响较大。

1.3.3 大坝及泄洪洞施工与安全度汛问题

大坝施工安全度汛是比较突出的矛盾，首先大坝初期开挖施工时，由于坝基高压旋喷桩加固施工需跨汛期施工，存在安全度汛问题；其次根据水库建设度汛安排，除非汛期大坝施工时由上游围堰挡水，导流洞泄水，主汛期每年都需大坝挡水，导流洞和泄洪洞参与泄洪。因此每年大坝的填筑都必须按期填筑到一定高度，以满足度汛条件，导流洞需在大坝截流后建成，泄洪洞需在截流后的第二年基本建成，满足汛期泄流条件。因此，大坝填筑、泄洪洞等工程存在工期紧，任务重，还相互干扰，影响度汛。

1.3.4 大坝基坑进水暨围堰过水与施工进度影响

大坝基坑开挖时由于大坝右岸引沁干渠从坝后泄水，导致坝后下游水位增高，倒灌进入大坝基坑，将当时刚开挖好的基坑全部淹没，由于基坑大量排水，导致大坝填筑拖后时间较长。

大坝填筑完毕后，在进行大坝上游黏土压盖施工时，由于当年汛期大水，越过大坝上游围堰，将坝前压盖基坑全部淹没，由于排水及清理坝前基坑长达一个多月，严重影响了大坝上游压盖填筑的工期。

1.3.5 坝基处理施工技术问题

河口村水库大坝基础为深覆盖层，最大深度41.78m，设计未考虑将其挖出，但由于覆盖层存在4层壤土夹层（厚度1～7m）、19处砂子透镜体，基础极不均匀，对大坝上游混凝土面板危害较大。根据设计方案需对坝基进行加固处理，加固方案采用坝轴线上游部分开挖换填＋坝轴线上游53m范围高压旋喷桩处理。其中高压旋喷桩共布置14排，布置与大坝上游坡脚防渗墙至下游53m区域，旋喷桩桩深均为20.0m，桩径1.2m，布置约562根桩。其次大坝上游坡脚至坝轴线之间平均下挖10.0m进行换填，换填料采用主堆料。坝基处理一是带来施工难度大，特别是高压旋喷桩施工；二是施工交叉干扰大；三是工期较长，大坝截流后，截流后的第二年大坝需挡水度汛，要求在汛前填筑到度汛断面，大坝从2011年10月截流后至2012年汛前只有8个月时间，工期时间十分紧张，基础处理的进度直接影响大坝整个填筑和度汛。

1.3.6 泄洪洞开挖与导流洞同期施工爆破及干扰影响问题

泄洪洞与导流洞相平行，洞间距40m，泄洪洞长600m，导流洞长720m，泄洪洞石方开挖前，导流洞仅完成开挖任务，泄洪洞进洞开挖时和导流洞衬砌同期进行。原则上导流洞衬砌完毕后再进行泄洪洞爆破开挖，以避免泄洪洞爆破开挖对导流洞（特别是现浇衬砌混凝土等）的影响；由于导流洞进度拖后，泄洪洞又不能停工。此时，泄洪洞爆破可能会对导流洞已衬混凝土和正在浇筑的混凝土产生影响，从而形成相互干扰，并严重影响了泄洪洞的开挖施工。为此，为解决相互干扰问题，泄洪洞开挖面在距离导流洞衬砌面80m时即开始进行相应的爆破试验和测试，在导流洞已浇混凝土上和待浇混凝土钢模台车上安装爆破震测仪，测定质点的振动速度，并根据检测结果，不断调整装药量和起爆参数，使爆破振动不对导流洞混凝土产生影响，一定程度上影响了泄洪洞开挖的正常进行。

1.3.7 泄洪洞（导流洞）爆破开挖与武庙坡大断层影响问题

河口村水库布置有两条泄洪洞，其中一条洞前期为导流洞，由导流洞后期改造为泄洪洞，断面尺寸为9m×13.5m，衬砌厚度0.8～2.0m。泄洪洞布置大坝左岸山体，长度600～740m，分别穿越地层有F_4、F_5、F_{11}及F_6～F_8武庙坡大断层，尤其武庙坡大断层，影响范围长105m，断层带及其影响区域岩面倾角较小，岩层趋于水平，受五庙坡等断层带影响，岩体整体破碎，稳定性较差，围岩类别以Ⅳ～Ⅴ类为主；开挖掌子面常有落石出现，易产生塌方、掉块及渗水等不良地质现象。由于开挖断面较大，采用三层五区法施工，采用常规的开挖及喷锚支护难以确保安全，稍有爆破控制不慎，支护措施不及时，加上雨季渗水，就会产生洞顶塌方。导流洞在开挖过程中就曾在武庙坡断层区，出现过两次大的塌方，每次处理塌方达1～2个月，严重影响了工期。后期泄洪洞在开挖过程中虽吸取导流洞教训，采取了“短进尺、弱爆破、勤支护”的开挖支护方法，对断层区域开挖后及时采用钢支撑进行支护，必要时对开挖掌子面打超前锚杆、注浆等手段超前支护，同时加强对施工作业面渗水情况的监测，对渗水地段打排水孔减压并加强排水措施，虽然确保了施工安全，但造成施工难度大，进度减慢。

1.3.8 泄洪洞龙抬头改造与导流洞封堵施工问题

1.3.8.1 泄洪洞龙抬头改造施工问题

（1）2号泄洪洞利用原导流洞进行改造，部分全断面拆除原导流洞衬砌混凝土；部分

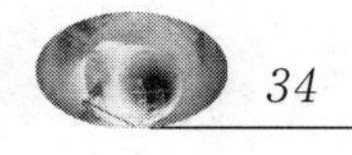

洞段为局部拆除并保留部分老混凝土。该混凝土内有三层钢筋网，网眼200mm，钢筋直径32mm，大多需采用人工拆除，以防止破坏部分原导流洞衬砌结构，即使全断面爆破拆除混凝土后，顶拱爆渣兜在钢筋网内，不仅拆除难度大，人工剪断钢筋网时存在较大的安全风险。

（2）龙抬头段由于为曲线断面，且纵坡较陡（1：2.4），不仅衬砌施工难度大，施工不易控制体型；最难施工的是顶拱衬砌，曾研究过多种浇筑方案，如采用满堂脚手架，则阻断下部交通，功效极低，每段至少需要45d，15段龙抬头改造顶拱衬砌就至少需要675d（1年零10个月），远远不能满足工期要求；如采用落地钢模台车，则台车自重较大且在斜坡及曲面上面行走，前方牵引绞盘巨大且机构复杂，安全性不高，后方也需要很大的斜支撑，中间还需要设置复杂的卡轨装置，台车能否安全使用尚存在许多不确定因素。因此上述问题给混凝土浇筑带来较大困难，需研究新型的浇筑方案和措施。

1.3.8.2 导流洞封堵门施工问题

导流洞封堵分为前端临时封堵段、空腔段、永久堵头段和封堵回填段。

（1）导流洞在封堵时，需在洞口下临时封堵门；原设计导流洞进口门槽孔口以上布设有安装临时封堵门的启闭塔架和启闭设备。但由于导流洞整个工期拖后，导致启闭塔架及启闭设备未及时建设。封堵闸门重约76t，分五节加工，由于导流洞进口现场作业面极为狭小，给临时封堵门的安装带来了极大的难题。需现场开挖和回填拓宽场面，采用500t大型汽车吊来完成封堵门的安装和起吊。

（2）由于导流洞不是全长度封堵，封堵段位于2号洞龙抬头中后部的下部，距离导流洞洞口尚有一定空腔距离。在进行封堵段施工时，上游需安装模板，封堵结束后的灌浆作业也需在空腔段进行，施工结束后，设备与材料需撤出空腔段。但一旦封堵段施工完毕后，上游空腔段将是一个密闭的空间，灌浆作业及后续的设备材料撤出成为难题，同时，埋设在混凝土内的观测设备引线也无法引出。因此现场需通过在上游空腔段增设竖井一直通到2号洞进口上游，以解决上述施工问题。

（3）导流洞封堵与龙抬头改造混凝土泵送作业在同一工作面展开，由于洞内场地有限，施工干扰较大。

1.3.9 泄洪洞进口高塔架混凝土运输及浇筑问题

河口村水库泄洪洞两座进水塔均为岸坡式建筑物，两进水塔净间距14.3m，边坡最大开挖高度130m，1号进水塔高102m，2号进水塔高84.5m，上部是2号路（高程291.00m），1号洞进口高程195.00m，2号洞进口高程210.00m。

两座进水塔混凝土总量13.1万m^3，运输量大，由于塔架太高，边坡为陡崖，只能布置去洞口底部的施工道路，塔架中间不同高程难以布置较多的施工支路。给塔架混凝土浇筑运输带来了很大的困难。初期曾研究多种方案，如采用高空缆车浇筑两个进水塔塔体混凝土，除两岸条件限制外，缆车造价很高，且今后再使用的工程也较少，工程结束后有可能造成设备闲置和浪费；若采用塔带机和负压溜槽，经计算，施工成本也很高。如采用泵送混凝土，由于塔架为大体积混凝土，采用泵送混凝土容易导致混凝土裂缝，施工成本也高。通过对现场地形、工程特点、施工成本、运行效率等方面的综合分析，最后采用box

管垂直输送及水平皮带机构成混凝土的运输系统，仓面安装一台臂长 22m 可自由旋转的布料机进行混凝土浇筑的方案。该方案安装运行简单、成本较低、可重复使用。但该系统也存在混凝土垂直运输时的离析与冲击问题，其次皮带机刮板不耐使用和漏浆问题，经过反复琢磨研究，发明了混凝土垂直运输系统缓降器和 PU 皮带机刮板，解决了上述问题。后期该系统又被成功应用于洛阳前坪水库泄洪洞进水塔工程。

1.3.10 泄洪洞进水塔大体积混凝土温控防裂问题

泄洪洞工程大部分都是大体积混凝土，大部分洞段分仓长度 10m，衬砌厚度 1.2m 以上，甚至达到 2.5m；两座进水塔底板、墩墙等部位更是大体积混凝土，其中 1 号塔底板长 49m、宽 35m、最厚处 6m，不设结构缝，单仓混凝土浇筑量 6259m^3；2 号塔底板长 43m、宽 25m、最厚处 5m，在 0－013.10 处设结构缝，把底板分为上游长 14.9m、下游长 28.1m 的两段，单仓最大浇筑量 2503m^3。在工期要求极为苛刻的条件下进行大体积混凝土的浇筑，温控防裂形势非常严峻。

泄洪洞进水塔混凝土基础在施工中曾经出现了大量裂缝，裂缝总计 84 条，主要分布在泄洪洞进口段左右侧流道及 1 号泄洪洞进水塔底板左右侧等位置处，裂缝累计总长度为 240.46m。其中单条裂缝最长约 9.0m，最宽 1.5mm，最深 1.0m。不仅影响了泄洪洞进水塔的结构和外观，因为处理裂缝增加了塔架结构缝，处理措施等，也影响了工期。

1.3.11 泄洪洞渗水处理问题

河口村水库两条泄洪洞同时于 2014 年 9 月 23 日正式下闸挡水，下闸蓄水不久，即发现 1 号、2 号泄洪洞工作门、泄洪洞洞身出现了大量渗水情况，根据现场检查和统计，初步检查发现除工作门漏水外，泄洪洞洞身存在渗水点 160 余处。

泄洪洞的渗水反映裂缝已贯穿衬砌，首先，长期运行容易锈蚀钢筋，降低衬砌结构强度及承载力；其次，混凝土中的水泥中含有氧化钙，在长期渗压水作用下，会有钙化细颗粒析出，严重影响混凝土结构安全，同时析出钙质会附在衬砌表面，泄洪洞为高速水流，不仅影响衬砌体型，不满足高速水流要求，也影响衬砌外观质量。

1.3.12 工程外观质量控制问题

河口村水库在建设初期就制定了创国优精品工程的目标，除建筑物的内在质量要满足设计及规范要求外，建筑物的外观质量也是创国优精品工程必不可少的控制因素。综合河口村水库的外观质量，主要表现在大坝的上游混凝土面板、下游护坡、坝顶防浪墙，泄洪洞进水塔及洞身，启闭机房，溢洪道闸室、泄槽；水电站引水洞及水电站厂房等。建管局从设计的前期就开始针对这些问题进行了谋划，通过设计理念创新、施工工艺创新、科技创新、着手每一个构成和影响外观质量的每一个工序和环节，制定详细的设计方案、施工措施，技术保证体系、管理措施以及后续的修补措施，并引进了一些新工艺，新材料及新技术，以解决建筑物的内在质量和外观问题。

1.3.13 溢洪道基础及边坡开挖与断层带影响问题

根据溢洪道早期地质勘查和施工期开挖揭露的地质情况，都反映该建筑物整体地质条

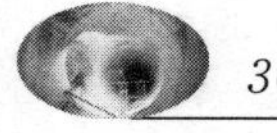

件较差，断层及小褶皱等发育，地层凌乱、岩体破碎，引渠段以古滑坡体和崩塌体为主；堰坎闸室段断层较多且底板底部含有性软易风化的泥灰岩，强透水性；尤其泄槽段有五庙坡组合断层（F_6、F_7、F_8）与之近平行贯穿，且有较多小断层发育，开挖过程中边坡容易失稳和滑塌，例如泄槽桩号溢0＋90～溢0＋130m段因岩石裂隙发育，破碎，断层影响，施工期左右边坡都不同程度地出现塌方，后采取预应力锚杆加固。泄槽底板因武庙坡组合大断层影响，开挖时虽然采取小药量、浅孔爆破等手段控制爆破，由于岩石破碎，开挖后风化，有些遇水泥化，不仅出现大量超挖，也增加基础处理的难度，对施工期的安全、工程量的增加及施工进度都产生较大影响。

1.3.14 大坝主堆料级配超设计包络线问题

大坝主堆料约338万m^3，最大粒径800mm，粒径小于5mm含量不大于20%，粒径小于0.075mm含量不大于5%，设计干密度不小于2.2t/m^3，孔隙率不大于20%，要求主堆料的级配曲线应满足设计要求，即应在设计的包络线内，并且应是一条平滑连续的曲线。施工期承包商在碾压现场实测主堆石料的干密度、孔隙率、渗透系数都能满足要求，但出现部分级配曲线不满足要求。其中大坝主体一期主堆料级配曲线检测164组，有11组超出设计包络线；二期填筑部分主堆料级配曲线检测68组，有10组超出设计包络线。尤其坝后排水带（也是主堆料），其级配曲线不满足要求的大概占试验组数的30%，业主、监理进行复测，也发现有类似情况。承包商虽然经过多次调整，但仍然难以满足设计要求，如果按此控制为不合格的话，不仅将会导致当时已经填筑的坝体需全部推倒重来，后续坝体填筑也难以实施，将会严重影响整个水库工程进度。后经多次调研和考察，参考类似工程经验，设计单位经过反复论证，除要求承包人改进施工工艺，在不影响大坝质量，及充分考虑本工程由于采用GPS大坝填筑碾压监控系统、填筑质量有保证等多种因素下，设计单位将包络线及控制标准进行适当调整，使大坝填筑的质量既在可控范围之中，又便于操作和不影响施工进度。

2 大坝基础工程施工关键技术研究与应用

2.1 高坝大库深覆盖层地基处理措施研究

2.1.1 研究背景及意义

河口村水库大坝为面板堆石坝，坝高122.5m，坝长530.0m，上下游坝坡1∶1.5；设计河床段坝基直接坐落在深覆盖层上，覆盖层最大深度达41.7m。根据计算，深覆盖层对大坝坝体沉降及面板变形影响较大，需对坝基进行处理。初设审查时坝基处理方案为：防渗墙及趾板下游核心区域宽50m范围内采用砂砾石地基固结灌浆，以下至坝轴线主堆石区域采用强夯处理；审查专家认为该方案虽基本可行，但仍有一些不确定因素，要求“下阶段应结合进一步的地勘资料对趾板及其下游基础0.3～0.5倍坝高范围的基础处理措施做进一步论证和优化”。

经进一步分析论证，在河床段坝基处理采用固结灌浆和强夯存在如下问题：①因河床上部漂石较多，强夯施工难度大，效果不明显；②强夯时需要降水，河床渗透系数较大，降水困难；③强夯处理深度相对较小（一般不超过8m），河口村水库坝基覆盖层最厚约40m，对覆盖层深部难以处理，不能解决深部基础变形；固结灌浆存在大面积河床表面需要做压盖也需要降水等问题，对深层的黏土夹层、透镜体效果也不明显，特别是占用工期较长。根据上述分析，需研究一种能够综合处理河口村水库这种复杂地基的处理措施。这种坝基处理措施要求处理效果好，能够真正解决坝基变形，达到设计要求，而且还应具备施工简单、工程量小、工期短、投资节省等优点。

2.1.2 坝基处理方案优选

河口村水库坝基为天然砂砾石地基，由于砂卵石地基本身不均匀，且存在软土夹层、砂子透镜体等，直接作为大坝建筑物的基础，不均匀沉降变形较大，需要进行人工地基处理。而需要采用人工地基时应先经过方案比较其经济合理性，并考虑采用一种或多种地基处理方法。

根据目前国内坝基处理的主要技术措施有强夯、高压旋喷桩、固结灌浆、振冲加固、换土垫基等措施。

2.1.2.1 地基处理方法分析

随着水利部水规总院初步设计审查的结束河口村水库工程，业主于初设审查结束后立即开展了主体工程大坝、泄洪洞、溢洪道、引水发电系统等工程的招标工作，并于2011年4月上旬完成招标工作，4月下旬主体施工单位承包商进场开始施工；根据施工单位进场后的施工进度安排和现场实施落实的情况，为确保坝基处理效果以及2011年截流目标的实现。根据进一步对坝基基础的补充勘测，参考国内外有关工程经验，结合河口村水库坝基覆盖层工程地质条件，经过进一步的分析和论证，适宜的坝基处理手段主要有以下几种。

(1) 强夯。强夯，反复将重锤由高处自由落下，给地基土以强大的冲击力和振动，从而改善地基的工程地质性质。强夯法的加固作用主要体现在：①加密作用，排出地基土中的气体。②固结作用，排出地基土中的液体（水）。③预加变形作用，在冲击力各种颗粒成分在结构上重新排列，提前释放变形。经过强夯法处理，地基土的渗透性、压缩性降低，密实度、承载力、稳定性得到提高，湿陷性和液化可能性得以消除。根据公开资料，收集了几处与河口村水库坝基覆盖层地质条件相似的水利水电工程强夯施工案例，其试验效果见表2.1。

表2.1　　砂卵石层强夯施工案例试验效果对比情况表

工程案例	相对密度		干密度/(g/cm³)		重探N120击数		旁压模量/MPa		瑞雷波测试速度/(m/s)		渗透系数K/(cm/s)		强夯影响深度/m
	夯前	夯后	夯前	夯后	夯前	夯后	夯前	夯后	夯前	夯后	夯前	夯后	
水布垭水电站			2.07	2.15	4	9	7～8.5	17～22	170	200	4.03～4.94×10^{-1}	1.3×10^{-1}	4～5
水布垭水电站（试验区）			2.10	2.28								7.8×10^{-2}	
寺坪水电站			2.04～2.08	2.15～2.19			7.5	15.3		提高23.78%～36.33%	1.24×10^{-1}	3.49×10^{-2}	6～8.6
青山嘴水库	0.4～0.8	1.1～1.4	1.83	2.12～2.3		>15（N63.5）	12.1～27.4（压缩模量）	122.7～123.2（压缩模量）	φ=36.7～38.2	φ=40.3～43.0	2.68×10^{-2}	3.35×10^{-3}	覆盖层最厚9.4m，未检测影响深度

强夯法对处理覆盖层基础有一定效果，但对处理地下水位较高且含有大孤石的砂砾石地基效果尚无较成熟的经验，由于河口村水库坝基覆盖层中含漂石、孤石等大颗粒物质较多，且分布不均匀，坝基河床地下水位较高；同时强夯处理深度相对较小，一般不超过8m，河口村水库坝基覆盖层最厚约42m，对覆盖层深部将难以处理。

(2) 高压旋喷桩。高压旋喷桩是采用高压水、气及浆液形成高速喷射流束，冲击、切割、破碎地层土体，并以水泥基质浆液充填、掺混其中，形成连续搭接的水泥加固体，用以提高地基防渗或承载能力的施工技术。高压喷射注浆法适用于处理淤泥、淤泥质土、流塑、软塑或可塑黏性土、粉土、砂土、黄土、素填土和碎石土等地基，对于含有较多漂石、块石的地层，以及坚硬密实的其他土层，因高压喷射流可能受到阻挡或削弱，冲击破碎力和影响范围急剧下降，处理效果可能会有所降低，因此应当预先进行现场试验。高压旋喷桩一般用于工民建及公路等工程的地基加固中，水利水电工程中常用高压旋喷桩形成连续墙进行防渗，在水电工程用于覆盖层基础加固的分别是向家坝围堰基础以及小浪底部分防渗心墙基础（见表2.2～表2.4）。

表2.2　　向家坝水电站高压旋喷桩加固围堰基础压水试验检测结果表

孔号	部位	试验段			压力/MPa	透水率/Lu	吸水率/(L/mim)	备注
		深度/m		试验长度/m				
		起	止					
检Z1	Z1桩中心偏40cm	1.00	6.00	5.00	0.3	2.4		单点法
		5.40	12.00	6.60	0.3		0.36	单点法，压力升至0.4MPa桩体即被破坏
检SA2	SA2-2桩中心外偏20cm	0.90	7.55	6.65	1.0	6.9		五点法
检SA4	SA2-4中心向SA2-3偏40cm	1.20	7.30	6.10	1.0	4.4		五点法
检SB2	SB1-3桩中心向中心排偏移50cm	0.50	8.00	7.50	0.6		0.03	五点法，压力达0.7MPa时墙体开始破坏
		10.70	16.00	5.30	1.0	0.2		
		16.40	21.50	5.10	0.6		0.18	五点法，压力达0.7MPa时墙体开始破坏
		22.00	27.00	5.00	1.0	12.1		五点法

表2.3　　向家坝工程高压旋喷体芯样物理力学性质检测结果表

孔号	岩石名称	件数	Δ_s	ρ_d (g/cm³)	W_{sa} /%	n /%	R_w /MPa	E_{50} /GPa	μ	σ_t /MPa	备注
检SA	砂卵砾石	33	2.75	2.39	5.60	13.10	16.6	7.0	0.27	0.89	Δ_s—比重 ρ_d—干密度 W_{sa}—饱和吸水率 n—孔隙率 R_w^n—饱和抗压强度 E_{50}—静弹性模量 σ_t—劈裂抗拉强度 μ—泊松比
	砂	9	2.52	1.33	35.98	47.22	17.5	6.61	0.23	0.79	
	砂卵砾石+砂	42	2.70	2.16	11.20	17.97	16.2	6.96	0.26	0.67	
检SB	砂卵砾石	15	2.77	2.41	5.46	12.84	21.6	13.11	0.23	1.13	
	砂	9	2.56	1.89	14.42	28.46	28.6	12.9	0.20	1.16	
	砂卵砾石+砂	21	2.68	2.19	9.30	18.04	23.9	13.1	0.22	1.24	
检C6	砂卵	3	2.79	2.52	3.78	9.68	16.8	9.74	0.26	0.99	
	砾石										

表 2.4　　小浪底工程高压旋喷加固基础效果表

加固效果部位	地基承载力	原位密度	横波波速	纵波波速
桩位	提高 6 倍	提高 6.1%～7.8%	提高 4.2 倍	提高 3.5 倍
桩间	提高 1.5～2.5 倍	提高 4.4%～7.5%	提高 2.1～2.6 倍	提高 1.4～2.2 倍

根据以上工程的试验资料，高压旋喷桩可以用于砂卵石地基基础加固，能收到较好的效果；上述两项工程的地基与河口村水库坝基覆盖层地质条件相似，其中小浪底水利枢纽的覆盖层厚度比河口村水库还要大，本工程可以研究考虑。

（3）固结灌浆。固结灌浆是通过一定的压力，利用钻孔将水泥浆液注入地基中。固结灌浆是水利水电工程中常用的一种地基加固手段，但一般广泛用于加固基岩基础，主要为了改善岩石节理裂隙发育或有破碎带的岩石物理力学性能而进行的灌浆工程，可以提高岩体的整体性与均质性，提高岩体的抗压强度与弹性模量，减少岩体的变形与不均匀沉陷。但固结灌浆用于砂卵石地基很少，用于加固砂卵石地基的有瀑布沟水库、西霞院水库及泸定水电站（见表 2.5）。

表 2.5　　砂卵石层固结灌浆加固覆盖层基础效果对比表

检测效果 / 工程案例	压水试验/Lu		跨孔波速/(m/s)		固结后承载力/kPa	固结后变形模量/MPa
	固结前	固结后	固结前	固结后		
瀑布沟水库（含漂砂卵石层）		5～8.93		2553（平均）		
西霞院水库回填砂卵石	120.1	16.8	1150、1275、1320	1430、1613、1613		
泸定水电站（含漂砂卵石）				2280～2670	971～1068	80.6～86.4

根据表 2.5 可以看出，采用固结灌浆加固砂卵石地基可以提高地基的承载力及抗变形能力，也能收到较好的效果，由于这几处地基与河口村水库坝基覆盖层地质条件相类似，西霞院水库工程可以研究考虑。

（4）开挖换填。换填法就是将基础底面以下不满足设计基础要求的软弱土层及松散的地层挖去，然后以质地坚硬、强度较高、性能稳定、具有抗侵蚀性的堆石料进行换填，同时以机械方法分层碾压，使之达到设计要求的密实度，成为良好的人工地基。由于本工程覆盖层较厚达 42m 左右，全部开挖换填工程量大、投资高、工期长，该处理方案在原可行性研究及初设阶段就曾比较，并未推荐大开挖换填方案。但对于坝基表层存在的局部软土夹层可采用局部开挖换填方案，以简化坝基处理措施、节省投资和工期，本次仍然可以考虑采用。

（5）振冲碎石（砂）桩。碎石桩和砂桩合称为粗颗粒土桩，振冲碎石（砂）桩挤密法是指用振动、冲击或水冲等方式在软弱地基中成孔后，再将碎石或砂挤压入土孔中，形成大直径的碎石或砂所构成的密实桩体。但由于本工程坝基基础为砂卵石地基，地层中存在漂石、孤石，且在过水河床中施工，实施较为困难，本工程不宜采用。

2.1.2.2 地基处理方案的确定

根据河口村水库坝基覆盖层情况和初设审查意见，设计如下地基处理方案并进行比较。

方案一：防渗墙下游 50m 范围固结灌浆＋局部换填＋主堆石区强夯处理。

该方案为原初步设计推荐方案依据经验，大坝上游防渗墙至趾板下游 50m 范围区域为大坝基础控制主要核心区域，也是防渗墙、连接板及趾板等周边缝变形较大的区域。该区域基础存在 4 层壤土夹层，其中第一层土分布在表层附近，较厚，设计将该区域开挖至高程 165.00m，对该范围内的第一层壤土夹层全部挖除后进行换填，其下部未开挖部分采用固结灌浆密实补强。其余部位坝基仅清除表层 1～3m，且在其下游至大坝主堆石区基础范围的开挖建基面上，采用单击夯击能不小于 3000kN·m 的强夯进行处理。

方案二：坝轴线上游部分开挖换填＋强夯处理。

将大坝上游开挖换填区域扩大到坝轴线处，即坝轴线上游以上范围内全部开挖至高程 165.00m（即将坝轴线上游表层第一层软土夹层全部挖掉），并采用单击夯击能不小于 3000kN·m 的强夯进行处理，同时将强夯处理范围扩大到坝轴线下游以下 70m 范围。

方案三：坝轴线上游部分开挖换填＋坝轴线上游 53m 范围高压旋喷桩处理。

将坝轴线以上范围挖至高程 165.00m 进行换填，但挖出后大坝上游防渗墙至趾板下游 53m 范围核心区采用高压旋喷桩加固，其他部位则采用不小于 25t 振动碾碾压 12 遍处理。

方案一固结灌浆处理工程量也很大，大面积河床表面需要做压盖也需要降水等问题，特别是占用工期较长，影响截流，投资费用较高。

方案二由于河口村水库坝基覆盖层含漂石、孤石多，强夯施工难度大；河床渗透系数大，强夯时需要降水，降水较困难；强夯处理深度有限，不能解决深覆盖层变形，同时强夯施工时间受截流直接影响，工期相对较长。优点是投资较省。

方案三施工相对灵活，围堰截流与否均能施工，不影响截流，在坝基清理前后均可进行施工，同时受地下水影响较小，工期相对较短，费用相对较低。

各方案比较分析（见表 2.6）。

根据上述分析，从施工工艺、技术可靠性及工期比较，方案三（高压旋喷桩）均较优，经综合比较初步推荐采用方案三，即高压旋喷桩加开挖换填方案。

表 2.6　河床坝基覆盖层处理方案措施比较分析表

比较项目	方案一	方案二	方案三
工艺	固结灌浆工艺：灌浆施工按分序加密的原则进行。结合砂砾石帷幕灌浆和岩石固结灌浆的施工经验，灌浆施工次序采取先边排后中排，先外后内，先导孔、Ⅰ序孔、Ⅱ序孔的施工顺序。各单元先导孔钻进结束后，先进行一组弹性波 CT 测试。然后再进行灌浆的相关操作	强夯施工工艺：强夯施工前先把地下水位降至夯击面以下 3m，然后按点夯、复夯、满夯的工艺组合，先点夯一遍（每遍 6～8 击），复夯一遍（每遍 6～8 击），满夯 3 遍	旋喷桩施工工艺：旋喷桩桩径 1.2m，间排距 2m×2m，采用三管法，各项施工参数满足《水利水电工程高压喷射灌浆技术规范》（DL/T 5200—2004）的要求

续表

	方案一	方案二	方案三
技术可靠性	固结灌浆技术可靠性：根据相关文献分析地基固结灌浆后，其中架空或大孔结构及大部分连通性较好的孔隙被水泥结石充填，但细砂及黏性土等细颗粒区域的灌浆效果远不如粗颗粒区域好。灌后其整体性虽然进一步得到加强，但随着压强的增大仍存在一定的变形	强夯技术可靠性：强夯法主要适用于处理碎石土、砂土、非饱和细粒土、湿陷性黄土、素填土和杂填土等地基的处理，对处理地下水位较高且含有大孤石的砂砾石地基效果尚无较成熟的经验，处理效果须经强夯试验检验	旋喷桩技术可靠性：旋喷桩对砂卵石等松散地层比较适用，但对于含有较多漂石的地层，须经高压喷射灌浆试验，根据相关工程经验经旋喷桩处理后桩位处的地基承载力可提高6倍，桩间提高1.5～2.0倍
工期比较	工期基本要求是：11月初截流，次年6月底大坝满足度汛要求。期间要完成截流、基坑排水级、基坑开挖、强夯、固结灌浆及坝体填筑、趾板施工等内容，如保证基础处理施工时间，大坝一期填筑平均强度达38.85万m^3/月。根据河口村工程的料场开采和道路运输条件，大坝一期填筑难以达到如此高的施工强度，因此实现坝体临时断面度汛的条件较困难。此外，此方案的缺点是灌浆设备多。 针对此基础处理方案，若要保证大坝填筑工期，可能的解决措施建议有： （1）将截流时间提前10～15d； （2）强夯试验提前进行； （3）增加投入，将坝基开挖强度提高，以缩短开挖工期； （4）提前进行坝基固结灌浆，但这样灌浆将在汛期河道未截流情况下进行，存在度汛风险，增加临建投入	工期基本要求同方案一。期间要完成截流、基坑排水级、基坑开挖、强夯、坝体填筑、趾板施工等内容。 在保证基础处理施工时间的前提下，大坝一期填筑平均强度30.24万m^3/月。根据河口村工程的料场开采和道路运输条件，基本能实现此填筑强度。 若要保证大坝填筑工期，可能的解决措施建议有： （1）将截流时间提前10～15d； （2）强夯试验提前进行； （3）增加投入，将坝基开挖强度提高	工期基本要求同方案一。期间要完成截流、基坑排水级、基坑开挖、强夯、旋喷桩、坝体填筑、趾板施工等内容。 在保证基础处理施工时间的前提下，大坝一期填筑平均强度32.26万m^3/月，根据本工程施工道路、料场开采条件，达到填筑强度有些困难。按照此方案，旋喷施工机械投入很大，一般施工方很难具备这种资源配置条件。此外，旋喷桩施工后能否进行大坝填筑，或旋喷与强夯的相互影响多大尚无研究。 针对此基础处理方案，若要保证大坝填筑工期，可能的解决措施建议有： （1）将截流时间提前10～15d； （2）强夯试验提前进行； （3）增加投入，将坝基开挖强度提高； （4）旋喷施工在汛期河道未截流情况下进行，以保障大坝填筑工期；但这样存在度汛风险，增加施工场地平整和钻孔工程量，增加更多投资

2.1.3 方案设计

2.1.3.1 坝基高压旋喷桩设计

（1）布置。根据专家意见，在防渗墙至下游53m核心区域布置高压旋喷桩，在防渗墙及趾板区域为加密区，布置5排，间排距2m；趾板下游为渐变区，按满足变形过渡要求桩间距逐渐加大，依次向下游间排距按2.0m、3.0m、4.0m、5.0m、6.0m进行渐变。旋喷桩桩深均为20.0m，桩径1.2m，布置约562根桩。根据当时的工程进度安排，部分桩安排在坝基开挖前施工，部分桩在坝基开挖后施工。

（2）桩深确定。根据大坝坝基覆盖层组成，覆盖层为砂卵砾石组成，但含有四层壤土夹层，第一层顶面标高173～175m，厚2～3.7m，最厚6.6m；第二层顶面标高162m左右，厚0.5～1.5m，最厚6.4m；第三层顶面标高152～150m，厚2～4m，最厚6.2m；第四层顶面标高148～142.65m。根据勘探资料分析，砂卵砾石总体属中密～密实，但各层砂卵砾石层的密实程度和压缩性有一定不均一性，其次砂卵砾石中四层壤土夹层易产生基础变形和不均匀沉降，是控制基础变形的主要因素。

基础处理时考虑将表层第一层壤土夹层挖掉，挖至高程165.00m，第二～第四层较深不易挖掉，采用高压旋喷桩置换处理，根据第四层壤土夹层平均高程145.00m左右，并考虑第四层壤土夹层的不连续且厚度不大，从高程165.00m以下取桩长20.0m，即桩底高程145.00m。

（3）高压旋喷桩技术参数。根据河床地质情况，由于存在孤石和大量的卵石，高压旋喷桩采用三管法施工，以提高灌浆效果，通过生产性试验获取了成桩的技术参数，其参数见表2.7。

表2.7　河口村水库大坝基础高压旋喷桩灌浆参数参考表

项目		灌浆参数	
		标准值	允许浮动范围
水	压力/MPa	40	38～42
水	流量/(L/min)	70～100	
水	喷嘴/个	2	
水	喷嘴直径/mm	1.7～2.0	
压缩空气	压力/MPa	0.6～1.0	
压缩空气	流量/(L/min)	0.8～1.5	
压缩空气	喷嘴/个	2	
压缩空气	喷嘴间隙/mm	1.0～1.5	
水泥浆	压力/MPa	32	30～32
水泥浆	流量/(L/min)	70～110	
水泥浆	密度/(g/cm³)	≥1.60	1.58～1.62
水泥浆	喷嘴（出浆口）/个	2	
水泥浆	喷嘴直径/mm	2.0～3.2	
孔口回浆密度/(g/cm³)		≥1.2	
提升速度/(cm/min)	孔口返浆时	7	7～8
提升速度/(cm/min)	孔口不返浆时	4～5	
水泥单耗量/(kg/m)	孔口返浆时	≥600	
水泥单耗量/(kg/m)	孔口不返浆时	≥1000	
旋喷转数/(r/min)		8～12	
水灰比		0.75∶1.0	0.75∶1.0～0.8∶1.0

其他参数如旋喷钻孔、浆液配比等要求按照《水利水电工程高压喷浆技术规范》（DL/T 5200—2004）的规定执行。最后根据试验结果确定合理的施工工艺及参数。

根据本工程工期和工作量，高压旋喷试验施工计划先采用150型地质钻机2台（配合金钻头）及全液压式跟管钻机EGL-100型2台，高喷台车1台，配高压水泵、空压机及泥浆泵、制浆设备2套。施工时，采用三班制连续作业，统筹安排、合理搭接、严格按《水工建筑物水泥灌浆施工技术规范》（SL 62—2014）施工，最大限度地减少钻、灌工序间的相互干扰，以加快施工进度。

（4）浆液试验材料。

1）新三管法采用喷射注浆的水灰比初定为1∶1，并根据试验调整。灌浆浆液采用42.5级普通硅酸盐水泥浆，浆液密度1.4～1.5g/cm³。配合比试验测试内容包括浆液拌制时间、浆液密度等。

2）浆液存放时间：环境气温在10℃以下时，不超过5h；环境气温在10℃以上时，不超过3h；当浆液的存放时间超过有效时间时，按监理人指示，降低标号使用或按废浆处理。

3）灌浆试验采用符合国家标准的42.5级普通硅酸盐水泥，水泥细度要求通过80μm方孔筛筛余量不大于5%。出厂期超过3个月的水泥不使用。

4）灌浆用水采用现场河中水，其水质、水温符合灌浆要求。在水泥浆液中掺入速凝剂、减水剂、稳定剂以及监理工程师指示或批准的其他外加剂，其最优掺量要通过室内试验和现场灌浆试验确定。

2.1.3.2 开挖换填设计

坝基高压旋喷桩处理仅为防渗墙至下游53m范围。该范围以下至坝轴线范围，河床高程174.00～171.00m，根据坝基覆盖层壤土夹层分布情况，分布在表层的壤土夹层最深7.0m左右，直接影响坝基沉降。将该区域原处理方案强夯改为部分开挖换填处理，设计将其全部挖到高程165.00m，以将河床下第一层壤土夹层全部挖掉，一直开挖到坝轴线，基础开挖后采用25t振动碾碾压12遍，然后换填主堆料及过渡料，提高坝轴线上游区域基础整体变形能力。

施工期，在坝轴线上游坝基开挖至高程165.00m时，建基面基本为砂卵石层出露，第一层黏性土夹层已基本清除完。但在坝轴线下游坝下0+000～0-180靠近右岸及左岸岸坡部位发现仍有较厚的黏性土层及砂层透镜体，对此处进行了开挖处理。其中左岸坝D0+040～D0+100，坝下0-110～210开挖至高程167.60m，右岸坝D0+160～D0+212，坝下0+00～坝下0-160开挖至高程164.70m；坝轴线上游河床左岸趾板D0+110～D0+230，坝上0+140～坝上0+198，开挖至高程161.00m。

坝基开挖后，分别采用过渡料及主堆料进行换填。

2.1.4 实施效果及后评价

对于地基处理后的大坝进行安全评估，主要有如下方法。

（1）模型试验法。模型试验方法是采用一定的试验比尺，利用某些主要物理量的某种相似准则，对原结构及其周围环境进行一定比例的放大或缩小后，近似成试验模型和试验环境，通过对试验模型的测试和计算分析后，再将结果换算成原型结构的变化值，从而探求实际结构的变化规律和安全状况。模型试验方法与纯理论计算相比，分析难度小，现象比较直观，因而在工程技术界得到广泛应用。但是，这种方法耗资巨大，并且对于大坝而言，作为大型的建筑物，模型与实际大坝相比往往比例偏小，破坏相似性，使得试验结果不可信，有一定的局限性。

（2）弹塑性理论和有限元法相结合。在一定的假定条件下，建立工程结构的（理论或经验）物理模型，通过连续或离散的动、静力数值计算得到感兴趣的结构变化值，从而进行工程结构的分析和安全评价。但是，由于实际工程结构的客观复杂性，尤其是大体积水工混凝土结构（大坝和电站厂房等），受周边环境和施工质量等因素的影响，结构系统质量等特性分布不均匀，其力学参数、边界条件等与设计值难免存在差异，因此导致物理模型的计算分析结果与实际情况存在偏差，计算成果的精确度和可信度降低。

（3）大坝原型观测资料分析。通过对原型观测资料的分析处理，找出规律并建立相应的分析模型，根据建立的模型预测今后大坝的发展情况。按探求未知量的推求方向，观测资料分析可分为正分析和反分析两类。正分析是在系统结构及环境因素已知的情况下，对系统的变化进行计算或模拟分析，进而评价系统的实际运行性态，大坝安全监测正分析模型属于此类。反分析是通过对系统监测资料或测试数据的计算分析，反推系统结构或其环境影响因素中的未知量，通过实测变位或模态信息识别系统参数、荷载以及边界条件等属于此类。观测资料的正反分析是相辅相成的。通过反分析可以确定正分析过程中所需的某些未知因素；利用得到的反分析值进行正分析计算，又可以验证反分析的可靠性。正反分析现已成为解决实际工程问题的有力工具，在水利工程等诸多领域得到深入发展和广泛应用。

为对高压旋喷桩处理后的大坝安全和高压旋喷桩质量进行评价，主要进行如下研究。

2.1.4.1 高压旋喷桩现场实验及检测分析

高压旋喷桩在含有较多漂石大地层中，加固效果可能会有所降低，因此基础处理前需先进行现场试验，以验证处理效果，同时研究确定施工参数，为大坝基础处理提供设计方案及参数。试验区选择在地基加固区，试验区面积约 520m²，按生产桩的 8%作为试验桩，共布置 50 根试验桩，桩间距同生产桩。灌浆水泥采用硅酸盐或普通硅酸盐水泥，强度等级为 42.5。要求成桩后，桩体最小直径不小于 1.2m，桩体 28d 抗压强度不小于 3MPa。

通过对坝基高压旋喷桩进行静载试验、旁压试验、跨孔波速、瑞雷波、桩身检测等多项手段检测，检测试验方法见“2.2 高压旋喷桩、防渗墙及帷幕检测技术应用”，加固后复合地基各项物理力学性质均得到不同程度的提升，从地基承载力看，提高幅度比较大，提高值达一倍以上，但从波速上看提高幅度不是很大，但也在 15%～30%之间。整体来看，高压旋喷桩改善了坝基河床天然地层的不均匀特性，明显提高了坝基河床砂卵石层整体承载能力和抗变形能力，达到了设计的预期目的。

2.1.4.2 基于数值模拟法的实施效果评价

地基处理直接影响到大坝的沉降进而影响到大坝的安全，故采用数值模拟的手段对地基处理前后竣工期及蓄水期坝基部位位移场的垂直变化量进行比较。

（1）计算模型。根据最终设计图、大坝填筑和蓄水计划，以及开挖和基础处理说明，

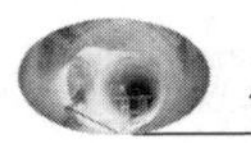

考虑坝体分区、施工程序及加载过程，并考虑到防渗墙的连接形式和地基处理方式对坝体及坝基进行剖分，建立三维有限元模型，见图 2.1。

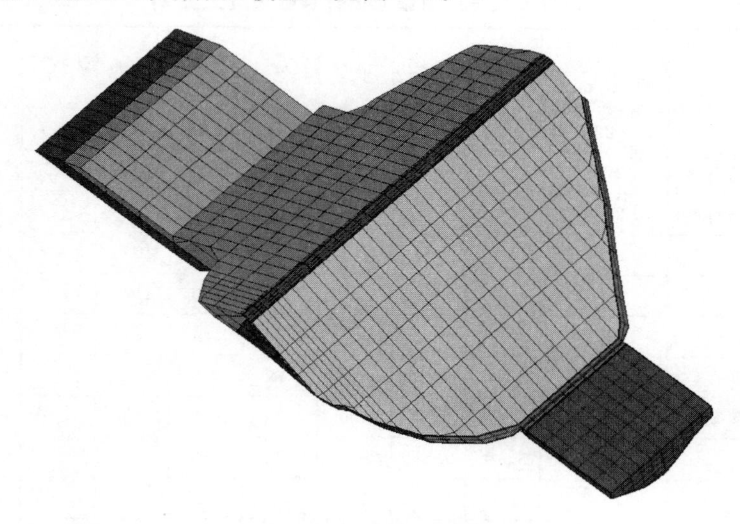

图 2.1　有限元计算模型

（2）工况设置及参数。本仿真研究设定的计算工况为：工况 1 为深覆盖地基未经处理的情况；工况 2 为经强夯和固结灌浆处理的地基；工况 3 为高压旋喷桩和换填处理的地基。

根据已完成的大坝基础处理旋喷桩试验成果，对大坝基础处理前、原初设方案（强夯＋固结灌浆）和高压旋喷＋换填基础处理后进行三维有限元对比计算分析。其设计参数见表 2.8。

表 2.8　　河口村大坝三维有限元设计参数表（工况 1）

料种 \ 参数	容重/(kN/m³)	K	n	K_b	m	R_f	Kur	φ_0/(°)	$\Delta\varphi$/(°)	C/kPa
主堆石料	22	1428	0.425	381	0.369	0.825	2200	50.7	7	0
次堆石料上部（料场石料）	21.2	913	0.326	225	0.291	0.845	1826	43.5	1.2	0
次堆石料下部（渣场石料）	21.2	477	0.483	124	0.544	0.712	1000	42	2.5	0
垫层料	22.9	786	0.451	371	0.399	0.667	1650	48	4	0
过渡石料	22.1	598	0.431	280	0.215	0.789	1196	51	3.6	0
河床砂卵石料（天然）	21.2	913	0.326	225	0.291	0.845	1826	44	0.7	0
黏土夹层	16.5	76.1	0.818	52.9	0.329	0.589	152.2	25	0	5
夹砂层	16.3	100	0.5	150	0.25	0.85	200	28	0	0
石渣支座	20.5	1000	0.3	550	0.28	0.75	2000	45	0	0
混凝土面板：C30；趾板：C25；连接板：C25；混凝土防渗墙：C25	弹性模量 $E=2.8\times10^4$MPa，泊松比 $\upsilon=0.167$，$\gamma=25$kN/m³，C25；弹性模量 $E=3.0\times10^4$MPa，泊松比 $\upsilon=0.167$，$\gamma=25$kN/m³，C30									

原初设强夯＋固结灌浆方案处理，因未做试验，其处理后的变形指标系根据工程类比

确定（见表 2.9）。

表 2.9　　　　河口村大坝三维有限元设计参数表（工况 2）

参数 料种	容重 /(kN/m³)	K	n	K_b	m	R_f	Kur	φ_0/(°)	$\Delta\varphi$/(°)	C/kPa
主堆石料	22	1428	0.425	381	0.369	0.825	2200	50.7	7	0
次堆石料上部（料场石料）	21.2	913	0.326	225	0.291	0.845	1826	43.5	1.2	0
次堆石料下部（渣场石料）	21.2	477	0.483	124	0.544	0.712	1000	42	2.5	0
垫层料	22.9	786	0.451	371	0.399	0.667	1650	48	4	0
过渡石料	22.1	598	0.431	280	0.215	0.789	1196	51	3.6	0
河床砂卵石料（天然）	21.2	913	0.326	225	0.291	0.845	1826	44	0.7	0
河床砂卵石层（强夯）	21.2	1170	0.42	650	0.28	0.85	1755	41	2	0
砂卵石层（固结灌浆）	21.5	1150	0.42	600	0.28	0.85	1600	44	2	0
黏土夹层	16.5	76.1	0.818	52.9	0.329	0.589	152.2	25	0	5
夹砂层	16.3	100	0.5	150	0.25	0.85	200	28	0	0
石渣支座	20.5	1000	0.3	550	0.28	0.75	2000	45	0	0
混凝土面板：C30；趾板：C25，连接板：C25，混凝土防渗墙：C25	弹性模量 $E=2.8\times10^4$MPa，泊松比 $\upsilon=0.167$，$\gamma=25$kN/m³，C25；弹性模量 $E=3.0\times10^4$MPa，泊松比 $\upsilon=0.167$，$\gamma=25$kN/m³，C30									

高压旋喷桩地基处理的地层，根据试验结果对变形参数进行修正（见表 2.10）。

表 2.10　　　　河口村大坝三维有限元分析材料设计参数表（工况 3）

参数 料种	容重 /(kN/m³)	K	n	K_b	m	R_f	Kur	φ_0/(°)	$\Delta\varphi$/(°)	C/kPa
主堆石料	22	1428	0.425	381	0.369	0.825	2200	50.7	7	0
次堆石料上部（料场石料）	21.2	913	0.326	225	0.291	0.845	1826	43.5	1.2	0
次堆石料下部（渣场石料）	21.2	477	0.483	124	0.544	0.712	1000	42	2.5	0
垫层料	22.9	786	0.451	371	0.399	0.667	1650	48	4	0
过渡石料	22.1	598	0.431	280	0.215	0.789	1196	51	3.6	0
河床砂卵石料（天然）	21.2	913	0.326	225	0.291	0.845	1826	44	0.7	0
河床砂卵石层（旋喷桩区—密孔）	21.5	1150	0.42	550	0.28	0.85	2300	44	1	
砂卵石层（旋喷桩区—疏孔）	21.5	1100	0.42	500	0.28	0.85	2200	44	1	
黏土夹层	16.5	76.1	0.818	52.9	0.329	0.589	152.2	25	0	5
夹砂层	16.3	100	0.5	150	0.25	0.85	200	28	0	0
石渣支座	20.5	1000	0.3	550	0.28	0.75	2000	45	0	0
混凝土面板：C30；趾板：C25；连接板：C25；混凝土防渗墙：C25	弹性模量 $E=2.8\times10^4$MPa，泊松比 $\upsilon=0.167$，$\gamma=25$kN/m³，C25；弹性模量 $E=3.0\times10^4$MPa；泊松比 $\upsilon=0.167$　$\gamma=25$kN/m³，C30									

(3) 计算结果与分析。根据三维有限元计算，采用高压旋喷桩及换填基础后，大坝竣工期和运行期最大沉降分别降低为 117.9cm 和 119.6cm（坝基处理前 145.8cm，原初设强夯处理坝基为 127.2cm），防渗墙-连接板-趾板-面板之间接缝的三向变位的明显提高；最大变形是周边缝的错动 21.1mm（坝基处理前 35.2mm，原初设强夯处理坝基为 29mm ），趾板-连接板错动量最大达 28.8mm（坝基处理前 50.8mm，原初设强夯处理坝基为 36.4mm），连接板-防渗墙相对沉降量 39mm（坝基处理前 52.2mm，原初设强夯处理坝基为 47mm）。坝基覆盖层旋喷灌浆处理前后坝体变形、应力对比见表 2.11。

表 2.11　　坝基覆盖层旋喷灌浆处理前后坝体变形、应力对比表

工　况	变量名称	坝基处理前		坝基处理后	
		$P=0.5\%$	$P=99.5\%$	$P=0.5\%$	$P=99.5\%$
二期蓄水前	顺水流方向位移/m	−0.1008	0.3313	−0.06552	0.2964
二期蓄水前	竖向位移/m	−1.281	0.03380	−1.179	0.02522
二期蓄水前	第一主应力/MPa	0.1000	2.153	0.1000	2.324
二期蓄水前	第三主应力/MPa	0.08822	0.7055	0.09018	0.9170
二期蓄水后	顺水流方向位移/m	−0.03709	0.3914	−0.01486	0.3497
二期蓄水后	竖向位移/m	−1.320	0.03386	−1.196	0.02523
二期蓄水后	第一主应力/MPa	0.1000	2.306	0.1000	2.504
二期蓄水后	第三主应力/MPa	0.07919	0.7517	0.08007	0.9730

根据分析可知，高压旋喷桩＋换填处理后的地基，变形大大减少，计算成果都能达到设计要求。

2.1.4.3 基于原型观测的实施效果评价

根据大坝沉降观测埋设仪器，在大坝 0＋140 断面，基础高程 170.00m 处，埋设了水平固定测斜仪，总计 63 个测点，点间距 5m、6m、7m，用于监测大坝基础沉降。

大坝基础沉降观测从 2012 年 5 月初开始观测，根据坝基水平固定测斜仪观测情况（见图 2.2）；截至 2016 年，监测结果表明，当前坝基最大沉降为 774mm，位于坝轴线下游 51m（坝轴距 0～51m），但坝基上游采用高压旋喷桩处理的范围（坝轴线上游 0＋140～0＋193）沉降值约为 12～150mm；反映坝基上游段采用高压旋喷桩加固效果良好，能够确保大坝上游防渗墙—连接板—趾板及周边缝的变形在设计控制范围之内。其次从坝基沉降曲线（见图 2.3）可以看出坝轴线上游坝基沉降曲线相对平缓，从坝轴线下游曲线变陡，开始呈逐渐加大趋势，这也和坝轴线上游原河床下挖 10m（原河床上游高程 175.00m，下挖到 165.00m），挖除了第一层坝基壤土夹层有很大关系，也说明坝轴线上游挖除 10m（挖除第一层壤土夹层）是合适的。这一层挖除后减缓了坝轴线上游大坝的沉降，提高了坝轴线上游的整体变形能力。由于坝轴线下游基础仅清除表面，虽然在施工期坝轴线下游也有部分壤土夹层被挖出，但坝轴线下游坝基下四层壤土夹层未完全挖掉，造成坝轴线下游沉降加大，这也和坝基的实际地层状态相吻合，但由于坝轴线下游距离上游面板较远，同时施工期大坝加速了沉降，提高了坝轴线下游坝基的整体变形能力，其次由于自2013年底坝体填至高程286.00m（基本到坝顶）后再未进行填筑施工，坝基沉降变形速度随之逐渐趋缓，当前坝基总体沉降变形已基本稳定。

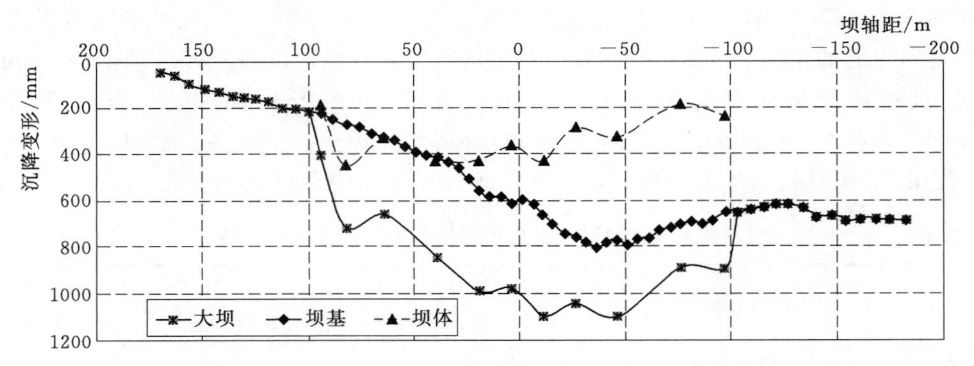

图2.2　大坝坝体及坝基0+140断面沉降综合观测曲线图

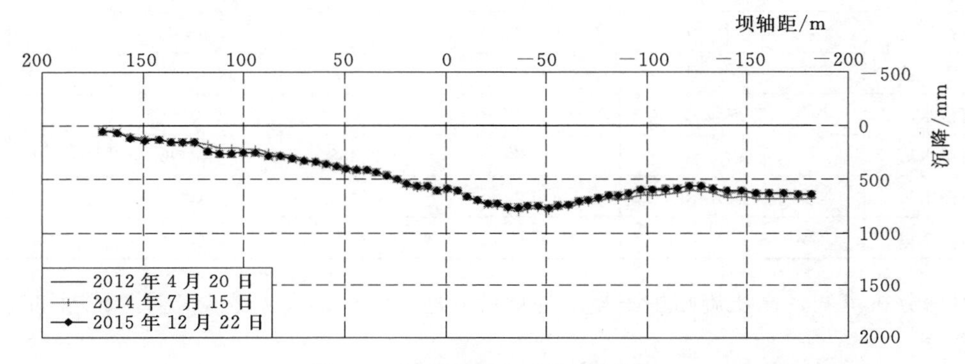

图2.3　坝基沉降变形分布曲线图

为监测坝体沉降变形，在桩号0+080、0+140和0+220监测断面，高程223.50m、244.50m和260.00m不同共布置7套振弦式水管沉降仪，其中0+080断面2套，0+140断面3套，0+220断面2套，每套仪器在坝后坡设置一个观测房。每套仪器按不同高程（自上而下）沿上下游方向各布置5个、7个和10个测点。沉降变形分布曲线及时间过程线见图2.4～图2.9。监测结果表明：

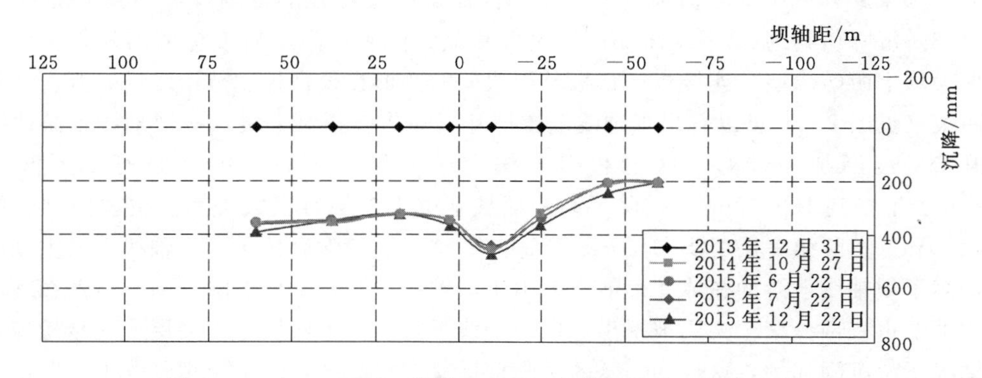

图2.4　0+080断面、高程244.50m坝体沉降变形分布曲线图

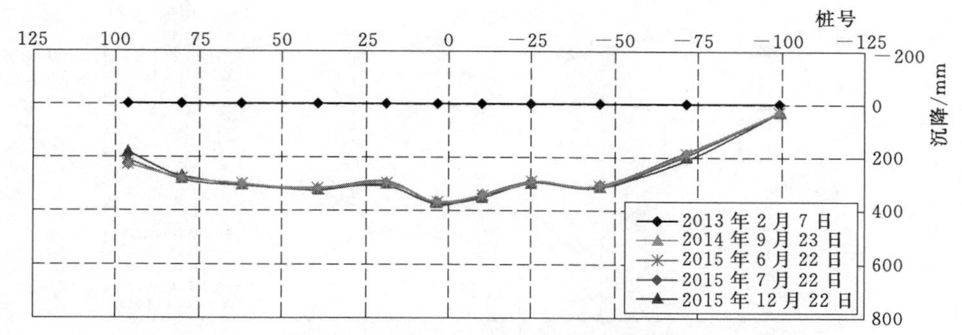

图 2.5　0＋080 断面、高程 223.50m 坝体沉降变形分布曲线图

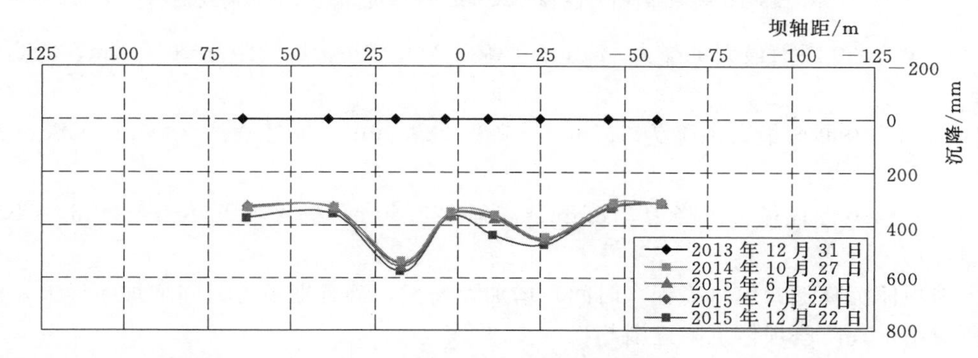

图 2.6　0＋140 断面、高程 244.50m 坝体沉降变形分布曲线图

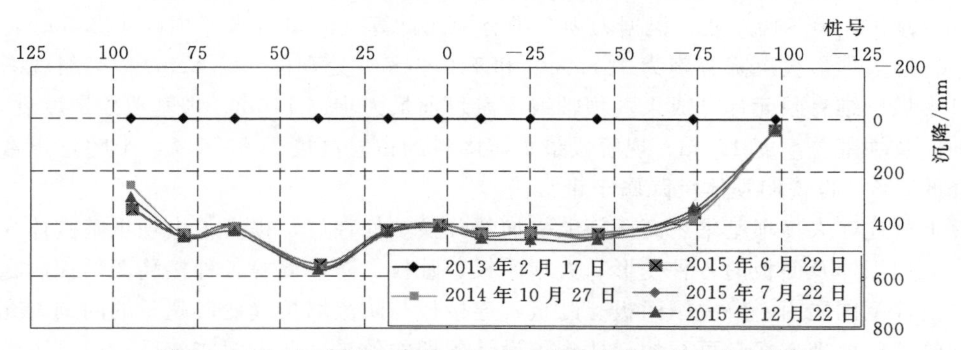

图 2.7　0＋140 断面、高程 223.50m 坝体沉降变形分布曲线图

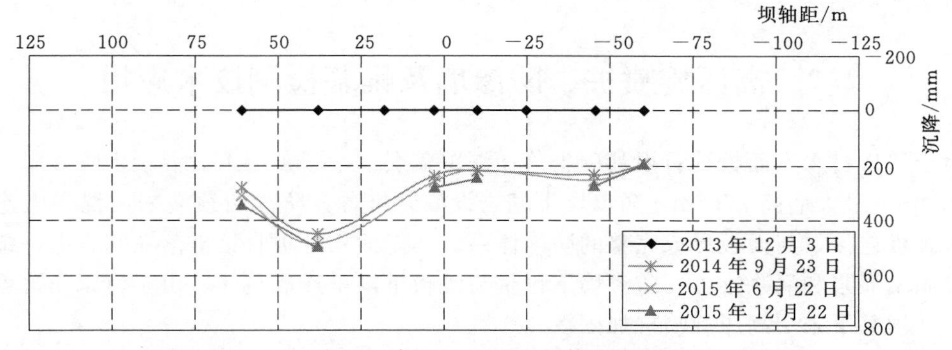

图 2.8　0＋220 断面、高程 244.50m 坝体沉降变形分布曲线图

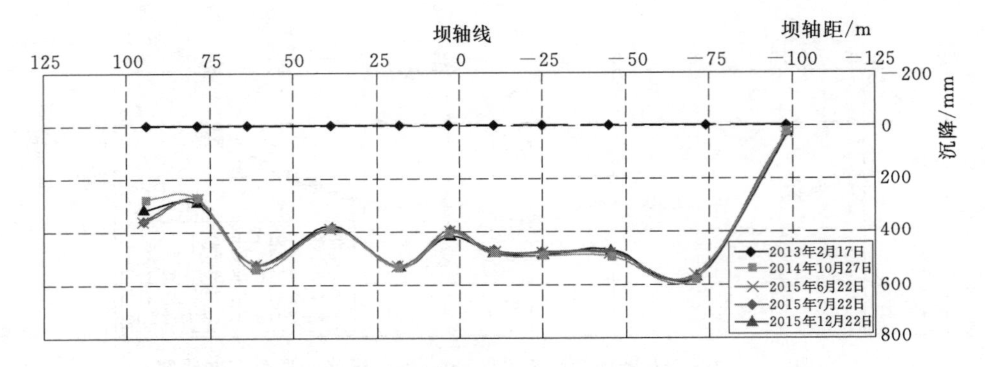

图 2.9　0＋220 断面、高程 223.50m 坝体沉降变形分布曲线图

（1）0＋080 断面最大沉降为 475mm（高程 244.50m，坝轴距 0－010.0m，CS5-6-5 测点）。

（2）0＋140 断面最大沉降为 577mm（高程 223.50m，桩号 0＋038.0m，CS5-3-4 测点）。

（3）0＋220 断面最大沉降为 578mm（高程 223.50m，桩号坝下 0－071.0m，CS5-5-10 测点）。

大坝坝体沉降随着填筑高程（时间）增加而增大，静置期随着时间增加而增大，但增幅有所减小，现阶段坝体沉降逐渐趋稳。

根据以上观测资料分析，目前坝体及坝基累积最大沉降约为 1097mm，位于坝轴线下游 46m（坝轴距 0－46）处。根据大坝三维有限元计算，河口村水库坝高 122.50m，竣工期和运行期大坝最大沉降分别为 117.9cm 和 119.6cm（处理前 145.8cm），实测观测资料未超过大坝三维有限元计算成果。坝轴线下游目前最大坝高 116m，坝基覆盖层厚度 39m，大坝坝体及坝基总高度 155m，现阶段最大沉降量约占总高度的 0.70％，未超过正常堆石坝沉降的 1％，也说明坝体沉降属于正常。

综上所述，大坝坝基采用高压旋喷桩加部分换填处理后，提高了大坝坝基整体变形的能力，大坝坝体及面板的各种变形、大坝面板、趾板、防渗墙等各种接缝变形控制在大坝允许的设计范围之内，解决了面板、趾板、连接板与防渗墙接缝变形超量的问题，充分反映大坝的基础处理方案是可行的，达到了设计预期的效果。此方案实施后，通过了专家评审和蓄水安全鉴定。

2.2　高压旋喷桩、防渗墙及帷幕检测技术应用

由于河口村水库面板堆石坝基础坐落在深覆盖层上，覆盖层下设混凝土防渗墙，防渗墙厚 1.2m，最大墙高 27.8m，防渗墙下基岩设灌浆帷幕，防渗墙顶端采用混凝土连接板和面板趾板连接，与面板形成完整的防渗体系。两岸面板趾板直接坐落在基岩上，趾板下基岩设固结灌浆和灌浆帷幕，防渗墙下帷幕与趾板下帷幕连成整体。由于河床段覆盖层变形较大，坝基下采用高压旋喷桩加固。

为防止坝肩两岸渗流，防渗帷幕并向两坝肩以外分别延伸一定长度，其中右岸为一向

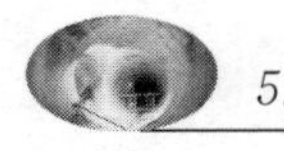

北缓倾的单斜构造，出露岩层自下而上有太古界登封群变质岩、中元古界汝阳群碎屑岩、寒武系碳酸盐岩与页岩，透水层与隔水层相互成层分布，因此形成双层透含水层与隔水层相间存在的现象，右岸为防止绕坝渗流，右岸防渗帷幕从右坝肩向外延伸 210m。左岸山体由于存在 F_6、F_7、F_8 武庙坡断层，透水范围及渗漏量都比右岸更大，根据左岸地下水分布及岩层透水性的分布特点，渗漏途径主要是自库岸向 F_6、F_7、F_8 断层带及其以南基岩低水位区渗漏，渗漏方向为 SW187 度，其宽度范围为从坝肩至老断沟长约 1200m，因此，左岸从坝肩沿左岸山体至老断沟 1200m 长范围均布置有帷幕灌浆。

上述坝基防渗墙、固结及帷幕、灌浆高压旋喷桩等工程均属于地下工程，为了更好地控制和掌握防渗墙的施工质量、固结及帷幕灌浆效果、特别是坝基高压旋喷桩地基加固的效果，除了采用常规的方法如钻孔取芯、钻孔超声波、钻孔压水试验等外，还采用物探等一些先进技术做检查，以达到更准确的检测效果。

2.2.1 高压旋喷桩现场试验及检测技术

2.2.1.1 检测技术及要求

（1）原河床检测。为便于和大坝基础高压旋喷后效果作对比，以便验证加固效果，对大坝基础原河床进行如下项目检测。

1）原位载荷试验。原位载荷试验是检测地基承载力的主要手段，是指按地基的使用功能，分别在地基逐级施加轴向压力，观测地基相应检测点随时间产生的沉降和变形，根据荷载与位移的关系（即 $Q-S$ 曲线）判定相应的地基竖向抗压承载力及弹性模量的试验方法。地基载荷试验工作见图 2.10。

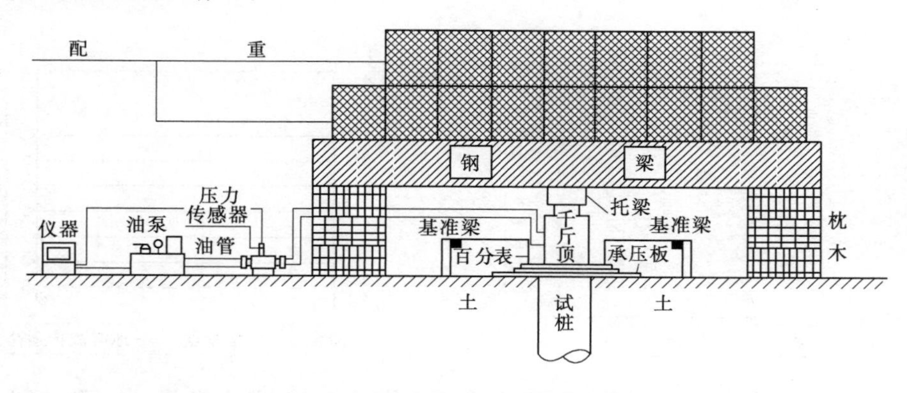

图 2.10 地基载荷试验工作示意图

在旋喷桩试验区，进行天然覆盖层地基的原位载荷试验 3 组（每组 2 个），检测天然地基的承载力和压缩模量，采用浅层平板载荷试验，堆载荷载按 3.00MPa 控制，承载板面积为 4m×4m。

2）旁压试验。由于原位载荷试验只能检测地层上部的承载力，深层的地层承载力一般可采用旁压试验。旁压试验是在现场钻孔中进行的一种水平向荷载试验。具体试验方法是将一个圆柱形的旁压器放到钻孔内设计标高，加压使得旁压器横向膨胀，根据试验的读数可以得到钻孔横向扩张的体积-压力或应力-应变关系曲线，据此可用来估计地基承载力及变形模量，测定土的强度参数、变形参数、基床系数，估算基础沉降、单桩承载力与沉降。

3）瑞雷波检测。瑞雷波是地震波中弹性面波的一种，沿自由表面传播，在自由界面（如地面）上进行竖向激振时，地下介质中一般会产生三种波的传播：横波、纵波和瑞雷波。根据瑞雷波的特性，介质瑞雷波波速 VR 的变化直接反映出介质物理性质指标的大小和力学强度指标的强弱，所以通过检测得到介质的瑞雷波速度就能了解到介质的岩土力学特性，据此可判断地层的密实性。

在试验区表层地层纵横各布置两条瑞雷波剖面，检测地基基础波速，以进一步反映地层的密实性。

4）CT 弹性波跨孔波速检测。瑞雷波检测只能检测地层上部的密实性，深层的地层密实性可利用深层钻孔采用 CT 弹性波进行跨孔波速测试，以通过检测深层地层的波速反映深层地层的密实情况。

CT 弹性波技术，就是根据大量的弹性波信息（投影数据）反演物体内部图像和反演计算，得到被测试区域内部介质的弹性波速度的分布形态，可广泛用于地层、混凝土等介质，据此进行该介质的分类及评价，CT 最初用于医学，用于工程上作为无损检测的一种先进手段。CT 弹性波跨孔波速检测，利用钻孔形成的旁压试验孔进行，其工作原理见图 2.11。

跨孔波速工作原理见图 2.12，就是在某一个孔的位置激发，在另一个孔的相同位置处接收，两孔间距离已定，每次接发仪器就会接收到激发点到接收点的地震波传播时间，由此可以得到两孔间此深处的地震波波速，然后同时移动激发点和接收点向上或向下，就可以测出两孔间各个深处的地震波波速。

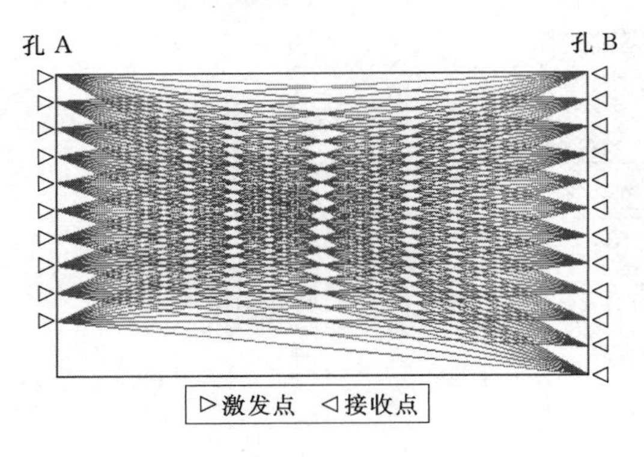

图 2.11 超声波 CT 工作原理示意图

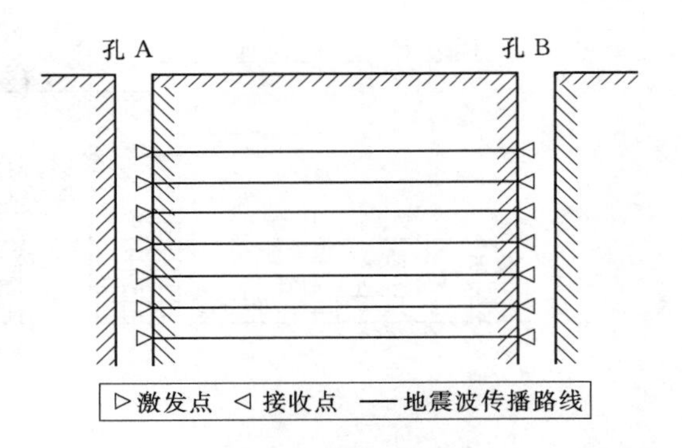

图 2.12 跨孔波速工作原理示意图

5）附加质量法。附加质量法也是检测地基密实性的一种手段，主要用于堆石体的检测，考虑到河床覆盖层主要以砂卵石为主，为了进一步验证砂卵石基础的密实性，由于附加质量法不如常规的挖坑检测速度快，在对地基也采用了附加质量法进行检测的同时配合挖坑检测做进一步的对比。

附加质量法的原理是将一块刚性基础板置于地基介质（堆石、土等）表面，使其基础板及其以下介质构成一个振动体系（见图 2.13），利用弹性振动理论模型，求解体系的动力参数 K（刚度）、压板下介质振动参数质量 m_0；通过 K、m_0 于介质密度 ρ 的关系，达到测定介质密度的目的。求出地基刚度 K 和参振质量 m_0 即可根据相关公式计算出地基密度。

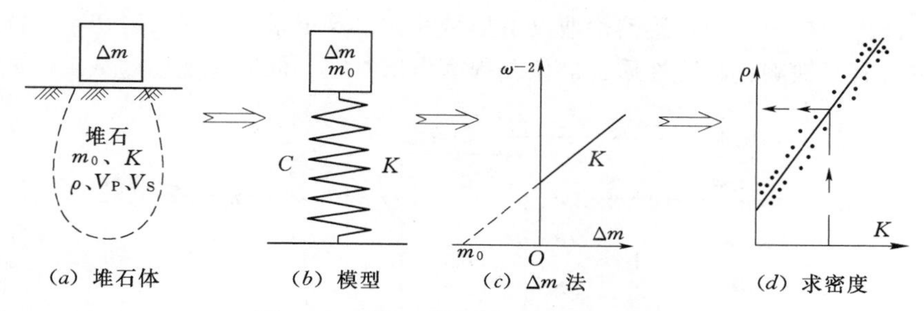

图 2.13　附加质量法工作原理示意图

6）挖坑检测。挖坑检测地基覆盖层容重、孔隙比、颗分和相对密度。试坑数量不少于6个，试坑直径1.0m，深1.0m。

（2）复合地基检测。旋喷桩成桩后将和原河床基础组成复合地基，应对复合地基检测，以检测高压旋喷桩后地基的物理力学特性是否得到提高，是否到达设计的建基要求。其试验检测方法及要求同天然地基一样，即进行成桩后复合地基的静载试验（承载板4m×4m）、瑞雷波、旁压试验、跨孔波速、容重等，检测应在成桩后28d进行。

（3）桩体本身检测。为了确保地基加固的可靠性，除进行成桩后复核地基的检测以外，还应对桩身进行检测，桩身检测分如下检测。

1）桩体本身钻孔取芯检查。主要检查成桩浇筑质量，同时根据取芯结果对每孔取三段较完整有代表性岩芯样进行比重、干密度、单轴饱和抗压强度、静弹模量及泊松比等试验，钻孔选取5根试验桩进行检查。

2）桩体单孔超声波测试。利用桩体钻孔进行桩的单孔超声波测试，以检测桩的完整性；单孔超声波利用人工激发的地震波从地面传播到桩孔的不同深度所用时间的不同，计算出地震波纵波速度，以通过波速反映桩身的完整性，整体波速高说明胶结好桩身完整，桩身整体波速偏低则说明胶结不好。单孔超单孔超声波测井现场工作图见图2.14。

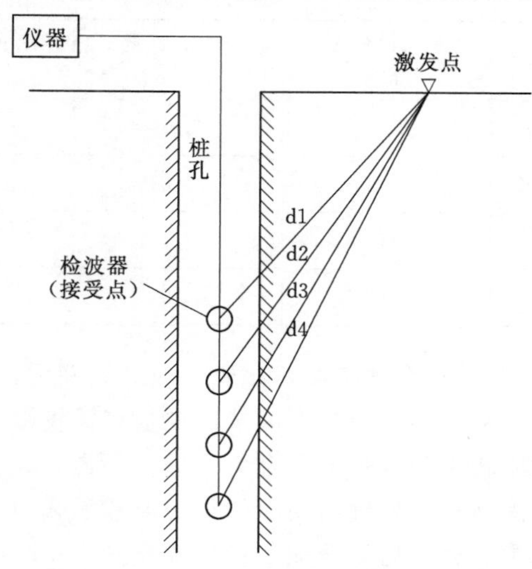

图 2.14　单孔超声波测井现场工作示意图

3）低应变法检测桩体。低应变法是检测桩身完整的一种无损检测手段，对于未取岩芯的桩采用低应变动测法检测桩的完整性，检测数量10根。低应变检测是采用一维杆件的应力波反射理论，即在桩顶激发应力波，沿桩身向下传播，遇波阻抗差异界面（缺陷或桩底）将产生波反射，返回桩顶，用速度或加速度传感器接收其反射信号，反射系数可由式（2.1）表达：

$$R=(\rho_1V_1A_1-\rho_2V_2A_2)/(\rho_1V_1A_1+\rho_2V_2A_2) \tag{2.1}$$

式中：R 为波阻抗差异界面的反射系数；ρ_1、

ρ_2、V_1、V_2、A_1、A_2 分别为上、下两侧介质密度、波速及截面积。

由式（2.1）可知，当桩身某部位的 ρ、V、A 任一参数改变即满足 $\rho_1V_1A_1 \neq \rho_2V_2A_2$ 时，就产生反射波返回桩顶，用传感器拾取反射信号并被仪器记录，根据反射初至时间、相位及幅值，对桩身有无缺陷、缺陷性质、部位及程度作出判定。低应变现场测试工作见图 2.15。

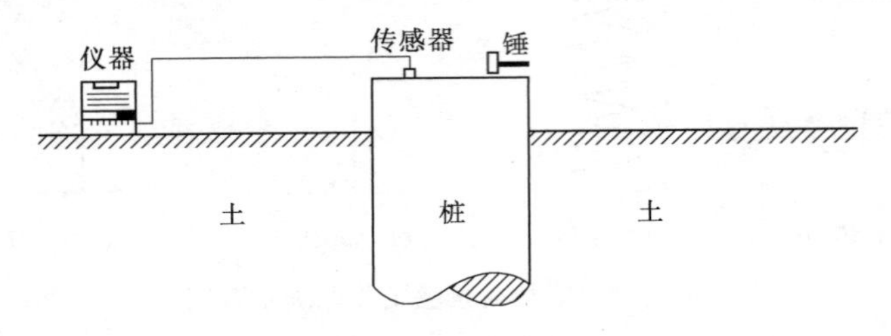

图 2.15　低应变现场测试工作示意图

4）挖开检查。上述检测虽然手段先进，为了更进一步落实和检查桩体的质量，对现有试验桩先进行浅层开挖检查，然后结合后期坝基处理开挖对深层部位也进行开挖检查，以更为直观地测量桩体有效桩径、检查其连续性、完整性。

2.2.1.2　高压旋喷桩现场试验及检测

（1）载荷试验。在试验区分别进行了原河床和高压旋喷后复合地基的静载试验，载荷试验见图 2.16，检测结果如下。

1）天然地基载荷试验。在实验区供选择了 4 个代表点进行天然地基承载力试验，采用浅层平板载荷试验，堆载荷载按 3.00MPa 控制，承载板面积为 4m×4m。其试验结果见表 2.12。

从地基承载能力来看，天然河床砂卵石层的承载力一般在 500～600kPa 之间，从地基变形模量看，天然河床表层砂卵石层变形模量 E_0 一般在 40MPa 左右。

表 2.12　坝基处理天然地基载荷试验结果表

点号	最大加载量 /kPa	最大沉降量 /mm	地基承载力特征值 /kPa	变形模量 /MPa	本工程地基承载力特征值 /kPa
01	2400	5.86	—	—	不参与统计
02	2400	29.83	589	43.6	631
03	2400	29.59	646	47.8	
04	2400	62.21	658	48.7	

2）复合地基载荷试验。地基处理后，由于桩基布置是采用由密到稀，其中在坝脚趾板区域，为变形较大区域，桩基布置较密，其后向坝基下游逐渐渐疏，因此分别选取了桩间距较密和较稀的复合地基进行检测，重点检测较密地基，其试验统计见表 2.13。根据检测情况，处理后相应的复合地基承载力达到 990～1100kPa，承载力提高近 200%，提高显著。处理后复合地基变形模量达 46.1～168.0MPa，提高 15%～300%，很好地改善了坝基的整体变形模量。

表 2.13　　坝基处理复合地基板载荷试验统计表

桩号	桩径 /m	最大加荷 /kPa	累计沉降 /mm	回弹量 /mm	复合地基承载力特征值 /kPa	变形模量 /MPa
18	1.2	2970	138.06	10.80	1107	154.1
35	1.2	2970	130.46	26.97	990	90.5
4～18	1.2	3300	30.16	18.30	1207	168.0
3～29	1.2	3300	54.44	18.30	1105	153.8
5～32	1.2	3300	90.47	7.45	822	114.4
44	1.2	2310	126.22	13.56	990	46.1（桩距 4m×5m）

从不同桩间距区复合地基试验成果来看，2m×2m 桩间距区地基承载力及变形模量提高最为明显，分别提高 2～3 倍以上；4m×5m 桩间距区内的变形模量提高不明显，应与桩间距过大有一定关系。

高压旋喷桩载荷试验见图 2.16。

图 2.16　高压旋喷桩载荷试验

（2）旁压实验。

1）天然地基旁压试验。在试验区布置 6 个钻孔，应尽量布置在桩与桩之间，对深层地基进行打孔，孔深约 30m（以进入基岩为准），孔距 8～10m（可根据现场实际情况进行调整），根据旁压试验结果可计算深层承载力、弹性模量等。

根据对天然地基旁压试验检测，其天然地基黏土层的旁压剪切模量一般为 2.53～5.40MPa，平均 3.19MPa；旁压模量一般为 6.83～14.58MPa，平均 8.60MPa；地基承载力极限值一般为 409～752kPa，平均 588kPa；变形模量一般为 7.94～23.79MPa，平均 14.09MPa。而砂卵石层的旁压剪切模量一般为 2.69～6.62MPa，平均 5.05Pa；旁压模量一般为 7.38～16.55MPa，平均 13.23MPa；地基承载力极限值一般为 648～1502kPa，平均 1094kPa；变形模量一般为 12.99～28.43MPa，平均 22.83MPa。

2）复合地基旁压试验。在原天然地基孔位附近重新打孔进行复合地基旁压试验检测，也布置了 6 个孔。根据检测情况，复合地基各孔测得的旁压试验参数出现了不均匀增长。其中 1 号、2 号、3 号、6 号旁压试验结果提高明显。4 号、5 号孔旁压试验参数提高较小。其中黏土层：平均旁压剪切模量最高提高了 127.78%（1 号孔），最少提高了 16.52%（3 号孔）；平均旁压模量最高提高了 127.88%（1 号孔），最少提高了 16.7%（3 号孔）；平均地基承载力极限值最高提高了 94.87%（2 号孔），最少提高了 22.26%（5 号孔）；平均变形模量最高提高了 84.89%（1 号孔），最少提高了 27.14%（6 号孔）。砂卵石层：平均旁压剪切模量最高提高了 70.90%（3 号孔），最少提高了 18.85%（4 号孔）；平均旁压模量最高提高了 68.06%（3 号孔），最少提高了 13.83%（5 号孔）；平均地基承载力极限值最高提高了 94.53%（3 号孔），最少提高了 38.27%（5 号孔）；变形模量最高提高了 122.67%（1 号孔），最少提高了 45.04（5 号孔）。

（3）瑞雷波检测。

1）天然地基瑞雷波检测。瑞雷波检测也是反映地基密实性的一种手段，在试验区表层通过纵横各布置两条瑞雷波剖面，同时与地基高压旋喷加固后的波速相对比，以检查地基加固效果。

试验区共完成瑞雷波剖面 4 条，分别为 PM－1、PM－2、PM－3、PM－4。

PM－1 剖面黏土层横波波速一般为 381～561m/s，平均 489m/s，而砂卵石层横波波速一般为 578～769m/s，平均 677m/s。

PM－2 剖面黏土层横波波速一般为 528～575m/s，平均 548m/s，而砂卵石层横波波速一般为 577～720m/s，平均 656/s。

PM－3 剖面黏土层横波波速一般为 411～558/s，平均 479m/s，而砂卵石层横波波速一般为 558～756m/s，平均 649m/s。

PM－4 剖面黏土层横波波速一般为 362～579m/s，平均 502m/s，而砂卵石层横波波速一般为 596～759m/s，平均 683m/s。

2）复合地基瑞雷波检测。测试要求与试验前保持一致。通过检测复合地基瑞雷波波速大部分提高了 15.0%～20.7%。桩密集区的测点波速提高明显，随着桩的稀疏波速提高率降低。检测结果见表 2.14。

表 2.14　复合地基瑞雷波检测结果表

测点号	分层高程/m	岩性	瑞雷波波速/(m/s)		提高率/%	
			试验前	成桩后	分层	整体
PM4－1	174.00～172.60	砂卵石	601	614	2	2
	172.60～167.70	黏性土	590	610	3	
	167.70～156.50	砂卵石	726	738	2	
	156.50～154.20	黏性土	372	380	2	
	154.20～150.60	砂卵石	739	748	1	

续表

测点号	分层高程/m	岩性	瑞雷波波速/(m/s)		提高率/%	
			试验前	成桩后	分层	整体
PM4-2	174.00～172.70	砂卵石	609	651	7	16.2
	172.70～168.10	黏性土	596	743	25	
	168.10～156.20	砂卵石	725	830	14	
	156.20～154.00	黏性土	378	455	20	
	154.00～150.60	砂卵石	735	848	15	
PM4-3	173.90～173.00	砂卵石	596	700	17	20.7
	173.00～167.90	黏土	617	791	28	
	167.90～150.60	砂卵石	720	842	17	
PM4-4	173.90～173.10	砂卵石	589	652	11	15
	173.10～167.50	黏土	601	724	20	
	167.50～150.60	砂卵石	723	822	14	
PM4-5	173.90～172.90	砂卵石	608	619	2	2.3
	172.90～167.70	黏土	595	613	3	
	167.70～150.60	砂卵石	727	738	2	

(4) 跨孔波速。

1) 天然地基跨孔检测。利用旁压试验孔进行深层跨孔波速(CT弹性波)测试，其成像剖面图见图2.17孔距8～10m，测试剖面沿孔循环布置，两孔一对，共布置6对。

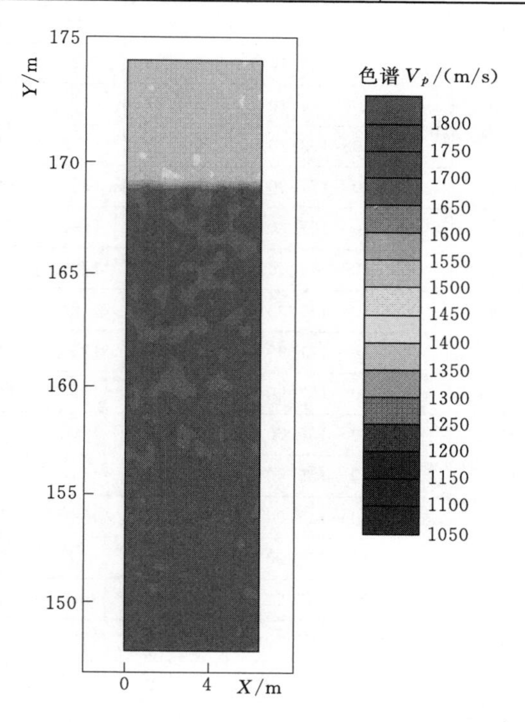

图2.17　天然地基1～2号剖面弹性波CT成像剖面图(纵波)

经检测，试验区黏土层纵波波速一般为1100～1520m/s，平均1350m/s；横波波速一般为390～650m/s，平均550m/s；而砂卵石层的纵波波速一般为1270～1760m/s，平均1560m/s；横波波速一般为580～770m/s，平均700m/s。

2) 复合地基跨孔波速检测。成桩后复合地基，仍利用旁压试验孔进行CT弹性波跨孔波速测试，其成像剖面图见图2.18，钻孔及测试参数要求和试验前相同，以便进行对比，6个钻孔点位与试验前相比整体向东平移0.5m。

经检测，成桩后6个剖面范围内波速出现了不同程度的增长。从各剖面来看，其中1-6、1-2、3-2剖面波速提高较大，纵波波速提高14.8%～17%，横波波速提高16%～20.4%；3-4、5-6剖面次之，5-4剖面最小。从地层上来看黏土层波速提高比例普遍比卵石层要高，对比结果见表 2.15。

表 2.15　跨孔波速测试对比结果表

剖面	平均高程/m	岩性	纵波波速/(m/s)		提高率/%		横波波速/(m/s)		提高率/%	
			试验前	成桩后	分层	整体	试验前	成桩后	分层	整体
	174.00～173.10	砂卵石	1310	1490	14		630	730	16	
	173.10～168.00	黏性土	1520	1800	18		650	820	26	
1-2	168.00～156.20	砂卵石	1710	1960	15	15.8	750	890	19	20.4
	156.20～154.80	黏性土	1100	1300	18		390	480	23	
	151.60～144.20	砂卵石	1730	1980	14		760	900	18	
	173.90～173.00	砂卵石	1270	1440	13		610	690	13	
	173.00～168.30	黏性土	1490	1730	16	14.8	630	760	21	16
3-2	168.30～155.80	砂卵石	1700	1950	15		750	860	15	
	155.80～154.60	黏性土	1140	1310	15		400	460	15	
	154.60～144.10	砂卵石	沉渣过厚未能测试							
	173.90～173.00	砂卵石	1290	1420	10		620	680	10	
	173.00～168.40	黏性土	1470	1680	14	11.3	620	710	15	11.5
3-4	168.40～156.00	砂卵石	1680	1850	10		740	810	9	
	156.00～155.10	黏性土	1420	1580	11		600	670	12	
	155.10～144.10	砂卵石	沉渣过厚未能测试							
	174.00～173.20	黏性土	1120	1230	10		480	520	8	
5-4	173.20～171.90	砂卵石	1310	1400	7	8	580	620	7	8
	171.90～167.80	黏性土	1490	1630	9		630	690	10	
	167.80～144.10	砂卵石	1700	1810	6		750	800	7	
	174.10～173.30	黏性土	1120	1290	15		480	550	15	
	173.30～171.90	砂卵石	1330	1450	9		590	640	8	
	171.90～167.90	黏性土	1450	1660	14	11.5	620	700	13	11.2
5-6	167.90～156.70	砂卵石	1660	1820	10		730	800	10	
	156.70～155.60	黏性土	1410	1570	11		600	670	12	
	155.60～145.60	砂卵石	1740	1910	10		770	840	9	
	174.10～173.00	砂卵石	以上无水未能测试							
	173.00～168.20	黏性土	1480	1770	20		630	780	24	
1-6	168.20～156.30	砂卵石	1720	1970	15	17	760	870	14	18
	156.30～154.50	黏性土	1140	1360	19		400	480	20	
	154.50～145.60	砂卵石	1760	2010	14		770	880	14	

（5）附加质量法。成桩前，采用附加质量法检测 3 个点位，成桩后，采用附加质量法复检测 3 个点位，检测结果成桩前和成桩后差别不大，附加质量法成果见表 2.16。

表 2.16 附加质量法成果表（成桩后）

点　　号	干密度/(g/cm³)
QYD01′	2.08
QYD02′　QYD03′	2.10　2.05

（6）挖坑试验。河床为砂卵石地基，对实验前和成桩后复核地基的基础干密度及颗分试验，通过挖坑进行试验，经检测基本上差别不大。根据成桩后的检测情况看，其干密度稍低（见表 2.17）。坑探检测颗粒级配曲线见图 2.19。

（7）高压旋喷桩挖开检查。高压旋喷桩施工完毕后，选取了 11 根试验桩进行开挖检查，开挖深度约 0.3～1.0m，桩身大部分位于黏土层与砂卵石层过渡的地层中。从统计结果来看，桩径大部分满足设计要求，桩径不小于 1.2m 的有 7 根，有 3 根桩径在 1.1m，仅有 1 根桩桩径未达到 1.0m。桩体整体呈圆柱形，水泥与卵石或黏土多搅拌均匀，充填较充分，胶结也较好。桩体外表面与原地层接触一般呈蜂窝状，凸凹不平，桩径一般不太规则，上部和下部大小不完全一致。整体来看，桩体成桩质量较为理想，基本达到设计预期。高压旋喷桩挖开检查见图 2.20。

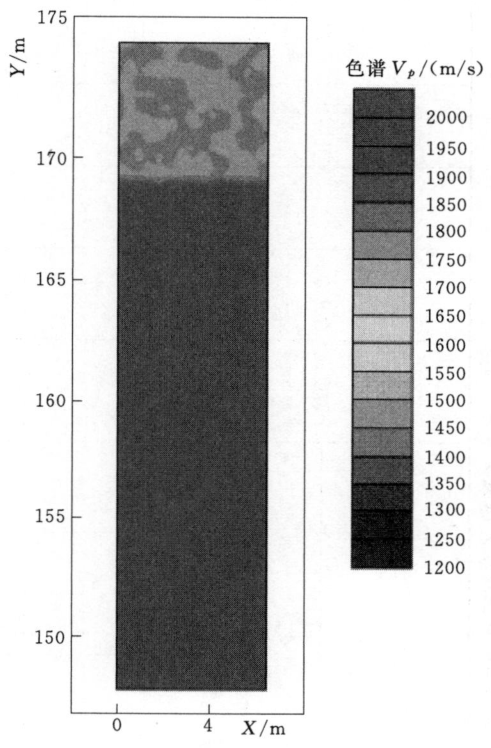

图 2.18　复合地基 1～2 号剖面弹性波 CT 成像剖面图（纵波）

2.2.1.3　单桩检测

（1）单桩取芯检测。主要通过钻孔取芯检测其物理力学指标，但实际钻孔取芯效果较

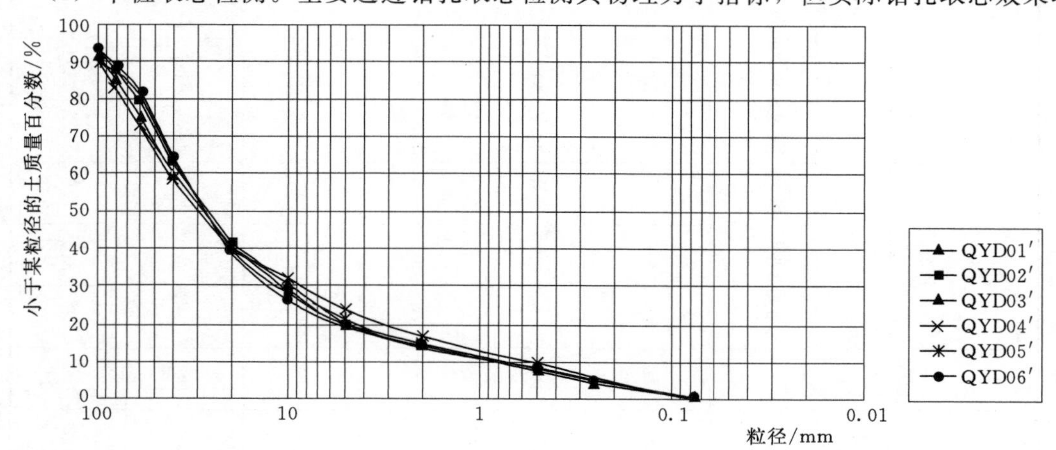

图 2.19　坑探检测颗粒级配曲线图

表 2.17　　大坝基础容重及颗分试验表

试坑编号	最大粒径/mm	颗粒组成												干密度 ρ_d /(g/cm³)	含水率 ω /%	比重 G_s	孔隙比 /e	最小干密度 $\rho_{d\min}$ /(g/cm³)	最大干密度 $\rho_{d\max}$ /(g/cm³)	相对密度 Dr
		巨粒组			粗粒组								细粒组							
		颗粒大小/mm																		
		>100	100～80	80～60	60～40	40～20	20～10	10～5	5～2	2～0.5	0.5～0.25	0.25～0.075	<0.075							
QYD01′	180	6.8	5.2	7.7	16.2	23.9	12.0	8.6	5.5	5.9	3.3	4.2	0.7	2.06	6.1	2.75	0.335	1.75	2.16	0.79
QYD02′	210	7.5	4.7	8.6	15.8	21.4	12.9	9.3	4.9	6.1	3.3	4.7	0.8	2.05	6.2	2.74	0.337	1.76	2.17	0.75
QYD03′	230	8.3	6.7	9.8	14.8	18.6	10.8	10.6	6.2	6.4	3.0	4.2	0.6	2.04	5.9	2.75	0.348	1.76	2.14	0.77
QYD04′	260	10.2	7.2	10.3	13.8	17.8	8.3	8.6	6.8	7.2	3.8	5.3	0.7	2.02	6.1	2.74	0.356	1.77	2.12	0.75
QYD05′	250	9.9	7.8	9.2	12.4	18.5	11.4	9.6	6.7	6.0	3.5	4.3	0.7	2.03	6.3	2.75	0.355	1.78	2.13	0.75
QYD06′	200	7.4	3.5	7.2	17.2	25.4	12.7	7.2	5.1	5.3	3.3	4.8	0.9	2.05	6.3	2.75	0.341	1.75	2.16	0.77

图 2.20　高压旋喷桩挖开检查

差，只能仅供参考。后利用开挖出来的桩进行人工取芯，做强度等试验，试验结果见表 2.18，其强度平均在 5MPa 以上，满足设计要求。

（2）单桩超声波检测。取 5 个桩的取芯孔进行了地震测井进行单桩超声波检测，其中 49 号桩取芯孔因沉渣过厚测试深度只有 24m，其余测试深度均为 30m。综合判断 18 号、25 号桩身完整，40 号、44 号桩基本完整，49 号桩胶结较差，单桩超声波检测结果见表 2.19。

表 2.18　　高压旋喷桩饱和抗压强度试验结果表

样品编号	桩号	龄期 /d	取样位置 /m	单轴饱和抗压强度 /MPa	平均 /MPa
6-1	6	134	8.5	6.25	5.28
6-2	6		8.5	4.02	
6-3	6		8.5	5.57	
10-1	10	128	8.5	6.64	7.06
10-2	10		8.5	6.53	
10-3	10		8.5	8.02	
26-1	26	126	8.5	5.01	5.80
26-2	26		8.5	4.04	
26-3	26		8.5	8.34	

表 2.19　　单桩超声波检测结果表

桩孔号	深度/m	平均波速/(m/s)	评价
18	1～2	1820	胶结较差
	2～6	2420	胶结较好
	6～19	2060	胶结较好
	19～23	2410	胶结较好
	23～30	2010	胶结较好
25	1～2	1830	胶结较差
	2～8	2450	胶结好
	8～28	2060	胶结好
	28～30	3090	胶结好
40	1～2	1620	胶结较差
	2～6	1990	胶结好
	6～30	1900	胶结较差
44	1～2	1620	胶结较差
	2～7	2280	胶结好
	7～14	1940	胶结较差
	14～30	2020	胶结好
49	1～2	1830	胶结较差
	2～24	1900	胶结较差

(3) 小应变检测。采用低应变法在未取芯的桩中抽测 10 根，检测桩身完整性。

试验区选择 10 根桩头胶结较好的桩参照《建筑基桩检测技术规范》(JGJ 106—2003) 进行了低应变法试验性检测，其桩号分别为 4 号、5 号、8 号、15 号、16 号、18 号、26 号、45 号、49 号、50 号，波形尚可以评判，经过判定其均为Ⅰ类桩。

2.2.2 防渗墙检测技术

2.2.2.1 防渗墙常规检测

大坝基础防渗墙为钢筋混凝土结构，墙长 114m，厚 1.2m，最大深度 27.8m，基础深入基岩以下 1.0m，采用造孔成墙。成墙后按常规检测对防渗墙进行了抗压试块、渗透系数、弹性模量、注水试验检查。根据钻孔取出的芯样多呈短柱状，描述最长达 1.80m，平均岩芯采取率 95%以上，从取出的短柱状芯样看，墙体浇筑质量好，无空洞窝裹现象；同时对取出的混凝土芯样进行抗压强度试验检测，全部符合设计要求，最大值 26.7MPa，最小值 25.3MPa，平均值 26.1MPa；现场分别在每个孔分段作了注水试验，其注水试验记录见表 2.20，从结果看全部满足设计要求。

钻孔弹性模量测试共完成 2 个钻孔，孔号为 ZQJ－1 和 ZQJ－2，共完成 12 点，弹性模量范围 26.65～34.77GPa，平均值 31.86GPa (见表 2.21、表 2.22)。

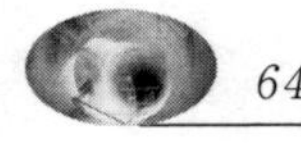

表 2.20　　大坝混凝土防渗墙检查孔注水试验记录表

孔号	桩号	段次	注水部位			注水时间			流量 /(mL/min)	渗透系数 K
			始	终	段长	开始	终止	合计		
ZQJ－01	0＋0150	1	1.05	6.05	5.00	14：03	16：28	2：25	0.0050	1.09×10^{-9}
		2	6.05	11.05	5.00	8：02	10：27	2：25	0.0052	1.13×10^{-9}
		3	11.05	16.05	5.00	14：47	17：12	2：25	0.0058	1.26×10^{-9}
		4	16.05	20.00	3.95	8：26	10：51	2：25	0.0048	1.26×10^{-9}
ZQJ－02	0＋0197	1	1.05	6.05	5.00	15：32	17：57	2：25	0.0050	1.15×10^{-9}
		2	6.05	11.05	5.00	9：10	11：35	2：25	0.0054	1.24×10^{-9}
		3	11.05	14.50	3.45	8：10	10：35	2：25	0.0041	1.26×10^{-9}

表 2.21　　ZQJ－1 号孔孔内变形测试成果表

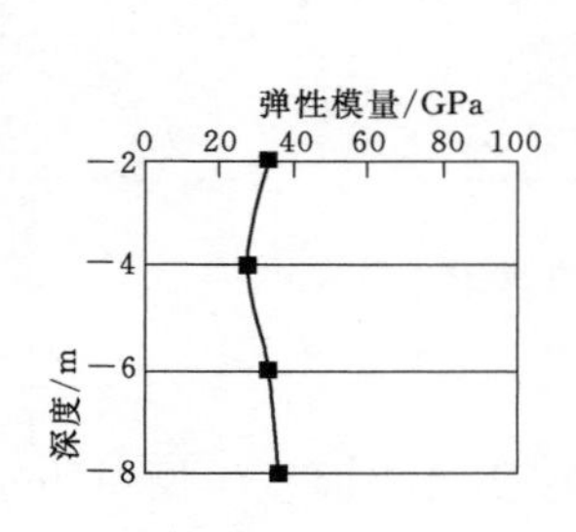

深度/m	弹性模量/GPa
2	32.91
4	26.65
6	33.10
8	34.77

表 2.22　　ZQJ－2 号孔孔内变形测试成果表

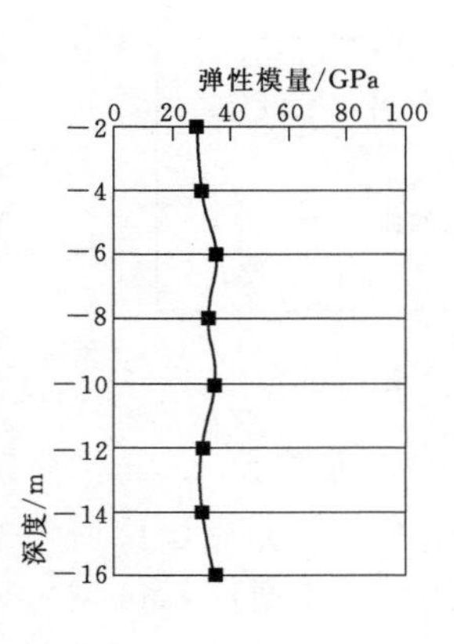

深度/m	弹性模量/GPa
2	28.28
4	29.65
6	34.27
8	32.64
10	34.51
12	30.04
14	30.91
16	34.14

2.2.2.2 CT 弹性波检测

考虑到大坝防渗墙是水库基础截渗的关键工程，其防渗效果的好坏决定着水库及大坝的安全。在上述抗压试块、渗透系数、弹性模量、注水试验等常规试验检查后，又增加CT 弹性波、垂直反射法及全孔壁成像检测，以进一步地判断防渗墙的施工质量。CT 弹性波检测也是跨孔测试，方法同上。

检测结果：沿防渗墙长布置了 75 个检测剖面，覆盖了整个防渗墙，由图 2.21 可见，声波波速多数大于 3500m/s，部分在 3500～3000m/s 之间，防渗墙质量良好。局部声波速度在 3000m/s 以下，主要分布在大坝防渗墙桩号 D0＋158.40～D0＋163.40，检测高程在 142.50～147.50m 之间；桩号 D0＋210.40～D0＋213.40，检测高程在 152.50～154.00m 之间，波速偏低。

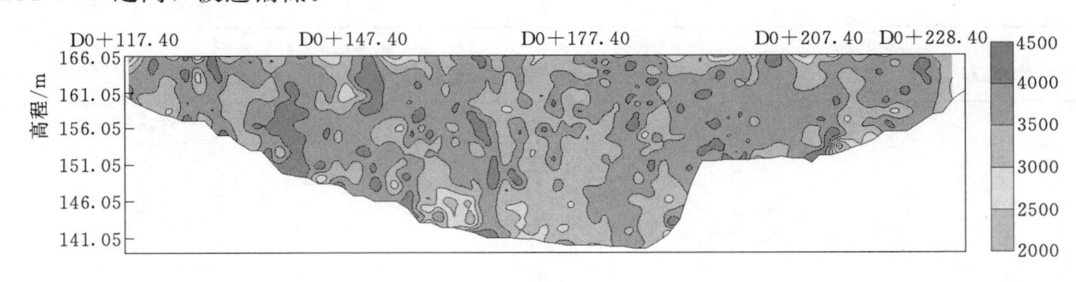

图 2.21　防渗墙超声波 CT 等值线图

2.2.2.3 垂直反射法

(1) 方法原理。垂直反射法是利用弹性波通过不同波阻抗界面发生反射的原理，在所获记录中寻找波形异常段，就可知道墙体有缺陷部位的地表位置。测量时可采用不同频率的震源及检波器，得到浅、中、深部反射波信息。当向墙体中发射弹性波时，波在传播过程中如遇墙体中缺陷引起的波阻抗 ρv（ρ 为介质密度；v 为介质纵波波速）的变化，将会产生反射波返回墙体表面而被接收检波器接收到。通过对弹性波信号的走时、振幅、相位、频率等进行相关分析，即可判断出墙体中的缺陷，其工作原理见图 2.22。

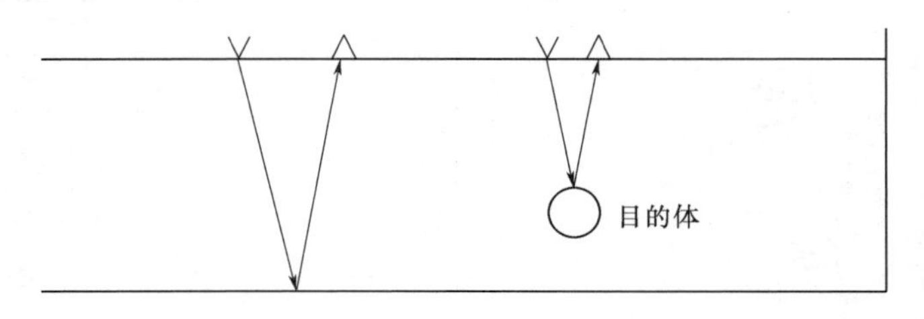

图 2.22　垂直反射波工作原理示意图

(2) 检测结果。检测桩号 D0＋117.00～D0＋231.00，点距为 0.2m，分别覆盖所有 75 个 CT 剖面。由测试成果图（图 2.23～图 2.25）可知绝大部分点位反射信号波形规则或较规则，说明墙体完整连续，混凝土密实均匀，但从图 2.24 所圈示区域可以看出，在桩号 D0＋157.00～D0＋167.00，高程 142.00～147.00m 位置波形存在杂乱反射现象，此处存在异常，介质不连续，其结果与超声波 CT 剖面吻合较好。

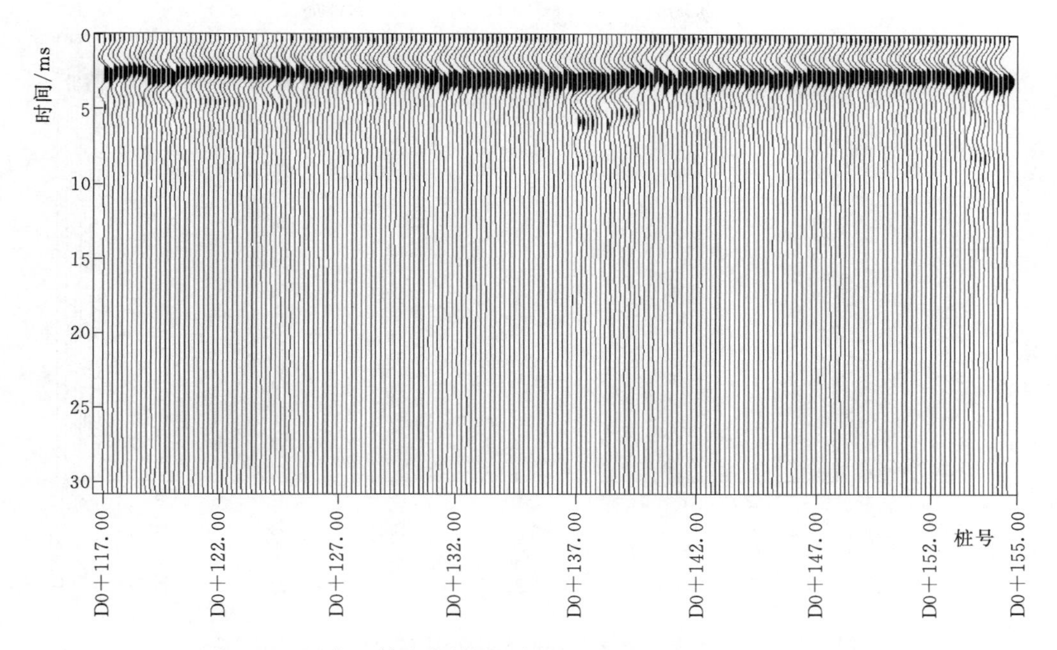

图 2.23　垂直反射法成果图（桩号 D0+117.00～D0+155.00）

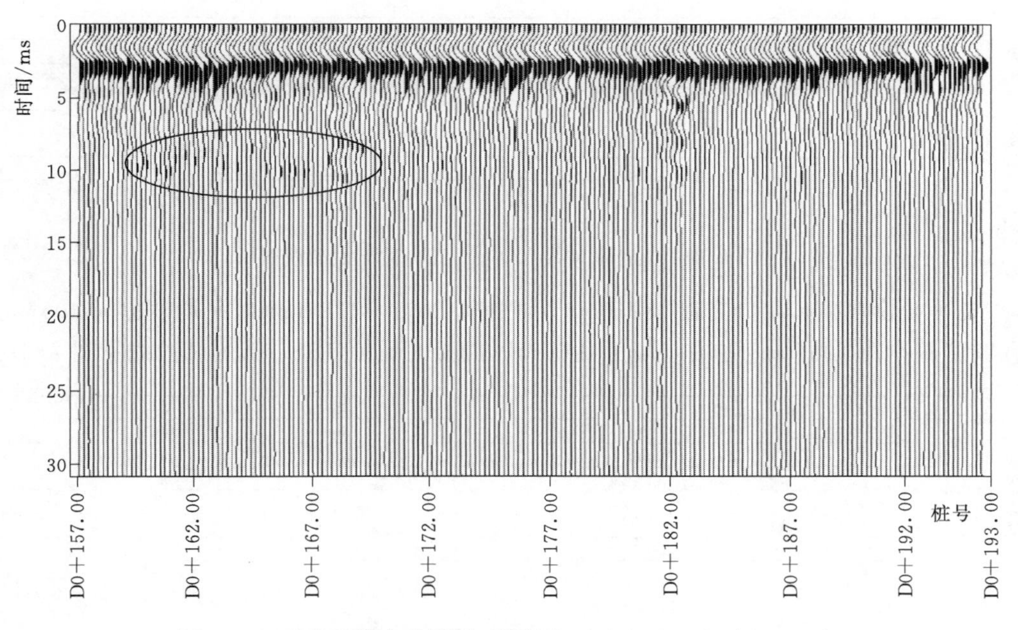

图 2.24　垂直反射法成果图（桩号 D0+155.00～D0+193.00）

2.2.2.4　单孔波速检测

单孔声波测试共完成 2 个钻孔，孔号为 ZQJ－1 和 ZQJ－2，共完成 33.2m。

ZQJ－1 检查孔，孔口高程 167.05m，波速范围 3333～4630m/s，平均波速 4111m/s。整孔波速变化较小，波速基本在 4111m/s 左右，可见孔壁周围混凝土质量良好。其测试曲线见图 2.26。

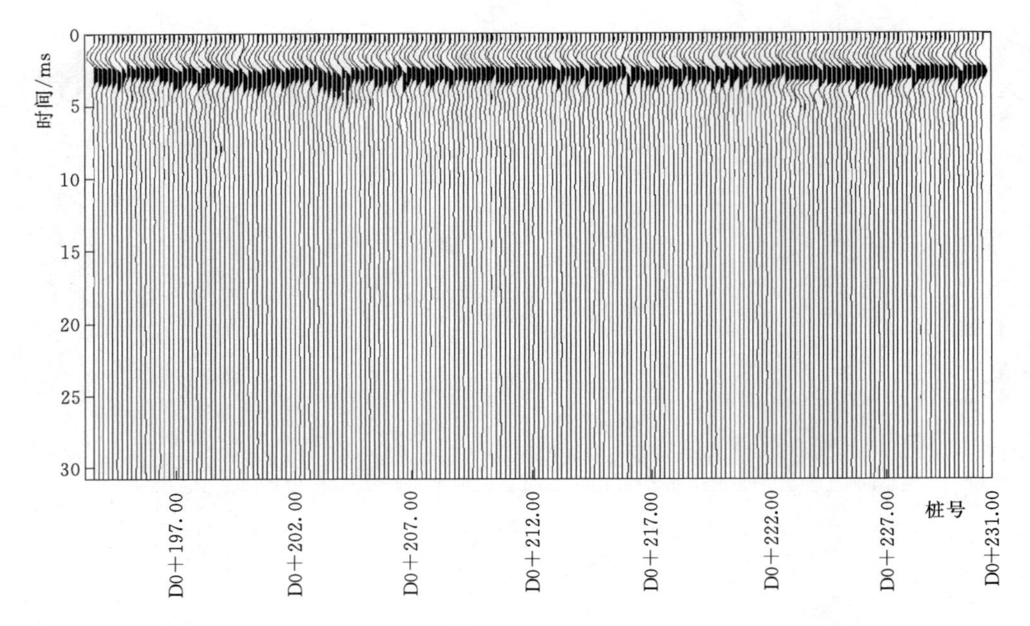

图 2.25　垂直反射法成果图（桩号 D0+193.00～D0+231.00）

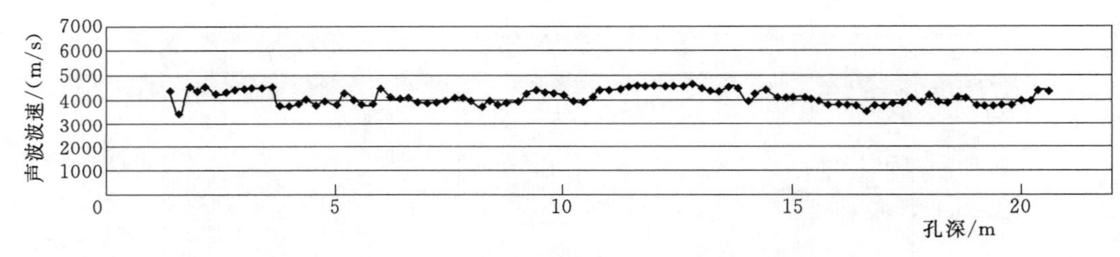

图 2.26　大坝防渗墙 ZQJ-1 孔声波测试曲线图

ZQJ-2 检查孔，孔口高程 167.05m，波速为 3571～4386m/s，平均波速为 4057m/s。整孔波速基本在 4057m/s 左右，可见孔壁周围混凝土质量良好，其测试曲线见图 2.27。

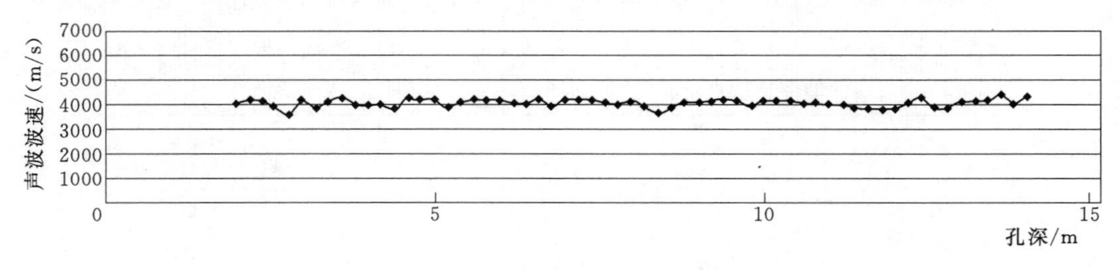

图 2.27　大坝防渗墙 ZQJ-2 孔声波测试曲线图

2.2.2.5　全孔壁成像检测

(1) 工作原理。全孔壁光学成像采用 HX-JD-02 型智能钻孔电视成像仪，主要由控制系统、卷扬系统、数据采集处理系统组成。下井探头装配有成像设备和电子罗盘，摄像头通过 360°广角镜头摄取孔壁四周图像，利用计算机控制图像采集和图像处理系统，同时控制电机提升、下放探头，自动采集图像，并进行展开、拼接处理，形成钻孔全孔壁柱

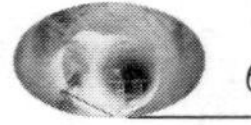

状剖面连续图像实时显示，连续采集记录全孔壁图像。电子罗盘实时采集方位角，上传给计算机实时显示，孔壁图像从罗盘指示的正北方向展开，视频帧与帧之间无缝拼接，无百叶窗等现象。

（2）施工期检测结果。钻孔光学成像共完成 2 个孔，孔号为 ZQJ－1 和 ZQJ－2，防渗墙体混凝土连续完整，无异常现象，其成果见图 2.28、图 2.29。

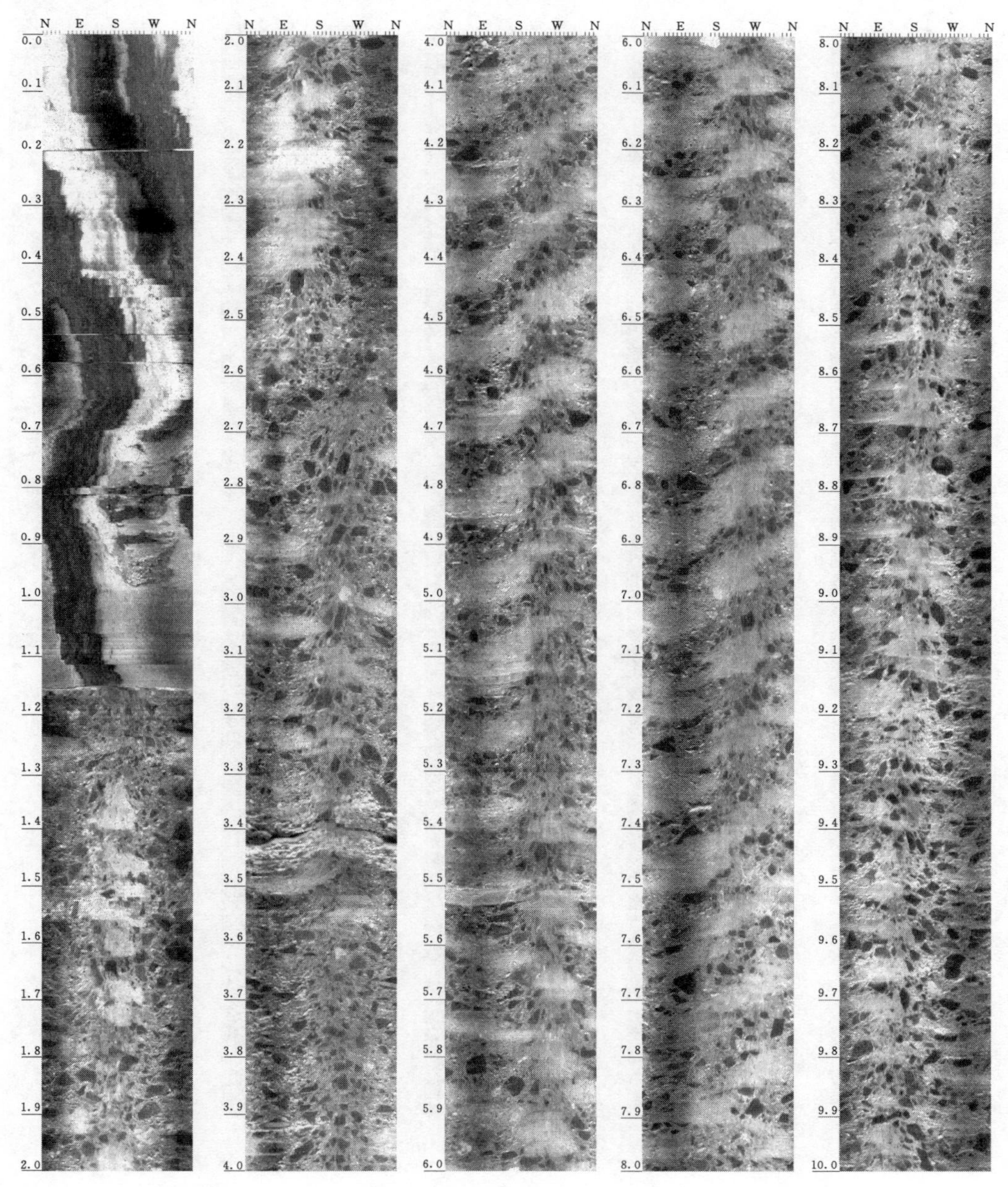

(*a*) ZQJ－1 孔 0～10.0m

图 2.28（一） 全孔壁成像成果图

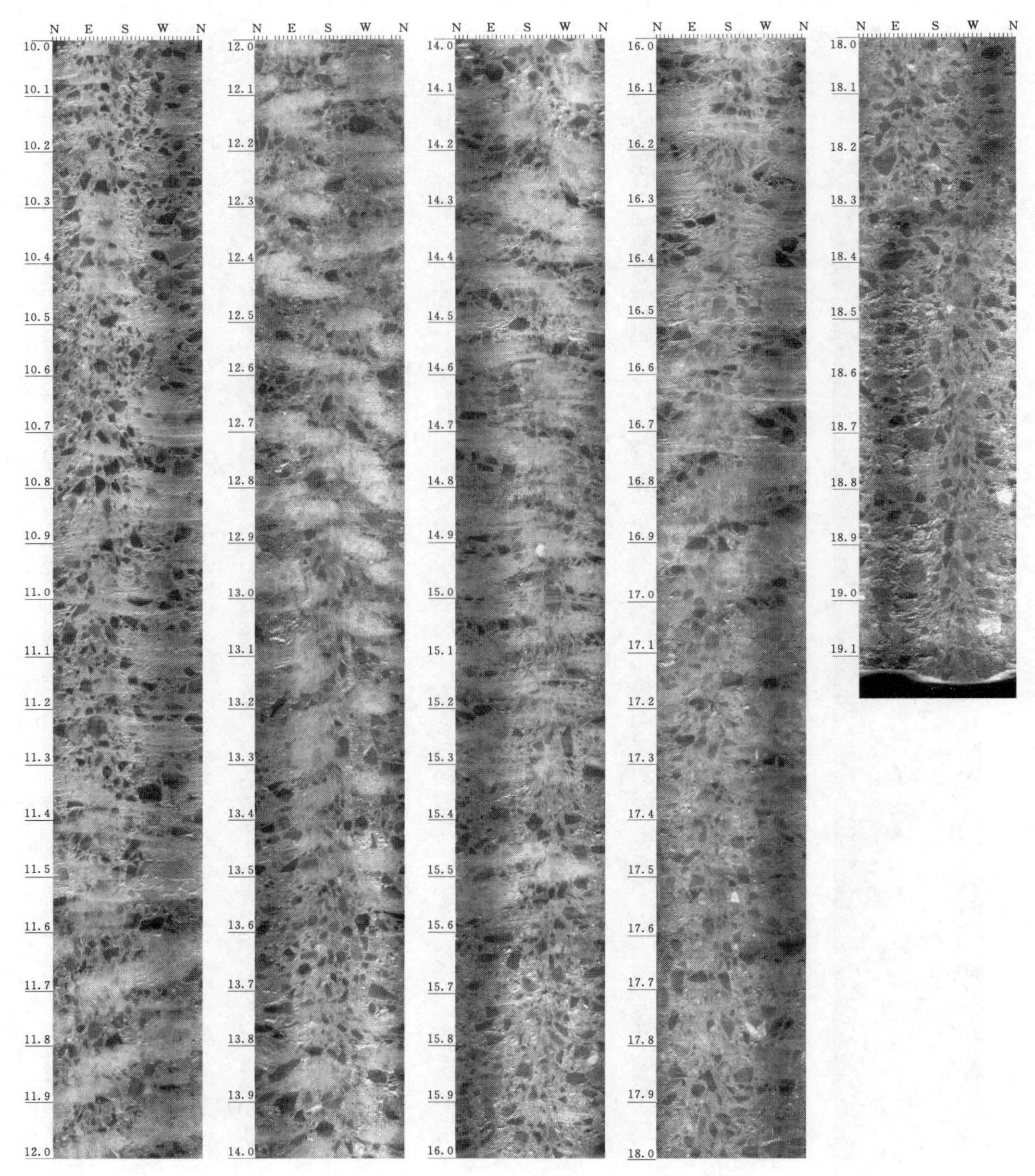

(*b*) ZQJ－1 孔 10～19.1m

图 2.28（二） 全孔壁成像成果图

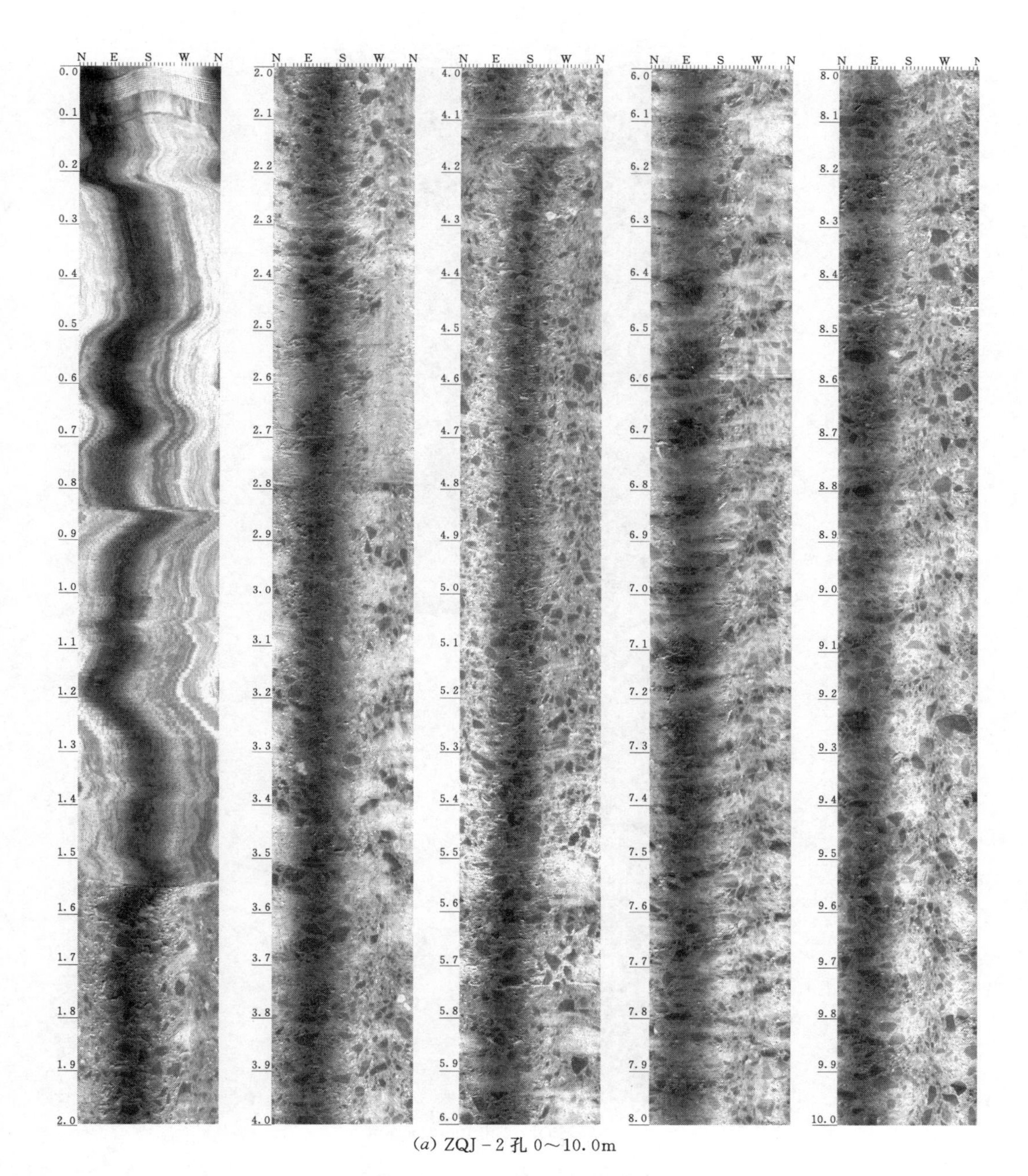

(*a*) ZQJ－2 孔 0～10.0m

图 2.29（一） 全孔壁成像成果图

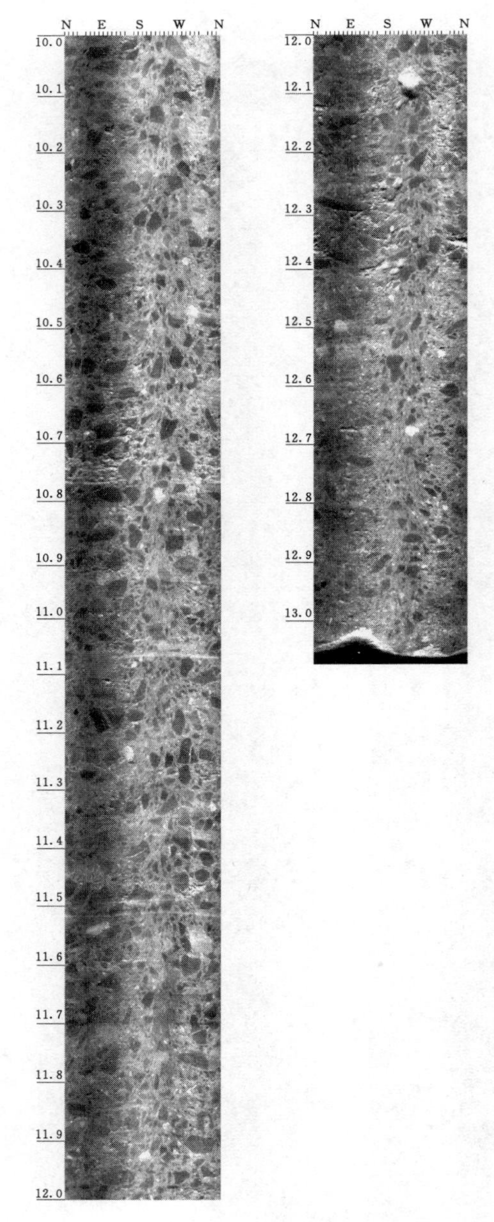

(*b*) ZQJ－2孔 10～13m

图 2.29（二） 全孔壁成像成果图

(3) 施工期复查结果。由于施工期全孔成像所选剖面较少，施工后期根据防渗墙 CT 弹性波及垂直反射法检查结果，针对桩号 D0＋158.40～D0＋163.40 和桩号 D0＋210.40～D0＋213.40 这两处出现的异常现象，又对这两处重新进行打孔采用全孔成像检查。钻孔取芯位置分别为桩号 D0＋211.90 及桩号 D0＋160.90 两处，根据取芯及孔内录像检查结果，其中桩号 D0＋211.90 孔，芯样基本完整，防渗墙混凝土浇筑均匀、连续性较好，但靠墙底以上约 1.5m 范围出现混凝土混浆现象（见图 2.30），和物探检测结果基本一致，

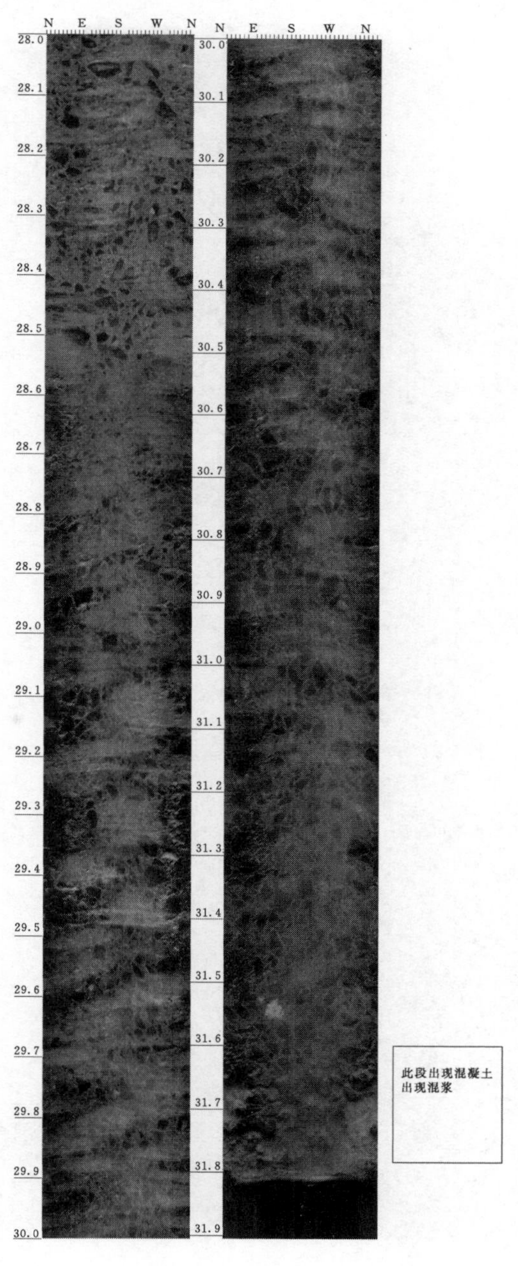

图 2.30 全孔壁成像成果图（D0＋211.90 孔）

鉴于该段为混掺现象，后经论证研究采用在原孔内灌浆处理（灌浆压力1MPa）。

桩号D0＋160.90孔，此处防渗墙体高24.4m，但孔内成像显示，防渗墙顶以下约16.7m显示为混凝土，底部约7.7m显示为胶结砂卵石或基岩组成。根据孔内成像分析，确认取芯孔在距墙顶以下约16.7m处偏出墙体（见图2.31）即钻孔未到墙底，无法达到验证质量缺陷的目的，经分析，当时因防渗墙施工完毕后墙体上部为约20m的石渣压盖，导致钻孔偏斜。鉴于石渣压盖已施工完毕，挖出较为困难，且当时临近导流洞封堵下闸蓄

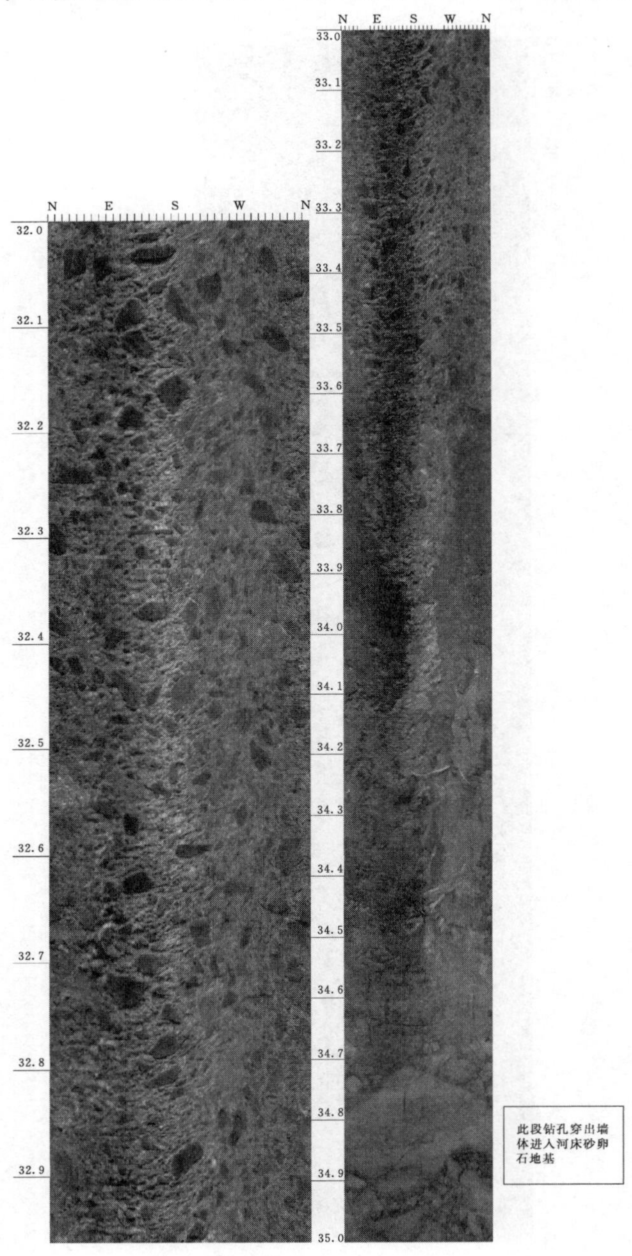

图2.31　全孔壁成像成果图（D0＋160.90孔）

水迫在眉睫，后又要求承包商换设备，提高钻孔偏斜精度，在该孔（桩号 D0+160.90）两侧各增加一个取芯检查孔，桩号分别为 D0+162.15 和 D0+159.65，要求钻孔深入基岩 1.0m。根据桩号 D0+162.15 取芯结果，距墙顶以下约 12m 处偏出墙体，D0+159.65 钻孔距墙顶以下约 18m 也偏出墙体，因而仍无法对下部墙体质量作出正确判断。

鉴于当时导流洞封堵下闸蓄水已迫在眉睫，同时再次钻孔取芯，也难免取芯孔不再偏出，后经建设四方共同研究，对 D0+155.90～D0+163.40 段防渗墙缺陷段，按最不利情况直接采用高压旋喷桩进行补强加固。

2.2.3 帷幕检测技术

河口村水库帷幕布置主要分两段，一个是大坝基础帷幕；另一个是近坝区左岸山体帷幕。大坝基础帷幕从左岸溢洪道至右岸坝肩，全长约 803m，其中右岸坝肩长 210m（采用 1 号、2 号灌浆洞实施）。大坝防渗帷幕深度即帷幕底线应设在相对不透水层以下，其相对不透水依据规范按 3Lu（吕荣值为：压力为 1MPa 时，每米试验段的压入流量为 1 L/min 的透水率）控制，帷幕底线深入 3Lu 线以下 5m。帷幕线布置从右岸坝肩灌浆洞→右岸趾板→河床段防渗墙→左岸趾板→左岸溢洪道连成整体，形成一道完整防渗帷幕线。由于库区左岸山体存在武庙坡断层带，左岸山体渗透问题比较明显，因此左岸山体防渗帷幕线从大坝左坝肩趾板沿左岸山体跨越老断沟 200m 布置，全长约 1206m，途经溢洪道、发电洞、泄洪洞等建筑物。

帷幕正常检测主要是采用压水试验，压水试验结果都能满足设计要求，施工期根据承包商所报灌浆资料分析，发现个别地段吃浆量较大，其统计见表 2.23～表 2.26。

表 2.23　　大坝部分帷幕灌浆平均单位耗灰量孔数统计表

部　位	总孔数	小于 100kg/m（孔数）	100～200kg/m（孔数）	200～300kg/m（孔数）	300～400kg/m（孔数）	大于 400kg/m（孔数）
大坝右岸 1 号灌浆洞	95	78	10	5	2	0
大坝防渗墙下帷幕灌浆	76	52	12	7	3	2
总计	171	130	22	12	5	2

表 2.24　　大坝帷幕灌浆平均单位耗灰量比例统计表

部　位	总孔数	小于 100kg/m（孔数）	占帷幕比例 /%	大于 100kg/m（孔数）	占帷幕比例 /%	大于 200kg/m（孔数）	占帷幕比例 /%
大坝右岸 1 号灌浆洞	95	78	82.1	7	17.9	7	7.4
大坝防渗墙下帷幕灌浆	76	52	68.4	24	31.6	12	15.8
总计	171	130	76.0	41	24.0	19	11.1

表 2.25　　左岸山体帷幕灌浆平均单位耗灰量孔数统计表

部位	总孔数	<100kg/m（孔数）	100～200kg/m（孔数）	200～300kg/m（孔数）	300～400kg/m（孔数）	>400kg/m（孔数）
左岸山体灌浆洞段	87	77	6	1	0	3
左岸山体	138	79	29	17	5	8
累计	225	156	35	18	5	11

表 2.26　　　　左岸山体帷幕灌浆平均单位耗灰量比例统计表

部位	总孔数	<100kg/m（孔数）	占帷幕比例/%	>100/m（孔数）	占帷幕比例/%	>200/m（孔数）	占帷幕比例/%
左岸山体灌浆洞	87	77	88.5	10	11.5	4	4.6
左岸山体	138	79	57.2	59	42.8	30	21.7
累计	225	156	69.3	69	30.7	34	15.1

针对施工期发现的部分灌浆吃浆量比较大的情况，为了更进一步研究验证灌浆效果，针对吃浆量比较大的部位增加了单孔声波测试及全孔壁光学成像测试。

2.2.3.1　1号灌浆洞检测

（1）单孔声波测试。大坝基础帷幕主要反映1号灌浆洞吃浆量较大，1号灌浆洞穿越地层主要为寒武系馒头组中的$\in_1 m^5$岩组，岩性以灰色泥质条带灰岩、白云岩夹页岩为主。洞室中岩体一般呈弱风化～微风化状，未有较大断层发育，岩体一般较完整，围岩整体稳定性较好。根据1号灌浆洞灌浆孔数，布置了5个检查孔做单孔声波测试，做灌前和灌后对比检测。单孔声波测试成果见表2.27。

表 2.27　　　　单孔声波测试成果表

孔号	检测阶段	测试孔段/m	波速/(m/s)				波速最小值提高率/%	波速平均值提高率/%
			最小值	最大值	平均值	中位数		
001	灌前	5.0	2097	5297	3856	3813	22.1	7.9
	灌后	5.0	2561	5580	4160	4087		
003	灌前	5.2	1746	5388	3571	3483	36.6	10.1
	灌后	5.0	2385	5580	3932	3879		
007	灌前	5.2	2155	5297	3782	3820	22.9	8.9
	灌后	5.0	2648	5482	4119	4167		
011	灌前	5.2	2042	5388	3746	3882	23.4	9.0
	灌后	5.0	2520	5482	4085	4157		
015	灌前	5.2	2070	5388	3991	4057	21.7	8. 4
	灌后	5. 2	2520	5580	4327	4318		

根据灌前、灌后对比，1号灌浆洞段，坝肩基础均有提高，岩体力学性能得到一定程度的提高，灌浆效果较明显，提高值一般为8%～10%。

（2）全孔孔壁成像检测。1号灌浆洞检测了2个孔，WM3-J-9检查孔检测结果：孔壁岩体裂隙发育，其中据孔定顶5.65m、10.97m、19.15m、20.40m、20.64m、35.53m、37.36m、42.25m等八处见灌浆结石充填，但4.00m、20.25m、20.70m等三处仍见有裂隙存在或未充填饱满。

WM3-J-11检查孔：孔壁岩体裂隙发育，其中8.98m、14.52m、15.80m、19.23m、37.63m等五处见灌浆结石充填，但15.42m、21.23m、33.60m等三处仍见有裂隙存在或未充填饱满。典型成果见图2.32、图2.33。

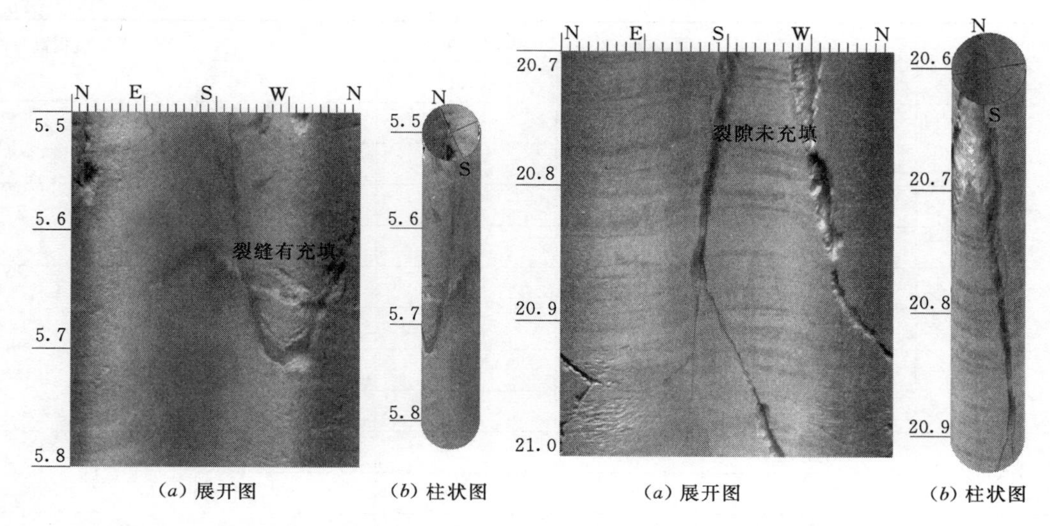

图 2.32　裂隙有充填孔壁段图

图 2.33　裂隙未充填孔壁段图

通过全孔壁光学成像对两个灌后孔检测，大部分裂隙已被浆液充填，但有少数裂隙未充填或未充满。

根据单孔波速测试及全孔壁成像检测结果，首先要求承包人改进施工工艺，保证灌浆质量；其次增加检查孔（加密孔），在检查防渗帷幕质量的同时对吃浆量偏大地段进行补充灌浆。

2.2.3.2　左岸山体检测

（1）单孔声波测试。左岸山体帷幕较长，全长 1206m，总共布置了 51 个单孔声波检测孔，做灌前和灌后对比检测。其检测成果统计见表 2.28。

表 2.28　　左岸山体帷幕灌浆效果检测成果统计表

孔号	检测阶段	波速/(m/s)			波速平均值提高率/%
		最小值	最大值	平均值	
ZA006	灌前	2220	5200	4052	9
	灌后	2840	5440	4418	
ZA010	灌前	2300	5350	3903	8.7
	灌后	2910	5560	4241	
ZA014	灌前	2360	4790	3763	8
	灌后	2710	4910	4063	
ZA018	灌前	2420	5350	3943	4.7
	灌后	2600	5350	4127	
ZA022	灌前	2640	4660	3658	5.8
	灌后	2980	4910	3871	

续表

孔号	检测阶段	波速/(m/s)			波速平均值提高率/%
		最小值	最大值	平均值	
ZA030	灌前	2490	5050	4037	4.2
	灌后	2710	5200	4205	
ZA038	灌前	2800	5680	4598	4.0
	灌后	3370	5870	4783	
ZA042	灌前	2560	5680	4358	5.0
	检查	2800	5680	4578	
ZA054	灌前	2460	4790	3395	11.2
	灌后	2930	4910	3776	
ZA066	灌前	2360	5320	3455	11
	灌后	2840	5510	3835	
ZA078	灌前	2600	5680	4206	6.1
	灌后	3030	5870	4463	
ZA086	灌前	2530	5440	3711	7
	灌后	2930	5510	3970	
ZA090	灌前	2580	5210	3774	8.6
	灌后	2980	5350	4098	
ZA102	灌前	2500	5560	3974	6.7
	灌后	2890	5680	4242	
ZA106	灌前	2430	5560	3825	6.9
	灌后	2670	5680	4088	
ZA114	灌前	2460	5680	3483	9.7
	灌后	2760	5680	3820	
ZA120	灌前	2640	5510	4219	6.1
	灌后	2980	5680	4476	
ZA138	灌前	2250	5680	3920	7.7
	灌后	2720	5810	4223	
ZA154	灌前	2600	5350	4036	5.9
	灌后	2890	5350	4275	
ZA162	灌前	2390	5510	3711	6.1
	灌后	2890	5680	3937	
ZA174	灌前	2320	5320	3641	10.8
	灌后	2720	5440	4034	
ZA178	灌前	2340	5510	3588	11.3
	灌后	2940	5680	3994	

续表

孔号	检测阶段	波速/(m/s)			波速平均值提高率/%
		最小值	最大值	平均值	
ZA186	灌前	2360	5440	3740	10.6
	灌后	2450	5680	4137	
ZA198	灌前	2380	5560	4047	9.3
	灌后	2910	5680	4424	
ZA202	灌前	2030	5440	3736	9.1
	灌后	2750	5560	4076	
ZA210	灌前	2580	5320	4342	6.9
	灌后	3010	5440	4642	
ZA222	灌前	2070	5560	3839	10.1
	灌后	2810	5680	4225	
ZA230	灌前	2600	5320	3632	11.5
	灌后	2980	5510	4050	
ZM234	灌前	2050	5320	3423	10.2
	灌后	2250	5350	3772	
ZM246	灌前	1980	5350	3651	12.2
	灌后	2720	5320	4098	
ZM258	灌前	1860	5510	3562	11.3
	灌后	2660	5560	3966	
ZM282	灌前	2110	5350	3865	12.7
	灌后	2940	5560	4353	
ZM294	灌前	2030	5440	3798	10
	灌后	2870	5560	4177	
ZM306	灌前	2070	5560	3619	13.2
	灌后	2450	5680	4098	
ZM330	灌前	2340	5680	3928	8.7
	灌后	2910	5680	4269	
ZM354	灌前	2020	4790	3231	12.1
	灌后	2710	5050	3624	
ZM366	灌前	2380	5680	3715	9.1
	灌后	3030	5680	4054	
ZM378	灌前	2210	5440	4024	8.5
	灌后	2690	5680	4367	
ZM390	灌前	2690	5320	3834	10.0
	灌后	2750	5680	4216	

续表

孔号	检测阶段	波速/(m/s)			波速平均值提高率/%
		最小值	最大值	平均值	
ZM402	灌前	2140	5410	3776	11.5
	灌后	2720	5680	4212	
ZM426	灌前	2120	5440	3588	12.7
	灌后	2870	5440	4044	
ZM450	灌前	1770	5680	3488	11.5
	灌后	2360	5810	3889	
ZM462	灌前	2320	5560	4099	8.4
	灌后	2700	5710	4442	
ZM474	灌前	2600	5320	3991	9.0
	灌后	2990	5560	4349	
ZM498	灌前	2360	5440	3784	10.2
	灌后	2940	5560	4169	
ZM510	灌前	2660	5560	4160	6.4
	灌后	2840	5680	4425	
ZM522	灌前	2580	5560	3780	9.4
	灌后	2940	5710	4137	
ZM559	灌前	2720	5440	3920	9.0
	灌后	3130	5560	4271	
ZM569	灌前	2810	5440	4085	6.7
	灌后	3010	5560	4358	
ZM585	灌前	2980	5680	3978	7.4
	灌后	3430	5680	4273	
ZM593	灌前	3090	5560	4320	6.1
	灌后	3130	5680	4582	

结论：

1）钻孔单孔声波法是帷幕灌浆效果评价的有效方法之一。

2）左岸山体帷幕通过压力灌浆，岩石裂隙被浆液充填固结，岩体力学性能得到一定程度的提高，灌后波速平均值提高，灌浆效果比较明显。

3）灌浆后各单元低波速段测点所占全孔百分比较灌浆前有所减小，高波速段测点所占全孔百分比较灌浆前有所增加。

4）综合检测资料，左岸山体（0＋454.90～1＋206.81）帷幕灌前灌后波速平均值提高6.1％～13.2％。

（2）ZM390异常孔检测。左岸山体ZM390孔施工时出现了钻至45.2m时掉钻现象，放测绳至104m出现异常情况，其旁边的ZM389孔施工时也有类似情况。以上情况出现

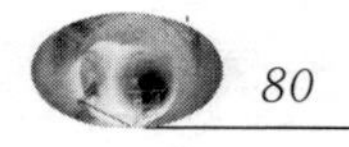

后，设计单位初步分析 ZM390 孔附近可能存在一条由高倾角断层引起的强渗漏通道，并且其中可能存在着溶蚀架空现象。为查明该可能的强渗漏通道的分布范围及可能对现有帷幕的影响，设计单位对以上钻及周边孔及时进行了钻孔电视录像，CT 弹性波检测，并进行了大地电磁物探检测。

1）全孔孔壁成像检测。为便于探查 ZM390 孔地基岩石情况，除在 ZM390 孔左右两侧孔布置钻孔录像外，又在 ZM390 孔上下游各补钻了一个孔（为 ZM390 上游孔和 ZM390 下游孔）进行布置钻孔录像，因此围绕 ZM390 孔附近布置了 5 个钻孔录像检测，其成果统计分析见表 2.29～表 2.33，钻孔录像（见图 2.34、图 2.35）。

表 2.29　389 号孔光学成像成果统计分析表

序号	起点深度/m	终点深度/m	岩心段属性描述	备注
1	3.240	3.395	裂隙，深度：3.240～3.395m；倾角：63.9°；倾向：221.5°	
2	3.382	3.593	裂隙，深度：3.382～3.593m；倾角：70.3°；倾向：32.7°	
3	4.552	4.602	裂隙，产状不规则，深度：4.548～4.903m；缝宽：24.3～230.0mm	
4	5.878	5.977	裂隙，产状不规则，深度：5.870～6.000m；缝宽：81.6～99.2mm	
5	7.368	7.545	裂隙，深度：7.368～7.545m；倾角：66.9°；倾向：226.6°	
6	11.127	11.297	风化破碎，深度：11.000～14.000m	
7	17.942	17.993	裂隙，深度：17.942～17.993m；倾角：34.2°；倾向：347.4°	
8	18.712	18.847	裂隙，深度：18.712～18.847m；产状不规则	
9	25.142	25.210	裂隙，深度：25.142～25.210m；倾角：42.0°；倾向：216.5°；缝宽：30.0～60.0mm	
10	25.930	25.987	裂隙，深度：25.930～25.987m；倾角：36.7°；倾向：224.1°	
11	26.292	26.352	裂隙，深度：26.292～26.352m；倾角：38.4°；倾向：241.7°	
12	27.300	27.402	裂隙，深度：27.300～27.402m；产状不规则	
13	27.542	27.597	裂隙，深度：27.542～27.597m；倾角：35.9°；倾向：241.7°	
14	30.157	30.247	裂隙，深度：30.157～30.247m；倾角：49.8°；倾向：65.5°	
15	30.343	30.420	裂隙，深度：30.343～30.420m；倾角：45.3°；倾向：65.5°	
16	32.212	32.497	裂隙，深度：32.212～32.497m；倾角：75.9°；倾向：40.3°	
17	32.908	33.010	裂隙，深度：32.908～33.010m；倾角：53.6°；倾向：73.0°	
18	34.070	34.118	裂隙，深度：34.070～34.118m	
19	36.140	36.378	裂隙，深度：36.140～36.378m；倾角：72.4°；倾向：128.4°	
20	39.052	39.100	裂隙，深度：39.052～39.100m；倾角：33.2°；倾向：15.1°	
21	41.395	41.628	裂隙，深度：41.395～41.628m；倾角：72.0°；倾向：327.3°	
22	43.638	43.785	裂隙，深度：43.638～43.785m；倾角：62.6°；倾向：339.9°	
23	47.035	47.130	裂隙，深度：47.035～47.130m；缝宽：71.9～110.0mm	
24	47.437	47.945	破碎带，深度：47.437～47.945m	
25	51.742	51.855	裂隙，深度：51.742～51.855m；缝宽：33.6～71.6mm	

表 2.30　　390 号孔光学成像成果统计分析表

序号	起点深度/m	终点深度/m	岩心段属性描述	备注
1	10.460	10.938	孔壁不光滑连续，岩体破碎剥落深度：10.400～13.900m	
2	16.425	16.605	裂隙，深度：16.425～16.605m；倾角：67.1°；倾向：27.7°	
3	27.352	27.460	裂隙，深度：27.352～27.460m；倾角：55.0°；倾向：50.3°	
4	29.230	29.367	裂隙，深度：29.230～29.367m；倾角：60.9°；倾向：30.2°；缝宽：27.1～23.8mm	
5	30.867	30.975	裂隙，深度：30.867～30.975m；倾角：55.0°；倾向：47.8°	
6	49.528	49.733	孔壁不光滑连续，有掉块现象，深度：49.500～51.000m	
7	51.633	51.755	裂隙，产状不规则，深度：51.633～51.755m	
8	56.018	56.243	裂隙发育，岩体较破碎，深度：56.000～63.000m	
9	62.900	63.003	裂隙，深度：62.900～63.003m；缝宽：86.8～121.6mm	
10	65.158	65.435	裂隙，深度：65.158～65.435m；产状不规则；缝宽：188.4～226.6mm	

表 2.31　　391 号孔光学成像成果统计分析表

序号	起点深度/m	终点深度/m	岩心段属性描述	备注
1	10.027	10.547	孔壁不光滑，岩体较破碎，有掉块现象，深度：10.000～13.600m	
2	15.062	15.275	裂隙，深度：15.062～15.275m；倾角：70.4°；倾向：2.5°	
3	17.243	17.788	孔壁不光滑，裂隙发育，存在掉块现象，深度：17.200～19.500m	
4	21.957	21.998	平行节理发育，深度：21.900～22.700m；倾角：58.0°；倾向：244.2°	
5	22.843	22.950	裂隙，深度：22.843～22.950m；倾角：54.5°；倾向：22.7°	
6	24.750	25.248	平行节理发育，深度：24.750～25.248m；倾角：58.0°；倾向：244.2°	
7	25.873	25.997	裂隙，深度：25.873～25.997m；倾角：58.4°；倾向：251.7°	
8	26.003	26.163	平行节理发育，深度：26.000～27.500m；倾角：58.0°；倾向：244.2°	
9	28.052	28.352	裂隙，深度：28.052～28.352m；倾角：58.0°；倾向：244.2°；缝宽：153.7～250.0mm	
10	28.678	28.725	裂隙，深度：28.678～28.725m；产状不规则	
11	30.273	30.410	裂隙，深度：30.273～30.410m；倾角：60.9°；倾向：40.3°	
12	30.800	30.842	裂隙，深度：30.800～30.800m；倾角：28.8°；倾向：173.7°	
13	32.642	32.898	裂隙较发育，产状不规则，深度：32.600～35.000m	
14	47.158	47.372	孔壁不光滑，岩体破碎，深度：47.000～50.000m	
15	50.050	50.438	裂隙较发育，深度：50.000～59.500m	
16	51.130	51.171	裂隙，深度：51.130～51.171m；倾角：28.3°；倾向：280.7°；缝宽：13.0～30.0mm	
17	51.822	51.848	裂隙，深度：51.822～51.848m；倾角：19.4°；倾向：265.6°	

续表

序号	起点深度/m	终点深度/m	岩心段属性描述	备注
18	52.017	52.248	裂隙，深度：52.017～52.248m；倾角：72.1°；倾向：197.6°	
19	52.473	52.497	裂隙，深度：52.473～52.497m；倾角：17.1°；倾向：288.3°	
20	52.583	52.838	裂隙，深度：52.583～52.838m；倾角：73.8°；倾向：188.8°	
21	53.350	53.377	裂隙，深度：53.350～53.377m；倾角：19.4°；倾向：303.4°；缝宽：18.000～48.000mm	
22	54.023	54.232	裂隙，深度：54.023～54.232m；倾角：70.0°；倾向：197.6°	
23	54.288	54.508	裂隙，深度：54.288～54.508m；倾角：70.9°；倾向：191.3°	
24	54.881	54.909	裂隙，深度：54.881～54.909m；倾角：20.5°；倾向：248.0°	
25	55.579	55.748	平行节理，深度：55.579～56.000m；倾角：65.9°；倾向：181.3°	
26	56.064	56.209	裂隙，深度：56.064～56.209m；倾角：62.4°；倾向：181.3°	
27	56.972	56.993	裂隙，深度：56.972～56.993m；倾角：14.8°；倾向：167.4°	
28	57.037	57.211	平行节理，深度：57.037～58.000m；倾角：66.6°；倾向：195.1°	
29	58.678	58.848	平行节理，深度：58.678～59.200m；倾角：67.1°；倾向：185.0°	
30	59.458	59.492	裂隙，深度：59.458～59.505m；缝宽：40.000～46.000mm	
31	60.287	60.305	裂隙，深度：60.287～60.305m	
32	60.748	60.798	裂隙，深度：60.751～60.798m；倾角：32.1°；倾向：227.8°	
33	60.942	60.963	裂隙，深度：60.944～60.965m；倾角：15.3°；倾向：73.0°	
34	61.683	61.748	裂隙，深度：61.683～61.748m；倾角：40.5°；倾向：203.9°	
35	61.828	61.960	裂隙，深度：61.800～62.700m；裂隙发育	
36	62.647	62.664	裂隙，深度：62.647～62.664m；倾角：13.0°；倾向：323.5°	

表 2.32　　390 号上游孔光学成像成果统计分析表

序号	起点深度/m	终点深度/m	岩心段属性描述	备注
1	28.023	28.188	裂隙，深度：28.022～28.280m；倾角：65.2°；倾向：88.1°；缝宽：20.0～85.0mm	
2	29.453	29.723	裂隙，深度：29.453～29.723m；倾角：74.4°；倾向：6.3°	
3	31.108	31.221	裂隙，深度：31.110～31.224m；倾角：57.1°；倾向：183.8°	
4	31.221	31.333	裂隙，深度：31.220～31.332m；倾角：56.0°；倾向：190.1°；缝宽：0.0～13.0mm	
5	31.442	31.564	裂隙，深度：31.438～31.561m；倾角：58.4°；倾向：191.3°；缝宽：5.0～38.0mm	
6	32.102	32.224	裂隙，深度：32.100～32.224m；倾角：58.8°；倾向：227.8°；缝宽：3.0～66.0mm	
7	32.570	32.678	裂隙，深度：32.570～32.678m；倾角：55.3°；倾向：42.8°；缝宽：6.0～48.0mm	

续表

序号	起点深度/m	终点深度/m	岩心段属性描述	备注
8	32.786	32.905	裂隙，深度：32.786～32.905m；倾角：57.7°；倾向：52.9°；缝宽：0～19.0mm	
9	33.102	33.139	裂隙，深度：33.101～33.141m；倾角：27.9°；倾向：6.3°	
10	33.499	33.616	裂隙，深度：33.499～33.616m；倾角：57.0°；倾向：158.6°；缝宽：2.0～20.0mm	
11	33.747	33.911	裂隙，深度：33.748～33.924m；倾角：66.8°；倾向：284.5°；缝宽：25.0～59.0mm	
12	34.170	34.306	裂隙，深度：34.170～34.306m；倾角：61.2°；倾向：293.3°；缝宽：2.0～20.0mm	
13	35.124	35.238	裂隙，深度：35.124～35.238m；倾角：57.1°；倾向：163.6°；缝宽：45.0～104.0mm	
14	35.554	35.640	裂隙，深度：35.554～35.640m；倾角：51.2°；倾向：55.4°	
15	36.040	36.272	破碎带，深度：36.000～41.000m	
16	41.318	41.598	裂隙，深度：41.318～41.599m；倾角：75.1°；倾向：102.0°；缝宽：2.0～69.0mm	
17	42.418	42.857	破碎带，深度：42.400～43.600m	
18	44.098	44.797	裂隙，深度：44.098～44.797m；倾角：84.3°；倾向：241.7°；缝宽：2.0～48.0mm	
19	44.919	45.273	裂隙，深度：44.919～45.273m；倾角：77.9°；倾向：248.0°	
20	48.041	48.289	破碎带，深度：48.000～50.000m	
21	50.825	50.852	裂隙，深度：41.318～41.599m；倾角：75.1°；倾向：102.0°；缝宽：2.0～15.0mm	
22	52.046	52.217	风化夹泥，深度：52.000～52.500m	
23	56.165	56.400	风化破碎，深度：56.100～56.800m	
24	56.862	56.999	裂隙，深度：56.862～56.999m；缝宽：38.0～94.0mm	
25	57.167	57.489	裂隙发育段，深度：57.200～57.500m	
26	57.513	57.680	裂隙，深度：57.513～57.680m；倾角：65.6°；倾向：261.8°	
27	58.843	58.998	裂隙，深度：58.843～58.998m；倾角：63.9°；倾向：344.9°	
28	58.989	59.189	裂隙，深度：58.989～59.189m；倾角：69.2°；倾向：353.7°	
29	59.729	59.762	裂隙，深度：59.729～59.762m；缝宽：10.0～32.0mm	
30	61.072	61.257	平行节理发育，深度：60.100～61.500m；倾角：67.9°；倾向：27.7°	
31	65.829	65.998	平行节理发育，深度：64.000～66.000m；倾角：67.4°；倾向：35.2°	
32	67.916	67.987	深度：67.916～67.987m；缝宽：30.0～68.0mm	
33	68.282	68.333	裂隙，深度：68.282～68.333m；缝宽：20.0～30.0mm	
34	68.882	68.905	裂隙，深度：68.882～68.905m；倾角：17.3°；倾向：237.9°；缝宽：2.0～14.0mm	

续表

序号	起点深度/m	终点深度/m	岩心段属性描述	备注
35	73.021	73.037	裂隙，深度：73.021～73.037m；倾角：12.4°；倾向：90.6°	
36	73.905	73.935	裂隙，深度：73.905～73.935m；倾角：21.8°；倾向：302.1°；缝宽：2.0～9.0mm	
37	79.291	79.620	裂隙，深度：79.291～79.620m；倾角：77.2°；倾向：167.4°；缝宽：2.0～13.0mm	
38	80.167	80.413	裂隙，深度：80.166～80.413m；倾角：72.9°；倾向：187.6°	
39	88.343	88.758	裂隙，深度：88.343～88.758m；倾角：79.9°；倾向：112.0°；缝宽：2.0～100.0mm	

表 2.33　　390 号下游孔光学成像成果统计分析表

序号	起点深度/m	终点深度/m	岩心段属性描述	备注
1	25.920	25.978	裂隙，深度：25.920～25.978m；倾角：37.7°；倾向：336.1°；缝宽：62.0～81.0mm	
2	26.398	26.451	裂隙，深度：26.398～26.451m；倾角：34.7°；倾向：308.4°；缝宽：54.0～78.0mm	
3	27.317	27.369	裂隙，深度：27.317～27.368m；倾角：35.9°；倾向：17.6°	
4	27.503	27.547	裂隙，深度：27.502～27.544m；倾角：29.7°；倾向：11.3°	
5	27.936	27.994	裂隙，深度：27.937～27.992m；倾角：36.2°；倾向：355.0°	
6	28.805	28.858	裂隙，深度：28.805～28.859m；倾角：35.5°；倾向：333.6°；缝宽：14.0～36.0mm	
7	29.188	29.420	裂隙，深度：29.188～29.418m；倾角：71.9°；倾向：254.3°	
8	29.354	29.679	裂隙，深度：29.357～29.677m；倾角：76.7°；倾向：113.3°	
9	30.575	30.977	裂隙，深度：30.575～30.980m；倾角：79.4°；倾向：258.0°；缝宽：0.0～15.0mm	
10	30.967	31.015	裂隙，深度：30.968～31.015m；倾角：32.3°；倾向：70.5°；缝宽：3.0～25.0mm	
11	31.178	31.293	裂隙，深度：31.178～31.293m；倾角：57.9°；倾向：250.5°	
12	32.123	32.418	裂隙，深度：32.123～32.418m；倾角：76.5°；倾向：307.1°	
13	32.426	32.490	裂隙，深度：32.426～32.490m；倾角：40.4°；倾向：181.3°；缝宽：5.0～49.0mm	
14	33.453	33.515	裂隙，深度：33.453～33.515m；倾角：39.7°；倾向：278.2°；缝宽：8.0～27.0mm	
15	34.322	34.410	裂隙，深度：34.322～34.410m；倾角：49.1°；倾向：261.8°；缝宽：90.0～200.0mm	
16	34.472	34.571	裂隙，深度：34.472～34.571m；倾角：53.0°；倾向：251.7°	
17	34.957	35.010	裂隙，深度：34.957～35.010m；倾角：37.6°；倾向：287.0°；缝宽：2.0～21.0mm	

续表

序号	起点深度/m	终点深度/m	岩心段属性描述	备注
18	34.989	35.131	裂隙，深度：34.989～35.131m；倾角：63.1°；倾向：295.8°	
19	35.102	35.188	裂隙，深度：35.102～35.188m；倾角：49.3°；倾向：283.2°	
20	35.183	35.224	裂隙，深度：35.183～35.224m；倾角：30.6°；倾向：299.6°	
21	35.261	35.332	裂隙，深度：35.261～35.332m；倾角：43.8°；倾向：292.0°；缝宽：18.0～43.0mm	
22	35.820	35.884	裂隙，深度：35.820～35.884m；缝宽：21.0～40.0mm	
23	36.357	36.399	裂隙，深度：36.357～36.399m；倾角：29.3°；倾向：303.4°；缝宽：4.0～19.0mm	
24	37.225	37.387	裂隙，深度：37.228～37.386m；倾角：65.1°；倾向：159.9°；缝宽：7.0～25.0mm	
25	37.305	37.548	裂隙，深度：37.304～37.550m；倾角：73.1°；倾向：349.9°	
26	38.518	38.570	裂隙，深度：38.518～38.570m；缝宽：6.0～35.0mm	
27	38.667	38.736	裂隙，深度：38.667～38.736m；倾角：43.4°；倾向：270.6°；缝宽：2.0～21.0mm	
28	39.095	39.410	裂隙，深度：39.095～39.410m；倾角：76.7°；倾向：73.0°	
29	39.487	39.618	裂隙，深度：39.498～39.616m；倾角：58.3°；倾向：271.9°；缝宽：33.0～115.0mm	
30	42.168	42.632	裂隙，深度：42.168～42.632m；倾角：80.8°；倾向：282.0°	
31	42.553	43.212	裂隙，深度：42.550～44.598m；倾角：86.2°；倾向：347.4°	
32	48.863	48.975	裂隙，深度：48.863～48.975m；缝宽：17.0～77.0mm	
33	54.384	54.610	裂隙，深度：54.384～54.610m；倾角：71.4°；倾向：61.7°；缝宽：20.0～76.0mm	
34	54.759	54.926	裂隙，深度：54.759～54.926m；倾角：65.5°；倾向：57.9°；缝宽：15.0～90.0mm	
35	55.439	55.508	裂隙，深度：55.439～55.508m；缝宽：17.0～60.0mm	
36	56.946	56.982	裂隙，深度：56.946～56.982m；缝宽：16.0～26.0mm	
37	57.569	57.724	裂隙，深度：57.569～57.724m；倾角：63.9°；倾向：245.5°；缝宽：28.0～81.0mm	
38	62.322	62.395	裂隙，深度：62.322～62.395m；倾角：44.0°；倾向：171.2°；缝宽：0.0～55.0mm	
39	63.010	63.037	裂隙，深度：63.010～63.037m；缝宽：13.0～22.0mm	
40	64.128	64.458	裂隙，深度：64.128～64.458m；缝宽：302.0～334.0mm	
41	65.272	65.354	裂隙，深度：65.272～65.354m；倾角：47.4°；倾向：198.9°	
42	65.618	65.653	裂隙，深度：65.618～65.653m；倾角：25.2°；倾向：172.4°；缝宽：11.0～27.0mm	
43	67.717	67.747	裂隙，深度：67.717～67.747m；倾角：21.7°；倾向：347.4°；缝宽：4.0～13.0mm	
44	77.849	77.928	裂隙，深度：77.849～77.928m；倾角：46.3°；倾向：30.2°；缝宽：2.0～10.0mm	
45	79.237	79.377	裂隙，深度：79.237～79.377m；倾角：62.0°；倾向：75.5°；缝宽：0.0～25.0mm	

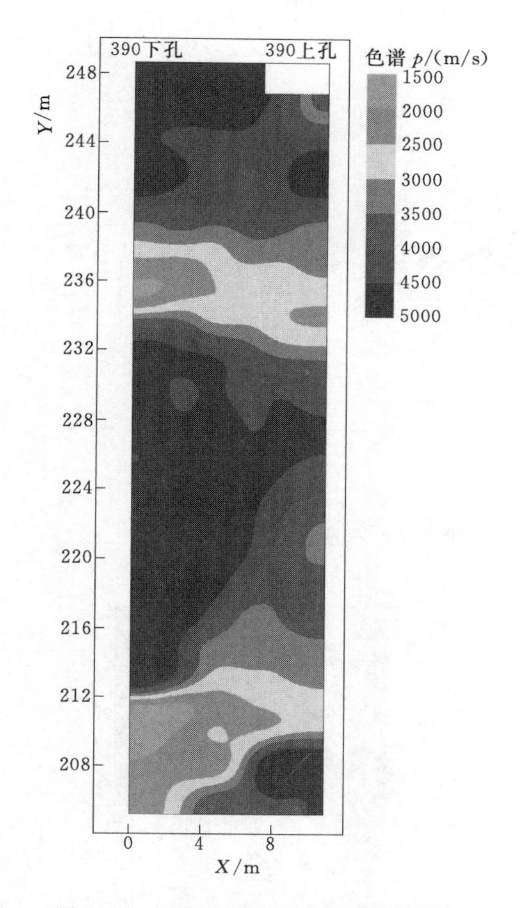

图 2.34 ZM391 孔～ZM386 孔剖面图

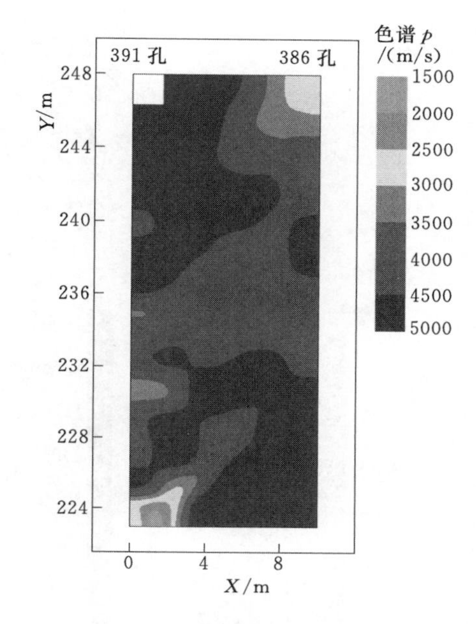

图 2.35 ZM390 下游孔～ZM390 上游孔剖面图

2）大地电磁法。大地电磁法是采用 EH-4 电磁系统进行探测，该系统利用了天然场和人工场相结合的方式，采用部分可控源人工场补充天然场缺失或不足部分的方式完成整个工作频段的测量，观测的基本参数为正交的两个电场分量（E_x,E_y）和两个磁场分量（H_x,H_y）。利用上述观测的参数可求得两个不同方向上的视电阻率，进而计算张量阻抗。通过观测不同频率的电磁信号，可获得不同深度的电阻率值，达到测深的目的，探测深度从地表数十米至一千多米。主要用于地下水调查、工程地质调查、基岩起伏调查、地质构造（空洞等）填图及岩层孔隙率调查等。

EH-4 电磁系统野外工作见图 2.36。本次探测根据 ZM390 孔位置现场试验选择点距为 3m，极距为 10m。

大地电磁法（EH-4）共布置 7 条测线，分述如下。

A1 测线：测线长度 78.3m，在测线 40m 处电阻率等值线明显错动，推测为断层影响带，高程 210.00～290.00m，A1 测线 EH-4 成果见图 2.37。

A2 测线：测线长度 88.2m，在测线 20～80m 处电阻率等值线明显错动，疑似断层影响带，高程 120.00～240.00m，A2 测线 EH-4 成果见图 2.38。

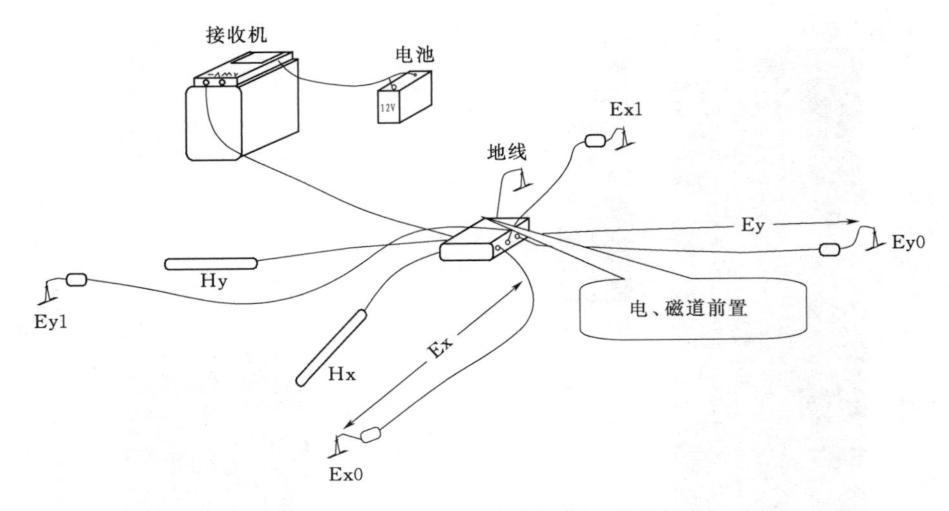

图 2.36　EH－4 电磁系统野外工作示意图

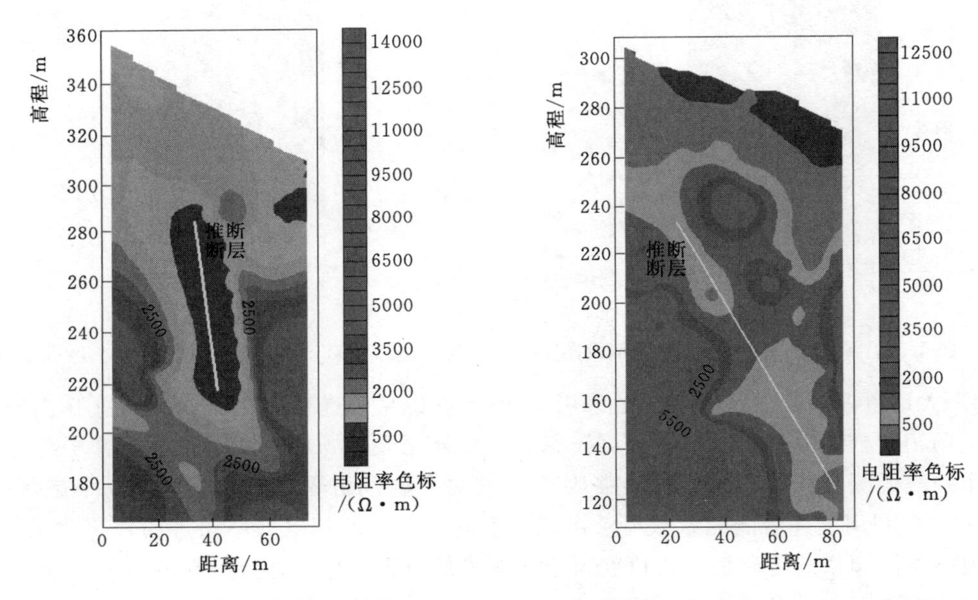

图 2.37　A1 测线 EH－4 成果图　　图 2.38　A2 测线 EH－4 成果图

B1 测线：测线长度 78.6m，在测线 40m 处电阻率等值线明显错动，推测为断层影响带，高程 210.00～290.00m，B1 测线 EH－4 成果见图 2.39。

B2 测线：测线长度 91.6m，未发现不良地质体，图中团状低阻异常综合判定为干扰造成，B2 测线 EH－4 成果见图 2.40。

C1 测线：测线长度 81.8m，在测线 45m 处电阻率等值线明显错动，推测为断层影响带，高程 220.00～310.00m，C1 测线 EH－4 成果见图 2.41。

C2 测线：测线长度 96.0m，未发现不良地质体，图中团状低阻异常综合判定为干扰造成，C2 测线 EH－4 成果见图 2.42。

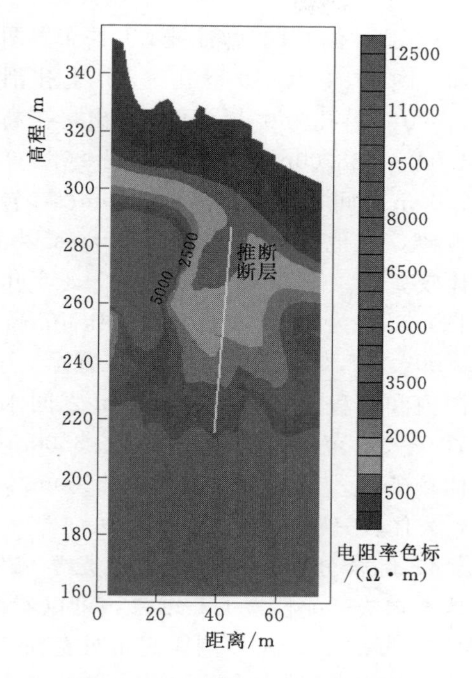

图 2.39　B1 测线 EH－4 成果图

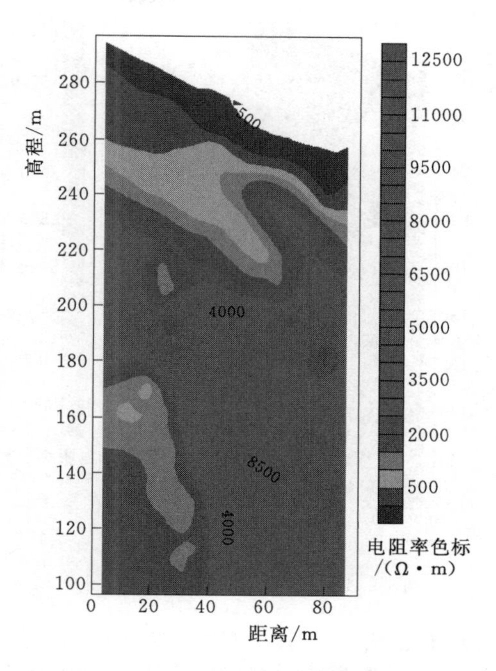

图 2.40　B2 测线 EH－4 成果图

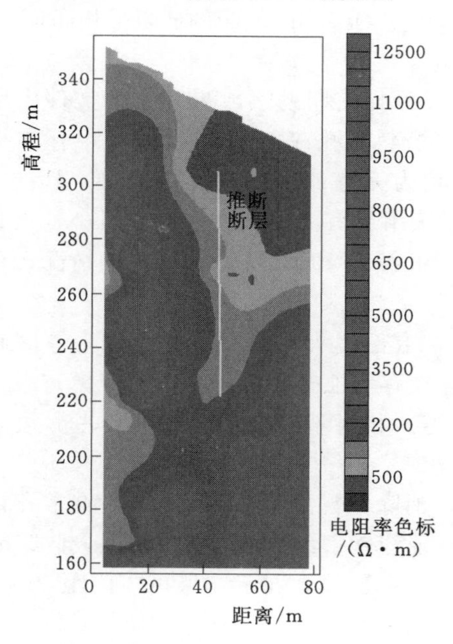

图 2.41　C1 测线 EH－4 成果图

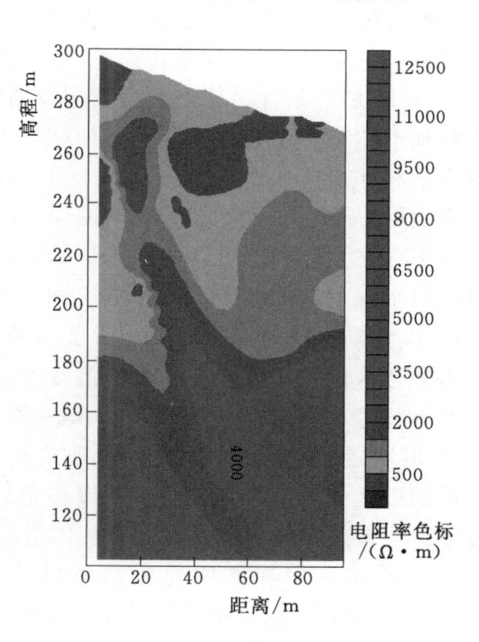

图 2.42　C2 测线 EH－4 成果图

D 测线：测线长度 132.5m，在测线 85m 位置处电阻率等值线明显错动，疑似断层影响带，高程 110.00～230.00m，D 测线 EH－4 成果见图 2.43。

综合 A1、B1、C1、A2、B2、C2、D 等 7 条测线，可以看出，在 A1、B1、C1 测线 40～45m 位置发现一断层 F_1，在 D 测线 85m 处发现一疑似断层 F_2。

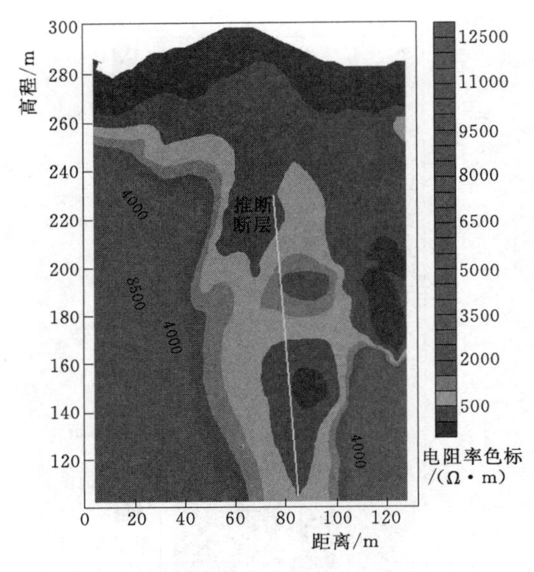

图 2.43　D 测线 EH-4 成果图

3）弹性波 CT。弹性波 CT 共布置两组剖面，图 2.34 为 390 下孔～390 上孔剖面图，390 下游孔为 0 点，可以看出，在高程 234.00～238.00m 之间和高程 206.00～212.00m 之间，波速 1500～3000m/s，岩体较破碎，其他区间波速在 3000m/s 以上，岩体较完整。图 2.35 为 391 孔～386 孔剖面图，391 为 0 点，可以看出，在高程 244.00～248.00m 之间，水平位置 7～10m 范围内和高程 223.00～225.00m 之间水平位置 0～3m 范围内，波速 1500～3500m/s，岩体较破碎，其他区间波速在 3500m/s 以上，岩体较完整。

4）综合分析。综合全孔壁光学成像、大地电磁法、弹性波 CT 结果，可以看出，在大地电磁法 A1、B1、C1 测线 40～45m 位置处存在一断层 F_1，在 D 测线 85m 处存在一疑似断层 F_2，在弹性波 CT390 下孔～390 上孔剖面，高程在 234.00～238.00m 之间，存在一个连续的破碎带，与大地电磁法 B1 测线高程在 230.00～240.00m 之间的低阻带相印证。

根据以上对 ZM390 异常孔检查，得出如下结论。

A. 此处地质条件、构造发育情况及岩体透水性等与前期勘察成果和招标文件中所提供资料基本相符，没有大的变化。根据钻孔电视等资料，孔深 60m 以上地层中存在小断层发育，局部岩体破碎，孔深 60m 以下均已进入较为完整的中元古界汝阳群（Pt_2r）紫色页岩地层，不存在大的裂隙及溶蚀通道。上部馒头组虽有溶蚀现象，但规模小且多有充填，应不存在承包商所报告的钻孔至 45.2m 而测量孔深至 104m 等类似异常的情况，存在孔口不返水现象，前期勘察时亦是这种情况。

B. 该段帷幕地质构造复杂，断层褶皱等发育，上部馒头组地层和构造带岩体破碎凌乱，岩体透水性强～极强，局部岩溶较为发育，存在有溶蚀架空等现象，但规模有限，溶孔一般不超过 10cm，且多被充填，是主要渗漏通道。相对不透水层位于中元古界汝阳群（Pt_2r）地层之下，其中不存在溶蚀现象及渗漏通道。

根据以上分析结论，为确保该段帷幕完整性，消除渗漏隐患，对 ZM390 异常孔该段帷幕进行了调整加固，即在 ZM390 孔附近原帷幕轴线南、北两侧分别增加一排 20m 和 40m 长的帷幕，增加的两排帷幕轴线平行于原帷幕轴线，排距 1.5m，孔距 2m，以 ZM390 孔为中心与原帷幕灌浆孔呈梅花形布置。

2.3　坝基防渗墙缺陷处理措施研究

2.3.1　缺陷情况及检查结果

根据大坝防渗墙物探检测结果（见《防渗墙质量检测报告》）超声波 CT 声波速多数

大于 3500m/s，其中有两段局部声波速度在 3000m/s 以下，大多在 2000～2500m/s 左右，这两段主要分布在：桩号 D0＋158.40～D0＋163.40，高程 142.50～147.50m；桩号 D0＋210.40～D0＋213.40，高程 152.50～154.00m。

根据垂直反射法检查，防渗墙桩号 D0＋157.00～D0＋167.00，高程 142.00～147.00m 段波形存在杂乱反射现象，反映混凝土局部不密实。

根据上述缺陷情况，建设、监理、设计及承包商四方专题会商定立即进行钻孔取芯检查，钻孔取芯位置分别为桩号 D0＋211.90 及桩号 D0＋160.90。根据取芯及孔内录像检查结果，其中桩号 D0＋211.90 孔，芯样基本完整，防渗墙混凝土浇筑均匀、连续性较好，但靠墙底以上约 1.5m 范围出现混凝土混浆现象，和物探检测结果基本一致。桩号 D0＋160.90 孔，此处防渗墙体高 24.4m，孔内成像显示防渗墙顶以下约 16.7m 为混凝土，底部约 7.7m 为胶结砂卵石或基岩组成。根据孔内成像分析，确认取芯孔在距墙顶以下约 16.7m 处偏出墙体，因而无法达到验证质量缺陷的目的。经四方商定，要求在该孔（桩号 D0＋160.90）两侧各增加一个取芯检查孔，桩号分别为 D0＋162.15 和 D0＋159.65，要求钻孔深入基岩 1.0m。

根据桩号 D0＋162.15 取芯结果，距墙顶以下约 12m 处偏出墙体，D0＋159.65 钻孔距墙顶以下约 18m 也偏出墙体，因而也无法对下部墙体质量作出正确判断。

2.3.2 处理措施研究

当混凝土防渗墙出现质量问题或缺陷需要补强时，常用的方法有：在需要处理墙段上游贴补一段新墙；在需要处理的墙段上游面进行灌浆或高压喷射灌浆。

根据建设、监理、设计及承包商四方专题会，由于防渗墙上部为坝前已经施工完毕的面板黏土及石渣压盖，压盖至防渗墙顶部厚度约 18m，钻孔遇石渣加之深度较深容易导致偏孔，因此再次钻孔取芯，也难免取芯孔不再偏出。如考虑将防渗墙顶部压盖挖出再取芯，但因距离导流洞封堵下闸蓄水的时间不多了，迫在眉睫，无法尽快获取该段防渗墙基础浇筑质量的详细情况，经四方共同研究决定按最不利情况直接加固的办法进行处理。意见如下：

（1）桩号 D0＋210.40～D0＋213.40，鉴于该段墙底仅有局部混凝土泥浆混掺现象，经建设、设计、监理及承包商四方专题研究，采用在原孔内灌浆处理（灌浆压力 1MPa）。

（2）对 D0＋155.90～D0＋163.40 段防渗墙缺陷段，根据两种物探手段，均反映混凝土存在不密实情况，但由于无法取芯验证，导致最终情况不明，按最不利情况直接加固，加固曾经考虑在原防渗墙前面补打一道防渗墙和防渗墙前面采用高压旋喷墙（桩）进行补强加固两种方案。鉴于防渗墙施工难度大，工期长，经比较采用快速简洁的高压旋喷墙方案。

2.3.3 高压旋喷墙（桩）布置

2.3.3.1 布置

加固范围 D0＋155.90～D0＋165.90，旋喷桩布置 2 排，桩径 1.2m，旋喷桩间排距 0.8m，共布置 26 根桩，旋喷桩布置在防渗墙上游，第一排桩中心至防渗墙中心 1.0m

(桩外壁与防渗墙外壁重叠 20cm)，第二排布置在第一排上游，由于第一排紧挨防渗墙，要求严格控制孔斜，防止旋喷桩孔进入防渗墙内。旋喷桩孔口高程宜在 181.30m，旋喷桩深入基岩 1.0m，旋喷桩顶高程 155.00m。施工应分序进行。

2.3.3.2 技术要求

(1) 高压旋喷灌浆参数见表 2.34。

表 2.34 高压旋喷桩灌浆参数表

项目		标准
水	压力/MPa	25～30
	流量/(L/min)	70～100
	喷嘴/个	2
	喷嘴直径/mm	1.7～2.0
压缩空气	压力/MPa	0.6～1.0
	流量/(L/min)	0.8～1.5
	喷嘴/个	2
	喷嘴间隙/mm	1.0～1.5
水泥浆	压力/MPa	20～25
	流量/(L/min)	70～110
	密度/(g/cm^3)	1.55～1.62
	喷嘴(出浆口)/个	2
	喷嘴直径/mm	2.0～3.2
孔口回浆密度/(g/cm^3)		≥1.2
提升速度/(cm/min)	孔口返浆时	8～12
	孔口不返浆时	4～5
水泥单耗量/(kg/m)	孔口返浆时	≥550
	孔口不返浆时	≥1000
旋喷转数(r/min)		8～12
水灰比		0.8∶1.0～1.0∶1.0

(2) 旋喷时要严格控制水压(浆压)压力不得超过表 2.34 中上限值，以确保防渗墙的安全。高压水喷头和高压浆喷头之间间距宜按 0.5m 控制；应采取措施测量返浆量，孔口返浆密度原则上不超过 1.35g/cm^3。

(3) 采用硅酸盐或普通硅酸盐水泥，强度等级为 42.5，桩体 28d 抗压强度不小于 3MPa。

(4) 施工时先施工第一排(靠近防渗墙)，旋喷时一定要做到孔口返浆，当个别孔不返浆时，应立即停止提升，通过调整浆液密度、加速凝剂、待凝、调整浆压、水压、提升速度，或向孔内灌沙等方法处理，当采用各种方法仍然不返浆时，可以通过控制提升速度及吃浆量来进行旋喷灌浆。同时承包商应在上述规定的参数基础上不断完善和调整施工工艺和灌浆参数，确保高压旋喷桩达到设计要求。旋喷施工时应采取自动记录仪，完整记录各项旋喷参数。

（5）桩体检测：在第一排选取3根桩，间隔两孔布置，进行钻孔取芯检查，检测成桩密实度及完整性，并利用取芯孔做CT跨孔波速测试，以检测桩的完整性；其次利用取芯孔做压水试验，试验值不得大于3Lu。

2.3.4 实施效果评价

D0＋155.90～D0＋163.40段防渗墙缺陷采用两排高压旋喷桩加固，加固处理后经压水试验检查，高压旋喷桩透水率最大为0.19Lu，采用跨孔波速检测结果表明：波速范围1850～2580m/s，波速多数在1900m/s以上，介质均匀连续；未出现孔与孔之间明显的低波速带。从2014年9月23日下闸蓄水以来，至今已运行两年多，根据坝基防渗墙后及坝基埋设的渗压计观测分析，防渗墙防渗效果较好，运行正常。说明该段采用高压旋喷墙加固后，起到了对该处防渗墙缺陷的补强作用，满足设计及工程运行要求。

2.4 大坝防渗墙墙段连接接头管技术

2.4.1 防渗墙墙段连接形式比较

防渗墙在施工时一般是由各单元墙段连接而成，墙段间的接缝是防渗墙的薄弱环节，如果连接不好就有可能产生集中渗漏降低防渗效果。对墙段连接的基本要求是接触紧密、渗径较长和整体性较好。墙段连接可采用钻凿法。

（1）钻凿法。即施工二期墙段时在一期墙段两端套打一钻的连接方法，其接缝呈半圆弧形，一般要求接头处的墙厚不小于设计墙厚。钻凿法墙段连接只适用于有冲击钻机参加施工的情况。墙体材料的设计抗压强度不宜超过15MPa，防渗墙墙体材料的设计抗压强度一般都在此范围内，设计强度较高时应采取措施控制墙体材料的早期强度，7d的强度不宜超过5MPa。

钻凿法的优点是结构简单、施工简便、对地层和孔深的适应性较强，造价较低。其缺点是接头处的刚度较低、需重复钻凿接头孔、费工费时、浪费墙体材料，特别是孔形、孔斜不易控制。以往国内水利水电工程的地下混凝土防渗墙多采用这种墙段连接方法，而且绝大多数取得了良好的防渗效果，防渗墙的防渗效率一般都在95%以上。

（2）双反弧接头法。双反弧接头法是一种适用于冲击钻机造孔的墙段连接技术，始用于加拿大马尼克3号坝坝基防渗墙，在国内各种用途的地下连续墙中都有应用。双反弧接头法墙段连接的布置为常规墙段与双反弧桩柱墙段相间布置，桩柱墙段两侧的反弧面与相邻常规墙段两端的正弧面相互吻合。先施工常规墙段后施工双反弧桩柱墙段。桩柱墙段在中心线上的长度弧顶距等于或略大于设计墙厚，根据地层条件通过试验确定。桩柱孔的造孔施工一般分三步进行：第一步是用圆形冲击钻头打中心导孔，导孔的直径等于或略大于设计墙厚；第二步是用特制的双反弧冲击钻头扩孔，同时形成左右两侧的反弧面；第三步是用带活动弧板的液压双反弧钻具将附着在混凝土端面上的泥皮和残土清理干净。

双反弧接头法与接头管法相比，操作简单易行，风险小，且与浇筑施工没有干扰，与钻凿法相比，不用重复钻凿接头孔，省工时，省材料，且墙段连接质量好。特别是能适应较大的孔深，孔深越大越能体现出双反弧法的优越性。缺点主要是接缝的数量相对较多，接头孔的孔形不易检测。

（3）铣削法。铣削法墙段连接适用于采用双轮液压铣槽机造孔的防渗墙工程。此法是在两个一期墙段之间留出比铣槽机长度略小的位置作为二期槽孔，该槽孔铣槽施工时，同时将两端已浇筑混凝土的一期墙段的端部铣去10～20cm，并形成锯齿形的端面，二期墙段浇筑后，墙段接缝也为锯齿形。这种接缝的阻水性能和传力性能均优于平面接缝。

（4）接头管法。接头管法是目前混凝土防渗墙施工接头处理的一种先进技术，接头管法一般用于墙深小于60m，墙厚小于1.2m的情况。

接头管法施工虽然有较大的技术难度，但有着其他接头连接技术无可比拟的优势：首先采用接头管法施工的接头孔孔形质量较好，孔壁光滑，不易在孔端形成较厚的泥皮，同时由于其圆弧规范，也易于接头的刷洗，不留死角，可以确保接头的接缝质量。其次，由于接头管的下设，节约了套打接头混凝土的时间，提高了工效，对缩短工期有着十分重要的作用。

河口村水库为混凝土面板堆石坝，坝基坐落在强透水的深覆盖层上，坝基防渗墙是坝基防渗的关键部位，防渗墙的质量特别是墙段接头部位的质量决定着防渗墙质量的好坏。本工程的防渗墙是由中国水电基础局有限公司施工，该公司为了确保墙段接头连接质量，经过多种形式比较后，采用接头管法进行墙段接头连接技术。接头管起拔采用该公司研制的新型YBJ-1200型液压拔管机，该设备是总结了国内外同类型机的特点，又通过在多个工程的施工中对其科学性及合理性的检验，目前此项技术已成为该公司一项成熟的施工工艺。YBJ-1200型液压拔管机具有起拔力大，集中起拔间隔时间内可保持接头管微动等特点，避免埋管事故的发生。

2.4.2 接头管法施工

（1）接头管法墙段连接施工程序。一期槽孔清孔换浆结束后，在槽孔端头下设接头管，混凝土浇筑过程中及浇筑完成一定时段之内，根据槽内混凝土初凝情况逐渐起拔接头管，在一期槽孔端头形成接头孔。二期槽孔浇筑混凝土时，接头孔靠近一期槽孔的侧壁形成圆弧形接头，墙段形成有效连接。

（2）接头管下设。下设前检查接头管底阀开闭是否正常，底管淤积泥沙是否清除，接头管接头的卡块、盖是否齐全，锁块活动是否自如等，并在接头管外表面涂抹脱模剂。

采用吊车起吊接头管，先起吊底节接头管，对准端孔中心，垂直徐徐下放，一直下到销孔位置，用厚壁钢管对孔插入接头管，继续将底管放下，使钢管担在拔管机抱紧圈上，松开公接头保护帽固定螺钉，吊起保护帽放在存放处，用清水冲洗接头配合面并涂抹润滑油，然后吊起第二节接头管，卸下母接头保护帽，用清水将接头内圈结合面冲洗干净，对准公接头插入，动作要缓慢，接头之间决不能发生碰撞，否则会造成接头连接困难。

吊起接头管，抽出厚壁钢管，下到第二节接头管销孔处，插入厚壁钢管，下放使其担在导墙上，再按上述方法进行第三节接头管的安装。重复上述程序直至全部接头管下放完毕。接头管下设施工程序见图 2.44。

(3) 接头管起拔。采用 YJB-1200 拔管机进行接头管的起拔，该设备液压系统正常工作压力 25MPa，最大工作压力 30MPa；垂直起拔力 3000kN，垂直提升速度 800mm/min；拔管直径 300～800mm，电机功率 38.5kW，自重 3.3t。

在Ⅰ期槽段混凝土浇筑过程中，根据槽内混凝土初凝情况逐渐起拔接头管。

拔管法施工关键是要准确掌握起拔时间，起拔时间过早，混凝土尚未达到一定的强度，就会出现接头孔缩孔和垮塌；起拔时间过晚，接头管表面与混凝土的黏结力使摩擦力增大，增加了起拔难度，甚至接头管被铸死拔不出来，造成重大事故。

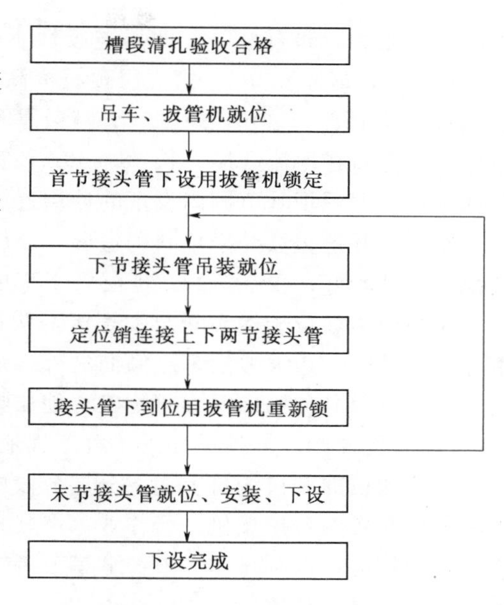

图 2.44 接头管下设施工程序图

混凝土正常浇筑时，应仔细地分析浇筑过程是否有意外，并随时从浇筑柱状图上查看混凝土面上升速度的情况以及接头管的埋深情况。

由于混凝土强度发展越快，与管壁的黏结力增长越快，其起拔力增长得也越快，因此，必须准确地检测并确定出混凝土的初、终凝时间，尽量减小人为配料误差。浇筑混凝土时，随着混凝土面的不断上升，分阶段作混凝土试件，从而更精确地掌握混凝土的初凝、终凝时间。

接头管的垂直度：发生接头管偏斜主要有两方面因素：第一，由于端孔造孔时，孔形不规则，下设接头管时，容易使其偏斜。第二，浇筑混凝土时，受到混凝土的侧向挤压，使其偏斜。一旦发生接头管偏斜，应立即采取纠偏措施，即在混凝土尚未全凝结之前通过垂向的起拔力重塑孔型，使接头管尽可能地垂直或顺直。

安排专职人员负责接头管起拔，随时观察接头管的起拔力，避免人为因素发生铸管事故。

接头管全部拔出混凝土后，应对其新形成的接头孔及时进行检测、处理和保护。

2.5 大坝基础工程施工

2.5.1 坝基开挖与基础处理

2.5.1.1 坝基开挖

(1) 开挖原则及要求。

1) 地质条件。河口村水库大坝两岸边坡高峻陡峭，总体呈不对称 U 形，左陡右缓，谷坡覆盖层较薄，大部分基岩裸露，河谷底部主要为河槽、漫滩和少量残存的Ⅰ级、Ⅱ级阶地及河流冲积、洪积层，一般厚度为 30m。坝基处覆盖层最大厚度为 41～87m，岩性为含漂石及泥的砂卵石层，夹四层连续性不强的黏性土，第一层顶石标高 173～175m，厚 2.0～3.7m，最厚 6.6m。第二层顶石标高 162m 左右，厚 0.5～1.5m，最厚 6.4m。第三层顶石标高 152～150m，厚 2～4m，最厚 6.2m。第四层顶石标高 148～142.65m。砂层透镜体一般分布在河流凸岸，长 30～60m，宽 10～20m，厚 0.2～0.5m，分布不连续。根据勘探资料，大坝坝基范围内发现的砂层透镜体有 14 处，主要分布在坝轴线附近。

右坝肩开挖边坡处于单斜构造区，断层等构造不发育，岩体较完整，且为逆向坡，边坡稳定条件较好；仅在∈1m³ 地层，工程地质特性较差，但不影响边坡稳定。

左坝肩边坡位于褶皱断裂发育区，构造发育，岩体破碎，F_{11} 逆掩断层及龟头山褶皱束分布在其间。边坡岩层多缓倾向坡外，形成顺向坡，但倾角一般小于 10°。左坝肩分布的古滑坡体及其他第四系堆积物工程地质特性差，应进行清理。

2）开挖原则。开挖前详细了解工程地质结构，地形地貌和水文地质情况，开挖按照测量放线测设的开口线自上而下分层分段施工，每次开挖 2.5m 左右。在坝轴线基坑的上下游分别布置两台挖掘机进行作业，严禁自下而上或采取倒悬的开挖方法。施工中随时作成一定的坡势，以利排水。开挖过程中应避免边坡稳定范围形成积水。严格防止出现倒坡，避免大量的超挖。

3）坝基开挖的总体要求。为减少坝基的变形，根据大坝受力部位，结合河床基础地质的情况，应分区采取不同的开挖处理要求。

A. 坝轴线上游至防渗墙之间基础由原河床高程 175.00m 挖至高程 165.00m，旨在将上部变形较大的第一层黏性土夹层全部挖掉。坝轴线下游次堆石区覆盖层基础开挖至高程 170.00m，基岩清除表层 1.0m 松散体。基础开挖至设计高程后如遇砂质透镜体、黏性土夹层及含土量偏高的砂石层应予以全部挖出或局部挖除。并采用过渡料进行换填，并控制其相对密度不小于 0.75 后方可。

B. 对防渗墙、连接板、趾板及下游 50m 范围内基础变形较大区域应用高压旋喷桩加密的方法做专门的加固处理。

C. 对两岸坝壳大部分为基岩的，清除表层覆盖层或松散岩石后即可填筑，坝壳两岸岸坡接坡不陡于 1∶0.5 控制。

D. 趾板基础开挖要求：河床部位趾板基础覆盖层挖至高程 165.00m，岸坡基岩应挖至强风化下限以下 1m，不满足时，挖除后采用 C15 素混凝土回填。首先趾板在开挖到接近设计高程时，应预留保护层；其次应根据现场地质工程师的要求调整趾板开挖线。

趾板基础高边坡按 1∶0.5～1∶0.75 开挖，每隔 20m 设宽 2m 马道，并经边坡稳定计算，满足稳定要求。开挖后边坡岩石较差区域采用挂网喷锚支护，锚杆长 4.0m 和长 6.0m，间排距 2.0m，边坡岩石相对较好时采用随机锚杆素喷混凝土保护。

（2）开挖施工规划。坝基开挖顺序：施工准备→测量放线→施工排水→坝基开挖→保护层开挖→隐蔽工程验收。

1）施工道路布置。左岸坝肩山势陡峻，半坡无阶地或道路。在实际施工时，首先将左岸坝肩山体超过设计坝顶高程的部分爆破开挖至设计坝顶高程，形成施工平台并修筑道路与 2 号公路相连，作为上部开挖出渣道路，其余开挖渣料通过 8 号场内道路和上游围堰道路出渣。

右岸坝顶与场内 4 号路和 7 号路连接，用于上部开挖出渣道路。右岸半坡处（高程约 226.00m）通往上游张庄村道路扩宽后作为出渣道路运往余铁沟场地平整。右岸坝坡脚修临时道路通往 2 号临时堆料场。

2）施工降排水。在基坑开挖前，先在开挖区内沿基线挖设排水沟并设置集水井，用潜水泵抽出基坑排到上游或下游基坑外。基坑采用明排水，在基坑开挖过程中，在坑内布置明式排水系统，即排水沟、集水井和水泵站。同时以不影响开挖和运输为原则，结合出渣方便，在中间或一侧布置排水沟，排水沟布置在建筑物轮廓线以外，随着开挖工作的进行，逐层设置（见图 2.45、图 2.46）。

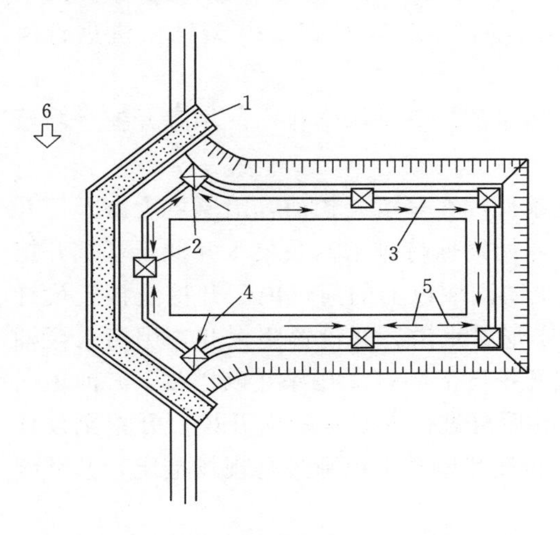

图 2.45　修建建筑物时基坑排水系统布置图
1—围堰；2—集水井；3—排水沟；4—建筑物轮廓线；
5—排水方向；6—水流方向

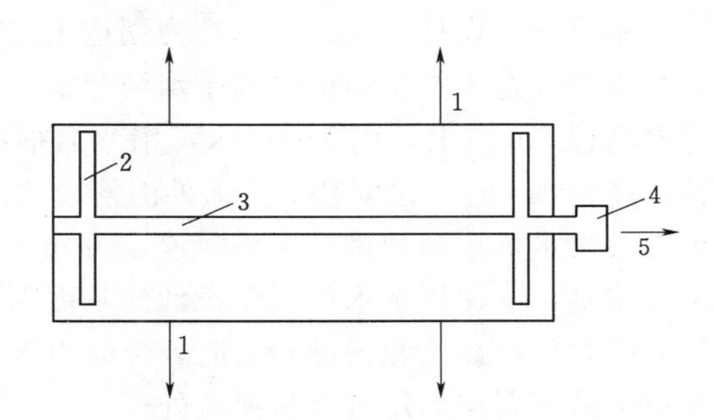

图 2.46　基坑开挖过程中排水系统布置图
1—运土方向；2—支沟；3—干沟；
4—集水井；5—水泵抽水

排水沟的纵坡为 3‰～5‰，集水井布置在基坑的一侧，井底低于沟底 1～2m，井的容积至少能储存 10～15min 的抽水量。用强水泵抽出基坑，排到下游基坑外。每一个施工层施工时，排水沟的开挖在先，基坑的开挖作业在后，并在基坑开挖开口线外围挖截水沟，以防表面的流水流入基坑。

3）施工准备。内容包括：清除现场障碍物，平整场地，建立测量标桩，修建施工临时道路，施工机械设备和材料的准备，临建设施等。

4）测量放线。开挖前，首先根据设计文件，施工图纸和施工控制网点测放出大坝轴线与开挖开口线，测绘大坝的横断面图，计算开挖工程量、轴线、开挖轮廓线及原始地面测量结果，并经监理认可。

（3）左右坝肩岸坡土石方开挖。主要施工顺序：临时道路修建→测量放样→覆盖层清理→钻孔→预裂、松动爆破→石渣挖运。

1）岸坡开挖临时道路修建。根据各部位开挖高程不同以及现有交通条件和现场实际地形，布置修筑临时施工便道进入工作面，其中右岸布置 3 条临时场内施工道路，左岸布置 2 条临时场内施工道路。在施工过程中，按开挖分层或开挖梯段高度，再引场内支线道路至各个工作面，路面宽 8.0～10.0m，最大坡度不陡于 12％。

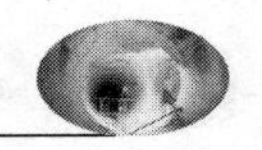

2）覆盖层清理及开挖。覆盖层土方开挖采用 $2m^3$ 挖掘机自上而下开挖，20～25t 自卸汽车运输至监理工程师制定的弃渣场，TY220 型推土机进行渣场平整及开挖区道路修建。右岸开挖结合趾板下游边坡开挖，共用临时道路。左右岸覆盖层机械开挖至岩石基础完成后，在坝体填筑前，用人工清理局部机械无法完全清理干净的部分。

3）左右坝肩岸坡石方开挖。开挖自上而下分层进行，石方开挖施工工艺流程为：测量放样→表层清理→机械钻孔→装药爆破→石渣清理。

采用深孔梯段辅以浅孔爆破方式开挖，100 型潜孔钻机配合英格索兰 ECM－580 型和阿特拉斯 D9 型钻机钻孔，保护层开挖采用手风钻钻孔爆破，开挖石方采用 $2m^3$ 挖掘机挖装，20～25t 自卸汽车运输至监理制定的弃渣场，TY160～TY220 型推土机进行渣场整理。

（4）河床坝基覆盖层开挖。主要施工程序：测量放样→基坑降排水→坝基开挖→隐蔽工程验收。

基坑开挖设计深度约 10m，为创造干地施工条件，在基坑开挖前，沿基坑上游开挖开口线以外开挖平行于坝轴线的排水沟和集水井，并始终保持排水沟及集水井低于基坑开挖底部高程 2m 以上，用 22～45kW 潜水泵抽排至上游围堰以上的河道内。开挖至接近设计基础高程 1m 时，在坝基填筑面外围挖设“田”字形排水沟，并设置集水井，用污水泵抽至上游集水坑集中抽排至上游河道；另外在基坑开挖区下游打 2 孔深井以拦截下游河道向基坑渗水，确保坝基水位低于设计建基面以下 1m 后再进行坝基基础面开挖。开挖至设计建基面时仍有黏土和粉细砂层时，及时报告监理和设计地质工程师进行现场鉴定，并继续开挖至砂卵石层后用过渡料换填处理。

基坑开挖时按照测量放线测设的开口线自上而下分层分段施工，每层开挖 2.5m 左右。开挖采用 $2m^3$ 挖掘机挖装，20～25t 自卸车和 TY160 推土机辅助作业的施工方法进行，开挖料大部分运至坝后压戗区，其他运至 2 号临时弃渣场。

（5）趾板基础及保护层开挖。岸坡趾板为基岩，趾板基础保护层以上开挖原则同大坝左右岸开挖，趾板地基开挖面应力求平顺，避免陡坡和反坡，必要时可进行削坡和回填混凝土找平处理。趾板的建基面宜为坚硬、不冲蚀、可灌浆的基岩。对因地形地质条件限制，只能建于风化破碎或软弱夹层岩层时，应进行专门论证并采取相应加固措施。趾板上方的岩质岸坡应按稳定边坡或经加固处理后的稳定边坡开挖，以确保安全。趾板范围内的基岩如有断层破碎带、软弱夹层等不良地质条件时，应根据其产状、规模和组成物质，逐项进行认真处理，可用混凝土做置换处理，并加强趾板部位的灌浆。

趾板保护层开挖施工工艺流程：测量放样→表层清理→保护层钻孔→装药爆破→石渣清理→基础整平。

为保证建基面岩石的完整性，在进行建基面以上岩石爆破钻孔时预留 1～2.0m 保护层，保护层开挖采用光面爆破施工，保护层采用手风钻浅孔爆破法，爆破底部留 20cm 撬挖层，采用人工辅以风镐清理至建基面设计高程。保护层一次爆破的方法：其钻孔深度小于 5m，孔径小于 60mm。采用小型药卷，不耦合装药方式，孔底预留 30cm 不装药。其目的在于开挖面爆破时使趾板基础不受爆破力震动，确保基岩的完整。

趾板基础开挖的精度尺寸和底部高程符合设计要求，欠挖超挖小于 20cm，开挖的范围向趾板上游延伸 2m，向趾板下游延伸 3m。

（6）坝基碾压及地质探洞封堵。坝基开挖至设计高程后，建基面非高压旋喷桩区域采用 26t 振动碾静碾 2 遍，振碾 10 遍，高压旋喷区域按设计要求静碾 2～6 遍。碾压后布置控制网点挖坑进行干密度、颗分实验及相对密度试验。检测结果如下：

壤土：干密度检测 3 组，检测值为 1.6g/cm³、1.66g/cm³、1.66g/cm³。

砂（粉砂）：干密度检测 2 组，检测值为 1.49g/cm³、1.53g/cm³；相对密度检测 2 组，检测值为 0.72、0.82。

砂砾石：干密度检测 3 组，检测值为 2.05g/cm³、2.06g/cm³、2.19g/cm³；相对密度检测 3 组，检测值为 0.77、0.78、0.80。

部分砂层透镜体、黏性土夹层等软弱不均匀基础挖出后用过渡料进行换填。

坝体填筑区范围内共封堵了 3 个探洞，分别为 PD2、PD9、PD19，根据坝体填筑高度不断上升逐个封堵，PD2、PD9 探洞采用浆砌石封堵，PD19 探洞采用 C15 混凝土，并进行洞顶回填灌浆。

2.5.1.2 坝基高压旋喷桩处理

河口村水库大坝坝基覆盖层岩性及地层结构复杂，主要成分为砂卵石、大块孤石漂石，并含有黏性土夹层及砂层透镜体，部分基础虽然较密实，但整体基础均匀性差，大坝填筑后可能存在不均匀变形。为防止大坝面板及基础趾板、连接板、防渗墙沉降变形过大，需对大坝基础进行加固处理。根据设计要求对大坝基础混凝土防渗墙至下游 53m 范围采用高压旋喷灌浆进行加固处理。为了论证高压旋喷灌浆加固的可行性和加固效果，确定高压旋喷灌浆施工的有关技术参数及施工工艺，在加固处理前须对地基加固区进行高压旋喷生产性试验，同时对实验前后地基物理力学等指标进行检测。试验区在地基加固区中进行，试验区面积约 520m²，共布置 50 根桩。

（1）施工图设计要求。高压旋喷桩按设计通知要求布设，采用（新）三管法高压旋喷工艺施工，灌浆采用水泥浆。为了取得准确的地质资料，通过钻孔取样实验确定砂卵石层的范围、性质，以便确定灌浆参数。根据以往的施工经验和现场地质条件，高喷施工参数按表 2.35 选定，通过现场试验再调整。

表 2.35　高压旋喷灌桩灌浆参数表

项目		新三管法	备注
水	压力/MPa	35～40	
	流量/(L/min)	70～100	
	喷嘴/个	2	
	喷嘴直径/mm	1.7～1.9	
压缩空气	压力/MPa	0.6～1.2	
	流量/(L/min)	0.8～1.5	
	喷嘴/个	2	
	喷嘴间隙/mm	1.0～1.5	

续表

项　目		新三管法	备　注
水泥浆	压力/MPa	35～40	
	流量/(L/min)	70～110	
	密度/(g/cm³)	1.4～1.5	
	喷嘴（出浆口）/个	2	
	喷嘴直径/mm	2.0～3.2	
	孔口回浆密度/(g/cm³)	≥1.2	
提升速度/(cm/min)		8～25	
旋喷转数/(r/min)		8～25	
水灰比		0.8∶1～1.2∶1	

其他参数如旋喷钻孔、浆液配比等要求按照《水利水电工程高压喷浆技术规范》（DL/T 5200—2004）的规定执行。最后根据试验结果确定合理的施工工艺及参数。

根据本工程工期和工作量，高压旋喷试验施工计划先采用150型地质钻机2台（配合金钻头）及全液压式跟管钻机EGL-100型2台，高喷台车1台，配高压水泵、空压机及泥浆泵、制浆设备2套。施工时，采用三班制连续作业，统筹安排、合理搭接、严格按《水工建筑物水泥灌浆施工技术规范》（SL 62—2014）的要求施工，最大限度地减少钻、灌工序间的相互干扰，以加快施工进度。

（2）浆液试验材料。

1）新三管法采用喷射注浆的水灰比初定为1∶1，并根据试验调整。灌浆浆液采用42.5级普通硅酸盐水泥浆，浆液密度1.4～1.5g/cm³。配合比试验测试内容包括浆液拌制时间、浆液密度等。

2）浆液存放时间：环境气温在10℃以下时，不超过5h；环境气温在10℃以上时，不超过3h；当浆液的存放时间超过有效时间时，按监理人指示，降低标号使用或按废浆处理。

3）灌浆试验采用符合国家标准的42.5级普通硅酸盐水泥，水泥细度要求通过80μm方孔筛筛余量不大于5%。出厂期超过3个月的水泥不使用。

4）灌浆用水采用现场河中水，其水质、水温符合灌浆要求。在水泥浆液中掺入速凝剂、减水剂、稳定剂以及监理工程师指示或批准的其他外加剂，其最优掺量要通过室内试验和现场灌浆试验确定。

（3）施工方法。

1）施工准备。

A. 高压喷射灌浆前，将施工现场全面规划，开挖排浆沟和集浆池，作好回浆排放和环境保护措施。

B. 修筑好设备进出场施工道路，平整施工平台。

C. 将地质钻机、高喷台车、制浆设备、高压水泵和空压机等灌浆配套设备运至施工现场组装，按三重管法进行调试检查，确保全部设备处于完好状态，输浆管、水路、气路畅通。

2）测量布孔。按照施工图纸规定的桩位进行放样定位。定位桩要妥善保护，钻孔时再进行校核。

3）制浆。根据配合比试验进行制浆，配合比为1∶1，水泥称量误差不大于5%。水泥浆比重不小于1.4～1.5，用高速制浆机制浆。

制浆过程中要随时测量水泥浆比重，若浆液比重偏低，要随即加大水泥用量。

按照确定的浆液配比，钻孔终孔前提早一段时间配制浆液，浆液采用高速搅拌机搅拌，拌和时间不少于30s，保证浆液搅拌均匀，并不停地搅拌备用。

浆液温度控制在5～40℃之间，否则按废浆处理。浆液经过滤后使用，防止喷管在喷射过程中堵塞。

4）钻机就位、造孔。钻孔采用2台150型地质钻机（备用）、1台全液压式跟管钻机造孔，开孔孔径150mm，钻头采用硬合金钻头。

钻孔严格按照设计和规范要求进行，地层发生变化时，记录变化深度并报监理工程师确认，钻孔达到基岩面时提取岩芯并继续钻进0.3m，监理工程师认可后方可终孔。

钻孔前，埋设孔口管，将钻机按测量定位桩就位、安装，将钻头对准定位桩钻孔中心，保证立轴或转盘与孔中心对正，先用水平尺粗略整平、垫平机座和机架；然后在钻孔轴线位置及其垂直方向上各架设一台经纬仪，检查并调整钻杆垂直度，使其钻杆垂直，再一次检查孔位是否正确，使钻尖对中误差不超过10～20mm。

钻孔过程中，每钻进3～5m检查1次孔斜，用测斜仪测量1次孔斜，并及时调整钻杆垂直度纠偏，使钻孔垂直误差不超过1.5% 。

造孔过程中，若发现孔内异常现象如掉钻、卡钻等，及时采取措施处理，并做好记录，各孔以设计孔深为控制孔深。

造孔过程中，详细完整记录钻孔深度、地层变化、掉钻等。

钻孔结束，会同监理工程师进行终孔检查验收，否则不得擅自终孔。钻进停顿或终孔待灌时，孔口要加盖保护。

5）高喷台车就位、地面试喷。钻机成孔后，钻机移位，高喷台车就位。将台车移至成孔处就位后，连接好水、气、浆管，开机在地面试喷，检查喷浆系统和各项指标是否符合要求。

6）下喷射管。当钻孔完成后，即将旋喷管插至孔底，在插管过程中，为防止泥砂堵塞喷嘴，边射水边插管，水压力不超过1MPa，试喷检查喷浆系统运行良好时，然后开始旋喷喷浆。下喷射管时，喷射管缓慢插入孔内，直到孔底部。为防止泥砂堵塞喷嘴，下管前用胶布将其包住。

7）喷射灌浆。按施工设计的旋喷方法和确定的施工参数送高压水、压缩空气和水泥浆，待泵压、风压、水压达到设计规定值时，先对孔底进行原位高压旋喷1～3min，待浆液返出孔口且比重达到13kN/m^3 以上后，按设计提升速度提升喷管喷射，进行自下而上、连续旋喷作业，直至达到设计旋喷体高程后，再原位旋喷1～2min，即停止供水、送气和浆液，从灌浆孔中抽入喷浆管。

喷浆过程中，喷射管提升速度必须连续均匀，喷浆要均匀，计量要准确，保证水泥的掺入量不少于设计掺量。

喷射过程中，要经常检查风、水和泥浆泵的压力、浆液流量、空压机的风量、钻机的转速、提升速度以及旋喷角度、耗浆量等，如实记录喷射灌浆的各种施工参数、浆液材料用量、异常情况及处理措施等。

8）喷射灌浆过程问题处理。为保证高压旋喷桩的施工质量，对喷浆过程中出现的异常情况，按下列方法处理：

A. 当测试的进浆、回浆比重与规定值不符合设计要求时，停止喷射，重新调整浆液水灰比，直至满足设计要求。

B. 在任何情况下断喷（包括拆卸喷管），回复喷射时，将喷头下放 30cm，采用搭接喷射处理后，方可继续提升喷射灌浆，并记录中断处深度和时间；如中断时间较长（超过3h），要对泵体输液管路进行清洗后继续喷射，复喷搭接长度不少于 1.0m，并如实记录深度和时间。

C. 在喷射中，如孔口冒浆量超过注浆量的 20%时，通过提高灌浆压力或适当加快提升速度及旋转速度以减少冒浆量；如孔口不冒浆时，采取增大注浆量、减慢提升速度等方法，必要时将喷管再下沉 0.5～1.0m 进行复喷，待孔口返浆正常后，再恢复正常喷射。

D. 高喷灌浆过程中，若孔内发生严重漏浆，采取以下措施处理：①孔口不返浆时，立即停止提升。孔口少量返浆时，降低提升速度；②降低喷射压力、流量，进行原位灌浆；③在浆液中添加速凝剂；④加大浆液密度或灌注水泥砂浆、水泥黏土浆等；⑤向孔内填入砂、土等堵漏材料。

E. 在进浆正常的情况下，若孔口回浆密度小，回浆量增大，降低气压并加大进浆浆液密度或进浆量。

F. 高喷灌浆过程中发生窜浆时，填堵窜浆孔。待灌浆高喷结束，尽快对窜浆孔扫孔，进行高喷灌浆或继续钻进。

G. 高喷过程中，采取必要措施保证孔内浆液上返畅通，避免造成地层劈裂或扰动。

H. 高喷灌浆结束，利用回浆或水泥浆及时回灌，直至孔口浆面不下降为止。

9）喷射管冲洗。每完成一个孔喷射灌浆，要及时将钻孔、灌浆系统的搅拌头、喷浆阀门、喷浆管以及各管路用清水冲洗干净。

冲洗时将浆液换成水进行连续冲洗，起到管路中出现清水为止。然后移至下一个灌浆位，台班工作结束后，用清水冲洗储料罐、水泥浆泵、喷射装置和输浆管道，以备下个台班使用。

10）冒浆静压回灌。高压喷射作业结束后，要连续将冒浆回灌至孔内，直到孔内浆液面不再下沉、稳定为止。

11）封孔。冒浆静压回灌至孔口，直至浆液不再下沉时，有黏土泥团分层回填孔，直至施工平台顶部。

（4）施工注意事项。

1）下管喷射时，采取换低压送水、气、浆液的方法，防止喷嘴堵塞。

2）喷射时，必须随时根据风、水、浆液压力和流量、浆液比重，发现误差超标及时调整，特别要严密监视灌浆系统的运转情况，发现异常及时处理。

3）接换喷管时动作要迅速，防止塌孔和堵塞。

4）喷射过程中，接、卸、换管及事故处理后，再下管喷射时要比原停喷高度按规定下落0.3～1.0m。

（5）质量控制与检查。成立由业主、设计单位、监理单位和施工单位联合组成的质量管理小组，对试验区的施工过程进行监督。

1）施工过程中按“三检制”进行施工质量检查，质量责任到人，检查人员跟班作业，发现问题及时处理。

2）施工过程中，对钻孔和喷浆过程的主要施工参数进行严格检查和控制，如配合比是否符合设计要求，水泥和膨润土的称量误差是否在5%范围内，每钻进3～5m时检查一次孔斜，保证钻孔的垂直误差不超过1.5%等，并详细记录。记录项目包括钻孔时间、孔位、孔距、孔深、地层情况、始喷终喷时间、提速、始喷终喷高程、返浆情况、水泥用量等。

钻孔成型后相邻两次钻进的相邻孔位中心距误差不超过－50mm和＋20mm，垂直度偏差不大于0.5%。所配制水泥浆稀稠一致、喷射装置提升速度要均匀一致，喷浆量必须满足计量要求。记录时间误差不大于5s，深度记录误差不大于5cm。

3）喷射过程中，要按监理人指示，施工完成后，待旋喷体达到一定强度，利用钻机清水钻检查孔。

4）检查孔采用回旋地质钻机在已固结的旋喷体上钻孔取芯，先进行钻取旋喷体样品观察分析和加工，然后送试验室检查旋喷凝结体施工质量是否达到设计要求。

（6）成桩后检测。高压旋喷桩实施后，进行了静载、跨孔波速、瑞雷波试验及挖开检查等手段检测，经检测加固后复合地基各物理力学性质均得到不同程度的提升，特别是最为重要的地基承载力和变形模量提高最为明显。高压旋喷桩改善了坝基河床天然地层的不均匀特性，明显提高了坝基河床砂卵石层整体承载能力和抗变形能力，达到了设计的预期目的。具体检测方法及要求见第2.2.1条。

2.5.1.3 两岸趾板高边坡支护施工

趾板高边坡开挖分层高度约10m，每间隔高20m设置一级马道，马道宽2.0m。由于每级马道间边坡高差较大，坡比1∶0.5～1∶0.75。为边坡稳定，减少揭露岩面外露时间，避免因长时间暴露造成岩面风化，边坡开挖后需及时进行喷锚支护。边坡喷锚支护及排水孔造孔随边坡开挖由高至低分级进行，每开挖3～4m，立即进行锚杆孔、排水孔的造孔，造孔完毕后进行再次开挖，依次循环交替进行，分级马道间排水孔、锚杆孔的钻孔结束后，进行边坡清理挂渣、排险工作，在下级边坡预裂孔、爆破孔造孔结束，爆破完成后，即进行上级边坡脚手架搭设、锚杆制作安装、钢筋网片绑扎、边坡喷护工作。对于揭露出来的地质缺陷所显现的不稳定岩体，裂隙发育部位，通知地质设计工程师进行现场界定区域后进行随机锚杆造孔。边坡周围排水系统根据施工先后顺序、工序关键程度、各工序间的关系，适时进行施工。

（1）岩石锚杆。本标段岩石锚杆支护采用普通砂浆锚杆。分为系统锚杆和随机锚杆，间排距为2.0m，梅花形布置，锚杆长度分为4m和6m两种，排间交替布置，钢筋直径为ϕ25。

1）施工主要材料和机具。

A. 主要材料。

钢筋：锚杆选用Ⅱ级普通螺纹钢筋，型号为 ϕ25mm。

水泥：标号选用 P. O42.5 级普通硅酸盐水泥。

砂：采用最大粒径小于 2.5mm 的中细砂。其质地坚硬、清洁。

砂浆：水泥砂浆的强度等级不低于 20MPa。

外加剂：外加剂品质不得含有对锚杆产生腐蚀作用的成分。使用前由实验室做掺合试验，试验结果上报监理工程师确认批复。

B. 主要机具。

钻机：根据施工组织和开挖顺序，主要采用英格索兰 ECM－580Y 液压钻机成孔，局部设备无法就位的部位辅以手风钻造孔。

灌浆设备：锚杆孔内注浆采用 2SNS 型灌浆泵配合 JJS－2B 型搅拌桶注浆，NJ－6 型拌浆机制浆。

2）施工方法及要点。本标段锚杆孔为下倾锚杆，采用“先注浆，后插杆”的方法施工，其施工程序：施工准备→钻孔→冲洗孔道→孔道注浆→锚杆制作、插杆→补注浆→拉拔检测。

A. 钻孔。根据开挖后边坡揭露岩面，按照设计锚杆布置图，进行测量定位，在岩面上用红漆标定锚杆孔位置及孔深；钻孔成孔直径 70mm，钻孔孔位偏差不大于 10cm，孔深偏差不大于 5cm。趾板开挖边坡中系统锚杆的孔轴方向垂直于开挖岩面，局部加强锚杆的孔轴方向与可能滑动面的倾向相反，其与滑动面的交角大于 45°。

局部手风钻造孔在搭设的脚手架工作平台上进行。

B. 注浆。锚杆注浆前，锚杆砂浆的配合比委托科源实验室进行配比试验，设计提供的砂浆基本配合比范围为水泥∶砂＝1∶1～1∶2（重量比），水∶水泥＝0.38∶1～0.45∶1（重量比），实验室出具的砂浆配比报告单上报监理工程师确认。注浆工作在脚手架搭设的工作平台上进行，采用灌浆泵注浆；在注浆之前，采用压力风或压力水将锚杆孔彻底清洗干净，不残留石渣或石屑。

施工中采用“先注浆，后插杆法”，将注浆管插至距孔底 50～100mm，随砂浆的注入缓慢匀速拔出，浆液注满后立即插杆，砂浆初凝前进行二次补浆。

C. 加楔固定。注浆锚杆完成后，立即在孔口加楔固定，并将孔口作临时性堵塞确保锚杆插筋在孔内居中。锚杆施工完成后，3d 内严禁敲击、碰撞拉拔锚杆或悬挂重物。

3）检验和试验。

A. 注浆密实度检验。注浆前量取锚杆孔深及孔径，计算扣除锚杆钢筋占用体积后的净体积，注浆管插入深度较孔深小 20cm，注浆开始后缓慢拔出注浆管，待锚杆孔砂浆饱满且向外翻浆时插入锚杆，同时在插入过程中观察孔内是否继续向外翻浆，在砂浆初凝固前视情况进行二次补浆。

B. 拉拔试验。按作业分区，每 300 根锚杆抽查 3 根作为一组进行拉拔力试验。

砂浆锚杆灌注砂浆 28d 后，即进行拉拔试验。破坏性试验时，逐级加载至拔出锚杆或将锚杆拉断。喷锚支护中抽检的锚杆，当拉拔力达到规定值时，立即停止加载，结束试验。

C. 钢筋、水泥、砂浆等原材料和半成品，按规定要求取样试验，并报送监理人。

D. 套钻检查，按监理人的指示，对已注浆锚杆进行套钻检查，检查数量不超过锚杆根数的1%。

E. 检验和试验资料及时送交监理。

（2）喷射混凝土。主要是指素喷射混凝土和挂设钢筋网喷射混凝土，喷射方法为湿喷法。喷射混凝土标号C20，坡面喷混凝土厚10cm。

1）主要材料和机具。

A. 主要材料。

水泥：选用符合国家标准的普通硅酸盐水泥，水泥标号P.O42.5级。

骨料：砂选用质地坚硬、细度模数宜为大于2.5的粗砂、中砂。使用时，含水率控制在5%～7%；粗骨料选用粒径5～10mm的、耐久的碎石。其骨料级配见表2.36规定的标准。

外加剂：速凝剂的初凝时间不大于5min，终凝时间不大于10min。

挂网材料：ϕ6钢筋网。

表2.36　喷射混凝土骨料级配表

项目	通过各种筛径的累计重量/%					
	0.6mm	1.2mm	2.5mm	5.0mm	10.0mm	15.0mm
优	17～22	23～31	35～43	50～60	73～82	100
良	13～31	18～41	26～54	40～70	62～90	100

B. 主要机具。喷射混凝土的制备均采用机械拌和，移动式0.35m^{3}的混凝土拌和机在喷护现场进行搅拌，手推车人工上料，砂石料通过磅秤后按照配料单配比进行拌和，选用ALIVA－285型，喷混凝土三联机喷射混凝土。

2）喷射混凝土施工程序。喷射混凝土施工紧跟开挖工作面，在分层开挖过程中逐层进行，混凝土终凝至下一循环爆破开挖时间控制在不小于3周。

A. 喷射混凝土施工。

a. 边坡喷护准备工作。将开挖面及坡脚的松动石块清理干净，清除石渣及堆积物，挖除欠挖部分，并用高压风水枪冲洗喷护面。部分遇水易潮解的泥化岩层，采用压力风清理岩面。待喷面验收合格，在锚筋上设立喷厚标志（在锚筋稀少处，采用岩面上钻孔插入钢筋头，在钢筋头上标定喷护厚度）。喷厚标志设置时，其外端头低于喷射混凝土表面3～5mm，待混凝土喷射完毕，其喷面保证较为平整。对受喷面滴水部位采用埋设导管、盲管；对较大的渗水或管漏处，设置截水槽排水处理。

b. 混合料的制备。喷射混凝土的配合比通过现场试验确定，配制的喷射混凝土满足设计强度及喷射工艺要求，并符合施工图纸的要求。速凝剂掺量通过现场试验确定。

拌和站拌制喷射混凝土的混合料时，各种材料要按施工配合比要求分别称量。允许偏差：水泥、速凝剂为±2%，砂、石各为±3%。搅拌时间2～3min，混合料达到搅拌均匀，颜色一致的要求。混合料在运输、存放过程中严防雨淋、滴水及大块石等杂物混入，装入喷射机前要过筛，并且随拌随用，存放时间不超过20min，保持物料新鲜。

速凝剂在混合料干拌时按比例投放，拌和均匀。

c. 钢筋网制作安装。边坡需要挂网的部位和范围有地质设计工程师界定，挂网钢筋为ϕ6mm盘圆筋。首先对盘圆筋进行机械调直、按照挂网尺寸进行下料，坡面锚杆安装完毕后进行岩面清理，然后进行岩面钢筋网绑扎制作，网片规格150mm×150mm，凸凹程度跟贴岩面，随高就低，与岩面间隙不小于3cm，保护层不小于5cm，网片筋与锚杆筋外露岩面部位进行焊接，其余网格交叉点采用扎丝牢固绑扎。

d. 喷射混凝土。

a）检查喷射机械及施工用水、风管路等设施，试运行正常，拌和、运输、喷射系统准备完毕后，先进性试喷，试喷正常后即进行喷射作业。

b）按先通风后送电，然后再投料的顺序进行作业。喂送混合料保持连续、均匀，施喷中使用助风管，协助管道畅通。

c）采用混凝土喷射机喷射混凝土。作业顺序采用自下而上分段分区方式进行，喷射距离控制在1.5～2.5m之间，区段间的结合部和结构的接缝处妥善处理，不得存在漏喷部位。

d）分层喷射。完成第一层喷射后，清理回弹物料，然后进行下一层喷射施工，下一层喷射在上层终凝后进行，若终凝1h后喷护，则需用压力风清洗喷面。

e）喷射作业时，连续供料，并保证工作风压稳定。完成或因故中断作业时，将喷射机及料管内的积料清理干净。冬季施工时，喷射作业区的气温不低于+5℃，混合料进入喷射机的温度不低于+5℃。

f）喷射混凝土的回弹率控制在不大于15%。

e. 喷护混凝土养护。喷射混凝土终凝2h后，及时对喷射混凝土洒水养护。养护时间不少于7d，当冬季气温低于5℃时，采用塑料薄膜覆盖加以养护，喷射混凝土抗压强度达到10MPa前采取保温措施防冻。

f. 质量检查和验收。

a）喷射混凝土施工前，向监理人员报送混合料配比报告及配合比试块试验报告，在测定喷射混凝土工艺质量和抗压强度达到要求后，才能进行喷混凝土施工。

b）喷层厚度检查。检查记录定期报送监理人，如未达到设计厚度，按监理指示进行补喷，所有喷射混凝土在监理人检查确认合格后才能验收。

c）黏结力试验。按监理人指示钻取ϕ100mm的钻孔、取出芯样进行喷混凝土与岩石间及喷层之间的拉拔试验，试验成果报送监理人。所有试件钻孔用干硬性水泥砂浆回填。

d）对喷混凝土中的鼓皮、剥落、低强或其他缺陷部位及时清理、修补，并经监理人确认验收。

（3）质量控制措施。

1）原材料由项目部统一采购，合格证、材质单、出厂报告单齐全，所购材料与试验配比材料一致，质量全部受控。

2）喷护前砂石料设立骨料标识牌、配合比、磅秤、斗车等计量工具，拌和设备试机完好，水电齐全，安全设施齐全，经自检合格后通知监理人员验收确认后开始喷护。

3）喷护前边坡用风管吹渣、洒水湿润，喷护顺序由低到高避免坡面挂渣影响喷护效果。喷护采用喷两遍的方法进行，在岩面打孔插外露10cm钢筋头的方法控制喷护厚度。喷护时排水孔用木塞封堵，喷护后达到合适强度时拔出木塞。边坡喷护范围为开口线外裹1m。

4）喷护混凝土在喷护结束24h后进行洒水养护，养护时间不少于7d。

5）喷护过程中对混合料的拌制加强检查，抽查的材料配比重量符合配料单要求，每班检查喷混凝土厚度。

6）根据喷护单元部位，现场进行喷护取样（一次区3组），进行同等条件下养护；养护龄期满后，将试块送第三方实验室进行检测。

2.5.1.4 右岸冲沟加固处理施工

（1）工程概况。河口水库右岸冲沟加固工程位于大坝轴线上游50m右岸边坡，冲沟下半部为坡积块碎石夹土，一般厚度为5～8m，以上为后期人工堆积的碎石、块石等大量弃渣，厚度5～14m。冲沟堆渣体积约6万m^3，表面松散、欠固结、空隙大，稳定性差，外边坡1∶2.2左右。根据设计要求需对冲沟进行加固，加固坡面部分采用混凝土网格梁及台阶，加网格梁结点布置的预力锚杆，中上部坡面砌石护坡，坡脚设抗滑挡墙的方案。

（2）主要施工方案。施工顺序：测量→下部挡土墙混凝土施工→坡面开挖修整→网格梁及台阶混凝土浇筑→坡面浆砌石→预应力锚杆→眺望台及护栏→场地清理验收。

1）下部挡土墙混凝土施工。下部挡土墙基础位于新鲜基岩上，施工时，采用人工清理覆盖层至基岩面，基岩面出露后，采用风镐及风钻清除风化层，为不扰动原有基岩，挡土墙位于基岩内的基槽，开挖尽量不采用爆破施工，采用风镐及人工凿成。人工开挖的石渣先清理至挡土墙外的混凝土趾板和下坝台阶位置，再由人工配合水冲倒运至坝前压盖上，再由压盖顶面清理至215.00m高程以下，靠近右岸边坡堆放整平。基面形成后，采用手风钻钻孔，埋设砂浆锚杆，然后进行模板、钢筋和混凝土施工。模板及钢筋等材料采用人工搬运至施工现场，混凝土浇筑时，在左右侧坡面架设溜槽至245m平台，再由人工装手推车运至浇筑部位上方的平台，由溜槽入仓，施工时安设排水管和伸缩缝。

2）坡面开挖修整。原有冲沟坡面上部需整体下挖5m左右，开挖工程量约10000m^3，由于坡面坡度为1∶2，垂直高差40m，坡面水平宽度又比较窄，运输车辆难以在坡面上施工。经比较分析，坡面开挖时，采用挖土机填筑临时道路供挖土机在坡面行走，从坡顶向坡下开挖，开挖石渣经多次倒运至坡顶，再装车运输。开挖至坡底后，再从坡底用挖土机配合人工修整坡面至坡顶。

3）网格梁及台阶混凝土浇筑。网格梁及台阶施工时，严格按照测量放线，精确预留好锚杆孔位置。网格梁及台阶施工模板采用钢模板和木模板相结合，混凝土采用溜槽下滑至施工面，再由人工入仓。网格梁和台阶浇筑时从下部向上部进行，浇筑时注意控制好台阶和网格边线和表面平整度，做到横平竖直，顺直美观。

4）坡面浆砌石。坡面网格梁完成后，即进行浆砌石施工，由于坡面太长，石料直接从坡顶向坡下滚落会砸坏面板和趾板，安全隐患较大。施工时在坡顶安设10t卷扬机，坡面上设置运输台车，运至现场的石料由人工搬运至运输台车，通过台车运输至砌筑工作面，再由人工从台车上搬运下来，移至砌筑部位。砌筑前先在台车行走部位从上向下砌筑运输通道，使台车在砌好的浆砌石上行走，然后由坡底向坡面进行浆砌石施工。

5）预应力锚杆。

A. 钻孔：预应力锚杆锚固端深入基岩，自由端为坡面石渣，一般钻机成孔困难，容易塌孔，采用两台跟管钻机进行钻孔。施工时在坡顶高程 277.00m 平台上安装 10t 卷扬机，在坡面上安设钻机施工台车，卷扬机牵引坡面钻机平台上下移动。钻孔前，根据设计要求和地层条件，定出孔位，做出标记，钻机就位后，保持平稳，导杆或立轴与钻杆倾角一致，并在同一轴线上，确保钻孔垂直坡面。在钻进过程中，精心操作，精神集中，合理掌握钻进参数、钻进速度，防止埋钻、卡钻等各种孔内事故。钻孔完毕后，用清水把孔底沉渣冲洗干净。

B. 锚杆安装。

a. 在锚杆施工前，认真检查原材料型号、品种、规格及锚杆各部件的质量，并检查原材料和主要技术性能是否符合设计要求。施工前，取 3 根锚杆进行钻孔、注浆、张拉与锁定的试验性作业，以检验施工工艺和施工设备的适应性。

b. 锚杆杆体的组装与安放：按设计要求制作锚杆，为使锚杆处于钻孔中心，在锚杆杆件上沿轴线方向每隔 1.0～2.0m 设置一个定中架。

c. 锚杆为精轧螺纹钢，要平直、顺直、除油除锈。杆体自由段用塑料布或塑料管包扎，安放锚杆杆体时，防止杆体扭曲、压弯，注浆管宜随锚杆一同放入孔内，管端距孔底为 50～100mm，杆体放入角度与钻孔倾角保持一致，安好后使杆体始终处于钻孔中心。若发现孔壁坍塌，重新透孔、清孔，直至能顺利送入锚杆为止。

C. 注浆：注浆材料根据设计要求提供的水泥砂浆基本配合比配置试验后采用，浆液搅拌均匀，过筛，随搅随用，浆液在初凝前用完，注浆管路经常保持畅通，浆液硬化后不能充满锚固体时进行补浆，注浆量不得小于计算量。注浆完毕后将外露的钢筋清洗干净，并保护好。

D. 张拉与锁定：锚杆张拉前至少先施加一级荷载（即 1/10 的锚拉力），使各部紧固伏贴和杆体完全平直，保证张拉数据准确。锚固体与台座混凝土强度均大于 15MPa 时（或注浆后至少有 7d 的养护时间），方可进行张拉。锚杆张拉至 1.1～1.2 设计轴向拉力值时，卸荷至锁定荷载进行锁定作业，锚杆锁定后，若发现有明显预应力损失时，进行补偿张拉，施工时注意锚杆和网格梁内的钢筋焊接，锚杆张拉锁定完成后，对锚杆外露端进行防腐处理。

所有施工内容完成后，清理现场，进行完工验收。

2.5.2 基础防渗墙、高趾墙及连接板施工

2.5.2.1 基础防渗墙施工

（1）大坝防渗墙施工总体方案。

1）工程概况。大坝防渗墙工程量为 $2340m^2$，墙体厚度 1.2m，墙体混凝土采用 C25W12，防渗墙嵌入基岩以下 1.0m，凡遇到断层及破碎带嵌入基岩深度加至 2.0m，墙体内安置钢筋笼及预埋灌浆管；根据设计图纸，大坝防渗墙轴线长度为 114.0m，平均深度约为 20.9m，最大深度约为 32m。

覆盖层以漂石卵石层为主，漂石密集层，漂石最大直径 5m 以上，蚀圆度差，成分以石英砾岩、灰岩、花岗岩为主。基岩岩性以花岗片麻岩为主，岩体完整性较好。由

于覆盖层地层不均一，含较多坚硬的漂石、大孤石等，混凝土防渗墙施工时有一定的难度。

2）总体方案。根据施工条件及技术指标，大坝混凝土防渗墙施工技术方案如下。

A.“钻劈法”成槽，即采用CZ-6型冲击钻机钻孔。

B. 固壁泥浆：采用膨润土泥浆护壁，确保孔壁稳定。

C. 泵吸法反循环法清孔换浆。

D. $6m^3$ 混凝土拌和车运送混凝土至槽口。

E. 泥浆下“直升导管法”浇筑混凝土。

F. 冲击钻机辅助浇筑混凝土。

G. 采用YJB-1200型液压拔管机进行“接头管法”墙段连接，节约混凝土及接头钻凿工时，并可以最大限度地保证接缝质量。

（2）防渗墙施工难点及对策。

1）防渗墙工程施工难点。

A. 强漏失地层成槽。坝基河床覆盖层含有多层透镜状黏性土夹层及砂层透镜体，介质条件较为复杂，基本上属于孔隙状透水性不均的强透水层，渗透系数 K 在 $1\sim10^6$ m/d。

在该地层中建造混凝土防渗墙极易产生严重的漏浆继而发生塌孔现象，因此槽孔稳定，极具挑战性。

B. 大漂石、孤石。坝址区河床覆盖层一般厚20～30m，岩性为含漂石的砂卵石层夹黏性土和砂层透镜体，地质结构极不均匀。由于覆盖层地层不均一，含较多坚硬的漂石、大孤石等，漂石密集层，漂石最大直径5m以上，蚀圆度差，成分以石英砾岩、灰岩、花岗岩为主。该地层制约了防渗墙快速成槽施工，同时槽孔安全度降低，形成安全隐患。

C. 墙段连接。大坝混凝土防渗墙工程量虽然不大，只有 $2340m^2$，但墙体设计厚度达到1.2m，墙体混凝土采用C25，采用传统的钻凿法墙段接头将对工期产生极大影响且造成混凝土浪费。

2）防渗墙工程施工难点的对策。

A. 强漏失地层成槽措施。上部漂卵石层具强渗透性，是主要的渗漏通道，造孔时泥浆会大量漏失，严重时会发生槽孔坍塌事故，危及人员、设备安全，延误工期，为此采取的对策如下。①预灌浓浆。槽孔造孔前，根据需要报监理人批准在强漏失地层布设灌浆孔，灌注水泥黏土浆或水泥黏土砂浆，以封闭强漏失地层的渗漏通道，为防渗墙造孔创造有利条件。预灌浓浆与钻孔预爆结合进行。②投置堵漏材料。造孔时发生漏浆，迅速组织人力、设备向槽内投入黏土、碎石土、锯末、水泥等堵漏材料，并及时向槽内补浆，以避免塌槽事故的发生。③采用高水速凝材料堵漏。高水速凝材料是一种新型堵漏材料，具有高亲水性能、速凝、膨胀作用，能快速堵漏。

B. 大块径漂石、孤石处理措施。大块径孤石岩性坚硬，冲击钻进工效低，孤石形状不规则，易歪孔，修孔时间长，影响进度和工期，主要对策有：

a. 槽内钻孔爆破。在防渗墙造孔中遇大块径孤石时，可采用全液压工程钻机跟管钻进，在槽内下置定位器进行钻孔，钻到规定深度后，提出钻具，在漂卵石、孤石部位下置爆破筒，提起套管，引爆。爆破后漂卵石、孤石破碎，从而制服了“拦路虎”，加快了钻进速度。爆破筒内装药量按岩石段长 2～3kg/m，如系多个爆破筒则安设毫秒雷管分段爆破，以避免危及槽孔安全。因全液压工程钻机采用风动潜孔锤冲击钻进，其在硬岩中的钻进速度可达 1.5m/h，可快速穿透漂卵石、孤石，为爆破做好准备。该方法节省钻孔工程量，爆破效果也好。槽内钻孔爆破工艺流程见图 2.47。

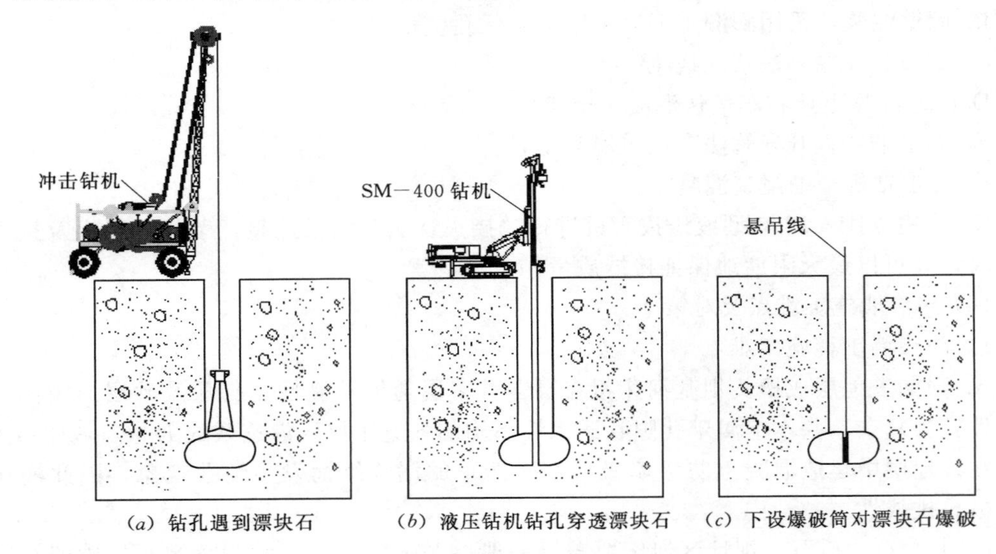

图 2.47 槽内钻孔爆破工艺流程图

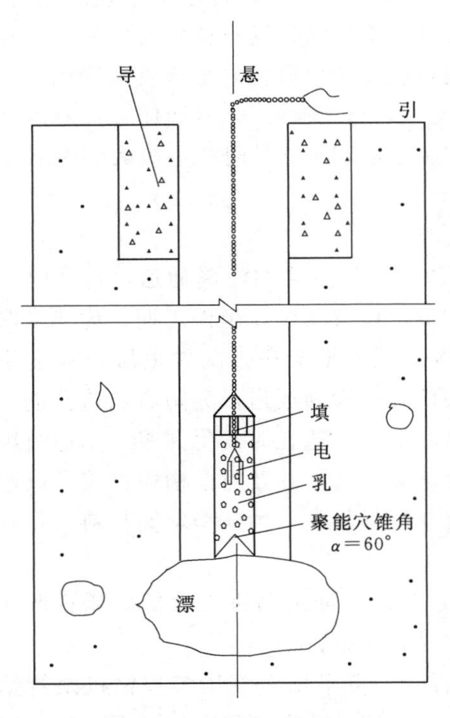

图 2.48 槽内聚能爆破

b. 槽内聚能爆破。聚能爆破（图 2.48）：在大孤石表面下置聚能爆破筒进行爆破，爆破筒聚能穴锥角为 55°～60°，装药量控制在 3～6kg，最大为 8kg。在二期槽孔内则采用减震爆破筒，即在爆破筒外面加设一个屏蔽筒，以减轻冲击波对已浇筑墙体的作用。槽内聚能爆破方法简便易行，与防渗墙施工干扰很小，有时还用于修正孔斜处理故障等，故应用很多。

c. 钻头镶焊耐磨耐冲击高强合金刃块。一般冲击钻头强度低、磨损快、纯钻工效低，补焊频繁，辅助时间长，有时钻头供应不上还造成停工，而在冲击钻头上加焊耐磨耐冲击高强合金刃块可克服上述缺陷，提高工效 15%左右。

C. 墙段连接方法。墙段连接方面，采用“接头管法”的槽孔连接方法，可有效保证Ⅰ槽孔、Ⅱ槽孔的搭接厚度满足设计要求。具体由中国基础处理公司科研所研制的拔管机进行施工，该拔管技术已达到国际领先水平，性能优良，已获得专利，并在下述工程中成功应用，在拔管直径和拔管深度上屡创国内最新纪录：

尼尔基水电站防渗墙墙厚0.8m，拔管深度40m；
伊朗塔里干水电站防渗墙墙厚1.0m，拔管深度48m；
黄壁庄水库防渗墙墙厚0.8m，拔管深度63m；
直孔水电站防渗墙墙厚0.8m，拔管深度78.5m；
冶勒水电站防渗墙墙厚0.8m，拔管深度69.1m；
下坂地水电站防渗墙试验墙厚1.2m，拔管深度72.7m；
瀑布沟水电站防渗墙试验墙厚1.2m，拔管深度63.4m；
润扬长江大桥北锚锭地连墙试验墙厚1.2m，拔管深度50m；
向家坝水电站一期围堰防渗墙墙厚0.8m，拔管深度78m；
沙湾水电站一期围堰防渗墙墙厚1.0m，拔管深度80m；
田湾河基础防渗墙墙厚1.0m，拔管深度81.72m；
狮子坪水电站基础防渗墙墙厚1.2m，拔管深度91m；
大渡河泸定水电站大坝基础防渗墙墙厚1.0m，拔管深度113m；
旁多水利枢纽坝基深厚覆盖层防渗墙试验工程墙墙厚1.0m，拔管深度135.3m。

(3) 大坝防渗墙施工。大坝混凝土防渗墙施工分两期进行，先施工Ⅰ期槽段，再施工Ⅱ期槽段，大坝防渗墙防渗墙工程施工工艺流程见图2.49。大坝防渗墙一期、二期槽孔施工工艺流程见图2.50和图2.51。

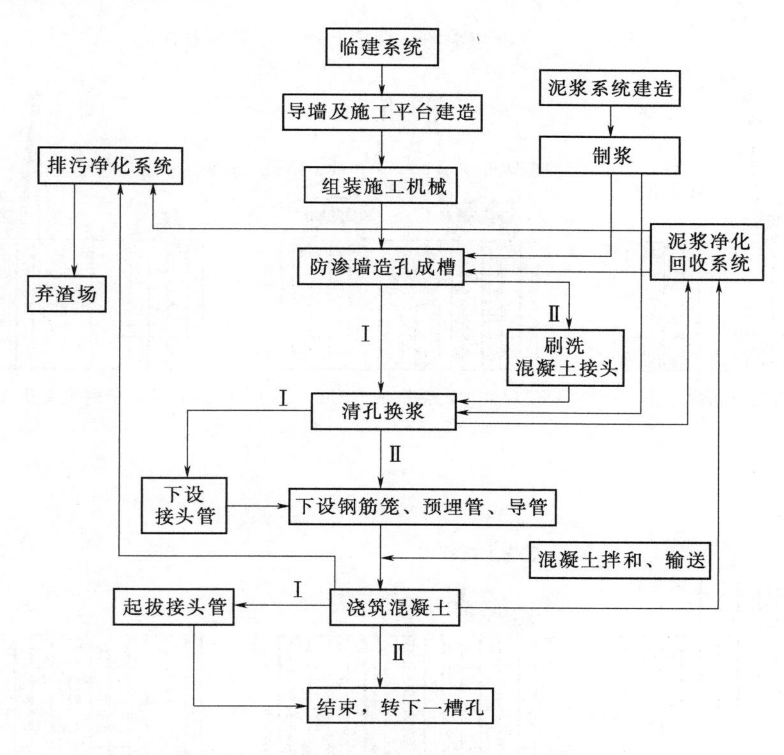

图2.49 大坝防渗墙工程施工工艺流程图

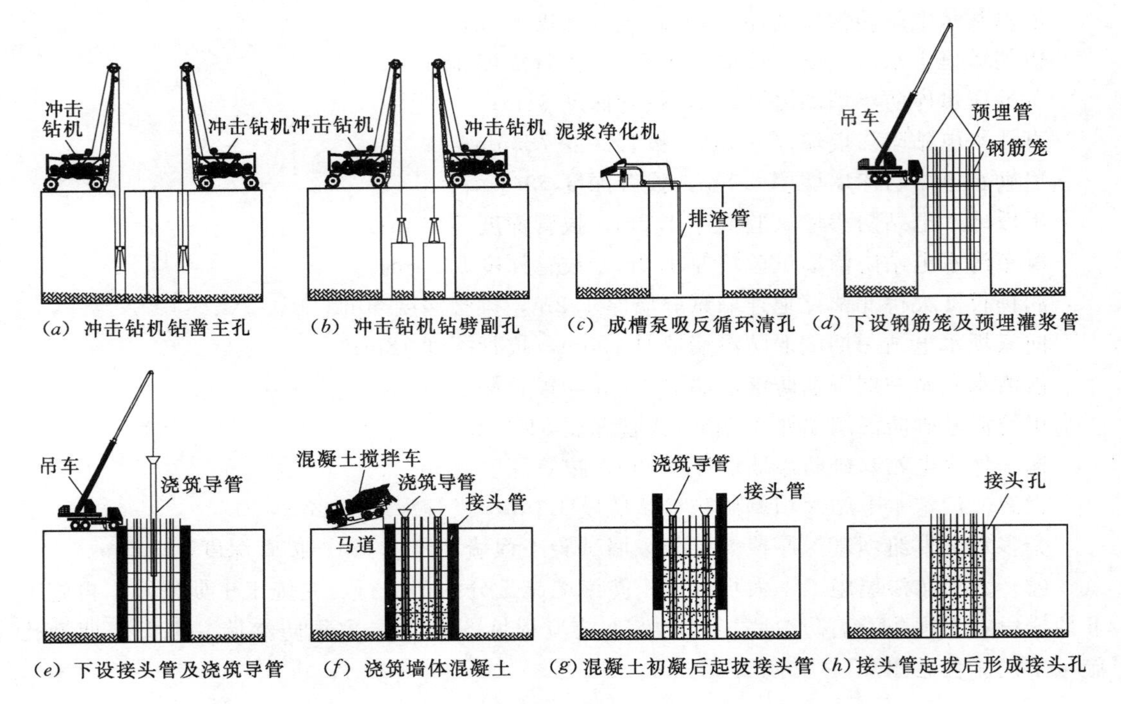

图 2.50　大坝防渗墙一期槽孔施工工艺流程图

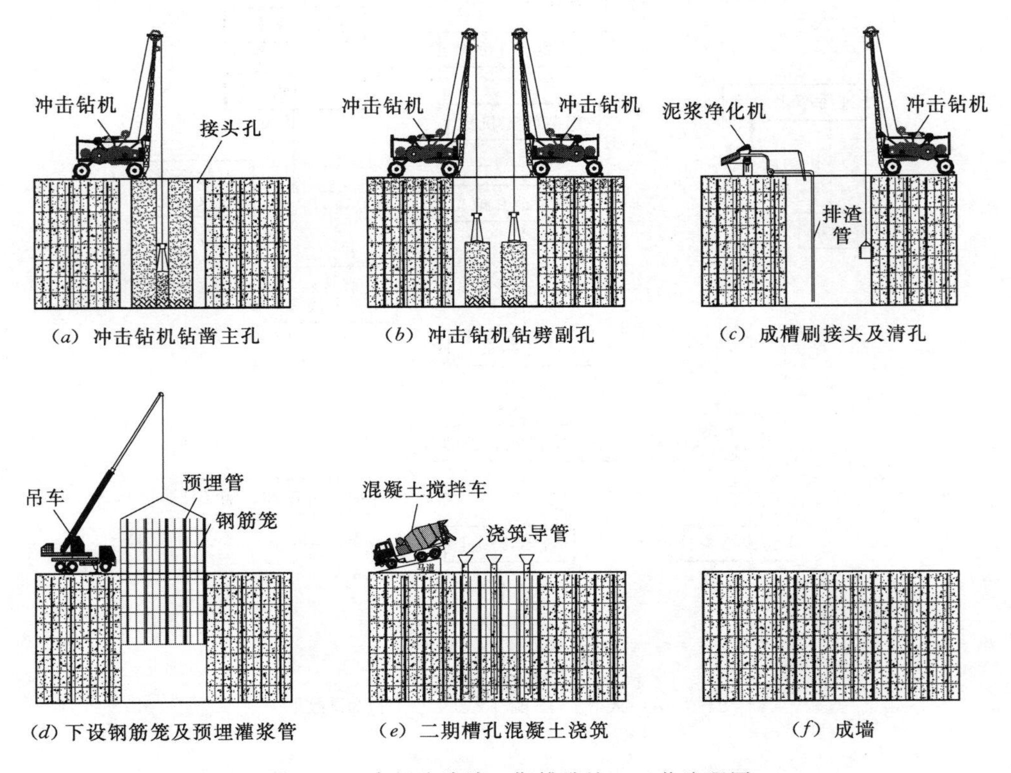

图 2.51　大坝防渗墙二期槽孔施工工艺流程图

大坝防渗墙施工前先进行防渗墙施工平台及导墙施工，大坝防渗墙施工平台及导墙结构见图 2.52。

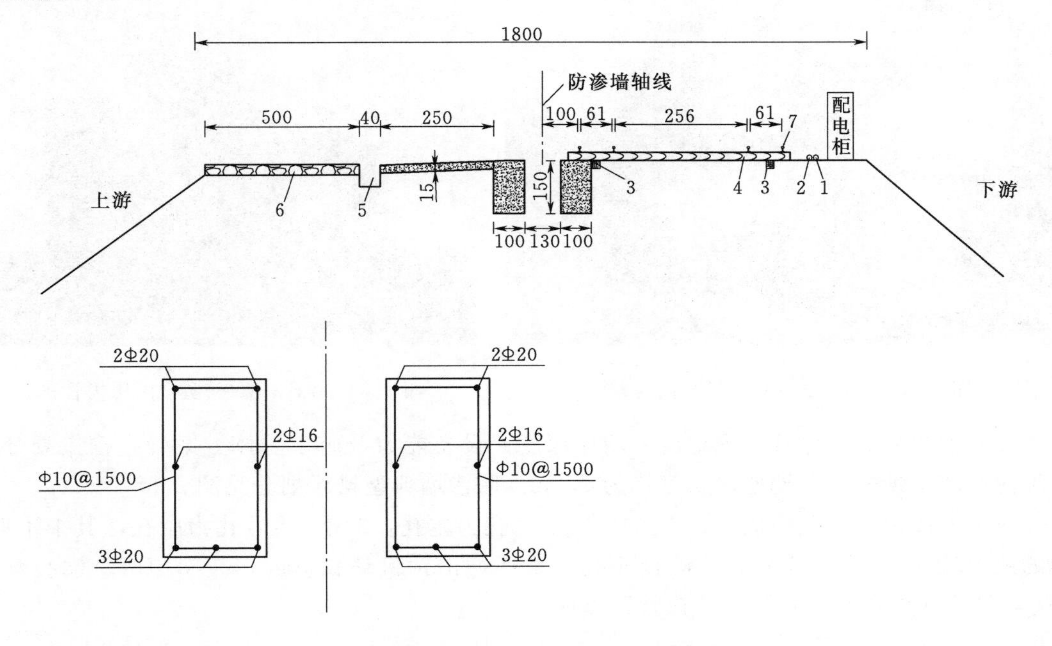

图 2.52 大坝防渗墙施工平台及导墙结构图（单位：尺寸 cm，钢筋 mm）

1—ϕ100mm 水管；2—ϕ100mm 浆管；3—15cm×15cm×（450～500cm）枕木；4—15cm×15cm×550cm 方木；5—40cm×50cm 排浆沟；6—20cm 碎石路；7—24kg/m 铁轨

（4）施工主要设备。根据本标段混凝土防渗墙的实际情况，确定本工程混凝土防渗墙的主要施工机具为 CZ-6 型工程钻机、ZX-200 型泥浆净化装置。实际施工时根据防渗墙成槽试验进行成槽设备调整。

1）ZX-200 型泥浆净化装置。ZX-200 型泥浆净化装置图 2.52 是防渗墙清孔专用的泥浆净化设备，通过管路与排砂管连接使泥浆以闭路方式循环。其泥浆处理能力达 200m^3/h，对 74μm 以上的颗粒净化效率达 90%以上。渣料经筛分后，含水率极低，有利于节约泥浆，并减少环境污染。

ZX-200 型泥浆净化装置性能参数如下：

处理能力：200m^3/h；

分离程度：0.074～0.10mm；

除砂率：>90%；

脱水率：>80%；

整机功率：41kW。

2）YJB-1200 型全液压拔管机。YJB-1200 型全液压拔管机（图 2.54）为中国水利水电基础处理公司自行研制的产品，是目前国内最先进的液压拔管机，其基本性能参数如下：液压系统正常工作压力 25MPa，最大工作压力 30MPa；垂直起拔力 3000kN，垂直提升速度 800mm/min；拔管直径 300～800mm，电动机功率 38.5kW，自重 3.3t。

图 2.53　ZX-200 型泥浆净化装置

图 2.54　YJB-1200 型全液压拔管机

（5）槽段划分。综合考虑地层、墙体深度、设备能力及施工总体方案确定槽段划分，大坝防渗墙Ⅰ期槽、Ⅱ期槽段长度均为 7.2m。防渗墙典型槽段划分见图 2.55。

每个槽段由 5 个孔构成，1 号、3 号、5 号孔为主孔，2 号、4 号孔为副孔，其中Ⅰ期槽的两个端孔（1 号、5 号孔，即接头孔）采用冲击钻机钻孔形成，Ⅱ期槽两个端孔（1 号、5 号孔，即接头孔）采用“拔管”形成。

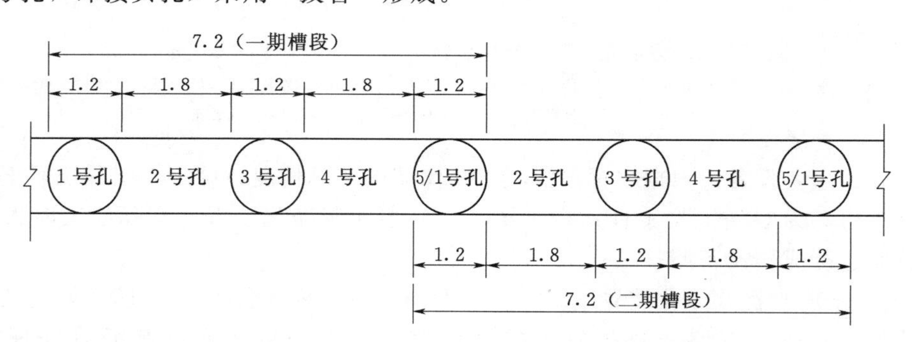

图 2.55　大坝防渗墙典型槽段划分图（单位：m）

（6）防渗墙造孔成槽。

1）钻进方法。防渗墙施工分两期进行，先施工Ⅰ期槽孔，后施工Ⅱ期槽孔。

结合地层、施工强度、设备能力等综合考虑，本工程防渗墙成槽采用“钻劈”法。

Ⅰ期槽的 1 号、3 号、5 号主孔采用冲击钻机钻孔形成，先施工主孔，后用钻头钻劈副孔，劈副孔时石渣会掉落在副孔两侧的主孔内，副孔劈到一定深度时，及时用抽筒打捞主孔内的回填，然后继续劈副孔，打捞回填，直至设计孔深。副孔劈完后，在主孔与副孔之间可能会存在小墙，再用钻头凿小墙，直至槽段内的每一个地方的槽孔厚度符合设计要求。

Ⅱ期槽段的端孔（1 号、5 号孔，即接头孔）采用“拔管”形成，即浇筑Ⅰ期槽时在其端孔下设接头管，通过将接头管拔起后形成端孔。Ⅱ期槽段的其他主孔和副孔施工和Ⅰ期槽施工方法一样。

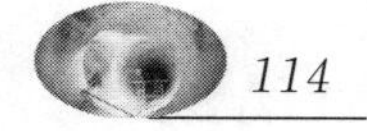

2）孔型控制。

A. 各单孔中心线位置在设计防渗墙中心线上、下游方向的误差不大于3cm。

B. 钻劈法施工时孔斜率不得大于4‰；遇含孤石地层及基岩陡坡等特殊情况，应控制在6‰以内。接头套接孔的两次孔位中心在任一深度的偏差值，不得大于设计墙厚的1/3。

为了保证槽孔孔斜符合设计要求，在特殊地层需要加强孔斜监测，将使用日本KODEN公司生产的DM684型超声波测斜仪（见图2.56）进行孔形检查和验收。

图2.56　DM684型超声波测斜仪

DM684型超声波测斜仪的井下探测头同时向相互垂直的两个方向发射超声波，经槽孔壁反射后被接收，通过超声波发射和接收之间的时间差自动计算孔壁与探测头之间的距离，从而自动绘制孔形轮廓曲线。最大检测深度100m，深度误差小于1%，测斜精度0.2%。

3）终孔。防渗墙穿过河床覆盖层，嵌入基岩以下1.0m，凡遇到断层及破碎带嵌入基岩深度加至2.0m；可根据观察连续不断抽出的钻渣判断槽孔岩面位置。抽出来的钻渣可取样保存，报监理工程师核实，确定最终终孔深度。

在两岸岩面陡坡段，每个槽孔底线采用2～3个阶梯坎形式，并保证相邻孔终孔深度高差不大于1.0m。在河床中间部位岩面平缓地段，每个槽孔的底线应尽量水平。

（7）固壁泥浆。泥浆在防渗墙施工中的作用主要是保持孔壁稳定、悬浮钻渣以及冷却钻具。

1）泥浆原材料。

A. 膨润土。本工程采用优质Ⅱ级钙基膨润土泥浆进行护壁，膨润土成品料的品质应遵守《水电水利工程混凝土防渗墙施工规范》（DL/T 5199—2004）第6.0.3条的规定。

B. 制浆用水。制浆用水采用沁河水，水质应符合《水工混凝土施工规范》（DL/T 5144—2001）第5.5节的规定。

C. 泥浆处理剂。

a. 分散剂。

因使用钙质膨润土搅拌泥浆，为了提高膨润土在水中分散度、造浆率及增加泥浆的稳定性，在制浆时需要加入分散剂，本工程选用工业碳酸钠（Na_2CO_3）作为分散剂。

b. 增黏剂。

在防渗墙造孔过程中，可能会遇到一些特殊地段，需要改善泥浆的性能，如在一些漏浆地层需要使用黏度较高的泥浆，这时需要在制浆时加入增黏剂。

增黏剂可以增加泥浆的黏度和屈服值，改善泥浆的胶体性质，减少失水量，提高对钻渣的悬浮能力和固壁效果；并能防止水泥和盐分污染。

本工程选用中黏度的羧甲基纤维素钠（Na-CMC）作为增黏剂。它是一种高分子化学浆糊，外观为白色粉末，无臭、无味、无毒，很难溶解，溶解于水之后成为黏度很大的透明液体。

c. 加重剂。若在汛期地下水位增高、遇特殊地层发生塌孔，可在泥浆中掺入加重剂，以增加泥浆的密度，作为一种防止塌孔的措施。

本工程拟选用重晶石粉作为加重剂，它是一种白色粉末，密度为4.2g/cm^3。

2）配比。为了确定膨润土泥浆中各种原材料的掺入量及泥浆的性能指标是否能够满足本标段防渗墙造孔要求，需做配合比实验。

泥浆实验主要按照不同的配合比测定泥浆的性能指标，根据实验成果，来确定能够满足防渗墙造孔要求、且成本经济的泥浆配合比。

根据类似施工经验和相应的技术标准，本标段防渗墙施工固壁泥浆根据可能出现的地层初步拟定三组配合比（见表2.37），最终配比应通过现场试验确定，且新制膨润土泥浆性能指标，应遵守DL/T 5199—2004第6.0.7条的规定。

表2.37　　膨润土泥浆初步配合比表

序　号	材　料　用　量/kg					备　注
	水	膨润土	Na_2CO_3	CMC	重晶石粉	
1	1000	80	3			用于一般地层
2	1000	80	3	0.3		用于漏浆地层
3	1000	80	3	0.5	80	用于塌孔地层

3）泥浆搅拌、使用。

A. 泥浆搅拌。泥浆搅拌使用高效、低噪音的ZJ-1500型漩流立式高速搅拌机，高速搅拌机主要由搅拌罐、高速泥浆泵、电机、管路和阀门等组成。其中搅拌罐底部与泵的吸入口相连，泵的排出管以切线方向连接搅拌罐，并在其中安置两个旋塞，当打开不同的旋塞时，便可以实现搅拌浆液和排出浆液的不同工作状态。固液两相物质在泵壳内由于叶轮的高速旋转（1430～1470r/min）而被强烈搅拌分散，达到充分混合后，再从泵内排出以切线方向返流到罐内产生巨大的涡流，使浆液进一步搅拌，在多次循环作用下使浆液具备良好的流变性能及稳定性。

每筒膨润土浆的搅拌时间为不低于4min，放入浆池待膨化后备用。当发生漏浆等情况急需泥浆时搅拌时间不低于9min，可直接输送到槽孔中。

材料加入顺序为：水→膨润土→CMC→碱粉→重晶石。

CMC很难溶解，用清水溶解CMC成3%的溶液，然后再掺入泥浆中搅拌。由于CMC溶液可能会妨碍膨润土的溶解，所以要在膨润土之后加入。

B. 泥浆使用、检验。

a. 新制膨润土浆需存放24h，经充分水化溶胀后使用。

b. 储浆池内泥浆应经常搅动，保持指标均一，避免沉淀或离析。

c. 在钻孔成槽过程中，槽孔内的泥浆由于岩屑混入和其他处理剂的消耗，泥浆性能将逐渐恶化，必须进行处理。处理方法是：被使用过的泥浆通过泥浆净化系统，将土颗粒和碎石块除去，然后把干净的泥浆重新送回到槽中。

d. 经过净化处理的泥浆必须在使用前进行测试。在成槽过程中，应在槽孔中取样，检测有关指标，如超出限值，必须进行处理。如果膨润土的密度、黏性和含砂率无法满足要求，则要更换合格的膨润土。

e. 在槽孔和储浆池周围应设置排水沟，防止地表污水或雨水大量流入后污染泥浆。被混凝土置换出来的距混凝土面 2m 以内的泥浆，因污染较严重，应予以废弃。

4）泥浆净化及回收。

A. 施工废浆的形成。施工泥浆为膨润土分散在水中所形成的悬浮液，在建造防渗墙时起固壁、冷却钻具、悬浮及携带钻渣等作用。随着造孔的不断深入，部分泥浆携带施工钻渣被钻机通过抽筒排出并排入集浆沟，形成施工废浆。施工废浆主要由施工泥浆及施工废渣组成。

B. 施工废浆的处理。为避免施工废浆造成环境污染，同时也为了避免制浆原料的大量浪费，计划在施工现场建造回浆池，施工废浆通过集浆沟处的泥浆泵送至回浆池。回浆池通过中间矮墙分割成两个浆池，连接排渣沟的浆池为进浆池，矮墙另一侧为去浆池。中间矮墙比回浆池周边墙体矮 1～1.5m，其作用为拦截进浆池中沉淀的砂子及小石，上方的泥浆可漫过矮墙自流入去浆池。同时在进浆池一侧设一台泥浆净化器，用来净化排入进浆池的废浆，筛分泥浆和砂石后将处理好的泥浆直接排入去浆池。在去浆池设泥浆泵一台，并设分浆阀分别连接至槽孔的去浆管道及至制浆站的回浆管道，如果经检验，去浆池的泥浆各项指标满足重复利用的标准则通过去浆管道直接排入槽孔，如不满足标准则通过回浆管道打回制浆站作相应处理。

C. 施工废渣的处理。施工废浆通过排渣沟排至回浆池，但伴随着钻渣的不断沉淀于排渣沟底部形成厚厚的砂石层即为废渣，同时回浆池的进浆池也会由于钻渣沉淀形成废渣。对于废渣的处理，利用反铲将废渣排出排渣沟及进浆池，然后将废渣统一堆放，并安排自卸汽车运至业主指定弃渣场。

（8）清孔换浆和接头孔的刷洗。槽孔终孔后，即开始组织进行清孔换浆工作，Ⅱ期槽终孔后还需进行接头孔的刷洗。

1）清孔换浆。本标段大坝防渗墙采用泵吸法清孔换浆。

清孔时，将清孔离心式砂石泵泵管下入孔内距离孔底 50～100cm 处，启动砂石泵，孔底浆渣被泵吸出孔外至泥浆净化系统，被净化后的泥浆流回槽孔内，同时，向槽内不断补充新鲜泥浆。一个单孔清孔完毕后，移动砂石泵及泵管，逐孔进行清孔。泵吸法具有清孔工艺简单、质量好、孔内淤积少，造孔时被污染的泥浆可大批量的抽吸出孔外进行净化，保证泥浆在长时间静置后仍有较高的清洁度的特点。

泵吸法清孔设备为 6BS 型砂石泵配设泥浆净化机，处理能力为 $200m^3/h$，可有效地对孔内及泥浆内泥砂进行清除。泵吸法清孔见图 2.57。

清孔结束前在出浆管口取样，测试泥浆性能，其结果作为换浆指标的依据。

根据清孔结束前泥浆取样的测试结果，确定需换泥浆的性能指标和换浆量。用膨润土泥浆置换槽内的混合浆，换浆量一般为槽孔容积的 1/3～1/2。

换浆量根据成槽方量、槽内泥浆性能和新制泥浆性能综合确定。槽内置换出的泥浆输至回浆池中，成槽时再作为护壁浆液循环使用。

2）接头孔洗刷。接头孔的刷洗采用具有一定重量的圆形钢丝刷（见图 2.58），通过调整钢丝绳位置的方法使刷子对接头孔孔壁进行施压，在此过程中，利用钻机带动刷子自上而下分段刷洗，从而达到对孔壁进行清洗的目的。结束的标准是刷子钻头基本不带泥屑，并且孔底淤积不再增加。

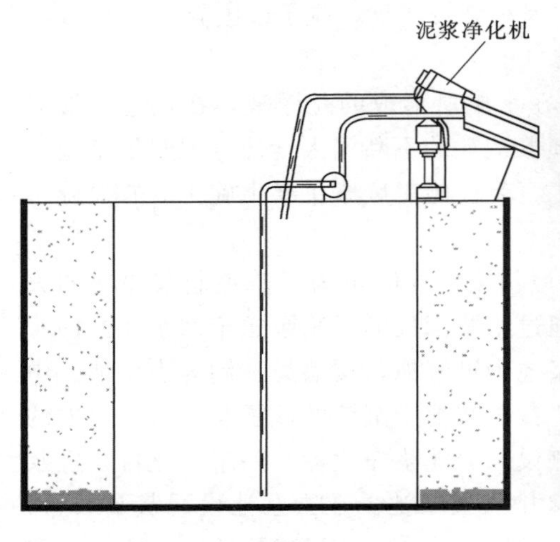

图 2.57　泵吸法清孔示意图

图 2.58　圆形钢丝刷子

3）清孔换浆结束标准。清孔换浆结束后 1h，在槽孔内取样进行泥浆试验。如果达到结束标准，即可结束清孔换浆的工作。

结束标准：清孔换浆结束 1h 后，槽孔内淤积厚度不大于 10cm。使用膨润土时，孔内泥浆密度不大于 $1.15g/cm^3$；泥浆黏度 32～50s（马氏）；含砂量不大于 6%。

（9）钢筋笼与预埋灌浆管制作及下设。

1）钢筋笼制作。

根据钢筋笼施工图纸，按照每个槽孔的具体情况确定钢筋笼的结构。钢筋笼制作满足：①钢筋笼应在加工场平台上制作，确保成型钢筋笼的平整度；②每个钢筋笼的钢筋接头应焊牢，钢筋接头采用双面焊缝焊接时，搭接长度不小于 $5d$，采用单面焊缝焊接时，搭接长度不小于 $10d$；③钢筋笼与墙段接缝之间的最小距为 100mm，同一槽孔中的两个钢筋笼之间的最小净距为 200mm；④钢筋笼的保护层厚度不小于 75mm，在临时工程墙体中可减少到 60mm；⑤垂直钢筋净间距宜大于混凝土粗骨料直径的 4 倍，尤应注意分节钢筋笼搭接的钢筋间距。尽量减少水平配置的钢筋，其中心距大于 150mm。加强筋与箍筋不得设计在同一水平面上；⑥混凝土导管接头外缘至最近处的钢筋间距大于 100mm；⑦钢筋笼制作允许偏差为主筋间距±10mm；箍筋和加强筋间距±20mm；钢筋笼长度±50mm；钢筋笼的弯曲度不大于 1%。

2）预埋灌浆管制作。

A. 预埋管制作。根据设计图纸，大坝混凝土防渗墙下需进行基岩帷幕灌浆，墙下帷幕灌浆单排布置，孔距为 1.5m，为减少在防渗墙内钻孔，在大坝防渗墙成槽浇筑混凝土前下设预埋灌浆管。

因大坝防渗墙内需下设钢筋笼，为减少下设时间，预埋管与钢筋笼同时下设，即预埋管根据墙下帷幕灌浆孔的位置对应固定在钢筋笼内。

预埋灌浆管采用 ϕ110mm 钢管，用 ϕ18mm 钢筋固定在钢筋笼内，并布置在防渗墙轴线上。

B. 钢筋笼与预埋灌浆管下设。钢筋笼与预埋管同时下设，用平板车运至下设地点，使用 25t 汽车吊吊放，钢筋笼入槽定位允许偏差应符合：标高±50mm；垂直墙轴线方向±20mm；沿轴线方向±75mm。

预埋钢管按照设计要求连接，下设后其孔斜率控制在 0.2%以内。预埋管下设前，管底端口采用双层细钢丝滤网封堵，避免浇筑时混凝土进入管内，下设完毕后，用编织袋封堵预埋管顶端口，防止杂物进入管内。

(10) 混凝土浇筑。墙体材料是混凝土防渗墙施工的重要组成部分。

1) 混凝土配合比及性能指标。本标段大坝防渗墙混凝土强度等级（90d 龄期）为 C25，抗渗等级 W12，弹性模量 2.8×10^4MPa。按本合同施工图纸的要求进行室内和现场的混凝土配合比试验，并将试验成果提交监理人批准。配合比试验和现场抽样检验的塑性混凝土性能指标满足下列要求：①入槽坍落度 18～22cm；②扩散度 34～40cm；③坍落度保持 15cm 以上时间不应小于 1h；④初凝时间不小于 6h；⑤终凝时间不大于 24h；⑥密度不小于 2100kg/m^3；⑦胶凝材料的总量不应少于 350kg/m^3；⑧水胶比不大于 0.65。

2) 原材料。普通混凝土防渗墙所用的水泥、粗和细骨料、外加剂及水等材料，应遵守《水利水电工程混凝土防渗墙施工技术规范》(SL 174—1996) 第 5.1.3 条、第 5.2.2 条、第 5.2.3 条，以及《混凝土用水标准》(JGJ 63—2006) 的有关规定。

A. 水泥：水泥标号应不低于 32.5MPa，有抗冻要求时，优先选择硅酸盐水泥。

B. 粗骨料：优先选用天然卵石、砾石，其最大粒径不大于 40mm，且不大于钢筋净间距的 1/4，含泥量不大于 1.0%，泥块含量不大于 0.5%。

C. 细骨料：选用细度模数 2.4～3.0 范围内的中细砂，其含泥量不大于 3.0%，黏土颗粒含量不小于 1.0%。

D. 外加剂：减水剂、水下混凝土外加剂、缓凝剂和加气剂等的质量和掺量经过试验，并参照 DL/T 5100—1999 的有关规定执行。

E. 水：遵守 JGJ 63—2006 的有关规定。

3) 混凝土拌制、输送。本合同段防渗墙施工用混凝土由混凝土生产系统拌制，拌制好的熟料采用 6m^3 混凝土拌和车输送至浇筑槽口，经分料斗和溜槽将混凝土输送至浇筑漏斗，浇筑导管均匀放料，有利于保证混凝土面均匀上升。

4) 混凝土浇筑导管下设。

A. 浇筑导管。混凝土浇筑导管采用快速丝扣连接的 ϕ250mm 的钢管，导管接头设有悬挂设施并装配 O 形橡胶密封圈，保证导管接头处不发生水泥浆渗漏。

导管使用前做调直检查、压水试验、圆度检验、磨损度检验和焊接检验。检验合格的导管做上醒目的标识，不合格的导管不予使用。

导管在孔口的支撑架用型钢制作，其承载力大于混凝土充满导管时总重量的 2.5 倍以上。

B. 导管下设。导管下设前需进行配管和作配管图，配管应符合规范要求。

导管按照配管图依次下设，根据每个槽段长度布设多套导管，应在每套导管的顶部和底节导管以上部位设置数节长度为 0.3～1.0m 的短管。导管安装应满足如下要求：一期槽端导管距孔端 1～1.5m，二期槽端导管距孔端 1.0m，导管底口距槽底距离控制在 15～25cm 范围内，导管之间中心距不大于 3.5m，当孔底高差大于 25cm 时，导管中心置放在该导管控制范围内的最深处。

5）混凝土入仓及开浇。混凝土搅拌车运送混凝土通过马道进槽口储料罐，再分流到各溜槽进入导管。混凝土浇筑施工见图 2.59。

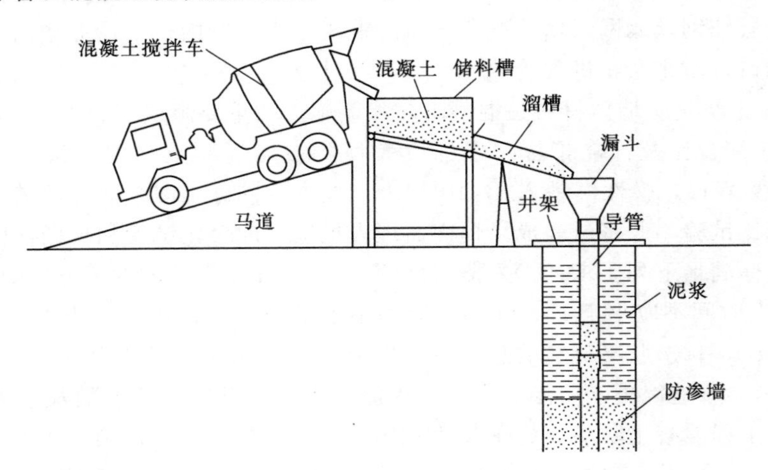

图 2.59 混凝土浇筑施工示意图

混凝土开浇时采用压球法开浇，每个导管均下入隔离塞球。开始浇筑混凝土前，先在导管内注入适量的水泥砂浆，并准备好足够数量的混凝土，以使隔离的球塞被挤出后，能将导管底端埋入混凝土内。

混凝土必须连续浇筑，槽孔内混凝土上升速度不得小于 2m/h，并连续上升至高于设计规定的墙顶高程以上 0.50m。

6）浇筑过程的控制。导管埋入混凝土内的深度保持在 1～6m 之间，以免泥浆进入导管内。

槽孔内混凝土面应均匀上升，各处高差控制在 0.5m 以内。每 30min 测量 1 次混凝土面，每 2h 测定 1 次导管内混凝土面，在开浇和结尾时适当增加测量次数。

严禁不合格的混凝土进入槽孔内。

浇筑混凝土时，孔口设置盖板，防止混凝土散落槽孔内。槽孔底部高低不平时，从低处浇起。

在机口或槽孔口入口处随机取样，检验混凝土的物理力学性能指标。

如发生质量事故，立即停止施工，并及时将事故发生的时间、位置和原因分析报告监理人，除按规定进行处理外，将处理措施和补救方案报送监理人批准，按监理人批准的处理意见执行。

（11）墙段连接。采用接头管法进行连接。二期槽混凝土浇筑前，用特制接头刷刷洗两端接头孔端面，刷洗干净后在两端接头孔下设接头管。

（12）质量检查。

1）槽孔终孔质量检查。槽孔终孔质量检查项目主要有深度、厚度和孔斜。本工程拟采用重锤法测量和超声波测井仪等手段进行。

槽孔应平整垂直，防止偏斜。孔位允许偏差不得大于3cm。拟采用“两钻一抓法”及“接头管法”等施工工艺，可保证整个墙体的连续性及有效连接厚度。

A. 槽孔的位置和厚度。开工前，在槽孔两端设置测量标桩，根据标桩确定槽孔中心线并且始终用该中心线校核、检验所成墙体中心线的误差。孔位在设计混凝土防渗墙中心线上下游方向的允许偏差不得大于3cm，在不同方向都应满足此要求。

钻头的直径决定了墙的厚度。所以，每一槽段终孔时钻头直径不得小于墙的设计厚度，在槽孔内任一部位均可顺利下放钻头，并且可在槽孔内自由横向移动。

B. 孔斜测量。本标段防渗墙造孔孔斜率不大于0.4%；遇有含孤石、漂石的地层及基岩面倾斜度较大等特殊情况时，其孔斜率应控制在0.6%以内；对于一期、二期槽孔接头套接孔的两次孔位中心任一深度的偏差值，应不大于施工图纸规定墙厚的1/3，并应采取措施保证设计厚度。

本工程根据相似三角形原理采用重锤法进行槽孔偏斜测量，特殊情况下将采用超声波测井仪辅助测量。

a. 重锤法。用钢卷尺量出钢丝绳总长，用厚度不小于设计墙体厚度的钻头对准孔位，量出孔位偏差（±3.0cm），缓缓下放斗体，每4m量出一个孔口偏差值，根据相似三角形原理，求出孔斜率

b. 超声波测井仪。采用日本koden公司的DM684型超声波孔斜井仪，其可根据每个槽段不同情况选取3～5个断面进行测量，可以准确直观地反映出整个槽段的孔形质量，以确保槽孔孔形连续完整。

C. 孔深控制。孔深验收应在现场监理的监督下使用专用的有刻度标识的钢丝绳测量孔深，且使用前应对测绳进行检查较准。每个槽孔均应到达设计深度。

D. 孔内泥浆性能指标。使用取浆器从孔内取试验泥浆，试验仪器有泥浆比重秤、马氏漏斗、量杯、秒表、含沙量测量瓶等。槽孔清孔换浆结束后1h，孔内泥浆应达到下列标准：①泥浆比重不大于1.15g/cm^3；②泥浆黏度（马氏漏斗）32～50s；③泥浆含砂量不小于6%。

E. 孔底淤积厚度。孔底淤积厚度采用测饼结合测针进行测量，测量结果应达到小于10cm的标准。

F. 接头孔刷洗质量。Ⅱ期槽在清孔换浆结束之前，用刷子钻头清除二期槽孔端头混凝土孔壁上的泥皮。结束标准为刷子钻头上基本不再带有泥屑，刷洗过程中，孔底淤积不再增加为准。

可在清孔验收合格后4h内开始浇筑混凝土，若超出规定时间，开浇前，应重新检测孔内淤积，若超过清孔标准，应重新进行清孔。

2）钢筋笼及预埋管质量检查。钢筋笼及预埋灌浆管在制作及下设工程中，均安排专人进行质量检测，并符合下列技术要求。

A. 钢筋笼制作允许偏差为：①主筋间距±10mm；②箍筋和加强筋间距±20mm；③钢筋笼长度±50mm；④钢筋笼的弯曲度不大于1%。

B. 钢筋笼入槽定位允许偏差应符合：①标高±50mm；②垂直墙轴线方向±20mm；③沿轴线方向±75mm。

C. 埋设灌浆管时必须固定牢靠，以防混凝土料的冲击而产生移位、弯曲或变形而成为废孔。钢管以丝扣连接。预埋灌浆管孔斜率不大于0.2%，埋管成功率不低于99%。

3）混凝土防渗墙墙体质量检查。检查方法包括混凝土拌和机口或槽口随机取样检查，芯样室内物理力学性能试验及墙体取芯检测等。

A. 机口、槽口取样。浇筑前应按图纸要求完成混凝土室内配比试验，试验内容包括坍落度试验和试块检测试验。

混凝土浇筑过程中，在机口或槽口由试验室试验员随机取样，测试混凝土熟料主要性能指标，在每个槽孔混凝土浇筑时应分别做现场坍落度试验，并取混凝土试块，每组试块应按规范要求制作、养护、确认达到28d龄期后做室内检测试验。

出机口及入槽口的混凝土均应进行性能指标检测，主要包括：温度、强度及其他设计要求检测的项目，混凝土试块按要求制作、养护，及时送检，以便对混凝土质量进行综合评价。

为了准确测试墙体混凝土试块的指标，试件必须按规范要求成型并养护，抗压试件每个墙段至少成型一组，抗渗试件每三个槽段成型一组。

B. 墙体质量检查。

a. 防渗墙成墙后将全套施工资料报送监理人审核并由监理人根据施工资料指定检查的位置、数量和方法。检查方法包括钻孔取芯试验、钻孔压（注）水试验、芯样室内物理力学性能试验等。

b. 所有检查均在成墙28d以后进行。

c. 钻孔沿轴线平均每50m取一孔，且应保证接头孔段至少有一检查孔；检查孔孔深应与防渗墙深度相同，孔径应为130mm。每孔均做压（注）水试验，钻孔取芯为每一孔取三组样进行。检查孔选用XY-2型地质钻机钻孔。

室内物理力学性能试验：试验项目应按设计指标或监理人的要求进行。

d. 合格标准：混凝土物理力学强度指标和抗渗标准应达到设计值，合格率达90%以上，不合格部分的物理力学指标必须超过设计值的70%以上，并不得集中；压（注）水检查的标准为渗透系数不大于设计标准。

e. 检查孔施工完成后按机械压浆封孔法进行封孔；封孔材料应为水泥砂浆，水泥∶砂=1∶1.3。

f. 不合格的槽孔段，承包方应按监理人指示进行处理，直至合格为止。

g. 按照监理人要求对混凝土防渗墙进行无损检测工作。

2.5.2.2 现浇防渗墙及连接板施工

现浇防渗墙是在已浇筑槽孔防渗墙将在166.00～165.20m之间拆除部分现浇，然后重新浇筑并接高至166.90m高程，以便于与趾板前面的连接板连接。现浇墙为C25混凝土，配筋同槽孔防渗墙为 ϕ28mm，现浇防渗墙之间也设有永久缝，分缝涂刷沥青，缝内设铜止水一道。

（1）现浇防渗墙和连接板施工降排水。现浇墙位于坝前连接板基坑处，高程较低，上下游都有渗水，积水较多，施工前需施工降排水，主要采用明排降水辅以降水井降水的形式进行。首先在防渗墙上游并平行于防渗墙轴线开挖一条约 2m 宽的排水沟，沟底高程低于防渗墙键槽约 50cm，排水沟将积水导入基坑开挖时期的集水坑内，集中用 22kW 污水泵排至围堰上游河道。防渗墙下游同样开挖一条排水沟，该排水沟宽度约 50cm，沟底低于键槽约 20cm，用来汇集坝体渗水和面板养护多余水量，并导流至高趾墙施工时的降水井附近，以小型污水泵和降水井联合将水排至上游集水坑，以确保防渗墙混凝土施工的干地施工条件。

连接板施工降排水主要采用降水井降水并辅以明排的形式进行。由于连接板基础面与趾板基础面位于同一高程，趾板基础以下坝体渗水主要通过降水井抽排至上游集水坑，水平趾板以上的养护及其他施工来水采用在水平趾板面设置挡水土埂，将渗水通过水平趾板上的排水沟导流至防渗墙上游，并通过集水井排至围堰上游河道中。

排水沟及降水井回填：在现浇防渗墙施工完成后，排水沟采用垫层料分层回填压实；降水井采用垫层料进行回填，井口 1m 范围内分层采用小型机械压实。

（2）现浇防渗墙施工工作面开挖及防渗墙顶部凿除。现浇防渗墙是在基础槽孔墙施工，基础槽孔墙两侧有导向墙，需拆除，并开挖一定工作面，以满足施工要求。施工工作面开挖采用 $1m^3$ 液压反铲挖掘机开挖，结合排水沟的布置，在防渗墙上下游形成至少 50cm 宽的施工工作面，为钢筋绑扎安装以及模板安拆创造条件。开挖结束后，防渗墙顶部和导向槽拆除采用挖掘机配破碎锤进行破碎，破碎料用 $1m^3$ 液压反铲挖掘机挖至旁边堆放或自卸汽车运至上游 2 号临时堆料场。当凿除高程接近至高程 165.50m 时，采用风镐配合人工凿除至高程 165.20m，并按设计要求进行键槽开挖。对防渗墙中预埋的安全观测线缆附近混凝土拆除采用全人工用钢钎凿除，以确保观测设施不被破坏。

（3）钢筋、模板、止水施工。

钢筋制作安装：钢筋在钢筋加工厂按图纸设计要求进行制作，加工厂设在趾板基坑上游的平台处，制作完成后用钢筋平板拖车将装载机运至现场，再采用人工搬运至工作面，然后按图纸设计和规范要求绑扎钢筋。

模板安装：模板安装前需进行现场准确定位放线测量，按图纸结构轮廓线在现场设立水平位置和高程控制点进行准确定位模板，模板材料采用普通组合钢模板，围檩采用 ϕ48mm×3.5mm 钢管，用 U 形卡、蝴蝶卡等连接模板并按图纸结构线进行拼装组合。与连接板相邻立面模板，由于要安装止水铜片，将模板分为两道独立模板进行安装。

模板固定：采用内拉丝与外部钢管围栅和站筋相接固定和外部斜支撑加固措施，钢管斜支撑基坑边坡相连进行固定。

止水安装：止水材料的材质、规格及安装按技术规范及设计要求执行。止水铜片制作在钢筋加工厂利用自制的液压止水加工架制作，异型止水铜片接头在厂家直接定做完成。制作完成后用平板载重汽车运至施工现场，人工搬运至施工部位。铜止水直线接头在现场采用搭接双面焊接，搭接长度不小于20mm。止水安装要用止水固定卡固定，以防在混凝土浇筑中止水移位。

铜止水片的安装，止水片骑缝架设在安装位置。在模板校正后用钢筋或特制的架立加固，同时止水铜片的凹槽部位用氯丁橡胶棒和聚氨酯泡沫填实，胶带纸密封，阻止水泥浆流入。

（4）混凝土浇筑。现浇防渗墙和连接板混凝土浇筑均按照设计分块，采用跳仓浇筑，按照现场交通条件，采用从右岸第一仓开始，往左岸进行Ⅰ序跳仓浇筑，跳仓浇筑完成后，再从右岸夹仓开始进行Ⅱ序跳仓浇筑。防渗墙浇筑完成后，进行连接板基础回填，回填按照设计要求，采用垫层料分层填筑，用振动夯板夯实。连接板基础回填完成后进行基础砂浆垫层施工。防渗墙浇筑完成后28d后方可进行连接板浇筑。

混凝土由拌和站集中拌制，$9m^3$搅拌车经上坝路运输至施工现场，再通过现场搭设溜槽入仓。混凝土分层浇筑，入仓后，人工及时平仓，每层厚度30～50cm，ϕ50mm插入式振捣器充分振捣密实，靠止水片附近采用ϕ30mm软管振捣器振捣。混凝土振捣要密实，以混凝土表面无气泡、不明显下沉且表面泛浆为准，不漏振、不欠振、不过振。

混凝土浇筑完毕，混凝土终凝后及时进行覆盖并洒水养护。保持混凝土表面一直处于湿润状态，养护时间均大于28d。混凝土浇筑完成后，止水保护同前，不再详述。

2.5.2.3 高趾墙

防渗墙与两岸基岩连接设混凝土高趾墙。高趾墙高5.6m，其中左岸长4.0m，右岸长9.0m，高趾墙为重力墙式，顶宽1.2m，基础宽4.18m。为C25 W12F150混凝土。高趾墙表面设有结构及防裂钢筋，钢筋直径28mm，间距均为20cm。高趾墙坐落在基岩上，和基岩下设锚筋连接，锚筋ϕ28mm，伸入基岩6.0m。

高趾墙与防渗墙之间采用键槽式连接。高趾墙与下游连接板之间设缝连接，缝内设止水和填缝板。

（1）基坑降排水。高趾墙位于坝上游连接板处基坑内，为保证基坑工作面在干燥状态下进行施工，增加高趾墙基础开挖后基坑边坡稳定性。采用集水坑明排、深井降水和下游围堰截渗相结合的方式进行基坑降排水。

基坑降排水分两阶段进行，一是为满足固结灌浆阶段的降排水；二是为满足高趾墙开挖与混凝土浇筑阶段的降排水。第一阶段降水采用$100m^3/s$和$300m^3/s$潜水泵各一台进行明排降水，以满足固结灌浆干地施工条件。第二阶段降水在第一阶段降水的基础上，在连接板位置靠近两侧高趾墙方向各设两眼降水井（编号从右往左为1～4号井），井深约12m（确保水位降至基坑底部2m以下）。降水井外径800mm，内径400mm的无砂滤水管（无砂滤水管外侧包裹较薄的土工布一层，以免趾板基础细颗粒在降水过程中带走）内设$200m^3/h$潜水泵各一台进行基坑降排水，以解决防渗墙下游来水。同时在防渗墙上游1～2号井之间现有排水沟下游各设一眼降水井（分别编号为5号、6号井），以降低上游渗水，满足高趾墙基坑开挖和混凝土浇筑的干地施工条件。离高趾墙最近一眼井的位置按基岩线的坡比推算井底，接近基岩线且满足井深12m的要求。1～6号井同时用于满足连接板的混凝土浇筑时降排水的需要，连接板施工结束后，1～4号井下部采用垫层料封堵，上部1m采用与连接板同标号混凝土封堵。

由于高趾墙开挖深度较大，虽然基坑周边设集水井抽排降低基坑渗水，但下游反渗水头压力较大（下游围堰处水位比高趾墙基坑高出约10m以上），危及基坑边坡稳定，为确保高趾墙开挖边坡的稳定性，需降低下游围堰的渗水压力水头。采用在下游围堰坡脚处设截渗沟的形式以降低下游渗水水头，截渗沟紧贴下游围堰边坡开挖，开挖深度约5m，宽约3m，截渗沟内填黏土防渗。

(2) 固结灌浆。高址墙与两岸基岩端头连接时为插入基岩内布置，其他部位下游紧邻连接板及趾板，上游为原河床砂卵石基础，下游连接板及趾板下也为垫层料和河床砂卵石基础，由于下游方向渗压较大，为防止在开挖高趾墙基础时导致趾板或连接板基础塌方。开挖前，在高趾墙部位及下游连接板段河床段覆盖层进行固结灌浆加固。固结灌浆孔间排距均为1.0m，孔深入岩深度0.3cm，固结灌浆压力0.5MPa，固结灌浆范围沿防渗墙方向3.0m，沿高趾墙向两岸到基岩为止。

由于基础为碎石和砂卵石，为防止钻孔塌孔，固结灌浆钻孔采用跟管钻机钻孔。钻孔时将钻头对准钻孔中心，保证钻杆铅锤，钻孔前对孔位进行校核，确保孔位准确无误；钻孔中及时检查孔斜，用测斜仪测量孔斜，调整钻杆垂直度，使钻孔误差不超过1.5%。钻孔施工中及时做好钻孔记录，详细完整记录钻孔深度，掉钻等施工情况，灌浆方法同趾板基础固结灌浆。

(3) 基坑开挖及键槽开挖。设计基坑开挖深度约5.6m，属深基坑开挖，开挖分两次进行：第一次开挖深度2.5m；第二次开挖深度3.0m，预留0.1m保护层。基坑开挖包括土方开挖、固结后砂砾石开挖、石方开挖和混凝土拆除。

基坑土方与固结后砂砾石开挖同时进行，采用2m^{3}反铲挖掘机开挖，自卸汽车运输。开挖分两次进行，开挖由两岸开始沿防渗墙方向进行，两岸放坡不陡于1∶0.3，根据现场开挖情况适当调整坡比。高趾墙上游开挖按设计坡比进行。第一次开挖深度2.5m，第二次开挖深度3.0m，自卸汽车通过7号路运至2号临时弃渣场。

高址墙端头基坑石方开挖深度1～2m，为防止爆破影响下游趾板和连接板的安全，现场采用静态爆破法开挖。静态爆破采用膨胀剂法施工，将膨胀剂按比例与水混合搅拌均匀成流质状态，将糊状药剂灌入钻孔内，灌满为止。一般装药完成后3～5h为岩石开裂时间，岩石开裂后，向裂缝内灌水，支持药剂的持续反映，增加药效获得更好的破碎效果。装药“同步操作，小拌勤装”，拌制、装药整个过程控制在5min以内。

在岩石开裂一次破碎后，较大的石块采用炮锤进行二次破碎解小，由挖掘机配合自卸汽车运至2号弃渣场。

高趾墙与防渗墙结合部需在防渗墙设键槽，键槽开挖凿除时，为不影响防渗墙的质量，采用人工风镐进行防渗墙凿除。

(4) 基础锚杆、钢筋、模板施工 。基础锚杆：锚杆孔按图纸设计要求造孔完成后，进行吹孔、洗孔和验孔等程序。锚筋在钢筋加工厂按图纸设计要求进行制作，制作完成后用平板载重汽车运至高趾墙基坑旁，人工搬运至各个锚杆孔位。锚杆安装时浆液按照设计和试验配比进行拌制，采用注浆机进行注浆，注浆保证饱满、密实，注满浆后立即插杆。锚杆安装后，孔口加楔固定封严，砂浆终凝前不允许扰动。

钢筋制安：钢筋在钢筋加工厂按图纸设计要求进行制作，制作完成后用平板载重汽车运至高趾墙基坑旁，采用人工搬运至工作面。钢筋安装时利用系统锚杆焊接架立钢筋，然后按图纸设计规范要求铺设钢筋。

模板安装：采用组合小钢模、“U”形卡、蝴蝶卡、ϕ48mm×3.5mm钢管按图纸结构线进行拼装组合。与连接板相邻立面模板，由于要安装止水铜片，将模板分为两道独立模板进行安装。模板固定采用内拉丝与外部钢管围栏、站筋相接固定、外部斜支撑加固措施、钢管斜支撑基坑边坡相连进行固定。

止水及帷幕灌浆管的安装：止水的安装同面板止水安装。帷幕灌浆管，根据设计图纸确定预埋位置，与钢筋相接加固。

（5）混凝土浇筑。混凝土由拌和站集中拌制，9m^3搅拌车经4号路、7号路至上游围堰临时路水平运输至施工现场，再通过串筒或溜槽入仓。由于施工工作面狭窄，分两期进行混凝土浇筑：基面往上1m按开挖面就坡浇筑，不进行模板支立；1m以上按设计断面进行模板支立进行混凝土浇筑。混凝土入仓后，人工及时平仓，每层厚度35～40cm，ϕ50mm插入式振捣器充分振捣密实，靠止水片附近采用ϕ30mm软管振捣器振捣。混凝土振捣要密实，以混凝土表面无气泡、不明显下沉且表面泛浆为准，不漏振、不欠振、不过振。

混凝土浇筑完毕后，在终凝后6h内加以覆盖并洒水养护。洒水的次数以保持混凝土表面一直处于湿润状态为宜。

（6）回填。混凝土达到一定强度并经隐蔽验收完成后，进行回填。回填分为石渣回填和垫层料回填两种。石渣回填分层进行（上游165.00m高程以下），石渣每层回填厚度为80cm，用液压夯板夯实后进行下层回填；垫层料回填每层厚度为40cm，液压夯板夯实，垫层料与坝体垫层区的压实标准相同。

2.5.3 大坝与左岸山体帷幕及固结灌浆施工

2.5.3.1 大坝基础固结灌浆施工

大坝基础固结灌浆范围主要分布在大坝趾板、防渗板岩石基础中，主要包括左右岸趾板、河床段异型趾板及防渗板基础固结灌浆。趾板固结灌浆垂直基岩面孔深10m，孔距2m，排距一般为1.5m，防渗板孔深5.0m，间排距2.5m。大坝基础固结灌浆前，在右岸防渗板区域先进行固结灌浆生产性试验，以确定灌浆参数、灌浆方法和效果。

（1）施工过程。

1）主要施工程序。孔位放样→钻机就位→钻孔→孔位冲洗及压水试验→灌浆→封孔→灌后效果检测。

2）主要施工方法。固结灌浆在混凝土趾板和连接板上进行，采用自下而上分段卡塞孔内循环式灌浆法，记录采用灌浆自动记录仪。

3）钻孔施工顺序。KY-100型潜孔钻机直径76mm开孔钻进→孔深测斜→钻孔终孔→验收。

4）钻孔冲洗、压水试验。

A. 钻孔冲洗：灌浆孔均进行冲洗。为了提高灌浆效果，在钻孔结束后采用水泵冲洗孔底沉淀及孔壁岩粉，直至回水澄清为止，孔内残存的沉积物厚度不得超过20cm。之后进行裂隙冲洗，冲洗压力为该段灌浆压力的80%，超过1.0MPa时，采用1.0MPa。

钻孔孔壁冲洗与裂隙冲洗方法采用大流量水流从孔底向孔外冲洗，冲洗至返水澄清10～20min为止，但总冲洗时间不少于30min。裂隙冲洗采用压力水冲洗法，裂隙冲洗压力采用80%的灌浆压力，最大不大于1MPa。

B. 压水试验：压水试验在裂隙冲洗后进行，压水试验采用“简易压水”法。压水压力为本段灌浆压力的80%，最大不大于1MPa。

5）灌浆。

A. 灌浆方法如下：①用自下而上卡塞灌浆法，灌浆方式采用孔内循环灌浆，先进行外侧灌浆孔灌浆，后进行中间灌浆孔灌浆；②防渗板固结灌浆采用一段进行灌浆，在孔口下0.3m处进行止塞灌浆，如果出现冒浆或沿止塞部位漏浆向上移动止塞位置；③趾板固结灌浆分两段灌浆进行灌浆，第一段在孔深6m处进行止塞灌浆，第二段在趾板混凝土距孔口0.3m处进行止塞灌浆；④固结灌浆分为一序、二序，钻孔和灌浆按序进行。

B. 灌浆浆液：采用高速搅拌机集中拌制，通过送浆泵、输浆管输送至灌浆工作面，灌浆浆液浓度遵循由稀至浓的原则，逐级改变。灌浆水灰比采用3：1、2：1、1：1、0.5：1四个比级进行灌浆。

C. 灌浆压力：灌浆压力按表2.38进行控制。

表2.38　灌浆段长与灌浆压力表

段次		1	2	备注
段长/m		5	5	防渗板孔深5m；趾板孔深10m（分两段灌浆）
灌浆压力/MPa	Ⅰ序孔	0.5	0.3	
	Ⅱ序孔	0.8	0.4	

D. 灌浆结束标准：在最大设计压力下，当注入率不大于0.4L/min时，继续灌注30min结束灌浆。

E. 封孔：灌浆结束即可封孔，采用压力灌浆法封孔，封孔压力为该孔最大灌浆压力，封孔浆液为水灰比0.5：1的浓浆；待孔内水泥浆凝固后，视孔口浓缩部分深度采用机械压浆法或直接用浓水泥浆人工封填，孔口抹平。

F. 抬动观测。在进行裂隙冲洗、压水试验和灌浆施工过程中同步进行抬动观测。①根据设计要求，在基础上打插筋，插筋外露部分与趾板钢筋相连，以最大限度地增加趾板与基础面的结合力。②固结灌浆在无抬动状态下进行，若灌浆过程中未出现抬动，则以设计压力灌浆到结束；若灌浆过程中发生抬动，则立即降压、限流，以稳定不抬动的灌浆压力到灌浆结束。③布设抬动观察孔，根据地质图有预见性地把抬动观察孔布置在最有可能发生抬动的范围，特别是缓倾结构发育裂面半闭合的地质构造带，适当加密观察孔。

经前期趾板固结灌浆抬动观测试验，其抬动值为50～100μm，符合规范要求。

G. 特殊情况处理。

a. 灌浆过程中，如发现冒浆、漏浆，根据具体情况采用镶缝、表面封堵、低压、浓浆、限流、限量、间歇灌浆等方法进行处理。

b. 灌浆过程中如发生串浆，采用以下方法处理：①如被串孔正在钻进，要立即停钻；②串浆量不大于1L/min时，在被串孔内通入水流；③串浆量较大，在串浆孔具备灌浆条件时，尽可能与被串孔同时进行灌浆，一泵灌一孔。否则将串浆孔塞住，待灌浆孔灌浆结束后，串浆孔再进行扫孔、冲洗，而后继续钻进或灌浆。

c. 灌浆工作必须连续进行，若因故中断，按下述方法进行处理：①尽可能缩短中断时间，及早恢复灌浆；②若中断时间超过30min，则要冲洗钻孔，如无法冲洗或冲洗无效，则进行扫孔，而后恢复灌浆；③恢复灌浆时，使用开灌比级的水泥浆进行灌注。如注入率与中断前的相近，即改用中断前比级的浆液继续灌注；如注入率较中断前的减少较多，则浆液逐级加浓继续灌注；④恢复灌浆后，如注入率较中断前的减少很多，且在短时间内停止吸浆，采取补救措施。

d. 灌浆段注入量大而难以结束时，选用下列措施处理：①低压、浓浆、限流、限量、间歇灌浆；②灌注速凝浆液；③灌注混合浆液或膏状浆液。

（2）施工质量控制措施。

1）提前规划施工场地，保证水泥存放于干燥处。

2）在进行灌浆过程中，经常对流量表、压力传感器进行校正。

3）每30min按照设计要求对浆液比重进行检验。

4）加强设备的维护保养，确保出勤率和精确度。

5）加强四方联合对孔位、孔位偏差、孔深、灌浆过程进行检查。

（3）施工质量检测。

1）固结灌浆效果检查。质量检查采用单点法压水实验，在该部位灌浆结束后3～7d进行。另外配合测量灌浆前后岩体波速的变化来判定灌浆效果，岩体波速检查宜在灌浆结束后14d进行。

检查孔的数量不少于灌浆孔总数的5%，其钻孔位置选择在：①灌浆中心线上；②岩石破碎、断层、大孔隙等地质条件复杂的部位；③注入量大的孔段附近；④钻孔偏斜过大的部位；⑤灌浆情况不正常以及分析资料认为对灌浆质量有影响的部位。

固结灌浆压水实验合格标准：各孔段的合格率在85%以上；不合格孔段的透水率值不超过设计规定值的150%，且不集中，则灌浆质量认为合格。

2）声波检测。

A. 右岸趾板基础固结灌浆单孔声波测试20个孔，超声波CT测试20个剖面。通过检测灌前波速最小值为1499～2325m/s，最大值为4032～5556m/s，平均值为3156～4103m/s；灌后波速最小值为2598～3436m/s，最大值为4196～5711m/s，平均值为3562～4466m/s，波速平均提高8.8%～15.9%。

B. 左岸趾板基础固结灌浆超声波CT测试34个剖面。灌前波速为3567～4461m/s；灌后波速为4086～4550m/s，平均提高0.09%～18.1%。

C. 河床段异型趾板基础固结灌浆单孔声波测试3个孔，超声波CT测试7个剖面。灌前波速为3485～4129m/s；灌后波速为4076～4483m/s，平均提高8.6%～16.9%。

通过灌前与灌后单孔声波检测和CT超声波检测对比，波速提高明显，达到设计要求。

2.5.3.2 大坝基础与左岸山体垂直帷幕灌浆施工

（1）一般要求。

1）同一地段的基岩灌浆必须在先完成固结灌浆，并经检查合格后才能进行帷幕灌浆。

2）隧洞内的帷幕灌浆应在隧洞的支护（锚杆、混凝土衬砌、回填灌浆、固结灌浆等）作业完成后进行。

3）对设有抬动观测装置的灌区，须待抬动观测仪器装置完毕，并完成灌浆前测试工作后，方可进行灌浆作业。在进行裂隙冲洗、压水试验和灌浆施工过程中均应进行抬动监测，观测成果应报送监理人，抬动变形值超过设计至 0.2mm 时应立即停止施工并报请监理人共同研究处理措施。

4）在已完成或正在灌浆的地区，其附近 30m 以内不得进行爆破作业，如需进行爆破作业的，必须采用控制爆破措施并报监理人批准，尽量避免爆破影响。

5）在灌浆过程中出现灌浆中断、串孔、冒浆、漏浆、孔口涌水、吸浆量大等情况时，承包人应制定处理方案及提出处理措施，并报送监理人审批。

6）灌浆洞内的帷幕灌浆前洞内的回填灌浆和衔接灌浆（固结灌浆）已完成。

7）大坝混凝土防渗墙下帷幕灌浆在防渗墙完成后进行。

8）大坝左右岸坝基地面帷幕灌浆在岸坡开挖完成后进行。

9）左岸山体洞外的帷幕灌浆在灌浆平台开挖、支护及盖重完成后进行。

（2）施工程序。帷幕灌浆采用“小口径钻孔、孔口封闭、自上而下分段、孔内循环法”灌注。帷幕灌浆施工程序见图 2.60。

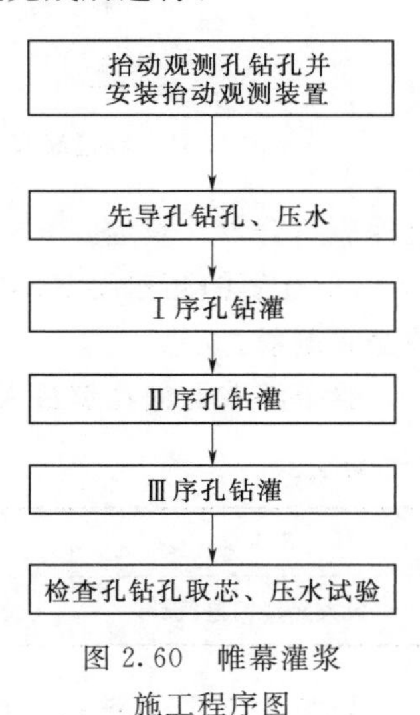

图 2.60 帷幕灌浆施工程序图

灌浆按分序加密的原则进行。两排孔灌浆时，应先进行下游排孔的灌浆，然后进行上游排孔的灌浆；每排应按分序、分段施工，同排分Ⅲ序，必须严格按分序加密的原则进行。同排内的同序灌浆孔同时施工，同一排相邻的两个次序孔之间，以及后续排的第一序孔与其相邻前序排的最后次序孔之间，在基岩中钻孔灌浆的高差大于 15m 后，下一次序孔再进行钻孔灌浆。

1）先导孔施工工艺流程。根据设计及施工图纸要求，帷幕灌浆先导孔采用 ϕ76mm 钻具自上而下分段做压水试验并灌浆。灌浆先导孔深度较防渗帷幕设计底线加深 5～10m。

2）灌浆工程施工工艺流程。帷幕灌浆采用“小口径钻进孔口封闭高压灌浆”工艺即采用自上而下、孔口封闭、孔内循环灌浆法，帷幕灌浆工艺流程见图 2.61。

（3）钻灌设备配置。帷幕灌浆的施工机具按“两机一泵”进行配置，即一个机组的施工设备由两台 XY-2 型地质钻机、一台 3SNSA 型高压灌浆泵和其他必要的设备（自动记

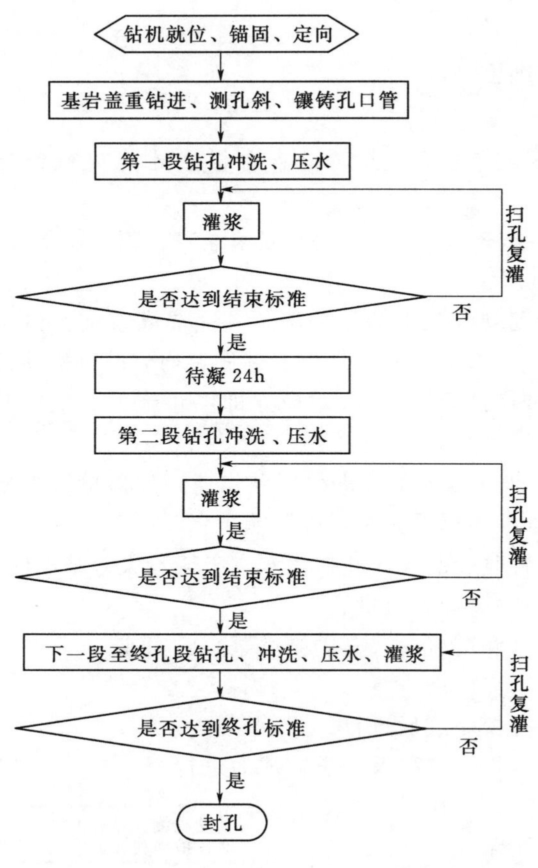

图 2.61　帷幕灌浆工艺流程图

录仪、低速搅拌机等）组成。

1）地质钻机：选用 XY－2 型钻机，重量轻、体积小，搬迁灵活，适用于金刚石和硬质合金钻头钻进，钻杆加卸方便并能保证成孔质量。

2）高压灌浆泵：选用 3SNSA 型灌浆泵，是三缸往复式柱塞泵，运行状态好，压力平稳，最大压力 12.0MPa，最大排量 173L/min。

3）低速搅拌机：选用立式双桶储浆搅拌机。

4）灌浆记录仪：采用 FEC－GJ3000 型灌浆自动记录仪，进行冲洗、压水和灌浆全过程地监控和记录，随时对灌浆过程中的注入率、灌浆压力等参数进行监控。

（4）灌浆施工。

1）钻孔。

A. 钻孔采用 XY－2 型地质钻机，开孔孔径为 91mm（镶铸孔口管段）。钻孔均自上而下分段钻进。

B. 钻孔孔位应严格按设计图进行施工，所有钻孔应统一编号和按次序施工。

C. 灌浆孔的孔位误差不得大于 10cm，孔深应符合设计规定。

D. 孔斜的测量用 KXP－1 型测斜仪。灌浆孔均每 10m 测量孔斜一次，第一段和终孔段必须测斜。

帷幕灌浆孔的孔斜最大允许偏差不得大于表 2.39 中的数值。

表 2.39　帷幕灌浆孔的孔斜最大允许偏差表

孔深/m	20	30	40	50	60	＞60
最大允许偏差值/m	0.20	0.40	0.60	0.80	1.0	＜1.5% 孔深

顶角大于 5°的斜孔，其方位角偏差值不得大于 2°，孔底偏差值亦按表 2.39 的规定控制。

E. 钻孔时应根据设计要求对孔内出现的各种情况，如混凝土厚度、断层、破碎掉块、塌孔、涌水、漏水等情况及其位置做详细记录，作为灌浆施工和验收分析质量的依据。

F. 每个钻孔开钻后至封孔前整个施工时间内，孔口应妥善保护，防止流进污水和落

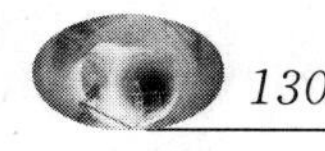

入异物。

G. 先导孔、质量检查孔钻孔应采取岩芯；按取芯次序统一编号，填牌装箱，并绘制钻孔柱状图和进行岩芯描述、拍照。

2）安装抬动观测装置。在进行裂隙冲洗、压水试验和灌浆施工过程中均同步进行抬动观测。抬动观测孔位布置，由监理与施工单位根据现场具体情况商定，抬动观测孔固定端应深入基岩15m。抬动观测装置安装时首先向孔底填入40cm厚的低标号水泥砂浆，然后下入1寸钢管至孔底，外露20cm，再下入一根$\phi 50$钢管至孔底，外露10cm，最后用砂将孔壁与钢管间隙封住。

3）钻孔冲洗、压水试验。

A. 钻孔在灌浆前应进行孔壁冲洗与裂隙冲洗，孔壁冲洗方法采用大流量水流从孔底向孔外冲洗，直至回水澄清10min即可结束。裂隙冲洗采用压力水冲洗法，裂隙冲洗压力一般采用80%的灌浆压力，若该值大于1MPa，采用1MPa，冲洗至返水澄清10～20min为止，但总冲洗时间不得少于30min。冲洗过程中要特别注意控制冲洗压力，防止岩体抬动变形。

灌浆孔（段）裂隙冲洗后，该孔（段）要立即连续进行灌浆作业，若因故中断时间间隔超过24h，则要求在灌浆前重新进行裂隙冲洗。

B. 压水试验：压水试验在裂隙冲洗后进行，帷幕灌浆先导孔和检查孔采用"单点法"进行压水试验，一般帷幕灌浆孔的各灌浆段采用"简易压水"进行压水试验。压水压力为本段灌浆压力的80%，若该值大于1MPa，采用1MPa。

单点法压水试验稳定标准：在稳定的压力下，每5min测读一次压水流量，连续4次读数其最大值与最小值之差小于最终值的10%，或最大值与最小值之差小于1L/min时，以最终数为计算透水率q的计算值。

简易压水试验：在稳定的压力下，压水20min，每5min测读一次压水流量，取最终数为计算透水率q的计算值。

4）灌浆。

A. 灌浆方法。

a. 帷幕灌浆孔的第1段（接触段）采用常规"卡塞灌浆法"进行灌浆，灌浆塞阻塞在岩面以上50cm混凝土内。第二段及以下各段采用"孔口封闭、自上而下分段、孔内循环"（孔口封闭法）进行灌浆。

b. 各灌浆段灌浆时，射浆管管口距孔底不得大于50cm，射浆管的外径与钻孔孔径之差不宜大于20mm。采用钻杆作射浆管时，应使用平接头连接钻杆。射浆管口距孔底距离不合要求者应重新安装。

c. 灌浆过程中应经常转动并上下活动射浆管，回浆管宜有15L/min以上的回浆量，以防射浆管在孔内因水泥凝固而造成孔内事故。

d. 孔口无涌水孔段，灌浆结束后一般不待凝，可直接进行下一段钻灌作业。断层破碎带等地质条件复杂的孔段，灌浆结束后应待凝24h后方可进行下一段钻灌作业。

e. 帷幕灌浆分为三序，钻孔和灌浆必须按序进行。

B. 灌浆段长及压力。灌浆分段及压力，按照表2.40执行。

表 2.40　　灌浆段长与灌浆压力表

段次		1	2	3	4	以下各段
段长/m		2	3	3	5	一般5m，最大段长不超过7m
灌浆压力/MPa	Ⅰ序孔	0.3	0.5	1.2	1.8	3.0
	Ⅱ序、Ⅲ序孔	0.4	0.8	1.5	2.0	3.0

C. 孔口管埋设。除大坝混凝土防渗墙下帷幕灌浆预埋灌浆管外，其他部位的帷幕灌浆包括洞内和洞外，均需埋设灌浆孔口管。帷幕灌浆孔口管埋设要求如下：

a. 孔口管须在第Ⅰ段（接触段）钻孔、压水试验、灌浆结束后埋设。

b. 孔口管采用与钻孔直径相对应的无缝钢管。

c. 洞内帷幕灌浆第一段为混凝土底板下2.0m，一般孔口管长为2.5m；洞外帷幕，一般孔口管应穿过非灌段，下设至灌浆顶线处。

d. 孔口管埋设后须待凝3d，经检查合格后方可进行下一工序的施工。

e. 孔口管埋设应注意并应重点检查的项目：钻孔孔斜、孔口管嵌入基岩深度、孔口管接头是否有脱节、压水检查外侧是否漏水。

f. 孔口管须镶铸牢实，如在钻孔、压水、灌浆时发现孔口管外侧冒水、冒浆时，须返工重新埋设。

g. 孔口管露出灌浆平洞底板、混凝土压浆板面的高度宜在10cm左右。

D. 浆液浓度及灌浆过程控制。

a. 灌浆浆液浓度应遵循由稀至浓的原则，逐级改变。灌浆水灰比采用5∶1、3∶1、2∶1、1∶1、0.8∶1、0.5∶1六个比级。当灌浆压力保持不变，注入率持续减少时，或当注入率保持不变而灌浆压力持续升高时，不得改变水灰比。

b. 当某一比级浆液注入量已达300L以上，或灌注时间已达30min，而灌浆压力和注入率均无显著改变时，应换浓一级水灰比浆液灌注；当注入率大于30L/min时，根据施工具体情况，可越级变浓。

c. 当采用最浓级浆液灌浆，而吸浆量仍很大、不见减小时，可采用限流、低压、限量、间歇灌浆等方法处理。

d. 如发生回浆变浓现象，换用相同水灰比的新鲜浆液进行灌注，若效果不明显，延续灌注30min，即可停止灌注。

E. 灌浆结束标准。采用自上而下分段灌浆法时，灌浆段在最大设计压力下，注入率不大于1L/min后，继续灌注60min，即可结束灌浆。

F. 封孔。

a. 所有灌浆孔、质量检查孔、抬动孔等均应采用置换和压力灌浆封孔法封孔。

b. 封孔方法：当最下面一段灌浆结束后，利用原灌浆管灌入水灰比为0.5∶1的浓浆，将孔中余浆全部顶出，直至孔口返出浓浆止。而后提升灌浆管，在提升过程中，严禁用水冲洗灌浆管，严防地面废浆和污水流入孔内，同时，还应不断地向孔内补入0.5∶1的浓浆（或待灌浆管全部提出后再向孔内补入0.5∶1的浓浆也可）。最后，在孔口进行纯压式封孔灌浆1h，仍用0.5∶1的浓浆，压力为灌浆最大压力。待孔内水泥浆液凝固后，灌浆孔上部空余部分大于3m时，应继续采用导管注浆法进行封孔；小于3m时，可使用干硬性水泥砂浆人工封填捣实。

G. 抬动变形观测。裂隙冲洗、压水试验及灌浆时，均应同步进行抬动观测，当观测值接近0.2mm时不得继续升压，如升压灌浆后，变形值上升较快或已接近0.2mm时，应立即恢复到升压前的压力灌注。抬动观测须做详细记录，观测工作应连续，不得中断，正常情况要求每5～10min观测记录1次，若遇有抬动的迹象应密切监测。观测应延续到压力、灌浆结束后1～2h，变形回缩稳定为止。

5）特殊情况处理。

A. 灌浆过程中，如发现冒浆、漏浆，应根据具体情况采用镶缝、表面封堵、低压、浓浆、限流、限量、间歇灌浆等方法进行处理。

B. 灌浆过程中如发生串浆，采用以下方法处理：①如被串孔正在钻进，要立即停钻；②串浆量不大于1L/min时，可在被串孔内通入水流；③串浆量较大，在串浆孔具备灌浆条件时，尽可能与被串孔同时进行灌浆，应一泵灌一孔。否则应将串浆孔塞住，待灌浆孔灌浆结束后，串浆孔再进行扫孔、冲洗，而后继续钻进或灌浆。

C. 灌浆工作必须连续进行，若因故中断，可按下述方法进行处理：①尽可能缩短中断时间，及早恢复灌浆；②若中断时间超过30min，则要冲洗钻孔，如无法冲洗或冲洗无效，则应进行扫孔，而后恢复灌浆；③恢复灌浆时，使用开灌比级的水泥浆进行灌注。如注入率与中断前的相近，即可改用中断前比级的浆液继续灌注；如注入率较中断前的减少较多，则浆液应逐级加浓继续灌注；④恢复灌浆后，如注入率较中断前的减少很多，且在短时间内停止吸浆，应采取补救措施。

D. 灌浆段注入量大而难以结束时，可选用下列措施处理：①低压、浓浆、限流、限量、间歇灌浆；②灌注速凝浆液；③灌注混合浆液或膏状浆液。

（5）质量控制措施。

1）首先由测量员根据设计提供的控制点进行测量放线，确定出施工轴线后，由施工员根据设计孔距进行孔位放样，经值班技术员复核无误后，钻机开始钻孔。钻孔过程中严格控制孔斜，每段由质检员在监理旁站下测斜，确保孔底偏差符合设计要求。钻孔终孔深度依据设计确定的底帷幕高程施工，同时根据终孔段注入量大于80L/m时加深5m段长，若设计终孔段注入量小于80L/m，该灌浆孔终孔。质检员随机抽查钻孔冲洗和裂隙冲洗工序。裂隙冲洗、压水试验由灌浆智能自动记录仪记录。

2）终孔验收严格执行三检制，首先由机组自检，合格后施工员复检，复检合格，由专职质检员终检，终检合格后由业主、设计、监理、施工四方联合进行验收，验收各项指标合格后，才能进行终孔段的灌浆封孔。

3）灌浆过程中，主要控制射浆管下设深度、灌浆压力、浆液变换、灌浆结束标准、封孔等，灌浆压力、流量等参数由灌浆智能自动记录仪记录。灌浆结束需经过质检员同意。各机组派专人负责浆液性能监测，每次浆液变换或每30min测定一次浆液比重，并及时调整。

2.5.3.3 大坝右岸基础水平衔接帷幕施工

（1）施工布置。

大坝右岸1号、2号灌浆平洞平行重合布置，1号灌浆平洞帷幕灌浆孔需布置呈倾斜角度5°的斜孔，其孔底距2号灌浆平洞底板不小于5m。搭接帷幕衔接灌浆孔布置在2号灌浆平洞的上游侧的侧壁上，孔向为水平，衔接灌浆双排布置，排距0.5m，孔距1.5m，孔深不小于8m，灌浆洞帷幕衔接见图2.62。

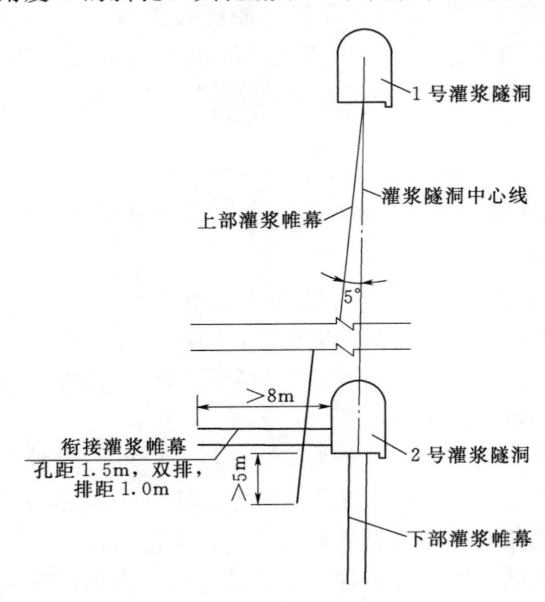

图2.62 灌浆洞帷幕衔接示意图

（2）施工要求。

1）衔接灌浆在灌浆平洞回填灌浆结束7d后进行。

2）衔接灌浆按隧洞固结灌浆要求执行。衔接灌浆按Ⅱ序施工，遇有地质条件不良地段时，可按Ⅲ序施工。

3）灌浆时密切监视衬砌混凝土的变形，根据设计要求安装变形观测装置，监视时专人进行监测并做好记录。

4）灌浆过程中，采用自动记录仪进行数据采集和分析。

5）帷幕衔接灌浆结束后，对所有灌浆孔进行压力灌浆封孔。

6）搭接帷幕检查孔在上层主帷幕施工完成后施工。

（3）施工程序及工艺流程。衔接灌浆施工程序见图2.63，衔接灌浆孔施工工艺流程见图2.64。

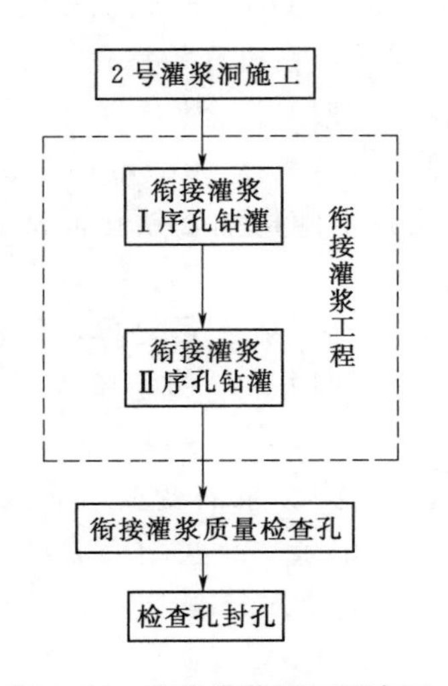

图2.63 衔接灌浆施工程序图

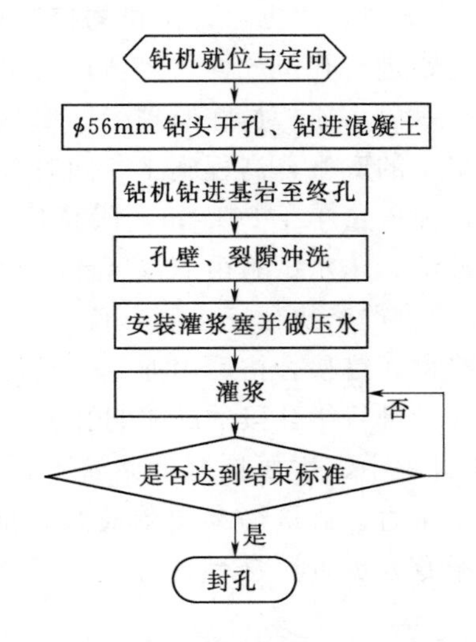

图2.64 衔接灌浆孔施工工艺流程图

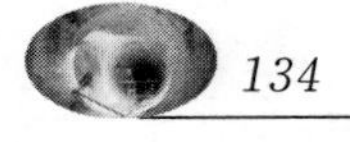

(4) 施工方法。

1) 钻孔。衔接帷幕钻孔孔径为 ϕ56mm，孔位与设计孔位的偏差不大于 20cm，开孔角度偏差不大于 2°。

A. 衔接灌浆和固结灌浆钻孔拟选用 XY-2 型钻机。

B. 钻孔直径及深度。

衔接灌浆和固结灌浆钻孔孔径均为 ϕ56mm，钻孔深度不小于设计孔深。

2) 钻孔冲洗和压水试验。

A. 衔接灌浆前对灌浆孔进行钻孔孔壁冲洗、裂隙冲洗和简易压水试验，压水试验孔数为灌浆孔数的 10%，均匀分布于Ⅰ序、Ⅱ序孔，具体位置由监理工程师确定。

B. 压水试验压力值为该孔段最大灌浆压力值的 80%，并不大于 1.0MPa 时，压水时间为 20min，每 5min 测读一次压入流量。

3) 灌浆。

A. 灌浆设备。衔接灌浆选用 BW-150 型灌浆泵和螺杆挤压胶球式灌浆塞。

B. 灌浆方法。衔接灌浆应采用孔内循环式灌浆法，灌浆塞卡在混凝土内（混凝土与岩石结合面以外），全孔一次灌浆。灌浆在裂隙冲洗或压水试验结束后进行，采用一泵一孔灌注。

C. 灌浆工艺。

a. 灌浆压力：灌浆压力采用 0.5MPa。

b. 灌浆浆液水灰比拟采用 5∶1、3∶1、2∶1、1∶1、0.8∶1、0.5∶1 六个比级。

在正常灌浆条件下，当某一级水灰比浆液灌入量已达 300L 以上，而灌浆压力和吸浆率均无改变或改变不明显时，变浓一级水灰比灌注。当其吸浆率大于 30L/min，可越级变浓。变浆后如压力突增或注入率突减时，立即查明原因，进行处理，并报告监理工程师。

c. 灌浆结束标准：在规定压力下，当注入率不大于 0.4L/min，继续灌注 30min，灌浆即可结束。

d. 封孔：帷幕衔接灌浆孔结束后，采用机械压浆封孔法或压力灌浆封孔法封孔，孔口未填满部分使用干硬性砂浆填满、填实并抹平，封孔进行记录。封孔灌浆水灰比为 0.5∶1，封孔压力为该孔最大灌浆压力。

(5) 质量检查。

1) 帷幕衔接灌浆质量检查以压水试验为主，衔接灌浆质量检查孔的压水试验采用单点法，并将测试成果提交监理人。压水试验检查孔宜在该部位灌浆结束 3～7d 后进行，检查孔数量不宜少于灌浆孔总数的 5%，孔段合格率应在 80%以上，不合格孔段的透水率值不超过设计规定值的 50%，且不集中，灌浆质量可认为合格。

2) 搭接帷幕检查孔在上层主帷幕施工完成后施工。

3) 搭接帷幕检查的防渗合格标准应与相应位置的主帷幕防渗标准一致。

3 坝体填筑关键技术研究与应用

3.1 大坝应力应变数值模拟研究

混凝土面板坝是土石坝的一种，大坝主体由堆石或砾石组成，起支撑作用，坝体上游面设置混凝土面板起防渗作用。面板坝的主要问题是坝体变形以及随之而来的接缝张开和面板开裂而导致的渗漏问题，严重地危及坝身安全。本工程为高坝大库深覆盖层，坝体防渗系统为面板-趾板-连接板-防渗墙布置，与常规岩基上的面板-趾板布置形式有较大不同。岩基上面板坝基础的水平位移和沉降都非常小，常可作为固定边界条件处理，覆盖层上的面板坝由于趾板及坝体在河床段建在覆盖层上，施工及运行期面板垂直缝和周边缝的变位相比常规坐落在基岩上的工程均较大，对面板及坝体的危害更大。为此，首先需仔细分析这些位移的大小和对趾板、面板应力的影响，尤其要关注周边缝以及各种接缝的相对位移，避免变形过大造成防渗系统的漏水和失效，继而危及坝身安全；其次通过对坝体应力应变数值模拟研究，为大坝的安全状态进行更为准确、全面的分析和判断，同时验证设计坝体结构的安全性及合理性，为坝体的分区优化设计提供依据。因此需对河口村水库混凝土面板堆石坝进行三维非线性静力分析。

3.1.1 大坝填筑及蓄水期静力应力应变分析

3.1.1.1 基本资料及计算模型

坝体主要为堆石料，由垫层料、过渡料、主堆料（排水带料）、次堆料及反滤料等组成。堆石体的力学特性决定着坝体的变形，亦对防渗面板和周边缝止水产生影响，所以堆石料的力学性质决定了面板堆石坝的基本工作状态。堆石料的工程性质即静动力学特性及计算模型参数利用室内大型高压多功能静动三轴试验机，进行静动力三轴等项试验获得，在此基础上，模拟坝体施工过程和蓄水过程，进行坝体三维静动力非线性有限元应力变形分析。

不同的计算模型有不同的材料计算参数，目前，国内有邓肯张 E－B 非线性弹性模型、沈珠江双屈服面弹塑性模型和清华非线性解耦 KG 模型计算参数，各种模型各有其使用的局限性，本工程采用较为广泛的邓肯张 E－B 非线性弹性模型。其计算模型参数采用现场大坝实际填筑料场的灰岩料，由黄河水利科学研究院进行三轴试验获得（见《河口村水库筑坝材料静动力特性试验》)，其静力计算参数见表 3.1。

表 3.1　　河口村大坝三维有限元分析材料设计参数表

项目＼参数	容重 /(kN/m³)	K	n	K_b	m	R_f	Kur	φ_0 /(°)	$\Delta\varphi$ /(°)	C/ kPa
主堆石料	22	1428.0	0.425	381.0	0.369	0.825	2200.0	50.7	7.0	0
次堆料上部（料场石料）	21.2	913.0	0.326	225.0	0.291	0.845	1826.0	43.5	1.2	0
次堆料下部（渣场石料）	21.2	477.0	0.483	124.0	0.544	0.712	1000.0	42	2.5	0
垫层料	22.9	786.0	0.451	371.0	0.399	0.667	1650.0	48	4.0	0
过渡石料	22.1	598.0	0.431	280.0	0.215	0.789	1196.0	51	3.6	0
河床砂卵石料（天然）	21.2	913.0	0.326	225.0	0.291	0.845	1826.0	44	0.7	0
河床砂卵石层（旋喷桩区-密孔）	21.5	1150.0	0.420	550.0	0.280	0.850	2300.0	44	1.0	
砂卵石层（旋喷桩区-疏孔）	21.5	1100.0	0.420	500.0	0.280	0.850	2200.0	44	1.0	
黏土夹层	16.5	76.1	0.818	52.9	0.329	0.589	152.2	25	0	5
夹砂层	16.3	100.0	0.500	150.0	0.250	0.850	200.0	28	0	0
石渣支座	20.5	1000.0	0.300	550.0	0.280	0.750	2000.0	45	0	0
趾板、连接板、防渗墙混凝土 C25	弹性模量 $E=2.8\times10^4$MPa，泊松比 $\upsilon=0.167$，$\gamma=25$kN/m³									
混凝土面板 C30	弹性模量 $E=3.0\times10^4$MPa，泊松比 $\upsilon=0.167$，$\gamma=25$kN/m³									

计算模型采用邓肯 E－B 模型，面板与垫层间采用 Goodman 接触单元模拟，周边缝、面板间垂直缝等接缝采用接缝单元模拟。有限元模型见图 3.1。

本工程需要处理的接触面和接缝共有 9 种（见表 3.2)。

表 3.2　　处理的接触面和接缝表

序　号	A 面	B 面	计　算　模　型
1	覆盖层	趾板	Goodman 单元
2	覆盖层	防渗墙	Goodman 单元
3	覆盖层	连接板	Goodman 单元
4	垫层料	面板	Goodman 单元
5	特殊垫层料	趾板	Goodman 单元
6	面板	面板	接缝单元
7	面板	趾板	接缝单元
8	趾板	连接板	接缝单元
9	连接板	防渗墙	接缝单元

计算按照设计提供的施工程序（填筑、浇筑、蓄水过程等）进行，采用增量法计算。

面板-垫层（挤压墙）接触面采用非线性接触面材料模型和无厚度 Goodman 单元，接触面参数对面板应力数值有较大影响，巴贡水电站面板坝工程专门进行了面板与挤压边墙间接缝材料力学性能试验，研究了无接缝材料、不同厚度乳化沥青（1mm、2mm、3mm)、两层乳化沥青中间夹沙、沥青油毡、土工膜等7种情况（见表3.3）。考虑到挤压边墙技术的普遍采用，参照了巴贡水电站面板坝的试验成果，按照面板＋1mm乳化沥青＋挤压墙对应的接触面参数进行取值，面板接触面计参数见表3.4。横缝和周边缝按1层金属止水＋1cm厚度橡胶填充物考虑。

表3.3　挤压墙与面板接触面Clough－Duncan模型参数表（巴贡水电站）

接　触　面	K	n	R_f'	C/kPa	φ/(°)
面板＋挤压墙(无接缝材料)	140000	1.20	1.0	0	41
面板＋(乳化沥青＋沙＋乳化沥青)＋挤压墙	20000	1.15	0.84	1.5	31.5
面板＋1mm乳化沥青＋挤压墙	21000	1.25	0.80	2.0	32
面板＋2mm乳化沥青＋挤压墙	20000	1.23	0.82	1.5	32
面板＋3mm乳化沥青＋挤压墙	20000	1.18	0.85	1.5	32
面板＋沥青油毡＋挤压墙	15000	1.20	0.99	1.0	4
面板＋土工膜＋挤压墙	21000	1.21	0.83	0	29

表3.4　接触面计算参数表

参数 项目	Ks	φ	C/kPa	n	R_f'	Kn
Goodman单元	21000	32	2	1.25	0.8	1E8
接缝单元	1层金属止水＋1cm橡胶接缝，橡胶弹性模量取7.8MPa					

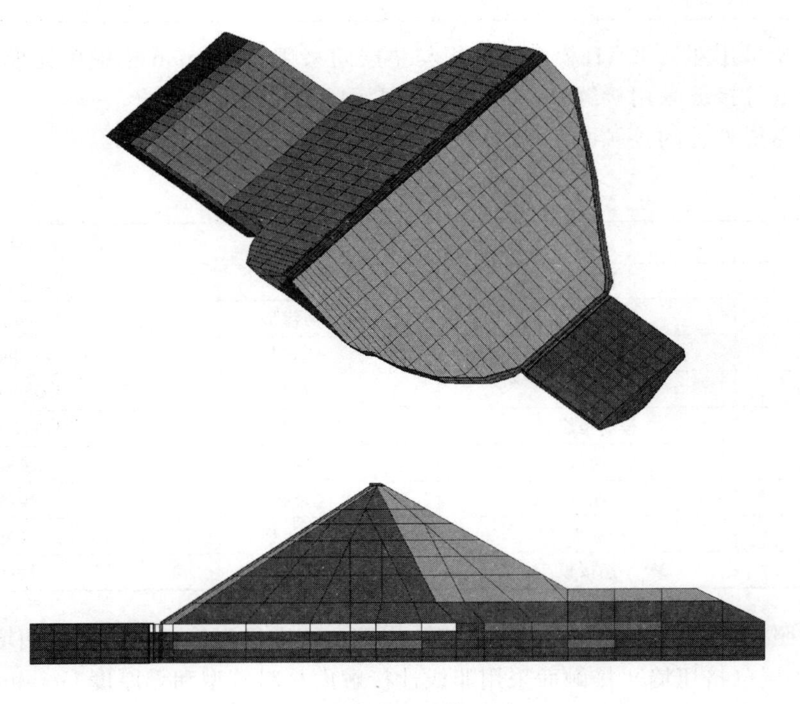

图3.1　有限元模型图

根据地质及结构要求，采用 8 节点等参数单元建立三维有限元模型，单元数量为 6004 个，节点数量为 7503 个。

3.1.1.2 大坝填筑及蓄水加载过程

施荷过程模拟填筑、蓄水过程，大坝填筑和蓄水过程根据面板堆石坝施工进度安排，按以下顺序进行：

（1）防渗墙及趾板浇筑。

（2）填筑一期坝体从坝基填到高程 225.50m。

（3）填筑二期坝体到高程 245.00m（临时小断面为施工期对原设计填筑图进行了修改）。

（4）浇筑一期面板到高程 225.00m，同时浇筑连接板。

（5）利用一期面板挡水（汛期库水位为 218.90m）。

（6）基坑内水位全部抽排至围堰上游，面板前无水。

（7）填筑三期坝体全断面填筑到高程 288.50m。

（8）浇筑二期面板坝顶 286m。

（9）正常蓄水位 275.00m（设计最高洪水位 285.43m）。

3.1.1.3 坝体应力应变分析

（1）应力频率曲线。关于应力方面，目前的计算报告中一般给出应力等值线和最大值、最小值（拉压），把这些应力最大值、最小值作为面板坝的特征数据。通过几个工程的计算和研究，认为仅给出等值线和应力的最大值、最小值是不够的，而且最大值、最小值本身是难以确定的，也不说明问题，原因是应力的计算是通过对位移求导得到的，面板坝的受力状态复杂，防渗系统的变形模量和坝体相差两个数量级以上，而且总是存在不同程度的形状突变，所以很难保证应力是光滑的，总是不同程度地存在应力集中的现象。理论上讲，只要有应力集中，网格足够细密，就可以计算出足够大的应力数值。不同的网格密度将得到不同的应力最大值、最小值，一般情况下，网格越密，最大值、最小值的绝对值也就越大。为此，对应力结果进行了改进，除给出一般的等值线图和最大值、最小值以外，还给出应力频率曲线，应力频率曲线类似于水文计算中的洪水频率曲线，是以应力点（高斯点）的等效体积为权重，计算这个点的应力值对应的体积占整体体积的比重，得到应力-体积直方图，然后再对应力-体积直方图进行求和和归一化，形成应力频率曲线。

从应力频率曲线上可以看到，小于某一数值的应力出现的比例，例如，大于 2MPa 的应力占整个面板的 98%，小于−1MPa 的应力占整个面板的 0.5%，等等。通过数值试验发现，网格的粗细对应力的最大值、最小值影响很大，对频率曲线影响很小，通过频率曲线能够更好地了解应力状态。

以防渗墙竖向应力频率曲线为例（负值为拉应力），从图 3.2 可以看出，拉应力部分约占 28%，最大拉应力达到 6MPa，但拉应力在 0.6～6MPa 之间所占的比例很小，不具代表性，具有代表性的拉应力数值为 0.6MPa。

（2）变形图。为了直观起见，本节列出了面板、防渗墙、趾板、连接板的变形图，见图 3.3。

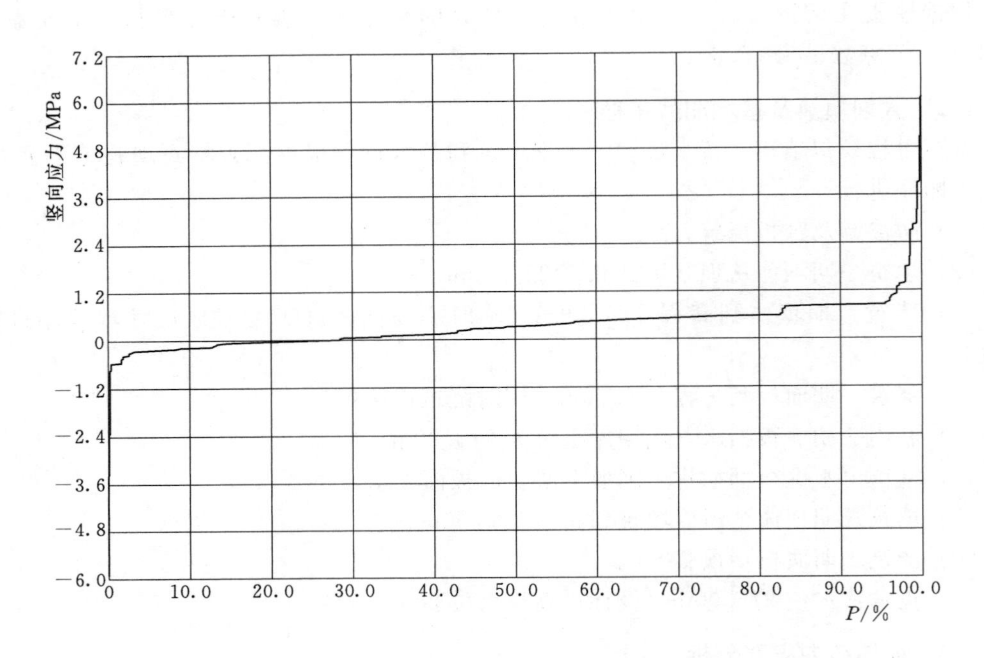

图 3.2　一期蓄水后防渗墙下游面竖向应力频率曲线图

(3) 主要应力变形数据。在列出计算结果的主要数据中，其中顺水流方向位移“＋”向下游，“－”向上游，轴向位移“＋”向右岸，“－”向左岸。竖向位移向上为“＋”。应力拉为－，压为＋。

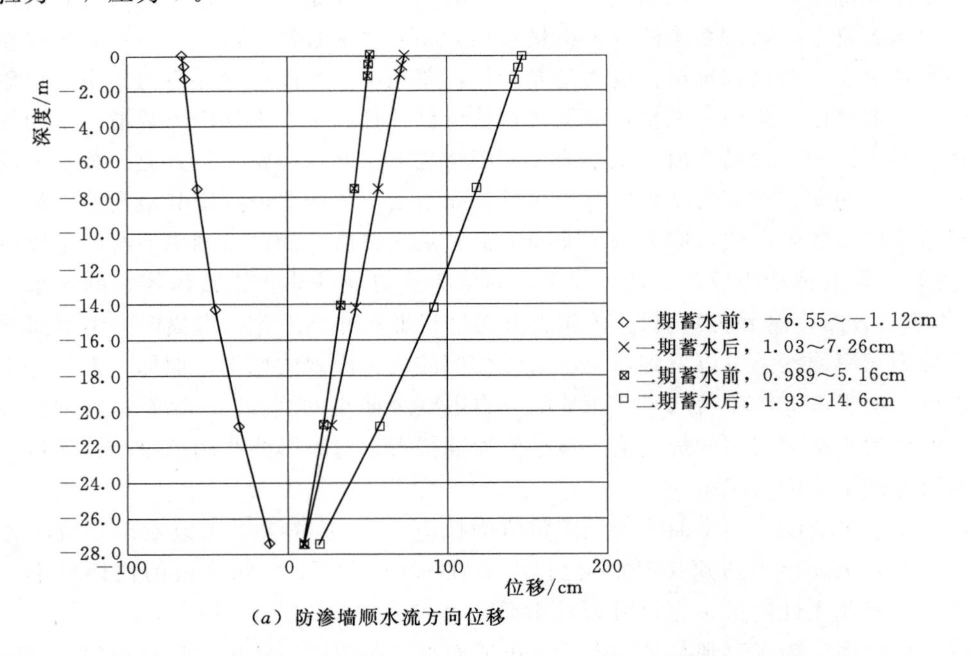

(a) 防渗墙顺水流方向位移

图 3.3（一）　面板、防渗墙、趾板、连接板的变形图

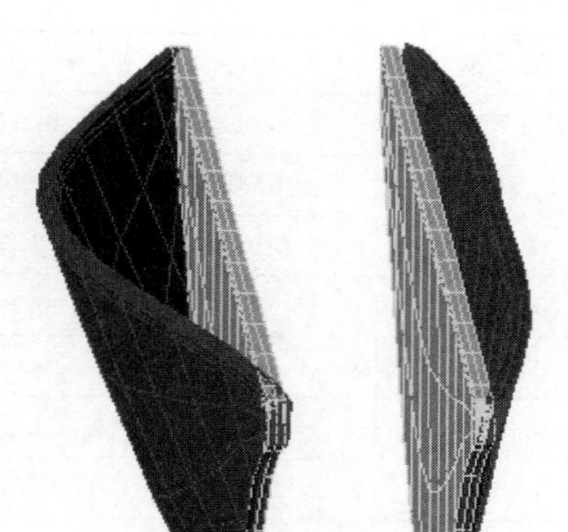
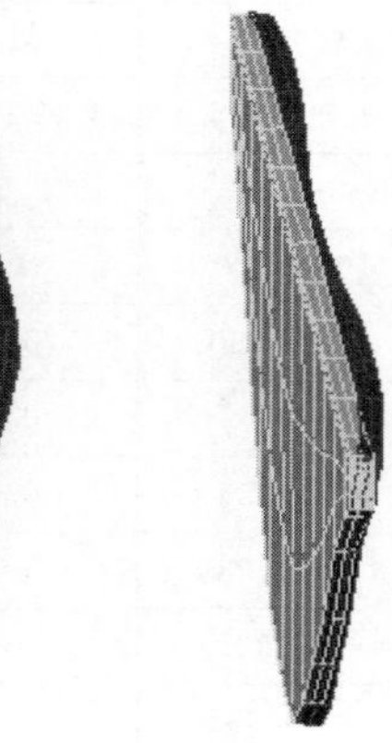
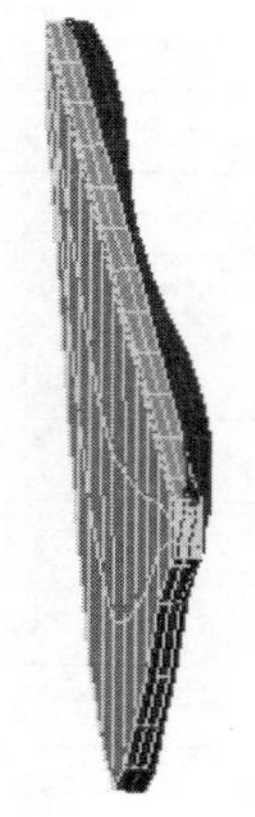
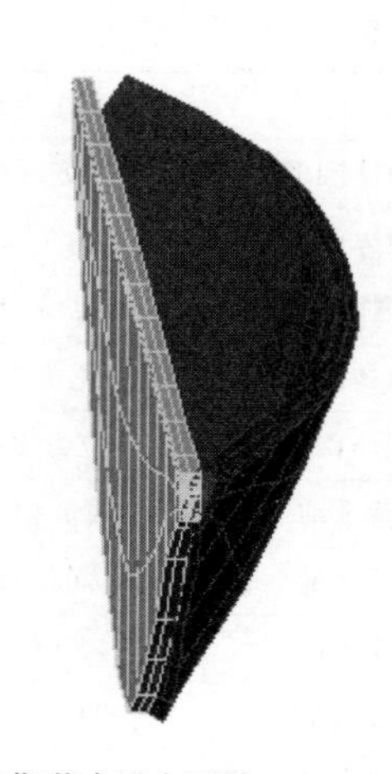

一期蓄水前向上游，max＝6.55cm　一期蓄水后向下游，max＝7.26cm　二期蓄水前向上游，max＝5.16cm　二期蓄水后向下游，max＝14.6cm

(*b*) 防渗墙各阶段的变形图（放大10倍）

(*c*) 一期蓄水引起的防渗系统变形增量

(*d*) 二期蓄水引起的防渗系统变形增量

图3.3（二）　面板、防渗墙、趾板、连接板的变形图

频率曲线图中“P＝0.5％”值对应通常的最小值，但不是最小值。对于位移而言，P＝0.5％值和最小值非常接近；对应力而言，P＝0.5％值和最小值的差别取决于是否有应力集中。如果应力集中存在，应力有奇点（应力为无穷大），则可能计算的最小应力（拉应力）可能其绝对值非常大，但其占体积范围又非常小。显然，这个拉应力是不具有代表性的，必须削峰处理。事实上，P＝0.5％值就是去掉占总体积0.5％最大拉应力后的应力值。如果没有应力集中，则P＝0.5％值应该近似于最小值。

频率曲线图中“P＝99.5％”值对应通常的最大值，但不是最大值。它是将压应力最大值削峰以后的应力，含义和“P＝0.5％”值类似。请参见应力频率曲线图。

(4) 坝体（含覆盖层）位移和应力。

坝体洞工况位移和应力计算结果见表3.5。

表 3.5　各工况坝体位移和应力结果汇总表

工　况	变量名称	最小值	最大值	$P=0.5\%$	$P=99.5\%$
一期坝体围堰	顺水流方向位移/m	−0.09875	0.07497	−0.09242	0.07452
一期坝体围堰	竖向位移/m	−0.4270	0.01032	−0.3733	0.008588
一期坝体围堰	第一主应力/MPa	0.1000	1.396	0.1093	1.371
一期坝体围堰	第三主应力/MPa	−0.02060	0.5337	0.09716	0.5317
一期坝体围堰	应力水平	0	0.9990	0.02721	0.9948
一期蓄水前	顺水流方向位移/m	−0.1323	0.2313	−0.1179	0.2302
一期蓄水前	竖向位移/m	−0.6158	0.03091	−0.5698	0.02861
一期蓄水前	第一主应力/MPa	0.1000	1.705	0.1234	1.672
一期蓄水前	第三主应力/MPa	−0.02232	0.6690	0.09685	0.6619
一期蓄水前	应力水平	0	0.9990	0.04142	0.9947
一期蓄水后	顺水流方向位移/m	−0.04476	0.2318	−0.03861	0.2309
一期蓄水后	竖向位移/m	−0.9094	0.03107	−0.8687	0.02767
一期蓄水后	第一主应力/MPa	0.1000	4.814	0.1099	1.924
一期蓄水后	第三主应力/MPa	−2.609	0.7660	0.08295	0.7515
一期蓄水后	应力水平	0	0.9990	0.06614	0.9947
二期蓄水前	顺水流方向位移/m	−0.06801	0.2983	−0.06552	0.2964
二期蓄水前	竖向位移/m	−1.180	0.03144	−1.179	0.02522
二期蓄水前	第一主应力/MPa	0.1000	5.743	0.1000	2.324
二期蓄水前	第三主应力/MPa	−0.7593	0.9228	0.09018	0.9170
二期蓄水前	应力水平	0	0.9990	0.02746	0.9947
二期蓄水后	顺水流方向位移/m	−0.01620	0.3508	−0.01486	0.3497
二期蓄水后	竖向位移/m	−1.196	0.03154	−1.196	0.02523
二期蓄水后	第一主应力/MPa	0.1000	7.610	0.1000	2.504
二期蓄水后	第三主应力/MPa	−3.536	1.090	0.08007	0.9730
二期蓄水后	应力水平	0	0.9990	0.05685	0.9947

1）坝体变形分析。地基经过旋喷灌浆处理后，最大剖面（0＋140）坝体变形最大，其一期蓄水后、运行期变形（图 3.4～图 3.13）。竣工时坝体最大沉降 118cm（一期蓄水后 90.9cm），蓄水后坝体沉降 119.6cm。水平（沿河流）方向的位移，上游坝壳向上游位移，最大值−6.8cm，下游坝壳向下游变形，最大值为 29.8cm；在蓄水运行期，由于水压力的作用，大部分区域向下游位移，此时坝体上、下游向水平位移最大值为−1.6cm 和 35cm，上游坝壳受水压力作用影响较大，下游坝壳影响甚微。从最大剖面 0＋140 变形分布看出，坝体填筑引起的坝基覆盖层面在坝基中央部位的沉降最大值约 25cm，约为覆盖层厚度的 1％。坝体的沉降变形相比地基处理前有明显减小（由 145.8cm 降到 119.6cm）。

2）坝体应力。地基经过旋喷灌浆处理后，大、小主应力最大值均发生在最大剖面坝基深部，典型剖面（0＋140m）一期蓄水后、运行期变形（见图 3.4～图 3.13）。竣工期和运行

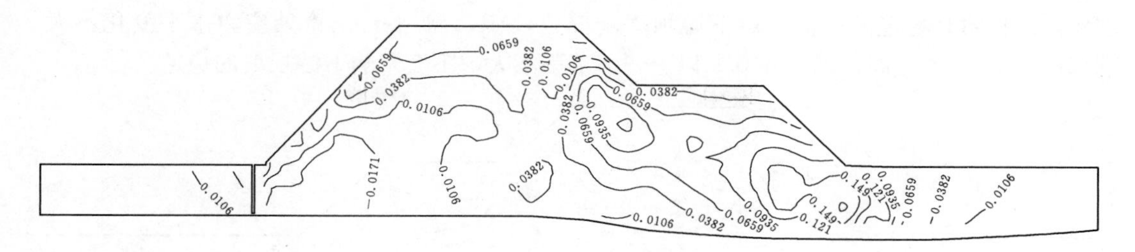

图 3.4　一期蓄水后，坝体横断面 $x=5.860$，顺水流方向位移（单位：m）

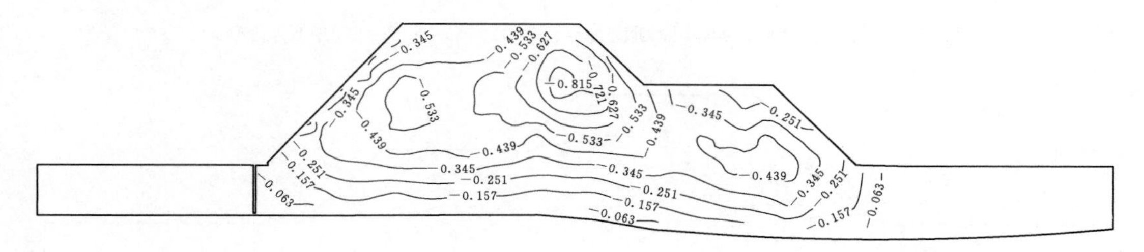

图 3.5　一期蓄水后，坝体横断面 $x=5.860$，竖向位移（单位：m）

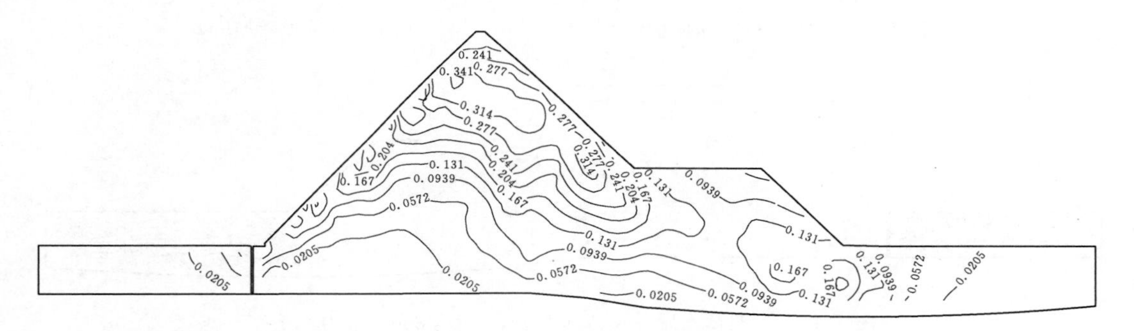

图 3.6　二期蓄水后，坝体横断面 $x=5.860$，顺水流方向位移（单位：m）

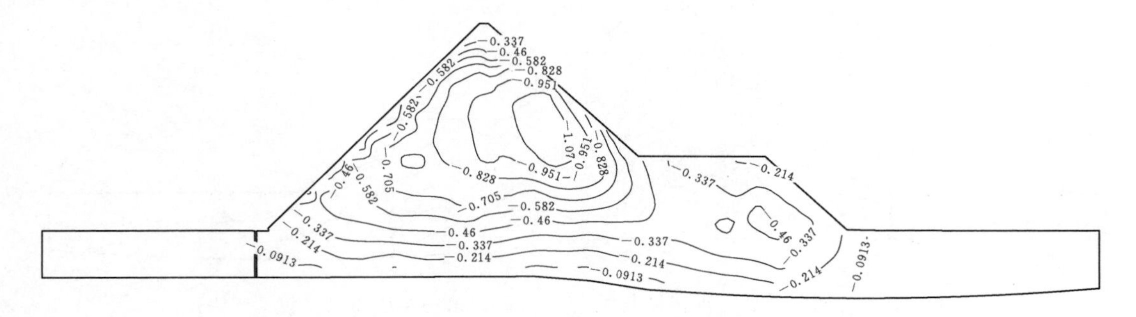

图 3.7　二期蓄水后，坝体横断面 $x=5.860$，竖向位移（单位：m）

期坝基最大主应力极值分别为 2324kPa 和 2504kPa；最小主应力极值分别为 917kPa 和 973kPa。由应力水平等值线分布规律发现，竣工期面板下端部垫层部位应力水平为 0.20，蓄水期上游坝壳应力水平有所增大，尤其是面板下端以及趾板位置的垫层区应力水平上升到 0.4 左右，说明上游坝坡满足坝体强度要求并有较大的安全富余，蓄水后上游坝脚不会受到破坏，面板将是稳定的；蓄水后下游坝壳趾部以及 195.00 平台压重处应力水平变化不大，下部在 0.6～0.8 之间，局部在 0.9 以上，但范围不大，不会影响下游坝坡的稳定。

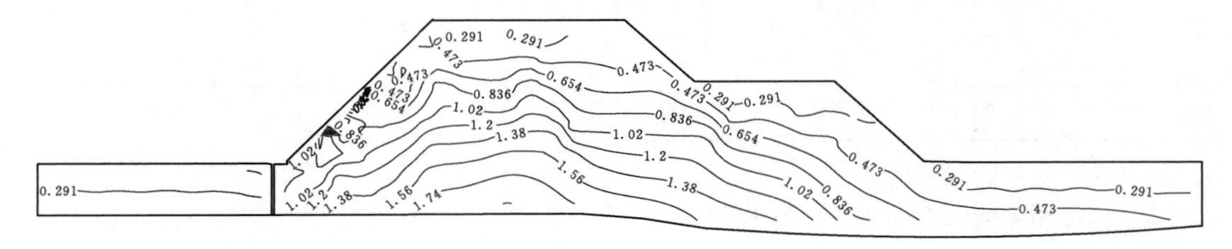

图 3.8　一期蓄水后，坝体横断面 $x=5.860$，第一主应力（单位：MPa）

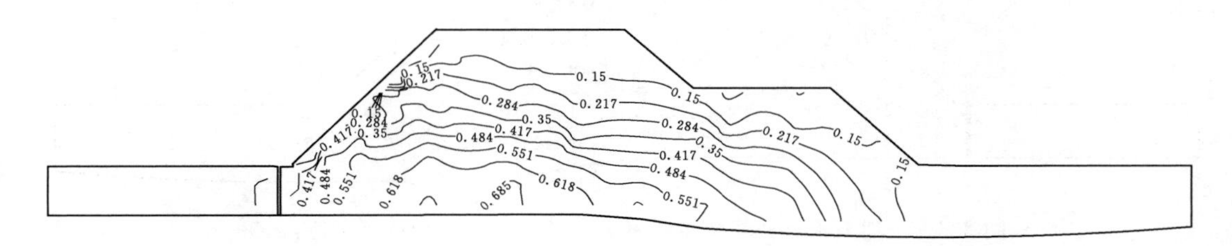

图 3.9　一期蓄水后，坝体横断面 $x=5.860$，第三主应力（单位：MPa）

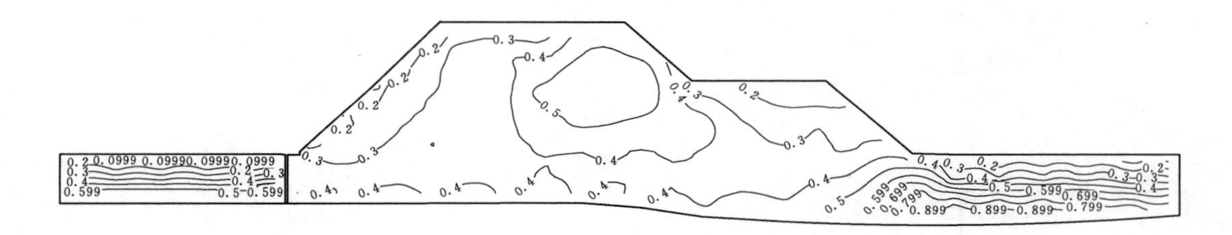

图 3.10　一期蓄水后，坝体横断面，$x=5.860$，应力水平

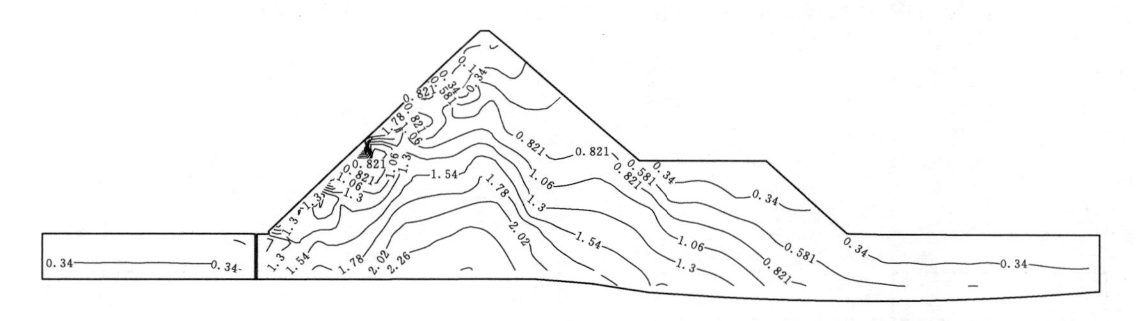

图 3.11　二期蓄水后，坝体横断面 $x=5.860$，第一主应力（单位：MPa）

（5）面板位移和应力。

1）面板的变形。地基经过旋喷灌浆处理后，面板宏观上呈“锅状”变形，其施工期和运行期变形（见图 3.14～图 3.23）。面板的轴向（沿坝轴线方向）表现为由两岸指向河谷。一期蓄水后，左岸面板的水平变形指向右岸，最大值为 1.32cm，右岸面板的水平变形指向左岸，最大值为 1.26cm，面板顺坡向位移 4.23cm，面板最大挠度 20cm，大致位

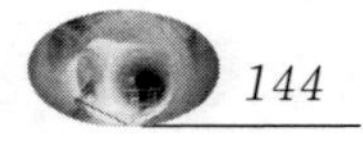

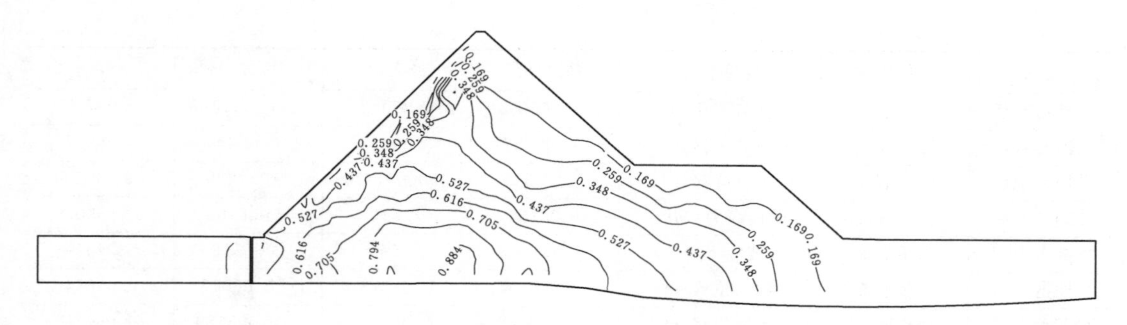

图 3.12　二期蓄水后，坝体横断面 $x=5.860$，第三主应力（单位：MPa）

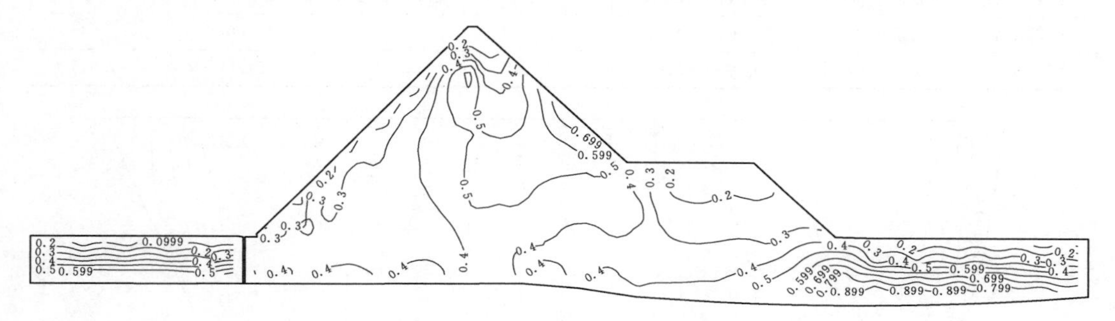

图 3.13　二期蓄水后，坝体横断面 $x=5.860$，应力水平

于河床中部最大坝高底部。运行期，由于在水库水压力作用下，面板最大挠度增大到43.2cm，大致位于河床中部2/3坝高处，左、右岸面板轴向位移最大值分别为6.82cm和5.19cm，面板顺坡向位移7.55cm，面板最大挠度发生在河谷中央，面板的中心部位，整个面板在水压力作用下成为一个略凹的曲面，由于河床部分趾板建造在覆盖层上，面板下端部的挠度也较大，达43.23cm。同时运行期由于面板受库水压力作用内陷，面板顶部也产生一定的位移，位移量最大达18cm，则面板与防浪墙之间接缝设计需要特别关注。各工况面板位移和应力结果见表3.6。

表3.6　各工况面板位移和应力结果表

工况	位置	变量名称	最小值	最大值	$P=0.5\%$	$P=99.5\%$
一期蓄水后	面板表面	轴向位移/m	−0.01866	0.01636	−0.01540	0.01547
一期蓄水后	面板表面	顺坡位移/m	−0.004447	0.04696	−0.004356	0.04601
一期蓄水后	面板表面	法向位移/m	−0.1999	0.000003971	−0.1999	−0.001857
一期蓄水后	面板表面	轴向应力/MPa	−3.299	1.557	−0.5439	1.532
一期蓄水后	面板表面	顺坡应力/MPa	−0.4048	2.191	−0.2261	2.154
一期蓄水后	面板底面	轴向位移/m	−0.01835	0.01611	−0.01425	0.01512
一期蓄水后	面板底面	顺坡位移/m	−0.004740	0.04661	−0.004481	0.04566
一期蓄水后	面板底面	法向位移/m	−0.1999	0.000004749	−0.1999	−0.001856
一期蓄水后	面板底面	轴向应力/MPa	−0.9216	3.462	−0.3345	1.550
一期蓄水后	面板底面	顺坡应力/MPa	−1.088	2.055	−0.9776	1.960

续表

工况	位置	变量名称	最小值	最大值	$P=0.5\%$	$P=99.5\%$
二期蓄水后	面板表面	轴向位移/m	−0.06656	0.07033	−0.06427	0.06767
二期蓄水后	面板表面	顺坡位移/m	−0.003829	0.08422	−0.003490	0.08207
二期蓄水后	面板表面	法向位移/m	−0.4323	0.00004476	−0.4216	−0.004568
二期蓄水后	面板表面	轴向应力/MPa	−2.190	7.648	−0.6166	7.590
二期蓄水后	面板表面	顺坡应力/MPa	−4.952	3.570	−3.516	3.451
二期蓄水后	面板底面	轴向位移/m	−0.06284	0.06823	−0.06017	0.06674
二期蓄水后	面板底面	顺坡位移/m	−0.003828	0.08270	−0.003589	0.08075
二期蓄水后	面板底面	法向位移/m	−0.4323	0.00001240	−0.4216	−0.004556
二期蓄水后	面板底面	轴向应力/MPa	−5.269	7.717	−1.004	7.641
二期蓄水后	面板底面	顺坡应力/MPa	−5.447	3.841	−4.800	3.617

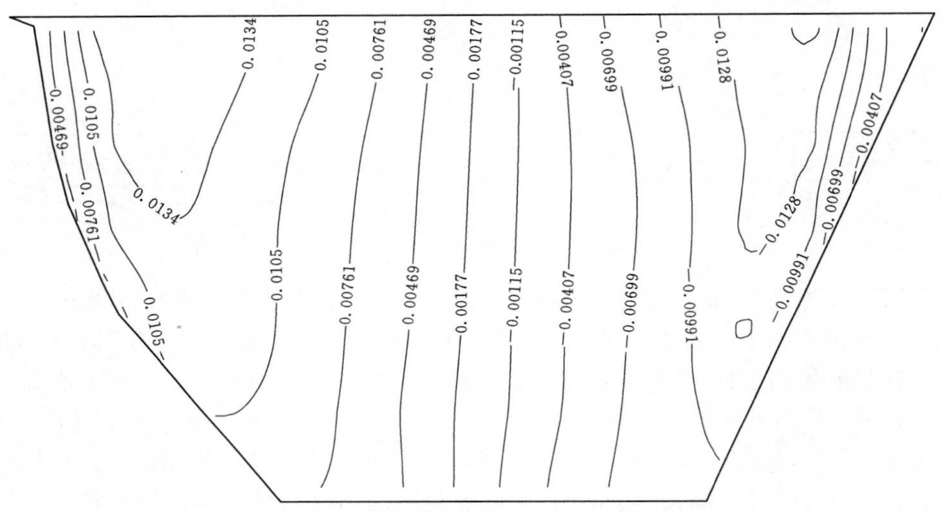

图 3.14　一期蓄水后，面板表面，轴向位移图（单位：m）

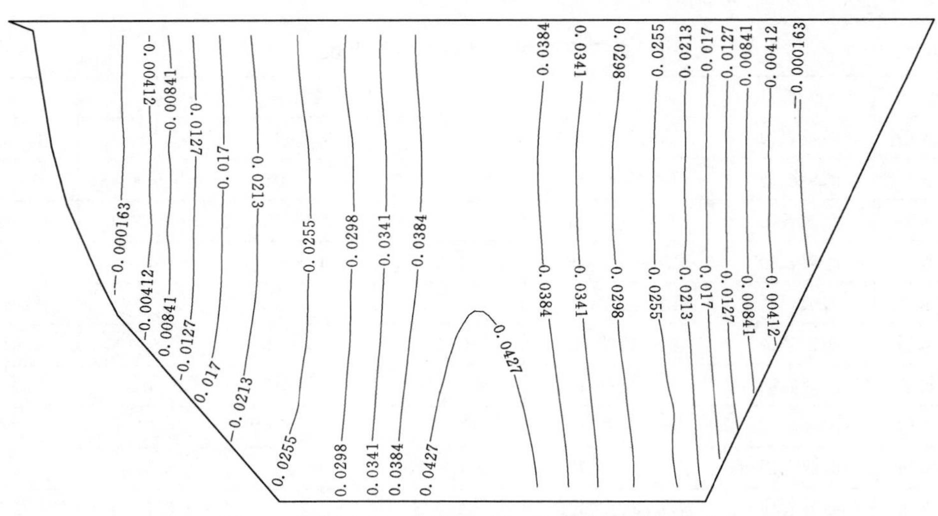

图 3.15　一期蓄水后，面板表面，顺坡位移图（单位：m）

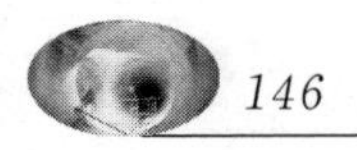

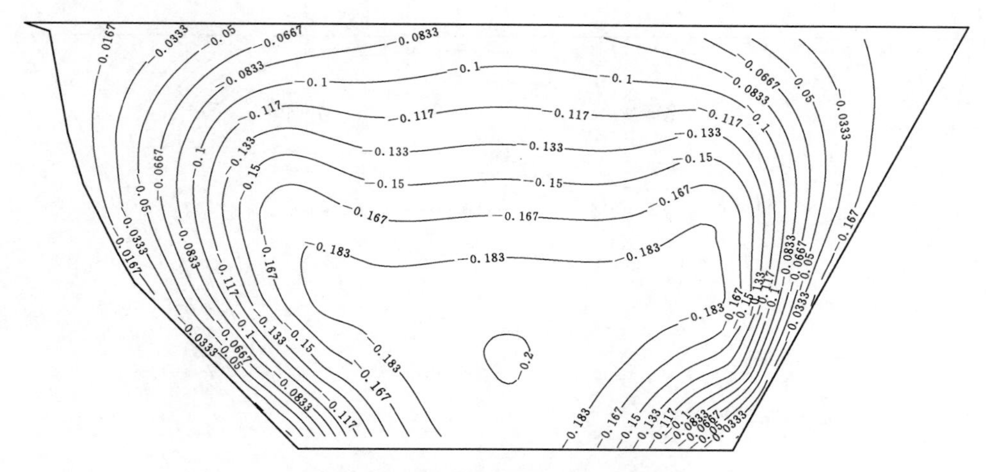

图 3.16　一期蓄水后，面板表面，法向位移图（单位：m）

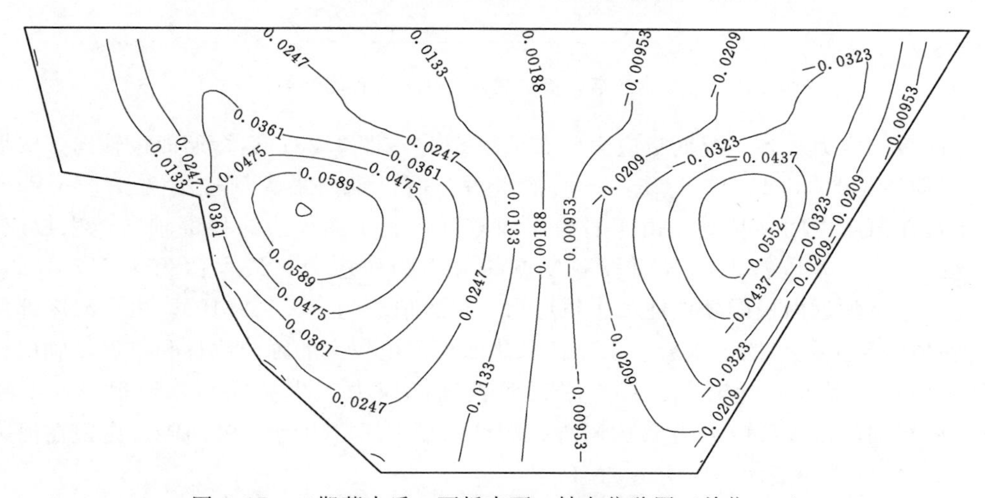

图 3.17　二期蓄水后，面板表面，轴向位移图（单位：m）

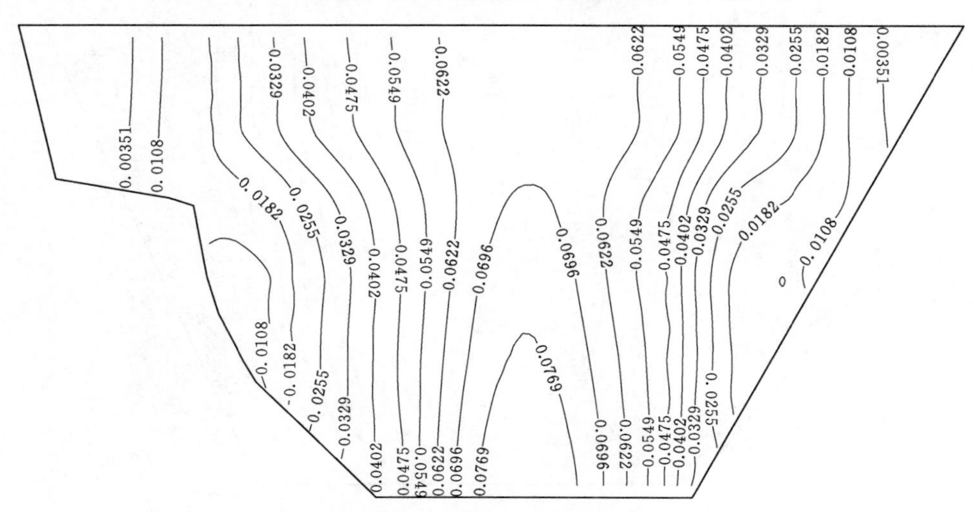

图 3.18　二期蓄水后，面板表面，顺坡位移图（单位：m）

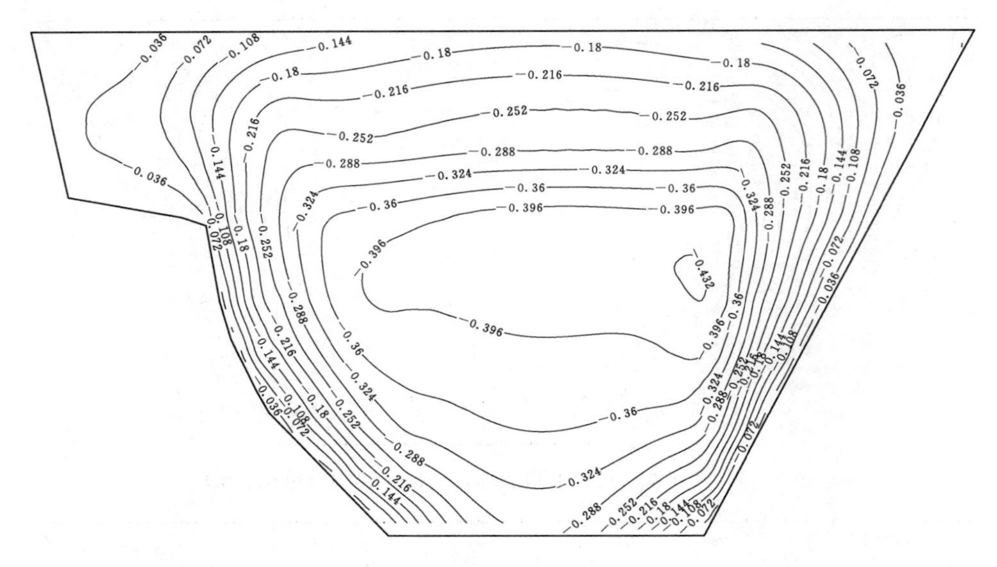

图 3.19 二期蓄水后，面板表面，法向位移图（单位：m）

2）面板的应力。各工况面板应力分布见图 3.14～图 3.23；运行期面板轴向、顺坡向应力频率曲线见图 3.24、图 3.25，一期蓄水后，面板轴向最大压应力为 1.53MPa（表面），出现在河床中间坝顶处，由于右岸岸坡较陡，右岸面板边缘局部轴向产生拉应力，最大值为－3.299MPa；大部分面板顺坝坡向应力为压应力，最大值为 1.557MPa（表面），左、右岸附近面板顺坝坡向产生拉应力，最大值均为－0.733MPa。由于河床部位趾板建造在覆盖层上，二期蓄水后，水库蓄水使面板产生较大的轴向位移和挠度，轴向位移指向河谷中央，因而运行期左、右岸附近面板轴向应力产生拉应力，但很小，不超过 1MPa；面板轴向最大压应力为 7.64MPa，顺坡向最大压应力为 2.92MPa，出现在河床中间，左、右岸顺坡向最大拉应力为 2MPa。

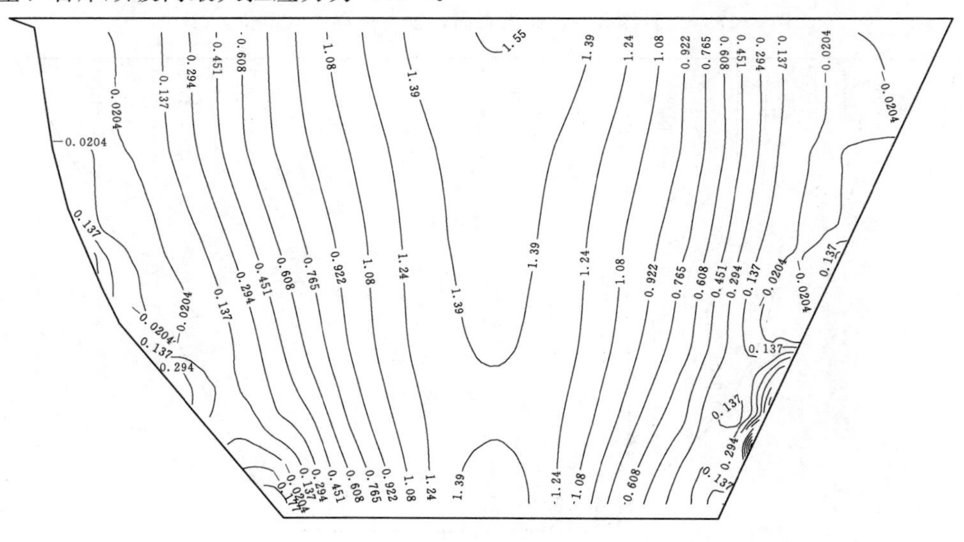

图 3.20 一期蓄水后，面板底面，轴向应力图（单位：MPa）

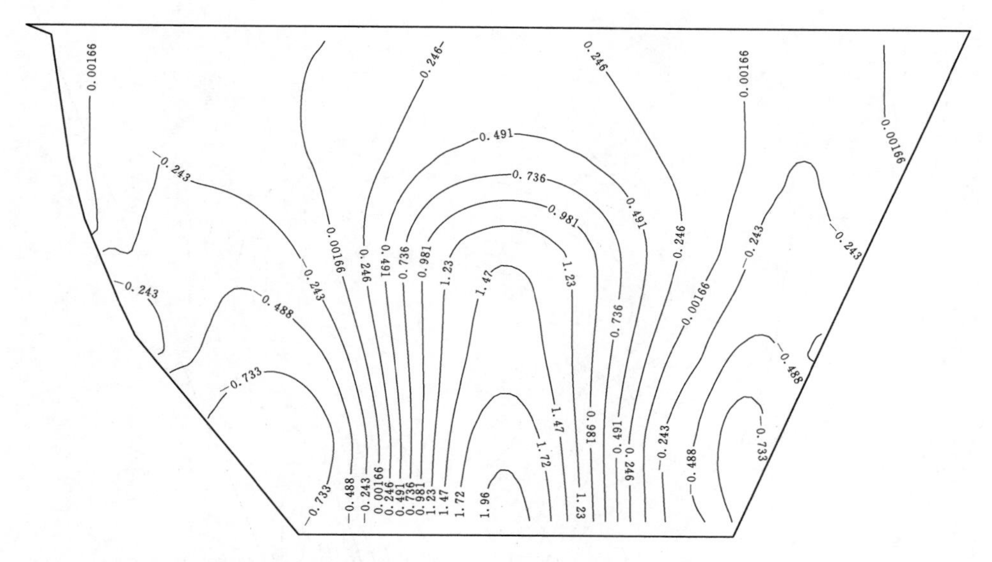

图 3.21　一期蓄水后，面板底面，顺坡应力图（单位：MPa）

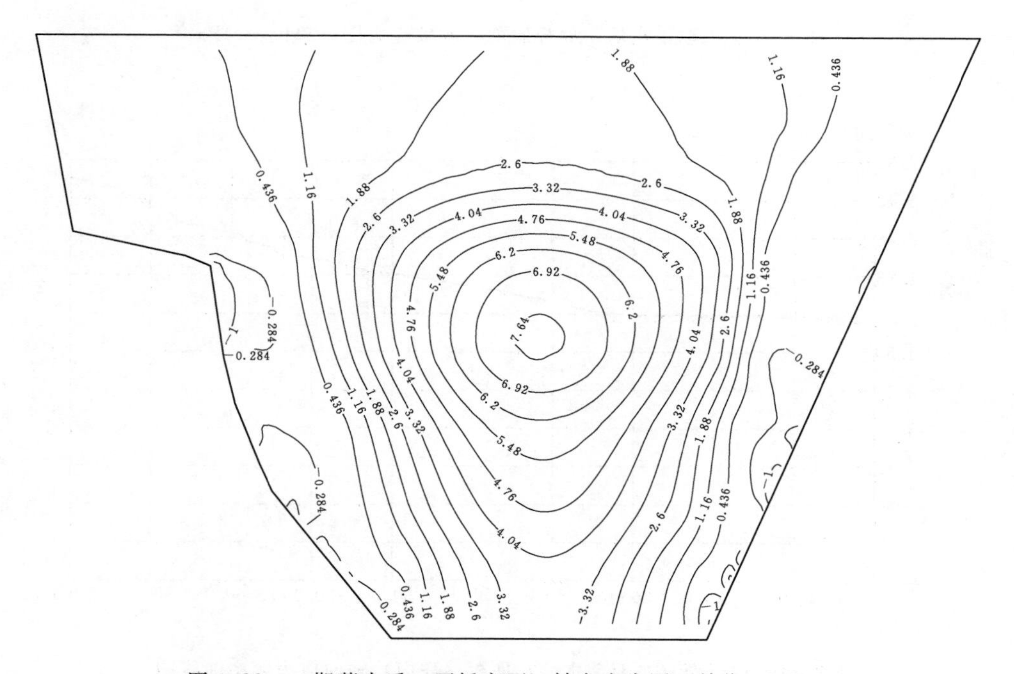

图 3.22　二期蓄水后，面板底面，轴向应力图（单位：MPa）

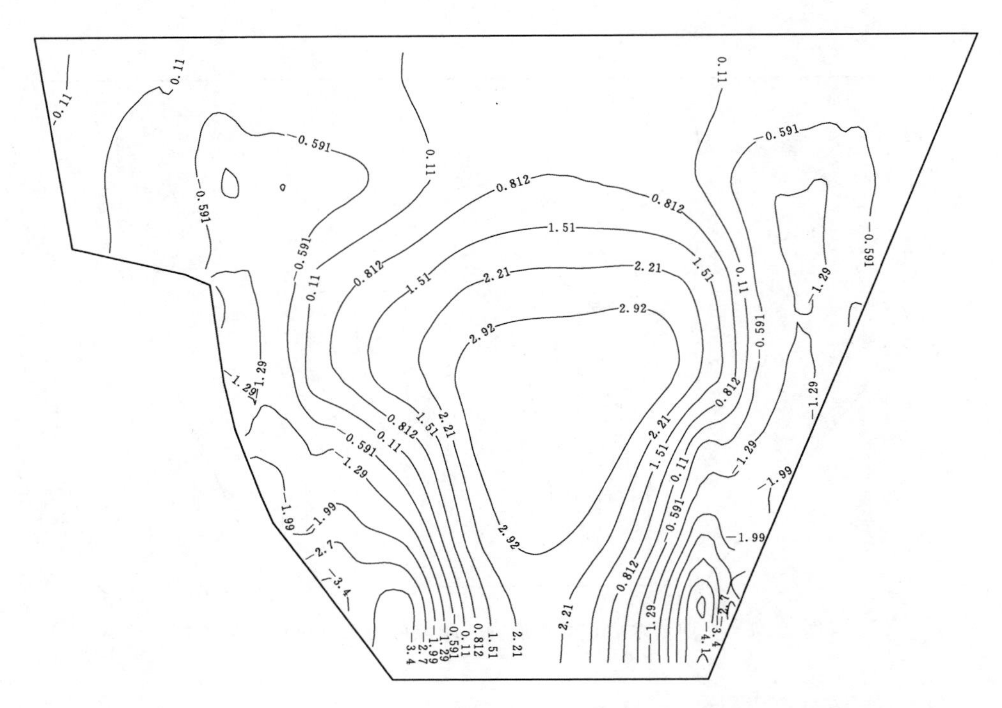

图 3.23　二期蓄水后，面板底面，顺坡应力图（单位：MPa）

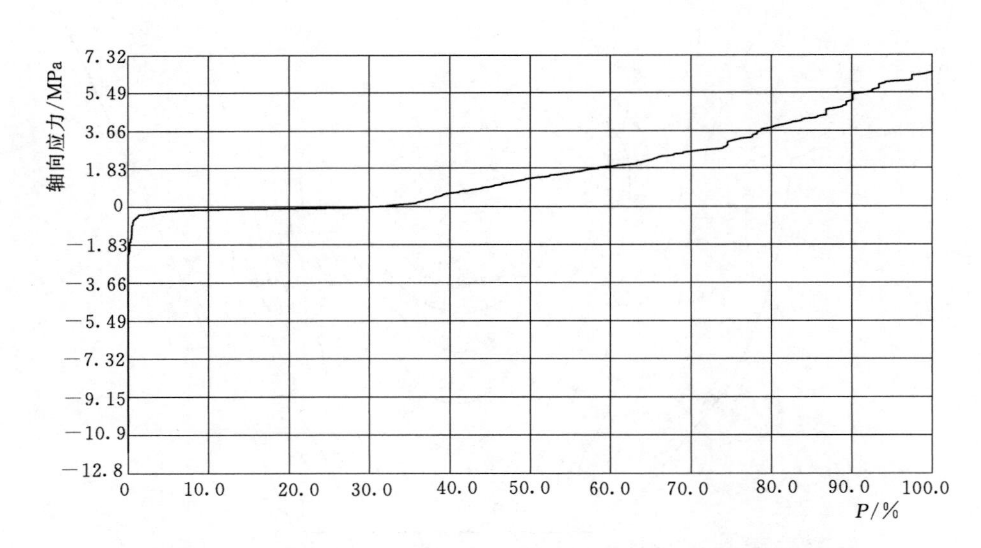

图 3.24　运行期（二期蓄水后）面板（底面）轴向应力频率曲线图

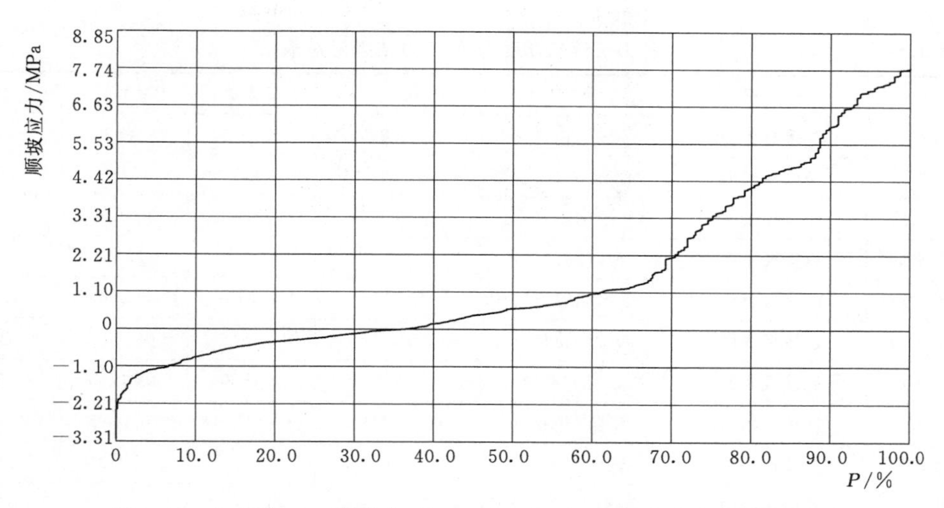

图 3.25　运行期（二期蓄水后）面板（底面）顺坡向应力频率曲线图

（6）趾板、连接板位移和应力。

各工况下趾板、连接板位移和应力结果见表 3.7、表 3.8。

表 3.7　各工况下趾板、连接板位移和应力结果表

工况	位　置	变量名称	最小值	最大值	P=0.5%	P=99.5%
一期蓄水后	河床段趾板表面	轴向位移/m	−0.01108	0.01200	−0.01035	0.01186
一期蓄水后	河床段趾板表面	顺水流方向位移/m	0.01465	0.06317	0.01829	0.06296
一期蓄水后	河床段趾板表面	竖向位移/m	−0.1408	−0.004288	−0.1383	−0.004984
一期蓄水后	河床段趾板表面	轴向应力/MPa	−2.765	6.778	−2.383	6.745
一期蓄水后	河床段趾板表面	顺水流应力/MPa	−1.811	2.052	−1.754	2.042
一期蓄水后	河床段趾板底面	轴向位移/m	−0.009138	0.009753	−0.008357	0.009679
一期蓄水后	河床段趾板底面	顺水流方向位移/m	0.01437	0.05327	0.01465	0.05317
一期蓄水后	河床段趾板底面	竖向位移/m	−0.1408	−0.004218	−0.1401	−0.004865
一期蓄水后	河床段趾板底面	轴向应力/MPa	−2.656	5.787	−2.226	5.762
一期蓄水后	河床段趾板底面	顺水流应力/MPa	−0.5000	5.630	−0.4212	3.599
二期蓄水后	河床段趾板表面	轴向位移/m	−0.02407	0.02213	−0.02188	0.02195
二期蓄水后	河床段趾板表面	顺水流方向位移/m	0.02469	0.1465	0.02469	0.1461
二期蓄水后	河床段趾板表面	竖向位移/m	−0.1973	−0.008742	−0.1942	−0.009699
二期蓄水后	河床段趾板表面	轴向应力/MPa	−6.280	11.73	−5.299	11.68
二期蓄水后	河床段趾板表面	顺水流应力/MPa	−4.890	2.651	−4.808	2.632
二期蓄水后	河床段趾板底面	轴向位移/m	−0.01992	0.01875	−0.01839	0.01852
二期蓄水后	河床段趾板底面	顺水流方向位移/m	0.02397	0.1321	0.02460	0.1318
二期蓄水后	河床段趾板底面	竖向位移/m	−0.1972	−0.008793	−0.1963	−0.009506
二期蓄水后	河床段趾板底面	轴向应力/MPa	−4.698	10.23	−4.382	10.18
二期蓄水后	河床段趾板底面	顺水流应力/MPa	−0.8130	12.90	−0.5317	11.02

表 3.8　　各工况连接板位移和应力结果汇总表

工　况	位　置	变量名称	最小值	最大值	P=0.5%	P=99.5%
一期蓄水后	连接板表面	轴向位移/m	−0.009836	0.009904	−0.009666	0.009847
一期蓄水后	连接板表面	顺水流方向位移/m	0.0007139	0.1475	0.01839	0.1472
一期蓄水后	连接板表面	竖向位移/m	−0.09925	−0.005052	−0.09925	−0.005411
一期蓄水后	连接板表面	轴向应力/MPa	−1.038	4.496	−0.7588	4.482
一期蓄水后	连接板表面	顺水流应力/MPa	0.03731	1.313	0.03963	1.310
一期蓄水后	连接板底面	轴向位移/m	−0.008498	0.008456	−0.008498	0.008372
一期蓄水后	连接板底面	顺水流方向位移/m	0.0004359	0.1339	0.01705	0.1334
一期蓄水后	连接板底面	竖向位移/m	−0.09921	−0.005029	−0.09921	−0.005576
一期蓄水后	连接板底面	轴向应力/MPa	−1.977	4.156	−1.704	4.141
一期蓄水后	连接板底面	顺水流应力/MPa	−0.5962	0.3607	−0.5919	0.3583
二期蓄水后	连接板表面	轴向位移/m	−0.01503	0.01454	−0.01460	0.01445
二期蓄水后	连接板表面	顺水流方向位移/m	0.01209	0.2307	0.03798	0.2298
二期蓄水后	连接板表面	竖向位移/m	−0.1447	−0.01140	−0.1447	−0.01191
二期蓄水后	连接板表面	轴向应力/MPa	−1.053	6.467	−1.053	6.448
二期蓄水后	连接板表面	顺水流应力/MPa	0.1717	1.961	0.2371	1.957
二期蓄水后	连接板底面	轴向位移/m	−0.01266	0.01239	−0.01220	0.01232
二期蓄水后	连接板底面	顺水流方向位移/m	0.01129	0.2140	0.03529	0.2135
二期蓄水后	连接板底面	竖向位移/m	−0.1447	−0.01136	−0.1447	−0.01187
二期蓄水后	连接板底面	轴向应力/MPa	−2.286	6.167	−2.215	6.129
二期蓄水后	连接板底面	顺水流应力/MPa	−0.5664	1.065	−0.5421	1.061

1）趾板、连接板的变形。典型剖面（0+140m）防渗墙、趾板、连接板变形示意图见图 3.26～图 3.33。在一期蓄水后，趾板向下游位移 6.317cm，连接板表面向下游位移 14.75cm，连接板向下沉降 9.925cm，趾板向下沉降 14.08cm。二期蓄水后，由于库水压力作用，趾板和连接板继续向下游位移，趾板表面向下游位移 14.65cm，连接板表面向下游位移 23.07cm，连接板向下沉降 14.47cm，趾板向下沉降 19.73cm。

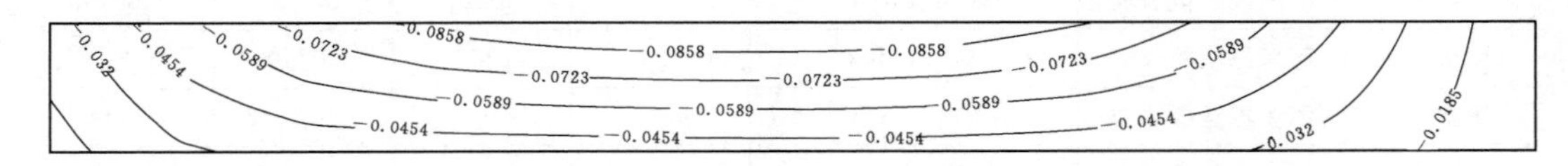

图 3.26　一期蓄水后，连接板表面，竖向位移图（单位：m）

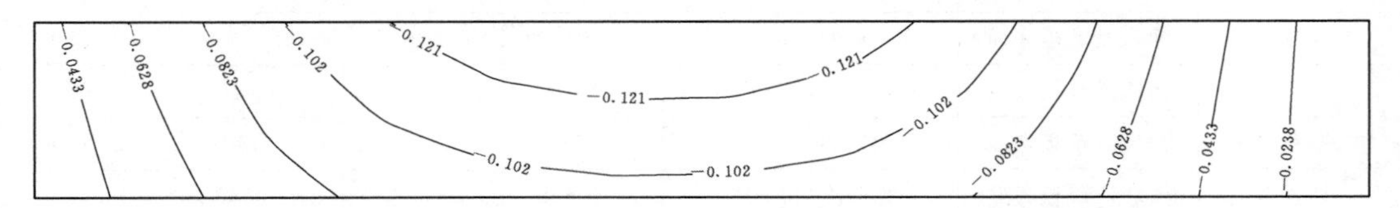

图 3.27　一期蓄水后，河床段趾板表面，竖向位移图（单位：m）

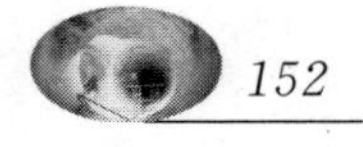

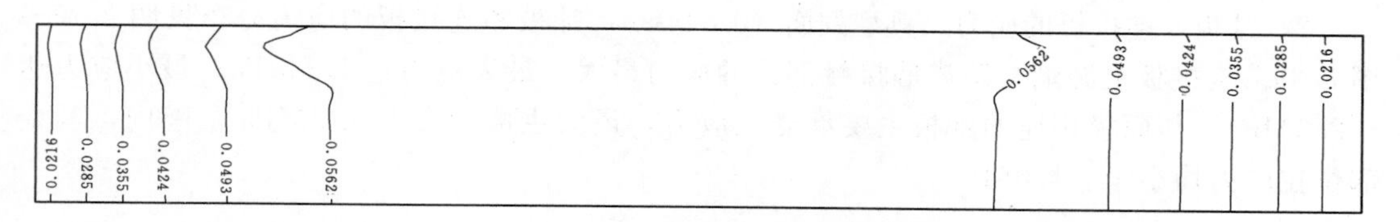

图 3.28　一期蓄水后，河床段趾板表面，顺水流方向位移图（单位：m）

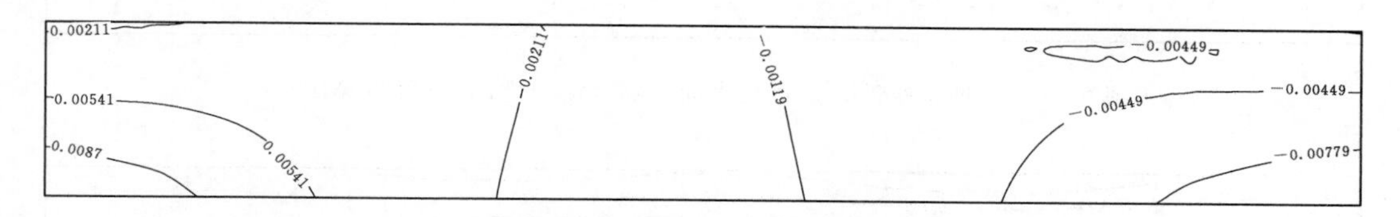

图 3.29　一期蓄水后，河床段趾板表面，轴向位移图（单位：m）

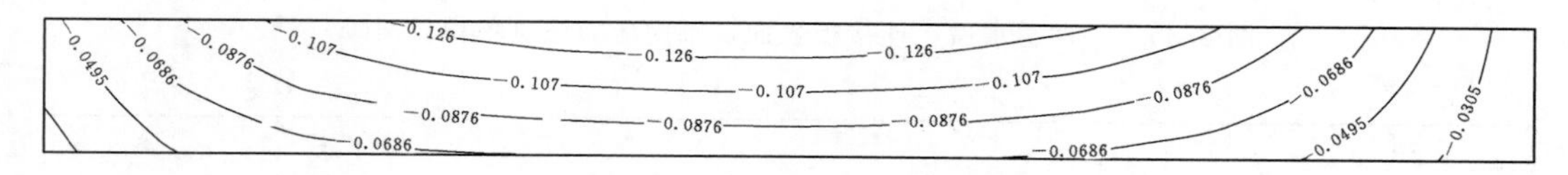

图 3.30　二期蓄水后，连接板表面，竖向位移图（单位：m）

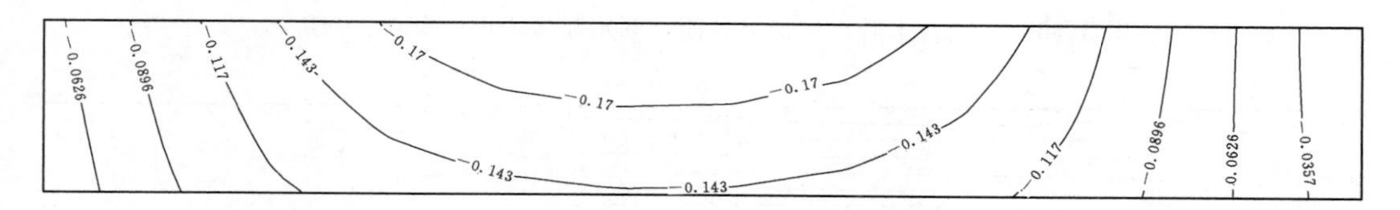

图 3.31　二期蓄水后，河床段趾板表面，竖向位移图（单位：m）

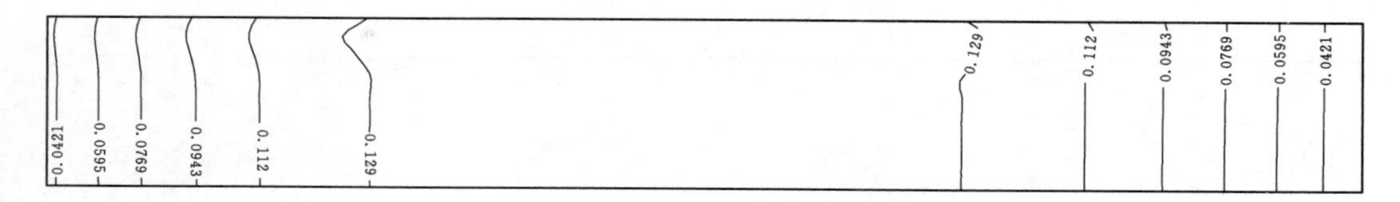

图 3.32　二期蓄水后，河床段趾板表面，顺水流方向位移图（单位：m）

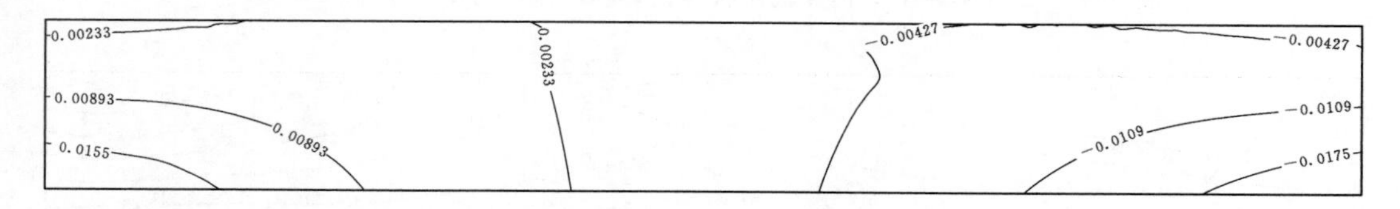

图 3.33　二期蓄水后，河床段趾板表面，轴向位移图（单位：m）

从以上位移数值看出，趾板的沉降比连接板大，运行期沉降有较大增加。一期蓄水后趾板和连接板向下游位移，运行期趾板和连接板继续向下游位移，河谷中央趾板和连接板向下游位移较大，这是和作用水头较大相适应的。

2）趾板、连接板的应力。典型剖面（0+140m）趾板和连接板的应力分布见图3.26～图3.39。连接板上游端与防渗墙接触部位的应力最大，最大应力达6.5MPa；最小应力达－2.3MPa。与面板相连的趾板主要承受压应力，最大主应力在8～13MPa范围内，其余部位拉应力均小于－1.0MPa。

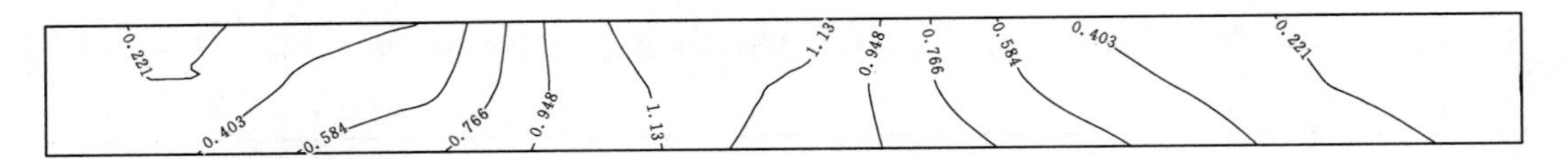

图3.34　一期蓄水后，连接板表面，顺水流应力图（单位：MPa）

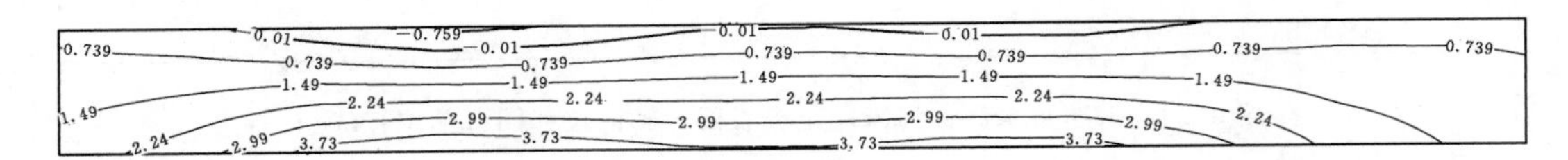

图3.35　一期蓄水后，连接板表面，轴向应力图（单位：MPa）

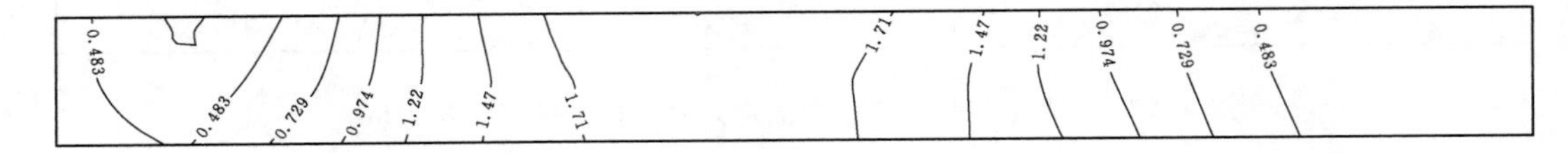

图3.36　二期蓄水后，连接板表面，顺水流应力图（单位：MPa）

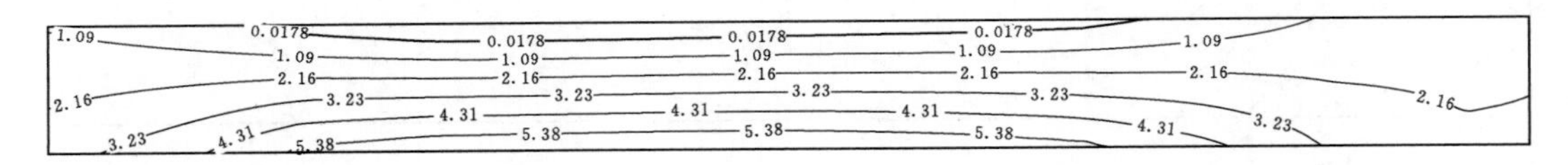

图3.37　二期蓄水后，连接板表面，轴向应力图（单位：MPa）

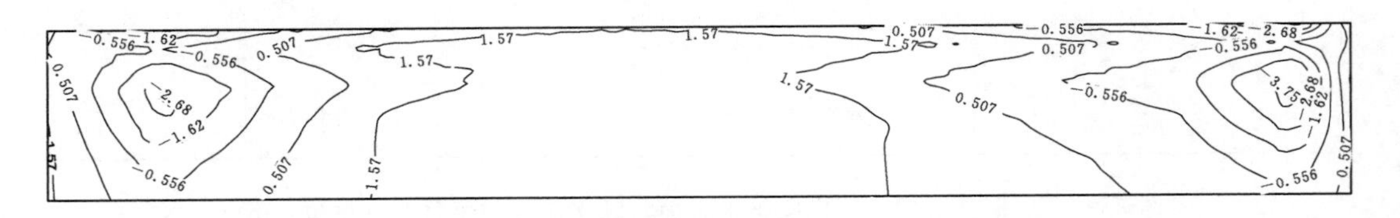

图3.38　二期蓄水后，河床段趾板表面，顺水流应力图（单位：MPa）

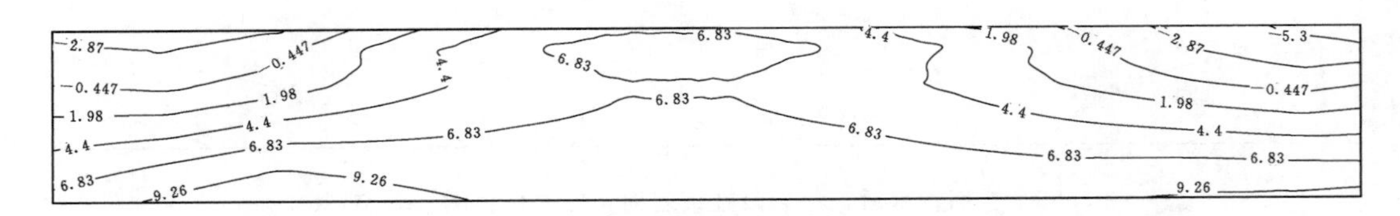

图3.39　二期蓄水后，河床段趾板表面，轴向应力图（单位：MPa）

（7）防渗墙变形和应力。

各工况防渗墙位移和应力结果见表3.9。

表 3.9　各工况防渗墙位移和应力结果汇总表

工况	位置	变量名称	最小值	最大值	$P=0.5\%$	$P=99.5\%$
一期蓄水前	防渗墙上游面	轴向位移/m	−0.001224	0.001153	−0.001203	0.001134
一期蓄水前	防渗墙上游面	顺水流方向位移/m	−0.06690	0.001865	−0.06619	0.0005246
一期蓄水前	防渗墙上游面	竖向位移/m	−0.001479	0.0002142	−0.001471	−0.00004856
一期蓄水前	防渗墙上游面	轴向应力/MPa	−1.829	2.040	−1.796	1.649
一期蓄水前	防渗墙上游面	竖向应力/MPa	−1.463	2.348	−1.415	2.338
一期蓄水前	防渗墙下游面	轴向位移/m	−0.0006618	0.0007540	−0.0006582	0.0007505
一期蓄水前	防渗墙下游面	顺水流方向位移/m	−0.06690	0.001865	−0.06619	0.0005250
一期蓄水前	防渗墙下游面	竖向位移/m	−0.0002681	0.002374	0.0002242	0.002366
一期蓄水前	防渗墙下游面	轴向应力/MPa	−2.228	2.410	−2.185	2.055
一期蓄水前	防渗墙下游面	竖向应力/MPa	−0.1365	3.572	−0.09452	3.562
一期蓄水后	防渗墙上游面	轴向位移/m	−0.002515	0.003173	−0.002419	0.003060
一期蓄水后	防渗墙上游面	顺水流方向位移/m	−0.0003341	0.07340	0.003819	0.07212
一期蓄水后	防渗墙上游面	竖向位移/m	−0.007856	0.0004174	−0.007721	0.0003743
一期蓄水后	防渗墙上游面	轴向应力/MPa	−2.013	3.643	−1.497	3.334
一期蓄水后	防渗墙上游面	竖向应力/MPa	−1.189	5.824	−0.1577	5.806
一期蓄水后	防渗墙下游面	轴向位移/m	−0.001186	0.001761	−0.001037	0.001631
一期蓄水后	防渗墙下游面	顺水流方向位移/m	−0.0003669	0.07342	0.003789	0.07213
一期蓄水后	防渗墙下游面	竖向位移/m	−0.01040	−0.001142	−0.01022	−0.002911
一期蓄水后	防渗墙下游面	轴向应力/MPa	−2.302	3.009	−2.302	2.603
一期蓄水后	防渗墙下游面	竖向应力/MPa	−0.1968	4.875	−0.09515	4.862
二期蓄水前	防渗墙上游面	轴向位移/m	−0.002544	0.003130	−0.002437	0.003029
二期蓄水前	防渗墙上游面	顺水流方向位移/m	−0.00001002	0.05219	0.003549	0.05132
二期蓄水前	防渗墙上游面	竖向位移/m	−0.009277	0.0003548	−0.009100	0.0002874
二期蓄水前	防渗墙上游面	轴向应力/MPa	−1.916	3.623	−1.226	3.444
二期蓄水前	防渗墙上游面	竖向应力/MPa	−1.195	6.194	−0.07866	6.159
二期蓄水前	防渗墙下游面	轴向位移/m	−0.001630	0.002150	−0.001469	0.001997
二期蓄水前	防渗墙下游面	顺水流方向位移/m	−0.00004012	0.05221	0.003626	0.05133
二期蓄水前	防渗墙下游面	竖向位移/m	−0.01078	−0.0009668	−0.01064	−0.002482
二期蓄水前	防渗墙下游面	轴向应力/MPa	−2.252	3.366	−2.169	2.937
二期蓄水前	防渗墙下游面	竖向应力/MPa	−0.1227	5.215	−0.04649	5.201
二期蓄水后	防渗墙上游面	轴向位移/m	−0.004516	0.005167	−0.004418	0.005032
二期蓄水后	防渗墙上游面	顺水流方向位移/m	−0.001228	0.1486	0.007214	0.1447
二期蓄水后	防渗墙上游面	竖向位移/m	−0.01000	0.0005490	−0.009749	0.0003895
二期蓄水后	防渗墙上游面	轴向应力/MPa	−2.544	4.436	−2.408	4.307
二期蓄水后	防渗墙上游面	竖向应力/MPa	−1.543	7.961	−0.2730	7.920
二期蓄水后	防渗墙下游面	轴向位移/m	−0.001488	0.001885	−0.001324	0.001869
二期蓄水后	防渗墙下游面	顺水流方向位移/m	−0.001270	0.1487	0.007176	0.1447
二期蓄水后	防渗墙下游面	竖向位移/m	−0.01441	−0.002454	−0.01431	−0.005218
二期蓄水后	防渗墙下游面	轴向应力/MPa	−2.356	3.281	−1.933	2.817
二期蓄水后	防渗墙下游面	竖向应力/MPa	−0.4364	5.432	−0.3134	5.417

1）防渗墙的变形。防渗墙分布在桩号 D0＋106.34～D0＋240.00 之间，其中桩号 D0＋118.00～D0＋230.00 之间为槽孔墙。根据三维计算分析结果，防渗墙有两个最不利工况，分别是一期蓄水前和二期蓄水后（运行期）。在这两个最不利工况下防渗墙顺河向、竖向、轴向的变形见图 3.40～图 3.47。从图看出，一期蓄水前和二期蓄水后防渗墙顶的压缩沉降量很小，均小于 2.5mm，远小于覆盖层的压缩沉降量。防渗墙顶顺河向位移，在一期蓄水前，向上游位移最大 6.7cm，最大值在 D0＋170.00 剖面；在水库蓄水至正常蓄水位 275.00m 时，防渗墙顶部向下游位移最大 15cm，最大位移发生在 D0＋170.00 剖面。防渗墙轴向变形很小，竣工时和运行期都是从河谷中央向两岸变形，变形很小，都小于 2mm。

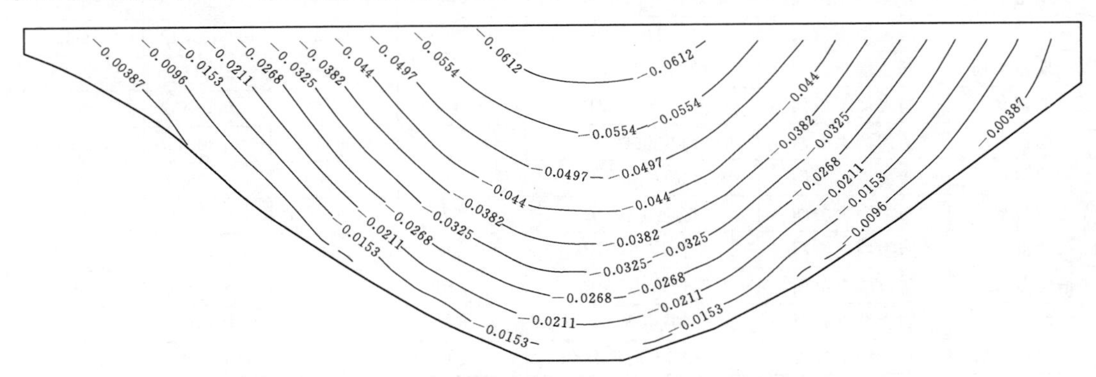

图 3.40　一期蓄水前，防渗墙下游面，顺水流方向位移图（单位：m）

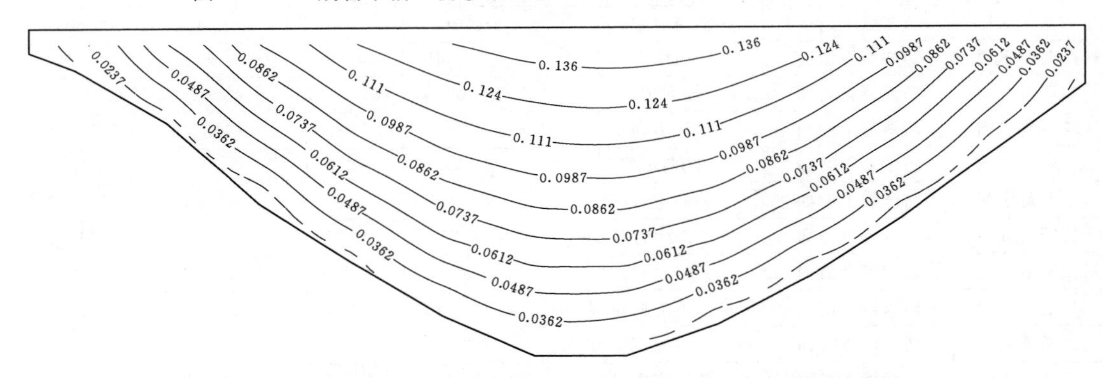

图 3.41　二期蓄水后，防渗墙下游面，顺水流方向位移图（单位：m）

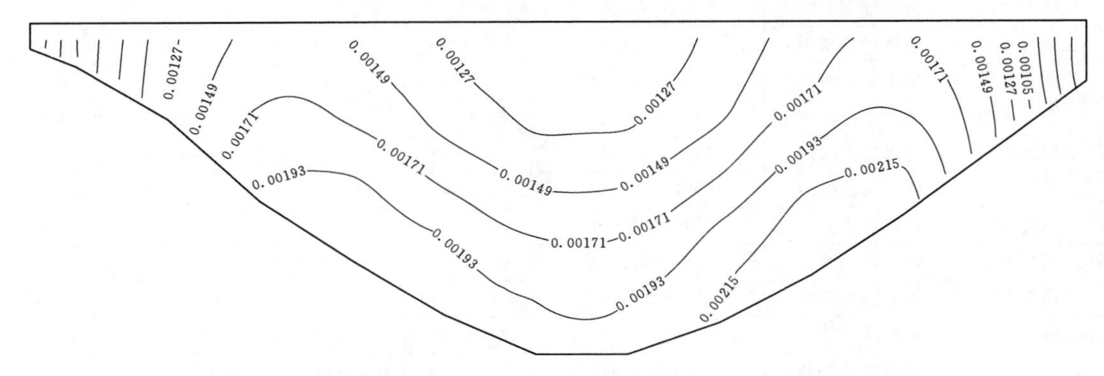

图 3.42　一期蓄水前，防渗墙下游面，竖向位移图（单位：m）

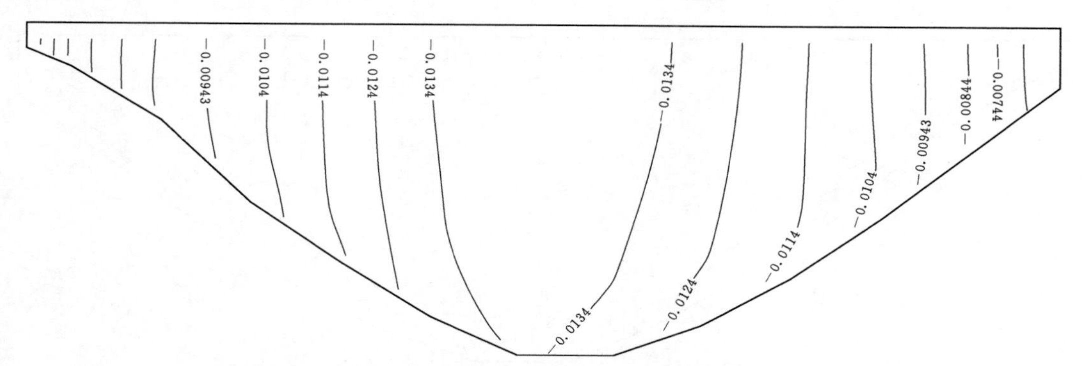

图 3.43　二期蓄水后，防渗墙下游面，竖向位移图（单位：m）

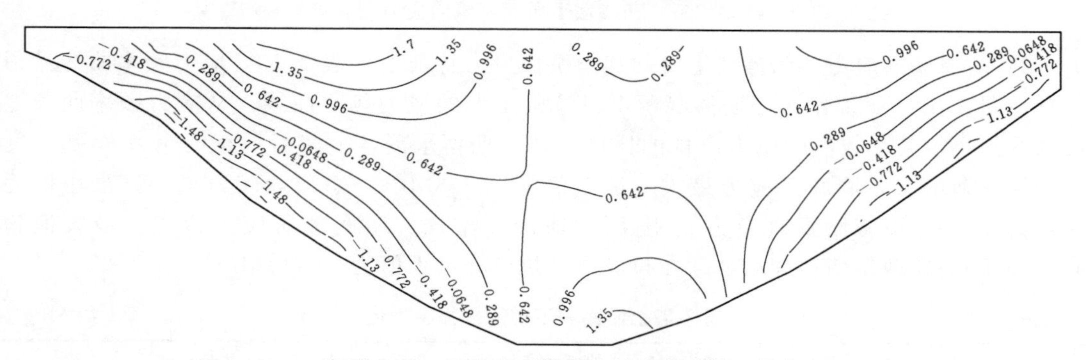

图 3.44　一期蓄水前，防渗墙下游面，轴向应力图（单位：MPa）

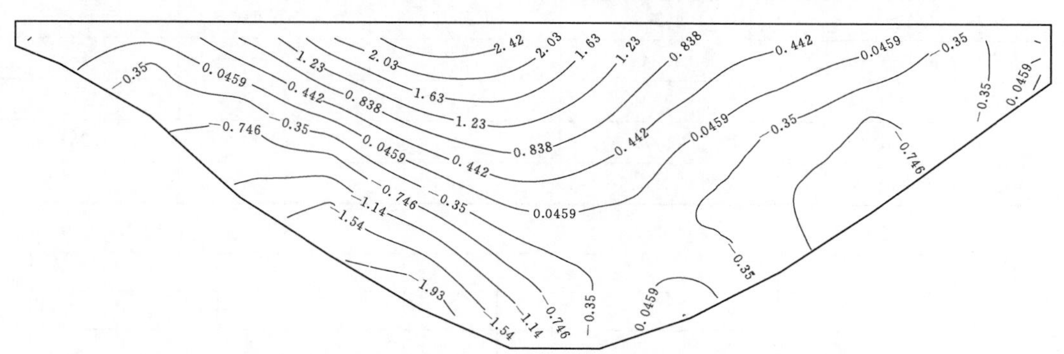

图 3.45　二期蓄水后，防渗墙下游面，轴向应力图（单位：MPa）

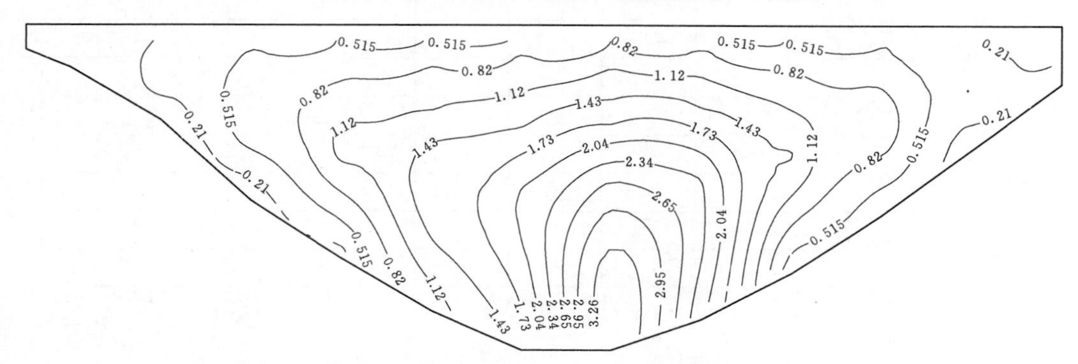

图 3.46　一期蓄水前，防渗墙下游面，竖向应力图（单位：MPa）

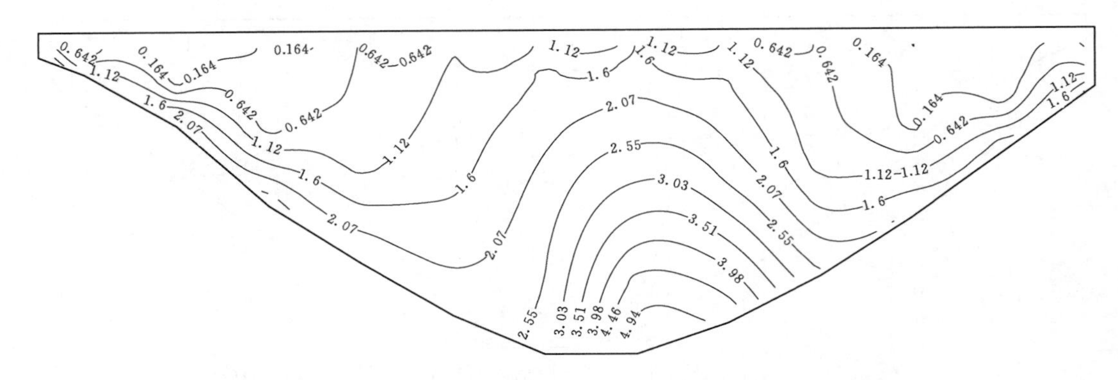

图 3.47　二期蓄水后，防渗墙下游面，竖向应力图（单位：MPa）

2）防渗墙的应力。防渗墙上游面和下游面应力特征值见表 3.10，应力频率曲线见图 3.48～图 3.55。下面给出了防渗墙两个最危险工况的应力频率曲线，从应力频率曲线上可以看到小于某一数值的应力出现的比例。在一期蓄水前，上游面垂直正应力 σ_z 随深度的增加逐渐增大，墙底部应力最大，最大值为 2.348MPa，墙顶处应力最小，最小值为 −1.463MPa；下游面垂直应力 σ_z 随深度增加而增加，墙底部压应力最大，最大值为 3.572MPa，在两岸墙顶处局部存在拉应力，拉应力最大值为 −0.14MPa。

表 3.10　**防渗墙上游面和下游面应力特征值**　单位：MPa

工　况	一期蓄水前		二期蓄水后	
位置	上游面	下游面	上游面	下游面
垂直应力最大值（$\sigma_{z\max}$）	2.348	3.572	7.961	5.432
垂直应力最小值（$\sigma_{z\min}$）	−1.463	−0.137	−1.543	−0.44
轴向应力最大值（$\sigma_{x\max}$）	2.04	2.41	4.436	3.281
轴向应力最小值（$\sigma_{x\min}$）	−1.829	−2.23	−2.544	−2.356

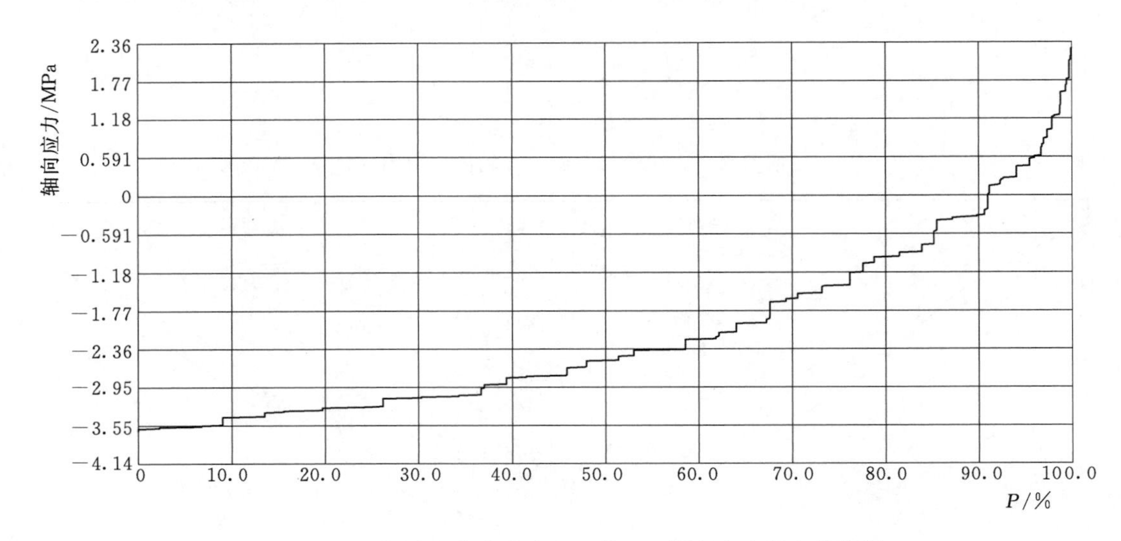

图 3.48　一期蓄水前防渗墙（上游面）轴向应力频率曲线图

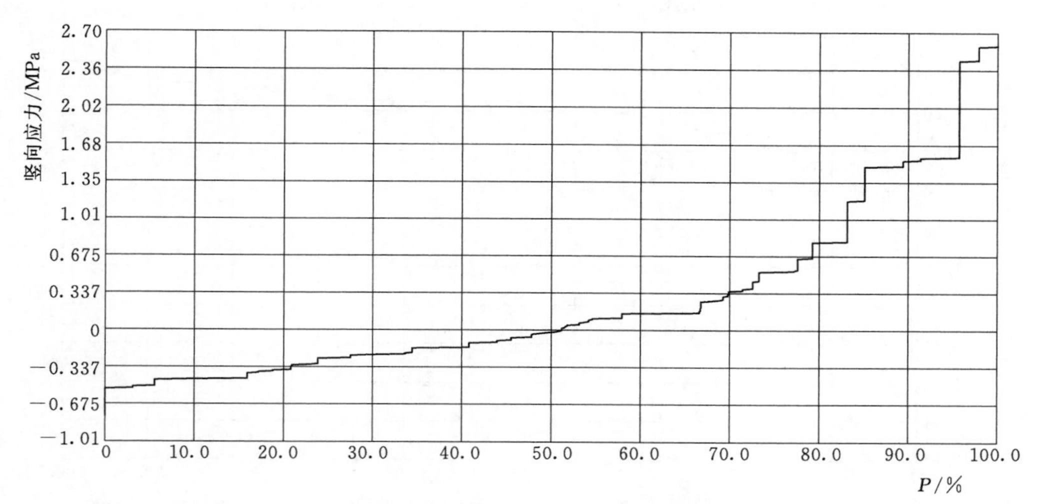

图 3.49 一期蓄水前防渗墙（上游面）竖向应力频率曲线图

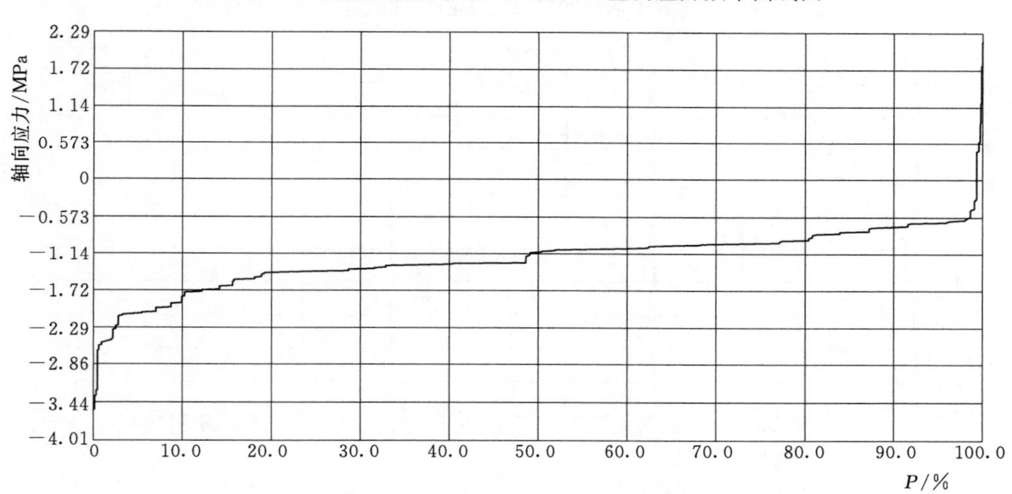

图 3.50 一期蓄水前防渗墙（下游面）轴向应力频率曲线图

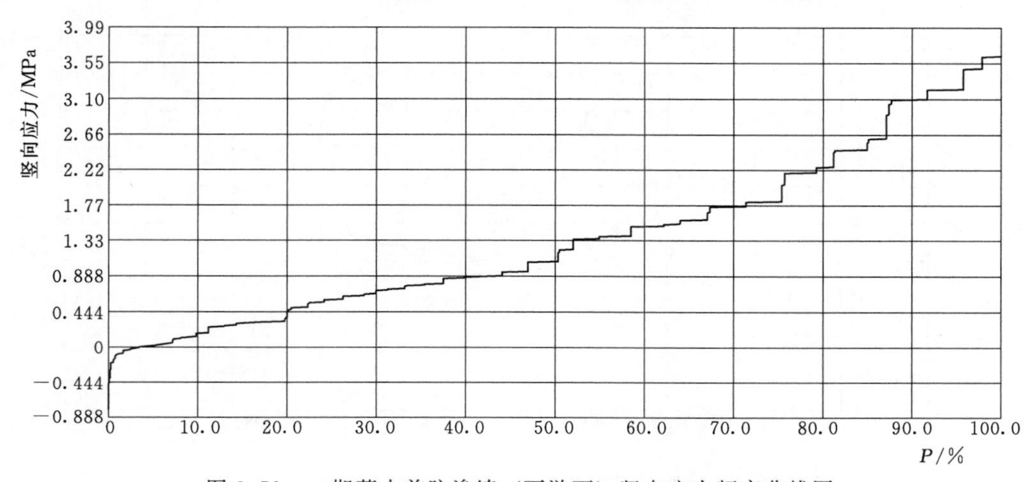

图 3.51 一期蓄水前防渗墙（下游面）竖向应力频率曲线图

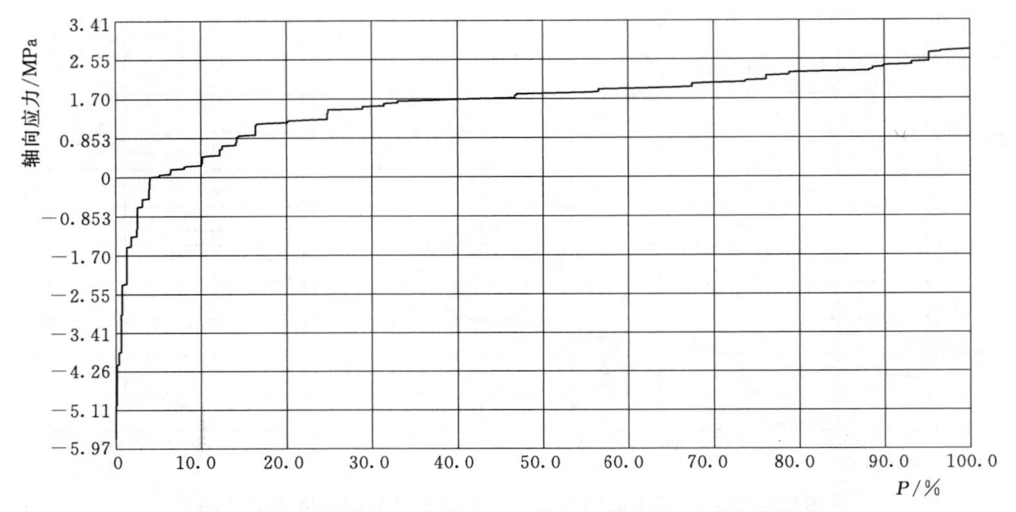

图 3.52　二期蓄水后防渗墙（上游面）轴向应力频率曲线图

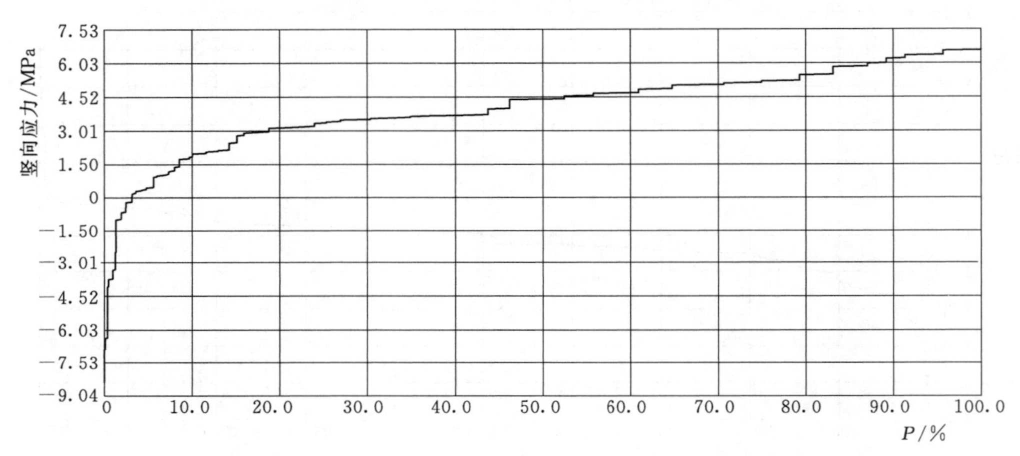

图 3.53　二期蓄水后防渗墙（上游面）竖向应力频率曲线图

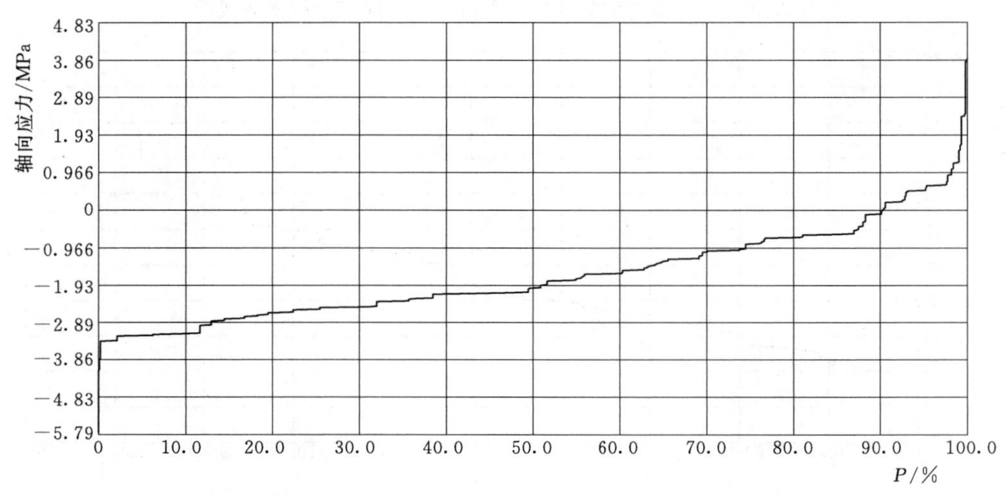

图 3.54　二期蓄水后防渗墙（下游面）轴向应力频率曲线图

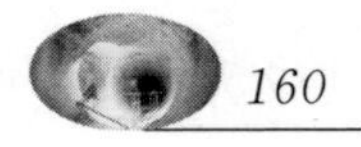

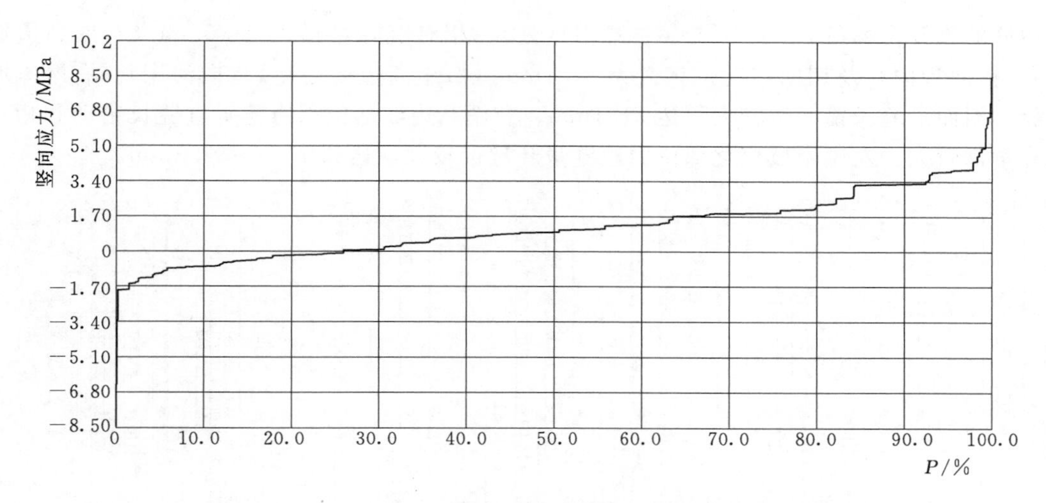

图 3.55　二期蓄水后防渗墙（下游面）竖向应力频率曲线图

二期蓄水后，防渗墙的垂直应力 σ_z 随深度增加而增加，上游面在距墙底 1/3 墙深处压应力出现最大值，最大值为 7.961MPa，在两岸墙顶处出现拉应力，拉应力最大值为 −1.543MPa，下游面在墙底部出现最大值，最大值为 5.432MPa，两岸存在拉应力，最大值为 −0.44MPa；防渗墙的轴向应力随墙身的增加逐渐减少，上游面在下部和两岸墙顶处存在拉应力，最大值为 −2.544MPa，下游面在下部存在拉应力，在墙底处存在应力集中情况，拉应力最大值为 −2.356MPa。

（8）接缝相对位移。

接缝变形最大值见表 3.11。

表 3.11　　接缝变形最大值

工　况	相对变形	全量/增量	最大值
二期蓄水后	横缝错动量/mm	全量	15.2
二期蓄水后	横缝相对沉降量/mm	全量	0.0
二期蓄水后	横缝张开量/mm	全量	16.3
二期蓄水后	周边缝错动量/mm	全量	21.1
二期蓄水后	周边缝相对沉降量/mm	全量	23.6
二期蓄水后	周边缝张开量/mm	全量	34.2
二期蓄水后	趾板-连接板错动量/mm	全量	28.8
二期蓄水后	趾板-连接板相对沉降量/mm	全量	2.9
二期蓄水后	趾板-连接板张开量/mm	全量	17.2
二期蓄水后	连接板-防渗墙错动量/mm	全量	15.0
二期蓄水后	连接板-防渗墙相对沉降量/mm	全量	39.0
二期蓄水后	连接板-防渗墙张开量/mm	全量	13.4

1）周边缝的变形。大坝运行期周边缝变形见图 3.56、图 3.67。在蓄水期，河床部位

周边缝的张开位移最大 34.2mm（左岸拐点处）、相对沉降量最大 23.6mm（右岸高边坡处）（指向坝内）及切向错动位移最大 21.1mm（右岸高边坡处）（指向河床）。右岸岸坡较陡，因而沿缝长错动量较大，达 21.1mm，右岸高边坡部位周边缝垂直缝长错动和相对沉降量都较大。左岸岸坡变化部位周边缝张开量也较大，达到 17.9～32.8mm。

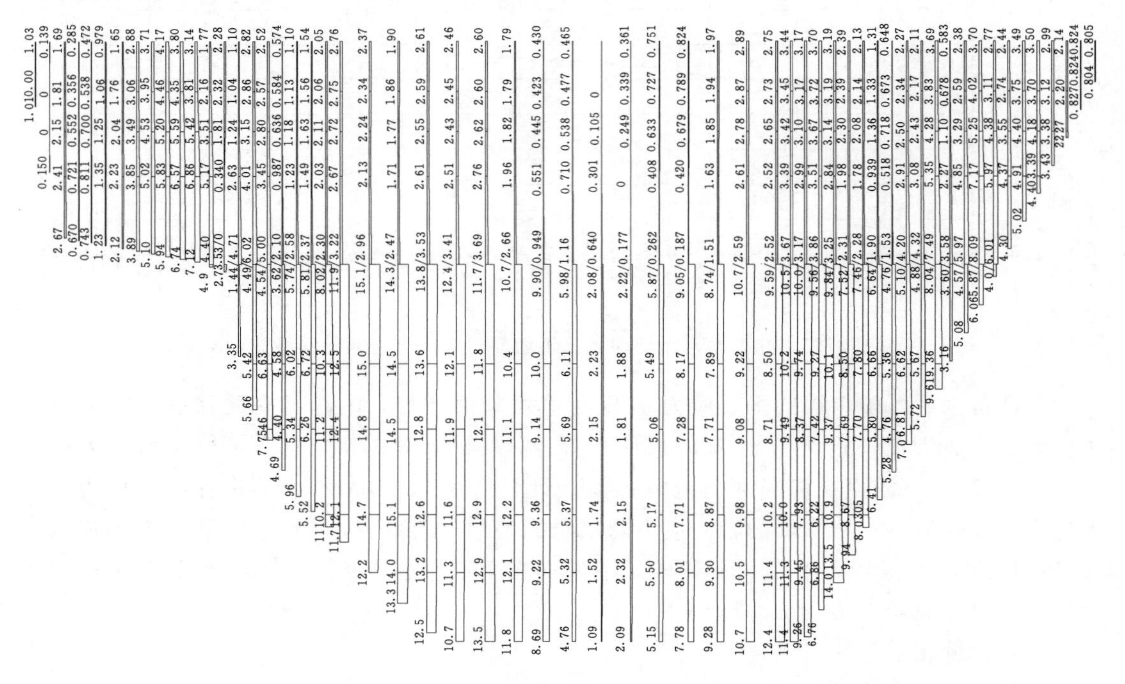

图 3.56　二期蓄水后，横缝错动量，全量 max=15.2mm

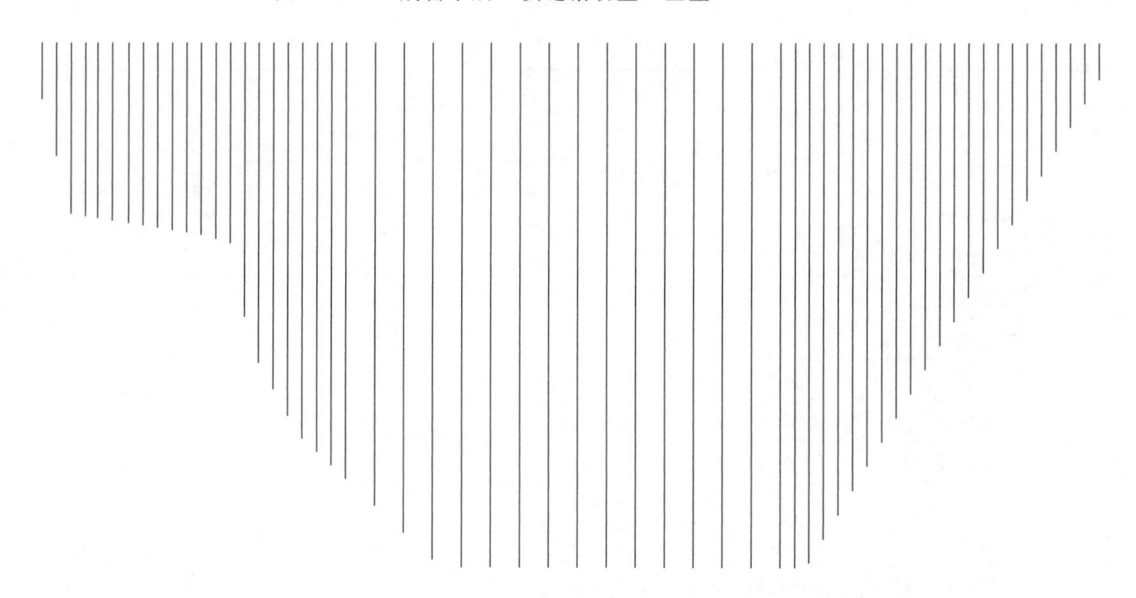

图 3.57　二期蓄水后，横缝相对沉降量，全量 max=0mm

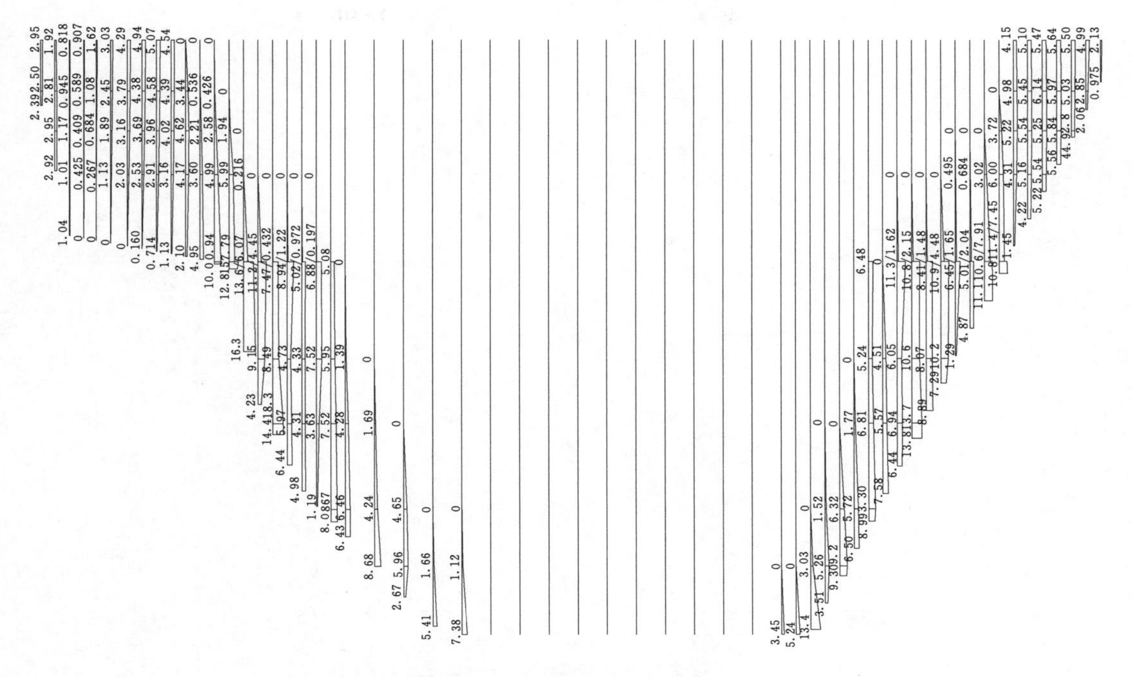

图 3.58　二期蓄水后，横缝张开量，全量 max=16.3mm

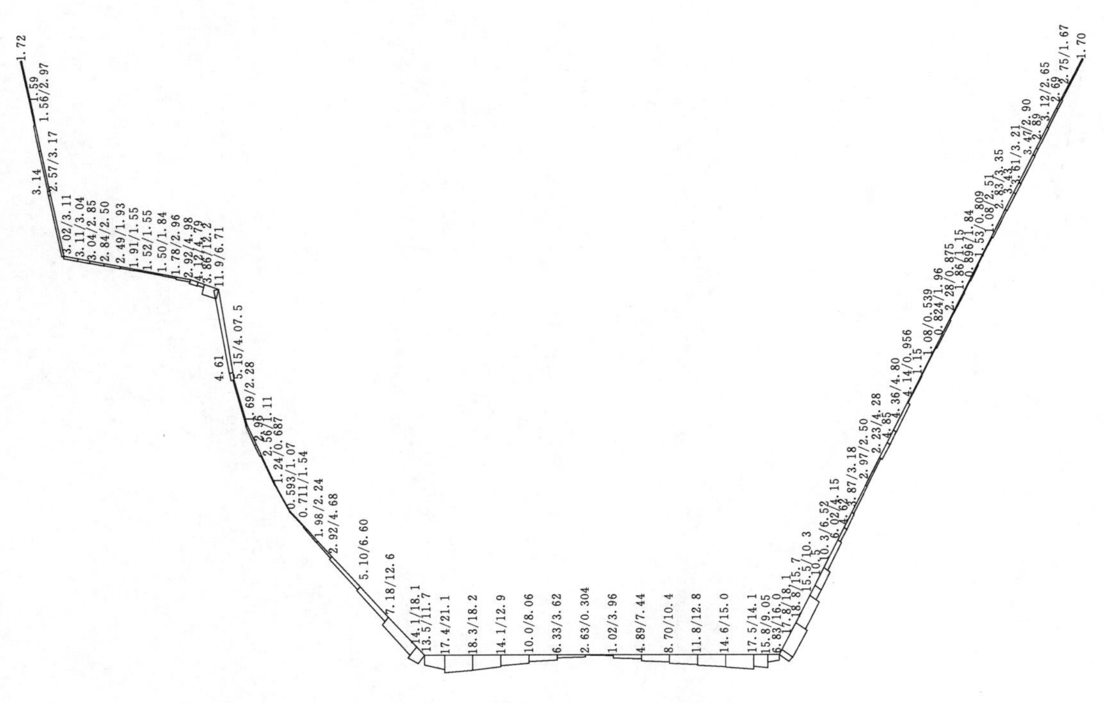

图 3.59　二期蓄水后，周边缝错动量，全量 max=21.1mm

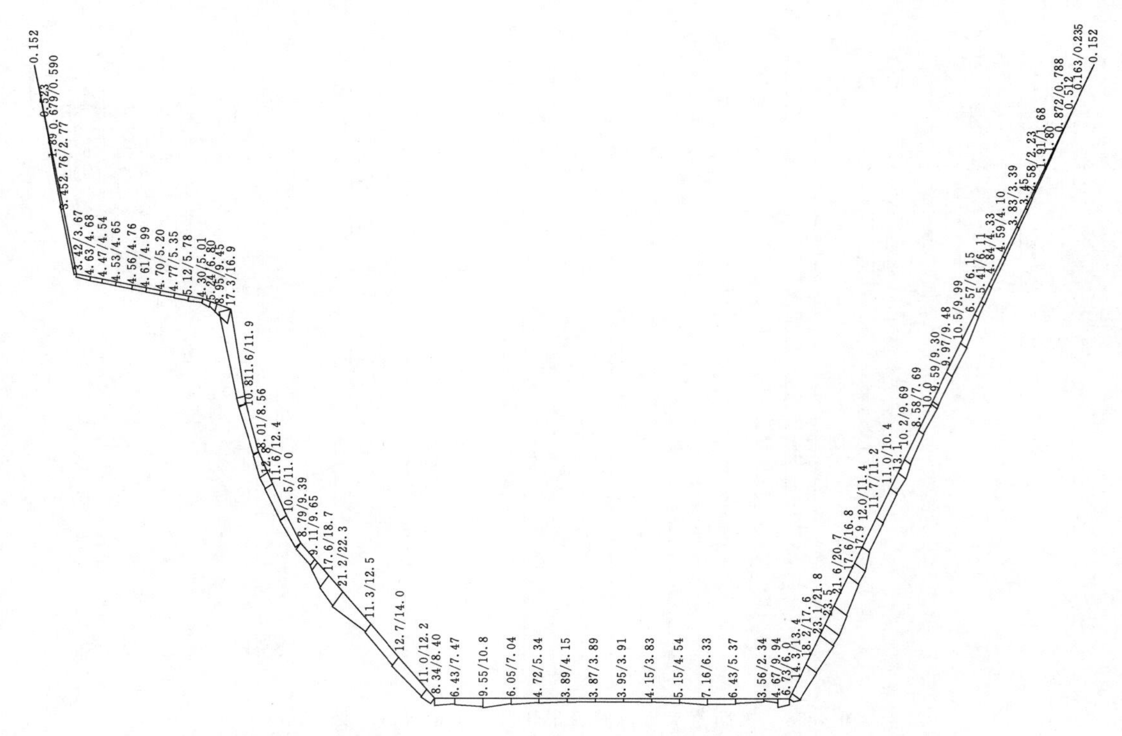

图 3.60　二期蓄水后，周边缝相对沉降量，全量 max=23.6mm

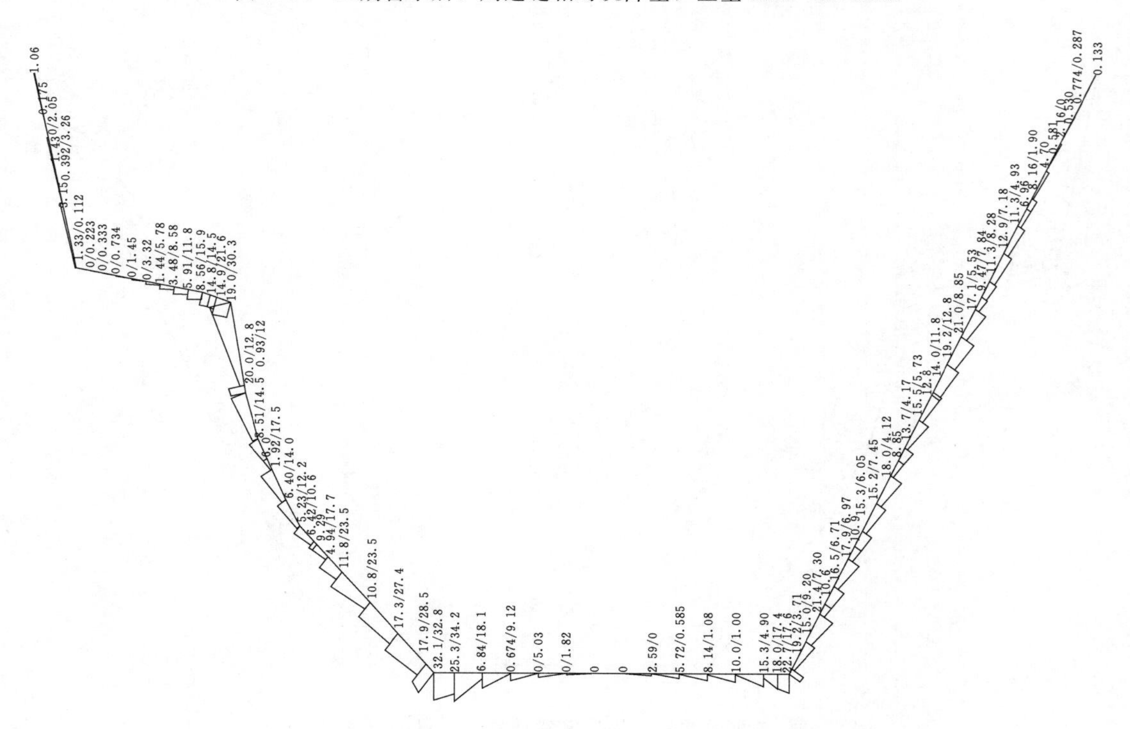

图 3.61　二期蓄水后，周边缝张开量，全量 max=34.2mm

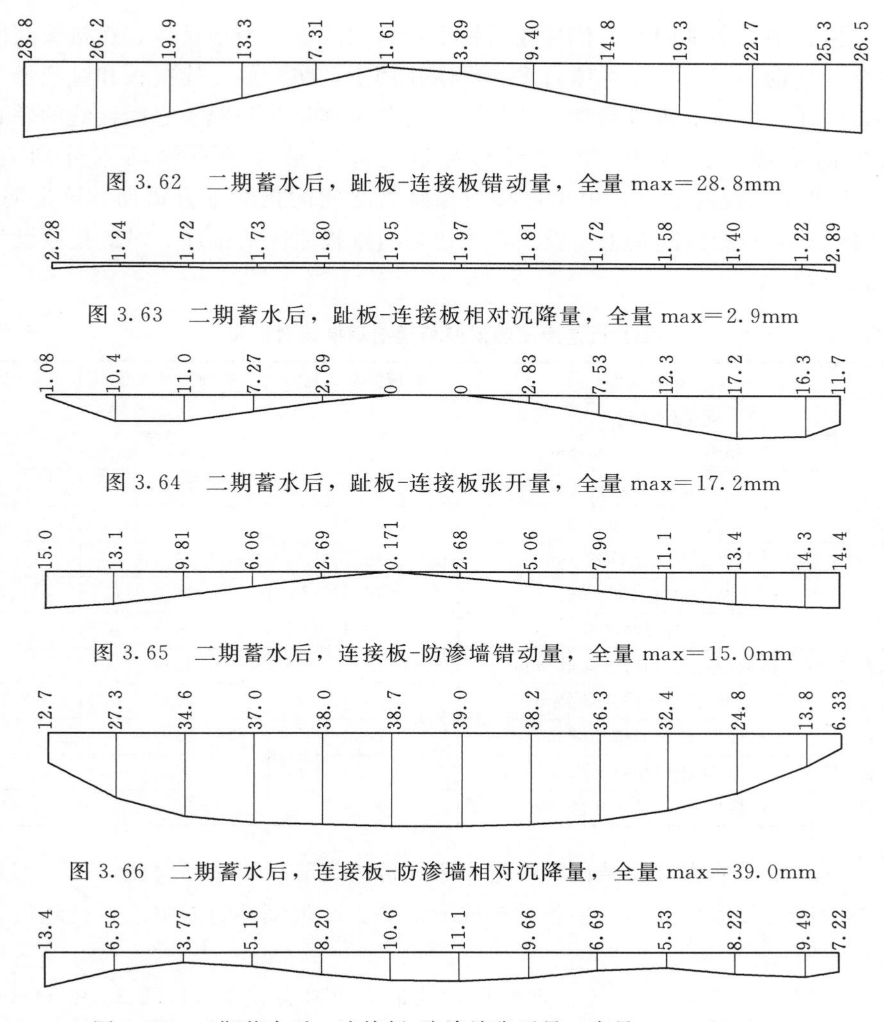

图 3.62　二期蓄水后，趾板-连接板错动量，全量 max=28.8mm

图 3.63　二期蓄水后，趾板-连接板相对沉降量，全量 max=2.9mm

图 3.64　二期蓄水后，趾板-连接板张开量，全量 max=17.2mm

图 3.65　二期蓄水后，连接板-防渗墙错动量，全量 max=15.0mm

图 3.66　二期蓄水后，连接板-防渗墙相对沉降量，全量 max=39.0mm

图 3.67　二期蓄水后，连接板-防渗墙张开量，全量 max=13.4mm

2）面板横缝的变形。大坝运行期面板横缝变形、垂直缝张拉区和张开量见图 3.56～图 3.67。蓄水期，由于面板轴向位移指向河谷中央，两岸附近面板的垂直缝必然张开，张开量一般在 1～7mm，右岸开挖高边坡较大的部位附近，面板垂直缝张开量达 5～13.1mm。左岸开挖边坡变化最大处（一期面板顶部附近），面板垂直缝张开量达 13.6～16.3mm。河床部位趾板建在覆盖层上，这部分面板底部垂直缝也有一定的张开，张开量较小，一般在 5～7mm。面板相对沉降量为 0，沿缝长的剪切错动量值较大，尤其是在一期面板最大值达 15.2mm 时。

3）防渗墙与连接板、连接板之间的接缝变形。不同时期防渗墙与连接板、连接板之间、连接板与趾板接缝的变形见图 3.56～图 3.67，从表 3.12 中可知，防渗墙与连接板、连接板之间、连接板与趾板接缝的变形是依次递增的。

大坝蓄水期趾板-连接板、连接板-防渗墙接缝变形见图 3.56～图 3.67。竣工期在坝体自重作用下以及运行期在库水压力作用下，防渗墙、连接板和趾板一起先向上游后向下游位移，向河谷中央的轴向水平位移相对较小，因而防渗墙与连接板、连接板之间这些接缝的轴向水平错动不大。但在坝体自重和库水作用下，防渗墙、连接板和趾板发生不均匀沉陷较大，因而这些接缝垂直错动变形较大，尤其是连接板与趾板之间接缝的垂直错动变形。蓄水期防渗墙与连接板、连接板与趾板之间的最大垂直错动量分别为 15mm、28.8mm。尤其需重视的是河谷中央连接板与趾板之间的接缝垂直错动，这说明防渗墙-连接板-连接板-趾板的沉降差主要发生在连接板与趾板之间的接缝，对此接缝设计施工中给予了特别重视。

表 3.12　　坝基覆盖层旋喷灌浆处理前后接缝对比表

工况	相对变形	处理前最大值	处理后最大值	差值
二期蓄水后	横缝错动量/mm	19.3	15.2	4.1
二期蓄水后	横缝相对沉降量/mm	0.0	0.0	0
二期蓄水后	横缝张开量/mm	17.5	16.3	1.2
二期蓄水后	周边缝错动量/mm	35.2	21.1	14.1
二期蓄水后	周边缝相对沉降量/mm	26.3	23.6	2.7
二期蓄水后	周边缝张开量/mm	45.4	34.2	11.2
二期蓄水后	趾板-连接板错动量/mm	50.8	28.8	22
二期蓄水后	趾板-连接板相对沉降量/mm	7.7	2.9	4.8
二期蓄水后	趾板-连接板张开量/mm	34.3	17.2	17.1
二期蓄水后	连接板-防渗墙错动量/mm	26.4	15.0	11.4
二期蓄水后	连接板-防渗墙相对沉降量/mm	104.0	39.0	65
二期蓄水后	连接板-防渗墙张开量/mm	29.7	13.4	16.3

（9）三维有限元静力计算结论。三维有限元静力计算旨在全面反映坝体与坝基，特别是防渗体系的应力变形特性（包括各种接缝变形特点）地基经过旋喷灌浆处理后，河口村面板坝有以下特点。

1）河口村坝高 122.50m，竣工期和运行期最大沉降分别为 117.9cm 和 119.6cm（处理前 145.8cm），竣工期上游部分坝体向上游最大水平位移 6.6cm，下游部分坝体向下游水平位移 30cm，运行期下游部分坝体向下游水平位移增大到 23.4cm。竣工期和运行期坝体最大主应力最大值分别是 2.3MPa 和 2.5MPa，坝体应力水平代表值在 0.5 左右，坝体和坝基沉降、水平位移和应力的分布符合混凝土面板堆石坝一般规律。没有出现破坏现象，坝体是安全的。坝基覆盖层旋喷灌浆处理前后坝体变形、应力对比见表 3.13。

表 3.13　　坝基覆盖层旋喷灌浆处理前后坝体变形、应力对比表

工　况	变量名称	坝基处理前		坝基处理后	
		$P=0.5\%$	$P=99.5\%$	$P=0.5\%$	$P=99.5\%$
二期蓄水前	顺水流方向位移/m	−0.1008	0.3313	−0.06552	0.2964
二期蓄水前	竖向位移/m	−1.281	0.03380	−1.179	0.02522
二期蓄水前	第一主应力/MPa	0.1000	2.153	0.1000	2.324
二期蓄水前	第三主应力/MPa	0.08822	0.7055	0.09018	0.9170
二期蓄水后	顺水流方向位移/m	−0.03709	0.3914	−0.01486	0.3497

续表

工　况	变量名称	坝基处理前		坝基处理后	
		$P=0.5\%$	$P=99.5\%$	$P=0.5\%$	$P=99.5\%$
二期蓄水后	竖向位移/m	−1.320	0.03386	−1.196	0.02523
二期蓄水后	第一主应力/MPa	0.1000	2.306	0.1000	2.504
二期蓄水后	第三主应力/MPa	0.07919	0.7517	0.08007	0.9730

2）面板的轴向位移指向河谷，运行期（一期蓄水后）左、右岸面板轴向位移分别为6.8cm和5.2cm，由于河床部分趾板建造在覆盖层上，面板底部最大挠度比趾板建在基岩上的要大，河口村面板坝达到28.8cm，面板中部（$2/3H$）挠度达到43.2cm左右。左、右岸附近的面板的轴向应力产生拉应力，最大值为−0.284～−1MPa。覆盖层上面板堆石坝的面板变形和应力这一特点值得注意，需要适当增加面板的配筋，特别是增设轴向钢筋。面板的变形特征和应力特征符合一般规律，面板是安全的。坝基覆盖层旋喷灌浆处理前后面板变形、应力对比见表3.14。

表3.14　　坝基覆盖层旋喷灌浆处理前后面板变形、应力对比表

工　况	变量名称	坝基处理前		坝基处理后	
		$P=0.5\%$	$P=99.5\%$	$P=0.5\%$	$P=99.5\%$
二期蓄水后	轴向位移/m	−0.07331	0.08204	−0.06427	0.06767
二期蓄水后	顺坡位移/m	−0.003381	0.07292	−0.003490	0.08207
二期蓄水后	法向位移/m	−0.5533	−0.005105	−0.4216	−0.004568
二期蓄水后	轴向应力/MPa	−0.7037	10.20	−0.6166	7.590
二期蓄水后	顺坡应力/MPa	−2.843	4.986	−3.516	3.451

3）竣工期防渗墙最大压应力为6.24MPa，最大拉应力为1.2MPa，运行期防渗墙最大压应力为7.9MPa（见表3.15），小于防渗墙混凝土C25的抗压强度为12.5MPa。最大拉应力为2.4MPa，在配有ϕ28mm钢筋后，满足了抗拉要求，说明防渗墙设计是满足要求的。

表3.15　　坝基覆盖层旋喷灌浆处理前后防渗墙变形、应力对比表

工　况	变量名称	坝基处理前		坝基处理后	
		$P=0.5\%$	$P=99.5\%$	$P=0.5\%$	$P=99.5\%$
二期蓄水前	轴向位移/m	−0.004555	0.005570	−0.002437	0.003029
二期蓄水前	顺水流方向位移/m	0.005253	0.1118	0.003549	0.05132
二期蓄水前	竖向位移/m	−0.01991	−0.0001793	−0.009100	0.0002874
二期蓄水前	轴向应力/MPa	−2.179	5.127	−1.226	3.444
二期蓄水前	竖向应力/MPa	−0.1249	7.718	−0.07866	6.159
二期蓄水后	轴向位移/m	−0.006801	0.007997	−0.004418	0.005032
二期蓄水后	顺水流方向位移/m	0.01176	0.2472	0.007214	0.1447
二期蓄水后	竖向位移/m	−0.02336	−0.001336	−0.009749	0.0003895
二期蓄水后	轴向应力/MPa	−3.063	6.154	−2.408	4.307
二期蓄水后	竖向应力/MPa	−0.4579	10.67	−0.2730	7.920

表 3.16　　坝基覆盖层旋喷灌浆处理前后连接板变形、应力对比表

工　况	变量名称	坝基处理前		坝基处理后	
		P=0.5%	P=99.5%	P=0.5%	P=99.5%
二期蓄水后	轴向位移/m	−0.02555	0.02230	−0.01460	0.01445
二期蓄水后	顺水流方向位移/m	0.07357	0.3745	0.03798	0.2298
二期蓄水后	竖向位移/m	−0.3594	−0.02254	−0.1447	−0.01191
二期蓄水后	轴向应力/MPa	−1.044	10.61	−1.053	6.448
二期蓄水后	顺水流应力/MPa	0.2570	3.930	0.2371	1.957

表 3.17　　坝基覆盖层旋喷灌浆处理前后趾板变形、应力对比表

工　况	变量名称	坝基处理前		坝基处理后	
		P=0.5%	P=99.5%	P=0.5%	P=99.5%
一期蓄水后	轴向位移/m	−0.02199	0.02693	−0.01035	0.01186
一期蓄水后	顺水流方向位移/m	0.04195	0.1447	0.01829	0.06296
一期蓄水后	竖向位移/m	−0.3184	−0.01125	−0.1383	−0.004984
一期蓄水后	轴向应力/MPa	−4.109	16.63	−2.383	6.745
一期蓄水后	顺水流应力/MPa	−2.886	3.874	−1.754	2.042
二期蓄水后	轴向位移/m	−0.04066	0.04353	−0.02188	0.02195
二期蓄水后	顺水流方向位移/m	0.07296	0.2769	0.02469	0.1461
二期蓄水后	竖向位移/m	−0.4614	−0.02498	−0.1942	−0.009699
二期蓄水后	轴向应力/MPa	−7.005	24.47	−5.299	11.68
二期蓄水后	顺水流应力/MPa	−4.988	5.235	−4.808	2.632

4）无论是施工期还是运行期，面板垂直缝和周边缝的变位由于趾板坐落在覆盖层上，相比其他工程均较大。运行期防渗墙顶向下游位移13.6cm，连接板向下游最大位移22.98cm（见表3.16）。趾板向下游最大位移14.61cm（见表3.17）。防渗体系各结构物的位移基本上协调一致。除了地形和覆盖层厚度变化很大的部位，防渗墙-连接板-趾板-面板之间接缝的三向变位都不大。最大变形是周边缝的错动达21.1mm（处理前35.2mm），趾板-连接板错动量最大达28.8mm（50.8mm），连接板-防渗墙相对沉降量39mm（处理前104mm），从以上数值可以看出，坝基覆盖层未进行旋喷桩处理前，这些接缝的错动量都达到200m级高面板坝的接缝位移（基本高于水布垭面板坝），经过处理后，接缝位移虽较大但也在止水的允许值范围内，只要选择好能适应该变形的止水结构和止水材料（这是容易做到的），覆盖层上混凝土面板堆石坝的防渗体系的安全性是有保障的。

整体而言，计算结果表明该工程的设计方案合理可行。

3.1.2　大坝三维动力有限元应力应变计算分析

在三维静力计算成果基础上，采用等效线性黏弹性模型，以及河南省地震局所提供的加速度曲线，进行大坝三维动力分析，内容有：①计算堆石体、面板最大地震加速度反应分布；②计算堆石体、面板最大地震动应力分布；③计算面板接缝最大动力变形；④计算

大坝震后永久变形。

3.1.2.1 动力计算本构模型

(1) 坝体土石料和地基砂砾石层的动力计算模型。本次动力计算分析采用等效线性黏弹性模型，即假定坝体土石料和地基覆盖层土为黏弹性体，采用等效剪切模量 G_d 和等效阻尼比 λ_d 这两个参数来反映土的动应力应变关系的两个基本特征：非线性和滞后性，并表示为剪切模量和阻尼比与动剪应变幅的关系。这种模型的关键是要确定最大动剪切模量 $G_{d\max}$ 与平均有效应力 σ'_m 的关系，以及动剪切模量 G_d 与动阻尼比 λ_d 的关系。

(2) 混凝土计算模型。混凝土（含防浪墙、面板、连接板）动力计算分析时采用线性弹性模型。

(3) 接触面的动力计算模型。接触面单元的动力模型采用河海大学的试验成果。

3.1.2.2 动水压力

地震期间，库水作用即库水的动水压力采用附加质量法进行计算，即把动水压力对坝体地震反应的影响用一等效的附加质量考虑，与坝体质量相叠加来进行动力分析。

3.1.2.3 地震永久变形

由于目前尚无一个比较通用的模型和定量标准，故各种模型的比较及判断其是否适应也很重要。这里采用整体变形计算方法，就目前应用较普遍的两个动应力—残余应变模型进行土石坝永久变形计算。

3.1.2.4 抗震稳定性

评价坝体在地震时的稳定性，都是根据材料的变形性能来评价坝体抗震的安全度。本次采用的方法是求出滑动面的方向和分布，根据摩尔—库仑破坏准则把局部安全系数小于1的区域组合在一起，判断出最危险的复合滑动面，在该面上用总抗滑力和总滑动力的比值来定义安全系数，求出在地震全部持续时间内的安全系数和时间经历的关系，这样在考虑不稳定持续时间的同时，也就评价了根据应力所表明的滑动稳定性。一般地说，根据动力分析复合滑动面（包括圆弧滑动面）所求得的安全系数，比传统方法所求得的要大，这是由于应力分布和惯性力分布的不均匀性所带来的。

3.1.2.5 三维动力计算参数及加速度的输入

(1) 动力计算参数。本次动力计算分析采用等效线性黏弹性模型，即假定坝体堆石料和坝基卵石层为黏弹性体，采用等效剪切模量 G 和等效阻尼比 λ 这两个参数来反映土体动应力应变关系的非线性和滞后性两个基本特征，并表示为剪切模量和阻尼比与动剪应变幅之间的关系。常用的 Hardin - Drnevich 双曲线模型见图 3.68。

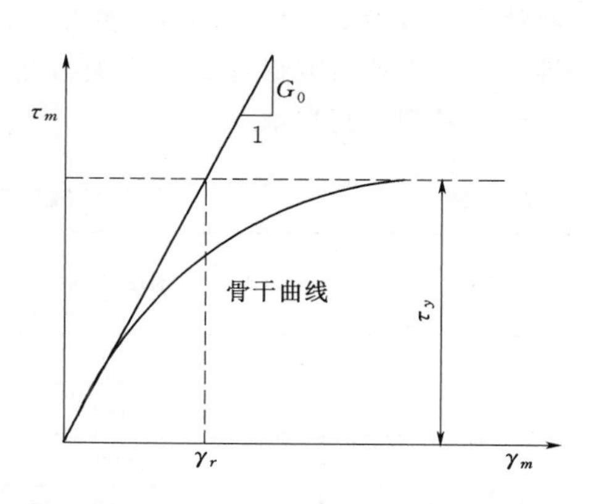

图 3.68　Hardin - Drnevich 双曲线模型图

通过试验测得动剪切模量比 $G_d/G_{d\max}$ 和动阻尼比 λ_d 与动剪应变 γ_d 的关系曲线。动力计算时输入相应关系曲线的控制数据，根据应力应变值进行内插和外延取值，用于计算。本工程坝料的动剪切模量比 $G_d/G_{d\max}$ 和动阻尼比 λ_d 与动剪应变 γ_d 的关系曲线试验结果（见表 3.18），坝料 K'、n' 值（见表 3.19）。

表 3.18　　四种坝料在不同剪应变下的剪切模量比和阻尼比值

土样名称	固结比 K_c	参数	动剪应变 γ_d							
			5×10^{-6}	1×10^{-5}	5×10^{-5}	1×10^{-4}	5×10^{-4}	1×10^{-3}	5×10^{-3}	1×10^{-2}
主堆石料	1.5	$G_d/G_{d\max}$	0.995	0.990	0.952	0.909	0.666	0.499	0.166	0.091
		λ_d	0.003	0.005	0.022	0.039	0.096	0.116	0.143	0.147
过渡石料	1.5	$G_d/G_{d\max}$	0.993	0.987	0.936	0.880	0.595	0.423	0.128	0.068
		λ_d	0.003	0.006	0.026	0.044	0.109	0.133	0.162	0.167
河床砂卵石料	1.5	$G_d/G_{d\max}$	0.991	0.982	0.915	0.843	0.517	0.349	0.097	0.051
		λ_d	0.019	0.032	0.080	0.098	0.120	0.124	0.126	0.127
黏土夹层	1.5	$G_d/G_{d\max}$	0.998	0.997	0.984	0.969	0.863	0.760	0.387	0.240
		λ_d	0.001	0.002	0.008	0.016	0.057	0.085	0.140	0.153
次堆石料（料场石料）	1.5	$G_d/G_{d\max}$	0.994	0.988	0.942	0.890	0.618	0.447	0.139	0.075
		λ_d	0.006	0.012	0.044	0.069	0.122	0.136	0.149	0.150
次堆石料（渣场石料）	1.5	$G_d/G_{d\max}$	0.995	0.989	0.948	0.900	0.644	0.475	0.153	0.083
		λ_d	0.021	0.036	0.090	0.111	0.136	0.140	0.143	0.144
垫层石料	1.5	$G_d/G_{d\max}$	0.993	0.987	0.940	0.887	0.611	0.440	0.136	0.073
		λ_d	0.049	0.075	0.128	0.141	0.153	0.156	0.156	0.156

表 3.19　　四种坝料的 K'、n' 值

土 样 名 称	K'	n'	土 样 名 称	K'	n'
主堆石料	2953.0	0.54	次堆石料（料场石料）	2830.0	0.54
过渡石料	2714.4	0.550	次堆石料（渣场石料）	2294.8	0.54
河床砂卵石料	2532.9	0.540	垫层石料	2977.0	0.59
黏土夹层	318.24	0.550			

由于河口村面板堆石坝工程缺乏坝料地震残余变形试验参数，本次计算中坝料的残余变形计算参数参考公伯峡的资料并根据河口村面板堆石坝工程的特点进行选取。主堆石和次堆石的地震残余变形计算的相关参数（见表 3.20 和表 3.21），其他材料的参数根据坝料相似的原则进行选取。

表 3.20　　残余轴应变公式的系数和指数表

土料名称	K_c	围压/kPa	$N=12$ 次		$N=20$ 次	
			K_a	n_a	K_a	n_a
主堆石	1.5	200	0.2127	0.6999	0.2176	0.6275
	2.5	200	0.7091	0.9065	0.6843	0.781
	1.5	1000	1.1958	0.6571	1.2769	0.5841
	2.5	1000	3.501	0.9531	3.8578	0.9317

续表

土料名称	K_c	围压/kPa	N=12 次		N=20 次	
			K_a	n_a	K_a	n_a
次堆石	1.5	200	1.5841	2.2455	1.7397	2.2132
	2.5	200	3.1009	2.2498	2.5437	1.8877
	1.5	1000	5.4275	1.514	4.9699	1.3334
	2.5	1000	9.7293	1.395	9.4804	1.3054

表 3.21　残余体应变公式的系数和指数表

土料名称	K_c	围压/kPa	N=12 次		N=20 次	
			K_v	n_v	K_v	n_v
主堆石	1.5	200	0.3584	0.8295	0.4777	0.865
	2.5	200	0.4344	0.8018	0.5623	0.8356
	1.5	1000	3.6726	1.3886	4.0262	1.272
	2.5	1000	5.3376	1.431	5.6316	1.3591
次堆石	1.5	200	0.3184	0.8822	0.3794	0.9062
	2.5	200	0.8445	1.3671	1.2523	1.5277
	1.5	1000	8.6736	1.9621	11.213	2.0291
	2.5	1000	5.7201	1.3486	6.8274	1.3445

(2) 计算步骤及地震加速度输入。

1) 计算的主要步骤如下:

A. 先根据静力有限元法计算出土体中的各单元的震前平均有效应力 σ'_m。

B. 求出土体单元的初始动剪模量 $G_{d\max}$,土体单元的初始阻尼比经验地取为 5%。

C. 整个地震历程划分为若干个时段。

D. 对每个时段的动剪切模量进行迭代求解。

E. 用 Willson-θ 法建议的放大的时间间隔 $h=\theta\Delta t$ 代替实际时间间隔 Δt,对每个时段进行时程分析。

F. 计算各单元的质量矩阵和刚度矩阵,对号入座形成总体质量矩阵 $[M]$ 和刚度矩阵 $[K]$,采用空间迭代法求出坝体基频 ω,并计算单元阻尼矩阵,由各单元的变阻尼矩阵 $[c]^e$ 组装形成总体阻尼矩阵 $[C]$。

G. 据输入地震加速度 $\ddot{u}_{n+1}$,由 $\{R\}=-[M](\{r_x\}\ddot{u}_{n+1}+\{r_y\}\ddot{u}_{n+1}+\{r_z\}\ddot{u}_{n+1})$ 形成右端项荷载向量 $\{R\}$。

H. 把矩阵 $[M]$、$[K]$、$[C]$ 和向量 $\{R\}$ 组成 $[K]$ 和 $\{R\}$,并进行三角化分解,求得 $\{u\}_{n+1}$,从而求得 $\{\ddot{u}\}_{n+1}$。

I. 把 $\{\ddot{u}\}_{n+1}$ 作为 $\{\ddot{u}\}_n$,代入相关式,可求得新的 $\{\ddot{u}\}_{n+1}$,从而求得 $\{\ddot{u}\}_{n+1}$ 和 $\{u\}_{n+1}$。

J. 根据求出的结点位移 $\{u\}_{n+1}$ 计算各单元的动剪应变 γ_{n+1} 和动剪应力 τ_{n+1}。

K. 重复步骤 E~I,得到各单元在每个时段内的动剪应变 γ 时程。

L. 求出各单元 γ_d 时程中的最大值 $\gamma_{d\max}$、根据等效动剪应变 $\gamma_{eff}=0.65\gamma_{d\max}$,查 $G_d/$

$G_{d\max}-\gamma_d$ 和 $\gamma-\gamma_d$ 曲线得到新的 G 和 γ。

M. 重复步骤 D～L，直到前后两次用的 G_d 的相对误差小于 10%。

N. 重复步骤 C～J，直到各个时段全部计算结束，即整个地震历程结束。

O. 输出计算结果。

2）地震加速度的输入。坝体的动力反应计算需考虑“正常蓄水位＋地震”工况。根据河南省地震局所提供的坝址场地地震资料报告，设计地震工况基岩输入加速度取超越概率 100 年 2%的峰值强度为 201gal，地震动的持续时间取 24s。地震波输入方向为：x 方向沿原河流方向水平加速度输入；y 方向沿高程方向竖直加速度输入，依据水工建筑物抗震设计规范，将其峰值折减 2/3；z 方向为沿坝轴方向横向加速度输入。图 3.69 所示为 100 年超越概率 2%的地震加速度时程曲线。计算中将整个地震历程划分为 26 个大时段，每个大时段又划分为 50 个小时段，因此，积分计算的时间步长为 0.02s。

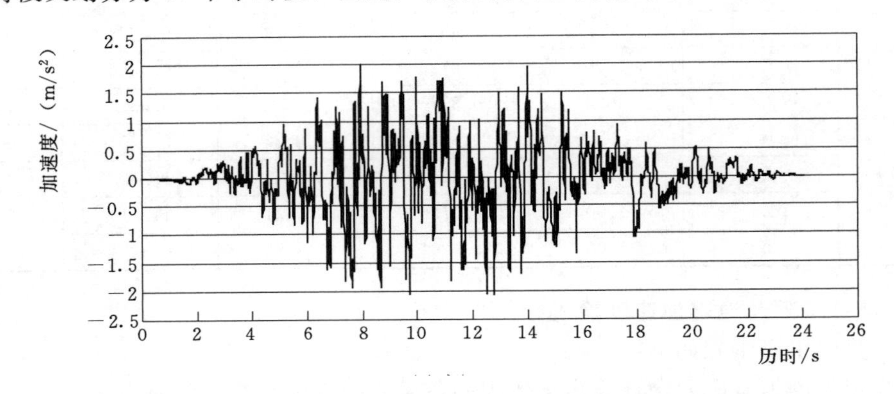

图 3.69　100 年超越概率 2%的地震动加速度时程曲线图

3.1.2.6　三维非线性动力计算结果

（1）地震反应。设计提供的模拟地震动加速度曲线历时达 24s，因此，在整理成果时给出了 24s 的时程曲线。另外，由于各断面地震反应时程曲线和分布规律一致，因此，这里给出基本设计工况坝体最大断面 0＋170 桩号断面的成果附图，其他地震反应特征量等详见以下分析。动力有限元分析计算成果（见表 3.22～表 3.24）。

表 3.22　　桩号 0＋170 断面三维动力有限元计算成果表

项　目		数　值
最大加速度反应/（m/s²）	上下游方向	9
	垂直方向	10
最大位移反应/cm	上下游方向	11
	垂直方向	6.5
堆石体最大应力反应/MPa	第一主应力	0.53
	第三主应力	0.51
	最大剪应力/MPa	0.35
面板最大应力和位移反应	顺坡向应力/MPa	7.5
	面板挠度/cm	9.5

表 3.23 桩号 0+50 断面三维动力有限元计算成果表

项目		数值
最大加速度反应/(m/s^2)	上下游方向	8.5
	垂直向	5.5
最大位移反应/cm	顺河向	4.5
	垂直向	1.4
堆石体最大应力反应/MPa	第一主应力	0.44
	第三主应力	0.38
	动剪力	0.28
面板最大应力和位移反应	顺坡向应力/MPa	2.5
	面板挠度/cm	2.5

表 3.24 桩号 0+290 断面三维动力有限元计算成果表

项目		数值
最大加速度反应/(m/s^2)	上下游方向	8
	垂直向	6.5
最大位移反应/cm	顺河向	4.5
	垂直向	1.6
堆石体最大应力反应/MPa	第一主应力	0.38
	第三主应力	0.38
	最大剪应力	0.28
面板最大应力和位移反应	顺坡向应力/MPa	3.5
	面板挠度/cm	2.5

(2) 加速度反应。在 0+50、0+170、0+290 三个断面中，顺河向绝对加速度最大为 $9m/s^2$，放大系数为 4.5，发生在桩号为 0+170 断面下游坝顶附近；竖直向绝对加速度最大为 $10m/s^2$，放大系数为 5.0，发生在桩号为 0+170 断面坝顶附近。

面板顺河向地震加速度反应极值出现在面板顶部中间，最大反应为 $8.5m/s^2$，放大倍数为 4.2 倍；铅直向加速度反应峰值出现在面板顶部中间位置，最大反应为 $11m/s^2$，放大倍数为 5.4 倍。

(3) 位移反应。在三个断面中，顺河向最大位移反应为 11cm，发生在桩号为 0+170 断面坝顶处；竖直向最大位移反应为 6.5cm，发生在桩号为 0+170 断面上游坝顶附近。

(4) 应力反应。

1) 堆石体。在三个断面中，第一主应力最大为 0.53MPa，位于桩号桩号为 0+170 断面坝体底部靠近坝轴线附近；第三主应力最大值为 0.51MPa，位于桩号为 0+170 断面坝体底部靠近坝轴线附近；最大动剪应力为 0.35MPa，发生在桩号为 0+170 断面坝轴线附近。

2) 面板。顺坡向最大压应力为 7.5MPa，发生在桩号为 0+110 断面处的面板，地震期间顺坡向动拉应力相对较小为1.56MPa，位于右岸1/2坝高靠岸坡位置，由于面板应力结果数据量较大，地震期间动拉应力反应值较小，出现拉应力的区域很小，面板整体呈现压应力为主，故这里仅整理出地震期间顺坡向动压应力及轴线动压力最大值等值线分布，面板轴向压应力极值为1.8MPa，动拉应力极值为0.35MPa。可见，在设计地震作用下，面板的顺坡向动应力相对较大。

3）防渗墙。防渗墙第一主应力最大值为2.2MPa，发生在防渗墙底部；第三主应力最大值为1.9MPa，同样发生在防渗墙底部，由此可见在地震作用下，防渗墙动应力较小，不会发生破坏。

（5）接缝变形。地震过程中，面板的最大动挠度为9.5cm，发生在桩号0+170断面面板的顶部。

地震引起的周边缝的最大位移反应为顺缝剪切位移37mm，垂直缝剪切位移36mm，缝面拉伸位移29mm。

地震引起的面板缝的最大位移反应为顺缝剪切位移11mm，垂直缝剪切位移23mm，缝面拉伸位移10mm。

地震引起的趾板与连接板及连接板与防渗墙之间的缝位移较小，只有垂直缝剪切方向有20mm左右的错动。

可见，面板缝、周边缝及其他接缝的地震反应较小，一般不会引起接缝止水的破坏。

（6）地震永久变形。地震永久变形最大值发生在河床中央最大断面0+170位置，地震后，坝体的最大断面永久水平位移顺河向为15cm，竖直向位移为49cm；坝轴剖面永久水平位移为15cm，最大永久垂直位移即沉降为49cm。地震永久沉降约为坝高的0.4%。

（7）抗震稳定性。

1）坝体。地震期间，坝体绝大部分单元各时刻的安全系数均大于1，只有极少数单元的安全系数在短时间内小于1。从分布规律上看，由于上游坝体单元受水压力的作用，坝体安全系数要高于下游坝体单元。

2）面板。计算表明，地震期间，面板的抗滑稳定安全系数均远大于1。因此，面板的抗滑稳定安全性是满足要求的。

3.1.2.7 三维非线性动力分析结论

顺河向绝对加速度最大为$9m/s^2$，放大系数为4.5，竖直向绝对加速度最大为$10m/s^2$，放大系数为5.0。顺河向最大位移反应为11cm，竖直向最大位移反应为6.5cm，均发生在下游坝顶附近。坝体第一主应力最大为0.53MPa，第三主应力最大为0.51MPa，最大动剪应力为0.35MPa，坝体不会被剪坏。面板顺坡向最大压应力为7.5MPa。面板的最大动挠度为9.5cm，由地震引起的面板与趾板之间的最大拉伸量和最大压缩量均小于29mm；垂直缝的最大剪切位移为36mm。顺河向最大永久变形为15cm，竖直向最大永久变形为49cm，均发生在坝顶位置，地震沉陷量为坝高的0.4%。地震期间，绝大多数单元各时刻的安全系数均大于1，只有极少数单元的安全系数在短时间内小于1。从分布规律上看，由于上游坝体单元受水压力的作用，坝体安全系数要高于下游坝体单元。因此，此坝体在地震作用下不会发生大范围剪切破坏。面板的抗滑稳定安全系数均远大于1。因此，面板的抗滑稳定安全性是满足要求的。

在100年超越概率2%的场地震作用下，大坝的加速度与动应力反应分布规律与设计地震一致。三维分析中，堆石体的水平绝对加速度反应极值为9m/s^2，最大放大系数为4.2，堆石体、面板最大地震反应位于坝顶局部位置，存在明显的鞭稍效应，需要结合计算成果在坝顶进行抗震加固。

3.1.2.8 三维动力参数敏感性

将坝体材料最大动剪切模量的模数减小10%和20%后，坝体与面板的动力反应均有较大变化。由最大动剪切模量的模数减小20%的计算成果可知，坝体最大加速度反应顺河向由9m/s^2 减小到8m/s^2，竖直向由10m/s^2 减小到8m/s^2；最大位移反应变化不大，只有竖直向稍有减小；堆石体应力无明显变化；面板挠度在参数降低10%时稍有增大，但在参数降低到20%时又恢复到9.5cm，这也说明了三维状态下，面板变形的复杂性；受堆石体及面板变形增大的影响，接缝变形明显增大，其中面板和周边缝的张开值都增大2mm左右；地震永久变形变化较明显，其中竖向位移由49cm减小到38cm。

因此，动力参数降低后，速度反应和地震永久变形等均有所减小，而接缝位移反应等均有所增大。但是，坝体地震反应的分布规律是一致的，地震反应数值的变化不大。

通过对大坝结构三维非线性有限元静力和动力分析可知：各分区的设计与填筑的标准、坝体分层填筑与面板分期浇筑方案合理，坝体抗震安全较好。

3.2 复杂地基条件下面板坝筑坝技术和安全控制先进系统

3.2.1 筑坝材料在不同尺度条件下的工程变形试验研究及本构关系研究

3.2.1.1 尺寸效应研究现状

近年来，随着现代土石坝施工技术的不断进步，以及社会、经济发展对水利水电开发需求的增长，土石坝的坝高也在不断增加。坝体堆石的变形控制成为高土石坝设计和施工的关键技术问题，如何科学地、客观地描述堆石料的变形特性成为了一个亟待解决的问题。

目前，试验是研究土体材料变形特性的主要手段之一。但是，随着筑坝材料的最大粒径尺寸越来越大，如河口村主堆石料的最大粒径已经有800mm，常规土力学试验设备无法直接用于研究堆石的变形特性。为了解决试验粒径限制的问题，通常将原级配堆石材料进行缩尺得到替代级配土体材料，然后对替代级配料进行试验，进而确定堆石料原型的变形特性。然而，一些研究成果及监测资料都表明，缩尺前后粗粒料的力学特性有较大差异，缩尺后粗粒料的力学特性并不能完全反应原级配粗粒料的力学性质。如何确定原级配筑坝材料力学参数，是准确预测坝体变形的一个重要因素。

自20世纪60年代以来，不少学者对堆石料力学特性的尺寸效应展开的大量研究，方法包括了物理试验和数值试验，主要围绕堆石料的强度和压实度的缩尺效应。由于影响堆石料缩尺效应的因素很多，包括缩尺方法、缩尺比例、试样密度控制、颗粒破碎等，而不同学者采用的缩尺方法和试样密度控制不同，堆石料来源也不同，导致了试验结果也不尽相同。

墨西哥大学（试样直径 $D=1130$mm）、美国加州大学（$D=915$mm）分别进行了较大规模、较系统的堆石料性质的尺寸效应试验研究。结果表明：试样尺寸变化对材料的内摩擦角影响较大，随着试样尺寸的增大内摩擦角减小，试验过程中应力水平对试验结果也有较大的影响，其影响程度超过试样尺寸的变化影响，提出在进行堆石料的三轴试验时采用300mm直径的仪器即可。

Marachi 等用剔除法缩尺后的石料进行了试验，认为堆石料的 φ 随着试料的最大粒径的减小而增大。Hennes 曾用最大粒径（$d_{max}=20$cm）相同而加权平均粒径 d_0 不同的三组粒料，在同一相对密度下进行了强度指标测定。结果表明，φ 随着 d_0 的增大而增大。

朱俊高、翁厚洋等（2010）采用双江口堆石坝的坝壳主堆石料，对同一级配料且试验料为级配连续料，采用不同缩尺方法进行缩尺，缩尺后替代级配料的最大粒径 d_{max} 分别为10mm、20mm、40mm和60mm，对各替代级配料进行了最小、最大干密度试验。分析了各级配土石料的最小、最大干密度与缩尺方法、最大颗粒粒径、级配之间的关系。

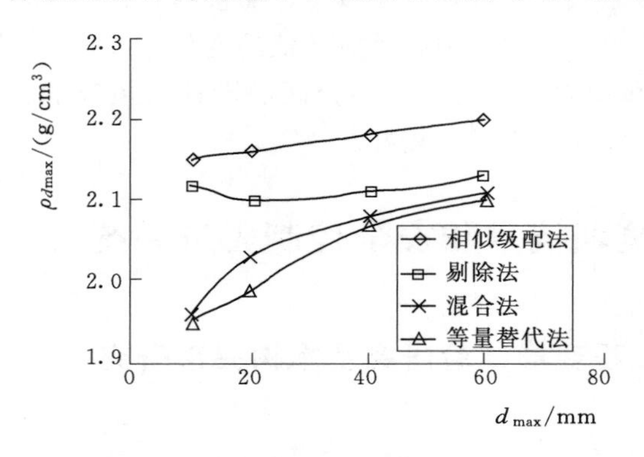

图 3.70　最大粒径和最大干密度的关系

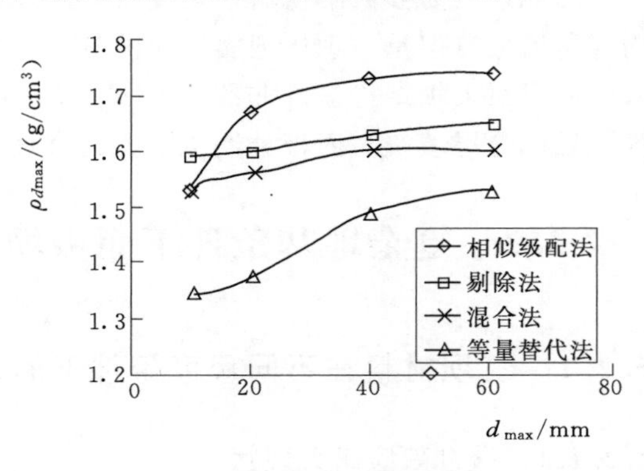

图 3.71　最大粒径和最小干密度的关系

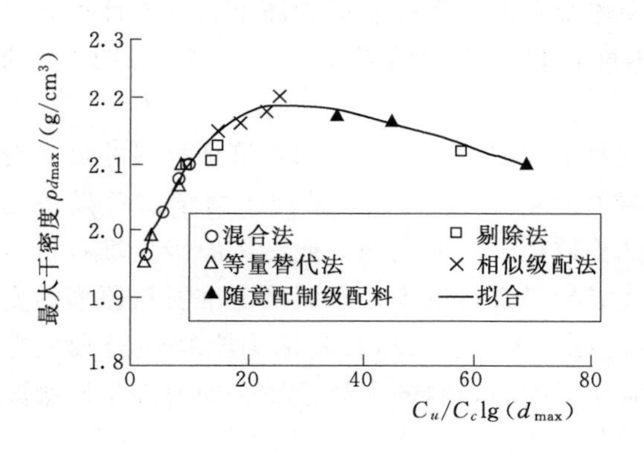

图 3.72　$\rho_{dmax}-C_u/C_c\lg(d_{max})$ 关系

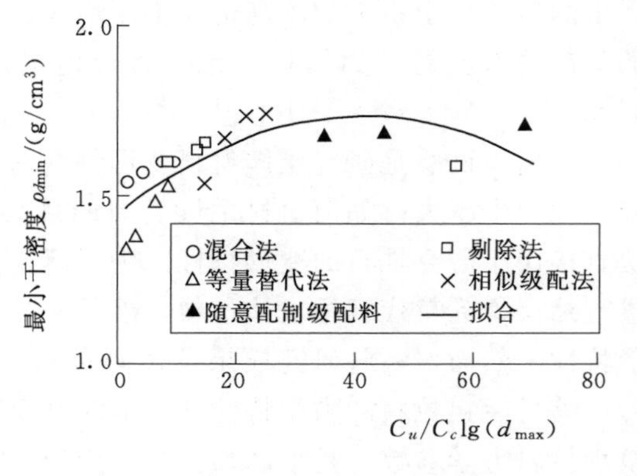

图 3.73　$\rho_{dmin}-C_u/C_c\lg(d_{max})$ 关系

如图 3.70～图 3.73 所示结果表明：①对同一级配料采用不同缩尺方法进行缩尺，同一压实功能下替代级配料最大、最小干密度均随粒径的增大而增大；②不同级配缩尺后替代料的密度差异明显，相同最大粒径情况下，相似级配法缩尺后的替代料密度最大，而等量替代法缩尺后替代料密度最小；③替代料的最大、最小干密度与最大粒径、级配（不均匀系数、曲率系数）关系密切。用参数 $\lambda = C_u / C_c \lg(d_{max})$ 能比较好地归一化密度与最大粒径、级配之间的关系。利用 $\rho_{dmin}-\lambda$ 来反映干密度随级配变化关系选定现场堆石料的合理级配，避免现场碾压试验或实际填筑级配设计的盲目性。

谢定松（2015）通过室内试验，探讨渗透试验的超粒径缩尺方法。首先论证土中细粒料含量对渗透系数的影响分析，其次通过不同缩尺方法渗透试验结果分析，最后提出适合渗透试验的超粒径缩尺方法。渗透试验缩尺应遵守的基本原则：①采用相似级配法缩尺后测得的渗透系数明显低于原级配土的渗透系数，主要原因在于级配曲线中细粒料的颗粒组成跟原级配曲线差异较大，缩尺倍数越大，细粒料的组成差异就越大。因此，相似级配法不适用于渗透试验。②土的渗透系数主要取决于土的颗粒组成，特别是含量小于 30%的细粒颗粒组成。为确保缩尺方法求得的渗透系数等于原级配的渗透系数，等量替代法必须保持 30%的细颗粒级配不变化。从安全角度出发，建议等量替代法最多只能代替 60%的粗颗粒，保证 40%的细粒粒径不变化。③试验缩尺后的颗粒组成应是 $5d_{85}$ 等于试验仪器的最大尺寸，颗粒粒径 $d_{40试}=d_{40原}$。

司洪洋对小浪底堆石坝的堆石料按相似级配法进行缩尺，利用大型、中型三轴剪切试验仪对缩尺后的替代级配土石料进行了大量试验。以直径为 6.18cm、10.1cm 和 30cm 的试样，分别进行不同缩尺方法、不同试样尺寸、不同密度、不同粗粒含量土石料的普通三轴固结排水剪切试验。结果表明：相似级配法缩尺得到的级配土料强度较高，体积变形较小，等量替代法缩尺后的土料强度较低，体积变形较大，剔除法和混合法位于两者之间。研究表明缩尺效应对粗粒料邓肯模型参数的影响较大，在同一缩尺方法下，K、K_b 随替代料最大粒径的增大而增大。

表 3.25　　不同围压下的破坏主应力差表 $(\sigma_1-\sigma_3)f$

d_{max}/mm	$(\sigma_1-\sigma_3)f$			
	$\sigma_3=300$kPa	$\sigma_3=600$kPa	$\sigma_3=1000$kPa	$\sigma_3=1500$kPa
100	1897.9	2827.9	4123.5	5680.3
60	1887.0	2820.7	4200.9	5771.4
40	1819.6	2783.5	4217.7	5925.7
20	1741.0	2857.1	4381.9	6089.7

表 3.26　　强 度 指 标 表

d_{max}/mm	C/kPa	φ/(°)	φ_0/(°)	$\Delta\varphi$/(°)
100	231.9	37.8	54.9	12.3
60	218.2	38.3	54.4	11.7
40	180.5	39.2	53.1	10.2
20	157.2	40.2	51.8	8.5

凌华等（2011）在超大型和大型三轴仪上开展了级配缩尺后不同最大粒径堆石料的强

度试验，堆石料最大粒径 d_{max} 分别为 60mm、40mm、20mm，试验在围压 σ_3 下固结完成后，按 0.2%/min 的应变速率对试样进行剪切。当轴向应力出现峰值时，再剪切 3%～5%应变停止试验；无峰值时轴向应变达到 15%时停止试验。试验中采用库伦破坏准则来描述土体的抗剪强度 $\tau_f = c + \sigma\tan\varphi$，采用非线性强度指标来描述堆石料的强度特性 $\varphi = \varphi_0 - \Delta\varphi\lg(\sigma_3/P_a)$。

由表 3.25 和表 3.26 可以看出，粒径越大，反映堆石料颗粒间咬合力的 c 值越大。常利用这种特性来降低堆石的坡比。但是由于粒径越大，颗粒棱角越尖锐。当骨架由大颗粒形成时，棱角处产生了应力集中，易产生破碎。由于颗粒破碎的原因，导致了随着 d_{max} 的增长，非线性强度指标 $\Delta\varphi$ 增大。

破碎是堆石料颗粒的特征之一。Marsal 建议用破碎率 B_g 来表征颗粒破碎的程度，B_g 取试验前后某粒径组质量分数之差的正值之和，即：

$$B_g = \sum \Delta W_K \tag{3.1}$$

$$\Delta W_K = W_{Ki} - W_{Kf} \tag{3.2}$$

由表 3.27 可知，堆石料的颗粒破碎率随着应力和 d_{max} 的增大而增大。

表 3.27　　试验后破碎率表

d_{max}/mm	B_g/%			
	σ_3=300kPa	σ_3=600kPa	σ_3=1000kPa	σ_3=1500kPa
60	5.3	8.0	11.2	13.5
40	4.5	6.7	9.8	12.1
20	3.7	5.4	8.3	10.1

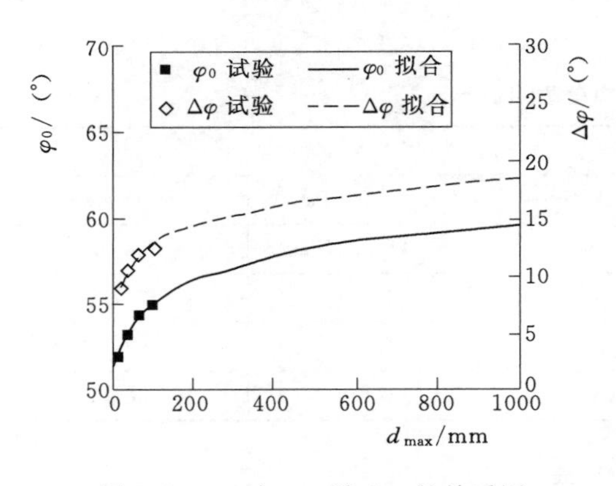

图 3.74　φ_0 与 $\Delta\varphi$ 随 d_{max} 的关系图

成果表明：当围压较小时，堆石料强度随着 d_{max} 的增大而增大；当围压较大时，堆石料强度随着 d_{max} 的增大而减小。反映在强度指标上，随着 d_{max} 的增大，C、φ_0、$\Delta\varphi$ 增大，φ 减小；随着 d_{max} 的减小，C、φ_0、$\Delta\varphi$ 降低，φ 增大。颗粒破碎率随着应力和 d_{max} 的增大而增大。应力较小时，不同 d_{max} 的堆石料破碎率相近，应力增大后颗粒破碎率相差较大。这是强度指标随着 d_{max} 变化规律或强度的缩尺效应影响规律形成的主要原因之一。

试验表明，堆石料的非线性强度指标 φ_0、$\Delta\varphi$ 不可能随着 d_{max} 无限制地增长，d_{max}＞60mm 后增加缓慢。而 $\varphi_0 - d_{max}$，$\Delta\varphi - d_{max}$ 曲线可用双曲线拟合。

$$\varphi_0 = \frac{d_{max}}{a_1 + b_1 d_{max}} \tag{3.3}$$

$$\Delta\varphi = \frac{d_{max}}{d_2 + b_2 d_{max}} \tag{3.4}$$

表 3.28 强度指标计算结果

d_{max}/mm	φ/(°)				φ_0/(°)	$\Delta\varphi$/(°)
	σ_3=300kPa	σ_3=600kPa	σ_3=1000kPa	σ_3=1500kPa		
1000	49.19	45.03	41.97	39.54	55.8	13.8
500	49.18	45.08	42.06	39.66	55.7	13.6
200	49.14	45.20	42.29	39.98	55.4	13.1
100	49.05	45.34	42.60	40.43	54.9	12.3
60	48.88	45.44	42.90	40.89	54.3	11.4

表 3.28 表明上述公式能反映随着 d_{max} 的增大，非线性强度指标 φ_0、$\Delta\varphi$ 的增大以及在小围压时堆石料强度增长，大围压时强度降低的特性。公式有 4 个参数，概念清晰，可由 3～4 组不同最大粒径尺寸的堆石料强度试验确定，可外推现场原型尺寸堆石料强度指标。

胡黎明等（2007）对粗粒料与混凝土板接触面分别进行了试样缩尺和粒径缩尺试验，得到了缩尺前后的接触面强度与变形特性。根据试验结果，探讨了试样缩尺和粒径缩尺对接触面力学特性的影响，并分析了其机理（见表 3.29、表 3.30 和图 3.75）。

表 3.29 接触面剪切试验结果表

试　样	试验土料最大粒径 d_{max}/mm	抗剪强度指标	
		C/kPa	ω/(°)
大尺寸	60	0	42.2
	20	0	41.2
	10	0	39.0
小尺寸	60	0	42.0
	20	0	41.0
	10	0	38.7

表 3.30 接触面初始剪切劲度表

σ_n/kPa	初始剪切劲度/(kPa/mm)		
	试验原型料—混凝土板接触面	缩尺料—混凝土板接触面	
		缩尺 1/3	缩尺 1/6
100	109.1	78.7	76.7
200	203.1	135.1	125.0
300	235.8	147.1	131.9
500	289.9	204.1	162.1
800	344.0	277.8	191.2

结果表明：①当试样尺寸与粗粒料最大粒径之比大于一定值时，试样缩尺对粗粒料与混凝土板接触面强度与变形特性的影响可以忽略。②粒径缩尺后，土料与混凝土板接触面比试验原型料与混凝土板接触面的强度低。③粒径缩尺后，缩尺料与混凝土板接触面初始剪切模量高，低压时的剪胀量和高压时的剪缩量都相对较小。

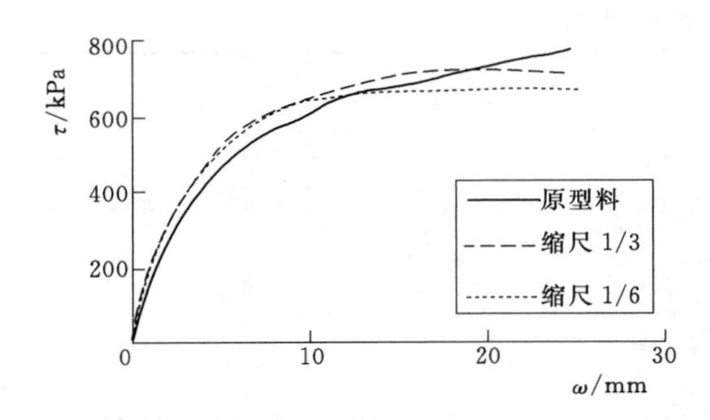

图 3.75 相同正应力情况下接触面 $\tau-\omega$ 关系曲线对比（$\sigma_n=800\text{kPa}$）

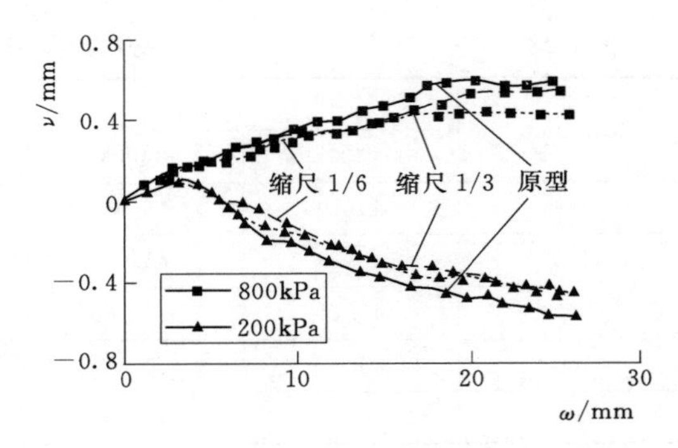

图 3.76 接触面相对位移（ν）与法向位移（ω）关系曲线图

朱晟等（2011）根据双江口 300m 级土石坝堆石料的原平均设计级配曲线，采用 4 种不同缩尺方法得到室内干密度极值试验成果，利用粗粒筑坝材料的级配设计母线—Talbot 曲线，引入分形几何理论，选取对级配性质较为敏感的 Talbot 公式的指数 n 以及反映颗粒形状与粗糙度的因子作为分形指标，解译粗粒料密实度出现缩尺效应的内在原因。利用 PFC2D 软件，结合混合法各缩尺比级配进行干密度极值数值试验，研究缩尺效应对粗粒料的相对密度、孔隙率的影响规律，并分析引起其差异的细观机制。

马刚等（2012）采用考虑颗粒破碎效应的随机颗粒不连续变形方法，探讨堆石料缩尺效应的细观机制，试图解释试验成果出现差异的原因。主要研究压实度控制标准和颗粒自身性质对缩尺效应的影响（见图 3.77、图 3.78）。

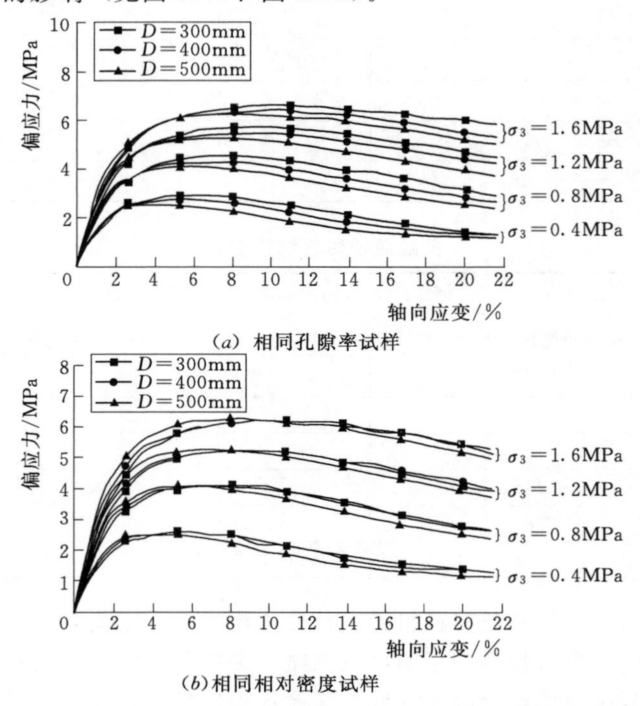

图 3.77 相同孔隙率和相对密度试样的偏应力-轴向应变关系曲线图

(1) 堆石料的压实性能与颗粒的形状和级配有关，对于不同的级配料，其最大、最小干密度不同，因此具有相同孔隙率和干密度的堆石料由于级配不同，其密实程度差异明显，从数值模拟结果来看，采用按相对密度控制试样的压实度，不同尺寸试样的抗剪强度和非线性强度指标的变化小于按孔隙率控制的试样，缩尺的影响较小，因此，采用按相对密度控制不同级配料的密实度更加合理。

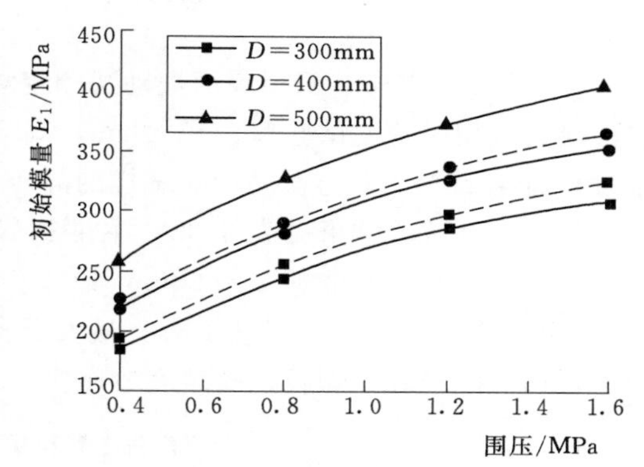

图 3.78　不同尺寸试样的初始模量和围压关系曲线图

(2) 无论采用按照相对密度控制还是按照孔隙率控制，堆石料的初始切线模量的缩尺效应都相同，即最大粒径 d_{max} 越大，堆石料的不均匀系数 C_u 越大，颗粒间的咬合作用越强烈，导致堆石料的初始切线模量也越大。

(3) 堆石料强度的缩尺效应与缩尺方法、压实度控制标准和颗粒自身性质等因素有关，其细观机制在于颗粒的剪胀、颗粒破碎和重排列三种机制共同作用的结果。堆石料强度的缩尺效应的不确定性源于这三种机制的相互影响和转化，而级配特征、密实程度、颗粒自身性质等因素都会触发这三种机制的此消彼长或此长彼消，而最终的结果往往取决于何种因素占了主导地位。

为了了解堆石料颗粒尺寸对其力学特性的影响，对河口村主堆石料进行了多种级配及试样尺寸的物理力学特性试验研究，包括大型、小型相对密度、压缩试验和三轴剪切试验等。试验依照《土工试验规程》(SL 237—1999) 进行，并均进行了平行试验。

3.2.1.2　河口村主堆石料尺寸效应室内试验研究

(1) 主堆石料级配及制样干密度。河口村主堆石料压缩试验和三轴试验级配（见表3.31)，制样干密度为 2.17g/cm^3。

表 3.31　　堆石料级配表

名称	小于某粒径之土重百分数/%												
	800	600	400	200	100	60	40	20	10	5	2	1	0.5
上包线		100	92.14	74.7	60	50	43.6	35.6	27.2	20	15	11.1	8.57
下包线	100	90	77	55.7	39.7	31.4	26.4	18.7	13.4	10	6.43	4.28	2.85
平均线	100	95	84.57	65.2	49.9	40.7	35.0	27.8	20.3	15	10.7	7.71	5.71
试验曲线	大型三轴仪及压缩仪					100	81.5	58.8	40.3	27.2			
试验曲线	中型三轴仪							100	57.4	27.2			
试验曲线	小型三轴仪及压缩仪					直接采用小于 5mm 粒细的材料							

(2) 相对密度试验。主堆料 $d<5$mm 相对密度试验采用电动相对密度仪，试验可靠度较手动相对密度仪有所提高。相对密度试验的最小干密度测定采用漏斗法，最大干密度采

用振击法。

主堆料 $d<60$mm 采用表面振动法测定坝料的最大干密度，最小干密度的测定采用倾注松填法。相对密度试验筒内径 30cm，高 34cm。表面振动器振动频率为 40～60Hz，激振力约为 4.2kN，夯与振动器对试样的静压力为 14kPa，分两层装填，每层振动 8min。

相对密度试验结果见表 3.32。主堆料 $d<5$mm 最小干密度为 1.45g/cm^3，最大干密度为 2.05g/cm^3；主堆料 $d<60$mm 最小干密度为 1.804g/cm^3，最大干密度为 2.30g/cm^3。随着堆石料颗粒粒径的增大，最大干密度和最小干密度均在增加。分析认为，较粗的堆石料级配较好，颗粒之间填充较密实，最小和最大干密度均较大。

表 3.32　河口村主堆料相对密度试验结果表

土样编号	最小干密度/(g/cm^3)	最大干密度/(g/cm^3)
主堆料 $d<5$mm	1.45	2.05
主堆料 $d<60$mm	1.804	2.30

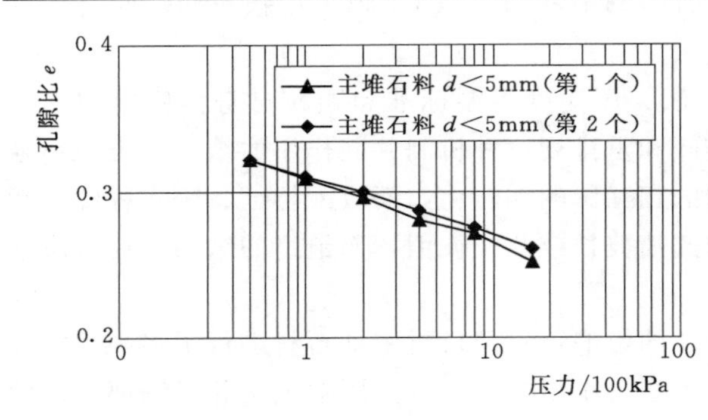

图 3.79　河口村主堆石料 $d<5$mm 孔隙比与压力半对数关系曲线图

(3) 压缩试验。$d<5$mm 主堆石料压缩试验采用磅秤式压缩仪。考虑到填筑材料可能的使用工况，进行了非饱和不浸水试验条件下的压缩试验，压缩试验施加的最大压力为 1.6MPa。试样面积为 30cm^2，试样的高度为 2cm。两个土样的非饱和不浸水压缩试验，在 0.1～0.2MPa 压力范围内的压缩系数 a_{1-2} 为 0.051～0.067MPa^{-1}，详见图 3.79 和表 3.33。

表 3.33　河口村 $d<5$mm 主堆石料压缩试验成果表

土样编号	制样条件	试验条件	0.1～0.2MPa 压力范围内压缩系数/MPa^{-1}	
	干密度/(g/cm^3)			压缩性判别
主堆石料 $d<5$mm（第 1 个）	2.17	非饱和不浸水	0.067	低压缩性土
主堆石料 $d<5$mm（第 2 个）			0.051	低压缩性土

$d<60$mm 主堆料主堆石料压缩试验在大型高压压缩仪上完成，试样直径为 300mm、高度为 180mm，最大垂直压力为 10MPa。试验时，根据试样级配及控制干密度称取试验用料，拌和均匀，分两层装入压缩容器，并分层夯实到控制干密度。垂直压力等级分为 0MPa、0.1MPa、0.2MPa、0.4MPa、0.8MPa、1.6MPa、3.2MPa 等级，每一级加荷历时由压缩变形稳定情况而定，本次试验一般为 1h，压缩变形量由四个呈 90°分布的位移传感器测定，取其平均值。$d<60$mm 主堆石料在 0.1～0.2MPa 压力范围内的压缩系数 a_{1-2} 为 0.01～0.02MPa^{-1}，详见图 3.80、图 3.81 和表 3.34。

$d<60$mm 主堆石料较 $d<5$mm 的主堆石料的压缩性减小，即粒径越大压缩性越小，可能与大颗粒的骨架作用有关。

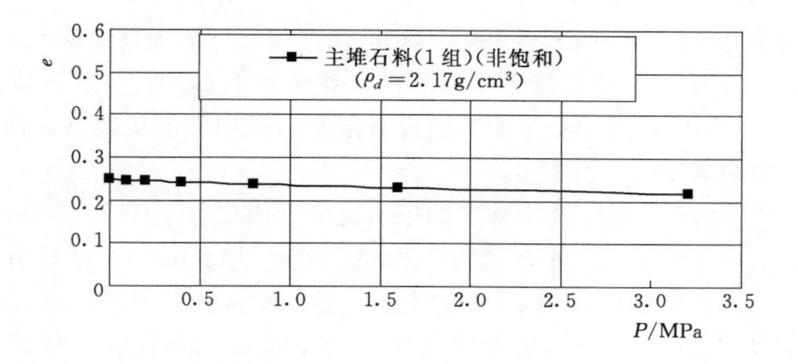

图 3.80　主堆石料 d>5mm（1组）$e-P$ 曲线图（$\rho_d=2.17\mathrm{g/cm^3}$）

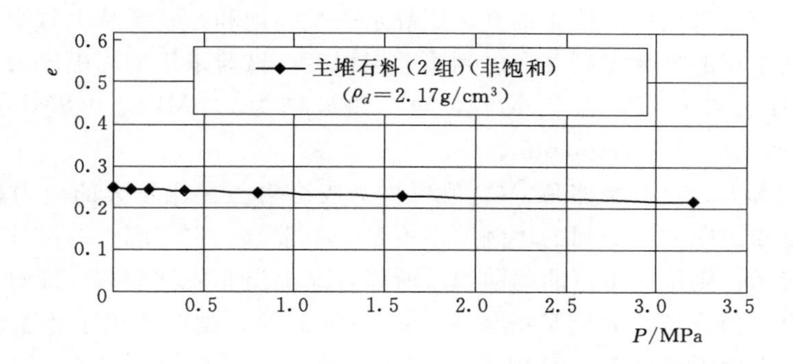

图 3.81　主堆石料 d>5mm（2组）$e-P$ 曲线图（$\rho_d=2.17\mathrm{g/cm^3}$）

表 3.34　　　　d<60mm 主堆石料压缩试验结果表

试样名称	试验条件			试验参数	垂直压力/MPa						
	干密度/(g/cm³)	孔隙比	状态		0	0.1	0.2	0.4	0.8	1.6	3.2
主堆石料（1组）	2.17	0.249	非饱和	孔隙比	0.249	0.247	0.245	0.243	0.239	0.231	0.219
				压缩系数/MPa⁻¹	0.020	0.020	0.010	0.010	0.010		0.007
				压缩模量/MPa	62.5	62.5	124.9	124.9	124.9		178.4
主堆石料（2组）		0.249	非饱和	孔隙比	0.249	0.247	0.246	0.244	0.240	0.232	0.219
				压缩系数/MPa⁻¹	0.020	0.010	0.010	0.010	0.010		0.008
				压缩模量/MPa	62.5	124.9	124.9	124.9	124.9		156.1

（4）三轴抗剪强度试验。填筑材料的抗剪强度是设计和边坡稳定分析的重要指标。小型三轴抗剪强度试验在英国 ELE 公司生产的应变控制式三轴仪上进行，试样的直径为 3.8cm，高度为 8cm，每个样品分五层压制。该仪器的试验土样应力、变形和孔压均由传感器测定。

河口村主堆石料 $d<5$mm 在干密度为 2.17g/cm^3，每组抗剪强度试验均由 3 个样品组成，围压分别为 200kPa、400kPa 和 600kPa。试样饱和的方法为真空抽气法。由试验结果可以看出，河口村土样的饱和固结排水剪测得有效摩擦角 φ_d 在 41.8°～42.6°之间，凝聚力 C_d 在 92.0～99.2kPa 之间。受小型试验设备限制，采用的围压较低，河口村主堆石料在小围压下剪胀现象较明显。

河口村主堆石料 $d<20$mm 的中型三轴压缩试验所用仪器系 WF－1080 中型高压三轴仪，最大周围压力为 3MPa。试样直径为 100mm，高度为 200mm，试验方法为饱和固结排水剪（CD）。河口村主堆料 $d<60$mm 的大型三轴压缩试验所用仪器系 SJ－70 大型高压三轴仪，轴向最大出力为 250t，最大周围压力为 7MPa。试样直径为 300mm，高度为 700mm，试验方法为饱和固结排水剪（CD）。试样分五层制备，制样方法采用人工夯实法，试样饱和方法采用抽气饱和法。把制好的试样安装在仪器上，抽真空后，自下而上缓慢注入脱气水，当上管出水后停止抽气，用静水头继续饱和，直至从上管溢出的水中不含气泡为止。根据该坝的最大坝高并考虑到覆盖层深度，试验采用的周围压力第一组分别为 0.5MPa、1.0MPa、2.0MPa 及 3.0MPa，第二组分别为 0.4MPa、0.8MPa、1.5MPa 及 2.5MPa，剪切速度控制为 1mm/min。

粗粒土无凝聚力，只有摩擦角，C_d 值可称为咬合力。在比较大的应力范围内，主堆石料的抗剪强度与法向应力之间的比例关系不是一个常数，它随应力的增加而降低，若用摩尔强度包线表示，则呈向下弯曲的曲线。所以，又提出非线性参数，即每一个摩尔圆均通过原点，得出 φ 值。这个 φ 值是指某一个 σ_3 下的 φ 值，据此给出了该主堆石料的非线性强度指标，其有效内摩擦角 φ' 采用式（3.5）计算：

$$\varphi'=\varphi-\Delta\varphi\lg(\sigma_3/P_a) \tag{3.5}$$

式中：φ 为围压力为一个大气压时的内摩擦角，(°)；$\Delta\varphi$ 为随压力变化的内摩擦角，(°)；σ_3 为周围压力，MPa；P_a 为标准大气压，为 0.1MPa。

在坝体有限元静力分析中，大多采用以 E、B 为参数的邓肯-张模型，模型表达式（3.6）计算：

$$\left.\begin{aligned}E_t&=E_i\left[1-\frac{R_f(1-\sin\varphi)(\sigma_1-\sigma_3)}{2C\cos\varphi+2\sigma_3\sin\varphi}\right]^2\\E_i&=KP_a\left(\frac{\sigma_3}{P_a}\right)^n\\B&=K_bP_a\left(\frac{\sigma_3}{P_a}\right)^m\end{aligned}\right\} \tag{3.6}$$

式中：E_t 为切线弹性模量；E_i 为初始弹性模量；B 为体变模量；σ_3 为周围压力；σ_1 为最大主应力；K 为弹性模量系数；n 为弹性模量指数；K_b 为体积模量系数；m 为体积模量指数；P_a 为大气压力；R_f 为破坏比；C、φ 为土的抗剪强度指标。

中型和大型三轴压缩试验结果见图 3.82～图 3.87，得到计算模型参数、强度指标见表 3.35 和表 3.36。由试验结果可以看出，主堆石料的饱和固结排水剪测得的强度指标，主堆石料有效摩擦角 φ_d 在 36.1°～36.9°之间，凝聚力 C_d 在 306～349kPa 之间，φ_0 在 52.6°～55.6°之间，$\Delta\varphi$ 在 8.9°～11.0°之间。随着试样颗粒粒径变大，颗粒之间的咬合力在增大，但摩擦角在减小。

表 3.35　　土样的固结排水剪试验结果表

土样名称编号		非线性强度指标		线性强度指标	
		φ_d/(°)	C_d/kPa	φ_0/(°)	$\Delta\varphi$/(°)
大型三轴仪	第一组	36.6	333	54.3	10.7
	第二组	36.6	306	53.7	10.5
	40mm	35.6	388	54.7	11.2
中型三轴仪	第一组	36.9	349	52.6	8.9
	第二组	36.1	326	55.6	11.0
	10mm	35.6	259	49.6	8.3
小型三轴仪	第一组	42.6	92.0		
	第二组	41.8	99.2		

表 3.36　　土样的饱和 CD 试验邓肯-张模型参数表

土样名称编号		K	n	K_b	m	R_f	φ_0/(°)	$\Delta\varphi$/(°)
大型三轴仪	第一组	1700	0.21	400	0.14	0.841	54.3	10.7
	第二组	1620	0.21	360	0.14	0.855	53.7	10.5
	平均值	1660	0.21	380	0.14	0.848	54	10.6
	40mm	1030	0.21	440	0.14	0.691	54.7	11.2
中型三轴仪	第一组	1412	0.21	416	0.14	0.786	52.6	8.9
	第二组	1194	0.21	346	0.14	0.726	56.6	12.0
	平均值	1303	0.21	381	0.14	0.756	54.6	10.45
	10mm	1333	0.21	400	0.10	0.834	49.6	8.3
小型三轴仪	第一组	555	0.49			0.90		
	第二组	572	0.47			0.85		
	平均值	563.5	0.48			0.875		

从试验成果可知：主堆石料的饱和固结排水剪的应力应变关系基本呈应变硬化型，曲线形状比较接近双曲线。从体变曲线看，主堆石料在小围压时有轻微剪胀发生，其他条件下无明显剪胀现象，应力应变分析计算采用邓肯-张模型还是合适的，模型的 K 值在 1194～1700 之间。如表 3.36 所示，随着试样粒径变大，邓肯-张模型的 K 值在增大，与压缩试验的结果一致。进一步研究表明，随着试样粒径的增大，K 与试样最大粒径之间关系可以用对数函数描述，见下式，即邓肯-张模型的 K 值随试样最大粒径 d 增大，但增大的速率在不断地减慢（见图 3.88）。

$$K = 288\ln d + 330$$

（5）尺寸效应对主堆石料力学特性影响总结。通过对河口村主堆石料的尺寸效应试验研究，得出以下结论：

1）本研究采用大型压缩仪（直径 300mm）和小型压缩仪（直径 61.8mm）对河口村

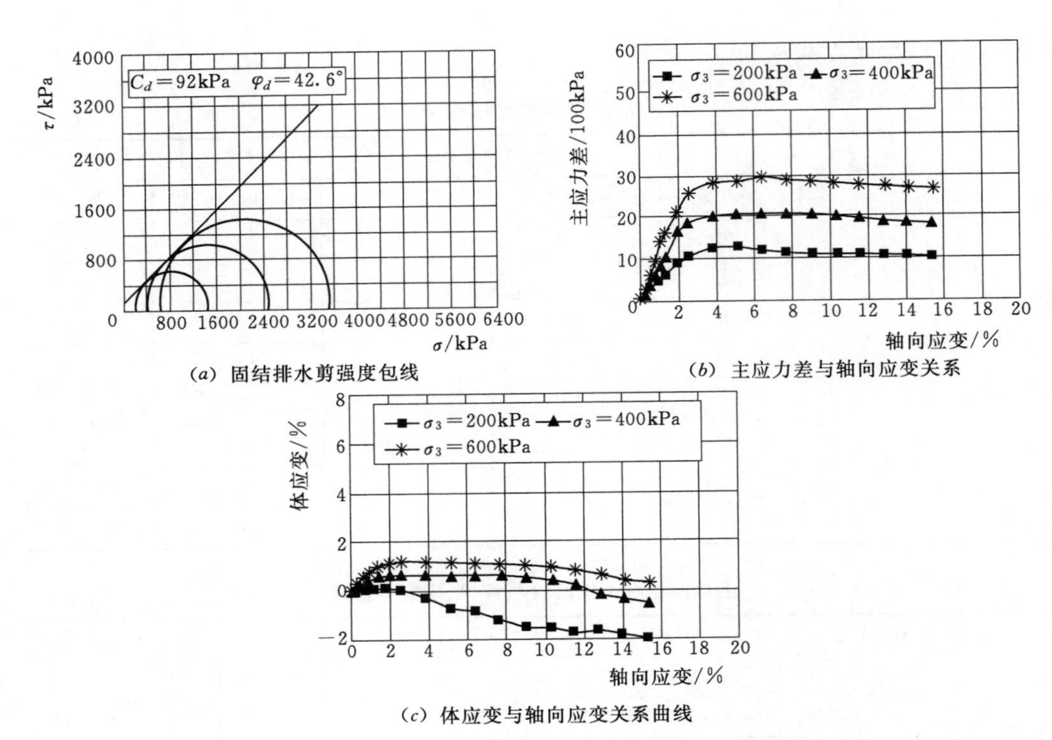

(a) 固结排水剪强度包线

(b) 主应力差与轴向应变关系

(c) 体应变与轴向应变关系曲线

图 3.82　主堆石料 $d<5$mm（第一组）小型三轴试验结果图

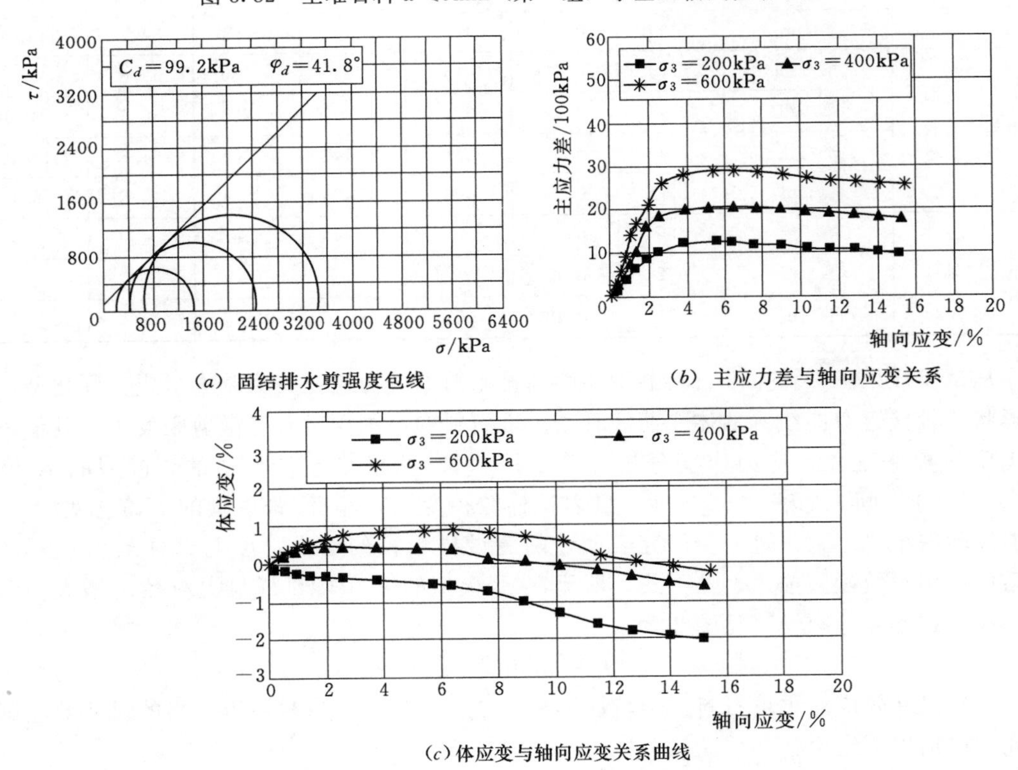

(a) 固结排水剪强度包线

(b) 主应力差与轴向应变关系

(c) 体应变与轴向应变关系曲线

图 3.83　主堆石料 $d<5$mm（第二组）小型三轴试验结果图

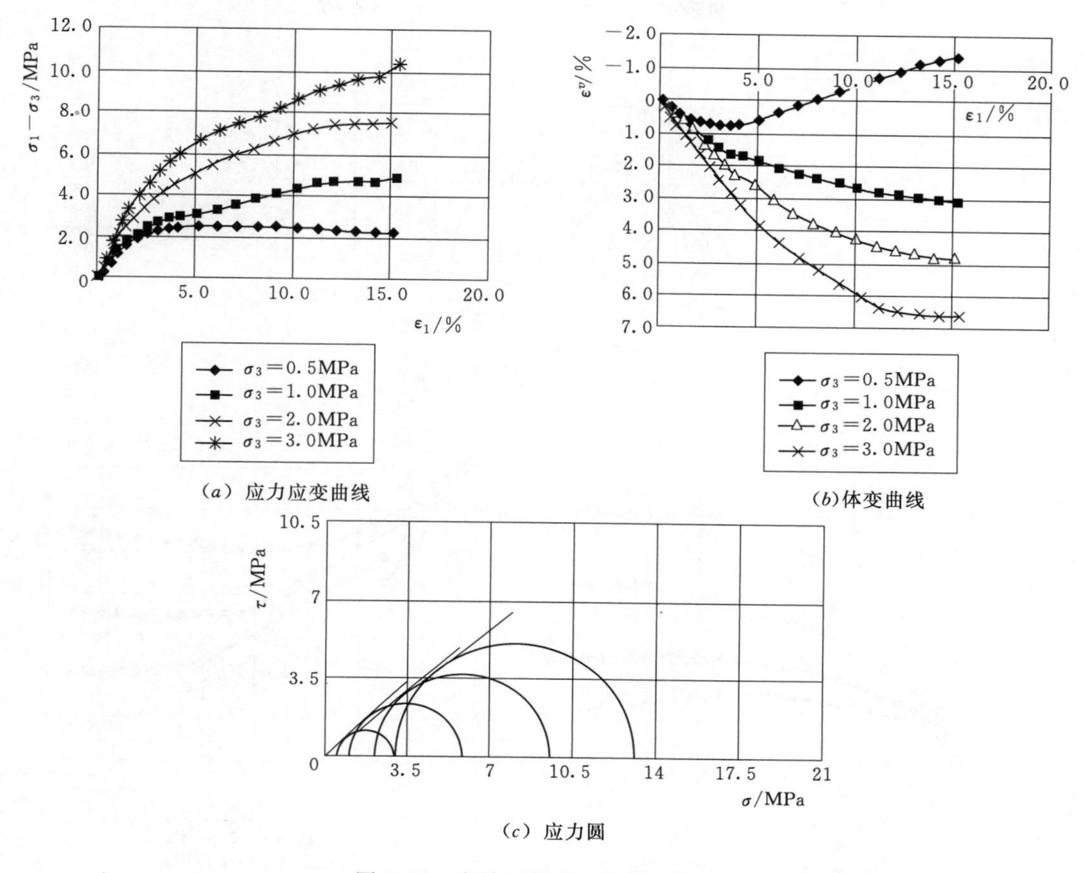

图 3.84 主堆石料中三轴第一组图

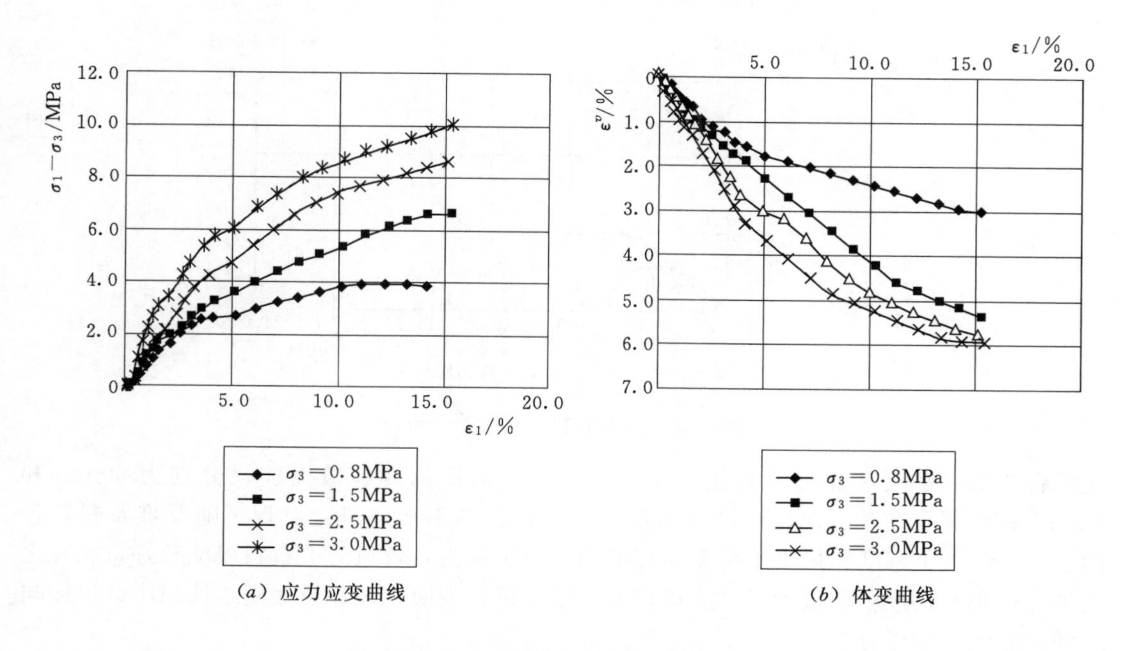

图 3.85（一） 主堆石料中三轴第二组图

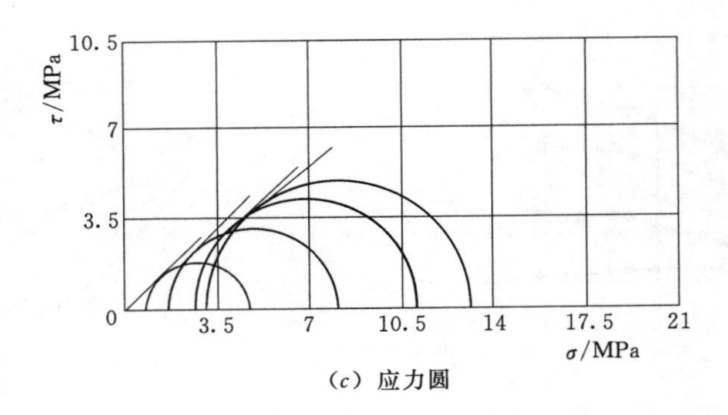

(c) 应力圆

图 3.85（二） 主堆石料中三轴第二组图

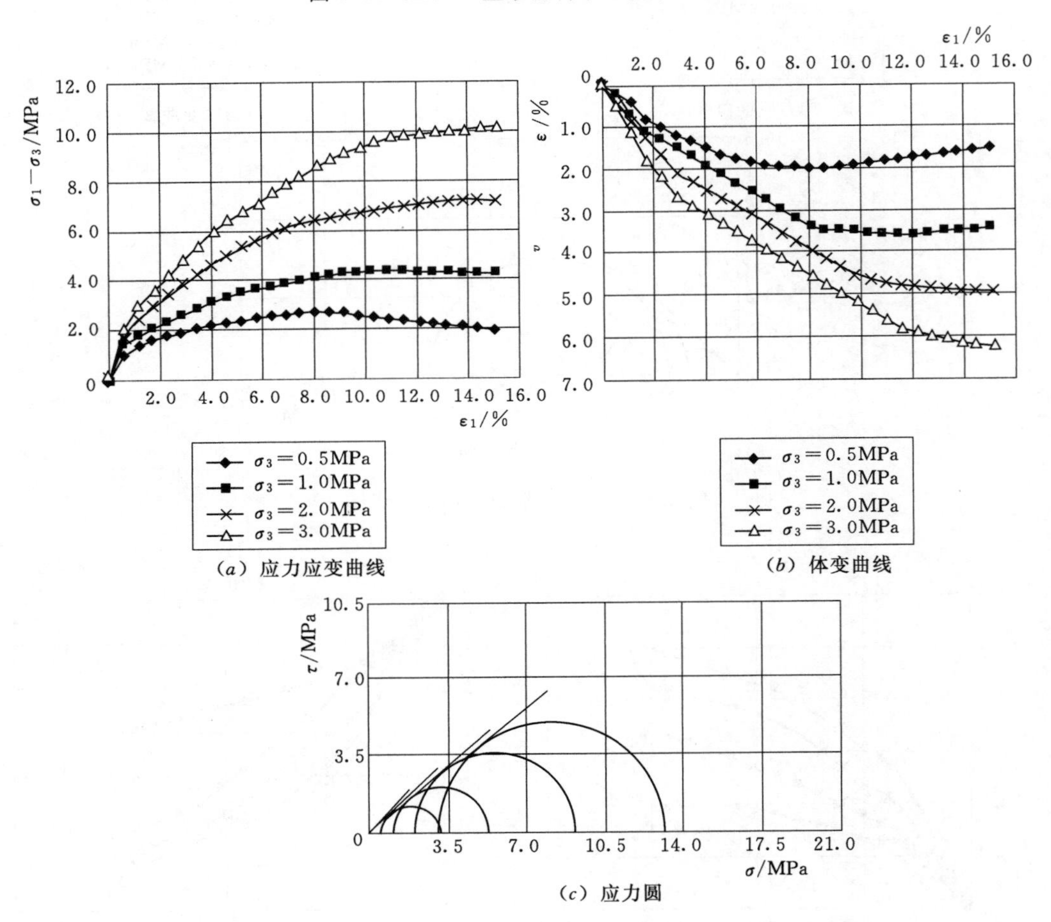

(a) 应力应变曲线

(b) 体变曲线

(c) 应力圆

图 3.86 主堆石料大三轴第一组图

主堆料的相对密度和压缩特性进行了平行试验，对应的颗粒最大粒径分别为 60mm 和 5mm，探讨了尺寸效应对河口村主堆石料压实特性的影响。研究发现，随着堆石料粒径的增大，最大干密度和最小干密度均在增加。分析认为，较粗的堆石料级配较好，颗粒之间填充较密实，最小和最大干密度均较大。压缩试验表明，粒径越大压缩性越小，可能与大颗粒的骨架作用有关。

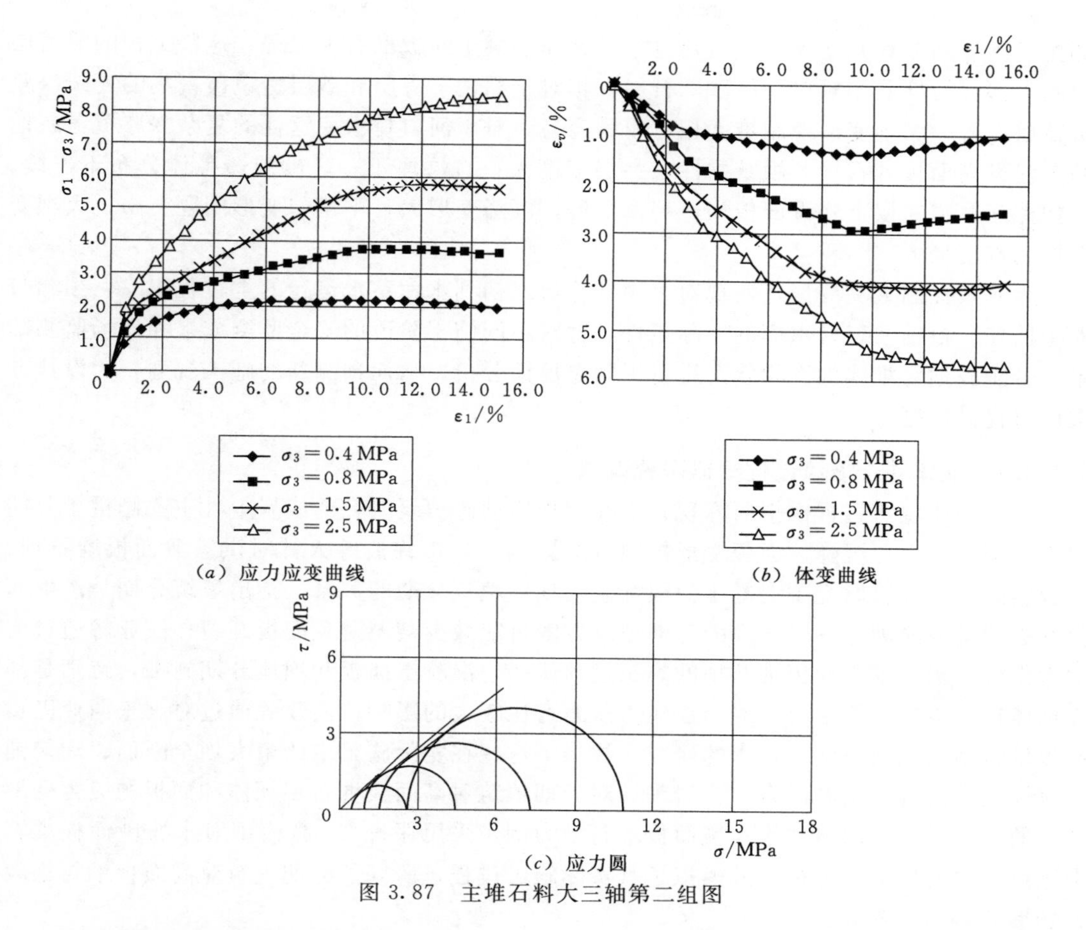

(a) 应力应变曲线　　(b) 体变曲线

(c) 应力圆

图 3.87　主堆石料大三轴第二组图

2）研究采用大型、中型、小型三种三轴仪对河口村主堆石料进行了平行试验，试样直径分别为 300mm、100mm 和 38mm，对应的堆石料颗粒最大粒径分别为 60mm、20mm 和 5mm，探讨了尺寸效应对河口村主堆石料变形与强度特性的影响。试验结果表明，随着河口村主堆料试样粒径变大，颗粒之间的咬合力在增大，但摩擦角在减小。随着试样粒径变大，邓肯-张模型的 K 值在增大，与压缩试验的结果一致。进一步研究表明，随着试样粒径的增大，K 与试样最大粒径之间关系可以用对数函数描述，即邓肯-张模型的 K 值随试样最大粒径增大，但增大的速率在不断地减慢。

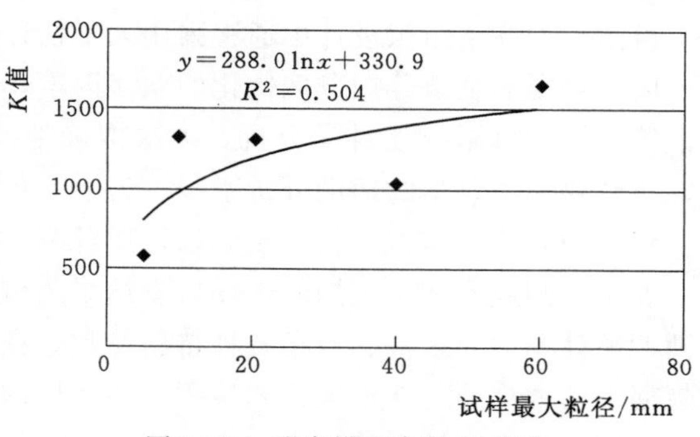

图 3.88　邓肯模型参数 K 值和试样最大粒径的关系图

3.2.2　大坝施工动态反馈计算分析研究

近年来，我国在覆盖层上修建高混凝土面板堆石坝方面取得了突出进展，相继建成了那兰、察汗乌苏和九甸峡等坝高超过百米的高混凝土面板堆石坝工程，这些工程的覆盖层地基大部分为性质相对单一的砂砾石层，相对于黏性土夹层和砂层透镜体富集的复杂深厚覆盖层而言，大坝变形控制难度相对较为容易。对于河口村水库这样的复杂深厚覆盖层地基上建设高面板堆石坝，坝基黏性土夹层厚度大，且层厚不一，砂层透镜体分布不连续。在如此深厚覆盖层上建设面板坝，坝基变形，沉降变形大，不均匀变形问题突出，大坝变形控制难度极大。

为有效控制大坝变形，实现对大坝从建设之初到水库蓄水运行的全过程跟踪、预测与安全监控。根据河口村水库的实际条件，针对不同施工阶段的安全监测成果和现场监测结果，分阶段地对坝体的性状状态进行了动态反馈分析。从而预测新的施工规划，为设计方案调整提供依据。

3.2.2.1 坝体动态填筑过程模拟研究现状

(1) 坝体填筑过程模拟研究现状。在对坝体动态填筑研究的成果中，主要侧重于分期规划对坝体应力、沉降、面板变形控制等的影响。如黄锦波等人针对洪家渡面板堆石坝，结合实际施工经验研究了混凝土面板开裂与坝体填筑分期的关系，指出填筑分期是产生面板开裂的重要原因之一，合理的分期填筑方案可能减少甚至避免面板开裂；段亚辉通过模拟天生桥一级混凝土面板堆石坝的施工过程认为，混凝土面板和坝体分期施工，特别是部分坝体在面板之后施工时，对面板应力状态有比较大的影响；向建等通过对马来西亚巴贡面板堆石坝实际填筑施工过程的研究，找出了这些在实际施工中约束大坝全断面、均匀铺筑碾压上升的各种限制因素；张岩等针对分期填筑对高面板堆石坝坝体和面板的应力变形产生的重要影响，以清江水布垭面板堆石坝为例，采用邓肯 E-B 模型对水布垭面板堆石坝进行应力变形仿真分析，并模拟了其实际施工过程，研究了分期填筑对高面板堆石坝应力变形的影响，等等。

目前，在施工组织设计中通常采用人工估计和参照相似工程经验的方法来规划填筑分期分区，对影响填筑分期分区优化的众多因素，如上坝道路布置、施工机械参数、施工区气候等的影响机制缺乏科学分析，无法准确地反映施工条件对分期分区优化的影响。因此，有必要采用科学的辅助分析手段，为下一步的施工提供科学规划。

(2) 动态施工模拟分析方法。以地质勘测、现场原位试验、室内试验研究为基础，以工程安全监测成果和施工期间现场监测结果为依据，对大坝形状状态进行动态反馈分析。不断调整计算边界条件、修正各种材料参数，在当前状态反馈分析的基础上，预测新的施工规划下的大坝应力变形模式和竣工、蓄水后的远期性状。可以及时为设计方案调整提供科学依据，实现大坝从建设之初到水库蓄水运行的全过程跟踪、预测与安全监控。

坝体动态施工分析流程见图 3.89。

3.2.2.2 原计划填筑过程坝体应力变形计算分析

为了在施工前对河口村面板堆石坝的应力变形特性有充分的认识和了解，按照大坝原计划的填筑施工及蓄水过程，对大坝的施工及蓄水过程进行数值模拟。

(1) 计算网格。根据坝体横纵剖面对河口村面板堆石坝建立了三维有限元计算网格，计算网格充分考虑了坝体分区及面板垂直缝、周边缝、趾板等结构。其典型断面填筑过程

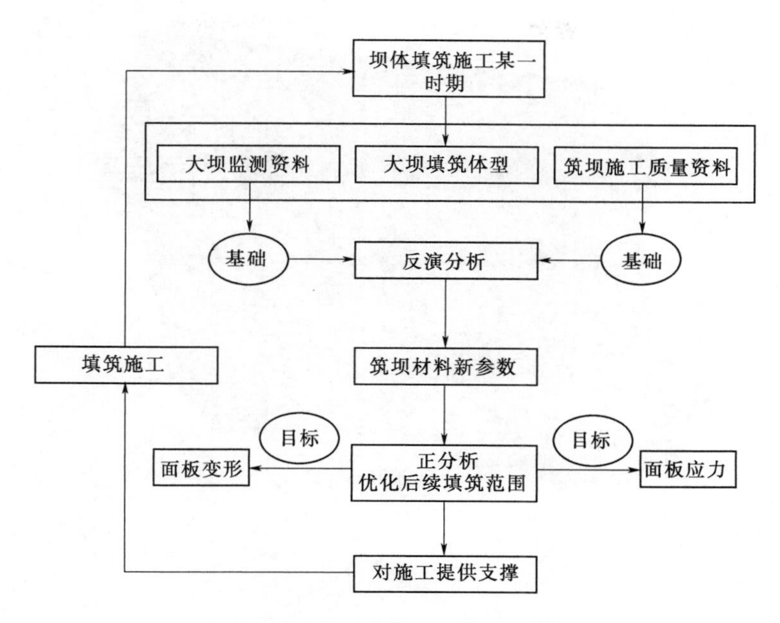

图 3.89 坝体动态施工分析流程图

见图 3.90，整个计算包括 240853 个结点，278777 个计算单元。

(2) 计算模型及参数。对筑坝材料计算分析选用了 Duncan 提出的双曲线型非线性弹性模型的 E-B 模式，计算中认为混凝土面板、混凝土防浪墙和趾板等材料受到荷载后无非线性变形，其应力变形特性采用线弹性模型进行计描述。其参数见表 3.37。

表 3.37 河口村方案材料 E-B 模型参数表

材料名称	容重 /(kN/m³)	K	n	R_f	Kur	C /kPa	φ_0 /(°)	$\Delta\varphi$ /(°)	K_b	m
垫层料	23.3	1250	0.45	0.85	2500	0	54	13	500	0.28
过渡料	22.5	1200	0.48	0.9	2400	0	54	13	500	0.28
主堆石	21.7	1660	0.21	0.85	3320	0	54	10.6	380	0.14
次主堆石	21.1	1000	0.25	0.81	2000	0	52	12	450	0.2
特殊垫层料	23	1200	0.45	0.85	2400	0	55	12	600	0.2
河床砂卵石层	20.7	900	0.42	0.85	1350	0	34	0	500	0.28
河床壤土夹层	20	264	0. 25	0.85	396	5	23	0	134	0.4
河床夹砂层	16.3	300	0.5	0.89	480	0	28	0	150	0.4
防渗墙基础沉渣	20.5	1000	0.3	0.75	1250	0	45	0	550	0.28
混凝土面板、趾板、连接板、混凝土防渗墙	弹性模量 $E=2.8\times10^4$MPa，泊松比 $\upsilon=0.167$，$\gamma=24$kN/m³，C25									

(3) 计算结果的整理及分析。坝体应力变形计算分析结果的整理主要针对竣工期和满蓄期，因此，各方案计算结果的整理也主要以这两个工况为主。计算结果的整理选取河谷横断面 $X=0$ (D0+140 断面) 以及面板的计算结果进行整理。

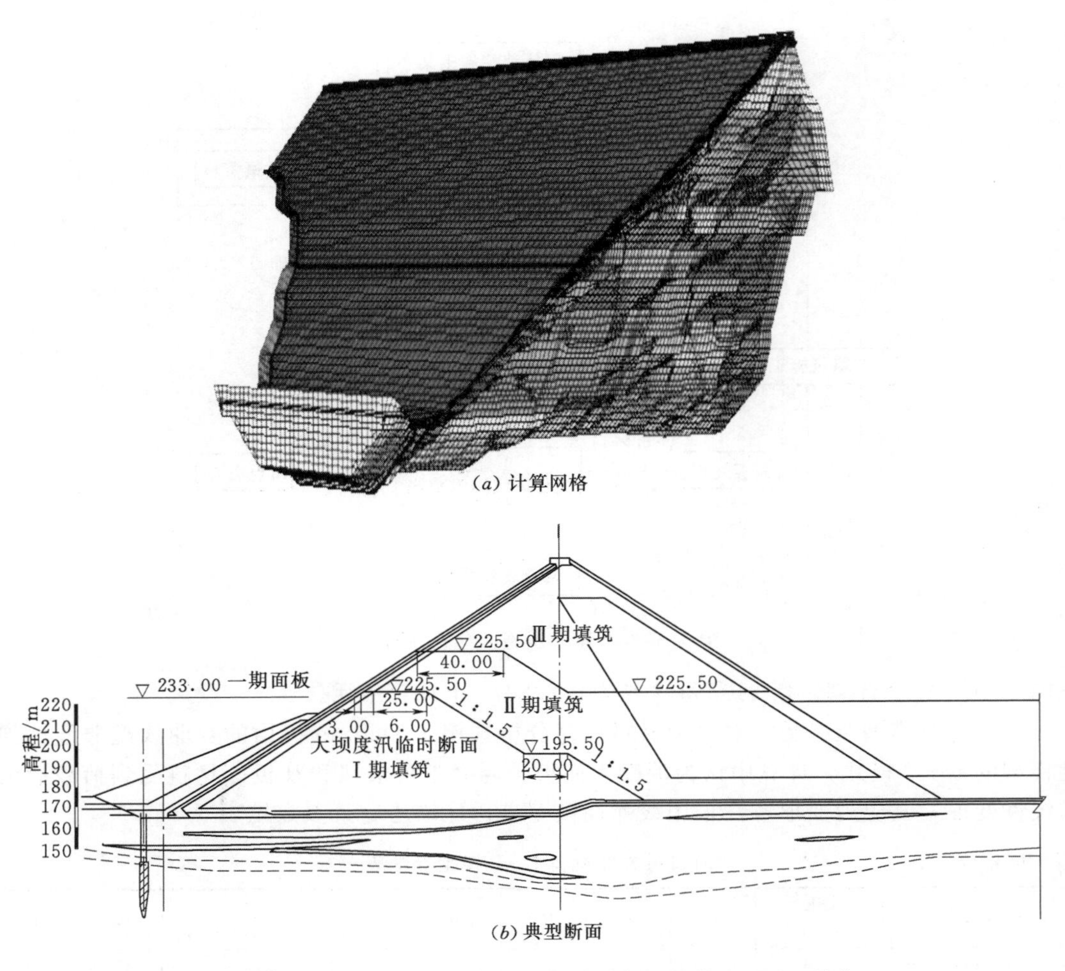

(a) 计算网格

(b) 典型断面

图 3.90　河口村面板堆石坝计算网格及典型断面填筑过程图（单位：m）

1）竣工期计算成果。竣工期坝体的应力变形计算成果见图 3.91、图 3.92。

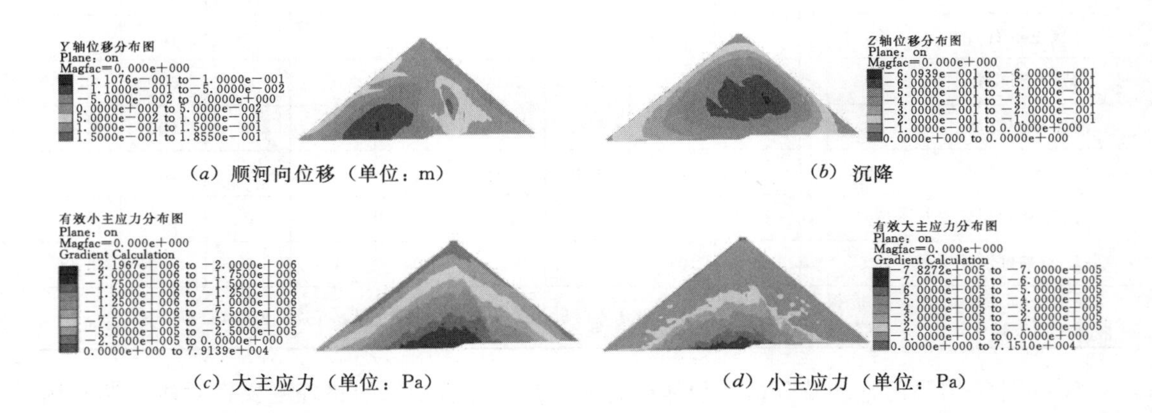

(a) 顺河向位移（单位：m）　　(b) 沉降

(c) 大主应力（单位：Pa）　　(d) 小主应力（单位：Pa）

图 3.91　竣工期典型横断面计算结果图

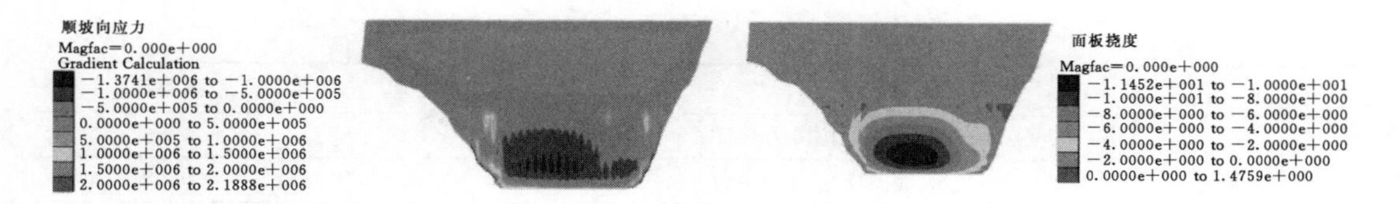

(*a*)顺坡向应力(单位：Pa)　　(*b*) 面板挠度 (单位：cm)

图 3.92　竣工期面板计算结果图

2）满蓄期计算成果。满蓄期坝体的应力变形计算成果见图 3.93、图 3.94。

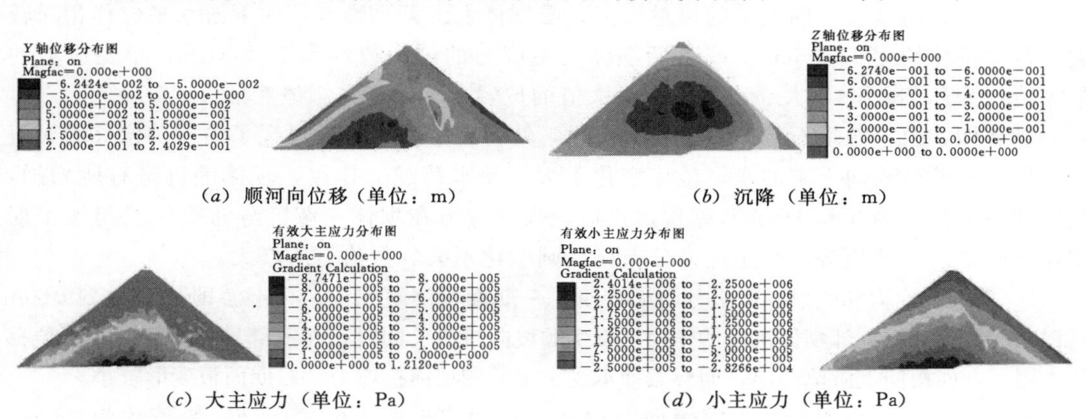

(*a*) 顺河向位移 (单位：m)　　(*b*) 沉降 (单位：m)

(*c*) 大主应力 (单位：Pa)　　(*d*) 小主应力 (单位：Pa)

图 3.93　满蓄期典型横断面计算结果图

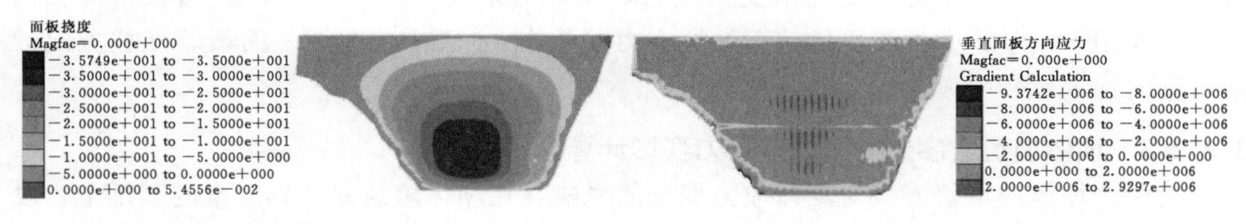

(*a*) 面板挠度 (单位：cm)　　(*b*) 垂直面板方向应力 (单位：Pa)

图 3.94　满蓄期面板计算结果

3）计算结果分析。

表 3.38　　河口村面板堆石坝三维应力变形各方案计算成果汇总表

计 算 工 况			竣工期	满蓄期
坝体	最大竖向沉降/m		0.612	0.681
	占坝高比例/%		0.501	0.558
	最大水平位移/cm	向上游	11.08	6.33
		向下游	18.55	24.03
	最大主应力/MPa	σ_1	2.20	2.52
		σ_3	0.78	0.87
面板	最大挠度/cm		11.45	35.75
	最大顺坡向位移/cm		1.68	2.63
	顺坝坡最大压应力/MPa		1.46	2.94

续表

计 算 工 况		竣工期	满蓄期
面板	顺坝坡最大拉应力/MPa	1.32	1.96
	顺轴向压应力/MPa	2.93	9.98
	顺轴向拉应力/MPa	1.06	2.05

A. 坝体的应力和位移。根据坝体三维计算分析的结果（表 3.38），竣工期坝体的最大竖向位移为 0.612m，其位置处于河床段坝体中部靠下游的位置。坝体向上游位移最大值出现在一期填筑与二期填筑的接触面上，受坝体上游蓄水影响，向下游水平位移相对较大，最大位移约为 18.55cm。竣工期坝体大主应力的最大值约为 2.20MPa，小主应力的最大值约为 0.78MPa，大、小主应力最大值的位置在均出现在坝体底部。

满蓄期，由于次堆石区的弹模相对较小，使得在下游中上部出现了向下游位移的大值区，坝体上游区指向上游的水平位移变化不大。受水荷载的作用，坝体的沉降有所增加，坝体的最大沉降为 0.681m。水库蓄水以后，大主应力在坝体上游区分布等值线与竣工期相比呈明显的上抬趋势，小主应力分布格局则变化不大，数值有所增大。

B. 面板的应力和变形。面板分两期浇筑，一期面板浇筑完成后，上游即蓄水至 219.00m 高程。一期面板在上部坝体沉降的作用下发生顺坡向挤压。同时，在上部堆石体侧向水平位移的作用下，面板向上游侧凸出，面板表面承受一定的顺坡向拉应力。二期面板变形较小。

满蓄后，面板挠度的最大值偏向左岸坡，高度位于面板的中下部，数值约为 36cm。面板在河床段垂直面板方向主要承受压应力，压应力最大值约为 10MPa。面板中部在水推力的作用下，基本上处于受拉状态，拉应力数值在 1～2MPa 左右。面板顺坝坡方向的应力受河谷地性影响较大。

3.2.2.3 坝体填筑次序优化后坝体应力变形计算分析

为探讨坝体的填筑方式对坝体应力变形的影响，在坝体填筑原计划方案的基础上，改变坝体的填筑方式为水平填筑。坝体填筑次序优化后见图 3.95。坝体的计算网格及计算参数和原计划方案相同。

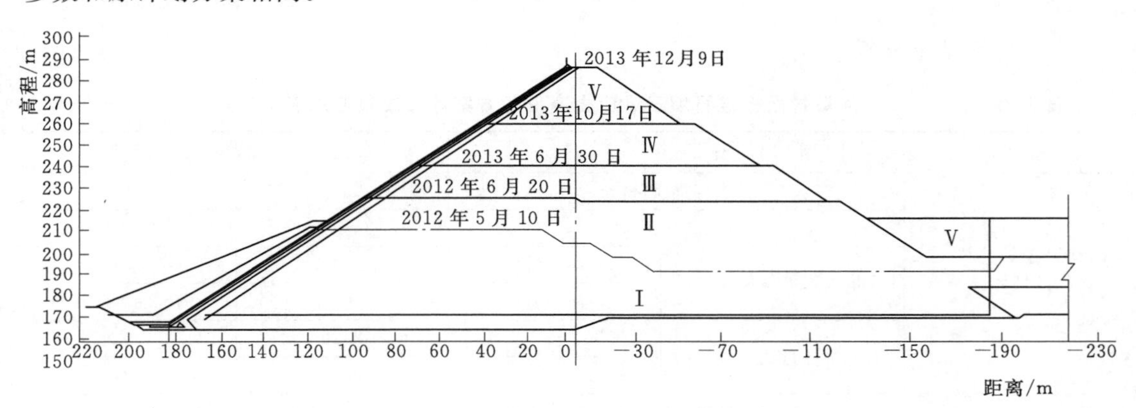

图 3.95 坝体填筑次序优化后示意图（实际填筑）

(1) 竣工期计算结果。竣工期坝体的应力变形计算成果见图 3.96、图 3.97。

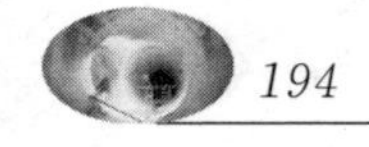

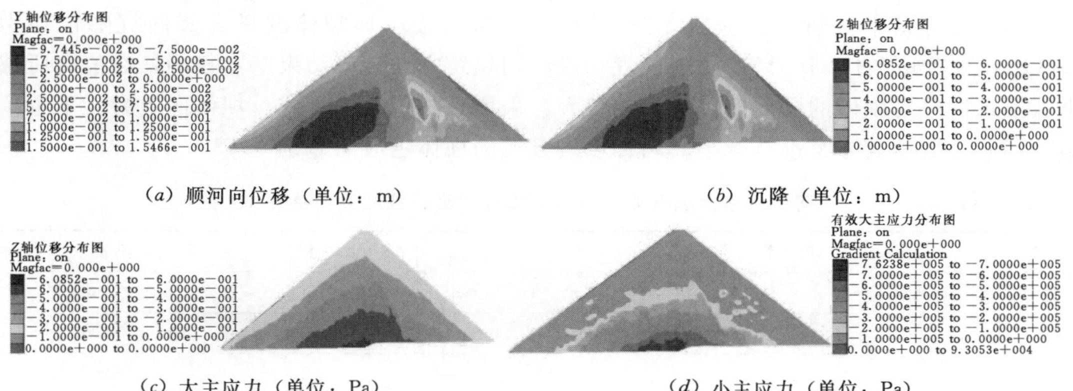

(*a*) 顺河向位移（单位：m）　　(*b*) 沉降（单位：m）

(*c*) 大主应力（单位：Pa）　　(*d*) 小主应力（单位：Pa）

图 3.96　竣工期典型横断面计算结果图

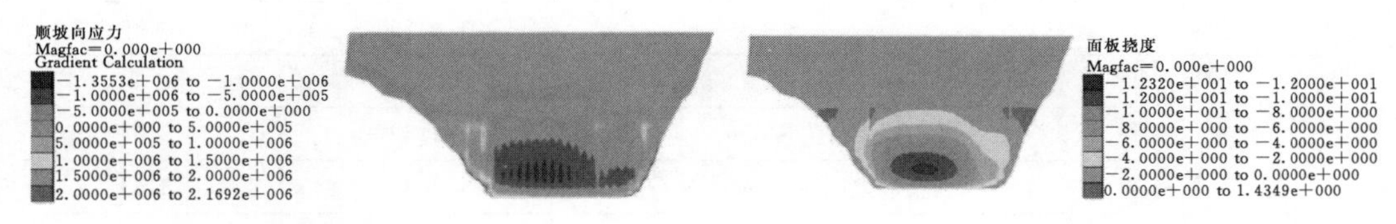

(*a*) 顺坡向应力（单位：Pa）　　(*b*) 面板挠度（单位：cm）

图 3.97　竣工期面板计算结果图

（2）满蓄期计算结果。满蓄期坝体的应力变形计算成果见图 3.98、图 3.99。

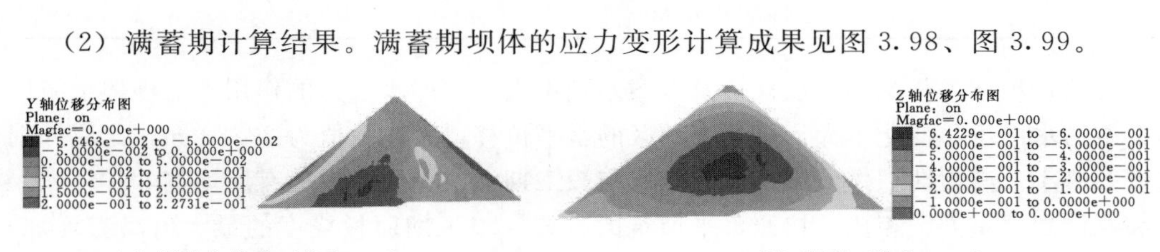

(*a*) 顺坡向位移（单位：m）　　(*b*) 沉降（单位：cm）

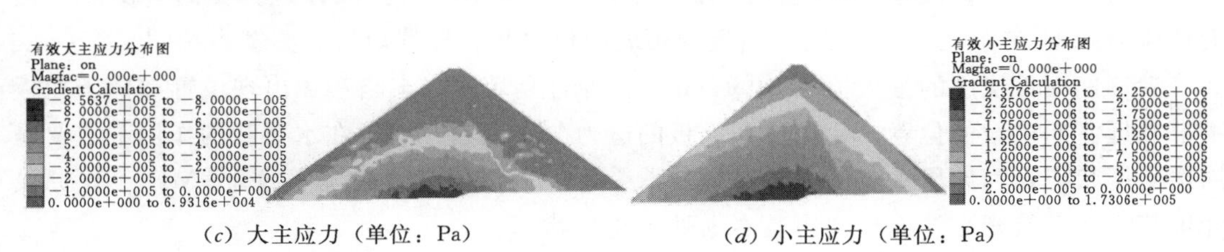

(*c*) 大主应力（单位：Pa）　　(*d*) 小主应力（单位：Pa）

图 3.98　满蓄期典型横断面计算结果图

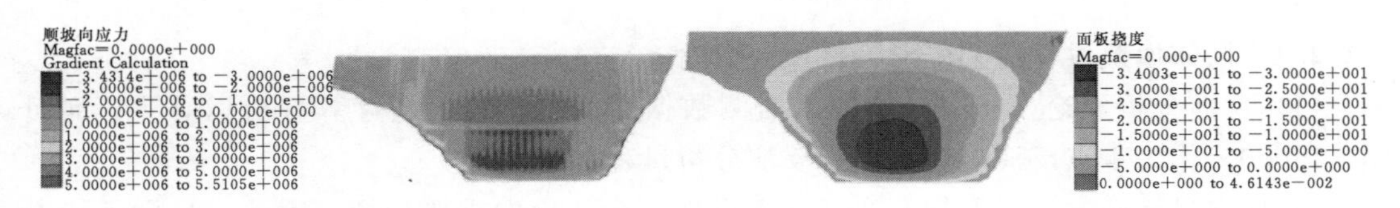

(*a*) 顺坡向应力（单位：Pa）　　(*b*) 面板挠度（单位：cm）

图 3.99　满蓄期面板计算结果图

(3) 计算结果分析。根据表3.39的计算结果，竣工期坝体的最大竖向沉降位移为0.608m，占坝高的0.498%，出现位置和原计划填筑方案计算结果基本相同，数值有所减小。填筑次序对坝体的顺河向位移影响较大，采用水平填筑的方式，坝体向上游、下游位移量比原计划填筑方案都有减小。两种填筑方式的坝体主应力差别不大。

表3.39　　河口村面板堆石坝坝体水平填筑方案计算成果汇总表

计算工况			竣工期	满蓄期
坝体	最大竖向沉降/m		0.608	0.642
	占坝高比例/%		0.498	0.526
	最大水平位移/cm	向上游	9.81	5.65
		向下游	15.46	22.73
	最大主应力/MPa	σ_1	2.14	2.38
		σ_3	0.76	0.86
面板	最大挠度/cm		12.32	34.15
	最大顺坡向位移/cm		1.59	2.08
	顺坝坡最大压应力/MPa		1.36	3.43
	顺坝坡最大拉应力/MPa		1.43	2.27
	顺轴向压应力/MPa		4.79	9.53
	顺轴向拉应力/MPa		1.61	2.97

满蓄期，坝体沉降量和原设计填筑方案差别不大。在库水推力的作用下，坝体上游区指向上游的水平位移变化不大，指向下游区的水平位移增大，数值为22.73cm，比原计划填筑方案略小。满蓄期坝体大小主应力分布与竣工期大致相同，数值有所增加。

和原计划填筑方案相比，按照水平填筑的方式，竣工期面板挠度的最大值略有增加，最大值为12.32cm。面板的顺坡向最大压应力为1.36MPa，比原计划方案略有减小，最大拉应力基本相同，约为1MPa。面板的顺坡向位移与原计划填筑方案基本相同。

满蓄期面板挠度的最大值为34.15cm，比原计划填筑方案略小，出现位置都位于面板中部靠近左岸边坡的位置。从满蓄期面板的应力分布上看，面板在水荷载的作用下主要呈周边受压状态，河床段垂直面板方向主要承受压应力，压应力最大值约为9MPa，比原设计填筑方案有所减小，面板周边基本上处于受拉状态。

综合分析原计划填筑方案和水平填筑方案的计算结果，水平填筑方案在对坝体及面板的变形控制方面要优于原计划的填筑方案。

3.2.2.4　坝体填筑过程应力变形特性反演分析

(1) 反演分析理论。反演分析使用监测数据作为目标，反演计算分析以$X=0$剖面(0+140.0)作为重点反演对照剖面。反演分析过程如下。

1) 建立目标函数。土石坝的变形是土石坝安全评价的重要指标，因此，目标函数主要以坝体计算位移与监测位移的绝对差值为核心，其中对沉降分配了较高的权重系数。目标函数如下：

$$f=\frac{a_1}{m}\sum_{j=1}^{m}\left\{\frac{\sum_{i=1}^{n}\mid D_{ci}-D_{mi}}{n}\right\}+\frac{a_2}{m}\sum_{j=1}^{m}\left\{\frac{\sum_{i=1}^{p}\mid S_{ci}-S_{mi}\mid}{p}\right\}+\cdots$$

$$+\frac{a_k}{m}\sum_{j=1}^{m}\left\{\frac{\sum_{i=1}^{q}\mid A_{ci}-A_{mi}}{q}\right\} \tag{3.7}$$

式中：f 为目标函数值；$a_1 \sim a_k$ 为第 k 种类型的监测数据的权重系数；m 为典型工期数量；p 为每个典型工期顺河向位移监测点数；n 为每个典型工期沉降监测点数；D_{ci} 为第 i 个监测点的沉降计算值；D_{mi} 为第 i 个监测点的沉降监测值；A_{ci} 为第 i 个监测点的其他计算值（位移）；A_{mi} 为第 i 个监测点的其他监测值（位移）；q 为其他类型数据监测点总数。

2）材料参数取值范围优化。本文选取 K、n、K_b、m 四个参数进行研究，依据有限元计算结果所得的目标函数值对各个参数敏感性进行研究分析，缩小对目标函数值影响较小的参数取值范围，得到优化后各区参数取值范围见表 3.40。

表 3.40　优化后各区参数取值范围表

材料分区	K		n		K_b		m	
	下限	上限	下限	上限	下限	上限	下限	上限
垫层料	1200	1400	0.3	0.5	500	700	0.1	0.3
过渡料	1200	1400	0.3	0.5	500	700	0.1	0.3
主堆石料	1000	1300	0.2	0.4	500	700	0.1	0.3
次堆石料	1000	1200	0.15	0.25	500	600	0.1	0.25
覆盖层	900	1200	0.2	0.4	500	600	0.1	0.3

3）简化的免疫遗传算法筛选。免疫遗传算法是根据生物的免疫原理提出的一种改进遗传算法。本文对复杂的免疫遗传算法进行了简化处理，主要基于优化后参数取值范围，从中选取优秀子区间进行密集搜索，并对优秀子区间补集进行发散搜索，其过程见图 3.100。

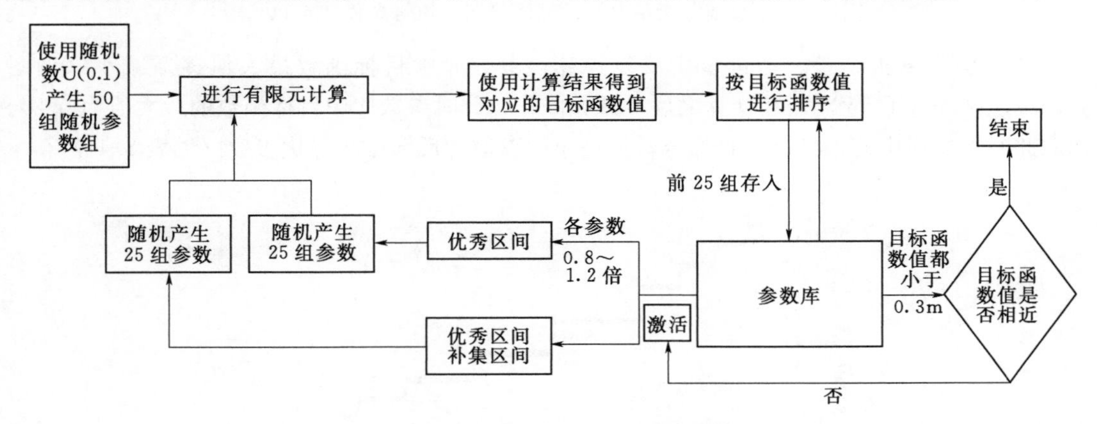

图 3.100　参数群落产生及筛选过程图

（2）坝体某填筑时刻计算网格。图 3.101 为坝体三期填筑完成时的形态，此计算时刻坝体一期面板已经浇筑完成，并且已经进行了第一次蓄水。

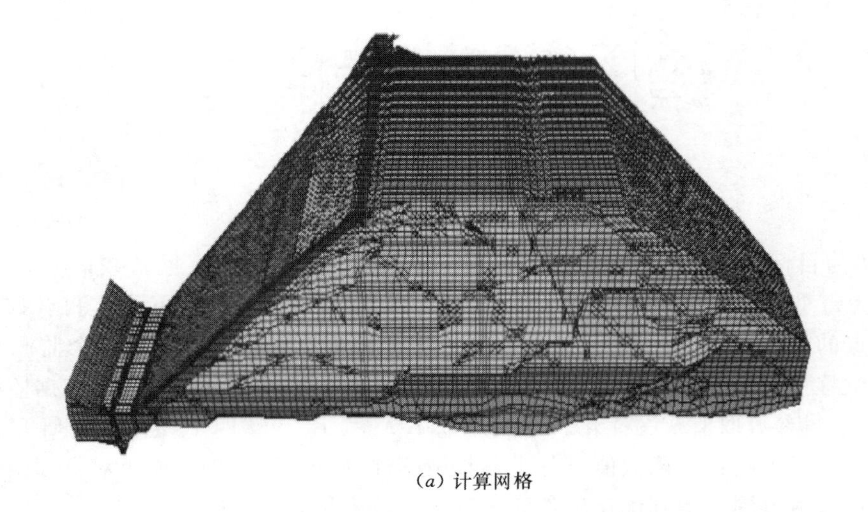

(a) 计算网格

2013 年 12 月 9 日
2013 年 10 月 17 日 Ⅴ
反演分析计算坝体填筑高程
2013 年 6 月 30 日 Ⅳ
2012 年 6 月 20 日 Ⅲ
2012 年 5 月 10 日 Ⅱ
Ⅴ
Ⅰ
高程/m
距离/m

(b) 坝体

图 3.101　反演分析某时刻计算网格图（填筑高程 244.00m）

（3）反演分析结果。经过多次反复计算，参数库中目标函数最大值逐渐减小（见图 3.102），在进行了 86 次循环计算之后，计算停止，此时参数库中目标函数的最大值为 0.24。选取此时参数库中使得满蓄期目标函数值最小的参数为反演分析最优参数（见表 3.41）。

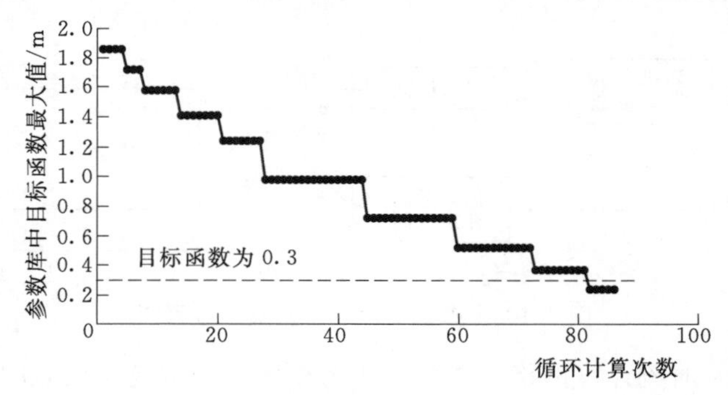

图 3.102　记忆库中目标函数最大值随循环计算次数的变化图

表 3.41　　反演材料参数

材料分区	容重 /(kN/m³)	K	n	R_f	Kur	C /kPa	φ_0 /(°)	$\Delta\varphi$ /(°)	K_b	m
垫层料	23.0	1370	0.42	0.85	2740	0	55	12	652	0.25
过渡料	23.0	1320	0.45	0.9	2640	0	54	12	640	0.25
主堆石	21.5	1271	0.32	0.83	2542	0	53	13	631	0.25
次主堆石	20.5	1130	0.22	0.81	2260	0	52	12	578	0.17
特殊垫层料	23	1560	0.38	0.85	3120	0	55	12	560	0.23
覆盖层	20.7	1050	0.39	0.85	1575	0	36	0	610	0.25
防渗墙基础沉渣	20.5	1330	0.24	0.75	2660	0	45	0	580	0.23
混凝土面板、趾板、连接板、混凝土防渗墙	弹性模量 $E=2.8\times10^4$MPa，泊松比 $\upsilon=0.167$，$\gamma=24$kN/m³，C25									

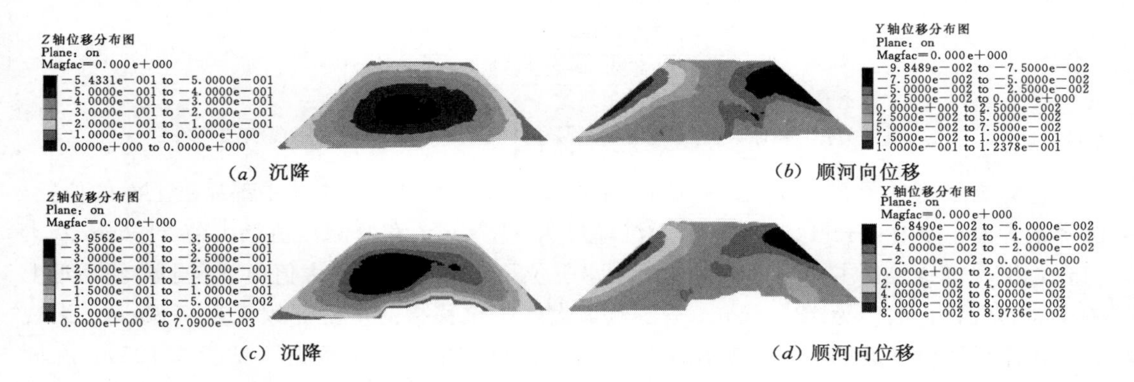

(*a*) 沉降　　(*b*) 顺河向位移

(*c*) 沉降　　(*d*) 顺河向位移

图 3.103　典型横断面反演分析结果（D0＋220 断面）（单位：m）

(*a*) 沉降　　(*b*) 顺河向位移

图 3.104　典型横断面反演分析结果图（D0＋80 断面）（单位：m）

表 3.42　　反演参数计算成果特征值（D0＋140 断面）

最大竖向位移/cm		54.3
最大竖向位移占坝体填筑高度比例/%		0.678
最大水平位移/cm	向上游	9.85
	向下游	12.38
有效主应力/MPa	σ_1	1.77
	σ_3	0.38

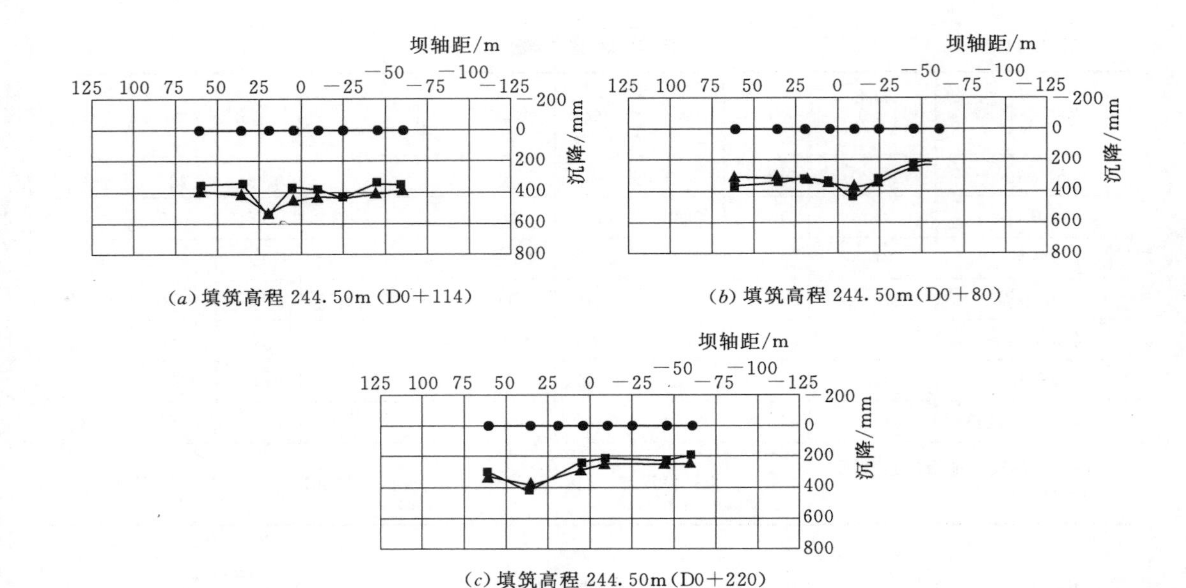

图 3.105　坝体典型断面监测数据和计算结果沉降变形分布曲线图

计算结果（见图 3.103、图 3.104）中沉降极大值区出现在坝体中部靠近上游的位置，沉降最大值出现在 0＋144 断面，最大沉降量为 54.3cm，和监测数值最大值 54.6cm 基本吻合，出现位置也基本相当。上游侧最大水平位移指向下游，最大值出现在上游侧靠近上游坝坡的位置，数值为 12.38cm。下游侧最大水平位移指向上游，数值为 9.85cm，出现在坝体靠近下游坝坡的位置。对比不同断面的计算结果与监测数据（见图 3.105），在同一断面上的沉降变形分布曲线变化趋势相近，数值比较接近，说明反演计算得到的参数适合评价此时坝体的变形特性。

3.2.2.5　坝体填筑过程模拟反馈分析

(1) 采用反演参数的坝体应力变形计算。利用反演所得参数（表 3.42）对下一填筑时刻（填筑高程 260.00m）进行三维正分析，对坝体的施工质量进行评价，坝体采用水平填筑的方式。计算结果见图 3.106～图 3.108。

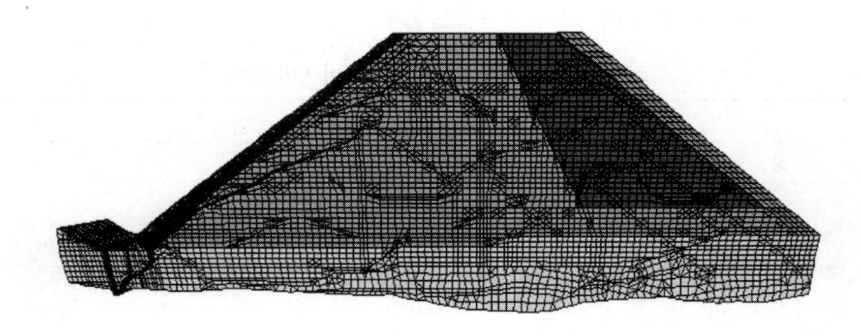

图 3.106　四期填筑完成时计算网格图（高程 260.00m）

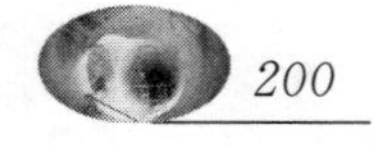

（a）大主应力（单位：Pa）　　（b）沉降（单位：m）

图 3.107　典型横断面计算结果

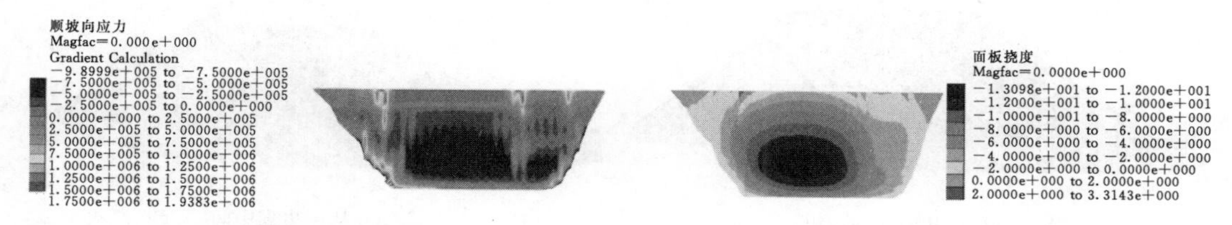

（a）顺坡向应力（单位：Pa）　　（b）挠度(单位:cm)

图 3.108　面板计算结果图

表 3.43　坝体及面板计算特征值统计表

坝体	最大竖向位移/m		0.74
	最大水平位移/cm	向上游	12.52
		向下游	13.13
	主应力/MPa	σ_1	1.79
		σ_3	0.45
面板	最大挠度/cm		13.09
	顺坡向应力/MPa	最大压应力	1.08
		最大拉应力	1.94

据表 3.43 计算结果显示，利用反演得到的参数计算填筑到 260.00m 高程时的坝体，坝体沉降量最大值为 0.74m，比上一计算时刻有明显增加，最大值仍然出现在坝体中部略靠近上游的位置。坝体向上、下游的位移量都有增加。面板的挠度值较上一时刻也有增加，原因是一期面板填筑完后进行蓄水的原因。在顺坝坡方向上，面板的最大压应力为 1.08MPa，出现在面板中部及周边缝的位置。在面板底部靠近左岸边坡和面板顶部对应地形变化的位置，出现一定的拉应力区，拉应力值为 1～2MPa，施工中需要防止此处面板被拉坏。

（2）坝体动态填筑方案分析研究。为全面了解坝体的填筑方式对坝体应力变形的影响，探讨坝体施工过程中最优碾压方式，对坝体从 244.00m 高程填筑到 260.00m 高程的填筑方法按照图 3.109 所示的四种方式进行计算分析，以此来研究施工过程对坝体应力变形的影响。

1）坝体从左到右填筑计算结果。坝体从左到右填筑的应力变形计算成果见图 3.100、图 3.111。

2）坝体从右到左填筑计算结果。坝体从右到左填筑的应力变形计算成果见图 3.112、

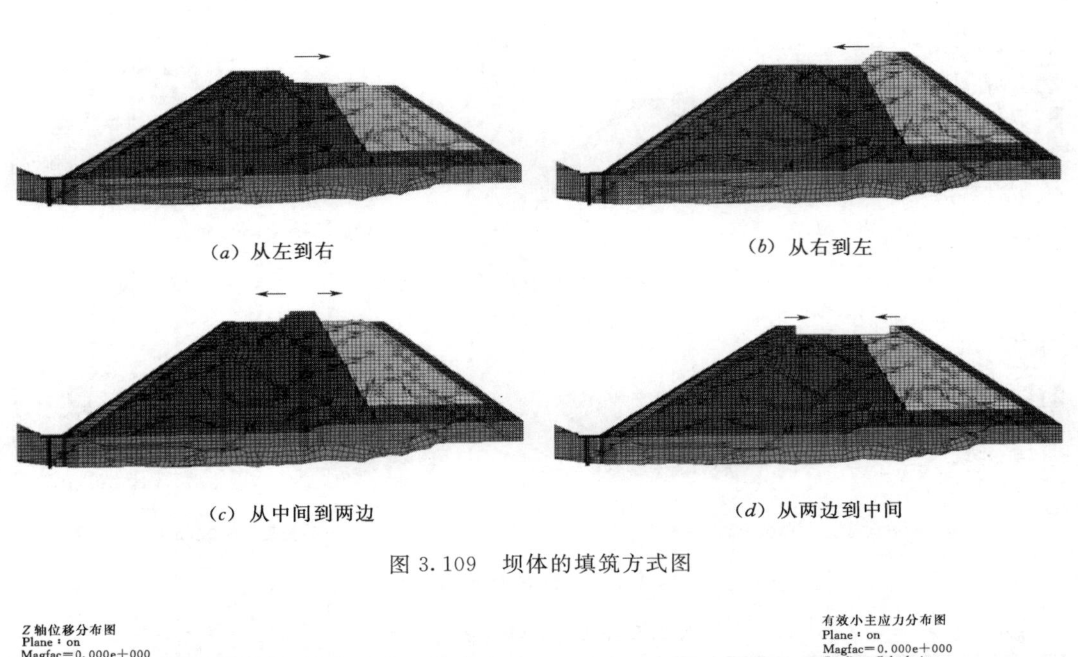

(*a*) 从左到右 (*b*) 从右到左

(*c*) 从中间到两边 (*d*) 从两边到中间

图 3.109 坝体的填筑方式图

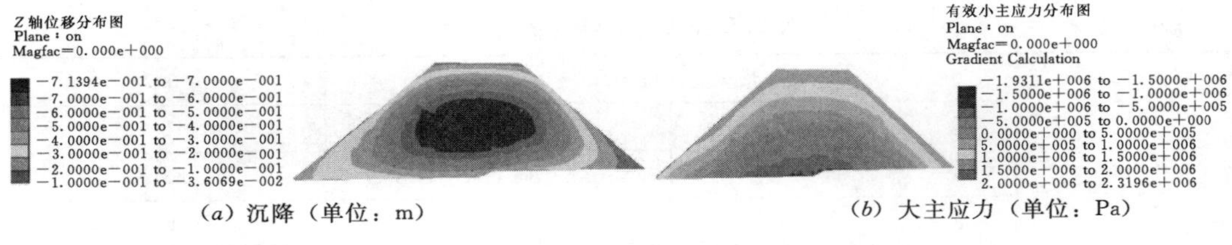

(*a*) 沉降（单位：m） (*b*) 大主应力（单位：Pa）

图 3.110 典型横断面计算结果图

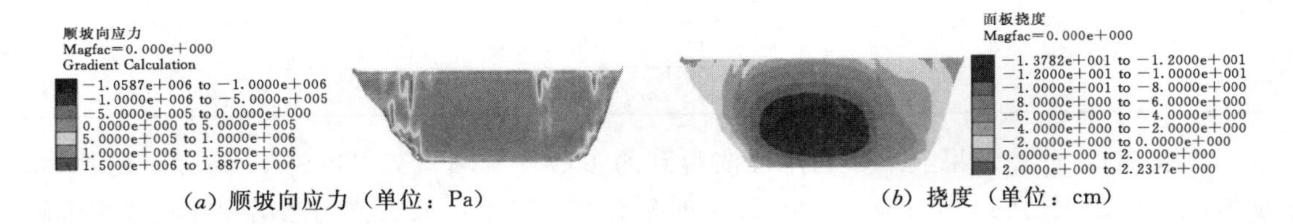

(*a*) 顺坡向应力（单位：Pa） (*b*) 挠度（单位：cm）

图 3.111 面板计算结果

图 3.114。

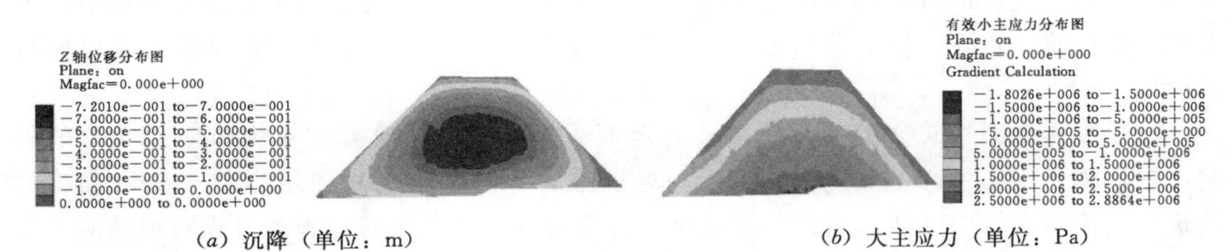

(*a*) 沉降（单位：m） (*b*) 大主应力（单位：Pa）

图 3.112 典型横断面计算结果图

3）坝体从中间填筑计算结果。坝体从中间填筑的应力变形计算成果见图 3.114、图 3.115。

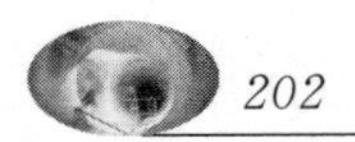

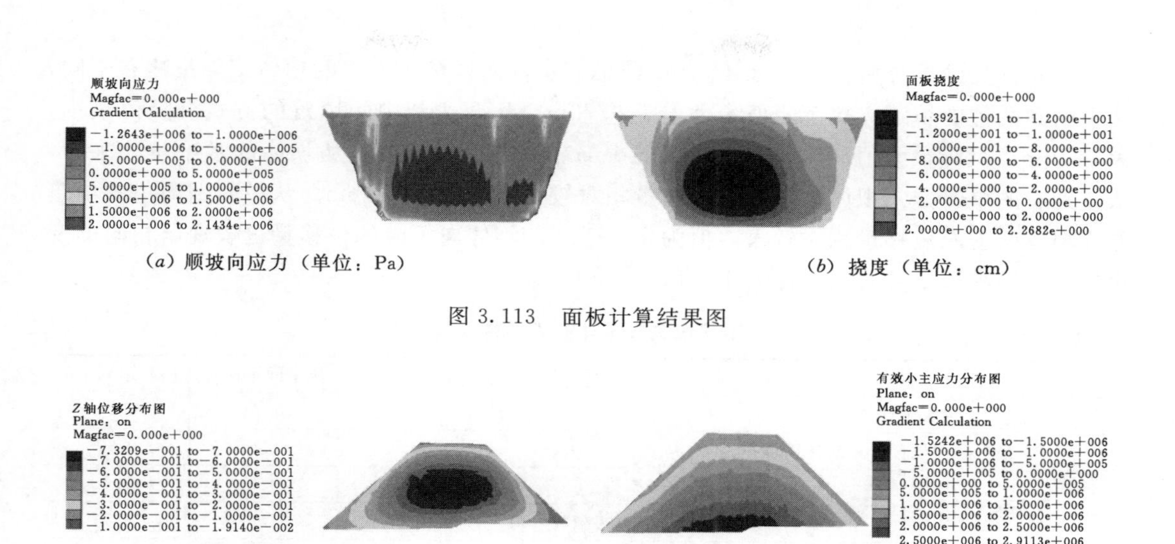

(*a*) 顺坡向应力（单位：Pa）　　(*b*) 挠度（单位：cm）

图 3.113　面板计算结果图

(*a*) 沉降（单位：m）　　(*b*) 大主应力（单位：Pa）

图 3.114　典型横断面计算结果图

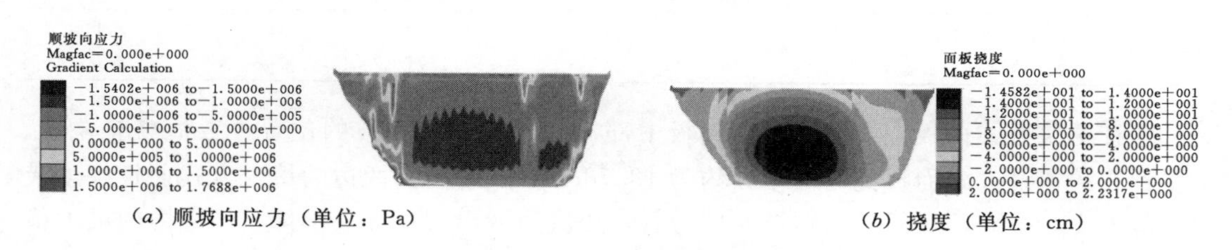

(*a*) 顺坡向应力（单位：Pa）　　(*b*) 挠度（单位：cm）

图 3.115　面板计算结果图

4）坝体从两边填筑计算结果。坝体从两边填筑的应力变形计算成果见图 3.116、图 3.117。

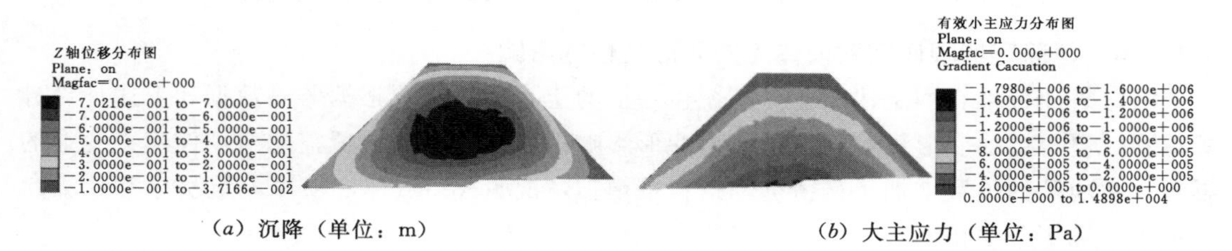

(*a*) 沉降（单位：m）　　(*b*) 大主应力（单位：Pa）

图 3.116　典型横断面计算结果图

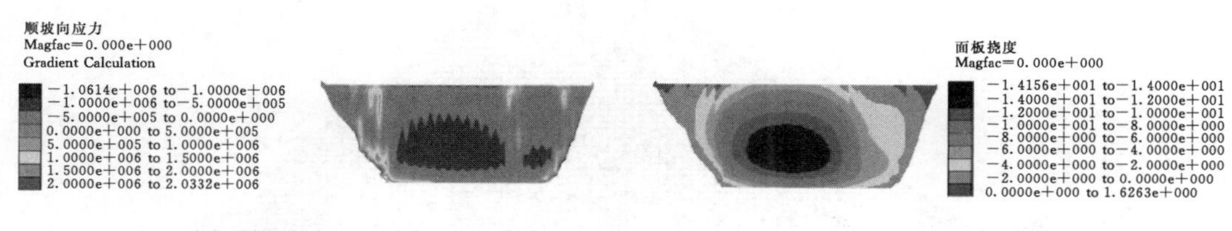

(*a*) 顺坡向应力（单位：Pa）　　(*b*) 挠度（单位：cm）

图 3.117　面板计算结果图

(3) 计算结果分析。据表 3.44 计算结果显示，四种填筑方式的坝体沉降量略有不同，从中间到两边的填筑方式沉降值最大，为 0.73m；从两边到中间填筑的方式沉降值最小，为 0.70m，沉降最大值区均出现在坝体的中部靠近上游的位置。从坝体的水平位移来看，从左到右的填筑方式坝体向上游的位移量相对较小，值为 12.25cm。从中间到两边的填筑方式坝体向上游位移量相对较大，值为 13.91cm。坝体向下游的位移量也表现出相同的变化规律。四种填筑方式的坝体大小主应力差别不大。

表 3.44　　不同填筑方案计算成果特征值

填　筑　方　案		从左到右	从右到左	从中间到两边	从两边到中间
最大竖向位移/m		0.71	0.72	0.73	0.70
最大竖向位移占坝高比例/%		0.58	0.59	0.6	0.57
最大水平位移/cm	向上游	12.25	13.52	13.91	13.43
	向下游	13.5	14.27	14.89	13.97
有效主应力/MPa	σ_1	1.9	1.8	1.54	1.78
	σ_3	0.44	0.43	0.34	0.42
面板挠度/cm		13.78	13.92	14.68	14.16
面板顺坡向压应力/MPa		1.05	1.28	1.54	1.06
面板顺坡向拉应力/MPa		1.58	1.77	1.61	1.65

四种填筑方式面板挠度都出现在面板中部，略靠近左岸边坡的位置，数值略有差异。从左到右的填筑方式面板挠度最小，约为 13.78cm，从中间到两边的填筑方式面板挠度最大，值为 14.68cm。从面板的顺坡向应力看，压应力区出现在面板中部，压应力的最大值为从中间到两边的填筑方式，值为 1.54MPa。从左到右的填筑方式面板顺坡向压应力最小，值为 1.05MPa。面板顺坡向的拉应力区同样出现在面板底部靠近左岸边坡及面板顶部对应地形变化的位置，四种填筑方式的最大拉应力值差别不大。

对四种填筑方式综合分析可得，坝体从左到右的填筑方式更合理些。

3.2.2.6 覆盖层加固作用对坝体应力变形特性的影响

河口村面板堆石坝是建立在深厚覆盖层上的土石坝工程，根据监测数据和上述计算分析得到，覆盖层的变形量对坝体的应力变形影响很大。为了探讨覆盖层对坝体应力变形的影响，在坝趾的位置增加了挤密桩，挤密桩模拟情况见图 3.118，坝体填筑次序和计算参数和第 3.2.1 条中相同。

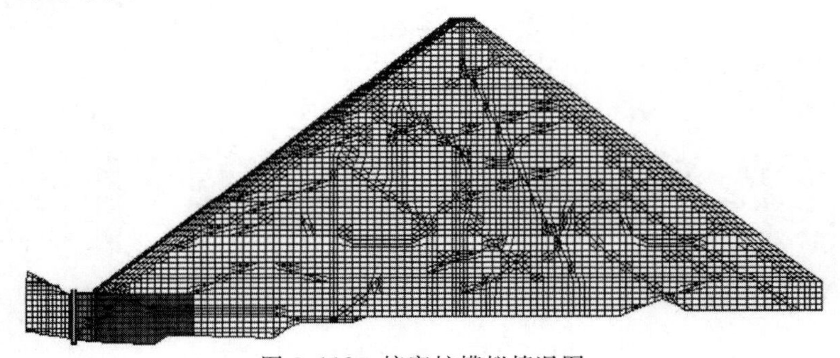

图 3.118　挤密桩模拟情况图

(1) 竣工期计算成果。竣工期坝体应力变形计算成果见图 3.119、图 3.120。

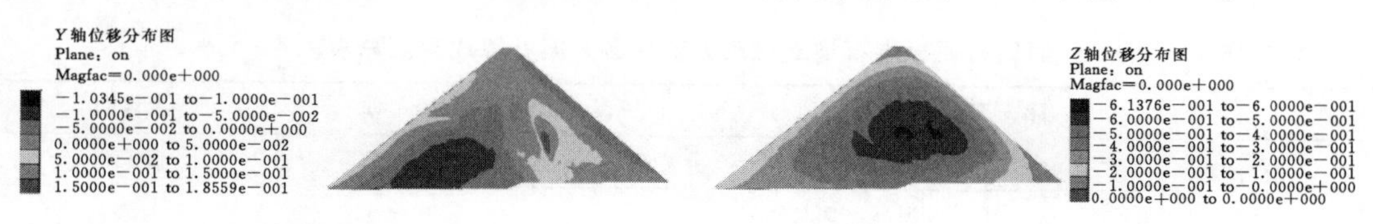

(*a*) 顺河向位移（单位：m） (*b*) 沉降（单位：m）

(*c*) 大主应力（单位：Pa） (*d*) 小主应力（单位：Pa）

图 3.119 竣工期典型横断面计算结果图

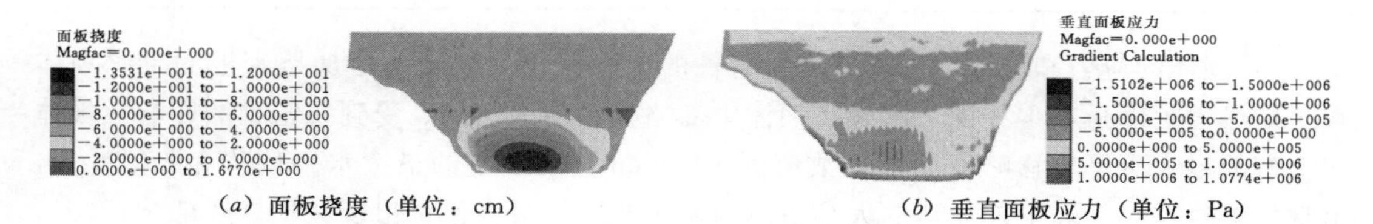

(*a*) 面板挠度（单位：cm） (*b*) 垂直面板应力（单位：Pa）

图 3.120 竣工期面板计算结果图

(2) 满蓄期计算成果。满蓄期坝体应力变形计算成果见图 3.121、图 3.122。

(*a*) 大主应力（单位：Pa） (*b*) 顺河向位移（单位：m）

图 3.121 满蓄期典型横断面计算结果图

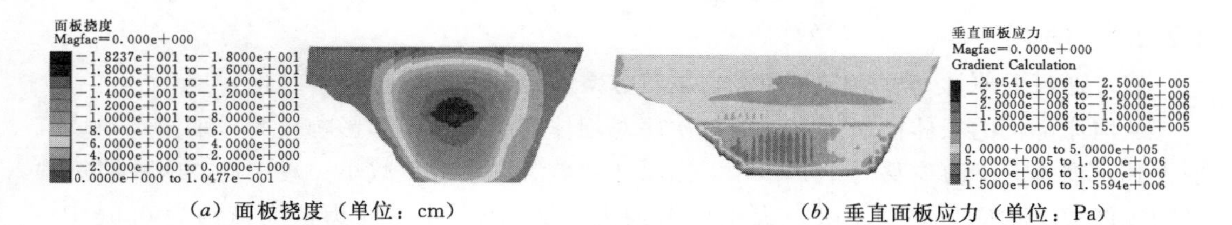

(*a*) 面板挠度（单位：cm） (*b*) 垂直面板应力（单位：Pa）

图 3.122 满蓄期面板计算结果图

（3）计算结果分析（见表3.45）。

表3.45　　河口村面板堆石坝三维应力变形各方案计算成果汇总表

计算工况			竣工期	满蓄期
坝体	最大竖向沉降/m		0.607	0.658
	占坝高比例/%		0.503	0.539
	最大水平位移/cm	向上游	10.35	0.986
		向下游	18.56	21.07
	最大主应力/MPa	σ_1	2.24	2.47
		σ_3	0.75	0.8
面板	最大挠度/cm		13.53	18.24
	最大顺坡向位移/cm		1.62	2.58
	顺坝坡最大压应力/MPa		1.33	1.72
	顺坝坡最大拉应力/MPa		1.46	1.53
	顺轴向压应力/MPa		4.12	8.78
	顺轴向拉应力/MPa		1.45	2.85

1）坝体的应力和位移。与没有加挤密桩的工况相比，坝趾处增加挤密桩的工况坝体竣工期最大沉降量基本相同，出现在坝体中部略偏下游的位置。受到挤密桩的影响，坝体向上游的最大水平位移略有增加，数值为10.35cm，向下游的最大水平位移为18.56cm，出现位置略靠下。竣工期坝体的大小主应力基本相同，最大值都出现在坝体底部。

满蓄期坝体的最大沉降值和向下游的最大位移值都有增加，最大沉降值为0.658m，较没有挤密桩的工况略有所增加。满蓄期坝体的大小主应力范围及最大值变化不大。

2）面板的应力和变形。竣工期和满蓄期面板的挠度值分别为13.53cm和18.24cm，竣工期挠度值较没有挤密桩的工况有所增加，满蓄期挠度值则有较大减小，在相同的计算时期挠度最大值出现位置基本相同。竣工期面板的顺坡向位移为1.62cm，比没有挤密桩的工况略大。从面板的应力分布来看，蓄水期面板压应力最大值约为2MPa，比没有挤密桩的情况有所减小，在面板周边的位置。面板周边基本上处于受拉状态，拉应力数值在1～2MPa之间。从拉应力区的分布范围上看，由于受到库水压力与两岸岸坡支撑产生的拉应力，主要集中在面板底部及靠近底部的两岸岸坡的位置。

综合分析可得，加挤密桩的工况对坝体的应力变形特性有显著的影响。

3.2.2.7　结论

（1）通过对原计划填筑方案和优化填筑方案对比分析，得出以下结论。

从河床部位的坝体横断面看，填筑次序对坝体的顺河向位移影响较大，采用水平填筑的方式，坝体向下游位移为15.46cm，比原计划填筑方案有所减小。竣工期，两种填筑方式的坝体大小主应力差别不大，大主应力约为2.2MPa，小主应力最大值约为0.5MPa。满蓄期，在库水推力的作用下，水平填筑方案的坝体向上游的水平位移变化不大，向下游的水平位移增大，数值为22.73cm，比原计划填筑方案略小。和原计划方案相比，按照水平填筑的方式，满蓄期面板的挠度有所减小，挠度值为 34.15cm。

综合分析原计划填筑方案和水平填筑方案的计算结果，水平填筑方案在对坝体及面板的变形控制方面要优于原计划的填筑方案。

(2) 通过对坝体的动态填筑过程模拟分析，得出以下结论。

四种填筑方式的坝体沉降量略有不同，从中间到两边的填筑方式沉降值最大，值为 0.73m；从两边到中间填筑的方式沉降值最小，值为 0.70cm，沉降最大值均出现在坝体的中部。从坝体的水平位移来看，从左到右的填筑方式坝体向上游及向下游的位移量相对较小，从中间到两边的填筑方式坝体向上游及向下游位移量相对较大。

四种填筑方式的挠度最大值都出现在面板中部，数值略有差异。从左到右的填筑方式面板挠度最小，约为 13.78cm，从中间到两边的填筑方式面板挠度最大，值为 14.68cm。从面板的顺坡向应力看，从中间到两边的填筑方式压应力最大，值为 1.54MPa。从左到右的填筑方式面板顺坡向压应力最小，值为 1.05MPa。面板顺坡向的拉应力区同样出现在面板底部靠近左岸边坡的位置，四种填筑方式拉应力值差别不大。

对四种填筑方式综合分析可得，坝体从左到右的填筑方式更合理些。

(3) 通过对加挤密桩的工况和没有挤密桩的工况进行对比，得出以下结论。

和没有加挤密桩的工况相比，坝趾处增加挤密桩的工况坝体最大沉降量略有减小，竣工期坝体最大沉降量为 0.607m，出现在坝体中部略偏下游的位置。坝体向上游的最大水平位移较没有挤密桩的工况有所减小，值为 10.35cm，向下游的最大水平位移为 18.56cm，加挤密桩的工况较没有挤密桩的工况出现位置略靠下。竣工期和满蓄期面板的挠度值分别为 13.53cm 和 18.24cm，满蓄期面板挠度较没有挤密桩的工况都有所减小。

综合分析可得，加挤密桩的工况对坝体的应力变形有显著的影响。

3.2.3 基于大坝变形控制耦合监测新技术研究及动态分析

堆石体是面板堆石坝最重要的组成部分，其变形在很大程度上影响大坝的稳定性和安全性。堆石体变形主要为垂直方向的沉降和水平方向位移，由于堆石体是多种材料组成的散粒体，在堆石体自重和水压荷载作用下，坝体变形较大，沉降变形尤为明显。面板堆石坝主要技术问题是堆石体变形，过量的变形有可能导致周边缝张开、止水失效、面板开裂而造成漏水通道。堆石体沉降量大小直接关系到面板强度标准、止水要求以及坝体的稳定。工程实例证明，沉降主要受应力状态与时间的影响，大坝施工阶段沉降量的大小主要取决于填筑高度，而后期在库水长期作用下，坝体填筑材料的流变性能逐渐显现，沉降量的大小则取决于坝体的蠕变量。施工期，沉降随坝体的增高及下层土的固结而不断积累，竣工时已完成绝大部分沉降量，施工期坝体的沉降和沉降分布对评价大坝施工质量，判断是否出现坝体横向裂缝起着关键性的作用。

在覆盖层上建造面板堆石坝，面临的问题比在基岩上建坝要复杂，除了与一般面板堆石坝一样会出现面板开裂引起渗透破坏以外，还存在覆盖层透水性强、允许渗透坡降低，以及在坝体填筑荷载和水压力作用下覆盖层产生较大的压缩变形而改变材料渗透特性等问题。另外，由于坝体与防渗墙的质量和刚度相差较大，在施工期和运行期，它们的应力、变形必然有较大差异，因而防渗墙-连接板-趾板-面板这一防渗体系的应力变形以及各个接缝的位移使坝体和坝基的渗流场更加复杂，这些因素决定了覆盖层上面板堆石坝渗流问题是不能忽视的。不仅要在设计过程中考虑渗透破坏存在的可能性，在运行过程中也应该对坝基、坝体以及坝肩绕坝渗流进行监测，同时对监测资料进行定性、定量分析，以研究坝区渗流场的变化规律，评判大坝的运行状况。

河口村水库大坝所处地基为复杂的深厚覆盖层，坝基黏性土夹层厚度大，且层厚不一，砂层透镜体，分布不连续。在如此深厚覆盖层上建设面板坝，坝基沉降变形大，不均匀变形问题突出，大坝变形控制难度大。如何控制好大坝变形是保证大坝成功建设的关键。了解和掌握面板堆石坝变形真实性态的一种有效的途径是根据已建工程变形资料，通过有关物理理论的分析，建立相应的数学模型来揭示各类环境影响因素对变形的影响程度。面板堆石坝的变形监测效应量是各种环境量综合作用的结果，其量值大小主要取决于坝型、材料的物理力学性能及外界荷载的变化情况。

3.2.3.1 主要研究内容

（1）变形及其因变量监测技术应用与耦合模型研究。在坝基、坝体重要监测断面布置固定式测斜仪、土体位移计、水管式沉降仪及电磁式沉降仪、测斜仪等变形监测仪器，同时也布置有渗压计、土压力计等应力监测仪器，这些监测仪器直观反应或间接推算大坝的变形规律和量值，通过建立不同监测技术耦合模型，研究各种监测技术相互验证、互有关联的机制和机理。

（2）大坝变形控制对面板施工及后期变形影响研究。大坝变形的稳定状态直接影响面板浇筑时机，大坝变形控制程度也将影响面板挠度、脱空及面板缝等变形参数，大坝填筑强度、沉降速率、垫层料分层压缩率及沉降率等参数是影响面板浇筑时机及面板后期变形的关键参数，需要进行系统研究和判定。

3.2.3.2 研究成果

（1）分析了堆石体变形的主要影响因素，探讨了堆石体在这些影响因素作用下的变形特性；探讨了多因素时变分析模型的建模思路和求解方法，建立了堆石体施工期、运行期沉降多因素时变分析模型。

（2）分析了面板变形的主要影响因素，探讨了面板在这些影响因素作用下的变形特性。

（3）介绍了河口村水库大坝沉降及渗流监测布置，经整编分析的监测成果指导工程施工及试运行。

3.2.3.3 面板堆石坝变形分析

（1）堆石体变形影响因素分析。

1）堆石料的工程特性对堆石体变形的影响。堆石料的工程特性决定着堆石体的变形，从而对防渗面板和周边缝止水工作性状产生很大影响。下面从堆石料的破碎特性、压缩变形性质、压缩模量和抗剪强度四个方面进行分析。

A. 碾压堆石料的破碎特性。堆石坝的变形尤其是高坝的变形主要是由堆石破碎引起的。堆石颗粒在受力（包括自重与外荷）情况下将产生破碎，颗粒破碎导致其受力前后的级配发生变化，因而明显影响其强度和变形。颗粒破碎后，碎块充填孔隙引起整个堆石体体积收缩。堆石破碎的程度（即破碎率）同堆石颗粒的大小、形状、岩质、级配、密度、受力情况等因素有关。

B. 堆石料的压缩变形性质。堆石料作为一种有坚固颗粒的散粒材料，经碾压后具有较高的密实度和较小的孔隙比。堆石料压缩变形总量小，压缩变形速度快。因为堆石没有孔隙水压力，不存在渗透固结问题，其压缩变形只是骨架颗粒的变形，堆石料这一性质使堆石体沉降在施工期已基本完成。

C. 堆石料的压缩模量。对于面板堆石坝，多以压缩模量为堆石压缩变形性质指标。堆石的压缩模量可以表征堆石体的压实质量及预测其变形的大小。依其产生与工作条件的不同，分为垂直压缩模量和水荷载模量。这两种压缩模量分别根据堆石体压缩沉降和面板挠曲的实测值确定。

垂直压缩模量，通常指堆石坝施工期堆石的压缩模量。在堆石坝坝轴线附近堆石的压缩沉降，可近似地认为是在侧面受限制的条件下进行的。

水荷载模量 E_w 是随着面板堆石坝的发展而出现的一种堆石压缩变形指标，是该坝特有的一种指标。它是指水库蓄水后，水荷载通过混凝土面板作用于堆石坝的上游堆石而产生的压缩模量。

D. 堆石的抗剪强度性质。作为散粒体结构的堆石，不同于其他连续固体材料，它很少承受拉应力，即使承受拉应力，当其达到失稳状态时，破坏形态也是一部分堆石相对于另一部分堆石沿某一分界面产生滑移，即剪切破坏。堆石料的强度变化主要由剪胀性、颗粒破碎和颗粒的重新定向与排列所控制。

2）荷载及河谷形状等对堆石体变形的影响。

A. 面板堆石坝挡水后，水荷载通过面板传递到堆石体上，使堆石体产生变形。水位上升和下降对堆石体变形的影响效果不同。

B. 在堆石体上的外荷载不变的情况下，由于坝基的沉降、堆石体的流变、堆石体块石间接触面破碎效应等影响，也会使堆石体的变形随时间的发展而变化，这就是时效对堆石体变形的影响。

C. 一般而言，温度变化对堆石体沉降影响相对较小。温度上升时堆石体膨胀，位移向堆石体体积增大的方向变化；温度下降，则堆石体向体积缩小的方向变化。堆石体变形对应于温度变化反映出热胀冷缩的物理规律。在高寒地区负温将引起堆石体冻胀。

D. 坝址处河谷形状对堆石体的变形有影响。这种影响主要反映在两岸坡的堆石体上，两岸坡越陡，则该部位的堆石体向河床中间位移的倾向越明显。陡窄河谷中的堆石受陡坝肩的围岩作用，产生拱效应，导致坝体较低的中间坝段垂直荷载减小，因此初期变形较小。由于堆石的流变作用，随时间增长变形将有所增加。例如在宽河谷中的阿里亚坝，两岸没有明显的拱效应，实测坝顶沉降在3年后就停止了，而在窄河谷中的塞沙那和安其卡亚坝，明显地持续了相当长时间。

3）湿化变形的影响因素。不同学者根据不同试验、从多个方面对湿化变形影响因素进行了研究。影响湿化变形的主要因素应有初始含水量、初始干密度、细粒含量、颗粒尺寸、颗粒级配、骨料类型、加荷方式及应力水平、浸水湿化时间等；而初始含水率低、初始干密度小、细粒含量多、试验颗粒尺寸小、骨料本身遇水易破碎则湿化变形大；不同加荷路径下湿化变形不同，湿化变形速率随时间的延长而减小。同时多数研究者都认为即使在无偏应力的静水压力下湿化变形数值也是可观的。由上可见，影响湿化变形的因素很多，在进行建模时如何保留主要因素舍次要因素也是个值得研究的问题。

（2）堆石体变形特性分析。面板堆石坝中堆石体占整个坝体体积的90%左右，堆石体的变形特性无疑是这种坝应力应变的决定因素。从某种意义上说，现代面板堆石坝的发展正是建立在堆石体的变形控制上，最大限度地减少堆石体的变形，保证面板与其接缝止水防渗的可靠性。堆石体的变形主要为沉降和水平位移。随着坝体不断地填筑升高，在自重和碾压的双重作用下，施工期会完成大部分的沉降变形。然而，由于堆石料是一种松散的结构，具有流变性，因此，坝体填筑完、混凝土面板浇筑后，一直到水库蓄水前的这段时间内，堆石体仍会继续沉降。

堆石体变形过程主要为两个阶段：首先，外力做功变形阶段，即外力做功（如振动碾压）使堆石体逐步密实，这一变形过程称为主压缩变形。其特征是压密变形的时间很短，外力做功完成后，变形也基本完成。此阶段堆石颗粒之间以脆性接触为主，主要表现为颗粒的分解细化、相对变位、相互充填和结构调整，也伴有堆石颗粒棱角大量的破碎，而且随着碾压功的增加，颗粒破碎也越来越厉害，向孔隙充填的进程也在迅速加快，但外力做功有限，细化颗粒对孔隙的充填不可能很充分，变形也只能停留在一个相对稳定的水平。其次，流变变形阶段，这时对堆石的振动碾压虽已结束，但由于骨架应力的重新分布导致粗大颗粒棱角或者软弱颗粒少量的破碎、细化，颗粒排列进一步得以调整，这在宏观上表现为堆石体的缓慢变形。在面板堆石坝首次蓄水及以后的运行过程中，上述重排列现象还将受到环境因素的影响从而加剧了堆石块的破碎过程（如库水渗透、降水引起堆石的湿化等原因导致堆石强度降低）。这种高接触应力、堆石块破碎和重新排列、应力释放、调整和转移的过程不断重复并越来越慢，最后趋于相对静止。宏观上表现为在荷载作用下堆石的变形增量逐渐减小，但总的变形趋势非常明显，所以这个过程需要相当长的时间才能完成，直至不再发生破碎。

（3）堆石体流变机理分析。堆石流变主要由颗粒破碎引起，主要表现在两方面：①堆石颗粒破碎细化的程度与坝体应力的大小有关。②颗粒破碎在某一级应力持续作用下随时间发生变化。从概念上分析，堆石流变机理及其规律等方面与土体或岩体的流变性质相类似，但也有其自身的特点。堆石的流变性质与其母岩的岩性、岩质和堆石的排列结构、填筑密度、颗粒形状、级配组成、应力水平等因素有关，其中堆石的结构是一个重要因素。堆石的结构是经过爆破开采、施工运输、填筑碾压等环节逐步形成的颗粒空间排列与接触方式。堆石是以块状颗粒的空间排列和多点或多面的接触为主要特征的结构类型。块状颗粒的空间排列实际上是无序的，这种无序性在排列过程中起到了抵消分选性的效果，因而堆石的颗粒排列不具有分选性。堆石的自然堆积，是以自重和粒间摩擦相互作用的力平衡来维持的，其结构呈疏松的单粒结构，通过施工碾压，这种力的平衡被打破，块状颗粒细化、分解，尖锐棱角破碎，形成密实的单粒结构。堆石体主要以粒间摩擦力（咬合力）的自稳来维持高度密实状态，自重作用属次要因素。无论堆石的密实状态如何，堆石块状颗粒之间的孔隙总是存在着，这就为流变创造了条件。

从应变值的数量级分析，由滑移充填孔隙引起的堆石变形要大于压碎堆石棱角表面引起的变形，也就是说，颗粒细化滑移充填孔隙是堆石产生流变的主要原因。目前难以测出堆石颗粒破损表面的接触挤压应力值究竟有多大，但可以肯定这种接触应力很高，因为接触应力与堆石颗粒之间的接触面积直接相关，使得接触应力在某些局部点或面特别高，以致在这一高应力作用下相应部位的堆石颗粒产生压碎、软化或滑移，高接触应力得以释放、调整与转移。

3.2.3.4 堆石体沉降变形分析模型

（1）堆石体沉降多因素时变分析模型。回归分析是最常用的统计方法，它主要用于解决确定几个特定的变量之间是否存在相关关系；根据一个或几个变量的值，预测另一个变量的值，同时评价预测的精度；对于共同影响一个变量的许多因素之间，找出哪些是重要因素，哪些是次要因素，这些因素之间又有什么关系。

在回归分析中，回归系数主要取决于因子与预测量之间以及因子与因子之间的相关程度，而与因子间相对量值的大小无关，因而可以认为回归分析模型较好地体现了相关因子的重要作用。一般而言，某个因子与预测量的关系越密切，相关程度越高，它在回归分析预测模型中的作用就越大，其对模型的贡献也就越大，而这正是多层递阶方法的不足之处。回归分析也有它的缺陷，主要表现在它是用一个非时变参数模型来描述一个时变系统，因而随着预测时间的增长预测误差也会很快增加，特别是用超出样本资料数值范围的因子代入回归方程预测时，其预测误差有时会大到难以容忍的程度。而这正是多层递阶方法的最大特长，它能充分考虑动态系统的时变特性，用时变参数来描述时变动态系统。多层递阶方法与回归方法各有其长处，同时又各存在不同的缺陷，而各自的缺陷又正好是对方的长处。因此，将多层递阶方法与回归分析方法两者合二为一，建立多因素时变分析模型，使之既能较好地体现高相关因子在预测模型中的重要作用，又能充分考虑动态系统的时变特性。

（2）堆石体施工期沉降多因素时变分析模型。对于非严寒地区的面板堆石坝，温度变化对堆石体应力变形影响很小，可以忽略不计，堆石体施工期沉降主要受堆石体自重和流变变形的影响。因此，堆石体施工期沉降多因素时变分析模型的影响效应量因子主要由填筑分量和时效分量组成。

1）填筑分量。经推算分析，施工期面板堆石坝某测点的沉降大小，与该点以下的可压缩层厚度 h_0 成正比，与该点以上填筑高度 h 的 $1-n$ 次幂成正比。对于某一监测点而言，h_0 为定值，随着填筑高度的增加，沉降测值也相应地增加。因此，在建立堆石体施工期沉降多因素时变分析模型时，填筑分量因子形式选择 h^{1-n}，其中 n 值随填筑体或覆盖层材料性质而定，参数 n 取值一般在（0，1）区间内。

2）时效分量。施工期，监测点 M 下面压缩层 h_0 的沉降不仅与填筑高度有关，而且还与堆石体材料的流变特性有关。堆石体的流变与岩石和混凝土的流变有一定的相似之处，若用流变模型描述其特征，在常温和中等水平应力作用下，选用指数型衰减的 Merchant 黏弹性模

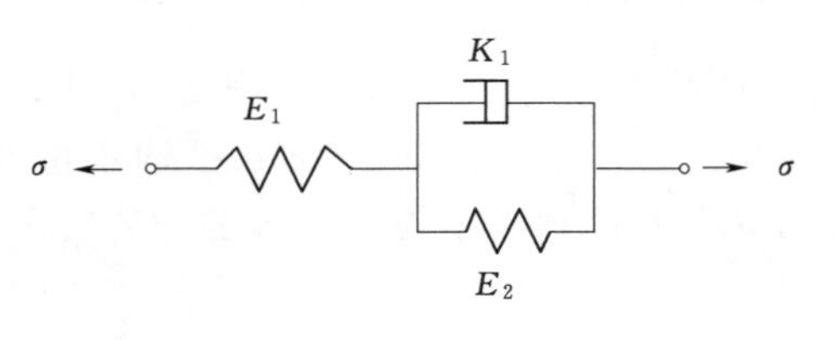

图 3.123 Merchant 模型图

型表示堆石体的流变特征（见图 3.123）。

在应力 σ 状态下产生的应变 ε 包括弹性应变 ε^e 和黏性应变 ε^t。对于面板堆石坝坝体内任一点 M 处应变 ε 中弹性应变 $\varepsilon^e=\dfrac{\sigma}{E_1}$ 可通过该点处应力 σ 和 Duncan 模型确定，黏性应变则由 $\varepsilon^t=\dfrac{\sigma}{E_2}(1-e^{-\left(\frac{E_2}{K_1}\right)t})$ 确定。

通过上述流变模型的分析，可知堆石体变形分为弹性和黏性两部分，填筑分量引起弹性部分变形，填筑堆石体自重荷载和时间效应共同作用产生黏性部分变形，故堆石体流变变形不仅受测点上方填筑高度影响，而且还与时间有关，即流变变形考虑应力与时间的共同作用影响。

（3）堆石体运行期沉降多因素时变分析模型。堆石体运行期沉降主要受水压和时效两个因素的影响，根据坝工理论，从物理成因上推导水压分量和时效分量的数学表达式。

1）水压分量。与混凝土坝相比，水位对面板堆石坝变形的影响更为复杂。运行期间，坝体受水的作用主要体现在三个方面：即水压力、上浮力和浸水湿化变形。对这三种作用从理论上分别给出解析式是困难的，一般综合考虑三者的影响，将变形视为上游水深的函数。常规模型将水压分量 $f(H)$ 看成水深 H 的单值函数，对某一水深 H 有唯一的水压分量与之对应。假设某一天中，水位由 H_1 上升到 H_2，再由 H_2 回落到 H_1，初始水位 H_1 对应的变形等于回落水位 H_1 对应的变形。事实上这两个变形是不相等的，因为堆石料的应力应变关系是非线性的（见图 3.124），从 a 点卸载至 b，再加载至 a，加、卸载对应的应力路径不同，对某一应力 σ 对应的应变 ε 不是唯一的，必须判断它是处于卸载状态还是加载状态，才能得到其对应的应变值。此外，堆石体变形常滞后于坝前库水位的变化，而且库水位急剧变化对坝体变形有一定的影响。库水位的升降引起堆石体的加载或卸载，而水位变化速率则决定了加载和卸载的影响方式，如果变化速度很快，则视之为瞬时加载或卸载，反之则视之为一级或多级加卸载，考虑不同加卸载影响方式对沉降变化的影响，即考虑前期水位升降速率的影响。

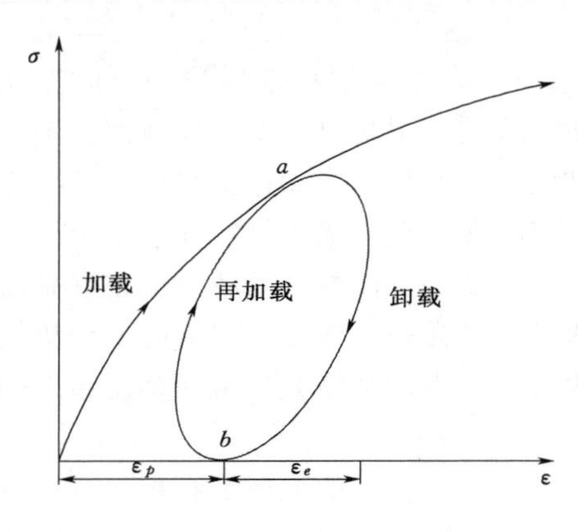

图 3.124　堆石料应力应变非线性关系图

堆石体运行期沉降除了考虑当日水头影响 $f(H)$ 外，同时还引进前期平均水位 $f(\underline{H})$ 和前期水位升降速率 $f\left(\dfrac{\Delta H}{\Delta t}\right)$ 影响函数。坝体任一点在水压作用下产生的水压分量 δ_H 与上游水位的 1～3 次方有关（下游水位因变化很小，不予考虑），同时计入监测日前 1d、前 2～3d、前 4～7d 和前 8～15d 平均水位的影响以及前 1d、前 2～3d、前 4～7d 和前 8～15d 水位升降速率的影响，各部分的数学表达式如下

$$f(H)=a_l H^t \tag{3.8}$$

$$f(\overline{H})=a_m \overline{H}_p \tag{3.9}$$

$$f\left(\frac{\Delta H}{\Delta t}\right)=a_n\left(\frac{\Delta H}{\Delta t}\right)\bigg|_{\Delta t=j} \tag{3.10}$$

因此，水压分量的数学表达式：

$$\delta_H=f(H)+f(\overline{H})+f\left(\frac{\Delta H}{\Delta t}\right)=a_l H^i+a_m\overline{H}_p+a_n\left(\frac{\Delta H}{\Delta t}\right)\bigg|_{\Delta t=j} \tag{3.11}$$

式中：H 为监测日所对应的上游水深；$\overline{H}$为监测日前期平均水深；$\frac{\Delta H}{\Delta t}$为监测日前期水位升降速率；$i$ 为1～3；j 为1，2，4，8；l 为序号1～3；m 为序号4～7；n 为序号8～11；p 为序号1～4。

2）时效分量。大量已建面板堆石坝监测资料分析表明，大坝运行后2～3年堆石体将发生较大的流变变形。大坝在运行期内，堆石体的应力状态随外荷载而变化，堆石体某一测点所受荷载有：库水位传递的荷载和测点上方堆石体自重，则该点正应力应为库水位 H 和上方堆石体高度 h 的函数，即 $\sigma=\sigma(H，h)$。该点处变形弹性部分主要由水压引起，黏性部分不仅是时间的函数，还与该点处的应力状态有关，假定该点应力函数为 $\sigma=(H^{\alpha_2}，h^{\beta_2})$。考虑水荷载、自重荷载和时间效应的共同影响，时效分量 δ_t 的数学表达式为

$$\delta_t=(a_{12}H^{\alpha_2}+a_{13}h^{\beta_2})(1-e^{-Dt}) \tag{3.12}$$

由式（3.11）和式（3.12）可以得到堆石坝运行期沉降多因素时变分析模型的数学表达式：

$$\begin{aligned}\delta=\delta_H+\delta_t=&a_0+a_l\beta_l(k)H^i+a_m\beta_m(k)\overline{H}_p\\&+a_n\beta_n(k)\left(\frac{\Delta H}{\Delta t}\right)\bigg|_{\Delta t=j}+[a_{12}\beta_{12}(k)H^{\alpha}+a_{13}\beta_{13}(k)h^{\beta}](1-e^{-Dt})\end{aligned} \tag{3.13}$$

式中：β_l、$\beta_m(k)$、$\beta_n(k)$、$\beta_{12}(k)$、$\beta_{13}(k)$为时变参数；a_{12}、a_{13}为回归系数；α_2、β_2 为试算参数，$0\leqslant\alpha_2\leqslant1$，$0\leqslant\beta_2\leqslant1$（步长0.05）；其他符号意义同前。

3.2.3.5 大坝变形控制对面板施工及后期变形影响

面板是面板堆石坝表面防渗体系的主要部分，也是面板堆石坝结构的一部分，它承担着向下游堆石体传递水压的重任。面板的安全对整个大坝的使用与安全起着极其重要的作用，尤其是高面板堆石坝，对面板提出了更高的要求。面板的变形主要是面板的应力应变、面板的挠曲变形、周边缝和垂直缝的位移以及设计所不允许的混凝土面板的开裂。

（1）面板变形的影响因素分析。影响面板变形的因素很多，主要分析混凝土力学特性、荷载及堆石体变形的影响。

1）混凝土力学特性及荷载对面板变形的影响。混凝土面板应力除了受本身结构、混凝土力学性能、坝高等因素影响外，还受河谷形态、地质条件、气候及堆石料特性的影响。国内工程实践表明，施工因素的影响也不容忽视，如面板混凝土施工质量与养护、堆石体填筑次序与压实质量、局部地形与地质缺陷的处理、水库蓄水与泄水过程、垫层坡面保护方式等。混凝土面板是坝体结构的重要部分，引起面板结构受力的因素主要有以下三类：①混凝土变形引起的应力，主要是由于温度、湿度变化和基础沉降而引起变形，当变形受到约束即产生应力。②外荷载作用引起的应力，作用于面板上的水荷载、库水结冰荷

载以及由地震作用等对面板产生的静应力或动应力。③材料内部物理化学作用引起的应力，混凝土中的碱骨料反应、混凝土遭受冻融循环作用以及钢筋锈蚀等都会对混凝土产生膨胀作用，从而产生膨胀应力。混凝土面板开裂问题，实质上是面板中的破坏力与抵抗力之间的较量，还应包括时间、环境条件、边界条件等诸多方面的影响因素，如徐变引起的应力松弛、面板的长度、基础约束程度、保温、保湿条件以及面板本身的抗拉强度、极限拉伸、线膨胀系数等都会对面板裂缝产生重要影响。施工期面板挠度仅由于自重引起，其量值较小。运行期面板挠度的主要影响因素是水压力和堆石体的变形。一般水压力越大，混凝土面板挠曲越大。坝高对面板挠曲也有影响，一般坝越高承受的水压力越大，相应的混凝土面板挠曲变形越大。在周边缝位置，水荷载作用引起混凝土面板相对于趾板的变形使面板离开向外边、接缝张开并产生剪切变形。周边缝的变化与面板变形、堆石体的变形、坝高以及趾板线的位置有关。周边缝的位移还在很大程度上取决于河谷坝肩的形状、趾板的几何形状、周边缝底部材料的使用以及该区域的压实质量。

2）堆石体变形对面板变形的影响。由于混凝土面板是以堆石体的垫层为基础的，面板的变形除了自身因素（自重、温度应力、干缩及徐变）引起和由水库蓄水后水压作用产生外，还受堆石体变形大小的影响。在水压力作用下面板的变形很大程度上取决于堆石体的变形，堆石体的应力变形特性决定了面板的应力变形状况。现有原型监测资料及计算研究表明，堆石体变形随时间而发展，相应地，面板应力状态也必然随时间而变化。因此，影响堆石体变形的诸因素也是影响混凝土面板变形的因素，其中堆石流变的影响是主要的。

在堆石体分期填筑的过程中，支撑面板的旧填堆石体在上部新填堆石体自重作用下，产生新的压缩和水平位移。由于面板刚度相对较大，面板变形不能同垫层料的变形相协调，会出现顶部脱开的现象，即面板与垫层料脱空。脱空对面板有以下三个方面的影响。

A. 面板与垫层料脱空后，在脱空部位面板失去垫层料的支撑，面板的受力性态和工作条件发生改变，应力变形和整体协调受到影响。

B. 在水压作用下，脱空部位的面板被压向垫层料，在面板紧贴垫层料的过程中，面板受到水压和垫层反力的共同作用。

C. 过大的面板脱空超过面板的承受极限时，面板会产生裂缝，裂缝的产生会使面板的受力性态重新调整。

通过已建面板堆石坝实测资料及计算结果分析可以看出，堆石流变对面板变形的影响主要表现在以下四个方面。

A. 堆石流变使面板顺坡向压应力增大，拉应力减小；使河谷部位面板轴向压应力增大，两岸拉应力增加。

B. 堆石流变使面板沿坡向趋于受压，有助于减小该方向上的拉应力，但坡向压应力有较大增幅。

C. 堆石流变导致面板纵缝在河谷中央部位产生挤压，使挤压位移增加，而河谷岸坡部位产生拉伸，张拉位移有所增加。

D. 堆石流变使周边缝的错动位移进一步增大，沉降位移进一步增加，张拉位移进一步减小。

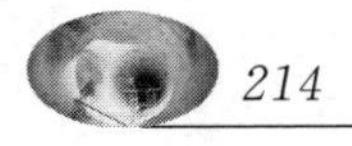

(2) 面板变形特性分析。图 3.125 和图 3.126 分别为面板施工期和蓄水期受力示意图，图中 T_1 为施工期垫层料对面板的剪切力，T_2 为蓄水期垫层料对面板的剪切力，G 为面板自重，W_1 为施工期反向水压力（大坝填筑时的洒水和大气降雨形成），W_2 为蓄水后的库水压力，F 为垫层料对面板的支撑力，P 为趾板对面板的支撑力。

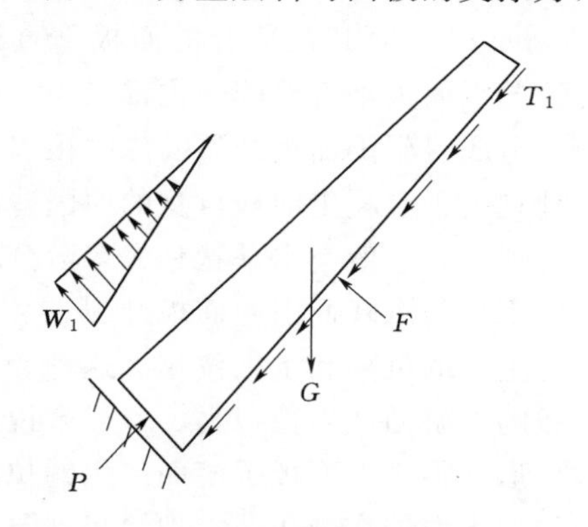

图 3.125 施工期面板受力示意图

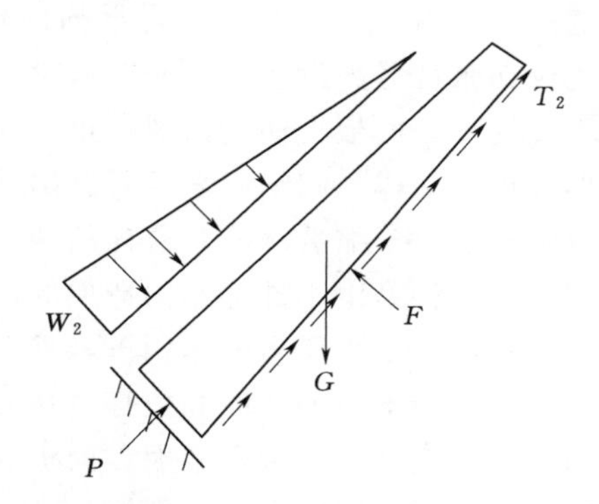

图 3.126 蓄水期面板受力示意图

在这些力的共同作用下，面板会产生一系列的变形。随着堆石体的变形，面板在施工期中下部是朝上游方向鼓出变形的，上部则是向下游收缩的，蓄水期在水压力作用下，坝体与面板均朝下游方向变形。施工期 1/3 坝高以下由于受两坝肩的约束较大，加之底部坝体变形朝上鼓出，致使面板中部呈朝向上游突出的变形状态；蓄水后，在较高的水头压力作用下，面板中部朝向下游变形，两侧面板由于受坝肩的约束，局部存在向上游变形的反翘现象。施工期 1/3 坝高以上面板中部朝向下游收缩变形，两坝肩面板局部存在向上游变形的反翘现象；蓄水后，在水压力作用下整体朝向下游方向变形。

混凝土面板是允许产生挠曲变形的，设置周边缝和面板间的垂直缝再加上各种止水，就是为了适应面板的这种变形。水库蓄水后，面板的挠曲变形可达到最大值，此时周边缝靠近两侧的垂直缝拉开，而面板中部的垂直缝压紧。混凝土面板的这种挠曲变形的最大值在设计上是根据面板所承受的最大水压力等各种荷载、面板的刚度和强度以及作为面板基础的堆石体垫层的最大位移量确定的。显然，如果作为面板基础的垫层的最大位移量有所增大，即使面板所承受的荷载没有增加，面板也势必要产生超过挠曲变形的允许值而造成破坏。面板的这种破坏主要表现在面板的开裂和周边缝的止水破坏。

周边缝作为面板与基础趾板之间的一种重要的结构缝，其变形表现在张开、沉降（垂直缝的方向）与剪切（平行缝的方向）三个方面，见图 3.127。为适应这三种位移，一般的周边缝要设二至三道止水。周边缝的变位除了与库水位的变化和面板的变形有关外，还和面板的基础即堆石

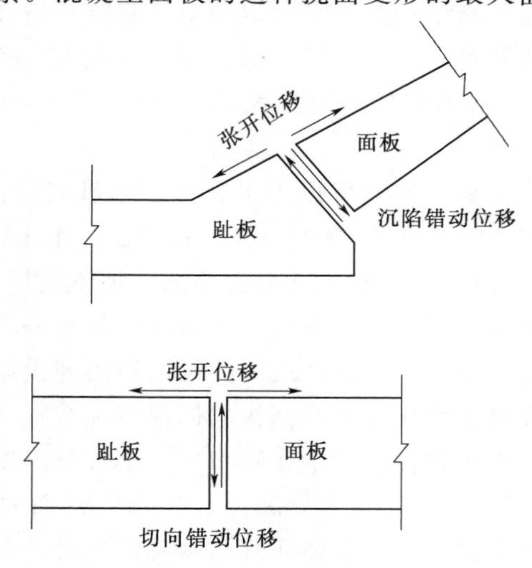

图 3.127 周边缝三向变形示意图

体垫层的位移量有关。如果面板周边缝的变位过大，以致造成止水的破坏，则沿大坝的基础趾板处将形成漏水通道，即使漏水可以从坝体内排出，也必然对大坝的稳定性构成威胁。

设置面板垂直缝，一是为了满足面板滑模施工的需要；二是为了适应面板的变形。面板受力挠曲后，由于只有两坝肩附近的面板垂直缝张开，而其余部分的面板垂直缝被压缩，因此仅在张性缝内设止水。一般来说，正常情况下面板垂直缝的变位都很小。除了周边缝和垂直缝外，面板上还会出现不正常的裂缝。造成混凝土面板开裂的原因很多，裂缝的表现形式也不一样，归纳起来主要有两种：一种是由于混凝土面板自身的原因造成的开裂，如温度裂缝、干缩裂缝等，这样的裂缝比较有规律，一般呈水平状且大多数分布在面板的中部；另一种是由于外部原因造成的，如垫层不均匀沉降而引起面板开裂。

水库蓄水后，在水压力的作用下，堆石体又产生新的沉降和水平位移。这种变形的结果，使面板产生向下游的挠曲和位移，从而使面板的下游面产生拉应力。一般来说，只要堆石体的压实密度高、变形模量大，面板的挠曲变形会很小，面板下游面产生的拉应力也不至于使面板开裂。即使有少许裂缝，由于面板的迎水面处在受压区，裂缝将被限制在靠下游的部分内，而不会造成贯穿。但是如果堆石体在蓄水前发生过较大的变形，已造成了面板上游面的开裂，蓄水后又产生不均匀沉降，使得面板下游面也开裂，这就必然形成面板的贯穿裂缝，这种裂缝造成漏水，对坝体的安全和稳定是不利的。当然，如果裂缝不多、宽度不大、漏水量很小，所漏的水又能通过堆石体排出去，则这种裂缝不会对大坝造成很大危害。

3.2.3.6 河口村水库大坝沉降变形及渗流监测

（1）监测设施布置。

1）沉降监测。选择桩号 0+0800、0+140.0 和 0+220.0 三个横断面进行监测。在最大坝高桩号 0+140.0 监测断面的高程 220.00m、239.72m 和 262.00m 坝体的不同部位埋设有沉降测点和水平位移测点，以监测坝体内部的沉降量和水平位移；在此监测断面基础面上布设一条水平固定测斜仪测线；另外本断面的高程 286.00m 和 255.00m 各埋设一支测斜管，在测斜管外部每隔 5m 安装一个沉降环。靠近左右岸坝肩桩号 0+080.0、0+220.0 监测断面的高程 200.00m、230.00m 坝体的不同部位埋设有沉降测点和水平位移测点。

在右坝肩高程 250.00m 沿坝轴线方向埋设一串土体位移计；在左坝肩高程 270.00m 和 230.00m 沿坝轴线方向各埋设一串土体位移计。

2）坝体和坝基渗流监测。坝体及坝基渗流渗压主要包括坝基趾板渗压、岸坡趾板区渗压、下游岸坡渗压、坝基渗流量和绕坝渗流等项目。

沿周边缝在面板下的垫层料内埋设渗压计及温度计，观测周边缝和缝面下的渗水压力及温度变化，按照面板的体形情况选择一定的部位在趾板前后各布设 1 支渗压计，沿周边缝在正常蓄水位下连续布置一定数量温度计。

在 0+140 监测断面、0+265 断面的防渗帷幕后钻孔埋设 4 支渗压计，同时在上述三个监测断面堆石体底部沿基础面埋设 7～9 支渗压计，以监测蓄水后的水位变动，以评估帷幕后坝基的渗流状况。

为监测绕坝渗流，在右岸坝肩及下游边坡布置了6个水位观测孔，左岸在绕坝渗流布置时，结合左岸山体的防渗体系统一考虑，整个左岸山体水位观测孔布置19个。

（2）监测资料分析。

1）坝基沉降变形。在大坝0+140断面173.00m高程处埋设了一套从上游到下游贯通的水平固定测斜仪，按照每隔5m、6m和7m等间距布置了63支水平固定测斜仪，用于监测350多米的坝基沉降。考虑到水平固定测斜仪布置在坝基深厚覆盖层上，覆盖层的不均匀沉降对观测系统误差影响较大，存在两支仪器布置间距范围测值被放大或缩小的可能。

坝基覆盖层开挖处理情况，坝轴线上游至防渗墙之间基础由原河床175.00m高程挖至高程165.00m，并对防渗墙、连接板、趾板及防渗墙下游50m范围基础采用高压旋喷桩进行了专门加固处理；坝轴线下游次堆区覆盖层基础开挖至高程170.00m，但在坝下0+000～0+180靠近右岸岸坡部位发现有较厚的黏性土层及砂层透镜体，且有向左岸延伸的趋势，该层黏性土并未完全挖除。并结合水平固定测斜仪安装埋设位置，坝上游的HI5-1-1～HI5-1-5位于高压旋喷桩坝基处理范围内，HI5-1-6～HI5-1-30位于坝轴线上游坝基处理至高程165.00m之上，HI5-1-31～HI5-1-36位于坝轴线下游坝基处理从高程165.00m至170.00m过渡段之上，HI5-1-37～HI5-1-63及基准点B位于坝轴线下游坝基处理至高程170.00m之上，且在坝下0+000～0+180靠近右岸岸坡部位发现有较厚的黏性土层及砂层透镜体地层之上。从水平固定测斜仪埋设的线路地质情况和基础处理的情况看，存在坝轴线下游沉降较大的可能。

监测资料分析结果，随着坝体填筑，坝基沉降变形逐渐增加，填筑至高程225.00m时，最大沉降变形为546mm（D0+009）；填筑至高程240.00m时，最大沉降变形为1101mm（D0-127）；填筑至高程286.00m时，最大沉降变形为1267mm（D0-127）；填筑至高程286.00m静置后，沉降变形在-5～15mm之间波动，目前变化趋稳。

综上所述，坝基沉降变形呈现随着坝体填筑升高而逐渐增大的趋势，符合一般规律，沉降变形较大与水平固定测斜仪沿线布置的坝基地质情况、观测仪系统误差和坝体分区填筑次序等因素有关。从坝体静置期间的变形情况分析，坝基沉降变形已基本趋于稳定。

2）坝体沉降变形。在大坝坝体0+080断面221.50m和241.50m，0+140断面221.50m、241.50m和260.00m，0+220断面221.50m和241.50m，各埋设1套水管式沉降仪。

监测资料分析结果，大坝0+080断面在221.50m和241.50m高程水管式沉降仪历史最大值分别为501.2mm和355.1mm；大坝0+140断面221.50m、241.50m和260.00m高程水管式沉降仪历史最大值分别为502.0mm、424.5mm和238.1mm；大坝0+220断面高程在221.50m和241.50m水管式沉降仪历史最大值分别为367.2mm和188.3mm。

高程在260.00m水管式沉降仪历史最大值在172.7～238.1mm之间，最小值为0mm，当前值在172.7～238.1mm之间；高程在241.50m水管式沉降仪历史最大值在119.0～424.5mm之间，最小值为0mm，当前值在119.0～424.5mm之间；在高程221.50m水管式沉降仪历史最大值在195.3～502.0mm之间，最小值在-11.0～0mm之间，当前值在173.1～502.0mm之间。

大坝坝体沉降随着填筑高程（时间）增加而增大，静置期随着时间增加而增大，但增幅有所减小。现阶段，坝体沉降逐渐趋稳。

3）防渗墙连接板沉降变形。为监测防渗墙连接板变形情况，在连接板内D0＋100至D0＋220桩号布置1套水平固定式测斜仪，总计24个测点，点间距4～6m。

监测资料分析结果，水平固定测斜仪布置在防渗墙连接板下地质较均匀且经旋喷桩加固处理的坝基处，历史最大值在2.5～21.2mm之间，最小值为0mm，当前测值在1.3～21.2mm之间。防渗墙连接板浇筑较晚，且存在坝体排水孔倒灌现象，沉降变形初期变化较大，主要受倒灌水浸泡影响和坝前石渣压坡影响。近期测值均在2mm左右波动，主要受水平固定测斜仪系统误差影响。水平固定测斜仪当前测值较稳定，防渗墙连接板处坝基基本稳定。

4）左右岸坝体纵向水平变形。为监测左右岸坝体纵向水平位移，在坝轴线纵剖面不同高程以岸坡岩体为固定端向坝体延伸共布设4套土体位移计，每套以6m或10m为间距布设测点，其中左岸三个高程270.00m、230.00m和210.00m各布设1套土体位移计，SR5－1（高程270.00m）成串连接6个测点，SR5－3（高程230.00m）成串连接8个测点，SR5－4（高程210.00m）成串连接4个测点；右岸高程250.00m布置1套土体位移计，SR5－2成串连接8个测点。

监测资料分析结果，土体位移计累计变形历史最大值在0.06～23.40mm之间，最小值在－0.36～0mm之间，当前测值在0.06～23.40mm之间。土体位移计变形随填筑时间（高度）而增大，静置期变形增幅较小；随距围岩体距离增加而增大，但大部分变形发生在围岩体与堆料（基覆界线）附近，堆料内变形不显著，距围岩体一定范围内堆料整体变形较均匀。

5）渗流渗压。在大坝基础内0＋080、0＋140、0＋220三个监测断面埋设渗压计25支，在0＋080断面（靠近左岸边坡附近）从下游到上游布置P5－17～P5－25；在0＋140断面（坝中心线附近）从下游到上游布置P5－08～P5－16；在0＋220断面（靠近右岸边坡附近）从下游到上游布置P5－01～P5－07。

监测资料分析结果，渗压计所测渗压历史最大值在0.00～56.15 kPa之间，渗压最小值在0.00～18.42kPa之间，渗压当前值在0.00～49.57kPa之间。坝基大部分渗压计安装埋设后基本呈无压或少压，靠近左右岸山体附近有少许渗压，坝中心线附近基本呈无压状态，总体变化与库水位变化不相关，主要受两岸岸坡水位影响，且右岸边坡比左岸山体水对坝基渗压影响小。现阶段，渗压计测值较稳定。

3.2.4 基于物联网和云技术的智能大坝科学管理技术

3.2.4.1 引言

近几十年来，中国水库大坝建设和坝工技术有了突飞猛进的发展。但是，这些水库中，有很多是建于20世纪50—70年代，由于运行时间较长，存在病险问题突出、维修加固力度低、工程管理不规范等问题。近几年来，一些水库工程逐步引入了先进的自动遥测系统、自动监测系统、部分水工建筑物视频监测系统等先进的管理技术，这些技术的引入节省了大量的人力、物力，既保障了实测精度，又提高了水库工程的管理水平。

但是从现代工程管理理念上看，这些还没有形成有效的、系统的管理体系。对于各种运行数据的分析、判断和预测及其与整体工程安全程度的关联还不能达到有效的结合，不能体现对水库运行风险的评价和控制。实践证明，以水利科技现代化促进水库工程管理的信息化，增加水库工程的科技含量、降低资源消耗、提高水利的整体效益也是新世纪水库工程建设与管理的必由之路。它高度响应了《水利科技发展“十二五”规划》的指导方针，通过水库工程信息化建设，建立相应的智能管理和决策控制系统，促进水资源的统一配置、统一调度、统一管理，是实现水利信息化的重要一步；它是提高管理决策水平的需要，通过水库工程的信息化建设，利用现代信息技术及时收集和处理大量的信息，可以为水库工程的设施管理、运用管理、维护管理、监测管理、水质保护和监测以及环境绿化管理提供良好的技术平台，实现基础工情和水情的自动传输、汇总累计、及时上报和信息查询检索；它是促进国民经济协调发展的需要，通过水库工程信息化建设，开发一个功能强大的信息平台和管理系统，对于提高信息化对各项水利工作的支撑服务水平，建立包括节水型农业、工业在内的节水型社会，推进城市化进程，提高水利资源共享，特别是对于全面建设小康社会，开发西部缺水地区，促进国民经济协调发展都具有十分重要的现实意义和长远的历史意义。

(1) 国内外水利工程信息化研究进展。国外方面：1998年，美国副总统戈尔提出了“数字地球”，“数字水利”的概念也应运而生，它是在数字地球的概念下局部的、更新专业化的数字系统。广义地说，所谓数字水利，就是综合运用遥感（RS）、地理信息系统（GIS）、全球定位系统（GPS）、虚拟现实（VR）、网络和超媒体等现代高新技术，对全流域的地理环境、基础设施、自然资源、人文景观、生态环境、人口分布、社会和经济等各种信息进行数字化采集与存储、动态监测与处理、深层融合与挖掘、综合管理与传输奋发，构建全流域可视化的基础信息平台和三维立体模型，建立适合于全流域各不同水利职能部门的专业应用模型库和规则库及其相应的应用系统。狭义上讲，数字水利是以地理空间数据为基础，具有多维显示和表达水利状况的虚拟平台，是数字地球的重要组成部分。

由于国外GIS发展比较早，在GIS与水利的结合应用方面，他们已经取得了一些成果：在水资源评价和规划应用方面，Gupta等早在1977年就实现了将栅格型GIS数据管理工具用于流域规划。随后欧洲一些研究机构也联合开发了具有水文过程模拟、水污染控制、水资源规划等功能的流域规划决策支持系统“WATERWARE”。在此基础上，Bhuyan等综合运用GIS及美国农业部开发的农业非点源污染模型AGNPS，可很好地在小流域尺度上进行水资源和水环境评价。日本的Kenji Suzuki等也运用GIS技术通过对高分辨率的卫星数据进行处理，实现了雨养农业区域水土资源的评价。近年来Carlo等在GIS平台上开发了Ag－PIE模型，评价由于农业生产造成的地表和地下水水质下降的程度。

国内方面：我国水利工程管理信息化建设起步于20世纪80年代，水利系统开始大量引进当时国际上先进的计算机设备和软件，如：IBMPC微机、VAX系列超级小型机、APOLLO工作站、SUP5分析计算软件包等，与此同时，各设计院、研究所和高校也研制了一大批应用软件，这些都推动了水利系统计算机应用水平的迅速提高。进入90年代以来，国民经济的飞速发展给防洪减灾和水资源利用等提出了更高的要求，水利信息工作更加受到重视。国际社会信息化的浪潮也给水利系统带来了信息现代化的冲击。我国对信息化的进程十分重视，也促进了水利系统的信息化进程的发展，水利部有关部门相继制定了“国家防汛指挥系统”“水利部行政首脑办公决策支持服务系统”等信息化建设工程规划。进入新世纪以后，水利工程信息化建设的研究得到了深入发展。

进入21世纪，对于水利信息化的远景发展及底层技术的讨论上了一个新的台阶：2001年，天津市引滦工程于桥水库管理处的许武燕通过介绍网络技术在水利工程管理单位的应用，指出水利工程管理单位实现网络化，通过网络收集信息、处理信息、发布信息是非常必要的，同时这也是水利工程管理单位实现办公自动化的一个极为重要的途径。2004年，长江科学院空间信息技术应用研究所结合长江科学院近几年所开展的主要相关科研项目与技术成果，根据空间信息技术的发展趋势和对流域管理现代化的认识，展望了3S技术在长江水利信息化事业中的应用前景；2005年，武汉大学使用网格计算对网络环境下多台计算机处理能力的集成来解决三维显示不连续、单帧视觉图像处理时间过长的问题，并使用Petri网的描述方法对三维显示任务的分解进行理论上的描述，以高速的数据共享服务和有效的节点数据缓存管理方法为基础，开发了能够集成多台计算机的处理能力的网格应用系统，以利于今后在数字流域、水利信息化工程管理的三维显示中的应用。2006年，淮河水利委员会沂沭泗水利管理局对数据仓库技术在水利信息化中的应用进行了系统的研究，同时指出要在水利行业更好地应用和发展数据仓库技术，必须在进一步加强标准化、规范化的基础上，大力开展基础数据库的建设，尤其是富有水利行业特色的数据库，如蓄滞洪区空间展布式社会经济数据库、雨情和水情数据库、水旱灾情数据库等。

（2）水利信息化发展趋势及存在的问题。经过长期建设和发展，水利信息化建设发展趋势正向着三维立体、多元化、安全性和共享的方向发展。但是其目前的建设现状与水利现代化的发展要求相比，还有较大的差距。特别是随着信息技术的飞速发展和深入应用，我国水利信息化建设中存在的诸多问题和难题不断凸显出来，主要体现在以下几个方面。

1）基础设施有待进一步完善：受各种因素的限制，我国的水利信息化基础设施依旧很薄弱，主要表现为：信息自动采集系统密度低，工程监控体系不完善，仅能对大、中型水利工程，中央及省级报汛站进行雨水情自动采集，不能满足我国防汛抗旱应急管理的需要；水利通信主站平台密度低，覆盖面窄，偏远地区信号差，通信困难；水利信息网络及服务器建设相对滞后，各级单位间网络连通状况不是很理想，我国各县区防汛抗旱网络基础设施尚未实现全面覆盖，严重影响我国各类防汛抗旱信息的传输效率；信息存储与服务体系以及视频会议系统建设缓慢，全国省级以上水利部门配备的各类存储设备存储能力过低，工程远程视频监视站点数量也十分有限，数据库数量和容量不能满足需求，建设严重滞后。

2）业务支撑有待进一步增强：截至2010年年底，我国省级以上水利部门已经投入运行的业务应用系统仅863套，其应用领域主要在防汛抗旱、水利电子政务和水资源管理方面，而在水利工程建设与管理、水利信息公众服务、水文业务、水库移民管理、农村水利管理以及水土保持等方面的应用水平普遍较低。

3）诸多建设难题有待进一步解决：首先目标单一，整合困难。水利信息系统大多为解决特定研究或业务应用而建，其数据库与具体业务处理、具体单位和部门紧密绑定，服务目标单一，所能提供的能力有限，如何整合这些资源，提高资源利用率成为了当前各级水利信息化管理部门亟待解决的难题。其次是资源割据，共享困难。目前水利信息化系统大多分散建在不同的地区和不同业务部门，形成了以地域、专业、部门、系统等为边界的资源割据的局面，因此难以向外界用户提供服务，从而形成了共享困难的技术鸿沟。最后是人才缺乏，效能低下。当下水利系统中既懂水利又懂信息化的专业技术人员缺乏，导致了当前水利信息化部门的业务系统维护困难，资源共享效率低，系统价值难以得到充分的应用，加上系统很难随需求的变化而调整，导致系统效益的持续发挥受限。

4）投入不足，管理有待进一步强化：水利信息化建设工程庞大，而信息化技术又发展得特别快，大量的资金投入和有序的管理是必不可少的。但我国目前省级以下水利部门都没有设立信息建设管理部门和相应的专项经费，投融资渠道单一，导致了水利信息化建设的管理比较混乱，具体责任无法落实，某些投资政策和项目管理制度无法适应信息化建设要求。特别是对于财政比较困难的地市来说，资金投入不足，管理制度不完善已经成为导致水利信息化发展水平落后，信息化建设基础设施薄弱的最大障碍。

3.2.4.2 高面板坝真三维数字大坝建模技术

构建三维数字大坝需要解决的三个重要技术难题：工程地质模型的构建、地表模型的构建和坝体等水工建筑物模型的构建。依据河口村水库工程提出了一套适用的真三维数字大坝建模技术。

（1）高面板坝工程地质智能数字化仿真技术。三维地质模型是地质现象的真三维表达，通常可以将地质要素概括为点、线、面、体4类：①点状要素：地面采集点、地质钻孔点等。②线状要素：各地层界面线。③面状要素：各种地质结构面、地层面、地下水位面等。④体状要素：地质实体，地质变量等。

通过建立上述4类要素之间的拓扑关系就可以构成三维地质模型。

高面板坝三维地质建模及其可视化就是将可视化技术应用到高面板坝工程地质勘探中，利用计算机建立三维地质模型以对三维地质数据进行描述，并在计算机中进行三维地质模型的可视化显示，帮助地质勘探人员能对原始钻孔数据做出正确解释和分析，得到地层中地质特征等重要数据信息，从而提高工程地质分析的准确率和可靠性。为提高高面板工程地质分析的可靠性，本专题针对高面板坝工程可能存在的复杂地质条件进行了理论分析，并在此基础上建立地质数字化仿真技术。

从1968年开始，河口村水库共开展了多次地勘工作，积累了大量的水文地质勘探成果，为更加准确、高效地掌握水库库区地质情况，尤其是深厚覆盖层的分布情况，选取了180个钻孔来开展水库大坝三维地质建模及可视化研究。对河口村水库整个库区的地质情况进行了三维地质建模，库区现有钻孔模型见图3.128，三维整体地质模型见图3.129，库区主要地层及地质剖面的建模结果见图3.130、图3.131。

针对土石坝复杂地质条件和可视化需求开发的三维智能地质建模技术具有以下特点：

1）智能高效：本建模技术直接基于所有的原始地质钻孔资料（可以超过100万个已知钻孔），不需要做任何人工简化，自动化、智能化提取地质背景将其参数化，并与三维地质建模实现有机融合，全自动化、智能化生成各种专业所需求的三维地质模型。三维智能地质建模技术只耗费普通的技术人员工作2d，就可以实现全部三维地质建模。

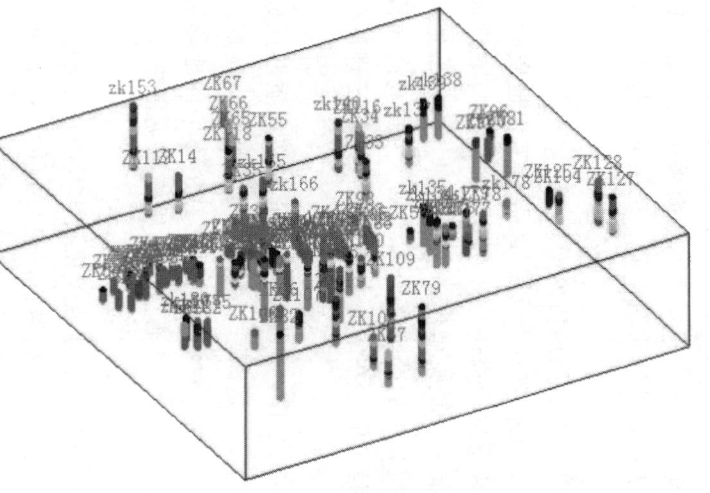

图 3.128　库区现有钻孔分布示意图

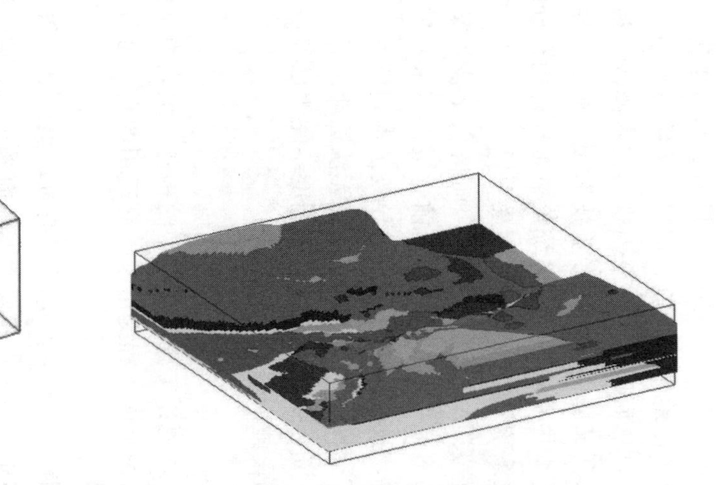

图 3.129　库区整体地质模型图

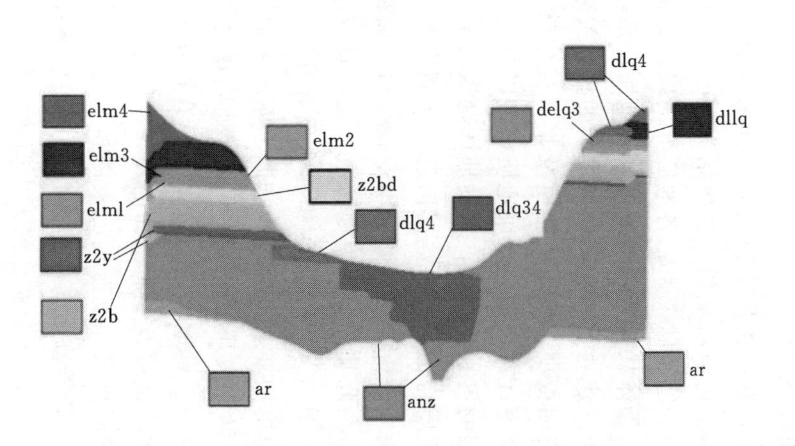

图 3.130　坝轴线典型地质剖面图

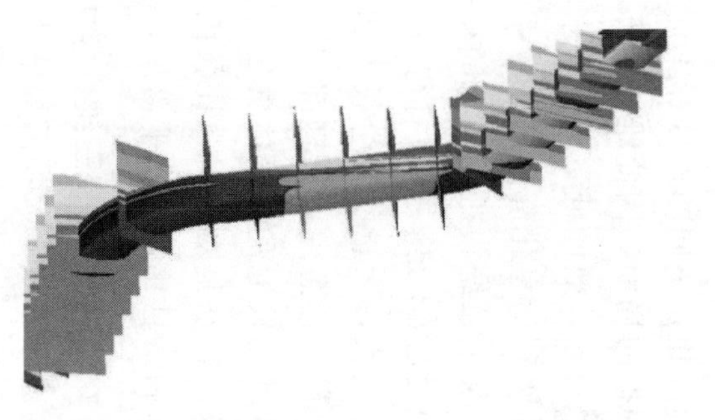

图 3.131　泄洪隧洞及其沿程地质分布情况图

2）精度高：采用目前国内外最先进的三维地质建模技术，实现地质建模时，必须要进行简化（从上到下地层序号不重叠的层序地层）才能构建三维模型，所以一经简化之后，三维建模成果与原始的二维剖面成果就有较大的差异，三维成果只能为二维地质剖面成果提供定性参考作用；而采用三维智能地质建模技术，生成的三维地质成果，完全达到甚至超过二维地质剖面分析的精度，可以直接用三维地质模型来代替二维剖面地质，全方面用于工程的三维设计。

3）可视化程度高：基于三维地质模型，本建模技术还开发了相应的可视化技术，该技术能够实现地质模型的三维简便操作，以及自动精确的统计方量与自动化实现二维、三维有限元数值剖分等，即能够显示任意地质分层，能够显示任意水平、垂直断面的地质情况，能够显示任意局部钻孔区域的地层分布情形，等等。

（2）水库大坝地表仿真金字塔技术。

1）激光扫描技术。采用 RIEGL VZ1000 三维激光扫描成像系统，该系统拥有 RIEGL 独一无二的全波形回波技术（waveform digitization）和实时全波形数字化处理和分析技术（on-line waveform analysis），每秒可发射高达 300000 点的纤细激光束，提供高达 0.0005°的角分辨率。

2）3D 影像处理技术。由 3D 激光扫描系统扫描获得的水库大坝工程区地表影像数据的实际存储方式是点云数据。为满足水利工程信息化平台建设的需求，研发了基于保持几何特征的点云数据采样抽稀算法。该方法的思路是结合水利工程的典型特征，分析测量数据的整体外形三维数据点，设定合适的阈值，提取特征点，抽稀过程中强制保留点云中的所有特征点，只对非特征点进行简化。

3）矢量模型金字塔智能建模技术。在获得了抽稀后的激光点云后，为进一步仿真模拟工程区地表，同时为后期搭建地表建筑，还需要开发水利工程的数字化仿真技术，即三维矢量模型金字塔智能建模技术。通过该技术，将处理后的激光点云数据进行整合，同时进行地表或地表建筑的网络模型重建，以形成不同地表拓扑网络模型。

2014 年，利用 RIEGL VZ1000 三维激光扫描成像系统对河口村水库大坝工程区域内的地形地貌及地表建筑进行了扫描成像，具体扫描结果见图 3.132、图 3.133。

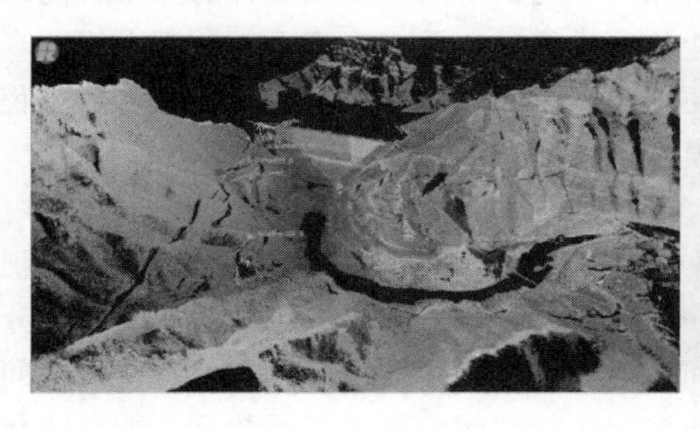

图 3.132　河口村面板堆石坝上、下游侧扫描结果图

在获得了河口村水库大坝库区地形地貌激光扫描影像后，对其进行了采样抽稀，建立了河口村水库大坝矢量金字塔智能模型（见图 3.135），可以看出该模型基本上完整地再现了工程区的地形地貌特征。同时，该模型与地质模型相结合，很好地实现了地表网络和地

基地层分布的较好结合。

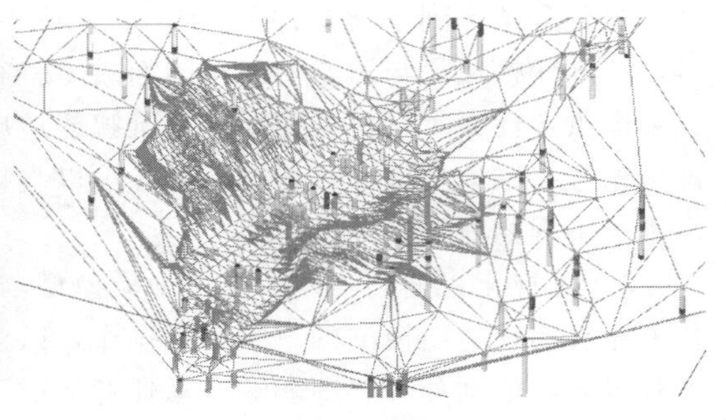

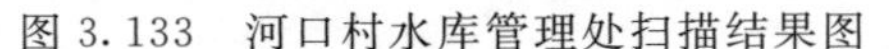

图 3.133　河口村水库管理处扫描结果图　　　图 3.134　河口村水库矢量金字塔智能模型图

（3）水工建筑物智能仿真技术。在河口村水库工程智能仿真过程中，主要针对坝体材料分区，包括混凝土面板、趾板、垫层、过渡层、反滤层、堆石区等；对坝体的填筑过程也进行了仿真，包括Ⅰ期填筑（大坝度汛临时坝体）、Ⅱ（1）期填筑、Ⅱ（2）期填筑、Ⅲ期填筑。通过对坝体的智能建模，得到的河口村水库高面板坝的仿真模型见图 3.135。

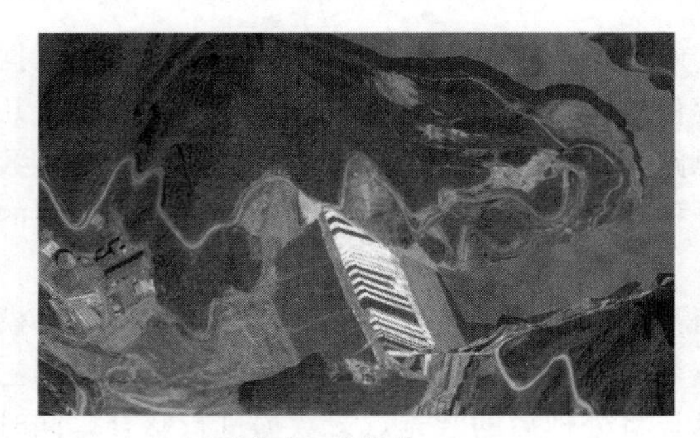

(*a*)整体真三维模型

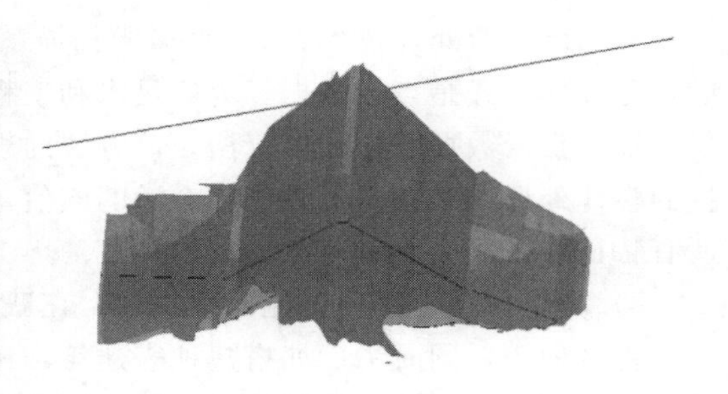

(*b*)混凝土面板坝体模型

图 3.135　河口村水库智能仿真结果图

（4）高面板坝真三维数字大坝集成技术研究。在建立了高面板坝工程的三维智能地质模型、地表仿真金字塔模型和水工建筑物智能仿真模型后，要实现高面板数字大坝的真三维化，还需要研发相应的数据集成技术，以便将上述三部分内容有机结合起来，为工程信息管理、监测布置与分析、预测预警等提供模型基础。

在数据库的集成过程中，主要需要包括复杂空间分析及应用领域内的技术与方法。①复杂特征智能提取与识别：基于 SVM 的目标识别算法和基于特征点匹配的目标识别算法，分析并比较了多种适合对水利枢纽目标进行特征提取的函数，构造了多模式的分类器，实现对水利枢纽目标的识别。②海量空间智能优化：采用数据库来存储和管理空间数据和属性数据的方式。通过这种方式来存储数据，包括空间数据和属性数据，即空间数据也可存放在数据库中。通过数据库来存储空间数据，解决了用文件存储空间数据时，对数据不能进行并发操作的缺点，解决了以前空间数据不能进行分布式处理等问题。③海量不规则几何拓扑切割：解决了由三维有限长的剖面切割形成的所有随机块体（块体不仅仅位于坝体开挖面上，还可以位于坝体区域内部）的搜索问题，即全空间块体搜索问题。

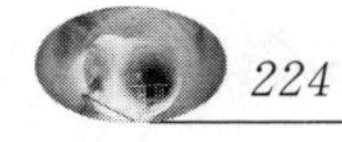

在河口村地质模型、地表模型及坝体模型集成化的基础上，通过对水库大坝典型剖面的整合，建立了河口村混凝土面板堆石坝真三维数字大坝模型（见图 3.136）。

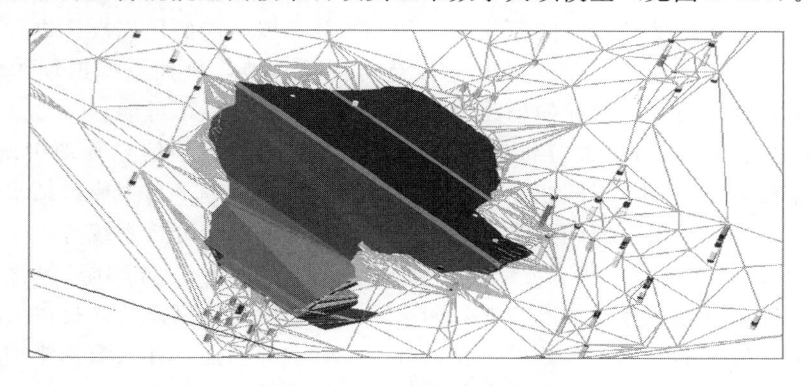

图 3.136 河口村水库混凝土面板堆石坝模型图

有了上述成果，利用非标拓扑网络技术，可以实现对坝体结构、地形地貌和地质环境的一体化模型的任意断面、任意形式的剖分（见图 3.137）。剖分结果中既包含了坝体主要材料分区，又包含了地表及地基岩土层分部，这也为后期在坝体、地基中添加监测仪器等适量模型打下了很好的基础。

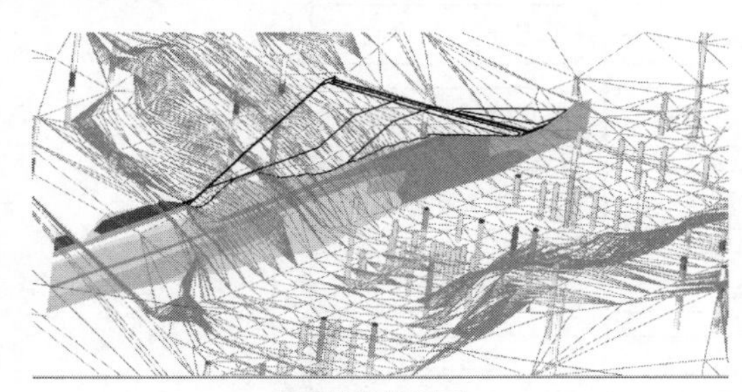

（a）垂直坝轴线剖面

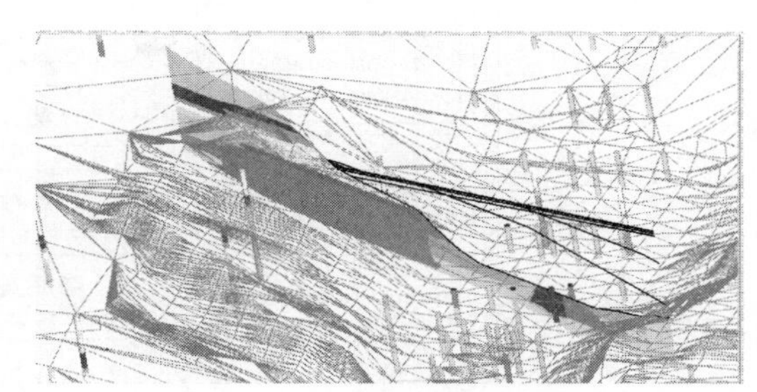

（b）平行坝轴线剖面

图 3.137 河口村水库大坝数字化仿真模型效果图

3.2.4.3 河口村高面板堆石坝水库大坝信息管理平台研发

为进一步提升土石坝工程建设管理的信息化水平，结合河口村水库混凝土面板坝工程，开发了面板坝水库大坝信息管理平台 V1.0。利用坝体、坝基和岸坡地质钻孔资料，开展智能化的大坝安全和管理平台建设，实现工程智能化、自动化和可视化的动态管理以及大坝工程三维地质仿真建模，达到大坝工程的任意三维剖面、工程结构的三维基槽体面模型及漫游以及任意地层三维多角度栅格体模型的地质成果显示，支撑主流图形软件类型的文件格式输出，动态地表三维建筑物模型，查询建筑物模型属性等，达到工程影像信息的三维漫游，地物目标查询，监测信息点查询，属性查询，距离量测，区间范围绘制等。系统平台还搭载有多个专业分析子系统，包括监测系统和预测预警系统等。

（1）系统的设计原则。河口村高面板堆石坝水库大坝信息管理平台开发的基本思路主要有如下几点。

1）自顶向下的设计，自底向上的建设。系统设计时尽可能考虑整个水库大坝决策支持的业务需求，构建一个完整的系统框架。同时，考虑到建设任务的范围，近几年技术的发展，以及实际的数据、方法、时间、工作量等约束条件，系统的建设本着无需调整的原建设任务＞可以有较好替代方案的原建设任务＞部分扩展功能的优先次序进行。系统最终形成较为完整的框架，对于框架中不在建设范围内的功能，例如：模拟坝体的填筑、开挖、隧洞监测管理分析等，这样的思路为系统未来的扩展提供了可能。

2）流程化的分析。将有关分析的部分，根据其在水库大坝信息管理中所起的作用、在安全管理流程中的位置，按照业务目标重新组织。信息管理平台主要包括水库大坝数字化仿真系统、水库大坝安全监测系统、水库大坝安全预测预警分析系统等。

3）维护和运用的分开。将有关信息的部分拆为两个部分：一部分只包含查询、定位的功能，并入信息服务业务中加以考虑，如水库大坝数字化仿真系统，提供大坝、监测模型的管理分析；另一部分只包含数据接收、维护、管理等功能，并入数据维护业务中加以考虑，如水库大坝安全监测系统和安全预测预警分析系统，提供主要监测数据的接收、整理、分析等。

系统整体架构见图 3.138。

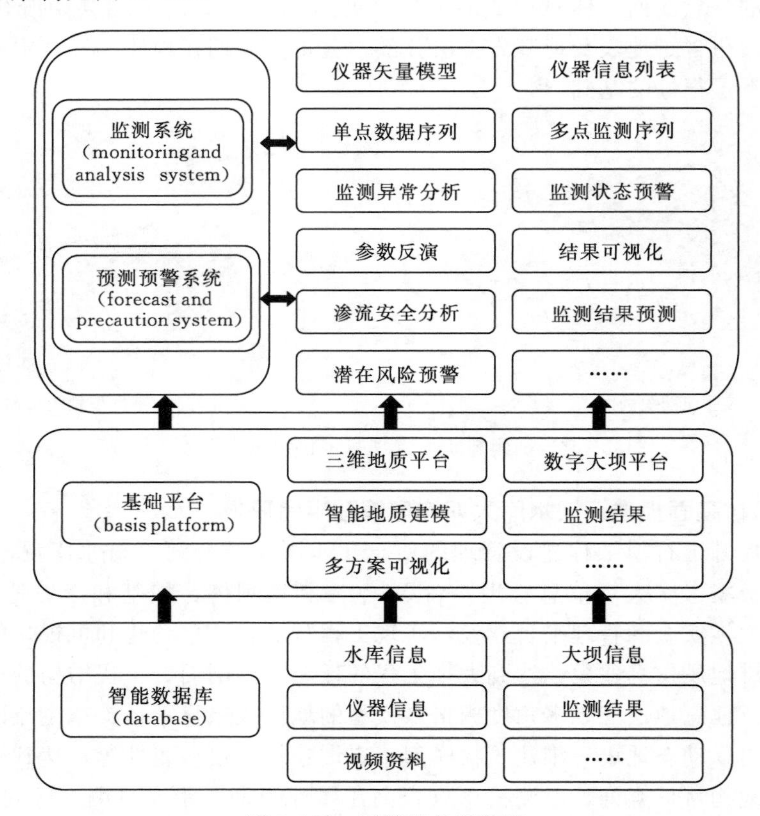

图 3.138 系统整体架构图

（2）河口村水库大坝信息管理系统平台 V1.0 主体模块及功能开发。

1）系统的登录及用户管理模块。

A. 用户登录系统结构。用户录入系统包括三个基本功能：基本信息录入、基本信息维护、系统管理（代码维护、用户管理、修改密码）（见图 3.139）。

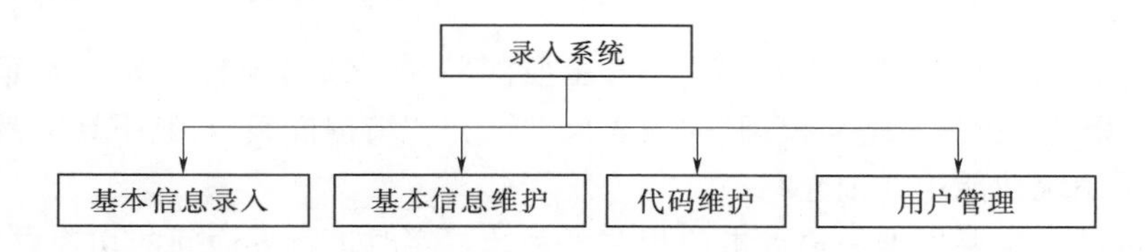

图 3.139　数据录入系统功能模块图

B. 主要界面及功能详述。

a. 登录界面：系统平台登录界面见图 3.140，操作人员输入用户名和密码可以登录河口村水库大坝信息管理系统平台 V1.0。

b. 注册界面：系统平台注册界面见图 3.141，首次使用时，操作人员可以通过该界面输入个人及所在管理单位信息进行系统注册。

图 3.140　系统平台登录界面图

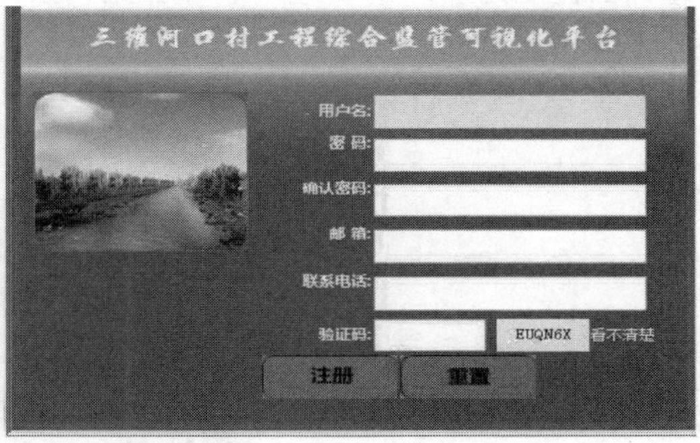

图 3.141　系统平台注册界面图

2）系统主体界面及功能介绍。河口村水库大坝信息管理系统平台的主体界面见图 3.142：界面分为工具栏（界面顶部）和左工具区（主界面左侧）、主显示部分（主界面中部）和右工具区（主界面右侧）。

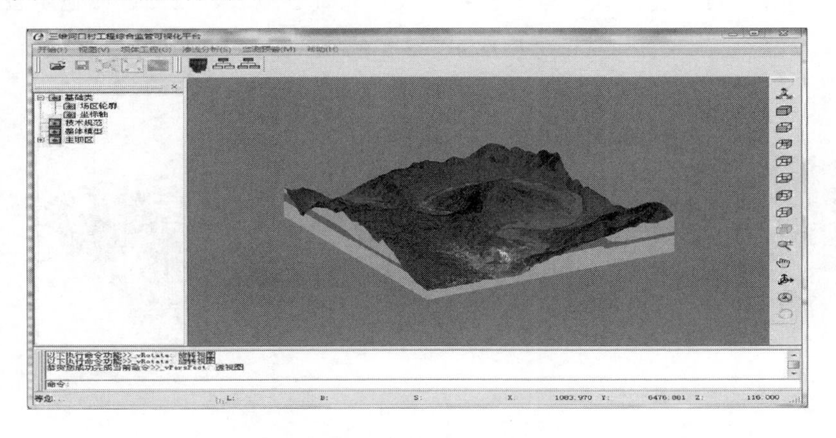

图 3.142　水库大坝信息管理系统平台的主体界面图

工具栏：包括“开始”“视图”“坝体工程”“渗流分析”“监测预警”和“帮助”等常用办公系统部分。

左工具区：主要包括“数字模型”“安全监测”和“预测预警”等三大部分功能区，其中，“数字模型”包括“地质模型”“地表模型”和“结构模型”，其下还有具体的功能，将在后面各子系统功能中详细介绍。

主显示区域：主要根据用户点击的相关子系统，实时进行界面间的切换以及具体功能的显示等。

“右工具栏”主要显示与“视图”的相关功能具体的操作方式，包括三维视图、主视图、左视图、右视图、俯视图、放大、手型工具、三维旋转等。

3）水库大坝数字化仿真系统及功能。

A. 水库大坝-地形地貌-地质环境一体化仿真。河口村水库大坝一体化模拟环境（见图 3.143），系统提供水库大坝-地形地貌-地质环境的一体化模拟环境，用户可以直观地查看工程区的实际地质地层、坝体结构及地表的相关信息，还可以根据需要，同时显示模拟环境和地质钻孔信息。

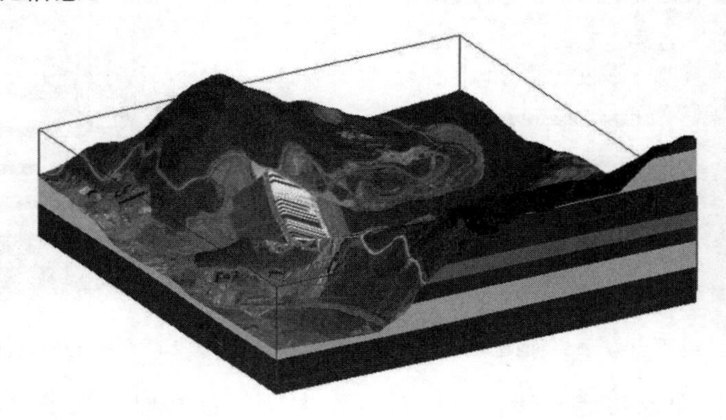

图 3.143　河口村水库大坝一体化模拟环境图

B. 复杂多样的可视化形式。单一查看方式：只查看地表（或坝体或地质条件）（见图 3.144）。

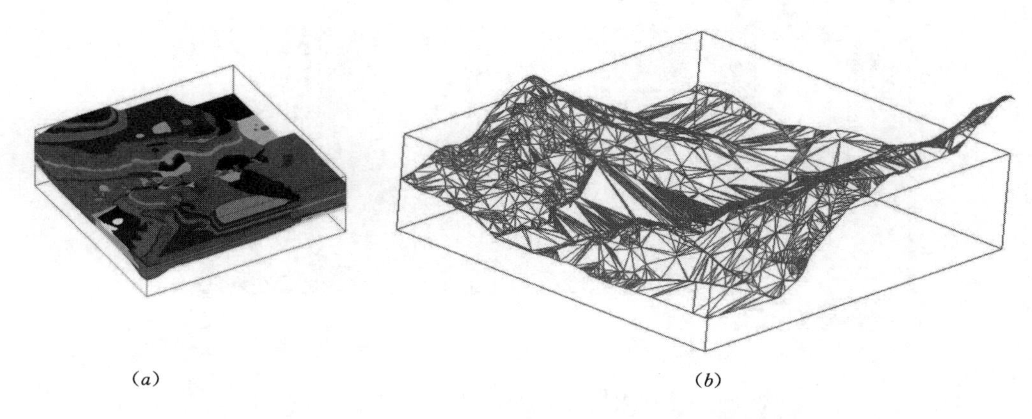

(a)　(b)

图 3.144　河口村水库地质地基模型与地表矢量网络模型图

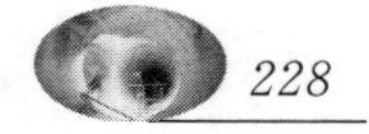

一体化任意形式断面查看：目前，系统提供的剖面形式包括竖直剖面、水平剖面和斜剖面三种形式，其查看结果见图 3.145。

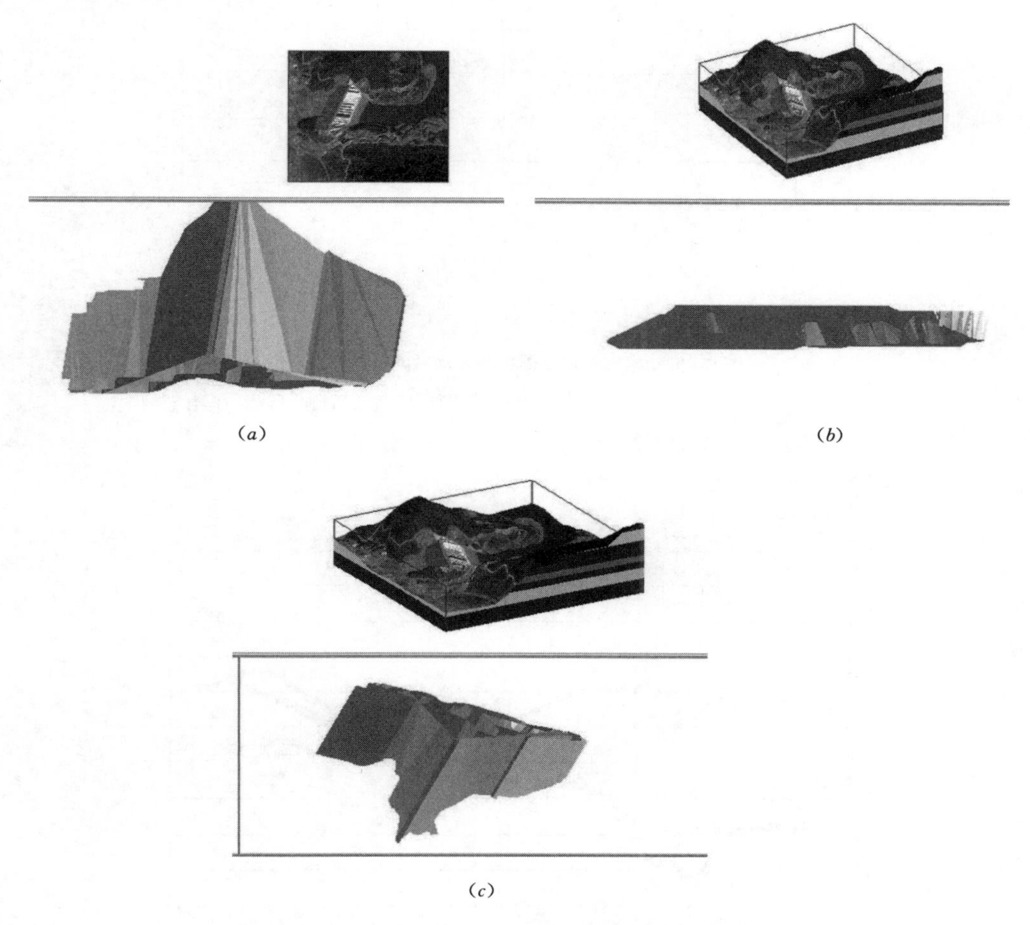

图 3.145　河口村水库大坝虚拟环境查看结果图

4）水库大坝安全监测系统。河口村水库大坝的安全监测系统主要包括四大主体功能：监测仪器及监测信息的查询功能、监测成果查询、监测数据分析、监测结果输出，实现水库大坝的施工和运行监测数据的自动化采集、查询、分析和输出，为水库大坝的安全运行状态的实时反馈。

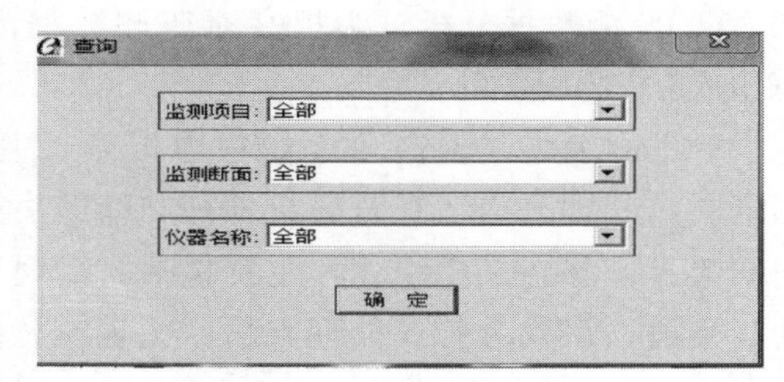

图 3.146　按监测项目、监测断面及仪器名称进行查询图

A. 监测仪器及监测信息的查询功能。为了便于用户对已有设备库中的监测仪器及其相关基础信息进行查看，系统中设计了相应的查询功能，分别提供了按监测项目查询、按结构断面查询、按仪器名称查询等多种查询功能（见图 3.146）。

B. 监测成果查询。为便于用户直观查看监测设备情况，系统还将监测仪器设备及其监测结果与水库大坝一体化模拟环境相结合（见图 3.147）。

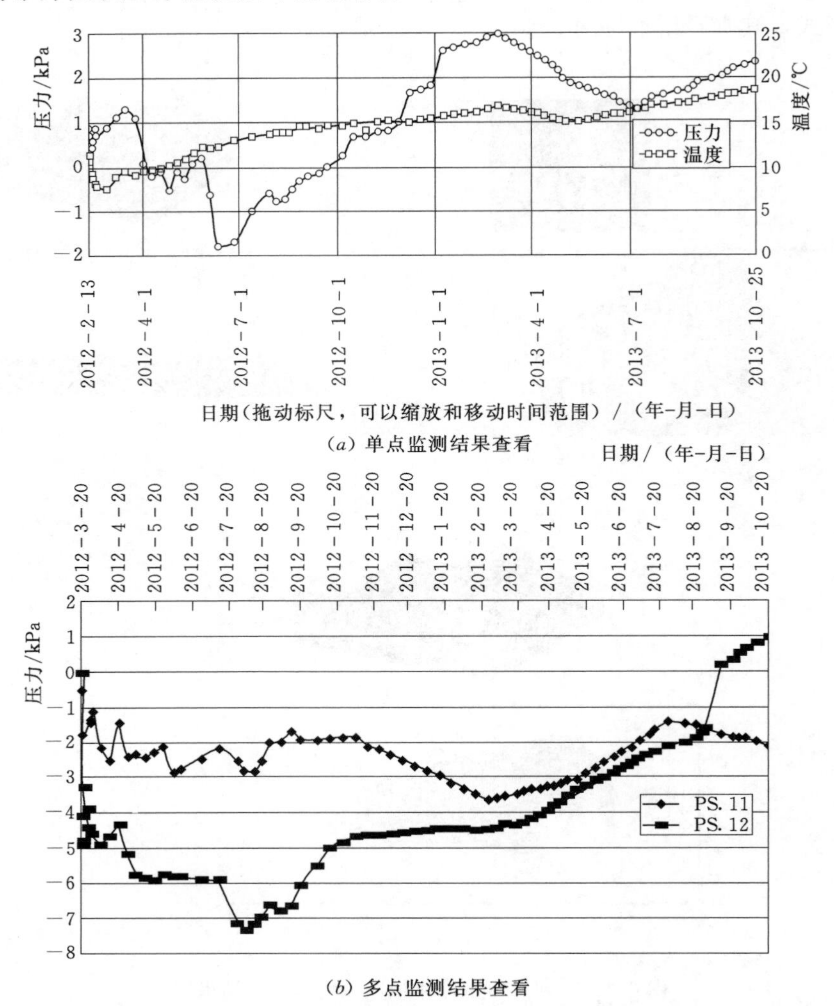

(*a*) 单点监测结果查看

(*b*) 多点监测结果查看

图 3.147 典型监测设备（渗压计）位置及实时监测结果查看图

C. 监测数据分析。为提高对监测数据的分析能力，在监测系统中还建立了方法库、模型库和知识库。

a. 方法库。方法库在系统中虚拟库，主要是为系统在实现监测数据和信息管理、观测资料、处理分析、综合分析推理和辅助决策中所采用数量巨大、种类繁多的各类分析方法的集合，并将其模块化，主要包括：①观测数据预处理功能模块：粗差剔除、删除、补插、平滑；误差分析、处理方法、物理量转换整编方法。②仪器类型分析方法：如多测点仪器、内观仪器、应变计、锚索测力计、测斜仪、激光、水准、正倒垂等位移类观测仪器资料的分类分析方法。③监测类别分析方法，如位移、裂缝、渗流、应力应变等不同监测类别的分析方法。④规范规定的常规资料整理缝隙方法，包括图表法、特征值统计法、比较法、模型法等常规资料整理分析方法，主要是统计报表、过程线、分布曲线、相关线、等值线、云图等常用图标制作方法。此外，方法库里还包含了智能分析方法，如监测异常问题和类别的分类分析法、分布测点组法、物理过程模型、因果关系网络、专家控制模型等。

b. 模型库。模型库是提供枢纽各建筑物不同部位的各类统计模型、一维分析模型和混合模型的存储数据库，以及提取应用的计算机软件系统的统称，这些模型用来预报枢纽各建筑物不同部位的运行状况和识别测值的正常或异常性质，是现代安全监测领域的代表性资料整理分析方法。

D. 监测结果输出。本系统开发出了一套适用面广适于推广使用的并且能够自动化生成的通用报表，以期加快大坝安全各级管理部门的信息化进度（见图 3.148）。

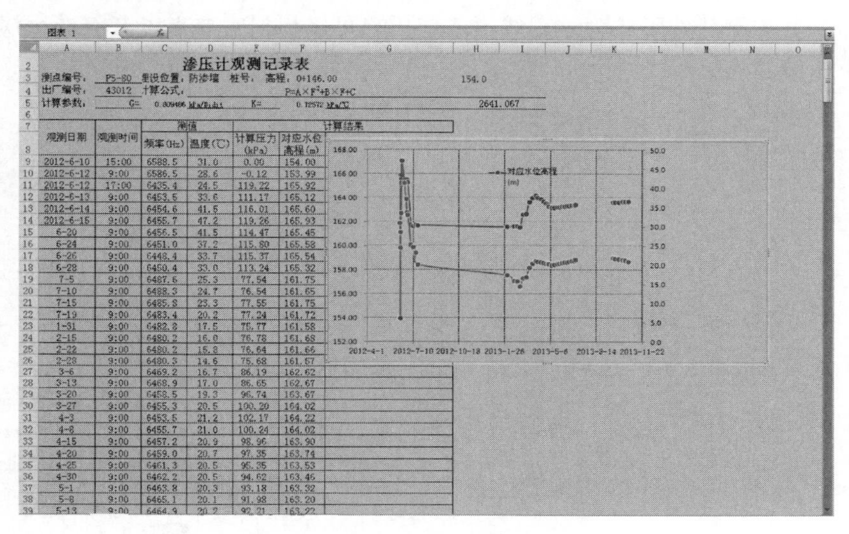

渗压计观测记录表

测点编号：P5-80 埋设位置：防渗墙 桩号： 高程：0+146.00 154.0

出厂编号：43012 计算公式：$P=A\times F^2+B\times F+C$

计算参数： G= K= 2641.067

观测日期	观测时间	测值 频率(Hz)	测值 温度(℃)	计算结果 计算压力(kPa)	计算结果 对应水位高程(m)
2012-6-10	15:00	6588.5	31.0	0.00	154.00
2012-6-12	9:00	6586.5	28.6	-0.12	153.99
2012-6-12	17:00	6435.4	24.5	119.22	165.92
2012-6-13	9:00	6453.5	33.6	111.17	165.12
2012-6-14	9:00	6454.6	41.5	116.01	165.60
2012-6-15	9:00	6455.7	47.2	119.26	165.93
6-20	9:00	6456.5	41.5	114.47	165.45
6-24	9:00	6451.0	37.2	115.80	165.58
6-26	9:00	6448.4	33.7	115.37	165.54
6-28	9:00	6450.4	33.0	113.24	165.32
7-5	9:00	6487.6	25.3	77.54	161.75
7-10	9:00	6488.3	24.7	76.54	161.65
7-15	9:00	6485.8	23.3	77.55	161.75
7-19	9:00	6483.4	20.2	77.24	161.72
1-31	9:00	6482.8	17.5	75.77	161.58
2-15	9:00	6480.2	16.0	76.78	161.68
2-22	9:00	6480.2	15.8	76.64	161.66
2-28	9:00	6480.3	14.6	75.68	161.57
3-6	9:00	6469.2	16.7	86.19	162.62
3-13	9:00	6468.9	17.0	86.65	162.67
3-20	9:00	6458.5	19.3	96.74	163.67
3-27	9:00	6455.3	20.5	100.20	164.02
4-3	9:00	6453.5	21.2	102.17	164.22
4-8	9:00	6455.7	21.0	100.24	164.02
4-15	9:00	6457.2	20.9	98.96	163.90
4-20	9:00	6459.0	20.7	97.35	163.74
4-25	9:00	6461.3	20.5	95.35	163.53
4-30	9:00	6462.2	20.5	94.62	163.46
5-1	9:00	6463.8	20.3	93.18	163.32
5-8	9:00	6465.1	20.1	91.98	163.20
5-13	9:00	6464.9	20.2	92.21	163.22

图 3.148 监测结果输出表

5）水库大坝安全预测预警系统。目前主要开发的是针对水库渗压的预测预警技术，即用户可根据工程运行情况预测某一时刻和某一水位下的渗压监测结果，同时根据设定的相关阈值情况，进行预警管理。

A. 基于已有监测资料的反分析模型。系统提供了基于已有监测资料的反分析模块(见图 3.149)，主要包括反演依据、参数情况和反演结果显示三个部分。

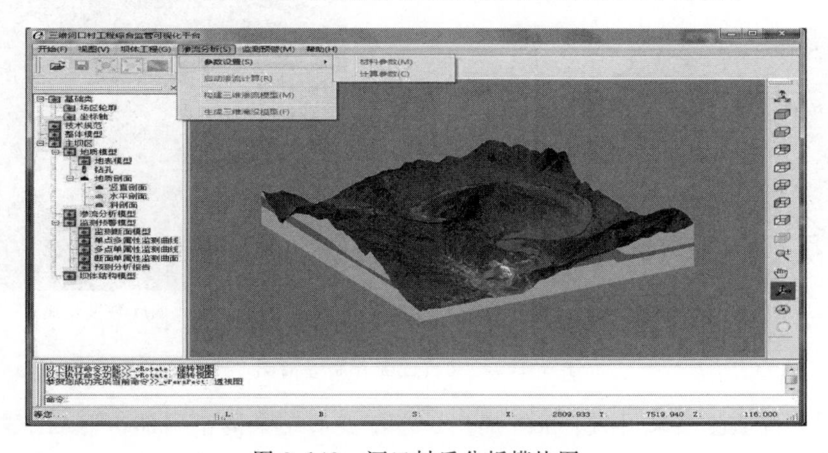

图 3.149 河口村反分析模块图

其中，①反演依据主要包括反演所需的反演时刻、相应水位和参考测点等。具体地，反演时刻，用户可以选取某一时间段，该时间段内的监测结果将作为反演的主要依据；相应水位是用户根据反演时刻内的库水位和尾水位的情况；参考测点是用户可以根据实际运行情况，选取单一测点或者全部测点进行反演。②参数情况，是在整个水库库区反分析过程中可能用到的所有岩土体的渗透性参数，如参数结果包括初始值和反演值两种，其中初始值是系统设定的初始值，为默认条件，反演值是根据反演依据反演获得的参数结果（见图 3.150），即可开始反演。③反演结果显示，提供两种方式，分别是过程线形式和三维地下水分布，其中默认的形式为过程线形式，用户可以根据需要点击，查看反演获得的水库三维地下水分布。

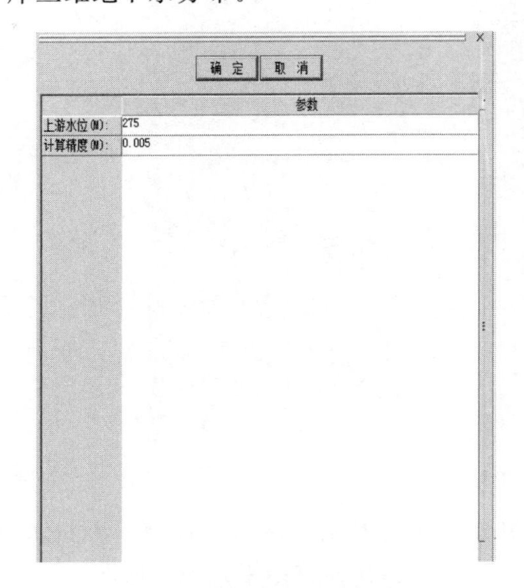

(*a*) 水位计精度参数调整

确 定　取 消

行号	材料名称	渗透系数(cm/s)
1	粘土铺盖	1.00E-05
2	盖重保护层	1.0E-04
3	混凝土面板	1.0E-07
4	垫层料	5.00E-03
5	过渡料	5.00E-01
6	反滤料	1.0E-03
7	主堆石	1.0E-01
8	下游堆石区	1.0E-01
9	坝后石渣压坡	1.0E-01
10	砂卵石覆盖层	1.0E-02
11	强风化基岩	1.0E-06
12	微风化基岩	1.0E-06
13	特殊垫层料	1.0E-04

(*b*) 参数调整

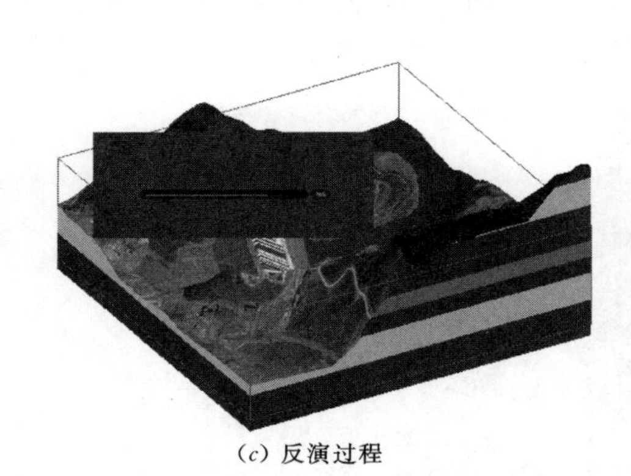

(*c*) 反演过程

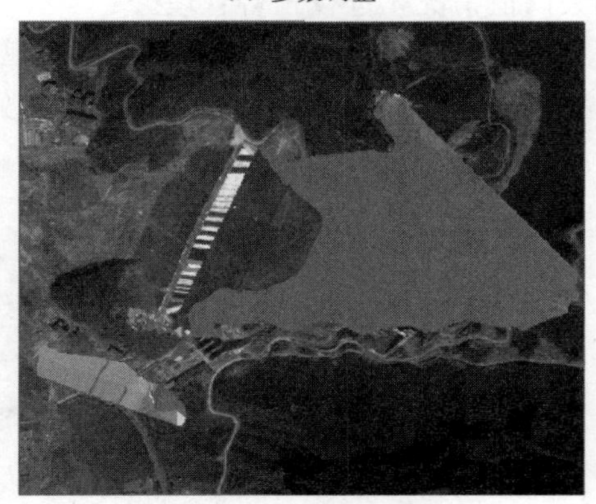

(*d*) 反演结果

图 3.150　反演过程开始界面图

B. 不同部位监测结果预测。系统提供了基于反演结果的不同部位监测结果预测模块（见图 3.151、图 3.152），主要包括预测信息、参数情况和预测结果显示三个部分。

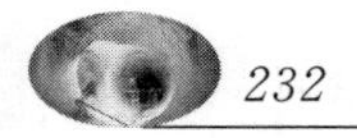

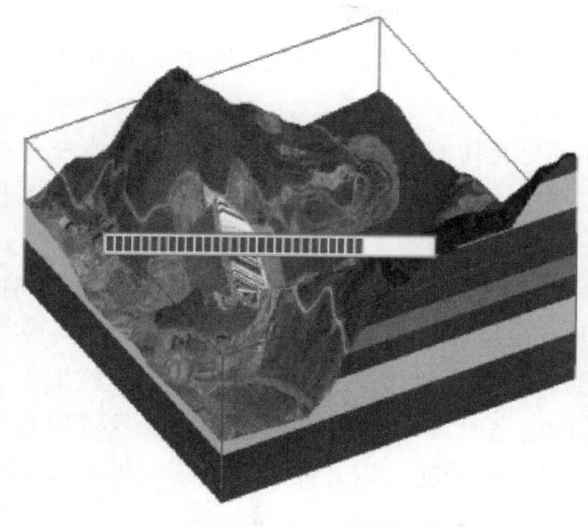

图 3.151　预测开始界面图

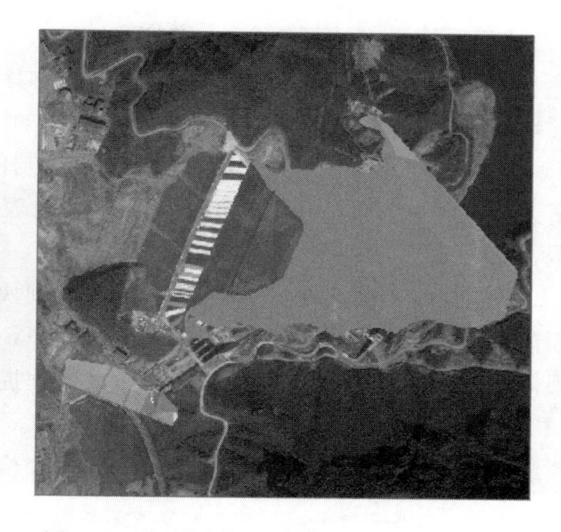

图 3.152　预测某一时刻三维地下水分布图

C. 监测结果的预警。系统还设定了监测结果预警模块：根据系统设定的阈值和实际监测结果，对各个监测的情况进行管理（见图 3.153），各个测点情况进行分类显示，不同的颜色表征不同的监测仪器运行情况，其中绿色表示仪器正常运行，黄色表示仪器设备故障，红色表示出现预警信息（见表 3.46），同步在主显示区显示仪器设备报警的具体信息，包括时间（年月日＋具体时刻）、报警状态（报警）和具体注释。

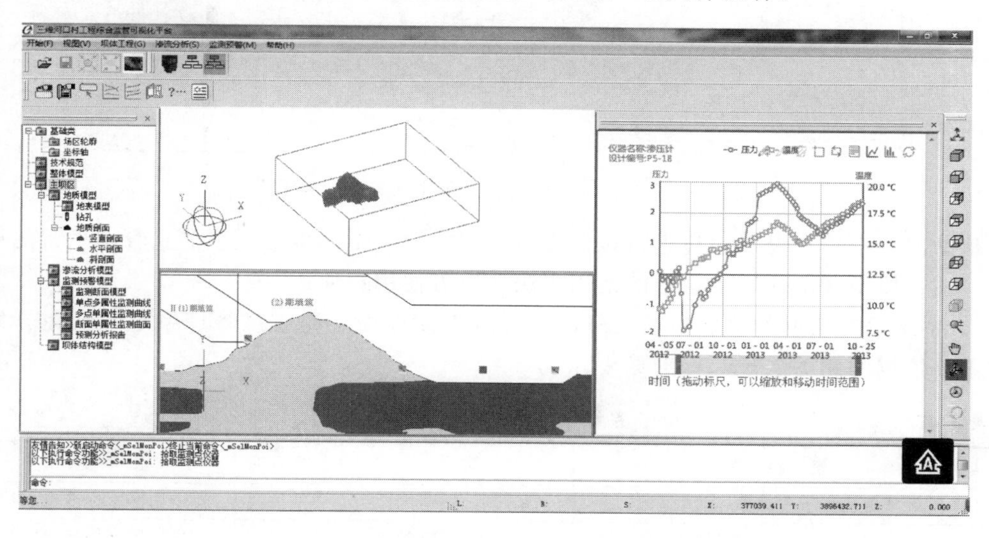

图 3.153　河口村水库大坝信息管理平台 V1.0 预警模块图

表 3.46　　预警颜色及代表情况表

颜色预警	预警级别	具　体　涵　义
红色	危险	分析结果表明监测区域仪器正常，但该部位存在潜在的危险
黄色	故障	分析结果表明监测区域的情况出现异常，可能是仪器故障或环境变量发生较大变化，需要进一步核实
绿色	低	分析结果表示没有威胁存在，监测区域暂时不会出现危险

6）系统平台附属功能。

A. 其他功能。河口村高面板堆石坝水库大坝信息管理系统平台为更加全面地为工程管理提供支撑，在研发过程中，还开发了如下功能。

模拟地基开挖过程：系统开发了不规则曲面交叉切割方法，能够根据现有的真三维数字大坝模型中的地表和地基模型，实现地表块体的开挖、回填，系统可实时调整数字模型，较为真实地模拟地基的开挖过程。

模拟坝体填筑过程：根据研发的不规则块体结构的搭建技术，能够在系统中实现不同曲面模型的逐步累加过程，应用于坝体块体中，即可模拟坝体不同材料区域的块体填筑，实现坝体填筑过程的真实再现，为工程建设管理提供很好的可视化模型基础，指导工程施工。

B. 系统帮助。河口村混凝土面板坝水库工程信息管理平台中的“帮助”工具可以提供系统相关的附属功能，如帮助内容、关于和检查更新等功能，以方便用户使用，见图 3.154。

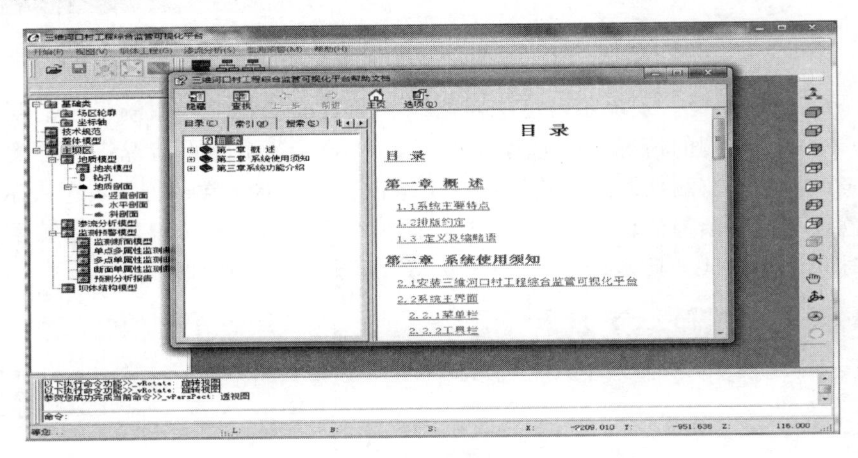

图 3.154 水库大坝信息管理平台——“帮助”

帮助内容：用户可以通过点击该栏查看河口村混凝土面板堆石坝信息管理平台的用户手册，该手册中详细介绍了系统的使用方法，以方便用户使用。

C. 系统研发依据的法规标准。河口村混凝土面板坝工程信息管理系统平台在开发过程中主要依据的相关法规和标准见表 3.47。

表 3.47　　系统研发依据的法规标准

序号	资 料 名	编 号	发表日期	出 版 单 位
1	《碾压式土石坝施工规范》	DL/T 5129—2013	2013	中国国家标准出版社
2	《碾压式土石坝设计规范》	SL 274—2001	2001	中国国家标准出版社
3	《混凝土面板堆石坝设计规范》	SL 228—2013	2013	中国国家标准出版社
4	《混凝土面板堆石坝施工规范》	DL/T 5128—2009	2009	中国国家标准出版社
5	《计算机软件文档编制规范》	GB/T 8567—2006	2006	中国国家标准出版社
6	《CMMI 3 级软件过程改进方法与规范》		2003	电子工业出版社
7	《软件工程术语》	GB/T 11457—1995	1995	中国国家标准出版社
8	《信息技术软件生存期过程》	GB 8566—1995	1995	中国国家标准出版社
9	《软件文档管理指南》	GB/T 16680—1996	1996	中国国家标准出版社

（3）河口村高面板堆石坝水库大坝信息管理平台技术特点。结合河口村水库工程，采用先进的数据库技术和信息管理分析技术，建立了高面板堆石坝信息管理平台，总结其技术难点和创新点如下。

1）可视化程度高，水工建筑和仪器设备等全面实现真三维矢量化。本系统平台是基于真三维数字大坝模型，实现水工建筑的三维矢量化；监测仪器设备及监测结果均实现了三维矢量化，在此基础上开发的各系统可视化程度较高，能够实现任意垂直、水平剖面的三维多视角查看，还能够实现任意监测仪器的单选和多选三维查看，为工程设计、施工、运行管理提供直观的技术支撑。

2）首次将数值分析模型与监测数据结合，预测监测结果更加准确。系统平台首次将数值分析模型与监测数据相结合，实现实时工程区各岩土层的参数反演和安全状态的反馈分析，不再单独以监测数据的趋势来预测水库大坝的安全状态，因此获得的预测结果能够更好地适应水库大坝工程库水位、地下水位、温度等环境变量的变化，预测精度更高，切实地为工程安全状态预测提供参考。

3）系统集成化程度高，能够满足高面板坝工程海量信息管理的需求。高面板堆石坝工程涉及的信息非常庞大，包括设计资料、施工资料、运行管理资料等，如何整合这些信息资料，并以此为基础为工程自动化监控提供支撑，是系统平台开发的最大难点。本系统平台开发了智能化数据库、真三维数字大坝仿真模型、监测分析系统、预测预警系统等多种技术方法，并实现了各系统的高度集成化，能够很好地满足高面板坝工程海量信息管理的需求，其应用将大大提升工程的信息化管理水平。

3.3 大坝填筑质量实时 GPS 监控系统研究

河口村水库大坝填筑工程工期紧，施工强度大，对效率和建设的实时控制要求严格。因此，如何实现远程、移动、高效、及时、便捷的工程管理与控制，如何在工程现场及时采集大坝工程建设过程中的质量监测信息，如何实现工程建设管理中的庞大信息量的高效集成、可视化管理与分析，并建立有效的安全预警机制及应急预案措施，以辅助工程高质量施工、安全运行与管理决策，成了事关工程建设能否按期、安全、高质量实施的关键性技术问题。

堆石坝填筑碾压施工质量是堆石坝施工质量控制的主要环节，直接关系到大坝的运行安全，而堆石体的施工质量主要与坝料级配和填筑密实度有关，因此在堆石坝的施工中，有效地控制坝料级配和填筑密实度是保证大坝施工质量的关键。堆石坝的填筑施工质量管理，如果仍然采用常规的依靠人工现场控制碾压参数（碾压速度、振动状态、碾压遍数和压实厚度）和人工挖试坑取样的检测方法来控制施工质量，与河口村水库大坝填筑工程建设要求的大规模机械化施工不相适应，也很难达到河口村水库大坝的施工质量要求。所以，有必要研究开发一种具有实时性、连续性、自动化、高精度等特点的面板堆石坝建设信息管理系统，以对填筑进行全过程的实时监控，对坝体填筑质量进行控制，以实现对河口水库工程进行远程、移动、高效、及时、便捷的工程管理与控制，实时指导施工、有效控制工程建设过程、控制工程成本、提高管理水平与效率。

3.3.1 实时监控原理及方法

3.3.1.1 计算流程

应用计算机图形技术等技术与手段，将碾压机行进的三维空间轨迹数据以平面图形的方式显示，即碾压轨迹的计算机数学建模，从而直观、形象、精确地描绘碾压机行进轨迹线，实时计算与显示碾压遍数、行进速度、振动状态、填筑层厚度等碾压控制参数指标，实现碾压施工监控成果的可视化查询与图形报告输出。碾压遍数和高程的计算流程见图 3.155。

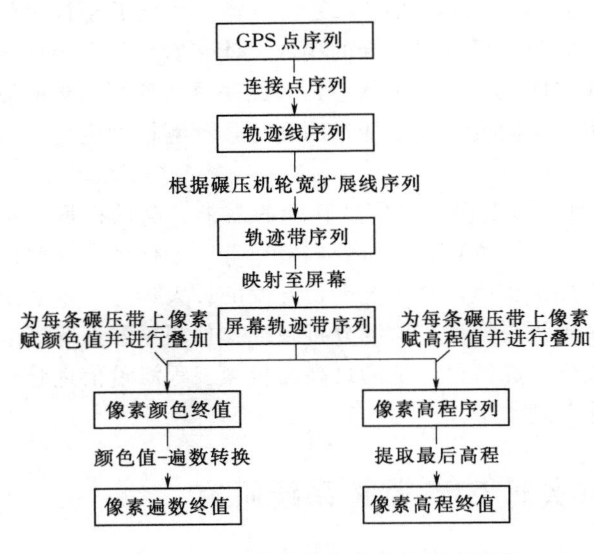

图 3.155 碾压遍数和高程的计算流程图

3.3.1.2 计算几何算法

将碾压机行进轨迹与状态数据转化为图形图像数据属于计算机图形学中多维散乱点标绘图的范畴。计算机图形学是“研究通过计算机将数据转换为图形，并在专用设备上显示的原理、方法和技术的学科”。具体来讲，就是把描述图形所必需的信息——数据，通过计算机处理，呈现在显示设备上，实现数据的可视化。计算机图形技术目前已广泛应用于工业、科技、教育、商业、艺术、娱乐等多种行业。计算机图形学的窗口视区变换、旋转变换等原理与技术应用是实现堆石坝碾压质量可视化监控的重要工具。

作为计算机科学的一个分支，计算几何主要研究解决几何问题的算法。在现代工程和数学领域，计算几何在图形学、机器人技术、超大规模集成电路设计和统计等诸多领域有着十分重要的应用。在碾压质量可视化监控中，计算几何主要用于判断点（集）是否在指定多边形内。

（1）判断点是否在多边形内。监控单元是指某填筑单元中要求使用碾压机充分碾压的区域，通常为不规则多边形区域，其每个控制顶点都应在形为多边形的施工区域平面范围内。此外，对于超速点、振动不合格点的判断，则要求该点位于监控单元内。

判断点 P 是否在某多边形内的常规方法为：以点 P 为端点，向左方作射线 L，沿着 L 从无穷远处开始自左向右移动，当 L 和多边形的交点数目是奇数时，则判定 P 在多边形内，是偶数的话则判定 P 在多边形外（见图 3.156）。此方法对于非凸多边形并不适用，因此在计算射线 L 和多边形的交点时，对于多边形的水平边不作考虑；对于多边形的顶点和 L 相交的情况，如果该顶点是其所属的边上纵坐标较大的顶点，则计数，否则忽略；对于 P 在多边形边上的情形，直接可判断 P 属于多边形。

（2）判断点集是否在多边形内。对于超出视图或碾压层范围的点集，因其既无计算用途也无监控必要，故应不进行绘制。判断点集是否在某多边形内的思想是：反复求剩余点的凸壳，只要判断凸壳的顶点是否在多边形内及多边形的顶点是否在凸壳外，便可确定点集内哪些点在多边形之外。

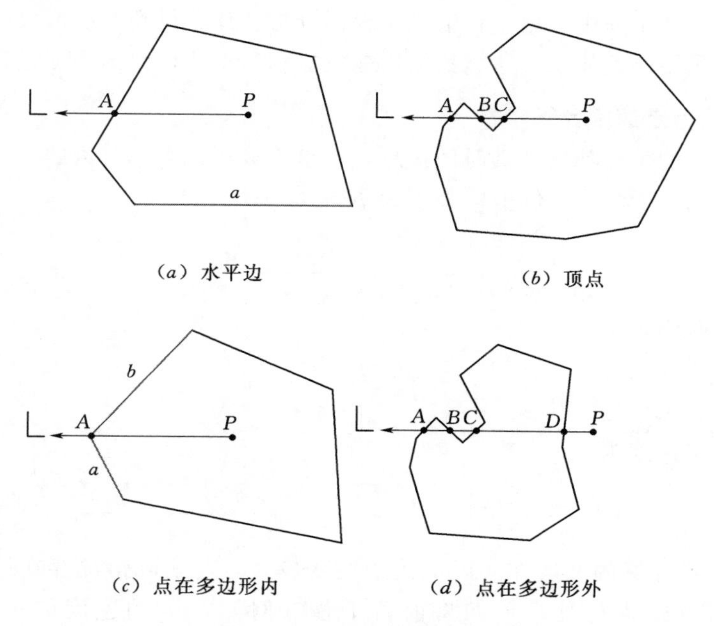

(a) 水平边　　(b) 顶点

(c) 点在多边形内　　(d) 点在多边形外

图 3.156　点与多边形关系判断示意图

3.3.1.3　碾压轨迹、条带的实时显示

将多维轨迹点向二维显示平面投影是实现碾压机行进轨迹可视化的关键。对于一般的平面轨迹的显示及碾压遍数的计算，可直接将二维点对应于显示平面的横纵坐标值上；涉及高程或厚度计算与显示时，在二维显示平面上以灰度颜色模式表示第三维高程信息。

监控系统所绘制的碾压机行进轨迹的组成单元是每秒钟的轨迹段，即相邻位置点间的线段，其绘制可应用线段生成技术中的 Bresenham 算法实现。如果相邻两秒的碾压机位置坐标为（x_1，y_1）、（x_2，y_2），此两点间的轨迹段生成步骤为：

（1）画点（x_1，y_1），$dx=x_2-x_1$，$dy=y_2-y_1$，误差初值为 $P_1=2dy-dx$。

（2）令 $i=1$，画直线段的下一点像素坐标（x_i+1，y_i+1）；若 $P_i>0$，则 $y_i+1=y_i+1$，否则 $y_i+1=y_i$。

（3）求下一个误差；若 $y_i+1=y_i+1$，则 $P_i+1=P_i+2dy-2dx$，否则 $P_i+1=P_i+2dy$。

（4）$i=i+1$；若 $i<dx+1$，则转入步骤（2），否则画线结束。

实际施工中碾压机碾压的效应区域是以碾压轨迹为轴线、以半碾轮宽向两边垂直扩展形成的碾压条带，可视为线宽等于碾轮宽度的线段，则可应用移动画笔法进行绘制，其实现方法为采用方形画笔，将画笔宽度设置为代表碾轮宽度的数值，画笔中心沿轨迹线段移动即可产生相应的碾压条带。

此外，为不同碾压机、不同工作状态下的行进轨迹定义不同的色彩以便于区分。

碾压过程监控的实时性要求系统动态绘制碾压机行进轨迹的同时显示碾压机行进当前速度、振动状态及碾压遍数并将不达标状态突出显示。应用字符生成技术将实时轨迹点的速度与振动状态、查询点的碾压遍数进行显示，方法为将字符的笔画信息以矢量形式存入字库，需要调用时从字库中读出字符信息，根据分析、计算得到的数值大小对字符进行缩放，对英文内容采用倾斜显示，达标数据用绿色显示，不达标数据用红色显示。

3.3.1.4 碾压机行走速度计算

根据处理之后的坐标数据及其时间信息，可求出碾压机某个时刻的行走速度。设某碾压机 M 相邻时刻 t_1 与 t_2 的点位坐标分别为 $p_1(x_1, y_1, z_1)$ 和 $p_2(x_2, y_2, z_2)$，则两点间的距离为：

$$p_1p_2=\sqrt{(x_1-x_2)^2+(y_1-y_2)^2+(z_1-z_2)^2}$$

数据采集间隔为：

$$\Delta t=t_2-t_1$$

实际应用中，$\Delta t=1s$

则碾压机行走速度为

$$v=\frac{p_1p_2}{\Delta t}=\frac{\sqrt{(x_1-x_2)^2+(y_1-y_2)^2+(z_1-z_2)^2}}{t_2-t_1}$$

由于这种方式计算的速度在实际应用中突变较大，与实际情况存在偏差，所以，研究中采用了平滑方式进行处理，如将前若干秒（例如 5s）的速度取平均作为其即时速度。

3.3.1.5 碾压遍数的计算与显示

将 GPS 定位天线安装于车顶中心位置（即碾压滚轮中心位置），滚轮宽度 L；碾压区域数字化，为进行碾压遍数计算将仓面进行网格化，网格越小则计算精度越高。网格剖分方法为采用任意一个足够大的能包含大坝各分区形体的长方体，高程从上到下按层剖分网格，然后与大坝分区相交确定各填筑分区的网格编号及其坐标。碾压遍数计算见图 3.157。

设某碾压机 M 相邻时刻 t_1 与 t_2 的点位平面坐标分别为 $p_1(x_1, y_1)$ 和 $p_2(x_2, y_2)$，实时确定在采样时间间隔 Δt 内的碾压区域 Q，Q 为直线 p_1p_2 向垂直方向延伸 $L/2$ 距离长度的矩形区域 $ABCD$。设 $ABCD$ 四个顶点坐标分别为 $p_A(x_A, y_A)$、$p_B(x_B, y_B)$、$p_C(x_C, y_C)$、$p_D(x_D, y_D)$，则满足下式：

$$\begin{cases}\sqrt{(x_1-x_A)^2(y_1-y_A)^2}=L/2\\[(y_1-y_A)/(x_1-x_A)][(y_1-y_2)/(x_1-x_2)]=-1\\\sqrt{(x_2-x_B)^2+(y_2-y_B)^2}=L/2\\[(y_2-y_B)/(x_2-x_B)][(y_1-y_2)/(x_1-x_2)]=-1\\\sqrt{(x_2-x_C)^2(y_2-y_C)^2}=L/2\\[(y_2-y_C)/(x_2-x_C)][(y_1-y_2)/(x_1-x_2)]=-1\\\sqrt{(x_1-x_D)^2(y_1-y_D)^2}=L/2\\[(y_1-y_D)/(x_1-x_D)][(y_1-y_2)/(x_1-x_2)]=-1\end{cases}$$

根据该数字地图及其剖分的网格，实时判别哪些网格的中心处于该区域 Q；若是，则该网格 A_{ij}（$i=1$，2，…，m；$j=1$，2，…，n）增加碾压遍数 1 次。

系统关于碾压遍数的计算以像素为单位，以不同颜色表示碾压遍数。碾压条带经过时给所覆盖的每个像素设置颜色属性，首先判断该像素当前颜色，换算得到当前颜色表示的碾压遍数数值，然后将当前碾压遍数数值加 1 对应的颜色赋予该像素。在查询遍数时，应用颜色值返回函数捕获鼠标所在位置像素的颜色值，显示该颜色值代表的碾压遍数。

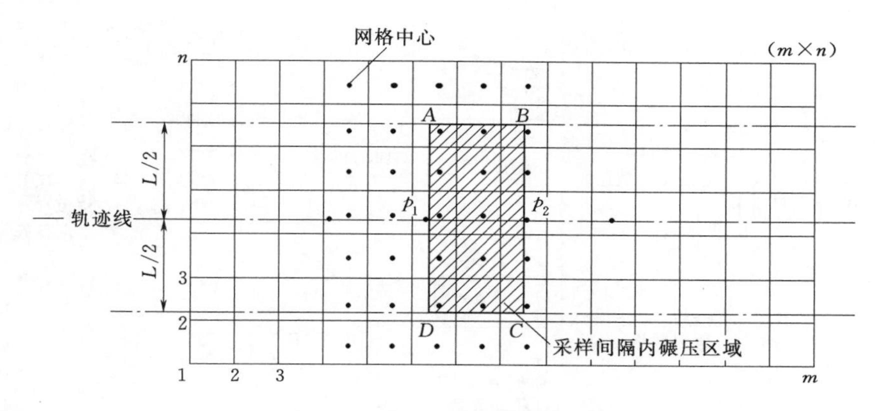

图 3.157　碾压遍数计算示意图

在绘制碾压条带前须将监控单元内像素填充碾压遍数 0 所对应的颜色，即对多边形进行区域填充。使用种子填充算法进行监控单元的填充，其思想为先将区域内的某一像素定为种子点，赋予指定的颜色，然后将该像素的颜色值扩展到整个区域内其他的像素。其实现过程为：①确定种子点像素（x，y）；②判断种子点是否满足非边界、非填充色的要求；若是，以 y 作为扫描线向左右方向填充，直到边界；③检查与当前扫描线上下相邻的两条扫描线，若存在非边界、未填充的像素，则返回步骤②进行扫描填充，直至区域中所有像素均为填充颜色，操作结束。

3.3.1.6　碾压高程的计算与显示

碾压高程的计算精确到像素，以灰度阶值表示碾压高程。以时间顺序绘制带有高程信息的碾压条带在监控单元平面上进行覆盖与叠加，取位于最上层的轨迹点为离散点进行高程数据的插值计算，依据插值结果对碾压条带覆盖区域内的每个像素进行灰度赋值，灰度区间对应高程区间。在查询高程时，应用灰度值返回函数拾取各像素的灰度值，将该灰度值转化为碾压高程数值。

通过碾压轨迹、条带绘制并完成碾压遍数、碾压高程计算的图形称为原图，在此基础上只需添加坐标系、文字与图例信息即可实现上述监控成果的静态图形报告的输出。监控单元的压实厚度是该单元与其下层若干监控单元竖向对应位置间碾压高程之差，其原图由相应几张碾压高程原图计算得到。

工程资料一般使用实地施工坐标系，在输出图形报告前需要进行屏幕坐标向施工坐标的转换。

3.3.2 实时监控框架及硬件系统建设

3.3.2.1 实时监控框架

大坝填筑碾压质量实时监控的实现依托于几个重要的组成部分，包括监控中心、现场分控站、GPS 基准站和 GPS 流动站（碾压机械）等部分，其系统总体构成见图 3.158。

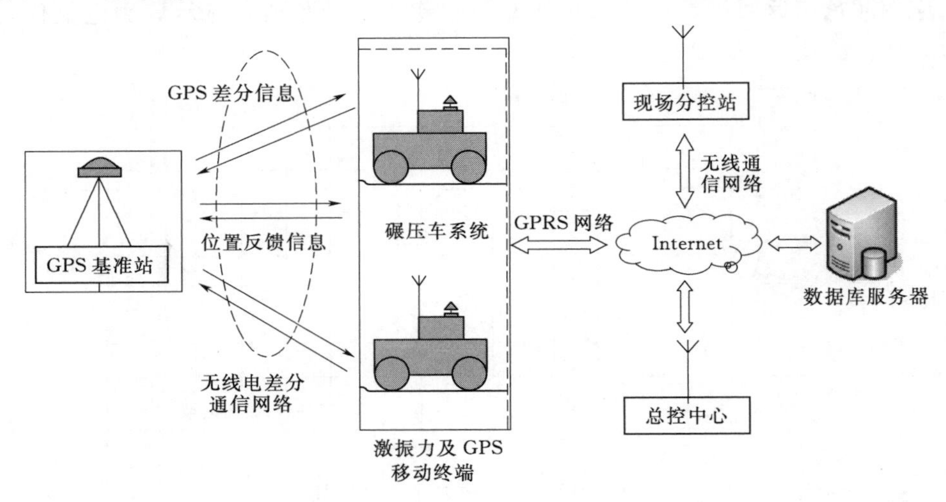

图 3.158 填筑碾压质量实时监控系统的总体构成图

为了给后续计算分析行车速度、碾压遍数、压实厚度、压实高程等压实参数提供基础数据，进而为堆石坝填筑碾压过程的全天候实时监控提供条件，需对碾压过程信息，包括碾压机械的动态位置坐标、定位时间和激振力输出状态，进行高精度、高稳定性的自动实施采集。

3.3.2.2 系统设计

(1) GPS 基准站设计。GPS 差分基准站是整个监测系统的“位置标准”。为了提高 GPS 接收机的计算精度，使用 GPS RTK（动态差分）技术，利用已知的基准点坐标来修正实时获得的测量结果，使精度提高到厘米级，这样就可满足大坝碾压质量控制的要求。

(2) 流动站设计。通过安装在碾压机械上的 GPS 接收机获得大坝填筑施工过程中碾压机位置、碾压前后高程、行进速度、碾压遍数等监测数据，通过激振力监测设备获得碾压机振动状态数据，然后将有效的观测结果，通过 DTU 数据传输装置连续、实时地（每秒一个数据）上传至中心数据库，供后续系统软件进行应用分析。

(3) 现场分控站设计。现场监理分控站可建设在对施工干扰小且又邻近施工坝面的安全区域，并应根据大坝建设进展适时调整分控站位置。通过 24h 常驻监理及施工人员（根据实际班倒），便于监理人员在施工现场实时监控碾压质量，一旦出现质量偏差，可以在现场及时进行纠偏工作。分控站主要由通信网络设备、图形工作站监控终端和双向对讲机等组成，主要功能如下：

1）根据碾压仓面设计表，建立监控仓面，并进行仓面属性的配置和规划，设定仓面监控参数，如碾压机械配置、速度限制、遍数、激振力与铺层厚度标准等。

2）仓面碾压过程自动监控，实时监控车速、铺层厚度、碾压遍数、激振力等。

3）发布收仓指令，进行碾压质量统计分析。

4）自动反馈坝面施工质量监控信息。

5）根据反馈的碾压信息，发布仓面整改指令，进行补碾。

（4）总控中心设计。总控中心是大坝碾压质量GPS监控系统的核心组成部分，其主要包括服务器系统、数据库系统、通信系统、安全备份系统以及现场监控应用系统等。总控中心可建设在业主营地，配置了多台高性能服务器和计算工作站、高速无线内部网络、大功率UPS等，以实现对系统数据的有效管理和分析应用。

3.3.2.3 系统硬件建设

（1）GPS差分基准站。经过实地踏勘，基准站建设在主坝左岸269m处的水池平台（见图3.159）。

图3.159 GPS差分基准站（外部）

（2）碾压机监测设备。通过在碾压车辆上安装高精度GPS，以获取其动态空间位置坐标；安装电路信号提取装置，以监测碾压机振动档位的输出状态。GPS接收机选用适宜专业测量的美国Trimble天宝R5双星接收机。同时，为满足长期供电、电压不稳、振动和数据传输等要求，研制了监测设备集成机箱。

（3）现场分控站。现场分控站目前设置在右岸1号路末端，配置1台监控用工作PC（见图3.160、图3.161）。

（4）无线网络系统。为使现场分控站可接入数字大坝系统网络，须将业主营地办公网络信号传递至现场分控站。采用无线传输方式：在业主营地办公楼、现场分控站各安装一个无线接入点设备。

图 3.160 现场分控站外部

图 3.161 现场分控站内部

3.3.3 实时监控基本过程

首先通过安装在碾压机械上的监测终端，实时采集碾压机械的动态坐标、激振力输出状态，经GPRS网络实时发送至远程数据库服务器中；然后，根据预先设定的控制标准，服务器端的应用程序实时分析判断碾压机的行车速度、激振力输出是否超标；接着，现场分控站和总控中心的监控终端计算机通过有线网络或无线WiFi网络，读取上述数据，进行进一步的实时计算和分析，包括坝面碾压质量参数（含行车轨迹、碾压遍数、压实高程和压实厚度）的实时计算和分析；再将这些实时计算和分析的结果与预先设定的标准作比较，根据偏差，指导相关人员做出现场反馈与控制措施。

河口村面板堆石坝填筑碾压质量实时监控方法具体包括如下阶段（见图 3.162）。

（1）确定施工仓面，并进行仓面划分。根据要监控的仓面所在的分区，以及仓面预计碾压后的高程，生成该高程下该分区的数字地图，然后在该层面上根据实际的施工区域（由控制点施工坐标确定）进行仓面划分。仓面控制点坐标来源于施工单位呈报的开仓计划表及准填证。

根据大坝体形和分区设计，建立大坝分区三维模型，然后将三维模型和不同高程面做平面剖切，可得到各分区所有高程仓面的数字地图。

（2）设定监控仓面属性，开始接收监测信息。对划分好的仓面进行属性设置，包括输入仓面名称，以及进行施工车辆绑定，确定该仓面施工的碾压机标识号和向该仓面供料的运输车辆标识号。

打开该仓面的数字地图，施工开始，准备接收碾压机械的监测信息。

(3) 碾压过程信息自动采集和实时发送。通过安装在碾压机械上的高精度 GPS 接收机，按设定的时间间隔（如 1s）定位碾压机械当前坐标（x，y，z），并通过无线电信号，接收 GPS 基准站发送的坐标差分信息，修正当前坐标；同时，通过激振力实时采集装置，实时识别当前碾压机械输出的激振力状态信号，将修正后的碾压机当前坐标、当前时间以及激振力输出状态，通过 GSM 模块，经 GPRS 网络发送到远程数据库服务器。

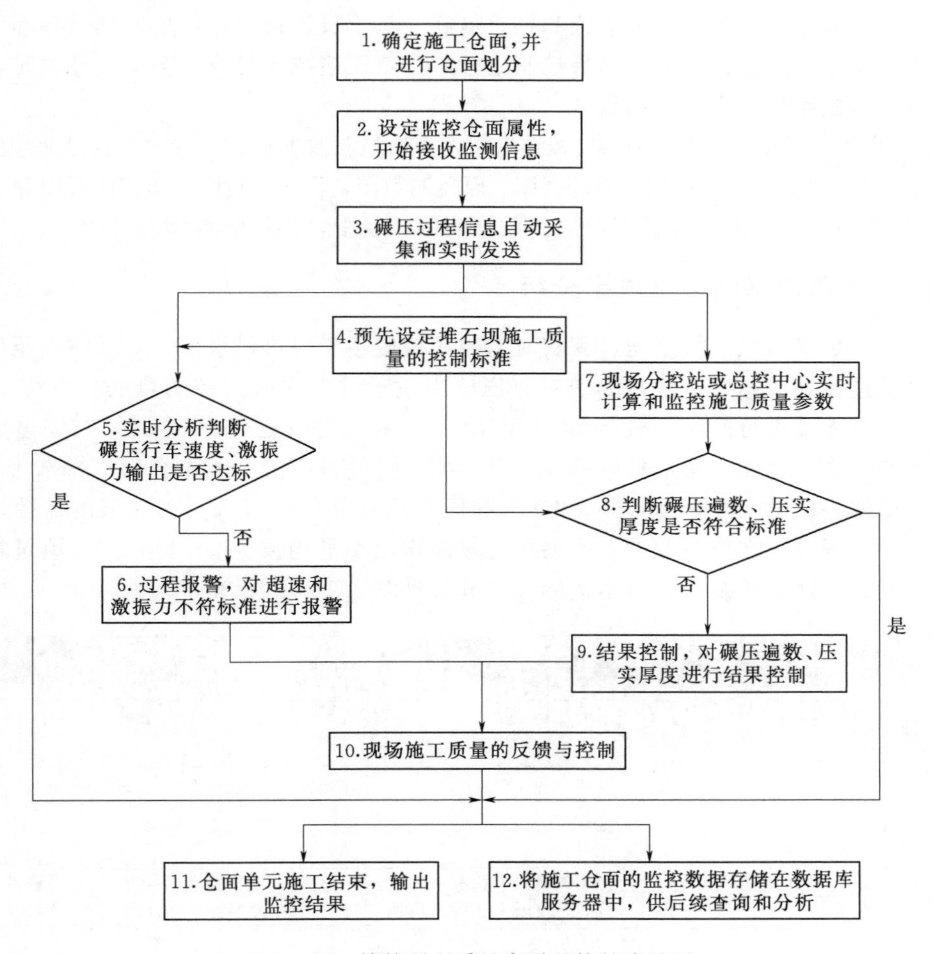

图 3.162　填筑碾压质量实时监控的步骤图

(4) 预先设定堆石坝填筑施工质量的控制标准。然后，分别进入第 5、第 7 阶段。

(5) 实时分析判断碾压行车速度、激振力输出是否达标。根据预先设定的控制标准，服务器端的应用程序实时分析判断施工过程参数是否达标，若是，分别进入第 11、第 12 阶段，否则进入下一阶段。

(6) 过程报警，对超速和激振力不符合标准进行报警。然后进入第 10 阶段。在现场分控站和总控中心的监控终端的计算机上，会发出相同报警信息。

(7) 现场分控站或总控中心实时计算和监控施工质量参数。实时计算和监控施工质量参数包括碾压遍数、碾压高程、压实厚度在内的坝面碾压质量参数。

(8) 判断碾压遍数、压实厚度是否符合标准。将实时计算得到的结果与预先设定的质量控制标准作比较，若是，分别进入第 11、第 12 阶段，否则进入下一阶段。

(9) 结果控制，对碾压遍数、压实厚度进行结果控制。当碾压遍数、压实厚度不满足标准要求时，通过现场分控站和总控中心的监控终端计算机发出提示信息。

(10) 现场施工质量的反馈与控制。当监控的施工质量参数不符合标准时，现场监理和施工人员采取相应的施工调整措施和补救措施。对于过程报警，现场监理指导施工人员和司机纠正速度、激振力。对于结果控制指标，当碾压遍数不足或压实厚度过大时，现场监理通过对讲机给施工人员发出指令，进行补碾。

(11) 仓面单元施工结束，输出监控结果。作为质量验收的材料。输出监控结果包括反映超速和激振力不符标准轨迹的碾压轨迹线图、碾压遍数图、压实厚度图、压实高程图等。

(12) 将施工仓面的监控数据存储在数据库服务器中，供后续查询和分析。

3.3.4 实时监控系统运行成果分析

河口村面板堆石坝填筑碾压过程实时监控系统应用于河口村水库，对坝体碾压机械进行实时自动监控，以达到对坝体的填筑碾压施工质量进行实时监控的目的。系统于 2012 年 3 月 1 日进入试运行阶段，截至 2013 年 12 月 8 日，有效运行 22 个月，共完整监控了主堆料区的 697 个仓面，次堆料区的 211 个仓面，过渡料区的 284 个仓面，排水带区的 2 个仓面，反滤料区的 6 个仓面，共 1200 个仓面的填筑碾压过程进行了完整的监控。完整监控下的仓面振碾标准遍数及以上的碾压区域面积比率平均值为 96.14%。各填筑料碾压遍数、厚度、超速报警及激振力不达标报警分析见图 3.164～图 3.170。

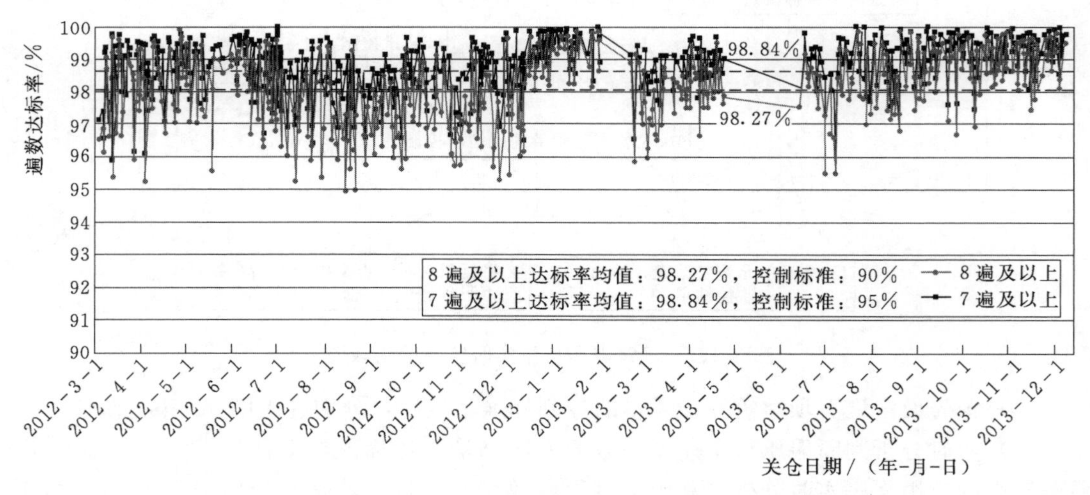

图 3.163 主堆石区碾压遍数统计分析图

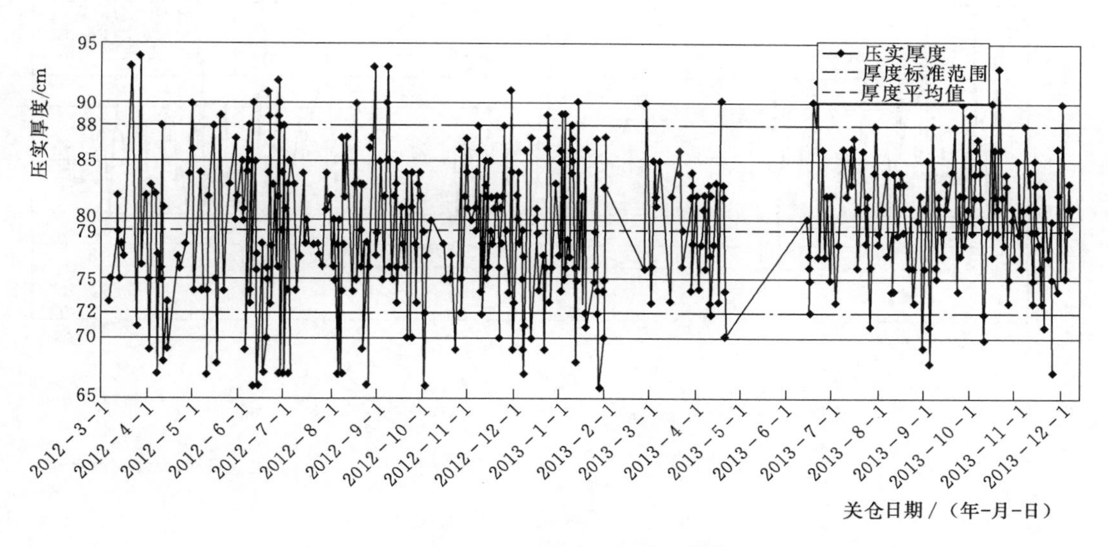

图 3.164　主堆石区碾压后厚度统计分析图

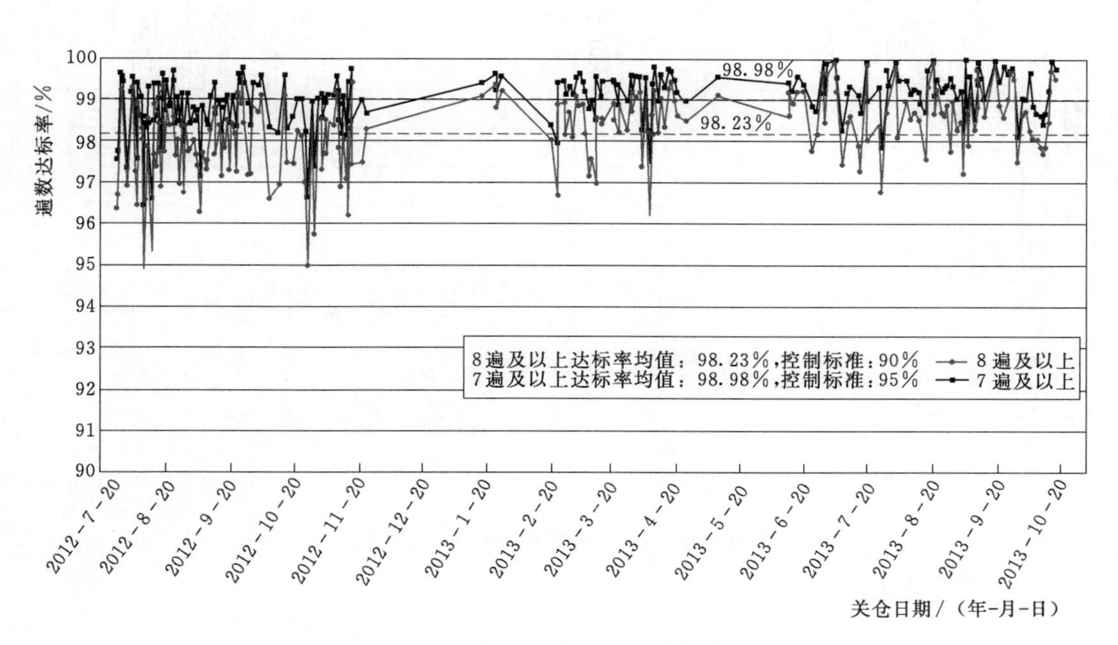

图 3.165　次堆石区碾压遍数统计分析图

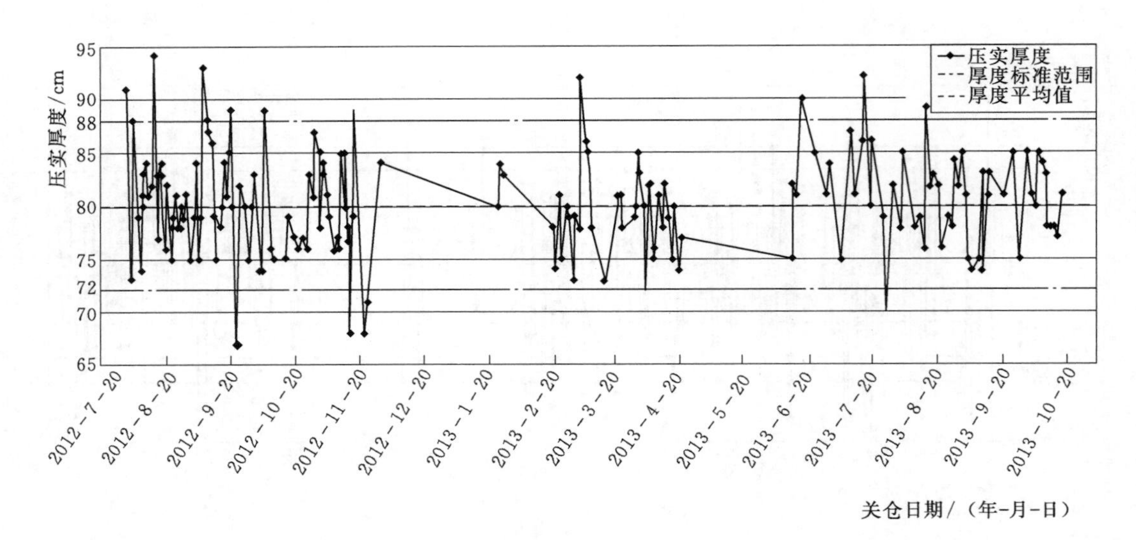

图 3.166　次堆石区碾压厚度统计分析图

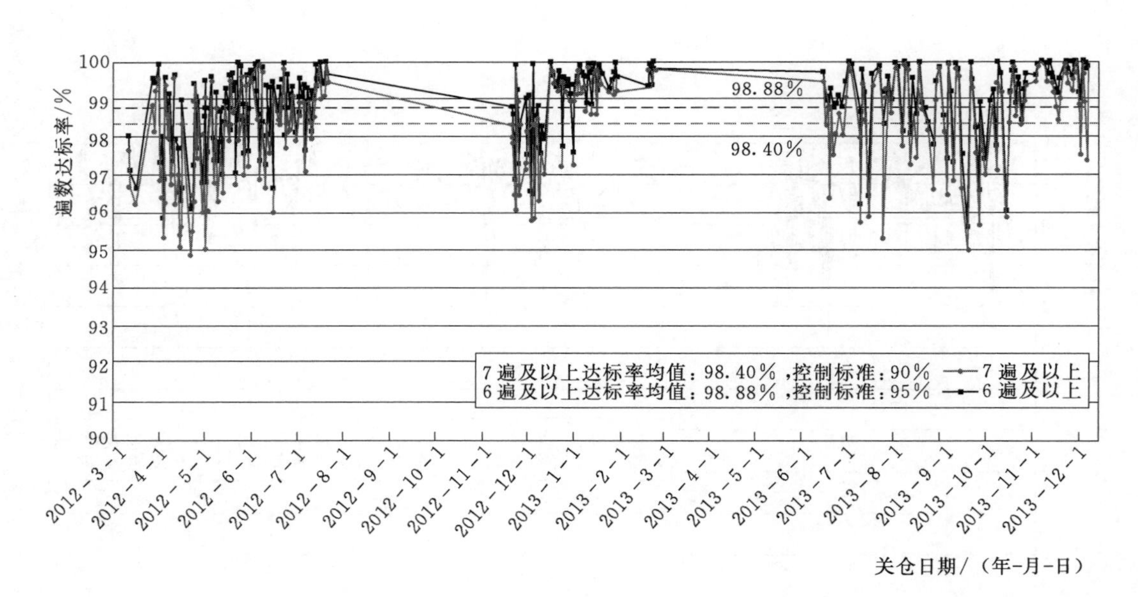

图 3.167　过渡料区碾压遍数统计分析图

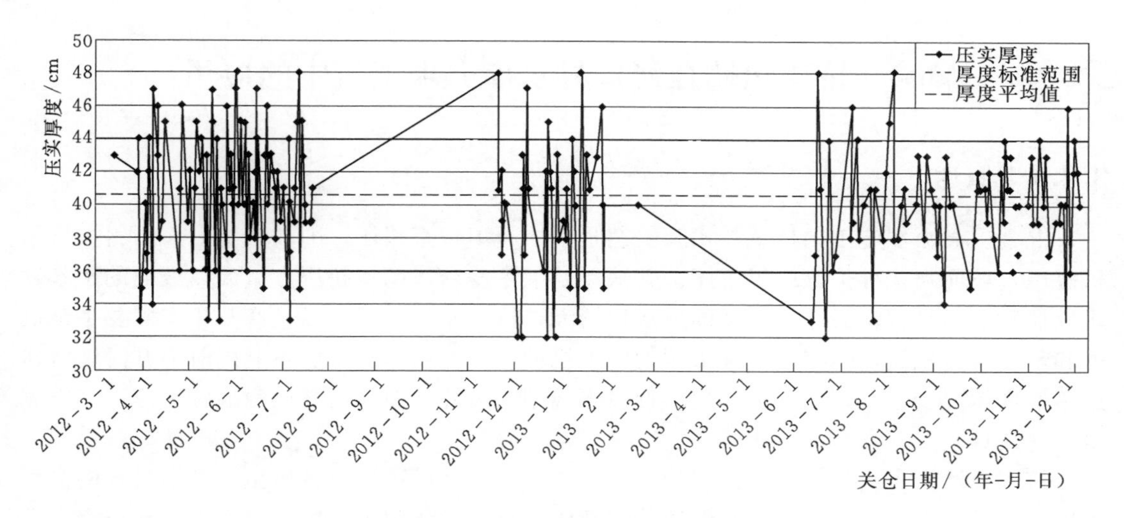

图 3.168　过渡料区碾压厚度统计分析图

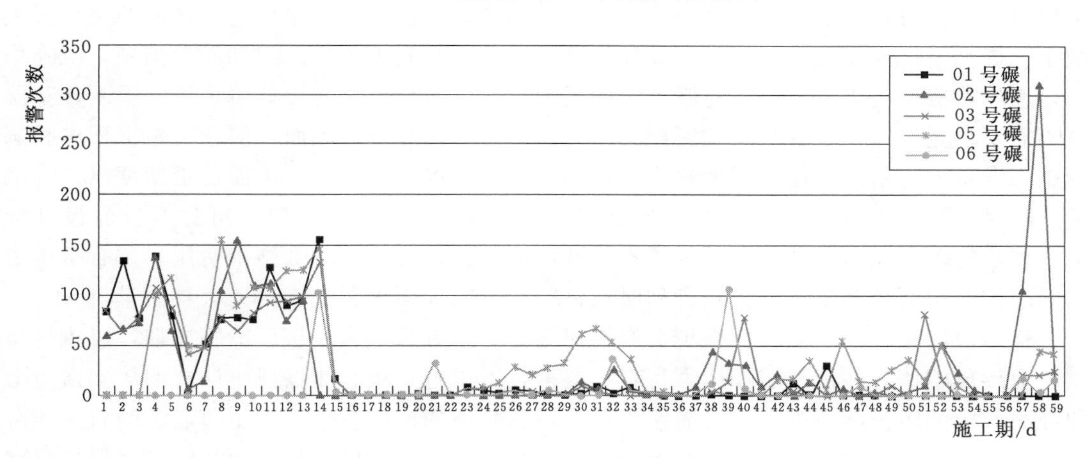

图 3.169　超速报警统计分析图

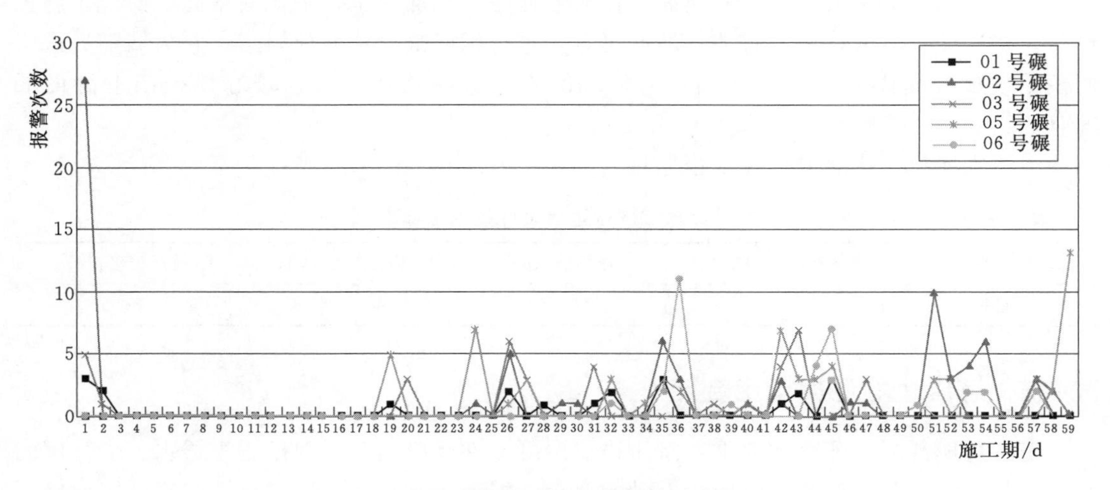

图 3.170　激振力不达标报警统计分析图

3.4 挤压边墙在河口村水库大坝填筑中的应用

3.4.1 概述

混凝土面板坝施工的传统技术和工艺是垫层超填垂直碾压，削坡修整后面用斜坡压路机碾压，坡面喷浆维护等施工工序。其缺点是工序复杂，超填超压方量大，坡面的密室度难以保证。而且蓄水后这一区域的变形比较大，抗水压能力低，况且修整压实需要平整机械和斜坡碾压机械，喷浆设备等未用的施工机械，如当坝体和垫层不能同时上升时，所建成后的坝体混凝土大，面板易开裂。形成不规则的裂缝，而采用挤压边墙施工法可完全克服上述缺点。

挤压边墙施工法是在每填筑一垫层材料之后，用挤压边墙机械压出一条半透水的混凝土墙，然后进行过渡料、主堆料的填筑。其优点是：①传统工艺中的坡面斜坡碾压完全被垫层材料的垂直碾压取代，垫层的密室度能起到良好的保证，蓄水后这一区域的变形大大减小，提高了抗水压能力。②垫层和坝体同步上升，有利于施工组织和质量控制，沉降均匀，坝体建成后沉陷量较小，克服了对面板的拉应力破坏。③有边墙对边缘的限制，垫层料不需要超宽填筑，节省材料和碾压工作量。④不用削坡修正坡面，简化了施工程序和减少施工设备。⑤挤压边墙的成型速度高，能加快坝体的施工进度，无需抢工期度汛。⑥汛期来临时，挤压边墙可作临时坝面作用，抵御洪水，保证安全度汛，可降低异流设计标准。雨季施工时无雨水冲刷，减少了不可预计的工程修补量，降低施工费用。⑦有挤压边墙的防护作用面板施工可安排在合理时段进行。可减少面板裂缝，保证大坝质量。

挤压边墙施工技术是在面板坝上有坡面施工的新方法，利用挤压滑膜原理，以机械挤压力而形成墙体，并依靠反作用力行走，这种技术以施工快、能保证垫层料的压实面质量和提高面板的防护能力以及施工简便等优点得到快速的推广应用。挤压边墙法的施工能减少垫层料分离现象和减少垫层料在上游面的散落损失，并提供了防冲蚀和防剥落保护，减少了施工机具，避免人员在上游坡面上作业，使施工更加安全，工作效率高，简化了施工设备，挤压墙成本低，施工整洁，坡面可直接进行钢筋敷设和面板施工。它为墙随后进行的模板放置等提供一个合适表面，与传统的施工方法相比，可以较好地控制上游面的准直。

河口水库挤压边墙设计技术指标见表 3.48。

表 3.48　　河口水库挤压边墙设计技术指标表

项目	干密度/(g/cm^3)	渗透系数（cm/s)	弹性模量/MPa	抗压强度/MPa
指标	＞2.1	10^{-3}～10^{-4}	3000～5000	3～5

3.4.2 挤压边墙混凝土配合比

挤压边墙混凝土配合比要求：挤压边墙混凝土性能应具备低弹模、半透水、低强度的特点。为了满足与垫层料填筑同步上升的要求，混凝土又具有较高的早期强度。因此挤压边墙混凝土配合比设计主要考虑三个方面的因素：首先要保证挤压的混凝土成型良好，这取决于挤压机挤压力的大小，其次挤压边墙混凝土应满足设计渗透指标，最后挤压边墙混凝土作为垫层的一部分，其性能应尽可能接近垫层料的技术参数即挤压混凝土的强度和弹模值满足设计要求，应具有较低的抗压强度和弹性模量，混凝土配合比应适应快速施工的要求。挤压边墙混凝土配合比经试验论证，一般为1.30～1.35；掺用减水、早强、速凝等外加剂，掺量通过试验确定。并参考国内外同类工程的各项试验资料（见表3.49～表3.51）进行挤压边墙的配合比。

表3.49　　巴西伊塔（Ita）水电站混凝土边墙低水泥用量混合料配合比表

材　料	含　量
水泥/(kg/m³)	20～75
骨料粒径314in[(9.1mm)kg/m³]	1173
砂/(kg/m³)	1173
水/L	125

表3.50　　水布垭水电站边墙混凝土施工配合比表

项目	水泥/(kg/m³)	水/(kg/m³)	骨料/(kg/m³)	速凝剂掺量/%	减水剂掺量/%
配合比	70	91	2144	4	0.8
备注	普硅32.5级			巩义8604	葛洲坝NF-1

表3.51　　盘石头水库室内边墙混凝土选定配合比表

项目	胶凝材料/(kg/m³)	用水量/(kg/m³)	粗骨料/(kg/m³)	细骨料/(kg/m³)	外加剂/%	强度/MPa		备注
规格型号	42.5号水泥 Ⅱ级粉煤灰	淇河水	5～20mm	河砂或 机械砂	PB-3型	3h	28h	
数量	100～120	75～85	1350～1450	650～550	5%～8%	0.6	5.2	

根据实验河口村水库挤压边墙配合比见表3.52。

表3.52　　河口村水库挤压边墙混凝土配合比

项目	胶凝材料/(kg/m³)	砂/(kg/m³)	粗骨料/(kg/m³)	水/(kg/m³)	早强减水剂/%	速凝剂/%	强度/MPa
规格型号	42.5级水泥 Ⅰ级粉煤灰	河砂或机械砂	5～20mm	沁河水	山西黄腾	山西黄腾	28d
数量	50	535	740	59.5	1.0	4.0	4.1

3.4.3　挤压边墙断面设计

挤压边墙机成型的断面形式与设计相同。梯形高400mm，顶宽100mm。迎水面坡比为1∶1.5，内侧面坡比为8∶1。

3.4.4 挤压边墙施工

挤压边墙施工是在每填筑一垫层材料之后，用挤压边墙机械压出一条半透水的混凝土墙，然后进行过渡料、主堆料的填筑。

施工流程：作业面平整→测量放线→挤压设备就位→搅拌车运输及卸料→边墙挤压→缺陷处理→端头部位墙体施工→验收→进入下道工序。

挤压边墙施工采用BJYDP40型边墙挤压机进行施工。混凝土按一级配干硬性混凝土配合比设计，坍落度为0，采用强制式拌和机拌制，混凝土罐车运输至浇筑现场。罐车采用后退法卸料，采用“真空负压外加剂喷枪”掺入适量的MTX高效速凝剂。挤压机行走速度控制在50m/h左右，挤压边墙成型2h后，用20t自卸车拉运垫层料，采用后退法卸料。用推土机摊铺，靠边墙处人工整平，防止粗料集中。碾压前在混凝土边墙布置观测点，碾压后用全站仪测定挤压墙侧向位移。

为了减少挤压边墙对面板混凝土的约束，面板施工前，按设计图纸要求，在沿面板垂直缝方向将挤压边墙凿断，并将坡面进行修整。

（1）垫层面的准备。

1）划定边墙挤压机作业范围。施工宽度范围为从已成挤压墙内大于1.7m，施工场地平整度控制在±5cm以内，整平碾压后用线绳放出挤压机行走路线。

2）测定已成挤压墙起点与终点的高程差，控制挤压墙顶面的高程误差在2～3cm以内。

3）垫层面的平整度。BJYDP40型边墙挤压机的横向和纵向自动调平仪，对垫层面起伏和密实度的适应范围较大，导向仪对直线误差的灵敏度较高。在挤压边墙施工前，先对上一层已施工的垫层料进行整平。

（2）边墙挤压机施工前的准备工作。

1）检查边墙挤压机各部件的技术状态。

2）检查易损件的技术状态。

3）检查吊运边墙挤压机的钢丝绳。

4）各种液压、柴油等液面检查。

5）空运转检查，启动柴油机预热。

（3）边墙挤压机的就位操作。

1）将边墙挤压机吊运至生成边墙起点处。

2）调整吊车位置，目测挤压边墙机左右基本处于挤压边墙正上方，成型仓后端面距趾板约1m，缓慢下降至成型腔内外模板距垫层面约10cm停住。

3）检查调整边墙挤压机的位置，满足：成型腔外模板内下沿与已成挤压墙迎水面的顶面的交线重合；边墙挤压机内侧前后与行驶导向钢丝绳的距离相等。

4）降下边墙机右后轮，令其支撑在已成挤压墙迎水面斜坡上，使边墙挤压机外模板内下缘抬高距已成挤压墙2～5mm，升或降左后轮将边墙挤压机横向调平。

5）升或降边墙挤压机前轮，将边墙挤压机纵向调平。

6）安装边墙挤压机导向装置。

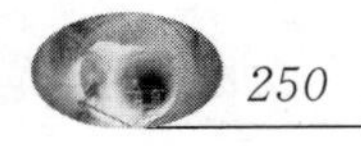

（4）边墙挤压机施工中的操作。

1）检测边墙挤压机的成型速度。在成型腔后端面的成型挤压墙顶面上做一记号，行驶1min后再做一记号，测量两记号之间的距离，测得的距离乘以60，即为边墙挤压机的小时成型速度，边墙挤压机的小时成型速度一般不大于80m/h为宜，即测得距离值为1.5m。这项工作在全长施工段至少测三次，即开始作业时、施工至全长中间及施工快结束时。当测得距离值大于1.5m时，可以采用减小油门进行调整。

2）观察正成型挤压墙与已成型挤压墙迎水面的重合状态。包括直线性、错台、迎水面坡比、密实程度、层间结合饱满程度、高度等项目的变化，实时采取相应的调整措施。

3）料仓供料。料仓给的拌和料要均匀、适当。供料过多，会棚料架空，过少会影响行驶速度，要密切监视入料仓的粒径，一旦发现超径料入仓，立即停机拣出，否则会导致机件损坏。

超大粒径最常见的有混凝土罐车内凝固的大水泥块，每班清理罐车的储料罐可以减少这种现象发生。

4）监督并提示速凝剂的安全添加。添加前必须是在排空速凝罐内的压缩空气后，才能打开罐盖，操作人员在添加或调整喷射角时必须带护目镜。

5）观察各种仪表的显示值是否在正常范围内。

6）电控导向或自动导向的前轮转向速度都不能太猛。即转向油缸的动作速度不能太快，转向油缸的动作太快，电磁转向阀动作处于高频状态，前轮的附着力下降，导向的准确度下降，甚至失去导向能力。降低的办法是调节插装式电磁阀中优先分流的流量，调节螺栓向上旋转为快，向下为慢。

7）及时提示混凝土罐车的行驶方向。防止罐车擦碰边墙挤压机，损坏超出的工作部件。

8）监督并提示场地工作人员。现场工作人员不要碰撞或移动给边墙挤压机导向用的放线和钢丝绳。行驶中定时检查放线或钢丝绳位置的准确度，方向赶接近钢丝绳支架时及时关闭纵坡仪，越过后及时打开。

（5）施工结束时的操作。

1）边墙挤压机行驶接近终点时，减小油门放慢速度，当前轮接近终点时停止供料，把料仓中的拌和料全部清理到输送龙腔中让搅龙推出。

2）清除边墙挤压机各部位残留的混凝土拌和料，尤其要彻底清除搅龙、输送龙腔、成型腔各死角处黏结的拌和料，用清水内外冲洗干净。

3）安装好施工时卸下的各种侧罩。确认边墙挤压机完整后，装车运回机械设备保护管库，对挤压机进行保养。

4）认真填写当天的工作日志，尤其记载并向主管报告下次使用时检修或跟换的机件。

（6）表面缺陷处理。

在施工中出现局部垮塌现象时，采用人工立模修补；出现位移时，采用人工削除或填补修整，用砂浆抹面。

（7）端头处理。

由于靠近两岸部位受设备影响无法一次浇筑到位，一般采用人工立模，每层铺料

10cm，人工振捣密实。

3.4.5 挤压边墙质量控制

（1）把握好混凝土配合比拌制质量，其总的原则是低强度、低弹性模量、适当的渗透性、易于成行及方便施工。

（2）施工场地的平整度控制在±1.5cm以内。

（3）成墙后上游侧斜面位置与设计坡面位置误差控制在5cm以内。

（4）挤压边墙施工2h后，才可进行垫层料、过渡料的摊铺碾压施工，但不对墙体造成任何破坏，如有破坏，及时进行修复。

（5）墙体混凝土进行抗压强度、弹性模量、渗透系数、现场干密度及含水率试验，以便指导施工。

3.4.6 质量检测情况

挤压边墙抗压强度检测共24组，最大值4.8MPa，最小值3.4MPa，平均值4.1MPa，标准差0.39，离差系数0.09；弹性模量共12组，最大值为4400MPa，最小值为3200MPa，平均值为3800MPa；渗透系数共12组，最大值为9.07×10^{-4}cm/s，最小值为1.92×10^{-4}cm/s，平均值为6.06×10^{-4}cm/s。均满足设计要求。挤压边墙试验检测结果统计见表3.53。

表3.53　挤压边墙试验检测结果统计表

检测项目	设计值	最大值	最小值	平均值
抗压强度/MPa	3～5	4.8	3.4	4.1
弹性模量/MPa	3000～5000	4400	3200	3800
渗透系数/(cm/s)	10^{-3}～10^{-4}	9.07×10^{-4}	1.92×10^{-4}	6.06×10^{-4}
干密度/(g/cm³)	≥2.1	2.27	2.13	2.17
含水率/%	—	5.21	2.16	3.34

3.5 大坝主堆料施工期级配调整处理

承包商根据大坝填筑料设计指标，在石料场进行爆破开采，通过调整爆破参数使其满足大坝主堆、过渡料等级配要求的料。然后上坝压实后，在坝面再进行挖坑检测坝料的密度、孔隙率、渗透系数及颗分。根据承包商在碾压现场实测主堆石料的干密度、孔隙率、渗透系数都能满足要求，但部分级配曲线不满足要求。其中大坝主体一期主堆料级配曲线检测164组，有11组超出设计包络线；二期填筑分部主堆料级配曲线检测68组，有10组超出设计包络线；三期填筑主堆料检测60组，全部合格。坝后排水带也是主堆料，其级配曲线不满足要求的大概占试验组数的30%左右。后经业主、监理进行复测，也发现有类似情况。如果按此控制认为大坝填筑不合格的话，不仅将会导致当时已经填筑的坝体需全部推倒重来，后续坝体填筑也难以实施，将会严重影响整个水库工程进度。

3.5.1 原因分析

发现此问题后，曾督促承包商重新调整爆破参数，再进行试验，根据对料场爆破后的颗分试验，都能满足设计要求，但就是在碾压现场出现级配不完全满足要求的现象。初步分析主要有如下原因。

（1）坝料在装卸、运输、摊铺过程中出现了部分分离，根据现场多次观察发现有部分大料和小料分别集中。

（2）大坝在填筑过程中由于部分灰岩料存在暗裂隙，碾压过程加水后部分料出现了二次粉碎现象，导致级配曲线有些偏离。虽然承包商经过多次改进但主堆料改进不大，仍然存在部分料碾压后级配曲线不在设计包络线内，过渡料及垫层料等小颗粒料相对较好一些。

3.5.2 主堆料级配曲线及控制标准调整

根据现行规范要求以及多年来面板坝堆石体填筑经验，坝体填筑质量首要因素在于料场能否提供合格的坝料，应采用相应的钻爆工艺获得满足设计级配的坝料，上坝料级配曲线必须在设计包络线内，级配应连续良好；坝料质量应先从源头控制，只有料场获得满足设计级配、岩性、含泥量及物理力学性质的坝料才是合格的坝料，是保证坝体填筑质量和顺利施工的行之有效的措施，因此料场的坝料级配曲线必须满足设计要求。至于坝料运至坝上后，则以控制碾压参数为主，按照规范及设计要求，也希望现场压实除控制碾压参数外，也希望碾压后的包络线100%都应该在包络线内。但根据已建和在建的一些工程，有些也很难做到。如上所述，实质上大坝填筑料在装料、运料、摊铺、震动碾压等过程中会存在分离、二次粉碎现象，很难达到料场爆破后的级配与碾压后都能完全一样。例如江苏溧阳抽水蓄能电站，云南大水沟水库等面板堆石坝，也都出现过大坝填筑料级配不能满足设计要求的现象。其实大坝堆石填筑料经过压实后最终反映在坝体变形要求和渗透要求方面。因此近年来部分面板堆石坝在局部碾压后不能满足设计级配要求时，但通过进一步提高施工工艺水平和改善施工机械性能，采用先进的施工设备和合理的施工方法及工序，可以获得压实料整体较高的变形强度指标；减小坝体在施工期和运行期的变形量，进而达到减小面板应力和变形的目的。

根据一些工程的经验，设计单位在经过充分研究后，再考虑到本工程由于采用了GPS数字监控系统，能够确保大坝坝体填筑碾压遍数、行走速度、轨迹等满足施工质量控制要求，可以确保获得压实料整体较高的变形强度指标。同时根据超出设计级配包络线的情况看，虽然级配超出设计包络线，但级配曲线基本连续，未出现很明显的陡坎和平台现象，主要反映在级配曲线没有完全进入设计包络线内。因此根据这种情况，经认真分析，参考类似工程经验，设计单位对大坝填筑料的级配要求适当做了调整，重点调整大坝主堆料，而大坝垫层料、反滤料及过渡料等小粒径的料由于施工期分离现象较小，不再调整。

大坝主堆料级配曲线调整主要反映在5mm以下含量，原级配曲线5mm以下含量不超过10%，根据主堆料碾压后存在二次粉碎的情况，将主堆料5mm以下颗粒含量放宽到不超过20%。其次级配曲线仍然考虑以控制料场源头为主，现场碾压以控制碾压参数为主，同时碾压后的级配曲线原则上尽量满足设计要求，倘若碾压后的主堆料级配不满足设计包络线要求，但孔隙率、干密度、渗透系数满足设计要求且级配连续时，可按级配“三点法”（最大粒径、5mm以下含量及0.075mm以下含量）进行控制，若级配“三点法”满足要求，即认为合格料，否则为不合格料（包括孔隙率、干密度、渗透系数不满足设计要求或级配不连续时），应予以清除，不得上坝或用于其他填筑区（如次堆区）。同时要求当出现需要按级配“三点法”控制级配曲线情况时，应及时调整坝料装卸、运输、摊铺等施工工艺，减少坝料离析，并适当调整和修正料场坝料的爆破参数，使其碾压后的级配曲线尽量满足设计要求。采用三点法控制时，5mm以下含量是确保主堆料满足渗透要求的保证，最大粒径和小于0.075mm以下的含量是碾压密实的基本保证，根据这一要求，设计单位调整后的坝体填筑料设计指标调整见表3.54。

表3.54　　坝体填筑料设计指标调整表

料物名称	小区料	垫层料	过渡料	主堆石料（排水带）	次堆石料	反滤料
饱和抗压强度（不小于）/MPa	60	60	60	60	40	60
软化系数（不小于）	0.75	0.75	0.75	0.75		0.75
孔隙率/%（相对密度）	17	16	19	20（22～23）	21	0.75
干密度/(g/cm³)	2.20	2.29	2.21	2.2	2.12	2.26
渗透系数K/(cm/s)	1×10^{-3}～1×10^{-4}	1×10^{-3}～1×10^{-4}	$\geqslant10^{-2}$	$\geqslant10^{-1}$		$\geqslant1\times10^{-3}$
压实后层厚/cm	20	40	40	80	120	40
最大粒径/mm	40	80	300	800	1000	60
小于5mm粒径/%		35～50	≤25	≤20		35～55
小于0.075mm粒径/%		<8	≤5	≤5	≤8	≤8

根据上述调整的级配控制要求，大坝主堆料后期（Ⅲ）填筑的完全控制在新调整的级配要求内，同时根据对大坝干密度、孔隙率检测，其中干密度一般都大于设计干密度，渗透系数检测也满足设计要求。根据大坝填筑后的坝体沉降观测，大坝最大沉降量发生在距坝轴线45m处，最大沉降值约为坝体的0.5%左右，符合一般面板堆石坝施工期沉降的规律和要求，坝体总体质量是可靠的。

3.6　坝体填筑施工

3.6.1　石料开采与加工

主要施工顺序：石料场上山临时道路修建→料场复查→料场规划→开采前清理→爆破试验→开采与堆存。

（1）石料场上山临时道路修建。填筑料的开采采用自上而下、分层下挖开采的施工方

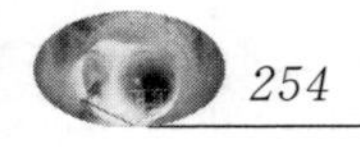

法。开采前，根据现场地形条件，沿山坡修建一条宽度不小于10m，纵坡不陡于1：8的上山临时道路，以满足大型施工设备、人员、材料等能够到达山顶进行石料开采施工的要求。上山道路修建沿规划的位置采用液压钻机配合小型手风钻钻孔爆破，1.6m^3挖掘机利用爆破料进行半挖半填修筑。

(2) 料场复查。进场后，首先应根据本工程所需各种料的使用要求，对发包人提供的料源资料进行核查，并辅以适量的坑探和钻孔取样对合同文件中选定的各种料源的储量和质量进行复查。复查的内容主要如下。

1) 覆盖层或剥离层厚度，料场的地质变化及夹层的分布情况。

2) 料源的分布、开采及运输条件。

3) 料源与汛期水位的关系。

4) 根据料场的施工场面、地下水位、地质情况、施工方法及施工机械可能开采的深度等因素复查料场的开采范围、占地面积、弃料数量以及可用料层厚度和有效储量。

5) 进行必要的室内和现场试验，核实坝料的主要物理力学性质及压实特性。

(3) 料场规划。根据在料场复查中获得的料场地形、地质、水文气象、交通道路、开采条件和料场特性等各项资料，对工程开挖料利用、料场开采和料源加工进行统一规划。料场规划的主要内容包括开采范围及高层；开采钻孔爆破程序和方法；开采料的加工场布置；料场边坡保护及加固措施等。

由于坝体填筑需要不同级配的料源，因此需根据不同级配要求，满足施工质量控制和进度要求的前提下，进行开采区分区。按级配要求，可分为主堆石开采区、次堆石开采区、过渡料开采区、反滤料和垫层料加工区等。反滤料和垫层料加工区利用现场9号路末端业主所提供的占地范围。料场附近业主提供的3号渣场用于存放覆盖层剥离料，经平整后可作为临时存料场。

料场从东北到西南方向依次布置过渡料开采区、主堆石开采区和次堆石开采区。开采爆破从山顶开始，逐台阶下降，但总体控制爆破临空面朝东南方向，即背离村庄方向，以减小爆破震动冲击波和飞石带来的影响。

(4) 开采前清理。料场开挖前，首先进行料场的植被、表土、覆盖层和不可用岩层进行清理。剥离的腐殖土和弃渣运至规划的弃渣区平整、堆放。对规划开采区进行局部剥离和清理，局部剥离和工作面的清理钻爆主要采用YQ-100型潜孔钻机和手持式风钻造孔，人工装药爆破，160～240kW推土机集料，1.0～2m^3反铲、3m^3装载机挖装，20～25t自卸汽车水平运输用于施工场地平整。

(5) 施工爆破前检测试验。由于大坝填筑料场位于河口村南冲沟两侧，距离河口村约800m，个别房屋距离料场约600m，为了了解和防止爆破飞石及震动影响河口村村民，需在石料开采之前，在河口村爆破现场进行检测，检测爆破附近数百米内由爆破所引起的地面质量振动速度的大小，以制定爆破点对周围建筑物的影响是否超出了国家的规定，同时利用各观测点的数据求取爆破振动传递的特殊性场地参数K、a值。

2011年8月30日承包人委托中国地震局地球物理勘探中心郑州基础工程勘察研究院在河口村现场实施爆破检测。

正常施工是每次数吨炸药的微差爆破，为了获得场地的K、a值，本次检测除了正常施工常用的2.5t炸药量的微差爆破外，还专门进行了150kg炸药量的齐发爆破。监测齐发爆破有利于获得K、a值，监测微差爆破即实测了施工对周围环境的影响，齐发爆破参数炸药量150kg。微差爆破参数，微差爆破共分7个级别，18排总药量2.5t，最大单响炸药量250kg。

按照委托要求，中国地震局地球物理勘探中心郑州基础工程勘察研究院投入了15台POS-2型数字地震仪，监测了150kg的齐发爆破和2.5t的微差爆破。监测任务分为两项：一是实测爆破施工在关注部位的振动大小；二是求取爆破振动传递特性的场地参数K、a值。

监测部位的设置，根据现场附近居民点及村庄建筑物的情况和地形地貌适当选点设置16处（包括所有影响的范围）。本次监测点位中的1号、2号、3号、4号、5号、6号、8号、9号监测点距爆心较远，所以都布置在建筑物附近，主要目的是实测施工爆破在建筑物处的振动速度大小。而本次监测点位中的B_1号、B_2号、B_3号、B_4号、B_5号、B_6号、B_7号监测点设置距爆心较近，主要目的是求取爆破振动传递特性的场地参数K、a值。由于所设的监测点应分布在与爆心不同的距离上，为对最近距离和最远距离有要求，因距离的范围与炸药量有关，炸药量越少，距离越近，范围越小，反应越大。但由于条件的限制，工程现场距爆心最近的点距只能布设在285m的距离上。各监测点上布设的地震仪能全面记录各观测点的地面原点在爆破时的振动速度。

监测结果分析：从各监测点分布所布设的地震仪全面记录的齐发爆破振动波形和微差爆破振动波形，振动波形及其频率标出了爆破振动监测点处地面原点的最大振动速度，并说明在距爆心较近的几个监测点处的爆破振动能量主要集中在10Hz以上，其他监测点处爆破振动能量主要集中在10Hz以下。

爆破时爆心周围地面质点最大振动速度可用式（3.14）表示：

$$V=K(Q^m/R)^a \tag{3.14}$$

式中：V为地面质点的振动速度，cm/s；Q为炸药量，kg；R为监测点与爆心之间的距离，m；m为钻孔装药取值，1/3；a为与爆破场地有关的指数；K为与爆破场地有关的系数。

实际装药量Q为150kg。用距爆中心最近的7个监测点的数据来计算K、a值，将各监测点的地面质点振动速度数据和测点距爆心的距离分别代入式（3.15）得到：

$$\left.\begin{aligned} V_1&=K(Q^m/R_1)^a \\ V_2&=K(Q^m/R_2)^a \\ V_7&=K(Q^m/R_7)^a \end{aligned}\right\} \tag{3.15}$$

这是一组以K、a为未知数的二元指数方程，解此矛盾方程组并做最佳拟舍得到：$K=118.2$，$a=1.46$。

实测数据与国家标准的对比，爆破时地质原点最大振动速度表显示：2.5t微差爆破（单响为250kg）时在有建筑物的监测点上测端的地面最大振动速度值为0.12cm/s（4号点测点处）、150kg齐发爆破时，在有建筑物的监测点上测点所测的最大振动速度为

0.08cm/s（在4号测点处）。根据《爆破安全规程》（GB 6722—2003）中规定的爆破振动安全标准见表3.55。

表3.55　　　　爆破振动安全标准表

序号	保护对象类别	安全允许振速/(cm/s)		
		<10Hz	10～50Hz	50～100Hz
1	土窑洞、土坯房、毛石房屋	0.5～1.0	0.7～1.2	1.1～1.5
2	一般砖房、非抗震的大型砌块建筑物	2.0～2.5	2.3～2.8	2.7～3.0
3	钢筋混凝土结构房屋	3.0～4.0	3.5～4.5	4.2～5.0
4	一般古建筑与古迹	0.1～0.3	0.2～0.4	0.3～0.5
5	交通涵道		10～20	
6	水工涵道		7～15	
7	矿山巷道		15～30	

从表3.55可认定2011年8月30日的爆破试验，其爆破振动对监测点处的建筑物是安全的。

（6）过渡料（3A）开采。

1）技术参数。过渡料区位于垫层区和主堆石之间，起到承前启后的作用。工程技术要求其应满足渗透过渡要求，形成粒径过渡，对垫层料起到保护作用。设计要求过渡料的最大粒径300mm，小于5mm的颗粒含量为3%～17%，小于0.1mm的颗粒含量小于7%。过渡料设计级配要求见坝体填筑料级配表3.56。

表3.56　　　　坝体填筑料级配表

材料	颗粒级配																				
粒径/mm	0.075	0.1	0.3	0.5	0.8	1.0	2.0	3.0	5.0	8.0	10	20	30	40	50	60	80	100	200	300	400
垫层上包线	8	9	17	21	26	29	39	46	55	63	67	80	89	95	100						
垫层下包线	1	2	7	10	13	15	22	27	35	43	48	62	72	80	86	91	100				
过渡料上包线					1.5	3	9	13	19	25	28	40	49	55	61	66	74	80	100		
过渡料下包线									1.5	4.5	7	17	25	31	37	42	50	57	82	100	
小区料上包线		9	18	23	29	33	44	51	61	71	76	90	100								
小区料下包线		2	8	12	16	19	28	34	44	54	61	78	92	100							
反滤料上包线				1.5	8	11	20	27	40	54	60	85	100								
反滤料下包线						2	7	10	17.5	25	30	50	65	75	83	90	100				

过渡料的开采原则是首先满足设计级配、粒径的要求，与此同时，为便于施工过渡料的开采还要满足所配机械设备挖装运输需要。

2）过渡料的生产工艺。本标段根据其他项目的施工经验，探索出了一条先进的加工工艺。其具体研究工作思路是：先根据以前开挖爆破的施工经验，初选若干组爆破参数；然后通过现场爆破试验，优选出合适爆破参数。每次爆破试验后，都要对爆破后产生的块石进行级配筛分试验，总结经验教训找出问题所在，在此基础上更新爆破参数，重新进行爆破试验，直到找出满足设计级配要求的爆破参数。

3）料场地质条件对开采工艺的影响。过渡料开采爆破参数的选取在很大程度上取决于岩石的地质情况，不同的地质条件适用不同的爆破参数。开采爆破经验表明，地质条件是确定爆破方案的重要因素。在进行过渡料开采爆破设计时，主要把握以下几个方面。

A. 岩层产状。理论研究表明，爆破作用方向与岩层产状的相互关系对爆破石料的颗粒级配有很大影响。当爆破作用方向与岩层面走向垂直或接近垂直时，爆破石料级配良好，不均匀系数大；当爆破作用方向与岩层走向平行或接近于平行时，爆破石料颗粒均匀，不均匀系数较低，对级配控制有不良的影响。可以据此设计炮孔的布置方式，使其尽可能与岩层面走向垂直。

B. 岩体裂隙发育程度。岩体裂隙发育程度及分布状况对爆破破碎效果的影响很大，有时会超过岩石力学强度的影响，甚至超过炸药本身的影响，因为爆破过程及岩石尺寸在很大程度上受药包附近的不连续界面的控制。这一影响因素是人们无法控制的，只能适应和利用其爆破特性，为工程服务。

C. 岩性。理论证明，岩性决定岩石的强度，是确定炸药用量的主要因素。在试验阶段，为控制爆破费用和工期，且便于进行对比，简化试验步骤，增强实际操作性，初拟爆破参数中将一些次重要参数，如梯段高度、钻孔倾角、孔径、药卷直径、堵塞长度等固定下来，而重点调整单耗、钻孔间排距、装药结构以及爆破网络连接形式，每次爆破试验的规模在 1000～1500m^3 之间。

4）爆破参数设计。

A. 钻孔直径。确定钻孔直径主要考虑现场设备配置，根据现场钻孔设备情况设计爆破参数是一条指导性原则。现场配置的钻机主要是英格索兰 ECM－580 型液压钻机，其直径为 76～120mm。钻孔直径确定为 D＝120mm。

B. 爆破梯段。一般情况下，确定爆破梯段高度 H 通常考虑以下几个方面：满足坝体填筑施工进度的要求，即必须满足大坝填筑的最大强度，该料场还有一个特点，就 3A 料和 3B、3C 料均在此生产，而 3A 料同时也是加工 2A 料和 2B 料的原材料，因此还必须协调 3A 料和 3B 料、3C 料之间的开采进度；满足料场总体布置和料场规划的要求，为大规模机械化施工创造条件；保证开采石料质量和施工安全；所需要的辅助工作量尽可能小。根据上述要素综合分析，初步确定梯段高度为 H＝9.0～10.0m。

C. 底板抵抗线 W_1。过渡料开采采用深孔梯段爆破，在深孔梯段爆破中，为避免留底坎，计算常采用底板抵抗线，而不是最小抵抗线。实际操作过程中，底板抵抗线选得过大，则造成底坎过多，且后冲作用明显增大；若底板抵抗线选得过小，不仅浪费炸药，而且钻孔工作量增大，施工效率将大大降低。

根据开采石料设计要求的最大石料粒径合理确定底板抵抗线。开采过渡料最大粒径为 300mm，则应选用较小的抵抗线；如开采主堆石料，抵抗线（W_1）则应适当增大；钻孔直径越大，W_1 值也应越大；可爆性好的岩石可取较大的 W_1 值；炸药的爆破威力越大，W_1 值就应越大；梯段高度越高，所取 W_1 值也应越大，但当梯段高度超过一定值后，W_1 值可看做与梯段高度无关。综合考虑以上各因素，底板抵抗线拟定为 W_1＝2.0m。

4）孔距 a。孔距 a 与底板抵抗线和开采石料的最大粒径有密切关系，理论证明，孔距可按式（3.16）确定：

$$a=m\times W_1 \tag{3.16}$$

式中：m 为密集系数，一般取 1.0～2.0。

在这里 m 值取 1.5 和 1.75 两种。因此，孔距为 $a=3.0$m 和 $a=3.5$m。

5）排距 b。当采用交错形布孔时，常使钻孔之间成正三角形，即 $b=0.707a$。因此，排距确定为 $b=2.5$m。

6）超钻深度 h。超深主要取决于岩石的可爆性能，如果岩石坚硬，结构面不发育，则超深要加大。另外，超深与底板抵抗线大小、坡面角和底部装药情况有关，一般可按式（3.17）计算：

$$h=(0.05\sim0.30)W_1 \tag{3.17}$$

式中：h 取 0.2m。

7）孔深 L。对于倾斜深孔有技术式（3.18）为：

$$L=(H+h)/\sin\beta \tag{3.18}$$

考虑招标文件和现场情况所见岩石产状和降低钻孔强度的要求，β 值取 85°。所以可以定出孔深为：$L=(9.0+0.2)/\sin85°=9.24$m。

8）孔网布置。梯段爆破的孔网布置，将直接影响爆破效果和开挖进度。对坝料开采作业，常采用多排孔爆破，其孔网布置方法通常有两种，即矩形布孔法和交错布孔法。

矩形布孔法有利于微差爆破时爆破网络的选择，但爆破块度大，常用于主堆石料开采；交错布孔法能使炸药在岩石中均匀分布，前排孔为后排孔创造更多的自由面，有利于改善爆破效果，常用于过渡料和垫层料的开采。在现场试验时，可以灵活掌握。

9）装药参数设计。装药参数表示炸药在钻孔中的数量和位置。装药参数包括单耗、线装药密度、每孔装药量及装药、堵塞长度等爆破技术参数。

10）单耗 q。单耗取决于下列因素：岩石的爆破性能，岩石越硬越完整，单耗就越高；炸药的威力越大，单耗就越低；装药堵塞越差，单耗就越高；对爆破石料块度和爆堆抛散范围的要求等。

对 2 号岩石硝铵炸药，在保证堵塞长度大于 2m 的条件下，深孔梯段爆破单位耗药量 q 值可按表 3.57 选取。

表 3.57　　深孔梯段爆破单位耗药量 q 值

岩石系数 f	0.82～2	3～4	5	6	8	10	12	14	16
单位耗药量 $q/(\text{kg/m}^3)$	0.10	0.44	0.47	0.52	0.55	0.58	0.62	0.66	0.7

考虑到过渡料最大粒径较小，所以适当加大单耗至 0.60kg/m^3。最终要通过爆破试验来调整至最佳单耗，使其符合工程施工的要求。

1）每孔装药量 Q。多排孔微差爆破时，每孔装药量为 $Q=QW_1H_a$。所以，每孔装药量暂定为 $Q=0.6\text{kg}\times2.5\text{m}\times9\text{m}\times3.5\text{m}=47.25\text{kg}$。

2）装药长度 L_1 和堵塞长度 L_2。算出每孔装药量 Q 后，就可以确定每孔的装药长度为 7.24m，考虑装药后药卷之间的挤压，长度会缩短，所以装药长度确定为 7.0m；堵塞

长度为 $L_2=L-L_1=9.24-7.0=2.24$m。根据现场实际情况，堵塞长度基本控制在 2.0～2.5m 之间。

3）装药结构设计。深孔梯段爆破时，炮孔底部阻力最大，要求药包中心降低，特别是对于坚硬难爆岩石、台阶坡面较小的情况，更需增大超钻深度，使炸药集中于底部。若采用一般的连续装药结构，会使孔的上部不装药段（即堵塞段）较长，这部分的岩石容易爆成大块，特别是在梯段较高、坡面较陡、上部岩石坚硬时，大块率更高。因此，改善装药结构，力求炸药爆破能量在炮孔中均匀分布，是降低大块率的有效措施。在坝料开采爆破中，改善装药结构有间隔装药、不耦合装药、混合装药三种方法。在这里采用不耦合装药结构。

4）初拟爆破参数。根据前述计算分析过程，过渡料开采试验初拟爆破参数见表 3.58，共设计了三组爆破参数。

表 3.58　　过渡料开采试验初拟爆破参数

试验组序	A1	A2	A3
底板抵抗线/m	2.0		
梯段高度 H/m	9.0		
孔倾角/(°)	85		
孔径 D/mm	120		
药卷直径 d/mm	95（或粉状满孔装药）		
孔深 L/m	9.24		
间排距 $a\times b$/(m×m)	3.5×2.5	3.5×2.0	3.0×2.0
装药长度 L_1/m	7.0		
堵塞长度 L_2/m	2.5		
单耗 q/(k9/m^3)	0.60	0.76	0.88

5）现场爆破试验。依据上述原则确定的爆破参数现场进行爆破试验。爆破试验采用 2 号岩石硝铵炸药、非电毫秒雷管微差起爆网络，微差间隔为 25～100ms。

初步拟定四组爆破参数，前两种为不连续装药，后两种为连续装药。采用 2 号岩石乳化炸药、非电毫秒雷管微差梯段爆破，起爆网络连线分为排间微差爆破和 V 形微差爆破。具体参数见表 3.59。

表 3.59　　过渡料爆破试验参数表

试验编号	装药方式	梯段高度/m	布孔方式	孔径/mm	孔深/m	孔距/m	排距/m	堵塞/m	起爆网络	单耗/(kg/m^3)
A1	不连续	10.0	梅花	90	10	3.0	2.5	2.5	排间微差	0.66
A2	不连续	10.0	梅花	90	10	3.5	2.0	2.5	排间微差	0.71
A3	连续	10.0	梅花	90	10	3.5	2.5	2.5	V 形起爆	0.71
A4	连续	10.0	梅花	90	10	4	2.0	2.5	V 形起爆	0.78

装药结构、起爆网络示意图见图 3.171。

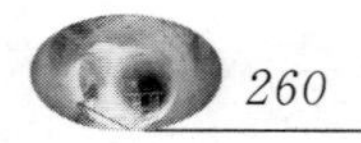

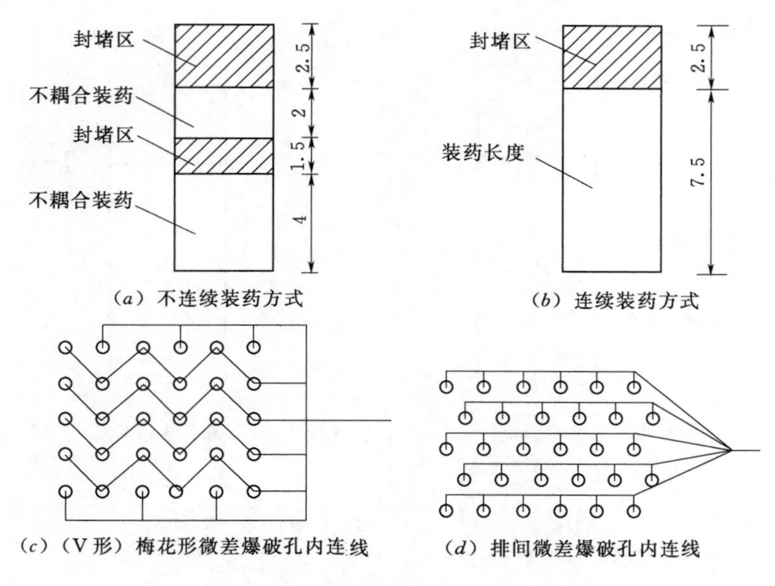

图 3.171　装药结构、起爆网络示意图（单位：m）

试验区爆破后，对爆堆取样进行级配筛分试验，根据筛分试验结果绘制出级配曲线，通过分析找出不同爆破参数与级配曲线的函数关系，并与设计给出的过渡料包络曲线进行比较，最终确定适合药水沟采料场过渡料开采的爆破参数。在爆破试验的基础上，经分析论证，推荐爆破参数。

(7) 主次堆石料（3B、3C）开采。

1) 常规性爆破试验验证爆破参数。主堆石坝料开采的基本原则是：在满足设计要求的前提下，尽可能多地获得可用料，避免开挖弃料，提高开采料的可利用率。通常坝料开采过程中多发生超径和逊径现象，如何控制这些不利因素是主堆石料（3B）开挖的关键环节。

与常规坝料开采相同，通过爆破试验确定爆破参数。根据其他项目的实践经验，将在河口村石料场进行 6 种爆破试验，采用英格索兰钻机钻造孔，孔径 120mm，钻孔倾角 85°；采用 2 号岩石硝铵炸药、非电毫秒导爆管雷管微差起爆网络，选择的具体爆破试验参数见表 3.60。

表 3.60　主、次堆料爆破试验参数表

试验编号	装药方式	梯段高度/m	布孔方式	孔径/mm	孔深/m	孔距/m	排距/m	堵塞/m	起爆网络	单耗/(kg/m³)
B1 \ C1	间隔	9	梅花	90	9.5	4.0	3.0	2.5	排间微差	0.4
B2 \ C2	连续	9	梅花	90	9.5	4.5	3.0	2.5	排间微差	0.47
B3 \ C3	连续	9	梅花	90	9.5	5.0	3.0	2.5	排间微差	0.365
B4 \ C4	连续	8.5	矩形	90	9	3.5	4.0	2.6	V形起爆	0.31
B5 \ C5	连续	8.5	矩形	90	9	4.0	5.0	2.6	V形起爆	0.414
B6 \ C6	连续	8.5	矩形	90	9	4.0	4.0	2.7	V形起爆	0.38

装药方式和连线见图 3.172。

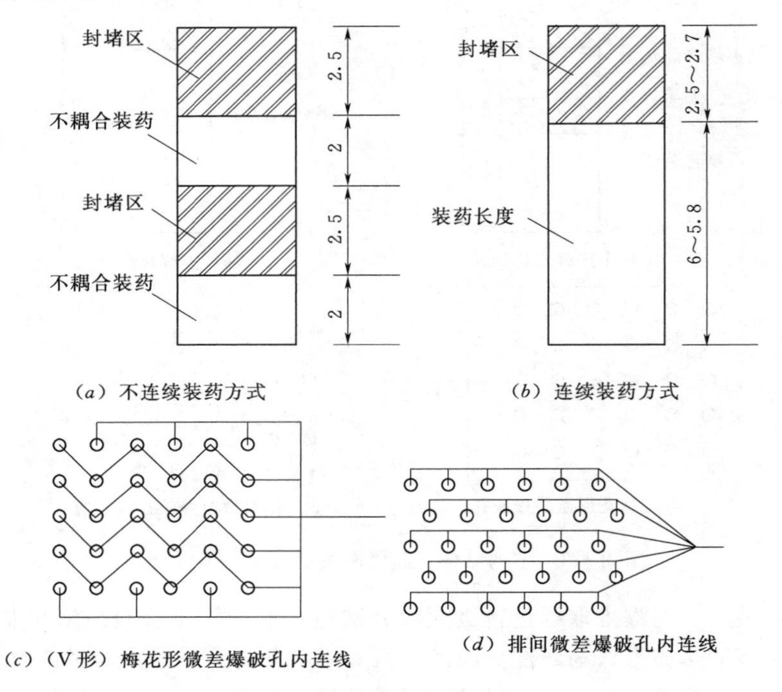

(a) 不连续装药方式

(b) 连续装药方式

(c)(V形) 梅花形微差爆破孔内连线

(d) 排间微差爆破孔内连线

图 3.172 装药方式和连线示意图（单位：m）

爆破后对试验单位进行取样，并进行级配筛分试验，经试验检测。根据上述试验结果总结并推荐合适的爆破参数。通常现场现象表明，爆堆顶部粒径较大，局部存在超径现象，细颗粒含量偏低；中部料级配较为合理；而下部细颗粒含量偏大，但总体满足颗粒级配要求。因此，合理的装料方式及摊铺碾压成为控制坝料质量的重要环节。坝料装运过程中，技术人员现场指挥装车，做到单车控制装料质量。料堆中级配较差的料，装到车上后相对均匀。

地质构造是影响爆破效果的一个关键因素。由于岩性对爆破料的影响较大，在实际施工中必须结合地质情况对爆破参数进行适当调整。

为了减少底坎，消除开挖后大面的不平整度，降低二次处理的成本，孔底装药需有一定的加强段。

由于地质条件较差，同样的爆破参数产生的效果差别较大，为了确保坝料的质量，从坝料装运上想办法，建立了一套严格的坝料管理办法。从建设管理层面成立坝料鉴定小组，建设单位总工任组长，项目经理、监理单位总监作为成员，负责坝料鉴定的领导工作。

2）坝料开采中挤压爆破技术。为充分利用爆破产生的能量，提高材料的开采质量，使其最大限度地满足级配要求，根据前面爆破试验结果，使用挤压爆破施工技术。该爆破技术的一个明显的特点是改变原来每茬炮前面的临空面为部分开采料挤压区，也就是前一茬炮开采的坝料不全部运走，在后一茬炮的临空面处留一定体积的开挖料，具体预留的工程量需要爆破试验进行验证，根据不同开挖梯段的高度验证出需要预留的宽度。

挤压爆破的科学原理是：一般情况下，每茬炮爆破产生的能量多沿临空面方向运动。穿过临空面后很快消失，如果在临空面处堆存部分已开挖材料，就会限制爆破能量离开爆破区，则爆破产生的能量不会很快消失，该能量会在爆破区内部继续传递，可以对爆破区材料进行多次挤压和拉开，进而提高爆破效果。

一般说来，在每次爆破作业中，分布在爆破区不同部位的岩石受到的爆破作用是不完全相同的，分布在爆破区中心地带的岩石，爆破效果好；而分布在周边部位特别是临空面部位的岩石爆破效果较差，主要表现在颗粒较粗，超径石较多，而细颗粒含量较少，降低了开采料的使用率，且存在着潜在的质量风险。

基于上述实际情况，挤压法爆破技术可以解决爆破区临空面附近材料质量不高的问题。同时也减小了爆破震动和飞石的影响。

(8) 垫层料 (2A) 开采加工 (反滤料开采基本同垫层料)。垫层是面板坝坝体的重要组成部分，垫层料位于混凝土面板的下部，除对面板起支承和整平作用外，还起到第二道防水线的作用。当面板或接缝一旦漏水时，可限制入渗流量，并能起反滤作用，截留随渗透水流带入缝中的泥沙，使缝隙淤塞而自愈。垫层料的质量直接关系到面板和坝体的运行性能，因此在面板坝的堆石料中，垫层料的级配要求最为严格。

1) 垫层料的传统加工工艺。由于垫层料有严格的级配要求，天然材料很难满足要求，需要加工配置。通常使用的加工方法是：以开采合格的过渡料为原材料，经破碎、筛分加工后作为垫层料的混合料，对混合料进行颗粒级配分析试验，对照设计包络线，特别是5mm以下颗粒含量的要求进行分析，如果某一范围的颗粒不足，则应进行补偿。多数情况是5mm以下的颗粒含量不足，需采用人工砂进行掺合补充，混合料与人工砂的掺合采用“平铺立采”的方法进行。具体工艺流程见图3.173。

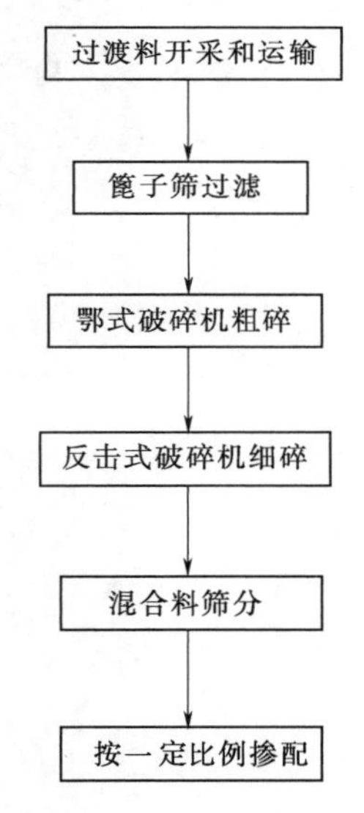

图3.173 垫层料传统加工工艺流程图

2) 垫层料加工的技术改进。考虑到人工砂的制备需专门建立一套制砂系统，“平铺立采”需要大量的人工和机械，并且随着生产工艺的增多，质量控制的难度增大。根据河口村石料场的岩层特点对所选加工设备可进行调整，在不影响垫层料加工质量的前提下，力求降低加工成本，可取消混合料筛分和掺配工艺环节，而直接在破碎机出口获得垫层料。

整套加工设备主要有篦子筛、1台颚式破碎机 (PE600×900)、2台产量100～160t/h的反击式破碎机 (PE1214) 和3条固定皮带机组成。

在河口村石料场开采合格的过渡料由自卸汽车运至篦子筛，经筛分处理，将大于300mm的超径石料剔除，小于300mm的混合料通过皮带机送至颚式破碎机进行破碎，颚式破碎机排料口调整范围为120～150mm，将混合料进行第一次破碎。破碎后的混合料经皮带输送机送至反击式破碎机进行细碎，通过调整反击式破碎机的排料口径来控制出料粒径的大小，从而得到设计级配要求的垫层料。技术创新后垫层料优化加工工艺流程见

图 3.174。

本标段拟采用上海远通路桥工程机械有限公司生产的 PF1214 反击式破碎机是一种利用冲击能来破碎物料的破碎机械，当物料进入板锤作用区时，受到板锤的高速冲击而破碎，并被抛向安装在转子上方的反击装置上再次破碎，然后又从反击衬板上弹回到板锤作用区重新破碎。此过程重复进行，直到物料被破碎到所需粒度，由机器下部排出为止。调整反击架与转子架之间的间隙可达到改变物料出料粒度和物料形状的目的。该设备能处理最大进料粒度不大于 350mm、抗压强度不超过 320MPa 的岩石，其突出的优点是产出成品呈立方体、无张力及裂缝、粒形极好，产出料细颗粒含量高，特别适合于垫层料的生产。垫层料加工系统见图 3.175。

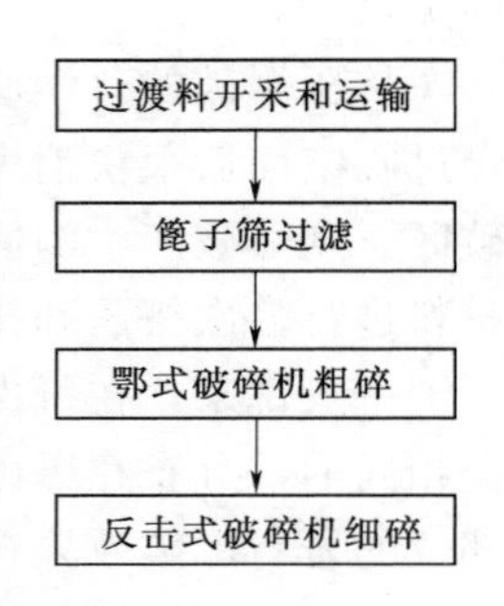

图 3.174 垫层料优化加工工艺流程图

(a)

(b)

图 3.175 垫层料加工系统

在垫层料加工生产过程中，为控制好垫层料的加工质量，应重点做好以下几个方面的工作：首先严把原材料关，确保料源的岩性、级配符合要求，这就要求在开采过程中严格按爆破设计施工，并根据岩性变化及时调整爆破参数；其次要定期和不定期地对加工出来的成品垫层料进行抽检，若发现不满足级配要求时马上停止生产，进行分析整改，通过改变料源的爆破参数和反击式破碎机的排料口间隙等措施使加工出的垫层料级配满足设计要求。

(9) 石料场开采保证措施。

1) 技术保证措施。充分利用承包人自身的施工经验，结合料场岩石性质和地质结构状况，确保石料开采质量填筑要求。具体如下：

A. 通过爆破试验获取满足石料级配要求的最佳爆破参数，采用孔间微差挤压爆破施工技术，增加爆破块体相互碰撞和挤压，降低超径石百分率。

B. 用乳化炸药混装，增大单位体积的爆炸威力，以及岩石破碎圈半径，并在顶部加设辅助破碎药包，以减少上部的超径石。

C. 用黄泥填塞孔口，确保堵塞质量，防止冲孔。

D. 适当增加钻爆规模，减少临空面产生的超径石。

E. 对少量超径石，在挖装过程中用挖掘机械分选集中，采用手风钻进行二次解爆破碎。

F. 设专门施工技术人员和质检人员控制装车前的质量，确保不符合要求的石料不装车。

2) 质量保证措施。为确保石料开采质量，应做好以下工作：

A. 料场可用料岩为上马家沟组（O_2m^2）灰色厚层状白云岩、白云质灰岩和灰岩层，开挖时控制开挖底线与下马家沟组（O_2m^1）间预留 2.0～3.0m 开采，以保证坝料岩性要求。

B. 钻爆前进行爆破设计，经设计部门、安全部门审批后，严格实施，并认真做好钻爆施工现场记录。

C. 采用乳化炸药混装车技术进行装药爆破；主爆孔采取全耦合装药结构，能有效满足开挖料级配及强度要求。

D. 局部剥离的覆盖层或在开挖过程中有黏土充填的溶沟槽时，有用料和废弃料按要求分类堆存或分别运至存料场及弃渣场，并在开挖轮廓线外设置截水沟，避免雨水携带泥团杂物，流入取料区。

E. 保留边坡采用光面爆破技术。料场开挖后，对局部岩石比较破碎和边坡备石进行清理。

F. 各施工主干道纵坡控制在 8%以内，路面宽度大于 8.0～10.0m，并加强排水等维护工作，确保冬雨季车辆正常行驶。

G. 料场配置的钻爆、挖运等机构设备，可根据现场施工需要或填筑要求进行合理调配，以利提高机械设备的使用率。

H. 对所有施工部位的钻孔、装药等工序进行全过程的质量检查，严格按爆破试验确定的钻爆参数控制，详细做好质量检查记录编制工质量报表，定期提交监理工程师审查。

I. 石料开采前结合生产进行爆破试验，以确定较为合理的爆破参数，施工过程中根据爆破效果，不断修正完善以求达到更好的效果。

J. 定期或不定期对开采料进行筛分检查，及时掌握开采料质量状况，指导开采施工。

K. 对于开采部位窄小溶沟、溶槽中充填的黏土，在钻爆前用人工清理，爆破后对黏土含量超标的石料，机械分选集中堆放，冲洗合格后运往大坝填筑相应的填筑部位。

3）安全保证措施。料场爆破安全是本工程安全管理的重中之重，没有这里的安全保障就没有整个项目的安全和进度保障。石料场爆破开采时必须考虑对河口村居民和建筑的影响，同时考虑对侯月铁路安全行车的影响，石料场的开采爆破必须采取控制爆破措施，通过试验优选石料开采的爆破参数。爆破试验的成果及拟采用的爆破方案应经专家评审（由承包人组织）后报监理人审批后实施。具体安全保证措施如下：

A. 成立专门的安全领导小组，配备足够的安全专职、兼职管理人员，进行现场安全实时监控和预防。

B. 采用毫秒微差爆破技术，控制每分段的装药量，减少震动影响。

C. 采用挤压爆破技术，减少震动和飞石影响。

D. 及时进行工作面洒水防尘、确保运输机械操作环境，降低事故率。

E. 夜间施工照明保障，确保无视线安全。

F. 爆破区实行封闭管理，杜绝非施工人员进场或接近开采区。

G. 附近路口设置充足的安全警戒标志，同时做好爆破时的安全警戒工作等。

H. 设置有效的排水系统和采取必要的防洪措施，以保证开采料的质量及开挖工作的顺利进行，减少对征地外村民用地的影响。

I. 对不稳定的边坡应进行必要的处理，防止发生坍塌或形成泥石流，危及下游安全。

4）资源配置保证措施。

A. 考虑石料开采场地狭窄、上坝强度高的特点，钻孔设备选用效率高的英格索兰 ECM-580 型钻机，该设备自带供风系统且能自己行走，确保专孔的准确度和工作效率；

B. 配备大斗容的挖掘机（$3m^3$）进行装较大吨位自卸车（25t）运输，保证装运速度满足上坝要求。

a. 石料开采施工进度计划及施工强度。

石料开采施工进度计划与提前备料计划。场内施工道路、供风、供水、供电及料场覆盖层补充剥离施工、场地平整等前期施工准备工作安排于 2011 年 6 月完成。

由于山顶上部开挖工作面狭小，爆破循环开采初期无法满足上坝填筑要求，须进行提前开采备料，一方面为满足招标文件“在坝体填筑时，应保证石料场具备每天开采不小于 $15000m^3$ 的工作面”的要求，另一方面也是满足初期上坝强度的有力保障。

按照开采工作面的分区和施工机械的工作面要求，加上爆破试验的开采量和筛分系统的前期质量不稳定性，计划在 2011 年 12 月底前备足 20 万 m^3（含反滤料、垫层料和主堆石料）。正常开采后按上坝填筑进度安排生产。

b. 河口村石料场开采强度。按照大坝填筑计划安排，石料开采月最高强度为 38.5 万 m^3（按各种需要量的压实方计算）。

料场石料开挖采用 2～4 台 165～240kW 推土机集料，10～12 台 $3.0m^3$ 反铲挖装，配

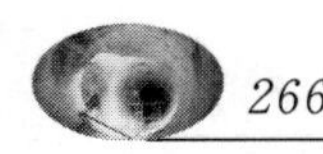

60～70 辆 20～25t 自卸汽车直接运往大坝回填部位。

3.6.2 施工导流

3.6.2.1 施工导流线的基本要求

在水利水电枢纽建设中，施工导流及度汛是施工方案的重要组成部分，控制坝体各工序的施工总进度。如施工导流度汛发生事故，不仅会影响施工部署、施工总进度和工程质量，并且危及人民生命财产的安全。因此，国内外水利水电工程施工中，都对导流度汛工序十分重视。

混凝土面板堆石坝一般建于峡谷地段，在施工中利用堆石体抗冲刷和抗渗透破坏能力较强的特点，多采用一次断流和隧（涵）洞导流的方式，许多情况下可以低围堰截流、高强度填筑坝体临时断面挡水的方式度过。第一个汛期，由于基坑中趾板、面板、坝体填筑三项结构施工互不干扰，截流前可以做许多工作以减少截流后的基坑工作量。可以合理安排各分部工程的施工程序以争取更多枯水季节的有效工作日。大坝堆石体断面单一便于高强度填筑，也具有一定的抗基坑水淹的能力，使堆石体挡水度汛成为现实可行。从而取得较大的经济效益，有利于施工。

河口水库工程导流前的基本要求：截流前导流工程要达到设计条件，具体要求：

（1）导流洞进口引渠开挖支护、排水孔施工以及混凝土浇筑完成，并达到混凝土强度要求。

（2）导流洞进水塔架工程开挖、回填、混凝土浇筑完毕，并达到混凝土强度要求；固结灌浆完成；进水塔的闸门槽的二期混凝土浇筑完成，并达到混凝土强度要求。

（3）导流洞洞身衬砌混凝土、喷混凝土施工完成，并达到混凝土强度要求；回填灌浆，固结灌浆完成且满足过水条件。

（4）导流洞出口明渠的开挖、支护、混凝土浇筑完成，并达到混凝土强度要求；完成回填石渣及混凝土施工，完成排水孔施工；完成导流洞出口防护施工。

（5）导流洞进、出口围堰（含 8 号施工道路）拆除及清理，满足隧洞过流与出流。

（6）完成上、下游土石围堰岸坡的清理。

（7）截流戗堤预进占并加固裹头。

（8）完成围堰填筑备料（包括土料场）的征地及开采准备，石渣、块石等填筑料的备料。

（9）围堰闭气及基坑抽水的设备进场。

（10）截流及围堰工程施工的支线道路已完成，并能满足高强度填筑要求。

（11）完成围堰一期混凝土防渗墙施工。

3.6.2.2 大坝施工要求

（1）为避免截流后施工对大坝上、下游围堰及其基坑施工产生干扰，应在截流前完成左右岸坝肩以及坝基水上部分高程 182.00m 以上岸坡开挖及支护施工。

（2）截流前应完成大坝基础处理高压旋喷实验和基础部分高压旋喷桩加固处理。

（3）完成大坝骨料加工场的建设，完成大坝基础反滤料、大坝上游、石板下垫层料等部分填筑的备料工作。

3.6.2.3 导流方式

（1）施工导流的方式，一般有两类：

1）河床外导流，即用围堰一次拦断全部河床，将河道的水流引向河床外的明渠或涵洞等导向下游。

2）河床内导流，采用分期导流，即将河床分段后用围堰挡水，使河道的水流分期通过被束窄的河床或坝体底孔坝体缺口，坝下涵管厂房等导向下游。

（2）水利水电工程的施工导流与度汛通常划分为以下三个阶段：

1）初级阶段，指基坑在围堰的保护下进行抽水、开挖、地基处理及坝体初期施工填筑的阶段，在此阶段中汛期完全靠围堰挡水。

2）中期阶段，随着坝体的高度上升到高于围堰高程能够挡水或坝体过水后再填筑升高到挡水，直到导流泄水建筑物封堵这一阶段。

3）后期阶段，指从导流泄水建筑物封堵到水利水电枢纽基本建成，永久泄洪建筑物具备设计泄水能力，工程开始发挥效益。

总之一个完整的施工导流方案，应以适应围堰挡水的初期导流，坝体挡水的中期导流和施工期运行挡洪蓄水的后期导流等不同导流阶段的需要。

河口村水库工程的导流方案，是采用围堰枯期挡水方案。即非汛期河床一次断流，围堰挡水，导流洞导流，以便于施工主体建筑物；汛期围堰过流坝体挡水，导流洞和1号泄洪洞联合泄流，以确保坝体填筑施工。

3.6.2.4 围堰设计

（1）围堰的基本要求。围堰设计不仅要考虑安全问题，还要选择最优高度即根据风险度分析来确定导流工程的规模，其中包括围堰的规模和使用过程。

（2）围堰高度的确定。围堰高度应根据设计水位并加安全超高值求得，我国现行的《水利水电工程施工组织设计规范》（SDJ 338—89）对不过水围堰顶部高程及超高值的规定如下：

1）不过水的围堰高程，应不低于设计洪水的静水位加波浪高度，其安全超高位应不低于表3.61所列的值。

表3.61　不过水围堰堰顶安全超高的下限值　单位：m

围堰形式 \ 围堰级别	安全超高值	
	Ⅱ	Ⅳ～Ⅴ
土石围堰	0.7	0.5
混凝土围堰	0.4	0.3

过水围堰顶部高程按静水位加波浪高度确定，不需要另加安全超高值。

2）土石围堰防渗体顶部高程应在设计洪水位以上的超高值，对于斜墙式防渗体为0.6～0.8m，对于心墙式防渗体为0.3～0.6m。

3）考虑涌浪或折冲水流的影响，当下游有支流顶托时，应组合各种流量顶托情况，

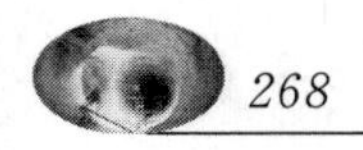

校核围堰顶的高度。

4）对北方可考虑河流的冰塞，冰坝造成的壅水高度。

（3）围堰位置的确定。根据坝址的地形、地质条件决定，应在主体工程的开挖区之外，必须考虑坝基开挖和排水对围堰稳定性的影响，以及可能发生的临时加高和后期拆除等问题。

考虑基坑开挖放坡，并留有适当距离，以保证围堰坡脚的安全，同时还应满足开挖出渣，坝基处理等以及基坑所必需的施工道路的布置需要。还应结合截流龙口位置的选择进行布置。根据以上要求，上游围堰布置在坝轴线上游约300m处。

（4）上游围堰的设计。上游围堰设计按使用年限为截流后第一个枯水期和第二个枯水期，挡水时段为11月至次年6月，上游围堰挡水位185.00m，考虑波浪爬高和安全超高后，确定围堰顶高程187.00m，最大堰高11.0m，堰顶轴线长约150m，堰顶宽10m，堰顶上游坡度1∶2.0，下游坡度1∶1.8，堰体采用大坝岸坡开挖石渣填筑，采用黏土心墙防渗，基础防渗采用混凝土防渗墙防渗。

（5）截流时段和流量的选择。

1）截流时段的选择工程根据黄河一级支流沁河河段7—10月为汛期，11月至次年6月为枯水期，11—12月为退水期，且流量明显减小。根据导流洞施工进度安排施工分期洪水和11—12月的月、旬平均流量成果，截流流量相差不大；又因大坝一期施工强度较大，工期较紧，故初步确定汛末10月中旬截流。实际截流日期应根据天然来水情况以不大于选择的截流流量标准确定。

2）截流流量的选择，根据施工组织设计规范，参照黄河一级支流沁河河段的水文特性和工程施工进度要求，选择截流的设计标准为11月10年一遇旬平均流量，即截流流量为46.1m^3/s。截流不同流量标准见表3.62

表3.62　　截流不同流量标准表

时　　段	P=20%月、旬平均流量/(m^3/s)	P=10%月、旬平均流量/(m^3/s)
11月	26.0	38.2
12月	16.2	22.7
11月上旬	31.3	46.1
11月中旬	29.6	41.8
11月下旬	16.3	27.9
12月上旬	24.1	32.5
12月中旬	7.7	12.9
12月下旬	16.2	22.6

通过对不同时段的截流标准进行分析，截流水力学计算，截流设计标准采用截流时段10年一遇旬平均流量，即11月上旬截流，截流流量为46.1m^3/s。

3）截流戗堤的布置。截流戗堤为围堰的组成部分，根据当地条件和水文情况，经设计业主研究，先期进行河道清理，使围堰上游流水从主河槽流向下游围堰，从右岸向左岸进占至主河槽边，填筑至高程180.00m在围堰上游侧按戗堤断面沿30°夹角向上游继续进占，同时左岸按相同方式进行预占进填筑至主河道岸边，预留龙口30m，截流戗堤设计断面为梯形，堤顶宽15m，可满足进占施工时2～3辆15～20t自卸汽车同时抛投的要求。戗堤顶高180m，上下游边坡1∶1.5，进占方向堤头边坡为自然边坡。

4）龙口宽度的确定。龙口宽度的确定，不仅需要考虑渣场粒径情况和预进占的流速，减少预进占材料的流失量，减少预进占段中石的用量，同时也应考虑龙口截流的总工程量不宜过大，抛投强度适中，减少截流施工难度、减少截流施工组织的难度，综合分析上述各种原因的影响后，确定龙口宽度为30m。

5）截流时的水力计算。随着立堵龙口宽度的束窄，龙口泄量和导流洞分流量随时间而变化，合龙口过程中：

$$Q=Q_g+Q_d \tag{3.19}$$

式中：Q为截流设计流量，m^3/s；Q_g为龙口流量，m^3/s；Q_d为泄水建筑物分流量，m^3/s。

泄流能力计算，龙口泄流公式：

$$Qg=m\bar{B}\sqrt{2g}H_0^{2/3} \tag{3.20}$$

式中：$\bar{B}$为龙口平均过水宽，m；H_0为龙口上游水头，m；m为流量系数取0.35。

6）龙口平均流量计算。戗堤断面为计算断面，龙口泄流为自由击流，戗堤轴线断面处水深为临界水深，龙口泄流为淹没击流，戗堤轴线断面处水深为下游水深，计算相应的过水断面面积。龙口平均流速计算公式为：

$$V=\frac{Q_g}{A_g} \tag{3.21}$$

式中：V为龙口平均流速，m/s；Q_g为龙口泄流量，m^3/s；A_g为过水面积，m^2。

7）截流时水力计算结果。截流过程中龙口进占至20m时，由梯形龙口过渡至三角形龙口，龙口最大平均流速为3.93m/s，最大单宽流量为11.37m^3/s，最大单宽能力为28.34rm /sm，最大落差为4.32m，截流龙口水力特性指标见表3.63。

表3.63　　截流龙口水力特性指标表

龙口宽度/m	上游水位/m	龙口流量/(m^3/s)	龙口平均流速/(m/s)	单宽流量/(m^3/s)	单宽能量/[t·m/(s·m)]	落差/m	当量直径/m
30	175.3	46.08	1.79	3.76	1.13	0.30	0.11
28	175.4	45.5	2.09	4.47	1.79	0.40	0.16
26	175.5	45.0	2.53	5.5	2.75	0.50	0.23
24	175.7	44.0	3.12	7.09	4.96	0.70	0.35
22	176.3	43.0	3.54	9.26	12.04	1.30	0.45
20	177.02	42.0	3.85	11.37	22.96	2.02	0.53
18	177.54	40.89	3.93	10.6	26.92	2.54	0.55
16	177.91	34.27	3.84	9.69	28.19	2.91	0.53

续表

龙口宽度/m	上游水位/m	龙口流量/(m^3/s)	龙口平均流速/(m/s)	单宽流量/(m^3/s)	单宽能量/[t·m/(s·m)]	落差/m	当量直径/m
14	178.19	28.27	3.78	8.89	28.34	3.19	0.51
12	178.39	23.5	3.77	8.19	27.77	3.39	0.51
10	178.53	19.97	3.55	7.18	25.35	3.53	0.45
6	178.85	12.09	1.88	4.22	16.24	3.85	0.13
2	179.22	0	0	0	0	4.22	0

8）截流时所需的材料数量。根据现场施工条件的具体情况，龙口中心考虑设在距离左岸约35m的主河槽处，根据截流水力计算，可得到合龙过程中不同龙口宽度的水力指标，各区抛投物块径及数量按式（3.22）计算和表3.64所示。

表3.64　　截流抛投料块径及数量表

序号	分区		龙口宽度/m	进占长度/m	抛投工程量/m^3	抛投料/m^3			
						小石(≤0.4m)	中石(0.4～0.7m)	大石(≤0.4m)	特大石(≤0.4m)
1	预进占	左岸		20.0	1680	1680			
		右岸		20.0	1680	1680			
		小计		20.0	3360	3360			
2	龙口段	Ⅰ区	30～26	40.0	358	322	36		
		Ⅱ区	26～10	4.0	1268	696	429	143	
		Ⅲ区	10～0	16.0	894	805	89		
		小计		10.0	2520	1823	554	143	
合计				30	5880	5183	554	143	
备料					7644	6737	665	172	

A. 块石粒径计算：在截流过程中，不同龙口宽度所对应的龙口流量和流速，截流时抛投不同粒径的块石，有不同的稳定流速，根据龙口流速，计算该流速下块石稳定的当量直径，其计算公式（3.22）为：

$$D=\frac{rv^2}{2g(r_w-r)}K^2 \tag{3.22}$$

式中：D为块石拆除，为球体的直径，m；K为综合稳定系数；v为计算流速，m/s；r_w为块石容重，t/m^3；r为水的容重，t/m^3。

B. 截流抛投料的数量表（见表3.64）。

3.6.2.5　围堰施工

（1）围堰的施工时段。定于2011年10月3—5日清基；10月5—18日，临时戗堤及围堰填筑；10 月 19 日，龙口和龙（截流）；10 月 21 日，围堰抛土闭量及基坑抽排水；10 月 21—25 日围堰增高加宽。

（2）施工截流的方式。根据现场实际条件，选择双向立堵自右岸向左岸单向进占的截流方式。

（3）截流料源的规划及备料数量。

1）围堰填筑的料源就地取材，沙砾石混合料、石渣料、块石料均为清理左右岸坝肩的料，黏土心墙土料由堆石料场供应，围堰填料规划数量见表 3.65。

表 3.65　　围堰填料规划数量表

填筑部位	填筑材料	材料来源	备注
上游围堰	砂砾石混合料	2 号临时堆料场回宋基坑开挖	开挖料直接上堰备料
	块石料	河口村石料场	备料
	石渣	2 号临时堆料场回宋基坑开挖	直接上堰
	壤土	松树滩土料场、谢庄土场	石料场附近土场

2）备料量：上游围堰设计为黏土心墙围堰，其填筑方量为 5.09 万 m^3，其中黏（壤）土为 0.57 万 m^3，其余为石渣和块石。

（4）围堰施工方法。先在围堰位置放样进行基础清理，将混凝土截渗墙两边清理出 4m×1m 的断石，然后在其范围外填筑上下游石渣，断面尺寸按设计进行，在两边石渣断面内回填黏土，水下部分采用水中倒土，水上部分采用分层碾压，压实度按试验结果 0.94 控制，与上下游填平后，一起上升至设计高。达到龙口高程后进行截流，截流后立即进行戗堤培高加厚，上游迎水面进行闭起，组织排水抽水工作，围堰全断面填筑至高程 187.00m。围堰施工布置见图 3.177～图 3.179。

（5）所有机械配备和截流强度（见表 3.66）。截流的填筑强度、围堰的填筑强度：(4.042＋0.588)万 m^3×1.18(松散系数)/16d＝3414.6(m^3/d)。

表 3.66　　机 械 配 备 表

序号	机械设备名称	型号	数量	单位	备注
1	挖掘机	PC360	4	台	1000m^3/d 两大班
2	自卸汽车	奔驰 15t	40	辆	3037m^3/d 运距 1km
3	推土机	TS140	2	台	

截流戗堤石块抛填强度：

$$2520m^3 \times 1.2(考虑 20\% 冲失)/1d = 3276(m^3/d)$$

（6）导截流期安全监测。截流后就有部分工程投入使用，即导流洞开始泄流，为了及时安全地掌握工程实际运行状态，为了及时安全地掌握工程实际运行状态，对于已经埋设的仪器未观测的项目开始观测，应指定专人监视记录，为工程的安全运用提供可靠的依据，上游围堰施工断面见图 3.176，截流龙口分区见图 3.177，上游围堰施工平面见图 3.178。

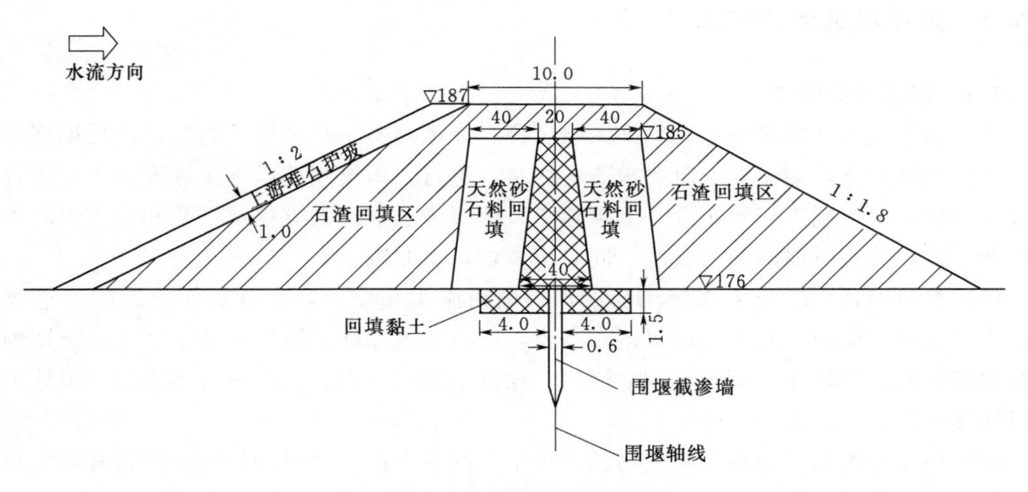

图 3.176 上游围堰施工断面示意图

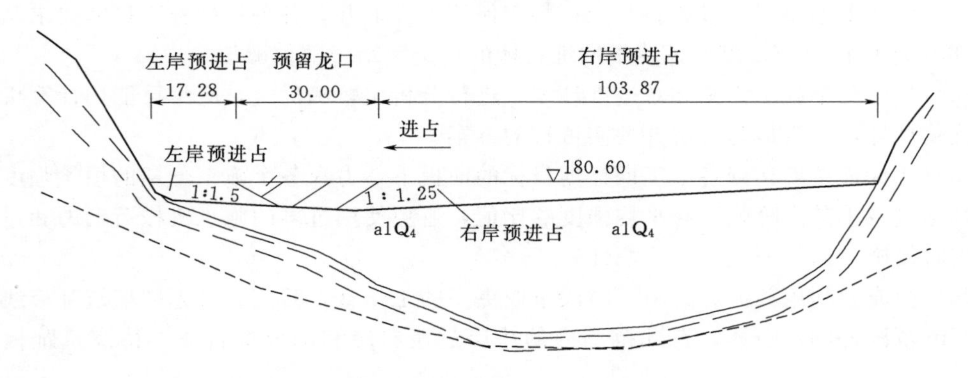

图 3.177 截流龙口纵向分区图（单位：m）

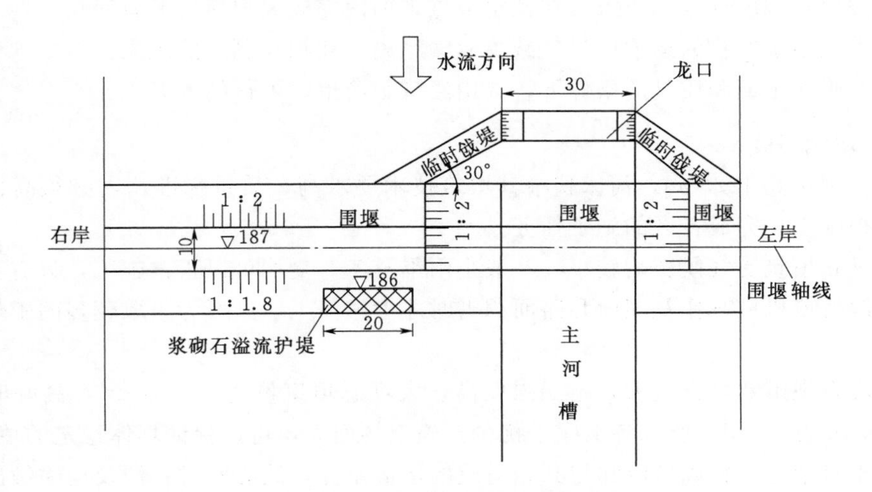

图 3.178 上游围堰施工平面示意图（单位：m）

3.6.3 大坝填筑作业技术

3.6.3.1 坝体填筑原则

由于面板堆石坝填筑方量大，施工强度高，在编制施工总进度计划时，应根据坝址地形，施工机械设备，导流与度汛要求等密切结合进行，填筑规划以施工导流为主导进行坝体施工分期，并与施工场地布置、上坝道路、施工方法、土石方挖填平衡和技术供应等统筹协调，拟定控制时段的施工强度，同时应考虑以下原则：

（1）填筑的计划应与大坝导流与度汛、面板施工相结合，尽可能使填筑施工连续进行。为了在短时间内达到坝体度汛挡水高程，可以填筑坝体上游部分的小断面，汛期则可继续填筑下游部分坝体，面板可分期浇筑，坝体填筑在一期、二期面板浇筑后，坝体填筑可以连续进行，以保持施工的连续性。

（2）坝体的填筑可与枢纽建筑物的开挖结合起来考虑，尽可能使用开挖料直接上坝填筑，以减少二次倒运的工作量，争取挖填平衡。

（3）面板下的垫层，过渡料和堆石料应保持平齐上升。各种料的施工接缝要求其接缝的坡度不陡于1∶1.3，以保证填筑的堆石体的稳定和结合部位碾压。

（4）拟定几个施工方案和总进度计划，进行分析比较和优选，应尽可能用计算机程序进行优化计算，选定最为经济并现实可行的方案。

（5）在保证按期达到各个工期计划目标的前提下，力求各个施工分期的填筑强度比较均衡，尽量减小其高峰强度和平均强度的比值，避免使用过多的施工机械劳动力和过大规模的临时设施，以保证施工的均衡性。

（6）为充分利用截流后的施工时段争取更多的工作日，截流后可先期填筑趾板线下游20～30m范围外的堆石体，在此范围内的垫层过渡料层和部分堆石体可待浇筑趾板后再填筑。

（7）按照总进度计划的要求，在预定节点工期内完成大坝填筑形象面貌。

（8）大坝填筑料物的运输应尽量减少运输距离，和相互倒运的现象。

（9）在确保工期和质量的条件下，选用经济、简单、可行的方案。

3.6.3.2 填筑特点

（1）大坝坝高122.5m，河床狭窄其填筑技术要求高，质量标准严，必须高标准、严要求来组织施工，完成各区的施工任务。

（2）堆石填筑受气候影响较小，一般小雨季及冬、夏均可以正常施工，只有当降大雨影响道路湿滑或机械操作及坝面和路面积雪时才考虑停工，这可为争取较多的工作日创造条件。

（3）堆石坝虽然填方量大，施工强度高，大坝总填筑量为535万m^3，高峰时段平均强度为29.16万m^3/d；要求各工序干扰少，施工场面大，可以保证坝体稳定的填筑强度，其关键在于有稳定的料源供应和与其相适应的运输条件，故必对材料源及运输做出很好的规划，以便保证坝料的供应，道路的通畅。

（4）坝面坝体可以采用大型设备机械化施工，可以根据施工的需要在平面和立面上进行分期填筑，要求垫层、过渡层和部分主堆石层一起填筑外，并不限制任何部位设施工缝。由于有堆石体填筑的灵活性，可争取更多的工期，降低施工高峰强度，为加快施工速度创造条件。

(5) 工程地处深山峡谷中，两岸高峻陡峭，局部地段施工道路布置困难，确保运输道路畅通是保证填筑强度的关键问题。

3.6.3.3 填筑工艺要求

(1) 施工强度的确定。施工强度是制定进度与措施方案和选择施工设备及数量，计算材料物质供应等的依据，应在保证按期达到各期目标的前提下，确定各个施工分期的施工强度，并力求使各期施工强度大致均衡。

施工强度的确定：先根据设计要求，对应堆石坝填筑施工的分期，计算出各时段内的填筑工程量，有效施工人数，来计算日平均的填筑强度。

计算日填筑强度计算式 (3.23)：

$$Q_T = \frac{V}{T} K_1 \qquad (3.23)$$

式中：Q_T 为日填筑强度（压实量），m^3/d；V 为某时段内的填筑方量，m^3；T 为某时段的有效施工人数；K_1 为施工不均衡系数，可取 1.1～1.3。

计算日填筑运输强度式 (3.24)：

$$Q_y = Q_t \frac{r_d}{r_o} K_2 \qquad (3.24)$$

式中：Q_y 为日运输强度（自然方），m^3/d；r_d 为坝体设计的干密度，t/m^3；r_o 为坝料自然的干密度，t/m^3；K_2 为运输损耗系数，可取 1.0～1.02。

日坝料供应强度式 (3.25)：

$$Q_w = Q_t \frac{r_d}{r_o} K_2 K_3 \qquad (3.25)$$

式中：Q_w 为日坝料供应强度（自然方），m^3/d；K_3 为坝料开采损耗系数，一般取 1.03～1.05。

在上述计算施工强度基础上取施工高峰期的平均施工强度进行核算和综合分析，可参考类似实际工程的指标选用，根据本工程的实际条件计算可能的施工强度（即填筑强度）、作业面机械设备的能力、可能的运输强度和可能的供料强度。

1) 按照上升层数计算，可能的填筑强度计算式 (3.26)：

$$Q'_t = Snh \frac{r_d}{r_o} K_e \qquad (3.26)$$

式中：Q'_t 为可能的填筑强度（压实方），m^3/d；S 为平均坝面面积，m^2；n 为日平均填筑层数；h 为每层铺料厚度，m；K_e 为堆料的松散系数，为松方与自然方密度之比，其值小于 1，一般为 0.67～0.75。

2) 按照坝面作业机械设备的能力计算，可能的填筑强度计算为式 (3.27)：

$$Q'_t = N_a P_6 m \qquad (3.27)$$

式中：N_a 为碾压机械根据施工现场面选择的最多台数；P_6 为振动碾的生产率（压实方），

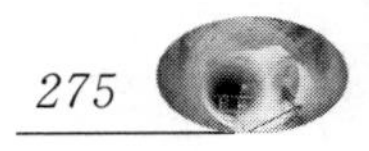

m^3/台班；m 为每日工作班数，台班/d。

$$P_b = \frac{8nBUh}{N}K_t \tag{3.28}$$

式中：n 为效率因数一般取 0.85～0.95；N 为碾压遍数；B 为振动碾压实有效宽度，等于碾轮宽减去搭接宽度 0.2m；U 为碾压速度，km/h，一般可取 3～4km/h；h 为碾压土层厚度，m；K_t 为时间利用系数，条件较好的取 0.6～0.8，条件困难的取 0.4～0.6。

3）根据现场的运输线路的运输能力计算，可能的运输强度为：

$$Q'_y = \sum N_i g \frac{TV}{L} \tag{3.29}$$

式中：Q'_y为可能的运输强度（自然方），m^3/d；N_i 为同类运输线路的条数；g 为每台运输机械有效装载方量（自然方），m^3/台；T 为昼夜工作时间，min；V 为运输机械行驶平均速度，m/min；L 为运输机械行驶间距，一般为 25～40m，行车速度为 30km/h 时，根据运输机械能力计算，即：

$$Q_y = \sum N_y P_y m \tag{3.30}$$

式中：N_y 为同类运输机械的台数；P_y 为运输机械的生产率（自然方），m^3/台班。

4）根据挖掘机械的生产能力计算，可能的供料强度为：

$$Q_w = \sum N_w P_w m \tag{3.31}$$

式中：Q_w 为可能的供料强度（自然方），m^3/d；N_w 为同类挖掘机台数；P_w 为挖掘机的生产率（自然方），m^3/台班。

（2）坝料运输。面板堆石坝的运输设备，是施工中的主要环节之一，合理解决运输中的问题是面板堆石坝施工中的重要事宜；由于坝面填筑一般不会控制进度，所以坝料的供应和运输是决定进度及投资控制的关键。根据国内外工程类似资料的分析，堆石坝的运输作用，占面板堆石坝整个建设作用的 55%～62%。故选择上坝强度以确定运输机械的类型和数量，和布置通畅的上坝输送道路为控制。

在国内外面板堆石坝工程的施工中，大坝坝料的运输机械，主要是采用后卸式大型（25～45t）的自卸汽车，其优点是运输量大，爬坡能力强，机动灵活转弯半径小，卸料方便等。主要考虑以下几个方面：

1）自卸汽车所选用的型号和载重量的情况，应根据工程量、运距、施工工期道路条件等进行综合分析，并应考虑以下问题：

运输量的大小，是决定汽车载重量的关键因素，坝体方量越大，自卸汽车的载重量越大，以利于减少车辆的数量，但要保证上坝强度。对于小型工程一般选用 10～20t 级自卸汽车，中型工程一般选用 20～30t 级自卸汽车，大坝工程即坝体方量达到几百万立方米至 1 亿 m^3 以上的工程，一般选用 30～45t 级自卸汽车。在选用汽车时还应考虑现场的运输距离长短。总之一般运距越长，汽车载重量越大越经济。

2）自卸汽车的台数或总的运输能力，应满足填筑强度的要求，而且由于高强度的机械化施工，机械设备的维修保养工作很重要，现场需应有足够的机械维修力量，并配备足够数量的机械设备件，随时供应维修服务。

3）装运配合问题，自卸汽车的载重量应与挖掘机的斗容相互配合，以充分发挥机械的使用效率。根据国内外面板坝料运输的经验，一般挖装的斗容量与自卸汽车箱容积的比值在1∶4～1∶10的范围内选择，当运距较短时，宜采用大斗容的挖掘机装载，以加快装车速度，减少装车时间。

4）由于面板堆石坝的坝料，按设计要求最大粒径达80cm，块重较大，一般均有棱角，故要求车厢具有良好的抗磨和抗压能力，所以要求车厢应具有耐磨的优质钢材和外形合适的车体形式。

5）机械配件的供应，应满足维修任务的要求，以便维修工人工作能在施工现场及时进行维修、不误工时。

（3）道路基本要求。施工道路的好坏和路面条件，是直接关系车速、循环时间、运量、运送单价、机械轮胎的使用寿命、司机工作情况及行车安全等。由于面板堆石坝坝体的填筑强度高，车流量大，故对现场施工道路的布置和质量、路况的要求高，其主要有以下几点：

1）施工道路的线路布置，应根据现场的地形、枢纽的整体布置、填筑工程量的大小、施工进度的填筑强度、运输车辆的数量情况等来统筹布置场内的施工道路，由于往返为双线路，要求路面宽，错车频繁，在拐弯处要有足够的路宽，以确保行车安全；其次进出各料场和坝区时车辆穿插干扰就小，不影响车辆运输的效率，所以要求施工运输坝料的施工道路最好应尽可能采用单向环形线路。在场地狭窄的地段，无条件布置单向环形线路的情况下，才布置往返双向线路。但在施工期间也可以随着坝体上升可在坝体内或坝坡灵活地设置“之”字形上坝道路，以便最大限度地减少坝体外的上坝道路。坝体内的上坝道路需根据施工填筑的需要随时变换。但要求在布置道路的部位预留下不陡于1∶1.3的坡度，以利于结合部位的碾压，在坝下游坡面上坝道路可以用临时的，在坝体填筑完成后再削去，根据需要也可做成永久性的上坝道路。

2）施工道路的设计标准，为了满足高强度施工填筑的要求，保证坝料运输畅通无阻，对道路的宽度、转弯半径、坡度路基和路石均需有一定要求：为了减少自卸汽车轮胎的损耗，提高汽车的利用率，道路的设计标准，应按自卸汽车吨级和行车速度来拟定，一般应达到Ⅲ级公路标准。路基应满足重型汽车行驶的要求：工地道路设计标准见表3.67。

表3.67　工地道路设计标准表

项目	日本经验			国内堆石坝经验
	车速/(km/s)			
	20	30	40	
道路宽度	32t级 12m	13.5m	15m	18t级主干12m，其他8～10m
最小曲率半径/m	30～50	40～60	40～75	15～20
最小车间距离/m	30～40	40～55	60～80	30
最大坡度/%		干线8%，直线13%		最大不大于6%～8%，一般不大于4%～5%
能见距离		干线100m，直线50m		干线30～40m、直线15～20m

为了减小运输车辆的轮胎磨损、降低运输作用，避免交通事故的发生，应重视对施工道路的养护和维修。

(4) 大坝填筑工艺要求。

1) 大坝坝面作业。包括铺料、平整、洒水、碾压四道主要工序，另外还有超坡面处理，垫层上游坡面整理，挤压边墙施工或斜坡碾压及防护，下游护坡铺设，坝基反向排水管的安装等工作。为了提高大坝填筑的效率，采用流水作业法组织施工；即把整个坝面划分为若干个工作面，形成大致相等的工作面，在填筑的工作面内依次完成填筑的各种工序，使所有的工序能够连续不断地进行。但要注意工作面积的大小应随填筑高程来划分，并保持平起上升，避免形成超压或漏压等。

2) 坝料的铺填要点。堆石坝料由自卸汽车运到坝面填筑区后，应做到推铺平整：采用推土机摊铺整平，摊铺的方法主要有进占法和后退法及混合法三种。

进占法铺料是汽车向前卸料，然后推土机随机整平，其优点是容易整平和控制堆石料的层厚，为重车和振动碾行驶提供较好的工作面，有利于减少推土机履带和汽车轮胎及碾压设备的磨损；缺点是容易使石料分离，但由于在每层已铺好的表面上用推土机推一小段距离，可以使大块石在填筑层的下部，小石及细料在上部；这种方法对主次堆石料比较适合。但对于过渡料与垫层料是不允许分离的，靠近过渡料的主堆石料也是不允许大块石集中和架空现象。

后退法铺料是运料汽车在已压实的层面上后退卸料，形成许多密集的料堆，再用推土机整平，其优点是可以改善堆石分离的情况，但易使堆石料层不易整平、层厚不易控制，为震动碾压室带来一些困难。

混合法铺料是在已压实的层面上光用后退法卸料，组成一些分散的料堆，再进行进占法卸料，用推土机整平，达到设计要求的层厚，其优点适用于层厚较大的情况。

3) 坝料压实的方法。一般可分为静压、冲击和震动三种方法。静重压实机械主要有平碾和气胎碾，其工作原理是在填料层表面施加静荷载而产生压应力，使铺料压实。冲击式压实机械主要有夯板、电动夯等，是靠重锤下落时的冲力将从地表传入土中的压力波起到压实作用，兼有静压力和震动作用。振动压实机械主要有振动碾，使铺料压实，振动碾压主要有两种作用：①振动时铺料处于运动状态，有利于料的压实；②由于静重和压力波行驶的动力作用，并以动应力起主要作用，大大增加压实的应力效果。

3.6.3.4 大坝填筑施工准备

(1) 各种机械设备的配置。运输设备按高峰日强度 1.5 万 m^3/d，根据工期安排实际需 25t 自卸车 100 台，20t 计 20 台。

挖装设备主要按容量大小和动力来源，在斗容上考虑大小配合，选择 $3m^3$ 反铲和 $2m^3$ 反铲配合。

平整设备配置大功率推土机及时进行平整。

碾压设备一般选择大吨位、大振力振动碾。

工程所需的主要机械设备配置见表 3.68。

(2) 施工道路。大坝填筑施工除了业主提供的主干线道路外，在大坝外部还需增设部分临时施工道路，才能满足施工要求，根据现场实际地形需增加的临时施工道路如下：

1) 在坝下游跨河漫水桥沿左岸与左岸坝下游基坑开口线交叉处至上游坝址开挖基坑，

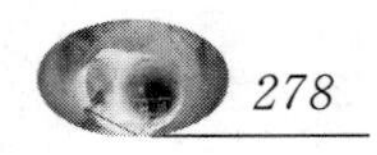

此段道路主要承担河床覆盖层开挖与河床部分坝体填筑。

表 3.68　　主要机械设备配置表

序号	投入设备名称	型号	数量	投入使用部位
1	空压机	$10m^3$、$17m^3$	5	石料开采
2	英格索兰	ECM-580	3	石料开采
3	阿特拉斯钻机	D9	2	石料开采
4	阿特拉斯钻机	D7	1	石料开采
5	推土机	SD7	3	石料开采、坝体填筑
6	推土机	SD16	1	石料开采、坝体填筑
7	调平边墙挤压机	BJYDP	1	挤压边墙
8	混凝土运输车	$2.5m^3$	4	趾板混凝土、挤压边墙混凝土浇筑
9	装载机	ZL-50	3	石料开采、坝体填筑
10	挖掘机	PC360	2	石料开采、坝体填筑
11	挖掘机	PC400	1	石料开采、坝体填筑
12	挖掘机	PC450	5	石料开采、坝体填筑
13	振动碾	XS262	3	石料开采、坝体填筑
14	振动碾	BM225D-3	1	
15	振动碾	XS120A	1	
16	振动碾	3t		
17	自卸汽车	25	75	石料开采、坝体填筑
18	自卸车	20	25	石料开采、坝体填筑
19	洒水车		3	坝面加水、道路养护
20	棒条给料机		1	坝料加工
21	颚式破碎机		1	坝料加工
22	反击式破碎机		1	坝料加工
23	振动筛		1	坝料加工
24	斗轮洗砂机		1	坝料加工
25	锤式破碎机		2	坝料加工
26	IS150-125-315 型水泵	台	4	集水坑排水
27	IS200-150-315 型水泵	台	2	深井排水
28	潜水泵	台	8	集水坑排水

2）从5号道路终点向右岸与坝下游基坑口线交叉处至上游趾板开挖基线，此段道路同样承担河床覆盖层开挖与河床部分坝体填筑。

3）左岸从河口村石料场的上坝路线：9号路—金滩桥—3号路—坝面。

4）右岸从河口村石料场的上坝路线：9号路—1号路—5号路（下游围堰顶）—坝面。

5）填筑超出地面线后在高程195.50m以下在左右岸沿岸坡修建两条施工道路，即在坝基开挖完成后，左岸沿8号公路按图纸要求进行填筑一条顶宽10m，边坡1：1，纵坡1：10的施工道路，道路基础按相应坝体填筑的要求进行修筑，这样可以有两条道路循环使用。同时降低上坝运输高差，大大减缓坝体填筑时车辆的相互干扰，同时又提高了设备使用效率，确保坝体填筑的施工要求。

6）填筑超出高程195.50m以上时，在195.50m平台修筑纵坡比1：10，路面宽10m的“之”字形施工道路。

7）坝前铺盖材料石渣从上游2号临时渣场回采，土料从上游土料场开采，粉煤灰等材料均沿7号路从上游在第二汛期内沿河道坡脚修临时便道进行填筑运输。

3.6.3.5 坝料碾压试验

为了取得面板堆石坝的最优施工工艺参数，保证大坝质量，在现场拟采用所有筑坝材料进行填筑前的压实试验。

碾压试验一般在施工阶段进行，由于目前国内外堆石料填筑已积累了相当的经验，也可以参照已有工程经验用类比法选定填筑标准和压实参数，然后在施工初期结合坝体填筑或专门进行施工条件下的试验，来验证和核实压实参数，以便提供给设计单位进行适当的调整。

（1）碾压试验目的。

1）确定经济合理的施工压实参数，如铺层厚度、碾压遍数和加水量等。

2）核实坝体填筑设计实际标准的合理性，如压实密度，孔隙率等是否能达到，如发现有出入时，可以根据所试验的成果提出合理的建议，供设计单位核定施工控制的干密度标准。

3）研究和完善填筑的施工工艺和措施。

4）检验所选用的填筑压实机械的适用性及其性能的可靠性。

5）确定压实质量控制试验的方法，积累试验资料。

6）研究和完善填筑的施工工艺和措施。

（2）碾压试验的准备工作。

1）试验场地：应选在坝体以外，地基较平坦的地段，一般设在坝体下游范围以内进行，但不应影响施工总进度和填筑质量为前提。试验场地应平整和压实，排水通畅，道路通顺，以保证试验工作能正常进行。

2）制定碾压试验大纲，确定压实机械和试验内容和试验方法，并分别对主堆石料、次堆石料、过渡料、垫层料进行碾压试验。

3）熟悉面板坝设计和各种填筑区坝料的技术指标要求。

4）周密的料场调查，并对各类堆石料源进行充分了解，掌握各种料物的物理力学性能，以便选择有代表性料物进行试验。

5）根据现场所选定的施工机具类型，备齐试验所用的设备工具并对检测的量测器材范围和精度：如试验所用的筛分工具，取样套环、称量设备和供水设施等，应详细了解其技术性能和参数，并检测其实际工况。

（3）碾压试验的内容和参数组合。

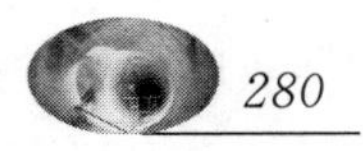

1）研究主次堆石料层厚 80cm、过渡料 40cm、垫层料 20cm 的各自的压实效果。

2）研究碾压遍数、行车速度、加水量，对各种所需填筑坝料的压实效果。

3）研究大坝填筑质量的控制与检测方法。

各种参数的组合，在选择填筑碾压参数时，可参考下列数值，碾压层厚度：主堆石料可取 60cm、80cm、100cm，次堆石料可取 80cm、100cm、120cm，过渡料可取 40cm、60cm，垫层料、小区料可取 20cm、30cm、40cm。

碾压遍数：可取 6 遍、8 遍、10 遍（主、次堆石料）均采用震动碾压。

过渡料与垫层料可取静压 2～4 遍或动压 4 遍、6 遍、8 遍。

行车速度，常采用Ⅰ档 2～3km/h～Ⅱ档 3～4km/h。

加水量、主次堆石料可取 0.5%、10%、15%，过渡料、垫层料可取 0.5%、10%等几个参数。

在上述的各参数中，铺层厚度和碾实遍数对工程质量和生产效率影响最大，试验时，应选多个参数，以便求出碾压参数和压实干密度的关系曲线，便于优选。

（4）碾压试验的场地布置。碾压试验的场地面积最好不小于 30m×90m，现场地形条件许可的话，也可采用大一些的，如 50m×200m，最小不能小于 28m×10m，最基本的应保证在该场地中能按不同铺层厚度和碾压遍数布置试验单元面积，能使每个试验单元的厚度能获得 2 个试样检查压实密度为宜。其宽度要能保证振动碾宽的 3 倍，即长×宽约需 10m×6m，按铺层厚度布置 4 组试验，组与组间距为 8～10m，最小 4～5m，每个单元还应布置方格网，以利测量压实沉降量。

（5）碾压试验的方法与步骤。

1）试验的步骤：

A. 平整和压实场地，要求表面不平整度不得超过±10cm。

B. 检测振动碾的工作特性，如振幅、振动频率、减振气胎压力碾重等参数。

C. 填筑各种试验料，按计划的铺层厚度。

D. 碾压，分别按计划规定的碾压遍数、行车速度和加水量进行试验。

E. 布置方格网点，用水准仪测量并记录其初始厚度与相对高程。

F. 测量压实沉降值，计算出每一单元的平均沉降值。

平均沉降量：
$$\Delta h = \frac{\sum_{i}^{n}(h_i - h_i')}{n} \tag{3.32}$$

平均沉降率：
$$\mu = \frac{\Delta h}{H} \times 100\% \tag{3.33}$$

式中：h_i 为碾压前各网格测点的相对高程，m；h_i'为碾压后各网格测点的相对高程，m；n 为试验单元内的测点数；H 为试验单元的平均铺层厚度，m。

G. 取样检查：采用置换法挖坑用大环取样，以 2 个试样的平均值为准。

H. 测试加水量。

I. 试验结果可整理。

J. 碾压参数的分析和确定。

2）试验方法：铺层厚度按进占法铺料，用推土机平整。碾压采用前进后退错距法。

3.6.3.6 主堆石料（3B）、次堆石料（3C）填筑

主堆石料（3B）来源于符合要求的爆破石料。主堆石上游设过渡料、垫层料作为过渡层。主堆石布置详见大坝填筑典型断面图。主堆石填筑工程量为380.15万m^3。

次堆石料（3C）来源于石料开采场和1号次堆石料场的备料。次堆石填筑区位于坝轴线以下的270.00m高程以下的部分坝体，次堆石布置详见大坝填筑典型断面图。次堆石填筑工程量为44.93万m^3。大坝填筑典型断面见图3.179。

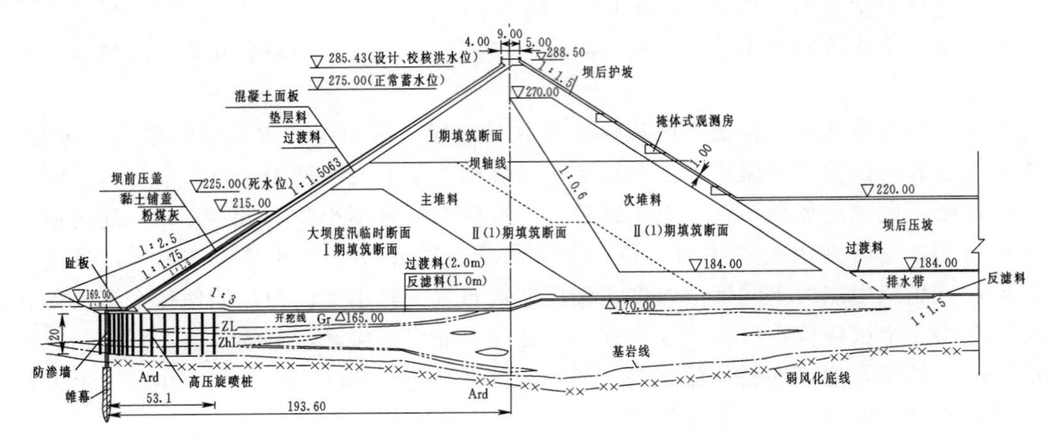

图3.179 大坝填筑典型断面图（单位：m）

（1）填筑控制标准。主堆石料最大粒径800mm，粒径小于5mm含量不大于20%，粒径小于0.075mm含量不大于5%，设计干密度不小于2.2t/m^3，孔隙率不大于20%，渗透系数不小于10^{-1}cm/s，软化系数不低于0.75，主堆石料级配见表3.69，主堆石料级配曲线见图3.180。

表3.69　　主堆石料级配表

粒径/mm		800	600	500	400	300	200	150	100	80	60
小于该孔径的质量百分数/%	设计上限	100	100	100	92.5	84.3	74.4	68.2	59.8	55.5	50.0
	设计下限	100	89.3	83.5	76.2	66.5	55.5	48.3	39.2	35.2	31
粒径/mm		50	40	20	10	5	2	1	0.5	0.25	0.075
小于该孔径的质量百分数/%	设计上限	46.8	43.6	35.0	27.0	20.0	14.4	11.0	8.8	6.8	5.0
	设计下限	28.6	25.6	19	14.1	10	6.2	4.1	2.7	1.5	0

（2）主堆石料、次堆石料碾压生产性试验。

1）主堆。分别对主堆石料铺料厚度、振动碾型号及吨位、碾压遍数、行车速度、压实厚度和主要检测指标等提出试验成果。通过试验最终确定主堆料的施工参数如下：

主堆石料（3B）：主堆料采用进占法上料，加水15%，人工配合平料，铺料厚度90cm，26t自行式振动碾静碾1遍，振碾7遍（低频高振），行车速度2～3km/h，错距法碾压搭接20cm。

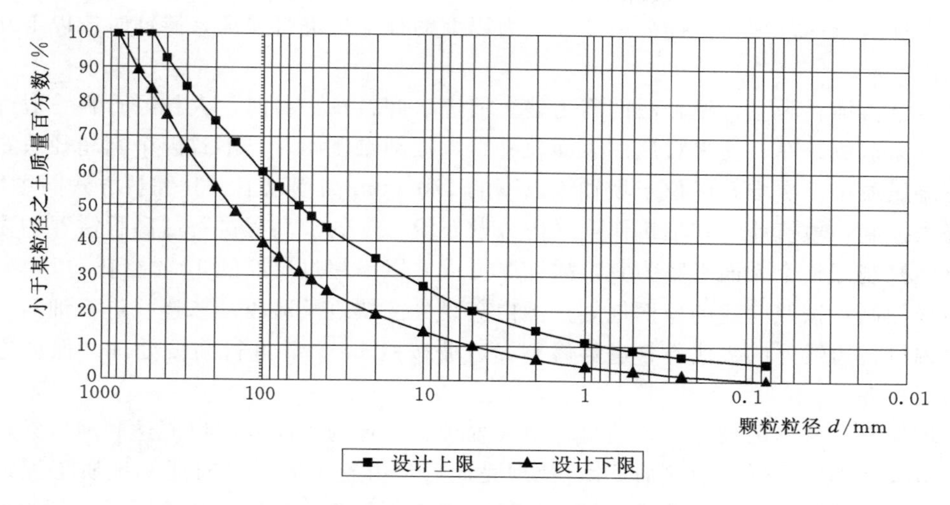

图 3.180　主堆石料级配曲线图

2）次堆。前期次堆石料填筑采用 2 号临时堆渣场堆放的开挖料，后期采用石料厂按主堆料爆破的爆破料。次堆石料碾压试验确定的施工参数如下：

次堆石料采用进占法上料，加水 8%～12%，人工配合平料，铺料厚度 90cm，26t 自行式振动碾静碾 1 遍，振碾 7 遍（低频高振），行车速度 2～3km/h，错距法碾压搭接 20cm。

控制冬季（负温下）施工填筑质量，进行填筑料不加水碾压试验，试验确定在不加水的情况下，调整为主堆石料静碾 1 遍，低频高振 9 遍。

（3）大坝坝面填筑作业工艺流程。大坝坝面填筑作业的一般工艺流程为上坝道路规划施工→仓面规划→上坝料运输（途中加水）→坝料摊铺→碾压→关仓→质量检验。

1）填筑料运输、卸料及加水。坝料运输：采用 25t 自卸车运输至填筑面，主堆石料和次堆石料，以 25t 自卸汽车运输为主，20t 自卸汽车运输为辅。上坝料的运输车辆均设置标志牌，以区分不同料区：如运输 3B 料的挂上 3B 料的标志牌。

坝料卸料：3B、3C 料采用进占法卸料，有利于工作面的推平整理，提高碾压质量，同时，细颗粒与大颗粒石料间的嵌填作用，有利于提高干密度，确保填筑质量。

坝料加水：在进入填筑面之前，要按照碾压试验含水量进行加水，运至坝面后，在碾压前进行补水，以确保碾压效果。采用坝外加水和坝面洒水相结合的方案。坝外加水，坝料上坝前通过设置在 5 号路及漫水桥的加水站加水，然后再运输到填筑工作面上，加水量以汽车在爬坡时，车尾不流水为准。加水站由专人负责，自由控制坝面补水，主要利用左坝肩高程 288.00m 平台 200m^3 蓄水池接管道至坝面，洒水局部利用大吨位洒水车接水运到坝面洒水。对加水量的控制，按照已经批准的碾压试验确定加水量，在加水站加一部分水量，在坝面上补充剩余的水量。初步确定，在加水站加水 5%～7%在填筑作业面补充加水 10%～13%。

2）作业分区。对于堆石料铺筑，根据坝面作业面积划分作业区域，当坝面作业面积较小时，整个坝面按一个作业面积进行铺筑；当坝面作业面积较大时，分 2～3 个作业区域进行流水铺筑作业。

(4) 坝料摊铺。坝料摊铺采用220马力以上的推土机进行摊铺，摊铺时按以下几方面进行控制：

堆料进占铺料为主，混合法铺料为辅。前进法卸料及平料时，大粒径石料一般都在底部，不密易造成超厚，使平料后的表面较平整，振动碾碾压时，不致因个别超径块石突起而影响碾压质量。次堆石区位于坝轴线以下的270.00m高程以下，其铺料方法同主堆石。

高程控制：填筑前，在填筑作业区内分散布设一定的“高程饼”。“高程饼”的多少以推土机能控制好整个大面平整为宜，摊铺厚度误差以不超过层厚的10%控制。

边线控制：按照前述的仓面规划，洒白灰线分区填筑及碾压。按连线进行铺料，铺料后用挖掘机将边线外的大块石料进行修整，边坡按照1∶1.5进行削坡处理，保证边坡顺畅，美观整齐。

岸坡控制：两岸山坡在填筑前进行清坡处理，处理的干净程度以能达到地质素描条件为宜。清坡处理应不低于填筑面2m，清理完成后，由施工人员及时通知地质工程师进行地质素描。岸坡清理及地质素描结束后，经监理工程师验收并签发准填证后，开始填筑两岸边的过渡料。过渡料的水平宽度按1.5m进行控制，并与主堆放料同时碾压。在靠近山体局部振动碾碾压不到的地方，用液压振动夯板进行夯实。

倒坡处理：局部山坡出现的倒坡，采用石方爆破方法或浇筑低标号混凝土补坡的方法进行处理。

接坡控制：不同高程坝段回填接坡时，必须削坡至超原碾压边线1m后方可铺料，并使振动碾紧贴接坡面碾压。碾压按坝料分区、分段进行，各碾压段之间的搭接不小于1.0m。

(5) 碾压施工。为了对填筑进行全过程的实时监控，对坝体填筑质量进行控制，提高坝体填筑的施工质量，同时实现对河口水库工程进行远程、移动、高效、及时、便捷的工程管理与控制，实时指导施工、有效控制工程建设过程、控制工程成本、提高管理水平与效率。河口村水库建管局引进了天津大学开发的大坝GPS碾压施工质量实时监控系统技术（以下简称数字大坝），对河口村水库大坝坝体碾压机械进行实时自动监控，以确保大坝碾压施工质量全过程实时监控，达到有效控制坝体填筑质量的目的。

建仓：根据仓面规划，对需要进行碾压的作业区进行建仓，由于采用大坝GPS碾压施工质量监控系统，在碾压之前，应对每个所要碾压的碾压设备GPS碾压监控系统输入仓面信息，分别输入仓面名称、设计碾压标准、碾压机行驶速度、设计铺料厚度、压实厚度容许误差率及振动标准后，与现场施工人员对接，对碾压设备进行派遣规划。数据信息输入后，可以开始开仓碾压，同时GPS碾压监控系统就可以进行记录采集碾压数据，并通过卫星将信息传到中控站，再由中控站传到现场分控站。

碾压的方法：现场施工人员接到GPS分控室人员指令后开始指挥振动碾司机进行仓面碾压作业。主、次堆石料碾压设备均采用5×262（26t）自行式振动碾振动碾压，行走方向与坝轴线平行，行走速度2～3km/h（一档），主要采用错距法，前进和后退全振行驶。在前进时进行错距搭接宽度不小于20cm，跨区碾压时，必须骑着线碾压，最小宽度不小于50cm。在堆石料与岸坡结合处，沿坝轴线碾压。为控制碾压质量，GPS控制系统在实时监控振动碾的运行工况中，通过显示屏反馈给振动碾操作人员，提示运行位置，碾压遍数、行车速度等标识。

关仓：现场碾压完成后，现场施工人员与控制室操作人员及时沟通，确认是否需要补压，若需要，按指定的位置进行补压作业。控制室操作人员依据仓面碾压遍数达标率超过90%且无明显漏碾、欠碾区域时，可以进行该仓面关仓，并把相关图形报表打印并存档。

3.6.3.7 垫层料（2A）及反滤料填筑

垫层料和反滤料为人工加工料，利用爆破的过渡料为原料，经过振动给料机、颚式破碎机、反击式破碎机、立式制砂机、振动筛和斗轮洗砂机等设备加工而成。大坝填筑垫层料一期填筑约2.51万m^3，二期填筑约0.95万m^3。大坝填筑坝基反滤料工程量6.969万m^3。

（1）填筑控制标准。垫层料最大粒径80mm，粒径小于5mm含量为35%～50%，粒径小于0.075mm含量小于8%，设计干密度不小于2.29g/cm^3，孔隙率不大于16%。压实后的渗透系数为10^{-3}～10^{-4}cm/s。垫层料级配曲线见表3.70，垫层料级配曲线见图3.181。

表3.70 垫层料级配曲线表

粒径/mm		80	60	50	40	20	10
小于该孔径的质量百分数/%	设计上限	100.0	100.0	100.0	100.0	78.0	62.1
	设计下限	100.0	90.8	85.3	78.1	59.7	46.5
粒径/mm		5	2	1	0.5	0.25	0.075
小于该孔径的质量百分数/%	设计上限	49.9	38.0	30.0	23.2	16.9	8.0
	设计下限	35.1	24.2	17.7	11.9	7.4	2.0

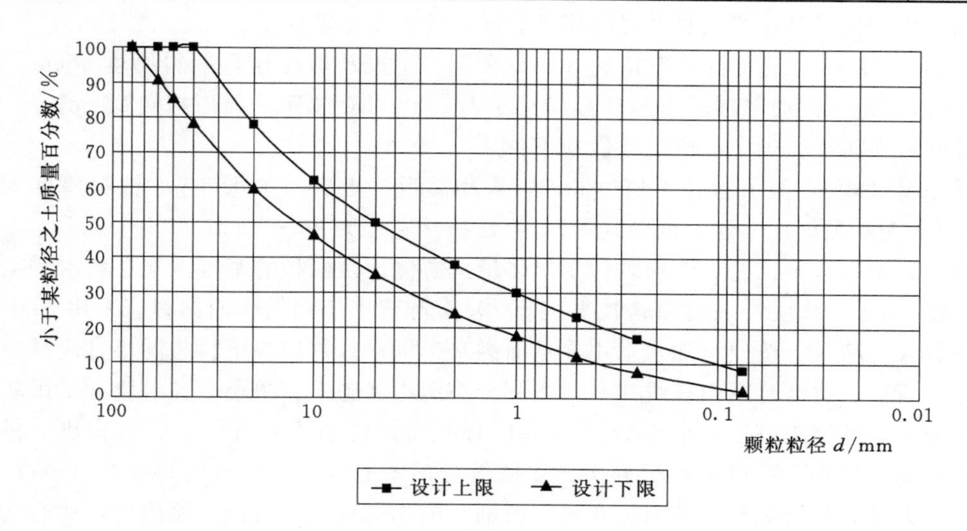

图3.181 垫层料级配曲线图

坝基反滤料最大粒径60mm，碾压后相对密度要求不小于0.75，干密度不小于2.26g/cm^3，渗透系数不小于10^{-3}cm/s，反滤料设计包络线见表3.71，反滤料级配曲线见图3.182。

表 3.71　　反滤料设计包络线表

粒径/mm		80	60	50	40	20	10
小于该孔径的质量百分数/%	设计上限	100.0	100.0	100.0	100.0	83.4	68.0
	设计下限	100.0	100.0	93.6	87.2	68.0	50.0
粒径/mm		5	2	1	0.5	0.25	0.075
小于该孔径的质量百分数/%	设计上限	55.0	40.0	31.0	24.0	17.0	8.0
	设计下限	35.0	25.0	19.0	14.0	8.5	0.0

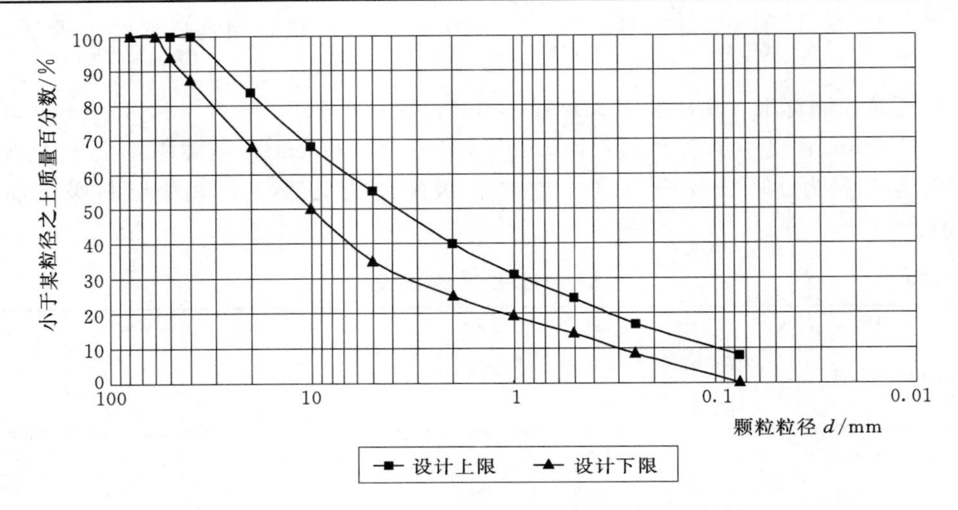

图 3.182　反滤料级配曲线图

(2) 生产性试验。垫层料经过碾压试验确定的施工参数如下：

垫层料（2A）：最大粒径不超过 8cm，采用 26t 振动碾碾压，铺料厚度 45cm，加水 8%，静碾 1 遍，振动碾碾压 6 遍；行车速度 2～3km/h，错距法碾压搭接 20cm。

反滤料碾压试验确定的施工参数如下：

反滤料（2C）：最大粒径不超过 6cm，采用后退法上料，加水 5%，铺料厚度 45cm，26t 自行式振动碾碾压 6 遍（低频高振），碾压搭接宽度为 20～30cm。

(3) 施工方法及工艺。垫层料位于坝体最上游侧，是面板的基础。垫层料水平宽 3m，铺层厚度 45cm。垫层料采用 $2m^3$ 挖掘机装 20t 自卸汽车运到工作面卸料，采用 SD7 推土机粗平、人工精平。垫层料加水采用在坝面洒水车洒水。每层垫层料与同层过渡料一起碾压，碾压后挤压边墙范围内拉线找平，以利于挤压边墙施工。垫层区和过渡区采用液压振动夯板夯实，其错距搭接不小于 15cm。在趾板及挤压边墙线附近的小区料和垫层料，采用液压振动夯板和小型机械夯板夯实。在铺料时，先把紧挨垫层料的过渡料（3A）上游坡面上较大粒径料清除到下游面。在垫层料铺料前先进行上游挤压边墙施工，然后铺垫层料（2A），采用后退法卸料。即在已压实的层面上后退卸料形成密集料堆，以减少填筑的分离，用推土机平料。趾板及挤压边墙线附近的小区料（2B）与过渡料（3A）平行铺料，2B 料每层 20cm 厚，2A 料每层 45cm 后，先铺两层 2B 料，再铺一层 2A 料，互相交替上升。

反滤料位于坝基，填筑施工方法同垫层料。

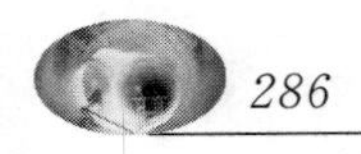

3.6.3.8 过渡层（3A）填筑

（1）填筑控制标准。过渡层填筑工程量为18.66万m^3，最大粒径300mm，粒径小于5mm含量不大于25%，粒径小于0.075mm含量不大于5.0%，设计干密度不小于2.21g/cm^3，孔隙率不大于19%，渗透系数不小于10^{-2}cm/s，过滤料级配见表3.72，过渡料级配曲线见图3.183。

表3.72 过渡料级配表

粒径/mm		300	200	150	100	80	60	50	40
小于该孔径的质量百分数/%	设计上限	100.0	100.0	100.0	82.8	74.2	66.0	61.8	56.7
	设计下限	100.0	83.9	73.9	62.0	55.5	47.4	43.0	38.3
粒径/mm		20	10	5	2	1	0.5	0.25	0.075
小于该孔径的质量百分数/%	设计上限	42.8	32.1	24.5	16.0	11.6	9.1	7.1	5.0
	设计下限	26.3	18.0	12.1	7.2	4.7	3.0	1.4	0.0

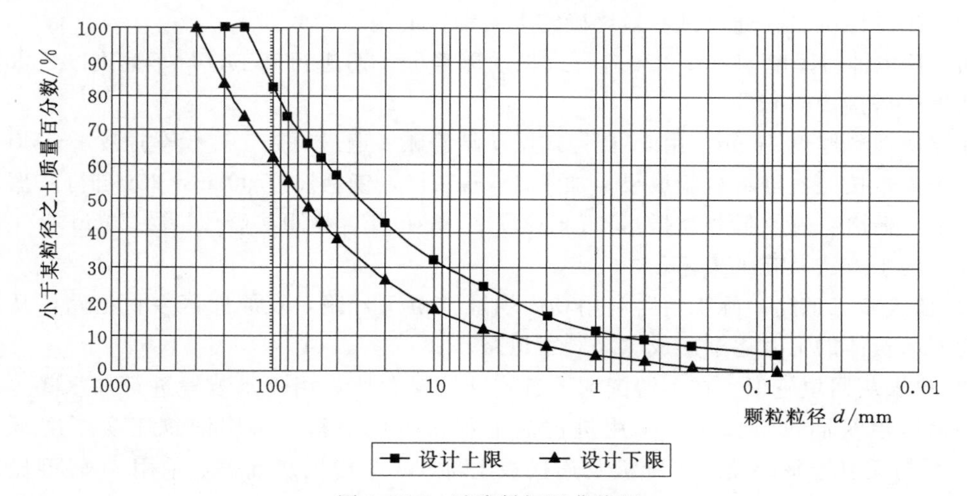

图3.183 过渡料级配曲线图

（2）生产性试验。经过碾压试验确定的施工参数如下：

最大粒径不超过30cm过渡料采用后退法上料，加水10%，铺料厚度45cm，26t自行式振动碾碾压6遍（低频高振），碾压搭接宽度为20～30cm。

（3）施工方法及工艺。过渡料（3A）位于主堆石料与垫层料之间，对垫层料起反滤作用。过渡料的挖、装、运、卸料及平料方法与垫层料施工基本相同。但加水量不同，过渡料因块径较大，含水量少，因此在碾压前必须加水。过渡料在坝顶部水平宽3m，上游边坡1∶1.5，下游边坡1∶1.45，铺料层厚45cm，采用26t自行振动碾碾压。3A区铺料前，采用反铲配与人工将主堆区滚落到3A区及边缘的大于30cm的块石清除，3A区料碾压与同层的垫层料（2A）同时进行。各料区填筑时，首先铺设过渡料，采用进占法卸料，梅花形式布料，人工配合推土机平仓，平面部位一次铺填筑完。其他填筑施工方法同主堆石施工。

3.6.3.9 上游铺盖和盖重分部工程

上游铺盖及盖重分部工程位于大坝混凝土面板上游并紧贴面板、河床段趾板、连接板和防渗墙上部。设计顶部高程为6.00m，底部高程为166.90m。上游铺盖及盖重分部工程由内向外依次由以下三部分组成：①水平厚度1m的粉煤灰（1A2）紧贴面板铺设，上下游接触面坡比均为1∶1.5。②粉质壤土铺盖（1A1）位于粉煤灰外侧，上游坡比为1∶1.75，下游接触面为1∶1.5。③石渣盖重区填筑任意料位于粉质壤土铺盖外侧，上游坡比为1∶2.5，下游接触面为1∶1.75。

（1）填筑控制标准。上游粉质壤土铺盖土料从坝址上游谢庄或松树滩土料场开采，满足渗透系数小于1×10^{-4}cm/s，水溶盐含量不大于3%，有机质含量不大于5%。现场填筑含水率控制在最优含水率的－2%～＋3%范围内，压实度不小于90%。

保护粉质壤土的石渣取自坝址上游的2号临时堆渣场的料，靠近粉质壤土处采用较小粒径的石渣，并禁止块石集中，压实后干密度不小于2.0g/cm^3。

粉煤灰采用二级以上的粉煤灰，控制压实度不小于90%。

（2）生产性试验。通过试验最终确定上游铺盖的施工参数如下：

粉质壤土铺料厚度45cm，22t自行式振动碾静碾4遍进行施工，行车速度2～3km/h，错距法碾压搭接20cm。

粉煤灰铺料厚度46cm，用5t自行式振动碾静碾4遍进行施工，行车速度2～3km/h。

石渣盖重按照次堆料试验成果，加水8%～12%，铺料厚度90cm，26t自行式振动碾静碾1遍，振碾7遍（低频高振），行车速度2～3km/h，错距法碾压搭接20cm。

（3）施工方法及施工工艺。

1）填筑施工道路。施工道路利用场内坝址上游7号路，及原库区乡村道路，从右岸坡脚随着填筑体的上升逐渐形成“之”字道路。

2）粉煤灰回填施工。在上游围堰下游侧开挖储存坑，用喷水装置进行加水降尘。装载机装运至填筑面进行摊铺，采用进占法上料，机械平料，每层铺筑压实厚度不大于40cm，与粉质壤土平起填筑。趾板及连接板上部1m厚粉煤灰铺盖，采用5t轻型振动碾（非振动）或TY160推土机碾压；距面板1.0m范围内粉煤灰人工平整、振动板压实。保证碾压时粉煤灰含水量控制在最优含水量左右，如果摊铺后的含水量低，采用洒水车现场补洒水。

3）粉质壤土铺盖填筑。粉质壤土铺盖填筑施工程序为测量确定填筑位置边线→土料场粉质壤土挖装及运输→粉质壤土摊铺推平→推土机碾压。用挖掘机挖装，自卸车运输，每层铺筑压实厚度不大于40cm。粉质壤土填筑采用进占法上料，机械平料，配合人工整平，22t自行式振动碾进行施工。

4）石渣盖重填筑。石渣盖重填筑时与粉质壤土同时进行回填，用挖掘机挖装，自卸车运输，采用进占法上料，用SD16推土机整平，人工配合平料，铺筑压实厚度控制在80cm，利用22t振动碾进行碾压，禁止块石集中。

3.6.3.10 大坝坝体反向排水及坝下排水带施工

（1）坝体反向排水。根据设计要求，由于大坝趾板基础高程较低，为防止大坝施工期

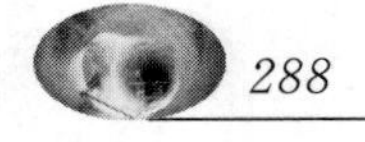

下游水位对面板形成反向渗压，在大坝上游坡脚趾板后坝体内，设一排6个反向排水管，其中有4个在主堆石区内，有2个露出面板坡面。反向排水管为镀锌不锈钢管，直径（外径）为200mm，壁厚为14mm，制作成镀锌花管，规格沿管周围布置12孔孔径20mm的圆孔孔距为5.24cm，梅花形布设外包1层1mm厚的不锈钢滤网，施工工艺为：

1）首先排除基坑积水，在防渗墙上游开挖排水沟及集水井，并适当控制基坑排水速度，使基坑的水位下降速度不大于20cm/h。

2）施工时在设计位置铺设排水管并在其四周铺上2～10cm碎石后，在排水管附近填筑碾压时应仔细防止压坏排水管，并采用$\phi 12$，4×4cm栏栅保护排水管口和用钢丝筛网卵石笼覆盖层（内层卵石粒径为4～8cm，外层卵石直径2～4cm）。

3）排水管运用时的注意事项：排水管排水时，在趾板段排水孔口用PVC管连接，PVC管与孔壁接触部位用快速凝水泥砂浆封堵，并将水引至位于防渗墙上游的排水沟和集水井。混凝土压实块可视现场反向渗水情况做适当调整。在反向排水管进行保护前应清除趾板上部淤积物及堆积物。且在旧期坝体反向排水管不应封堵。

4）反向排水管封堵时的技术要求，反向排水管的封堵时间应在一期面板及其面板表面止水材料施工完成后进行。具体做法：反向排水管封堵的顺序：①先封堵两侧1号、2号、6号、7号反向排水管，再封堵3号、5号反向排水管，并在干燥情况下，回填该部位粉煤灰壤土和石渣，封堵之前停止施工作业区用水。②在4号反向排水管两侧面板上浇筑2条C15混凝土压重块，浇筑前与趾板接触面打毛处理，但与面板接缝面不做处理。③将4号反向排水管处所需的粉煤灰、黏土和石渣准备于两侧回填体上。④封堵4号反向排水管在干燥情况下及时回填粉煤灰、黏土和石渣至设计高程。

5）反向排水管封堵时的工序：①用小竹竿裹纱布进行清洗趾板头部、反向排水管内壁，然后塞入30cm厚的白麻至反向排水管深处，再塞入30cm厚的GB填料，填料内预埋塑料管引至排水管交口处，以临时阻止反渗水流。②迅速回填M12预速凝砂浆，并渗适量引气剂和膨胀剂。③接上灌浆泵和6mm灌浆管开始灌浆灌注水溶性聚氨酯化灌材料，灌浆压力为0.3～0.4MPa，当孔周围都出现浆液后再次检查扎紧灌浆嘴，继续灌浆直到孔周围都出浆稳定（时间3min后）停止灌浆，清除孔外周围浮砂浆及多余的Lw、Hw混合物，并割掉灌浆嘴。④在孔口5cm范围内填入GB填料。⑤用钢刷将孔口周围90cm范围的基面刷洗干净，再用喷灯将基面完全处于干燥后，再涂刷底胶并用GB填料找平。⑥用90cm、80cm、0.6cm的橡胶片和90cm、80cm、2cm的钢板封住孔口，预留镀锌角钢和膨胀螺栓固定钢板。⑦排在水孔周围的趾板头部浇筑0.9m×4.3m×0.5m（长×宽×高）的C15混凝土盖板保护钢板封口，混凝土结合面处理。

（2）坝后排水带。

1）排水带结构及要求。坝后排水带起点位于坝轴线下游320m（PSD0＋000m）处，全长276.71m。断面为下宽50m，顶宽17～26m；排水带顶高程177.00～184.00m。排水带主要有主堆石料、反滤料、土工布等组成（见图3.184）。

根据设计要求排水带主堆石料及土工布材料的技术要求（见表3.73、表3.74）。

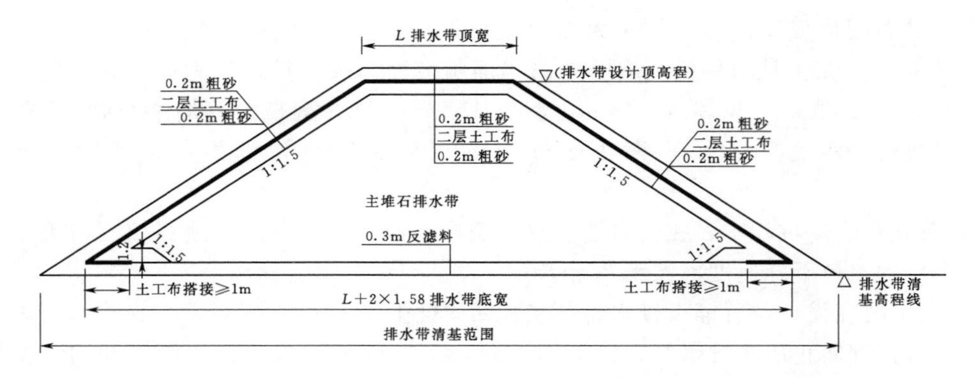

图 3.184　排水带设计标准断面图

表 3.73　　排水带主堆石料技术要求表

项　　目	主　堆　石　料	反　滤　料
孔隙率/%	22～23	18
干密度/(g/cm^3)	2.17～2.12	2.26
渗透系数/(cm/g)	1×10%	1×10%～1×10%$^{-4}$
铺层厚度/cm	80	40
最大粒径/cm	800	60
小于 5mm 粒径/%	≤10	35～55
小于 0.075mm 粒径/%	≤5	≤8

表 3.74　　土工布材料技术要求表

项　　目	指　　标	项　　目	指　　标
规格/(g/m^2)	2	撕裂强度/kPa	1400
厚度/mm	≥2.0	顶破力/N	≥400
抗拉强度/N	≥200	渗透系数/(cm/s)	≥2×10^{-2}
生产率/%	65	等效孔径/mm	≤0.14

2）排水带施工。

A. 施工程序：测量放样→清基→整平→回填反滤料→洒水碾压→试验取样→铺主堆石料→碾压取样→铺沙→铺土工布→铺沙（两边坡）。

B. 施工方案：由桩号 0+000 开始至 0+283.43，步骤：

a. 放样：按设计图纸所指定的断面坐标进行放线定位。采用 GPS 放样。

b. 清基：根据设计要求，坝后排水沟底部高程以现有河床面清基高程控制。

c. 整平：使用推土机与挖掘机开挖和整平、清基，坝下游排水沟原地面线低于设计排水沟底高程时，可利用河床天然砂卵石回填，控制砂卵石最大粒径不超过 30cm，最小粒径为 0.075mm，以下粒径下游含量不超过 10%，分层厚度不超过 40cm，碾压后的干密度不小于 2.1t/m^3，高的地面用推土机或挖掘机整平。

d. 回填反滤料：根据取样试验结果，碾压遍数按 6 遍控制松铺 30～35cm 左右，洒水

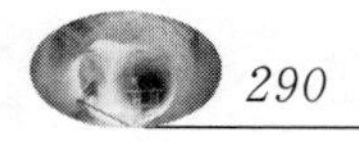

量按填筑物料体积的5%控制，洒水后采用22t自行振动碾碾压，用自卸汽车倒退法铺料，推土机整平碾压厚为30cm。

e. 主堆石料施工：主堆石料填筑采用进占法进行填筑，松铺厚度90cm。整平后进行现场填筑面洒水，洒水量为填筑物料体积的10%，采用洒水枪和洒水车相结合的办法进行。洒水后采用26t自行振动碾碾压，根据取样试验结果，碾压遍数按7遍控制。在主堆石料填筑时，填筑宽度超宽20～30cm，在碾压后按设计断面采用挖掘机进行修坡处理。

f. 粗砂及土工布施工：排水体填筑达设计高程后，进行粗砂及土工布施工。粗砂采用人工铺设，铺设厚度为20cm，粗砂铺设后采用人工整平；粗砂铺设完成后进行土工布施工，土工布卷在安装、展开前要避免受到损坏。

3.6.4 大坝填筑质量控制

3.6.4.1 质量控制措施

（1）大坝填筑GPS碾压自动监控系统主要控制碾压的施工过程及碾压参数，而大坝的填筑质量还要以碾压前和碾压后现场挖坑取样检测为主，以对坝料质量进行全面控制。检测主要进行干密度和颗粒级配及含泥量进行取样试验，取样频率按规范及设计要求。

（2）配备一套先进的试验、检测仪器设备，调配一批精干的试验检测人员到施工现场，对填筑质量实施监控。

（3）用参数控制记录值、试检验结果以及外观检查三个方面对填筑单元质量进行评定。

（4）使用统计技术对参数记录、试验分析结果进行统计分析，针对存在的问题有针对性地提出改进措施，不断提高质量控制水平。

3.6.4.2 质量检测结果

根据《碾压式土石坝施工规范》（DL/T 5129—2013）的要求，坝体填筑质量控制以控制压实参数为主，并按规定进行常规取样测定渗透系数、干密度和颗粒级配作为记录。各填筑料检测频数见表3.75。

表3.75 各填筑料检测频数表

坝　料	检查项目	干密度	渗透系数
垫层料	干密度、颗粒级配	每层取一组	每20层做一次，2个试样
过渡料	干密度、颗粒级配	每层取一组	每25层做一次，2个试样
主堆料	干密度、颗粒级配	每层取一组	每20层做一次，2个试样
次堆料	干密度、颗粒级配	每层取一组	—

注　主堆石料级配不满足设计包络线要求时，可按级配“三点法”和渗透系数控制。

（1）主堆石料监测情况。

1）填筑前监测。在填筑料上坝之前，对石料厂爆破开采石料的颗粒级配进行取样检

测，主堆石料检测10组，满足设计要求，全部合格。主堆石料上坝前颗粒级配平均值曲线见图3.185。

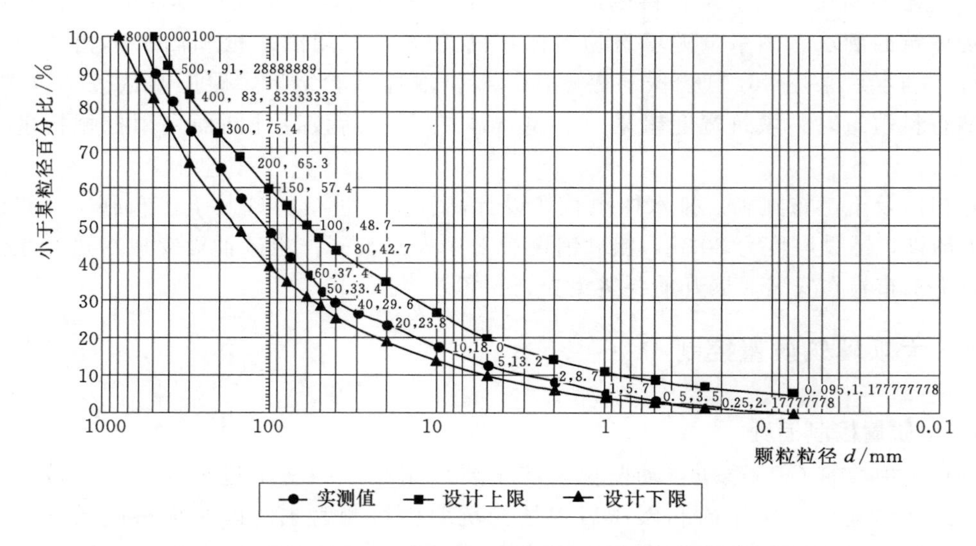

图3.185　主堆石料上坝前颗粒级配平均值曲线图

2）填筑后监测。每一填筑层完成后，由现场试验室进行挖坑灌水试验，检测按照规范要求的检测频数及时进行，大坝各种填筑料检测频次汇总显示，坝体填筑料检测频次满足规范要求。

其中坝体填筑料岩石饱和抗压强度69.5MPa、软化系数0.87，符合设计要求。

一期填筑分部主堆石料：干密度检测164组，全部合格，干密度检测值：2.20～2.35g/cm^3；渗透系数检测7组，检测值分别为1.32×10^{-1}cm/s、1.35×10^{-1}cm/s、1.27×10^{-1}cm/s、1.92×10^{-1}cm/s、1.69×10^{-1}cm/s、1.82×10^{-1}cm/s、1.80×10^{-1}cm/s，全部合格。级配曲线检测164组，其中11组超出设计包络线，但最大粒径800mm、5mm以下含量、0.075mm以下含量及渗透系数满足设计要求，根据2012年河坝字05号设计通知的技术要求，判定为合格。

二期填筑分部主堆石料：干密度检测68组，全部合格，干密度检测值：2.20～2.33g/cm^3，渗透系数检测42组，检测值为1.23×10^{-1}～9.76×10^{-1}cm/s，全部合格。级配曲线检测68组，有10组超出设计包络线，但最大粒径800mm，5mm以下含量及渗透系数满足设计要求，根据2012年河坝字05号设计通知的要求，判定为合格。主堆石料填筑平均颗粒级配曲线见图3.186。

（2）次堆石料质量检测情况。次堆石料饱和抗压强度共检测4次，检测值分别为51.3MPa（石英砂岩）、52.6MPa（石英砾岩）、47.9MPa（片麻岩）、44.6MPa（页岩），均符合设计要求。在次堆料填筑过程中共检测：干密度检测107组，检测值为2.18～2.28g/cm^3，全部合格；孔隙率检测107组，检测值为16.3%～21.0%，满足设计和规范要求，质量合格。监理委托第三方试验室干密度平行检测2组，检测结果分别为为2.24g/cm^3、2.23g/cm^3，全部合格。

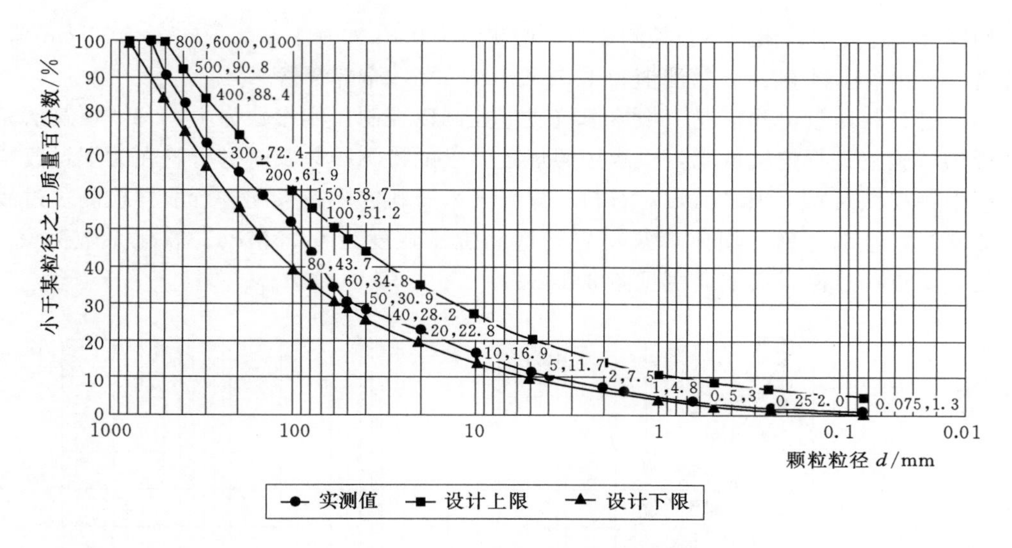

图 3.186　主堆石填筑平均颗粒级配曲线图

（3）垫层料质量检测情况。根据《碾压式土石坝施工规范》的要求，坝体填筑质量控制以控制压实参数为主，每一填筑层完成后，现场试验室进行灌砂试验，检测按照规范要求的检测频数及时进行。在填筑料上坝之前，加工生产的垫层料检测 11 组，满足设计要求，全部合格。

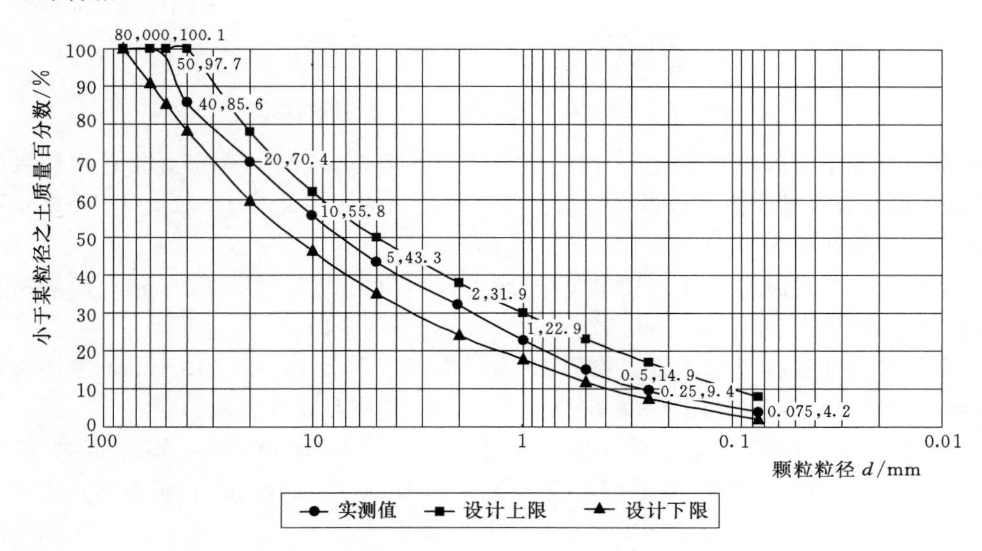

图 3.187　垫层料上坝前颗粒级配平均值曲线图

在大坝垫层料填筑过程中，一期坝体填筑共检测干密度 115 组，全部合格，干密度检测值为 2.29～2.387g/cm^3；渗透系数检测 5 组，检测值为 6.34×10^{-4}～8.31×10^{-4}cm/s，全部合格。二期坝体填筑共检测干密度 16 组，范围为 2.29～2.37g/cm^3，全部合格。渗透系数检测 16 组，检测值为 5.94×10^{-4}～7.22×10^{-4}cm/s，全部合格。

反滤料：干密度检测 36 组，检测值为 2.27～2.34g/cm^3，全部合格；颗粒级配检测 36

组，均符合设计要求；渗透系数检测 2 组，检测值为 0.81×10^{-2}cm/s、0.72×10^{-2}cm/s，全部合格；孔隙率检测 14 组，检测值为 15.2%～18.1%，全部合格。

（4）过渡料质量检测情况。坝体填筑质量控制以控制压实参数为主，每一填筑层完成后，现场试验室进行挖坑试验，检测按照规范要求的检测频数及时进行，在大坝过渡料填筑过程中，在填筑料上坝之前，对石料厂爆破开采石料的颗粒级配进行取样检测，过渡料共检测 9 组，全部合格。坝体填筑料岩石饱和抗压强度为 69.5MPa、软化系数为 0.87，符合设计要求。过渡料级配曲线见图 3.188。

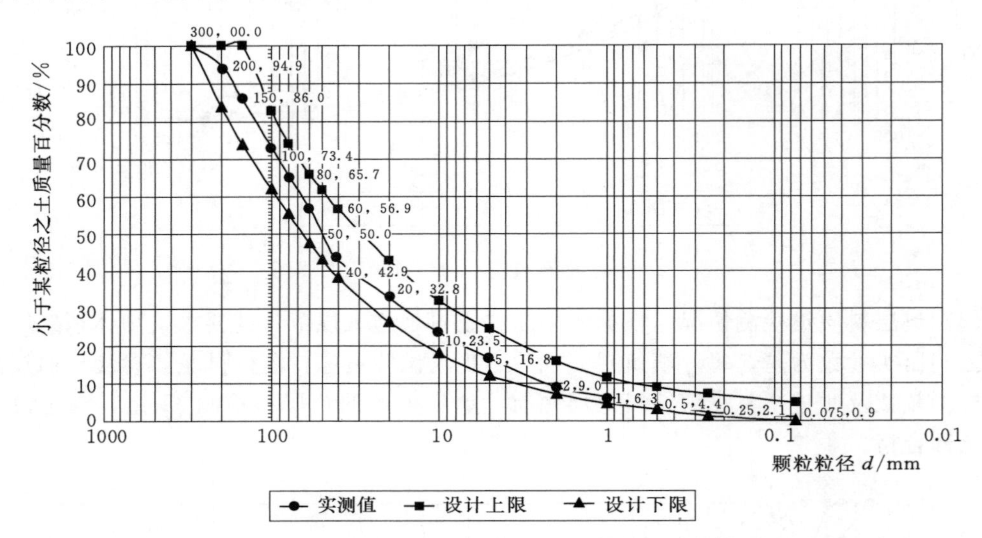

图 3.188　过渡料上坝前颗粒级配平均值曲线图

过渡料填筑干密度检测 11 组，检测值为 2.26～2.30g/cm³，全部合格；颗粒级配检测 11 组，均符合设计要求；渗透系数检测 1 组，检测值为 3.75×10^{-2}cm/s，合格；孔隙率检测 7 组，检测值为 16.6%～18.4%，全部合格。

一期填筑分部过渡料：干密度检测 70 组，检测值为 2.22～2.37g/cm³；渗透系数检测 2 组，检测值为 5.59×10^{-2}～6.32×10^{-2}cm/s，全部合格。

二期填筑分部过渡料：干密度检测 16 组，检测值为 2.21～2.30g/cm³；渗透系数检测 16 组，检测值为 3.64×10^{-2}～8.53×10^{-2}cm/s，均满足设计要求。

（5）上游压盖填筑质量检测。粉质壤土：干密度检测 119 组，检测值为 1.50～1.61g/cm³；粉煤灰：干密度检测 55 组，检测值为 1.14～1.24g/cm³；盖重料：干密度检测 55 组，检测值为 2.04～2.28g/cm³；均满足设计要求。

4 大坝混凝土施工关键技术研究与应用

4.1 大坝面板混凝土防裂措施研究

4.1.1 概述

混凝土面板堆石坝一般存在稳定、变形及渗流控制三大问题。从面板坝多年的运行来看，由于堆石作为坝体，对于大坝挡水稳定一般不会有问题，但主要的问题就是面板坝的变形及渗流控制最为关键，变形及渗流控制的关键是防渗体系，防渗体系一旦破坏，轻者使坝体产生漏水，使水库蓄不住水，严重的会导致垮坝。面板坝的防渗体系主要就是面板，因此面板坝最不利的问题就出在面板上。

混凝土面板产生问题取决于面板的受力，其应力除了受本身结构、混凝土力学性能、坝高等因素影响外，还受河谷形态、地质条件、气候及堆石料特性的影响。国内工程实践表明，施工因素的影响也不容忽视，如面板混凝土施工质量与养护、堆石体填筑次序与压实质量、局部地形与地质缺陷的处理、水库蓄水与泄水过程、垫层坡面保护方式等。混凝土面板是坝体结构的重要部分，引起面板结构受力的因素主要有以下三类：

（1）混凝土变形引起的应力。主要是由于温度、湿度变化和基础沉降而引起变形，当变形受到约束即产生应力。

（2）外荷载作用引起的应力。作用于面板上的水荷载、库水结冰荷载以及由地震作用等对面板产生的静应力或动应力。

（3）材料内部物理化学作用引起的应力。混凝土中的碱骨料反应、混凝土遭受冻融循环作用以及钢筋锈蚀等都会对混凝土产生膨胀作用，从而产生膨胀应力。混凝土面板开裂问题，实质上是面板中的破坏力与抵抗力之间的较量，还应包括时间、环境条件、边界条件等诸多方面的影响因素，如徐变引起的应力松弛、面板的长度、基础约束程度、保温、保湿条件以及面板本身的抗拉强度、极限拉伸、线膨胀系数等都会对面板裂缝产生重要影响。施工期面板挠度仅由于自重引起，其量值较小。运行期面板挠度的主要影响因素是水压力和堆石体的变形。一般水压力越大，混凝土面板挠曲越大。坝高对面板挠曲也有影响，一般坝越高承受的水压力越大，相应的混凝土面板挠曲变形越大。在周边缝位置，水荷载作用引起混凝土面板相对于趾板的变形使面板离开向外边、接缝张开并产生剪切变形。周边缝的变化与面板变形、堆石体的变形、坝高以及趾板线的位置有关。周边缝的位移还在很大程度上取决于河谷坝肩的形状、趾板的几何形状、周边缝底部材料的使用以及该区域的压实质量。

面板在施工期及运行期易出现的问题有面板的裂缝、面板的挤压破坏，面板与堆石体之间的脱空，挤压边墙与堆石体的分离等，其中以面板的裂缝危害较多，其次挤压破坏和脱空破坏。

例如株树桥水库面板坝坝高78m，1991年建成，1992年大坝出现渗水，1997年渗水量最大超过2500L/s（即渗水量达22万m^3/d），后检查发现面板出现大量裂缝，止水及部分面板破坏，基础架空严重，面板下垫层料细颗粒走失严重。

4.1.2 混凝土面板结构防裂措施探讨

4.1.2.1 混凝土面板裂缝的分类

混凝土面板裂缝大致可分三类：温度裂缝、干缩裂缝和结构裂缝。

温度裂缝是由于水泥水化热作用或外界温度影响，特别是气温骤降，形成混凝土内外温差过大，致使混凝土产生的裂缝。

干缩裂缝是由于外界气温和湿度条件影响，混凝土面板因失去过多水分而产生收缩裂缝；混凝土干缩通常是一个渐进的过程，可能要延续到一年以上。

结构裂缝主要是由于面板长而薄的特点、外荷载或坝体、坝基的不均匀变形所引起，需要采取一系列结构和施工措施研究解决。

针对目前高面板堆石坝出现的面板结构性裂缝、垫层料与面板脱空、面板压缝混凝土压损等问题，我国一些专家总结国内外筑坝的经验教训，提出了以控制变形为重点的综合措施。

4.1.2.2 提高面板强度及面板结构配筋防裂措施（双层双向钢筋）

（1）适当提高面板的混凝土强度。实质是提高混凝土的抗拉强度，以提高面板的抗裂能力，但强度提高有限，提高太多，不仅投资高，施工期因水泥用量大，水化热高，也易产生早期裂缝。河口村水库混凝土面板强度原设计为C25，后期适当提高为C30混凝土。

（2）采用双层配筋。早期的面板堆石坝面板均采用单层双向配筋，配筋位置布置在面板中间，仅在每块面板端部为防止挤压破坏采用双层配筋。一是早期面板坝不是太高；二是早期人们认为面板在受水荷载作用时，面板底部受拉，不存在面板上下层面都受拉的情况；三是也有人认为面板采用单层配筋柔性好能适应基础变形，如果采用上下双层配筋，导致面板刚度大，不适应基础变形。但随着近些年来高面板堆石坝修建越来越多，并通过一些已建面板坝运行来看，发现面板由于基础不均匀沉降可能导致面板为双向弯曲，及面板上下面层都可能会有拉应力产生，例如施工期面板受大坝填筑施工期沉降的影响，面板一般是鼓向上游，这样面板外表面也就是上层受拉，蓄水期面板受水作用是朝向下游，这样面板底部也会受拉。因此，近期修建的高面板越来越多地倾向面板采用双层双向配筋，及将在面板的上下层均配置钢筋，这样双层配筋就可以承担面板上下层的拉应力，有利于面板上下层的弯曲受拉受压，并可限制温度裂缝的发展，提高面板的抗裂能力。

《混凝土面板堆石坝设计规范》（DL/T 5016—2011）第 8.2 条钢筋布置，已经明确提出："面板可采用单层或双层双向钢筋。当采用单层双向钢筋时，钢筋宜置于面板截面中部或偏上位置；150m 以上高坝宜在面板上部高程、周边缝、分期施工缝一定范围内布置双层双向钢筋网。"国内目前已建洪家渡、三板溪、水布垭、天生桥三期面板、老渡口、潘口电站面板坝、斜卡面板坝、盘石头水库等面板等都采用双层配筋。从实施的结果看，洪家渡和三板溪都取得了面板裂缝少的良好效果。

河口村水库建管局于 2012 年 2 月 15 日在工地召开了"河口村水库大坝工程基础处理及施工方案专家咨询会"，会议针对大坝基础处理、大坝填筑、面板趾板混凝土浇筑技术等问题进行了研究和咨询。会议邀请国内做混凝土面板设计和施工的一些知名专家参加，会议针对面板采用双层配筋还是单层配筋也进行了充分的讨论，其中有些专家在会上明确指出：大坝面板在施工期及运行期容易产生裂缝，这是不可避免的事实，好多工程为了解决面板裂缝，有考虑掺加防裂剂（例如 WHF 混凝土添加剂），有添加聚丙烯纤维的，但聚丙烯纤维有成功的也有失败的，采用双层配筋防裂也是其中一种办法。

根据专家意见，结合已建工程经验，河口村水库大坝混凝土面板采用双层配筋形式，竖向配筋率为 0.41%，水平配筋率为 0.32%，竖向钢筋的直径分别为 18mm、16mm、14mm，所对应的水平钢筋的直径分别为 16mm、14mm、14mm，为避免面板边缘局部挤压破坏，在周边缝、垂直缝压应力较大区域的面板两侧钢筋封闭，在面板与趾板接触带配设加强筋，加强结构的抗压性，钢筋保护层厚度按照高程不同分别为 10cm、8cm、6cm。面板双层配筋对防治浇筑施工中混凝土的下滑鼓包现象更为有利。

4.1.2.3 优化堆石分区及级配

早期的面板坝坝高一般都比较低，认为面板的支撑主要靠主堆石，因此对主堆石区以及上游面板下面垫层区、过渡料区填筑密实度要求相对都比较高，以提高堆石体的压缩变形能力，减少对面板变形的影响，达到提高面板的抗裂能力；而次堆石区由于远离面板，多认为对面板影响较小，因此对其填筑密实度要求相对较低。近年来修建了很多高面板堆石坝，根据有关资料分析，次堆石区的压缩变形过大对面板也有影响，有专家认为一些面板水平裂缝、面板基础出现脱空（如天生桥一级面板）均是由主堆石和次堆石沉降差过大造成的；一些次堆石强度过低，有的坝次堆石采用强度中等以下的岩石，碾压时易产生二次粉碎，造成次堆石变形过大。因此，目前高坝已开始重视对次堆石体的压缩变形能力。目前采取的主要措施有：

（1）采用中等硬度以上的岩石，以减少碾压时二次粉碎的变形，河口村次堆石料采用的是和主堆石料一样；过去的面板坝一般对次堆石不要求有级配，堆石碾压时密实性较差；高坝应尽量也要求次堆石有级配要求，以提高次堆石填筑碾压的密实性。

（2）正常情况下坝轴线上游一般为主堆石，坝轴线下游为次堆石，为减少次堆石对上游面板的影响，可将主堆石的填筑区域扩大到下游次堆石区域，减少下游次堆石填筑区域，提高坝体整体密实度。

（3）提高次堆石区的密实度，控制孔隙率不大于 20%，降低次堆石的填筑厚度以增加填筑的密实性，因为填筑厚度越厚越不容易压密实，或按接近主堆石区的要求填筑等，河口村水库最早次堆石填筑厚度为 1.2m，孔隙率为 22%，施工期填筑厚度调整为 0.8m，孔隙率提高到21%，接近主堆料的要求。

(4) 次堆石靠基础区域设置增模碾压堆石区，即采用强度较高的料，薄层碾压，并加大碾压遍数，使其堆石料密实度大幅提高，即提高次堆石基础变形模量。我国有多座高面板堆石坝建于峡谷河谷，高陡边坡地区，为防止两岸高陡边坡结合地带不均匀沉降给面板带来的不利条件，除采取提高堆石坝填筑密度，适当延长面板浇筑前的预沉降期，也在陡岸坡设置特别增模碾压区，以提高该区域堆石体变形模量。例如江苏溧阳、宜兴电站等在坝基范围一定高度以下次堆石基础均设置了增模碾压堆石区，减少次堆石基础变形。河口村水库在次堆石区坝基以上12m范围内采用主堆石料进行填筑，除了满足坝基排水带的要求外，同时也相当于提高了该区域堆石体的密实度及变形模量。优化堆石级配，提高堆石的密实性。对于垫层料多采用半透水料，起到两道防渗的作用，最大粒径不超过100mm，小于5mm含量宜为30%～55%，小于0.075mm含量小于8%；过渡料最大粒径不超过300mm，小于5mm含量宜为20%～30%，小于0.075mm含量小于5%。

4.1.3 混凝土面板材料防裂措施研究

面板混凝土产生裂缝的主要原因是干缩应力和温度应力超过面板混凝土的抗拉强度。因此，要提高面板混凝土的抗裂能力，就要优选混凝土原材料及优化配合比，使其达到较高的抗拉强度和极限拉伸，较低的弹性模量、发热量和干缩变形，并使混凝土具有微膨胀性能。过去主要通过采用较低的水胶比（0.40～0.50）、掺入Ⅰ级或Ⅱ级粉煤灰（大多数掺20%左右）、采用复合型外加剂（高效减水剂+引气剂）等措施来改善混凝土性能。后来针对面板混凝土进行了高强、低弹、低收缩特种混凝土的研究工作，但由于混凝土材料本身固有的特性，很难使混凝土真正达到同时具有高的抗拉强度和低的弹性模量。目前一些面板坝已经考虑在混凝土里面掺加一些其他能够提高混凝土抗裂能力的外加材料如：①在混凝土里面掺加起阻裂作用的聚丙烯（腈）纤维材料。②掺加用于补偿面板混凝土收缩的微膨胀类材料（如各种膨胀剂、防裂剂等）。③掺加能减少面板混凝土收缩的减缩剂。④面板表面喷涂防裂材料等。下面简述这些面板混凝土材料抗裂技术措施。

4.1.3.1 混凝土中掺用纤维材料

(1) 聚丙烯纤维、聚丙烯腈纤维、纤维素纤维等。聚丙烯纤维混凝土的特点是能很好地抑制混凝土早期塑性收缩，有一定的阻裂、增韧能力。由于聚丙烯纤维的弹性模量（3.5GPa）较混凝土小一个量级，聚丙烯纤维不能防止混凝土的脆性裂缝。当掺入聚丙烯纤维后，由于均匀分布于混凝土中的数以百万计的细小纤维可消除混凝土中的泌水通道（掺0.9kg/m^{3}长度为19mm的聚丙烯纤维，每立方米混凝土单丝纤维的数量达到3000万根)，可明显减少塑性混凝土的表面泌水与骨料的沉降。另外在混凝土发生塑性收缩时，依靠纤维材料与水泥基之间的界面吸附黏结力、机械啮合力等，有效降低塑性裂缝和内部微裂缝的数量和尺度，最终改善混凝土的综合性能。

聚丙烯纤维目前使用的面板坝有白溪水库二期面板水电站、三板溪水电站、洪家渡水电站，龙首二级水电站（高146.5m)、吉林台水电站（高157.0m)、九甸峡水电站（高136.5m)、西龙池抽水蓄能电站、马沙沟水电站（高80.7m)、水布垭水电站、董箐水电站（高150.0m)、瓦屋山水电站（高138.76m)、鲤鱼塘水电站（高105.0m)、琅琊山抽水蓄能电站（高 174.0m）及仙游抽水蓄能电站等。

（2）钢纤维。钢纤维多用于高强混凝土、抗冲耐磨混凝土、桥梁等工程特殊部位中，目前个别工程如水布垭三期面板和龙首二级面板中局部受力较复杂部位也开始在面板混凝土中掺用钢纤维进行防裂。掺加钢纤维可以明显提高混凝土的初裂强度和断裂韧性，这对于高坝面板在很高水头作用下或是由坝体沉降引起面板产生较大的弯曲变形时，更能显示出钢纤维混凝土的独特功能。但由于钢纤维投资太高，宜在高坝面板结构受力较大的特殊部位采用。

4.1.3.2 混凝土中掺用微膨胀材料

混凝土浇筑后，胶凝材料在水化过程中散发大量的水化热，由于混凝土的导热性较差，在混凝土结构内部聚集大量热量而不能散发。混凝土在降温过程中，形成混凝土表里温差，起因于表里温差的表层温度收缩应变受到内部约束产生拉应力，当混凝土表里温差超过一定范围，就有可能发生表面裂缝，进而发展成贯穿性裂缝。另一种情况是混凝土构件从最高的截面平均温度逐渐降至环境大气的平均温度，降温过程中起因于温差的温度变受到外部约束时所引发的裂缝是贯通性的。因此，我们采用水化热低、又有一定膨胀性能的补偿收缩混凝土，同时加以适当的温控措施，就可以做到既经济又合理，又能有效地解决面板混凝土的开裂问题。

补偿收缩混凝土是让混凝土适度膨胀，受到外部、内部约束后产生压应力来抵消其有害的限制收缩拉应力，从而达到避免或大大减轻混凝土开裂的目的，这就是补偿收缩混凝土的防裂机理，也就是说，补偿收缩混凝土防裂的原理就是利用限制膨胀来补偿限制收缩。对防裂混凝土进行补偿收缩的能力设计，最主要的是合理确定混凝土的限制膨胀率 e 和限制收缩 S_m，如果 $e>S_m$，且控制适宜的膨胀率，使其强度与膨胀协调发展，混凝土不会出现胀裂现象；如果 $e<S_m$，其差值的绝对值大于混凝土极限拉伸值 S_K，混凝土内拉应力产生的应变超过混凝土极限拉伸值将使混凝土出现裂缝。因此，要使补偿收缩混凝土不产生裂缝，必须满足下式要求：

$$e+S_K\geqslant S_m \tag{4.1}$$

式中：e 为混凝土的限制膨胀率,%；S_K 为混凝土的极限拉伸值，一般为 0.01%～0.02%；S_m 为混凝土在限制条件下收缩总和（即在限制条件下混凝土干缩和冷缩的总和),%。

根据上述抗裂原理可知，面板防裂混凝土的设计，最重要的是确定混凝土的限制膨胀率 e，它是面板防裂混凝土设计中的一个关键参数，它的选定以混凝土不出现裂缝、满足补偿收缩要求，使混凝土最终变形小于混凝土极限拉伸值为判定标准。

通式为：

$$|D|=|e-S_2-S_T|\leqslant|S_K| \tag{4.2}$$

式中：e 为混凝土的限制膨胀率,%；S_2 为混凝土的干缩率,%；S_T 为混凝土的冷缩率,%；S_K 为混凝土的极限拉伸值,%；D 为混凝土的最终收缩变形,%。

目前膨胀剂主要有硫铝酸钙类；硫铝酸钙-氧化钙类；氧化钙类等三种类型。

掺加膨胀剂后，随着水泥石结构逐渐密致密，强度增加到一定程度后，此时固相体积的增加就会因结晶和膨胀压使水泥石（混凝土）产生膨胀，在约束条件下就使混凝土产生一定的预压应力，可补偿混凝土收缩，消除混凝土因早期收缩产生的裂缝。目前已建工程中，乌鲁瓦提、三插溪、汤浦水库、龙门滩一级面板混凝土中均采用了这类UEA膨胀剂，其中三插溪、汤浦水库等低坝应用情况良好，而乌鲁瓦提二期中采用了膨胀剂，其面板开裂情况并不比未掺用膨胀剂的一期要好。

目前一些面板采用防裂剂，如FV-Ⅱ防裂剂，VF防裂剂等，其实是一种早、后期都膨胀的复合型膨胀剂。FV-Ⅱ防裂剂目前已在公伯峡、珊溪、盘石头、思安江、八都、黄村水库一期、梅溪等水库，目前，国内膨胀材料在混凝土面板中的应用正在逐渐增多，已建的几座采用"补偿收缩混凝土"技术的中、高混凝土面板堆石坝中，除乌鲁瓦提工程环境情况特殊外，其他坝面板裂缝均较少。

4.1.3.3 混凝土中掺用减缩剂

干缩是由于混凝土中的水分从表面蒸发，表层毛细孔失水形成毛细张力而引起的收缩，是混凝土产生裂缝的主要原因之一。减缩剂是从混凝土材料本体上来解决干缩问题，它能有效降低水泥石毛细孔或凝胶孔中液相的表面张力和收缩力，使混凝土干缩值明显减少，因此，它特别适用于有抗裂要求的薄壁混凝土结构中。

国内近些年来也有几个单位在开展这方面的研究工作并形成产品，如JM-SRA型减缩剂已在公伯峡水电站面板混凝土中应用。但在高坝面板混凝土中采用减缩剂的目前也仅此一例。公伯峡水电站试验结果表明，混凝土中掺入1.5%减缩剂后，干缩率降低幅度在25%～35%之间，减缩效果明显。

4.1.3.4 混凝土中掺用密实剂

小溪口、鱼跳等水电站面板混凝土中掺用了WHDF混凝土增强密实（抗裂）剂，但没有在百米以上高坝中应用的实例。水科院试验结果表明，混凝土中掺入1%WHDF密实剂，对新拌混凝土的工作性有一定改善；混凝土的抗压强度、抗拉强度、极限拉伸值和弹性模量略有降低；对混凝土的抗冻性能、抗渗性能、干缩性能影响不大；使混凝土的自生体积收缩变形有所降低；对混凝土限裂效果良好。

4.1.3.5 河口村水库混凝土面板防裂试验研究

根据上述分析，河口村水库混凝土面板经过综合比较，在面板中掺用VF防裂剂作为河口村水库混凝土面板的防裂材料，通过面板混凝土配合比试验研究，确定能满足设计和施工要求的面板混凝土配合比各项参数，为面板混凝土的生产和施工提供依据。

根据施工条件和气候特点，水灰比选用不大于0.45；根据混凝土的运输、浇筑方法和气候条件选定坍落度，控制仓面坍落度3～7cm；同时面板混凝土材料及配合比满足施工图纸的要求，并遵守《混凝土面板堆石坝施工规范》（DL/T 5128—2009）的相关规定。河口村水库工程大坝面板混凝土配合比设计参数及要求见表4.1。

表4.1　面板混凝土配合比设计参数及要求表

强度等级	抗渗等级	抗冻等级	级配	极限拉伸值$\times10^{-6}$	强度保证率/%	坍落度/mm
C30	W12	F200	二	≥100	≥95	30～70

（1）原材料。

1）水泥：采用强度等级为42.5普通硅酸盐水泥。

2）骨料：采用工地砂石加工厂加工的人工砂及碎石。

3）粉煤灰：采用金龙源Ⅰ级粉煤灰。

4）外加剂：采用NMR－Ⅰ高效减水剂、BLY引气剂及UNF－1B高效减水剂及HT－YQ引气剂，两厂家的产品进行比选试验择优选用。

（2）混凝土基准配合比实验。选取一个水灰比（$W/C=0.45$），采用不同砂率（3～4个）、不同骨料比例组合（40：60，50：50，60：40，45：55）进行混凝土拌和物性能试验，通过目测混凝土和易性、容重试验，选择能满足施工要求的最佳的砂率和骨料比例。选用三个水灰比$W/C=0.35$、0.40、0.45，两个龄期（7d、28d）进行混凝土的强度试验，通过对试验结果的分析研究，根据经验和设计参数确定一个配合比为基准配合比，进行粉煤灰掺量的选择，粉煤灰掺量选用三种（15%、20%、25%），进行强度试验，根据强度试验结果，选定粉煤灰的掺量，确定面板试验用基准配合比。

根据工程原材料质量检验结果、混凝土配合比室内试配试验以及混凝土配合比抗压、抗渗、抗冻试验结果及《水工混凝土施工规范》（DL/T 5144—2001）、《水工建筑物抗冻设计规范》（DL/T 5082—1998）的规定，面板混凝土基准配合比水胶比确定为0.35，混凝土基准配合比见表4.2。

表4.2　混凝土基准配合比表

配合比编号	强度等级	水泥强度等级	水胶比	石子级配	坍落度/mm	粉煤灰掺量/%	砂率/%	1m³混凝土材料用量/(kg/m³)							
								水	水泥	粉煤灰	人工砂	碎石/mm		高效减水剂NMR－Ⅰ 1.8%	引气剂BLY 1.0%
												5～20	20～40		
HN－1	C30W12 F200	P.O 42.5	0.35	二	85	20	33	131	299	75	601	525	788	6.73	3.74

（3）面板防裂混凝土配合比试验。面板防裂混凝土主要是在基准混凝土配合比中掺入VF防裂剂，使混凝土产生微膨胀，膨胀变形在约束条件作用下使得混凝土内部产生压应力，从而对混凝土收缩变形产生的拉应力进行补偿，拉应力的峰值被均化并减小，最终达到防裂作用。

VF防裂剂的掺量决定着混凝土的限制膨胀率的大小，而限制膨胀率是防裂混凝土设计中最重要的参数，直接决定混凝土抗裂性能的优劣。所以面板防裂混凝土试验的核心内容就是确定VF防裂剂的掺量。

VF防裂剂掺量太大，混凝土会膨胀开裂导致结构破坏；掺量太小，混凝土限制膨胀率偏小，混凝土内部产生的压应力不足以补偿拉应力，无法起到抗裂作用。根据厂家推荐掺量（胶凝材料用量的8%～12%）及以往多项同类工程的 用经验，选择了10%、12%两个掺量进行试验。另外制作不掺VF防裂剂（掺量为0）的试件作对比试验。试验项目主要有力学性能试验（抗压强度）、耐久性能（抗渗、抗冻）、变形性能（极限拉伸值、限制膨胀率、干缩率），其试拌方案及抗压试验结果见表4.3。

（4）面板防裂混凝土抗渗试验。

根据《水工混凝土试验规程》（SL 352—2006），制作混凝土抗渗试件，至设计龄期后进行抗渗试验。采用逐级加压法加压至1.20MPa，各组抗渗试件均无渗水，试件的抗渗

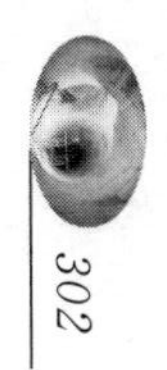

表 4.3　　C30W12F200 面板防裂混凝土试拌方案及抗压试验结果表

试验编号	水泥强度等级	水胶比	粉煤灰掺量/%	VF防裂剂掺量/%	砂率/%	1m³ 混凝土材料用量/(kg/m³)									含气量/%	坍落度/mm	抗压强度/MPa	
						水	水泥	粉煤灰	VF防裂剂	砂	碎石/mm		高效减水剂 NMR－Ⅰ1.8%	引气剂 BLY1.0%			7d	28d
											5～20	20～40						
H004	P.O42.5	0.35	20	0	33	131	299	75	0	601	525	788	6.73	3.74	5.1	80	29.3	40.2
H005	P.O42.5	0.35	20	10	33	131	262	75	37	601	525	788	6.73	3.74	5.0	85	27.3	38.5
H006	P.O42.5	0.35	20	12	33	131	254	75	45	601	525	788	6.73	3.74	5.4	85	26.8	37.6
备注	NMR－Ⅰ高效减水剂及 BLY 引气剂均为液剂																	

表 4.4　　面板防裂混凝土抗渗试验结果表

试验编号	水胶比	粉煤灰掺量/%	防裂剂掺量/%	设计抗渗等级	试验后状态	试验结果
H004	0.35	20	0	W12	渗透压力加到 1.2MPa 后，未出现漏水试件	≥W12
H005	0.35	20	10		渗透压力加到 1.2MPa 后，未出现漏水试件	≥W12
H006	0.35	20	12		渗透压力加到 1.2MPa 后，未出现漏水试件	≥W12
备　注	混凝土抗渗按《水工混凝土试验规程》(SL 352—2006) 逐级加压法进行					

表 4.5　　面板防裂混凝土抗冻试验结果表

试验编号	水胶比	粉煤灰掺量/%	VF 防裂剂掺量/%	冻融次数	标准要求		冻融后状态	
					相对动弹模量/%	质量损失/%	相对动弹模量/%	质量损失/%
H004	0.35	20	0	200	≥80	≤5	89	0.5
H005	0.35	20	10	200			85	0.3
H006	0.35	20	12	200			83	0.6

等级均满足 W12 要求，其试验结果见表 4.4。

(5) 面板防裂混凝土抗冻试验。

混凝土抗冻试验按《水工混凝土试验规程》(SL 352—2006) 快冻法进行检验。按试拌方案制备抗冻试件，至龄期后进行抗冻试验，各组混凝土均满足抗冻要求，其试验结果见表 4.5。

(6) 面板防裂混凝土变形性能试验。

1) 极限拉伸值试验。混凝土极限拉伸试验按《水工混凝土试验规程》(SL 352—2006)(4.5 混凝土轴向拉伸试验) 进行检验。按试拌方案制备轴向拉伸试件，至龄期后进行混凝土轴向拉伸试验，各组试件极限拉伸值符合设计要求，其试验结果见表 4.6。

表 4.6　　面板防裂混凝土极限拉伸值试验结果表

试验编号	水胶比	粉煤灰掺量/%	VF 防裂剂掺量/%	极限拉伸值/($\times10^{-6}$)	
				设计要求	试验结果
H004	0.35	20	0	≥100	113
H005	0.35	20	10		115
H006	0.35	20	12		108
备注	混凝土极限拉伸值试验按 SL 352—2006 (4.5 混凝土轴向拉伸试验) 进行				

2) 面板防裂混凝土限制膨胀率及干缩试验。为了取得防裂混凝土限制膨胀率及干缩率两个关键参数，试验选取三个 VF 防裂剂掺量、两种配筋率进行混凝土变形试验，其试验结果见表 4.7。

表 4.7　　面板防裂混凝土限制膨胀率及干缩试验结果表

试验编号	VF 掺量/%	约束条件/%	养护条件	限制膨胀率/($\times10^{-4}$)						干缩率/($\times10^{-4}$)	
				3d	5d	7d	14d	21d	28d	42d	60d
H004	0	μ=0.4	水中28d后取出20℃	0.153	0.245	0.245	0.245	0.245	0.245	−0.715	−1.626
		μ=0.785		0.133	0.133	0.133	0.134	0.133	0.133	−0.697	−1.547
H005	10	μ=0.4		0.902	1.925	2.450	2.600	2.700	2.733	1.265	1.092
		μ=0.785		0.836	1.824	2.366	2.434	2.500	2.566	1.228	1.093
H006	12	μ=0.4		1.034	2.010	2.516	2.703	2.752	2.798	1.231	1.101
		μ=0.785		1.013	1.932	2.430	2.583	2.650	2.712	1.179	0.996
备注	干缩率试验条件：温度 20℃±2℃，湿度 60%±5%										

(7) 面板防裂混凝土抗裂计算。

1) 极限拉伸值 S_K 的确定。根据实测混凝土极限拉伸值，考虑徐变使混凝土的极限拉伸值增加，提高混凝土的极限变形能力，安全增加 50%，因此，实际混凝土极限拉伸值计算为 $S_K=S/K\times(1+0.5)$。计算结果如下：

$$S_K(\text{H004})=1.13\times10^{-4}\times(1+0.5)=1.70\times10^{-4}$$

$$S_K(\text{H005})=1.15\times10^{-4}\times(1+0.5)=1.72\times10^{-4}$$

$$S_K(\text{H006})=1.08\times10^{-4}\times(1+0.5)=1.62\times10^{-4}$$

2）混凝土冷缩率 S_T 值的确定。混凝土冷缩率取决于施工时段混凝土实际浇筑温度，水化热温升和月平均最低温度。计算公式：

$$S_T=\Delta T\times\alpha \tag{4.3}$$

式中：ΔT 为混凝土降温过程的最大温差；α 为混凝土线膨胀系数，一般取 $\alpha=1\times10^{-5}/℃$。

混凝土温差 ΔT＝混凝土内部最高温度 T_{max}－环境温度

式中：T_{max}为混凝土浇筑温度＋水化热温升；环境温度为按最不利情况取施工期间工地月平均最低温度。

河口水库面板混凝土于3月开始施工，根据当地气象统计资料，该时段多年月平均最高气温为14.0℃，多年最低气温平均值为2.0℃。根据面板结构形式及施工季节情况，经计算混凝土内部最高温度为26.0℃，则混凝土温差：$\Delta T=26.0-2.0=24.0℃$，混凝土线膨胀系数 $\alpha=1\times10^{-5}/℃$，则混凝土冷缩率为

$$S_T=\Delta T\times\alpha=24.0\times1\times10^{-5}=2.4\times10^{-4}$$

3）混凝土干缩率 S_2 值的确定。混凝土干缩是由于混凝土中水分散失和环境湿度下降引起的，如能及时补充水分，或增加环境湿度，则干缩 逆特性 以发挥，使混凝土由收缩转为微膨胀。坝址区多年平均降雨量为600.3mm，年平均蒸发量为1611mm。3月多年平均相对湿度为65%左右，3—5月各月相对湿度变化不大，根据这样的气候条件，结合试验实测的混凝土限制收缩的试验成果及面板混凝土实际配筋率为0.45%，以60d龄期配筋率为0.40%的试件的干缩值为基准确定干缩应变。

$$S_2(\text{H004})=[0.245-(-1.626)]\times10^{-4}=1.871\times10^{-4}$$

$$S_2(\text{H005})=(2.733-1.092)\times10^{-4}=1.641\times10^{-4}$$

$$S_2(\text{H006})=(2.798-1.101)\times10^{-4}=1.697\times10^{-4}$$

4）限制膨胀率（e）的确定。根据补偿收缩通式计算：

$$|D|=|e-S_2-S_T|\leqslant|S_K|$$

A. VF防裂剂掺量为0时。

$$|e-1.871-2.40|\times10^{-4}\leqslant1.70\times10^{-4}$$

$$e\geqslant2.571\times10^{-4}$$

e 实测值为 2.45×10^{-5}

B. VF防裂剂掺量为10%时。

$$|e-1.641-2.40|\times10^{-4}\leqslant1.72\times10^{-4}$$

$$e\geqslant2.321\times10^{-4}$$

e 实测值为 2.733×10^{-4}。

C. VF防裂剂掺量为12%时。

$$|e-1.697\times10^{-4}\sim2.40\times10^{-4}|\leqslant1.62\times10^{-4}$$

$$e\geqslant2.477\times10^{-4}$$

e 实测值为 2.798×10^{-4}。

从上述防裂计算结果可以看出，防裂剂掺量为10%和12%时，均满足防裂要求。从

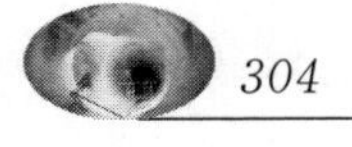

经济角度出发，选择防裂剂掺量为10%。

4.2 大坝面板柔性止水机械化施工技术研究

根据施工图纸的要求，面板表面止水材料为GB柔性填料，外部形状为半圆形或弧形。以往的面板坝柔性止水大多都是采用人工填筑，一是功效低；二是外观形状及线型难以掌握和控制。根据承包商调研，虽然近期国内也已开发制作有柔性止水机械化施工设备，即是通过坝顶设置的牵引设备，带动GB填料的自动能够成型的挤出机，随着设备的牵引沿坡面上升，挤出一道顺直光滑的标准形状的柔性的止水，但仍存在如下问题：

(1) 履带吊和卷扬机配合使用将带来诸多不便。如：履带吊占用空间较大，不利于坝顶平面布置，给现场施工、道路运输带来不便。更重要的是设备投资费用高（1台机械式履带吊价格100万～130万元），施工成本高。

(2) 挤出机均采用电加热来提高GB材料挤出时的温度，但是当外界环境温度变化较大时，需反复调节温度控制器，势必造成设备结构复杂，故障率高。违背了设备使用原则：结构简单、操作方便、成本低廉、故障率低、安全可靠。

(3) 为配合挤压机的正常工作，保证GB材料的供应，需另增加1台GB材料输送车和1台提升卷扬机。

(4) 挤出机和台车的空间位置相对固定，如遇到狭窄部位、扭曲面部位、拐角部位，则无法保证非直线段止水的施工。

(5) 用人工在坝面上反复用定位、紧固、撤除、搬运、定位、紧固止水模具，严重制约生产进度。

(6) 止水材料（GB材料）施工过程中，挤压机不能连续工作，影响生产进度。

(7) GB材料在高温状态下挤出，压入止水模具内腔，起模时易黏接，影响外观质量，若有掉块还需要再次进行修补。

以上缺陷总结为使用履带吊作为卷扬机的移动载体，投资高，维修、保养费用高，施工成本高；止水模具反复安装撤除，安装易造成止水表面质量不易控制，生产率低下；挤压机和操作平台固定连接，遇特殊位置无法施工、功能单一。

为了克服已有面板堆石坝止水材料（GB柔性填料）机械化施工中存在的以上缺点，承包商进行了技术革新，研制一台新型柔性材料自动化挤出机。

4.2.1 柔性材料挤出机研发

4.2.1.1 面板止水材料施工原理

利用螺旋挤压机的挤出压力将柔性填料挤入满足设计嵌填断面要求的半圆形模具内，反向推力作为挤出机的驱动力。施工时工作人员向投料口连续投放柔性填料，机器 自行前进，进行填料嵌填。

(1) 物料首先在外力场的作用下发生变形、流动、密实、升温、升压，然后在成型模具中被赋予一定的外形，并在外力的作用下联系施工，从而形成一条完整的止水带。GB柔性填料通过机筒一端的料斗进入机筒，然后通过螺杆传送到机筒的另一端。为了产生足够的压力，在保证螺旋叶片顶部最大半径不变的情况下，沿GB材料前进方向，螺旋叶片底部半径随着到出料斗口的距离的增加而增加。外部的加热以及塑料和螺杆由于摩擦而产生的内热，使塑料变软。

(2) GB填料挤出机是根据塑料、食品、橡胶挤出机的工作原理设计而成。考虑到现场施工条件，风大不易保温且加热不便，人工加料不均匀等因素。故挤出机的螺杆采用变截面螺旋叶片，即挤出机进口处螺杆旋转叶片的有效半径大于出口的螺杆旋转叶片的有效半径，也就是从进口到出口沿螺杆轴线方向旋转叶片的有效半径逐渐减小，从而提高出口处的GB柔性填料密实度、挤出压力及温度。

(3) 为满足设计、生产需要，GB填料挤出机能同时生产出不同形状、不同规格、不同断面尺寸产品。挤出机出口处连接一个集料器，集料器末端装有模具替换装置。

(4) 螺杆旋转后，从进料口投入的原料在螺旋叶片挤压、推进的过程产生高温、高压，并排除气体成形密实的填料。密实的填料从挤出机到集料器后进一步密实、表面润滑后从模具口中挤出满足设计要求的成形填料，填料在重力的作用下直接落入涨性缝或压性缝。从而完成表面止水（GB填料）的加工、铺设基本环节。

(5) 为保证挤出的不同规格、型号、断面尺寸（成形）GB填料外形平滑、美观，内部密实，整体均匀、连系性好。那么填料的挤出速度必须和挤出机前进的速度保持高度的一致，否则可能会出现堆料、欠料现象。且通过螺旋挤压加热后，既黏且软，可以更好地与混凝土面和盖板黏结。

4.2.1.2 新研制的柔性材料挤出机的优点

(1) 卷扬机连续提升操作平台及挤压机，挤压机连续工作，GB柔性填料连续从模具中挤出，连续将GB柔性填料铺设到坝面止水沟槽中，彻底杜绝了五块止水模具反复周转的现象。

(2) 工作系统大大简化了施工工序，避免了操作平台及挤压机间断的工作方式，避免了GB柔性填料搭接口不密实、产生气泡等质量缺陷，同时还避免了止水模具的反复周转所产生粘连现象。

(3) 用一台5t汽车替代一台履带吊车使投资费用大大降低；用一台变频3t卷扬机代替定速卷扬机，当遇到不同的止水断面施工时，变频卷扬机 根据GB柔性填料在止水模具内腔中成型的速度，及时改变操作平台的速度相一致。

(4) 采用一台二级传动（圆柱齿轮）减速机和一台行星摆线减速机串联，充分降低了卷扬机的提升速度，以适应较大断面止水施工，同时降低了卷扬机的结构尺寸和重量。

(5) 挤出机和止水模具连城一体，挤压机在操作平台上实现上下、左右摆动，前后移动。

当操作平台及挤出机运动方向止水偏离止水轴线时，通过止水模具的左右摆动实现GB柔性填料铺设在止水轴线上。

当止水轴线由直线变曲线走向时，通过止水模具左右摆动逐渐调整GB柔性填料形成的轨迹。

当止水在坝面上有局部凹、凸要求时，通过止水模具的上下摆动满足设计、施工要求。

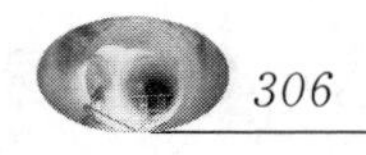

当操作平台位置不易布置时，挤压机和操作平台 以随时分离，单独工作。

4.2.1.3 设备制作

面板堆石坝GB柔性填料机械化施工所使用的机械设备有以下五部分：牵引系统、运输车辆、支撑及升降系统、工作平台载体、GB柔性填料挤压机及控制系统。

（1）牵引系统。电动机、通用磁通矢量控制变频器1、变速箱2、制动器3、摆线针轮减速机5、卷筒4、机架9等组成。

1）电动机的技术参数。型号为YH112M-4 B5，功率4KW，电压380V，转速1440r/min，重量43kg。

2）通用磁通矢量控制变频器的技术参数。型号为RP530-A4T4ROGB/5R5PB，输入电流为10.5/14.6，输出电流为9.0/13.0，适配电机功率为4kN，调速范围为1∶200、适应环境为－10～40℃，速度调节为手动按键调节。

3）摆线针轮减速机的技术参数。型号为BWD-3-11-4，中心高160mm，输入转速为1440r/min，联轴器、刹车系统。

4）三级闭式齿轮传动减速机技术参数。型号为JM5，钢丝绳直径21.5mm，钢丝绳长度为200m，最大绳速为2.3m/min，最小绳速为0m/min。在0～2.3m/min之间 实现无级调速。

5）制动器型号：YWZ-300/45。

（2）运输车辆。采用一台旧5t自卸汽车，作为运输系统，并进行适当改装。汽车的主要参数：长×宽×高：6700×2460×2555mm大梁上平面距地面高度1260mm，撤掉大箱及副梁，并做加固。

（3）支撑及升降系统。由底架、四根竖向连续梁、两根加强横梁、四只升降器、两个定位块、两个定位销轴、两根斜调节杆、两块销轴定位板及板构成。其中：升降器（千斤）由手动摇把、外置减速机、升降机构、壳体、支撑板构成，升降器的技术参数为：外形尺寸200mm×200mm×1100mm、承载力5t、上下自由行程600mm。

（4）工作平台载体。由四条650轮胎、方向盘及传动机构、操作座椅、操作平台护栏、GB材料堆放平台、工作平台载体、GB三复合盖板堆放小平台、小平台拉杆、GB三复合盖板回转轴、回转轴支撑杆、工作平台载体牵引吊耳等构件组成。

（5）GB柔性填料挤压机及控制系统。由三相异步电动机、变速箱、挤压机、进料口、GB柔性填料储存器、止水模具片、上回转平台、挤压机回转托架、挤压机纵向行走小台车、挤压机横向滑道、小台车纵向牵引吊耳、小台车纵向牵引电动葫芦、工作平台载体、纵向滑道上下转动调整机构等构件组成。

4.2.2 施工技术控制

该挤出机的使用满足一定条件，一般在接缝两侧50cm宽、2m长范围内的混凝土表面起伏差应小于10mm。另外，由于挤出机是按照具体接缝断面设计的，缝口尺寸应严格满足设计要求。公伯峡表面止水施工中曾发生过缝口尺寸较设计要求偏小，挤出机底部无法卧在缝口槽中，致使挤出机无法运行的情况，这时对缝口进行修整。

4.3　大坝面板裂缝处理技术

4.3.1　概述

4.3.1.1　裂缝情况

大坝一期面板共有27块，一期面板浇筑高程225.00m，其中有22块面板分缝宽度为12m，其余为6.0m。面板顶部厚度（高程286.00m）0.3m，底部0.72m，采用双层配筋，一期面板一块最大斜长约104.5m。由于单块面板比较长，施工中如控制不严，容易出现裂缝。大坝面板从2013年3月12日开始浇筑，于4月10日左右开始发现面板出现裂缝，以后随着面板的施工，面板裂缝相继发生，混凝土裂缝分部于大坝一期混凝土面板16号、17号、19号、13号、11号、25号、9号，共计21条裂缝，均为横向表层非贯穿性裂缝，最大缝长为12m，最小缝长为0.2m，缝宽0.21～0.69mm。裂缝统计见表4.8。

表4.8　一期面板裂缝统计表

序号	施工区域	浇筑部位	裂缝高程 /m	裂缝深度 /mm	裂缝长度 /m	裂缝宽度 /mm
1	受压区	16号	183.811	40	12	0.39
2	受压区	17号	182.783	124	12	0.41
			222.154	16	0.3	0.31
			220.778	41	1.5	0.63
			216.571	4	4	0.44
			217.526	10	0.2	0.40
			217.312	43	3.0	0.53
			201.865	11	6.0	0.69
			193.482	10	2.0	0.40
			176.743	14	0.3	0.55
			176.509	14	0.4	0.61
3	受压区	19号	207.771	72	0.6	0.59
			202.515	6	0.2	0.47
4	受压区	13号	211.933	81	12	0.37
5	受压区	11号	183.671	117	12	0.33
			214.406	14	0.3	0.58
6	受拉区	25号	207.325	89	12	0.33
			203.392	113	12	0.31
			190.710	104	12	0.30
7	受拉区	9号	209.200	87	12	0.21
			202.747	104	12	0.27

大坝二期面板总共有49块面板，面板从一期、二期结合部225.00m高程起至坝顶286.00m高程，单块板斜长110m，面板单块宽度和一期面板一样，靠近左岸有8块宽度为6.0m，其余单块为12.0m。二期面板裂缝相对于一期面板稍多，混凝土裂缝分部于二期面板受压区12号、14号、20号、21号、22号、23号、24号，受拉区5号、7号、8号、9号、25号、27号、29号、31号、32号、33号、42号，共计109条裂缝，其中压性缝26条，张性缝83条，均为横向表层非贯穿性裂缝，最大缝长为12m，最小缝长为3m。二期面板裂缝统计见表4.9。

表4.9　二期面板裂缝统计表

序号	施工区域	浇筑部位	裂缝高程/m	裂缝深度/mm	裂缝长度/m	裂缝宽度/mm
1	受压区	12号	233.70	65	10.5	0.3
			236.50	59	12	0.3
			238.40	46	11	0.35
			240.80	35	12	0.4
			244.90	43	12	0.4
			254.30	46	12	0.3
			257.60	26	12	0.5
2	受压区	14号	277.30	103	8	0.4
			274.10	66	8	0.5
			274.90	40	9	0.4
			255.80	56	12	0.3
			252.50	60	11.5	0.45
			250.60	59	12	0.35
3	受压区	20号	230.80	32	11	0.3
			266.00	20	12	0.3
4	受压区	21号	272.80	48	12	0.3
5	受压区	22号	250.90	58	12	0.35
			249.30	24	12	0.3
6	受压区	23号	241.30	94	12	0.3
			232.40	145	12	0.3
			227.10	67	10	0.35
			247.80	66	12	0.3
			237.30	83	12	0.35
7	受压区	24号	247.90	53	12	0.3
			259.80	84	12	0.3
			267.70	138	12	0.3

续表

序号	施工区域	浇筑部位	裂缝高程/m	裂缝深度/mm	裂缝长度/m	裂缝宽度/mm
8	受拉区	5号	262.40	50	4	0.2
			262.30	54	12	0.25
			261.10	21	3	0.2
			259.50	45	12	0.35
			257.10	60	12	0.3
			253.90	45	12	0.25
			249.70	71	12	0.2
			248.30	22	12	0.2
			235.00	55	12	0.2
9	受拉区	7号	282.40	22	3	0.2
			273.80	68	5	0.25
			262.80	22	12	0.2
			259.30	54	12	0.25
			254.50	38	12	0.25
			244.30	38	12	0.3
10	受拉区	8号	255.10	36	11	0.2
			279.10	41	6	0.25
11	受拉区	9号	244.80	33	4	0.2
12	受拉区	25号	233.90	41	12	0.2
			237.80	31	12	0.2
			239.50	54	12	0.25
			248.50	66	12	0.3
			258.60	86	12	0.2
			267.10	92	12	0.25
			269.90	115	12	0.3
			272.10	58	3	0.2
			274.10	81	12	0.25
			280.80	86	12	0.2
			280.40	44	4	0.25
13	受拉区	27号	279.40	126	10	0.2
			277.30	74	12	0.2
			269.00	164	6	0.2
			267.80	74	12	0.25
			258.90	53	10	0.35

续表

序号	施工区域	浇筑部位	裂缝高程 /m	裂缝深度 /mm	裂缝长度 /m	裂缝宽度 /mm
13	受拉区	27 号	253.80	76	12	0.25
13	受拉区	27 号	251.80	61	12	0.35
13	受拉区	27 号	250.00	64	12	0.2
13	受拉区	27 号	238.60	85	12	0.25
13	受拉区	27 号	233.90	101	10	0.3
13	受拉区	27 号	232.10	82	12	0.25
14	受拉区	29 号	236.80	60	6	0.25
14	受拉区	29 号	238.90	66	6	0.25
14	受拉区	29 号	242.90	64	6	0.2
14	受拉区	29 号	245.60	56	6	0.2
14	受拉区	29 号	248.10	77	6	0.2
14	受拉区	29 号	252.90	43	6	0.2
14	受拉区	29 号	257.40	65	6	0.25
14	受拉区	29 号	270.40	77	6	0.25
14	受拉区	29 号	282.70	64	6	0.25
15	受拉区	31 号	277.30	71	6	0.3
15	受拉区	31 号	263.00	57	6	0.25
15	受拉区	31 号	258.30	60	6	0.3
15	受拉区	31 号	248.20	59	6	0.2
15	受拉区	31 号	246.00	71	6	0.25
15	受拉区	31 号	234.40	73	6	0.25
15	受拉区	31 号	234.40	77	3	0.2
15	受拉区	31 号	229.80	84	6	0.25
16	受拉区	32 号	251.40	98	6	0.5
16	受拉区	32 号	248.50	53	6	0.3
16	受拉区	32 号	245.90	55	6	0.2
16	受拉区	32 号	241.60	62	6	0.25
16	受拉区	32 号	239.60	62	6	0.2
16	受拉区	32 号	236.90	59	6	0.3
16	受拉区	32 号	232.10	75	6	0.25
16	受拉区	32 号	228.60	61	5	0.5
17	受拉区	33 号	282.50	69	6	0.25
17	受拉区	33 号	276.30	66	3	0.25
17	受拉区	33 号	247.20	25	3	0.2

续表

序号	施工区域	浇筑部位	裂缝高程/m	裂缝深度/mm	裂缝长度/m	裂缝宽度/mm
17	受拉区	33号	243.70	90	6	0.25
			241.30	44	3	0.25
			234.30	94	6	0.25
			232.10	86	6	0.2
18	受拉区	42号	282.10	38	3	0.2
			275.00	77	12	0.2
			273.10	81	12	0.2
			271.20	101	12	0.2
			264.30	51	12	0.25
			262.20	56	12	0.2
			260.00	71	10	0.2
			257.50	87	8	0.4
			257.30	64	6	0.2
			254.50	53	6	0.2
			252.70	33	4	0.2

4.3.1.2 裂缝原因分析

裂缝出现后，对现场裂缝进行仔细分析和研究，初步认为，由于裂缝出现在面板施工不久，最早的裂缝在面板浇筑后一个月就出现了，基本排除了因基础变形等产生的结构裂缝，裂缝主要为非结构性裂缝。主要原因为：

（1）混凝土初凝时间过长，滑膜拉的时间早，混凝土未初凝，导致收面及压光质量上不去；其次混凝土未初凝拉模有点早，引起混凝土往下变形。

（2）混凝土坍落度过大，容易出现干缩，目前坍落度出机口为7～9，实际到现场为4～6，还是有点大。

（3）浇筑混凝土时，昼夜温差过大，混凝土内外温差过大。二期面板在大坝上半部，迎风面积大，如不及时覆盖养护，出现裂缝的几率较大。

（4）混凝土养护不及时、不到位，特别是混凝土初凝与终凝之前保湿不够。

（5）部分裂缝多出现后浇筑仓面中间板块，面板采用跳仓浇筑，早期浇筑板块未充分变形，夹仓存在约束影响。

4.3.2 裂缝处理的一般方法

根据《混凝土面板堆石坝设计规范》（DL/T 5016—2011）的规定，面板裂缝大于0.2mm或判定为贯穿性裂缝时，应采取专门措施进行处理。实际工程中，好多面板堆石坝的面板只要出现裂缝，不管裂缝宽度大小一般都要处理。首先面板是堆石坝防渗的唯一本体，一旦漏水将会失去面板的作用，甚至危及大坝安全；其次一般面板出现裂缝后并没有处于稳定状态，即裂缝是活缝，不是死缝，裂缝还要继续发展。目前对于面板裂缝处理的原则大概是，对于裂缝宽度小于 0.2mm 的裂缝一般是采用表面封闭的措施，对于大于 0.2mm 的裂缝，一般都是先对裂缝进行化学材料灌浆处理，然后再进行表面封闭处理。

裂缝的处理方法及材料很多（见表 4.10），大体上可分为如下几类。

表 4.10　　国内混凝土面板堆石坝混凝土面板裂缝处理常规方法表

编号	0.2mm 以下处理方案	0.2mm 以上处理方案	代表水库
1	GB 胶板及 GB 三元丙复合板表面黏贴封闭	先化学灌浆（聚氨酯），然后表面在采用 GB 胶板及 GB 三元丙复合板表面粘贴封闭	松山水库、公伯峡水库、万胜坝水库
2	表面采用 HK-G-2 低黏度环氧（渗进缝内），然后在涂刷一层 HK-961 环氧增厚涂料（厚度 1mm 左右）	先化学灌浆（环氧树脂），然后涂刷 2 层 HK-961 环氧增厚涂料（厚度 1mm 左右）	新疆阿勒泰水库
3	表面涂刷 SG305-C1 液体橡胶及 PSI-200 水泥基渗透结晶型防水材料（厚度不小于 1mm）	先化学灌浆（环氧树脂），然后表面涂刷 SG305-C1 液体橡胶及 PSI-200 水泥基渗透结晶型防水材料	桃子沟水库
4	表面涂刷水泥基渗透结晶型防水材料（不小于 1mm）	先化学灌浆（环氧树脂），然后表面 SR 防渗胶带	义乌市枫坑水库
5	表面涂刷帕斯卡水泥基渗透结晶型防水材料（不小于 1mm）	表面开 U 形槽，采用环氧砂浆回填，表面在涂刷帕斯卡水泥基渗透结晶型防水材料（不小于 1mm）	三板溪水库
6	表面涂刷 PUA-75 聚脲弹性涂料 2 遍（厚度 1mm）封闭	先化学灌浆（环氧树脂），然后表面涂刷 PUA-75 聚脲弹性涂料 2 遍（厚度 1mm）	马家岩水库面板、黄龙水库、宝泉电站（进口前池面板）
7		先化学灌浆（改性环氧树脂），然后表面涂刷厚度 1cm 丙乳砂浆（宽 20cm）	贵州道塘水库
8	表面采用玻璃丝粘胶封闭	先化学灌浆（改性环氧树脂），表面采用玻璃丝粘胶封闭	茶陵县某水库
9		先化学灌浆（聚氨酯），然后表面开 U 形槽，采用环氧砂浆封闭	某水库
10	采用丙乳胶泥＋GB 复合盖板封闭	先化学灌浆（原要求聚氨酯，实际环氧树脂），然后开槽充填丙乳砂浆＋GB 复合盖板封闭	河口村水库 214.00m 高程以下已实施面板
11	表面凿槽，采用聚氨酯封闭	先化学灌浆（原要求聚氨酯，实际环氧树脂），然后开槽充填聚氨酯	河口村水库 214.00m 高程以上的处理方案

4.3.2.1　宽度在 0.2mm 以下的裂缝

一般采用表面粘贴 GB 止水胶板，液体橡胶、玻璃丝布、聚氨酯（开槽）、环氧砂浆（开槽）或环氧涂料、水泥基渗透结晶型防水涂料，聚脲涂料等进行表面处理。

4.3.2.2　宽度在 0.2mm 以上的裂缝

一般分两个处理程序：第一步，是先对裂缝进行化学关键处理，化学灌浆材料一般采用环氧树脂和聚氨酯，环氧树脂强度高，黏接力好，但缺点是材料呈硬性，不容易适应变形，所以会做成改性的，使其柔性好一点，能适应变形。聚氨酯柔性很好，具有遇水膨胀功能。

第二步，化灌处理后，还要对表面进行封闭处理。

裂缝的后期处理，由于好多面板裂缝处理后在表面都留有痕迹，影响外观，所以有些面板坝裂缝处理后又在表面涂刷了一种覆盖剂，如混凝土保护剂，同时这种保护剂其实也是一种水泥基渗透防水材料，涂刷在混凝面板表面，与混凝土中未水化的水泥颗粒再次发生水化作用，填充、封堵混凝土中的孔隙和毛细管，提高面板的整体防水和防渗效果。水布垭、三板溪河口村水库涂刷了这种材料。

4.3.3 面板裂缝处理方案及施工

4.3.3.1 面板裂缝处理方案

根据工程经验及相关规定，确定河口村水库面板裂缝处理方案如下：

(1) 高程 214.00m 以上大坝面板、趾板裂缝处理方法。

1) 0.2mm 以下裂缝：表面涂刷 HPC 聚氨酯防渗材料，厚 2mm，宽 6.0cm。

2) 0.2mm 以上裂缝：除化灌外，表面封闭要求如下：①高程 250.00m 以下，开槽深度 1cm，宽度 8cm（缝两侧各 4cm），嵌涂 HPC 聚氨酯防渗材料。②高程 250.00～275.00m 之间，开槽深度 1cm，宽度 5cm（缝两侧各 2.5cm），嵌涂 HPC 聚氨酯防渗材料。③高程 275.00m 以上裂缝不再开槽，表面直接涂刷 HPC 聚氨酯防渗材料，厚 2mm，宽 6.0m。

(2) 高程 214.00m 以下大坝面板、趾板裂缝处理方法。高程 214.00m 以下大坝面板、趾板、连接板、高趾墙及现浇墙混凝土，当缝宽小于 0.2mm 时，采用丙乳胶泥＋GB 复合盖板封闭。

当缝宽大于 0.2mm 或贯穿性裂缝或出现渗水的裂缝均采用 GB 复合盖板＋丙乳胶泥封缝＋化学灌浆法处理。

趾板对不小于 0.20mm 的裂缝进行化学灌浆处理。

4.3.3.2 裂缝处理材料

(1) 弹性环氧砂浆。抗压强度不小于 30MPa；黏结强度不小于 1.5MPa。

弹性环氧砂浆参考配比见表 4.11。

表 4.11　　弹性环氧砂浆参考配比表

项　　目	材料名称	配合比（质量百分比）
主剂	环氧树脂 E-44	100
增弹剂	聚硫橡胶	20
固化剂	乙二胺（EDA）	10
增塑剂	邻二甲酸二丁酯	10～15
稀释剂	丙酮	15～20
填充剂	砂（细度模数 2.3～3.0）	200～400
水泥	≥42.5MPa	100～400

(2) 丙乳砂浆（胶泥）。抗压强度不小于 30MPa；黏结强度不小于 1.5MPa；抗拉强

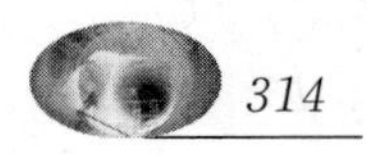

度不小于1.7MPa。

丙乳砂浆配合：灰砂比1∶1～1∶2；灰乳比1∶0.15～1∶0.3；水灰比40%左右，水泥宜采用42.5R以上级普通硅酸盐水泥，砂子的细度模数1.6左右，为细砂，要求采用过筛；聚合物丙乳的固体含量为39%～48%，砂浆用水总量应考虑丙乳中的含水量。

（3）水泥基渗透结晶型材料。为C型水泥基渗透结晶型防水涂料，防水涂层与湿基面的粘结强度不得小于1.5MPa，抗渗压力不得小于1.5MPa，其材料应符合《水泥基渗透结晶型防水涂料》（GB 18445—2001）及国家有关规程规范要求。

（4）HPC聚氨酯防渗涂料。HPC聚氨酯防渗涂料为双组份，甲乙组份比例为1∶1。材料力学性能指标执行《聚氨酯防水涂料》（GB/T 19250—2013）Ⅱ型标准，无毒试验应满足国家相关规范标准。

（5）化灌材料。为低膨胀型水溶性聚氨酯，聚氨酯黏结强度不小于1.5MPa。

4.3.3.3 裂缝处理施工

（1）化学灌浆施工。

1）化学灌浆前用棉纱清除混凝土裂缝周围表面的附着物。按骑缝孔形式对混凝土裂缝进行布置，一般在缝面布设灌浆嘴。孔距 视裂缝的宽度和通畅情况、浆液黏度及允许灌浆压力而定，一般孔距在30～50cm之间。

2）嵌缝止浆，在要嵌缝的部位，沿缝人工画线，宽度2～5cm，并清除范围内松动的混凝土碎屑及粉尘，然后沿缝用丙乳胶腻子对裂缝进行嵌缝封闭。

3）压气试验，压气所用的压力不得超过设计灌浆压力，一般为0.3～0.6MPa，初选按0.4MPa控制，最大不超过0.6MPa。灌浆顺序由下而上，由深到浅，由裂缝一端的钻孔向另一端的钻孔逐孔依次进行，灌浆压力由低向高逐渐上升。

4）灌浆，灌浆压力0.3～0.6MPa，根据裂缝情况选择灌浆方法，对于比较细的裂缝，需用较长凝结时间的浆液；对于较宽裂缝，需用较短凝结时间浆液。在一条裂缝上布有几个浆灌孔（嘴）时，按由下而上的顺序进行灌浆。灌浆的结束标准是以不吸浆为原则，如吸浆率小于0.05L/min，并维持适当时间（一般5min），亦作为结束标准，停止灌浆。

5）封孔，对于固化后的化灌材料，应把孔内固结物清除干净，然后用聚合物封孔。

（2）高程214.00m以下裂缝表面防护。0.2mm以下及0.2mm以下裂缝表面封闭均采用表面丙乳胶泥＋粘贴GB胶板的方法进行表面封闭。GB复合盖板宽15cm，采用SK底胶黏结，边缘采用封边胶封闭。

（3）214.00m高程以上裂缝表面防护。施工工艺：骑裂缝划线→切割磨槽→清理尘土→粘贴牛皮胶带→涂刷底涂剂（同时拌制HPC聚氨酯防渗材料）→分层上胶→去胶带。

沿裂缝凿宽浅U形槽，槽深均为1cm，高程250.00m以下8cm、高程250.00m以上宽5cm：用吹尘机吹去槽内表面及槽周围灰尘，确保槽内干燥干净，涂刷专用底涂剂（DT-2），涂刷充分均匀发亮，用量300g/m^2左右；然后按甲乙组份重量1∶1配制HPC聚氨酯防渗材料，放置20min（视温度调整）后，槽内采用批灰刀和专用涂刷器分层上胶至与槽口平，分层涂刷时间一般间隔不超过2h，通过涂刷器可调节每次涂刮厚度。修补材料颜色调成和混凝土一致，修补面与周边混凝土齐平。

（4）裂缝修补环境。裂缝修补在5～25℃环境条件下进行，灌浆在裂缝开度大时进行。高温季节，裂缝修补时间安排在早晚或夜间，以避开高温环境。

（5）质量检查。

1）采用化灌裂缝处理完毕14d后，钻检查孔进行压水试验，检查单孔透水率 小于0.3Lu，压水检查的孔口压力为0.5MPa，抽样频率（条数）为10%。

2）对处理后的裂缝进行声波检测，声波波速全部符合不低于混凝土未产生裂缝波速的95%。

（6）效果评价。混凝土面板是大坝坝体的主要防渗体系，裂缝的处理是确保面板正常运行的关键。面板裂缝处理后，在已产生面板的裂缝部位，作声波测试检测，经检测，未产生裂缝混凝土波速为4000～4198m/s，产生裂缝后，波速为3025～3385m/s，裂缝处理后声波波速为3802～3991m/s，灌浆后的波速接近无裂缝混凝土的波速，说明这次裂缝化学灌浆效果明显，混凝土裂缝中充满了介质（化学灌浆材料）。

裂缝化灌处理后又针对这些已处理裂缝进行封闭，加强了裂缝处理的效果。

左右岸趾板经检测，未产生裂缝混凝土波速为4015～4198m/s，产生裂缝后，波速为3105～3395m/s，裂缝处理后声波波速为3854～3985m/s，灌浆后的波速达到无裂缝混凝土波速的95%以上，裂缝处理满足规范及设计要求。

对处理后裂缝压水试验结果表明：大坝混凝土面板所检6孔各试验段透水率范围值为0.18～0.29Lu，大坝左右岸趾板所检3孔各试验段透水率范围值为0.21～0.28Lu，均满足设计要求。

因此，本工程裂缝采取上述工程措施处理后，面板及左右岸趾板混凝土能满足工程安全运行要求。

4.3.4 裂缝处理后的防老化保护技术

4.3.4.1 概述

（1）大坝面板外观保护措施。大坝面板裂缝经过处理后，满足水库运行要求，但由于面板裂缝处理采用的是先化灌后表面封闭的办法，裂缝处理后面板表面留下了很多痕迹，影响整个面板的外观质量。河口村水库位于沁河最后一个出山口，水库大坝地处狭窄河道的风口，最大坝高122.5m，大坝上游防渗面板最薄为30cm，最厚为72cm，混凝土面板强度等级为C30W12F250，在运行过程中，水库大坝受大坝风口及水库汛限水位影响，水位变幅较大，面板混凝土会经常遭受风吹、日晒、水位变化刷洗及雨淋等，由于混凝土本体的性能指标不是很高，会使混凝土的抗老化性、抗碳化性、抗渗性、抗侵蚀性及抗冻性等耐久性能进一步削弱，不可避免地会使面板产生侵蚀、剥蚀及裂缝等缺陷的继续产生，继而导致面板产生渗漏水等现象，严重会破坏面板进而影响大坝的安全运行。因此，经多方调研和研究，采用一种保护混凝土的涂料——混凝土保护剂对水库大坝上游位于水位变动区的混凝土面板进行保护处理，并同时提高混凝土的抗渗性、抗老化、抗碳化、耐久性及美观性。

（2）溢洪道底板外观保护措施。溢洪道由引渠、闸室、泄槽和出口挑流消能段组成，溢洪道长174.0m；闸室、泄槽及挑流鼻坎底板均为HFC40W6F150混凝土。水库在运行过程中，溢洪道底板也会遭受风吹、日晒、泄流冲刷及雨淋等，将使混凝土耐久性能（抗老化性、抗碳化性、抗渗性、抗侵蚀性及抗冻性等）进一步削弱，不可避免地会使混凝土底板产生侵蚀、剥蚀及裂缝等缺陷，天长日久，混凝土也会疏松，失去强度，其次雨水也会逐渐渗透腐蚀钢筋；另外溢洪道为高速水流（流速最高达 36.5m/s），当底板出现剥蚀、裂缝缺陷、碳化、强度疏松时，在高速水流作用下，底板会发生气蚀破坏，继而破坏底板结构，严重将影响溢洪道的安全运行。因此，根据业主要求，对溢洪道闸室、泄槽及挑流鼻坎混凝土底板也涂刷一种保护材料。但由于溢洪道为高速水流，如采用混凝土保护剂进行保护，因保护剂抗冲能力较差。经多方调研，采用高聚物快速结构修补料对溢洪道底板进行保护处理，该材料不仅能提高底板混凝土的抗老化、抗碳化、抗渗等耐久性，也具有较强的抗冲刷能力。

4.3.4.2 混凝土保护剂原理及材料指标

（1）原理。混凝土保护剂是由有机硅树脂和多种助剂组成的水性乳液涂料，有机硅的小分子结构可穿透胶结性表面，渗透到混凝土内部与水分子发生反应，形成斥水处理层，从而抵制水分进入基底中，继而产生防水、抗渗、防氯离子侵蚀，抗紫外线的性能，且具有透气性；同时可有效防止基材因渗水、日照和酸碱盐侵蚀而对混凝土及内部钢筋结构的腐蚀、疏松、剥落等引起的病变，提高建筑物的使用寿命，并保持原有的外观。

（2）材料主要性能指标。

混凝土保护剂主要技术指标见表 4.12。

表 4.12　　混凝土保护剂主要技术指标表

<table>
<tr><th>序号</th><th colspan="3">试　验　项　目</th><th>性能指标</th><th>备注</th></tr>
<tr><td>1</td><td colspan="3">pH 值</td><td>8±1</td><td></td></tr>
<tr><td>2</td><td colspan="3">稳定性（未稀释产品）</td><td>无分层、漂白、明显沉淀</td><td></td></tr>
<tr><td>3</td><td colspan="3">吸水率比/%，≤</td><td>20</td><td></td></tr>
<tr><td>4</td><td colspan="3">与混凝土黏结强度</td><td>≥1MPa</td><td></td></tr>
<tr><td>5</td><td colspan="3">与聚氨酯黏结强度</td><td>≥1MPa</td><td></td></tr>
<tr><td rowspan="4">6</td><td rowspan="4">保护剂（涂层）外观</td><td>8～10 年</td><td>抗老化试验 1000h 后</td><td rowspan="2">不粉化、
不起泡、不龟裂、不剥落</td><td></td></tr>
<tr><td>8～10 年湿热</td><td>抗老化试验 1500h 后</td><td></td></tr>
<tr><td colspan="2">耐碱性试验 30d 后</td><td>不起泡、不龟裂、不剥落</td><td></td></tr>
<tr><td colspan="2">标准养护后</td><td>均匀、无流挂、无斑点、不起泡、不龟裂、不剥落等</td><td></td></tr>
<tr><td>7</td><td>抗氯离子侵入性</td><td colspan="2">活动涂层片抗氯离子侵入试验 30d 后</td><td>氯离子穿过涂层片的透过量在 5.0×10^{3}mg/(cm^{2}·d) 以下</td><td></td></tr>
<tr><td rowspan="6">8</td><td rowspan="6">渗透性/mm，≤</td><td colspan="2">标准状态</td><td>2</td><td></td></tr>
<tr><td colspan="2">热处理</td><td>2</td><td></td></tr>
<tr><td colspan="2">低温处理</td><td>2</td><td></td></tr>
<tr><td colspan="2">紫外线处理</td><td>2</td><td></td></tr>
<tr><td colspan="2">酸处理</td><td>2</td><td></td></tr>
<tr><td colspan="2">碱处理</td><td>2</td><td></td></tr>
</table>

4.3.4.3 高聚物快速结构修补料原理及指标

（1）原理。高聚物快速结构修补料，是以水泥为基础结合剂，高强度材料（石英砂）作为主骨料，辅以高分子胶粉、高效减水剂、早强剂、膨胀剂、防离析等物质配制而成的超早强型混凝土结构修补材料。该材料为非自流、非自密、超早强型（修补型）结构修补材料，适用于混凝土结构表面破损的快速修复。可有效防止基材因渗水、日照和酸碱盐侵蚀而对混凝土及内部钢筋结构的腐蚀、疏松、剥落等引起的病变，同时具有较强的抗冲刷能力，提高建筑物的使用寿命，并保持原有的外观。

（2）主要技术指标。高聚物快速结构修补料技术指标见表4.13。

表4.13　　高聚物快速结构修补料技术指标表

技术指标		技术要求	实测结果	检验方法
最大集料粒径筛孔通过率/%		9.5mm筛孔通过率为100%	—	称量1kg灌浆材料，用9.5mm、4.75mm、2.36mm筛孔的砂石筛过筛后进行称量
		4.75mm筛孔通过率为100%	100	
		2.36mm筛孔通过率不小于95%	97	
		2.36mm筛孔通过率不大于70%	—	
抗压强度/MPa	28d	≥60.0	—	

注　1. 表中性能指标均应按产品要求的最大用水量检验。
2. 修补料中应掺入高效膨胀剂，能够阻止修补料失水收缩，达到不收缩。
3. 修补材料应属于无机混合料，耐腐蚀、耐老化。
4. 修补材料应无毒、无害、对钢筋无腐蚀、对水质及周围环境无污染。

4.3.4.4 总施工顺序

混凝土保护剂及高聚物快速结构修补材料的总施工程序基本一致：

施工准备→裂缝处理→基面打磨处理→刮混凝土修复与防护腻子→砂纸打磨→清理基面→色差调整剂施工→罩面漆施工→验收清场。

4.3.4.5 主要施工工艺

上述两种材料的主要施工工艺基本一致。

（1）裂缝处理。

1）裂缝基面打磨。对于面板上的裂缝，首先使用带磨片的电动角磨机将裂缝原有聚脲老化层清除并打磨平整圆滑，与周围混凝土过渡平缓，然后采用钢丝球清除聚脲层上松动杂物，并用高压风枪清理干净。

2）环氧树脂腻子施工。用宽透明胶带沿裂缝走向粘贴在两侧进行规整，采用环氧树脂腻子两组份搅拌均匀，对裂缝进行找平处理，使其与周围混凝土平顺过渡、衔接自然，自然养护1d后采用聚氨酯密封胶处理。

3）聚氨酯密封胶施工。环氧树脂腻子表干后，采用刮涂一层聚氨酯密封胶对裂缝部位进行处理，要求表观质量平滑、无明显刮痕，与周围混凝土过渡平顺，无明显边界，自然养护1d。

注：聚氨酯密封胶的作用在于使裂缝与周围混凝土过渡平缓，衔接自然，同时缓解混凝土裂缝热胀冷缩的应力，避免在外界条件下在裂缝处出现裂开情况。

（2）基面处理。由于大坝面板混凝土表观质量较差、色差较大，需要对裂缝外的其他区域基面进行处理。

基面处理使用磨除法，能使比较粗糙的混凝土表面附着的泥沙、灰尘、水垢等清除干净，首先采用磨片将基面打磨平整，然后采用钢丝刷进行处理，清除松动颗粒，而后用高压风枪进行洁净处理。

基面如有钢筋等金属构件时，低于修复厚度部分应除净锈蚀，露出新鲜表面，高于环氧砂浆修复部分时，需要将钢筋、金属构件切除。

保护剂施工之前，混凝土基面需保持干燥状态，对局部渗漏水部位，采取化学灌浆的方式进行止水堵漏，对局部潮湿的基面使用喷灯烘干或自然风干。

基面处理完后，经验收合格（周边混凝土密实，表面干燥，无松动颗粒、粉尘、水泥净浆层、及其他附着物和污染物等）后才能进行下道工序。

（3）刮涂混凝土修复与防护腻子。基面打磨处理完成后，采用混凝土修复与防护腻子对基础面进行找平处理，待自然晾干后用200号砂纸打磨处理。

（4）色差调整剂施工。在基面与裂缝均处理好后，按试验阶段的对比选定的配比结果拌制色差调整剂，将色差调整剂与水按适当的比例混合搅拌均匀，采用喷涂机或辊刷进行施工，要求涂刷薄而均匀，保证与混凝土颜色接近或色差较小，自然晾干后进行下道工序。

（5）罩面漆施工。色差调整剂施工完成后，对三组份的罩面材料按比例混合搅拌均匀后采用喷涂机或辊刷进行罩面施工，养护3～7d。罩面材料的目的在于提高混凝土的耐水、耐候性。

4.4 趾板及防浪墙模板技术

4.4.1 趾板混凝土浇筑透水模板布技术应用

4.4.1.1 概述

因趾板混凝土为坡比1∶1.85～1∶2.3的斜面混凝土，在混凝土振捣中大量水气泡附着在上表面模板上，拆模后混凝土表面出现很多气孔，为了消除混凝土表面的气泡、砂斑等混凝土质量通病，改善混凝土耐久性（防止碳化、减少氯离子渗透），提高混凝土耐磨性、抗冻性、表面抗拉强度，提高混凝土表观质量，趾板混凝土采用了混凝土透水模板布新型建筑材料。

4.4.1.2 工作原理

混凝土透水模板布的结构分为表层、中间层、黏附层。混凝土透水模板布的工作原理：浇筑混凝土后，在混凝土内部压力、混凝土透水模板布的毛细作用及振捣棒等共同作用下，混凝土中的气泡以及部分游离的水分由混凝土内部向表面迁移，并通过混凝土透水模板布中间层排出，其模板布原理见图4.1，并产生以下效果：

（1）有效减少构件表面混凝土的气泡，使混凝土更加致密。

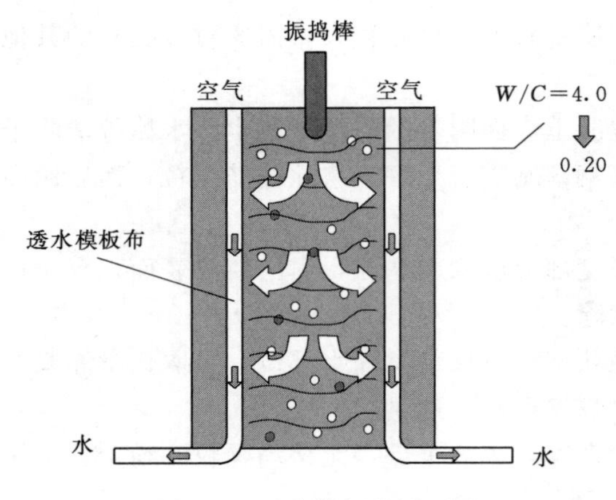

图 4.1　透水模板布原理图

（2）使混凝土中的部分水分排出而水泥颗粒留在混凝土到头面，导致数毫米深的混凝土表面水胶比显著降低。

（3）使构件表面形成一层富含水化硅酸钙的致密硬化层。大大提高混凝土表面硬度、耐磨性、抗裂强度、抗冻性，使混凝土的渗透性、碳化深度和氯化物扩散系数也显著降低。

（4）减少了混凝土内部与外部交换物质的能力，从而提高了构件的耐久性。

（5）混凝土透水模板布具有均匀分布的孔隙，水能通过渗透和毛细作用经透水模板均匀排出，不形成聚集，这样有效减少砂斑、砂线等混凝土表面缺陷的产生。

（6）混凝土透水模板布的保水作用，为混凝土养护提供了一个良好的条件，减少了细微裂缝的产生。

4.4.1.3　透水模板布施工

（1）均匀地将胶水薄薄地涂在模板表面及四周，胶水不宜涂得太厚，否则会堵塞排水孔影响效果。

（2）待胶水颜色变透明后，粘贴模板布，按照末班的尺寸，裁剪好模板布，每边预留约 5cm 作为排水用。

（3）拉紧模板布，毛状的一边粘贴模板，固定位置后，用手由中心推向两边，确保模板布牢牢张贴在模板表面及四周，如有褶皱可及时揭起再铺，短时间内揭起再铺不会影响胶水的粘力。

（4）拼接位置先将两张模板布重叠约 5cm，在重叠中间处将透水布切断，把切下来的多余两片拿走，取走多余部分时，千万不要用力扯，避免模板布变形。小心地沿连接处往下压，再涂上一点胶水，确保两边平整相接，避免浇筑时混凝土从中间渗入。

（5）模板布粘贴完成后，仔细检查模板布与模板是否紧密连成一体，确保表面没有皱褶或气泡。

（6）粘贴好模板布后的模板不再涂任何脱模剂，在未立模前用塑料布盖好，应保持其表面的清洁程度。在施工时，振动棒尽量不要碰上模板，否则会碰坏模板布，降低其使用次数和效果。

4.4.2　防浪墙大模板施工技术

4.4.2.1　防浪墙定型钢模板设计

为了提高防浪墙混凝土的外观质量，减少模板接缝，提高混凝土的平整度，大坝工程坝顶防浪墙按照设计结构形式采用大块定型模板施工。防浪墙体分两次浇筑完成，第一次浇筑底板混凝土，第二次浇筑底板以上混凝土。

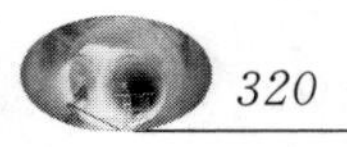

4.4.2.2 防浪墙定型钢模板主要技术参数

钢模板以 4m 为基本拼装单元，每段防浪墙长 12m，主要墙体高度 3.1m。模板主要技术参数如下：

（1）材料主板为 δ6 钢板，横肋采用 8 号槽钢，竖肋采用 10 号槽钢，小肋板 δ30×100，背架采用 10 号槽钢；根据防浪墙设计尺寸加工成 4000mm×1200mm、4000mm×1950mm 模板尺寸，倒角模板 4000mm×（950+150）mm。

（2）连接孔为 28mm 孔（上 M25 螺栓）。

（3）连接拉杆为 22mm 拉杆，根据需要设置 PVC 套管，拉杆 PVC 管为 Φ25mm。

（4）在防浪墙底板混凝土上预埋或打孔两种方式进行固定定型组合钢模。

4.4.2.3 防浪墙断面形式及模板尺寸

防浪墙基础底板宽 4.1m，上游厚 0.6m，下游厚 0.35m，斜坡面坡比 1：8.68。墙身高 3.1m，倒角以上直墙段 2.05m，倒角坡比 2：1，墙身厚 0.3m。防浪墙主要断面形式见图 4.2。

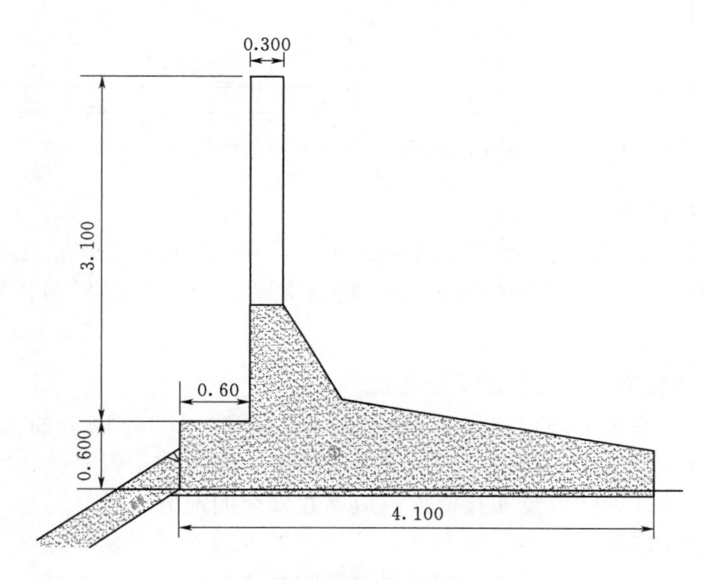

图 4.2　防浪墙主要断面形式图（单位：m）

根据进度安排模板加工数量及尺寸见表 4.14。

表 4.14　模板加工数量及尺寸表

序号	模板型号	尺寸（长×宽）/(mm×mm)	加工模板数量/块	备注
1	A	4050×1200	4	
2	B	4000×1200	2	
3	C	4050×1950	8	
4	D	4000×1950	4	
5	E	4050×500	4	

续表

序号	模板型号	尺寸（长×宽）/(mm×mm)	加工模板数量/块	备注
6	F	4000×500	2	
7	G	4050×（950+150）	4	
8	H	4000×（950+150）	2	
9	I	4000×（300+1050+300）	1	

防浪墙倒角以下单仓（12m）模板拼装图见图4.3。

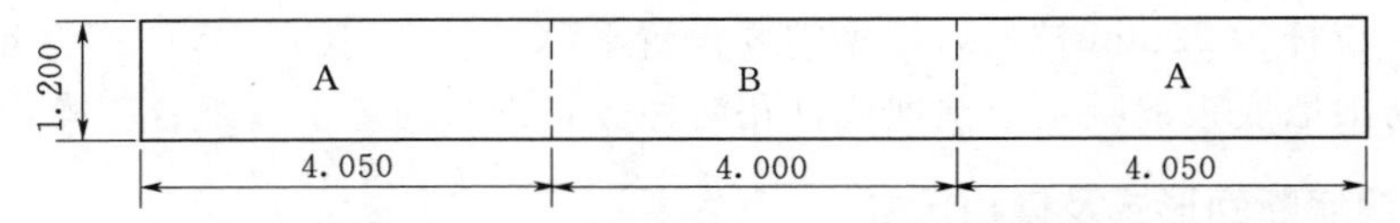

图4.3 防浪墙倒角以下单仓（12m）模板拼装图（单位：m）

防浪墙倒角以上单仓（12m）模板拼装图见图4.4。

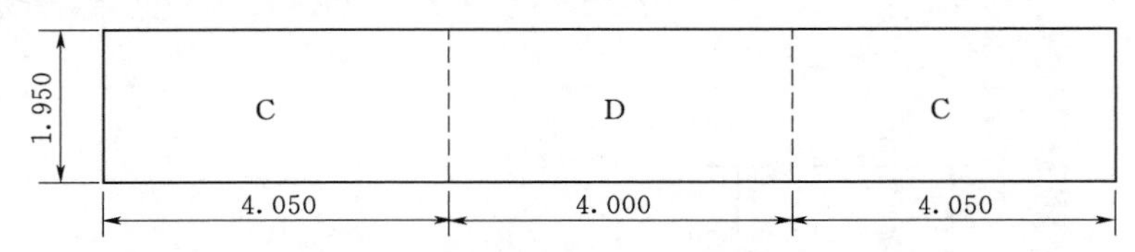

图4.4 防浪墙倒角以上单仓（12m）模板拼装图（单位：m）

4.4.2.4 定型钢模板安装

定型模板采用20t自卸汽车水平运输至工作面，15t汽车吊进行吊装，人工配合进行组装。定型钢模板采用预埋件与拉杆固定；底板混凝土与定型模板间预留20mm间隙，便于进行固模、校模。

4.4.2.5 定型大模板的安装与拆除安全措施

吊运大模板时，使用卡环，以保证高空吊运的安全。1.5m以上的大模板使用双吊钩。吊运前先检查吊装所用的绳索、卡具及每块模板上的吊钩是否完整、安全、可靠。起吊模板时，指挥人员、拆除人员和挂钩人员应站在安全的地方。

模板安装、拆除应按方案规定程序进行，设置警戒线并有明显标志，并设专门监护人员。大模板装拆时需要在模板上口用钢丝绳设置临时拉接点，拉接点要牢固。拆除穿墙螺栓后，无支腿的模板应用钢丝绳固定牢固。

大模板堆放场地平整坚实无积水，并与其他区域用密目网隔离。无支腿的大模板要使用钢管搭设专用架子，间距0.6m，立杆下垫50mm厚通长木板。五级以上大风，停止大模板作业。

4.5 混凝土面板滑膜布料机及抹光机施工技术

4.5.1 开发背景及意义

目前，堆石坝面板混凝土输送方法一般为混凝土从拌和楼运送到坝体的面板浇筑仓位

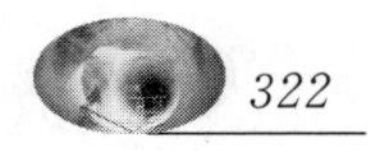

上方，垂直方向再沿斜面用溜槽输送，水平方向布料，采用了人工摆动溜槽的方式输送至浇筑部位。由于摆动溜槽幅度一般为3～5m，需要摆动溜槽长度则需要十几米。在溜槽有料的情况下，摆动溜槽较为困难，不仅增加了工人的强度，也使溜槽易产生变形和破坏。为了解决以上问题，项目部通过研究，采用布料机来解决12m宽面板仓面的水平布料问题。

4.5.2 滑膜布料机设备专利开发

4.5.2.1 研究内容

（1）研究解决布料机的水平移动问题及双向布料问题。

（2）研究解决布料机沿滑模的垂直移动问题及与溜槽的衔接等其他问题。

4.5.2.2 皮带布料机设计

（1）设计参数。面板宽度12m，面板坡比1∶1.5。

（2）皮带布料机整体参数。皮带机长7.0m；混凝土设计输送量25m^3/h；皮带宽500mm；皮带速度：0.5m/s；驱动滚筒直径350mm，驱动电机功率5kW。

桁架跨度12m；桁架长度13.2m；行走轮直径100mm；水平行走轨道长度12m；

水平行走方式：人工推移；垂直行走方式：与滑模一起移动。

由于采用皮带机布料，溜槽出料口抬高0.8m，采用钢管将溜槽架高，通过4m长的转接溜槽，溜槽坡比由陡变缓，通过借助惯性和后续混凝土料的推力进入皮带机的料斗中，因而在料流速度小时，容易在转接溜槽处形成积料，为了解决这个问题，在转接溜槽处采用人工辅助推料的方法，使混凝土料流入皮带机的料斗。

（3）布料机桁架设计。布料机桁架采用矩形板架，总长13.2m，节距1.2m，跨度12m。上弦杆、腹杆及斜杆统一采用∠70×6角钢，下弦杆采用［10槽钢面对面布置，槽钢的翼板同时用作皮带机行走轮的轨道。利用皮带机驱动轮的正反转和皮带机的水平方面的移动，将面板混凝土分别布撒在滑模前端，再由人工振捣密实。桁架前侧两端设有两个0.5m宽的行走轮，可在面板滑模轨道上行走，后侧两端与滑模采用两个铰销连接。

4.5.2.3 皮带布料的试验结果

根据面板浇筑施工现场情况，确定皮带机布料方案，面板混凝土进料采用原施工使用的料斗和溜槽，料斗布置在坝顶中部，溜槽从面板中间沿斜面钢筋网布置，再经转接溜槽进入布料机的皮带机料斗。

（1）皮带机带速实测：0.5m/s，皮带机混凝土设计输送能力：25m^3/h。

（2）皮带机自重约1.3t，与滑模用两个铰销连接，桁架两侧端设有行走轮与滑模同步上升；桁架由铰销和行走轮支撑，对滑模重心改变不大，满足卷扬机牵引力和测模承重要求。

（3）在水平布料试验过程中，皮带机运行平稳，布料基本均匀，但稍有离析，皮带纠偏效果较好，由于现场来料不连续，皮带机实际浇筑平均布料强度约为5m^3/h，远未达到25m^3/h的布料能力，皮带布料机试验表明，面板混凝土采用皮带布料机能满足仓位布料要求，操作简单，布料可减小工人劳动强度，能确保混凝土输送质量。

（4）布料机不足之处：因布料机固定于滑模上方约2～3m位置，仓面布料未能完全按照面板堆石坝规范要求的自下而上分层布料要求，同时存在混凝土离析现象；但通过在布料机出料口增加集料斗和溜槽，此问题可得到有效解决。

4.5.2.4 结论

皮带布料机的研制和试验，为我国堆石坝面板混凝土水平布料的研究开了先河，试验结果表明，满足仓位均匀布料要求，设计混凝土布料强度适合我国大中型堆石坝面板施工强度需要，且操作简单，可有效降低工人劳动强度，保证混凝土连续浇筑质量，具有良好的推广应用前景。

4.5.3 混凝土自动抹光机研究制作

对于堆石坝面板混凝土，作为混凝土施工的最后一道工序，收面工作对混凝土外观质量及预防混凝土表面龟裂起决定性作用。在以往的堆石坝面板混凝土施工中因现场各种条件的局限性，均采用人工抹面来完成。对于滑模施工，每小时滑模要上升约1.5m（即18m^2），考虑到两次收面的间隔时间，约在40min内要完成两次收面（2次共36m^2）；可想而知，人工抹面的工作量，而现场工作平台又不允许投入太多人，所以收面质量自然会受到限制。若采用抹光机，这一问题将会得到有效解决。而抹光机仓面操作的最大难点是如何固定抹光机，如何保证抹光机在1∶1.5的坡面上顺利移动和工作，如何保证自动收面机的收面效果。

抹光机广泛应用混凝土路面、市政工程、预制构件等混凝土表面压实、抹光。在坡比为1∶1.5的混凝土面板上则很少用。河口水库大坝工程二期面板采用了自动抹光机，大大地节省了人工，提高了收面质量，对预防混凝土表面龟裂很有好处。抹光机通过倒链固定在滑模的后方，先在滑模后面焊接两根角钢作为自动收面机水平移动的轨道，自动收面机通过倒链与滑模后面的轨道连接。

抹光机是用于混凝土表面的提浆、压实、抹平、抹光。圆盘抹光机粗抹一次能起匀浆、粗平及表面致密的作用。它能平整滑模留下的凹凸不平，出现的定向毛细孔开口，通过挤压研磨作用消除表层孔隙，增大表层密实度，使表层残留水和浆体不均匀分布现象得到改善，以减少不匀收缩。

4.6 大坝混凝土施工

4.6.1 混凝土面板施工

4.6.1.1 概况

大坝上游混凝土面板总面积为69316m^2，面板表面坡比为1∶1.5063，底面坡比为1∶1.5，最大坡长为214.72m。由于大坝有临时度汛要求，根据施工安排，大坝面板分两期施工。一期面板顶高程调整为225.00m，最大坡长为104.72m。面板共有27条块，分

12m宽和6m宽两种。面板厚度从上至下按 $t=0.3+0.0035H(\mathrm{m})$（$H$ 为计算点至坝顶高程286.00m的高差）式由薄变厚，最小厚度为51.35cm，最大厚度为71.7cm。面板配双层双向钢筋布置，加强筋条状布置于周边缝附近面板内以及伸缩缝附近。面板底部挤压边墙坡面进行砂浆找平并喷涂乳化沥青，板间缝底部埋设铜止水，顶部设置表层止水。

二期面板最大坡长110m，面板顶部高程286.00m，面板共有50块，分12m宽和6m宽及面板连接板三种。面板厚度从上至下按 $t=0.3+0.0035H(\mathrm{m})$（$H$ 为计算点至坝顶高程286.00m的高差）式由薄变厚，最小厚度为30cm，最大厚度为51.84cm。各项设计参数类同于一期面板。

面板为C30W12F200混凝土，其设计指标见表4.15。

表4.15　混凝土面板的设计指标表

抗压强度/MPa	级配	抗渗等级	抗冻等级	极限拉伸值/($\times10^{-3}$)	水灰比	坍落度/cm	备注
C30	二	W12	F200	≥1	≤0.45	3～7	

4.6.1.2　面板施工作业技术

（1）面板（趾板）施工作业特点。趾板、连接板和面板是面板堆石堤的主要防渗结构，其质量情况直接关系着大坝的运行性能和使用寿命，趾板和面板连接板均为混凝土薄板结构，各板块之间由所设的止水结构的接缝连接。在施工过程中，由于连接板与趾板及面板暴露于空气之中，运行期间又承受较大的水压力和坝体变形的影响，最容易出现裂缝和连接缝张开所造成的大坝渗漏。因此，在施工过程中如何减少裂缝和提高接缝的抗变形能力，是在施工中的关键问题。

面板和趾板施工应具有以下的特点：

1）面板和岸坡部分的趾板均在陡坡岩石上施工。作业面较高、施工难度较大。

2）趾板施工一般按要求在坝体大规模填筑之前完成。面板施工多在堆石坝体填筑完成或填至某一高度后，在气温适当的季节内分期集中进行，工期往往要求很紧。混凝土趾板和面板，一般要求常用滑模施工，由下而上连续浇筑。趾板、面板在特殊部位也可用钢木结合模板施工。使用滑模的优点：一是施工前只需加工一套或两套滑模，可节约模板和脚手架的材料用量。减少搭模、拆模、搭脚手架等工时和材料的消耗，从而降低施工费用；二是加快施工进度，减少工序、缩短工期。由于可大量减少搭模、拆模、搭脚手架等工序，且绑扎钢筋，滑模和浇筑混凝土等工序配合进行，工作条件得到改善，从而提高工作效率；三是可以保证面板混凝土的质量。由于混凝土的浇筑是连续上升的，始终在滑模上进行，易于操作捣实，面板施工缝可以减少，从而提高面板的整体性和质量；四是有利于安全施工。施工人员在操作平台和面平台上工作，并有可靠的安全设施。

3）由于各种连接缝中均有止水构件。同时又有钢筋存在需要进行多种作业，故其施工质量要求高。

4）面板运用滑模施工具有连续作业的性质。一般情况下中途不得停歇。因此在施工前必须编制面板及趾板连接板的施工组织设计。其内容包括施工平面布置，现场运输的方法和设备；施工顺序与进度安排；混凝土配合比设计（根据外加剂、掺和料的应用）；滑模设计与制作；牵引设备的选择与布置；滑模的工艺与主要技术措施；劳动力组织；各种材料等的供应计划；安全技术和质量检查措施等。均应做好充分的准备，以确保工程施工安全。

（2）面板基础处理。面板施工前需先对其基面进行处理，主要目的一是采用沿面板分缝处将挤压边墙进行凿断以保证坝体挤压边墙沉降要和面板分缝一致；二是采用喷涂乳化沥青以减少面板和挤压边墙面的约束。

1）挤压边墙的凿断处理。为了减少挤压边墙对混凝土面板的约束，在面板分缝处将挤压边墙按设计要求凿断（尺寸为底宽 6cm，缝口宽 10cm)，并用小区料人工分层回填夯实，表面凿除 80cm×10cm（宽×深）并用 M15 砂浆进行找平；周边缝处挤压边墙凿断上口宽 40cm，深 20cm，底宽 30cm 的梯形槽。

挤压边墙凿断后，将槽内杂物清理干净，用小区料分层回填并夯实。回填小区料时预留砂浆垫层的厚度，验收合格后用 M5 砂浆回填并找平。

2）挤压边墙坡面整修

垂直缝砂浆垫层施工完毕后，作为基准面，对混凝土挤压边墙坡面进行超欠整修处理，以保证为面板提供一个平整的作业面。在坡面上布置 3m×3m 的网格进行平整度测量，辅以 3m 靠尺检测，坡面沿法向偏差按＋3～－8cm 控制。对超过设计线的部分进行凿除或用 M5 砂浆找平，以确保面板设计厚度。

3）喷涂乳化沥青施工。为防止挤压边墙对后期浇筑的面板产生约束，堆修整后的挤压边墙按喷涂“三油两砂”隔离剂。即先在挤压边墙表面喷涂一层乳化沥青，喷涂后撒砂，待其与沥青固化胶结合后，再进行喷二次乳化沥青再撒砂，待沥青固化后再喷第三次乳化沥青，使之在其沥青固化胶结合后形成具有一定厚度的胶砂混合体，起到隔离挤压边墙和混凝土面板的作用。

在喷涂“三油两砂”之前，按设计要求对挤压边墙坡面表面进行整平处理，然后用高压风（水）枪，由上至下，将挤压边墙表面的松渣及杂物、浮尘清洗干净。

喷涂的顺序：1 油（喷）→1 砂（洒后压实）→2 油（喷）→2 砂（洒后压实）→3 油（喷）。也可采用 1 油（喷）→2 油（喷）→1 砂（洒后压实）→3 油（喷）→2 砂（洒后压实）。使用何种顺序可根据现场实际情况进行调整。喷涂操作施工采用专业机械喷涂。

需要注意的是：①结合室外喷涂试验，对操作人员进行岗前培训，熟练掌握设备性能和操作技巧。②沥青乳化剂的品种，配合比喷洒层数应符合设计要求。③喷射过程中，指定专人负责控制喷射压力、喷射角度、喷射层厚和细砂摊铺厚度：即第一遍喷涂“1 油”每层喷洒量约 1.0kg/m^3，并使挤压边墙坡面均匀喷黑，以临界流淌为准，接着喷洒第一遍砂（1 砂），在乳化沥青喷洒后且乳化沥青没有完全破乳凝固前，立即使用撒砂机（或其他撒砂方法）。将砂均匀撒布在已涂沥青的表面，每层砂用量约 0.002m^3/m^3，厚度不小于 2mm，然后使用滚筒式碾压机械压密实，碾压后在其上喷洒“2 油”，施工工艺及要求同“1 油”；然后接着喷洒第二遍砂（2 砂）并压实施工工艺及要求同“1 砂”，碾压后在其上喷洒“3 油”，施工工艺及要求同“1 油”。④在施工过程中保持管路和接头的畅通，避免卡管堵管现象。⑤针对不同季节，不同温度配置不同浓度或不同破乳时间的乳化沥青产品，冬季（低温）施工应降低乳化沥青的浓度。

（3）主要混凝土、砂浆施工配合比。

1）混凝土配合比。面板混凝土、砂浆配合比分别委托河南省科源水利建设工程质量检测有限公司、河南省水利基本建设工程质量检测中心站、中国水利水电第十二工程局有限公司施工科学研究院三家具备资质的试验室，根据合同中的不同设计要求，结合工程的实际情况，并经室内多次试验论证得出。面板及大坝其他混凝土配合比，砂浆配合此试验结果见表4.16～表4.20。

表4.16　C30W12F200面板防裂混凝土推荐施工配合比表

试验编号	水泥强度等级	水胶比	粉煤灰掺量/%	VF防裂剂掺量/%	砂率/%	1m³混凝土材料用量/(kg/m³)								
						水	水泥	粉煤灰	VF防裂剂	砂	碎石/mm		高效减水剂NMR-Ⅰ	引气剂BLY 1.0%
											5～20	20～40		
H005	P.O42.5	0.35	20	10	33	131	262	75	37	601	525	788	6.74	3.74
P003	P.O42.5	0.35	20	10	33	126	252	72	36	610	533	799	6.48	3.60
P004	P.O42.5	0.35	20	10	33	129	258	74	37	604	528	792	6.64	3.69
备注	NMR-Ⅰ高效减水剂及BLY引气剂均为液剂。													

表4.17　大坝工程其他部位混凝土推荐配合比表

编号	设计指标	级配	坍落度/mm	水胶比	砂率/%	1m³混凝土材料用量/kg						
						水	水泥	粉煤灰	砂	D20碎石	D40碎石	外加剂
1	C15	2	50～70	0.55	35	164	239	60	668	767	511	—
2	C20	2	50～70	0.55	35	164	239	60	668	767	511	—
3	C25W12	2	80～120	0.50	34	143	244	43	644	777	518	4.30
4	C25W12F150	2	60～90	0.45	33	139	262	46	627	790	527	4.31
备注	C15：工程回填；C20：踏步、电缆沟、灯座、断层混凝土；C25W12：防渗墙、防渗板；C25W12F150：大坝趾板											

表4.18　大坝工程混凝土推荐配合比表

编号	强度指标	级配	坍落度/cm	工程部位	水胶比	砂率/%	1m³混凝土材料用量/kg							
							水泥	砂子	小石	中石	水	粉煤灰	减水剂	膨胀剂
1	C25W12	2	14～16	防渗板	0.50	42	281	741	614	409	178	71	5.28	—
2	C25W12F150	2	14～16	趾板	0.48	42	300	732	619	419	180	75	5.63	—
3	C25W12F150	2	14～16	后浇带趾板	0.41	41	325	624	624	416	179	81	7.68	32.32

表 4.19　　　　大坝工程混凝土推荐配合比表

混凝土等级	级配	坍落度 /mm	水胶比	砂率 /%	粉煤灰掺量 /%	1m³ 混凝土材料用量/(kg/m³)								含气量 /%
						W	C	F	S	G	减水剂	引气剂	膨胀剂	
①C15	二	50～70	0.50	40	20	156	250	62	796	1216	—	—	—	—
②C20	二	50～70	0.45	39	20	157	279	70	761	1211	—	—	—	—
③C15W12	二	160～180	0.55	40	20	151	198	50	817	1247	5.50	—	27.50	—
④C25W12	二	50～70	0.43	38	20	136	253	63	739	1228	4.74	0.158	—	4.5
⑤C25W12F150	二	70～90	0.43	38	20	140	261	65	731	1214	4.89	0.163	—	4.5
⑥C25W12F150	二	70～90	0.38	38	20	141	267	67	713	1185	5.56	0.186	37.10	4.5
备注	二级配粗骨料（5～20mm），（20～40mm）掺和比例为 40%：60%，⑥C25W12F150 所用水泥为同力中热 42.5 级；C15：工程回填；C20：踏步、电缆沟、灯座、断层混凝土；C15W12：探硐封堵；C25W12：防渗墙、防渗板；C25W12F150：大坝趾板													

2）砂浆配合比。

表 4.20　　　　砂浆推荐配合比

设计等级	材料名称	品种规格	生产厂家 /产地	工程部位	1m³ 材料用量 /kg	质量配合比
M7.5	水泥	P.O42.5	济源太行	排水沟、急流槽、挡渣墙及其他浆砌石工程	251	1.00
	外加剂	—	—		—	—
	砂	天然砂	河口村		1550	6.17
	水	饮用水	当地		240	0.96
M10	水泥	P.O42.5	济源太行	止水工程及砌墙勾缝	272	1.00
	外加剂	—	—		—	—
	砂	天然砂	河口村		1550	5.70
	水	饮用水	当地		262	0.96
M15	水泥	P.O42.5	大地水泥	面板堆石坝、趾板砂浆垫层及其他	249	1.0
	石膏	—	—		—	—
	砂	中砂	小浪底砂场		1560	6.26
	水	饮用水	当地		228	0.92
M20	水泥	P.O42.5	济源太行水泥	大坝左右坝肩锚喷支护工程	621	1.0
	砂	天然砂	河口村		1242	2.0
	水	饮用水	当地		248	0.4
	外加剂	速凝剂	山西黄腾		24.8	0.04

（4）趾板施工。

1）概况。大坝趾板由河床段趾板混凝土、左右岸趾板混凝土组成。桩号趾 0+217.61～趾 0+376.61 段为河床趾板段；右岸趾板段沿右岸岸坡（桩号趾 0+000～趾 0+217.61m），左岸趾板位置范围是沿左岸岸坡（桩号趾 0+376.61～趾 0+586.47）。

趾板混凝土强度等级为C25，抗渗标号为W12，抗冻标号为F150。左右岸趾板不设永久结构缝，只设施工缝。浇筑时跳仓浇筑，仓与仓之间设1.5m或2m的后浇带，采用低中热微膨胀混凝土浇筑。左、右岸异型趾板与河床趾板交界处设永久缝，左岸趾板与河床趾板永久缝设置部位为桩号D0＋109.6，右岸趾板与河床趾板永久缝设置部位为桩号D0＋234，河床趾板分为12仓，仓与仓设永久缝，跳仓浇筑。

2）施工程序。趾板混凝土浇筑按照先河床、后两岸，先低、后高的原则逐步浇筑至坝顶部。

单块趾板施工程序：趾板岩基面清洗→测量放样→安插锚杆→架立筋安装→钢筋绑扎、焊接→模板安装→止水安装→施工缝插筋及灌浆管预埋→仓面验收→混凝土浇筑→养生→拆模板→止水铜片保护。

3）趾板施工方法和措施。

A. 基础面处理。混凝土浇筑前，清除趾板基础面上的杂物、泥土及松动岩石；并冲洗干净，排干积水；并保持清理后的基础面清洁和湿润，并用标号不低于趾板混凝土标号的水泥砂浆涂刷岩面，超挖厚度在1m以上的趾板地基先采用C15混凝土回填至建基面。

B. 锚筋制作、运输及安装。锚杆孔按图纸设计要求造孔完成后，进行吹孔、洗孔和验孔等程序。锚筋在钢筋加工厂按图纸设计要求进行制作，制作完成后用平板载重汽车运至斜坡趾板坡脚下，人工搬运至各个锚杆孔位。锚杆安装时浆液按照设计和试验配比进行拌制，注浆保证饱满、密实，注满浆后立即插杆。锚杆安装后，孔口加楔固定封严，砂浆终凝前不允许扰动。

C. 钢筋制作、运输及安装。钢筋在钢筋加工厂按图纸设计要求进行制作，制作完成后用平板载重汽车运至斜坡趾板坡脚下，吊车能覆盖的范围采用人工和吊车配合吊装入仓，吊车覆盖不到的位置采用人工搬运至趾板仓位。钢筋安装时利用系统锚杆焊接架立钢筋，然后按图纸设计规范要求铺设钢筋。

D. 模板安装。测量按图纸结构线放点及高程，用$\delta=3$cm厚木板在不规则的基岩面上找平安装，然后采用组合小钢模、“U”形卡、蝴蝶卡、$\phi48\times3.5$mm钢管按图纸结构线进行拼装组合。与面板相邻侧立面模板，由于要安装两道止水铜片（一道与面板相接，一道与防渗板相接），模板要被断开2次，分为上、中、下三道独立侧立面模板，需用6层拉杆进行焊接加固。顺趾板“X”线的两堵头立面模板，由于有钢筋过缝要求，此位置模板用组合钢模板和$\delta=3$cm厚木板（在过缝钢筋位置打孔）拼装安装。由于趾板顶面混凝土结构线坡度较大，人工抹面无法完成趾板顶面混凝土面收面工作，需要在结构钢筋上焊模板顶撑架子，然后采用组合小钢模、“U”形卡、蝴蝶卡、$\phi48\times3.5$mm钢管进行拼装安装，并用拉杆焊接加固；顶面模板上面预留孔洞，作为混凝土入仓和振捣孔，待此部位混凝土浇筑施工完成后，将其封堵。

E. 止水制作安装。止水材料的材质、规格及安装按“技术规范”和“设计要求”执行。

止水铜片制作在钢筋加工厂利用自制的液压止水加工架制作，异型止水铜片接头在厂家直接定做完成。制作完成后用平板载重汽车运至施工现场，人工搬运至施工部位。止水铜片主要安装在与面板相邻侧立面模板上，与防渗板接缝处止水铜片在第一层找平模板拼装完成后铺设安装，与面板接缝处止水铜片在第二层模板拼装完成后铺设安装。铜止水直线接头在现场采用搭接双面焊接，搭接长度不小于20mm。止水安装要用止水固定卡固定，以防在混凝土浇筑中止水移位。

混凝土浇筑过程中，混凝土不能冲着止水直接下料，以免损坏止水。对于水平止水，要先将止水下部浇筑完毕并振捣密实后才可进行止水上部浇筑，防止止水下部脱空。安装止水部位必须振捣密实。

铜止水片的连接按其不同厚度，分别根据施工详图的规定采取搭接焊或咬接焊，搭接长度不小于20mm，焊接采用两面焊。铜止水片的安装，严格保证凹槽部位与伸缩缝一致，止水片骑缝架设在安装位置。在模板校正后用钢筋或特制的架立加固，同时止水铜片的凹槽部位用氯丁橡胶棒和聚氨酯泡沫填实，胶带纸密封，阻止水泥浆流入。

F. 预埋件安装。预埋件及灌浆管依据设计蓝图、设计通知及监理指示由测量放线控制随土建施工逐项安装，加固必须牢靠。在浇筑或其他工序施工过程中，严禁碰撞预埋件并安排专人盯看预埋件及埋管。

G. 清基验收。锚杆制作安装、钢筋、止水铜片、预埋件和模板等各道工序完成后，对仓内杂物、积水等进行清理，并报验监理进行验收，以便进行下一道工序的操作。

H. 混凝土浇筑、拆模及养护。除河床内趾板混凝土，在岩石基础和覆盖层地基分界处设永久结构缝之外，整个趾板无永久结构缝。由于岸坡趾板较长，为避免无缝施工时趾板产生裂缝，根据设计要求设置后浇带，后浇带位置以14m为一个仓位，后浇带处钢筋过缝，缝面凿毛处理。因此混凝土浇筑采用跳仓浇筑方法，仓与仓之间预留1.5m宽后浇带（为Ⅱ序浇筑）。后浇带Ⅰ序混凝土完成后两周左右开始施工，浇筑时采用低中热微膨胀混凝土。

混凝土由拌和站集中拌制，$9m^3$搅拌车水平运输至施工现场混凝土泵送料斗内，再通过混凝土泵送至仓号。混凝土入仓后，人工及时平仓，每层厚度25～30cm，ϕ50mm插入式振捣器充分振捣密实，靠止水片附近采用ϕ30mm软管振捣器振捣。混凝土振捣要密实，以混凝土表面无气泡、不明显下沉且表面泛浆为准，不漏振、不欠振、不过振。

趾板混凝土浇筑完毕，终凝后根据季节即用棉被或土工布加以覆盖保温或洒水养护。混凝土表面一直处于湿润状态，养护时间均大于28d。

I. 铜止水的保护。趾板混凝土浇筑完成后，由于与面板开始浇筑时间间隔较长，铜止水暴露时间太久，很易损坏，以后无法弥补，因此需对铜止水加以保护。保护方法为：趾板混凝土浇筑拆模后，在铜止水外设4cm厚的木盒保护罩，利用趾板模板拉杆头或预埋螺栓固定。保护罩拆除后，把埋入混凝土中的锚杆切除，伸入混凝土内2cm，并用环氧砂浆抹平。

（5）面板施工。

1）施工程序。大坝面板分两期施工，一期面板共计27块，从中间向两侧分两序跳仓施工。二期面板共计50块。考虑到大坝沉降问题，均以中部块为起点向左、右岸跳块施工，先施工左右岸，从两岸向河床中间分两序跳仓施工。第Ⅰ序面板块施工至5～6块后，再进行Ⅱ序面板块的施工，使面板能够及早连成一片，以便统一进行面板养生和创造面板止水系统施工条件。

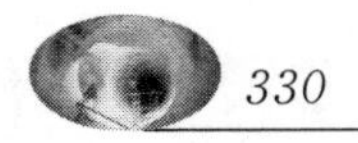

面板混凝土采用无轨滑模浇筑，边角三角区部位通过辅助轨道也采用滑模浇筑施工。模板通过在已浇筑趾板及固定浇筑时由中心条块向两侧跳仓浇筑。混凝土由拌和站集中拌制，$9m^3$ 搅拌车水平运输，一期面板浇筑时，采用溜槽直接入仓、人工平仓振捣，二期面板浇筑时开发了布料机，溜槽溜槽先将混凝土送入滑膜上的布料机上，然后采用布料机铺料，然后人工振捣，最后自动收面机结合人工进行二次收面。12m 宽的面板条块布设两道溜槽，6m 宽的面板条块布设一道溜槽。

2）钢筋制安。面板钢筋为双层双向钢筋网，加强筋条状布置于周边缝附近面板内及伸缩缝内。钢筋在综合加工厂加工，8t 平板车运输至坝顶平台（一期高程 245.00m 平台，采用轮胎式钢筋台车进行坡面运输，人工搬运至仓内应安装绑扎。

A. 架立筋布设。每一条块钢筋网安装前，首先在挤压边墙坡面布立好插筋，插筋采用 ϕ18mm 螺纹钢，间排距 3m×3m，打入基面 20cm，其他以板凳筋为架立筋支撑钢筋。通过测量放样，在插筋上标出结构钢筋的设计位置。

B. 面板钢筋铺设。将坝面上材料堆放区已加工合格的钢筋按编号顺序用拖车水平运输至施工仓位附近，用 35t 吊车将钢筋吊运至坡面上的轮胎式钢筋台车上，用 5t 卷扬机牵引钢筋运输台车将其运至作业仓面附近，人工搬运至仓内，按架立筋上标出的位置进行安装绑扎。每次运输 2～3t。严格按照设计图纸和插筋上标识的结构位置，自下而上人工进行安装绑扎固定。

3）止水施工。

A. 原材料控制。止水材料进场时由现场试验室随机取样，进行检测和试验，检测和试验结果报送监理工程师审核。并随时积极配合监理工程师进行抽检，提供试验样品。

B. 接缝止水的加工。大坝混凝土面板使用铜止水片采用生产厂家已进行退火处理的整卷铜材，由承包商自制的成型机在施工作业面附近连续压制整体成型，局部辅以人工处理。异型接头在加工时分别根据图纸尺寸分两部分加工，进行切口拼接后焊接而成，焊接采用铜焊条，双面搭接焊，搭接长度不小于 20mm。止水片成品表面平整光滑，无裂纹、孔洞等损伤。

施工前，进行不同类型止水的连接试验，并将试验结果和样品报送监理工程师审批，经监理批准后方可在施工中进行施工。

铜止水片之间的连接，优先采用双面焊接，现场不具备双面焊接的部位，焊接采用单面焊，在焊缝上部覆盖 7cm 宽止水铜板，上下各加一道焊缝，成型后表面光滑无裂纹。焊接后采用煤油或监理工程师同意的其他方法进行检查，保证其焊接方式、搭接长度等满足设计要求。

波纹橡胶止水带间的连接采用硫化连接，施工前将两端削成台阶段，中心部位黏结紧密、连续，对于水平缝和垂直缝相交部位的波纹止水和 GB 复合橡胶板的接头委托厂家直接加工成型。

PVC 垫片及其异型接头安装时采用模板夹紧，止水带位置符合设计图纸的要求。

所有接头表面光滑、平整、无孔洞、无裂缝，不渗水。

橡胶棒和泡沫板采用人工填入铜止水片鼻子中，挤压密实，底部和端部采用宽塑料粘胶带进行密封，保证在混凝土浇筑或砂浆垫层（块）施工时，水泥浆或水泥砂浆不进入止水片鼻子内。

GB柔性填料采用承包商自制的GB材料挤出机按照设计断面成型挤出，挤压密实，并将波形橡胶止水带紧贴底部。

C. 面板垂直缝止水。面板底止水施工如下：

根据设计图纸放出其轴线和高程，沿面板分缝线按设计要求人工挖槽后用砂浆人工填实抹平后，采用2m直尺检查垫层坡面平整度，其偏差不超过5mm。其中心线与缝的中心线一致，偏差不得大于±10mm。

W2铜止水片加工成型经检验合格后，沿坝面溜放至施工部位，鼻子朝上，人工安装就位，利用侧模压紧，并使止水片鼻子的位置符合设计要求。不同形式铜止水的连接采用定制的一次成型的异型接头，并按设计要求在铜止水表面靠翼缘侧粘贴10cm宽6mm厚的GB止水板。

在面板混凝土浇筑前，在面板钢筋网上焊接短钢筋或安装混凝土垫块将止水片固定。混凝土浇筑过程中，靠近止水片的部位采用小型软管振捣器振捣密实，但不得损坏止水片。在整个浇筑过程中，由专职质检员负责进行全程监控，确保止水片不移位、不变形、不损坏。

为防止水流或水泥浆顺W形槽流入混凝土仓内，在W2型铜止水片中每隔10～15m放置棉纱或泡沫块。Ⅰ序面板混凝土拆模后，加强对止水片的保护。Ⅱ序面板混凝土浇筑前，严格检查，确保止水无损坏。

施工过程中的保护同底止水。

面板表层止水施工流程如下：

缝面清理→埋设胶棒→牵引台车坝顶就位→挤出机沿缝下行就位→缝面涂刷底胶→坝顶供料→喂料车不断喂料→挤出机工作并上行→GB柔性材料挤出成型→盖板紧随其后覆盖→在盖板上用振动装置夯压GB填料→安装扁钢、螺栓固定→封闭剂封边。

待面板混凝土达到一定龄期后，进行表层止水结构施工，表层止水采用机械化施工。

a. 缝面清理、找平。首先自上而下凿去不平顺的超高混凝土块，用钢丝刷将混凝土面上的泥土、灰浆、油污等刷干净，并用水冲洗干净，晾干。周边缝内局部及覆盖GB三复合橡胶板的两侧混凝土基面出现的一些凹凸不平的粗糙面，影响GB填料与混凝土面的黏结，对混凝土面进行打磨找平。

b. 橡胶棒及波形止水带施工。在趾板与面板间的止水槽找平后，先安装ϕ50mm氯丁橡胶棒，再安装波形止水带，氯丁橡胶棒之间采用对接，接头采用专用胶水黏结补强，为防止滑落移位，用细铅丝固定在缝槽内的沥青杉板上。波形止水带两边用50mm×6mm镀锌扁铁用膨胀螺栓与趾板、面板混凝土固定在一起，氯丁橡胶棒和波形止水带均采用自上而下的顺序施工。波形止水带施工的关键是止水带要平顺，接头的连接质量要可靠。由于整个周边缝止水槽有多处转折，对于转折角度较小的位置，波形止水带可以直接按缝槽走向施工，但对于转折角度较大的部位，直接施工将造成止水带扭曲，对后期填料施工有影响，且固定扁钢不紧，止水带边缘有空隙。为此施工时先将止水带切断，再按转折角度连接。

c. GB填料施工。GB填料采用自动挤压机施工，施工中首先对界面用角向磨光机和

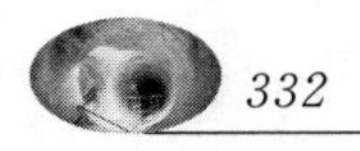

钢丝刷刷毛去污，再用棉纱擦净，涂刷黏结剂，在有水或潮湿的地方，先烘干再涂刷潮湿面黏结剂，干燥的混凝土面涂刷干性黏结剂，干性黏结剂一般需晾干 10～15min，感觉不粘时再用挤压机挤出 GB 填料，潮湿面黏结剂不需晾干即可直接覆盖填料。施工时撕去填料包装的防粘纸，先将一块填料从中间分成两半，填在缝槽底部，加压使之粘贴牢固，然后再一层一层粘贴，并从中间向两边粘贴密实，边粘贴边排气，填料接头间互相搭接，使填料与界面之间连接为密实的整体。GB 填料是面板止水的关键部位，施工质量好坏决定面板防渗成败的关键，因此施工时应注意以下事项：①保证界面的干净、干燥。②保证填料之间及填料与混凝土面间黏结密实。③GB 三复合橡胶板与混凝土基面粘贴牢固，接头紧密。覆盖 GB 三复合橡胶板前先检查 GB 填料施工质量，每 10～20m 施工段选 1～2 处做破坏性检查：翻开施工好的 GB 填料，检查填料之间是否有气孔、杂物存在，黏结是否紧密，并检查与混凝土基面间的黏结面积比例，黏结面积比例小于 90％的施工段需返工，直至合格。

d. GB 三复合橡胶板施工。盖板沿填料中心线对称放置，并从中部向两边慢慢挤压，用橡胶榔头打实，以将其中的空气排出，使填料与 GB 三复合橡胶板之间紧密结合。盖板边缘与混凝土基面黏结的部位先用 2～3mm 的填料找平，这样可使盖板与混凝土面黏结的更为紧密牢固。盖板接头采用对接形式，在搭接部位的 GB 填料上涂刷底胶后覆盖一块双面复合 GB 聚氯乙烯板，然后将盖板整齐地覆盖在复合板上，用橡胶榔头敲打密实。GB 填料和 GB 三复合橡胶板施工过程中必须避免外界水和杂物混入，为此需采用以下措施：①施工一般选择在晴天进行，潮湿天气将工作面烘干，如果难于烘干则采用潮湿面黏结剂施工。②采用自上而下的施工顺序，施工一段即封闭一段。③采用砂浆和胶管将坝面和趾板、面板的施工用水和养护水逐段引排。④将施工区域的杂物清理干净，填料及盖板在使用前撕去防粘纸，随用随撕，避免污染材料。

GB 三复合橡胶板用 75mm×6mm 扁钢固定，其方法是用电动钻机垂直于混凝土表面钻螺栓孔，橡胶板与混凝土之间及混凝土孔内用 SK 底胶胶结，压上 60mm×6mm 扁钢，用膨胀螺栓固定。经测量放点后，先预埋扁钢和沉头螺栓，橡胶板与混凝土之间用 SK 底胶胶结，压上 75mm×6mm 扁钢，用沉头螺栓固定。

4）模板工程。

A. 滑膜选择。施工面板的常用模板及机具，主要包括滑动模板、侧模版、索引机具等。面板滑模根据其支撑和行走方式可分为有轨滑模和无轨滑模两大类。其各自的特征和构造如下：

a. 有轨滑模。为最初早期使用的一种滑模，滑模两侧设有滚轮，滚轮支撑在重型的轨道上。在牵引设备的作用下滑模向上滑升。轨道由工字钢或槽钢制成。安装在轨道梁或已浇筑的混凝土面板上，由于滑模的轨道既起到支撑作用又有准直作用，所以在安装时对轨道的精度要求较高，同时必须牢固地固定在垫层或挤压边墙的坝面斗坡上。为防止其在受力后产生变位或失稳。有轨滑模的牵引设备可以设在坝顶用卷扬机或穿心千斤顶、手动葫芦或油压千斤顶爬升器。

有轨滑模的施工工序：在垫层保护层面铺水泥砂浆（MT5）或轨道垫板，并在底部止水处铺水泥砂浆垫作为基座。如为挤压边墙轨道垫板直接铺在其上以挤压边墙作为基座。其表面的平整度要求较高→在砂浆垫层或挤压边墙上放伸缩缝线并定出轨道位置，打固定轨道支架的锚杆及架立钢筋→架设钢筋网→安装导轨，对导轨进行精度校正→安装侧模和止水铜片→利用吊车安装滑模，并进行滑模试运转→进行浇筑混凝土。

有轨滑模的缺点是：滑模本身的重量较大，加工投资费用高，使用不太方便。面板浇筑前的准备工作较长，工序繁琐，占用直线工期。在趾板处需要先用人工浇筑一起始的三脚架填补成平面后，才能用滑模浇筑主面板。有轨滑模系统见图 4.5。

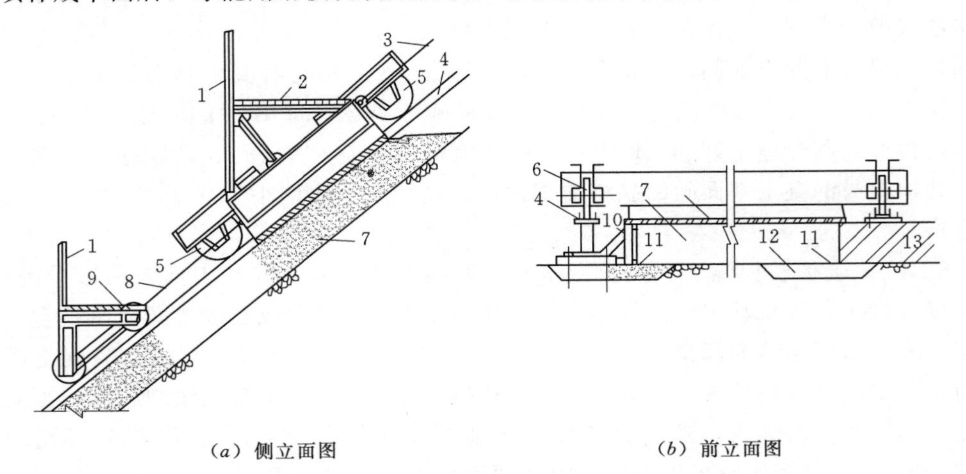

图 4.5　有轨滑模系统图

1—平台栏杆；2—操作平台；3—牵引绳；4—行走轮轨道；5—滑模行走轮；6—刮板；7—面板混凝土；8—连系绳；9—修整平台；10—侧模板；11—止水铜片；12—砂浆层；13—已浇筑混凝土

b. 无轨滑模。无轨滑模是在有轨滑模的基础上发展起来的，在有可靠侧向约束（侧模）的情况下，模板自重的法向分力主要由仓内新浇混凝土承受。滑模滑升时以直线运行，混凝土的浮托力近似为常数，对 1.1m 宽 12m 长的滑模，在坡度为 35.5°时滑模上升的速度为 1m/h 时，测量的浮动力为 31.3～40.0kN。面板滑模可以实现无强度的脱模。只要混凝土坍落度控制恰当（4～7cm），出模压的混凝土不会壅高或流淌。模板与混凝土之间的黏滑阻力很小。基于以上情况，故对无轨滑模的设计要点是：

对滑动模板的平面尺寸的选定：滑模的宽度（即坝坡方向）与坝面的坡度、混凝土凝结的速度有关，一般为 1.0～1.2m，有时超过 1.5m。滑模的宽度要保证合理的滑升速度。滑模长度（水平方向）应根据面板的设计宽度（即面板垂直分缝的间距）来确定。使滑模设备具有通用性。滑模梁架的总长度要比面板纵缝间距大 20～40cm。以便在梁的两端搁置点处布置支撑，使滑模沿轨道滑行。滑模大都在现场的工厂制作和拼装，所以，滑模的分节长度应根据现场混凝土浇筑不同面板宽度而拼装组合。

滑模的重量计算：滑模的要求自重加配重的法向分力大于新浇混凝土对滑模产生的上托力。即要求：

$$(G_1+G_2)\cos\alpha \geqslant P$$

式中：G_1、G_2 为滑模的自重、配重，KN^2；α 为滑模面板与水平面的夹角；P 为新浇混凝土对斜坡面上滑模的浮托力，kN。

P 由下式计算：　　　　　　　　　　　$P=PnLb\sin\alpha$

式中：Pn 为内侧面板的混凝土侧压力，kPa；L 为滑动模板长度即所浇板块的宽度，m；b 为滑动模板的宽度，m。

滑模牵引力的计算：

$$T=(G\sin\alpha+fG\cos\alpha+\tau F)K$$

式中：T 为滑模牵引力，kN；G 为滑模自重加配重，kN；τ 为刮板与新浇混凝土之间的黏结力，一般为 2kPa；f 为对于滚轮支撑的滑模，可采用滚轮系数，取 0.05。对侧模支撑的滑模采用滑动摩擦系数；α 为坡面与平面夹角；F 为滑模与新浇混凝土的接触面积，m^2；K 为安全系数，一般取 3～4。

在计算出牵引力后，根据所计算的数据来选择牵引设备。

滑模板的构造要求：滑模板上应具有铺料、振捣的操作平台，其宽度应大于 60cm。滑模尾部应具有修整平台，可采用型钢三脚架，吊悬在滑模后的架梁上，随滑模一起齐升。三脚架上铺木板，修正平台也可采用台车，台车可挂在滑模后面并在轨道上行走。操作平台与修整平台应呈水平状态，并设有栏杆，以保证工人在平台上的安全。为养护面板混凝土，也可在修整平台后吊装一根多孔（微孔）喷水管。且滑动模板应具有防滑安全保护，以确保施工安全。

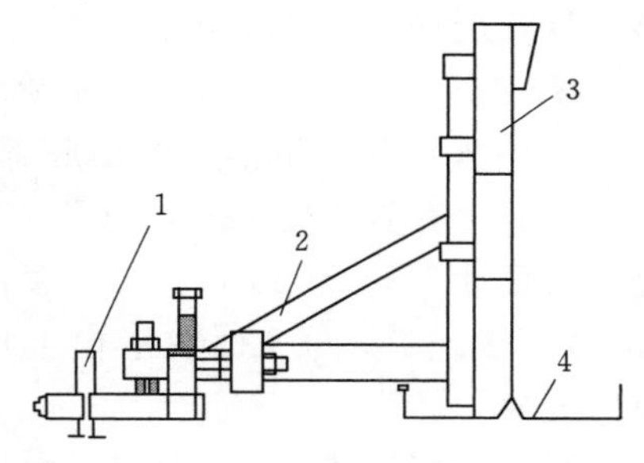

图 4.6　侧模版构造图

1—插筋；2—支架；3—侧模板；4—铜止水片

侧模的计算。侧模的作用有三点：①支撑滑动的模板作为模板滑动的轨道，限制混凝土拌和物侧向变形。②故侧模的厚度通常设计为 5cm 厚度，可采用钢木结构。③为减小摩擦和防止摩擦破坏，在模板上缘装一角钢保护或用钢筋作为滑模轨道。角钢与钢筋一定要固定好。侧模板结构形式有两种（见图 4.6、图 4.7）。

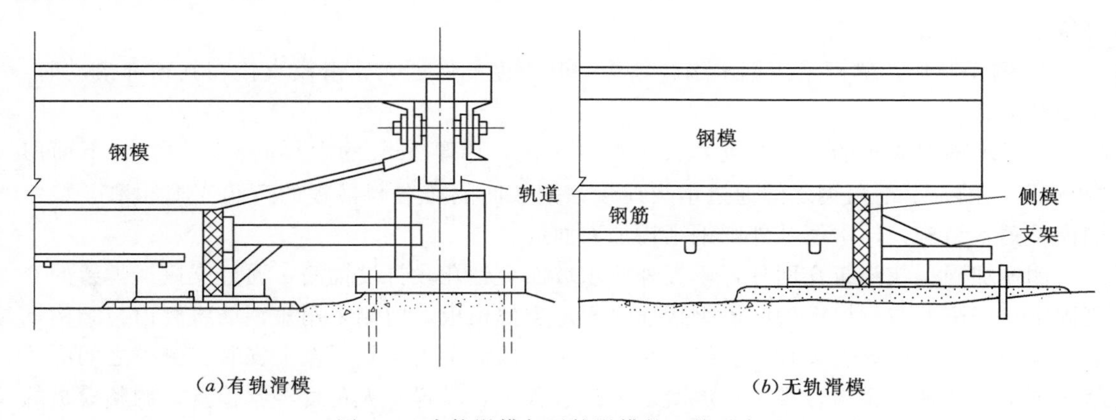

图 4.7　有轨滑模与无轨滑模的比较示意图

为适用于板间缝、周边缝不同止水结构的需要，侧模由支架支撑并用插筋打入垫层或挤压边墙内 40cm 锚固。支架上设有微调螺栓，以便在小范围内调整模板位置和支撑的紧度。侧模以 2m 长为单元的拼接块形式结长，并沿着向上结长而变换模板高度，以适应厚

度面板施工。其变换规则是以几何模数拼块为基础。这种侧模最大的优点是可以周转使用，既节省木材又使立模与面板浇筑同时进行。由于侧模又是滑模的准直轨道，因此对它的尺寸加工精度以及位于其下垫层或挤压边墙坡面的表层砂浆及油三砂和砂浆垫条的施工，均应严格按设计浅挖制其平整度，不得出现陡坎接头。

无轨滑模的优点：①无轨滑模重量较轻，造价低、经费低，仅为有轨滑模的20%。②坝顶使用的设备较少，一套设备仅需两台卷扬机索引，用普通吊机就位即可。工作场地的宽度只需7～8m。③由于减少了架设轨道的工作量，浇筑前的准备工作简单。④无轨滑模使用方便浇筑速度较快。⑤起始块和主面板可以使用滑模同时浇筑，不必先浇起始块后再用滑模浇筑。⑥由于无轨滑模行走无侧向约束，对于不同坡脚的岸坡混凝土块，均可转向上升浇筑甚为方便。

根据上述比较，面板混凝土浇筑采用无轨滑模，侧模采用钢木组合模板，周边三角区采用滑模和翻转模板，局部三角区辅以组合钢模板。模板表面平整、光洁、无孔洞、不变形，具有足够的强度和刚度。

模板安装时，严格按测量准确放样的设计边线进行安装。

c. 滑模制作。滑模主要由底部钢面板（厚10mm）、上部型钢桁架及牵引机具组成，总长14m，有效长度12m，有效宽度1.26m，共加工制作2套。由于混凝土面板分缝宽度分别为设计12m和6m，另做一套由两节7m组合成的滑模，宽1.26m的滑模一套，用于6m宽面板施工。施工时在滑模上增加一定量的配重，保证在施工中不上浮，产生“飘模”现象。

滑模前部焊接约1m振捣平台，后部焊接水平抹面平台。滑模顶部搭设防雨棚，内部可放置铁块或混凝土预制块作配重。前端与坝面平台上2台10t卷扬机牵引绳连接。

滑模在加工厂加工完成后，用拖车运至坝面，采用35t汽车吊将滑模吊到侧模上。滑模由自身行走机构支撑后采用手拉葫芦保险绳固定滑模，用钢丝绳按规范要求与卷扬机牵引系统连接，在确保牵引装置稳固可靠后，卸下手拉葫芦。混凝土浇筑前，将滑模滑移至浇筑条块的底部。

d. 侧模制作。侧模采用钢木组合结构。其刚度能保证无轨滑模直接在其顶部滑动时，不受到破坏。

根据坡面混凝土的设计厚度，人工自制木模，用厚5cm的木料制作，并在上下面用“角钢”加固，上下角钢之间通过钢板连接，钢板间隔布置与模板的三角支撑相对。整体侧模是钢木结构，即木模及外围钢结构加固而成。

侧模加固：在浇筑仓面外，模板外侧坝坡面上钻孔，打设锚筋，通过支撑三脚架的套筒固定，三脚架与侧模上的间隔钢板连接固定支撑模板，内侧采用短钢筋将侧模与结构钢筋网焊接固定。侧模安装在垂直缝底止水安装完成后由人工从下至上安装。侧模之间的接缝必须平整严密，无错台现象。混凝土浇筑过程中，设置专人负责经常检查、调整模板的形状和位置。对侧模的加固支撑，要加强检查与维护，防止模板变形或移位。

侧模安装时，确保止水片安装牢固稳定，并注意保护已埋设的止水片。

e. 三角区模板。施工面板三角区部分位于面板与岸坡趾板的衔接处，一期面板其中靠左岸趾板带三角区的面板，从24号到33号共10块，其中12m宽4块，6m宽6块；

左岸面板和趾板夹角有34°和53°两种。靠右岸趾板带三角区的面板从5号到10号共6块，均为12m宽，右岸面板和趾板夹角为38°。

三角区采用滑模施工，与趾板平行方向架设一临时轨道，趾板上固定一手拉葫芦以防止滑模与趾板脱空。

(6) 溜槽架设。溜槽采用轻型、耐磨、光洁、高强度的镀锌铁皮制作，溜槽采用梯形断面，每节长2m，底宽35cm，深40cm，端部设相接挂钩。溜槽在面板钢筋网上铺设并分段固定，随着浇筑面上升，逐步脱节。底部用塑料布或绒毛毯与钢筋网隔离。溜槽内每隔20～30m设置一道软挡板，缓冲混凝土下滑时的冲力以防止骨料离析。面板分缝宽12m的仓面对称布置两道溜槽，宽6m的仓面在中间位置布置一道溜槽。

(7) 混凝土拌制与运输。面板混凝土由拌和系统集中拌制，12m^{3}混凝土搅拌车水平运输，集料斗受料，沿溜槽顺坡溜至仓面，人工摆动分料器布料结合人工平仓。

(8) 周边三角区混凝土浇筑。在进行具有三角区的面板混凝土浇筑时，首先进行周边三角区的混凝土浇筑。三角区混凝土入仓方式同标准段，为了保证三角区铜止水处混凝土施工质量，采用溜槽下料时，先下一盘砂浆，另外溜槽每隔20m设一软挡板，以防止骨料分离。

(9) 面板混凝土浇筑顺序安排。一期面板混凝土浇筑采用跳仓浇筑，两个作业队同时施工，从面板中间向两侧跳仓浇筑。施工时先集中河床部分面板混凝土施工，再进行两岸相对较短的面板混凝土施工。

二期面板混凝土浇筑采用跳仓浇筑，三个作业队同时施工，从面板两侧向中间跳仓浇筑。施工时先集中左右岸面板混凝土施工，再进行中间河床段面板混凝土施工。

(10) 面板混凝土浇筑与滑模滑升。拌和站集中拌制，12m^{3}搅拌车水平运输至坝顶，经溜槽顺坡入仓、仓内人工摆动分料器，严格按规定厚度分层布料，每层厚度为25～30cm。人工振捣、二次收面。

混凝土振捣时，操作人员站在滑模前沿的振捣平台上进行施工。仓面采用ϕ50mm的插入式振捣器充分振捣；靠近侧模和止水片的部位，采用ϕ30mm软管振捣器振捣。选用专人振捣，插点均匀，间距不大于40cm，深度达到新浇混凝土层底部以下5cm，以混凝土不再显著下沉、不出现气泡并开始泛浆时为准。

模板滑升由坝面2台10t慢速卷扬机牵引，滑升时两端提升平衡、匀速、同步。每浇完一层混凝土滑升高度25～30cm。滑模的滑升速度，取决于脱模时混凝土坍落度、凝固状态和气温等因素，本项目滑模平均滑行速度为1.0～2.0m/h。

对脱模后的混凝土表面，及时用人工进行收面，待混凝土初凝前进行第二次压光收面。为了保证混凝土的浇筑质量和施工速度，受料斗和溜槽在卸料前用砂浆进行润滑，以保证混凝土输送的顺畅。仓面混凝土的坍落度控制在3～5cm，出机口的坍落度控制在7～9cm，根据施工情况及时调整施工配合比。

(11) 混凝土压面抹光。根据滑模设计对于12m条块，采用自动收面机结合人工对混凝土表面进行压面抹光；对于6m条块，采用人工进行压面抹光，防止混凝土表面脱水形成细微通道，确保混凝土表面密实、平整，避免面板表面形成微通道或早期裂缝。

(12) 混凝土养护与防护。二次压面后的混凝土，及时覆盖薄膜级黑心棉防止表面水分过快蒸发或风干而产生龟裂，待混凝土终凝后及时用提前布置的养护管道自淋养护。

面板混凝土养护采用表面覆盖黑心棉，每块面板设一分水管，在仓面施工期间，每隔30～50m布置一道养护水管进行前期养护。待仓面全部浇筑到顶时，采用花水管不间断喷水，以达到保温润湿的目的。养护时间至水库开始蓄水，露出水面部分要继续养护至工程移交。

4.6.1.3 面板浇筑质量控制

（1）质量控制措施。

1）基本控制措施。

A. 混凝土施工中主要从拌和系统的质量控制、原材料质量、各工序质量、混凝土拌和物质量、运输、养护全过程进行了混凝土施工质量控制。

B. 每半年委托济源市质量技术监督检验测试中心对拌和站计量系统进行计量认证，报请业主、监理验收，通过验收后投入使用。使用中承包商及时对计量系统进行自校自检工作，确保拌和站计量系统准确无误。

C. 每批进场原材料均有出厂合格证及出厂检验报告，砂石骨料及时抽检、报验，进场报验后方可使用，原材料堆放地悬挂标识牌（注明规格型号、产地及检验状态）。

D. 趾板混凝土配合比设计经工地试验室试验论证后，报送监理审批，每次开仓前，试验室根据砂石骨料的含水量等调整配料单，拌和站严格按照混凝土配料单、施工规范及技术要求进行拌和，严格控制拌和物的坍落度，确保拌和物质量。

2）趾板施工措施。趾板施工共分为趾板地基开挖和处理以及趾板浇筑两部分。趾板混凝土的浇筑应在基础石开挖处理完毕，并按隐蔽工程质量要求验收合格后方可进行。趾板混凝土浇筑应在相邻区的堆石填筑前完成，并按设计设置趾板钢筋。可将趾板钢筋做架立筋使用。锚筋孔直径应比锚筋直径大5mm，砂浆标号不低于20MPa，且用微膨胀水泥或预缩细砂浆紧密填塞，以确保锚筋的锚固作用。

趾板的施工尽可能避免与坝体填筑相互干扰，坝体填筑应在趾板向下游20～30m处开始填筑，并在趾板建成后补填此上游部分的坝体。

趾板地基开挖以不破坏基岩和基础的完整性为原则。对于岩石基础，趾板地基开挖在两岸削坡的同时，自上而下进行。对坡面的覆盖层及表面被风化的岩石层，采用堆石、掘铲、风镐、撬棍等直接开挖。对于河床段趾板基础开挖，根据河床的地质情况，进行不同方式的开挖处理。对于岩石基础，先清除设计线以上的覆盖层和风化岩层后进行爆破开挖。

3）面板的施工控制。

A. 面板混凝土的浇筑，应根据坝高来确定。凡高度大于50m以上，应根据施工安排进行分段浇筑。分段接缝应按工作缝处理。

B. 面板浇筑混凝土时，可由中心条块向两侧跳仓浇筑。宜避开高温季节。在浇筑混凝土面板前应对坡面布置3m×3m的网格进行平整处理，其平整度的要求不得超过面板设计线5m。面板钢筋宜采用现场绑扎或焊接，也和预制钢筋网片现场组装。

C. 面板混凝土应优先采用滑动模板浇筑，设计滑动模板应注意以下事项：①适应不同条块宽度与形状的组合性能；②有足够的刚度、自重或配重，安装、运行、拆卸方便灵活；③具有安全保障和通信措施；④浇筑面板混凝土的侧模，可采用木模板或组合钢模板。侧模的高度应适应面板厚度渐变的需要。其分块的高度应便于在斜坡面上安装和拆卸。当侧模兼做滑模轨道时，应按受力结构设计，以满足滑模的需求。侧模的安装应坚固牢靠，并不得破坏止水设施，其允许的安装偏差为：①偏离设计线 3mm。②不垂直度 3mm。③20m 范围内起伏差为 5mm。

D. 混凝土入仓必须均匀布料。每层布料厚度为 25～30cm，并应及时振捣。振捣器不得靠在滑动模板上或靠近滑模板顺坡插入浇筑层。振捣间距不得大于 40cm，深度应达到新浇筑层底部以下 5cm。使用振捣器的直径不宜大于 30mm，止水片周围的混凝土必须特别注意振捣密实。面板混凝土应连续浇筑，滑动模板滑升前，必须清楚前沿超填混凝土。平均滑升速度宜为 1～2m/h，最大滑升速度不宜超过 4m/h。

E. 脱模后的混凝土应及时修整和保护。混凝土初凝后，应及时铺盖草袋等隔热、保温用品，并及时洒水养护至水库蓄水为止。

4）浇筑季节控制。混凝土面板工程的浇筑应选择在气候适宜，温度最有利的时机进行。应避开高温、低温和多雨季节。使面板、趾板、连接板的混凝土达到高质量。如环境不允许时，必须在特殊气候条件下施工，则需要采取必要的措施，以保证面板混凝土的质量要求。所谓特殊气候包括以下三个方面：

A. 雨季施工。雨季施工的原则是，在预计的混凝土浇筑时间内预报无雨或小雨时可以开仓，如遇中雨、大雨则不宜开仓。混凝土在浇筑过程中，在现场应准备好塑料布、草袋等覆盖物料。在雨季施工时，并应做好下列工作：

砂石料场的排水设施应畅通无阻。

运输工具应有防雨设施及防滑设备。

加强骨料含水量的测量工作。

仓面宜有防雨设施。

无防雨棚的仓面在水雨中进行混凝土浇筑时，应采取下列措施：

减少混凝土拌和的用水量。

加强仓内积水的排水工作。

做好新浇混凝土面的保护工作。

防止周围的雨水流入仓内。

无防雨棚的仓面在浇筑过程中如遇大雨、暴雨，应立即停止浇筑并遮盖混凝土表面。雨后必须先排除仓面内的积水，受雨水冲刷的部位应立即处理。如停止浇筑的混凝土尚未超过允许间歇时间或还能重塑时，应加砂浆继续浇筑，否则应按工作缝处理。对有需要抹面部位的混凝土不得在雨天施工。当降雨量不大，坡面无淌水时，一般可继续施工，但应对骨料加强含水量的测定，并及时调整配合比中的加水量。

B. 高温季节施工。原则上应避开高温季节浇筑面板混凝土。当因工程进度需要浇筑面板时，应采取以下措施进行施工：

避开高温时段，利用夜间及清晨温度较低时开始浇筑。

拌和站应有制冷设备，使混凝土出料口的温度在 23℃以下。

应采用混凝土搅拌运输车运输，混凝土运输车并应经常洒水或用冰水喷洒。

滑模顶部搭设遮阳篷使入仓温度控制在 28℃以下。

在滑模后部用喷水管像空气中喷水，保持适度。

混凝土表面使用湿草袋及时覆盖，前期养护应注意及时洒水，保持湿度。

C. 低温季节施工。进入冬季后，一般原则不进行混凝土工程的施工，但为了工程进度的需要不能避开冬季施工时，当日平均气温在5℃以下和日最低温度在－3℃以下时，浇筑混凝土应采用以下措施：

低温季节时必须有专门的施工组织设计和可靠的措施。以保证混凝土满足设计强度、抗冻、抗渗、抗裂等各项指标的要求。

施工时间应避开寒流，并在白天温度较高时浇筑。

低温季节施工尤其是在寒冷的地区，施工的部位不宜分散，在进入低温季节之前，应采取妥善的保温措施，防止混凝土发生裂缝。

施工期所采用的加热、保温防冻材料应事先准备好。

混凝土的浇筑温度应符合设计要求，大体积的混凝土的浇筑温度，在温和地区不宜低于3℃，在寒冷地区不宜低于5℃。

寒冷地区低温季节施工的混凝土掺加气剂时其气量可适当增加，有早强要求者，可掺早强剂等。

原材料的加热输送。储存和混凝土的拌和运输。浇筑设备及设施均应根据气象条件，采取适宜的保温措施。加热过的骨料及混凝土应尽量缩短运距，减少倒运次数。砂石骨料宜在进入低温季节前筛洗完毕，成品料堆应有足够的储存和堆高，并要覆盖以防冰雪和冻结。

提高混凝土拌和物温度的方法：首先应考虑加热拌和用水，当加热拌和用水尚不能满足浇筑温度要求时，再加热砂石骨料。拌和用水的温度一般不宜超过60℃。超过60℃时应改变拌和加热料的顺序，将骨料和水先拌和，然后加入水泥，以免水泥假凝。在拌和混凝土前应用热水或蒸汽冲洗拌和机，并将水或冰水排除。而且混凝土的拌和时间应比常温季节适当延长。延长的时间由试验确定。

在低温季节施工的模板，必须遵守下列规定：

混凝土强度必须大于允许受冻的临界强度。

具体拆模时间及拆模后的要求，应满足温度挖防裂要求。

低温季节施工期间，应特别注意温度检查

外界气温及暖棚内气温每4h至少测量1次。

水温及骨料温度每2h至少测量1次。

混凝土的机口温度和浇筑温度每2h至少测量1次。

已浇块体内部温度，浇后3d内应特别加强观测。以后可按气温及构件情况定期观测。测温时应注意边角最易降温的部位。

（2）质量检测结果。

趾板及周边缝试块强度检测结果见表4.21～表4.23。

表4.21　　趾板及周边缝试块抗压强度检测结果统计表

工　程　部　位	设计值	最大值	最小值	平均值
趾板、防渗板/MPa	C25	42.2	27.2	31.9
连接板、现浇防渗墙/MPa	C30	42.2	33.0	36.3

表 4.22　面板试块抗压强度检测结果统计表

工程部位	设计值	最大值	最小值	平均值
一期面板/MPa	C30	50.4	34.6	41.3

表 4.23　二期面板试块抗压强度检测结果统计表

工程部位	设计标号/MPa	抗压强度/MPa			组数	标准差/δ	离差系数/C_v
		最大值	最小值	平均值			
面板	C30	45.3	35.4	39.6	392		0.09

4.6.2　大坝细部结构施工

4.6.2.1　防浪墙施工

（1）防浪墙主要特征。坝顶防浪墙为L形C20混凝土防浪墙，桩号D0＋385.77～D0－043.2段防浪墙底高程286.00m，顶高程289.70m，净高3.7m。桩号D0－062.21～D0－153.05段防浪墙底高程285.50m，顶高程289.70m，净高4.2m。面板连接板段D0－062.21～D0－043.2段防浪墙底高程由286.00m渐变至285.50m，顶高程289.70m。与溢洪道悬挑板结合处防浪墙底高程285.50m，顶高程288.55m，高3.05m。防浪墙厚30cm，防浪墙上部墙体设文化墙和灯柱，其间距均为50m，交替布置。桩号D0＋385.77～D0－043.2防浪墙上游设检修平台栏杆。防浪墙分仓长度根据面板分仓确定，分缝位于面板分缝错开布置，缝宽1cm，缝内采用高密度闭孔塑料板堵塞。

（2）防浪墙主要施工工艺。

1）施工程序：测量放线→坝顶防浪墙基础清理→砂浆垫层→钢筋制作安装→止水制作安装→模板安装→仓面验收→施工缝以下边墙和底板混凝土浇筑→拆模→养护→施工缝凿毛及清理→边墙定型钢模板安装→测量校模→仓面验收→防浪墙边墙混凝土浇筑→拆模→养护→验收。

根据坝顶防浪墙混凝土设计蓝图进行测量放线，并做好防浪墙基础的坐标高程控制。

2）基础清理。经测量放线后，采用PC220挖掘机进行防浪墙基础清理，采用人工对防浪墙基础进行平整。在基础清理时，测量人员在现场进行高程控制。基础人工处理完成后，经监理工程师基础验收合格，再进行下一道工序。

3）砂浆垫层。基础清理完成后进行砂浆垫层施工。砂浆由左坝肩混凝土拌和站集中拌制，10m^{3}拌和车运至现场，人工摊铺，平板振捣器振捣密实后，人工收面找平。本次砂浆垫层要与面板顶部铜止水下砂浆垫层连接。

4）钢筋制作安装。防浪墙钢筋依据设计图纸的规格、形式要求，在现场加工厂进行加工，每一仓防浪墙钢筋分别加工，编号挂牌堆存，牌号上说明钢筋种类和仓号名称。施工时用10t平板汽车运至施工仓面，15t吊车将加工成型的钢筋按编号顺序置于施工区。钢筋安装的位置、间距、保护层及各部位钢筋规格、形式严格按照施工设计图纸和规范规定进行检查控制。底板、墙体、灯柱等处钢筋一次性绑扎成型。

5）止水制作安装。铜止水在加工厂按设计结构尺寸加工，成型的止水片在运输、安装中要平放，避免扭曲变形。然后将加工成型的铜止水预埋于防浪墙分缝处，并固定好。

6）模板安装。底板模板主要采用定型钢模板，现场拼装。安装前先将所有准备使用的模板表面清理干净，并用脱模剂涂模板表面。采用对拉丝固定，固定时根据设计尺寸严格控制模板顶部高程和轴线位置。

坝顶防浪墙直墙段采用大块定型钢模，局部不能采用定型钢模部位采用木模板组合进行施工。模板下游侧设双排脚手架，用于模板支撑和混凝土浇筑使用。模板运输至仓面后，采用15t吊车吊装，人工配合进行组装。上游侧模板依靠底板设立的预埋筋固定，下游侧模板通过站筋和围檩固定后与双排脚手架相连，以满足模板的整体稳定性。模板对拉丝采用穿管法，拉丝拆除后封堵孔口。

7）混凝土浇筑。在模板、止水、钢筋均已安装完成并经仓面联合验收，监理工程师签发开仓证后，开始浇筑混凝土。考虑坝体沉降的影响，墙体混凝土浇筑尽可能延迟，分三次浇筑，即第一次浇筑底板、第二次浇筑倒角段墙体，第三次浇筑倒角段以上直墙部分，详见图4.8。原则上采取跳仓浇筑，从左、右岸开始，至河床段合拢的顺序浇筑。

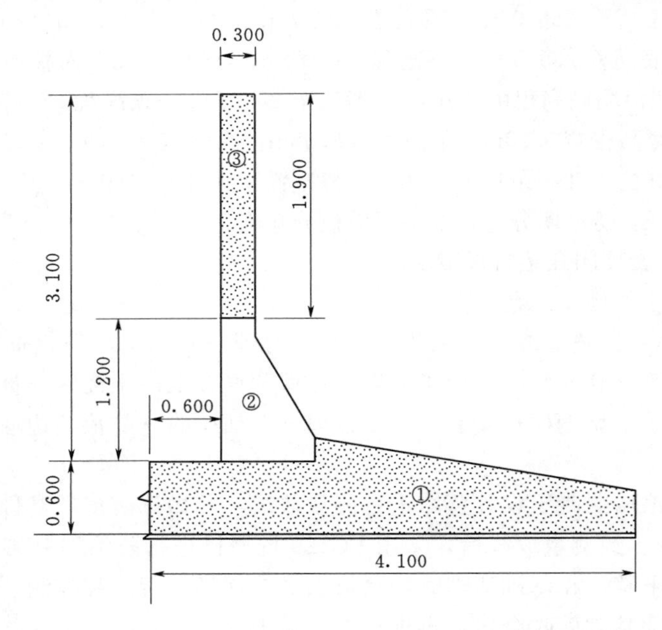

图4.8 防浪墙混凝土浇筑示意图（单位：m）

注：图中①～③为浇筑合块编号。

A. 底板混凝土浇筑。底板钢筋、止水及侧模工序完成后，浇筑底板混凝土。防浪墙底板混凝土浇筑，利用坝顶临时道路，$10m^3$混凝土拌和车运输，反铲入仓，人工平仓振捣。底板混凝土与直墙上游侧定型模板基础预留10～20mm间隙，便于进行固模、校模。

B. 倒角段墙体混凝土浇筑。倒角段墙体混凝土与底板连接处要经过严格凿毛、冲洗后方可立模浇筑混凝土。

倒角段墙体混凝土采用15t汽车吊$0.6m^3$吊罐入仓，分层浇筑，厚度约30cm，以利于倒角部位振捣混凝土所产生气泡的排出。倒角段顶部收面时要严格控制高程，以保证施工缝的平直度。

C. 倒角段以上直墙部分混凝土浇筑。倒角段以上直墙部分混凝土在倒角以下过渡料填筑完成后进行，以利于现场脚手架的搭设和工人操作。

倒角段墙体混凝土仍采用15t汽车吊0.6m^3吊罐入仓，分层浇筑，振捣棒振捣。振捣时快插慢拔，振捣时间以混凝土不再显著下沉，不出现气泡并开始泛浆为止，避免振捣过度。

8）拆模。拆除模板的期限，根据浇筑时的气温，推算混凝土强度达到25kg/cm^2以上时，即可拆模。拆除时要保证混凝土表面和棱角不致损坏，拆除模板使用专用工具，按适当的施工顺序依次拆除。所有拆除的扣件、钢管和钢模板，采用人工转运，组合定型钢模板采用15t吊车进行吊拆、转移。模板拆除后及时封堵拉筋孔，封孔砂浆颜色要调制成接近周围混凝土的颜色。

9）养护。混凝土浇筑完成并终凝后开始养护，养护采用覆盖土工膜覆盖，经常性洒水保湿养护28d。

（3）质量保证措施。

1）防浪墙表面平整度控制。定制加工模板时要充分考虑施工条件和周转次数，确保面层厚度和整体刚度，防止模板变形，是确保单仓混凝土表面平整度的先决条件。

为准确控制轴线和高程，采用左右岸设固定模板轴线控制点，避免模板测量轴线时的系统误差，这是确保防浪墙整体轴线外观的关键控制措施。

2）防浪墙混凝土防裂控制。加强混凝土拌制质量的控制，为了确保防浪墙混凝土的施工质量，安排专业质检人员参与拌和物质量的控制，严格控制坍落度及和易性。

严格控制分层布料的均匀性，使混凝土内在质量均匀可靠。

加强混凝土的养护，收面后及时覆盖保湿，保湿、保温养护至设计强度。

3）过程质量控制。

A. 仓面振捣指派专业混凝土工进行浇筑振捣，做到分层清楚、振捣有序，不漏振、也不过振，确保混凝土内质量良好，外形美观。

B. 施工过程中，对止水严格保护，以防损坏。一旦出现损坏或缺陷时，及时进行处理，并做好记录。

C. 严格按照有关规定进行拆模，拆模后及时进行表面覆盖，以防混凝土内部水分散失过大导致混凝土出现干缩裂缝。设专人进行混凝土表面保护和养护，并认真做好温度观测等施工记录。

D. 遇大雨时，立即停止浇筑，并及时用塑料膜覆盖混凝土表面，雨后先排除仓内积水，再进行混凝土施工。若超过混凝土初凝时间，则按施工缝处理。

4.6.2.2 下游护坡施工

坝后护坡预制块厚度10cm，标号为C25F150，铺设面积约40000m^2，预制块底部设3cm砂浆找平层，砂浆层下部为52cm厚垫层料。坡面设竖向格梁五道，水平方向设格梁四道，左右岸纵向格梁设踏步由坝脚通向坝顶，中间三道纵向格梁至观测房高程设踏步，坡脚设支撑梁，坡面格梁总长度约2210m，混凝土标号C25F150，坡面上半部中央用混凝土浇筑“河口村水库”五个大字。

（1）预制块生产。预制块为异形形状，并表面有加彩要求，为满足加彩要求，早期采用压力机直接压制成型法；采用30MPa液压挤压机配合专用钢模具直接挤压成型法，虽然满足强度和表面加彩要求，但不能达到抗冻性要求。后改用常态混凝土入模振捣法。采用定制模具，振动台振捣的方式预制，能够满足设计参数要求，且效率高，成本低。预制块生产采用定制塑料模具，0.4m^3拌和机拌制常态混凝土，振动台振捣。

（2）下游护坡施工。

1）坝后削坡。在铺筑预制块之前，需要对坝后坡面进行削坡整理，采用两台2.1m^3挖土机和1台1.0m^3挖土机自上而下进行，多余的料采用10台25t自卸车运至坝后压戗区。削坡时测量人员随时控制设计边线及坡比。

2）垫层料摊铺。坝后坡面削坡整理后，铺设预制块基础垫层料，垫层料铺设采用自卸汽车运料至坝顶，通过溜槽向下输送，在溜槽下部设立挡板，防止粗细骨料分离，人工进行平整、摊铺。

3）护坡纵横隔梁施工。下游护坡坡脚支撑墩混凝土宽1.4m，高0.8～1.4m，钢筋主要型号为ϕ20mm。护坡纵横格梁：纵向格梁宽度120cm，在坡脚支撑墩混凝土完成后分段施工；横向格梁沿坡面呈直角三角形，横向格梁随纵向格梁及下部预制块铺设完成后进行施工，格梁钢筋主要型号为ϕ14mm、ϕ25mm。纵横格梁混凝土采用组合钢模板，模板采用对拉丝和钢管斜支撑固定；混凝土拌制采用左坝肩搅拌站集中拌和，混凝土罐车水平运输，溜槽入仓，振捣棒振捣、人工收面。完成后及时洒水养护。

4）预制块生产及铺设。预制块铺设自下而上顺序进行，由人工装平板车自预制厂运至坡脚，通过运输台车，由坝顶卷扬机提升至铺设部位。根据放样桩纵向拉线控制坡比，横向拉线控制平整度，铺设前先铺3cm厚M7.5水泥砂浆，后进行预制块铺设，采用2m靠尺检测平整度。

5）坡面混凝土字体施工。为显示工程标识，利用大坝下游坝坡布置“河口村水库”五个大字，字体位于下游坝坡靠上游布置，字体高度约19m，字体笔画宽度2～3m，字体为在坝面浇筑混凝土形成。由于字体较大，且布置在斜坡上，为确保字体稳定，设计采用锚杆将其固定在坝坡上，锚杆长2.15m，ϕ30mm，钻孔ϕ90mm，沿字体周边内外侧布置，间距2.0m，共计锚杆300根。由于字体坐落在下游坝坡上，坝坡表面厚为10cm预制块，预制块下面为坝体堆石，堆石为5～80cm。采用一般钻机成孔困难，钻进过程容易造成塌孔现象，施工单位经比较选用新型的KQD-100潜孔跟管钻机进行钻孔，即随钻孔随下套管，以解决钻进过程中的塌孔问题。

A. 跟管钻施工。字体基础锚杆采用潜孔锤跟管钻进施工，该钻进技术是在潜孔锤的下端加接一偏心钻具，当钻具下到孔底后，顺时针方向旋转时，扩孔器从中心偏离出来，与钻头同步旋转，结果钻出的孔径套于套管外径，因此套管随着钻头的前进而随之下降，即实现跟管钻进。当钻进至稳定地层，套管已支撑住坍塌地层时，需要提升偏心钻具，此时将钻具逆时针方向旋转一下，扩孔器在钻头中心轴偏心的作用下向中心收拢，即可通过套管而将偏心钻具提出孔外，再换用普通潜孔锤钻进稳定地层至设计孔深。

B. 锚杆孔钻孔及锚杆制作安装。施工时在坝顶安装10t卷扬机，在坡面上安设钻机施工台车，卷扬机牵引坡面钻机平台可上下移动至锚杆孔位。钻机就位后，应保持平稳，调整导杆或立轴与钻杆倾角一致，并在同一轴线上，确保钻孔垂直坡面。按设计要求在套管壁上两侧开孔 30mm，间距 300mm，保证灌筑砂浆时的充盈状态。在钻进过程中，应精心操作，精神集中，合理掌握钻进参数，合理掌握钻进速度（一般情况风压为 0.6～0.8MPa，转速 90 次/min），保证套管跟随钻机钻进，防止埋钻、卡钻等各种孔内事故。完毕后，用清水把孔底沉渣冲洗干净。

根据设计图纸要求采购和制作符合设计要求的 ϕ30mm 锚杆原材，为使锚杆处于钻孔中心，在锚杆杆件上沿轴线方向每隔 0.5m 设置一个定中架。锚杆应平直、顺直、除油除锈。杆体自由端用塑料布或塑料管包扎，安放锚杆杆体时，应防止杆体扭曲、压弯，注浆管宜随锚杆一同放入孔内，管端距孔底为 50～100mm，杆体放入角度与钻孔倾角保持一致，安好后使杆体始终处于钻孔中心。若发现孔壁坍塌，应重新透孔、清孔，直至能顺利送入锚杆为止。

锚杆注浆采用挤压泵 H－3 底部注浆法，注浆材料采用水泥砂浆，其强度为 M20，水灰比为 0.44。砂子过筛，水泥砂浆应拌和均匀，随拌随用，浆液应在初凝前用完，注浆管路应保持畅通，浆液硬化后不能充满锚固体时，应进行补浆，注浆量不得小于计算量。注浆采用压力灌浆，正常采用 0.2MPa 压力，最大不超过 0.4MPa。注浆完毕应将外露的钢筋清洗干净，并保护好。

C. 字体混凝土浇筑。字体混凝土采用槽钢制作，在槽钢内浇筑混凝土，基础锚杆安装后，将锚杆用锚板固定在槽钢内，然后浇筑混凝土。字体浇筑方法同坡面纵横隔梁施工。

5 泄洪及引水发电工程施工技术研究与应用

5.1 泄洪洞高进水塔混凝土浇筑方案暨发明专利

河口村水库1号、2号泄洪洞位于大坝上游左岸山体，洞身穿越山谷至坝后的河道，进口为两座混凝土高塔架结构，1号进水塔塔高102m，2号进水塔塔高84.5m，两座塔坐落在峡谷中，场地狭窄，除有从塔顶上方修建到塔底的盘山施工道路，塔架中间不同高程没有可通行的运输道路。因此给塔架混凝土浇筑运输带来了极大的困难。

由于泄洪洞与大坝截流后第二年要参与泄洪，同时泄洪洞进水塔不仅高大，结构复杂，尚有大型偏心铰弧门等安装任务，工期紧，任务重，技术难度大，早期的施工方案为采用900tm大型塔吊吊罐运输方案，但根据现场进度安排及分析，该方案运输慢，功效低，严重影响工期，不能满足业主要求的截流后的泄洪洞汛期泄洪的要求，由此也成了水库工程建设的制约关键工程。

5.1.1 混凝土运输方案研究

5.1.1.1 混凝土运输方案对比及优选

根据河口村水库目前两座进水塔的实际情况，由于高度较高，分别为102m和84.5m，均为岸坡式建筑物，混凝土工程量为12.76万m^3，混凝土运输系统成为了塔架大体积混凝土工程顺利实施的关键，工程实施前，需先对各种运输方案进行比对，以选择最优方案。

在以往的水利以及建筑施工过程中，常常会因为地形的因素涉及混凝土垂直运输的问题，从下至上的垂直运输可以通过输送的方式或塔吊的方式解决，混凝土在运输过程中不会造成骨料分离，从上至下垂直运输通常采用真空溜管和塔机、缆机等装置，但是以上装置存在着一些不足之处：真空溜管一般只能在小坡度工作，对一些高陡、垂直度在45°～90°以上的垂直运输，不仅投入大，维护工作量大，而且运出成本高，容易造成骨料分离，质量问题大。

一些水库修建在高山峡谷地区，由于场地和高度差的限制，也有在两岸山体上建立中转站，以降低垂直落差，中转站的建设增加了施工工序和成本，也延长了施工工期，一些竖井或斜井溜管或溜槽从上至下运输，如均不采取措施，造成混凝土骨料分离，直接严重影响混凝土浇筑质量和施工工期。

考察国内已建、在建的大中小型工程，混凝土熟料从拌和系统出来后经水平运输和垂直运输到浇筑作业面，施工中，根据地形、工程量、混凝土性质和企业能力等采用不同的运输方式。对于水平运输，中小型工程一般采用斗车或罐车，大型工程一般采用罐车、自卸汽车或皮带机运输；对于垂直运输，中小型工程一般采用溜槽、人工翻仓、汽车吊、输送泵等，大型工程一般采用塔式起重机、门式起重机、塔带机和缆机等。

（1）混凝土泵运输方案选择。将搅拌好的混凝土用混凝土泵沿管道水平或垂直输送至工作面进行浇筑的方法，是一种常见的混凝土运输工艺。泵送混凝土机械化程度高、质量可靠、现场污染小，应用十分广泛。如果采用该方案，则会由于泵送混凝土的胶材用量大、水化热较高、粗骨料颗粒小、收缩比大而不能满足设裂要求；泵送施工能力有限，本工程从塔顶到浇筑点最长距离约1km，距离太长，不能满足施工强度，如果发生堵管现象，则拆管难度大、时间长，很难保证混凝土不出现冷缝，影响工程实体质量；其次塔架高度大，泵送管要随着高程的变化需要不断地调整布置；另外泵送混凝土成本较高，影响项目盈利。因此，泵送方案不适宜于本工程。

（2）皮带机输送方案。皮带机输送混凝土也是很常用的一种输送方式，皮带机输送方案只是将泵送管换成皮带机，沿着塔顶下延的2号延长路架设，送到塔架下部，也需要随着塔架的不断上升，进行调整皮带机的布局。该方案且由于长距离输送，混凝土易分离，砂浆损失大，投资成本很高。因此，皮带机方案不适宜于本工程。

（3）塔带机方案。塔带机是美国罗泰克公司开发出的大坝混凝土浇筑专用设备，是塔机与皮带机的有机结合。它将混凝土水平运输、垂直运输及仓面布料功能融为一体，具有很强的混凝土浇筑能力。塔带机与混凝土供料线配合使用实现了混凝土从拌和楼到仓面施工的连续、均匀、高效的工厂化作业方式，是目前世界上最先进的大坝混凝土浇筑设备。塔带机及混凝土供料线配备了一系列混凝土输送专用设备，如刮刀、转料斗及下料皮筒等，基本克服了普通皮带机输送混凝土时存在的骨料分离、灰浆损失等大的缺陷，提高了混凝土输送质量，使其在大坝混凝土浇筑中有了较大发展。其应用最为成功地为三峡大坝。

虽然塔带机浇筑混凝土具有供料连续、强度高，并具有仓面布料功能等特点，但存在预冷混凝土在运输途中温度回升较大、控制不当时较易出现骨料分离现象等问题。此外，针对本工程，如果采用塔带机，需要把拌和站、皮带输送机和塔带机布置在一起，但由于建筑物毗邻陡峭的山体，施工现场极为狭窄，附近没有可供建立混凝土拌和站的场地，若异地建站再用罐车或自卸汽车运输，不能充分发挥塔带机将混凝土水平运输、垂直运输及仓面布料功能融为一体的优势，对其浇筑能力大打折扣，且对成本控制极为不利。因此，塔带机方案不适宜于本工程。

（4）皮带机、box管与仓面布料机联合方案。结合两个进水塔均为岸坡式建筑物这一特点，根据现场地形确定了皮带机、box管与仓面布料机联合混凝土运输方案（以下简称联合方案）。

在塔顶2号路旁架设皮带机（简称1号机）进行水平运输，通过铅直布设的box管进行垂直运输，box管的下端再架设一条皮带机（简称2号机）把混凝土输送给仓面布料机，360°旋转的仓面布料机两端挂直径420mm的象鼻溜管进行仓面布料，当完成2～3个浇筑层（一般每层3m）需要上升布料机时，用900tm塔式起重机把2号皮带机和布料机提升布设，进行下一循环的作业。

该方案的最大优点是运输距离短，速度快，布置简单，易于随塔架升高而升高，最大的优点是投资比较节省，根据计算，本方案投资仅是上述方案的1/4。

5.1.1.2 运输方案的比较与选择

根据上述，结合研究对象为施工场地狭窄的问题，且进水塔浇筑方量，温控要求高等特点，对比泵送方案、皮带机方案、塔带机方案及皮带机、box管与仓面布料机联合方案的优缺点，从施工强度、成本控制等方面出发，最后确定优选皮带机输送、box管垂直运输与仓面布料机联合的混凝土运输方案。

这种方案的优势，解决了狭小空间混凝土运输浇筑困难的问题，依据研制的缓降器、设计的桁架系统等关键技术所提出的联合方案，提升了混凝土浇筑速度和运输系统的稳定性，满足进水塔混凝土360°无死角立体化连续性施工的要求，且在施工过程中保证混凝土性能的同时节约了施工成本。

5.1.2 推荐运输方案中的技术改进

5.1.2.1 box管的改进——缓降器

推荐方案中的核心是垂直运输中的box管，混凝土从高程298.00m顺box管铅直下落，最大下落高度82.5m，冲击力巨大，容易造成管壁的抗冲磨能力降低、骨料破碎与离析、管道堵塞并对下面的皮带机（2号）产生冲击，影响垂直运输的寿命，或施工期的维修工作量很大。早期的工程采用box管高差一般没有河口村水库的高差大，因此联合方案设计一个关键技术即如何高效合理地缓冲高落差混凝土，提高混凝土运输寿命，以及混凝土在运输过程中性能的稳定。

承包商经过大量的试验和研究，发明了一种用于混凝土垂直运输的缓冲装置，即采用转动导叶和"人"形管，通过混凝土直接垂直落在转动导叶上进行缓冲，分别在box管中间设一缓降器，在出口设置缓降出口，其中在缓降器上设置有填塞混凝土段，是为了让管内存一部分混凝土，使下落的混凝土不至于直接冲击到钢板上而对钢板形成击穿破坏；管内填塞混凝土终凝前打开下部卸料活门，放出填塞混凝土，使管内的填塞混凝土一直保持柔软状态，以减轻冲击力，同时还起到在发生堵管现象时能够及时排除；侧面设置观察活门，以便观察管壁的磨损情况，以便及时修补或更换。缓降器及缓降出口结构及工作原理见图5.1。

5.1.2.2 皮带机刮板技术

根据采用推荐方案混凝土运输的实践，由于皮带机常用于运送例如大豆这样的颗粒材料，这些材料比较干且颗粒间黏聚性较小，对皮带的附着能力较小。当用皮带机运送三级配常态混凝土时，由于混凝土内含有水泥、粉煤灰和其他掺合料，黏聚性较大，砂浆容易附着在皮带上而形成漏浆，对仓面的污染比较大，同时由于浆液的流失，严重时影响混凝

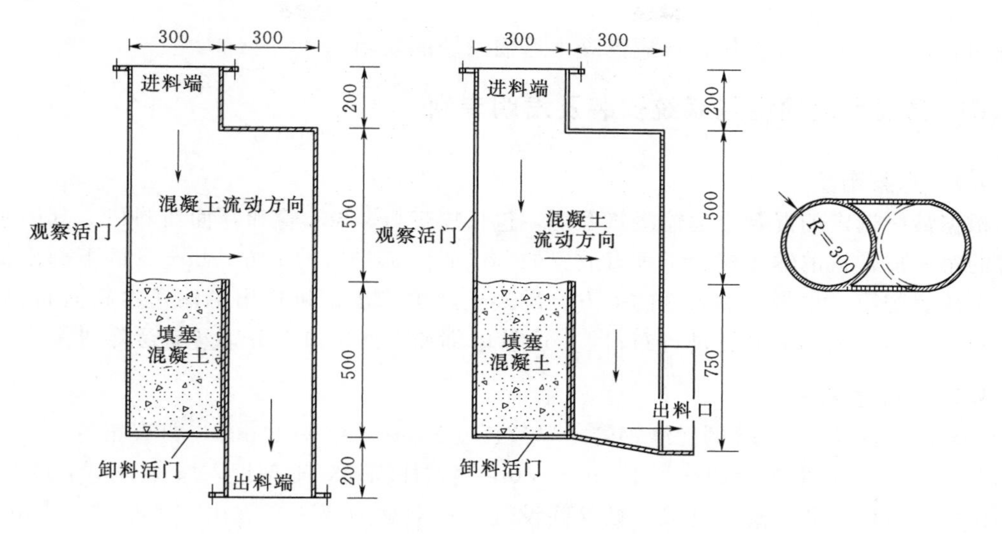

图 5.1　缓降器及缓降出口结构及工作原理图（单位：cm）

土入仓后的和易性，增加振实难度。因此，根据上述情况，承包商经过多次研究，在皮带机上安装了一种刮板，以解决残留在皮带机上的砂浆。为把皮带上的砂浆刮得更干净，施工中在每台皮带机电动滚筒端均安装了 3 道 PU 牛筋板刮板，第一道为粗刮，经粗刮后皮带上还粘有砂浆，再经第二道细刮，皮带上只粘有水泥浆而无砂浆了，经第三道精刮后皮带上就干干净净了，不会再对仓面形成污染，使用效果良好，但需注意刮板口应平齐，安装时不应过分贴紧皮带，以免伤及皮带。

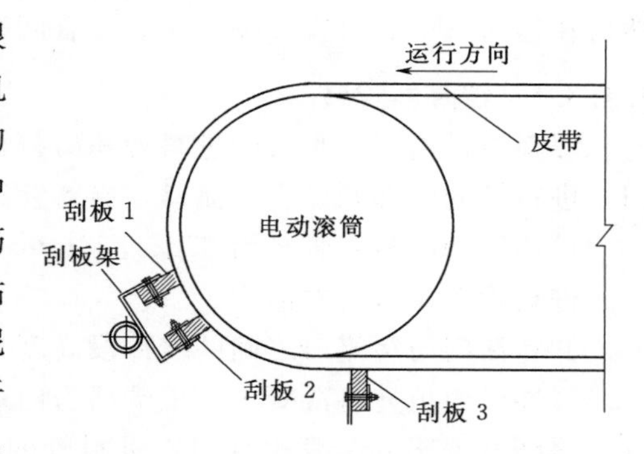

图 5.2　牛筋刮板设置形式图

牛筋刮板设置形式见图 5.2。

5.1.2.3　仓面布料机与 2 号皮带机互扰与系统联动方法

混凝土经皮带机和 box 管进入仓面布料机，该机机头部分可以 360°旋转，布料臂可以自由伸缩，臂两端悬挂象鼻溜管，旋转半径 22m，为国内旋转半径最长的固定式布料机，在其覆盖范围内可以进行全方位的混凝土浇筑，使用非常方便。

2 号皮带机坐落在仓面布料机顶部的旋转支撑上，2 号皮带机下部与布料机布料臂上部高差 1.0m，如果 2 号皮带机不是水平放置，布料机在旋转的过程中就有可能碰到 2 号皮带机，使某些部位的浇筑不能完成，形成浇筑死角。因此，2 号皮带机最好水平架设，如因特殊情况，可通过计算以保证仓面布料机和 2 号皮带机相互不干扰。

在混凝土下料过程中，如果 3 台设备带速不一，特别是出现上料快卸料慢的情况，混凝土料就会在前面的皮带上形成堆积，影响系统的整体稳定与安全，因此必须对 3 台设备的带速进行调整，以保证布料机不小于 2 号皮带机不小于 1 号皮带机。另外，为减少系统操作人员数量，避免不协调现象发生，设计一套控制系统，该控制系统可以同时控制 3 台设备的运转，并由一人操作，形成混凝土运输系统的联动。

5.1.3 混凝土运输浇筑系统安装及发明专利

5.1.3.1 方案布置

根据最终选定的混凝土运输浇筑系统，包括皮带机、box管和仓面布料机。其中水平放置的第一皮带机的输出端置于垂直放置的box管上部进口的上方，box管的下部出口置于水平放置的第二皮带机输入端的上方，混凝土经第二皮带机输出端输送给仓面布料机，仓面布料机通过两端的溜管进行布料，box管中部和下部出口上分别装有缓降器。

5.1.3.2 box管架设

box管为直径300mm的无缝钢管，单节长度为6m，壁厚10mm，铅直布设，采用边长3.75m等边三角形布置的三根1.0m×1.0m钢站柱固定，下部埋入厚1.5m的基础C25混凝土中，节间用高强螺栓连接，站柱间设置横撑和剪刀撑，岸坡山体上安装ϕ28mm注浆锚杆，三脚架与锚杆间用∠75°角钢作为扶壁支撑，使三根钢站柱形成一个稳固的整体，然后在三角形中心布置安装box管，管间螺栓连接。

5.1.3.3 缓降器安装

缓降器是由相互平行的进料管和出料管连通在一起构成的，进料管的底端设有卸料活门，进料管的中部开设有缓流口，出料管的上部入口与缓流口相连通。

进料管和出料管管径为270～330mm，缓流口的高度为450～550mm。

进料管上设有观察活门。

卸料活门与缓流口之间的缓冲段高度为400～750mm。

缓冲段内填充有混凝土，上端面为向下倾斜的斜面。

缓降器置于box管中部时，进料管的顶部和出料管的底部均设有连接法兰。当缓降器置于box管下部出口上时，进料管的顶部设有连接法兰，出料管的底部设有滑流口，滑流口的下侧的滑流板倾斜放置，倾斜角度为10°～15°（见图5.3）。

5.1.3.4 运输系统安装

(1) 高程265.00m以下运输系统安装。在高程214.00m两个进水塔之间靠近开挖边坡处安装三个1.0m×1.0m的钢站柱，钢站柱底部浇筑1.5m厚基础，钢站柱每隔3m用角钢进行横撑连接，每隔6m用角钢进行斜撑加固，钢站柱顶部第一步安装高程265.00m。钢站柱安装完毕后，在钢站柱内架设直径300mm的box垂直输送管，box管中间设缓降器，出口设缓降器出口。钢站柱顶部在2号路支线路高程265.00m与box管之间搭设钢管脚手架以架设一条长69.23m、宽650mm的皮带机（1号皮带机），为便于人员对皮带机清洗，在皮带机侧边加设一人行便道，便道宽500mm，在1号皮带机下部和三个钢站柱中间部位安装接料斗和box管连接。钢站柱底部（box管出口）也安装一台水平放置的650mm宽皮带机（2号皮带机）至仓面，2号皮带机出口安装臂长22m、可自由伸缩且可360°旋转的仓面布料机，以便于送料至仓面的各个角落。

塔架高程265.00m以下混凝土运输从溢洪道前面2号路支路，由混凝土罐车运输到高程265.00m皮带机，而后沿液压集料斗送料至皮带机，再沿皮带机送料至box管，沿

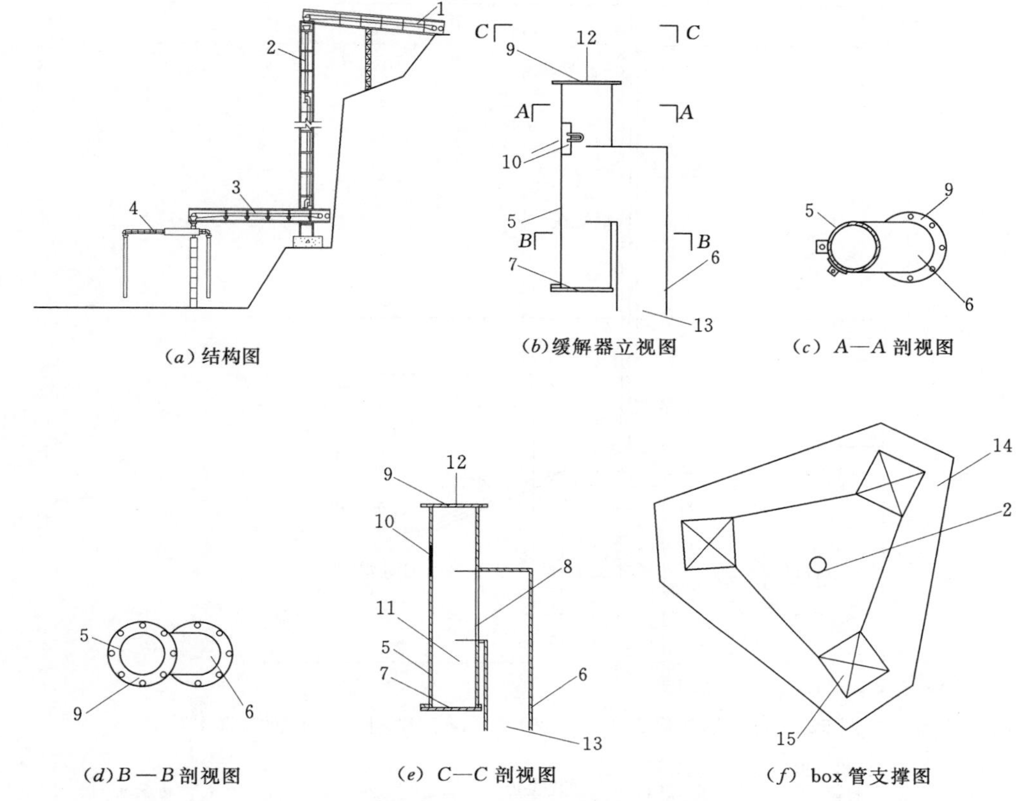

图 5.3 混凝土运输浇筑系统纵向管结构布置示意图

1—第一皮带机；2—box 管；3—第二皮带机；4—仓面布料机；5—进料管；6—出料管；7—卸料活门；8—缓流口；9—连接法兰；10—观察活门；11—缓冲段；12—进料口；13—出料口；14—混凝土基础；15—钢站柱

box 管送料至下部皮带机，最后沿皮带机输送料至仓内布料机，利用仓内布料机分料到浇筑部位。

(2) 塔架高程 260.00～291.00m 运输系统。根据施工进度安排，1 号进水塔浇筑至高程 260.00m 时开始 2 号进水塔的浇筑，此时升高 box 管钢站柱，并在 2 号路（高程 291.00m）与 box 管钢站柱之间安装另外一台 650mm 皮带机用于 1 号进水塔高程 260.00～291.00m 之间的塔体混凝土浇筑，原高程 265.00m 平台皮带机让位给 2 号进水塔，用于 2 号进水塔的混凝土浇筑。

由于 1 号进水塔体型相对更大，混凝土浇筑开工时间较早，先使用该垂直运输浇筑系统，故先在 1 号进水塔中墩安装布料机钢站柱，混凝土浇筑时，仓面混凝土浇筑两层后(厚 6m)，用 900tm 塔吊先拆除 2 号皮带机并放置一旁，然后整体拆除仓面布料机，在原布料机钢站柱上加装一节长 6m 的钢站柱，再把布料机和 2 号皮带机重新安装就位，进行下一循环的浇筑作业。

仓内布料机布置位置同高程 210.00m 以下混凝土运输，在进行高程 210.00～291.00m 间混凝土运输时，仅将布料机随塔体的上升而逐步升高（见图 5.4、图 5.5）。

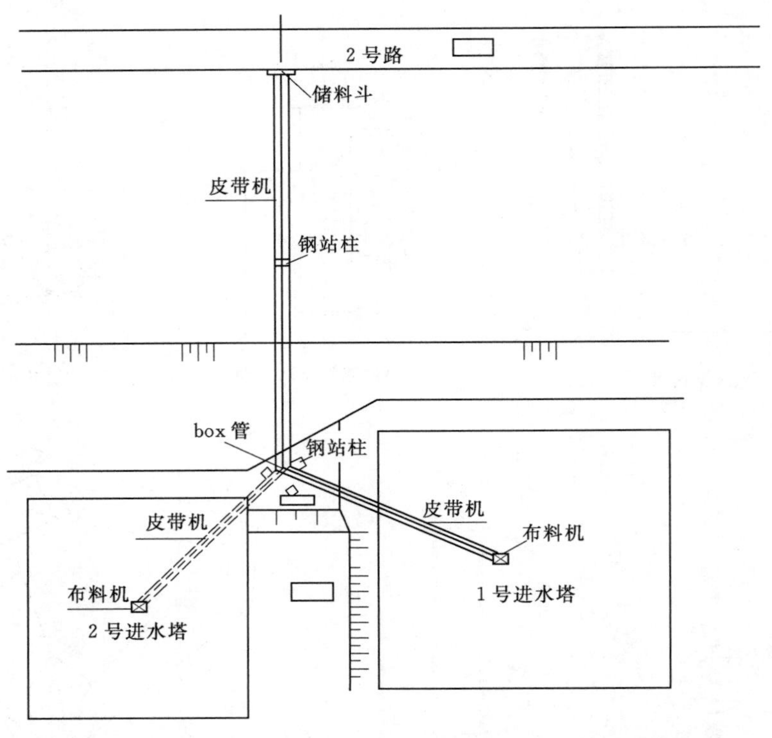

图 5.4　进水塔高程 210.00～291.00m 间混凝土运输平面布置图

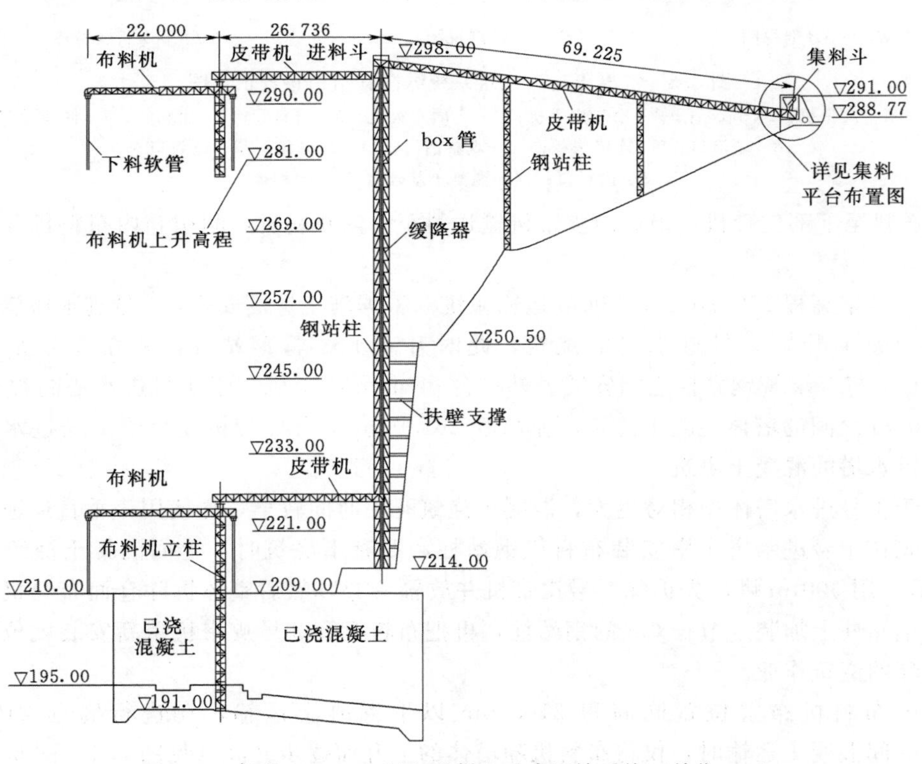

图 5.5　高程 210.00m 以上混凝土垂直运输系统（单位：m）

5.1.3.5 施工过程混凝土性能检测结果与分析

由于塔架混凝土垂直运输采用 box 管，由于高差较大，施工期担心混凝土出现分离或性能的改变，因此根据施工需要，对输送前后混凝土性能作对比（见表 5.1）。

表 5.1　　输送前后混凝土性能对比表

温度/℃		坍落度/mm		下落高度/m	管内时间/s	下落速度/(m/s)	出料速度/(m³/min)	28d 抗压强度/MPa		强度等级
罐车出口	入仓后	罐车出口	仓面					罐车出口	仓面	
9.4	8.2	65	63	33	3.5	9.4	1.8	48.6	48.4	C25 常态
6.8	5.9	165	161	33	3.6	9.2	2.2	44.7	44.6	C25 泵送
9.0	8.2	70	72	27	2.9	9.3	1.7	47.9	48	C25 常态
12.5	11.7	155	153	27	3.1	8.7	2	44.8	46.1	C25 泵送
14.6	13.9	66	66	21	2.6	8.1	1.8	40.6	42.2	C25 常态
14.8	14.2	162	165	21	2.5	8.4	2.2	43.1	42.9	C25 泵送
18.6	18.1	58	55	15	2	7.5	2	44.9	45.3	C25 常态
31	31.3	68	65	7	1.4	5	2	44.7	43.6	C25 常态

由表 5.1 可知，罐车运送至 1 号水平输送带前进行了混凝土入仓温度、坍落度等基础指标测试，后经 box 管缓降器、泵送系统等竖向输送入仓后，再次测定其基础性能指标。常态混凝土为经过 box 管缓降器输送后其性能剖开混凝土本身的非均质性以外，其前后变化可以认为一致，由此说明，采用此方法进行混凝土竖向输送完全满足相应施工要求，没有出现因竖向属性后因混凝土分成离析等现象产生的浇筑问题。其原因主要因经直径为 300mm 的 box 管管壁黏附效应和缓降器的多次拌和作用，以及在缓降器底端塑性混凝土的缓冲作用，缓降器出口对流速的控制等多因素综合作用下，混凝土拌和物和易性良好，输料速度基本稳定在 2m³/min，施工速度处在可控状态，施工质量稳定可靠。

由此可见，不管采用泵送施工还是 box 管缓降器管施工，其性能均能满足该混凝土的施工要求。同时，通过对比采用泵送施工或 box 管缓降器施工，其施工方法对混凝土的最终性能影响也无差异。说明采用 box 管缓降器施工在本工程中的应用是成功的。

通过前期采用两种施工方案进行了 1 号和 2 号进水塔塔体的施工，施工过程均很连续，无异常情况出现。混凝土输送现场见图 5.6。

5.1.3.6 发明专利开发

通过对泄洪洞进水塔大体积混凝土垂直运输系统的开发使用，编制了《狭小空间大体积混凝土运输系统研究与应用》报告，2013 年通过河南省科技厅的技术成果鉴定，鉴定结论为“该项目选题正确，技术线路合理，已在河口村水库工程建设中得到应用，研究成果达到国内领先水平”；通过更进一步的补充完善和提高，《混凝土垂直运输浇筑系统》获国家发明专利，专利号：ZL 2013 1 0040167.6；垂直运输过程中对混凝土起到缓冲作用并能保证混凝土各项技术指标的缓降器获国家发明专利，专利号：ZL 2013 1 0040166.1；用于清除皮带运输系统中皮带上附着物的装置，获国家实用新型专利，专利号：ZL 2013 2 0073。

图 5.6 混凝土输送现场

5.2 大体积混凝土光纤测温与温控预报技术研究

河口村水库工程有大坝、泄洪洞、溢洪道及引水发电系统组成，其中泄洪洞进口塔架混凝土，溢洪道闸墩与溢流面混凝土，堆石坝面板（趾板）混凝土，这些结构的基本特点是：对外界温度比较敏感，属于“易裂混凝土结构”，需要重点关注。河口村水库混凝土工程质量的优劣，直接关系到整个工程质量的优劣，关系到水库安全与下游人民生命财产安全。总的来说，河口村水库混凝土工程面临以下六个温控难题。

（1）河口村水库泄洪洞进水口塔架与堆石体面板都属于“易开裂结构”。我国在20世纪50—70年代，为了减少大坝的水泥用量，建造了一批丁字坝、宽缝重力坝、坝内式厂房电站等。这些水工建筑物，均由于其混凝土结构与大气接触面积过大导致温度裂缝过多而被淘汰。大量的仿真分析成果也表明：准大体积混凝土抵御寒潮的能力，比大体积混凝土差。因此，塔架结构由于孔洞过多过大，其抗裂能力实际上是低于纯实体的大坝混凝土结构的。我国面板混凝土结构在施工期开裂的现象不少，即使添加了抗裂剂或者掺加了聚丙烯纤维的混凝土面板（如水布垭水电站），依然有较多的面板开裂；对于标号较高的溢流面混凝土，其抗裂能力更差。理由是，这些混凝土不仅标号高，结构体型差，环境协调能力差，而且存在严重的新老结合问题。所以，河口村水库混凝土工程抗裂形势比较严峻，需要慎重对待。

（2）当地气象条件，对混凝土施工不利。当地气象条件主要体现在季节温差大，河谷风速大，年平均蒸发量高。按照控制性进度安排，混凝土施工不得不在炎热的夏季与寒冷的冬季，高温防裂与低温防裂的任务一样重。加上河谷风速很大，对混凝土表面保护提出很高的要求。这一要求，不仅体现在保温材料的价格上，更体现在施工组织方式上。如果购置大量高质量的保温材料，但施工工序安排不到位或难以安排，混凝土一样面临开裂风险。年平均蒸发量高说明当地太阳辐射比较严重，需要机动灵活地掌握混凝土开仓时机，否则，太阳辐射热不仅可能将消耗掉所有预冷费用，而且会造成较多的假凝现象，影响混凝土早期强度的正常增长、混凝土面板、混凝土溢流面，等等。这些表面积庞大的薄壁结构，对降雨或者寒潮特别敏感，是恶劣气候的主要侵袭对象，没有合适的、及时的保护措施，必然开裂。

（3）钢筋混凝土限裂设计理论还很不成熟。目前，处于工程建设一线的工程师，还有不少人存在"钢筋混凝土结构不易开裂"的错觉。幸运的是，作为河口村水库工程的设计单位，黄河勘测规划设计公司对这个问题的认识是清醒的，准确的。新修订的规范，确实加大了准大体积混凝土的配筋率，但那是着眼于限制裂缝宽度的经验做法。真正可用于实践的限裂设计理论还没有形成。黄河勘测规划设计公司目前是依照规范（不考虑温度荷载，但把混凝土的设计容许应力降低 15%）进行面板混凝土与塔架结构混凝土配筋的。当然，依照规范配筋，确实可以限制开裂混凝土的裂缝宽度，但那不是限裂设计。依照限裂设计的理论配筋，应该计入年温度变幅下残余温度应力，总体用钢量比目前规范方法配筋更少，钢筋直径更小，但施工难度更大。

（4）现有拌和站生产能力及温控水平一般。因本工程的混凝土量不足 15 万 m^3，所以，施工单位从节约成本的角度，没有像深溪沟、溪洛渡等工程那样，一次性地配置标准化的混凝土生产工厂。高峰期的混凝土供应能力不足 $120m^3/h$；水泥储存能力不足高峰时段 2d 所用（低于 5～7d 的基本要求）；拌和站暂时没有配置风冷设施；成品料堆的设计达不到 6m 覆盖、廊道取料的基本要求；必要的遮阳与喷雾设施还没有准备到位等。更为重要的是，现有施工单位缺乏大型水电工程建设经验，主要技术人员对温控的重要性还缺乏必要的认识，需要在工程建设过程中逐步领会。

（5）拌和站位置与混凝土运输振捣方式提高了温控防裂难度。已经完建的混凝土拌和站位置，离泄洪洞进水口塔架 2～3km；混凝土搅拌车运输到卸料平台后，倒入集料槽，然后依靠缓降器到简易皮带机，最后通过布料机入仓。由于塔架结构的水平面积限制，难以配置多台平仓振捣设备同时作业，人工振捣在所难免。人工振捣带来的直接麻烦，就是延长了单仓混凝土的施工时间，使混凝土开仓时间的灵活性大大减小。不仅如此，建设管理单位对解决类似塔架结构温度应力过大的问题，与设计、监理等参与方还有不同见解。上述诸多不利因素，迫使参建各方不得不面对现实，采用更加具体的灵活有效的温控组合方案。如果不重视温控问题，可以预见，很多混凝土浇筑仓将处于最高温度失控状态，尤其是夏季施工的混凝土。

（6）温控措施需要根据实际情况适当调整。建设管理单位认为设计方制定的一系列温控标准过于严格。设计方的设计成果来自对规范规定的应用，在没有具体的充分的论证情况下，是不宜放宽标准的。但是，实践中确实存在最高温度超标但混凝土没有开裂的情况（比如桐子林水电站工程），这使得对设计方标准的质疑，似乎有了依据。然而，这个问题相当复杂。目前不开裂，不等于今后不开裂；其他工程超标，也不等于此工程可以超标。设计方能够给出的标准只表示"标准之内可以不裂"，但标准之外，是否一定裂，或者一定不裂，是需要另外专门研究的。设计方给出的温控措施，也是常规的温控措施，尤其是表面保护的时机与对象，要视混凝土内部和外部温度状况及施工进度，实时调整。这一任务，没有与之配套的施工过程仿真分析，是难以完成的。因此，既要保证工程安全，又要节约施工成本，就必须在混凝土施工过程中，加强数值模拟、反馈设计的功能。

对于河口村水库工程面临的六个温控难点，针对河口村水库大体积混凝土施工中存在的这些问题，采用光纤测温实施"河口村水库混凝土安全预警系统研究"。

5.2.1 温控预报技术研究

"河口村水库混凝土安全预警系统"采用分布式光纤测温技术与施工过程仿真分析技术，在每仓混凝土浇筑前，对未浇混凝土的温控措施进行提前预报，以便施工单位根据温控预报结果，选择最合理的混凝土浇筑时间与入仓温度以及冷却通水方式；同时根据库区天气预报数据，各仓混凝土浇筑施工情况和光纤测温数据，对已经浇筑完成的混凝土的抗裂性能进行评价，以便施工单位根据评价结果，对结构应力复杂或抗裂性能相对薄弱的部位进行重点保护。以此确保河口村混凝土工程，既不出现基础约束裂缝，也不出现明显的表面温度裂缝，使混凝土工程质量与整个大坝的建设质量，在较高的水平上保持同步，以达到利用先进技术，建设优质工程的目标。

5.2.1.1 温控预报

为了确定浇筑混凝土是否满足温控标准，必须准确了解大体积混凝土内部温度分布及变化过程。传统上多采用电测传感器进行大体积混凝土温度监测。但电测传感器存在以下缺点：①电测传感器多采用铜质材料制作，且和铜导线连接，传输电信号，抗干扰能力较弱。②电测传感器在埋设过程中易被施工器械损坏，对施工条件适应性较差。③一个电测传感器只能测量一个部位温度变化，获取数据成本较高。相较而言，光纤传感器：①以光纤为媒质，以光信号作为载体，能抗电磁干扰，防雷击，属本质安全。②光纤本身轻细纤柔，光纤传感器的体积小、重量轻，不仅便于布设安装，而且对埋设部位的材料性能和力学参数影响甚小，能实现无损埋设。③光纤纤芯的材料为二氧化硅，因此光纤传感器耐腐蚀、使用寿命长。④灵敏度高、精度高。⑤一根（通道）光纤可测得海量数据，且能够实时在线测量，使获取信息的成本大大降低。基于上述优点，近年来，分布式光纤测温系统逐步应用于国内各大水利水电工程中，用以开展大坝温度、渗流定位和裂缝等监测。

温控预报，即首先利用已浇混凝土的分布式光纤测温数据以及混凝土配合比数据，结合混凝土温度场有限元仿真分析，反演出现场浇筑混凝土的相关热学参数。然后利用混凝土相关热学参数、天气预报数据、混凝土浇筑计划、入仓温度数据以及初拟温控计划等，采用仿真分析方法，对近期即将浇混凝土的早期温度过程进行预测。利用混凝土的主要温控指标——最高温度，对初拟温控计划进行评判。当拟定温控计划无法满足最高温度控制标准时，及时调整温控计划，直到仿真分析结果满足混凝土最高温度控制标准的要求，此时的温控措施即可作为即将浇筑混凝土现场采用的温控措施。见图5.7。

在已浇混凝土到达峰值温度以后，还需要利用混凝土温度应力仿真分析（见图5.7～图5.9）和抗力评价成果，采用混凝土辅助温控指标——降温速率，对降温阶段的温控方法进行评判及适时调整，以使混凝土降温阶段温度应力始终低于混凝土抗裂能力，保证混凝土不裂。

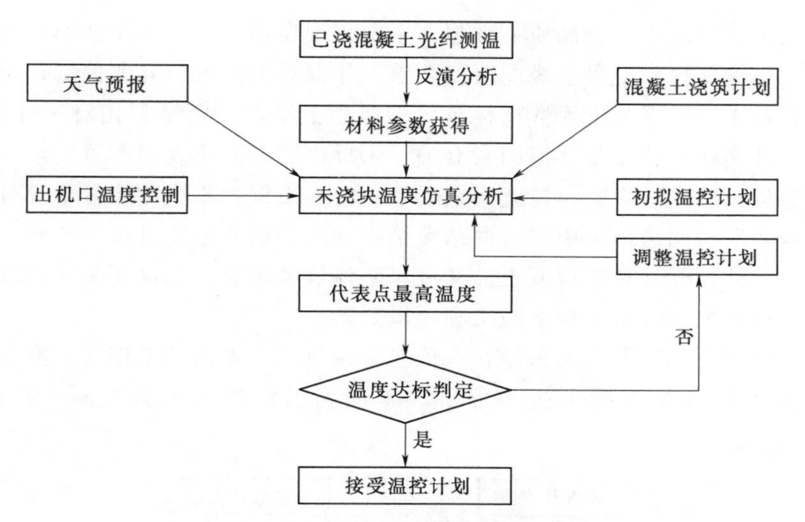

图 5.7　光纤测温与温控预报流程图

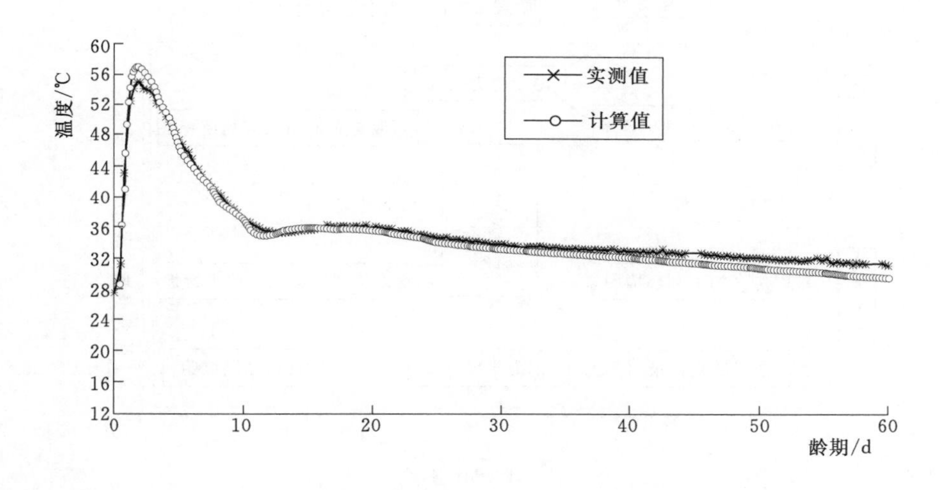

图 5.8　1 号进水塔第 14 仓混凝土中心点温度光纤实测值与仿真计算曲线图

5.2.1.2　抗力评价

混凝土抗力（抗裂性能）是评价混凝土开裂风险的重要指标。目前，有关混凝土的开裂风险评价，仍然以设计强度为准则，这不利于在空间上识别最危险的开裂点，无法进行细致的风险预报。因此，有必要在已有的仿真分析基础上，对同一仓、同一种混凝土进行抗力识别，达到比较准确地预报最危险开裂点的风险预警目标。

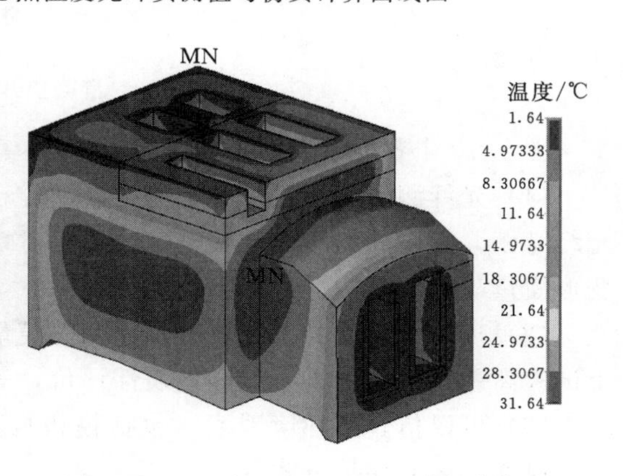

图 5.9　2012 年 12 月 21 日温度场分布图

事实上，很多混凝土坝均出现早期裂

缝，这往往是由于混凝土本身品质不理想，主要表现在：①自身体积变形呈收缩状。②骨料隐裂隙多，运输振捣中混凝土级配改变严重。③混凝土极限拉升值偏低，刚刚满足大坝混凝土的最低要求。④混凝土脆性指标高。⑤混凝土早期强度增长相对缓慢。除此之外，混凝土的早期开裂还与施工及环境因素有关：①拆模后混凝土表面严重失水。②拆模不久寒潮来袭。③昼夜温差过大。④持续大风天气。⑤表面保护不到位或者不及时。⑥基坑过水。⑦太阳暴晒后瞬间遭遇大雨。⑧固结灌浆抬动。⑨廊道冬季过风。⑩施工期不必要的人为超冷等。因此，开展早期混凝土的开裂风险评价和预警，不仅要关注混凝土本身的物理力学特性，还要关注混凝土现场施工和环境要素。

混凝土早期开裂风险评价与预警，应该包含以下三个方面的工作：①混凝土应力场的仿真分析。②不同部位混凝土抗力评价。③现场工程师的经验判断。其总的策略见图 5.10。

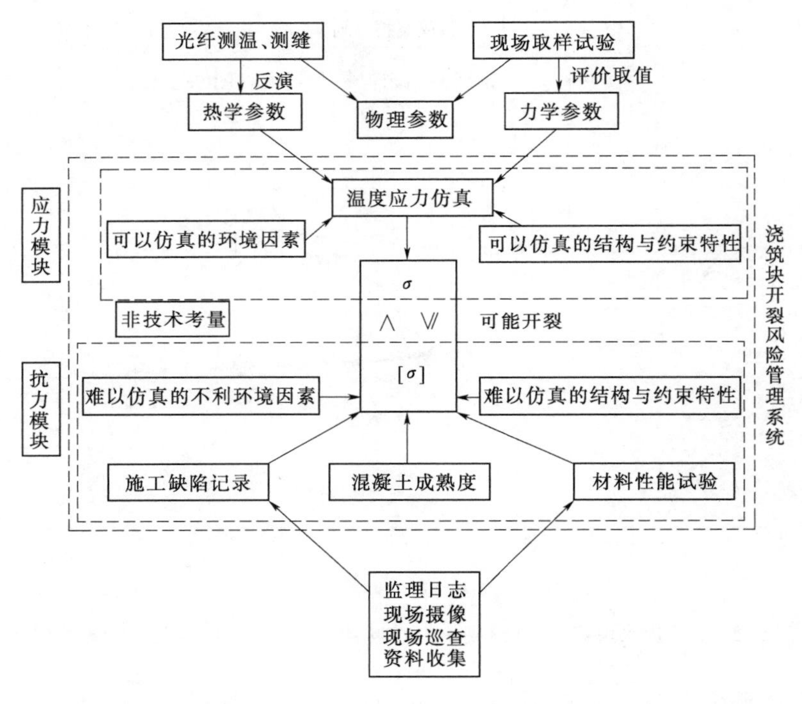

图 5.10　混凝土开裂风险评价路线图

图 5.10 中各组成要素说明如下：

(1) 光纤测温、测缝。光纤测温，即分布式光纤测温，如前所述；光纤测缝，即利用光纤光栅，解决固结灌浆与接缝灌浆施工对地基与混凝土抬动、侧移影响问题，获取地基变形模量与渗透参数。

(2) 现场取样试验。混凝土早期弹性模量变化曲线，混凝土早期强度增长曲线，混凝土试验离差系数，混凝土试样代表性评价，等等。

(3) 可以仿真的环境因素。包括模板性质、气温变化、太阳辐射、喷雾、蓄水、过水、风速、表面保护方式等。

（4）可以仿真的结构与约束特性。包括山体、块体、分缝、跳仓、廊道、规则锚杆作用、灌浆作用等。

（5）温度应力仿真。即混凝土徐变温度应力仿真计算。

（6）非技术考量。应力与抗力的比值，基本决定了混凝土开裂风险，但不能说由此得出的结论一定正确，需要现场与非现场工程师的混凝土施工经验，类似工程历史经验，个人工程素养与直觉，驻扎现场的累计时间，参加生产与温控会议的累计次数，对工程管理要求的领悟能力，等等。

（7）难以仿真的不利环境因素。包括暴雨、天气突变、基础串浆、表面干湿交替变化、喷雾与喷雨滴的交替变化等。

（8）难以仿真的结构与约束特性。地基不平、混凝土收仓不平、陡坎、导角、贴角、并缝、接缝尖灭孔、不规则锚杆作用、地基置换块坡地与台地约束等。

（9）施工缺陷记录。可能的漏振部位、半小时以上的施工中断、错误的水管布置、错误的冷却程序、不规范的平仓与收仓、不到位（缺位）的喷雾、不合理的开浇时间、不同浇筑区域的非正常衔接等。

（10）混凝土成熟度。混凝土成熟度指混凝土养护时间与养护温度的乘积，在冬季施工决定拆模的时间。如果混凝土成熟度小于1500℃·h拆模，会影响混凝土抗力。

（11）材料性能试验。包括28d龄期的各种强度、各种尺寸、各种环境下的抗压、抗拉、抗冻、抗渗、自身体积变形、极限拉伸、弹性模量，泊松比、线膨胀系数、混凝土抗裂韧度等。

（12）应力模块。以计算为准，但要掌握好代表性。

（13）抗力模块。这个需要建立一个综合评价模型，将不能数量化的因素按影响因子打分，而不仅仅依靠一个强度增长曲线。要区分理想、比较理想、正常、不大正常、较差五级。

（14）监理日志，高清晰摄像、大坝混凝土浇筑前的相关混凝土（隧洞衬砌、置换块、厂房混凝土等）资料的整理。

由于生产过程中混凝土的实际质量是动态变化的，各个部位混凝土的养护与保护质量是动态变化的，所以，无论是浇筑块还是坝段组，混凝土在空间各点的抗力系数也是各不相同的。因此，为了便于施工单位在各个阶段根据应力仿真计算成果，采取应对混凝土开裂危机的具体措施，有必要在现阶段根据混凝土设计强度与相应龄期、施工全过程的高清晰摄像资料、施工全过程的监理日志、现场取样试验资料与钻孔取芯试验资料等，开展不同坝段、不同部位混凝土抗力等级与抗力系数的评价研究。

混凝土抗力评价，如同对混凝土裂缝按其宽度分级一样，需要一定的数量指标。上述“打分定级”方法的价值，等同混凝土裂缝“宽度”，在数量上是一个“在设计抗力值周围波动的”实际值，可以直接与仿真计算得到的拉应力值对应，用于其开裂风险评价。

为此，混凝土抗力评价的研究目标如下：

（1）以混凝土同龄期取样试验强度为基准，以混凝土生产过程管理与过程检测成果为主要依据，对任意龄期下不同浇筑块混凝土的实际抗力，作出等级评价或抗力系数评价。

（2）以全过程高清晰摄像成果为主要依据，参照光纤测温成果与温度场反演分析成果，对同一浇筑块不同部位、不同区域混凝土的实际抗力，作出等级评价或抗力系数评价。

实现上述两个目标，也就实现了对整个混凝土结构的开裂风险评价和预警（见图5.11）。

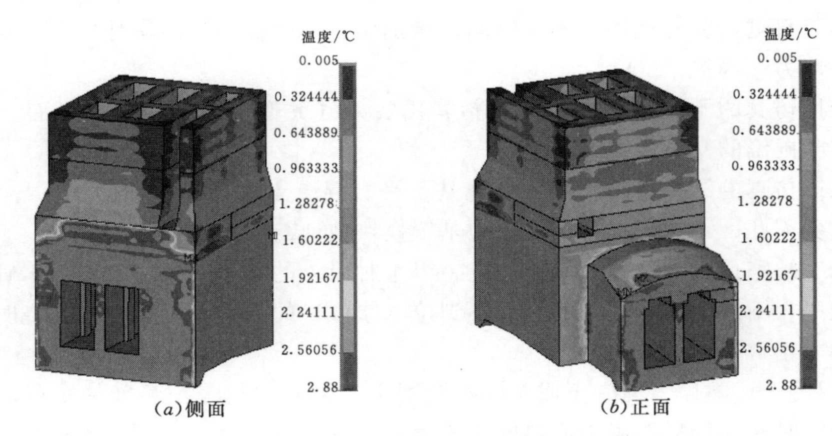

图5.11　进水塔混凝土表面易开裂部位图（灰色区域）

5.2.1.3　系统构建

为了实现河口村水库工程混凝土的温控预报与抗力评价，从而实现对混凝土结构的开裂风险评价和预警，需要根据河口村水库工程具体情况构建以下三个子系统。

（1）分布式光纤测温系统。分布式光纤测温系统即分布调制的光纤传感系统。所谓分布调制，就是沿光纤传输路径上的外界信号以一定的方式对光纤中的光波进行不断调制（传感），在光纤中形成调制信息谱带，并通过独特的检测技术，解调调制信号谱带，从而获得外界场信号的大小及空间分布。因此，分布式光纤监测系统通常由激光光源、传感光纤（缆）和检测单元组成，它是一种自动化的监测系统。

在河口村水库工程中，分布式光纤测温系统由计算机、DTS主机和测温光缆组成。系统核心是DTS主机，集成了激光光源以及收发装置，其功能是发射和接受反射回来的激光，并解调出沿程光纤的温度。电脑主机通过网线与DTS主机相连，用于配置DTS主机的测温参数，并利用硬盘存储测温数据，显示器则可以显示各时刻沿光纤的温度数据。利用熔接机将测温光缆与DTS主机上的尾纤相连，整个系统就构成了一个整体。将光缆埋入预定位置，就可在监控室对混凝土温度变化进行实时监控。分布式光纤测温系统布置见图5.12。

如前所述，近年来，分布式光纤测温系统逐步应用于国内各大水利水电工程混凝土温度监测。小湾、景洪、光照、索风营等水电工程中也采用了分布式光纤测温系统，取得了一些实践经验，但也暴露出一些问题，主要表现为光纤数据不稳定，其原因是没有固定的监测环境，不得不经常性移动DTS测温主机，导致主机光纤接口损坏或污染（灰尘）；尾纤没有得到应有保护，影响测量精度；测温人员不固定，测温系统没有得到有效的管理和维护。

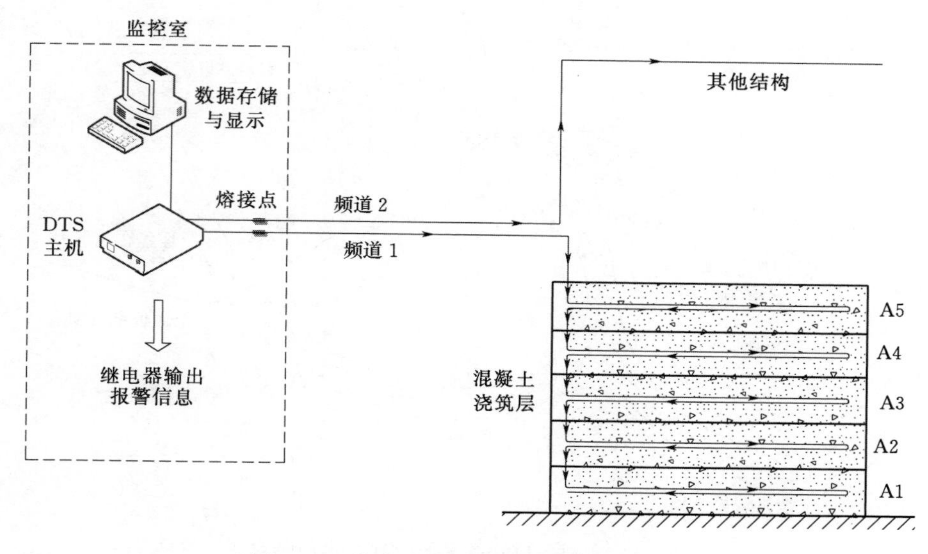

图 5.12 分布式光纤测温系统布置示意图

基于上述原因，在河口村水库工程光纤测温过程中，在左岸 291.00m 平台设置了固定的监控室，并有良好的防尘功能，用以安装和调试 DTS 测温主机。光缆铺设时，严格按相关规程作业，避免光缆的人为损坏。测温过程中，对光缆线路进行专人负责巡视、检察，碰到问题及时排除，确保测温系统正常运行（见图 5.13～图 5.15）。

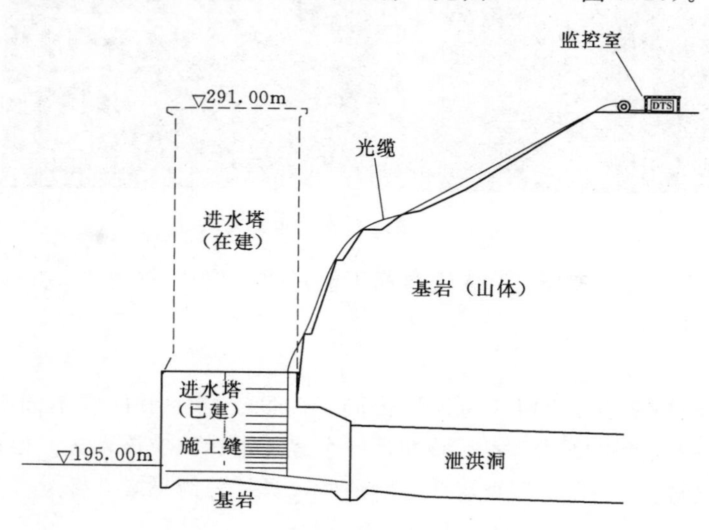

图 5.13 1 号泄洪洞进水塔光纤立面布置图

（2）抗力评价体系。混凝土生产过程极其复杂，每个环节均对混凝土最终质量及其抗力造成影响。为了保证抗力评价体系的相对合理性与实际可操作性，首先确定以下原则：①以客观指标为主，如混凝土设计强度与龄期。②以主观指标为辅，如施工班组历史信誉等。③以过程管理指标为主，如振捣质量。④以后验指标为辅，如取芯试验资料。理由在于后验资料时间滞后，且数量有限，难以平行比较。⑤以现有管理手段为主。除非必须，

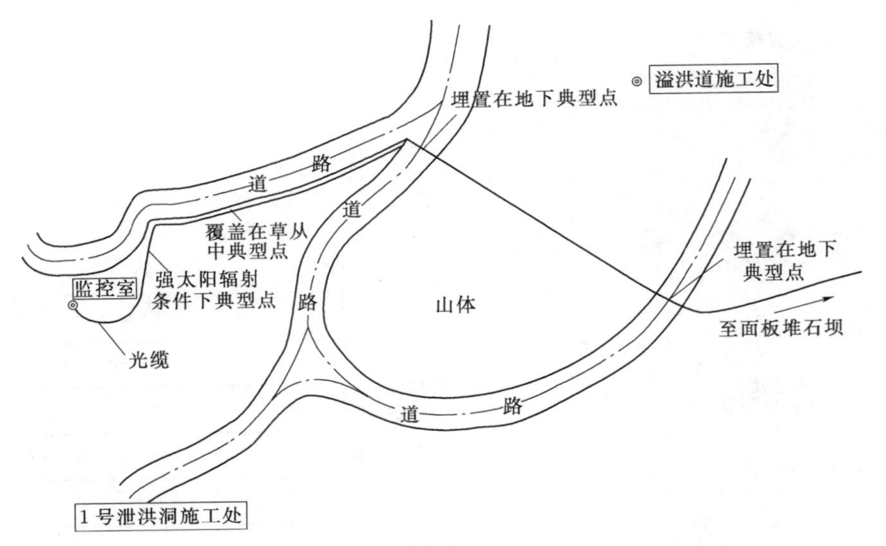

图 5.14　大坝面板光纤平面布置及走向示意图

图 5.15　浇筑仓光纤布置方式

否则不增加新的检测与管理项目。入选指标不能过多，以 4～6 个为宜；评分标准不易过细，否则会增加管理成本。

1）混凝土抗力评价指标。

A. 混凝土设计强度与龄期。为了评价同一时间、同一事件下不同部位混凝土的抗力，混凝土的原始设计强度及其实际龄期是一个客观指标，应该入选。根据溪洛渡工程的材料使用经验，暂定 4 个强度等级与 5 个龄期段，具体分级见表 5.2。

表 5.2　　混凝土设计强度与龄期分级表

分项指标	分级	得分
设计强度	C15	10
	C20	11
	C25	12
	C30 及以上	13

续表

分项指标	分级	得分
龄期	$t<3\mathrm{d}$	0
	$3\mathrm{d}<t<7\mathrm{d}$	4
	$7\mathrm{d}<t<14\mathrm{d}$	5
	$14\mathrm{d}<t<28\mathrm{d}$	6
	$28\mathrm{d}<t$	7

对不同部位、不同龄期的混凝土，该一级指标最高得分 20 分，最低得分 10 分。

B. 混凝土生产过程质量管理。生产过程主要指验仓、下料、平仓、振捣四项工作。其中涵盖生产条件、生产过程、施工班组信誉与监理工程师信誉等 4 个分项指标。其中，生产条件应该考虑如下因素，混凝土生产装备，混凝土浇筑季节，混凝土生产强度，当日气象条件等。生产过程质量主要考察在验仓、下料、平仓、振捣等四项工作中，利用高清晰摄像机捕捉到的违背施工规程的次数；施工班组信誉借用承包商年度考核成绩；监理信誉结合管理局对监理单位、监理人员的年度考核成绩。上述四大因素，基本上就决定了混凝土生产过程质量。最好的生产条件为 6 分，最差为 0 分；最好的生产过程质量（即没有质量事故的过程）为 14 分，其他按质量事故次数相应递减；最有信誉的施工班组得 5 分，最有信誉的监理得 5 分，其他在 2～4 分之间取值，最低得分 5 分。该一级指标最高得分 30 分。混凝土生产过程质量管理分级见表 5.3。

表 5.3　　混凝土生产过程质量管理分级表

分项指标 1	分项指标 2	分级	得分
生产条件	浇筑季节	春秋～冬夏	2～0
	施工强度	弱～强	2～0
	当日气象条件	阴～暴晒	2～0
		雨雪天气	0
生产过程	运输	是否 1h 以内	1～0
	验仓	是否有详细施工记录、负责人	2～0
		白天～夜间	2～0
	平仓振捣	是否有详细施工记录、负责人	2～0
		振捣质量高～低	3～0
		白天～夜间	2～0
		振捣部位施工难度小～大	2～0
施工班组信誉	承包商年度考核成绩		5～2
监理信誉	监理单位、监理人员的年度考核成绩		5～2

C. 混凝土早期养护与保护。养护与保护质量对混凝土早期强度发展的影响不言而喻。但这两项因素的考评不以“过程”为准，而以“结果”为准。结果的展示主要是相片与摄像资料。包括是否规范拆模、是否保护、是否规范保护、是否长期规范保护等内容。不同

部位，保护手段不一样。该一级指标最高得分 20。混凝土早期养护与保护分级见表 5.4。

表 5.4　　　　　　　　　　　**混凝土早期养护与保护分级表**

分项指标 1	分项指标 2	分级	得分
养护	养护方法	无	0
		喷水	1
		覆盖浇水	2
		薄膜养护	3
		涂刷养护剂	4
	养护时间	0～3d	2
		3～7d	4
		7～14d	6
		14～28d	8
拆模	是否规范拆模		2～0
保护		是否保护	2～0
		是否规范保护	4～0
		是否长期规范保护	6～0

D. 现场取样试验资料。一定体积的混凝土，需要有相应数量的取样试块。其仓面分布要具有代表性。按不同龄期进行试验。在 28d 必做试验的基础上，希望补充 7d 龄期的取样试验。主要指标是混凝土的劈裂试验强度。考核的要素如下：①试块平均强度。②离差系数。③与设计强度差别等。各个龄期试验结果达标，且 $C_v<0.1$，得 10 分；各个龄期试验结果均不达标，得 0 分；其他依次按一分级差扣分。该一级指标最高得分 10 分。

E. 现场取芯试验资料。这是混凝土抗力最有代表性的成果。但是，由于工程上一般取芯数量不多，时间滞后，所以，不宜给出过高的权重，否则，难以评价两个均没有取芯的部位。取芯达标得 5 分，不达标 0 分；没有取芯，或者有相关数据间接证明的情况，得 3～5 分。该一级指标最高得分 5 分。

F. 混凝土赋存环境。混凝土赋存环境不同，施工难易程度不同，各家数值计算精度不同。即使同一家进行仿真计算，建模手法不同，结果也会差别很大。虽然，结构仿真计算有些能反映孔洞、廊道、止水、锚筋、钢筋、水管、陡坎、倒悬、仪器埋设等各种因素，但是，如前文所述，还有很多结构与约束因素是不能量化的，它们只能归入“抗力折减”的范畴，难以纳入“应力计算”的轨道。所以，混凝土赋存环境“有资格”进入其抗力评价的一级指标。该一级指标最高得分 15 分，依次以上述因素的多少来折减，理由在于上述因素或多或少将引起局部应力集中，不利于混凝土的防裂，因此，要将它们的影响逐一折减，直到其最低分值−5 分。

2）混凝土抗力评级标准。上述六大指标的总和为 M。可根据 M 值大小将混凝土抗力评级标准分为优秀、良好、一般、合格、较差这 5 级。为了与同龄期应力计算成果的表达接轨，还需要将“评定等级”转化为同龄期“实际抗拉强度”。参照拱坝拉应力容许安全系数，转化方式见表 5.5。

表 5.5　　　　混凝土抗力评级标准表

范　围	等　级	实际抗拉强度
$90\leqslant M<100$	优秀	1.10～1.19 $[\sigma]_t$
$81\leqslant M<90$	良好	1.10～1.09 $[\sigma]_t$
$70\leqslant M\leqslant 80$	一般	1.0 $[\sigma]_t$
$60\leqslant M<70$	合格	0.90～0.99 $[\sigma]_t$
$M<60$	较差	0.80～0.89 $[\sigma]_t$

说明：泄洪洞进水塔混凝土抗拉安全系数一般为1.3～1.8或者1.5～2.0。最高与最低级差共6级。此处将抗力系数级差设为5级，以同龄期取样试验强度 $[\sigma]_t$ 准，该系数变化范围为0.8～1.2，大致与应力安全系数对应。如果该龄期没有取样试验强度 $[\sigma]_t$，可通过插值办法获得。1号进水塔部分浇筑仓混凝土抗力评价见表5.6。

表 5.6　　　　1号进水塔部分浇筑仓混凝土抗力评价表

Ⅰ区仓号	评价指标						总和 M	抗力系数	实际抗力 /MPa
	指标①	指标②	指标③	指标④	指标⑤	指标⑥			
1	19	18	3	6	3	10	59	0.89	2.70
2	19	18	3	7	3	10	60	0.90	2.96
3	19	22	13	8	5	11	78	1.08	3.02
4	19	23	5	8	5	11	71	1.01	2.83
5	19	24	5	9	5	11	73	1.03	2.88
6	19	21	5	8	5	12	70	1.00	2.80
7	19	21	5	9	4	12	70	1.00	2.84
8	19	18	5	8	5	12	67	0.97	2.77
9	19	20	5	8	5	12	69	0.99	2.85
10	19	21	5	7	5	12	69	0.99	2.83

（3）混凝土温控数据库。河口村水库工程中应用分布式光纤测温系统，产生了海量的温度数据，并且数据量随时间推移不断增长。除此之外，各仓混凝土的浇筑信息、温控信息、库区天气信息等也随着混凝土工程进展不断增加。为了对海量施工信息和温度数据进行高效地管理，方便数据查询和对比，建立一个混凝土温控信息的专用数据库就变得尤为必要。

北航温控课题组运用Microsoft Access数据库技术，将河口村水库泄洪洞塔架施工中的所有浇筑块的温控、几何、施工、温控标准等信息，整理保存成温控专题数据库，通过ODBC数据交换模式，驱动数据库，借助Direct3D三维COM组件，在Visual C++环境下编写代码，生成运行平台，实现了对温控数据库中的记录浏览、查询、修改等操作，将温控数据活灵活现地呈现在三维场景中，实现了场景交换代替数据交换，以直观的图形表达温控信息（见图5.16）。

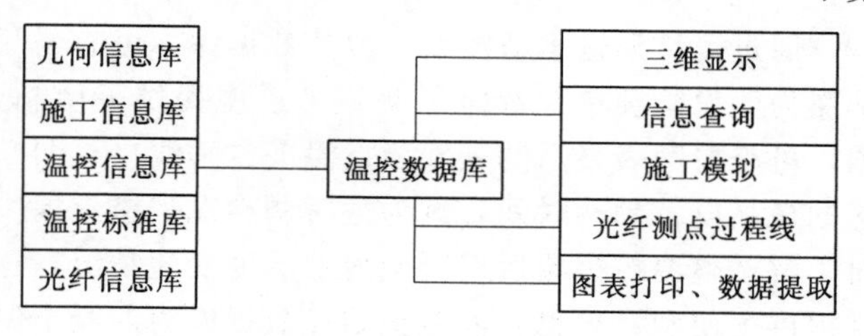

图5.16　数据库的整体框架图

根据整体结构设计方案，按照

实际施工进度情况将各浇筑块按照真实浇筑时间编号，记录浇筑块各顶点坐标，连同浇筑顺序序号，一起保存在温控数据库的几何信息库中。施工信息库的主要内容，则附着在几何信息库上，记录了浇筑块混凝土的开浇时间、结束时间、浇筑仓号、浇筑高程、厚度等信息，利用该库可以查询浇筑施工信息。

温控信息库的主要内容包括混凝土浇筑设计强度、冷却通水等信息。温控标准库的主要内容是根据混凝土抗裂要求、混凝土材料抗拉强度、弹性模量、泊松比、线膨胀系数等基本条件，以及相应的应力水平规定，指定出来的最高容许温度、容许温差等信息。光纤信息库的主要内容包括光纤线路空间位置信息，光纤测点的位置信息和光纤刻度，监测测点任意时刻的温度信息。光纤埋设位置及测点位置坐标信息见图 5.17。

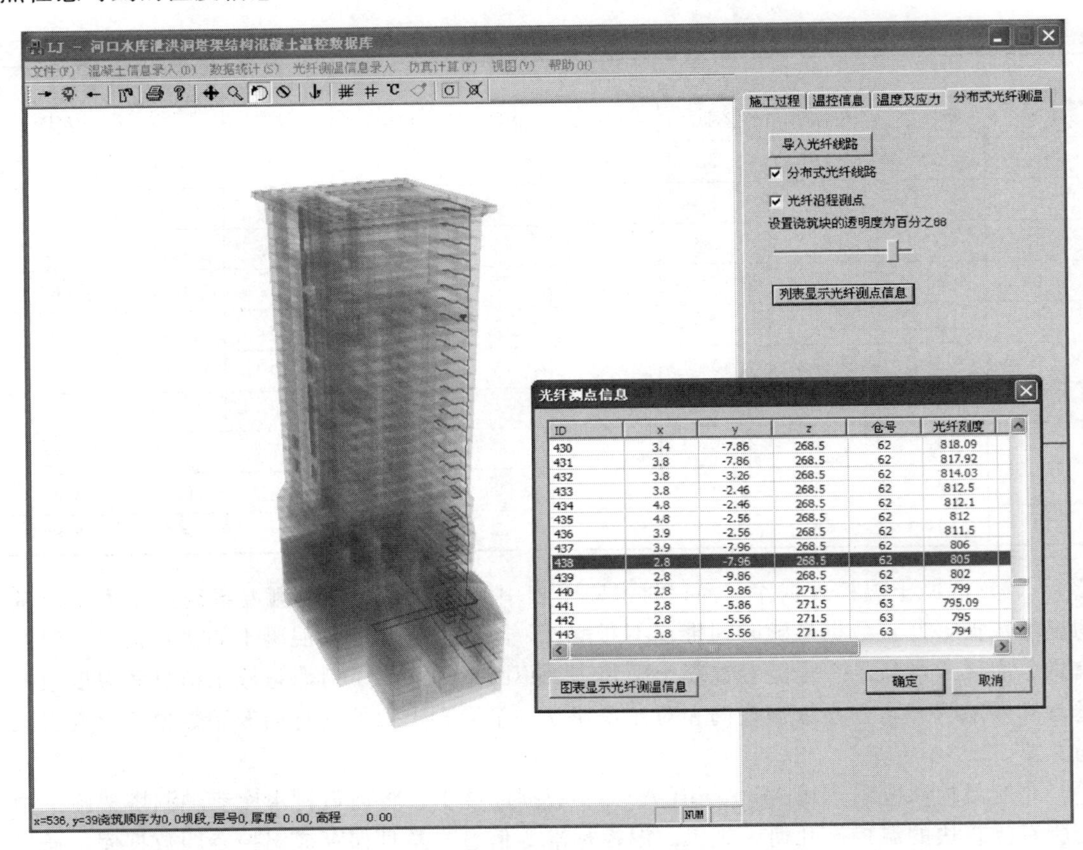

图 5.17　光纤埋设位置及测点位置坐标信息图

通过泄洪洞进水塔混凝土温控数据库，可查看任意时间泄洪洞进水塔浇筑进度形象，从而为建设管理单位及时了解施工进度提供了便利。利用温控数据库记录的光纤测温数据，可查看图表显示的光纤测点温度过程线（见图 5.18），并可快速捕捉到混凝土内部到达的最高以及到达时间，这为适时调整温控措施提供了重要参考。还可通过温控数据库实时了解调整温控措施后混凝土内部温度变化情况，这为混凝土施工质量控制和浇筑进度安排提供了便利。可见，混凝土温控数据库为混凝土温控施工管理提供了一个全新的软件平台，大大提高了混凝土施工管理的效率。

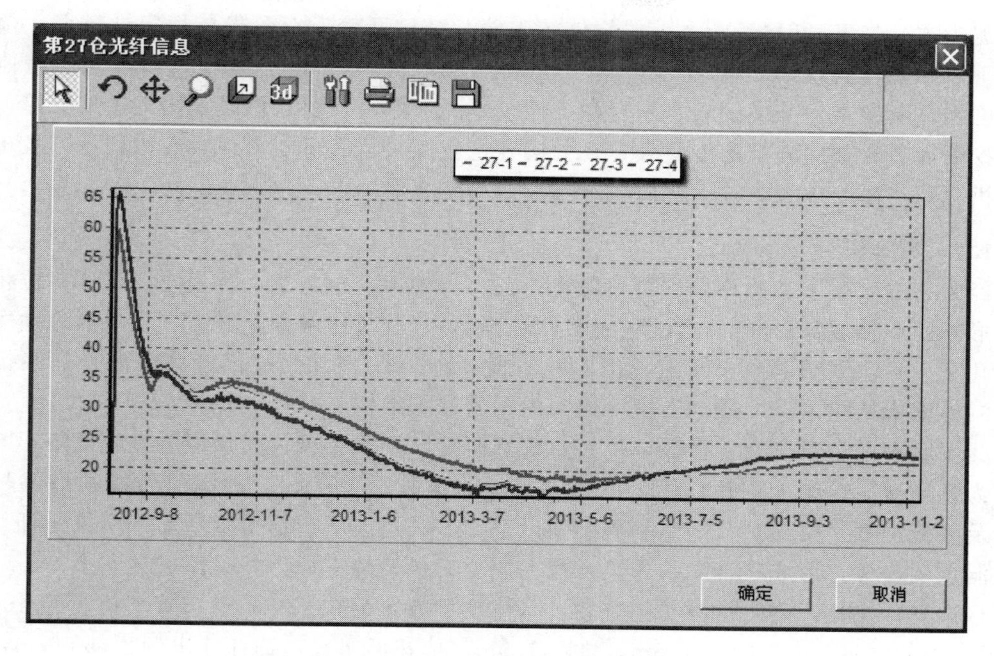

图 5.18　第 27 仓各光纤测点温度过程线图

5.2.2　结论

“河口村水库混凝土安全预警系统研究及应用”推广和完善了分布式光纤测温技术，大大提高了混凝土测温精度和稳定性，为混凝土温控预报和抗力评价技术及开裂风险预警的实际应用，提供了海量的基础性数据。在河口村水库工程中提出并应用的混凝土温控预报和抗力评价技术，可对已浇混凝土的开裂风险进行评价和预警，与此同时，提出“降温速率”和“最高温度”相结合的温控指标，对优化设计及施工方案起到了指导作用，从而降低了早龄期混凝土开裂风险。河口村水库泄洪洞进水塔混凝土温控数据库，为混凝土温控施工管理提供了一个全新的软件平台，提高了施工监测数据的共享效率和施工质量管理水平。可见，河口村水库混凝土安全预警系统，已成功应用于河南省河口村水库混凝土温控防裂预警实践中，取得了显著的经济效益、社会效益，具有广阔的推广应用前景。

5.3　隧洞特殊支护方案研究

5.3.1　1 号泄洪超大洞口特殊支护方案研究

1 泄 0+11.11～1 泄 0+24.96 根据原设计要求为矩形开挖支护断面，开挖洞顶高程 214.50m，洞底高程 189.00m，最大跨度为 27.02m，属于超大洞口。该段地层出露岩性为中元古界汝阳群（Pt_2r）石英砂岩、石英砾岩及太古界登封群（Ar*d*）花岗片麻岩等，岩性坚硬。F_{11}断层沿洞身中、下部穿过，断层将登封群片麻岩推覆至汝阳群石英砂岩及砾岩上，造成地层重复。断层产状：167°～205°∠13°～25°，宽度 5～30cm，以压碎岩、断层泥为主。受 F_{11} 断层影响，该段岩体较破碎，结构面较发育，岩体稳定性较差。该洞段地下水活动较弱，0＋044～0＋045 桩号沿左拱脚有渗水。综合判断，该段岩体整体为Ⅳ类围岩，断层带为Ⅴ类围岩，围岩稳定性较差。虽然设计要求该段采用钢拱架支撑，但此开挖断面属Ⅳ类围岩且跨度极大，在分层开挖施工中就有可能出现大面积塌方，且矩形断面拱顶承受压力较大。

5.3.1.1 方案研究

经施工方、业主、监理单位再三考虑论证，为确保安全施工，首先建议设计单位将洞顶矩形断面调整成弧形断面，使其在洞顶受力较好；其次在洞顶上方 230 马道上用地质钻机钻孔至 1 号泄洪洞洞内大断面部位，并布置 2 排×21 根加强长锚杆（吊筋）灌浆锚固且与洞内钢桁架相连。形成“上拉下撑”的围岩保护结构。

此方案报设计单位后，设计单位经过认真研究，初步意见为同意将原大跨度矩形断面调整为弧形断面，减少洞顶压力，同时为确保进洞安全施工，除进洞前做好锁口锚杆支护，及时跟进钢拱架支护，同意利用洞顶以上 230 马道向下洞顶布置吊筋（斜拉锚杆）以拉住洞顶钢拱架，形成联合支护方案，提高洞顶钢拱架的支撑力，确保进洞安全。

根据设计意见，确定进洞支护方案。具体支护方案为在 230 马道布置 2 排直径 40mm（圆钢）吊筋锚杆，锚杆间距 1.5m，排距 1.0m，梅花形布置，锚杆伸出洞顶部 50cm，并与洞顶第二、第四榀钢桁架可靠连接。

5.3.1.2 洞口特殊支护施工

当泄洪洞进口石方明挖开挖至进口洞顶时，暂停明挖作业并对洞脸进行支护，支护方法如下。

（1）洞脸顶部护拱支护。按间排距 0.5m 在洞顶布设直径 25mm 长 7m 的锁扣锚杆四环，两侧各超出洞脸 1.0m，锚杆外露长度 0.3m，用直径 22mm 的钢筋对锁扣锚杆进行换向和斜拉连接，然后喷厚 30cm 的 C20 混凝土，形成一个稳固的洞脸护拱（见图 5.19）。

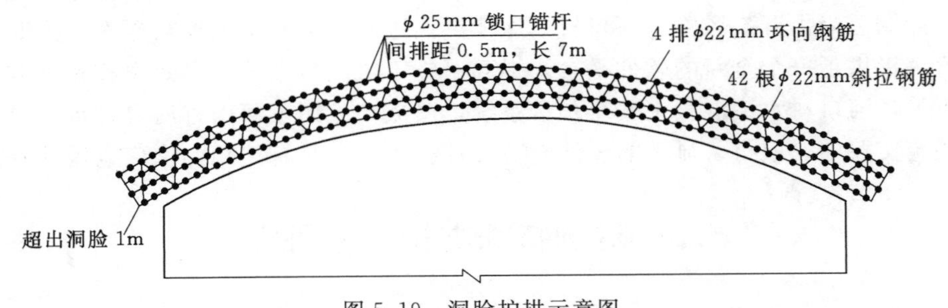

图 5.19 洞脸护拱示意图

（2）吊筋（斜拉大锚杆）施工。从洞顶高程 230.50m 马道用 ϕ90mm 简易潜孔钻向下钻两排孔至第二榀和第四榀钢拱架位置。由于锚杆施工要在洞顶 230 马道上进行，原设计边坡开挖平台只有宽 2m，而施工用的钻机工作平台最少需要 3m×4m 空间，加上设备的移动、调试等。为确保安全施工在 1 号泄洪洞洞口出露位置搭设满堂脚手架至 230 马道。脚手架采用 A50mm 钢管，底部设 4 排立杆，每一米位置设置一条横杆，并按要求设置斜撑和剪刀撑。脚手架搭设过程中及时将脚手架用锚筋锚固焊接至边坡岩体上，以确保脚手架的稳定性，并与进口两岸的岩体相接，形成稳固的作业平台。由于进口尚未开挖，为保证长锚杆能与钢桁架连接在一起，钻孔深度要超过钢桁架位置 1.0m 以上，达 18.23～21.47m，钻孔开口排距 1.0m，间距 1.5m，梅花形布置，钻孔经冲孔和洗孔后植入 ϕ40mm 的螺纹钢长锚杆，钢筋采用直螺纹机械连接，钢筋外漏 0.5m，并注入纯水泥浆，为保证水泥浆的饱满度，浆液不可太浓，要能顺利地注入孔内，期间人工不断摇动钢筋，使浆液顺利下淌，直至灌满整个钻孔（见图 5.20），从进口的洞顶部位对岩石进行固定。当进口向内开挖时，设计的钢拱架及时焊接在斜拉大锚杆上，使钢拱架能够及时起到支护作用。

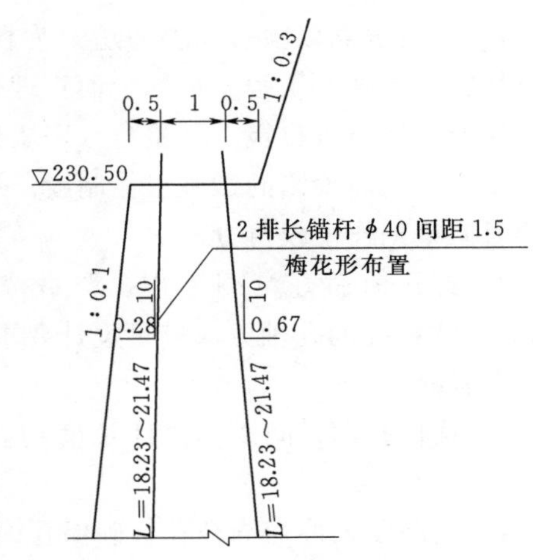

图 5.20　洞顶斜拉大锚杆布置图（单位：m）

（3）联合支护。通过洞脸护拱、斜拉大锚杆以及洞内钢拱架和系统锚杆，形成联合支护，保证进口开挖的安全（见图 5.21）。

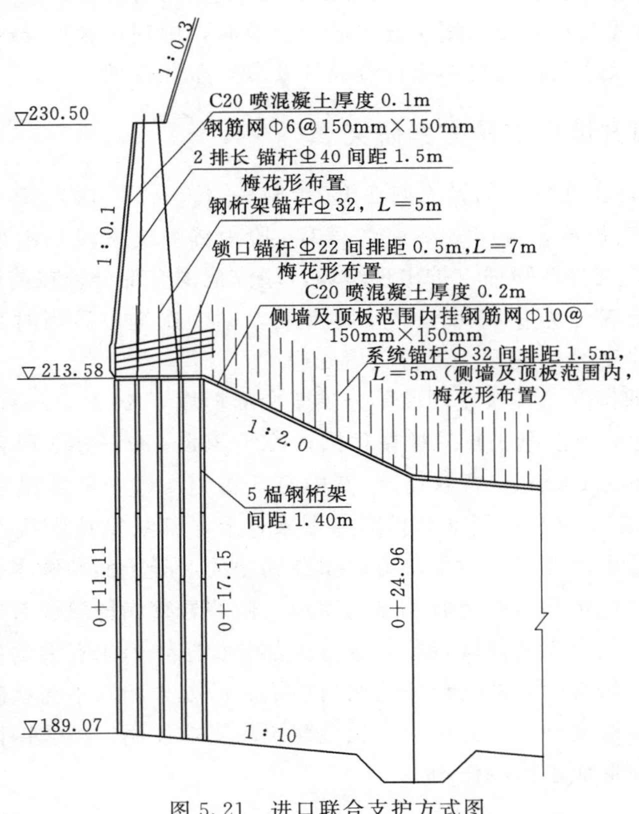

图 5.21　进口联合支护方式图

5.3.1.3　施工质量保证措施

（1）质量保证措施。

1）项目成立以项目经理和总工为核心的质量领导小组，建立严格的质量责任制，同经济挂钩，加强对工程质量的全面管理。建立质量检查机构，制定严格的工程质量内部监理制度，严格执行自检、复检与专职质检员检查相结合的质量“三检”制度和工前试验、工中检查、工后检测的试验工作制度。质检负责人行使质量一票否决权，项目经理、总工程师对质量工作全权负责。

2）打孔前做好量测工作，严格按设计要求布孔并做好标记，打孔偏差不大于±50mm；锚杆孔的孔轴方向满足设计要求，操作工把钻孔机钻杆的位置摆好并将其稳固地固定在岩面上。

3）锚杆孔深、间距和锚杆长度均要符合设计及规范要求。孔深要留够一定的富余深度。

4）用高压风冲扫锚杆孔，确保孔内不留松动石渣、石粉等异物以免影响锚固质量。

5）锚杆安设后不得随意敲击，其端部3d内不得悬挂重物。

（2）技术保证措施。

1）施工前，施工技术负责人组织技术人员和施工管理人员学习作业程序，明确施工技术重点、难点，认真进行技术交底，交方法、交工艺、交标准。

2）严格测量放线工作，断面测量要求准确、及时，做到正确指导施工。

3）锚杆规格、尺寸及锚固材料应符合设计要求，布置合理。

5.3.2 导流洞塌方地段支护方案研究

2011年2月底，正在施工的导流洞在K0＋348～K0＋376段左侧（其中K0＋348～K0＋362段为拱架支护段，K0＋362～K0＋376段为锚喷支护段）出现了较为严重的塌方，已施工的拱顶钢支撑及喷锚支护出现垮塌。塌方范围有部分曾在前期开挖时已经塌方过一次，第一次塌方桩号为0＋365～0＋340左右，第一次塌方后当时采用钢管棚架做支撑，顶部塌方空腔全部采用混凝土进行回填处理。

根据现场勘查的情况，该段左侧墙部分拱架全部坍塌，K0＋348～K0＋358段顶拱左侧约6m宽拱架（含喷射混凝土）悬挂在顶拱，K0＋358～K0＋362段顶拱拱架塌落。该段开挖断面为12.6m×16.9m（宽×高）。其中有5榀钢支撑全部从拱顶约中线处折断并掉下来，有约16榀钢支撑在中间部分折断掉下来，上半部从拱顶中线部位拉弯折悬在半空中。钢支撑折断后上部原来第一次塌方时拱顶回填的混凝土面左侧半个拱全部暴露，但现场未发现原来回填的拱顶混凝土有明显的变形，侧墙岩壁塌掉最深有2～3.0m厚。至3月2日上午，除局部仍有小的掉块现象，塌方大部分稳定，尚未有大的变形，特别是暴露出来的拱顶混凝土也未有明显的变形，说明目前塌方段处于相对平衡状态。其次侧墙塌方后，新侧岩壁岩石相对完整，起到了对拱顶混凝土的支撑作用，虽然钢拱架被破坏，但原来拱顶的混凝土重新形成了拱圈作用。

5.3.2.1 原因分析

（1）地质情况。根据地质工程师分析，该段导流洞位于武庙坡断层F_6处，出露于洞顶桩号K0＋365，左壁（面向导流洞进口，洞底桩号K0＋385，右臂洞底桩号K0＋392，断层走向272°，倾向SW，倾角45°，断层面平直光滑，断层带出露宽度约7m，充填断层泥，角砾及碎块岩，断层上盘（大桩号方向）为馒头四（$\in_1 m^4$）板状白云岩，层状岩体，层面较平缓，裂隙较发育；下盘（小桩号方向）为太古界登峰群片麻岩（Ard），岩体破碎，为散体（或碎裂）结构，至K0＋336桩号F_7之间为断层影响带，工程地质围岩类别为Ⅳ类、Ⅴ类围岩。

（2）原因初析。导流洞开挖分上下半洞进行，先开挖上半洞，再进行下半洞开挖。在上半洞开挖后包括第一次塌方段，都已经采用钢拱架做了支护。在开挖下半洞时，承包商先开挖中心部分，两侧留有一定厚度的岩壁以支撑上半洞的支护结构，最后在边开挖两侧洞壁边进行上半洞的钢拱架顺接支撑到洞底板上。承包人在施工塌方段0＋370～0＋345下半洞时，虽然是按照先中间后侧壁的开挖方法两侧留有一定的支撑岩体，但在最后开挖两侧岩壁支撑体，未采用边开挖边顺接上半洞支护体（钢拱架）的办法，而是一次将0＋365～0＋345约20m长洞段左右侧墙留有岩体全部挖掉后，才开始顺接上半洞的支撑体（钢拱架），造成这一段钢支撑短期内出现全部悬空的现象，加之该段位于武庙坡断层带区域，侧壁岩石比较破碎，导致0＋365～0＋370侧壁断层带以下岩石先开始向下塌落，又加上3月1日雪后融化，有少量渗水，塌方侧壁从0＋365～0＋370开始继而延伸至0＋365～0＋355段，同时由于断层带倾斜逐渐向上部延伸，又导致0＋365～0＋355段中半洞断层带以下侧墙岩体也全部塌掉，先引起这一段整个中半洞已支撑钢支撑岩体锚杆也塌掉失去锚固钢支撑的作用，最后造成这一段钢支撑整体下坠掉落，从3月1日下午开始到约19：00时，0＋365～0＋355段钢支撑全部折断，整个侧壁支撑全部失稳，并产生较大规模塌方。

这一次塌方，地质原因是其中的一部分，由于未及时将钢支撑连接上，造成钢支撑悬空、折断、垮塌是主要原因之一。

5.3.2.2 处理方案

因为该塌方段比较长，高度大，同时受到顶部重约100t的悬挂体和前期顶拱塌方回填混凝土的制约，处理起来难度较大，危险性更大。

为了保证施工安全，经专家多次咨询研究，决定采用先用石渣将坍方段回填到一定高度，然后在上部设支撑架，人工割除损坏的悬挂钢支撑，然后重新做钢支撑，空腔部分回填混凝土，再逐步开挖石渣，逐步将钢拱架接引至底板，并重新喷护处理。具体步骤如下：

（1）进口方向通道恢复。

（2）塌方段石渣回填。

（3）塌方段右侧顶拱（未塌）部分支撑加固。

（4）顶拱悬挂体的割除及左侧拱架的恢复。

（5）回填石渣Ⅰ层挖除，拱架接引、挂网锚喷。

（6）回填石渣Ⅱ层、Ⅲ层挖除，挂网锚喷。

塌方段处理布置见图5.22、图5.23。

5.3.2.3 施工方法

（1）进口方向通道恢复。

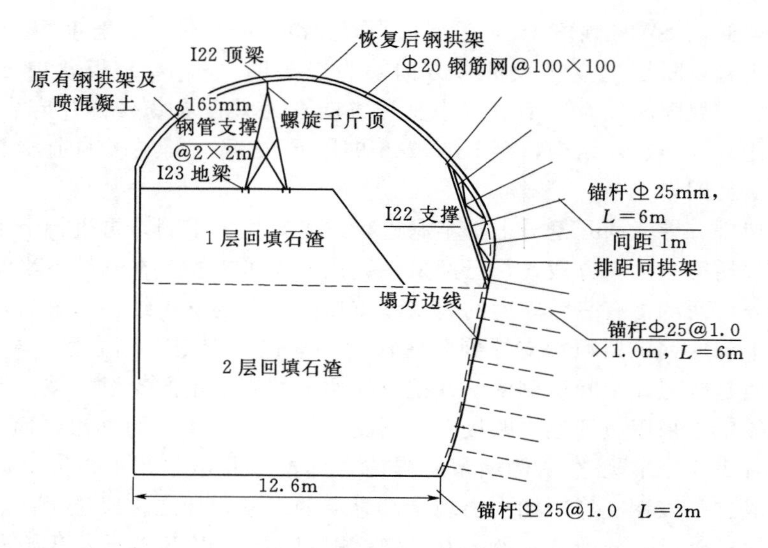

图 5.22 塌方段处理布置横断面图（单位：m）

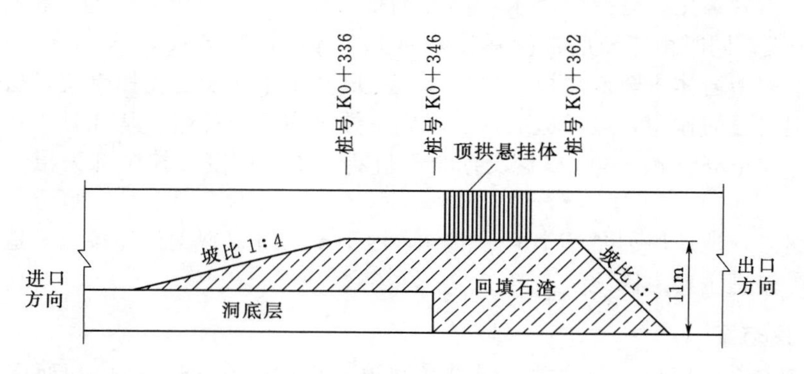

图 5.23 塌方段处理布置纵断面图

将进口方向中层（桩号 K0+138）、底层（桩号 K0+040）和出口方向中层（桩号 K0+258）的坡道恢复，采用碴场的开挖石渣进行回填，路面宽度 5m、坡度 25%，保证塌方段处理的材料及物资及时运输。

（2）塌方段石渣回填。塌方部位全部素喷混凝土封闭后，开始进行塌方段回填，回填高度 11～12m（距底板），起桩号 K0+338，止桩号 K0+362。回填施工采用 30t 自卸车运渣，50 装载机平渣；自卸车在塌方段以外安全区域（K0+338～K0+348）卸料后，采用装载机向塌方区推渣。推进时，保证悬挂体下部与回填面相接并被填渣护住，使该悬挂体成为顶拱的一个临时支撑，将回填及后续支撑施工的不安全因素降到最低。

（3）塌方段右侧顶拱（未塌）部分支撑加固。塌方段回填结束后，采用型钢及钢管将塌方段右侧顶拱（未塌）部分进行支撑加固，保证悬挂体割除期间受力改变或震动造成顶拱失稳。支撑部分比悬挂体长 2.0m（下游），底部采用 I32 工字钢地梁，顶部采用 I22 工字钢顶梁，支撑采用 ϕ165mm 钢管支架，榀距 2.0m，榀间连接，顶梁与拱架焊接，空隙较大处采用楔形铁楔紧焊牢，并用螺旋千斤顶顶牢。

(4) 顶拱悬挂体的割除及左侧拱架的恢复。悬挂体分2块割除，采用风镐将切割部位的混凝土凿除，用氧气—乙炔将拱架型钢及拱架间连接的钢管及钢筋网割断。割断时顶拱预留2根型钢，人员撤到安全部位进行割断。割断前，需将切割部分悬挂体底部用石渣埋住，切割后采用反铲在悬挂体外部挖渣，让切割掉的悬挂体缓慢倒落。切割时，需将悬挂体用钢丝绳锁住并用装载机向上游牵引，防止其倒落时对未切割悬挂体造成撞击。割除后采用装载机拖到进口侧中层开阔段分解小块后运至弃渣场。

割除与拱架恢复同步进行，做到割断一榀恢复一榀。将右侧拱架割断处混凝土凿除，采用双侧连接板与后恢复的拱架焊接，及时将拱脚采用锚杆锚固（顶拱为回填混凝土，无法采用锚杆锚固）。F_6断层以上较完整岩石采用6.0m砂浆锚杆锚固，F_6断层以下破碎岩石采用6.0m自进式锚杆锚固，锚杆间距1m，排距与拱架间距保持一致，施工人员在特制的防护棚内进行锚杆钻孔施工。锚固后及时进行挂网并喷射C25混凝土，并在喷混凝土中钻孔深至破碎岩石中，内插ϕ40PVC花管作为排水孔，间排距3.0m×3.0m。拱架采用I22工字钢，榀间采用ϕ25mm连接筋，间距1m。

(5) 回填石渣Ⅰ层挖除，拱架接引、挂网锚喷。顶拱拱架恢复及锚喷结束后，将顶拱二次支撑，然后将Ⅰ层石渣左侧挖除4.0m，采用50装载机或320反铲装渣，30t自卸车运渣。及时将拱架沿塌方面向下接引至塌方最深处，锚喷支护跟进，锚杆采用ϕ25mm砂浆锚杆或自进式锚杆，长度6.0m，间距1.0m，排距同拱架间距。锚固后及时挂ϕ20mm钢筋网并喷射C25混凝土，厚度20cm。同时在设计边线外拱脚处采用I22工字钢对拱架进行补强支撑。

(6) 回填石渣Ⅱ层、Ⅲ层挖除，挂网锚喷。Ⅰ层拱架接引、锚喷完成后，顶拱支撑不拆除，恢复塌方段上游底层开挖。下游底板衬砌接近塌方段时，进行Ⅱ层回填石渣挖除，分层进行，2.0m一层，挂网锚喷跟进。锚杆采用ϕ25mm自进式锚杆，长度6.0m，间排距1.0m，锚固后及时挂ϕ20mm钢筋网并喷射C25混凝土，厚度20cm。锚喷到底板面时，采用垂直锚杆将底脚锚住。

(7) 底板及边顶拱衬砌。Ⅱ层回填石渣挖除后，立即进行塌方段清底，浇筑底板，钢模台车随后跟进，完成塌方段处3仓混凝土的衬砌。

5.4 混凝土抗冲耐磨及防裂材料研究

河口村水库布置两条泄洪洞，1号泄洪洞和2号泄洪洞，两洞最大泄流能力为3918.37m^3/s，最大流速为35～40m/s。洞内水流流态为高速水流，1号泄洪洞进口高程低，除泄洪外还承担着水库排沙功能，泄流时高速水流夹杂沙石，易导致混凝土产生磨损和空蚀破坏，尤其洞身地板及边墙下部磨损和空蚀破坏最大。溢洪道最大泄量为6924m^3/s，最大流速为36.5m/s，也为高速水流，根据结构及规范要求需做抗冲磨混凝土及抗冲磨材料设计。

5.4.1 国内抗冲耐磨材料研究

目前水工建筑物高速水流抗冲磨材料种类很多，归纳了以下几类。

（1）树脂类抗冲磨材料。这类材料主要为环氧材料，一种情况是作为抗冲材料直接可以配置成环氧混凝土，一种是作为修补材料做成环氧砂浆。主要代表有低毒环氧树脂、不饱和聚酯、丙烯酸环氧树脂、NE－Ⅳ型环氧树脂（为新型无毒环氧聚酯）等。主要优点是：①抗冲磨提高3～5倍；②抗气蚀、抗冲击韧性提高几十倍；③抗拉、抗压显著提高。

但环氧树脂类大多数为有毒材料，环氧树脂砂浆（混凝土）一般线胀系数较普通混凝土大，在温差变化大的环境中应用时，修补时容易开裂，与基底混凝土脱落破坏。因此主要缺点是：①线膨胀系数成倍增加，温度适应差；②与潮湿面黏结较差，施工较复杂；③单价也较高。

环氧砂浆目前多用于小面积混凝土构件的黏接和修补，作为大面积修补材料也较少，而真正用于配置环氧混凝土也是多用于修补且更少，另外环氧树脂一般为有色材料，作为混凝土外表面修补外观不很好看。目前，NE-Ⅳ型环氧树脂砂浆据称为无毒产品，可以作为抗冲磨混凝土较好的修补材料，虽然在小浪底、二滩、紫坪铺、映秀湾、大朝山、三峡、小湾等水利工程中应用，但这种材料属于新近开发（近10年开始使用），属新型环氧砂浆产品，其更长期的使用效果还需继续观察和验证。但作为本工程近期混凝土缺陷修补材料可以考虑选用。

（2）硅粉高性能抗冲磨材料。主要是在混凝土里面掺硅粉来提高混凝土的抗冲磨能力，根据已建工程实例，其抗冲磨能力较强。其特点是：①抗冲磨提高50%～100%；②抗气蚀性能提高3倍以上；③抗压、黏结强度提高50%以上；④抗冻指标大于F500；⑤与潮湿面黏结好。

缺点是易产生裂缝。由于硅粉抗冲磨混凝土水胶比较低，拌和物不易泌水，当浇筑后混凝土表面水分蒸发速度大于泌水速度，就会发生塑性收缩裂缝，同时硅粉混凝土早期干缩、自身体积变形偏大，硅粉混凝土配合比或施工不当，会使混凝土开裂。根据已建小浪底的经验，硅粉混凝土虽然抗冲磨能力较强，但容易产生裂缝。目前采用硅粉混凝土的水利工程有小浪底水利枢纽、水口水电站、五强溪水电站、龙羊峡水电站、飞来峡水电站、东风水电站、大伙房水库、下寨河水电站等工程。

（3）纤维抗冲磨材料。纤维抗冲磨混凝土有钢纤维、塑钢纤维、合成纤维等。

1）硅粉钢纤维冲磨混凝土。能显著改善和提高混凝土的抗拉强度，变形能力、抗冲击能力及抵抗大推移质的冲砸能力。对于有粒径较大推移质过流的工程，可用钢纤维混凝土作为抗冲磨材料。但根据美国陆军水道实验站研究资料，单纯的钢纤维混凝土抗冲磨性能反而不及普通混凝土好，其原因是钢纤维与水泥基体界面存在薄弱的过渡层，钢纤维与水泥黏接不好，加之暴露在混凝土表面的纤维在水流作用下，不断扰动周围混凝土而导致加速破坏。但是如果在钢纤维混凝土中加入硅粉，情况就大不相同了，因为硅粉改善了水泥与钢纤维、骨料界面的微结构，提高水泥本身的强度，并增加了界面黏结能力，从而显著提高钢纤维混凝土抗冲磨能力。其优点是：①能显著改善抗冲击韧性；②抗冲磨强度提高50%以上；③抗气蚀强度提高10倍以上；④减少混凝土收缩。

缺点是单价很高。用于这类工程的有映秀湾水电站。

2）超细合成纤维混凝土。在混凝土中加入超细合成纤维，如聚丙烯纤维、聚丙烯腈纤维等，它们比重小，纤维直径在12～50μm之间，一般只要掺入混凝土体积0.1%的纤维，就能带入数以几千万根的纤维，聚丙烯（腈）纤维混凝土能有效抑制混凝土的塑性收缩，提高混凝土弯曲韧性、极限拉伸、抗冻、抗渗性，也能提高混凝土抗冲磨性能。主要特点是：①减少混凝土收缩；②抗冲磨强度提高40%以上；③提高混凝土弯曲韧性和极限拉伸能力；④提高混凝土抗冻和抗渗能力。

缺点是抗冲磨能力提高相对于其他抗冲磨混凝土来说提高的不是很显著，如果纤维拌和不好，容易出现结团现象。用于该材料的工程有白溪水库、刘老涧船闸改建以及葛洲坝泄洪闸工程。

（4）特种抗冲磨聚合物钢纤维砂浆。这是一种由丙乳、超细硅粉、超细钢纤维、聚羧酸系高效减水剂和特种骨料组成，该砂浆具有丙乳砂浆优异的黏接、抗裂、抗冻、防渗、防腐、耐磨、耐老化等特点，硅粉发挥其填充作用，钢纤维具有良好的冲击韧性，钢纤维与硅粉的配合改善了水泥于骨料、纤维界面状况，使水泥与钢纤维的黏接显著提高，不仅提高了砂浆抗压、抗拉力学性能，而且大幅度提高砂浆抗冲磨，抗气蚀能力。特种抗冲耐磨聚合物钢纤维砂浆采用特殊砂子，如铸石砂、刚玉砂、铁矿砂等，其特点是：①无毒环保；②抗冲磨强度提高50%以上；③提高混凝土抗压、抗拉能力；④提高混凝土抗冻和抗渗能力；⑤抗气蚀强度提高10倍以上；⑥提高防腐能力；⑦与潮湿面黏结好；⑧与混凝土温度适应好。

缺点是目前这种材料多配置砂浆进行缺陷修补，配置混凝土不多；其次投资较高，配置材料较多较为麻烦。目前用于云南鱼洞水库泄洪底孔的修补。

（5）抗冲磨涂料。目前有聚脲及FS型抗冲耐磨涂料两种。

1）喷涂聚脲抗冲磨涂料。聚脲是由异氰酸酯组分（简称A组分）与氨基化合物组分（简称R组分）反应生成的一种弹性体物质。喷涂聚脲弹性体（Spraying Polyurea Elastomer，简称SPUA）技术是国外近十年来，为适应环保需求而研制、开发的一种新型无溶剂、无污染的绿色施工技术。聚脲材料能够在众多领域推广使用，与其优异的施工性能密不可分。它彻底改变了传统喷涂工艺中普遍存在的溶剂污染、厚度薄、流挂、固化时间长等缺点。它将瞬间固化、高速反应的特点扩展到一个全新的领域，极大地丰富了聚氨酯的应用范围，拓宽了人们对喷涂技术的应用领域。其特点是：

A. 100%固含量，不含有机溶剂和高挥发性物质，符合环保要求。

B. 防腐性能优异，特别适合于刚性基材如钢材的防锈、防腐蚀。耐20%硫酸溶液和20%浓度的碱溶液，耐汽油等。

C. 涂层无接缝，美观实用。可厚涂至数毫米，一次施工即可达到厚度要求。

D. 固化快，数十秒内凝胶。可在不规则基材、垂直面及顶面连续喷涂而不产生流挂现象，一般数分钟后可在喷涂聚脲表面行走，1h后，强度可达到通常的使用要求。

E. 聚脲反应体系对环境湿度和温度不敏感，在施工时不受环境湿度的影响。可在寒冷环境下施工，适应性强。只是在低温环境达到最高强度所需的时间稍长。

F. 附着力高。通过对基材适当的清洁和其他处理，在钢、铝、混凝土等各类常见底材上具有优良的附着力。

G. 耐候性好，耐冷热冲击、耐雨雪风霜。聚脲涂层可在−50～150℃下长期使用，可承受175℃的短时热冲击。

缺点是投资较高，黏接效果有待于进一步提高。主要用于修补较多，目前已有工程实例：引滦入津输水隧洞、小浪底2号排沙洞、新安江大坝溢流面、富春江水电站船闸、龙口水电站底孔、怀柔水库溢洪道，曹娥江大闸，北仓码头等。

2）FS型抗冲耐磨涂料。FS型抗冲耐磨涂料是由特种复合改性树脂与特种高强度耐磨填料制备而成的双组分涂料，涂层具有光滑、坚硬、耐磨、高附着力等特点，同时又具有优良的耐腐蚀性能，是水利、水电、水运工程结构物表面抗冲耐磨保护及防腐保护的高性能特种涂料。

缺点是投资较高，其抗冲磨效果及使用寿命目前没有更多的实例验证。目前已经应用工程有新疆乌鲁瓦提水电站、精河下天吉水库的修补。

（6）采用添加抗冲磨剂材料的抗冲磨混凝土。这类材料有HF抗冲磨剂、JX－HF（MS）抗冲磨剂，HTC－4－1抗冲磨外加剂等。

1）HF混凝土。HF混凝土是由HF抗冲磨外加剂、优质粉煤灰（或其他优质掺和料如硅粉、磨细矿渣等）、符合要求的砂石骨料和水泥等组成，并按规定的要求进行设计和组织施工浇筑的混凝土。HF混凝土通过HF外加剂减水、改善混凝土和易性并激发优质粉煤灰的活性，使粉煤灰可以起到与硅粉同样的作用，即显著提高混凝土的整体强度并使混凝土的胶凝产物致密、坚硬、耐磨，改善胶材与骨料间的界面性能，使混凝土形成一种较均匀的整体，提高了混凝土的抗裂性和混凝土的整体强度，提高混凝土抵抗高速水流空蚀和脉动压力的能力，达到提高混凝土抗冲耐磨性能。

优点是HF混凝土与硅粉混凝土的抗冲耐磨性能相当，并具有价格低、和易性好、施工方便、水化热温升小、干缩率小不易产生裂缝等特点。其次HF混凝土抗磨强度一般为相同强度等级的基准素混凝土的1.5倍以上，抗空蚀性为1.8～3倍，干缩降低约5%，水化热最多降低约30%。

缺点是由于混凝土配置强度一般要求不能达到很高，否则裂缝难以控制，其次若过流推移质材料强度大于混凝土骨料强度，将大大降低抗冲磨能力。根据葛洲坝集团试验检测有限公司对几种抗冲磨添加剂的检测及试验结果，HF混凝土抗冲磨能力不占很大优势。但HF混凝土在工程中推广应用已超过了十几年，应用工程100多例，其中包括刘家峡、大峡、洪家渡等许多大中型水电工程，经受住了高速水流、高含量大粒径推移质泥砂水流的冲刷磨损破坏的考验，至今发生破坏的较少，使用HF混凝土的工程几乎均未出现裂缝问题，证明HF混凝土还是一种较好的抗冲耐磨混凝土。并且HF高强耐磨粉煤灰混凝土已被《混凝土坝养护修理规程》（SL 230—98）列为常用抗冲耐磨材料之一（见常用水工抗冲耐磨材料选用表）。在《水闸设计规范》（SL 265—20）（结构设计）条文说明中被推荐为在多泥沙河流的水电工程应用中效果好的材料。

2）JX－HF（MS）抗冲磨剂. 在混凝土中掺用JX－HF（MS）抗冲磨剂，能保证混凝土良好的工作性（流动性、坍落度）的情况下，大幅度降低水灰比，使混凝土更致密化；能产生微膨胀应力，补偿收缩混凝土、预防裂纹裂缝；能抑制初期水化热峰值、能显著提高水泥石早期强度，促进后期强度稳定增长；能有效地激发掺和料的活性，加速硅钙离子的反应，减小凝胶体孔隙和毛细孔体积，提高其抗冲击性的韧性，使混凝土抗磨蚀性能成倍增长。

3）HTC－4－1抗冲磨外加剂。由硅粉、减水剂、减缩剂、激发剂等材料复合而成，可以综合提高混凝土的抗冲磨能力。根据葛洲坝集团试验检测有限公司对几种抗冲磨添加剂的检测及试验结果显示，其效果比HF抗冲磨剂要好一些。

4）HLC－Ⅲ硅粉混凝土抗磨蚀剂。是由南京水利科学研究院承担的国家“七五”攻关项目、水利部、能源部重点项目优秀科研成果转化而成的高科技产品。1989年科研成果“高强高抗磨蚀硅粉混凝土的研究和应用”由能源部科技司组织专家鉴定，并获1991年度能源部科技进步三等奖；获1994年联合国发明创造科技之星奖；1993年科研成果“硅粉混凝土特性研究与应用及水工抗磨蚀NSF剂产品研制及应用”由电力部科技司鉴定，获1994年水利部科技进步二等奖；是电力工业部“八五”推广项目。

硅粉抗磨蚀剂是以超细高活性硅粉为主，配有耐磨抗气蚀助剂的复合粉体材料。硅粉抗磨蚀剂有效改善了混凝土的微观结构，提高了水泥浆体和砂、石骨料界面结合强度，增加了水泥浆体抗拉、抗冲击性能，因而大幅度提高混凝土的抗冲磨、抗气蚀性能，并显著提高混凝土的力学性能、密实性、抗冻融及耐久性，还有减缩防裂效果，硅粉抗磨蚀混凝土各项性能指标居国际领先地位。

当掺入20％抗磨蚀剂的硅粉混凝土，与同水泥用量普通混凝土相比：①减水率15％～25％，抗压强度：1d提高1倍以上，28d提高50％以上。②抗冲磨性能提高50％～100％（仿ASTM-C1138-89）。③抗气蚀能力提高3倍以上（流速48m/s）。④混凝土黏结强度提高50％以上。⑤混凝土抗冻指标不小于D500。

HLC－Ⅲ硅粉混凝土抗磨蚀剂特别适用水工泄水、排砂建筑物，如泄水道、排沙洞、泄洪洞、溢洪道等，船闸闸墙及底板、飞机跑道、高速公路路面、码头堆场等遭受高速水流、气蚀、磨损和冲击的工程。该产品已在水口、五强溪、龙羊峡水电工程作为水工抗磨蚀护面材料，葛洲坝、映秀湾、大伙房、下寨河等水电站有关部位修补工程中得到应用。经受了汛期过水考验，最长已运行7年，有良好的工程效益和经济效益。与环氧砂浆比，具有施工方便、与基底混凝土温度适应性好、耐久、无毒、成本低等优点。

（7）无机高抗冲磨材料。这主要是一种混凝土抗冲磨修补材料，主要由硅酸盐类矿物、火山灰质混合料、二氧化硅粉粒、硫铝酸盐矿物、脂肪醇聚氧乙烯醚类高分子量的聚合物、纤维素醚、聚丙烯纤维、二氧化硅固体颗粒等原料混合而成。具有如下特点。

1）无机水泥基粉体，不燃、不爆，对人和环境无毒害。

2）施工方便、操作时间可调、黏附性好。

3）低收缩、高抗裂。

4）弹性模量和线胀系数与混凝土接近，不会从基材上脱开。

5）黏结强度高、抗冲磨强度高。

（8）高强混凝土抗冲磨。高强混凝土抗冲磨，最早是由新疆农业大学水利水电设计研究所提出的一种理论，就是说要想提高混凝土抗冲磨能力，应该采用高强度的混凝土。根据《水工建筑物抗冲磨防空蚀混凝土技术规范》（DL/T 5207—2005）条文说明第6.3.1条的要求，也提到：“根据近20年来对磨蚀破坏的修补和工程设计已采用情况，采用C50以上的硅粉混凝土和硅粉砂浆有较显著的效果。例如刘家峡水电站工程泄水道、葛洲坝电厂二江泄水闸、大伙房水库效能塘、三门峡工程底孔和潘家口工程反弧段、映秀湾水电站拦河闸底板等工程修补，范厝、东风、水口、五强溪、飞来峡、二滩、小浪底、珊溪等新建水利工程也已使用高强硅粉混凝土作为抗冲磨材料；美国也已在泄水建筑物多项修补工程中使用抗压强度达 50～90MPa 的硅粉混凝土。当流速到 30～50m/s 时要采用花岗岩和其他坚硬岩石；根据长江科学院试验结果，花岗岩石抗冲磨能力比 C50 普通混凝土提高约一倍；”说明提高抗冲磨能力采用高强混凝土也应该是一种较好的途径。

高强混凝土为采用水泥、砂、石、高效减水剂等外加剂和粉煤灰超细矿渣硅灰等矿物掺和料以常规工艺配制的 C60～C80 级混凝土。高强高性能混凝土的主要技术性质：

1）高强混凝土的早期强度高，但后期强度增长率一般不及普通混凝土。故不能用普通混凝土的龄期—强度关系式（或图表），由早期强度推算后期强度。如 C60～C80 混凝土，3d 强度约为 28d 的 60%～70%；7d 强度约为 28d 的 80%～90%。

2）高强高性能混凝土由于非常致密，故抗渗、抗冻、抗碳化、抗腐蚀、抗冲磨能力及指标均十分优异，同时也可极大地提高混凝土结构物的使用年限。

3）由于混凝土强度高，因此构件截面尺寸可大大减小，从而改变“肥梁胖柱”的现状，减轻建筑物自重，简化地基处理，并使高强钢筋的应用和效能得以充分利用。

4）高强混凝土的弹性模量高，徐变小，可大大提高构筑物的结构刚度。

5）高强混凝土的抗拉强度增长幅度往往小于抗压强度，即拉压比相对较低，且随着强度等级提高，脆性增大，韧性下降。

6）高强混凝土的水泥用量较大，故水化热大，自收缩大，干缩也较大，较易产生裂缝。

高强混凝土由于水泥用量大，水化热高，可能会产生裂缝，但根据新疆农业大学水利水电设计研究所的介绍，可以通过低水胶比、优先使用硅酸盐水泥、掺加高性能减水剂、优先使用“硅灰＋矿渣粉”和“硅灰＋粉煤灰”，掺加膨胀剂，通过微膨胀补偿收缩，可以解决混凝土开裂问题。

5.4.2 工程抗冲磨材料选择

水工混凝土的抗冲磨性能主要取决于水泥胶浆结石和骨料的耐磨性、水泥胶浆结石与骨料的黏结力以及表面平整度、混凝土的裂缝等，相对而言，混凝土中的骨料最耐磨、其次是水泥胶浆结石、水泥胶浆结石与骨料的界面。所以，要提高混凝土的抗冲磨性能，就应尽量采用优质骨料并提高其体积率、提高水泥胶浆结石的强度并减少其体积率、提高胶浆与骨料的界面黏结性能、降低胶浆的收缩变形、减少混凝土的裂缝、提高混凝土表面的平整度。

根据已建工程经验，不裂是抗冲耐磨的前提。当水流边界变化时水流将被扰动而产生脉动压力，脉动压力主要会引起存在裂缝的混凝土板体发生破坏：对于浅表裂缝，脉动压力产生的应力会使裂缝扩展甚至贯通；对于贯通性裂缝，脉动压力可使因裂缝分割形成的自振频率不相同的混凝土块体发生相互独立的自振，长时间的自振会导致板体锚固钢筋拔出，导致横穿裂缝的钢筋网发生疲劳破坏而断裂。同时，高速水流易于进入混凝土的缝隙中，产生很大的动水压力，造成混凝土沿薄弱结合面掀起、整块的或大面积被席卷冲走。

根据上述，目前抗冲磨材料各有千秋，针对本工程 1 号泄洪洞，属于低位洞，主要承担水库的放空、泄洪及排沙作用，其泄洪时水流含有悬移质和推移质泥沙，抗泥沙冲磨占一定主导地位。该洞衬砌宜采用硅粉混凝土，强度控制在C50以上。但如前所述，硅粉混凝土的干缩和自干燥收缩远大于普通混凝土，这是导致其施工期极易发生裂缝的又一主要因素。收缩大不仅仅是硅粉混凝土的独有弱点，而是低水胶比、高强，特别是早期高强度混凝土的通病。目前工程应用的硅粉抗冲磨混凝土的设计强度等级一般为C40～C70，水胶比一般控制在0.35以下，从而引起混凝土自干燥收缩的显著增大。干缩是由于混凝土中的水分从表面蒸发，失散到空气中，表层毛细孔失水形成毛细张力而引起的收缩；自干燥收缩则是由于混凝土中胶凝材料的快速水化，大量吸收水分，造成内部毛细孔失水，形成毛细张力而引起的收缩。高强混凝土的水胶比普遍较低，其胶凝材料的水化产物在水化早期便很快堵塞了毛细孔通道，阻碍了外部养护水向混凝土内部的迁移，造成内部自干燥（水化吸收水分）失水而收缩。根据有关资料以及新疆农业大学水利水电设计研究所研究的成果，可以通过掺加膨胀剂（或掺减缩剂，减缩剂可以降低混凝土中毛细孔的毛细张力和收缩力，从而减小干缩和自干燥收缩）微膨胀补偿收缩，来解决混凝土开裂问题。因此，可以把采用的硅粉抗冲磨混凝土定义为硅粉补偿收缩抗冲磨混凝土。其次之所以考虑采用高强硅粉混凝土，其中还有一个原因是，原设计混凝土骨料其强度在92MPa，现在骨料可能允许外购，有可能会出现强度低于设计的骨料，如白云子灰岩，强度为81MPa左右，沁河河床内推移质岩石岩性较复杂，遇到高于设计强度的花岗岩、石英砾岩岩石冲击碰撞，将会降低混凝土的抗冲磨能力，有专家就曾担心河口村水库的混凝土骨料强度低于大河推移质的强度，这样如采用HF混凝土抗冲磨能力就会大打折扣，但如果采用高强硅粉混凝土可以提高混凝土的抗冲磨能力，在这一点上HF混凝土略显逊色。

当然如果混凝土骨料采用铁矿石和铸石，或在硅粉混凝土再加入钢纤维，可能会有更好的抗冲磨及抗裂能力，但是代价太高，不宜采用。根据新疆农科院的经验，只要在硅粉混凝土里面掺用膨胀剂、高效减水剂，合理的配合比、合适的活性掺和料等是能够解决这一问题的。如果单纯地在硅粉混凝土里面掺用膨胀剂、高效减水剂、合理的配合比、合适的活性掺和料等来解决硅粉混凝土裂缝的难题，当然是可以的，但需做大量的试验和分析，还需要进行验证。

初步设计时比选了多种抗冲磨材料，初步选择了抗冲磨能力较强且投资相对较省的硅粉混凝土，并于2011年3月上报水利部审查。在同年3月底水利部规划总院审查时，审查专家基本同意河口村水库泄洪洞采用硅粉混凝土作为抗冲磨材料；并在施工招标阶段继续采用硅粉混凝土的方案。

随着施工期的临近，设计单位经过进一步研究和调研，初步认为由于硅粉混凝土存在早期干缩、水化热放热速度很快，致使混凝土水化热温升高，在混凝土中容易产生较高的温度易导致混凝土产生裂缝；如混凝土一旦产生裂缝将严重削弱混凝土的抗冲磨能力，因此硅粉混凝土能够解决抗冲磨能力，但未解决混凝土的抗裂问题。

根据这一情况，2011年12月29日，河口村水库建管局邀请专家组，对河口村水库泄洪洞进口塔架混凝土结构施工方案及温控措施进行了咨询，根据专家咨询意见，设计单位对泄洪洞抗冲磨混凝土又进行了大量的调研和论证，经过论证，HF混凝土虽然对抗冲磨有一定效果，但不适宜大颗粒砂石防冲，根据2号泄洪洞是高位洞，泥沙相对较少，泥沙颗粒较细，选用专家提出的 HF 混凝土，这种 HF 混凝土较适用于悬移质为主的抗冲磨混凝土，用在 2 号泄洪洞比较合适，同时投资较节省。但 1 号洞由于是低位洞，砂石及颗粒都比较大，还是应以抗冲磨能力较强的硅粉混凝土为主。但为了解决硅粉混凝土裂缝问题，经过比选，1 号洞采用 NSF 硅粉抗磨蚀剂替代硅粉，该产品实质也是硅粉混凝土的一种，但是采用了亚微米级的低需水量比、高活性硅粉为主，辅以减水、降黏、防裂功能组分的复合粉体材料，进行配置的既能达到混凝土的抗冲磨能力，又能提高硅粉混凝土的抗裂能力；NSF 硅粉抗磨蚀剂是由南京水利科学研究院承担的国家科技攻关项目和水利部、能源部重点项目优秀科研成果转化而成的高科技新产品，并获得国家专利。该产品是经过大量试验和分析配置的复合型抗冲磨硅粉材料，并在已建工程得到成功运用，采用该硅粉剂省去了大量的试验和分析，既达到了抗冲磨能力，又提高了硅粉混凝土抗裂能力。

溢洪道位于大坝左坝肩，最大泄量为 6924m^3/s，最大流速为 36.5m/s，为高速水流，溢洪道进口堰顶高程为 267.50m，位置较高，一般泥沙相对较少，泥沙颗粒较细，抗冲磨材料选用 HF 混凝土。考虑到溢洪道为开敞式建筑，全部暴露在大自然中，尤其是河口村水库坝址位于风口，遭受风吹日晒的几率较高，环境相对比较恶劣，容易造成溢洪道混凝土产生裂缝。因此，考虑在 HF 混凝土里面掺加纤维素纤维，以提高混凝土的抗裂能力。纤维素纤维是继化学合成纤维之后发展起来的新型混凝土耐久性专用纤维，工程界称为第三代混凝土专用纤维；是采用一种高寒地区特殊植物物种为原料，经一系列独特的化学处理和机械加工而成的，本身具有天然的亲水性和高强高模的特点，因其属植物细胞自然分裂生长非人工制作而成，使表面具有很强的握裹力。在后续加工中，采用了特殊的无机材料把纤维制成片状单体，方便于纤维的运输和投放。片状单体在水的浸泡和搅拌机摩擦力的作用下，极易分散为纤维单丝，纤维素纤维在混凝土中呈三维立体分布，可有效降低微裂尖端的应力集中，可使混凝土或砂浆因干缩引起的拉应力削弱或消除，阻止微裂缝的发生和扩展，从而起到抗裂效果，可有效提高混凝土的力学性能、抗冻融性及抗渗性。

5.4.3 硅粉剂（HF）抗冲耐磨混凝土在 1 号、2 号泄洪洞的应用

5.4.3.1 混凝土配合比试验及选定

（1）试验目的。根据上述选定的抗冲磨材料，需进行配合比试验，以验证参加硅粉剂（HF）外加剂的混凝土是否能够达到混凝土抗裂和抗冲磨的要求，同时通过实验验证其耐久性（抗渗性和抗冻性），提供混凝土相关力学和温控计算参数，以及为施工单位提供满足设计指标要求的最佳混凝土施工配合比。

（2）原材料要求。

1）水泥。泄洪洞属于经常受水流冲刷部位的混凝土及有抗冻要求的混凝土，普通混凝土宜选用中热硅酸盐水泥或硅酸盐水泥，也可选用普通硅酸盐水泥；硅粉混凝土及 HF 混凝土宜优先选用 42.5 中热或低热水泥。水泥均应符合国家和行业的现行标准。

水泥品种应根据工程所在地、水泥厂分布情况、生产能力以及社会声誉，结合以往水利工程实践选择厂家。水泥的试验指标按规范要求执行，包括凝结时间、安定性、胶砂强度、烧失量、三氧化硫、碱含量、水化热。相关参数标准见表 5.7。

表 5.7　　　　　　　　　　　水泥试验指标及标准值

水泥品种	沸煮安定性	凝结时间/min		抗压强度/MPa		抗折强度/MPa		含碱量/%	三氧化硫含量/%	烧失量/%
		初凝	终凝	3d	28d	3d	28d			
P. O42.5 标准指标	合格	≥45	≤600	≥17.0	≥42.5	≥3.5	≥6.5	≤0.60	≤3.5	≤5.0
P. C42.5 标准指标	合格	≥45	≤600	≥15.0	≥42.5	≥3.5	≥6.5	≤0.60	≤3.5	—
依据标准	《通用硅酸盐水泥》(GB 175—2007)									
P. MH42.5 中热水泥	合格	≥60	≤720	≥22.0	≥42.5	≥4.5	≥6.5	≤0.60	≤3.5	≤3.0
P. LH42.5 低热水泥	合格	≥60	≤720	≥13.0	≥42.5	≥3.5	≥6.5	≤0.60	≤3.5	≤3.0
依据标准	《中热硅酸盐水泥 低热硅酸盐水泥 低热矿渣硅酸盐水泥》(GB 200—2003)									

注　中热和低热水泥还应满足 GB 200—2003 对水化热的要求；P. O42.5 和 P. C42.5 水泥也应满足 GB 200—2003 对中热水泥水化热的要求。

2）粉煤灰。硅粉（HF）混凝土必须使用 F 类Ⅰ级优质粉煤灰，有条件时，尽量使用烧失量低、需水量比小的 F 类Ⅰ级优质粉煤灰。

依据《水工混凝土掺用粉煤灰技术规范》（DL/T 5055—2007）和《水工建筑物抗冲磨防空蚀混凝土技术规范》（DL/T 5207—2005），以及近年来国内的水电工程实践经验，粉煤灰的掺量应符合表 5.8 的规定。

表 5.8　　　　　　　　　　水工混凝土中的粉煤灰掺入量要求表

混凝土种类	硅酸盐水泥、中/低热硅酸盐水泥	普通硅酸盐水泥	复合硅酸盐水泥
塔架、洞身上部侧墙及顶拱、出口等结构混凝土	≤35%	≤30%	—
塔架流道、洞身侧墙下部及底板混凝土等硅粉混凝土及 HF 混凝土	≤30%	≤25%	—

粉煤灰的试验指标包括细度、需水量比、烧失量、三氧化硫、碱含量、游离氧化钙、活性指数、含水量。粉煤灰各项指标控制标准见表 5.9。

表 5.9　　　　　　　　　　粉煤灰各项指标控制标准表

参数	细度/%	需水量比/%	烧失量/%	三氧化硫/%	碱含量/%	游离氧化钙/%	活性指数/%	含水量/%
DL/T 5055—2007	≤12	≤95	≤5.0	≤3.0	—	≤1.0	—	≤1.0

3）粗骨料。

A. 粗骨料品质要求。粗骨料应尽量采用抗磨性能好、母岩强度和软化系数高、无碱活性、热膨胀系数低的骨料，粗骨料表面应洁净，如有裹粉、裹泥或被污染等应清除。粗骨料物理性能检验包括含泥量、泥块含量、坚固性、硫酸盐及硫化物含量、有机物含量、表观密度、饱和面干吸水率、针片状颗粒含量、压碎指标、堆积密度、紧密密度、空隙率、软弱颗粒含量、冻融损失率。粗骨料应控制各级骨料的超、逊径含量，骨料压碎值宜不大于10%、针片状含量宜小于10%、含泥量宜小于1.0%；其超逊径要求以及其他品质要求应符合DL/T 5144—2001和DL/T 5207—2005有关规定的要求。

B. 粗骨料级配比例。粗骨料采用人工骨料，级配比例包括二级、三级配两种。建议二级配骨料比例为45∶55，三级配骨料比例为25∶25∶50。具体应根据混凝土拌和物试验确定和调整，建议值见表5.10。

表5.10　　骨料级配比例建议值

级配	级配比例/%				选择比例
	5～20mm	20～40mm	40～80mm	80～150mm	
二级配	45	55	—	—	√
三级配	25	25	50	—	√

4）细骨料。细骨料应质地坚硬、清洁、级配良好；人工砂的细度模数宜在2.4～2.8范围内，天然砂的细度模数宜在2.4～2.8范围内。细骨料物理性能检验包括颗粒级配、石粉含量、含泥量、泥块含量、坚固性、表观密度、饱和面干含水率、硫酸盐及硫化物含量、有机物含量、云母含量、轻物质含量。依据《水工混凝土施工规范》（DL/T 5144—2001）表5.2.7的要求执行。混凝土细骨料的颗粒级配可参考表5.11。

表5.11　　混凝土细骨料颗粒级配参考标准表

项目	累计筛余百分率/%							细度模数F.M	平均粒径/mm
	筛孔粒径/mm								
	5	2.5	1.25	0.63	0.315	0.16	筛底		
中砂范围值	10～0	25～0	50～10	70～41	92～70	100～90		2.50～3.19	0.36～0.43

5）一般外加剂。应根据混凝土的性能要求，施工需要，结合混凝土配合比的选择，在混凝土中掺加适量的其他外加剂，如引气剂、减水剂（硅粉混凝土应采用聚羧酸高性能减水剂）、膨胀剂（掺用硅粉剂的混凝土可不再考虑）、缓凝剂等，并结合选定的混凝土材料进行适应性试验，经可靠试验后，选择合适的外加剂掺量及种类，以达到改善混凝土的性能，适应各种环境的施工和技术要求。

外加剂的选择和品质要求应符合国家规程规范，掺用同种外加剂的品种宜选用两家产品对比，并由专门生产厂家供应。不管是否有抗冻要求，混凝土都应掺用引气剂。混凝土的含气量应根据混凝土的抗冻等级和骨料最大粒径等，通过试验确定。掺引气剂型外加剂混凝土的含气量见表5.12。

表5.12　　掺引气剂型外加剂混凝土的含气量表

骨料最大粒径/mm		20	40	80	150（120）
含气量/%	≥F200混凝土	≥5.5	≥5.0	≥4.5	≥4.0
	≤F150混凝土	≥4.5	≥4.0	≥3.5	≥3.0

注　有抗冻要求的硅粉（HF）混凝土入仓含气量应不大于3.5%。

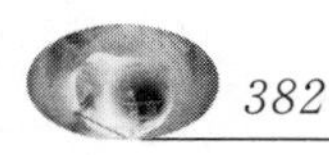

6）NSF硅粉抗磨蚀剂。NSF硅粉剂主要用于1号泄洪洞，掺量一般在15%～20%，应根据厂家推荐，再通过试验确定。NSF硅粉剂品质指标见表5.13。

表5.13　　NSF硅粉剂品质指标表

品质指标	技术要求	品质指标	技术要求
减水率/%	≥25	含水率/%	≤3
28d抗压强度比/%	≥180	28d收缩率比/%	≤100

7）HF外加剂。HF混凝土外加剂主要用于2号泄洪洞，推荐采用甘肃省电力科研院在研制的新型水工抗冲耐磨护面材料HF混凝土。HF混凝土是由HF外加剂、优质粉煤灰（或其他优质掺和料如硅粉、磨细矿渣等）、符合要求的砂石骨料和水泥等组成，并按规定的要求进行设计和组织施工浇筑的混凝土。HF外加剂掺量应根据厂家推荐，再通过试验确定。

（3）混凝土配合比试验方法。1号泄洪洞底板及底板以上3m和1号进水塔流道设计为$C_{90}50$硅粉剂混凝土，2号泄洪洞采用HF混凝土。配合比试验承包商委托黄河勘测规划设计有限公司水利科学研究院进行试验，试验步骤及要求如下：

1）通过测试新拌混凝土的出机坍落度、1h坍落度损失、出机含气量、1h含气量损失等指标，优选出合适的单位用水量、砂率、骨料级配、外加剂品种和外加剂用量。通过测定混凝土强度与水胶比的关系，优选合适的水胶比。初步确定不同强度等级的各种级配常态混凝土、泵送混凝土、抗冲磨混凝土基准配合比，并确定结构混凝土的配合比。

2）在基准配合比的基础上，以NSF（或HF）抗冲磨混凝土为例，设计多种配合比方案，考察水泥品种（两种以上）、粉煤灰不同掺量（如25%和30%）、级配（二级配和三级配）、施工方式（常态和泵送）的影响。测试抗压强度、抗拉强度、轴拉弹模、极限拉伸值、线膨胀系数、绝热温升、比热、导热系数、自生体积变形、干缩、温度-应力、高速水下钢球法抗冲磨强度（SL 352—2006，转速提高至不小于4000r/min）、高速圆环法抗冲磨强度（SL 352—2006，水沙流速提高至40～60m/s）、防空蚀性能。通过对比，针对不同部位、不同施工方法的混凝土优选出抗冲磨性能、抗裂性能最佳的配合比方案。

3）分析各试验参数对混凝土性能的影响规律，对选定的配合比方案进行黏度与和易性、抗冲磨防空蚀性能及开裂风险的检验与评估等混凝土的抗裂性、抗冲磨性能综合分析，并验证其耐久性（抗渗性和抗冻性），提供相关力学和温控计算参数，提出最终配比方案。

（4）混凝土配合比选定。按照上述配比试验要求，黄河勘测规划设计有限公司水利科学研究院进行大量的配合比试验，提出满足设计各项指标要求的泄洪洞最终配合比见表5.14、表5.15。

5.4.3.2　硅粉剂混凝土在1号、2号泄洪洞中的应用效果

如前所述，硅粉剂混凝土主要用于1号泄洪洞底板、底板以上3m范围内的侧墙、1号

表 5.14　　1 号泄洪洞及进水塔工程抗冲磨混凝土配合比表　　单位：kg/m^3

强度等级	水	水泥	粉煤灰	硅粉剂	砂	小石	中石	引气剂
C_{90}50W6F100	160	283	114	59.4	699	458	559	0.091

注　表中材料为 P.O 42.5 普通硅酸盐水泥、Ⅰ级粉煤灰、NSF 减水型硅粉抗磨蚀剂、FAC-4 引气剂；混凝土坍落度 160～180mm。

表 5.15　　2 号泄洪洞及进水塔工程抗冲磨混凝土配合比表　　单位：kg/m^3

强度等级	水	水泥	粉煤灰	HF 剂	砂	小石	中石	引气剂
C_{90}50W6F100	135	326	65	8.7	726	512	623	0.065

注　表中材料为 P.O 42.5 普通硅酸盐水泥、Ⅰ级粉煤灰、HF 抗磨蚀剂、FAC－4 引气剂；混凝土坍落度 160～180mm。

进水塔流道等部位，硅粉剂混凝土浇筑方法及要求和普通混凝土基本一样。根据衬砌后的情况，除衬砌（浇筑）厚度在 2.0m 以上的部位及拆模较早的部位出现零星裂缝外，其余部位很少有裂缝的发生。

1 号泄洪洞经 2013—2016 年 4 个汛期高速水流的冲刷后，混凝土表面没有出现磨蚀现象，即使在偏心铰弧形闸门后气蚀最严重部位也没有发生气蚀现象，说明硅粉剂混凝土抗冲磨、抗气蚀效果良好。

HF 抗冲磨混凝土主要用于导流洞底板、底板以上 3m 范围内的边墙、2 号泄洪洞底板及边墙、2 号进水塔流道。

2012 年汛前，导流洞通水，2013 年汛后下闸蓄水进行龙抬头改造和导流洞封堵，期间导流洞经受了两个汛期的过流考验。导流洞下闸蓄水后，发现导流洞底板有较多的冲刷痕迹，局部已经形成沟槽，说明 HF 混凝土在应对推移质冲磨方面效果欠佳，根据设计要求，后期用环氧砂浆对导流洞底板进行了处理。

2015 年和 2016 年汛期，由导流洞改造而成的 2 号泄洪洞开始过流泄洪。经观察，经过两个汛期的高速水流悬移质冲刷，HF 混凝土表面没有出现冲磨和空蚀现象，说明 HF 混凝土在应对悬移质冲磨方面效果是比较理想的，其抗冲磨性能能够满足设计要求。

5.4.4　HF 纤维抗冲耐磨混凝土在溢洪道中的应用

（1）混凝土配合比试验及选定。如上述一样，溢洪道选用选定的 HF 掺纤维素纤维抗冲耐磨混凝土，也需进行混凝土配合比试验，以验证掺加 HF 掺纤维素纤维的混凝土是否能够达到混凝土抗裂和抗冲磨的要求，同时通过试验验证其耐久性（抗渗性和抗冻性），提供混凝土相关力学和温控计算参数，以及为施工单位提供最佳的混凝土施工配合比。

HF 掺纤维素纤维抗磨混凝土中的原材料及性能同 2 号泄洪洞一样，溢洪道只是多添加了一项纤维素纤维，其纤维素纤维材料要求如下：

1）纤维素纤维采用 UF500 纤维素纤维，该纤维素纤维采用上海罗洋新材料科技有限公司的产品。

2）纤维素纤维作为外加组分，应根据厂家推荐，通过试验选择最优的掺量。

3）纤维素纤维其抗拉强度不得小于750N/mm²，纤维平均长度2～5mm，纤维间距760～1200μm，亲水性要极好，材料应符合《纤维混凝土结构技术规程》（CECS 38：2004）的规定。

溢洪道配合比试验方法及要求基本同泄洪洞。溢洪道工程抗冲磨混凝土配合比见表5.16。

表5.16　溢洪道工程抗冲磨混凝土配合比表　单位：kg/m³

强度等级	水	水泥	粉煤灰	HF剂	纤维	砂	小石	中石	大石	引气剂
C40W6F150	133	285	95	7.6	0.9	670	353	353	470	0.057

（2）HF纤维混凝土在溢洪道上应用的效果。HF纤维混凝土主要用于溢洪道闸室溢流堰、泄槽等底板部位。溢洪道施工后，至今已有两年，但没有经过泄流考验。根据施工后的情况分析，虽然泄槽也出现了部分裂缝，但裂缝不是很多，产生的裂缝主要是因为溢洪道在左坝肩，位于风口处，施工期由于养护不及时造成的一些裂缝，而不是结构本身产生的裂缝，其次HF纤维混凝土主要是依抗冲磨为主，因此，其实际的抗冲磨效果还有待于运行期泄水检验。

5.4.5　高抗冲耐磨橡胶混凝土试验及应用

（1）橡胶混凝土原理。这里所说的橡胶混凝土，是用废旧轮胎橡胶颗粒按照一定比列等体积部分取代普通混凝土里面的砂配制而成的一种新型混凝土。橡胶颗粒弹性较大，均匀分散在混凝土中起着类似微小弹簧的作用，能减小整个体系的各种应力，吸收大量的应变能和振动能，其韧性以及变形能力比普通混凝土有显著的提高，可减少裂纹的产生，减缓或阻止微裂纹的发展，改善混凝土的抗冲磨性能和抗冲击性能。

常规的橡胶轮胎以天然橡胶和丁苯橡胶为主要成分，用其粉碎而成的橡胶颗粒属有机材料，其强度较低、弹性模量较小；而混凝土材料属无机物，其强度较高、弹性模量较大。因此，橡胶颗粒的掺入，加剧了混凝土的不均匀性，且橡胶颗粒与水泥石的黏结质量也较差，致使橡胶混凝土的强度明显低于普通混凝土，这在较大程度上限制了橡胶混凝土的工程应用。为减小橡胶混凝土的强度降低，可以通过改性的方式处理橡胶颗粒，改善橡胶颗粒与水泥石的黏结性能。经过试验研究认为：水洗橡胶颗粒是最为简单的处理方式，处理后橡胶混凝土抗压强度比未处理前能提高5%左右；NaOH溶液浸泡橡胶颗粒能够祛除橡胶颗粒表面的憎水性物质，增强橡胶颗粒与水泥石的黏结作用，处理后橡胶混凝土抗压强度比未处理前能提高14%左右；KH570作用效果更加明显，与NaOH溶液的复合作用效果最佳。

（2）技术路线。与常规抗冲磨混凝土材料“高强度高冲磨强度”的特点不同，橡胶混凝土的抗冲磨原理是减小冲磨应力，吸收大量的应变能，减少裂纹产生，减缓裂纹发展，其特点可以总结为“低强度高抗冲磨强度”。因此，橡胶混凝土优异的抗冲磨性能与其强度关系较小（与常规抗冲磨混凝土材料相比），在试验研究时可打破高强度混凝土的限制，但也要兼顾工程应用时对混凝土抗压强度的要求。

试验以普通混凝土为基准，采用60目、1～3mm和3～6mm三种橡胶粒径，每种粒径选取5%、10%、15%、20%、25%、30%六种掺量等体积取代砂的方法配制一系列橡胶混凝土，抗压强度范围在C20～C50之间，研究其工作性能、基本力学性能和抗冲磨性能。

（3）配合比。水泥采用河南省新乡市孟电集团生产的P.O42.5型普通硅酸盐水泥，各项指标合格；细骨料采用普通河砂，细度模数为2.83，表观密度2532kg/m^3；粗骨料采用普通石灰岩碎石，粒径为5～25mm，表观密度2703kg/m^3；水是普通自来水；橡胶颗粒为河南省新乡市某胶粉厂生产，其表观密度为1119kg/m^3，粒径分别为60目（约为0.25mm）、1～3mm和3～6mm。橡胶颗粒形态见图5.24；减水剂采用郑州某厂生产的聚羧酸系高效减水剂。

(*a*) 60目　(*b*) 1～3mm　(*c*) 3～6mm

图5.24　橡胶颗粒形态图

基准混凝土的强度设计等级分别为C30和C50，橡胶混凝土分为两个系列，抗压强度分别为C20～C40之间和C50，其配合比见表5.17。

表5.17　**混凝土配合比表**　单位：kg/m^3

橡胶混凝土系列		水	水泥	砂	石子	橡胶颗粒	减水剂
系列1	C30基准混凝土	190	360	660	1190	0	0
	5%	190	360	627	1190	14.584	0
	10%	190	360	594	1190	29.168	0
	15%	190	360	561	1190	43.752	0
	20%	190	360	528	1190	58.336	0
	25%	190	360	495	1190	72.921	0
	30%	190	360	462	1190	87.505	0
系列2	C50基准混凝土	162	492	582	1177	0	5
	10%	162	492	523.8	1177	25.72	5

（4）系列1橡胶混凝土试验。抗压强度试验、劈拉强度试验和抗冲磨试验（水下钢球法）按照《水工混凝土试验规程》（DL/T 5150—2001）中要求试验设备和试验步骤进行。

1）拌和物坍落度。混凝土坍落度与橡胶掺量变化对比见图5.25，对于60目橡胶粉，当橡胶掺量小于10%的时候，随着橡胶掺量的增加混凝土的坍落度逐渐增大，掺量大于10%时，坍落度变小；对于1～3mm的橡胶颗粒，随着橡胶掺量的增加，混凝土的坍落度有逐渐增大的趋势；对于3～6mm的橡胶颗粒，随着橡胶掺量的增加，混凝土的坍落度也有逐渐增大的趋势。

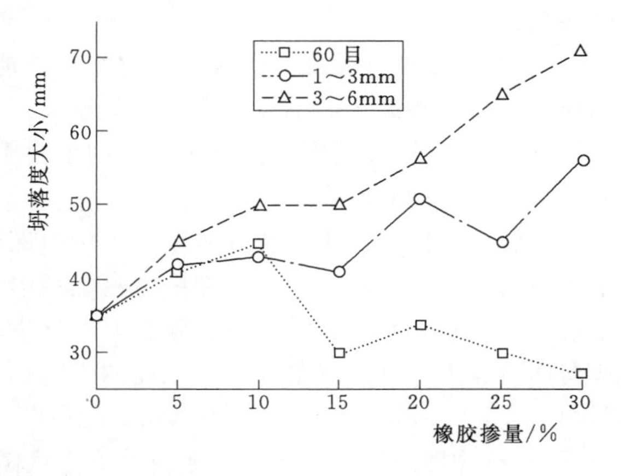

图 5.25　混凝土坍落度与橡胶掺量变化对比图

掺量相同时，掺入3～6mm的橡胶颗粒的拌和物的坍落度要大于掺入1～3mm橡胶颗粒的拌和物的坍落度。

橡胶颗粒对混凝土坍落度的影响主要有以下两个方面的因素：①橡胶颗粒具有引气作用，且颗粒越小引气效果越明显，对坍落度的增加为正作用。②橡胶颗粒表面会吸附水分，比表面积越大其吸附水分的能力就越强，对坍落度的增加为副作用。当橡胶颗粒的吸水作用大于引气作用时，混凝土的坍落度减小；反之，混凝土的坍落度增大。

2）抗压强度与劈拉强度。橡胶混凝土抗压强度随橡胶掺量变化对比见图5.26，混凝土中掺加橡胶之后，混凝土的强度会降低，且随着掺量的增加，降低幅度逐渐增大，橡胶颗粒越小，抗压强度下降越明显。

橡胶混凝土劈拉强度随橡胶掺量变化对比见图5.27，混凝土中掺加橡胶之后，混凝土的劈拉强度会降低，且随着掺量的增加，降低幅度逐渐增大；同抗压强度一样，在相同掺量的情况下，60目的橡胶粉对劈拉强度的影响最大，1～3mm橡胶颗粒的次之，3～6mm的橡胶颗粒影响最小。

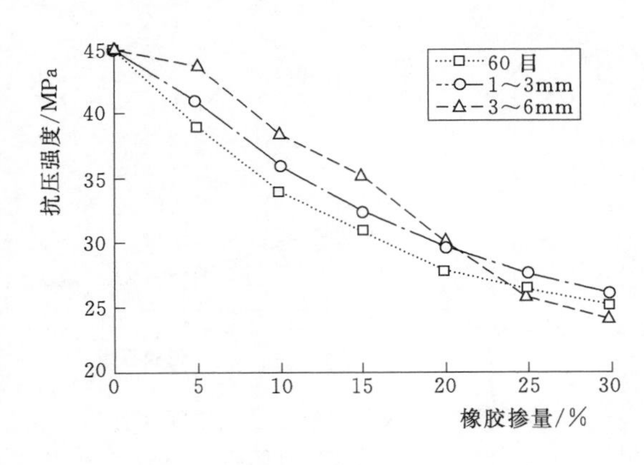

图 5.26　橡胶混凝土抗压强度随橡胶掺量变化对比图

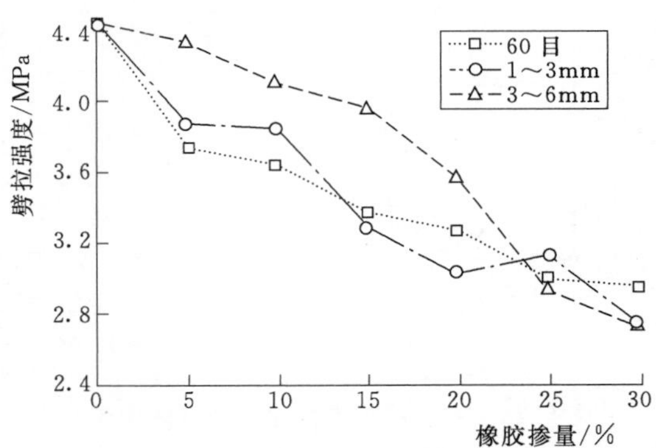

图 5.27　橡胶混凝土劈拉强度随橡胶掺量变化对比图

橡胶颗粒引起混凝土强度下降的原因主要有以下几个方面的原因：

A. 橡胶颗粒的引气性会增加混凝土内部的孔洞，造成混凝土更加不密实，且橡胶粒径越小比表面积越大，其引气作用越强。

B. 橡胶颗粒的强度远远低于砂石，用橡胶颗粒取代砂石料后必然会成为混凝土内部的缺陷部分。

C. 橡胶颗粒与混凝土中水泥石的黏结性能差，结合力较弱，且橡胶粒径越小比表面积越大，其在混凝土中引起的薄弱面就越大。

D. 橡胶颗粒在混凝土内部细观结构上会引起应力集中效应，这些应力集中的地方会成为混凝土新的破坏点。

橡胶掺入混凝土中，会导致混凝土中内部缺陷增多，使混凝土强度下降，随着橡胶掺量的不断增加，混凝土内部的缺陷也逐渐增多，导致混凝土的强度逐渐降低；在相同的掺量情况下，对于粒径较小的橡胶颗粒，其比表面积较大，引气作用较强，与水泥石黏结的薄弱面也越大，其对混凝土抗压强度的影响也就越大，所以 60 目橡胶粉对混凝土强度的影响最大，1～3mm 的次之，3～6mm 的最弱。

3）抗冲磨强度。橡胶混凝土抗冲磨强度随橡胶掺量变化对比见图 5.28，橡胶混凝土磨损率随橡胶掺量变化对比见图 5.29 所示，采用 1～3mm 和 3～6mm 的橡胶颗粒配制的橡胶混凝土可以显著提高混凝土的抗冲磨性能，且随着橡胶掺量的逐渐增加，混凝土抗冲磨性能也会逐渐地提高。掺加 5%、10%、15%、20%、25%、30%的 3～6mm 橡胶颗粒的混凝土抗冲磨强度分别达到了基准混凝土的 1.4 倍、3.0 倍、5.4 倍、7.1 倍、8.7 倍、9.2 倍；掺加 1～3mm 橡胶颗粒的混凝土抗冲磨强度分别达到了基准混凝土的 1.6 倍、2.6 倍、3.7 倍、6.3 倍、10.0 倍、10.6 倍。采用 60 目的橡胶粉配制的橡胶混凝土不能显著提高混凝土的抗冲磨性能，而且甚至还要差于基准混凝土的抗冲磨强度，随着橡胶掺量的增加，其抗冲磨强度虽有提高，但不明显。

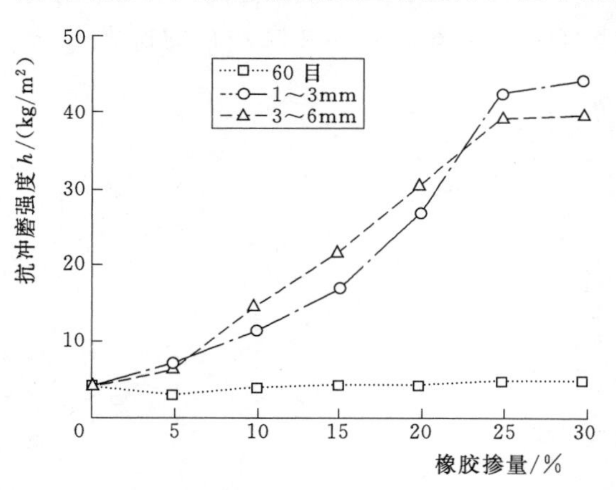

图 5.28 橡胶混凝土抗冲磨强度随橡胶掺量变化对比图

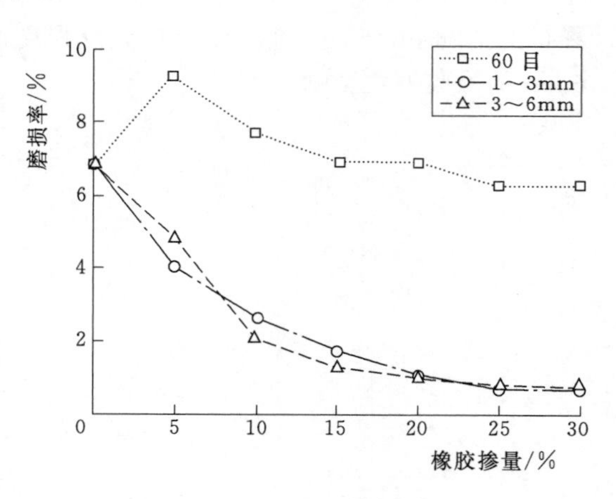

图 5.29 橡胶混凝土磨损率随橡胶掺量变化对比图

对于 3～6mm 的橡胶颗粒，其掺量超过 25%时，对混凝土的抗冲磨性能几乎没有提高；对于 1～3mm 的橡胶颗粒，其掺量超过 25%时，对混凝土的抗冲磨性能略有提高，但不明显。因此当以基准 C30 混凝土配制抗冲磨橡胶混凝土，且橡胶颗粒采用 1～3mm 和 3～6mm 时，25%是其最优掺量。

试件磨损后的形态见图 5.30（其中 JZ 为基准混凝土；D 为 3～6mm 橡胶混凝土；Z

为 1～3mm 橡胶混凝土；X 为 60 目橡胶混凝土），从磨损后的形态也可以看出，掺加 1～3mm 和 3～6mm 橡胶颗粒的橡胶混凝土表面比较平整，并随着橡胶掺量的不断增加，冲磨之后的表面就越平整；掺加 60 目橡胶粉的橡胶混凝土试件表面凹凸不平，随着掺量的增加，混凝土表面也基本上没有什么变化。

通过试验的研究结果可以发现，橡胶混凝土的抗冲磨机理和普通混凝土的抗冲磨机理明显不同。因为按照传统的混凝土抗冲磨理论，混凝土抗冲磨能力的大小主要取决于混凝土组成材料（如砂，石子、水泥等）的抗冲磨性能和组成材料之间相互黏结的牢固性，并一般性地认为混凝土的强度越高其抗冲磨性能就越好。由于橡胶颗粒为软弱颗粒，橡胶的掺入会导致混凝土强度的降低，若按照传统理论来解释，橡胶混凝土的抗冲磨性能应该降低，但试验结果却恰恰相反。

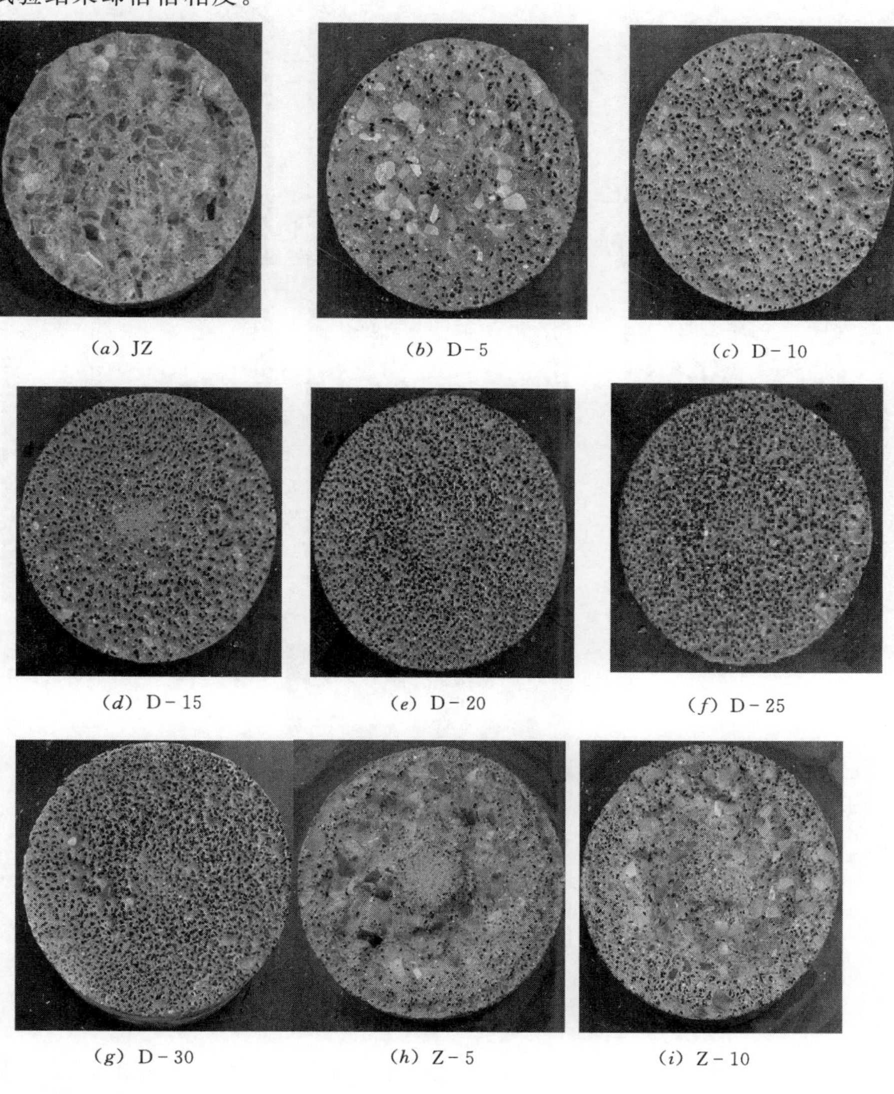

(*a*) JZ (*b*) D-5 (*c*) D-10

(*d*) D-15 (*e*) D-20 (*f*) D-25

(*g*) D-30 (*h*) Z-5 (*i*) Z-10

图 5.30(一) 不同掺量下橡胶混凝土冲磨破坏形态图

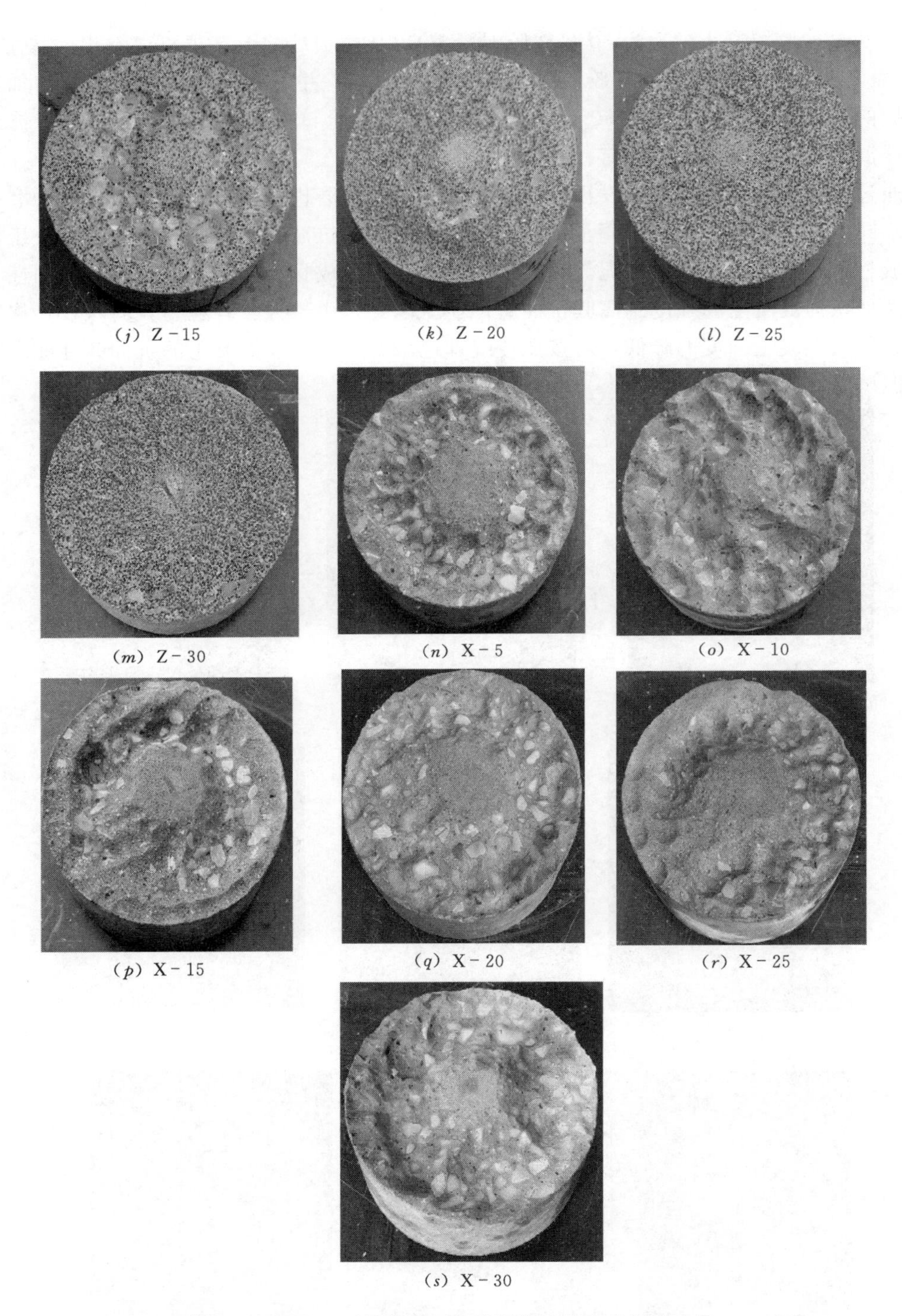

图 5.30(二)　不同掺量下橡胶混凝土冲磨破坏形态图

A. 对于掺入颗粒状橡胶（1～3mm、3～6mm）的橡胶混凝土比普通混凝土及硅粉混凝土的抗冲磨性能都要好，因为：就普通混凝土而言，由于水泥石的强度比骨料低，含推移质的水流在冲磨混凝土表面的初期，首先会把混凝土表面的水泥石冲磨掉，使水泥石部位逐渐磨蚀并形成凹坑，骨料逐渐凸出，此后，凸出的骨料所受到的冲磨力大于凹处的水泥石所受到的冲磨力，随着冲磨程度的不断发展，骨料与水泥石的黏结面越来越小，当冲磨力大于骨料与水泥石的黏结力时，骨料就会被冲磨掉，在混凝土表面形成一个凹槽，然后水泥石就承受主要的冲磨力，以此往复循环，对混凝土表面不断地产生冲磨破坏。

而对于橡胶混凝土来说，混凝土表面的水泥石被冲磨掉以后，裸露出来的不仅有混凝土的骨料，而且还有橡胶颗粒（图 5.31），由于橡胶颗粒的韧性要比砂子和石子大上百倍，对含推移质水流的冲磨能量有很强的吸收作用，这种吸收作用可以使得水泥石破坏时间显著地延长，随着冲磨程度的不断发展，橡胶颗粒与水泥石的黏结面变小，黏结力减弱，当冲磨力大于橡胶颗粒与水泥石的黏结力时，橡胶颗粒就会被冲磨掉，水泥石就会被再冲掉一层，之后橡胶颗粒就又会裸露出来，对水泥石和骨料再次形成一种保护作用，这样往复循环，使橡胶混凝土具有很好的抗冲磨性能，而且橡胶混凝土一般不会冲磨掉石子，使得橡胶混凝土的表面看起来比较平整。随着橡胶掺量的不断增加，橡胶颗粒对水泥石和骨料的保护作用就越好，但是不能无限制地增加橡胶掺量，因为掺量过大时，橡胶颗粒就会比较密集，会使橡胶颗粒与水泥石之间的黏结作用力减弱，反而会降低橡胶混凝土的抗冲磨性能。也就是说，为使混凝土达到最优的抗冲磨效果，橡胶颗粒有一个最优的掺量。

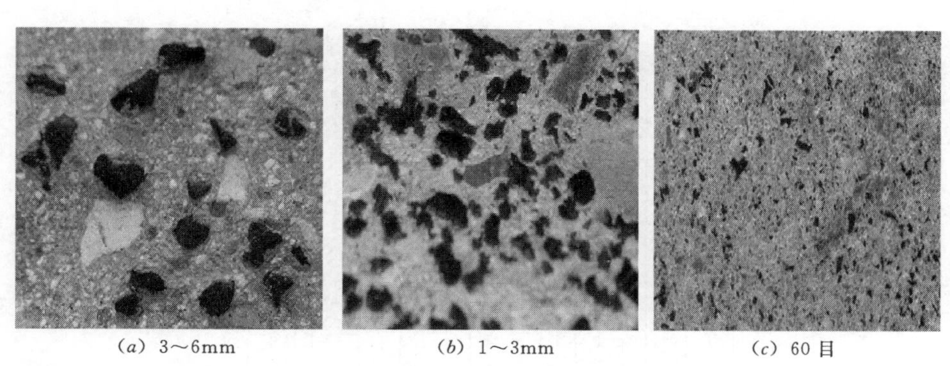

(*a*) 3～6mm　　(*b*) 1～3mm　　(*c*) 60 目

图 5.31　冲磨后橡胶混凝土表面形态

B. 而掺入 60 目橡胶粉的橡胶混凝土不能提高混凝土的抗冲磨性能甚至还会使其降低的原因，分析认为：对于掺加橡胶粉的橡胶混凝土而言，由于橡胶粉的引气作用，使水泥石的强度降低，另外由于橡胶颗粒粒径较小，大部分较小的橡胶粉会随着水泥石的冲磨而被磨掉，几乎没有橡胶颗粒裸露出来来保护水泥石，即便有部分较大的颗粒裸露出来，但由于橡胶颗粒与水泥石的黏结力较小，也会很快被冲磨掉，不能很好地吸收含砂水流所携带的冲磨能量，所以橡胶粉不能有效地对水泥石及骨料产生一种保护层的作用，反而还会使混凝土的强度下降，导致橡胶混凝土的抗冲磨性能比基准混凝土还要低。因此当橡胶颗粒的粒径小到一定程度之后，不能显著地提高混凝土的抗冲磨性能。

(5) 系列 2 橡胶混凝土试验。系列 2 橡胶混凝土采用 60 目、1～3mm 和 3～6mm 三种橡胶粒径，每种粒径只选取了 10％这一种掺量，橡胶改性处理方式采用水洗、NaOH

溶液处理、KH570 处理、NaOH 溶液和 KH570 复合处理这四种方法。具体处理方式如下：

1）水洗：将橡胶颗粒用清水冲洗干净（一般冲洗五遍），晾干备用。

2）NaOH 溶液处理：将橡胶颗粒浸泡在质量分数为 20%的 NaOH 溶液里，充分搅拌后静置 24h，然后用清水将橡胶颗粒清洗干净，冲洗到橡胶表面基本上没有 NaOH 残留（一般冲洗至 pH=7），晾干备用。

3）KH570 处理：先将橡胶颗粒按步骤 1）用水洗处理，晾干后，然后取橡胶质量 1%的 KH570 溶剂，用适量的无水乙醇稀释后，拌和橡胶颗粒，使橡胶颗粒充分浸湿，晾干后备用。

4）NaOH 溶液和 KH570 复合处理：按上述步骤 2）先用 NaOH 溶液处理，晾干后，再按照上述步骤 3）用 KH570 处理，晾干后备用。

A. 抗压强度与劈拉强度。抗压强度与不同改性剂处理之间的变化关系见图 5.32，对于同一种粒径的橡胶颗粒，经过不同的改性剂处理之后，其抗压强度与未处理时相比会有不同程度的提高；对于不同粒径的橡胶颗粒，采用相同的改性方法，其提高幅度也不相同，其中通过 KH570 处理的和 NaOH 溶液与 KH570 复合处理的结果相对较好；大颗粒的改性效果要好于小颗粒。

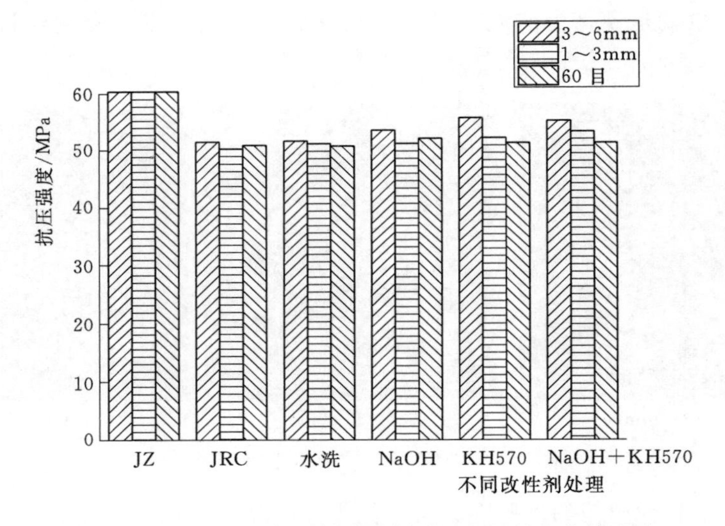

图 5.32 抗压强度与不同改性剂处理之间的变化关系图

对于掺入 3～6mm 的橡胶粒径的橡胶混凝土来说，其抗压强度在改性处理之后比未改性处理分别提高了 1.3%、4.1%、8.4%、7.4%；对于掺入 1～3mm 的橡胶粒径的橡胶混凝土来说，其抗压强度在改性处理之后比未改性处理分别提高了 2.0%、2.0%、3.8%、6.0%；对于掺入 60 目的橡胶粒径的橡胶混凝土来说，其抗压强度在改性处理之后比未改性处理分别提高了−0.2%、2.4%、0.8%、0.8%。

劈拉强度与不同改性剂处理之间的变化关系见图 5.33，同一种粒径的橡胶颗粒经过不同的改性剂处理之后，其劈拉强度与未处理时相比会有不同程度的提高；对于不同粒径的橡胶颗粒，采用相同的改性方法，其劈拉强度提高幅度不同；其中通过 KH570 处理的和 NaOH 溶液与 KH570 复合处理的效果相对较好。

对于掺入 3～6mm 的橡胶粒径的橡胶混凝土来说，其劈拉强度在改性处理之后比未改性处理分别提高了 0.6%、-0.2%、6.7%、5.5%；对于掺入 1～3mm 的橡胶粒径的橡胶混凝土来说，其劈拉强度在改性处理之后比未改性处理分别提高了 3.0%、-1.0%、0.8%、5.0%；对于掺入 60 目的橡胶粒径的橡胶混凝土来说，其劈拉强度在改性处理之后比未改性处理分别提高了-2.0%、-5.0%、1.6%、1.0%。

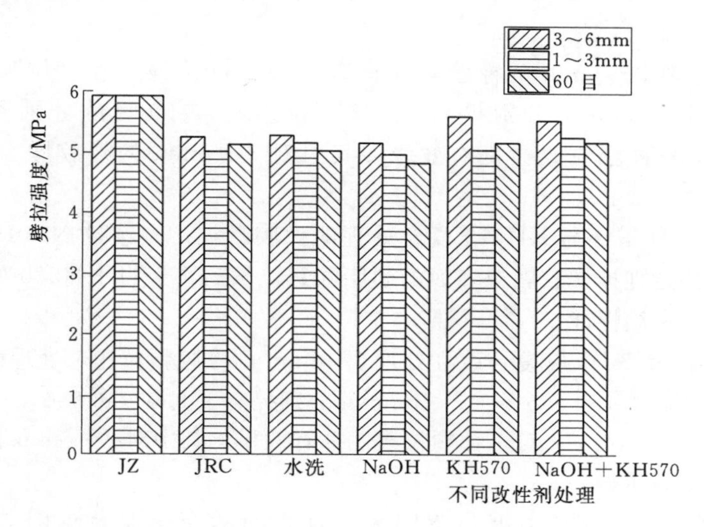

图 5.33 劈拉强度与不同改性剂处理之间的变化关系图

由于经过粉碎废旧轮胎生产出来的橡胶颗粒表面会附着一层碳黑，若不进行处理，碳黑会影响橡胶与水泥基体的黏结。橡胶经过水洗之后，就可以基本上把橡胶表面的碳黑以及其他的附着物清洗掉，从而可以提高橡胶颗粒与水泥基体的黏结能力，这种方法和橡胶表面的干净程度有关，所以提高能力比较有限。

用水洗处理 3～6mm 的橡胶颗粒比未处理时抗压强度和劈拉强度分别提高了 1.3%和 0.6%；1～3mm 的分别提高了 2.0%和 3.0%；60 目的分别提高了-0.2%和-2.0%。水洗对三种橡胶颗粒的改性效果不明显，这可能是由于本次试验所用的橡胶表面比较干净的缘故。

由于轮胎中含有芳烃油和硬脂酸锌等物质，这些物质会随着废旧轮胎粉碎成颗粒状而出现于橡胶颗粒表面，这类物质是憎水性的，会对橡胶颗粒与水泥石的黏结起到阻碍作用，而 NaOH 溶液能够与硬脂酸锌反应，将硬脂酸锌溶解，从而改善橡胶颗粒与水泥基体的黏结性能。

用 NaOH 溶液处理 3～6mm 的橡胶颗粒比未处理时抗压强度和劈拉强度分别提高了 4.1%和-0.2%；1～3mm 的分别提高了 2.0%和-1.0%；60 目的分别提高了 2.4%和-5.0%，改性效果不太明显。导致改性效果不明显的原因初步认为有以下两点：①由于不同种类的橡胶所含硬脂酸锌的含量不同，所以用 NaOH 溶液改性，对不同种类的橡胶会有不同的效果。这也是国内外对橡胶颗粒用 NaOH 溶液改性，所得到的效果差异比较大的原因之一。②改性处理工艺不同，NaOH 溶液的浓度、橡胶的浸泡时间以及橡胶颗粒表面的 NaOH 是否清洗干净，都会对改性效果有影响。

偶联剂是一类具有特殊结构的低分子有机硅化物，其通式为 R－Si－X3，其中 R 为与高分子聚合物有亲和力或反应能力的活性官能团；X 为可水解亲无机物基团，因此硅烷偶联剂可以与两种不同性质的材料偶联。KH570 是硅烷偶联剂系列的一种，其分子式为 $CH_2=C(CH_3)COO(CH_2)3Si(OCH_3)_3$，称为甲基丙烯酰氧基丙基三甲氧基硅烷。当改性胶粉加入到砂浆时，偶联剂的可水解基团会与水化产物羟基团键合，从而增强了胶粉与水泥砂浆的界面结合能力。

用 KH570 处理 3～6mm 的橡胶颗粒比未处理时抗压强度和劈拉强度分别提高了 8.4％和 6.7％；1～3mm 的分别提高了 3.8％和 0.8％；60 目的分别提高了 0.8％和 1.6％。KH570 对三种颗粒改性都有效果，其中对 3～6mm 的橡胶颗粒改性效果较为明显。

对于经过 NaOH 溶液与 KH570 复合处理的橡胶颗粒，先经过 NaOH 溶液处理可清理橡胶颗粒表面并处理掉橡胶颗粒表面的硬脂酸锌，然后再经过 KH570 处理，提高橡胶本身与水泥基体的黏结性能。

用 NaOH 溶液和 KH570 复合改性处理 3～6mm 的橡胶颗粒比未处理时抗压强度和劈拉强度分别提高了 7.4％和 5.5％；1～3mm 的分别提高了 6.0％和 5.0％；60 目的分别提高了 0.8％和 1.0％。KH570 对三种颗粒改性都有效果，其中对 3～6mm 和 1～3mm 的橡胶颗粒改性效果较为明显。

B. 抗冲磨强度。抗冲磨强度与不同改性剂之间的变化关系见图 5.34，对于 3～6mm 的橡胶颗粒，不管是否对橡胶进行改性处理，其抗冲磨强度均高于基准混凝土；采用不同的改性剂改性处理之后和未改性处理相比，对混凝土的抗冲磨强度均有不同程度的提高。水洗、NaOH 溶液处理、KH570 处理、NaOH 溶液与 KH570 复合处理比未改性处理分别提高了 5％、41％、36％、52％。对于 1～3mm 的橡胶颗粒，不管是否对橡胶进行改性处理，其抗冲磨强度均高于基准混凝土；采用不同的改性剂改性处理

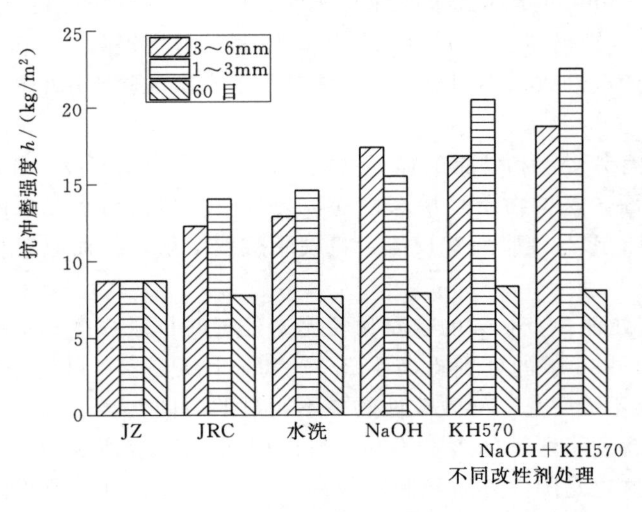

图 5.34　抗冲磨强度与不同改性剂之间的变化关系图

之后和未改性处理相比，对混凝土的抗冲磨强度均有不同程度的提高。水洗、NaOH 溶液处理、KH570 处理、NaOH 溶液与 KH570 复合处理比未改性处理分别提高了 4%、11%、45%、60%。对于 60 目的橡胶粉，不管是否对其进行改性处理，其抗冲磨强度均低于基准混凝土；改性之后和未改性之前相比，对混凝土的抗冲磨强度略有提高，但效果不明显。

对于不同的橡胶颗粒，用同一种改性剂处理，效果也各不相同，其中大颗粒的效果最好，中颗粒的次之，小颗粒的最差。

从改性剂对抗压强度与抗冲磨强度的提高幅度上来看，改性剂对抗冲磨强度的提高要高于对抗压强度的提高。

图 5.35 为掺加 3～6mm 橡胶颗粒的试件冲磨形态（见图 5.33），从图 5.33 中可以看出，改性之后的石子露出数量要少于改性前石子露出的数量，说明基准橡胶混凝土的冲磨深度要高于改性橡胶混凝土，这也从侧面反映出了改性剂的改性效果。

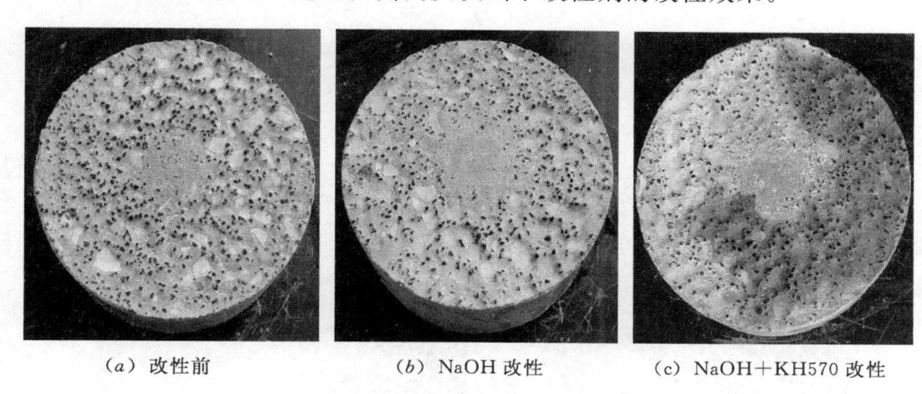

(*a*) 改性前　　(*b*) NaOH 改性　　(c) NaOH+KH570 改性

图 5.35　不同改性剂处理下的混凝土冲磨破坏表面表

橡胶颗粒经过不同的改性剂处理之后，会提高橡胶颗粒与水泥石的黏结作用，使橡胶颗粒不易被高速水流冲磨掉，这样就会对水泥石和骨料形成更长时间的保护作用，使得橡胶混凝土抗冲磨性能提高。从试验结果可以看出，橡胶颗粒经过改性剂处理之后，确实可以增强橡胶颗粒与水泥石之间的黏结作用。

对于橡胶颗粒经过改性剂处理之后，对抗冲磨的作用效果要比对抗压强度和劈拉强度好得多，其原因可以认为：橡胶颗粒与水泥石之间的黏结作用，是影响橡胶混凝土抗冲磨性能的主要因素，提高它们之间的黏结作用可以明显地提高其抗冲磨性能；而对于橡胶混凝土的抗压强度和劈拉强度来说，橡胶颗粒与水泥石的黏结作用力大小只是影响混凝土抗压强度和劈拉强度下降的一个方面，最主要的原因还是橡胶颗粒本身对混凝土的影响，所以虽然经过改性处理之后，橡胶颗粒与水泥石的黏结作用增强了，但其抗压强度和劈拉强度的提高没有抗冲磨强度的提高幅度大。

（6）原型实验。2 号泄洪洞在正常库水位下，洞内水流流速除泄洪洞出口局部桩号段外，其他桩号段流速均大于 30m/s；在设计（校核）水位下，洞内水流流速均大于 30m/s，最高水流流速达到 36.5m/s。

原型试验选用了表 5.18 所示的八种改性橡胶混凝土。

表 5.18　　原型试验橡胶混凝土种类表

橡胶粒径/mm	混凝土种类	橡胶粒径/mm	混凝土种类
1～3	Z-10	3～6	D-10
	Z-10-NaOH		D-10-NaOH
	Z-10-KH570		D-10-KH570
	Z-10-NaOH+KH570		D-10-NaOH+KH570

注　D为3～6mm橡胶混凝土；Z为1～3mm橡胶混凝土；10为10%橡胶颗粒掺量。

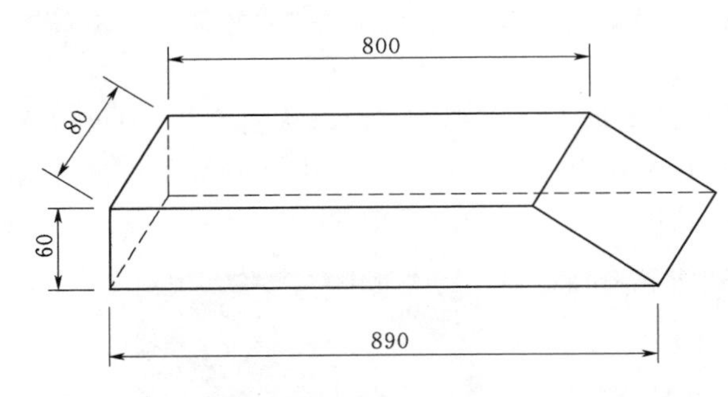

图 5.36　浇筑的混凝土形状尺寸图（单位：cm）

橡胶混凝土抗冲磨试验在2号泄洪洞的出口处进行。试验段内，在顺水流方向长8m，横水流方向宽6.4m的区域内，从泄洪洞出口左边墙开始向右依次浇筑以下八种橡胶混凝土：D-10、RC-Z-10、D-10-NaOH、Z-10-NaOH、D-KH570、Z-10-KH570、D-10-NaOH+KH570、Z-10-NaOH+KH570。每种橡胶混凝土做成高60cm，宽80cm，长8m的长条形状（见图5.36），顶部与泄洪洞内原设计抗冲磨混凝土罩面顶部等高，并在端部按1：1.5设置了一个斜坡。该试验段在2014年2月1日浇筑完成。橡胶混凝土的浇筑及成型见图5.37。

图 5.37　橡胶混凝土的浇筑及成型

2014年9月17日，2号泄洪洞开闸放水（见图5.38），泄洪从15：00开始，至16：30结束，持续了一个半小时，当时采用电波流速仪测试了泄洪洞出口处的流速，达到了17.6m/s（见图5.39）。泄洪之后，现场察看结果表明，这几种橡胶混凝土都没有发生冲磨破坏的迹象（见图5.40）。

本次试验由于水流速度较小，冲磨时间较短，还不能充分反映所配制橡胶混凝土的抗冲磨性能，因此还需要接受更为严格的考验，为抗冲磨橡胶混凝土的推广应用提供依据。

图 5.38　水流形态

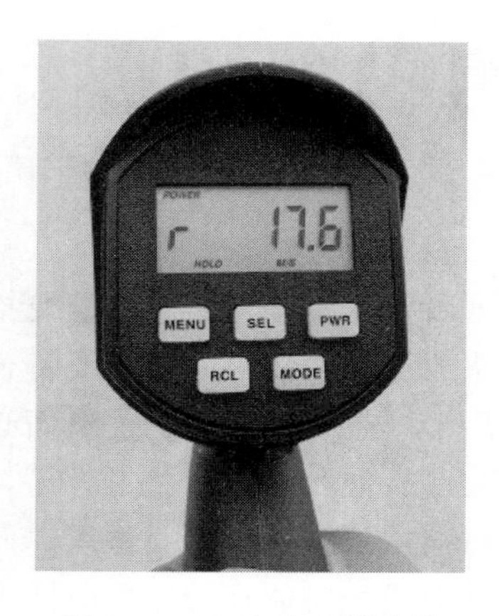

图 5.39　水流流速测试值

图 5.40　水流冲磨之后橡胶混凝土表面

5.5　钢模台车技术研究

5.5.1　2号泄洪洞龙抬头改造空中台车技术研究

河口村水库2号泄洪洞改造后的龙抬头段由抛物线段、直线连接段和反弧段组成。按分仓线共分15段，前6段与进口进水塔相连，为抛物线段，全部位于新开洞段内。后9段位于导流洞拆除衬砌洞段内，其中后面的7段为反弧段，前面的两段为抛物线与反弧段的连接段。断面为城门洞形，衬砌厚度2.0m，衬砌后标准段过水断面 $b\times h=7.5\times 13.5$m，纵向最大坡比1∶2.5。

导流洞龙抬头改造根据工期安排，在截流后的第三年进行，由于第三年要参加汛期度汛，要求在汛前完成，工期要求极为苛刻；其次2号洞龙抬头的改造与导流洞封堵在同一位置的上下高程进行，由于导流洞封堵也要在汛前完成，两者施工也存在严重的干扰。更为突出的问题是，该泄洪洞为高流速，混凝土外观质量及平整度要求高，龙抬头为纵向坡陡（1∶2.5），体型为曲线（圆弧和抛物线），采用1号泄洪洞标准断面整体式（侧墙和顶拱）钢模台车，行走困难，难以实施，采用常规拼装模板不仅施工进度慢，质量也难以保证。

5.5.1.1 方案的形成

与普通隧洞衬砌一样，导流洞龙抬头改造衬砌部位也分为侧墙、顶拱和底板，不同之处是龙抬头改造为曲线衬砌，需要符合设计的曲线方程才能满足高速水流的过流要求，因此，衬砌后形成的顶拱和底板浇筑面必须平顺且符合设计曲线，不得曲折。

侧墙与底板混凝土施工相对容易，侧墙可采用大块钢模板以减少错台和保证表面平整度，底板可采用拉模进行跳仓浇筑，问题的关键在于顶拱，因此，采用何种措施既能满足顶拱的设计曲线，又能在较短的时间内快速完成衬砌任务。

若顶拱衬砌采用满堂脚手架：①阻断交通，人员及设备无法通过，材料无法运输。②脚手管搭设在斜坡底板上容易滑动而出现安全事故。③脚手架搭设量巨大，施工进度缓慢无法保证按期完成衬砌任务。

若采用在侧墙上安装埋件并铺设简支梁作为支撑，由于减少了脚手架的使用量，故施工进度较满堂脚手架方案加快许多，但仍不能按期完成衬砌任务。

如果能够采用普通隧洞台车衬砌方案则问题均可解决，关键是整段台车刚性较大，不易满足曲线方程，且台车行走在坡面底板上，牵引与固定问题很难解决，设计的过流断面宽度不变但高差不一，普通的隧洞全断面衬砌台车显然不能使用。

因此，根据上述情况，承包人经多次比较和研究，进行技术改革，发明了空中台车，即在侧墙预埋行走钢轨，将拱顶的刚模台车通过牵引设备在空中牵引行走。其悬空台车属国内首创，目前正在申请发明专利。

空中台车正视见图5.41，侧视见图5.42。

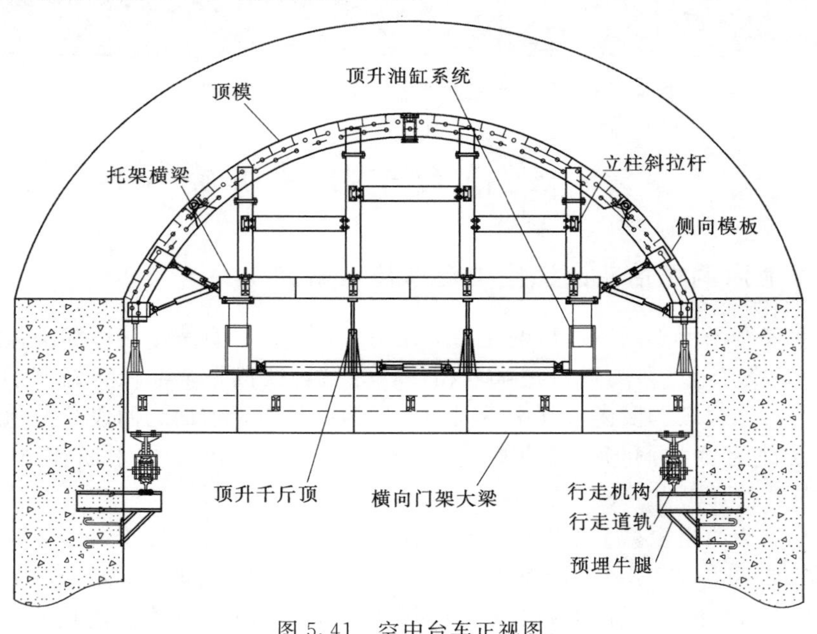

图5.41 空中台车正视图

5.5.1.2 台车设计及安装

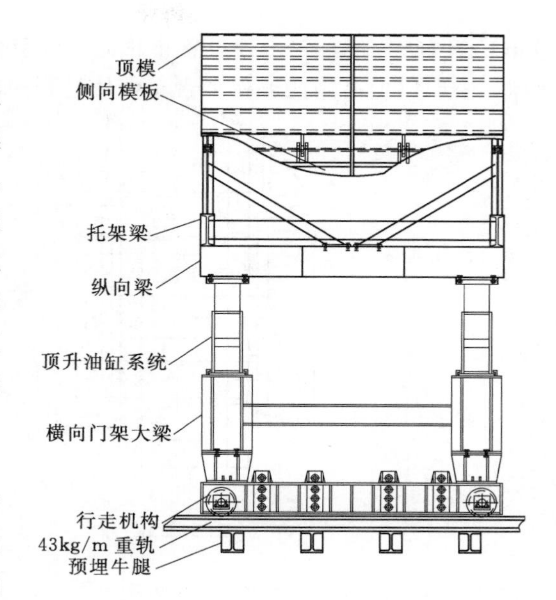

图 5.42 空中台车侧视图

（1）台车设计及制造。衬砌空中台车有顶模、侧向模板、纵横向梁，横向门架大梁、顶升油缸系统、行走机构等组成。衬砌台车由 4 节组成，中间靠丝轴刚性连接，以满足龙抬头流线型顶拱弧线的变化和稳定性。台车前端用滑轮组和卷扬机牵引，每节台车下部设置卡轨器保证台车工作时的稳定，台车在专业厂家根据设计加工而成。

（2）轨道的设计与安装。

1）工作轨道。空中台车轨道安装前需边墙施工时提前埋设支撑结构，轨道支撑结构采用 H 型钢，埋件事先按曲线方程预埋在侧墙上；上平面平行于顶拱曲线，脚板预埋件紧贴模板安装，模板拆除后焊接支撑，形成牛腿。因顶升油缸系统总行程只有 300mm，为保证板面能够达到设计高程，牛腿的埋置高度比理论值提高 100mm。

工作轨道为单根长度 12.5m、单位重量 43kg/m 的重型钢轨，在车间按曲线方程弯曲成型，标注编码后运至现场，人工用小型起重设备起吊并按相应的顺序吊装并焊接在牛腿上，牛腿安装高程出现局部偏差时，在 H 型钢和重轨之间加装钢垫块。重轨安装时，严格控制轨距及与侧墙的间距，以防台车运行过程中碰到侧墙或出现卡死现象。

2）引轨。因顶拱衬砌厚度为 2m，小于汽车吊吊钩高度与千斤绳长度之和，因此不能把台车吊放在工作轨上，此时需降低轨道高度，另外设置水平引轨，台车经引轨进入工作轨，期间部分工作轨埋件阻挡了台车的前行，故该部分埋件可事先暗埋，台车通过后再接长并安装工作轨。经计算，引轨埋件间距 2.0m，仍使用前述 H 型钢，但其下部不设支撑，引轨与工作轨布置见图 5.43。

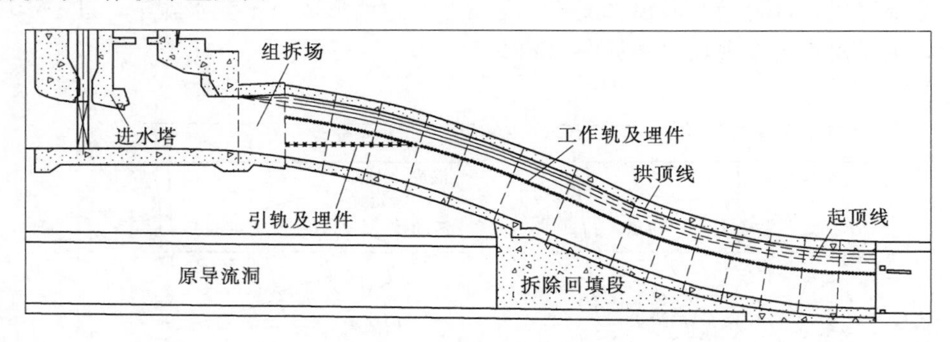

图 5.43 引轨与工作轨布置图

3）安全装置设计。坐落于 1：2.5 斜坡上的空中台车，使用过程中的防滑至关重要，故本台车每节均设置了 8 个卡轨器，为增加卡轨器与轨道的摩阻力，接触面上铣出间距

10mm 的凹凸条带，轮子处设置止轮器，各节相连后前端用两个 32t 的滑轮组相牵引，经计算，采取以上措施能够保证台车使用过程中的安全，卡轨器见图 5.44。

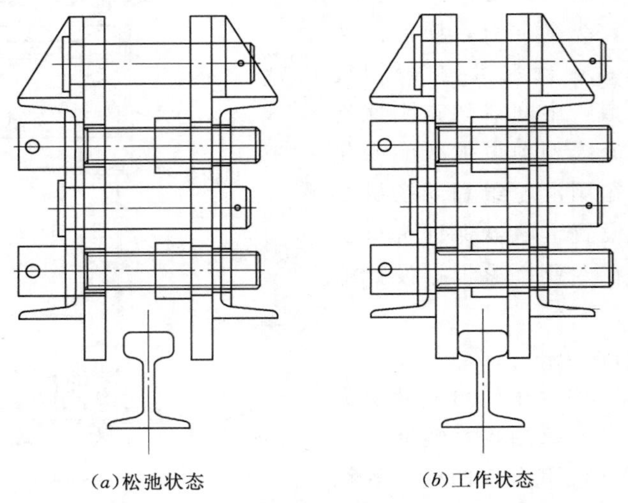

图 5.44　卡轨器示意图

（3）台车安装。顶拱模板台车共 4 节，每节 3.0m，节间用螺栓连接，各节设置 8 个卡轨器，拱脚各设置一块与边墙紧贴且可活动的拐角模板。台车在进口高程 210.00m 平台拼装后，下部铺设轨道，顺 2 号塔流道至 2 泄 0+025 处，50t 汽车吊跟进，站在 2 号塔流道下游，把台车吊放在引轨上，卷扬机从后面牵引着台车，人工把台车推入第 6 段浇筑位，旋紧 8 个卡轨器后松开钢丝绳，再把下一节台车按同一方式就位直至全部拼装在一起。然后把引轨段的工作轨埋件外漏部分焊接上，并铺设钢轨，形成前 5 段顶拱浇筑完整的台车轨道。

前 5 段顶拱浇筑完成后，拆除顶拱台车并移至 2 号导流洞出口重新进行组拼，用平板车缓慢地运至泄 0+150 处，汽车吊跟进把台车吊放在桁架梁上并固定，提升滑轮组使桁架梁与轨道处于同一高程，然后把台车推入工作轨道并临时固定，再进行下一节台车的吊装直至全部完成，进行后 9 段顶拱浇筑，与后 9 段边墙形成节拍流水施工，进一步压缩有效工期，顶拱模板台车现场安装见图 5.45。

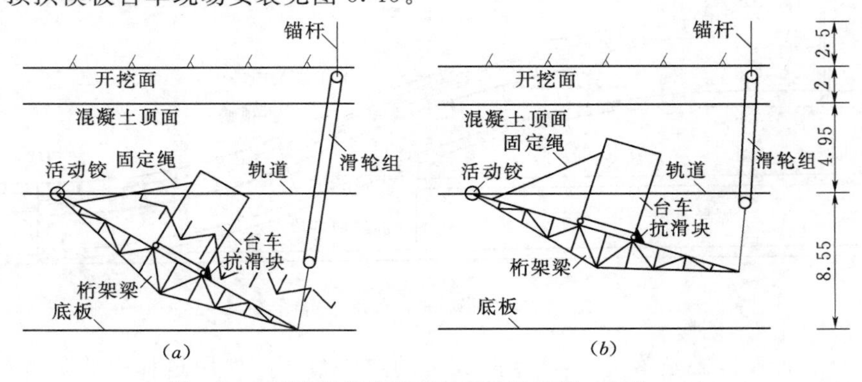

图 5.45　顶拱模板台车现场安装示意图（单位：m）

施工过程中，台车生产厂家派人到现场指导组装和安装，并指导台车使用时的详细过程。

台车工作时，先启动顶升油缸系统和顶升千斤顶使板面上升，再通过侧向支撑丝杠使侧板展开，然后启动横移油缸机构和侧向油缸，使侧向模板顶在已浇侧墙混凝土上。

台车移动时，先拆除连接螺栓，通过液压系统和丝杠使板面下落和回收，然后用卷扬机前移至下一工作位，旋紧卡轨器后再移动下一节并连接在一起。前 7 段顶拱施工时，台车牵引卷扬机设置在 2 号塔流道内，后 8 段施工时，卷扬机设置在第 7 段的掺气钢管平台处，期间设置钢丝绳导向装置。

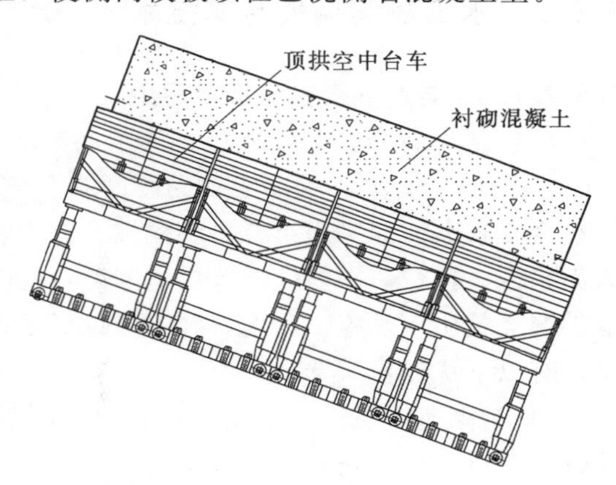

图 5.46　空中台车纵向组合图

各节台车就位后，为增加整体性，在横向门架大梁上焊接厚 30mm 的钢板并用直径 50mm 的 8.8 级高强螺栓进行活连接，然后在最上游一节台车的横向门架大梁上挂两组 32t 滑轮组，并用 8t 卷扬机牵引，组合完成后的空中台车以某一段顶拱衬砌为例，其形式见图 5.46、图 5.47。

图 5.47　空中台车横向

与普通的隧洞衬砌台车使用一样，台车就位后，启动液压泵站使板面上升至设计高程，再启动横移油缸系统使衬砌符合设计轴线，最后人工旋转顶升千斤顶以支撑和加固，对于水利水电工程导流洞龙抬头改造曲线空中台车，顶模面板间的缝隙在顶模撑开至设计位置后，抛物线段顶模的缝隙可用弧形木条予以填塞。

5.5.2 水工隧洞钢模台车技术

5.5.2.1 大隧洞钢模台车技术应用

（1）制作背景。1号泄洪洞全长600m，为大型水工隧洞，断面为城门洞型，洞宽9.0m，洞高13.5m，混凝土衬砌厚度0.8～2.0m。泄洪洞为高流速，混凝土外观质量及平整度要求高。如采用组合拼装模板，首先表面拼装缝较多影响美观，其次易出现混凝土表面错台、挂帘、平整度差等质量问题，同时拼装模板施工速度慢，安全隐患多。为提高泄洪洞浇筑质量及施工进度，施工单位经多方调研考虑泄洪洞边顶拱使用钢模台车进行衬砌。有以下优点：

1）衬砌速度快。一个宽9.0m、高13.5m、长10m的城门型边顶拱衬砌断面从台车就位、立模、挡头安装、混凝土浇筑，到台车拆除移位，整个作业循环为3.5d，较采用普通钢模板进行洞室衬砌，速度提高13倍以上。

2）衬砌质量更好。由于钢模台车刚度更大，背后设多道支撑，刚度好，稳定性更好，平整度有保证，混凝土振捣易密实，内在质量有保证，由于从边墙到顶拱一次成型，不存在施工缝，混凝土结合好，避免了渗漏现象，拆模后混凝土表面光洁，无错台、挂帘、气泡、蜂窝、麻面等。曲线及平整度符合设计要求，这对高速水流冲击下的混凝土是极有好处的。

同时在台车内安装排水管、灌浆管及观测设施更方便，安装精度更有保障，拆模后预埋管口容易显露出来，解决了后续排水管造孔、回填灌浆和固结灌浆施工时造孔困难和角度难控制的难题。

3）能保证安全和文明施工。较钢管脚手架和普通模板的施工方式比，现场堆存材料更少，避免了杂乱，施工井然有序，现场文明施工效果好；上下交通因有专用爬梯而不用手攀脚手架上下，同时在台车上能更规范地布设电缆电线、安装开关箱柜，照明灯、应急灯、工具箱等能固定牢固，夜间施工和高空作业安全更有保障。

4）保证了开挖与衬砌同步施工，加快了施工进度，更能保证节点工期的实现。

（2）钢模台车构造。

1）钢模台车构造及作用。泄洪洞衬砌边顶拱钢模台车由模板总成、托架总成、平移机构、门架总成、主从行走机构，侧向液压油缸、侧向支撑千斤、托架支撑千斤、门架支撑千斤等组成。

2）模板总成。模板由3块顶模和2块边模构成横断面，顶模与顶模之间通过螺栓联成整体，边模与顶模之间通过铰耳轴连接。每节模板之间均由螺栓连接。板面上开有工作窗，顶部安装与输送泵接口的注浆装置。由于模板顶部受力较大，为保证模板的强度及局部不变形，在每节模板的中部增加加强肋。

3）托架总成。托架主要承受浇筑时上部混凝土及模板自重，它上承模板，下部通过液压油缸和支撑千斤传力于门架。托架由3根纵梁、2根边横梁、多根中横梁及立柱组成。

4）平移机构。一台液压台车，平移机构前后各一套，它支撑在门架边横梁上。平移小车上的液压油缸与托架纵梁相连，通过油缸的收缩来调整模板的竖向定位及脱模，调整行程 200mm；水平方向上的油缸用来调整模板的衬砌中心与洞轴线是否相同，左右可调行程 100mm。

5）门架总成。门架是整个台车的主要承重构件，由横梁、立柱及纵梁通过螺栓联接而成，各横梁及立柱间通过斜拉杆连接。整个门架保证有足够的强度、刚度和稳定性。液压台车的主要结构由钢板焊接而成，门架横梁及立柱焊接成工字形截面，纵梁采用箱形截面。

6）主从行走机构。液压台车主从行走机构各 2 套，铰接在门架纵梁上。主行走机构由电机驱动。一级齿轮减速后，再通过二级链条减速，行走速度 8m/min，行走轮直径 250mm。

7）侧向液压油缸。侧向液压油缸主要作用是模板脱模，同时起着支撑模板的作用，侧向油缸数量根据衬砌长度而定。

8）侧向支撑千斤。安装在门架上的支撑千斤的主要作用是支撑、调节模板位置，承受混凝土浇筑时的侧压力。

9）托架支撑千斤。托架支撑千斤的作用主要为改善浇筑混凝土时托架纵梁的受力条件，保证托架的可靠和稳定。

10）门架支撑千斤。门架支撑千斤连接在门架纵梁下面，台车工作时，它顶在轨道面上，承受台车和混凝土的重量，改善门架纵梁的受力条件，保证台车工作时门架的稳定。

11）机械系统。台车行走采用两套机械传动装置，通过一级齿轮减速器和二级链条减速后驱动台车行走。为实现两套驱动装置同步，采用两台电机起动，为满足工况要求，电机可进行正反转运行。

12）液压系统。台车液压系统采用三维四通手动换向阀进行换向，实现油缸的伸缩。左右侧向油缸每组 3 个，均采用换向阀控制量测水平油缸的动作；四个竖向油缸各用一个换向阀控制其动作；两个小车平移油缸，各用一个换向阀操作；利用双向液控单向阀对四个竖向油缸进行锁闭，保证模板不下沉；采用单向节流阀调节侧向油缸的运动速度。当换向阀处于中位时，系统卸荷，防止系统发热；直回式回油滤清器和集成阀块简化了系统管路。

13）电气系统。电气系统主要作用是控制油泵电机的起停及行走电机的正反转，行走电机设有正反转控制和过载保护。

泄洪洞边顶拱钢模台车横断面见图 5.48，其主要技术参数为：全长 10.2m；轨距 5.5m；行走速度 8m/min；爬坡能力 3%；总功率 50.5kW；重量 145.8t。

（3）钢模台车现场拼装。

1）确定安装的基准。

A. 检查地面是否平整，是否达到设计要求的开挖基准。

B. 清理基础浮石后浇筑 C25 行走条带。C25 行走条带顶面坡度为 2.338%，宽 0.6m。

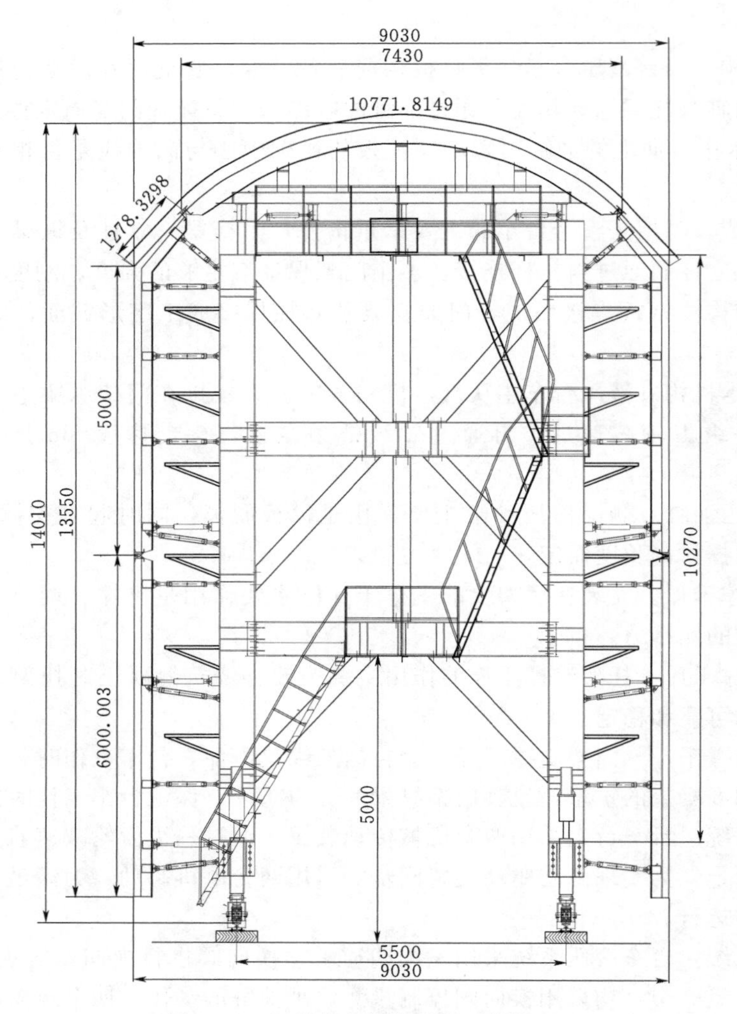

图 5.48　钢模台车横断面图（单位：mm）

2）轨道铺设：轨道选用 43kg/m 型钢轨，高度为 140mm，支撑在 200mm 的枕木上。轨道必须固定，轨道中心距必须达到设计要求，误差不得大于 10mm；轨道高程误差不得大于 20mm；轨道中心与隧道中心误差不得大于 20mm；枕木强度需满足承载力要求。

3）门架安装：安装门架时，横梁与立柱、立柱与门架纵梁及各联系梁和斜拉杆的连接必须牢固，各固定螺栓必须拧紧；行走轮中心应与轨道中心重合，误差不得大于 5mm；整个门架安装好后，找准纵梁的中心线，其对角线长度误差不得大于 20mm。

4）平移机构：平移机构支承在门架两根边横梁上，行程油缸应调节在行程中位。

5）安装拖架总成：先安装托架纵梁、5 根纵梁支承在平移小车液压油缸和螺旋千斤上，然后依次安装边横梁、中横梁、边立柱、中立柱及各支承托架千斤，注意纵梁中心线应与门架中心线平行，5 根纵梁中心线的对角线长度误差不得大于 20mm。

6）安装模板总成：模板的安装应先顶模，将全部的顶模安装完毕后，安装左右上模；再挂左右边模，接着安装模板连接梁及各侧向支承千斤。

7）安装液压泵站及液压管路，配接电气线路后整体调试。

8）各部件的检查：台车安装完毕后，全面检查各部位连接是否有松动；各零件销子是否转动灵活；螺旋丝杆千斤顶伸缩是否达到设计要求；有关液压件及管道是否有渗漏；电气连接是否安全绝缘等。

9）检测各设计尺寸：检测台车各重要尺寸是否达到设计要求，如台车轨道面至模板最高处的高度；模板左右边缘的理论宽度；模板轨道中心距，如地基有坡度，检测左右轨面高差；模板左右边缘与地基的高度是否与设计尺寸吻合。

（4）台车技术控制。由于泄洪洞设计衬砌厚度不一，最薄处0.8m，因此底板开挖面也高低不一，根据洞衬施工方案，衬砌顺序为先边顶拱后底板，故边顶拱钢模台车在使用前底板是不平整的，为保证台车的正常行走，需对轨道部位进行调平，凹处浇筑轨道条带，条带宽0.6m，高度视现场底板情况而定，按底板设计坡度2.338%设置条带。

1）钢模台车清理。钢模台车就位之前必须进行模板的清理和刷油。为使模板清理及刷油操作方便，绑扎钢筋时在分缝部位留出1.0m暂不绑扎，主筋先固定在已绑扎的钢筋上，待模板就位后恢复。脱模后，台车先往前移动1m，施工人员沿所留1m空间下游侧钢筋上按间距2m环向而站，进行钢模板的清理，同时用高压喷雾的方法在台车面板上均匀地喷洒一层薄薄的食用植物油。清刷完1m后台车再往前移动1m，如此周而复始清理和刷油，直至钢模全部清理干净、刷完脱模油，钢模才能进入下一仓就位。

为保证喷洒食用植物油后的板面不受污染和拆模后混凝土表面呈现青色，需要减少板面的灰尘吸附量。因此，用洒水车对洞内运输进行洒水，进入作业面的模板台车，端头应尽快封堵，并关闭板面窗口。

2）钢模台车就位与脱模。

A. 安装钢模台车时需注意两侧走行轨的铺设高差不大于1%，否则将造成丝杆千斤和顶升油缸变形。泄洪洞衬砌时，为了调整衬砌标高，会造成台车前后端的高差、模板端面与门架端面不平行，将使模板与门架之间形成很大的水平分力，造成模板与门架之间的支撑丝杆千斤错位，导致千斤、油缸损坏。因此在设计时，已充分考虑了前后高差造成水平分力的约束结构或调整系统。在定位立模时安装卡轨器，旋紧基础丝杆千斤、门架顶地千斤和模板顶地千斤，使门架受力尽可能小，防止跑模和门架变形。

B. 钢模台车沿轨道通过自行设备移动至待浇仓位，调节横送油缸使模板与导流洞中心对齐，然后起升顶模油缸，顶模到位后把侧模用油缸调整到位，并把手动螺旋千斤顶及撑杆安装、上紧。

C. 施工前先测量放点，作为台车起升、张开控制点。钢模台车校正时，先将顶拱部分的柔性搭接与上一仓混凝土搭接严密锁定，再进行下游模板的校正。下游模板采用全站仪及垂线法进行校正。安装好钢模后，检查与调整钢模台车周边与已浇筑混凝土的搭结处的吻合程度，使钢模台车周边与已浇筑混凝土的搭接严密，避免浇筑过程中漏浆和拆模后出现错台现象。

D. 为保证泄洪洞衬砌后的几何尺寸，需充分考虑混凝土浇筑过程中模板胀模的影响，因此，根据以往类似工程的施工经验，台车安装时预留2～3cm的胀模量。

E. 脱模时拆去手动螺旋千斤顶及撑杆，侧模下段先用撑杆脱开，后换用手拉葫芦回收，再用侧模油缸脱模，并将底脚千斤顶升起，然后降下顶模油缸，完成脱模。

3）校模。钢模台车按测量点就位后，通知测量队进行校、验模板，模板合格以后才能进行堵头模板封堵。由于侧模两边均由3个油缸控制，中间各油缸的运行速度与伸出长度不一定完全一致，可能导致模板中部发生变形，为此在钢模台车上纵向拉线，上、下吊线来控制模板平整度。每边边模吊3根线，中部和上、下游各一根。纵向拉3根线，起拱处下1.5m开始，间距5m，即在边模油缸正对位置附近。这样就可以避免中间部位由于全站仪无法检测、难以控制的弊病。

4）挡头模安装。封堵挡头模前先将仓面冲洗干净。

挡头模板采用定型钢模板，模板间粘贴双面胶带以保证模板缝严密，避免漏浆现象发生。安装时用站筋和围檩固定，并通过焊接在主筋上的拉筋定位与锚固。拉筋采用ϕ12mm钢筋，一端焊接在主筋或锚杆上；另一端焊接丝杆，通过挡头模板上的钻孔对挡头模板进行固定。拉筋沿周圈布置两排，排距约0.5m，间距不大于0.6m。

拉筋不够长时可以焊接一端带弯钩的ϕ12mm钢筋作为连接筋，连接筋一端与拉筋焊接，焊缝长度不小于12cm。

挡头模拉筋必须由焊接技术水平高的人员施焊。

挡头模板先封边墙部分，然后可以开始浇筑，在浇筑边墙的过程中，将顶拱堵头模封堵完毕。挡头模的顶部留一个60cm×50cm的孔洞，以便封拱作业时人员的撤退。

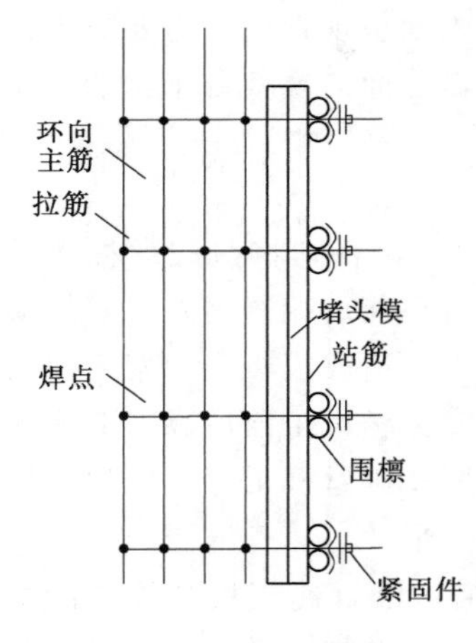

图5.49　挡头安装模板加固示意图

堵头模的安装必须坚固，开仓浇筑前至少要经过现场施工人员和质检人员的详细检查，对检查出的薄弱部位进行加固处理，只有在经过严格的检查并合格后，方允许投入使用。

混凝土浇筑过程中设专人看守并随时加固挡头模。

挡头安装模板加固见图5.49。

5.5.2.2　发电圆形隧洞针梁台车技术应用

（1）针梁式钢模台车的工作范围。针梁式钢模台车工作范围是上平段（引0+089.939～引0+554.96）长约465m，此段混凝土浇筑采用针梁式钢模台车全断面衬砌。衬砌至岔洞（引0+554.96）时，引水隧洞上平段混凝土衬砌结束，拆除钢模台车。

（2）针梁式钢模台车的工作原理。针梁式台车衬砌时，底、边、顶一次性成型，立模、拆模由液压油缸完成，定位找正由底座竖向油缸和水平平移油缸执行。台车为自行式，安装在台车上的卷扬机使钢模和针梁作相对运动，台车便可向前移动。针梁模台车见图5.50。

1）钢模工作原理。钢模上安装了三组液压油缸，可完成立模、拆模工作。在顶模和边模的对应位置上安装螺旋千斤顶，油缸伸出，钢模定位后，旋紧螺旋千斤顶，这样保证衬砌尺寸的准确性，并减轻油缸载荷。脱模时，先脱顶模，再脱左右边模，最后针梁随支腿竖向油缸向上顶升而上升，使整个台车上升，底模与混凝土脱离。具体运行步骤如下：

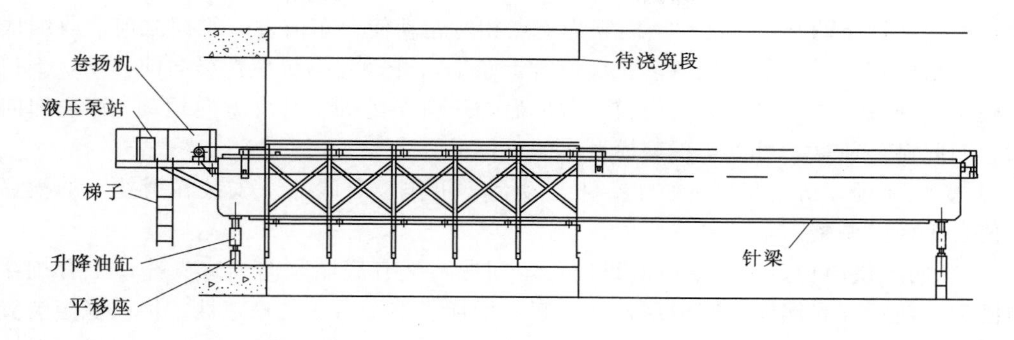

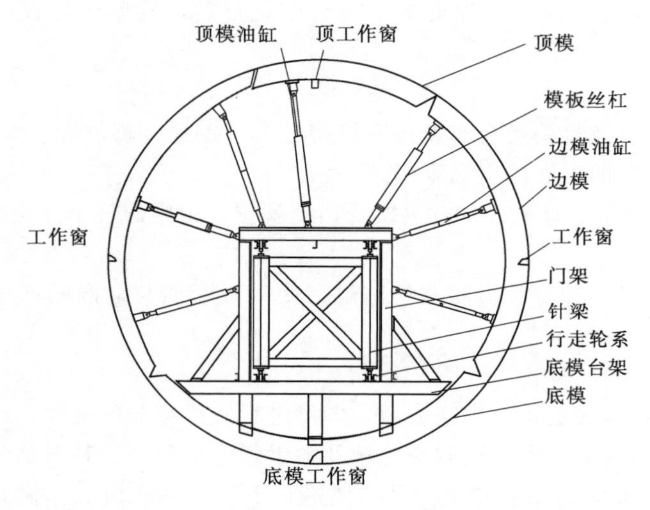

图 5.50 针梁模台车示意图

注：1. 图中所示为全液压式全断面针梁钢模台车示意图，台车直径 3.5m；

2. 原型模板由四块组成，连接为铰接组合式；

3. 工作窗设置 3 排，每排 3 个，共 9 个，注浆管（ϕ125mm）3 个；

4. 边模及顶模各设置 1 排附着式平板振捣器，共计 18 个。

A. 液压系统收回针梁承重支腿，手动拆除左右及顶部抗浮架。

B. 启动卷扬机构运行针梁至下一待浇筑仓位。

C. 液压系统支出承重支腿就位。

D. 液压系统收拢顶模板。

E. 液压系统收拢两侧边模板。

F. 液压系统提升底模板（底模脱模）。

G. 卷扬机构牵引模板至待浇筑仓位（仓位钢筋已验收）并对模板进行铲灰、刷脱模油。

H. 调节液压系统及千斤顶支出模板。

I. 测量校正模板，安装抗浮架。

J. 堵头模板施工、架设泵管。

K. 仓位验收浇筑混凝土。

2）行走原理。安装在针梁上的卷扬机用两根钢丝绳，分别绕过针梁端部和梁框上的滑轮，固定在针梁两端，针梁和钢模互为支点相对运动使台车前进。脱模之前，收缩底座油缸，悬吊底座，针梁下面轨道落在底模行走轮上，开动卷扬机使针梁向前移动，到位后放下底座，油缸顶住针梁后进行脱膜。脱模后，开动卷扬机使其反方向运动，钢模即向前移动。如此循环往复。可以实现钢模台车的整体前移。

3）定位原理。滑动竖向油缸上、下运动台车可作竖向调整，安装在滑枕上的横移油缸可使台车横向调整。

4）纵向、横向稳定原理。解决纵向稳定问题，下有底座竖向油缸支撑，上有抗浮千斤顶固定，使针梁和钢模紧密地结合在一起，增加了整个台车的稳定性。横向稳定装置是两对可定位的伸缩千斤顶，安装在前后抗浮架上，当台车调整后，旋紧千斤顶，支撑针梁，保证台车横向稳定。

（3）立模。

1）台车就位：利用附加行走机构及台车卷扬系统将台车行走到衬砌位置。

2）操作竖向油缸，将台车前后底座支承牢固。

3）操作侧向油缸、顶模油缸，调整左、右边模及顶模就位。旋紧螺旋千斤顶，将模板支承牢固。

4）借助测量仪器，操作竖向油缸和横向调整油缸，使模板断面与隧洞断面中心重合一致。

5）封堵头：采用钢板及木模封堵。

（4）混凝土浇筑程序。台车在定位立模完成后，即可进行底拱部分的浇筑，混凝土经腰线工作窗口进料。下料时为避免底模出现脱空区域及大量气泡出现，下料时从一侧进行下料待混凝土面至底模上 50cm 时将泵管转至另外一侧进行下料。在底模工作窗及腰线工作窗区域进行插入式振动器振捣。在插入式振捣器无法控制的范围采用附着式振动器进行振捣。

底拱混凝土浇筑是钢模台车浇筑控制的重点。由于混凝土流动性有限，加上混凝土振捣过后冒出的气泡难以排出（底拱范围内），容易造成混凝土表面出现气泡、麻面、水道等现象。

在底模浇筑完成后，边模浇筑开始，混凝土经腰线处的工作窗口进行下料。为了保证台车的受力均匀和浇筑质量，边模浇筑时应该调整左右模的混凝土浇筑，使其两边的混凝土表面高度差不大于 50cm，分层下料，逐层振捣。

紧接边模浇筑之后的是顶模的浇筑工序，混凝土由顶模的注浆口进入，进行浇筑。浇筑过程中应随时观察浇筑情况，当混凝土浇筑满时，应立即停止混凝土浇筑泵的输送，并关掉注浆孔插销板，封住浇筑窗口，完成后，进行附着式振捣。

（5）脱模。混凝土浇筑完成后 12～15h 开始准备脱模，脱模的基本步骤大体如下：

1）松开各螺旋支承千斤顶，启动液压系统。

2）收缩顶模油缸，顶模脱离。

3）收缩左侧油缸，左边模脱离。

4）收缩右侧油缸，右边模脱离。

5）向上伸出竖向油缸，底模脱离。

5.5.2.3 定型大模板技术

（1）概述。河口村水库泄洪洞进水塔、泄洪洞洞口渐变段、溢洪道闸墩、右导墙、泄槽边墙等结构为高耸大体积混凝土建筑物，过流面均为高速水流，对混凝土外观质量及平整度要求都比较高。为提高混凝土外观质量，减少模板接缝、混凝土表面错台、挂

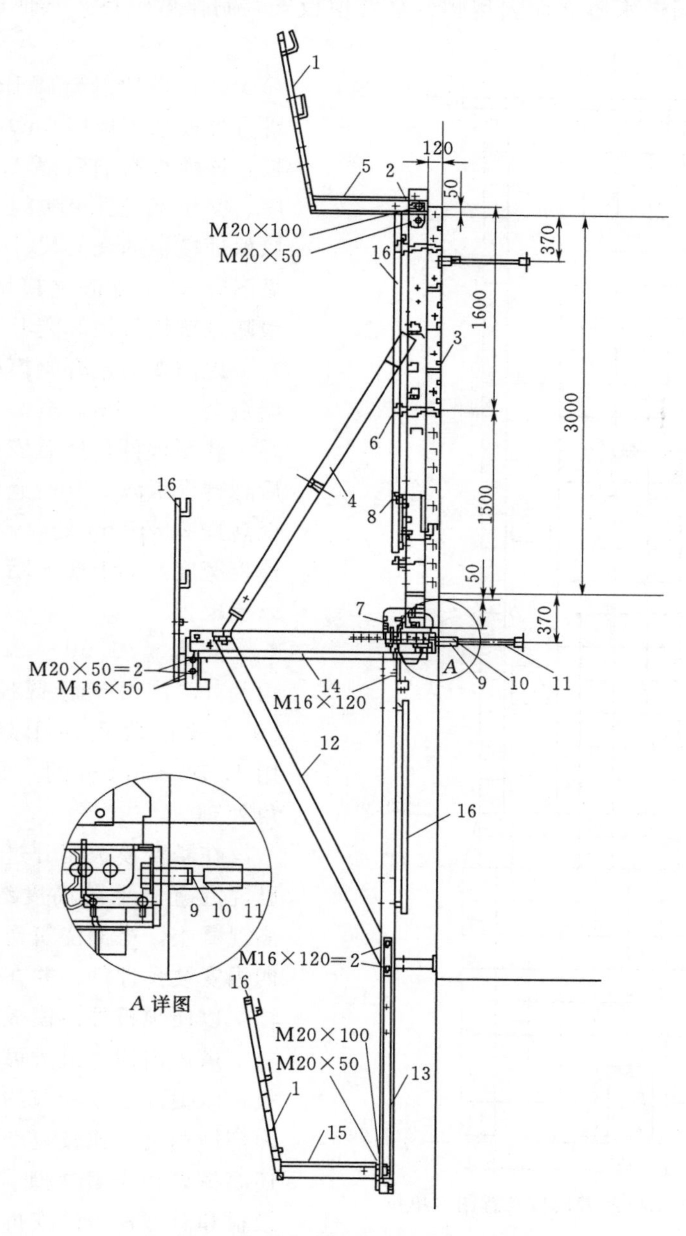

图 5.51 悬臂模板断面图（单位：mm）

1—旋入架；2—D22 竖围令；3—钢面板；4—轴杆；5—上工作平台；6—D15 长钩头螺栓；7—D22S 连接件；8—D22S 调节件；9—B7 螺栓；10—爬升锥；11—D26.5 锚筋；12—D22K 悬臂支架；13—悬杆；14—主工作平台；15—下工作平台；16—组装钢管

帘等质量问题，提高混凝土的平整度，承包商均采用大型钢模板，其中1号、2号进水塔外模及泄洪洞洞口渐变段采用规格3m×3.1m的大型悬臂爬升模板；溢洪道闸墩、泄槽边墙及右导墙等立面采用3.0m×1.5m大平面钢模板施工。采用这样的模板施工后，脱膜后，表面平整度高，光洁密实，对混凝土内实外光的质量有较可靠的保证。下文就1号泄洪洞进水塔立面大型爬升悬臂模板安装制作做叙述，其他模板工艺基本接近，不再详述。

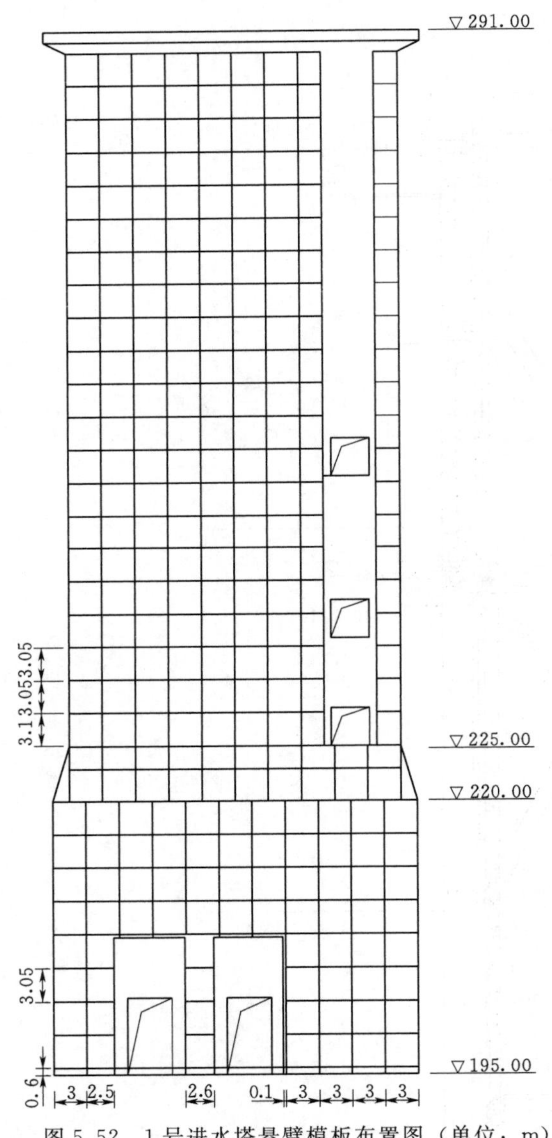

图5.52　1号进水塔悬臂模板布置图（单位：m）

（2）塔架悬臂爬升模板安装工艺。塔身外模采用规格3m×3.1m的悬臂模板，该模板横向每隔1.5m设置一个卡座。交角部位采用加工连接角模连接，以保证模板的几何尺寸，悬臂模板断面见图5.51。流道进口墩墙的曲面模板跟随悬臂模板一起爬升。

先用普通组合钢模板立模并浇筑墩墙混凝土0.6m，至高程195.60m处，并安装预埋件，然后安装悬臂模板，随后悬臂模板以3.0m/仓的周转高度爬升至高程220.00m处，内移1.5m（半块模板宽度）向上爬升后立高程220.00m以上模板。

高程220.00～225.00m间内倾角为17°，由于悬臂模板最大倾角为30°，故该段仍使用悬臂模板，然后用1.5m×5.0m的三角木模板进行补角处理。

在悬臂模板爬升过程中，下部卡在已浇混凝土上的高度约10cm，上部浇满混凝土。塔架浇筑至顶部时，在外壁四周安装预埋件，并在上部预埋安装钢柱，以便顶板外沿模板的安装。

塔体内模尽最大可能地使用悬臂模板，以提高工效和节约材料。由于塔体内部结构尺寸比较复杂，所以在塔体内还要搭设相应满堂脚手架，以方便承重模板和悬臂模板的安拆。

中墩椭圆部分采用定型钢模板，以保证模板的几何尺寸和成品混凝土的美观。

1号进水塔悬臂模板布置见图5.52。

5.6 大型偏心铰弧门安装技术研究

河口村水库1号泄洪洞进水塔工程采用的潜孔式偏心铰弧形闸门是当今世界上技术含量最高、结构最复杂的闸门类型之一，其突扩突跌门槽、压紧式止水、预压转铰止水装置等，较好地解决了高水头、大流量等复杂力学条件下泄洪洞孔口工作闸门易产生振动和空蚀的问题。偏心铰弧形闸门是当今国际国内最复杂、技术含量最高的闸门，安装精度高，施工难度最大。整个闸门安装的核心当属偏心铰安装，由于场地空间狭窄，两个偏心铰需一次整体吊装成功才行，同时1号泄洪洞也是整个水库建设的关键工期，工期紧，因此要求安装精度、安装方法及进度都要采取一些先进的高效快速的手段才能实现。

5.6.1 闸门特性

河口村水库泄洪洞工程1号进水塔高102m，为岸坡嵌入式塔体，设两套潜孔式偏心铰弧形工作闸门，设计过水流量为1961.6m^3/s，最大流速为39m/s。泄洪洞担负着水库泄洪任务，其工作闸门具有高水头、大流速的特点。

1号进水塔两套潜孔式偏心铰弧门门宽5m，门高8.112m，门前孔口宽4m、高7m，门后向向两侧各突扩0.5m，底坎后向下突跌1.30m，门后设置掺气孔。弧门主要包括门体、支臂、支铰、拐臂等几部分。每扇门体由两节门叶组成，单扇弧门重200.5t，每扇弧门纵向分缝拼装。每个支臂由上支臂、下支臂、联系杆件组成。支铰包括铰座、铰链、偏心铰轴。单扇闸门二期埋件重86.2t，其中门槽埋件71.4t，支铰大梁埋件14.8t。

工作闸门的动力为设置在上部平台的液压启闭机和液压泵站，工作水头91.4m。闸门工作时，副油缸压缩拐臂通过偏心铰支座先使弧门向后退50mm再提升，落闸后副油缸牵引拐臂上移，通过偏心铰支座使弧门前移50mm并压缩主封水25mm实现闭合。

目前，国内使用偏心铰弧形闸门的有小浪底、水布垭、龙羊峡、拉西瓦、东江二级水电站等为数不多的水利水电工程（见表5.19），但呈发展态势，其安装方法各有千秋，可供借鉴的资料各成一体且较少，但总体是采用先支铰、再支臂、后门叶、最后用门框靠门叶的方法完成安装。本安装采用先二期、再支铰、后门叶、最后支臂的顺序，安装精度经联合验收达到或超过规范要求，安装速度大幅加快，安装工期明显缩短。

表5.19　目前国内外部分深孔闸门特性表

序号	工程名称	孔口尺寸(宽×高)/(m×m)	国别（省）	设计水头/m	总水压力 P/t	止水形式
1	河口村水库1号泄洪洞	4.0×7.0	中国河南	90.43	2559	偏心铰压紧式
2	小浪底水库排沙洞	4.4×4.5	中国河南	122.0	2416	偏心铰压紧式
3	龙羊峡水电站	5.0×7.0	中国青海	120.0	4200	偏心铰压紧式
4	东江二级水电站	6.4×7.5	中国湖南	119.5	5453	偏心铰压紧式
5	塔培拉	4.9×7.3	巴基斯坦	136.5	4865	偏心铰压紧式
6	努列克	5.0×6.0	苏联	110.0	3300	偏心铰压紧式
7	大渡	5.0×5.6	日本	60.0	1680	偏心铰压紧式
8	德活歇克	2.75×3.8	美国	76.2	777	偏心铰压紧式

1号进水塔弧形闸门布置和门体见图 5.53、图 5.54。

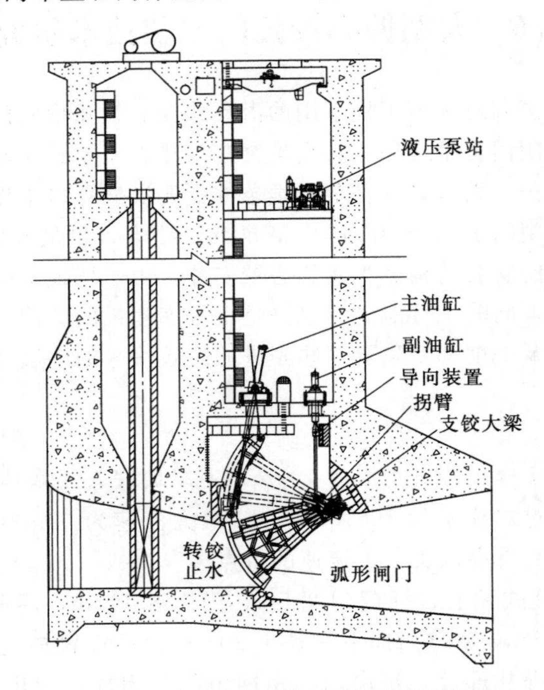

图 5.53　1号进水塔弧形闸门布置图

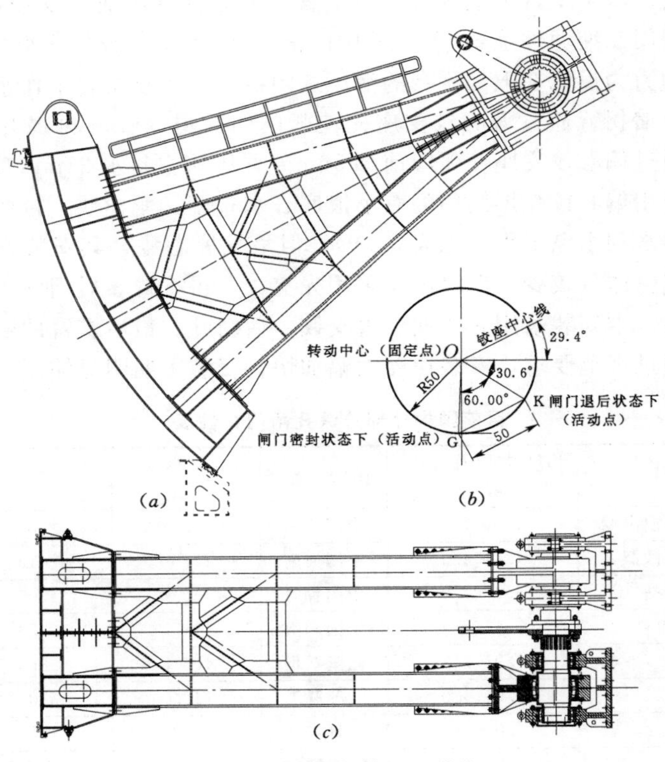

图 5.54　1号进水塔门体图（单位：mm）

5.6.2 闸门安装施工测量

由于1号偏心铰弧门安装精度非常高，做好安装前及安装过程中的施工测量是达到设计要求的关键。

(1) 工程测量的总体思路及主要内容。

1) 测量总体思路。闸门安装测量网线分平面、高程控制两部分，总体思路为平面控制点使用激光垂准仪向上传递，高程控制点使用钢卷尺向上量距。

2) 测量主要内容。垂直度、轴线和标高偏差是衡量安装质量的主要标准，具体的测量内容包括：①建立金属结构安装专用控制网；②钢衬实际高程测量；③中心控制线、桩号控制线及标高控制线的传递；④支铰大梁安装定位测设及检查；⑤固定支铰、底槛、侧轨、门楣安装定位测设及检查。

3) 测量的重点。①控制网的建立和传递。②支铰大梁倾斜度和标高的控制。③固定支铰的铰座环的桩号、高程、铰座对孔中心线的偏差。

4) 测量的难点。①作业量大，精度要求高。②施工场地上工种多，交叉作业频繁。③施工现场来自进水塔进口和从泄洪洞出口的穿堂风较大，对高程传递影响明显，测量作业受干扰大。

(2) 控制测量。潜孔式弧形闸门的启闭，是由支臂带动门叶绕着位于圆心的支铰转动进而启闭闸门，因此，支铰的安装精度尤为重要，必须建立高精度的安装控制网，才能满足支铰的安装精度要求。

1) 平面控制网。

A. 平面控制网的布设。在底板混凝土浇筑后，测量人员已在流道底板上测设了流道中心控制线和桩号控制线。利用先期控制网对闸门钢衬的结构尺寸（包括偏距、里程、高程）进行复核，根据偏差情况调整起算点坐标和高程，以使闸门安装后能与已浇筑混凝土及孔身钢衬平顺连接。

控制网中主要包括一条“中心控制线”，一条“桩号控制线”。桩号控制线与流道中心控制线呈正交，形成如图5.55所示的正交轴线网，并在正交轴线网的基础上加密形成矩形轴线网（见图5.56）。

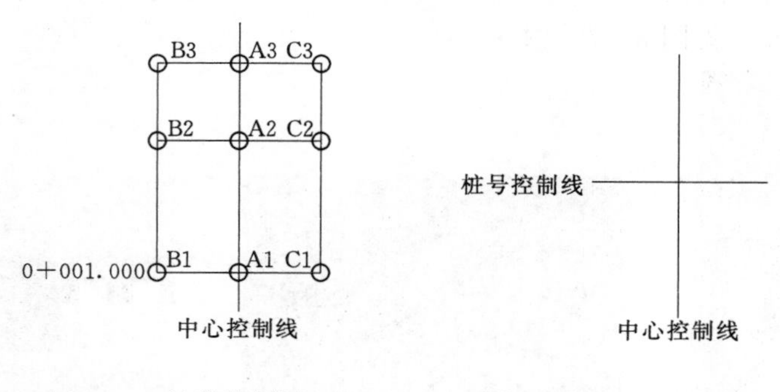

图5.55 轴线控制网　　　图5.56 正交轴线网

利用十字正交轴线网，大致确定A2、A3、B1、B2、B3、C1、C2、C3点位置，将地面清理干净，并用清水冲洗直至露出原底板混凝土面，在各点均匀喷漆；待油漆干燥后，在A1点架设仪器，后视轴线控制点，顺时针旋转90°定出方向线，使用已标定的钢尺、弹簧秤、钢板尺、刻刀，在距离A点2.000m位置处刻划十字线，标定出B1点精确位置，贴上透明胶布加以保护油漆面；用同样的方法依次标定出A2、A3、B2、B3、C1、C2、C3点精确位置。量距采用钢尺量距，用弹簧秤控制拉力，读取拉力值、温度值，使用水准仪测出两点间的高差，根据实际长度反算钢尺名义长度。

钢尺量距计算式：

$$l_t = l_0 + \Delta l + \alpha l_0 (t - t_0) \tag{5.1}$$

式中：l_t 为钢尺在 t 温度时的实际长度；l_0 为钢尺的名义长度；Δl 为检定时，钢尺实际长与名义长之差；α 为钢尺的膨胀系数；t 为钢尺使用时的温度；t_0 为钢尺检定时的温度。

斜距 l 的各项改正：

尺长改正：
$$\Delta l_k = \frac{l}{l_0}\Delta l \tag{5.2}$$

温度改正：
$$\Delta l_t = \alpha l (t - t_0) \tag{5.3}$$

倾斜改正：
$$\Delta l_h = -\frac{h^2}{2l} - \frac{h^4}{8l^3} \tag{5.4}$$

故斜距 l 经改正后为

$$\hat{l} = l + \Delta l_k + \Delta l_t + \Delta l_h \tag{5.5}$$

B. 平面控制网校核。将仪器依次架设在B1、C1点，后视A1点后旋转90°，使用已标定的钢尺、弹簧秤、钢板尺、刻刀，校核该桩号控制线是否与B2、C2点重合，采用同样方法依次对各点的相对位置进行调整从而获得较高的内部符合精度。

2）高程测量。

A. 高程起算点的确定。沿上游底板钢衬的周边及中间位置，采集9个点的高程值，计算这9个高程值的标准差及离差系数；如果标准差 $\mu \geqslant 3$mm，则剔除其中偏差较大的点位，计算出剩余点高程的平均值，以与平均值最接近者作为高程195.00m起算点。

B. 水准测量准备工作。仪器部分：水准测量前需对所用的水准仪进行校验，校验项目主要有圆水准器、i角、补偿器、振动器等。

水准尺的改造：使用5m塔尺的最顶节作为尺杆，尺杆底部用502胶粘上一个去帽钢钉，钢钉尖端打磨成半圆锥形，在尺杆中部绑一个50cm的钢板尺，钢板尺上0.5mm的刻度段距地面50cm（见图5.57～图5.59）。

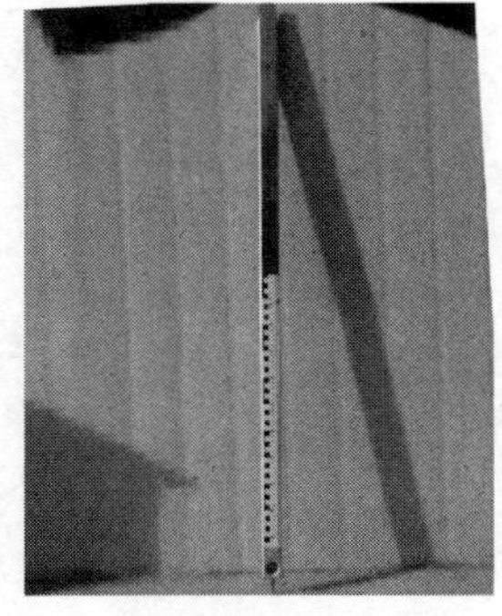

图5.57　改造后的水准尺

图5.58　0.5mm刻度段

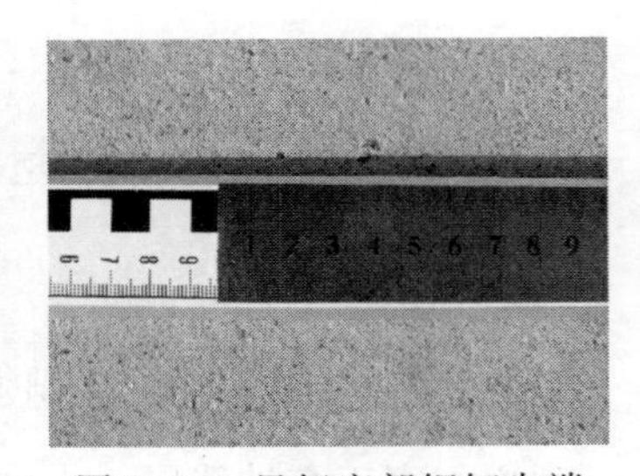

图5.59　尺杆底部钢钉尖端

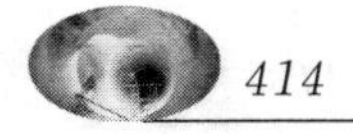

不管是后视点还是前视点，该点处的混凝土残渣必须彻底清除掉，并用抹布将该点地面擦拭干净。镜站从仪器中控制尺杆的左右方向的垂直度，司尺缓慢地将尺杆前后倾斜数次，司镜从仪器中读取的最小测量值作为该点的后视（前视）读数。然后将尺杆附于流道侧墙上，通过尺杆的上下移动，在墙上放出高程 194.00m，放样时前后视距差由钢尺量距控制，按照规范要求，前后视距差不得超过 2m，视距差由钢尺量距控制。

将墙上已测设出的高程 194.00m 点带线，使用墨盒弹出高程 194.00m 水平线。

（3）控制网的传递。

1）平面控制网传递。底板上的控制网主要用于底槛、侧轨、门楣的安装。对于支铰大梁和固定支铰的安装，需将控制点传递至其安装平台上。

以底板矩形控制网中 0＋006.430 桩号线与中心线交点为基准，使用弯管目镜全站仪后视中心线，旋转 90°，在左右侧墙上测设出 0＋006.430 桩号控制线。按照同样方法将 0＋009.262 等桩号控制线测设在左右侧墙上，将控制网传递到工作平台上，以此作为支撑大梁和固定支铰安装的控制线。

2）高程控制网。高程控制需要将大梁安装需要的主要高程点在控制网建立时测设出来，方便以后安装控制时的使用，因此高程控制网的传递需要的是放样出已知高程。经过预先计算，支铰大梁需要控制其上部螺栓孔位高程 205.429m、下部螺栓孔位高程为 203.945m。

A. 钢尺测量。在高程 194.00m 线下 50cm 处钻一直径 10mm 的小孔，孔深 60mm，装入膨胀螺丝并外露 3cm，挂上弹簧秤和花篮螺栓，调节花篮螺栓使用双重放大镜观察，使钢尺的零刻度线与高程 194.00m 线对齐（见图 5.60）。

上部用弹簧秤控制拉力，读取拉力值、温度值。

B. 垂直度测量。在高程传递时钢尺是贴在混凝土面上读取数据的，因此需要对钢尺的倾斜误差进行改正，对于侧墙垂直度的测量采用在膨胀螺丝安装三角铁钢架并外伸 100cm，用水平尺调整使其水平；在底板矩形控制网外侧控制线上安置激光垂准仪，对中后将控制点投射到角铁上，将激光靶靠近角铁，旋转调焦手轮，使激光靶上的激光光斑最小，量取激光靶激光中心到墙的距离 d_1，垂准仪中心到墙距离 d_2，d_1-d_2 即为该处钢尺的垂直度（见图 5.61）。

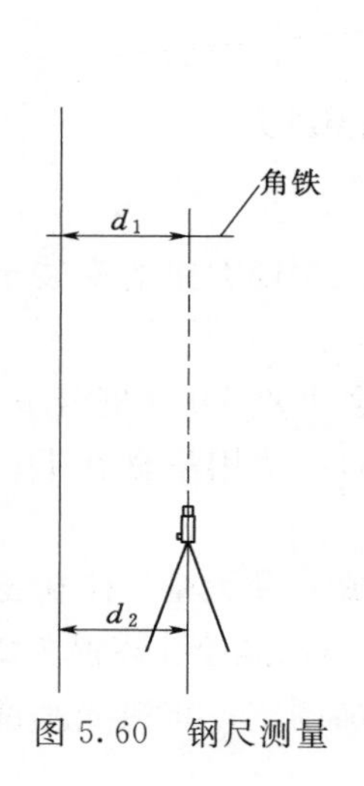

图 5.60　钢尺测量

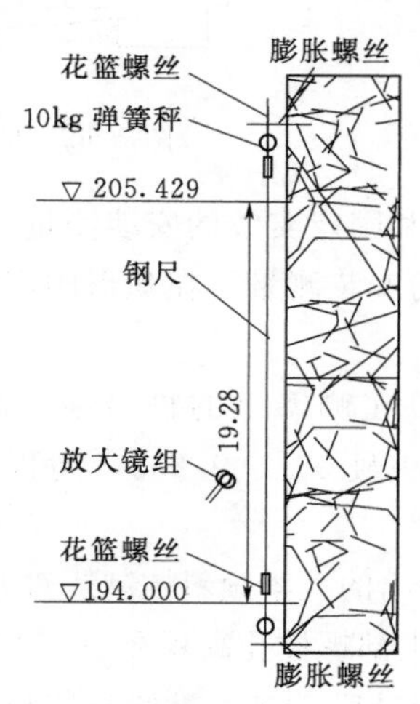

图 5.61　垂直度测量图（单位：m）

3）高程的测设。钢尺的改正计算公式：

$$\left.\begin{aligned}
l&=\sqrt{(l_0+\Delta l_G)^2-(d_1-d_2)^2}\\
\Delta l_T&=l_0\alpha(t-t_0)\\
\Delta l_G&=[(\gamma\times l_0)^2\times l_0]/(24\times F^2)
\end{aligned}\right\}\qquad(5.6)$$

式中：l 为钢尺实际长度，mm；l_0 为钢尺的名义长度，mm；Δl_T 为温度误差改正，mm；α 为钢尺的膨胀系数，mm/(℃·m)；t 为钢尺使用时的温度，℃；t_0 为钢尺检定时的温度，℃；Δl_G 为尺带因重力而引起的误差，mm；γ 为尺带单位重量，g/m。

根据需要测设的高程和起算点高程计算钢尺实际长度，再根据钢尺改正计算公式反算钢尺的名义长度，此处设定拉力为标准拉力，温度为实测温度。采用钢尺测量，读取钢尺名义长度，并用刀片在墙体上划出高程点，此点即为改正后的测设高程点。

测出该高程后，使用同样的方法在距离该点下游 2m 处放出同一高程。测出距离该点下游 2m 处位置侧墙垂直度，根据需要放样的实际高程按照钢尺量距的计算公式在相同的拉力与温度下反算出此处钢尺的名义长度 l_0，测设出该名义长度，并用刀片在墙体上划出高程点。

将所刻划的高程点连接就形成了支铰大梁安装需要的高程控制网（见图 5.62）。

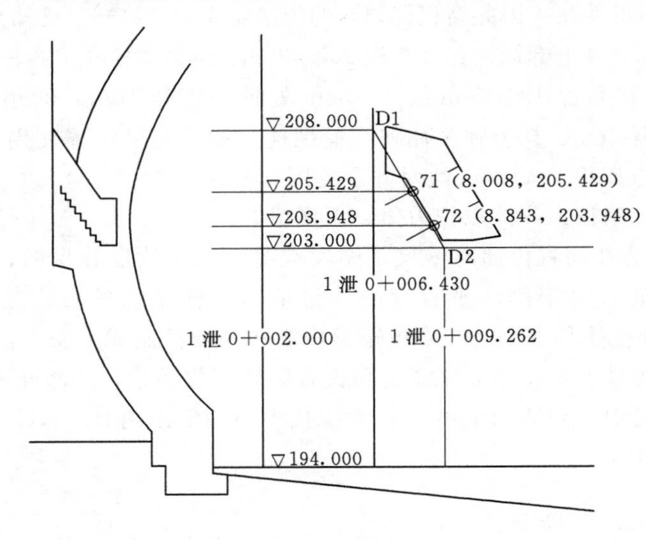

图 5.62 侧墙高程控制网图

（4）支铰大梁和固定支铰的安装测量。

1）支铰大梁的安装测量。在弧形闸门的安装中，支铰大梁的安装至关重要。其安装校核程序如下：

A. 利用已测设在侧墙上的桩号线、高程线交会出点 D1（桩号 0＋006.430，高程 208.000m）、D2（桩号 0＋009.262，高程 203.000m），使用墨盒在 D1、D2 点间带线画出大梁倾斜控制线。

B. 按照已测设出的大梁倾斜控制线对大梁进行粗调，使大梁与控制线倾斜度基本一致；同时控制支铰大梁上部螺栓孔高程在 205.429m 左右，下部螺栓孔高程在 203.945m 左右。

C. 待大梁粗调过后，对大梁的安装位置进行精确调整；将激光垂准仪对准底板中心控制线，将中心线投射到支铰大梁上，调整支铰大梁，左右移动使其中心线与地面中心控制线重合；用直角拐尺对准大梁倾斜控制线，调整支铰大梁，使其与直角拐尺的刻度部分精确对齐，同时控制大梁上部螺栓孔位高程在205.429m位置；重复以上步骤直至大梁中心线、倾斜度、螺栓孔高程其偏差小于0.5mm为止（见图5.63）。

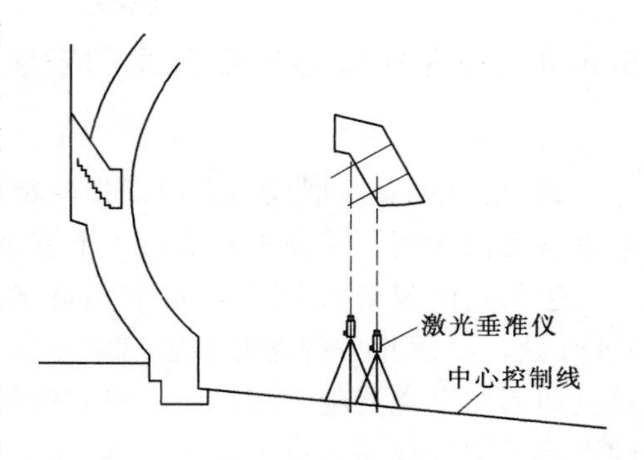

图5.63　支铰大梁的安装测量图

2）固定支铰的安装测量。固定支铰是用预先设置螺栓固定在支铰大梁上，根据已放的支铰中心点进行安装和调整。固定支铰安装测量的项目包括铰座环的桩号、高程、同心度，铰座对孔中心线的偏差。前三项利用支铰中心穿钢丝的方法用钢板尺读数，铰座对孔中心线的偏差采取在底板控制点上架设激光垂准仪，将中心控制线投射到铰座上，利用钢板尺读取其偏差。

（5）启闭机机架安装测量。机架安装前，用激光垂准仪将平面坐标传递至启闭机底板，采用量距极坐标法放样出机架安装的里程和偏距控制线。利用水准仪测量机架四角工作面的高程误差。

（6）底槛、侧轨和门楣的安装测量。底槛安装主要是检查底槛工作面的里程、高程，并计算左右两端平整度。里程可直接用经过检定的钢尺从放样点丈量得到。底槛高程用水准仪测量即可。侧轨，一般采用钢板尺配合全站仪读数的方法进行，即可计算出侧轨的偏距误差和止水面平整度。用经过检定的长钢尺丈量支铰中心至侧轨止水中心的距离。门楣的安装主要控制其工作面的里程和高程（至底槛工作面的高差），里程测设采用钢尺量距的方法进行，至底槛工作面的高差采用水准仪悬挂钢带尺进行，并减去底槛的高程误差。

所有埋件二期混凝土浇筑完成后，需进行工作门的竣工测量，检测闸门最终安装误差，方法与埋件安装时相同。

弧形闸门安装精度要求见表5.20。

表5.20　　弧形闸门安装精度要求表

铰座	偏距	±1mm
	里程	±2mm
	高程	≤2mm
	同轴度	≤1mm
	轴孔倾斜	≤1/1000
底槛工作面两端高差		≤2mm
侧止水座板偏距		+2～−1mm
门楣	里程	+1～−1mm
	止水至底槛的距离	±3mm
启闭机机架	偏距、里程	≤1mm
	高程	±3mm

5.6.3 潜孔式偏心铰弧形闸门安装

（1）施工准备。

1）吊点设置及埋设。弧门部件较重，动辄几十吨，由于安装空间狭小，汽车吊等起重设备无法使用，需预先在混凝土上安装吊点，经卷扬机牵引滑车进行起吊安装。

主吊点的设置原则是：每节门叶各设一个吊点4，位置在门体工作状态下前方约10cm处，以便起吊后能够靠紧门楣和主止水；支铰吊点1要保证起吊后向内回拉时起吊钢丝绳不与已浇混凝土相接触，以防钢丝绳受力状态改变时支铰不能到位；由于弧门弦高的影响，支臂前端可单独设置吊点3，后端使用支铰吊点1前端的吊点2。本安装工程的主吊点是直径300mm的钢管孔，副吊点是埋设在边墙、顶板及后墙等处的钢筋环，起导向和定位的作用。主、副吊点布置正视见图5.64，主、副吊点布置仰视见图5.65。

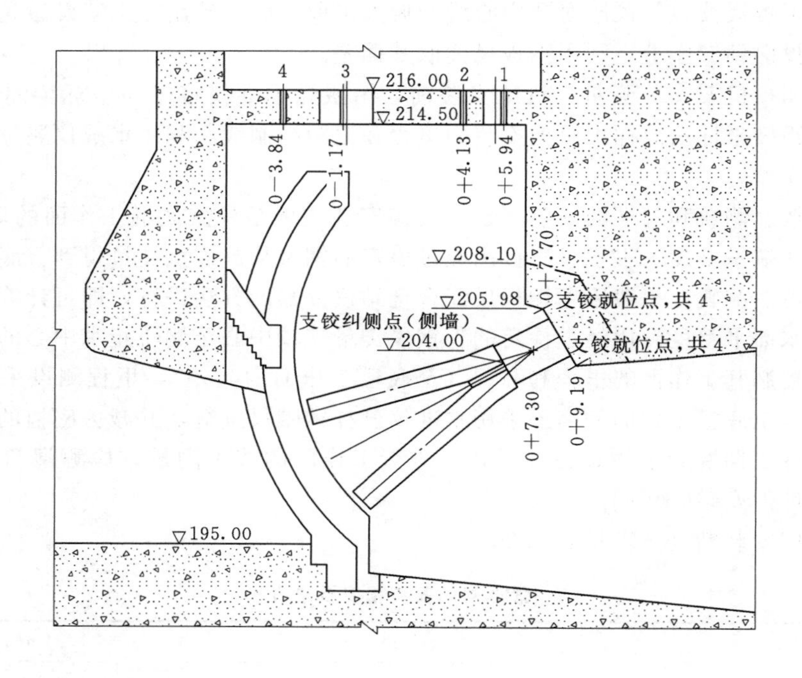

图5.64　主、副吊点布置正视图

2）安装及起吊设备购置。选用的起吊设备必须能够规范规定的安全系数，只有这样才能最大限度地保护安装方案制定者和现场的安装工人。本工程弧门安装单件最大起吊重量70.5t，选用8门100t滑车、3门32t滑车、21.5mm滑车钢丝绳、5t和8t卷扬机、48mm千斤绳、5t、10t、50t千斤顶及5t、10t、20t倒链等。

（2）二期埋件的安装。

1）支铰大梁的安装。支铰大梁是整个偏心铰弧门安装的关键，安装精度必须满足规范要求，面板四角的里程和高程必须完全满足设计要求，否则不许进行二期混凝土浇筑。支铰大梁见图5.66。

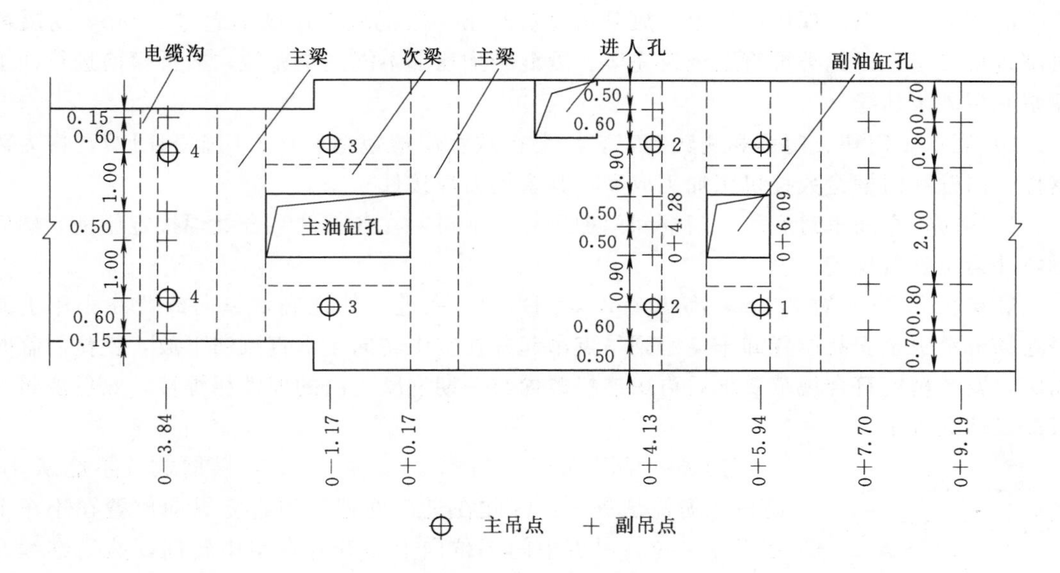

图 5.65　主、副吊点布置仰视图（单位：m）

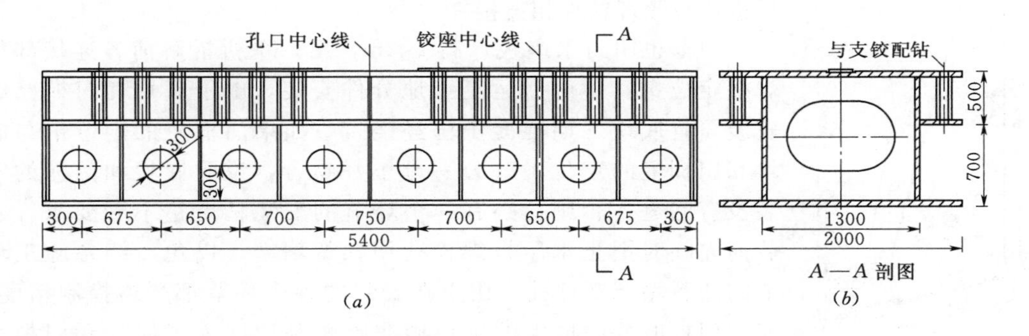

图 5.66　支铰大梁图（单位：mm）

A. 吊装就位。偏心铰工作时存在前后推拉力，支铰大梁两端各需嵌入流道侧壁 0.2m，由于流道上方设置了导流板，使本身并不宽敞的安装空间变得更为狭小，为保证一次性吊装到位，用角钢制作 1：1 的支铰大梁模型框架进行吊装试验，摸清起吊方向、方位、转向位置和方法，然后起吊实物，在下部用钢管搭设脚手架安装平台，支铰大梁就位后临时固定，用调节螺栓从左右和背后调整至安装位置，经测量校核误差符合要求后再进行连接件的安装。

B. 连接件的安装。每个支铰大梁后方和上部的一期混凝土内预埋有连接件，支铰大梁通过搭接板和连接槽钢与一期混凝土内的埋件相连。焊接过程中随时对支铰大梁进行测量，发现超出规范规定的误差时及时纠正处理。

C. 二期混凝土浇筑。支铰大梁安装完成后，安装支铰连接螺栓，螺栓外漏部分刷油并包裹，以防螺栓污染。然后进行钢筋安装，安装的钢筋与一期混凝土内预埋的插筋紧密焊接，搭满堂脚手架进行模板安装。由于支铰大梁二期混凝土浇筑高度为 4.8m，施工过程中采用一级配泵送混凝土，泵管设在模板的最顶端。如果混凝土上升速度过快，底模因承受的压力过大而出现压垮现象，故泵送浇筑时第一层混凝土厚度不超过 1.0m，初凝前再浇筑第二层，以此类推直至浇筑完毕。因混凝土顶部不能完全充盈，故拆模前进行回填灌浆并用砂浆抹缝。

2）底坎、门楣、门框和侧轨的安装。突扩跌坎门槽包括底坎、门框和门槽，均为铸钢件，门框和门槽经数控机床加工成型，其余均为焊接件。

出厂前在车间里对底坎、门框和门楣进行了平拼，在各部件结合处焊接定位销，然后拆解并运至安装现场。

底坎长 5.2m，宽 2.5m，高 1.3m，重 12.3t。在进口处把底坎纵向放置在小车上并经卷扬机牵引至安装位置卸车，用副吊点吊起并在空中转向至垂直流向下放，就位后临时固定，安装精度符合规范要求后再用连接螺栓与一期混凝土内的埋件相焊接，然后浇筑一级配二期混凝土。

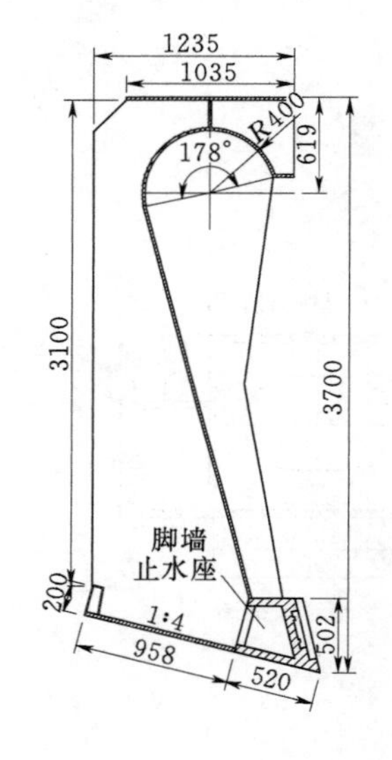

图 5.67　门楣图
（单位：mm）

门楣（见图 5.67）高 3.7m，宽 5.1m，横向放置不能从 4m 宽的上游流道进入，因此在进口处把门楣直立纵向放置在小车上运至吊装位，吊着中间部位向上提升并在空中转向，然后继续升高至安装高程，辅助吊点上的倒链向内拉至安装位置，精确定位后进行与预埋铁件相连接。

门框也叫封水座板，高 7.2m，出厂平拼拆解前各连接部位焊接定位销，拆解后运至工地分件安装，由于底坎和门楣已经安装，且底坎二期混凝土已经浇筑，如果门框上的定位销与底坎和门楣上的定位销一公一母正好吻合，说明底坎和门楣的安装没有问题，否则，必有一个环节的安装精度达不到要求。安装前先临时把止水压板螺栓孔用棉絮堵塞，以免后续各施工环节的渣料堵塞螺栓孔。由于在安装的各个环节都严格控制精度，安装门框时，门框上的定位销非常顺利地嵌入了底坎和门楣上的定位销中。

安装侧轨和封板，焊接连接件，准备门槽二期混凝土浇筑。

门槽二期混凝土一经浇筑，门框的安装位置就完全固定了，如果安装误差超标，就没有了再调整的可能。

因此，门槽二期混凝土浇筑前，必须由业主、设计、监理、制造、安装等单位共同进行联合验收，并留下备案记录。验收时，独立建立一个坐标系，采用另外一套测量仪器，并更换测量人员，量取弧门闭合状态下铰座中心至门框的距离，不得使用原坐标系、测量仪器和测量人员，以免误差重现，并相互进行校核。根据规范要求，底坎、门框和门楣的径向安装误差不得大于 2mm，否则需重新调整。

浇筑门槽二期混凝土时，必须控制混凝土上升速度不超过 1.0m/h，否则侧压力过大引起埋件变形，门体不能顺利进入门槽，此时再进行处理将极为麻烦，埋件变形过大时，会导致整个安装失败，损失无法估量。

（3）闸门安装。

1）支铰安装。

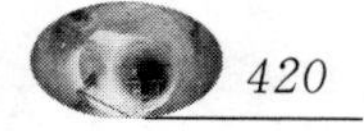

A. 支铰组成。支铰包括铰座、偏心铰轴和铰链三部分，与拐臂采用花键连接，加工精度和装配公差要求极高，每套重 70.5t，支铰轴和支铰联轴器材料为 34CrNi3Mo，活动支铰、固定支铰盖和固定支铰底座均为 ZG 310－570，端盖采用 ZG270－500。

B. 偏心铰工作原理。偏心铰轴的偏心原理类似于凸轮原理，两圆同轴但不同心，大圆围绕小圆圆心旋转，小圆圆心 O 即为偏心铰的"心"，其构造见图 5.68。

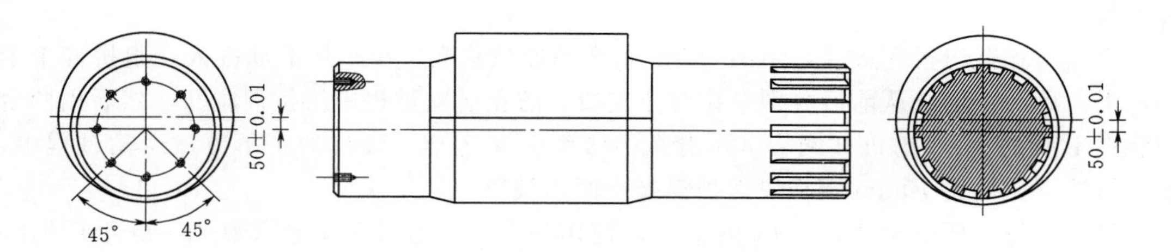

图 5.68　偏心铰轴构造图（单位：mm）

闸门关闭时，主油缸充液，液压臂伸出，门叶下落至底坎门叶座上，此时副油缸放油，闭合力经连接杆和拐臂传递给偏心铰，拐臂上移带动小圆顺时针旋转 60°，使大圆圆心从 K 点弧线前移至 G 点，推动支臂向前靠近并压缩门框上的主封水，实现闸门闭合（见图 5.69）；闸门开启时，副油缸充液，液压臂伸出，拐臂下移带动小圆逆时针旋转 60°，使大圆圆心从 G 点弧线恢复至 K 点，拉动支臂向后收缩并离开门框上的主封水，此时主油缸放油，液压臂提升力带动门叶上移，实现闸门开启（见图 5.70）。

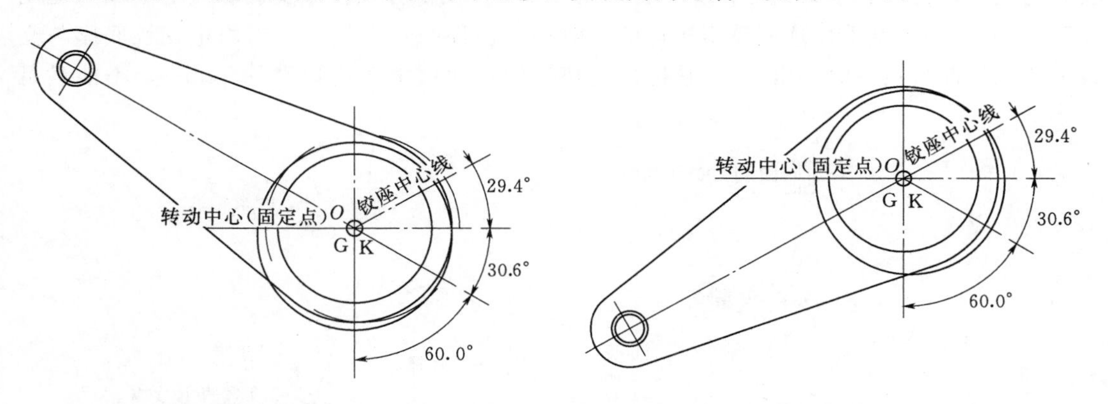

图 5.69　闸门关闭状态下拐臂与偏心轴关系图　　图 5.70　闸门后退状态下拐臂与偏心轴关系图

在大圆围绕小圆圆心从 K 点旋转到 G 点和从 G 点旋转到 K 点的过程中，大圆圆心的偏心距为 50mm。

C. 支铰安装。偏心部分包裹在固定铰盖内，外观上很难看出铰轴的偏心关系，因此制造商在组装铰轴前，需在铰轴端部花键上标示出转铰关系，同时在拐臂上标示出拐臂与偏心轴的安装关系，安装时按照出厂标示线进行组拼，安装单位实在弄不清楚组拼关系时，可与设计和制造商联系，共同确定，以防出现偏差。

组拼后的支铰与联轴器间隙为 420mm，而抗剪套长度为 438mm，若先安装两个支铰，则拐臂两侧的联轴器因紧配合抗剪套无法插入而使安装失败。故在泄洪洞渐变段鱼尾处先把拐臂用枕木水平支起，两侧放置联轴器，把抗剪套按编号顺序逐个用大锤敲入连接孔内，最后把通轴螺栓插入抗剪套内，并上紧螺母。

拐臂组拼后，用 50t 汽车吊吊着拐臂及联轴器，用两个倒链拉着使支铰花键套入拐臂中，再把另外一个支铰移过来，与联轴器精确对中后，用倒链拉着使支铰、拐臂、联轴器形成一个整体。组拼过程中，需特别注意拐臂的嵌入方向，保证使用过程中拐臂下压开门和上拉闭门。

支铰与拐臂组拼完成后，用两台 50t 汽车吊原位吊起，小车从下部推入让组拼件坐于小车上，用两个倒链从前后分别牵拉两个支铰，防止运输过程中组拼件脱开，然后用两台安装在上游的 8t 卷扬机挂两台 32t 滑车缓缓牵引着运至吊装位的正下方。运输过程中，小车钢轮下压铺设 10mm 钢板以保护混凝土面不被压坏。

吊装就位主要依靠两台 100t 的滑车，使用吊点 1。用细钢丝绳牵着 48mm 千斤绳穿过液压缸平台 300mm 的预埋孔，孔口上放置外径 140mm、内径 90mm、长 750mm 的无缝钢管横担（经计算，承载力达 120t 以上），横担坐于 20mm 的钢板上，以保护混凝土不被压坏，然后把滑车分别挂于两根千斤绳上，并缠绕直径 21.5mm 的滑车钢丝绳，用 4 根 48mm 千斤绳分别兜着两个支铰并挂在滑车上，以安装在上游的 8t 卷扬机为动力，牵引组拼件上升进行起吊。由于铰支座到达安装高程后空中翻转非常困难，故在起吊前用 20t 倒链一端挂于滑车吊钩上，一端挂于固定支铰底座上，在地面按照图纸角度 29.4°预先把固定支铰底座进行翻转，并把支铰抗剪板点焊在槽内，然后起吊（见图 5.71）。当上升至安装高程时，搭设脚手架人工作业平台，用 8 个 10t 倒链分别拉着支铰底座上下面（见图 5.72），同时用小型千斤顶调整组拼件的间隙和组拼件的左右偏差，当固定支铰底座与支铰大梁螺栓即将接近时，由于 8t 卷扬机绳速较快，使用滑车后速度约 3cm/s，不能满足

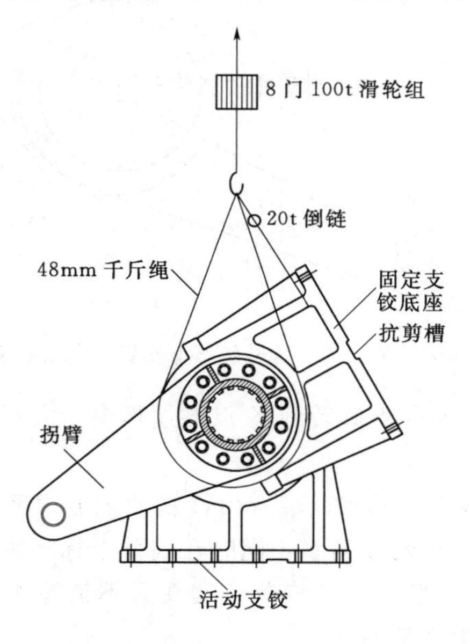

图 5.71　支铰起吊示意图

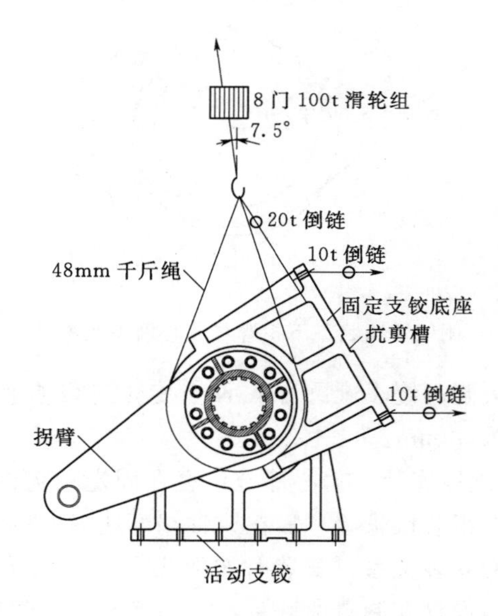

图 5.72　支铰就位示意图

毫米级的定位精度，此时锚固卷扬机钢丝绳用导向装置把5t倒链挂于卷扬机钢丝绳上，用倒链的慢速度把支铰的上下速度调整至毫米级，实现精确定位，然后上下8个倒链一同作业，把支铰大梁上的24个直径64mm的高强螺栓穿入支铰底座螺栓孔内，在支铰座板与支铰大梁面板即将接触时，用铁锤击打抗剪板，焊点脱落后抗剪板全部入槽，紧固所有螺帽完成支铰与拐臂的安装工作。该过程中需特别注意的是，支铰底座螺栓孔与支铰大梁螺栓未完全对应前，支铰座板不得与支铰大梁上的螺栓相接触，以防某个螺栓误入孔内使支铰上下动弹不得，钢丝绳内力未知而出现安全事故。

支铰与支铰大梁螺栓连接后，松开各倒链和起吊钢丝绳，然后重新从主吊孔1内悬挂钢丝绳和20t倒链，把活动支铰拉至工作位置，拐臂向工作状态下方转动约14°，此时理论间隙为22mm，为后续的支臂安装做准备（见图5.73）。

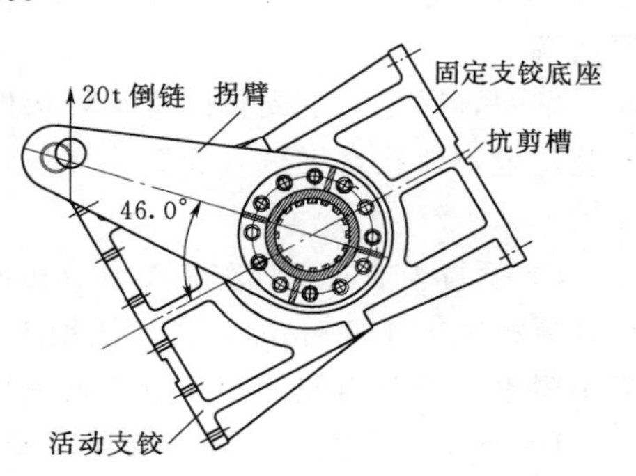

图5.73　支臂安装前的拐臂位置图

2）门叶安装。门体由两节门叶组成，采用纵向分缝结构，材料为Q345B。

门叶采用纵向分缝，底坎上有左右两个门叶座板，逐节安装时中间没有支点。因此，安装前在底坎两座板中间部位焊接一个临时门叶座板，三个座板处于同一高程，以保持单节门叶的平衡。

门叶仰卧在小车上从下游经卷扬机牵引运至底坎处，用吊点2和4起吊，其中吊点2挂32t滑车、吊点4挂100t滑车，把门叶平吊2.5m左右，吊点4上升，吊点2下降，直至门叶上部靠近门楣，下部坐落在底坎的门叶座板上为止，松开吊点2。

第一节门叶吊装基本到位时，用10t倒链分别挂着门叶的上下侧边，使门叶贴紧侧轨，为第二节门叶的安装腾出126mm的安装空间，在门叶的迎水面贴近底坎上平面的部位加焊两个临时吊点，并各挂一个10t倒链，拉着门叶使其靠紧底坎，松开吊点4滑车钢丝绳，使门叶靠在门楣上，在底坎下游焊接临时支撑防止门叶下滑，完成第一节门叶的吊装就位。

第二节门叶吊装方法类似于第一节，不详述。

两节门叶就位后，用千斤顶和倒链多方位、多角度进行调整，使门叶连接螺栓孔相对应，先安装定位铰制孔螺栓，再安装其余钢结构用高强螺栓，使两节门叶形成一个整体，然后用千斤顶从侧面把门体顶至中心位置，为支臂安装做准备。

3）支臂安装。支臂由上、下支臂和连接件组成，材料为Q345B。前道工序中的门叶已经紧靠在门楣和底坎上，拐臂也已安装至开启状态，主止水尚未安装，支臂连接板与门叶座板间的距离约22mm（支铰偏心度＋主封水压缩余度＝6＋16），支臂就在这22mm的活动空间内安装。

支臂安装顺序为：下支臂1、上支臂1、（预置上支臂2）、下支臂2、上支臂2、左右支臂间支承焊接件安装。

A. 下支臂1安装。起吊前，把上、下支臂间的支承焊接件事先点焊在下支臂上，用吊点2、3起吊，起吊初期用钢丝绳向后牵引使支臂能够顺利提起，然后松开后部牵引绳使支臂前端靠在门叶上并沿门叶弧线上升，吊点 2、3 有 4 组滑车通过调整左右绳力控制支臂偏移方向，当支臂前端到达与门叶的连接位置时，吊点 3 停止上行，吊点 2 上的滑车继续牵引支臂上行至活动支铰面，用倒链进一步调整活动支铰方向使两者的螺栓孔相对应，安装活动支铰连接螺栓。在门叶上焊接承托件暂时托着下支臂 1 前端。

B. 上支臂 1 安装。由于下支臂 1 已占用了吊装位置，上支臂从流道侧按下支臂 1 的步骤起吊。到达安装高程后用倒链拉着水平进入安装位置，先安装上、下支臂间的铰制孔螺栓，后安装与活动支铰的连接螺栓，支臂前端门叶对应位置上焊接承托件暂时托着上支臂前端。

期间，因上、下支臂间支承焊接件腹板高度大于支臂翼板间距，上支臂不能水平进入安装位置，故在水平进入安装位置前，在支承焊接件对应的上支臂翼板上开槽，支臂卡槽而入。

C. 预置上支臂 2。左右支臂翼板间距 1401mm，上支臂 2 很难从该空间内通过（上支臂含翼板宽度 1250mm），需设法把上支臂 2 预先吊放在上支臂 1 上，但拐臂在起吊的过程中碍事，因此需先把拐臂扳至铅垂位置（见图 5.74），然后起吊。

D. 下支臂 2 安装。同下支臂 1 安装步骤。

E. 上支臂 2 安装。把预置的上支臂 2 移下来，前后端到达安装高程后，用倒链拉着水平进入安装位并进行螺栓连接，在门叶上焊接承托件暂时托着上支臂 2 前端。

四个支臂均与活动支铰连接且铰制孔螺栓已经安装后，拐臂再向上旋转至工作位置（图 5.75），使支臂靠近门叶，千斤顶向上顶着支臂的前端以使螺孔对应，调整好螺孔位置后穿入螺栓，用扭力扳手紧固螺栓迫使门叶后退约 16mm（即主封水压缩余量）。

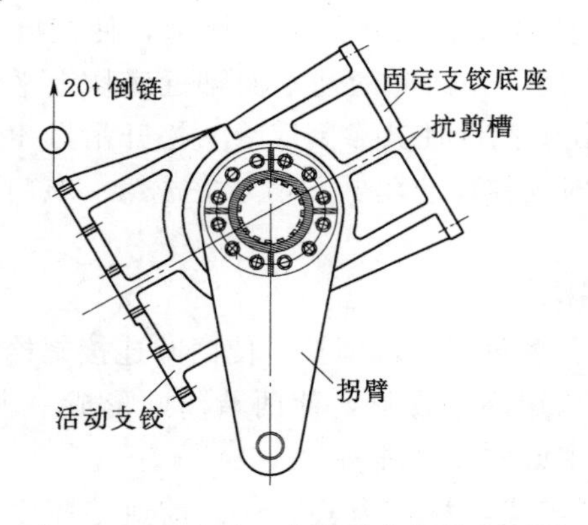

图 5.74　上支臂 1 安装后的拐臂位置图

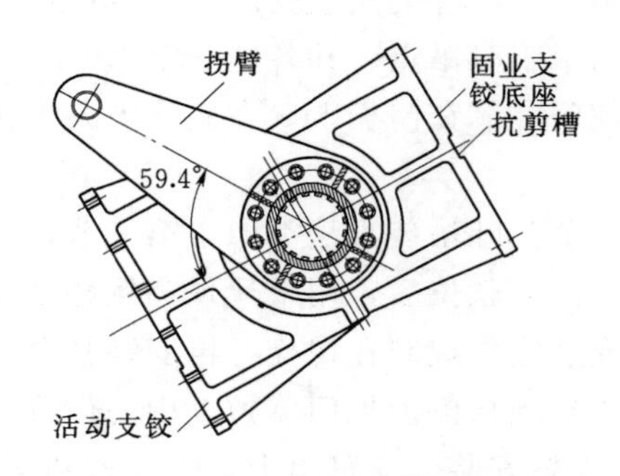

图 5.75　支臂安装后的拐臂位置图

F. 左右支臂间支承焊接件安装。左右支臂间的支承焊接件安装在四个支臂安装完成后进行，起吊采用 32t 滑车和辅助倒链。由于这些焊接件和上下支臂间的支承焊接件一样，都是插在支臂间，要完成安装，要么拆解焊接件，要么在支臂翼板上开槽。如果拆解焊接件，既破坏了焊接件的完整性又需要重新焊接，焊接量大，影响工期；如果在支臂翼板上开槽，则保证了支承焊接件的完整性且焊接量较小。因此采用了在支臂翼板上开槽的方法，开槽处采用堆焊补齐的方式进行后期处理。

支臂安装后，拐臂向下旋转带动门叶向后移动50mm（见图5.76），使门叶脱离门框和门楣，为后续的门叶提升、主封水和转铰止水的安装做准备。

支臂一经安装，特别是左右支臂间支承焊接件安装完成后，空间进一步缩小，转铰止水和支臂栏杆这些重量不大但有一定长度的安装件就很难再进入，因此与上支臂一起吊装，临时存放备用。

4）主封水与转铰止水安装。待后续的液压启闭设备安装完成后提升闸门，进行主封水和转铰止水的安装。

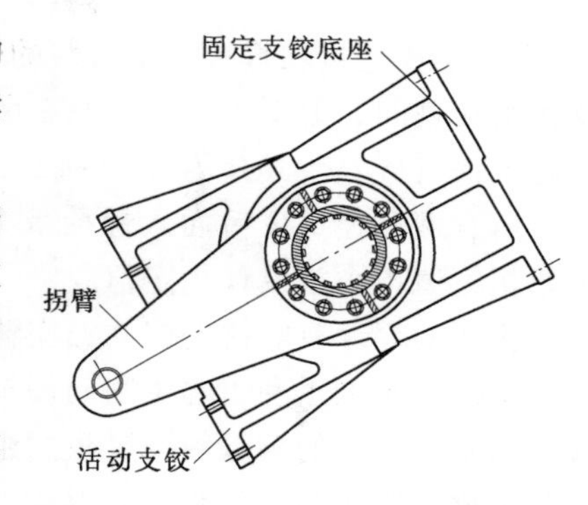

图5.76　主封水安装前的拐臂位置图

主封水采用LD－19Ω形橡胶止水，为压紧式前止水，布置在封闭的框形门槽埋件上，为方便止水的更换与维修，采用了镀锌止水压板和不锈钢螺栓。为防止水流冲击振动导致螺栓松动脱出，封水装配在工地安装合格后用环氧树脂填平螺栓孔坑。考虑到止水橡皮的蠕变和应力松弛等因素的影响以及弧门结构承受水压后的弹性变形、制造和安装误差等，满足设计水头要求所需要的主止水的最大压缩量为25mm。

安装主止水前，用灰刀铲除主止水座板上的混凝土及零星渣料，用小铁钎钩除螺栓孔内的杂物，用高压水从上到下对止水座板和螺栓孔进行清洗，然后将Ω形橡胶止水逐段由材料供应商用热胶合工艺（对接端部切平→挫毛→清洗→涂胶→加胶对接→合模加压→加热硫化→拆模）进行对接并安装在主止水座板上，压紧镀锌止水压板，测量对孔口中心线误差、对支铰中心的误差、对角线的误差等，所有误差均符合要求后，用环氧树脂密封所有止水螺栓孔。

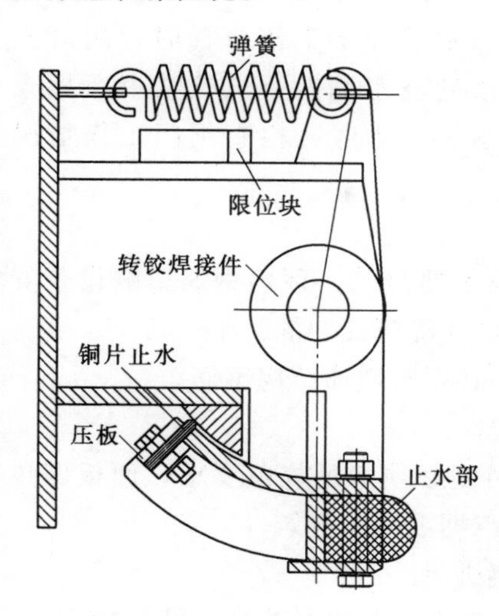

图5.77　转铰止水侧视图

预压转铰止水在闸门开启过程中，靠库水压力和弹簧板的弹性恢复力的作用转动止水元件，使之与弧门面板压紧，并保持5mm的压缩量，防止弧门在0.2以下小开度和0.8以上大开度时顶部的狭缝射流，避免引起空化空蚀现象或诱发闸门振动（见图5.77）。

安装时，对应转铰止水座的螺孔，在高分子聚乙烯止水部上钻孔，用M20不锈钢螺栓固定止水部，安装弹簧，止水部深入弧门面板5mm（即预压）后焊接在门楣上。

5）侧止水和侧轮安装。弧门后退开启时主封水失去止水作用，为防止高水头作用下侧向水流对门槽的冲击而设置侧向止水。

侧止水3mm的预压空间为门楣两侧的踏步，以踏步为作业平台，门叶下放过程中安装侧止水和侧轮，侧止水压板随止水的安装而安装。

由于侧轨在踏步处断开，为防止闸门运动过程中，侧轨断开处刮伤侧止水，断口用角磨机磨成圆弧状。

6）螺栓连接和焊接。本安装的螺栓连接的部位有固定支铰底板与支铰大梁间、活动支铰与支臂间、上下支臂间、左右两节竖拼门叶间、支臂连接件与门叶间。除定位孔和铰制孔配钻密接外，其余均有 2～4mm 的间隙。

所有螺孔经定位后插入螺栓戴上螺帽，螺帽的紧固前期用普通扳手，后期用扭力扳手，扭力值不小于设计规定值。

主要的焊缝有竖拼的门体、支臂连接件安装焊缝等。

根据《水电水利工程钢闸门制造安装及验收规范》（DL/T 5018—2004）第 4.3.1 条规定，闸门臂柱的翼缘板与腹板的组合焊缝及角焊缝为一类焊缝，闸门面板的对接焊缝、闸门主梁、边梁为二类焊缝，其余均为三类焊缝。按《钢结构设计规范》（GB 50017—2011）规定，一类和二类焊缝按 20％长度进行检测，三类焊缝仅做外观检查。因此，工地焊缝最高的质量等级为一类，按 20％焊接长度进行检测。

本着质量终身制的原则，工地焊缝质量均按一类施焊，由具有相应资质的专业焊工施焊，竣工验收前进行焊缝质量的自检，对达不到质量标准的焊缝进行处理。

本安装的施焊时节为北半球中纬 6 月天，气温在 25～32℃之间，焊接前后温差较小，相应的温度收缩不大，因此没有采用预热保温措施。但如果施焊时节为冬季，则需要封闭穿堂气流，施焊前先用喷灯或乙炔焰加热焊接件，施焊后及时用石棉材料包裹焊缝，以尽量减小施焊前后的温差和收缩，防止焊缝开裂。

7）二次防腐。安装过程中难免会损伤原有的防腐层，工地焊缝施焊后也需要进行防腐处理。为达到设备出厂时的防腐标准，对损伤部位和焊缝充分打磨，然后邀请制造商到安装现场进行二次防腐处理。

（4）闸门试验。闸门试验包括无压试验和有压试验。无压试验是在无水情况下做闸门的全行程启闭试验，检查闸门各部分的工作状况，当闸门处于工作位置时，用灯光或塞尺等检查止水压缩程度，无压试验过程中需在止水处浇水润滑，试验结束后检查止水橡皮有无损伤现象；有压试验是闸门在承受设计水头压力时，检查闸门工作情况及漏水量。

（5）质量控制。

1）流道上方支铰下方的导流板混凝土在设备安装前不要浇筑，预埋钢筋影响设备安装时，加热后扳平在混凝土面上，设备安装后再恢复原位并浇筑二期混凝土。

2）设置主吊点前需通过设计单位的结构安全验算，必要时增加结构钢筋。

3）建立相对坐标系，以相对坐标控制整个安装过程。

4）支铰大梁是整个偏心铰弧门安装的关键，安装精度必须满足规范要求，面板四角的里程和高程必须完全满足设计要求，否则，不许进行二期混凝土浇筑。

5）根据联轴器间隙与抗剪套长度确定支铰是否整体拼装。

6）建立独立的通信系统，安装过程中由经验丰富的专业人员发号施令、统一指挥。

7）支铰拼装过程中，需特别注意拐臂的安装嵌入方向，保证使用过程中拐臂下压开门和上拉闭门。

8）小车轮轴承载能力必须满足要求。

9）主吊点埋管直径尽量大，便于吊装钢丝绳顺利通过。

10）吊装钢丝绳及所有起吊设备安全系数不得小于规范规定。

11）导向轮、倒链等处的钢丝绳不得锋角相割，以免出现安全事故。

12）起吊支铰前，支铰座板要预先在地面上调整至安装角度。

13）起吊前必须检查各处的安全情况，包括重新复核安全系数，否则，严禁起吊；离开地面10cm后静置时间不少于2h。

14）吊装件起吊后，封闭上下游交通，同时严禁人员在下部穿梭。

15）支铰大梁二期混凝土上根据需要埋设支铰就位辅助吊点。

16）支铰吊装过程中，支铰底座螺孔与支铰大梁上的预安螺栓未完全对应前，严禁底座与螺栓相接触，否则受力关系将无法预知。

17）紧固铰固定支铰底座螺帽时，必须与支铰大梁严密结合不留空隙，紧固后重新测量支铰中心的设计位置与实际安装位置的偏差，最好使主封水压缩量大于设计要求，否则可考虑在主封水的后面加设橡胶垫或在支臂与门叶中间加装钢垫板。

18）门叶吊点设置应较封闭状态下自身吊点往上游偏移一些，以便门体更好地贴近主止水，同时为支臂安装腾出空间。

19）二期混凝土浇筑时，如有浆液淌入门框止水压板螺栓孔内，及时用高压水清洗干净，并重新用棉絮堵塞。

20）支铰大梁、支铰、支臂、门叶连接处的座板，在构件吊装前用砂轮机清除表面污染物和磨平棱角及螺栓孔等处的毛刺，以削减安装误差。

21）当位置关系发生冲突时，舍小保大、舍繁保简、保质量求进度为前提。

22）弄清规范规定的焊缝级别，让具有相应资质的焊工进行专业焊接，竣工验收前进行焊缝质量的自检，对达不到质量标准的焊缝在验收前进行处理。

23）油缸吊装时缸内无油，为防止液压臂滑出，用钢丝绳进行兜挂。

24）主、副油缸安装后，上部的土建工程正在施工中，因此缸体需用棉被包裹，以避免落物砸坏缸体及缸体的污染。

25）陶瓷杆液压臂硬度高不怕磕碰和刻画，但被混凝土污染后，随着液压臂的伸缩，混凝土会损伤铜套和密封圈，造成油缸漏油，因此陶瓷杆液压臂安装后需进行特别防护，防止混凝土浆液的污染。

26）主缸液压臂与闸门连接时，须事先检查闸门吊耳净间距与轴套的匹配程度，同时检查吊轴止轴板净间距与吊耳净间距的匹配程度，如不匹配，可在征求业主、监理、设计等同意后进行调整。

27）各抗剪板焊接前均需靠紧抗剪对象，不留间隙。

28）闸门安装后，需进行至少三个全行程启闭，以检查液压启闭机运行情况及闸门密闭情况。

（6）结语。施工单位在整个安装过程中，安装精度高、方法突破传统自成一体，技术先进、安装速度创国内同类型闸门之最，创造了河南水利建设史的新篇章，其安装经验对类似工程具有参考价值。该潜孔式偏心铰弧形闸门安装调试一次成功，2014年获中国建筑金属结构协会颁发的“中国钢结构金奖”。

5.7 其他施工工法及技术研究与应用

5.7.1 混凝土外观缺陷修补技术

河口村水库由大坝、两条泄洪洞、溢洪道机引水发电工程组成，这些结构都牵涉大量的混凝土，混凝土在浇筑施工后，由于各种原因，不可避免地出现混凝土如蜂窝、麻面、挂帘、错台、脱皮、破损、气泡以及拉筋头、管件头钢筋头等缺陷，对混凝土的外观影响较大。为确保混凝土外观质量，需要对混凝土进行修补处理。

（1）修补原则及要求。

1）对混凝土表面出现的麻面（轻微）、气泡等小于5mm的薄层缺陷采用环氧胶泥修补；对于混凝土表面出现的蜂窝、孔洞（含固结灌浆孔、帷幕灌浆孔、检查孔及钻孔时出现的废孔）、麻面等大于5mm且小于5cm的缺陷，可采用环氧砂浆（宜采用无毒环保型）或预缩砂浆等材料进行修补；对于大于5cm的缺陷先采用一级配同强度混凝土修补，然后外部采用2cm环氧砂浆（预缩砂浆）罩面修补；对于深度大于30mm以上的蜂窝缺陷，拟分层修补，也可先用预缩砂浆填补至距混凝土表面20mm，然后表面用环氧砂浆或预缩砂浆等材料修补。

2）对于混凝土的错台、胀模、挂帘等缺陷应先凿除处理，错台、挂帘凿除后采用砂轮打磨，与周边混凝土平顺衔接，平整度要求顺水流方向1∶30，垂直水流方向1∶10；再按上述要求修补。

3）气泡直径小于5mm不处理；直径大于5mm扩孔清洗刮环氧胶泥。

4）拉条头、管件头、钢筋等露头孔切凿20mm槽，割除钢筋头（管件头），填环氧砂浆。

5）修补材料的品质和储存应符合有关规范规定。修补材料的配合比必须在满足设计强度的情况下通过试验确定。

（2）修补材料。

1）预缩砂浆。水泥：P.O42.5R硅酸盐水泥；砂：河砂或人工砂，细度模数1.8～2.0；水：符合拌制混凝土要求；抗压强度：≥35MPa；抗拉强度：≥1.7MPa；黏结强度：≥1.5MPa。

2）环氧砂浆。抗压强度：≥35MPa；高速水流地段：≥50MPa；黏结强度：≥2.5MPa；高速水流地段：黏结强度：>4.0MPa；抗拉强度：≥10.0MPa。

3）环氧胶泥。抗压强度：≥35MPa；黏结强度：≥2.5MPa。

（3）主要修补施工工艺。

1）蜂窝处理。

A. 将缺陷部位松散混凝土凿除，凿坑四周成方形、圆形或多边形，避免出现锐角的部位，凿至密实混凝土为止。如钢筋出露，凿除深度控制至钢筋底面以下不小于5cm。

B. 凿除后蜂窝处理对于高速水流部位、关键部位（如大坝防身面板）等应采用环氧砂浆修补，其他次要部位可采用预缩砂浆修补。对于深度较大的蜂窝缺陷，也可采用先用预缩砂浆后用环氧的分层修补法。

C. 修补前应对修补面先进行毛面处理并清理干净，保持修补面干燥，否则，采用喷灯烘烤后，方可进行施工。

2）麻面处理。深度较小的麻面，采用打磨的方式进行处理，磨平后先清洗洁净打磨后的表面，麻面磨除深度不小于麻面深度，然后采用环氧胶泥修补。深度较大的麻面，采用凿除法修补，和蜂窝处理方法一样。

3）错台、挂帘、模板缝处理。对错台、挂帘等铲除错台形成的漏浆挂帘，对凸出形成的模板缝，漏浆形成的砂线等均采用打磨的方式进行处理，并满足与周边平顺衔接和平整度要求；打磨处理后如出现毛面，采用环氧胶泥抹平压光处理。

4）混凝土表面钢筋头和金属预埋件处理。采用砂轮机紧贴混凝土面从两个方向打坡口切入将拉筋头割除，切割后的钢筋头应低于混凝土表面 2mm；钢筋等露头割除时，如周围混凝土受到损伤，按其损伤面大小凿除损伤的混凝土，四周凿成垂直深度不小于10～20mm的槽口。

露出的预埋件采用切割机先将其多余的部分切除，如难以割除预埋件露头时，将四周混凝土凿除，混凝土凿除时尽量减少凿挖范围，以方便切割钢筋头和金属预埋件为准。

凿除处理后采用环氧砂浆或环氧胶泥修补。

5）混凝土表面脱皮、破损。混凝土表面脱皮、破损采用打磨的方式处理，打磨至表面光滑平整，表面出现坑洼或毛糙面，采用环氧砂浆或环氧胶泥抹光压实。

6）气泡处理。直径小于 5mm 的气泡，原则上可不作处理，但为了保证混凝土的外观质量，对表面进行必要的打磨处理后，采用环氧胶泥刮平处理。直径大于 5mm 的气泡，将气泡空腔内的污垢和乳皮用高压水或风清除干净，喷灯烤干后，用环氧胶泥修补。

5.7.2 泄洪洞进水塔裂缝处理措施研究

5.7.2.1 裂缝情况及原因分析

（1）裂缝情况。1 号泄洪洞进口为塔式框架结构，塔高 102.0m，塔顶高程 291.00m，塔基尺寸 49.0m×33.0m（长×宽）。高程 220.00m 以下为大体积混凝土结构，高程 225.00m 以上为田字形井筒结构，两者之间为渐变段。

1 号进水塔流道部分墩墙及底板厚 0.8 为 C50 抗冲磨硅粉剂混凝土，其他部位均为 C25 混凝土。塔基基础底板宽 33m，纵向长最长 49.0m，最短 35.15m，基础厚一般 3.2～4.0m，齿墙处最厚为 6.0m。第一层（按 1.0m 厚，含齿墙混凝土）体积约 1880m^3，第二层混凝土（按 1.0m 厚，无齿墙）约 1500m^3，其塔高及基础大体积混凝土都位于河南省水利工程中首位。

塔架浇筑正值夏季，由于塔架底板场面比较大，为避免大体积混凝土浇筑可能产生的裂缝。原设计要求：塔架底板在距上游约 17m 处（桩号 0－007.175～0－008.675）设一道施工缝，控制混凝土入仓温度为 14℃，混凝土浇筑块允许最高温度 27℃，控制混凝土内外温差不超过20℃。分层浇筑高度第一层为1.0m，以后为1.5m。仓内预埋冷却水管，水管间排距1.5m。通水温度一般控制在15℃左右，通水温度与混凝土最高温度之差也控制在20℃以内，冷却时间应控制在15～20d。

实际承包人所报施工方案为：混凝土骨料为三级配，混凝土运输采用罐车，上料采用布料机直接入仓。由于仓面比较大，同时靠洞口里面布料机输送不到位置，为便于施工，承包商提出底板施工缝取消，改为通仓浇筑，靠洞口布料机够不着范围（约6.0m长）采用泵送混凝土浇筑，并且将原设计底板分三层浇筑（1.0m+1.5m+1.5m），改为分两层浇筑（2.0m+2.0m）。监理组织了建设、设计等四方研究，鉴于承包商现有的施工条件，原则同意承包人所报的施工方案。

同时根据承包人所报新的施工方案，设计单位又重新做了温控调整计算，鉴于浇筑层厚度加大，将冷却水管的间距加密，同时控制混凝土浇筑温度由原来$T_P=14℃$调整为$T_P=12℃$。

塔架基础第一仓混凝土于2012年5月20日9：00开始至5月23日11：00结束。由于承包人在浇筑混凝土之前没有条件建立混凝土骨料预冷设备，也没有采用加冰拌和骨料，用冷却水提前冷却骨料等手段，导致混凝土入仓温度较高，入仓温度22.8～27℃，当时气温15～27℃，一次浇筑厚度2.0m，浇筑方量达3500m^3。其次在浇筑过程中由于布料机初次使用，出现多次皮带跑偏与漏浆现象，混凝土出现多次停浇现象，最长停浇时间约3h。由于布料机经常出问题，难以实现一次浇筑完毕，同时浇筑过程中有些混凝土已经出现冷缝，不得已增加泵送混凝土浇筑，现场出现几乎是一半泵送一半布料机输送混凝土的混合施工现象，最后在泵送混凝土机械的帮助下，第一仓混凝土勉强浇筑完成。鉴于第一仓混凝土布料机经常出问题，很难保证一次浇筑完毕，承包人在浇筑第二仓混凝土时提出全部改为泵送混凝土浇筑。由于当时工期紧，同时第一仓混凝土浇筑后停留时间也不能太长，原则同意采用泵送混凝土浇筑，同时要求加冰拌和骨料，用冷却水提前冷却骨料等手段降低入仓温度；其次为补偿混凝土温度产生的裂缝，根据有关专家建议第二仓混凝土全部掺用膨胀剂来解决混凝土裂缝问题。6月1日开始浇筑第二仓混凝土，6月2日浇筑结束，浇筑方量3000m^3，其中入仓温度仍在22～27℃之间，浇筑厚度2.3m，当时气温22～30℃。第2仓混凝土冷却水管进出口水温与混凝土温度见表5.21。

表5.21　　第2仓混凝土冷却水管进出口水温与混凝土温度表　　单位：℃

日期（年-月-日）	时间/(h：min)	气温	进水管	第2仓					
				冷却水温			混凝土温度		
				出水管3	出水管4	出水管5	表面	下游中心	上游中心
2012-6-1	20：00	20.0	22.0	36.9				47.2	
2012-6-2	9：00	24.0	19.6	37.4				62.9	
	11：30	30.0	21.3	37.1				64.1	
	17：30	28.0	24.3	37.6				65.9	29.4
2012-6-3	8：40	24.0	23.2	48.0	44.2	41.3		65.6	59.1
	17：23	29.0	23.2	33.3	41.5	45.1		64.2	65.9

续表

日期（年-月-日）	时间/（h：min）	气温	进水管	第2仓					
				冷却水温			混凝土温度		
				出水管3	出水管4	出水管5	表面	下游中心	上游中心
2012-6-4	7：45	22.0	22.4	29.8	44.8	42.9		61.3	70.5
	17：12	31.0	23.4	37.8	47.7	41.7		59.1	71.3
2012-6-5	8：15	23.0	23.2	29.5	36.1	36.2		55.5	70.6
	16：23	31.0	23.2	33.1	33.3	33.2		53.5	69.3
2012-6-6	8：38	21.0	22.4	30.2	32.4	32.3		50.1	65.8
	15：55	24.0	22.4	28.9	32.1	32.1		48.6	64.1
2012-6-7	9：08	24.0	21.4	27.3	30.1	30.1		45.1	60.0
	17：03	30.0	23.4	27.4	29.2	29.3		43.9	58.2
2012-6-8	8：20	26.0	22.2	27.5	29.2	28.9		41.7	54.8
2012-6-9	8：09	27.0	23.2	28.2	35.4	35.2	30.0	38.9	50.4
	18：00	24.0	24.2	29.1	33.1	33.0	27.0	38.2	48.9
2012-6-10	8：15	26.0	22.6	27.0	28.9	28.5	28.0	37.4	47.2
	16：50	29.0	24.4	26.9	28.5	28.5	31.0	36.7	46.0
2012-6-11	8：20	24.0	22.6	26.1	29.2	29.3	27.0	35.6	44.2
	17：15	34.0	24.6	27.8	33.9	34.1	32.0	34.8	43.2

通过表5.21可以看出，浇筑后的第二天仓内混凝土已经达到最高71.3℃，加之混凝土浇筑后保温措施不及时，导致混凝土仓内温度与表面温度、混凝土表面温度与大气温度以及仓内温度与出水管温度之差都超过了20℃，第二仓浇筑后塔架底板很快就出现了不少裂缝。6月8日左右，根据现场人员裂缝巡查情况，裂缝总计84条，主要分布在泄洪洞进口段左右侧流道及1号泄洪洞进水塔底板左右侧等位置处，裂缝累计总长度为240.46m。其中单条裂缝最长约9.0m，最宽1.5mm，最深1.0m（见图5.78、图5.79）。

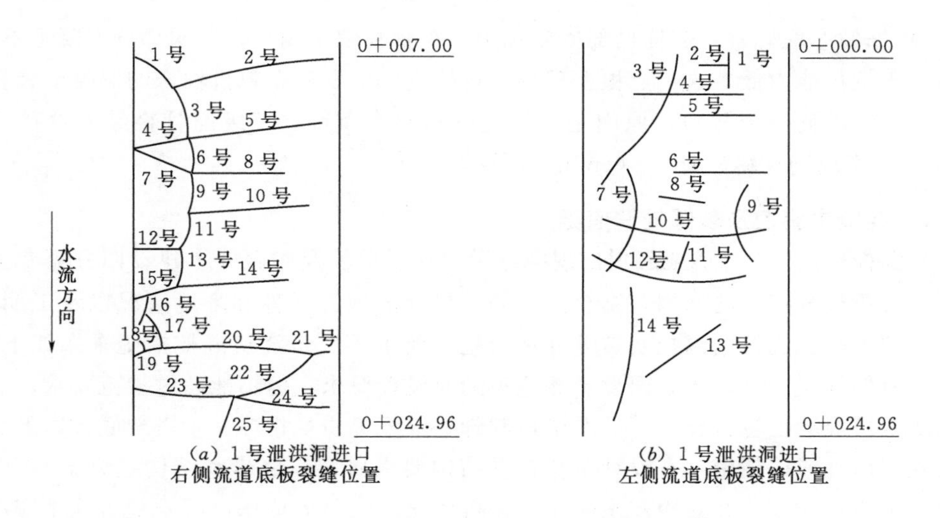

(a) 1号泄洪洞进口右侧流道底板裂缝位置

(b) 1号泄洪洞进口左侧流道底板裂缝位置

图5.78　1号泄洪洞进口底板裂缝位置示意图

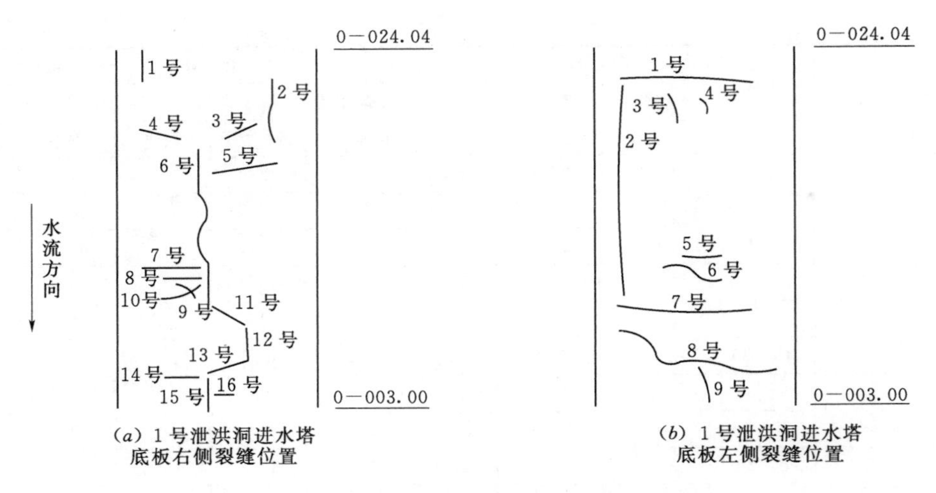

图 5.79　1号泄洪洞进水塔底板裂缝位置示意图

(2) 裂缝原因分析。混凝土裂缝产生的机理较为复杂，根据现场观察和检测结果，结合本工程塔架底板的结构特点及分仓情况，初步分析认为其产生主要原因有：

1) 混凝土入仓温度较高，均超过原设计要求控制的12～14℃，导致浇筑温度升高较大。由于目前承包商没有风冷预冷骨料的措施，即使采用加冰拌和、冲水预冷骨料，均达不到降低入仓温度的目的。

2) 混凝土为泵送高标号混凝土，水灰比较大，水化热大，仓内最大温度达到71℃。

3) 浇筑块面积较大，分块、分仓、分层不合理，易产生收缩、膨胀裂缝。

4) 混凝土浇筑后保温及保湿养护跟不上，混凝土浇筑后由于快速的升温，最高温度达到71℃，当时气温31℃；内外温差很大，由于未及时保温，导致裂缝。

5) 根据现场观察和了解，混凝土浇筑过程中局部有漏振情况，导致混凝土初期抗拉强度低。

6) 根据钻芯取样看，芯样局部砂浆集中，粗骨料偏小偏少，说明部分混凝土不均匀，抵抗混凝土抗拉能力低。这一点根据现场骨料检查，也发现布料机输送的混凝土骨料也不是纯粹的三级配混凝土骨料，原因是三级配骨料整个偏细，三级配骨料最大骨料粒径为4～8cm，其实现场骨料只有4～6cm的石子。

5.7.2.2　混凝土温控及裂缝处理措施

(1) 温控措施。1号塔架底板出现裂缝后，建设单位及时召开了建设四方等专家咨询会，认真分析裂缝产生的原因，结合建设场地目前的施工条件和环境情况以及工期要求，提出了后期混凝土浇筑的温控及裂缝处理措施。要求下一步浇筑温控措施采取如下措施：①鉴于当时的施工条件，入仓温度虽然达不到原设计要求，但不能超过规范要求。②严格按三级配常态混凝土进行施工。③严格控制骨料级配等质量指标。④塔架底板以上混凝土必须设置结构缝或后浇带（有设计单位根据结构要求研究后浇带和结构缝方案），以减小一次混凝土浇筑仓面，并对冷却水管布设进行优化。⑤对大体积混凝土浇筑施工应严格控制浇筑质量。⑥采用苯板或保温板等及时对浇筑过的混凝土进行保温和养护，减少混凝土仓内与大气环境温差。另外建管单位委托北京航空航天大学，在塔架内埋设光纤，随时监控仓内温度，及时预报大体积混凝土浇筑温度，指导塔架混凝土浇筑温控及防范措施。设计单位根据结构要求针对1号塔架设结构缝和后浇带进行了计算和论证，初步考虑在现有的温控条件下，即使采用预留后浇带或结构纵缝的方法，也不一定能够解决混凝土裂缝产生的问题，况且后浇带或结构纵缝处理得不好还会对塔架的整体性造成一定的影响。从施工的难易程度、干扰程度以及施工总体计划来看，设置结构纵缝方案应比设置后浇带方案更方便施工，施工干扰及总进度影响相对也较小。因此，最后推荐在1号塔架设置结构纵缝方案，结构缝内预埋灌浆管，后期待混凝土仓内温度降到稳定温度时再进行接缝灌浆，通过设置结构缝，以减小混凝土浇筑仓面，提高混凝土浇筑温控能力。

通过上述的温控措施，在后期浇筑的混凝土中，除个别部位出现少量浅层裂缝外，大部分基本上未再发生裂缝，有效地控制了大体积混凝土浇筑。

(2) 裂缝处理措施。针对已产生的裂缝，采用如下方案进行了处理。

1) 对塔架底板已经出现的裂缝均采用先凿槽封缝再进行化学灌浆法处理。

2) 裂缝处理时凿槽封缝材料采用弹性环氧砂浆或环氧胶泥，其中弹性环氧砂浆抗压强度应高于原混凝土强度。

3) 裂缝处理的化灌材料采用环氧树脂材料。

4) 裂缝化灌前先对缝面凿U形槽，槽宽及深为4～5cm，槽凿好后，用水冲洗干净，在槽内涂刷基液，用弹性环氧砂浆（或环氧胶泥）埋设灌浆管（盒），并用弹性环氧砂浆进行灌浆前的封缝充填。

5) 裂缝化灌处理后凿除灌浆管，然后用弹性环氧砂浆对缝面修补封缝，压光处理，并保持与周围混凝土表面平整。

针对塔架底板已经出现的84条裂缝基本都是采用上述方案处理的，由于当时已浇筑的1号塔底板混凝土内部温度依然很高，在施工期可能还会产生新的裂缝，已经出现的裂缝可能会继续开展，因此对位于流道部位的底板裂缝暂不处理，等到底板混凝土温度降到稳定温度后，再进行处理。对流道以外其他闸墩等混凝土结构因急需向上浇筑混凝土，为避免已产生的裂缝继续随着浇筑仓面往上延伸，则考虑浇筑仓面除采用上述化灌处理外，还采取如下处理措施：

1) 沿整个浇筑仓面通铺并缝钢筋，并缝钢筋直径28mm，间排距20cm。

2) 化灌后的每条裂缝根据裂缝长度再预埋2～3根灌浆管引出混凝土仓面外，待混凝土仓内温度冷却到稳定温度后再进行二次补灌。

3) 在每条裂缝处理后，采用直径10cm半圆钢管扣住每条裂缝，以隔绝裂缝进一步向上部混凝土延伸的通道。

根据上述措施，一期化灌完成后，安装二期化学灌浆嘴和检查孔管道，然后沿裂缝处扣内径140mm、壁厚8mm的半圆形并缝钢管，把二期化学灌浆管、检查管、回填灌浆管罩在里面。并缝钢管超出现有裂隙段0.5m，并用间距0.3m M8×100mm的膨胀螺栓焊接固定，以防混凝土浇筑过程中钢管出现位移。预埋的二期化学灌浆管、检查管和回填灌浆管顺并缝钢管引出仓外。并缝钢管的上部统仓铺设间排距20cm的ϕ28mm钢筋网片。

待混凝土内部温度恒定后再进行二期化学灌浆，化学灌浆结束及压水试验检查合格后，用水泥砂浆对并缝钢管进行回填灌浆。

裂缝处理见图 5.80～图 5.82。

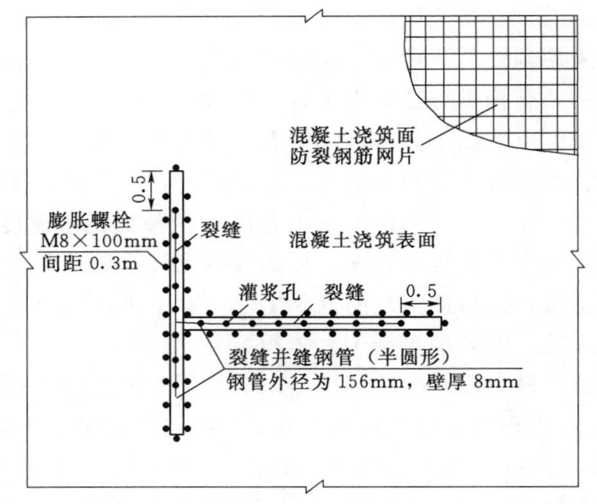

图 5.80 裂缝处灌浆管布置及防裂钢筋平面示意图（单位：m）

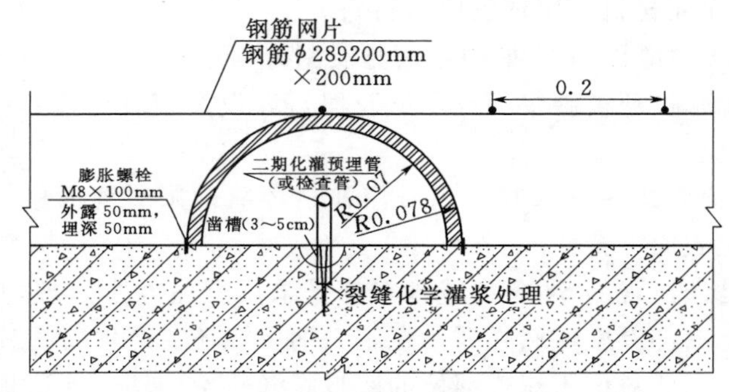

图 5.81 裂缝处扣钢管断面图（单位：m）

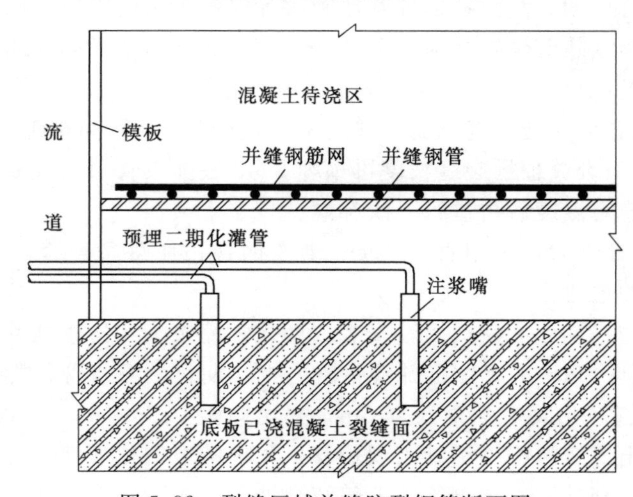

图 5.82 裂缝区域并缝防裂钢筋断面图

（3）处理效果。裂缝处理后，一般需隔 14d 后钻检查孔进行压水试验，单孔透水率小于 0.3Lu 时即认为满足设计要求，不合格再补灌，抽样频率（条数）为 10%。但由于工期紧，且防止混凝土间隔时间太长，化灌裂缝处理完毕后采用声波检测。经检测裂缝前混凝土波速为 4000cm/s，裂缝处理后声波波速为 3800cm/s 左右，基本达到了原状混凝土的要求。

裂缝按此处理后，在已产生混凝土的裂缝部位，后期浇筑的仓面未发现向上延伸的现象，经过一个冬季后，当混凝土仓面温度已经降到稳定温度时，经现场检查也未发现有新的裂缝开展现象，说明采用此种方案处理还是可行的，起到了裂缝处理机控制的作用，同时又针对这些裂缝进行了二次补灌，加强了裂缝处理的效果。

5.7.3 泄洪洞渗水处理技术研究

5.7.3.1 渗水原因分析

2014 年 9 月 23 日为满足水库下闸蓄水目标，泄洪洞正式下闸挡水，水库进入初期蓄水阶段。9 月 26 日经现场查勘，发现 1 号泄洪洞闸门工作门、2 号泄洪洞工作门、泄洪洞洞身出现了大量渗水情况，根据现场检查和统计，初步检查发现除 1 号泄洪洞工作门漏水外，泄洪洞洞身存在渗水点 160 余处。

（1）工作门渗水原因分析。1 号泄洪洞检修门、弧形工作门、2 号泄洪洞工作门安装调试基本均在无水状态下进行。安装调试时，已对水封装置进行了严格检查验收，无透光、漏水等现象。但因未做带水调试，不排除闸门在水库蓄水后，水头压力增大，导致正常工作时漏水现象的发生。

因此，根据现场分析工作门漏水的原因为工作门止水调试偏差，部分区域轨道止水压缩量过大、部分区域压缩量不够，也存在止水材料可能存在质量等问题，造成止水密封性不好产生渗水现象。

（2）洞身原因分析。泄洪洞洞身漏水点主要分布在洞身施工缝（含冷缝）、洞伸缩缝（管节之间）、洞身混凝土裂缝、灌浆孔（封孔）等部位。

洞身裂缝渗水：因施工期混凝土配合比、施工浇筑工艺控制及养护等问题引起混凝土产生贯穿性裂缝，在墙后岩体渗压下形成渗水通道。

施工缝（含冷缝）渗水：因混凝土施工缝和施工期造成的冷缝，在浇筑下一层混凝土时，凿毛处理及铺浆不够，造成施工缝及冷缝层间接触不好，引起层间渗水。

伸缩缝渗水：因伸缩缝处止水周边浇筑振捣不密实，在墙后岩体渗压下形成渗水通道。

洞身衬砌完成后，根据设计图纸要求需对整个洞室进行顶拱回填灌浆和固结灌浆。目的是加强衬砌结构和岩基的可靠结合，同时提高岩石的整体性与均质性，防止渗漏。上述部位渗水也与衬砌后围岩固结灌浆及回填灌浆不密实有一定关系。

5.7.3.2 渗水处理方案研究

（1）专家咨询意见。根据以上问题，2014 年 9 月 30 日，河口村水库工程建设管理局邀请相关水利专家对现场情况进行了实地考察和方案研究。经研究一致认为，由于洞身裂缝、伸缩缝、施工缝（冷缝）渗水，均反映裂缝已贯穿衬砌。首先长期运行容易锈蚀钢筋，降低衬砌结构强度及承载力；其次混凝土的水泥中含有氧化钙，在长期渗压水作用下，会有钙化细颗粒析出，严重影响混凝土结构安全，同时析出钙质会附在衬砌表面，泄洪洞为高速水流，不仅影响衬砌体型，不满足高速水流要求，也影响衬砌外观质量。由于水库刚刚下闸蓄水，水位处于上升阶段，且远未达到设计最高水位，依现有蓄水情况研究处理方案，考虑未来水位的逐步升高，对洞身的渗压水头加大的因素，根据渗水原因分析，初步形成以下处理意见。

1）工作门漏水需重新调试闸门进行止漏。

2）洞身漏水部位先进行补充固结灌浆，进一步密实衬砌周围围岩的空隙，保证衬砌体和岩石的紧密结合，堵塞渗漏通道，其次通过对围岩进行补充固结灌浆，进一步提高围岩自身的抗渗能力，减少对洞身周边的渗压水头。

3）根据衬砌围岩补充固结灌浆情况，对所有漏水点进行止漏处理，然后再对渗水点及裂缝部位进行修补处理，堵塞渗漏通道，确保衬砌结构的安全。

（2）工作门渗水处理措施及实施。工作闸门漏水处理，主要是通过重新调式闸门，检修或调整闸门止水等，由于闸前已经挡水，调试工作门时，利用检修门挡水进行调式检修，具体操作步骤如下：

1）修门下闸临时挡水后，对工作门渗水点位置进行记录和统计。

2）检查重新测量弧形工作门止水压缩量；重点记录、分析渗水点的止水压缩情况，对工作门进行处理。

3）检查止水材料质量。

4）根据测量结果，重新调节止水压缩量使其满足设计图纸要求。

5）提升检修门，进行工作门有压渗水检测调试。

6）如塔前水头接近设计操作水头，应进行闸门动水启闭试验，包括全程启闭试验和施工安装图纸规定的局部开启试验，检查支铰转动、闸门振动、水封密封等工作正常。

（3）洞身渗水处理方案。根据专家咨询意见，均需对渗水部位及虽未渗水但已发现的裂缝均进行处理。裂缝处理的基本方案为渗水裂缝处衬砌围岩固结灌浆＋渗水裂缝（含深层裂缝）化学灌浆＋表面环氧砂浆封闭。具体步骤为：

1）即先对渗水部位，利用附近的固结灌浆孔，重新扫孔补灌，以密实衬砌周边的围岩，提高围岩的自身抗渗能力，堵塞或减小渗漏通道。

2）固结灌浆完成后，经过第一步对渗水点周围岩体固结灌浆处理，渗漏通道已基本堵塞完成，此时原渗水点将呈现不漏或轻微渗漏状态，为彻底封闭渗水通道及保护衬砌结构安全，对渗水点及所有裂缝在固结灌浆结束后，对渗水点及裂缝进行先化学灌浆，再进行表面封闭的处理措施。如裂缝在经过固结灌浆后，仍有渗水，应先采用快速堵漏灵（或类似快速止水材料）进行表面止水封闭，再进行化学灌浆，灌浆完成后，再开槽采用环氧砂浆封闭；如经过固结灌浆后，原有裂缝已经不漏水，可直接对裂缝部位进行化灌，化灌后再开槽采用环氧砂浆封闭。

3）洞子伸缩缝渗水，先对伸缩缝周边进行固结灌浆后，采用在伸缩缝处开槽，采用聚硫密封胶（或聚氨酯）封填，外部再采用环氧砂浆保护。

(4) 洞身渗水处周围岩体固结灌浆实施。首先对漏水点周围原设计固结灌浆孔进行扫孔和重新灌浆。扫孔灌浆的范围以靠近裂缝、完全包围裂缝为原则，固结灌浆的水灰比定为0.5∶1。具体灌浆施工及检测按原洞身固结灌浆施工方案实施。

裂缝渗水点灌浆处理中灌浆孔位选择与控制确定（见图5.83）。

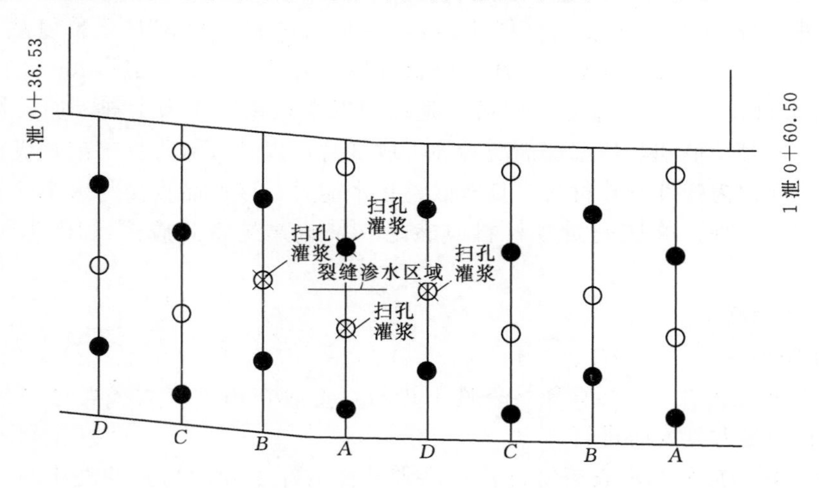

图5.83　裂缝渗水点与灌浆孔选取示意图

图5.83为原1号泄洪洞洞室固结灌浆孔位布置图中截取。施工桩号为1泄0+36.53～0+60.50m侧墙范围。灌浆孔入岩5.0m，压力0.50～0.70MPa；黑色孔位为原灌浆1序孔，空白为原灌浆2序孔，孔位上带“×”号的为渗水点周围需重新扫孔灌浆孔位。为保证本次灌浆施工质量需做到以下方面：

1）灌浆孔扫孔、清孔完成后，灌浆塞的位置要设置在混凝土衬砌体中，距离衬砌边（靠围岩侧）0.5m，以确保灌浆浆液能进入洞身衬砌和围岩结合部中，堵塞渗漏通道。

2）施工中为防止固结灌浆期间发生串孔漏浆现象发生，将裂缝渗漏线周围待灌浆孔位进行编号标序，逐孔逐序进行。

3）顶拱位置的裂缝堵漏灌浆要防止洞顶排水孔位置漏浆。一旦发生漏浆要首先对其进行封堵。但无论是否发现排水孔漏浆，在该部位固结灌浆施工完成后，都要对周围临近洞顶排水孔重新进行扫孔、清孔处理，以确保洞身排水孔的排水效果。

4）施工过程中要检查以往的固结灌浆、回填灌浆孔位，一旦发现封孔孔位潮湿、漏水，也应重新对其进行扫孔和固结灌浆处理。

5）固结灌浆结束后，应按照施工图纸要求，孔口采用环氧砂浆封孔。

6）伸缩缝位置渗水：该位置渗水要对伸缩缝上游、下游相邻两环的固结灌浆孔位进行灌浆处理。

(5) 洞身裂缝、施工缝等渗水裂缝处理实施。

1）裂缝处理材料。

A. 环氧砂浆。裂缝处理凿槽封缝材料采用无毒环保型弹性环氧砂浆，环氧的黏度（25℃）为6～26Pa·s。环氧树脂配比应添加增塑剂，以提高环氧砂浆的弹性，可适应伸缩变形。弹性环氧砂浆配比在满足设计强度的情况下通过试验确定。

抗压强度≥50MPa；

黏结强度≥1.5MPa。

环氧砂浆应满足《环氧树脂砂浆技术规程》(DL/T 5193—2004)。

B. 化灌材料。化灌材料采用可灌性，与混凝土黏结强度高，且具有膨胀性的水溶性膨胀型聚氨酯（或改性水溶性环氧树脂材料）。聚氨酯材料应满足《聚氨酯防水涂料》(GB/T 19250—2003) 的规范要求，环氧树脂材料应满足 DL/T 5193—2004 的要求。

C. 聚硫密封胶。双组分聚硫密封胶，是以液态聚硫橡胶作为主剂，加入补强剂、增黏剂、增黏剂、触变剂和其他添加剂配置加工成基膏；以金属氧化物等配置成硫化膏，两组分混合后可固化为弹性密封材料。具有嵌缝止水能力；该产品直接与水源接触，需要一定的抗老化和无毒性。聚硫密封胶材料应满足《聚硫建筑密封胶》(JC/T 483—2006) 要求。

2）裂缝处理施工。

A. 基本要求。

a. 裂缝修补施工在5～25℃环境条件下进行，不应在雨雪或大风恶劣气候环境下进行，灌浆应在裂缝开度大时进行。

b. 裂缝处理前应仔细检查裂缝部位，清理缝面的浮尘和污物并冲洗干净，落实缝面的宽度、长度和深度。

B. 裂缝处理步骤。

a. 裂缝清洗→表面封缝（有渗水时）→钻斜孔→清孔、埋管→通风检查→浆液配制→注浆→封孔处理→待凝检查→开槽→表面处理。

b. 裂缝清洗：对缝面用高压水进行清洗，直至清晰地露出裂缝为止。

c. 钻孔：用高压水将孔清洗干净裂缝部位，沿裂缝部位打灌浆孔，确保灌浆孔穿过缝面，灌浆孔间距20～40cm，缝宽则大，孔径12～14mm，孔深10～16cm。如裂缝固结灌浆后，裂缝仍有渗水时，表面先采用堵漏灵（或快速堵漏材料）临时封闭表面后再沿裂缝部位打灌浆孔。

d. 固定灌浆嘴，用丙胴擦拭灌浆孔位的混凝土表面，用结构胶粘牢灌浆嘴。

e. 嵌缝止浆（裂缝固结灌浆后无明显渗水的裂缝），嵌缝止浆的目的是为防止化灌浆液流失，确保浆液在灌浆压力下使裂缝充填密实。在要嵌缝的部位，沿缝人工画线，宽度约2～5cm，并清除范围内松动的混凝土碎屑及粉尘，然后沿缝用环氧胶泥或环氧树脂净浆对裂缝进行嵌缝封闭。

f. 化学灌浆。采用压力泵灌注聚氨酯（或环氧树脂）材料，灌浆压力视裂缝开度、吸浆量、工程结构情况而定，范围为0.3～0.6MPa，初选按0.4MPa控制，最大不超过0.6MPa。灌浆顺序由下而上，由深到浅，由裂缝一端的钻孔向另一端的钻孔逐孔依次进行，灌浆压力由低向高逐渐上升。灌浆结束标准根据现场实际情况按如下原则控制：单孔吸浆率小于0.05L/min；浆液的灌入量已达到了该孔理论灌入量的1.5倍以上时都可结束灌浆；当邻孔出现纯浆液后，暂停压浆并结扎管路，将灌浆管移至临孔继续灌浆。

g. 浆液固化后凿除灌浆管，然后用弹性环氧砂浆对灌浆管口封闭。

h. 表面封缝：裂缝化灌后，沿裂缝开槽，断面为倒梯形，外口4cm宽，内口6cm

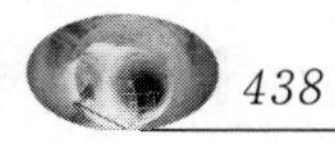

宽，深4cm，槽内清理干净，在槽内涂刷基液打底，然后用弹性环氧砂浆填槽。修补面与周边混凝土齐平，并压光处理，处理后对表面进行隔离养护。

C. 裂缝处理质量检查。

a. 采用化灌裂缝处理完毕14d后，钻检查孔进行压水试验，检查单孔透水率均小于0.3Lu。

b. 对处理后的裂缝进行声波检测，声波波速不低于混凝土未产生裂缝波速的95%。

D. 伸缩缝渗水处理。先对伸缩缝相邻区域进行固结灌浆，然后对伸缩缝进行开槽封闭处理。开槽断面为倒梯形，外口宽4cm，内口宽6cm，深4cm。开槽施工完成后，用聚硫密封胶充填，充填深度3cm，外部1cm采用环氧砂浆封闭保护。

5.7.4 导流洞底板磨损处理措施

导流洞于2011年年底开始启用，至今经过了3个非汛期和2个汛期，由于施工期间多次泄洪，造成导流洞底板出现混凝土大面积剥蚀及磨损破坏，几乎遍及所有底板，导流洞泄洪期间，由于固结灌浆台车未及时撤离，被洪水从洞内冲走，造成底板划出多道深痕，划痕深度达5～8cm，宽20～40cm。由于导流洞后半洞（洞身纵坡1.0%，该段洞长466m。）作为2号泄洪洞的永久洞，2号泄洪洞为高速水流（最大流速约35m/s），为确保运行期安全运行，需对该底板进行抗冲磨防护处理。

5.7.4.1 底板磨损缺陷处理方案选择

根据底板破坏情况，2号洞后半段底板混凝土表面几乎全部被破坏，因此修复采取全面积修复。结合2号泄洪洞后半段缺陷冲刷情况，考虑可能的几种处理方案，根据《水工混凝土建筑物修补加固技术规程》（DL/T 5315—2014）、《混凝土坝养护修理规程》（SL 230—2015）、《水电水利工程聚脲涂层施工技术规程》（DL/T 5317—2014）、《环氧树脂砂浆技术规程》（DL/T 5193—2004），初步考虑以下几种处理方案。

（1）底板铺筑混凝土方案。有两种形式：

形式一：在原混凝土底板上部直接浇筑高强抗冲磨混凝土（C_{90}50W6F100硅粉剂混凝土），浇筑厚度20cm，混凝土内配钢筋网，新浇筑混凝土和原混凝土之间采用插筋连接。但这种布置由于底板加高带来的问题是：

1）在2号泄洪洞桩号0+150.28、0+222.08两处各设有一道掺气槽，其中0+150.28处掺气槽，掺气孔高0.7m，掺气孔出口高程和底板高程齐平，0+222.08处掺气槽高0.6m，出口低于底板高程（底板高程173.72m，掺气孔基础高程172.80m，差0.92m），外侧1∶1.5斜坡坡比连接。如果直接在底板上加高20cm，0+150.28处掺气槽将局部被堵住，减小掺气槽面积，降低掺气效果。0+222.08处掺气槽虽未堵孔，但加大了掺气槽处和底板之间的深度，也对掺气效果略有影响。

2）底板加高后，虽经过核算，2号洞无压条件下的上方净空还能满足要求，但导致2号洞后半段纵坡变化，尤其是和挑流鼻坎出口衔接存在问题。

3）底板加高后，由于纵坡及掺气槽等尺寸发生变化，泄洪洞掺气槽，底板纵坡是保证泄洪洞安全泄洪的重要水力学边界条件，其体型及运用情况，洞内及出口水流状态，需重新做水工模型试验验证，否则底板向上加高没有试验支撑不敢贸然采取，显然目前重做模型试验这种条件不能实现，因此不建议采用形式一。

形式二：也是重新浇筑高强抗冲磨混凝土，浇筑厚度20cm，混凝土内配钢筋网，新浇筑混凝土和原混凝土之间采用插筋连接。但鉴于该形式也存在纵坡变化、掺气槽断面减小的问题，考虑利用泄洪洞底板有效保护层厚度，将其保护层凿出，原设计保护层后16.5cm，凿除混凝土厚度15cm，然后在原设计底板基础上适当加高5cm，这样对纵坡及掺气槽影响相对较小。

重新浇筑混凝土面层，需在底板增设插筋，直径20mm，间排距1.0m，深入原混凝土0.5m，深入新浇筑混凝土0.15m；采用直径12mm双向@200mm的钢筋网，与插筋连接。浇筑混凝土洞长466m，沿洞宽9.0m满铺。

(2) 环氧砂浆护面方案。该方案是采用薄层环氧砂浆护面以保护被破坏的底板，由于底板破坏深度不一，施工前应对破坏底板基础进行清理，清除混凝土表面浮尘及表面棱角，对局部坑洼不平较大部位采用角磨机对混凝土表面进行打磨，用高压水枪冲洗，待水分完全挥发后，对混凝土表面采用环氧砂浆罩面满铺一遍，环氧砂浆厚度一般2cm（最薄处厚度控制不小于1.5cm)，需护面长度466m，洞宽9.0m，沿整个底板面铺筑，同时向洞侧墙两侧各包边0.2m。

(3) 聚脲护面方案。该方案和环氧砂浆护面类似，只是护面的材料不同，采用的是聚脲材料。聚脲是目前国内新型的一种防渗抗冲耐磨材料，采用手刮工艺涂刷在基础表面，厚度一般控制在2～3mm左右，对混凝土表面起到保护及承担抗冲磨作用。

由于基础表面不平整，施工期也需要对表面进行打磨和采用环氧砂浆（或环氧腻子）找平，然后涂刷，铺筑面积同环氧砂浆方案。

(4) YEC高韧性环氧防护涂层护面方案。YEC系列环氧防护涂层材料是中国水利水电科学研究院结构材料研究所开展的在环氧材料抗开裂性能研究成果的基础上，开发的最新系列修补材料之一。采用了新型的环氧配合体系，并结合水工修补的工况特点，通过分子结构设计，提高材料的裂纹阻断能力，并减少材料内应力，具有优异的抗渗、抗冲磨、抗气蚀及防冻融等防护效果，并具有较好的抗背水渗透能力。涂层设计厚度3mm，也是采用手刮工艺涂刷在基础表面，一次刮涂形成。可以在高湿环境下施工，基础处理要求聚脲方案。

(5) 方案比较。底板铺筑混凝土方案：优点是工程量及投资较省；缺点是施工麻烦，难度大，特别是凿除原混凝土、打插筋等施工，同时工期较长。

环氧砂浆护面方案：优点是施工相对简单、方便；缺点是投资较高，受一定施工环境影响，如需要较为干燥的施工面等，其次由于环氧砂浆具有一定的脆性，砂浆收缩过大时易产生裂缝。

聚脲护面方案：优点是施工相对简单、方便；缺点是投资较高，其次因为聚脲涂层较薄，抗滚石冲击力差，也易受施工环境影响，如也需要较为干燥的施工面等。

环氧防护涂层护面方案：优点是施工相对简单、方便，投资较低，受潮湿环境影响较小；缺点是涂层较薄，抗滚石冲击力差。

根据上述，从施工方便，投资相对节省，安全可靠出发，推荐采用环氧砂浆护面方案，环氧涂层方案作为备用方案。

(6) 底板磨损处理主要技术指标。底板环氧砂浆：抗压强度大于50MPa；抗拉强度不小于10.0MPa；黏结强度大于4.0MPa；抗冲磨强度大于2.5h·cm^2/g。

泄洪洞底板环氧砂浆护面厚度平均按1.5cm控制，局部坑洼处2～3cm，局部最薄处不小于1.3cm。

5.7.4.2 底板磨损处理施工

(1) 渗水裂缝处理施工。在处理底板之前，需要先对底板已经出现了裂缝，特别是渗水裂缝进行处理，处理方法同本节泄洪洞渗水处理。

结构伸缩缝渗水采用开槽封闭处理，开槽断面为倒梯形，外口宽4cm，内口宽6cm，深4cm。槽内采用聚硫密封胶充填，充填后聚硫密封胶高度要低于原混凝土面，充填后外部和底板环氧砂浆护面一起封闭保护。

(2) 底板环氧砂浆处理。

1) 基础处理。采用地坪凿毛机对混凝土基础凿除表面棱角、乳皮或松动颗粒，边角位置采用人工凿毛，利用吸尘器清理表面浮尘、灰尘，使表面露出新鲜骨料，混凝土表面无油渍、无污染物。对混凝土表面局部深槽及孔洞采用环氧砂浆填补，环氧胶泥修补工艺同环氧砂浆。

2) 底层基液涂刷。

A. 底层基液涂刷前，再次用棕刷清除混凝土基面上的浮尘，以确保基液的黏结性能；

B. 基液的拌制——先将称量好的A组分倒入广口容器（如小盆）中，再按给定的配比将相应量的B组分倒入容器中进行搅拌，直至搅拌均匀（材料颜色均匀一致）后方可施工使用。为避免浪费，基液每次不宜拌和太多，原则上一次拌和不能超过1.0kg，具体情况视施工速度以及施工温度而定，基液的耗材量为0.4～0.5kg/m^2。

C. 基液拌制后，用毛刷均匀地涂在基面上，要求基液刷得尽可能薄而均匀、不流淌、不漏刷。填补环氧砂浆时，用手触探涂抹基液面，出现拉丝现象后，方可填补环氧砂浆。

D. 基液拌制需现拌现用，避免因时间过长而影响涂刷质量，造成材料浪费和黏结质量降低。同时还需坚持涂刷基液和涂抹环氧砂浆交叉进行的原则，以确保施工进度和施工质量。

E. 拌好的基液如出现暴聚、凝胶等现象不能继续使用时，需废弃重新拌制。

F. 基液涂刷后静停至手触有拉丝现象，方可涂抹环氧砂浆。

G. 涂刷后的基液出现固化现象（不粘手）时，需要再次涂刷基液后才能涂抹环氧砂浆。

3) 环氧砂浆的拌制和涂抹。

A. 环氧砂浆的拌制——先把称量好的环氧砂浆A组分放入广口低身容器中，再把按给定的配比称量出的B组分也倒入容器中，混合搅拌颜色均匀一致。把称重准确的砂、水泥依次放入环氧砂浆搅拌机拌和均匀后，把搅拌均匀一致的A、B组分溶液倒入搅拌机拌和，直至外观颜色均匀一致，然后即可施工使用。

B. 环氧砂浆要现拌现用，当拌和好的环氧砂浆出现发硬、凝胶等现象时，需废弃重新拌制。

C. 每次拌和的环氧砂浆的量不宜太多，具体拌和量视施工速度以及施工温度而定。

环氧砂浆的稠度以满足施工层不脱落、不起皮、不起皱、不流坠等施工性能为宜；随拌随使用，并要求在0.5h内用完。

D. 环氧砂浆护面在底板基础及底板裂缝处理完毕，并经基础处理验收合格后进行。

E. 环氧砂浆施工沿逆水流方向进行，全断面涂抹时宜先侧面后底面的施工顺序。大面积施工时，采用跳仓分块施工法，每一块施工块位3m×3.3m，施工块间预留30mm×15mm的木条间隔缝，便于施工。待1～3d环氧砂浆固化后再填补相邻块。填补施工时要求压实抹平，施工面要与两边的施工块保持齐平，无错台、无明显接缝。

F. 环氧砂浆的涂抹——用于混凝土表层修补时，如水泥砂浆的施工方法，将环氧砂浆涂抹到刷好基液的基面上，并用力压实，尤其是边角接缝处要反复压实，避免出现空洞或缝隙。

G. 环氧砂浆的涂抹厚度一般每层不超过1.5cm，当修补厚度超过2cm时，分层涂抹，每层厚度为1.0～1.5cm。层与层施工时间间隔以12～72h为宜，再次涂抹环氧砂浆之前还需要涂刷基液。每层表面用木板反复拍打直至表面出现浆液，环氧砂浆完全失去塑性，不再变形时方可填补下一层环氧砂浆，作为永久面时，表面用磨光机磨平，边角位置铁抹子压光抹平。

H. 养护：环氧砂浆涂抹完毕后养护5～7d，养护温度控制在(20±5)℃。养护期间要防止水浸、人踏、车压、硬物撞击等。

5.7.4.3 质量控制与检查

(1) 质量控制。

1) 环氧砂浆基液材料表层出现变色现象，属于正常情况，不影响产品质量。

2) 材料不慎粘到皮肤或衣服等上时，首先擦去，然后再用丙酮或酒精等有机溶剂擦拭干净。

3) 如果不慎将材料溅入眼中，要小心擦拭，严重者送医院治疗。

4) 每班次的工器具使用完毕后要及时清理，并用有机溶剂（如丙酮、酒精等）清洗干净。

(2) 质量检查与验收。

1) 外观及颜色。外观平整光滑，无龟裂，接缝横平竖直无错台，采用2.0m靠尺测量，表面平整度不大于3mm。颜色尽量调配成和原洞内衬砌混凝土本色接近。

2) 质量控制要求。

A. 环氧砂浆护面。

a. 施工期需分期分别抽检环氧砂浆材料的抗压强度、黏结强度、抗冲磨强度等，检测频率、方法及要求按照《环氧树脂砂浆技术规程》(DL/T 5193—2004)的要求执行。

b. 环氧砂浆护面（含环氧胶泥基础修补）完成3d时，用小锤轻击表面，声音清脆者为质量良好，若声音沙哑或声音“咚咚”者，说明内部有结合不良现象，需凿除重补。

c. 护面厚度平均按1.5cm控制，局部坑洼处2～3cm，局部最薄处不小于1.3cm，厚度在施工期采用插针法检测，检测频率按DL/T 5193—2004的要求执行。

B. 裂缝处理质量检查。

a. 采用化灌裂缝处理完毕14d后，钻检查孔进行压水试验，检查单孔透水率要小

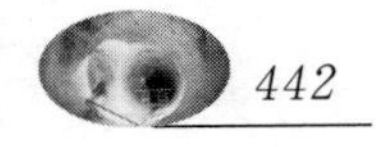

于 0.3Lu，不合格必须补灌，压水检查孔口压力为 0.5MPa，抽样频率（条数）为 10%。

b. 根据需要对处理后的裂缝进行声波检测，声波波速不低于混凝土未产生裂缝波速的 95%。

5.7.5 大直径钢筋直螺纹连接技术

5.7.5.1 概述

根据溢洪道结构设计，结构配置了大量的大直径钢筋，特别是闸室支铰及支铰处闸墩的放射受拉筋等钢筋直径达到 ϕ40mm，泄洪洞也存在类似情况。这些钢筋都存在接头连接，以往的连接多采用焊接，但由于直径较大，接头多，导致焊接困难，工作量大，功效低，钢筋浪费大，质量难以保证。为了确保钢筋连接质量，施工单位对直径较大的钢筋均采用直螺纹连接技术，该技术不仅有效地提高了功效，确保了质量，且有如下优点：

（1）接头强度高：接头强度达到《钢筋机械连接技术规程》（JGJ 107—96）中 A 级接头性能要求；抗疲劳性能好，可通过 200 万次疲劳试验；在接头区域不容易划分时，可以不受限制地使用。

（2）质量稳定：接头性能不受拧紧力矩影响，少拧 1～2 扣，均不会对接头造成明显损害。省去了用力矩扳手检测这一道工序，对劳动者素质及检测工具的依赖性明显减少。

（3）施工速度快：直螺纹连接套筒比锥螺纹短 40%左右，且丝扣螺距大，不必使用力矩扳手，方便施工。与电弧搭接焊、套筒冷挤压、锥螺纹连接相比，直螺纹连接降低了钢筋绑扎的劳动强度，大幅提高施工速度，降低工程的人工费。

（4）应用范围广：适用于直径 16～50mm 的Ⅱ级、Ⅲ级钢筋任意方向和位置的同异径连接；对弯折钢筋、固定钢筋、钢筋笼等不能转动钢筋的场合，正反丝扣型接头用途非常广。

（5）节约能源：设备功率仅为 3～4kW。与冷挤压相比，按连接 10000 只 ϕ25mm 直螺纹接头计算，节电 2000kW·h；与电弧搭接焊相比，按连接 10000 只 ϕ25mm 直螺纹接头计算，节电 40000kW·h。

（6）有利于环境保护：直螺纹连接无噪声污染，无油污污染、无烟尘和弧光污染、有利于保护劳动者身体健康和施工现场的文明整洁。

5.7.5.2 直螺纹连接技术原理

钢筋直螺纹连接技术是指在热轧带肋钢筋的端部制作出直螺纹，利用带内螺纹的连接套筒对接钢筋，达到传递钢筋拉力和压力的一种钢筋机械连接技术。目前主要采用滚轧直螺纹连接和镦粗直螺纹连接方式。技术的主要内容是钢筋端部的螺纹制作技术、钢筋连接套筒生产控制技术、钢筋接头现场安装技术。

5.7.5.3 直螺纹接头技术要求

采用直螺纹套筒连接的钢筋接头，相邻钢筋之间应互相错开，间距为 35d（d 为钢筋直径），有接头的受力钢筋截面积占受力钢筋总截面积的百分率应符合下列规定：

（1）受拉区的受力钢筋接头百分率不宜超过 50%。

(2) 在受拉区的钢筋受力较小部位，A 级接头百分率不受限制。

(3) 接头宜避开有抗震要求的框架梁端和柱端的箍筋加密区，当无法避开时，接头应采用 A 级接头，且接头百分率不应超过 50%。

(4) 受压区构件中钢筋受力较小部位，A 级和 B 级接头百分率不受限制。

(5) 接头距钢筋弯曲点不得小于钢筋直径的 10 倍。

(6) 不同直径钢筋连接时，一次连接钢筋直径规格不宜超过二级。

5.7.5.4 工艺流程

钢筋滚压直螺纹套筒连接，是采用专门的滚压机床对钢筋端部进行滚压，一次成型直螺纹，其工艺流程如下：钢筋→剥肋→滚压成型（加保护套）→施工现场连接→套筒（加保护套）→机械加工。

5.7.5.5 材料及机具设备

(1) 套筒与锁母材料应采用优质碳素钢或合金属结构构钢，其材质应符合《优质碳素结构钢》(GB/T 699—2015) 的规定。

(2) 工具设备：切割机、套丝机、普通扳手、量规。

5.7.5.6 钢筋直螺纹丝头加工及检验

(1) 加工前准备。

1) 钢筋先调直后下料，切口端面要与钢筋轴线垂直，不得有马蹄形或挠曲，不得用气割下料。

2) 厂家提供的套筒应有产品合格证；两端螺纹孔应有保护盖；套筒表面应有规格标记。

(2) 直螺纹丝头加工。

1) 按钢筋规格调整好滚丝头内孔最小尺寸及涨刀环，调整剥肋挡块及滚压行程开关位置，保证剥肋及滚压螺纹的长度。

2) 加工钢筋螺纹时，采用水溶性切削润滑液；当气温低于 0℃时，应掺入 15%～20%亚硝酸钠，不得用机油作润滑液或不加润滑液套丝。

3) 操作工应逐个检查钢筋丝头的外观质量，检查牙型是否饱满，有无断牙、秃牙缺陷，已检查合格的丝头盖上保护帽加以保护。

(3) 直螺纹丝头的加工检验。

1) 经自检合格的丝头，应由质检员随机抽样进行检验，以 500 个同种规格丝头为一批，随机抽检 10%，进行复检。加工钢筋螺纹的丝头牙型、螺距、外径必须与套筒一致，并且需经配套的量规检验合格。

2) 螺纹丝头牙型检验：牙型饱满，无断牙、秃牙缺陷，且与牙型规的牙型吻合，牙齿表面光洁为合格品。

3) 螺纹直径检验：用专用卡规及环规检验。达到卡规、环规检验要求为合格品。

4) 检验的同时，填写钢筋螺纹加工检验记录，如果有一个丝头不合格时，立即应对该加工批丝头全部进行检验，切去不合格的丝头，查明原因后重新加工螺纹，经再次检验合格后方可使用。

5.7.5.7 钢筋连接

(1) 连接钢筋时，钢筋规格和连接套的规格应一致，钢筋上螺纹的型式、螺距、螺纹外径应与连接套一致，并确保钢筋和连接套的丝扣干净，完好无损。

(2) 连接钢筋时应对正轴线将钢筋拧入连接套。

(3) 接头拼接完成后，应使两个丝头在套筒中央位置互相顶紧，套筒每端不得有一扣以上的完整丝扣外露，加长型接头的外露丝扣数不受限制，但应有明显标记，以检查进入套筒的丝头长度是否满足要求。

5.7.5.8 接头施工现场检验与验收

(1) 连接钢筋时，应检查连接套出厂合格证，螺纹加工检验记录。

(2) 钢筋连接开始前，应对每批进场钢筋和接头进行工艺检验。

(3) 每种规格钢筋母材进行抗拉强度试验。

(4) 每种规格钢筋接头的试件数量不应少于 3 根。

(5) 接头的现场检验按验收批进行，同一施工条件下的同一批材料的同等级、同规格接头，以 500 个为一个验收批进行验收，不足 500 个也作为一个验收批。

5.7.6 三支臂弧形闸门圆弧液压闸门铰座悬空定位施工工法

5.7.6.1 概述

溢洪道闸室段长 42m，为 3 孔弧形三支臂闸门，闸门宽 15m，门高 18.3m，闸墩长 42m，采用 2×2500kN 液压启闭机启闭，由于液压缸外挑，特别是液压支铰安装过程中，支铰远端要求伸出闸墩表面 1.15m，这对现场测量和埋件安装带来极大的不便，对其他安装也造成很大的困难。以往普通圆弧液压闸门施工多采用悬空安装，都是手动操作，手动操作最小幅度 8mm，埋件一次移动需要精确到 1mm，安装精度也难以保证。由于油缸铰座的安装精度直接影响闸门的安装，因此需要采用一种高效、安全、快捷、精度高的安装方案。承包商在工程施工中积极探索出了一种快速定位铰座的施工方法，即采用液压埋件调整丝对圆弧液压闸门铰座进行悬空定位安装，不仅高效地完成了施工任务，满足施工的需要，并有力地保证了工程质量。在快速准确定位安装圆弧闸门铰座施工方面取得了较大的突破，赢得了业主的高度认可。在施工过程中，通过边施工边总结提高，形成了一套成熟的工法。

5.7.6.2 圆弧液压闸门铰座悬空定位工法工艺原理

(1) 圆弧液压闸门铰座悬空定位施工工法，通过采用悬空安装，采用液压支铰埋件调整丝，用扳手旋转圈数精确控制铰座在三维立体空间 X 轴（铰座横轴）、Y 轴（铰座纵轴）、Z 轴（铰座设计中心线）移动距离，一次移动精度达到 1mm。新设计的液压支铰埋件调整丝，包括丝杆和扳手，所述扳手由左短杆和右短杆及固定在左短杆和右短杆之间的螺母构成，在左短杆和右短杆之间设有上挡板和下挡板；设置在刻度盘中间的环形凹槽内并能转动；通过严格按照螺栓旋转圈数，精确移动距离，调整的距离控制到扳手每旋转 0.5 圈，丝杆缩短或增长 1mm，做到悬空精准定位。

(2) 外挑悬架，实现坐标“实体化”，在铰座外挑部分四周，焊出钢筋控制网架，将铰座控制坐标桩号、偏距和高程三个数据标记到实现焊好的钢筋网架上。在配合全站仪、水准仪、微型棱镜，在三维空间里，准确定位 X 轴、Y 轴、Z 轴的交点即为铰座的位置，准确快速。

5.7.6.3 工法的优点

（1）本工法主要应用于此项目，主要是由于大型弧形钢闸门门体尺寸大，并受运输条件、安装场地的限制，且液压铰座中心与闸底板相对高度达到22m，铰座安装为悬空定位安装，铰座安装的位置是否准确对弧形闸门的安装起着决定的作用。

（2）具有操作简单灵活、快捷、省时、省力的特点，具有无需拆卸、不破坏环境，施工不受气候和环境的影响，还可以节省人工费、机械费、材料费，针对以往人工手动操作调节，误差较大，容易返工，该工艺技术先进，效果显著，具有明显的社会效益和经济效益。

5.7.6.4 工艺流程及施工要点

（1）工艺流程。施工测量准备→埋件清点检查→铰座基础螺栓架吊装→地脚螺栓埋置、固定、监测调整→地脚螺栓的固定→一期浇筑混凝土→脚手架搭设→支铰外挑四周焊钢筋控制网→将坐标数据标记到钢筋网架上→定位铰座中心位置→铰座吊装、调整、固定→安装过程中监测→二期混凝土浇筑→复核→清理验收。

（2）施工要点。

1）施工测量准备。组织施工人员熟悉安装图纸与质量要求，进行施工技术交底、会审图纸，熟悉设备说明书、了解设计意图，消化各种技术资料，配备各种专业技术人员，对工人进行操作训练，制作并优化施工方案等。

2）埋件清点检查。按照设计图纸对埋件规格、数量、型号逐一进行清查，逐项检查设备埋件、构件、零部件的损坏和变形，并做好记录。

3）铰座基础螺栓架吊装。在安装铰座基础前，应详细绘制计算出坐标尺寸，建立坐标控制点，确定铰座基础螺栓的安装位置。然后用45t汽车起重机将铰座基础螺栓架由下往上吊装。本闸门为露顶式闸门，支臂和铰链组装后，经检查、验收用45t汽车起重机将支臂吊至铰座。

4）地脚螺栓埋置、固定、监测调整。

A. 地脚螺栓的埋置。埋置地脚螺栓前，先用模线放出相应的纵、横向轴线，同时用钢尺在基础钢筋上放出每组地脚螺栓的位置。埋置地脚螺栓时，先将地脚螺栓套板平放在基础钢筋上相应位置，用线锤测定校正纵、横轴线与套板上标出的纵、横向轴线标志，沿套板周边在钢筋上做出标记。将地脚螺栓的螺杆由下至上穿过套板，在螺杆上拧上相应的螺母，通过螺母的松紧，调节地脚螺栓的顶部标高，用水准仪测量控制螺栓顶标高，直到图纸要求相符合为止。将全站仪架立在需复核的地脚螺栓的轴线控制点上，目镜瞄准远端该轴线的另一控制点，确定目镜中十字丝中心，即为该轴线位置，然后复核位于该轴线上的每组地脚螺栓与轴线位置关系是否准确，并修正成果。

B. 地脚螺栓的固定。每组螺栓的各螺杆间用 ϕ8mm 钢筋焊接连接。螺杆下部能与基础钢筋连接的部分尽量采取电焊可靠连接，以确保地脚螺栓位置的准确性，并用水平靠尺检测螺杆的垂直度。焊接工作完成后，松开套板上的螺母，使螺栓套板的底部距基础面钢筋 30mm 左右，同时将混凝土保护层垫块置于套板底部与钢筋之间，上部螺杆上的螺母带紧。

C. 地脚螺栓的监测调整。在浇筑混凝土时，加强对地脚螺栓的监测，用水准仪、全站仪随时对各组地脚螺栓（特别是周围正进行浇筑混凝土的地脚螺栓）的复核。一旦发现偏差，立刻进行校正。

5）一期浇筑混凝土。

A. 一期预埋结构件在焊接完成后进行平面度校正，平面度控制在 2mm 之内，画好横竖中心线，做好中心标记线。

B. 安装前，先粗略定位出埋件的位置。利用全站仪和经纬仪在左右边墙上放出预埋结构件的里程点和高程点，并做好标记，在预埋件安装处做好临时螺栓套板，并做好中心点标记。

6）脚手架搭设。支铰悬挑闸墩外侧，考虑到后期支铰调整作业，该部位脚手架结合现场条件钢管间距进行调整、加固，上面铺设脚手板，最终形成一处可平稳站立的操作空间（安全绳连接点固定于闸墩上，独立出脚手架）。

7）支铰外挑四周焊钢筋控制网。在支铰外挑部分，1.5m 外四周焊出一个稳定的钢筋控制架，利用全站仪做好放样。闸墩第二次混凝土浇筑完成并达到一定强度后，在预埋的四根角钢立柱上用焊接钢筋控制网架。采用直径 8mm 钢筋焊接成钢筋网架，间距 20mm，横平竖直，距离螺栓套板的底部 30mm。

8）将坐标数据标记到钢筋网架上。利用水准仪和全站仪将液压支铰中心控制坐标桩号，偏距和高程三个控制数据标记到焊好的稳定钢筋网上，用彩色油漆记号笔配合经纬仪将点号标记到钢筋网架上，将控制同一个参数的两个标记通过粗一些的尼龙鱼线紧密连接。

9）定位铰座中心位置。

A. 确定埋件中心线位置。埋件中心位置（也就是埋件的中心坐标）是一个直径 6mm 的圆孔，这样根本无法测量控制其准确高程。为了定位出铰座中心线，根据图纸的尺寸要求，采用金属构件，加工成一根直径 3.2cm、长度 30cm 的特质钢轴，将它与液压支铰中心圆孔对接螺栓连接，用于增加中心高程。为了使钢轴与支铰紧密接触，一端要铣出一段直径 6mm、长约 8mm（小于或等于支铰中心孔深）的螺纹接头。埋件定位见图 5.84。

B. 将特质钢轴连接于支铰中心（图 5.85），利用调整丝同侧同时细微调节支铰位置，一直调节到钢轴紧贴但不干扰尼龙控制线为止，校核时只需测出钢轴高程即可，此时钢轴高程 Z=设计高程 h+钢轴半径 1.6cm。

C. 采用实用新型专利液压支铰埋件调整丝（图 5.86），连接埋件调节，两两同时进行调整。新型的液压支铰埋件调整丝一端连接于液压支铰埋件；另一侧固定在固定筋，液压支铰埋件底部也同样安装特制的螺栓（加粗，兼作固定），为使调整丝的调整精度达到要求，施工员与作业人员对调整丝进行调整测量，液压支铰埋件的调整严格按照扳手旋转圈数控制，上面有刻度盘，可以精确调整丝杆的伸长或缩短，调整的距离控制到扳手每旋转 0.5 圈，丝杆缩短或增长 1mm，作业人员可精确快速调整到作业幅度。

钢轴与液压支铰中心圆孔对接螺栓连接

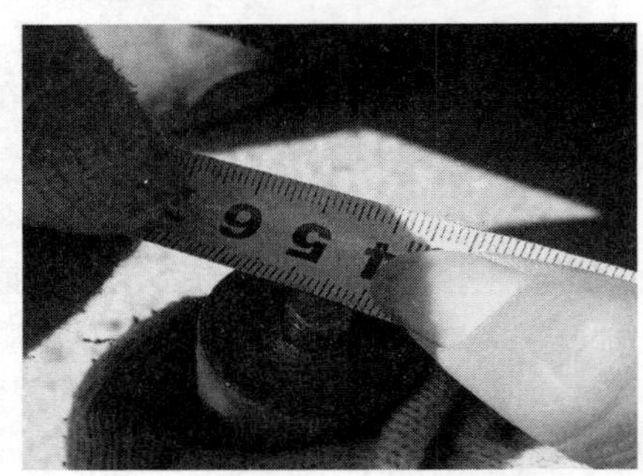

图 5.84　埋件定位

注：钢轴长约 30cm，一端螺丝接头直径 8mm。

(a) 控制线紧贴特种钢轴

(b) 测量人员正在验证中心高程

图 5.85　特质钢轴连接于支铰中心

图 5.86　连接调整液压支铰的调整丝

D. 用液压支铰埋件调整丝进行调整，配合全站仪、水准仪、微型棱镜，在三维空间里，通过严格按照螺栓旋转圈数，精确移动距离，悬空准确定位 X 轴（铰座横轴）、Y 轴（铰座纵轴）、Z 轴（铰座设计中心线）的交点即为铰座的位置。铰座设计中线线不动，通过调整丝的两两同时微调，在空间内找出尼龙线三线的交点，即 X 轴（铰座横轴）、Y 轴（铰座纵轴）、Z 轴（铰座设计中心线）的交点。在悬空的空间里，没有任何参照物定位是无法保障的，即使再配合测量仪器找到点后，因悬空无法标记，给安装带来很大的问题，加上埋件安装的精度较高，稍有差错就影响闸门的后期安装。采用坐标实体化，采用尼龙线连接在钢筋网架上，配合液压埋件调整丝，快速准确定位铰座的中心线。

E. 同一孔的埋件需同时进行安装，确保中心点、里程点和高程点在同一个面上。

10）铰座吊装、调整、固定。确保地脚螺栓精度在±5mm范围内后，将铰支座吊装于地脚螺栓，并进行初步螺栓固定，通过若干微距调节螺栓连接铰支座与周围固结点（此时的铰支座已通过地脚螺栓的固定使其位置精度在中心点、里程点和高程点三方面达到±5mm以内）使铰支座整体构件的空间位置仅能够通过微距调节螺栓和地脚螺栓进行调整，然后通过逆时针或顺时针方向扭动微距螺栓达到铰支座的左右和前后移动，高程方向通过则地脚螺栓来调节，整个调整过程要求将高精度的水平尺要置于铰支座构件上，用来校正铰支座的水平，水准仪实时监测铰支座中心高程，直至铰支座中心点位置正照悬挂于钢筋网架上尼龙网线的交点（铰支座中心高程的设计位置），安装位置达到设计精度要求后，方可对构件进行加固，最后将地脚螺栓以及埋件调整丝用电焊焊死。

11）安装过程中监测。在安装及浇筑混凝土时对预埋件的保护和检测，防止预埋件出现偏移。在浇筑完成后对预埋件进行复测，并做好记录。在浇筑混凝土时注意对预埋螺栓和调整丝的保护和检测。

12）复核。混凝土浇筑前，对埋件的安装位置和尺寸进行测量复核，采用棱镜和全站仪，经纬仪符合铰座中心线位置和高程，经确认合格后进行混凝土浇筑，在浇筑完成后对预埋螺栓和液压支铰埋件调整丝进行复测，对照浇筑前的检查记录，做好偏差分析及应对措施。

13）二期混凝土浇筑。埋件在安装过程中应反复调整，其允许公差及偏差应符合设计规范要求后，经监理工程师验收后浇筑二期混凝土。

14）清理验收。拆除模板和脚手架后，清除混凝土碎渣，将铰座清理干净，进行验收。

5.7.7 液压启闭机陶瓷活塞杆新技术应用

5.7.7.1 背景

河口村水库泄洪洞及溢洪道工作门均是采用液压启闭机设备，其中1号泄洪洞液压启闭机（包含2孔偏心铰弧门液压启闭机，型号分别是3500kN /1000kN—9.2m、3000kN/1000kN—2.8m，各2台套）、2号泄洪洞液压启闭机（型号是5000kN/1000kN—11.0m，1台套）、溢洪道表孔弧门液压启闭机（型号是2×2500kN—5.8m，3台套），这些液压启闭机的活塞杆防腐原初设阶段均是采用镀铬防腐。施工期通过对小浪底水利枢纽工程液压启闭机十几年的运行经验总结，多泥沙河流的水利工程，尤其是高水头深孔弧形闸门的液压启闭机，由于泥沙较多且高速水流冲击作用，易造成液压启闭机活塞杆的镀铬层破坏，活塞杆表面呈点状镀铬层脱落。其后果是，在活塞杆反复运动过程中，加速活塞杆密封件的磨损，造成油缸外泄漏量的增加，影响液压启闭机正常运行并污染环境，同时，缩短液压启闭机的维护周期。因此，对于高水头深孔弧形闸门的液压启闭机，提高液压启闭机活塞杆表面防腐层的硬度较为重要。河口村水库工程位于黄河支流沁河上，虽然河流中的含沙量与黄河相比较少，但1号泄洪洞、2号泄洪洞液压启闭机操控弧形闸门的水头较高，都存在高速水流中泥沙对活塞杆的侵蚀作用，提高活塞杆表面防腐层的硬度有助于延长液压启闭机的维护周期和寿命。

5.7.7.2　液压启闭机采用热喷涂防腐新工艺的可行性研究

由于液压活塞镀铬防腐的缺陷，早期国外就开始研究热喷涂技术，该技术是表面工程中的一个重要分支，它是通过火焰、电弧或等离子体等热源，将某种线状和粉末状的材料加热至熔融或半融化状态，并将加速形成的熔滴高速喷向基体形成涂层。涂层具有耐磨损、耐腐蚀、耐高温和隔热等优异性能，并能对磨损、腐蚀或加工超差引起的零件尺寸减小进行修复。热喷涂技术的应用主要包括长效防腐、机械修复及先进制造技术、模具制作与修复、制造特殊的功能涂层等四个方面。据国外有关材料介绍，近几年，美国热喷涂总产值约为20亿美元，日本为800亿日元，分别占其国民经济总产值（GNP）的3.6/10000和2.3/10000。热喷涂产值在GNP中的比值是该国热喷涂发达与否的重要标志。中国的这个比值，仅为美国的11%，日本的17%。这说明，中国的热喷涂仍处于发展阶段，远未达到成熟和饱和阶段，也正因为如此，热喷涂在中国的市场广大，机遇甚多，发展前景看好。热喷涂技术，我国起步的比较晚，20世纪50年代初开始了研究，但在70年代，由于一些大国对我国的种种限制，导致我国的设备总体水平仍不高，材料仍存在这样或那样的质量问题。研发机构仅分布在一些大专院校，所以整体技术装备来看：科研及技术力量薄弱，技术水平落后。而国外，特别是工业技术大国如美国、荷兰、德国等国家，已经完全走在世界的前列，另外这些国家在热喷涂的检测和试验方面的技术也处于世界领先地位。

以往国内水利工程，液压启闭机应用热喷涂防腐工艺主要靠两个途径：一是整体采购国外成套液压启闭机，例如小浪底水利枢纽工程溢洪道液压启闭机即为全套采购德国力士乐公司的液压启闭机成品。二是进口国外已热喷涂防腐并加工完成的活塞杆即通常说的陶瓷活塞杆，然后在国内制造厂完成油缸其他部件的制造和整体装配。例如，三峡水利枢纽工程船闸的液压启闭机就是采用这种方式。

近几年，随着国内经济的迅猛发展，对陶瓷活塞杆的需求量的增加，国内制造厂投入大量资金对该技术进行研发或引进，其中以江苏武进为代表的自主研发等离子热喷涂防腐技术，并制定相关厂标；以常州成套为代表的全套引进国外超音速火焰喷涂技术和等离子热喷涂防腐技术，并按照国外生产流程和相关标准制订生产工艺、质量保证体系和质量检测和试验方法。

按照当时河口村水库工程建设的整体进度计划安排，由于1号泄洪洞需要参加汛期导流，工期较紧，此外，进口产品的海运周期也较长，采用液压启闭机国外全套采购或陶瓷活塞杆国外采购均无法满足工期要求。因此，液压启闭机活塞杆考虑采用国内热喷涂防腐工艺。

5.7.7.3　液压启闭机陶瓷活塞杆的方案选择和加工

根据上述，鉴于河口村水库项目是河南省水利厅的重点项目，为提高河口村水库运行的安全性和可靠性。经综合比较后选择常州成套的热喷涂技术。根据河口村水库工程液压启闭机的运行工况、使用环境，并借鉴国内水利工程同类液压启闭机陶瓷活塞杆应用实例(例如三峡水利枢纽工程船闸液压启闭机、大渡河深溪沟水电站工程液压启闭机等)，对泄洪洞及溢洪道的液压活塞杆运用 HYDROX AP20 陶瓷涂层的活塞杆。

HYDROX AP20 涂层是由底层和表层组合在一起的，其主要的运用工况是淡水或盐水环境下。这种特殊材料的结合体在化学腐蚀环境中有杰出表现，同时该涂层具有超强的耐磨损性和韧性。这种高抗磨性以及韧性的涂层在液压油缸活塞杆表面是非常好的选择。相对活塞杆表面镀硬铬的产品而言，该涂层更耐磨，更耐腐而且更环保，使用寿命比镀硬铬的更长。

河口村项目中的陶瓷活塞杆的加工是采用超音速喷涂底层和等离子喷涂的表层的喷涂工艺，超音速喷涂的底层其涂层的孔隙率小于1%，非常致密的底层是该涂层的耐腐蚀性能的保障。在整个喷涂过程中，对于每个关键点，如电源、气压、喷涂距离、气流速度、送粉量、旋转设备的转速等的控制等，都将直接影响涂层的性能。为了控制各个关键环节，所有的喷涂过程都是采用机械手进行操作，避免人为的操作误差，从而影响涂层的质量。同时，设备还配有先进的整机监控、报警、紧急停止等功能，在任何环节都不会出现偏差。陶瓷活塞杆安装后，泄洪洞与当年就开始运行泄水，至今已运行 3 年左右，目前运行情况良好。

5.8　泄洪及引水发电工程施工

5.8.1　溢洪道施工

5.8.1.1　溢洪道开挖及支护工程

(1) 地质条件。引渠段整体位于龟头山褶皱断裂发育区，该区域内小断层及小褶皱等发育，地层凌乱、岩体破碎，且分布有龟头山古滑坡体，整体工程地质条件较差。

闸室段位于龟头山褶皱束范围内，两个小背斜夹一个小向斜，且中间有五庙坡和其他小断层穿过，岩层总体产状向北倾斜。闸室基础为 Pt_2r 石英砂岩、砾岩及 Ard 花岗片麻岩地层，岩性坚硬，受断层影响岩体破碎。

泄槽段沿线地质条件复杂，五庙坡断层与小角度斜交，且有较多小断层发育。五庙坡断层下盘出露 Pt_2r 及 Ard 地层，断层上盘主要出露 $\in_1mz$ 及 $\in_1m^{4-6}$ 地层。因此，泄槽段不论在纵向和横向上，都呈现出工程地质条件复杂、岩体强度变化大的特点。

出口消能鼻坎齿墙处地质条件差异很大。右侧上部为坡积碎石土层，下部为 Ard 花岗片麻岩，中间地段为 F_6、F_7、F_8 断层破碎带及影响带，岩体破碎。

溢洪道位于古滑坡体后缘与五庙坡断层之间，岩体条件较差，须做好基础处理、基础防渗和砌护面板下的排水等工程措施，以及泄槽段的边坡支护工作。

(2) 开挖方法。溢洪道两岸边坡地形较陡，覆盖层较薄，结合岩石开挖同步进行开挖。本工程石方工程量较大，经仔细研究，采用预裂爆破和光面爆破相结合的方法进行施工，同时又根据各部位的实际地形地质情况选用不同的爆破参数。为施工和清理石渣方便，按照先边坡，后底板保护层，分层开挖；最后沟槽的施工顺序。$1m^3$ 挖掘机配 15t 自卸汽车清运石渣的总体施工方案。具体方案见表 5.22。

表 5.22　　总体施工方案表

项　　目	内　　容
一般石方	潜孔钻钻孔，人工装药，非电雷管爆破
边坡	减弱抛掷爆破、预裂爆破
底板保护层	底部光面爆破
沟槽	预裂爆破、松动爆破和人工开挖

开挖后表面因爆破震松（裂）的岩石，表面呈薄片状或尖角状突出的岩石均采用人工清理，如单块过大，亦可采用单孔小炮和火雷管爆破。

（3）爆破参数。

1）炸药选择。施工所用炸药，选用 2 号岩石硝铵炸药，在有水或潮湿条件下进行爆破，采用抗水爆破材料，若使用不抗水或易受潮的爆破材料，则采取防水或防潮措施。在冬季进行爆破时，采用抗冻爆破材料。

2）施工要点。

A. 施工放样：按照已设计的爆破方案进行各参数的放样定位，包括钻孔位置、钻孔深度、排距、间距等。

B. 钻孔：采用潜孔钻钻孔，孔位偏差不大于 2cm。钻好的炮孔做好标志，注意保护，防止异物进入。

C. 装药堵塞，埋设引线：施工中操作人员要与测量人员密切配合，准确掌握爆破深度、装药长度、堵塞长度等参数。

D. 起爆：起爆采用电雷管引爆。爆破前，同时发出声响或视觉信号，使危险区的人员都能清楚地看到或听到，防止出现安全事故。

3）参数设计。依据《招标文件》《土方形爆破工程施工及验收规范》（GB 50201—2012）、《爆破安全规程》（GB 6722—2014）和现场实际情况，结合岩石类别，为确保施工质量和工程安全，将石方开挖分为一般石方开挖、边坡保护层和底部保护层开挖。一般石方开挖采用浅孔松动爆破或浅孔爆破，边坡保护层采用预裂爆破，底部保护层采用浅孔火花爆破。根据实际的地质岩石情况，特别是断层、发育的裂隙等不良地质条件，结合早期的施工经验，初步制定以下的爆破设计方案。

边坡开挖首先沿设计坡面线进行预裂爆破，其后视拟开挖岩体的厚度和高度，采用深孔或浅孔梯段爆破的施工方法。

A. 浅孔松动爆破参数。单孔装药量（kg）：

$$Q=qhab \tag{5.7}$$

式中：q 为单方耗药量，kg/m^3，根据岩石类别，结合施工经验拟定为 $q=0.5\sim0.8kg/m^3$；h 为孔深，m，根据设计断面开挖深度，预留 1.5m 的底部保护层，拟定为 $h=1.5\sim2.5m$；a、b 为孔距和排距，m，采用梅花形布孔，拟定孔距 1.5m、排距均为 1.0m。

B. 预裂爆破参数。单孔装药量（kg）：

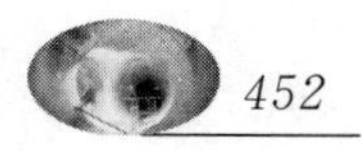

$$Q=qH \tag{5.8}$$

式中：q 为线耗药量，kg/m，根据岩石类别，结合施工经验拟定为 $q=0.35\sim0.45$kg/m；H 为孔深，m，根据设计断面开挖坡度，沿开挖轮廓线，拟定为 $H=2.5\sim3.0$m。

C. 浅孔爆破参数。单孔装药量（kg）：

$$Q=qhab \tag{5.9}$$

式中：q 为单方耗药量，kg/m^3，根据岩石类别，结合施工经验拟定为 $q=0.75\sim1.0$kg/m^3；h 为孔深，m，根据保护层开挖深度，拟定为 $h=0.5\sim1.0$m；a、b 为孔距和排距，m，采用梅花形布孔，拟定孔 $a=1.0$m、排距 $b=0.3$m。

D. 爆破地震安全距离。根据《爆破安全规程》（GB 6722—2014）推荐的计算公式和推荐的参数选择范围。

地震波振动速度（cm/s）：

$$V=K(Q^{1/3}/R)^{a} \tag{5.10}$$

式中：K 为综合系数，根据施工经验取 $K=200$；Q 为最大一次爆破炸药量，kg；R 为距爆破点距离，取 $R=100$m；a 为衰减指数，取 a=1.6。

根据计算深孔最大段一次爆破炸药量估算为 200kg，计算出距爆破点 100m 处的振动速度 2.13cm/s，符合 GB 6722—2014 的规定，水工隧洞安全振动速度为 10cm/s，且 100m 范围内无重要建筑物。

E. 爆破冲击波安全距离。爆破冲击波安全距离（m）：

$$R=KQ^{1/3} \tag{5.11}$$

式中：K 为系数，无掩蔽体取 30；Q 为炸药量，kg。

根据计算深孔最大段一次爆破炸药量估算为 200kg，计算出距爆破点的爆破冲击波安全距离为 175m 处，符合 GB 6722—2014 的规定。

F. 个别飞石的安全距离。个别飞石的安全距离（m）：

$$R=KRq^{1/3}\ K_1K_2 \tag{5.12}$$

式中：KR 为圆形抛掷，取 96m；R 为飞石防护距离，m；q 为单段装炸药量，kg；K_1、K_2 为不同防护可衰减系数。

单段最大装炸药量为 200kg，用黏土堵塞炮孔飞石可衰减系数 $K_1=0.4$，用草袋或胶皮覆盖飞石可衰减系数 $K_2=0.3$，KR 圆形抛掷 96m，经计算，飞石最远距离 R 为 67m，符合 GB 6722—2014 的规定。

详细的爆破设计，待开工前根据实际测量地形和爆破试验，编制爆破施工组织设计，确定爆破施工参数，报监理工程师审批后执行。

（4）边坡开挖。

1）工艺流程（见图 5.87）。

2）施工要点。

A. 修整平台。实行小爆破方法，在左右两岸的顶部开挖一条宽度为 2m 的平台，平台的高度应复合两岸设计的顶标高，以此平台为基础，逐步向下分层进行边坡开挖。

B. 钻孔作业。在左右两岸的平台上，根据施工图纸测量放样出钻孔点位，使用潜孔钻钻机，在两岸标定的边线上并按照设计的边坡角度实施钻孔作业，钻孔深度等于设计高

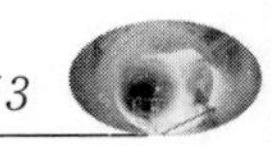

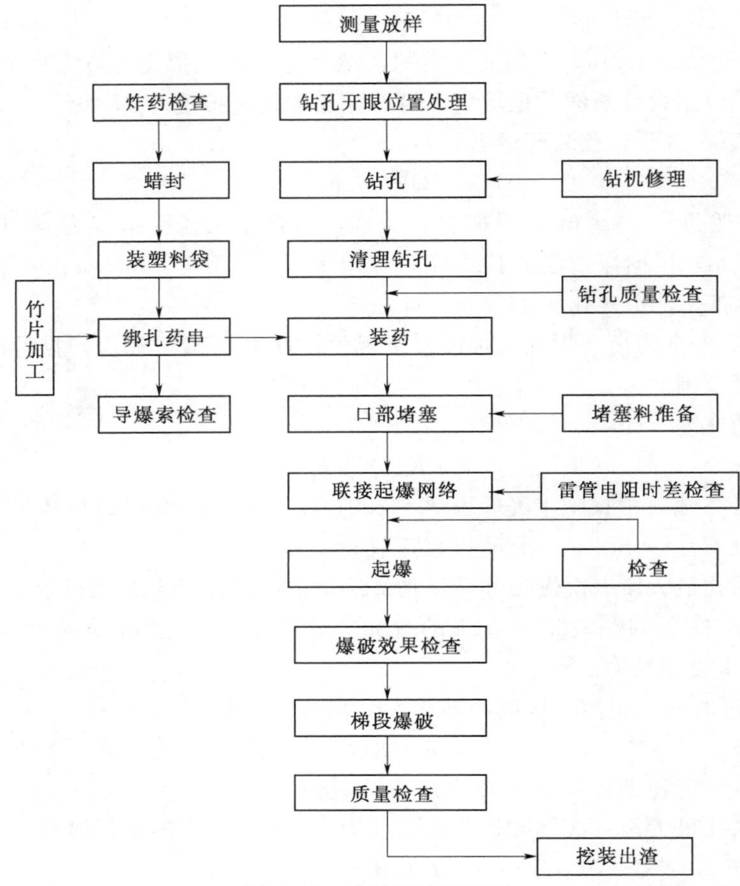

图 5.87　边坡开挖流程图

度。钻孔前，清除钻孔孔口部位的浮渣和积水，开孔孔位要求准确，开孔时徐徐加压，使钻具自如钻进，保持钻进方向角度不变。

钻孔质量标准为孔口位置偏差不小于 2cm，钻孔偏斜率不小于 1.5%，钻孔下挠不小于 1.8%。

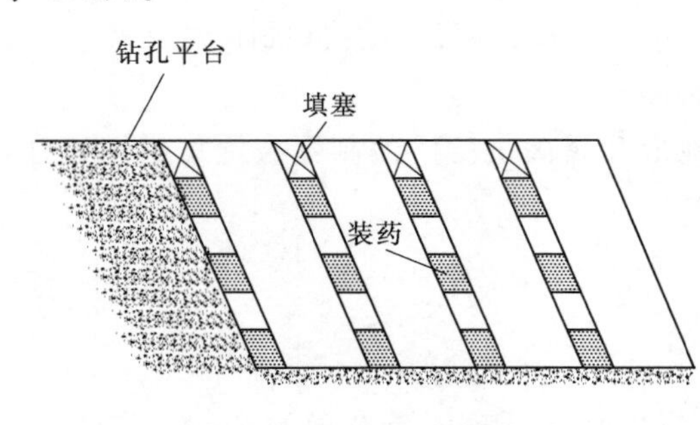

图 5.88　预裂爆破施工示意图

C. 装药爆破。将直径 32mm 的标准药卷与导爆索一起连续或间隔绑扎在一根竹片上，形成所需长度的药串。以细竹竿作为孔内支撑杆，药卷沿竹竿方向用导爆索连接。为了保证爆破效果，从孔口上方向下 40～50cm 处，用填塞物进行填塞，在孔的底部向上 60cm 处增加同长度的一倍的装药量。炮孔装药时，按实际孔深制作药串，以防孔口部分不能满足空孔长度的要求，致使爆破形成过深的爆破漏斗（见图 5.88）。

D. 底部保护层开挖。底部保护层采用水平预裂爆破孔（图 5.89），水平预裂爆破孔

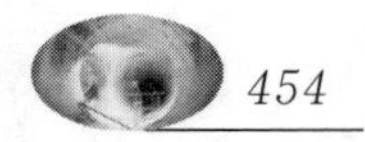

和浅孔梯段爆破孔可同时作业。水平预裂孔利用相邻较低的设计台阶作为施工作业面。水平预裂孔开孔误差要求不大于10cm，浅孔梯段爆破孔的孔底高程误差不大于20cm。钻孔时要根据地形变化，严格控制钻孔深度和方向。

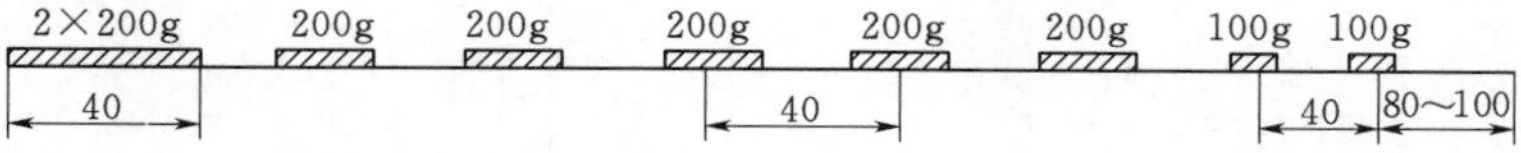

图 5.89　水平预裂孔典型断面图（单位：cm）

为减小梯段爆破地震效应对水平建基面的作用，阻止梯段爆破在岩体中产生的爆破裂隙和节理裂隙面、层面的破坏延伸到建基面岩体中，要求水平预裂范围要超出梯段爆破范围1.0～2.0m。

钻孔完毕后，要对钻孔孔位、孔深和孔斜进行认真检查，并做好记录，对未满足设计要求的钻孔，必须进行补钻（欠深）或充填（超深）。

为防止保护层开挖过程中破坏已经成型的开挖边坡，在水平预裂孔的两端设置空孔达到限裂要求。

3）装药联网。闸室基础保护层开挖采用2号岩石硝铵乳化炸药，导爆索或导爆管传爆，毫秒微差雷管起爆。垂直浅孔梯段爆破孔一般采用自孔底向上连续装药和间隔两种装药结构。起爆顺序沿反抗线最小的方向依次分段起爆，控制最大一段起爆药量小于200kg。

水平预裂孔采用间隔不耦合装药。为阻止预裂缝延伸至预裂范围以外的保留岩体内，在水平预裂孔两端各预留一孔不装药，作为导向孔。水平预裂一般控制最大一段起爆药量小于50kg。

水平预裂爆破和垂直浅孔梯段爆破同时按设计的装药结构分别装药，并在同一网络内连接，控制预裂爆破先于梯段爆破的起爆时差为75～100ms。

4）机械和人工相结合清底平整。爆破后的石渣清运后，用人工将剩余碎渣清除干净。对仍然高出设计底标高的岩石，采用风镐、人工凿岩的办法进行清除，确保工程质量。

（5）闸室基础石方开挖。闸底板基础石方开挖可先在两侧处开挖先锋槽，先锋槽的作用是为下游石方爆破创造临空面，提高下游的施工效率。

先锋槽的开挖，采用Y-26型手持式风钻造斜向孔，以先锋槽长度方向的中心线为基准，上游向下游倾斜钻孔，下游向上游倾斜钻孔，上下游对称，孔位呈V形，以期爆破时形成掏槽效果。孔径为38～42mm，孔深拟定为1.0m，孔距为0.5m、排距为0.5m，炸药采用2号岩石硝铵炸药，单孔最大装药量不超过0.4kg；孔口采用黏土封堵70cm；起爆方式采用导火线火花引爆。

先锋槽开挖后，即可自上下游向中间进行闸底板基础石方开挖。闸室基础石方开挖，距设计基础高程0.6m范围内的底部保护层开挖和保护层以上的一般开挖一次钻爆，渠底保护层以上的岩石应采用梯段浅孔爆破的方法，保护层采用水平预裂爆破的方法，见图5.90。

（6）出渣作业。溢洪道工程渣料工程量大，主要采用机械出渣，对于局部机械无法到达部位（沟槽）采用人工辅助清渣。

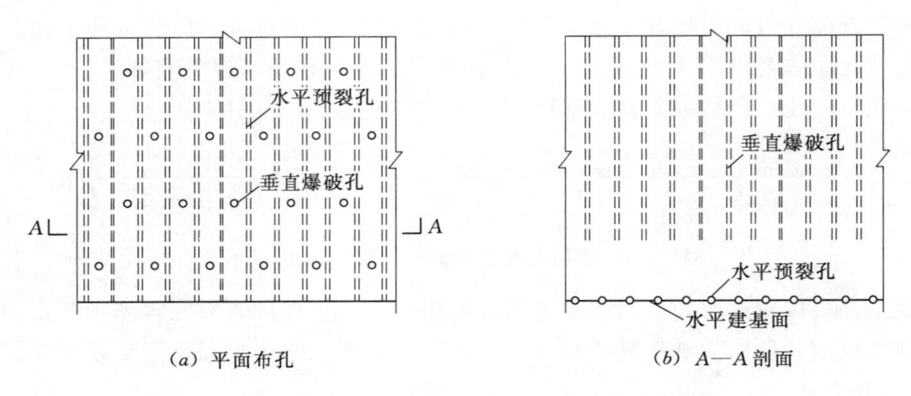

图 5.90　闸底板基础石方开挖典型布孔示意图

爆破作业结束后，施工机械（挖掘机、自卸车）进入作业区自上而下进行分层开挖，先开挖引渠段和闸室段土石方，再开挖泄洪槽、挑流鼻坎和出口段土石方。引渠段及闸室段渣料由自卸车经 2 号路运往 2 号堆渣场，泄槽段及挑流护坡段渣料由自卸车经 8 号路运往坝后指定堆料。对于沟槽内石渣由人工清理运出沟槽，堆放于挖掘机可以到达的地方，由自卸车一并运出。

（7）喷锚支护工程。

1）边坡喷锚支护。溢洪道边坡开挖后应及时进行喷锚支护：锚杆采用水泥砂浆锚杆，直径 22mm，杆长 4～7m，部分锚杆采用 25mm，按间排距 2m 布置（部分为 3m）；挂直径 8mm 钢筋网，网距 150mm，喷 C20 细石混凝土加以保护，防止岩石风化。

锚杆施工工艺流程见图 5.91。喷混凝土施工工艺见图 5.92。

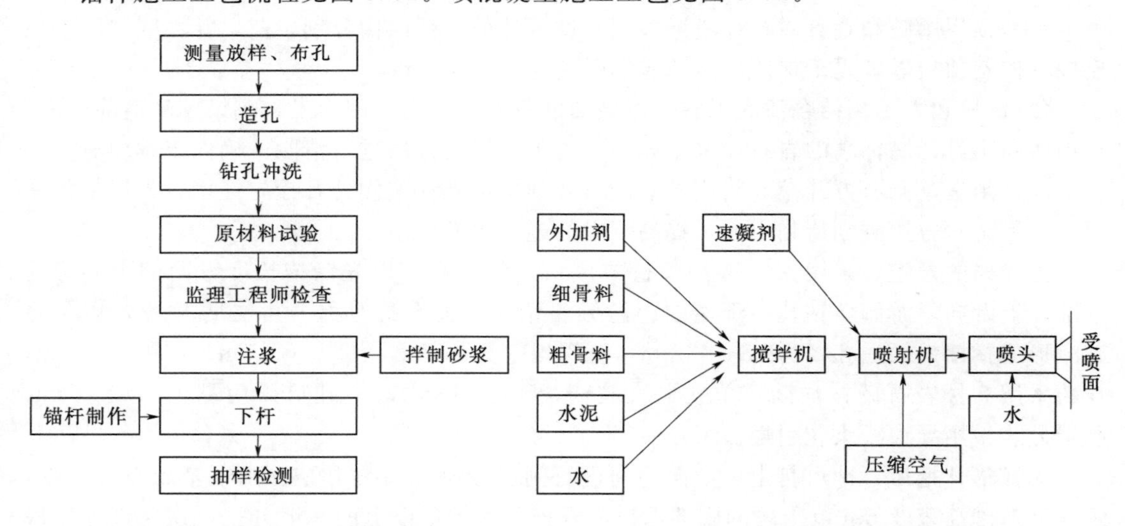

图 5.91　锚杆施工工艺流程图

图 5.92　喷混凝土施工工艺流程图

溢洪道边坡锚喷施工方法基本同泄洪洞，不再详述。

2）锚喷支护安全措施。

A. 脚手架搭设要求。外脚手架的基础基本要求是横平竖直、整齐清晰、图形一致，

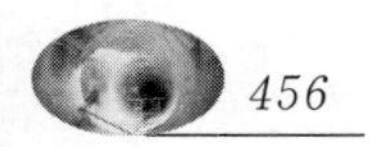

平通顺，连接牢固，受荷安全，有安全操作空间，不变形，不摇晃。

B. 外脚手架的搭设顺序。外脚手架的搭设应严格遵循以下顺序：

基础→摆放扫地杆→逐根树立立杆→并与扫地杆扣紧→装扫地杆小横杆与立杆和扫地杆扣紧→装第一步大横杆并与各立杆扣紧→安装第一步小横杆→安装第二步大横杆→安装第三步、第四步大横杆和小横杆→安装连墙杆→接立杆→架设剪刀撑→铺脚手板→绑扎防护栏杆及挡脚板并挂安全网保护。

（8）土石方开挖质量控制。开挖自上而下进行分层开挖。在开挖过程中，经常测量和校核施工区域的平面位置，水平标高和边坡坡度要确保符合设计要求。加强土石方开挖时的标高和边坡测量，控制开挖质量，做到不欠挖，不超挖，确保基础的质量，开挖的允许偏差应符合水利工程验收规范的有关规定。

1）土石方开挖前的质量检查和验收。土石方开挖前，会同监理人进行以下各项质量检查和验收。

原地形测量剖面的复核检查。按施工图纸所示的工程建筑物开挖尺寸进行开挖剖面测量放样成果的检查。对边坡开挖区上部危岩进行清理，经监理人检查确认后，才能开始边坡开挖。按施工图纸和监理人的指示，对边坡开挖区周围排水设施的完工质量进行检查，经监理人确认合格后才开始边坡开挖。

2）土石方开挖过程中的质量检查。土石方明挖应从上至下分层分段依次开挖，严禁自下而上或采取倒悬的开挖方法，施工中随时作成一定的坡势，以利排水，开挖过程中应避免边坡稳定范围内形成积水。石方开挖时实际施工的边坡坡度应适当留有修坡余量，再用人工修整，应满足施工图纸要求。土石方明挖过程中，如出现裂缝和滑动迹象时，立即暂停施工和采取应急抢救措施，并通知监理人。及时观测边坡变化情况，并做好处理准备工作，经监理人检查确认安全后，才能继续施工。定期测量校正开挖平面的尺寸和标高，以及按施工图纸要求检查开挖边坡的坡度和平整度，并将测量资料提交监理人。

基础处理多属隐蔽工程，直接影响工程的安全。一旦发生事故，较难补救，因此必须按设计及规范要求认真施工，并要做好以下几点：①根据设计要求，充分研究工程地质和水文地质资料，制定有关技术措施。②开挖区范围内的地质勘探孔、竖井、平洞、试坑等均按图纸逐一检查，按要求彻底处理并报监理工程师验收、记录备查。③基础处理过程中，请地质设计人员参加，系统进行地质描绘和编录，必要时还应进行摄影、取样和试验。一旦发现新的地质问题或检验结果与勘探有较大出入时，请勘测设计部门补充勘探，并提出新的设计，和监理工程师共同研究处理措施，对较大的设计修改，按程序报请上级单位批准后才能执行。

5.8.1.2 溢洪道混凝土工程施工

（1）溢洪道混凝土入仓浇筑布置方案。混凝土拌和系统设在坝下游2号渣场生产区，拌和系统采用最大生产率为50m^3/h的HZ90混凝土搅拌站；混凝土采用9m^{3}混凝土运输车运输；闸室段设60t·m塔吊一台，塔吊布置在闸室中部，基础预埋在闸室底板里，另配履带式起重机一台，负责混凝土浇筑工程的模板、钢筋等垂直运输任务。

引渠导墙浇筑采用混凝土运输车运到现场配皮带机输送到仓面；闸墩混凝土运输车运到现场配HB-60混凝土输送泵处泵送入仓；闸室底板采用混凝土运输车运到交通桥头，

采用塔吊和履带吊吊混凝土罐入仓，串桶缓降到仓面；泄槽混凝土入仓方式以搭设溜槽为主，塔吊吊吊罐为辅。

(2) 模板制作与安装。为提高混凝土外观质量，经研究决定溢洪道混凝土立面采用3000mm×1500mm大平面钢模板，局部采用小型组合钢模和木模，闸室段、泄槽段和挑流反弧段底板混凝土采用滑模施工。

1) 闸底板、闸墩墙体模板。为保证混凝土外部墙面光滑、内部密实，闸底板、闸墩、护坡等大面积模板，主要采用3000mm×1500mm的钢模板，局部采用普通小型组合钢模板。站筋与围檩采用10号槽钢，站筋间距60cm，槽钢立放；围檩间距90cm，双槽钢平放；对拉钢筋采用直径14mm的弯钩拉筋，间距随围檩与站筋的交点设置而定。模板水平接缝采用15～18mm的橡胶条镶缝；垂直接缝采用1.5mm橡胶条镶缝。

检修门槽、工作门槽、牛腿的二期混凝土的模板，采用木板加工而成。

2) 墩头、墩尾模板。墩头模板采用定制钢模板，其平面尺寸按施工图纸、高度按闸墩单仓浇筑最大高度而定，制作安装按技术条款要求进行。

3) 预制混凝土模板。为保证预制混凝土的外观质量，交通桥的底模板采用钢模、侧模采用木质大胶合板；栏杆混凝土的模板全部采用木模。模板在木工加工场制作，浇筑混凝土前运至施工现场进行安装，周转使用。

4) 滑模。陡槽段和溢流面采用滑模，滑模根据底板分缝长度设置为11m和8m两种情况。滑模操作系统主要由钢梁导轨 卷扬机和型钢架、11m×1.5m模板等组成。滑模施工顺序为堰面控制轨道安装→滑模安装试滑→混凝土出模强度的测定。在安装滑模前先安装底板的侧模。

A. 底板侧模制作。侧模采用钢材结构。由于底板混凝土等厚（1m）结构，侧模按每3m一节标准尺寸制作，制作时考虑机械运输，采用3mm钢板和6mm×6mm角钢结构，侧模高度考虑混凝土浇筑时，侧模顶部下30cm处需铺设铜止水，所以侧模分为上下两块钢模组合模板，模板总高度1m，为保证混凝土顶部高度，侧模底部必须用同标号混凝土找平（坡度为0.445）。

侧模的安装固定：在钢筋绑扎完毕后开始侧模安装。侧模安装时先安装止水下的模板，模板在斜坡上用塔吊吊运，下部模板就位后开始安装止水，止水安装完成后再安装上部模板，然后用直径16mm的螺丝将上部和下部模板连成一体。在测量整个模板安装过程中，现场施工人员随时测量校核，要保证侧模顶高程、平整度和垂直度符合规范和设计要求，否则必须调整。最后经测量校核无误后开始加固，这是保证混凝土浇筑质量的关键环节之一。底板侧模安装见图5.93。

B. 滑膜轨道安装。由测量组放样在浇筑闸墩前预埋锚固钢板，拆模后安装支承架及轨道。

C. 滑模安装。滑模采用40的工字钢和厚5mm的钢板焊接而成，由于底板每块等宽12m，滑模按13m×1.5m加工制作成整体结构，在滑模尾部设有抹面机和人工抹面平台，可随滑模一起上升。在溢流堰上搭设安装支架，将滑模分吊装上溢流堰，利用安装支架承重，安装好后即可进行试滑，并检验滑移平稳及同步行走情况，牵引机具要安全可靠，并

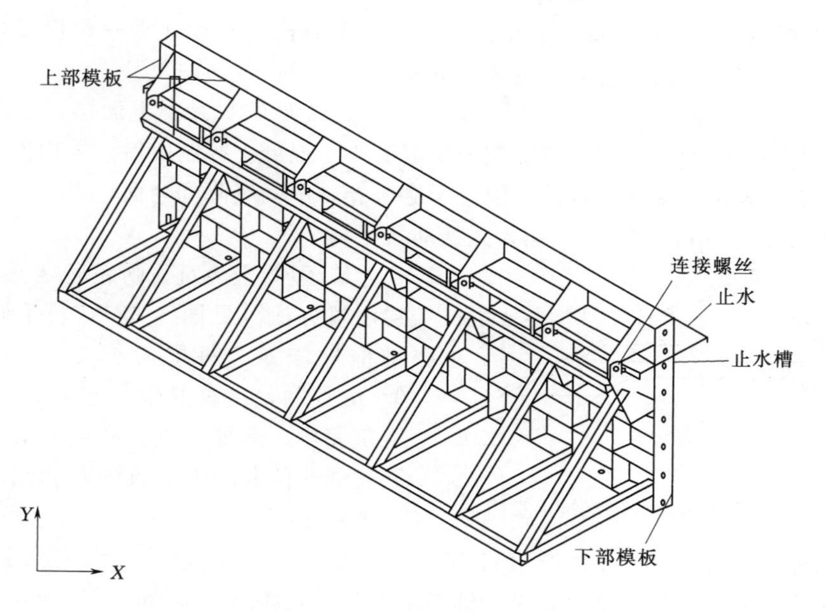

图 5.93　底板侧模安装图

保证钢丝绳的安全，牵引钢丝绳设在两端，离模端不大于 30cm，牵引方向用定滑轮控制，保证与行走方向夹角不大于 10°，滑模布置见图 5.94。

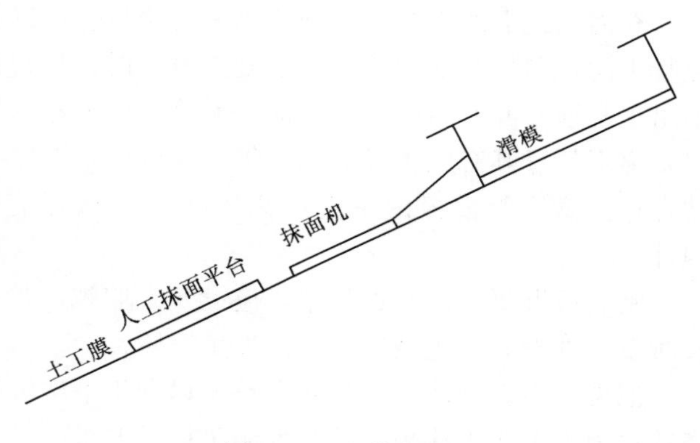

图 5.94　滑模布置图

（3）钢筋制作安装。钢筋加工在钢筋加工厂进行，加工后的钢筋外观尺寸应符合施工图纸要求，钢筋采用直螺纹连接，错接头安装。钢筋的接头应尽量避开弯矩较大的部位；同一断面的接头率应得到有效控制。已安装的钢筋浇筑前锈蚀时，人工使用钢丝刷现场除锈。

（4）引渠、闸室及挑流鼻坎混凝土浇筑。

1）混凝土浇筑前的基础要求。

A. 建筑物建基面必须验收合格后，方可浇筑混凝土。

B. 岩基上的杂物、泥土及松动岩石均应清除、冲洗干净并排干积水。如遇有承压水，制定引排措施和方法报监理人批准，处理完毕，并经监理人认可后，方可浇筑混凝土。清洗后的基础岩面在混凝土浇筑前应保持洁净和湿润。

C. 在浇筑第一层混凝土前，必须在基岩面先铺一层 2～3cm 水泥砂浆，砂浆水灰比应与混凝土的浇筑强度相适应，以保证混凝土与基岩结合良好。

2）闸底板混凝土浇筑。闸底板共分四联，顺水流方向长 42m，中间两联宽 18.6m，两侧两联宽 13.2m。混凝土为 C25 钢筋混凝土结构，面层为 C50 混凝土。

A. 浇筑程序。闸底板混凝土的浇筑程序为测量放样→基础处理→模板安装→钢筋绑扎→底板混凝土浇筑→面层混凝土浇筑→拆模养护。

闸室段混凝土分两层，下层为C25混凝土，上层为C50混凝土面层，浇筑时先浇筑下层大体积混凝土，然后采用滑模浇筑面层混凝土。混凝土拌制以后，采用混凝土运输车运到交通桥头，采用塔吊和履带吊吊混凝土罐入仓，串桶缓降到仓面，人工平仓，仓面水平分层厚度0.3～0.5m，ZX－50插入式振动器振捣。

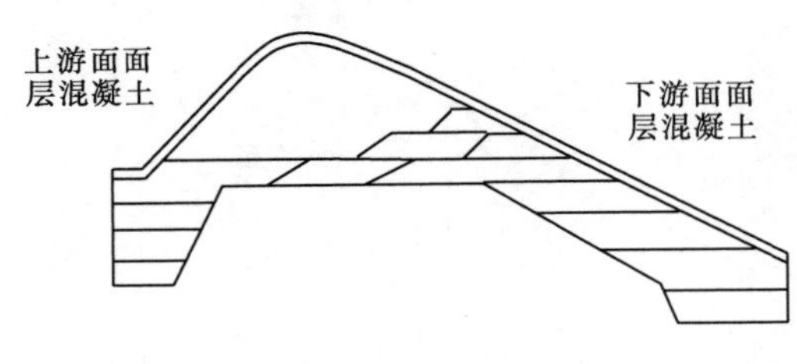

图5.95　混凝土斜面分层浇筑示意图

B. 混凝土浇筑。闸底混凝土采用阶梯分层浇筑方法（见图5.95），自下游开始向上游推进浇筑。每层阶梯宽1.5m，厚度按0.4m控制，浇筑混凝土方量$24m^3/h$，下层浇筑完毕，重复作业，浇筑上层混凝土。上下相邻仓位混凝土浇筑的时间间隔，应符合规范规定。

混凝土浇筑时，当混凝土的垂直自由下落距离大于1.5m时，挂设混凝土串筒缓降。混凝土入仓后，人工用铁锹平仓，平仓铺料的分层厚度0.3～0.5m，ZX－50振动器振捣密实，不得漏振和过振。

仓内浇筑混凝土时，严禁使用振捣器平仓，以免骨料分离，造成蜂窝麻面，从而影响混凝土的均匀性和浇筑质量。混凝土振捣时，振捣时间的长短，以混凝土不再显著下沉、不出现气泡、并开始泛浆时为准；振捣次序梅花形排列，避免振捣过度及漏振；振捣器移动距离不超过其有效半径的1.5倍，并应插入下层混凝土5～10cm，以保证上下层混凝土结合；振捣器距模板的垂直距离不小于振捣器有效半径的1/2，但不得触动钢筋及预埋件。

闸底板混凝土浇筑过程中，应设专人监视、检查模板及钢筋的变形情况，发现问题，及时妥善处理，避免浇筑事故的发生。

混凝土浇筑顶面，应相对平整，以利于下次混凝土浇筑。浇筑达到设计高程后，最终浇筑顶面人工压光抹平，平整度满足设计要求。

3）闸墩混凝土浇筑。

A. 闸墩混凝土浇筑施工分仓。闸室由2个边墩、2个中墩共4个闸墩组成。为了加快施工进度，计划1个边墩、1个中墩（不相邻的两个闸墩）同时施工，流水作业。

依据闸墩的结构尺寸，在底板混凝土浇筑时先浇筑1m高闸墩，以上部分分3次浇筑到顶。第一次浇至高程269.50m、第二次浇至高程276.00m，第三次浇至高程288.50m。

B. 闸墩混凝土的浇筑程序。闸墩混凝土的浇筑程序为：测量放样→施工缝处理→模板安装→钢筋绑扎→混凝土浇筑→拆模养护。

C. 闸墩混凝土浇筑的工艺流程。混凝土拌制以后，采用混凝土运输车运到HB－60混凝土输送泵处泵送入仓，串桶缓降入仓，人工平仓，仓面水平分层厚度0.3～0.5m，ZX－50型插入式振动器振捣。

D. 混凝土浇筑。闸墩混凝土采用通仓水平分层浇筑方法，沿上下游方向从一端向另一端推进浇筑。下层浇筑完毕，重复作业，浇筑上层混凝土。上下相邻仓位混凝土浇筑的时间间隔，应符合技术条款的规定。

牛腿附近，设计可能采用两种强度等级的混凝土浇筑。相应部位浇筑时，两台拌和机分别拌制两种混凝土，根据分工由汽吊、塔吊分别进行垂直运输，按照设计范围同时浇筑。该部位混凝土浇筑前，应在模板上精确测量画出高等级混凝土的浇筑范围，实际浇筑时，高等级混凝土的浇筑范围宁大勿小。

闸墩墩顶混凝土浇筑时，应准确测量定位检修桥梁的安装位置，并人工找平梁底墩顶。

闸墩混凝土浇筑过程中，应设专人监视、检查模板及钢筋的变形情况，发现问题，及时妥善处理，避免浇筑事故的发生。

混凝土浇筑顶面，应相对平整，以利于下次混凝土浇筑。浇筑达到设计高程后，最终浇筑顶面人工压光抹平，平整度满足设计要求。

4）引渠混凝土浇筑。引渠段护面板及左导墙待喷射混凝土完成后立即进行基础施工，基础完成后进行上部结构的施工；右导墙开挖完成后即可进行混凝土施工。机械设备配备2台皮带机，一辆汽车吊和一台履带吊及现场塔式起重机。由于边墙及基础都是大体积混凝土，现场采用薄层浇筑，浇筑一层厚度为1.5m，连续上升，各导墙之间采用跳仓浇筑。

（5）泄槽底板及挑流鼻坎混凝土浇筑。

1）泄槽段边墙。泄槽段边墙及底板均按伸缩缝位置分仓浇筑施工，边墙与边墙之间跳仓浇筑，相邻泄槽底板之间横向是跳仓浇筑，纵向是连续浇筑。泄槽底板横向和纵向各分为6块，横向分别为左岸左边块、中块、右边块，右岸左边块、中块、右边块，纵向为C_1～C_4；水平纵向长度为94m，横向宽度为52.2m，其中每仓混凝土平面尺寸为15.5m×8.1m；混凝土为HFC40W6F150钢筋混凝土结构；混凝土浇筑均采用跳仓浇筑。

泄槽边墙从上游至下游共分为9仓（Q_1～Q_9），每仓水平断面尺寸为10.5m×1.0m，高度从上游至下游呈下降趋势，范围为9.0～10.0m；混凝土为C30W6F150钢筋混凝土结构；混凝土浇筑均采用跳仓浇筑。

2）泄槽段底板混凝土浇筑。

A. 混凝土入仓方式。混凝土入仓方式以搭设溜槽为主，塔吊吊罐为辅。溜槽下料口设在闸室段中孔基础高程258.70m处，出料口为每浇筑仓面并距离下游横向模板1.5m处，随着浇筑高度的上升撤掉多余溜槽。

浇筑到上游与闸室段混凝土交接处时，溜槽摆动幅度过大，采用塔吊吊罐入仓。

B. 浇筑。泄槽段底板侧模采用定型钢模板，表面采用滑动钢模板。滑动模板自重2t，配重4t，共6t，采用2台大功率卷扬机进行提升，卷扬机固定在闸室段中孔处，并派专人操作。每仓混凝土浇筑完毕后，对滑动模板进行清理，以免影响混凝土外观质量。

泄槽段底板混凝土浇筑时，浇筑仓面为坡度1∶2.2的斜面，施工过程中始终保持混凝土面呈水平上升，浇筑层厚度控制在40～50cm，不得顺坡浇筑。

混凝土振捣密实后开始提升滑动模板，收面工作台车同步提升，滑模每提升一次的水平距离为20～30cm，时间间隔为10～20min。滑模提升后先采用磨光机进行收面整平，然后人工用铁抹子收面，最后待混凝土初凝后人工用铁抹子进行压光。

3）挑流鼻坎混凝土浇筑。挑流鼻坎混凝土浇筑基本同闸室浇筑。

(6) 混凝土温控和防裂技术措施。根据混凝土的施工方案，溢洪道混凝土的施工期将跨越冬季，且闸墩最大单仓混凝土浇筑量为6037m^3，属于大体积混凝土施工，在内外温度差的作用下容易产生裂缝，因此在施工中必须做好温度控制，设法减小内外温差，在结构设计、施工工艺、施工工程材料等方面采取有效措施，尽最大可能防止产生裂纹和危害性裂缝，以保证浇筑混凝土质量。

1）温度控制方案。

A. 采用水化热较低的水泥，在满足混凝土强度、耐久性和和易性的前提下，掺入高效外加剂，以减少水泥用量，降低浇筑块的水泥水化热。

B. 加强养护表面保护，采用仓面混凝土彩条聚乙烯隔热板，降低混凝土内外温差。

C. 在满足施工要求的条件下，尽量采用大骨料，并在高温天气对骨料预冷。

D. 在满足混凝土和易性的条件下，混凝土坍落度在允许范围内采用小值。

E. 在仓内埋设冷却水管，降低已浇筑混凝土内部温度。

2）防止混凝土裂缝技术措施。

A. 选择合理的原材料：通过合理选择原材料和混凝土配合比，降低混凝土的热强比，提高混凝土的抗裂性能。尽量选用热膨胀系数低的岩石骨料，使拌制的混凝土弹性模量低，极限拉伸值也较大；选用符合规定要求的低热水泥，在配合比设计时，在满足设计强度的前提下，尽可能改善骨料级配，特别要发挥外加剂的作用，最大限度地减小水泥用量，同时减小水灰比。

B. 严格控制混凝土温度：大体积工程部位尽量利用有利的季节浇筑混凝土，实行季节控制，使混凝土及原材料不受过大的气温影响，高温季节小仓位施工尽量安排在早晚和夜间；为保证混凝土最高浇筑气温不超过28℃，应直接从大口井抽取地下水用于混凝土的拌和，并对砂石料进行淋水降温，如仍不行，采用冰沫拌和混凝土，达到控制混凝土出机温度的目的；与此同时，尽量缩短混凝土运距，混凝土运输时采取隔热措施，减少暴晒时间；加快施工速度，采取快速、薄层、短间歇，均匀上升的浇筑方法，加强混凝土浇筑块散热，防止产生温度裂缝。结合混凝土生产能力、立模、浇筑、工期等要求，合理分层、分块浇筑，分层厚度采用0.3～0.5m。

C. 在浇筑混凝土时预埋冷却水管给已浇筑的混凝土降温。

D. 加强混凝土表面保护及养护，保证混凝土在适宜温度、湿度条件下使硬化过程正常进行，不致由于蒸发变干而引起水化作用失常，发生强度增长受阻、干缩裂缝等有害现象。施工中采取洒水养护法和覆盖养护法，冬季施工采取有效保温措施，避免产生表面裂缝，浇筑块顶面采用加盖三草一苫或选用4cm厚防水牛毡保温被保温，侧面采用悬挂草袋、泡沫塑料板等保温措施。

E. 严格控制混凝土施工质量，施工中认真执行“三检制”，对包括水灰比、骨料级配、拌和时间、平仓、振捣、初凝等各个环节严加控制，确保原材料符合标准，混凝土拌和质量优良，混凝土试块设计龄期的保证强度、离差系数等均满足设计要求。

3）加强混凝土温度监测。采用埋设在混凝土中的电阻式温度计或热电偶测量混凝土温度，每日定时测量混凝土内部温度，根据内外温差采取相应措施。

5.8.1.3 金属结构及机电设备安装

(1) 结构特点。溢洪道工作闸门为露顶式弧形闸门，每孔1扇，共3扇；孔口尺寸为15.0m×18.23m，底坎高程为267.22m，设计水头为18.23m；弧面半径为20m，支铰高程为276.76m。闸门运用方式为动水启闭，无局部开启要求。门叶结构采用主横梁斜三支臂结构，考虑运输及安装条件，门叶分为5节制造，现场安装时焊成整体。门叶主材料为Q345B，支铰主材料为ZG310－570，铰轴材料为40Cr，支铰轴承采用滑动轴承。由于本工程工作闸门跨度大，起升高度高，三支臂结构可以增加闸门起升过程中的稳定性，同时，闸门自重较大，采用三支臂弧形闸门可以减少工程造价。与液压启闭设备的结合，闸门运行起来更加轻便省力。启闭设备选用双吊点液压启闭机，启闭容量为22500kN，工作行程为5.7m。液压启闭机2个油缸悬挂于闸墩边墙上，油缸悬挂点中心高程282.468m，活塞杆下端与闸门下主梁附近的吊板相连。每套启闭机配置独立的液压泵站与电气控制系统，分别布置于闸墩上的启闭机室内。

(2) 工作门安装程序。溢洪道工程金属结构安装包括弧形工作闸门和液压启闭设备。弧形工作门安装程序见图5.96。

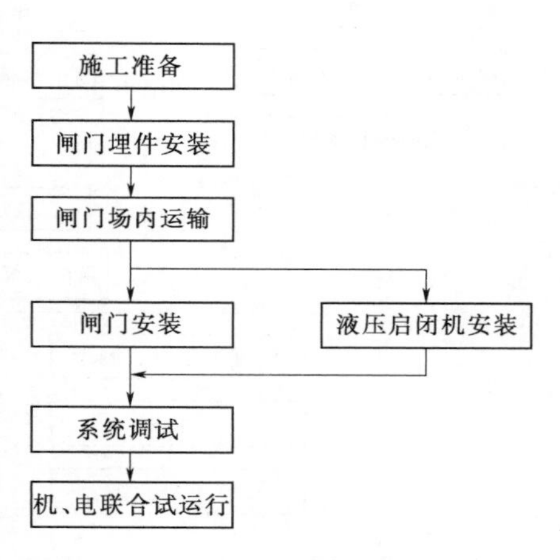

图5.96 弧形工作门安装程序图

(3) 弧形闸门埋件安装。弧型闸门安装时可直接使用汽车起重机吊装埋件，手动葫芦配合调整。弧形闸门的侧止水座板为弧形，在安装弧形埋件前，应详细绘制计算出坐标尺寸，建立坐标控制点，确定埋件安装位置。弧门侧止水座板安装由下往上逐节吊装，最后调整曲率半径，使两侧轨道相曲率半径一致。埋件在安装过程中应反复调整，其允许公差及偏差应符合设计规范要求。铰座埋件安装前先把螺栓支架组装准确，使基础螺栓中心与设计中心的位置偏差不大于1mm，固定后可浇筑混凝土。底槛根据孔口中心、高程及里程控制点，利用经纬仪、钢卷尺定出底槛中心线，利用水准仪确定底槛高程。侧轨以安装好的底槛为基准，以铰支座中心为圆心，测量侧轨中心弧线。闸门埋件安装流程见图5.97。

(4) 弧形闸门安装。溢洪道闸门为露顶式弧形闸门，闸门大型部件吊装主要以45t汽车起重机为主，卷扬机、滑轮组为辅。铰座安装时以长链手动葫芦配合，达到精确调整。弧形闸门安装流程见图5.98。

1) 支臂安装。本闸门为露顶式闸门，支臂和铰链组装后，经检查、验收用45t汽车起重机将支臂吊至铰座，同时用手动葫芦配合将铰轴穿入铰座中。

2) 门叶安装。支臂吊装完成在进行检查、调整后，才能进行门叶安装。闸门门叶分3节在工厂制作，工地现场进行组装。第一节门叶运至安装现场后，直接用卷扬机配合汽车起重机吊装就位，反复调整支臂、门叶位置，直到符合设计要求，然后将第一节门叶临时加固，第二、第三节门叶吊装方法同第一节门叶。所有门叶吊装完毕后，门叶接缝焊接前应进行检查、调整，使铰轴中心至面板外缘的曲率半径 R 的允许偏差在±8.0mm以内，两侧相对差不大于5.0mm。

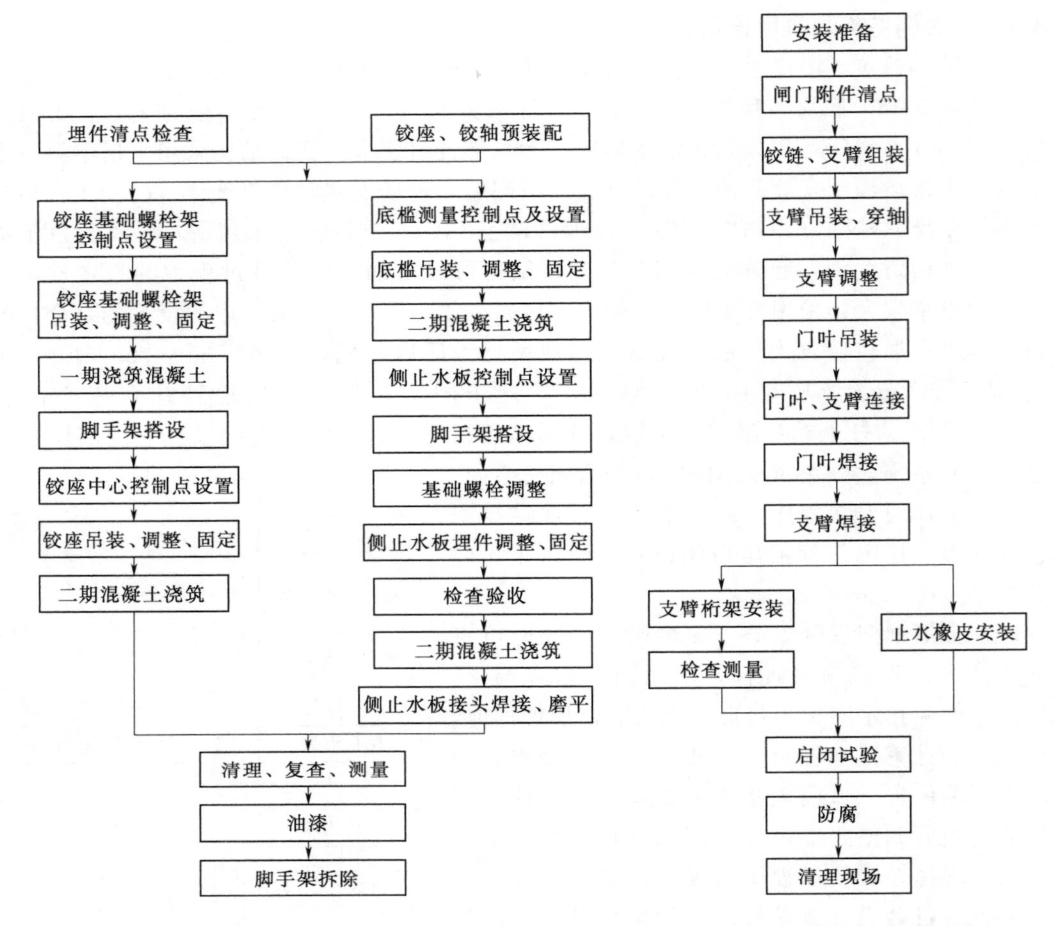

图 5.97　闸门埋件安装流程图

图 5.98　弧形闸门安装流程图

3）闸门焊接。先对焊缝两侧氧化物先用电弧气刨进行打坡口，砂轮磨光清理后分段对称焊接，用焊接反变形来控制变形，焊缝经探伤仪检验合格后，方能进行下道工序。

4）支臂安装。由于支臂分段制作，施工现场组装，应预先搭设一个临时拼装平台，在平台上放出支臂的轮廓线，把支臂吊放在平台上，用螺栓固定调整后进行焊接。

5）止水橡皮安装。弧形闸门侧止水为P形橡皮，压缩量为4mm，底止水为平板直橡皮，先装底止水，后安侧止水。安装侧止水时，把闸门用千斤顶向右顶4mm，把止水橡皮垂直地贴在侧止水板上，将压板螺栓拧紧，靠下角的8～10个螺栓暂不拧紧，然后再向左顶8mm，用同样的方法装上右侧止水。

6）闸门试验。

A. 无水全行程启闭试验：闸门升降过程中在行程范围内运行应自如，最低位置时止水橡皮密封应严密。在进行无水启闭试验时，必须在止水橡皮处浇水润滑，防止止水橡皮损坏。

B. 动水全行程启闭试验：闸门升降过程中在行程范围内运行应自如，启闭机两侧运

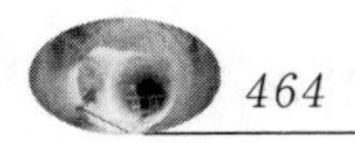

转同步，止水橡皮不应有损伤。闸门处于工作位置后止水橡皮压缩应均匀，压缩量符合要求，测量任一米止水橡皮漏水量不大于0.1L/s。

(5) 启闭机安装。溢洪道工作闸门为液压启闭机。

液压启闭机的液压零部件加工精度较高，正式安装应在启闭机操纵室土建全部结束后开始，液压启闭机安装流程见图5.99。

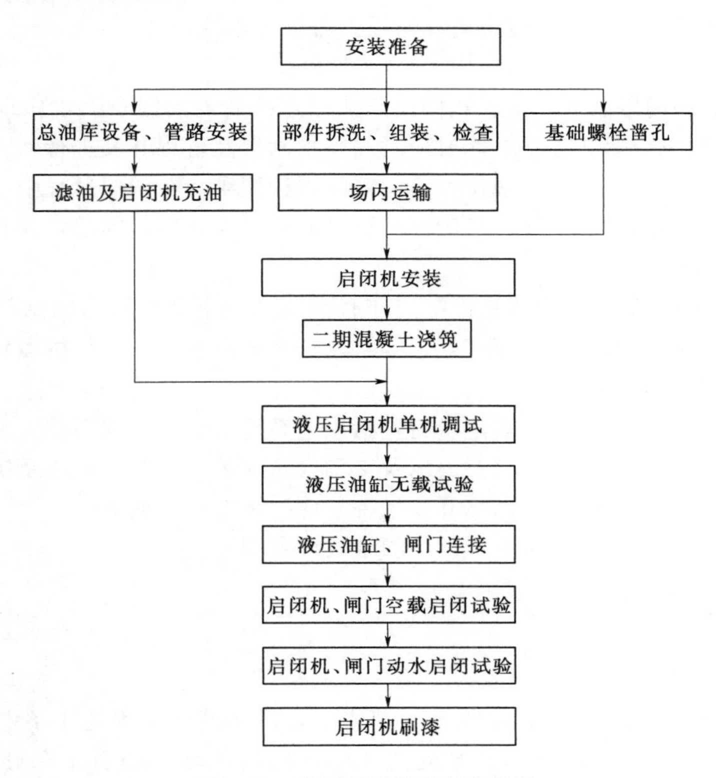

图5.99 液压启闭机安装流程图

1) 油压装置安装。启闭机室土建结束后，用起重机将启闭机油压装置吊至闸墩上面，人工拖运到启闭机室就位，经水平调整后，将底脚螺栓紧固。吊装就位时，应注意不要损伤油压装置内部元器件。

2) 液压管路安装。油库、压力管路连接前应进行清洗，油库底部必要时应用面团将杂物及金属削粘去。压力管路弯制应符合规定，接头处密封件完好，连接紧密。管路安装平直、清晰，布局合理。

3) 液压油缸安装。由于液压油缸比较长，吊装时应根据液压油缸长度和重量定出起吊点位置及个数，防止变形。活塞杆与闸门吊耳连接时，当闸门落到底，活塞与油缸端盖之间应留有50mm左右间隙，以保证闸门关闭严密。

4) 电气安装。启闭机本体吊装就位后，应按照图纸对电气元件进行检查、调试。用仪表测量电气设备绝缘电阻应大于0.5MΩ，所有电气设备外壳应可靠接地。

5) 启闭机调试。

A. 油泵空转运转正常后，将溢流阀逐渐旋紧，管路充满油后，调整溢流阀使其在工

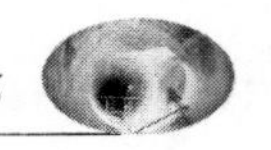

作压力的25%、50%、75%、100%的情况下，分别运转15min工作应正常。

B. 调整溢流阀按额定压力的100%和150%对管路加压，在各试验压力下连续运转10min后保压10min，观察管路系统应无漏渗油现象。

C. 调整溢流阀使油缸（油缸、闸门未连接）以0.5～1.0MPa压力全行程往复动作三次，检查启闭机、电气系统工作是否正常。

D. 上述调试完成后，应对溢流阀溢流压力值按工作压力的1.1倍进行整定。

6）启闭试验。

A. 启闭机、闸门空载启闭试验：闸门与油缸连接后，闸门在无水压情况下全行程启闭闸门三次，启闭机应运转正常，同时应对高度指示器及行程开关进行调整。启闭机运转时应对电机的电流、电压和油泵油压及启闭时间进行记录。在闭门过程中，应随时做好手动停机准备，防止闸门过速下降。启闭闸门试验完毕，应将闸门提起，在48h内，闸门沉降量不超过200mm。

B. 启闭机、闸门动水启闭试验：闸门在有水压情况下全行程启闭闸门，启闭机应运转正常。检查止水橡皮密封情况应完好，漏水量符合规范要求。启闭机运转时应对电机的电流、电压和油泵油压及启闭时间进行记录。

（6）机电设备安装。溢洪道机电设备包括用电系统安装、照明系统安装、接地系统安装、电缆线路安装、电缆防火封堵、通风及空调设备安装等，其中用电系统主要包括变压器1台、柴油发电机组1台、高低压开关柜各5面、配电箱5面等。

机电设备安装方法及要求基本和泄洪洞电气设备相同。

5.8.2 水电站厂房施工

5.8.2.1 厂房开挖

（1）地质条件。大水电站厂房基础为基岩上，厂房基础工程地质条件较好。厂房基坑下游（尾水渠）覆盖层较厚，最厚处约30m，基坑边坡以碎石土和砂卵石为主；厂房后坡至龟头山间自然边坡高陡，上部汝阳群岩层常有崩塌掉块现象，需采取措施防护。

小水电站基础大部分坐落在中等风化基岩上，局部基础坐落在覆盖层及强风化卸荷带上，基础工程地质条件整体较好。

（2）施工布置与规划。

1）风水电布置。

施工供风：施工供风管由布空压站接出，供风主管采用6″钢管。

施工供水：施工用水引用施工供水池，供水管主采用4″钢管，施工时根据工作面的位置不同再布置小一级的管路或软管延长至工作面。

施工用电：施工用电线路从变压器接至各工作面。

2）施工规划。施工道路布置主要有以下方面的内容。

A. 利用11号道路延伸至大水电站厂房边坡及小水电站边坡。

B. 利用11号道路和中国水电十二局输水洞施工道路至小水电站基坑、至大水电站边坡高程210.00～195.00m。

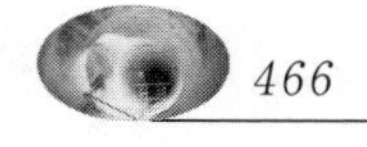

C. 利用大水电站进场路至大水电站高程195.00～180.00m。

D. 利用尾水渠至大水电站基坑高程180.00～166.89m。

3）开挖规划。施工前期，先进行供电、供水线路的安装。测量先放出清表范围，挖掘机从11号公路修筑一条便道到达清表范围顶部，逐层对设计清表范围进行清表至基岩。弃渣采用挖掘机进行逐层甩渣。

清表范围处理完之后进行厂房边坡开挖，采用挖掘机结合钻机钻孔爆破，按照设计图纸坡比对边坡进行开挖，自上而下分层开挖，同时跟进边坡支护。

（3）开挖方案布置。

1）大水电站厂房边坡及11号路边坡及开挖。总体分三大层，自上而下分层进行施工，边开挖边支护。

第一层：11号公路边坡高程210.00以上，层高10～12m。

该层主要为山坡覆盖层堆积物及石方开挖，利用挖掘机爬至开口线位置进行地表清理，向下甩渣；岩体出露后，人工采用YT－28风动钻机、支架式潜孔钻进行最顶层开口线石方钻孔爆破，形成作业平台，作业平台形成后，采用履带式潜孔钻和支架式潜孔钻，按照设计坡比采用预裂爆破方式进行11号路边坡石方开挖，爆破后的渣料由挖机向下甩渣，待形成进车平台后，装车运至制定渣场。

第二层：大水电站边坡高程210.00～195.00m，层高15.0m。

主要为山坡覆盖层堆积物开挖，分为两层自上而下分层进行开挖。第一层从11号公路修1号施工道路开挖高程210.00～205.00m土石方，第二层从输水洞道路修2号临时道路开挖高程205.00～195.00m土石方，采用PC220挖掘机开挖，分层出渣，道路随开挖分层下卧，完成高程195.00m以上边坡开挖。开挖渣料由自卸汽车运至指定渣场；第三层：大电站边坡高程195.00～180.00m，层高15.0m。

边坡内侧为石方开挖，外侧主要为覆盖层土方及砂卵石开挖，分为两层自上而下分层进行开挖。从进厂公路修3号临时道路至厂房后边坡高程195.00m，作为高程195.00～180.00m的施工道路。先进行山坡覆盖层土方及砂卵石开挖，由挖掘机装渣，15t自卸汽车运输，山体内侧石方开挖采用梯段、预裂爆破方式进行钻爆，爆破渣料由挖掘机装15t自卸汽车运至指定渣场，道路随开挖分层下卧。

2）大水电站厂房基坑及尾水渠开挖。大水电站厂房基坑开挖主要为石方开挖，待尾水渠土方及砂卵石开挖完成后进行，开挖高程范围在180.00～166.89m之间。先进行尾水渠土方开挖，尾水渠开挖完成后，对厂房基坑石方从尾水渠进行出渣。

3）小水电站边坡及基坑开挖。总体分二大层，自上而下分层进行施工，边开挖边支护。

第一层：开口线高程236.53m至边坡马道高程230.67m，层高5.86m，主要为厂房边坡强风化覆盖层开挖。自11号道路适当位置分支出并修建一条机械行走道路（4号施工道路），至边坡高程230.67m。部分石方开挖采用YT－28风动钻机进行钻孔爆破。开挖渣料采用挖掘机向下甩渣，装自卸车运至制定渣场。

第二层：边坡马道高程230.67m～厂房建基面高程215.67m，层高15m，山体内侧为石方开挖，山体外侧主要为强风化覆盖层砂卵石开挖，分为三层自上而下分层进行开挖。

先进行山坡覆盖层砂卵石开挖，由挖掘机直接装渣，汽车运输，山体内侧石方开挖利用履带式潜孔钻和支架式潜孔钻进行钻孔，采用梯段、预裂爆破方式进行钻爆，爆破渣料由挖掘机装15t自卸汽车运至指定渣场。

(4) 表层清理。测量放样清表范围控制线，并用彩条旗标识清楚，然后采用挖掘机挖除；石方地段机械无法进场地段清表采用人工清除。在施工便道坡度比较陡的地方，装载机及自卸汽车无法到达工作面，采用挖掘机进行甩渣，待到高程降到满足自卸汽车爬坡时利用自卸汽车进行运渣。采用分层开挖逐步对覆盖层进行清除。

(5) 土方开挖。土方开挖自上而下进行，土方边坡经测量给出开挖边坡开口线，由液压挖掘机先开挖一条施工便道至坡顶，从上而下直接修坡；由于本工程开挖坡度较高时，一次开挖不能满足要求，采用分层开挖。开挖自上而下进行，每隔5m左右高度设置平台，平台宽度为3m，每一层的开挖料利用推土机逐层往下推或挖机往下甩。在降至一定高度时利用挖掘机装渣，自卸汽车运输进行弃渣。

(6) 石方开挖。

1) 主要程序。

施工程序：场地清理→施工测量→边坡清理→设备及材料的准备→钻孔→装药→爆破(残破处理)→爆碴清理。

厂房边坡开挖选用深孔预裂爆破法，首先人工清除表面覆土及强风化岩石至基岩。爆破开挖采取自上而下，分梯段爆破，逐层剥离的施工方法。

基岩明挖自上而下分层进行，爆碴由挖掘机清理，弃渣指定渣场。

各工作队、工作面尽量流水作业，充分发挥机械化施工速度快、效率高的优势。爆碴采用PC220反铲进行清理出新的钻孔平台，开挖面爆碴由挖掘机装车运至业主指定渣场。

2) 爆破方案。基岩爆破开挖主要采用梯段预裂爆破的爆破方法，梯段高度5～10m，开挖坡度1：0.3，KSZ-100型支架式潜孔钻钻孔，孔径90mm，每次爆破开挖宽度约20m(或危岩体横剖面宽度)；石方边坡上层狭窄不能形成钻孔施工平台，采用YT-28手风钻人工凿孔梯段浅孔松动爆破，梯段高度1.5～2m，YT-28手风钻钻孔，孔径42mm。每次爆破开挖长度控制在20m左右，临近设计高程时预留保护层。

3) 爆破材料。炸药采用2号岩石乳化炸药；雷管：工业非电雷管(毫秒1～9段)；起爆材料：瞬发电雷管、连接线、导爆索。

4) 爆破参数确定。

A. 梯段深孔预裂爆破参数确定。根据现场踏勘岩体地质情况，本次爆破参数的设计根据岩体地质情况并参照在厂区孤石与11号公路明挖工程经验，保证岩体成功爆破的情况下降低炸药单耗。为此，厂房边坡石方爆破分三阶段进行。第一阶段，先进行一次爆破实验，根据实验情况调整爆破参数；第二阶段，深孔梯段爆破；第三阶段，处理可能因爆破不彻底产生的二次解爆，按照孤石解爆法处理。

第一阶段，实验确定爆破参数。爆破实验为下一步的深孔梯段爆破作技术准备。爆破梯段高度5mKSZ-100型支架式潜孔钻钻孔，孔径90mm，每次爆破开挖宽度20m。

a. 主爆孔爆破参数确定。主爆孔爆破参数计算见表5.23，计算成果见表5.24。

表 5.23　　主爆孔爆破参数计算表

步骤	计 算 式	符 号 意 义	计 算 结 果
1	$W_d=k_wd$	W_d—底盘抵抗线；k_w—岩质系数，15～30，取 27；d—90mm	$W_d=27\times0.09=2.43$m
2	$h=0.25W_d$	h—超钻深度	$h=0.25\times2.43=0.61$m
3	$L=(H+h)/\sin\beta$	L—孔深；H—梯段高度；β—孔斜，取 75°	$L=(5+0.61)/0.96=5.84$m
4	$E=0.05+0.03L$	E—钻孔偏差；0.05—开孔偏差；0.03—校直偏差	$E=0.05+0.03\times5.84=0.23$m
5	$W=W_d-E$	W—实际抵抗线	$W=2.43-0.23=2.2$m
6	$a=mW$ 每排孔距数$=B/a$ 调整孔距；$a=B/$孔距数	a—孔距；m—密集系数，取 1.3h；B—工作面宽度	$a=1.3\times2.2=2.86$m 每排孔距数 $a=20/2.86=6.99$ 个；调整孔距；$a=20/7=2.86$m
7	$b=0.9w$	排距	$b=0.9\times2.2=1.98$m
8	$q_1d=d_2/1000L_d=0.64WQ_d=L_d\times q_1d$	q_1d—底部装药集中度；L_d—底部装药长度；Q_d—底部装药量	$q_1d=902/1000=8.1$kg/m；$L_d=0.64\times2.2=1.4$m；$Q_d=8.1\times1.4=11.34$kg
9	$q_1=(0.4\sim0.5)q_1dL_2=25dL_1=L-(L_d+L_2)Q_2=L_1\times q_1$	q_1—柱状装药集中度，为底部装药的 40%～50%；L_2—堵塞长度；L_1—柱状装药长度；Q_2＝柱状装药量	$q_1=0.45\times8.1=3.65$kg/m；$L_2=25\times90=2.25$m；$L_1=5.84-(1.4+2.25)=2.19$m$Q_2=2.19\times3.65=7.99$kg
10	$Q=Q_d+Q_2$	Q—每孔装药量	$Q=11.34+7.99=19.33$kg
11	$q=Q\sin a/aWH$	q—单位耗药量	$q=19.33\times0.96/(2.86\times2.2\times10)=0.295$

表 5.24　　计 算 成 果 表

梯段高度 /m	炮孔深度 /m	孔距 /m	底部装药 /m	柱状装药		单位用药量 /(kg/m³)
				kg	kg/m	
5	5.84	2.86	11.34	7.99	3.65	0.295

b. 预裂孔爆破参数确定。

炮孔间距　　$a=(0.7\sim1.2)D=0.9\times0.09=0.81$m

0.7～1.2 系数，D 钻孔直径

不偶合系数　　$D_d=D/d=90/32=2.81$

线装药密度　　$Q_x=200$g/m

孔底装药增加值（3～5）　　$Q_x=4\times200=800$g/m

主爆区最后一排孔与预裂孔得间距$=0.87\times2.86/2=1.24$m

B. 横向开挖梯段控制爆破炮孔布置见图 5.100；横向开挖炮孔平面布置见图 5.101。

第二阶段，梯段深孔预裂爆破参数。对爆破实验取得的爆破参数进行适当的调整，梯段开挖高度为 10m，QZJ－100B 支架式潜孔钻钻孔，孔径 90mm，每次爆破开挖宽度 20m。

主爆孔爆破参数确定。主爆孔爆破参数计算见表5.25。计算成果见表5.26。

表5.25　　主爆孔爆破参数计算表

步骤	计算式	符号意义	计算结果
1	$W_d=HD\eta d/150$	W_d—底盘抵抗线；H—10；D—0.46～0.56，取0.53；η—1.0；d—90	$W_d=10\times0.53\times1.0\times90/150=3.18$m
2	$h=0.25\ W_d$	h—超钻深度；0.25—系数	$h=0.25\times3.18=0.80$m
3	$L=(H+h)/\sin\beta$	L—孔深；H—梯段高度；β—孔斜，取750	$L=(10+0.80)/0.96=11.25$m
4	$E=0.05+0.03L$	E—钻孔偏差；0.05—开孔偏差；0.03—校直偏差	$E=0.05+0.03\times11.25=0.39$m
5	$W=W_d-E$	W—实际抵抗线	$W=3.18-0.39=2.79$m
6	$a=mW$；每排孔距数$=B/a$；调整孔距$a=B/$孔距数	孔距m—密集系数，取1.1；B—工作面宽度	$a=1.1\times2.79=3.1$m每排孔距数$=20/3.1=6.4$个调整孔距$a=20/7=2.85$m
7	$b=0.8W_d$	b—排距	$b=0.8\times3.1=2.48$m
8	$q_1d=d_2/1000L_d=0.35WQ_d=L_d\times q_1d$	q_1d—底部装药集中度；L_d—底部装药长度；Q_d—底部装药量	$q_1d=902/1000=8.1$kg/m；$L_d=0.35\times2.85=1.0$m；$Q_d=8.1\times1.0=8.1$kg
9	$q_1=(0.4\sim0.5)q_1dL_2=(0.2\sim0.4)LL_1=L-(L_d+L_2)Q_2=L_1\times q_1$	q_1—柱状装药集中度，为底部装药的40%～50%；L_2—堵塞长度；L_1—柱状装药长度；$Q_2=$柱状装药量	$q_1=0.4\times8.1=3.2$kg/m；$L_2=0.3L=3.38$m；$L_1=11.25-(1.0+3.38)=6.87$m；$Q_2=6.87\times3.2=21.98$kg
10	$Q=Q_d+Q_2$	Q—每孔装药量	$Q=8.1+21.98=30.08$kg
11	$q=Q\sin\alpha/aWH$	q—单位耗药量	$q=30.08\times0.96/(2.85\times2.79\times10)=0.36$

表5.26　　计算成果表

梯段高度/m	炮孔深度/m	孔距/m	底部装药/m	柱状装药		单位用药量(kg/m³)
				kg	kg/m	
10	11.25	2.85	8.1	21.98	3.2	0.36

预裂孔爆破参数确定

炮孔间距　　$a=(0.7\sim1.2)D=0.9\times0.09=0.81$m

0.7～1.2系数，D钻孔直径

不偶合系数　　$D_d=D/d=90/32=2.81$

线装药密度　　$Q_x=200$g/m

孔底装药增加值（3～5）　$Q_x=4\times200=800$g/m

主爆区最后一排孔与预裂孔得间距$=0.87\times2.85/2=1.24$m

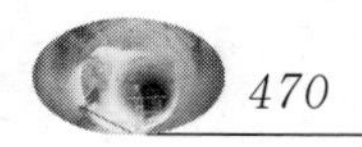

布孔及装药结构：

为了减少爆破飞石的损坏，爆破采用从一端或两端纵向分梯段开挖和爆破。为充分利用炸药爆能作功，提高爆破效果和减少大块率，所有深孔爆破炮孔布置均采用小排距、大孔距、梅花型布孔方案。另外采用沙袋、土袋、铅丝网等措施覆盖爆破区。

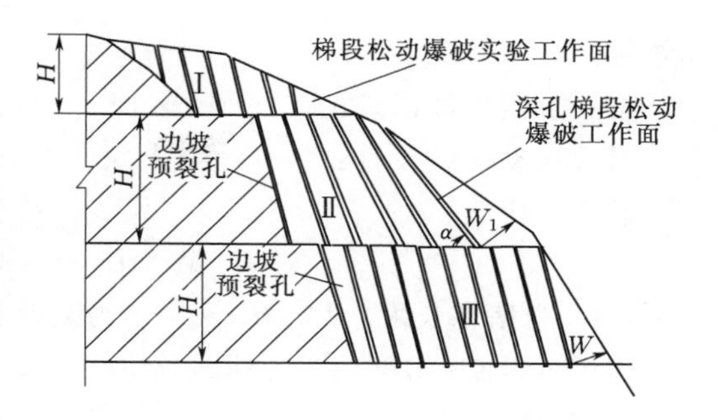

图 5.100　横向开挖梯段控制爆破炮孔布置图

为确保永久性边坡平整美观，边坡均采用较小直径 QZJ－100B 支架式潜孔钻机沿坡面钻孔，采用预裂爆破。深孔爆破装药结构及装药方法见图 5.102。

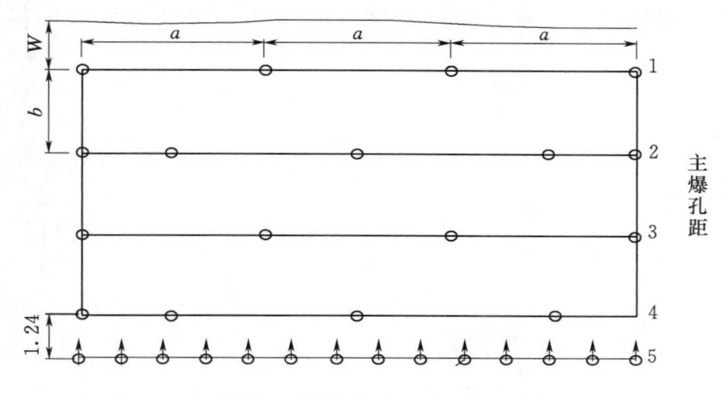

图 5.101　横向开挖炮孔平面布置图（单位：m）

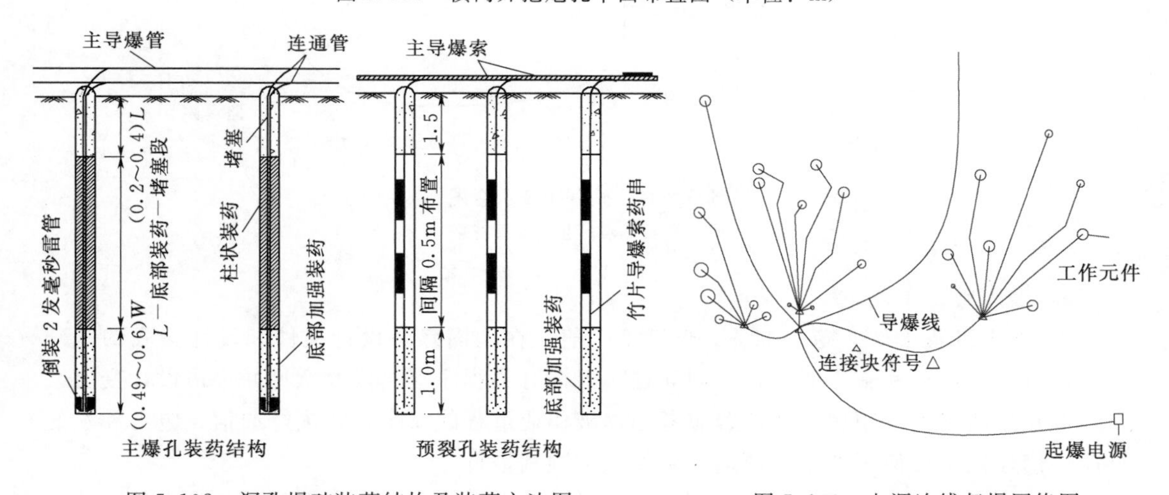

图 5.102　深孔爆破装药结构及装药方法图

图 5.103　电源连线起爆网络图

为提高爆破效果，主爆孔倾角 α 适当调整，以减少底板抵抗线 W_1，主爆孔均采用塑料导爆管系统实施逐排微差爆破。导爆管之间采用电源连线起爆网络见图 5.103。每次爆破炮孔排数较多（超过 5 排）时，采用孔外延时相结合，实施逐排等间隔微差起爆；每次爆破排数较少时（少于 5 排），采用孔内延时微差爆破。在施工进行的过程中，先取 20m 开挖段为爆破实验，通过爆破的实际效果，爆破方案和爆破参数进行适当调整，以达到最优效果。

第三阶段可能出现的二次解爆。

孤石松动爆破设计：

最小抵抗线：

$$W=L_2+L_1/2=2L/3=1 \tag{5.13}$$

式中：L_2 为堵塞长度，$L_2=L/3$；L_1 为装药长度，$L_1=2L/3$；L 为孔深，取 1.5m。

药包重量 $Q=qW^3=0.08$kg，q 取 0.08（孤石成分单一，为石灰岩，岩石坚固系数 4～12，单耗 0.04～0.20）。

对于爆破后可能出现的二次解爆或清除岩坎，当作孤石解爆。孤石爆破采用人工持手风钻钻孔，炮眼直径为 42mm，药卷直径 32mm，装药高度为孔深的 1/3～1/2。孤石爆破见图 5.104。在孤石爆破的过程中根据爆破的实际效果，爆破参数可进行适当调整，以达到最佳效果。

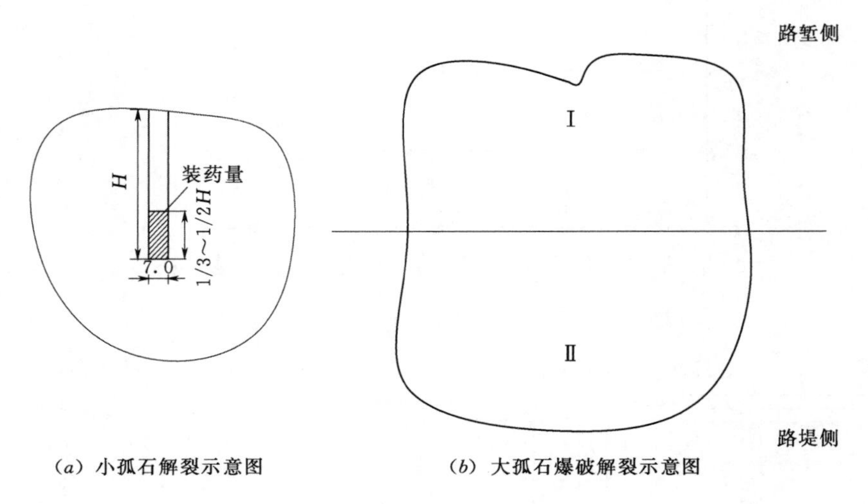

图 5.104　孤石爆破示意图

Ⅰ—孤石爆破；Ⅱ—孤石解裂

5）爆破施工工艺。

A. 施工准备工作。施工准备：爆破施工前，在全面熟悉设计文件和设计交底的基础上，进行现场核对和施工调查，发现问题时根据有关程序提出修改意见并报请设计变更。

修建生活和工程用房，其位置应考虑爆破作业过程的安全。解决好通信、电力和水的供应，修建供工程使用的临时便道，确保施工顺利进行。

向爆破作业影响范围所涉及的部门通报爆破施工概况，并征询有关部门的意见。确保施工顺利进行。

爆破环境复查：详细调查与复查各石方爆破空中、地面、地下构筑物类型、结构、完整程度及其距开挖边界距离。重要地段施工前，实测与地质、地形有关的爆破震动参数。

B. 爆破流程见图 5.105。

C. 钻孔、装药与堵塞。钻孔与检查：严格按照设计布孔、钻孔，装药前必须检查孔

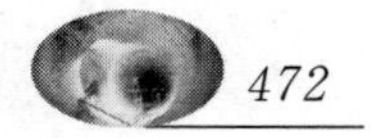

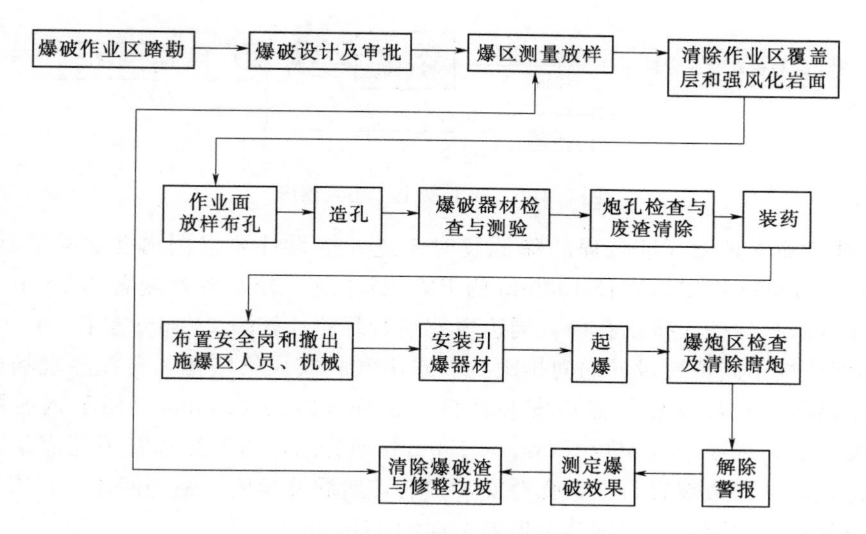

图 5.105　爆破流程图

位、深度、倾角是否符合设计要求，检查孔内有无堵塞、孔壁是否有掉块、孔内有无积水。如发现孔位和深度不符合设计要求时，及时处理，进行补孔。钻孔结束后应封盖孔口并设立标志。

装药、堵塞：严格按设计装药、堵塞炮孔。装药过程中如发现堵塞时应立即停止装药并及时处理。在未装入雷管或起爆药柱等敏感的爆破器材以前，可用木制长杆处理，严禁使用钻具处理装药堵塞的炮孔，堵塞应达到设计要求的长度，严禁不堵塞而进行爆破，禁止使用石块和易燃材料堵塞炮孔，在有水炮孔堵塞时，应防止堵塞悬空。

D. 爆破网路敷设与起爆。网路敷设前应检验起爆器材的质量、数量、段别，并编号分类，严格按设计敷设网路；网路敷设严格遵守《爆破安全规程》（GB 6722—2014）中有关起爆方法的规定，网路经检查确认完好，具有安全起爆条件时方可起爆；起爆点设在安全地带；起爆 30min 后，待炮工检查爆后情况，确认无瞎炮以及其他安全隐患时，方可解除警戒。

起爆网络的顺序：起爆电源→铜丝导爆线→毫秒延时电雷管→药包。

E. 装运作业。开挖后 PC220 挖掘机清渣，弃渣由自卸汽车运至业主指定渣场。

5.8.2.2　边坡支护

（1）施工规划与程序。边坡支护遵循从上到下分层分块支护施工。先进行 11 号道路高程 210.00m 以上边坡及小水电站边坡支护；后进行大水电站高程 210.00～195.00m 范围的边坡支护，最后进行大水电站高程 195.00～180.00m 范围的边坡支护。

施工程序是先搭设脚手架，对坡面进行清理，进行基础岩面验收，验收合格后，进行锚杆钻孔施工，钻孔工序合格后，进行锚杆安装和灌注，随后进行素喷 3～5cm 厚混凝土对基岩面进行封闭，再挂钢筋网，最后进行第二层混凝土的喷射。

（2）施工工艺及方法。

1）喷混凝土工艺流程见图 5.106。

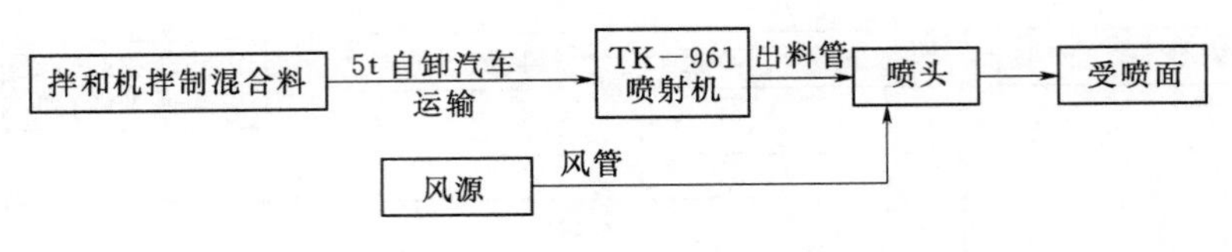

图 5.106　喷混凝土工艺流程图

2）边坡锚喷支护随开挖高程的降低及时跟进。按设计要求用潜孔钻钻直径 110mm 排水孔至设计深度，再安装直径 100mm 的 PVC 排水管，排水管外侧裹 8.5～10mm 土工布，用尼龙线绑扎后插入排水孔内，周边填塞细石颗粒，外漏 120mm 左右。

3）锚杆孔按不同位置设计的间排距及形式用气腿式风钻钻孔，孔深经现场监理工程师验收后用高压风吹净孔壁，然后安装锚杆，锚杆外漏约 120mm 以便于钢筋网片的架设。锚杆安装后，现场铺设 ϕ6@150mm×150mm 钢筋网，当系统锚杆不能满足固定要求时，用手持式电钻在边坡岩石上钻孔并安装锚筋，然后继续固定钢筋网片。在岩壁上安装用以控制喷射厚度的钢筋，该钢筋突出岩石面约 110mm。

4）一个部位的排水孔、锚杆及钢筋网安装完成后进行整体验收，然后喷射 C20 混凝土。混凝土采用干喷法施工，原材料经拌和站干料拌制后运至施工现场，人工用铁锹装入干喷机内，并按设计配比掺入速凝剂。喷嘴垂直于岩面并在距离岩面约 50cm 处开始螺旋状喷射作业，用水在喷嘴处加入，直至喷射混凝土完全覆盖了岩壁上预先埋设的铆钉为止。喷射混凝土到达设计龄期后，用混凝土取芯机现场取芯以检查喷射混凝土的厚度和抗压强度，并检测锚杆的锚固力。

（3）质量保证措施。

1）岩石锚杆质量检验。

A. 锚杆材质检验：每批锚杆材料均应附有生产厂家的质量证明书，并按施工图纸规定的材质标准以及监理工程师指示的抽检数量检验锚杆性能。

B. 注浆密实度试验：选取与现场锚杆直径和长度、锚孔孔径和倾斜度相同的锚杆和塑料管（或钢管），采用与现场注浆相同的材料和配合比拌制的砂浆，并按现场施工相同的注浆工艺进行注浆，养护 7d 后剖管检查其密实度。

C. 按监理工程师指示的抽验范围和数量，对锚杆孔的钻孔规格（孔径、深度和倾斜度）进行抽查并做好记录。

D. 拉拔力试验：按作业分区在每 300 根锚杆中抽查一组，每组不少于 3 根进行拉拔力试验。

在砂浆锚杆养护 28d 固定后，安装张拉设备逐级加载张拉至拉拔力达到规定值时，应立即停止加载，结束试验。

E. 锚杆的拉拔力不符合设计要求时，检测应再增加一组，如仍不符合要求，可用加密锚杆的方式予以补救。

F. 将每批锚杆材质的抽验记录、每项注浆密实度试验记录和成果、锚杆孔钻孔记录、边坡和各作业分区的锚杆拉拔力试验记录和成果以及验收报告提交监理工程师，经监理工程师验收，并签认合格后作为支护工程完工验收的资料。

2）喷混凝土质量检验。

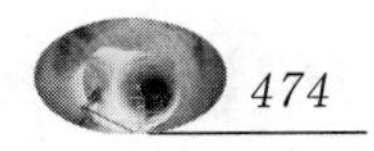

A. 严格按照有关规定进行喷混凝土施工质量抽样试验。

B. 喷混凝土厚度检查，按《水利水电工程锚喷支护技术规范》（SL 377—2007）有关规定执行。检查记录定期报送监理工程师。经检查，喷射混凝土厚度未达到施工图纸要求的厚度，按监理工程师指示进行补喷，所有喷射混凝土都必须经监理工程师检查确认合格后才能进行验收。

C. 喷射混凝土与岩石间的黏结力以及喷层之间的黏结力，按监理工程师的指示钻取直径100mm的芯样作抗拉试验，试验成果资料报送监理工程师。所有钻取试件的钻孔，用干硬性水泥砂浆回填。

D. 检查中发现喷射混凝土中的鼓皮、剥落、强度偏低或有其他缺陷的部位，及时清理和修补，经监理工程师检查确认后，方能验收。

5.8.2.3 厂房混凝土施工

（1）施工规划与程序。根据施工总进度安排、主要节点工期及防洪度汛要求，厂房混凝土浇筑应在汛前完成大水电站基坑底板集水井底板及部分边墙混凝土施工，以满足度汛要求。

1）混凝土结构分层分块。厂房从高程166.89～189.85m共分十层浇筑，每层浇筑高度2.0～3.0m，实际分层及分块根据细部钢筋及结构图进行灵活调整。分块原则是在竖向分缝避免从底板到发电机层形成贯通缝。混凝土分层根据混凝土结构高度及预埋件位置及一次性浇筑高度进行确定。详见图5.107。

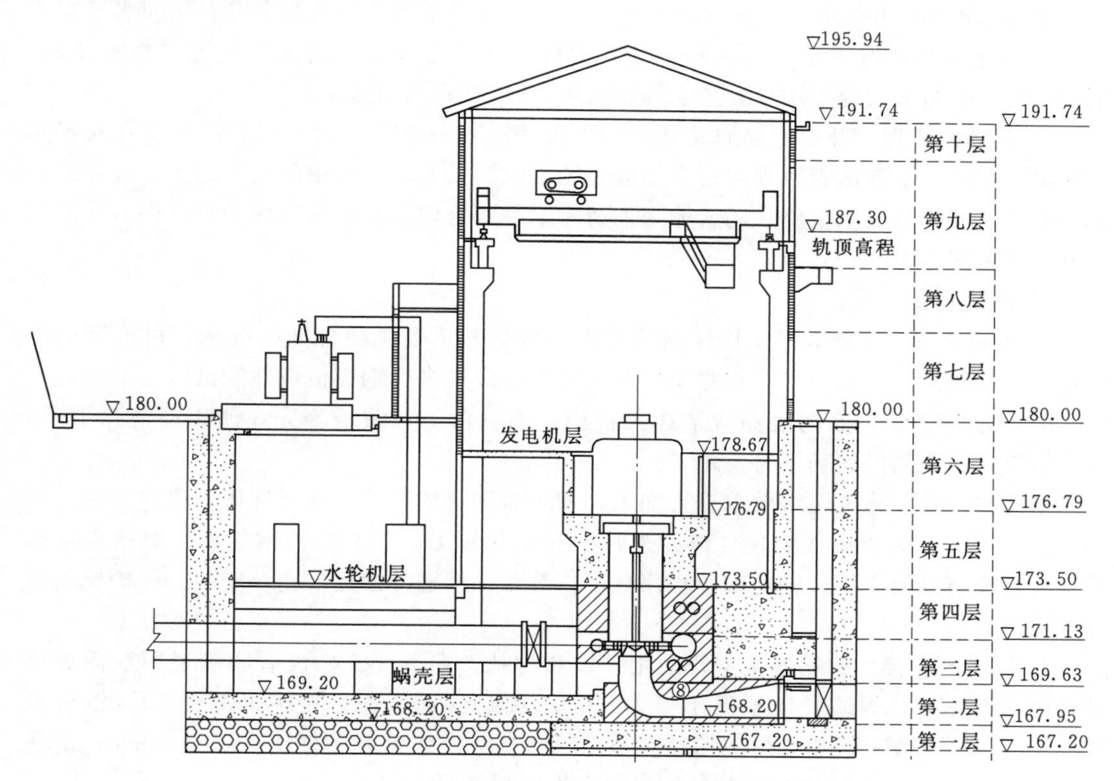

图5.107　大水电站厂房混凝土分层示意图

2）施工布置。拌和系统用水采用生活区水源，用ϕ32mm 水管接入拌和系统水池，再从水池抽入拌和系统。

施工用水：仓面清洗及混凝土养护采用 11 号道路布置的施工供水池集中供水。

施工用电：利用施工区附近现有 630kVA 变压器，牵引主供电线路至大小水电站厂区施工作业面，设置主配电箱，再根据实际情况，向各个作业面牵引线路，设置配电箱。

3）材料运输。

水平运输：采用装载机及自卸车配合，对结构混凝土施工所需材料进行转运。

垂直运输：以吊车吊运为主，辅以人工搬运配合。

（2）混凝土施工。

1）混凝土施工工序。

基础面（施工缝）的处理和验收→钢筋制作安装→立模→仓面验收→混凝土拌制→混凝土运输→混凝土入仓、平仓→混凝土捣实→混凝土收面→脱模→养护。

2）混凝土施工方法。

A. 施工排水。由于大水电站基坑处于河床水位以下，基坑来水主要为天然雨水和基础渗水。

基坑外排水在高程 180.00m 设置截水沟，将天然降水及边坡渗水引至尾水闸墩外，防止边坡汇水流入基坑，对基坑施工造成干扰。

基坑内排水在集水井边开挖一个积水坑，在厂房及集水井底板覆盖前在该积水坑安置 2～3 台潜水泵将基坑渗水抽入河道，底板混凝土浇筑完成后将潜水泵安置在集水井内，用于抽出岩石边坡及施工用水。排水管路采用 PVC 软管及消防带。

B. 基础面清理。开挖出来的基础面应无欠挖。首先进行大面积石渣清理，再利用高压风水枪冲洗。基础面若遇到尖角应处理成钝角或圆弧形状，基础面上的泥土、破碎岩石和松动岩块和不符合质量要求的岩体必须清除干净或处理。基础面清理验收合格后才准进入下一道工序施工。

C. 钢筋制作安装。

a. 钢筋材质。钢筋混凝土构件钢筋采用符合热轧钢筋主要性能的要求，每批钢筋均应附有产品质量证明书及出厂检验单，在使用前应分批进行钢筋机械性能试验。

b. 钢筋加工。钢筋的表面应洁净无损伤，油漆污染和铁锈等应在使用前消除干净，带有颗粒状或老锈的钢筋不得使用。

钢筋的尺寸按施工图纸要求进行加工，加工后钢筋的尺寸应在允许偏差值内。

c. 钢筋安装。基础面验收合格后进行钢筋安装施工。安装结构钢筋前，根据仓号和基础面情况布设架立筋。钢筋安装程序如下：装车→运输→搬运入仓→安装→保护层安装→连接→验收。

d. 钢筋的连接。钢筋连接主要采用焊接和绑扎。在设计文件没有明确说明双面焊接时采用单面焊接，焊缝长度不得小于 10d（钢筋直径），双面焊接不得低于 5d（钢筋直径），绑扎长度应不低于 40d（钢筋直径），所有接头之间错开不低于 35d 及 50cm，钢筋绑扎率不低于 70%，网格间距及保护层按照设计图纸要求施工。

D. 模板工程。采用胶合板结合 P3015、P1015 等普通钢模板组拼，模板均采用

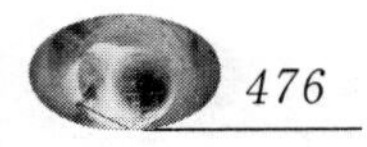

ϕ12mm 拉杆配 ϕ48mm 钢架管固定。混凝土浇筑前预埋插筋，规格为 ϕ25mm，向模板反方向斜角 45°，埋入 0.6m，外露 0.3m。所有钢模板均应涂抹脱模剂，胶合板面应平整、光滑，确保混凝土外观平整、光亮。

E. 止水安装。根据工程量清单，大型水电站厂房止水形式有 BW 型橡胶止水和止水铜片两种。

橡胶止水采用强力胶冷黏结连接，先把待对接的止水带两端纵向打磨出 15cm 的斜面，除去油污及杂物，均匀涂抹强力胶 5～10min 后，将两斜面对接粘牢即可，橡胶止水采用钢筋和铁丝固定和保护，以防止混凝土施工时变形和撕裂，止水部位混凝土应充分振捣密实，以保证完整地嵌入混凝土中，达到止水的目的。

使用铜止水时，先自制一个压制铜止水片的加工台。加工台要制作精确，以保证压出的止水片满足设计要求。铜止水片安装时需注意保持平整度，表面的浮皮、锈污、油漆、油渍均应清除干净。如有砂眼、钉孔，应予焊补。焊接部位按照要求保证搭接方式和搭接长度。一般采用双面焊接，焊接材料采用铜焊条，搭接长度为 2cm。

施工缝设置如设置充填物根据设计要求进行施工。

F. 埋设件。埋设件主要为金属结构设备安装固定件、施工埋设件及监理工程师指示的其他埋设件，施工时严格按照施工图纸安装。

G. 混凝土施工。

a. 混凝土制备。本工程混凝土统一在拌和站（JS750A）严格按照当前混凝土仓号的配料单称量、拌和、制备。各种料源投放，均采用自动称量控制系统，投放次序通过实验确定。混凝土的拌和时间必须满足规范规定要求。

b. 混凝土运输。混凝土的水平运输采用混凝土罐车运输，直接从拌和站出料口接料，运输至厂房工作面进行卸料。拌和系统至厂区 1～2km。主厂房水轮机层以下采用溜槽、溜筒入仓，水轮基层以上混凝土输送泵进行浇筑，混凝土自由下落高度控制在 1.5m 以内。不合格混凝土严禁入仓，已入仓的不合格混凝土应予以清除。

c. 混凝土平仓、振捣。根据分层、分仓施工图进行浇筑，浇筑采用人工平仓，斜层铺料，从块体的短边一端向另一端进占，边前进，边加高，逐步形成明显的台阶，直到把整个仓位浇筑到收仓高度。铺料厚度一般在 30～50cm 之间，最大不得超过 50cm。板梁柱采用平铺法，铺料厚度应满足所使用的振捣器施工范围。采用溜槽入仓时为防止骨料分离，人工将集中的粗骨料均匀地分布至水泥浆液较多处。

混凝土采用手持 ϕ50mm 振捣棒或 ϕ70mm 软轴式振捣器，人工振捣密实。当前铺料层振捣时，振捣棒要插入先浇筑层 5cm 左右，以保证层间结合良好。在实施振捣时，逐次依点振捣，不得漏振。振捣至开始泛浆和混凝土不再显著下沉为止，避免造成翻砂而引起过振。

振捣过程中派专人负责模板、钢筋及其他预制埋件的维护，防止模板变形、钢筋和预制埋件移位。

混凝土浇筑时应严禁在仓内加水，混凝土浇筑应保持连续性，避免出现施工冷缝。若遇大雨需要停止浇筑，雨后继续施工时，仓面应按施工缝进行处理。

d. 混凝土养护。主要采用洒水养护，当混凝土平整收仓，新浇混凝土达到终凝后，要及时进行养护。养护期根据水泥品种、结构部位、气候条件来确定，一般养护时间不少于 28d。

H. 混凝土缺陷处理及修补。

混凝土浇筑出现缺陷，首先上报监理工程师，视缺陷类别确定处理方案。对于一般混凝土缺陷采取以下方法：

对混凝土表面出现的少量蜂窝、麻面、露石，采用比混凝土标号高一级的水泥砂浆进行抹面修补。在抹灰前，必须用钢丝刷或高压水将缺陷部分清除，或凿掉薄弱的混凝土表面，用水冲洗干净。

对出现的孔洞，将孔洞周边混凝土敲掉，使结构钢筋内外至少外露 5cm，再用比混凝土标号高一级的细石混凝土进行填塞，并予以抹平。修补部位要加强养护，保证修补出来的混凝土牢固黏结，色泽一致，无明显痕迹。由于支护模板拉杆钢筋头子，必须先用砂轮机切割，再进行水泥砂浆抹灰。

对于特殊部位的混凝土缺陷，应根据施工实际情况和相关要求进行修补。

5.8.3 水电站机组安装

5.8.3.1 水轮机及其附属设备安装与调试

（1）技术参数。

1）大型水电站厂房水轮机。立轴混流式：N=600r/min，D_1=1000mm，H_r=76m，Q=7.8m^3/s。

2）小型水电站水轮机。卧轴混流式：N=1000r/min，D_1=550mm，H_r=41m，Q=2.31m^3/s。

（2）大型水电站水轮机组安装。

1）大水电站水轮机组安装流程见图 5.108。

2）尾水管安装。

A. 安装前：清扫预留机坑，去除杂物，排除积水，检查机坑底面高程是否符合设计要求。

B. 清扫、组装及焊接尾水管，检查其上管口的波浪度，各管口圆度及进出口相对位置，不合格要用千斤顶和拉紧器调整。

C. 尾水管安装是在厂房桥机未安装前进行的，因此，尾水管吊装采用 25t 汽车吊。安装时按环形件特点进行安装，拉好十字线，挂上线锤，对准中心基准线，用千斤顶、拉紧器、楔子板、调整螺钉等进行就位调整。

D. 测量上管口的水平和高程，上管口实际安装高程与设计高程的误差应控制在 0～10mm 以内。

E. 尾水管焊接按厂家提供的焊接技术规范进行，并注意各质量控制点的变化。

F. 调整就位后，为防止位置变动，调整工具点焊固定，管内点焊支撑，使用预埋锚钩焊接加固，复查之后埋设管道，交付混凝土浇筑。

（3）蜗壳及座环安装。

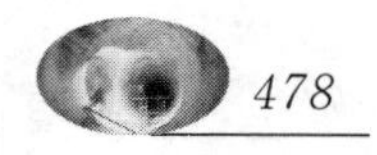

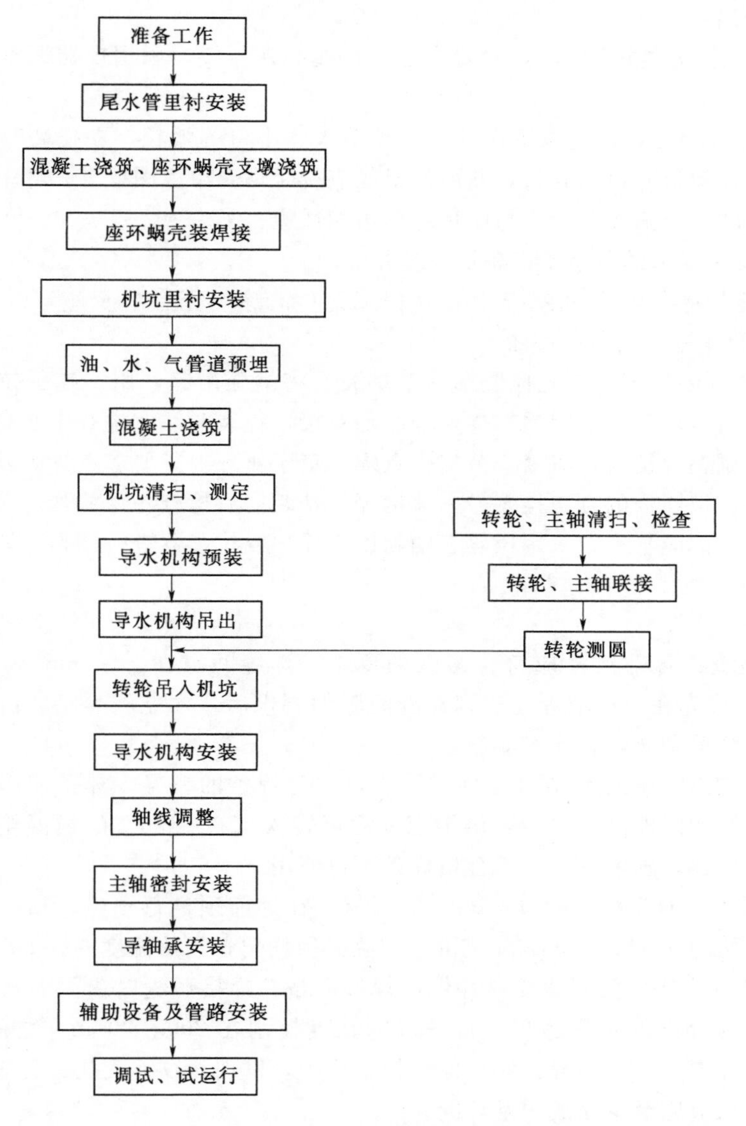

图 5.108　大水电站水轮机组安装流程图

1）座环安装。

A. 座环运输就位：座环到货后，组织人员对座环的技术尺寸进行复测，各种尺寸误差应符合规范要求，尤其是各镗口的圆度误差更应符合要求，座环高程复测清楚，座环坐标刻线复核清楚。座环就位采用吊车或扒杆进行吊装。

B. 座环就位后，应放好测量基准点，其误差应符合规范要求，该点应准确可靠。

C. 根据基准点粗调座环中心、高程。

D. 用特制的水平测量工具或高精度测量仪（精度 0.01mm/m）测量，并精确调整座环的高程、水平、中心至符合规范要求，并初步验收。

E. 地脚螺栓与预留筋焊接加固，并再次微调通过验收。

2）蜗壳安装。

A. 根据已定位的座环中心，设置中心架，挂好钢琴线，利用仪器调整钢琴线中心与座环中心重合。

B. 运入分节蜗壳，检查以下尺寸：①单节大、小口的弧长，在挂装时它们与相邻的节应该一致；②单节开口的弦长，断面的半径应符合蜗壳单线图要求；③上、下蝶形边的弧长，在挂装时各节弧长总合应与座环蝶形边相适应。

C. 对已发生变形的单节予以矫形处理并加固。

D. 在固定导叶外侧分划蜗壳中心高程标记；清除蜗壳各节及座环焊逢坡口及两侧10～15mm处的铁锈、油脂、底漆。

E. 按厂家预装标记，首先挂装第一节蜗壳。将蜗壳吊起，用一吨手拉链式葫芦调节其轴向水平，向座环对接处缓缓靠拢，与座环对接，挂装时注意检查中心高程，以及最大半径和轴线。调整合格后，将第一节蜗壳点焊固定于座环上。要求点焊必须由合格焊工用合格焊条进行。按同样的方法挂装另一节蜗壳。挂装完后检查各环缝处对接缝间隙应符合图纸要求，过流面应平齐，采用压码、辅助以千斤顶或拉紧器进行调整，调整好后可用搭接板固定。

F. 焊接。

a. 焊前检查：各部尺寸应符合图纸的要求，焊缝间隙在 2～4mm 内，如果有大于4mm 的地方，应先在一边堆焊，达到对缝间隙的要求后，才能施焊。坡口周围 15mm 内无锈、油渍及漆等杂物，各支撑应稳定。

b. 焊条的选用：根据厂方技术文件要求，选定焊条的型号。焊条使用前严格按照焊条说明书所规定的温度进行烘干，烘干完成后可转入 120～150℃的恒温箱中保温。取用时用保温箱暂储存，随取随用。不合格焊条不得使用。

c. 焊前预热：对于壁厚超过 25mm 的板材，在焊前须进行预热，预热的范围以焊缝中心为基准，两边在 150～200mm 范围，加热必须均匀，预热温度 60～80℃。

d. 蜗壳环缝焊接：为减少变形并保证焊接质量，焊接环缝时由两名合格焊工同时进行，采用对称的分段退步焊施焊，每一段的长度控制在 200～300mm 之间，而且逐道、逐层地堆焊。每焊完一道焊缝，应立即清扫、检查，发现裂纹、气孔、夹渣等缺陷应及时处理。每挂装三节应至少完成一条环缝。

e. 焊接蝶形边：蜗壳与座环蝶形边之间的焊缝是两大部件的连接缝，应在蜗壳的环缝全部焊完后才焊接。在焊接前对蝶形边焊缝进行检查和校正，必要时可以重新修整剖口，或者采取堆焊、镶边等方式作处理。蝶形边的焊接仍采用对称方向的分段退步焊法，为保证过流面平滑又便于施焊，可考虑加垫板焊接：上蝶形边应在内部加衬板，先在外面施焊，最后清除衬板，在内部作封底焊，下蝶形边则在外部加衬板，先在内部焊接。如蝶形边焊缝比较宽，应当采用多层、多道的堆焊，同时应注意各层焊道的接头应相互错开。焊接蝶形边时，为防止座环变形，可考虑将顶盖或闷头吊入并用螺丝把合在座环上，以增加座环刚度。在焊接过程中对座环变形和位移应进行监测。

所有焊接完成后按厂家要求进行探伤检查。探伤合格后复测座环、蜗壳尺寸，符合要求后进行加固。

3）导水机构预装。

A. 全面清扫机坑里衬和座环表面的尘土、水泥、杂质等，组合面清除铁锈、毛刺后用汽油清洗并涂润滑脂，复测座环的高程、水平、中心和圆度，至少分8～12点做出明显标记。

B. 根据座环实际位置确定水轮机中心。在座环的上下镗口打上测点中心、方位标记，水轮机中心测定前，应先将组合调整好的底环吊入机坑就位，采用仪器进行测量，使各测点的半径与平均半径之差不应超过下部固定迷宫环设计间隙的±10%，其圆度符合规范要求。

C. 按厂方编号对称吊入全部导叶，注意不得碰伤下轴颈，检查导叶转动的灵活性，应无蹩劲与不灵活情况，并能向四周倾斜，否则对轴瓦孔径进行处理，吊装前，清洗上、下轴颈，测量并记录导叶实际高度值。

D. 吊装顶盖，以止漏环面为准检查中心，用千分尺表监测定位后，吊入套筒，检查轴套间隙，合格后对称拧紧一半螺栓，检查导叶端面间隙，保证各导叶转动灵活，调整合格后钻铰底环、顶盖定位销孔。

E. 测量记录导叶上、下端面间隙，其总间隙应不超过设计规定值，但不能小于设计间隙的70%，否则应在底环与座环或座环与顶盖间加垫处理，加垫时应注意顶盖与座环间的橡胶止水盘根的型号尺寸，因其压缩量的不同直接影响止漏效果，个别导叶可进行磨削处理。

F. 导水机构预装结束后，吊出顶盖，如许可，可不必吊出底环和导叶，然后进行水轮机总装工作。

4）转轮及主轴组装。

A. 清扫、检查转轮和主轴，对毛刺和突出点进行修磨，对连接螺栓，螺母进行螺纹检查修整，并对号修套。

B. 将转轮吊放在预先设置的稳固支墩上，调好水平，在对称螺孔中穿入两个临时导向螺栓，吊起水机主轴，悬空调好法兰水平，用干净的白布、酒精等清扫组合面，按螺孔编号，将主轴徐徐落在转轮上。

C. 穿入螺栓，对称拧紧、测量其伸长值。螺栓拧紧时应有防止螺纹损伤的措施。

D. 转轮与主轴接合面应无间隙，连接螺母应锁定或点焊固定，点焊长度15mm以上，最后安装泄水锥、保护罩。

E. 利用特制的测圆架配合千分表测量转轮叶片外边缘的圆度，应符合设计和规范要求，否则应做出标记，可用锉刀或砂轮机均匀修磨突出部分。

5）导叶及顶盖的正式安装。将导叶用洁净的软布清扫底环上的导叶轴套和导叶，并在轴套内和导叶轴肩接触处涂抹润滑脂。然后逐个吊装导叶，导叶进入轴套后转动应灵活，并使所有导叶在全关位置。然后吊装顶盖，插入定位销，按制造厂的要求拧紧顶盖与座环的连接螺栓。

6）导叶传动机构及操作机构安装。

A. 在支持盖上涂润滑脂，吊装控制环，调整控制环的位置，使其与导叶全关位置相匹配。

B. 按制造厂的要求安装压板、导叶臂。

C. 安装导叶摩擦装置。

D. 按厂家技术要求安装连接板。

E. 用手动葫芦对称将控制环拉到全关位置并锁紧，然后检查导叶的立面间隙，并做好记录。不合格的地方作相应的处理，使其在设计及规范允许的范围内。

F. 将作好压力试验的导叶接力器吊装就位，并与控制环的大耳朵相连。

7）空气围带密封装置安装清扫检查、安装。

A. 吊装空气围带密封装置，装入销钉，按制造商的要求紧固组合螺栓，用塞尺检查空气围带密封支撑架与转动部件间的间隙，并满足制造商的设计要求，做好记录。

B. 配装供气管路，充气检查并用肥皂水检漏，检查充气状态下（0.5～0.7MPa）围带与转轮要贴合紧密。用塞尺检查其间隙，其值应为零。

C. 清理安装完毕的空气围带密封装置附近，将所有杂物清理掉。

8）主轴密封装置安装。

A. 安装主轴密封支座，调整密封支座与不锈钢套间的间隙，使其符合设计要求。装入销钉和装配螺栓。

B. 按制造厂的要求拧紧密封支座上的螺栓，复查支座与不锈套间的间隙合格后，配钻销钉孔。

C. 安装盘根密封填料，并用密封压板压紧。检查调整密封压板与主轴的间隙，使其满足制造商的设计要求。

9）水导轴承安装。

A. 将水导轴承支座吊装到导流锥上与导流锥进行组装，用塞尺检查支座与导流锥之间的组合间隙。

B. 安装水导轴瓦，根据设计间隙及盘车时水导轴领处的摆度确定瓦的调整间隙，用塞尺检查其与主轴的间隙并调整合格。

C. 拧紧轴承支座和导流锥间的连接螺栓，复查瓦的间隙后钻铰销钉孔。

D. 安装轴承的上部油箱挡圈。

（4）小水电站水轮机组安装。

1）尾水直锥管安装。尾水直锥管具备安装工作条件后，尾水渠清扫干净，测放高程和中心控制基准点。将直锥管运到安装现场，并进行检查；测量数据应与设计尺寸一致。在尾水渠内用方木搭设临时支架，用汽车吊直接将尾水直锥管吊入尾水渠并用楔子板支撑住，按测放好的基准控制点，楔子板配合自制的双向拉紧器精调直锥管的中心、高程满足设计文件要求（严格控制上管口法兰面的水平和轴向中心）后，焊接加固可靠。经监理检查验收合格后移交工作面进行混凝土的二期浇筑。

2）座环及蜗壳安装。

A. 准备工作。

a. 在机坑中设标高中心架，用钢琴线拉出 X 轴、Y 轴线。将 X 轴线的高程调整为安装高程，即机组的轴线。

b. 设垫板、基础板，准备地脚螺栓及临时性支架，支架摆放至座环和蜗壳待支撑的位置。

c. 清理需安装的工件，检查结合面质量以及连接螺栓配合情况，在蜗壳前、后法兰的端面上准备铅直及水平轴线的标记。

B. 安装工艺。

a. 将座环＋蜗壳用桥机吊至安装工位，承重于临时支架和基础楔子板上。用标高中心架拉出钢琴线来表达机组轴线，严格控制钢琴线的位置精度，再以它为准调整蜗壳的位置。

b. 桥机配合千斤顶进行粗调。在蜗壳以外悬挂铅垂线，用钢板尺测量法兰面上、下方到铅垂线的距离，通过调整使上下距离相等。当中心、高程都接近控制要求时，进行精确调整。用内径千分尺加耳机，测量蜗壳前、后盖法兰止口的四周半径，如果每一个止口处上下左右的半径都相等，蜗壳实际轴线的平面方位和高程就必然符合要求，否则应根据实测情况对蜗壳位置进行调整。由于前、后止口的内圆面与端面垂直，内圆面及其轴线的水平度误差，也即是端面的垂直度误差。为此可以实测端面的垂直度并加以调整，从而保证止口内圆面的水平度符合要求。精调时用框形水平仪监测法兰面，控制其垂直度误差。综合调整座环的方位、中心、高程、水平，使其符合规范要求，中心偏差 2mm，高程偏差±2mm，座环水平质量要求用方型水平仪检查，每米不超过 0.05mm，径向最大不超过 0.12mm。

c. 在调整座环＋蜗壳位置的同时，检查和压力钢管水平段与尾水管等的对正情况，在两方面都符合要求后进行充分锚固。

d. 以蜗壳组合法兰面为基准，调整进口段压力钢管水平及方位，压力钢管进口段符合设计文件要求后进行可靠加固。

e. 经监理验收合格后移交土建单位进行二期混凝土浇筑。

f. 当土建单位对尾水管及蜗壳进口段压力钢管进行二期混凝土浇筑时，应对座环法兰面垂直方向架百分表进行监测，监测座环的位移和上浮情况。如位移或上浮量大，应改变混凝土浇筑方向和速度，保证座环的水平在其设计要求范围内。

g. 蜗壳混凝土浇筑并达到强度后座环水平的实测值应仍不超过上述标准。

C. 导水机构预装。清理底环表面和导叶轴套，吊装一半较长的活动导叶。

用桥机吊装顶盖，在其接近导叶时，将一半导叶的中轴套对中，使顶盖继续位移时导叶能顺利通过中轴套，平面位置应与事先放置好的参考位置样点重合。

采用挂中心钢琴线的测量方法检查前后止漏环的圆度、中心及同心度，用千斤顶调整顶盖位置使止漏环的圆度、中心及同心度满足制造商要求并进行记录。

测量顶盖高程，并用调整螺钉（或千斤顶）调整，使其高程满足制造商要求并进行记录。

导叶端面间隙检查及转动灵活性检查。当导叶灵活性及端面间隙检查无异常，止漏环检查合格后，用楔子板固定顶盖。

用专用工具钻铰座环与顶盖组合销钉定位孔。

按技术要求配制垫板。垫板的配制应在打入顶盖、座环定位销钉，拧紧约一半连接螺栓的情况下，分别测量各编号垫板处至少三点间隙值的平均值来确定各垫板的相应厚度，以保证垫板厚度的精确。

3）导水机构安装。

A. 安装前准备。控制环的清扫和组装检查，清扫顶盖与导叶，清扫座环、底环表面，接力器的清扫和检查。

B. 安装。

a. 用洁净的软布清扫底环上的活动导叶轴套和导叶，并在轴套内和导叶轴肩接触处涂抹润滑脂。然后逐个吊装导叶，在导叶即将插入轴套孔时将“O”形密封圈装入轴套孔内的密封槽，导叶进入轴套后转动导叶应保证灵活。

b. 利用桥机和制造商提供的专用吊具将顶盖吊离地面，用压缩空气和干净擦机布清扫顶盖表面后将顶盖吊入机坑，参照安装基准线调整顶盖的方位。在顶盖即将接近导叶长轴时安排4个施工人员对称监控顶盖中轴套的间隙，在导叶轴与中轴套间隙基本均匀时带上连接螺栓导向，在桥机卸去顶盖的全部重量前，将定位销钉插入并拧紧至少一半连接螺栓。

c. 检查全部导叶的端部间隙应在制造商设计的范围内，并记录。用制造商提供专用工具对称紧固顶盖与座环的组合螺栓，并记录每个螺栓的伸长值。

d. 在顶盖内装上导叶的上部轴套，并调整与检查上部轴套与导叶之间的间隙均匀且在设计的范围内，导叶处于灵活状态，装配轴套组装螺栓并钻铰定位销钉。

e. 用桥机将控制环吊装就位并将其放置在全关位置，吊装控制环压环，装配螺栓并用制造商提供的专用液压千斤顶拉伸和紧固螺栓，测量并记录螺栓的伸长值。检查并记录控制环，顶盖之间的间隙要满足制造商设计要求。

f. 安装导叶拐臂。

g. 安装连板及连板限位块。

h. 再次检查每个导叶与底环、顶盖的端面间隙要在设计的范围内，并进行记录。

i. 用钢丝绳和手拉葫芦将导叶调整到全关状态，检查导叶上、中、下立面间隙满足制造商要求。若有超出标准处，应书面报告监理人和设备厂家现场技术指导，并按监理人和设备厂家现场技术指导的指令对其进行局部修磨。

4）转轮安装。

A. 安装前准备。

a. 座环与顶盖装配定位销孔已钻铰。

b. 发电机转子吊装完成，发电机气隙满足要求且整个转子承重在两支点轴承座上。

B. 安装。

a. 桥机吊转轮从尾水管端套入转轮室。

b. 转轮套入应缓慢，套上主轴锥面后，用专用工具调整各部间隙，不能发生硬碰硬擦，全部套上锥面后，带上螺母，并用专用工具锁紧螺母固定好。

c. 转轮吊装就位后用塞尺检查转轮与止漏环处的间隙，间隙在圆周方向要基本均匀，总间隙应符合设计要求。

（5）调速器及油压装置安装。

1）回油箱安装。

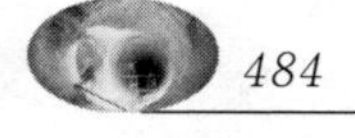

A. 按照图纸对回油箱、压力油罐的安装部位进行清理、测量放线、预埋管口的处理。

B. 回油箱吊装就位，调整回油箱的高程、水平、中心。

C. 回油箱阀门按要求进行清扫及压力试验，油位指示器、油位开关、温度信号器等附件校验后进行安装。

2）压力油罐安装。对压力油罐内壁进行清理，吊装就位后调整中心、高程、垂直度等，符合规范要求后回填二期混凝土。校验、安装压力表、压力开关、压力传感器、液位传感器、液位计、安全阀、补气阀等。

3）油泵及附件安装。对油泵及附件进行清扫、检查。安装油泵过滤器、卸压阀、安全阀、逆止阀、截止阀等。

4）机械柜安装。机械柜内主配压阀等安装根据厂家要求进行。

5）系统管路安装。

A. 清洗设备管路附件，下料、加工坡口等。

B. 根据图纸要求，合理布置管路支架、吊架，管路装配、点焊固定并分断编号。

C. 系统管路焊接采用手工电弧焊焊接。管路焊接后对管道进行压力试验，试验合格后对管路进行彻底清扫。

D. 系统管路安装后进行防腐涂漆工作，漆膜应附着牢固、无剥落、皱纹、气泡等现象。

（6）进水阀安装。

1）安装准备。

A. 按图纸检查基础墩高程，预留孔尺寸、位置、复核压力钢管、蜗壳进口段的轴线、高程、放设安装点线、高程。

B. 安装调整底板，此底板应比阀基础板低约 80mm，找平后用砂浆填固。

C. 清扫阀基础组件，吊放于预留孔内，基础板用调整螺栓调整高程水平，依据安装点线调整基轴线位置，用钢筋临时固定。

D. 在安装间清扫阀体，进行开合动作检查、密封动作检查及行程测量，完成后活门应调整至全开位置。

E. 清扫延伸段、伸缩节、复核尺寸，用桥机吊运至安装位置下方，用垫木支撑。如延伸段重量不大，可与蝶阀本体在安装间组合后一同吊装。

F. 清扫接力器及其基础件，试配销钉，作接力器行程检查、尺寸复核。将基础件吊放于预留坑内，接力器吊放于各蝶阀支墩两边约 800mm 处水平放置。

2）正式安装。

A. 在安装间试起吊主阀，确认安全后，将主阀吊放于其基础板上，调整其高程、轴线位置，临时加固。

B. 吊起伸缩节与主阀、蜗壳进口法兰组合，拧紧各组合螺栓。

C. 吊起延伸段与主阀组合，拧紧螺栓，如延伸段较重，可在其下方用钢支墩支撑。

D. 整体调整，检查阀组合件与蜗壳进口段，压力钢管的轴线、高程、伸缩节轴向间隙（比设计值小约 5mm）、周向间隙。

E. 加固主阀。

F. 测量压力钢管口与延伸段尺寸，配制凑合节，打磨好坡口，吊入装配，用千斤顶或压码调整，组对。

G. 按厂方规定工艺技术要求进行焊接，伸缩节处应设百分表监测阀装配的轴向及横向位移，若位移过大，即时调整焊接方案。

H. 凑合节焊接完成后，按规范进行探伤，如发现缺陷，应进行返修。

I. 关闭主阀，吊起接力器与拐臂连接，装入销钉及锁定件。

J. 将接力器与其基础件相连，并调整至正确位置。

K. 全面检查，固定主阀及接力器基础螺栓。

会同监理、厂方、设计进行验收，交付土建进行混凝土浇筑。

5.8.3.2 发电机及其附属设备安装

（1）大水电站发电机安装。

1）发电机安装流程见图 5.109。

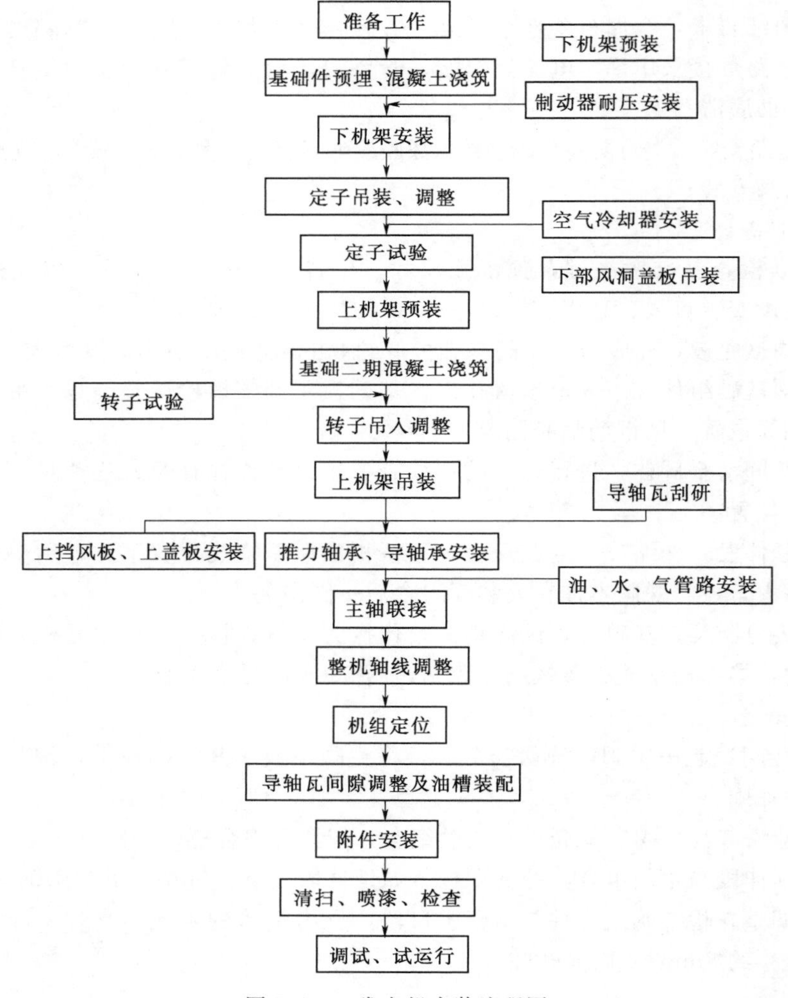

图 5.109　发电机安装流程图

2）定子安装。

A. 在安装间检查已清扫完毕的定子，用桥式起重机主钩将挂好吊具的定子缓缓起升至一定高度，即吊离地面约 110mm，然后下降 100mm，观察桥机制动情况，来回几次，确定桥机主钩制动无问题，再将定子起升到一定高度，走大车至相应机组的机坑中心，使其 X、Y 方位基本与 X、Y 轴线对齐，然后缓缓下降将定子吊入机坑，直至落到事先准备好的基础墩子上。

B. 找正其 X 轴、Y 轴线的方位，并挂好钢琴线，以水轮机中心为基准，来调整定子中心，测量应分上、中、下三环进行，每环测点不少于 8 点，根据测量结果，按“误差平均分摊原则”用千斤顶配合百分表调整定子，在调整定子中心时，应兼顾铁芯垂直度，并注意定子的高程变化，当定子水平与垂直不能同时满足要求时，首先应保证垂直，水平则可用加垫的办法来校正。

C. 根据测量记录，分析出定子的中心、垂直和圆度情况，各半径值与平均半径之差，不超过设计空气间隙的±5%。中心和圆度若超过允许误差，可用千斤顶撑在定子机座和风洞壁之间，强迫机座受力位移或变形，而达到调整的目的。

D. 当定子的高程、水平、垂直、中心和圆度调整合格后，提起定子的基础螺栓，带上螺母，在百分表监测下拧紧定子基础螺栓，并点焊基础楔子板。

E. 复测定子中心、高程、方位、上、下环口的同心度，如数据合格，填写验收表格，会同监理工程师行验收签证，方可进行工作面的移交。

3）转子吊装。

A. 起重设备检查，为确保起吊安全，提前安装起吊设备，并对各吊装工具等进行周密检查；为避免吊装时定子、转子相撞，准备好一定数量和适当尺寸的木板条，在吊装时插入空气间隙中进行保护；在吊装转子前校核各固定部件的中心、水平、高程应符合设计要求；吊装前测量并调整好制动闸的顶面高程，可在顶面加垫调整，应保证转子吊入后转子下法兰止口略高于中间轴的设计高程。

B. 所有准备工作检查就绪后，先在原位试吊转子 1～2 次，起吊高度约 15mm，以检查桥机运行是否正常。

C. 试吊正常后，将转子提起离地面约 1m，检查转子下部法兰面，法兰螺孔、止口边缘应无毛刺及突起物。

D. 上述工作完成后，将转子起升至适当高度后向机坑吊运，当转子行至机坑上空，初对中后，徐徐下落，在转子进入中心时，在定子、转子间均匀插入木条，并上下拉动应无卡阻现象，找正中心后，将转子缓慢下降，下降过程中应随时拉动木条，如有卡阻需及时作相应调整，对正中心，直至转子落在风闸上。

E. 检查转子中心、高程准确无误后，可卸去吊具，准备下一步工作。

4）下支架安装。

A. 组装前仔细清扫，检查组合面，按要求进行组合紧固，各项指标达到图纸规定。

B. 制动器分解、清扫、耐压合格后，安装到下机架上。

C. 将下机架整体吊入机坑，调整其水平、中心、高程及方位至设计规定值，并仔细调整制动器顶面高程。

D. 基础板牢固固定后，将下机架吊出机坑，交付土建浇筑混凝土，也可将基础混凝土浇筑完毕后再吊出下机架，准备水轮机正式安装。

5）上机架及推力轴承安装。

A. 在安装间上安装组合上机架，装配油冷却器。

B. 冷却器吊入油槽装配前做水压试验，渗漏处作封焊处理，安装完毕后与管路一起充水渗漏试验，不应有任何漏水。

C. 推力瓦安装前要逐一认真检查，瓦面应平整，无砂眼、脱壳等缺陷，如有不合格，及时与监理、厂家协商。

D. 将上机架整体吊装到定子机座上，精心调整其中心、高程。合格后钻铰定位销钉孔。

E. 装配机架上盖板及发电机上挡风板，安装机架内的油、水、气管道。

F. 推力轴承及油槽安装完成后，对油槽进行彻底清扫，用吸尘器和面粉团粘走油槽内所有杂质，注入合格透平油，封盖油槽。

（2）小水电站发电机安装。

1）基础座安装。在蜗壳后端法兰面上安装求心架，在发电机端的地基上竖立支架和滑轮，利用重锤拉出钢琴线来。用内径千分尺加耳机，分别测量蜗壳后、前两个止口内圆的四周半径，从而调整钢琴线两端的位置，直到四周的半径相等，则钢琴线即蜗壳的实际轴线。

清理基础座并在表面标注其中心线，吊入基础座，承放到楔子板支撑上，在钢琴线上用软线悬挂小线锤，调整基础座位置使它的中心线与线锤头对正。同时以蜗壳前端法兰面为准，用钢卷尺测量基础座的轴向距离。用钢板尺测量钢琴线到基础座表面的高度差。从而对基础座的各方向位置进行调整。调整时，基础座表面的高程应比设计位置略低，如低2～3mm。在基础座与轴承座之间加入两层成形的垫片，垫片形状按轴承座底面制作，以保证足够的接触面积。

基础座调整就位满足设计文件要求后，点焊基础板、楔子板，进行可靠加固。经检查验收合格后即可浇注地脚螺栓的二期混凝土。

2）轴承座安装。用桥机直接将轴承座吊至安装工位，轴承座的中心、高程调整方法跟基础座的调整控制方法一样，轴承座水平度用框形水平仪在轴承座的上下结合平面上测量，或在它的内圆柱面上测量。轴承座水平度和中心高程的调整用增减它与基础座之间结合面垫片厚度的方法来实现。

3）转子串心。

A. 准备工作。

a. 吊出尾水管弯管段。

b. 清扫导轴承的安装面与螺栓孔，测量导轴承分瓣面到基础座的高度，在轴承座和机架间垫按设计初步配垫加铁皮。

c. 如果是两轴结构，水轮机主轴应吊入（前面所述是按单轴系结构安装的水轮机）。

B. 转子、定子。

a. 将基础座清扫干净，去除杂物。检查各预埋件的位置、高程。

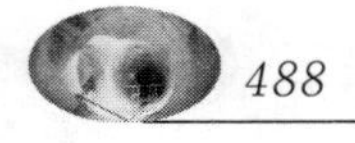

b. 定子吊装步骤：起吊定子离开基础 300mm，检查桥机制动闸的可靠情况；检查定子铁芯圆度及槽楔尺寸变化；定子按正确方位吊上基础座，对正基础螺栓孔。

c. 如果整体定子铁芯内圆孔低于机架上平面，则在机架下垫方木，以提高定子位置，便于串心。

C. 转子串心。

a. 桥机主钩上挂装三只手动葫芦，中间的启吊葫芦起重能力大于吊装的总重要求。

b. 钢丝绳绑在转子上，钢丝绳与磁极间用木板和麻袋保护磁极，后端加上配重。葫芦吊装转子重心，保持轴系水平，开动桥机和升降机构使转子对准定子中心，串入。

c. 当靠近水轮机端露出定子铁心后，用挂在主钩两端的葫芦接应转子承吊重量。

d. 当转子整体串心到位后，先把转子用方木临时垫实，更换吊钩，用钢丝绳配合手动葫芦整体吊浮定子，拆除垫在定子下面的方木，再整体下降至安装位置。

e. 定子中心调整合格后，用百分表监测紧固定子与基础座的把合螺栓。待螺栓全部紧固完成后，复测定子的中心应符合设计文件的相关要求。

(3) 水轮发电机组总装。

1) 大水电站水轮发电机组总装。

A. 水轮发电机组总装流程见图 5.110。

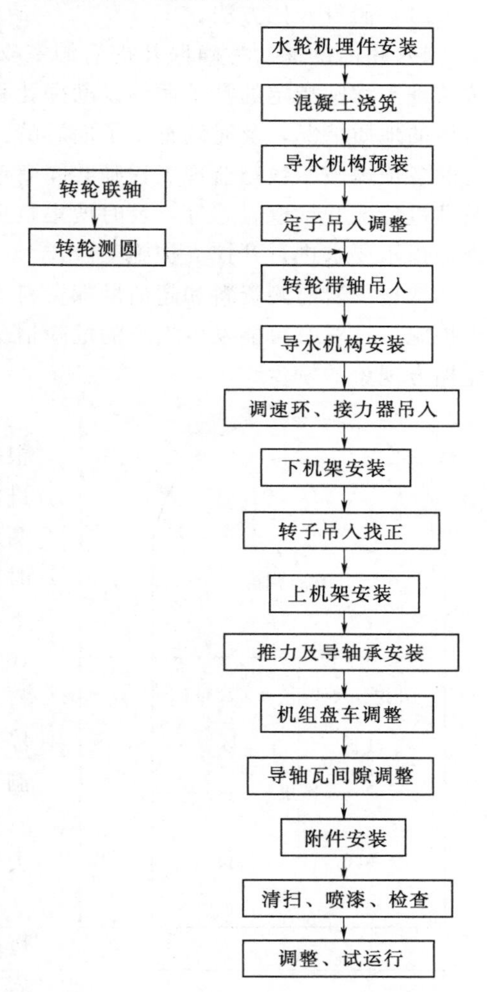

图 5.110 水轮发电机组总装流程图

B. 安装措施。

a. 在尾水管里衬上口搭设一个足够承载能力的工作平台，便于导水机构预装和转轮就位后的调整。

b. 转轮带轴吊入机坑，就位后调整大轴顶面高程，应较设计值低 15～20mm，调整大轴垂直度≤0.02mm/m，将转轮下面的楔子板点焊固定。

c. 逐件吊入水轮机顶盖，调速环、接力器等大件。

d. 吊入下机架，安装下导油槽。

e. 转子吊装，先落在顶起的制动器上。

f. 吊装上机架，安装推力轴承和导轴承。

g. 热套推力头。

h. 发电机单独盘车。

2) 小水电站水轮发电机组总装。

A. 盘车。

a. 在大轴的轴颈上按 8 等分做上盘车标记(注：标记不能影响以后轴瓦的安装)。

b. 测量发电机定子与转子的空气间隙并做好记录。

c. 盘车采用机械方法进行，盘车时，先顺时针转动一圈，当标记点经过百分表时，在百分表上读取测量数据，转第二圈时，在每一个测点处停顿，读取百分表的读数，并记录转轮止漏环各等分点的间隙值。

d. 按照第二圈的要求，转动第三圈，复查第二圈的正确性。

e. 根据上述读数和止漏环的间隙值，计算机组各部分摆度应符合规范要求，若摆度值超差时，及时报告监理单位并在制造商指导人员的指导下进行处理，直至合格。

3）机组回装。机组轴线盘车合格后，按施工图纸要求安装轴瓦及其附件，安装机组各部相应附件。

5.8.4 泄洪洞施工

5.8.4.1 隧洞开挖及支护工程

（1）洞身开挖方法。

1）超前勘探。为确保开挖后洞室安全稳定，开挖遇不良地质段时，必须谨慎施工。按监理工程师指定的掌子面钻设勘探孔和（或）开挖勘探洞，以查清地下洞室中尚未开挖岩体的地质情况，及时调整掌子面后的开挖断面尺寸和支护措施，地下洞室超前勘探孔、洞的各项爆破参数与监理工程师共同商定报批后组织施工，施工时详细勘察围堰状况、记录钻进情况并钻取岩芯等，及时搜集整理超前勘探资料并报送监理工程师，最后按监理工程师指示要求进行开挖支护施工。

依据围岩监测资料和超前勘探资料等，可随时分析洞室围岩的稳定性，及时进行相应支护施工，对有可能发生塌方的危险情况，能及时采取紧急措施快速支护，尽最大可能避免塌方现象的发生。

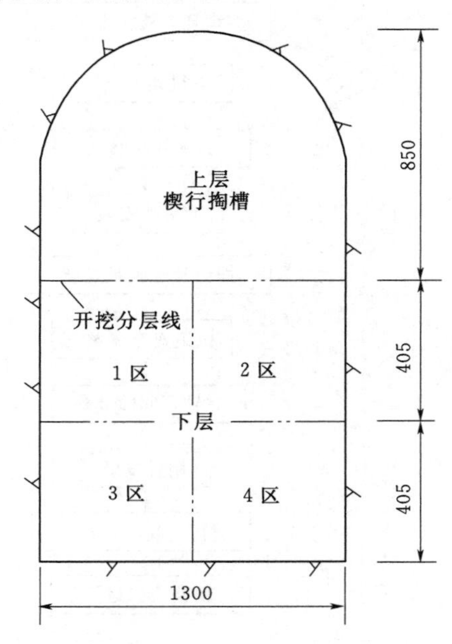

图 5.111　1号泄洪洞开挖分层分区示意图（单位：cm）

2）开挖主要方案。泄洪洞洞室开挖支护施工，根据泄洪洞的布置特点及拟定的开挖方案，从出口进洞，自上而下分层进行，泄洪洞总共分成上、下两层开挖，上层高 8.5m，下层高 8.1m（断面不同时可适当调整高度），上层全断面爆破，下层分上、下、左、右四区进行开挖。在上层导洞进尺 80～100m 时，开始进行下层开挖，而后上下两层同时进行，循环进尺。在开挖至距离进口 60m 位置时，暂停从进口的开挖施工，开始从进口进洞。1 号泄洪洞开挖分层分区见图 5.111。

开挖分两层进行；锚喷支护滞后开挖掌子面不大于 10m；开挖期间可根据实际情况调整。

上层开挖采用手风钻钻孔，设计轮廓采用光面爆破。Ⅱ类、Ⅲ类围岩循环进尺 3m，Ⅳ类、Ⅴ类围岩循环进尺 1.5m，地质条件差地段开挖前采用超前锚杆支护。爆破后及时采用锚喷支护，Ⅳ类、Ⅴ类围岩在每炮爆破后及时安装钢拱架进行支护，并在下层洞开挖后及时将支腿下接。

爆破布孔及相关参数以标准断面计算，当断面不同时，可相应调整对应参数。

泄洪洞上层采用 3.0m^3 装载机装渣，下层采用 1.2m^3 挖掘机装渣，20t 自卸汽车出渣至指定弃渣场。

3）开挖时间控制。

泄洪洞开挖支护施工，在确保各项节点工期的前提下，于 2011 年 5 月 6 日开工，上导洞在水库截流前（11 月 10 日）贯通，全部洞内开挖支护工程于 2012 年 3 月 10 日完工。1 号泄洪洞开挖与支护总工期为 310 天，从开工至上层洞贯通工期为 189 天。

Ⅱ类、Ⅲ类围岩上层洞日进尺为 6m，Ⅳ类、Ⅴ类围岩上层洞日进尺 3.7m。下层洞滞后上层洞 60～100m，剩余工期完全满足要求。

（2）1 号泄洪洞开挖。

1）洞挖爆破试验。

A. 试验目的。

a. 为光面爆破获取爆破参数。

b. 确定炸药品种。

c. 确定作业循环时间。

B. 试验项目。根据泄洪洞开挖及支护施工方案，对涉及的爆破施工方法均应进行试验，为下一步的施工提供技术保障。具体需做以下两项爆破试验：①上层手风钻光面爆破试验；②下层手风钻光面爆破试验。

C. 试验内容。

a. 光面爆破参数选择。

b. 钻孔工效、钻具与岩石匹配的选择。

c. 试验成果整理。

D. 试验部位及总体规划。泄洪洞石方洞挖爆破试验为手风钻光面爆破，由于前期施工 0＋540～0＋600 段上洞已经开挖，故上洞试验部位选择在 0＋540 处，下洞试验部位选择在 0＋600 处。

E. 试验方法。

a. 试验内容。手风钻光面爆破主要进行爆破参数的试验。

b. 试验方法。手风钻光面爆破试验安排在两个试验区进行。

通过试验（两种爆破参数）得出：对爆破方案试验与光爆面平整度、半孔率等关系进行现场调查、统计。

c. 试验成果。通过试验得到的成果，用于光面爆破，确保光面爆破质量。

F. 爆破试验设计。

a. 爆破参数试验。按Ⅱ类和Ⅲ类围岩进行炮孔设计，在Ⅳ类和Ⅴ类围岩施工中，适当调整参数。

根据招标文件要求以及本标工程地质情况，并结合以往的地下工程爆破施工经验，按不同的岩石类别分别拟定爆破试验参数。

光面爆破参数：

孔径 d：采用手风钻钻孔，钻孔直径 $d=42$mm。

孔距 a：光爆孔间距 a 按 $10d$ 孔径进行设计，故光爆孔间距 $a=40$cm；

掏槽孔、扩大孔、崩落孔和底板孔间距 a 按 $15d$ 设计，$a=60$cm。

孔深 L：

中心掏槽孔孔深 1.6m，二层掏槽孔孔深 2.7m，外围掏槽孔孔深 3.8m；

扩大孔孔深 3.5～3.7m；

崩落孔孔深 3.6m；

底板孔孔深 3.5m。

装药量 Q：线装药密度 $Q_{线}$ 按长江科学院的经验公式进行计算：

$$Q_{线}=0.042[R]^{0.5}a^{0.6} \tag{5.14}$$

式中：$Q_{线}$ 为线装药密度，kg/m；$[R]$ 为岩体极限抗压强度，MPa；a 为钻孔间距，m。

计算所得各孔线装药量和总装药量分别为：中心掏槽孔 0.44kg/m、0.7kg；二层掏槽孔 0.56kg/m、1.5kg；外围掏槽孔 0.60kg/m、2.29kg；扩大孔 0.59kg/m、2.13kg；崩落孔 0.55kg/m、1.97kg；光爆孔 0.35kg/m、1.21kg；底板孔 0.63kg/m、2.21kg。

药卷直径选择：光爆孔选择 ϕ22mm 的药卷，其余均选用 ϕ32mm 的药卷。

装药结构及起爆顺序：钻孔分掏槽孔、辅助孔、崩落孔和光面爆破孔，采用微差毫秒起爆。

b. 爆破试验钻孔机械选择。造孔选用 YT-28 气腿式风钻。

c. 爆破试验材料见表 5.27。

表 5.27　爆破试验材料

序号	材料名称	规　格	单　位	数　量	用　途
1	非电毫秒雷管	1～19 段	发	30	网络传爆双发起爆
2	导爆索	普通型	m	400	孔内传爆
3	导爆管	普通型	m	200	孔外传爆
4	硝铵炸药	ϕ32mm	kg	200	崩落、掏槽
5	硝铵炸药	ϕ22mm	kg	70	光爆

d. 爆破试验主要施工方法。爆破试验施工流程为：参数设计→测量放样→技术交底→钻机就位→钻孔→验孔检查→装药联网→爆破→爆效检查→场地清理→下一次试验。

a）测量放样。由具有相应资质的专业测量人员，按照爆破试验布置图进行测量放样。凡周边孔均需测量放线，保证各孔开孔偏差小于 20mm（不允许欠挖），钻孔深度误差控制在±5cm 以内。钻孔偏斜度控制在 10mm/m 以内，且不允许欠挖。非周边孔根据钻爆设计爆破参数布孔，开孔偏差±5cm，孔深偏差±10cm 以内，且不允许欠挖。

b）钻孔。按作业指导书要求，安排钻机在测量放样点位置就位开始，钻进过程中随时对钻孔深度和偏斜进行检测，以便及时纠偏。钻孔后进行保护。

c）装药起爆。各钻孔验收合格后，进行装药，其中光爆孔采用不耦合装药，光爆孔选用 ϕ22mm 硝铵炸药，其余选用 ϕ32mm 硝铵炸药，导爆索串接；起爆网络均采用非电导爆系统。

爆前必须认真检查，确定施工无误且安全措施就位后，方可起爆。主要检查光面爆破的残留炮孔保存率，壁面平整度，炮孔壁裂隙情况。可采取钻屑或黄泥堵塞，堵塞时要适当捣实，尤其是中槽爆破要确保堵塞长度，防止产生过量飞石。由爆破专业技术人员按设计网络进行联网。

2）开挖工艺流程。1号泄洪洞开挖施工工艺流程见图5.112。

3）泄洪洞上层开挖。结合以往类似工程施工经验及施工现场条件，确定的泄洪洞上层开挖高度为8.5m，上层开挖施工为全断面爆破。泄洪洞上层开挖施工期间，施工方案根据现场实际施工情况及时调整优化。

A. 开挖方法。泄洪洞上层开挖施工，风水电管线路延伸至工作面，上层开挖高度为8.5m，开挖分上部圆弧段和下部直墙段两部分，直墙段采用多级复式楔形掏槽。两部分同时起爆，一次将泄洪洞上层爆破成设计断面。

上层开挖采用手风钻在自制钻爆平台上钻平孔装药爆破，为了保证设计面平整度，设计边线处均采用光面爆破。

泄洪洞上层开挖爆破石渣，均采用3.0m^{3}装载机，装20t自卸汽车运至指定弃渣场，使用1.2m^{3}反铲扒渣清底。

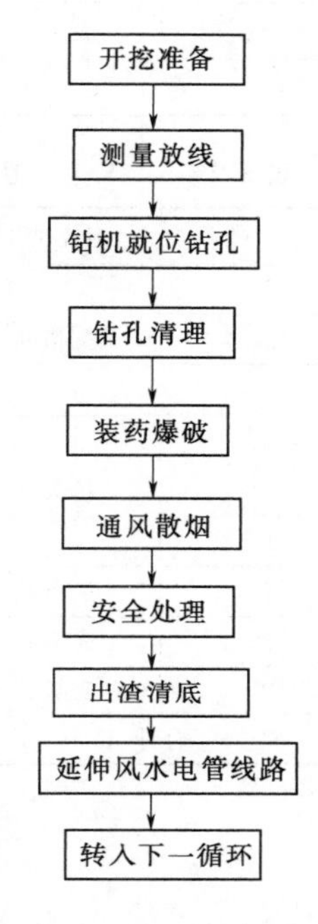

图5.112　1号泄洪洞开挖施工工艺流程图

B. 爆破设计。泄洪洞上层开挖采用手风钻钻平孔装药爆破，钻孔孔径为ϕ42mm，掏槽形式采用楔形掏槽，崩落孔按等间距布置，最小抵抗线与孔距之比控制在1.0～1.2之间，周边光爆孔的孔距以（10～15）d（d为孔径，拟用40mm）控制，最小抵抗线与孔距之比控制在1.0～1.3之间，炮孔装药选用改性铵油炸药，掏槽孔和崩落孔用ϕ32mm药卷，连续装药，周边孔选用ϕ22mm光爆药卷，采用导爆索连线间断装药。炮孔孔口堵塞长度以0.7倍抵抗线控制，最小不少于40cm。各炮孔之间采用塑料导爆管串联、并联成起爆网络毫秒微差爆破。

在工程实际施工时，爆破参数根据岩石情况、开挖断面，并结合以往工程的施工经验，采用经验公式进行选取后确定。泄洪洞上层开挖炮孔施工相应技术参数见表5.28、表5.29。泄洪洞上层起爆雷管分段、爆破装药结构分别见图5.113～图5.115。

表5.28　　泄洪洞上层开挖炮孔施工相应技术参数表（Ⅱ类、Ⅲ类围岩）

序　号	炮孔类别	炮孔个数	炮孔长度/m	药卷直径/mm	单孔装药/kg	总装药量/kg
1	掏槽孔	10	1.6	32	0.7	7.0
2		10	2.7	32	1.5	15.0
3		10	3.8	32	2.29	22.9
4	扩大孔	10	3.7	32	2.21	22.1
5		10	3.6	32	2.13	21.3
6		10	3.5	32	2.05	20.5

续表

序　号	炮孔类别	炮孔个数	炮孔长度/m	药卷直径/mm	单孔装药/kg	总装药量/kg
7	崩落孔	27	3.6	32	1.97	59.2
8	光爆孔	62	3.5	22	1.21	75.0
9	底板孔	12	3.5	32	2.21	26.5
合计		161	孔径 42mm 单位耗药量 1.06kg/m³			269.5

表 5.29　泄洪洞上层开挖炮孔施工技术参数表（Ⅳ类、Ⅴ类围岩）

序　号	炮孔类别	炮孔个数	炮孔长度/m	药卷直径/mm	单孔装药/kg	总装药量/kg
1	掏槽孔	10	1.2	32	0.55	5.50
2		10	2.2	32	1.18	11.8
3		10	2.2	32	1.18	11.8
4	扩大孔	10	2.1	32	1.11	11.1
5		10	2.0	32	1.03	10.3
6		10	1.8	32	0.86	8.6
7	崩落孔	27	1.8	32	0.79	21.3
8	光爆孔	62	1.8	22	0.54	33.5
9	底板孔	12	1.8	32	0.95	11.4
合计		161	孔径 42mm 单位耗药量 0.98kg/m³			125.3

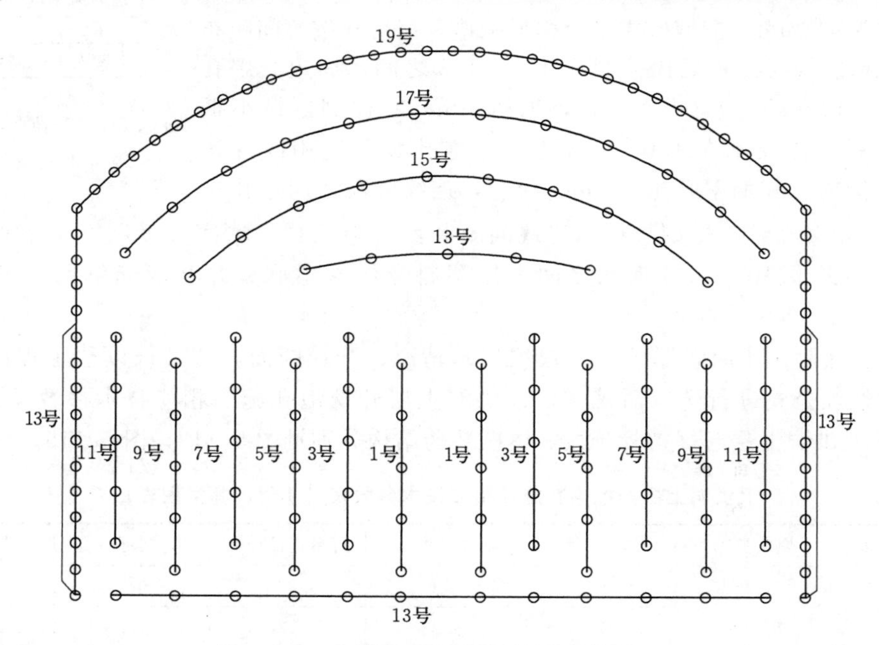

图 5.113　泄洪洞上层起爆雷管分段示意图

图 5.114　爆破装药结构示意图

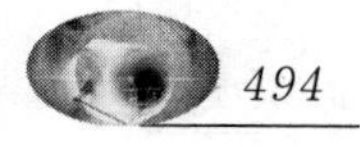

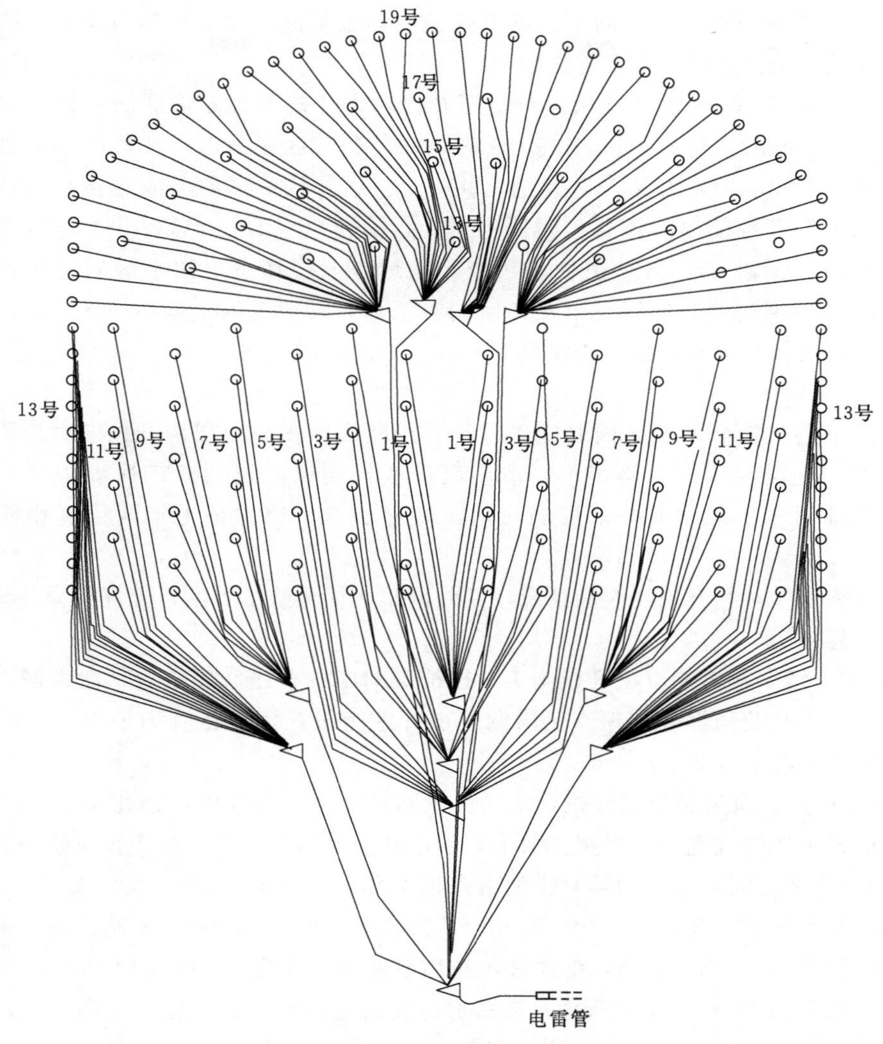

图 5.115　泄洪洞上层起爆网络示意图

C. 作业循环时间。根据泄洪洞上层开挖断面面积、每循环实际进尺情况、施工设备工作效率及以往类似工程施工经验等，进行泄洪洞上层全断面开挖循环作业时间计算。经计算，Ⅱ类、Ⅲ类围岩时循环时间为720min，Ⅳ类、Ⅴ类围岩时循环时间为590min。

D. 开挖设备配置。泄洪洞上层开挖施工，根据拟定的施工方案，对施工设备统一调派合理利用，泄洪洞上层开挖施工设备配置情况见表5.30。

表5.30　泄洪洞上层开挖施工设备配置表

序　号	设备名称	单　位	型　号	数　量	备　注
1	手风钻	台	YT-28	15	备用2台
2	装载机	台	$3.0m^3$	1	装渣
3	反铲	台	$1.6m^3$	1	扒渣清底
4	自卸汽车	辆	20t	4	运渣

4）泄洪洞下层开挖。泄洪洞下层的开挖施工，根据施工通道的布置情况，将泄洪洞下层开挖分成四个区进行，施工方法如下：

上层开挖进行100m左右开始进行下层开挖，先开挖下层右侧区域，即二区，当二区掘进60～100m后，进行四区开挖，此时，一区和三区作为上层开挖的出渣道路。当四区掘进60～100m后，开始一区开挖，此时，三区作为一区的出渣道路，二区和四区作为泄洪洞上层开挖的出渣道路。同样，当一区掘进60～100m后，开始三区开挖，每个分区工作面均预留15%斜坡道便于出渣。随后，上层和下层四个区同时掘进。在施工高峰期间，泄洪洞同时保留三个工作面同时工作，即泄洪洞上层与一区、三区同时工作，二区、四区作为出渣道路，或泄洪洞上层与二区、四区同时工作，一区、三区作为出渣道路。

泄洪洞下层只能有两个区同时施工，且开挖断面面积较上层洞开挖断面面积小，开挖爆破进度较上层洞快。在施工中，泄洪洞进度控制以上层洞开挖速度为主，当上层洞掘进速度滞后于下层洞时，下层洞可适当暂停施工，以保证上下两层有相同的掘进速度。

在实际施工中，结合现场实际情况，及时调整、优化施工方案，合理安排各施工分区之间的施工程序。

A. 施工方法。泄洪洞下层开挖施工，按拟定的施工程序有序进行，泄洪洞下层开挖采用手风钻钻平孔装药爆破开挖。泄洪洞下层开挖施工，爆破石渣均采用1.2m^3反铲挖掘机装20t自卸汽车运至指定弃渣场。

B. 爆破设计。泄洪洞下层开挖，采用手风钻钻平孔装药爆破，钻孔ϕ42mm，利用上层开挖后底板形成的临空面一次爆破成形，崩落孔按等间距布置，最小抵抗线与孔距之比控制在1.0～1.2之间，最上面第一排崩落孔按实际距临空面1.2m。为了保证开挖质量，周边孔采用光面爆破，孔距以（10～15）d（d为孔径，拟用42mm）控制，最小抵抗线与孔距之比控制在1.0～1.3之间，炮孔装药选用改性铵油炸药，崩落孔用ϕ32mm药卷连续装药，周边孔选用ϕ22mm光爆药卷，导爆索连线间断装药。炮孔孔口堵塞长度以0.7倍抵抗线控制，最小不少于40cm。各炮孔之间采用塑料导爆管串联、并联成起爆网络毫秒微差爆破。

在工程实际施工时，根据岩石情况、开挖断面，并结合以往工程的施工经验，采用经验公式进行选取后确定。泄洪洞下层一个分区开挖炮孔布置及一个分区起爆网络连接见图5.116、图5.117。泄洪洞下层一个分区开挖施工技术参数见表5.31、表5.32。

表5.31　泄洪洞下层一个分区开挖施工技术参数表（Ⅱ类、Ⅲ类围岩）

序号	炮孔类别	炮孔个数	炮孔长度/m	药卷直径/mm	堵塞长度/m	单孔装药/kg	总装药量/kg
1	崩落孔	15	3.5	32	1.1	1.89	28.35
2	光爆孔	8	3.5	32	0.4	1.21	9.68
3	底板孔	5	3.5	32	1.0	1.97	9.85
合计		28	孔径42mm，单位耗药量0.72kg/m^3				47.88

表 5.32　泄洪洞下层一个分区开挖施工技术参数表（Ⅳ类、Ⅴ类围岩）

序号	炮孔类别	炮孔个数	炮孔长度/m	药卷直径/mm	堵塞长度/m	单孔装药/kg	总装药量/kg
1	崩落孔	15	1.8	32	1.1	0.55	9.90
2	光爆孔	8	1.8	32	0.4	0.54	4.32
3	底板孔	5	1.8	32	0.6	1.14	2.01
合计		28	孔径 42mm，单位耗药量 0.49kg/m³				16.23

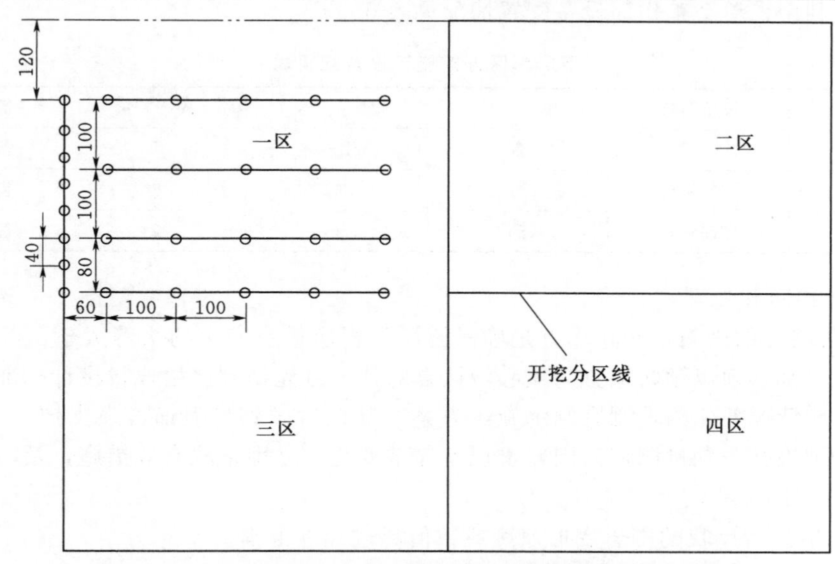

图 5.116　泄洪洞下层一个分区开挖炮孔布置图（单位：cm）

注：1. 图中单位以 cm 计，以隧洞开挖标准断面布设炮孔孔位。施工中，根据开挖断面不同，施工方法适当进行调整；

2. 泄洪洞下层采用手风钻钻平孔爆破；电雷管起爆，毫秒微差起爆。

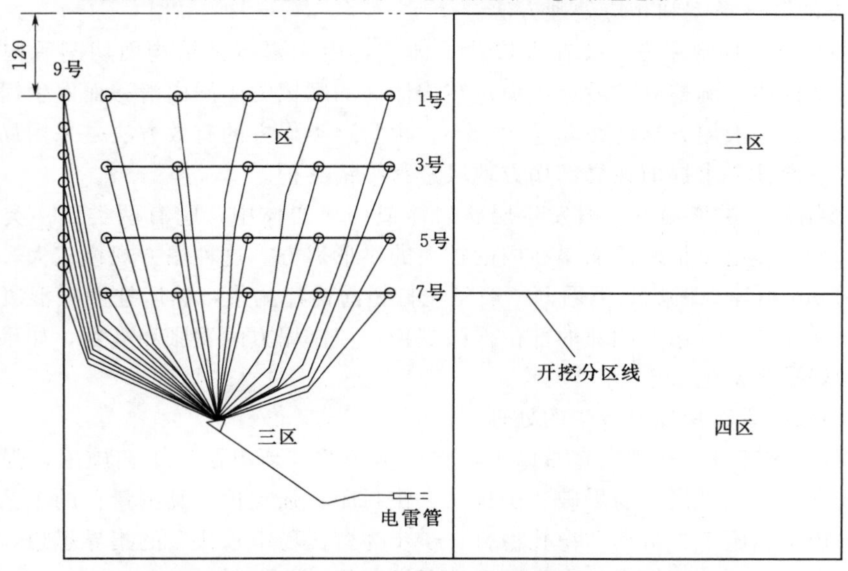

图 5.117　泄洪洞下层一个分区起爆网络连接示意图（单位：cm）

C. 作业循环时间。根据泄洪洞下层开挖断面面积、每循环实际进尺情况、施工设备工作效率及以往类似工程施工经验等，进行泄洪洞下层开挖循环作业时间计算。经计算，Ⅱ类、Ⅲ类围岩时循环时间为405min，Ⅳ类、Ⅴ类围岩时循环时间为385min。

D. 开挖设备配置。泄洪洞下层开挖施工根据开挖施工方案及施工总进度计划安排，泄洪洞下层开挖施工高峰期共有两个工作面同时施工，受施工条件影响，两个工作面均要配备一套钻孔设备，出渣运输设备根据工作面的布置情况，协调交互使用，以达到施工设备资源合理利用，单个工作面设备配置情况见表5.33。

表5.33　　下层单区开挖施工设备配置表

序号	设备名称	单位	型号	数量	备注
1	手风钻	台	YT-28	2	备用2台
2	反铲	台	$1.6m^3$	1	装渣清底
3	自卸汽车	辆	20t	2	备用1辆

5）塌方预防和处理。

A. 预防塌方的措施。防止塌方是确保隧洞工程质量及安全的头等大事。开挖、支护等工序的施工都必须以预防塌方为核心，认真对待。首先做到严格执行设计标准，设计规范，根据地质情况变化因地制宜制定施工方案。开挖后做到早喷锚、强支护，宁早勿迟、宁强勿弱。勤检查、勤量测，对围岩发现有异常变化，立即采取有效措施，及时处理。

B. 塌方前的征兆。

a. 量测信息所反映的围岩变形速度或数值超过允许范围。

b. 岩石表面或喷射混凝土产生纵横向裂纹或龟裂。

c. 岩石风化和破碎程度加剧，有黏土、岩屑等断层充填物出现。

d. 岩层强度降低，纯钻进速度增大，但起钻困难甚至出现卡钻现象。

C. 塌方的各种类型和相应处理方法。

a. 局部塌方。局部塌方主要在大块状岩体中，由于岩体被结构面切割后构成不同形状的不稳定结构体。洞挖开挖后，不稳定结构体面的摩擦力向洞内滑移而发生塌方，这种塌方规模较小，一般塌方高度在0.5～2.5m。预防这类塌方的有效方法是采用局部锚杆+喷混凝土，按设计要求提前在局部塌方地段进行喷锚支护。

b. 拱形塌方。拱形塌方一般发生层状岩体或碎块岩体中，它有两类：一类是发生在顶拱部位；另一类是包括侧壁崩塌在内的扩大的拱形塌方。这种塌方规模较大，塌方高度能达到4～20m不等，预防此类塌方一般是先打超前锚杆注浆，然后挂网喷混凝土，必要时可以安设钢支撑。对塌方相邻的部位作强支护，控制塌方的发胀和蔓延，如果有涌水情况还必须做好排水措施。

6）断层破碎带、片理发育带的处理。

A. 对断层破碎带、片理发育带施工，将严格按照“新奥法”工艺施工，强调“超前探钻、超前支护、短进尺、弱爆破、少扰动、快封闭、强支护、勤测量”的工艺宗旨，确保围岩成洞稳定。施工中贯彻“稳扎稳打、步步为营、稳中求快”的指导思想，杜绝围岩塌方等重大事故造成工期损失，安全顺利地通过断层。

B. 地质条件差的断层破碎带部位，依据设计图纸及施工现场围岩状况，在断层处视其实际情况采用超前锚杆、喷锚支护、钢支撑等支护形式，以保证围岩的稳定。

a. 超前锚杆。超前锚杆是沿着隧道纵向在拱上部开挖轮廓线外一定的范围之内向前上方倾斜一定外插角，或者沿隧道横向在拱脚附近以下方倾斜一定外插角的密排砂浆锚杆，前者称拱部超前锚杆，主要用在顶拱开挖中，起到支托拱上部临空围岩的作用，从而提高围岩的稳定性。

隧洞开挖时采用的拱部超前砂浆锚杆就是将普通的锚杆以10°～30°的外插角，插入设计开挖轮廓线以外10～20cm的岩体中，使之与围岩形成一个整体，起到支托拱部破碎岩石的作用。超前锚杆选用直径为25mm的钢筋，长度一般为3.5～4.5m，环向间距取0.3～0.4m，排距取2.4m。锚固材料采用锚固剂。

b. 锚喷支护技术。实践证明，锚喷支护是对不良地质条件隧洞的最好的加固措施，它能与围岩紧密结合，具有一定的刚度，可以提供一定的抗力，限制围岩变形的发展以适应围岩所产生的一定值的变形。锚喷的关键是通过现场实地量测围岩变形的情况，掌握实施锚喷的良好时机，以使在围岩变形尚未达到失稳破坏前完成锚喷工作，维护围岩的稳定，在岩石极为破碎节理发育的围岩中，可以先挂一层钢筋网，然后喷混凝土，钢筋网可以提高喷射混凝土的抗剪和黏结强度，有利于抵抗岩石塌落和承受冲击荷载，能提高喷层的整体性，使其应力分布均匀，减少混凝土的收缩和喷层裂缝。

c. 钢拱架支护。钢拱架安装利用锚杆头焊接固定，人工分节安装，节间用螺栓连接，拱脚及腰部打锁脚锚杆加固，每榀拱架间通过纵向拉筋焊接联系形成整体进行混凝土喷护。钢架安装后可以立即承受部分荷载，如果喷射混凝土达到一定强度后，能共同承受围岩压力。

C. 加强检查和监测，对显示有不稳定先兆部位及时采取加固措施。

D. 开挖前，在掌子面钻设超前探测孔对掌子面前方进行探测，超前获得岩体地质资料，为施工提供依据。

7）进口洞脸的形成及大断面开挖。

1号泄洪洞进口设计开挖宽度27.02m，高24.51m，其中起拱高度3.5m，设计开挖面积631.6m^2，根据《水工建筑物地下开挖工程施工规范》（SL 378—2007）规定，开挖面积超过120m^{2}即为特大断面，该洞口截至目前为河南第一大开挖断面，出于安全考虑，洞脸的形成和开挖方法必须慎重考虑。

从下游往上游开挖的1号泄洪洞，上层开挖至距离进口60m处暂停上层的开挖作业，下层四个区继续进行开挖，以缩短与上层的开挖距离，为衬砌作业腾出空间。

1号泄洪洞进口向内经渐变成为标准断面，进洞前，先降低进口明挖高程，洞口开挖从洞顶中间部位开始，先开挖出一个高5m的导洞，然后扩挖两侧部分，下部采用90mm潜孔钻钻孔按层厚5m分层开挖，起爆顺序为单孔梯段起爆，由于单孔装药量较大，为避免影响周边围岩的稳定性及造成开挖面的不平整和超欠挖现象，两侧各预留2.5m用气腿式风钻钻孔进行光面爆破。接近基底时，为避免扰动进水塔基底围岩，下部4.5m全部采用气腿式风钻铅直布孔，毫秒段发雷管分段起爆开挖，由于洞内其他洞段尚未完成开挖，出渣运输道路不能中断，故接近基底部分分为两个开挖区，开挖一侧时，另一侧作为出渣

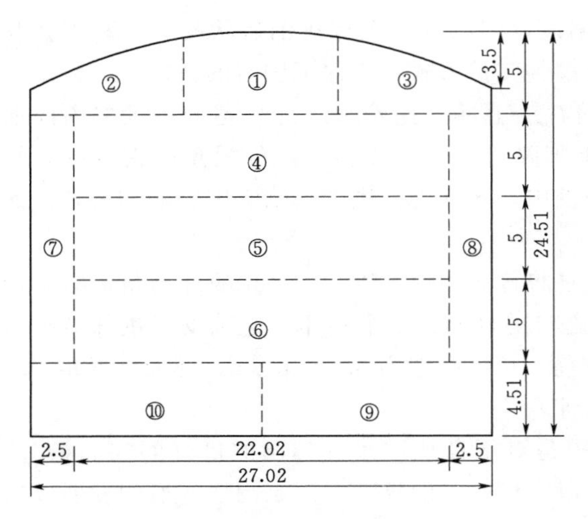

图 5.118 进口分层分区开挖图（单位：m）
①—导洞；②、③—扩挖区；④、⑤、⑥—潜孔钻分层开挖区；⑦、⑧—气腿式风钻光面爆破开挖区；⑨、⑩—基底保护开挖区

道路。开挖后及时按设计要求进行钢桁架支护和锚喷支护。进口分层分区开挖见图 5.118。

8）泄洪洞开挖出渣方式。上导洞前 100m 施工时，施工道路由中层顶面经中导洞顶部与洞外道路相连，见图 5.119；中层开挖时，先进行 1 区开挖，上导洞经中层 2 区顶部斜坡与洞外道路相通，中导洞 1 区出渣路利用下导洞 3 区顶面与外部道路相连；中导洞 1 区进尺 30m 后，进行中导洞 2 区开挖，此时，上导洞施工路经 1 区、3 区顶部斜坡与洞外道路相连，中导洞 2 区施工道路经下导洞 4 区顶部斜坡与洞外道路相通，而后的中导洞每 30m 交替施工，洞内道路亦交错使用，见图 5.120；中导洞进尺 90m 后进行下导洞施工，下导洞施工时，3 区、4 区可直接出渣，上、中导洞仍利用中、下导洞顶部斜坡经 3 区、4 区与洞外道路相连，见图 5.121。

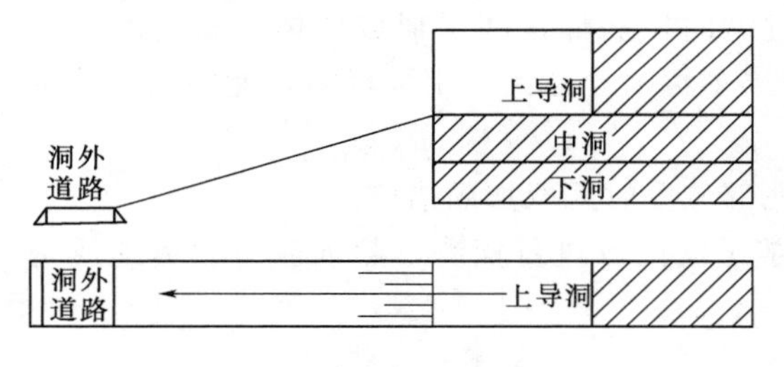

图 5.119 上导洞洞内、外交通道路图

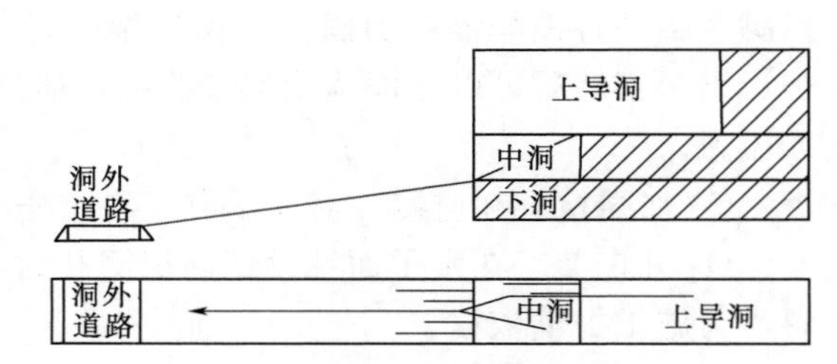

图 5.120 上、中导洞洞内、外交通道路图

（3）2 号洞龙抬头段开挖及拆除。

1）概述。2 号泄洪洞是由前期导流洞改造而成，从距导流洞进口 274m 处（对应 2 号泄洪洞桩号 0＋150）设龙抬头（图 5.122）与 2 号洞进水塔连接，龙抬头以后段利用原导流洞，形成 2 号泄洪洞。其中 2 号泄洪洞进水塔～桩号 0＋070 段为 2 号泄洪洞洞身开挖，桩号 0＋070～0＋150 需要拆除原导流洞。

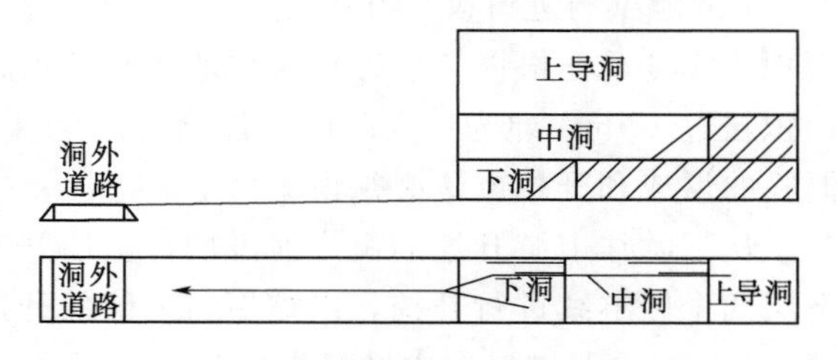

图 5.121 上、中、下导洞洞内、外交通道路图

2）龙抬头段洞身开挖。龙抬头段洞身石方开挖采用三层五区正台阶法平行施工。上部一半处为导洞，采用钻爆台车作为作业平台，下部分为两层四个区。钻孔采用气腿式风钻，循环进尺约 3.5m，地质条件较差时适当缩小循环进尺。钻孔分掏槽孔、辅助孔、崩落孔和光面爆破孔，采用微差毫秒起爆，爆破后用挖掘机装渣，自卸汽车运输出渣。

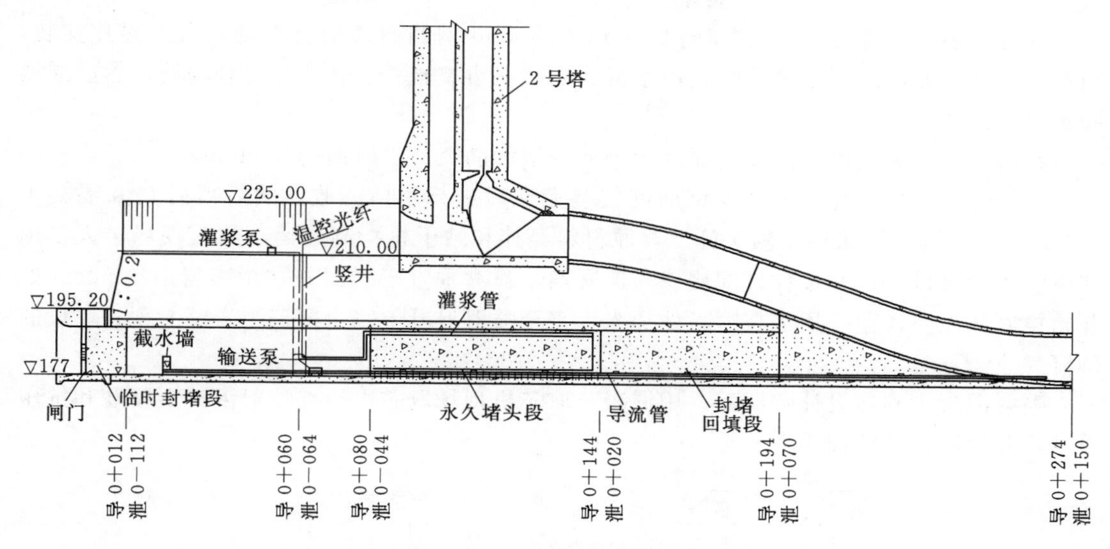

图 5.122　2号泄洪洞封堵及龙抬头段改造段纵向布置图

(4) 洞身支护施工。

1) 支护方案。洞身支护根据设计要求，一般洞身开挖后，采用锚杆+钢筋网外喷混凝土进行支护，遇断层带等不良地质条件时增加钢拱架支护及超前锚杆支护，边坡锚喷支护随开挖高程的降低及时跟进。

2) 普通喷锚支护施工。按设计要求用潜孔钻钻直径110mm排水孔至设计深度，再安装直径63mm的PVC排水管，安装前用电钻在PVC管上按梅花形钻取直径8mm的孔，排水管外侧裹8.5～10mm土工布，用尼龙线绑扎后插入排水孔内，周边填塞细石颗粒，外漏120mm左右。

锚杆孔按不同位置设计的间排距及形式用气腿式风钻钻孔，孔深经现场监理工程师验收后用高压风吹净孔壁，然后注浆（图5.123）、安装锚杆，锚杆外漏约120mm以便于钢筋网片的架设。

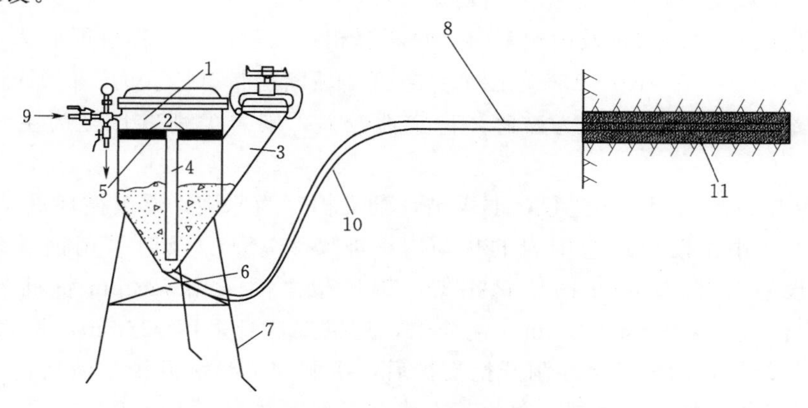

图 5.123　锚杆孔注浆示意图

1—储气间；2—气孔（ϕ10mm）；3—装料口；4—风管；5—隔板；6—出料口；7—支架；8—注浆管；9—进气口；10—输料软管；11—锚杆孔

锚杆安装后，加工成型的Φ6@150mm×150mm钢筋网片运至现场，人工逐片安装，当系统锚杆不能满足固定要求时，用手持式电钻在边坡岩石上钻孔并安装锚筋，然后继续固定钢筋网片。

在岩壁上安装用以控制喷射厚度的钢筋，该钢筋突出岩石面约110mm。

一个部位的排水孔、锚杆及钢筋网安装完成后进行整体验收，然后喷射C20混凝土（图5.124）。混凝土采用干喷法施工，原材料经拌和站干料拌制后运至施工现场，人工用铁锹装入干喷机内，并按设计配比掺入速凝剂。喷嘴垂直于岩面并在距离岩面约50cm处开始螺旋状喷射作业，用水在喷嘴处加入，直至喷射混凝土完全覆盖了岩壁上预先埋设的铆钉为止。

喷射混凝土到达设计龄期后，用混凝土取芯机现场取芯以检查喷射混凝土厚度和抗压强度，并检测锚杆的锚固力。

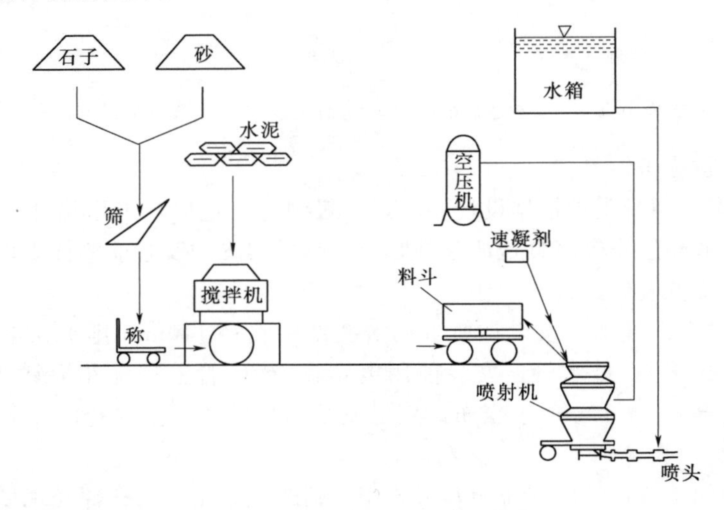

图5.124 喷混凝土工艺流程图

（5）不良地段支护施工。根据前期勘探资料，1号泄洪洞将在K0＋460～K0＋440洞身上半洞处于F_4、F_5断层带及影响带内，两断层相距较近，断层带可能联为一体，宽度较大；在桩号K0＋285～K0＋135范围内穿越五庙坡断层带（F_6、F_7、F_8），该洞段受五庙坡断层带影响，岩体整体较为破碎，稳定性较差，围岩类别以Ⅳ类为主（断层带为Ⅴ类）。

该两段断层带均采用“短进尺、弱爆破、勤支护”为原则，爆破循环进尺1.5m，调整起爆顺序以减小振动对周边围岩的扰动，每进尺2～3m，及时采用钢拱架支护，每0.8～1.5m设置一道220mm槽钢钢拱架，钢拱架之间采用ϕ22mm钢筋连接，间距1.5m，中间挂Φ6@150mm×150mm钢筋网，钢拱架自身采用ϕ22mm，长5.0m，间距@1.5m锁脚系统锚杆固定。上导洞开挖支护后，中洞和下半洞开挖出渣后，及时安装锚杆、挂网和接长钢拱架侧墙支腿，并使其支撑在下部完整岩石上，再进行喷混凝土作业，然后进行下一循环的钻爆作业。通过以上细致的作业，顺利地穿过了大断层，未出现任何安全事故。

（6）1号泄洪洞超大进口支护。1号泄洪洞进口最大开挖跨度为27.02m，属于超大洞口。该段地层有F_{11}断层穿越，受F_{11}断层影响，该段岩体较破碎，结构面较发育，岩体稳定性较差，岩体整体为Ⅳ类围岩，断层带为Ⅴ类围岩，围岩稳定性较差。虽然设计要求该段采用钢拱架支撑，但此开挖断面属Ⅳ类围岩且跨度极大，在分层开挖施工中就有可能出现大面积塌方，且为矩形断面拱顶承受压力较大。

经施工方、业主、监理单位再三考虑论证，为确保安全施工，经和设计单位研究商定确定进洞支护方案为在230马道布置2排ϕ40mm（圆钢）吊筋（斜拉）锚杆，锚杆间距1.5m，排距1.0m，梅花形布置，锚杆伸出洞顶部50cm，并与洞顶第二、第四榀钢桁架可靠连接，形成联合支护方案。具体方案见第5.3节。

（7）泄洪洞开挖支护与导流洞衬砌干扰处理。根据布置，1号、2号泄洪洞平行布置，导流洞在2号泄洪洞下面同轴布置，两洞高差约20m。由于泄洪洞下面的导流洞施工进度拖后，泄洪洞洞身开挖时，导流洞正在衬砌，泄洪洞爆破将影响导流洞衬砌。为解决相互干扰问题，泄洪洞开挖面在距离导流洞衬砌面80m时即开始进行相应的爆破试验和测试，在导流洞已浇混凝土上和待浇混凝土钢模台车上安装爆破震测仪，测定质点的振动速度，并根据导流洞允许的爆破振动速度，不断调整和控制泄洪洞开挖爆破参数，使爆破振动不对导流洞混凝土产生影响。同时，起爆前通知导流洞现场施工人员暂时撤离工作面，起爆后再进行相应工作，以确保导流洞的安全。

5.8.4.2 进、出口高边坡开挖及支护工程

（1）清表。主要包括两个方面：植被清理和表土清挖，然后进行土石方开挖施工。

1）植被清理以1.0m³挖掘机清理为主，局部机械清理不能到位的地方采用人工辅助清理。

A. 植被清理包括工程开挖区域内的全部树木、树根、杂草、垃圾、废渣及监理指示的其他障碍物。

B. 施工场地清理，延伸至离施工图所示的最大开挖边线或建筑物基础边界、建筑物基础外侧5m的距离。

C. 植被清理，挖除树根的范围延伸至离施工图所示最大开挖边线、填筑线或建筑物基础外侧3m的距离。

D. 对于清理区域附近的天然植被进行保护，对于清理获得的有价值的材料按照监理指示运到指定地点堆放。

E. 对无价值可燃物进行焚毁，并采取防火措施。对无法燃烧尽或严重影响环境的清除物进行掩埋，且不妨碍天然排水或污染天然河川。

2）表土的清除、存放和使用。表土清除前先用1.0m³挖掘机进行表层腐殖土清理，清除后用10t自卸汽车运至监理指示的区域存放。

A. 对于开挖的有机土壤运到指定地区存放，防止土壤被冲刷流失。

B. 存放的有机土壤可用于工程的环境保护、土壤保护。

（2）土方明挖。现场清表合格后，用1.0m³挖掘机挖装土方，10t自卸汽车运输至业主指定场地，现场用114kW推土机随时对卸料进行平整，为后续的卸料工作提供方便。卸料过程中注意做到料堆规整，土方开挖完成后用挖掘机对料堆四周进行削坡处理，坡面撒草籽，坡脚挖排水沟，防止雨水冲刷形成环境污染，同时防止大风时节尘土飞扬。

(3) 石方明挖。石方开挖工作内容包括准备工作、场地清理、钻爆、石渣运输及堆存、边坡监测和防护等工作。边坡开挖采用预裂爆破控制、主爆区深孔梯段松动爆破；沟槽等部位开挖均采用沟槽爆破技术开挖施工，对于局部出现的少量欠挖将采取风镐剥除。

每层开挖作业面的主爆区采用深孔梯段松动爆破开挖。每层台阶高度10m左右，在实际施工中，可根据实际情况进行调整。每个作业段40m×25m左右，最大一段炸药起爆量不大于300kg。

预裂孔前排布置一排缓冲炮孔，一方面可以控制飞石、爆破振动；另一方面还可以获取相应粒径的有用渣料。

1）开挖顺序（见图5.125）。

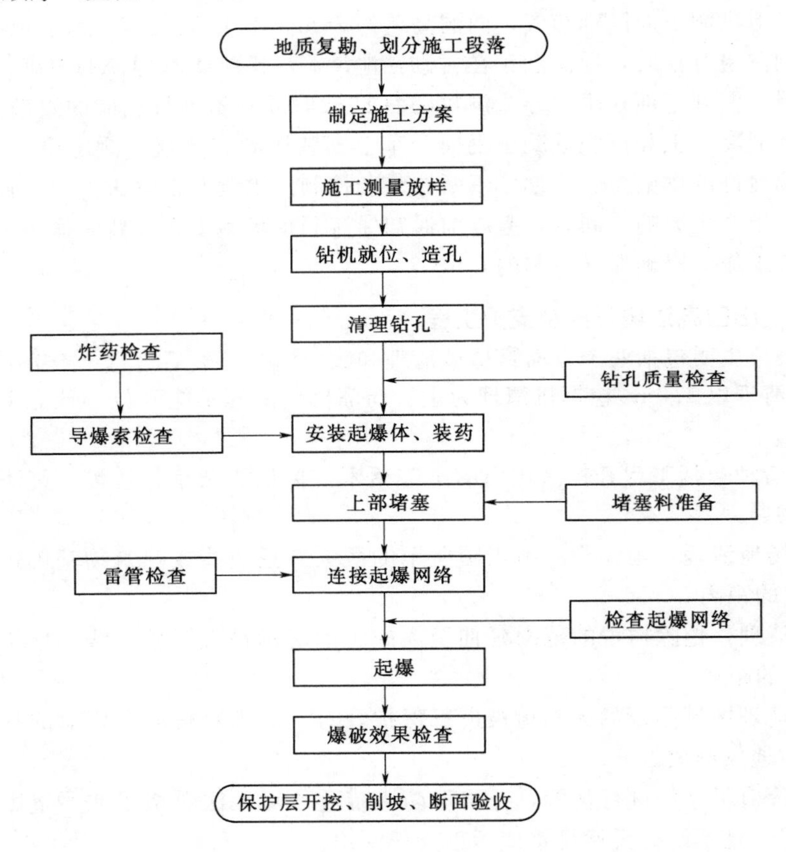

图5.125　开挖顺序图

2）爆破试验。

A. 试验总体规划。挖深不超过5m的石方段，采用手风钻钻孔爆破；挖深超过5m的挖深方段，采用深孔梯段爆破，梯段高度结合开挖台阶设置情况，高度在6～12m。边坡采用预裂爆破，以尽量降低对岩体的破坏。石方开挖预留保护层，采用浅孔小孔径保护层爆破，进出口结构物沟槽处采用沟槽爆破方式。

根据爆破的方式不同，本工程将采用以下爆破方式：①深孔梯段爆破、边坡预裂爆

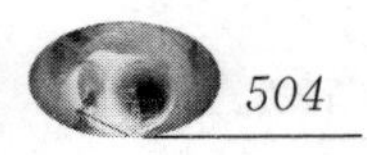

破；②浅孔爆破、边坡预裂爆破；③保护层爆破；④沟槽爆破。

B. 试验参数。

a. 深孔梯段爆破。

a）布孔方式。钻孔形式采用垂直钻孔，布孔采用梅花形多排布孔形式。

b）参数选择。梯段爆破的爆破参数主要包括台阶高度、底盘抵抗线、孔径、孔间排距、超深、孔深、炸药单耗、堵塞长度等。

根据现场设备古河 HCR1200 液压钻机，孔径定为 89mm。

孔深 L：

$$L=H+h \tag{5.15}$$

式中：H 为梯段高度；h 为超深。

超深 h 可按经验公式计算：

$$h=(0.15\sim0.35)W_1 \tag{5.16}$$

式中：W_1 为底盘抵抗线。

底盘抵抗线 W_1 可按经验公式确定：

$$W_1=(0.6\sim0.9)H \tag{5.17}$$

强风化底盘抵抗线强风化为 3.5m，弱风化为 3.0m。

孔距 a 和排距 b：

孔距按下列关系式确定

$$a=mW_1 \tag{5.18}$$

式中：m 为密集系数，一般取 0.8～1.4，在宽孔距爆破中取 2～4 或者更大。

每孔装药量所能担负的破岩体积或单位孔深的面积 S 有关：$S=ab$，一般取 $a=1.25b$，因此可以根据上述参数计算排距 b。

堵塞度长 L_1 按下列经验公式选取：

$$L_1\geqslant(0.75\sim1.0)W_1 \tag{5.19}$$

单孔装药量：单排或多排孔爆破时，第一排孔的每孔装药量 Q（kg）按下式进行计算：

$$Q=qaW_1H \tag{5.20}$$

多排爆破时，从第二排孔起，以后各排空的每孔装药量按下式计算：

$$Q=kqabH \tag{5.21}$$

式中：k 为克服前排孔岩石阻力的增加系数，一般取 1.1～1.2。

根据爆破试验结果和以上计算公式及施工现场实际情况，可以确定：孔深 $L=6\sim12$m；超深 $h=300$mm；孔距 $a=3$m；排距 $b=2.5$m；堵塞长度 $L_1=3.0$m；强风化岩石单耗量 $q=0.30\text{kg/m}^3$，弱风化岩石单耗量 $q=0.4\text{kg/m}^3$。

b. 浅孔爆破。根据《土方与爆破工程施工及验收规范》（GB 50201—2012）浅孔爆破台阶高度不宜超过 5m，孔径宜在 50mm 以内，底盘抵抗线宜为 30～40 倍的孔径，炮孔间距宜为底盘抵抗线的 1.0～1.25 倍；浅孔爆破的堵塞长度宜为炮孔最小抵抗线的 0.8～1.0 倍，夹制作用较大的岩石宜为最小抵抗线的 1.0～1.25 倍。根据该原则，制定爆破参数如下：

孔径 42mm；孔深 $L=1\sim5$m；

底盘抵抗线 $W_1=1.5$m；孔距 $a=1$m；

排距 $b=2.5$m；堵塞长度 $L_1=0.5\sim2.2$m；

强风化岩石单耗量 $q=0.30$kg/m³，弱风化岩石单耗量 $q=0.40$kg/m³。

c. 边坡预裂爆破。预裂爆破为轮廓爆破。预裂爆破是在主爆孔爆破之前在开挖面上先爆破一排预裂爆破孔，在相邻炮孔之间形成裂缝，从而在开挖面上形成断裂面，以减弱主爆区爆破时爆破地震波向岩体的传播，控制爆破对保留岩体的破坏影响，且沿预裂面形成一个超挖很少或没有超挖的平整壁面，预裂爆破效果达到 80%，且炮孔附近岩石不出现严重的爆破裂隙。技术特征如下：

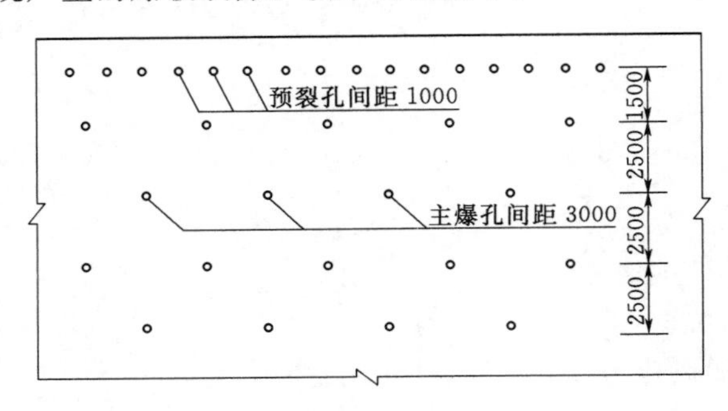

图 5.126　梯段爆破钻孔布置示意图（单位：mm）

a）预裂孔先爆，超前 50ms 以上，其爆破参数主要有孔径、孔距、装药结构、线装药密度、堵塞长度等。

b）底部装药量适当增加，上部适当减少装药，且孔口做好堵塞。

c）预裂面与最近的一排主爆孔之间的距离为主爆孔间距的一半，并减少装药量。

根据爆破试验及现场实际工程情况取：孔径 ϕ89mm；孔深 $L=6\sim12$m；孔距 $a=1.0$m；线装药量 260～300g/m。

深孔爆破布孔及剖面见图 5.126、图 5.127。

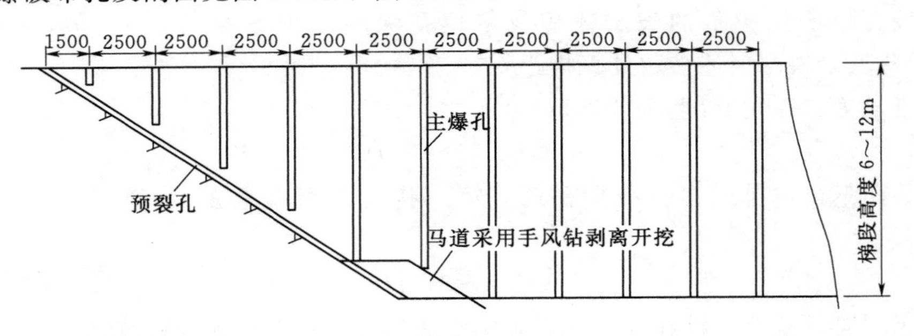

图 5.127　梯段爆破钻孔剖面图（单位：mm）

d. 保护层爆破。为保证建基面岩石的完整性，对上部为 ϕ89mm 孔径爆破的建基面保护层预留 1.5m 保护层。保护层周边采用浅孔爆破施工，其余部分底部留 20cm 撬挖层，采用人工辅以风镐清理至建基面设计高程。根据该原则，制定保护层爆破参数如下：

钻孔直径：42mm（用手风钻打孔）；钻孔深度：1.5m；

钻孔间距：1.5m；钻孔排距：1.0m；

药卷直径：32mm；单位耗药量：0.5kg/m³；

装药结构：间隔装药；堵塞长度：0.6m；

底部柔性垫层：0.2m；

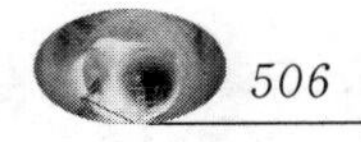

保护层爆破见图 5.128。

e. 沟槽爆破。在平地上开挖沟槽时，宜在开挖一端或中部布置掏槽孔并首先起爆形成临空面，再按顺序起爆。开挖深度不超过沟槽上口宽度的 1/2，若超过宜分层爆破。根据岩石结构、沟槽形状、开挖深度确定孔深，孔深宜为开挖深度的1.1～1.3 倍；孔距宜为孔深的 0.6～0.8 倍。

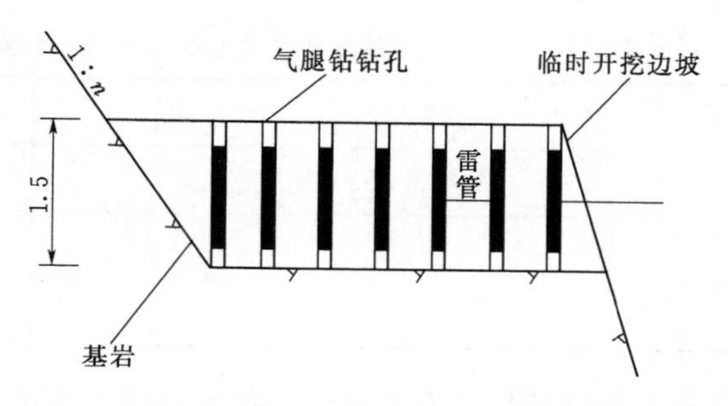

图 5.128 保护层爆破示意图（单位：m）

根据试验结果，及现场实际情况确定沟槽爆破的参数：钻孔 ϕ42mm；孔深 L＝3～5m；孔距 a＝3m；排距 b＝2.5m；弱风化岩石单耗 q＝0.40kg/m^3

起爆方式先中间后两边。

f. 单段最大药量。根据爆破作业区周边环境情况，确定空气冲击波超压值计算及其影响。

露天钻孔爆破超压值计算：

$$\Delta P = K\left(\frac{\sqrt[3]{Q}}{R}\right)^{a} \tag{5.22}$$

式中：ΔP 为空气冲击破超压值，Pa；K、a 分别为经验系数和指数。一般梯段爆破 K＝1.48，α ＝1.55；炮孔法爆破大块，K＝0.67，α ＝1.33；Q 为爆破炸药量，kg；R 为药包至危害对象的距离，m。

为保证建筑物基本无破坏所以取 ΔP＝0.02×10^{5}Pa。

通过以上计算方法控制不同距离附近建筑物的每次爆破炸药量。

g. 爆破安全验算。爆破地震的安全设计与校核单响药量要根据每次爆破区域距保护建筑物的距离进行计算。对于爆破作用指数小于 3 的爆破作业，随着药包的埋深的增加，空气冲击波的效应迅速减弱，此时对人和其他保护对象的防护，首先考虑飞石和地震安全距离。

①爆破震动对控制爆破震动的危害。按照《爆破安全规程》（GB 6722—2014）中的爆破安全距离公式计算：

$$R = \left(\frac{K}{V}\right)^{\frac{1}{a}} Q^{1/3} \tag{5.23}$$

式中：R 为爆破安全距离，m；K、a 值分别为150、1.5，见表 5.34；V 为地震安全速度，cm/s；Q 为爆破毫秒微差最大一段装药量，kg。

表 5.34　　爆破区不同岩性的 K、a 值

岩　性	K	a
坚硬岩石	50～150	1.3～1.5
中硬岩石	150～250	1.5～1.8
软岩石	250～350	1.8～2.0

爆破毫秒微差最大一段装药量 Q 和地震安全速度 v 值见表 5.35。

表 5.35　　爆破毫秒微差最大一段装药量 Q 和地震安全速度 v 值

装药量 Q/kg	地震安全速度 v/(cm/s)
60	0.88
80	1.04
100	1.19

理论计算地震安全速度 v 值均小于 GB 6722—2014 中规定的一般民房爆破震动速度安全允许值 2.0～2.5cm/s。由此证明爆破作业时，只要控制最大一段的药量在 50kg 时，爆破发生的震动不会对近邻厂房造成危害。

②爆破个别飞石最小安全距离。按深孔梯段爆破计算个别飞石最远水平距离：

$$L = kd \tag{5.24}$$

式中：L 为个别飞石最大的飞石距离；k 为安全系数，取 15～16；d 为炮孔直径，90mm。

经计算得：$L=144$m。

由爆破安全规程查得：浅孔爆破不小于 300m，深孔爆破不小于 200m。根据现场的实际情况及临空面的布置情况，能满足规范要求，取单耗 0.3～0.45kg/m^3。

C. 试验准备。在爆破工程进场施工前及开始施工后，为确保施工安全，对施工现场有较为详细的了解。重点注意项：

a. 组织工程技术人员编写爆破技术方案，交业主与监理单位审批，并着手办理施工前必要的各项审批手续。

b. 按设计要求组织相适应的施工队伍、机械设备、机具材料、工具、油料以及劳动保护用品和生活服务等，并限期到位，以保证按期开工。

c. 组织施工人员进行技术培训和安全教育，各施工组织分别制定岗位责任制，进行岗前技术交底，明确质量、安全、进度的保证措施。

d. 场地周围设置警戒线，设立明显的警戒标志，防止外人进入，以保证施工安全。

e. 调查了解施工工地及其周围环境情况。包括施工工地内和邻近区域的水、电、气和通信管线路的位置、埋深、材质和重要程度；邻近爆破区的建（构）筑物、交通道路、设备仪表或其他设施的位置、重要程度和对爆破的安全要求；附近有无危及爆破安全的电磁波发射源、射频电源及其他产生杂散电流等不安全因素。根据实际情况安排施工现场，并对必要部位采取相应措施，同时将这些资料提供给爆破设计人员以保证爆破设计中提出正确的安全措施。

f. 了解爆破区周围的居民情况，会同当地相关部门做好施工的安民告示，消除居民对爆破存在的紧张心理，妥善解决施工噪声、粉尘等扰民问题，取得群众的密切配合与支持，以确保施工的顺利进行。同时对爆破可能出现的问题作出认真的估计，提前防范，妥善安排，避免不应有的损失或造成不良影响。

g. 按照现场条件，对所提供地形、地貌和地质条件进行复核；如有变化，提交爆破设计工程师按实际情况进行设计。同时注意有无影响爆破安全和爆破效果的因素。

h. 爆破工程作业时间内的天气情况及爆破区周围环境情况，包括车流和人流的规律，以决定合理的爆破时间。

从事爆破工作的人员、单位及其主管部门违反爆破安全管理规定的，追究责任，视情节轻重，分别给予批评教育、罚款、收回有关证件、行政处分，直至追究刑事责任。

D. 测量与控制。施工测量是控制爆破工程质量和安全的主要手段之一。浅孔爆破中，由于最小抵抗线测量不准引起爆破飞石距离过远，在爆破安全事故中占有相当大的比例。地形测量的缺陷会带来致命的失误，严重影响爆破效果。在一般爆破工程中，药包是布置在爆破体内的，装药部位与爆破体临空面的关系不是那么直观，只能通过测量来判断。可以说测量是设计和施工的“眼睛”。

在爆破工程的设计阶段，施工测量为爆破设计提供必要和准确的技术图纸，如岩土爆破中的地形图、爆破区周围环境平面图等；对这些图纸进行复测校核是爆破质量控制中的一个重要环节。

在爆破施工阶段，施工测量贯穿整个施工过程：在初期主要提供钻孔的施工放样，按设计要求准确确定孔位置；在施工中主要控制钻孔的精度，包括位置、深度（高程）、坡度；在施工后期着重于施工质量的检查，钻孔的实测，为最终确定装药量提供准确的数据。

施爆后，施工测量就真实反映爆堆的堆积形态、范围、方量。一方面是衡量爆破效果的依据；另一方面为爆破技术总结提供完整的资料。

E. 钻孔。钻孔方法及要求基本同洞室爆破。

F. 装药。爆破装药采用人工方法，装药时必须严格控制每孔的装药量，并在装药过程中检查装药高度。在装药过程中如发现堵塞时停止装药，并及时处理，在未装入雷管或起爆药包等敏感的爆破器材以前，可用木制长杆处理，严禁用钻具或金属杆处理装药堵塞的钻孔。对于已装入起爆药包带有导爆管或导爆索时，注意保护导爆管和导爆索时，避免拉紧导线，防止石块和其他物体对导爆管和导爆索的损伤。

预裂爆破装药采用不耦合装药，根据计算的线装药密度和装药结构，将药卷均匀连续或按一定间隔距离绑扎在导爆索上，为方便装药，也可固定在一长竹片上，形成一个炸药串，然后将炸药串轻轻送入炮孔内。

装药结构：按拟定的爆破设计进行控制。

堵塞：严格按照爆破设计长度要求进行。堵塞材料采用钻孔的岩屑和黏土，禁止使用含有较大粒径的碎石渣，在有水炮孔堵塞时，防止堵塞物悬空（见图 5.129）。

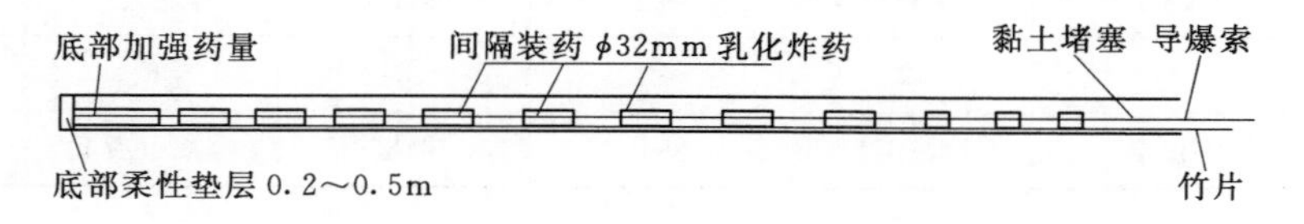

图 5.129　预裂爆破装药结构示意图

G. 起爆网路。装药完成后，撤离与网路敷设无关的其他人员，由爆破技术人员进行爆破网路敷设。爆破采用非电导爆管和导爆索组合起爆网路，预裂爆破采用非电导爆索起爆网路，预裂孔先行起爆。网路敷设按爆破设计要求进行，并严格遵守《爆破安全规程》

（GB 6722—2014）中有关起爆方法的规定。起爆器材使用前事先进行检验，网路敷设后进行仔细检查，具备安全起爆条件时方准起爆。

H. 起爆与警戒。①起爆。起爆网络敷设完毕，经检查确认无误后，在确认人员、设备全部撤到安全地点，已具备安全起爆条件时，起爆作业人员收到起爆信号后，进入起爆岗位，听从爆破指挥长的起爆命令，进行起爆。为确保起爆人员的安全，在施工现场设置避炮室。②爆破警戒与信号。

a. 爆破警戒。爆破作业开始前，必须确定危险区的边界，并设置明显的标志。

危险区的边界设置岗哨，使所有通路经常处于监视之下。每个岗哨值班人员配置对讲机相互联通，并与爆破指挥长联通，以便及时通告情况。

b. 信号。爆破前必须同时发出音响和视觉信号，使危险区内的人员都能清楚地听到和看到，使全体职工和附近居民事先知道警戒范围、警戒标志和声响信号的意义，发出信号的方法和时间。本工程将在来往路口，各施工作业区布设警示牌宣传爆破时间、次数和地点，警戒范围和各种信号的意义。起爆前将通过高音喇叭和警报器进行信号预报。

第一次信号——预告信号，所有与爆破无关人员立即撤到危险区以外，或撤至指定的安全地点，向危险区边界派出警戒人员。

第二次信号——起爆信号，确认人员、设备全部撤离危险区，具备安全起爆条件时，方准发出起爆信号。根据这个信号准许爆破员起爆。

第三次信号——解除警戒信号，未发出解除警戒信号前，岗哨坚守岗位，除爆破工作领导人批准的检查人员以外不准任何人进入危险区，经检查确认安全后，解除警戒。

I. 处理瞎炮与盲炮。①处理瞎炮。爆破后，爆破技术人员必须按规定的不少于5min等待时间进入爆破地点，检查有无盲炮。②盲炮处理。爆破网路未受破坏，且最小抵抗线无变化者，可重新连线起爆；最小抵抗线有变化者，验算安全距离，并加大警戒范围后，再连线起爆。在距盲炮口不小于10倍炮孔直径处打平行孔装药起爆。爆破参数由爆破负责人确定。

J. 资源配置。

各类人员配置见表5.36，爆破试验钻器材见表5.37，爆破试验需用火工材料见表5.38。

表5.36　　各类人员配置表

类　别	高工	工程师	钻工	爆破员	管理人员	合计
数量/人	1	2	10	2	6	21
备注	技术	施工	钻孔	爆破	警戒、后勤	

表5.37　　爆破试验钻器材表

名　称	规格型号	数　量	用　途
起爆装置专用	MFP型发爆器Ex	1套	爆破
空压机	$13m^3/min$	1台	

续表

名　称	规格型号	数　量	用　途
古河全液压凿岩机	HCR1200	1台	深层钻孔
手持式风钻	Y-30型	5台	保护层钻孔
专用电表		1套	
静电仪		1套	
警报器		1套	
对讲机		5部	爆破警戒联络
爆破测振仪	Mini-Blast Ⅰ	1台	振动量测

其他消耗材料各地均可随时购买，如胶布、电线、照明线和灯具、硬塑料管、小刀等，不另做计划。

表5.38　　　　爆破试验需用火工材料表

序　号	材料名称	规　格	单　位	数　量	用　途	备　注
1	非电毫秒雷管	1～15段	发	2000	网络传爆双发起爆	钻孔设备变化其他参数相应变化
2	导爆索	普通型	m	600	孔内传爆	
3	导爆管	普通型	m	1200	孔外传爆	
4	乳化炸药	ϕ32mm	t	6	预裂爆破	
5	乳化炸药	ϕ70mm	t	15	梯段爆破	
6	电雷管	8号	发	20	传爆网络	

3）进出口开挖爆破方案。进出口石方开挖采用自上而下的顺序，边坡采用预裂爆破，主爆区采用深孔梯段松动爆破，梯段高度10m左右，局部可根据现场情况适当调整，接近基岩时采用保护层开挖。在进行深孔梯段爆破时，一个爆区爆破完成后，移钻至另一个爆区，前爆区进行出渣，靠近边坡的爆区出渣完成后，及时进行边坡支护工作，以形成了开挖、出渣、支护工作的流水作业。进出口分区作业见图5.130。

4）爆破参数。爆破参数计算要根据现场爆破试验结果进行确定，以满足开挖强度的需求，并合理地降低施工费用，以下爆破参数是按照经验公式计算出的爆破参数，具体施工时可根据爆破试验调整爆破参数，以达到最优爆破效果。泄洪洞进出口石方爆破设计及参数见表5.39。

A. 深孔梯段爆破。深孔梯段爆破采用潜孔钻钻孔，每层台阶高度10m左右，梅花形倾斜式钻孔。布孔形式采用梅花形。在临近预裂孔的一列炮孔，采用缓冲爆破技术，减缓主爆孔爆破对预裂面保留岩体的损伤。

B. 预裂爆破。预裂爆破是在主炮孔爆破之前在开挖面上先爆破一排预裂炮孔，在相邻炮孔之间形成裂缝，从而在开挖面上形成断裂面，以减弱主爆区爆破时爆破地震波向岩石的传播，控制爆破对岩体的爆破影响，且岩预裂面形成一个超挖很少或没有超挖的平整避面。预裂爆破参数设计采用工程类比法，并通过现场试验最终确定。

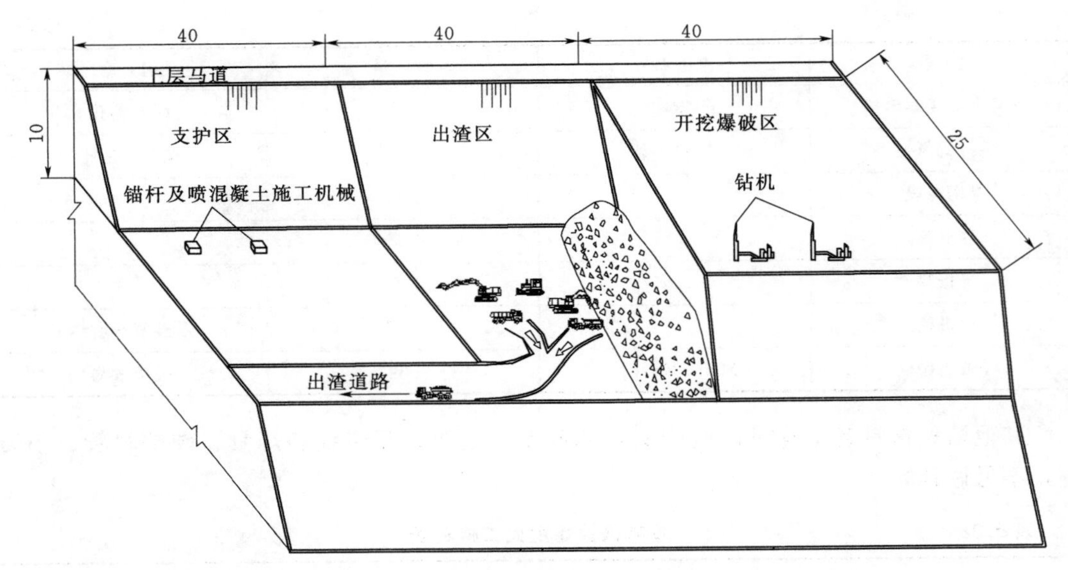

图 5.130　进出口分区开挖示意图（单位：m）

注：1. 开挖每层台阶高度 10m，每个作业段 40m×25m 左右，在开挖中可根据实际情况对台阶高度和作业面尺寸适当调整；

2. 每层开挖完成后，及时喷锚跟进，支护、出渣、开挖爆破三区衔接，交替进行。

表 5.39　　泄洪洞进出口石方爆破设计及参数表

编号	钻爆孔名称	孔径/mm	孔深/m	孔距/m	排距/m	钻孔角度/度	药卷直径/mm	堵塞长度/m	单位耗药量/kg/m³	炮孔数量	单孔装药量/kg	总装药量/kg	装药结构	备注
1	主爆孔	90	11.4	3.5	3.5	设计	60	3.0	0.29	69	42.0	2897	连续	
2	缓爆孔	90	11.4	2.5	2.0	设计	60	2.6	0.04	17	24.6	419.2	连续	
3	预裂孔	90	10.5	0.9	—	设计	32	1.4	0.04	29	7.4	214.6	不耦合间断	不耦合系数 3.125
合计										115		3530.8		

注意：施工时为保证预裂面岩体完整，不出现明显的爆破裂痕，保证半孔率在 80%～90%，不平整度误差小于 15cm，在钻孔施工中要严格控制钻孔偏差在 1°以内，并经常检查，有误差时及时纠正，装药施工中要严格按设计进行，装药串时注意炸药不要靠在孔壁上，使毛竹片靠近保留岩体一侧。

5）爆破布孔。按照爆破设计参数用潜孔钻进行预裂孔、缓冲孔和主爆孔的造孔，泄洪洞进出口深孔预裂爆破炮孔平面布置见图 5.131。

6）起爆网络。由多排炮孔组成，实行分排毫秒微差起爆，起爆顺序由前一排依次向后逐排进行。爆破网络见图 5.132。起爆方式：可采用排间微差起爆法起爆。炮孔内在装药带中装入 1～2 根同段非电毫秒雷管，孔外联结采用导爆管族连接法，雷管导爆索脚线与导爆索连接时，尽量保持垂直，避免导爆索爆炸飞散物击断导爆管。

7）基岩保护层开挖。由于建筑物必须建在坚硬、完整的基岩上，若爆破开挖造成基

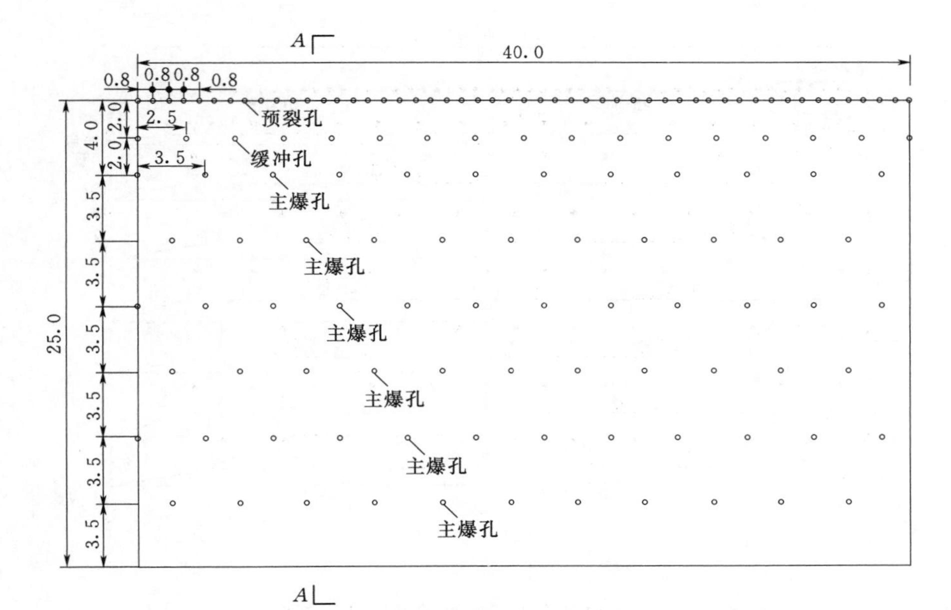

(*a*) 深孔预裂爆破炮孔平面布置图

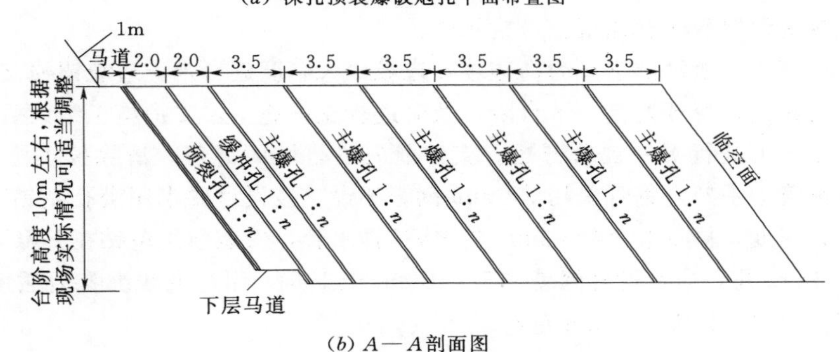

(*b*) *A*—*A*剖面图

图 5.131　泄洪洞进出口深孔预裂爆破孔布置图（单位：m）

注：1. 本图中 *n* 表示边坡坡度；
2. 本项目采取自上而下分层钻爆开挖，爆破方法采用深孔台阶预裂爆破；
3. 本图爆破参数以坡比 1：0.5 边坡爆破计算，其他坡比爆破参数计算方法同本次。

岩产生大量裂隙，就破坏了建基面的完整性，为保护建筑物基岩不被扰动破坏，其上部一定范围内需设置为保护层开挖区。

根据《水工建筑物岩石基础开挖工程施工技术规范》（DL/T 5389—2007）的规定，紧邻水平建基面的开挖，宜优先采用预留保护层的开挖方法。保护层厚度按 1.5m 设置，用手持式风钻先进行保护层开挖，紧靠基岩部分采用机械破碎开挖或人工凿除开挖。

8）出渣及弃渣。出渣采用 1.0m^3 挖掘机挖装，10t 自卸汽车运输，开挖料直接上坝或运至废弃料场堆放，运至坝面的渣料由大坝承包人进行推平和碾压，运至废弃料场的渣料用 118kW 推土机推平，弃渣场地设专人指挥，统一存放。堆放的土料四周边坡用挖掘机削坡，四周设排水沟，坡上撒草籽，防止扬尘造成环境污染。

由于施工道路蜿蜒曲折，来往运输车辆较多，为防止意外，在交通频繁的施工路段、

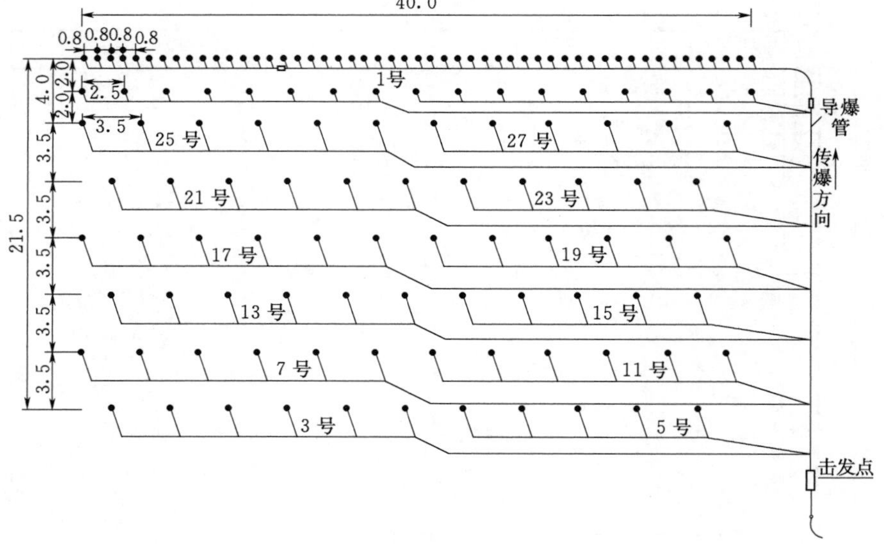

图 5.132　进出口石方开挖爆破网络图（单位：m）

交叉路口按规定设置警示标志或信号指示灯。

（4）边坡支护。泄洪洞进口为高边坡，边坡最大高度近百米，边坡锚喷支护随开挖高程的降低及时跟进。每开挖完一个台阶，及时进行支护施工，支护施工结束后且经经理工程师验收合格方可进行下一台阶开挖。支护前先进行坡面清理，清除掉不稳定岩体和浮渣，然后打钢管脚手架，钢管采用 ϕ50mm 钢管架设。按设计要求用潜孔钻钻直径 110mm 排水孔至设计深度，再安装直径 63mm 的 PVC 排水管，安装前用电钻在 PVC 管上按梅花形钻取直径 8mm 孔，排水管外侧裹 8.5～10mm 土工布，用尼龙线绑扎后插入排水孔内，周边填塞细石颗粒，外漏 120mm 左右。

锚杆孔按不同位置设计的间排距及形式用气腿式风钻钻孔，孔深经现场监理工程师验收后用高压风吹净孔壁，然后安装锚杆，锚杆外漏约 120mm 以便于钢筋网片的架设。

锚杆安装后，加工成型的 ϕ6@150mm×150mm 钢筋网片运至现场，人工逐片安装，当系统锚杆不能满足固定要求时，用手持式电钻在边坡岩石上钻孔并安装锚筋，然后继续固定钢筋网片。

在岩壁上安装用以控制喷射厚度的钢筋，该钢筋突出岩石面约 110mm。

一个部位的排水孔、锚杆及钢筋网安装完成后进行整体验收，然后喷射 C20 混凝土。混凝土采用干喷法施工，原材料经拌和站干料拌制后运至施工现场，人工用铁锹装入干喷机内，并按设计配比掺入速凝剂。喷嘴垂直于岩面并在距离岩面约 50cm 处开始螺旋状喷射作业，用水在喷嘴处加入，直至喷射混凝土完全覆盖了岩壁上预先埋设的铆钉为止。

喷射混凝土到达设计龄期后，用混凝土取芯机现场取芯以检查喷射混凝土厚度和抗压强度，并检测锚杆的锚固力。

（5）预应力锚索施工。

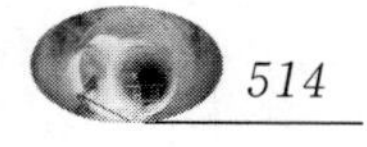

1）概述。泄洪洞进口左侧边坡上部有 F_{12} 断层、③组节理及④组节理。其中 F_{12} 断层走向 300°，倾向北东，倾角 42°，该断层和③组、④组节理切割形成不稳定楔形体，易沿 F_{12} 断层剪出，影响泄洪洞进口安全。为确保边坡稳定，设计沿 F_{12} 断层在高程 290.00～270.00m 布置 5 根锚索加固。

2）施工流程。锚索成孔→锚索制作→锚索安装→锚索注浆→锚索张拉→锚索锁定→锚头保护。

3）锚索成孔。

A. 成孔施工：根据现场实际条件的限制，成孔采用水钻。锚索成孔的各施工参数是控制施工质量的关键，现场施工必须严格按下列条文执行：锚索的成孔孔径为 150mm，孔位允许偏差为水平方向±50mm，垂直方向±50mm，预应力锚索钻孔倾角为 150°，倾斜度允许偏差为 3%。孔深超过设计长度 0.5m，终孔后认真清孔，直至孔内泥浆被清理完毕为止。

B. 钻孔到位后，用预先做好的探孔装置进行探孔，若探孔时轻松将探孔器送入孔底，钻孔深度符合设计要求，经验收同意后即可转入下道工序——锚索安装。在锚索安装前，对孔口进行暂时封堵，不得使碎屑、杂物进入孔口。

4）锚索制作。锚索制作共分自由段制作、锚固段制作、二次注浆管制作三部分。

A. 选料。锚索体选用表面无损伤、锈污的钢绞线，不得使用表面有焊痕的钢绞线。

B. 下料。锚索下料长度为设计长度和孔外预留长度（1.5m）之和，以保证锚索张拉锁定时的要求。

C. 自由段制作。

a. 防腐处理：将锚索自由段刷防锈漆，涂抹要均匀、厚实，不得有漏点。

b. 保护套管：沥青玻纤布缠裹两层后装入套管中，自由端套管两端 200mm 长度范围内用黄油填充，外绕工程胶布固定。自由端与土层间空隙用水泥浆注满。

D. 锚固段制作。对于预应力锚索的锚固段需要进行除锈，水泥浆固结体中锚材的保护层不小于 25mm。将钢绞线平直放好后，每间隔 1.5m 设置一个隔离架，将钢绞线依次放入定位支架的凹槽内，再用 16 号铁丝将其与支架扎紧。锚固段底部用铁丝将三股或二股钢绞线捆在一起，不得有分叉现象，防止下锚时将锚索插入土体内。

E. 二次注浆管的制作。二次注浆管采用 ϕ28mm PVC 管制作，待锚索绑扎完成后，先将 PVC 管沿锚索轴线方向从定位支架的中间孔洞从自由段开始向底端穿进，穿完后在锚索底部 1/3 范围内用手电钻在 PVC 管上打孔，孔径 5mm，用作二次注浆时出浆孔眼，再用胶布将孔眼密封，以防止一次注浆时，水泥浆通过孔眼进入二次注浆管内，最后将二次注浆管与钢绞线捆扎在一起，以防止下锚时脱落。

5）锚索安装。

A. 清孔：用高压水泵将清水注入孔底，进行清孔，直至没有泥浆流出为止。

B. 锚索体安装时，将一次注管的一端用铁丝捆扎在锚索的底端，捆扎时不可过紧，防止一次注浆拔出时被拔断，但不可过松，防止下锚过程中因钢绞线弯曲挤压而引起脱落。

C. 下锚时，先将锚索体的底端放入孔内，用人工依次向孔内缓慢均匀推进，不得用力过猛，防止钢绞线弯曲时将一次注浆挤掉。

D. 下锚深度控制标准：要求锚索体到达孔底后，外露部分不得小于1.5m，但也不能大于2m，以保证锚固段的长度。

6）锚索注浆。

A. 锚索注浆采用水灰比约0.4～0.5的普通硅酸盐水泥，标号为42.5的水泥净浆，必要时可加入一定量的外加剂。

B. 锚索注浆采用二次注浆工艺，一次注浆压力0.5～0.8MPa，二次注浆压力为2.5MPa，一次注浆完成2h后，进行二次压力注浆。一次注浆的目的是将孔注满，待浆液从孔口溢出后即可停止注浆，并将孔口用水泥袋做成止浆塞封住。一次注浆完成2h后，再开始二次注浆，这时第一次注到孔内的水泥浆还未初凝，但孔内已有部分浮水。二次注浆时，先用高压将二次注浆孔眼的密封胶布挤裂，使得水泥浆从PVC管的孔眼向原水泥浆体和土体内高压渗透，以达到密实注浆体的效果，另外一次注浆时在孔上方形成的浮水也会被高压水泥浆从孔口排出，使得原注浆体更加饱满。

C. 锚索采用底部压力注浆法，注浆管随着注浆慢慢拔出，但要保证注浆管端头始终在注浆液内。注浆连续进行，并要饱满。

D. 搅制水泥浆所用的水不应含有影响水泥正常凝结和硬化的有害物质，不应使用污水。浆液搅拌均匀，随搅随用，并在初凝前用完。

E. 注浆泵的工作压力要符合设计要求，并要考虑输浆过程中管路损失对注浆压力的影响，确保足够的注浆压力。

F. 注浆过程中，若发现注浆量大大减少或注浆管爆裂时，将杆体及注浆管拔出，待更换注浆管后，再下放杆体；若中途耽搁时间超过浆液初凝时间，重新清孔后再下放杆体，重新注浆。

G. 注浆过程对每个孔水泥用量做详细、完整的施工记录，并做好试验块。

7）锚索张拉。待锚孔注浆体强度大于20MPa并达到设计强度的80%后进行锚索的张拉，锚索张拉顺序应避免相近锚索互相影响。

A. 张拉设备。为满足试验及施工要求，选用OVM锚具，YCW150液压千斤顶，选择ZB4/500型油泵作为液压动力源。

B. 锚索张拉。锚杆张拉是通过张拉设备使杆体的自由段产生弹性变形，从而对锚固结构产生所要求的预应力值。因此要严格按设计要求及规范进行。

a. 张拉前的准备。对张拉设备进行校验和标定，换算各级拉力在液压表上的读数，安装夹片工作锚板和夹片，并使锚板与锚垫板尽可能同轴，按使用的钢绞线规格安装限位板。安装千斤顶，使前端止口对准限位板。安装工具锚，工具锚与张拉端锚具对正，不得使工具锚与张拉锚具之间的钢绞线扭绞。工具锚夹片表面和锥孔表面涂上退锚灵。

b. 锚索张拉。分别按25%、50%、75%、100%、110%设计轴向拉力值各拉伸一次，使束体平直以及各部位接触紧密；按25%设计轴向拉力值作为初张拉力进行张拉，并测量和记录拉伸值初读数。按表5.40分级加载及观测时间进行张拉；最后一级持荷稳定观测10min以后按设计要求锁定，锁定值为设计值的70%，锁定后48h内没有出现明显的应力松弛现象，即可进行封锚。

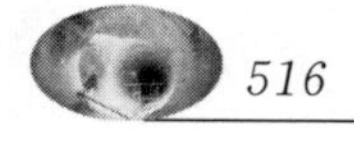

表 5.40　　锚索张拉荷载分级及观测时间表

张拉荷载/NT	0.1	0.25	0.5	0.75	1.0	1.1～1.2 锁荷
观察试件/min	5	5	5	5	10	48h

C. 抗拔实验。锚索完工后应按总数的 5%且不少于 5 根进行抗拔力试验，张拉荷载为设计荷载的 1.5 倍。抗拔试验主要是取得该工程地层抗拔力的数值，以验证设计所估算的锚固长度是否足够安全。因此，拟按锚索的极限抗拔力试验要求进行。

a. 拟在灌注水泥浆达到 75%以上的强度（约 8d）及台座混凝土强度大于 15MPa 时进行试验。

b. 采用循环加荷，初始荷载按 10%设计轴向极限载荷为初始拉力，每一级均按设计轴向极限荷载的 10%加载。

c. 荷载等级达 50%前，加荷速不大于 20kN/min，荷载大于 50%时，加荷速率不大于 10kN/min。

d. 加荷后每隔 10min 测量一次拉数值，每级加荷阶段内记录值暂拟为 5 次。

e. 当加载等级达到 80%时，锚头移位增量在观测时间 2h 内为 2.0mm，方可施加下一级荷载。

f. 张拉程序及过程如前所述。张拉过程中认真填写张拉记录，锚索施工全部完成后，施工单位向监理工程师提交必需的验收资料。

8）锚索锁定。先按钢绞线股数选择锚具及夹片，对准每条钢绞线的位置后，将锚具从钢绞线的端部穿入与钢板压平，将夹片压入锚具孔内，用 ϕ16mm 的钢管将夹片与锚具压紧，重新装好千斤顶，启动油泵开始张拉，待千斤顶与锚具压紧后，张拉至锁定数值后，回油，拆下千斤顶。

9）锚头保护。在预应力锚索锁定后 48h 内没有出现明显的应力松弛现象，即可进行封锚。预应力张拉完成后，用手提砂轮机切除多余钢绞线，外留长度 20cm。最后装上保护罩，填充好油脂进行封锚，封锚后保持桩面整洁美观。

（6）2 号古崩塌体网格梁及节点锚杆加固施工。

泄洪洞进口 2 号进水塔左前侧，2 号路高程 291.00mm 以下，边坡高程 260.00m 以上，为 2 号古崩塌体，厚度较大，且上部为 2 号永久道路，在设计正常蓄水范围之内，由于难以挖除，蓄水期存在滑坡体滑移的可能，危急泄洪洞塔架安全，根据设计要求坡面采用格构梁结点设长锚杆加固，坡面预制混凝土块防护。

1）格构梁施工。

格构梁截面为 500mm×300mm，受力主筋为 6 根 ϕ14mm、HBB335 螺纹钢，箍筋为 ϕ8mm、HPB335 圆钢，箍筋间距 300mm；混凝土强度等级为 C20。

A. 基础开挖。格构梁基础放样后，用白灰洒出开挖轮廓线，利用人工进行基础开挖，从开挖端部逆向倒退按踏步型挖掘。碎石类土先用镐翻松，正向挖掘，每层深度，视翻土厚度而定，每层应清底和出土，然后逐步挖掘。

B. 钢筋绑扎及安装。钢筋在加工场加工，用平板拖车运往工地现场，人工配合 25t 吊车入仓，按设计图纸绑扎钢筋。

C. 模板安装。格构梁混凝土主要是在边坡施工，且坡度较大，为保证混凝土的施工安全和工程进度，采用木模板，在混凝土开仓之前，严格控制模板安装质量。在每次使用前，将模板表面清理干净。模板拆除时混凝土强度不低于2.5MPa。模板拆除完成后，将模板及卡扣件清理干净，集中堆放、备用。

D. 混凝土浇筑。

a. 混凝土材料。

混凝土浇筑前对混凝土用到的原材料（水泥、粉煤灰、砂、石子等）送第三方试验室复检合格，报监理工程师批准后才能投入生产。

b. 拌和、运输：混凝土采用拌和站拌制，由搅拌运输车运输至浇筑作业点高程291.00m处，沿铺设的溜槽内入仓。溜槽不能到达的位置，在作业面布置25t汽车式起重机1部，吊0.6～1.0m^3吊罐入仓。

c. 入仓、振捣：混凝土入仓下落高度控制在2m以内。混凝土入仓后，由人工平仓，2.2kW插入式振捣器振捣，采用分层浇筑。

2）预制块护坡施工。

格构梁网格内为1000mm×1000mm×170mm预制块，混凝土强度等级为C15。

A. 基础处理。格构梁施工完成后，对坡面进行人工清理，对松散位置进行夯实，清除杂物。

B. 砂浆铺筑。坡面清理完成后，在拌和站拌制M10砂浆，由搅拌运输车运输至浇筑作业点高程291.00m处，沿铺设的溜槽内入仓，铺设厚度3cm，均匀平铺；溜槽不能到达的位置，在作业面布置25t汽车式起重机1部，吊0.6～1.0m^3吊罐入仓。

C. 模板安装。预制块模板采用木模板，在施工现场制作1.0m×1.0m×0.17m木条，格构梁网格内安装模板，固定牢固，防止在混凝土浇筑过程中模板变形，此模板作为永久性模板兼有分缝作用，混凝土完成后不再拆除。

D. 混凝土浇筑。混凝土浇筑混凝土格构梁。

E. 抹面、养护。

a. 混凝土振捣密实以后，先进行拉线检查，不足处及时补料，因坡度较大，采用人工收面，用木泥抹收面两次，再用铁泥抹收光，直至初凝结束。

b. 底层用塑料薄膜覆盖，上层用土工布覆盖混凝土并适当洒水，使混凝土在规定时间内有足够的湿润状态，并符合下列规定：

开始养护时间：由温度决定，当最高气温低于25℃时，浇捣完毕12h内覆盖并洒水养护。当最高气温高于25℃时，浇筑完毕6h内覆盖并洒水养护。

洒水养护时间：不少于28d。

洒水次数：以保持足够的湿润状态为准，养护初期水泥水化作用较快，洒水次数要多。气温高时，将增加洒水次数。

c. 覆盖材料：采用草袋覆盖养护。

d. 混凝土必须养护至强度达到2.5MPa以上，方准在其上行人或组织下一工序的施工。

3）结点长锚杆施工。锚杆采用ϕ28mm、HBB335螺纹钢，连接采用焊接，锚杆穿过

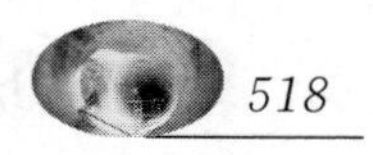

崩塌体后进入基岩至少2.0m。

确定孔位→钻机就位→调整角度→钻孔→清孔→安装锚杆→注浆→锚固端固定。

采用ϕ50 mm脚手架杆搭设操作平台，由于崩塌体为土夹石组成，为防止钻孔塌孔，锚杆采用跟管钻孔，钻机牢固固定在操作平台上。根据坡面测放孔位，准确安装固定潜孔钻机，确保锚杆孔开钻就位纵横误差不得超过±50mm，钻孔倾角和方向符合设计要求。钻孔穿过崩塌体进入基岩大于2.0m后结束钻孔。然后安放锚杆，锚杆采用ϕ28、HBB335螺纹钢，连接采用焊接，安装采用25t汽车吊吊至孔位，有人工辅助汽车吊，缓慢放入锚杆孔，保持锚杆与锚杆孔垂直。锚杆安装结束后，采用M20水泥砂浆灌注，注浆结束后，进行锚杆锚端固定，锚固端钢垫板为150mm×150mm×10mm，在锚杆注浆达到设计强度时，端头用M28螺母拧紧，外露螺母和钢垫板涂抹防锈保护漆。

(7) 2号泄洪洞进口洞脸加强支护。

1) 概述。岩性上半洞及顶拱为中元古界汝阳群石英砂岩、石英砾岩，下半洞为太古界登封群花岗片麻岩，均为硬质岩。洞壁中下部出露F_{11}缓倾角断层，断层产状190°～200°(倾向)∠10°～22°(倾角)，断层带宽度0.1～1m，充填泥质、压碎岩等。洞段裂隙及片理面发育，多处发育节理密集带及破碎带，由于结构面相互切割，岩体整体较为破碎，以碎裂或镶嵌结构为主，该段围岩类别整体为Ⅳ类。

施工开挖期间在洞口上方右侧出现多条裂缝，且有发展趋势，局部洞顶已出现小规模掉块现象，围岩稳定性较差，沿部分裂隙面有滴水现象，危及进洞安全，需要进行加固处理。

2) 加固方案确定。2号洞顶出现裂缝后，立刻停止施工，根据设计单位现场查勘研究，确定在洞顶采用预应力锚杆进行加固。主要设计参数为预应力锚杆：ϕ40mm钢筋，长度15m，锚杆轴向垂直开挖坡面，向上仰角150°；拉控制力25t。

3) 主要施工程序。钻孔→锚杆安装→灌浆→张拉→封锚锁定。

4) 张拉锚杆施工。

A. 钻孔在脚手架搭设的工作平台上进行。采用300型地质钻机钻孔，钻孔中做好钻孔记录，并根据地质钻机的钻孔情况记录岩性裂隙分布情况，为下一步裂隙灌浆提供基础依据。钻孔有效孔深的超深不得大于20cm；电动空压机供风，钻孔结束后，用高压风将钻孔吹洗干净。

B. 锚杆主要结构由钢筋、灌浆管、支架、排气管等组成，锚杆的底部7m为锚固端，孔口8m自由端，在锚杆自由端涂抹黄油，后套上塑料护套管，并用铅丝捆扎牢固。将钢筋穿入DE63PVC管(长5cm)支架内，支架按1～2m的间距排放好，每个支架前后各绑一道铅丝，绑扎必须牢固，以免安装锚杆时支架位移。

C. 采用人工将锚杆插入锚孔内，并在孔口部位安装注浆管，管径32mm，长8m的塑料管及管径20mm长15.5m的排气塑料管，安装完毕后用砂浆将孔口封闭。

D. 为增强锚杆锚固效果，灌浆时采用孔口进浆、孔底排气、压力灌浆的方法，从孔口一次性灌至孔底。水灰比：$W/C=0.45\sim0.5$，采用52.5普通硅酸盐水泥。灌浆至排气管返浓浆2～3min后，用铅丝将排气管捆住，进浆管继续往孔内注浆，持续1～2min后停止，并将进浆管同样用铅丝捆扎。

E. 灌浆完成以后，将孔口部位用砂浆做成与锚杆垂直平面，并在平面上安装钢垫板，钢垫板规格0.25m×0.25m×0.01m。当锚固灌浆强度达到设计强度，安排张拉施工。张拉前，对千斤顶和油泵进行配套校验所标定的曲线进行张拉施工。

采用小型千斤顶进行单根分级张拉，张拉共分0.25、0.5、0.75、1.0、1.1五级，对应的拉力F分别为6.25t、12.5t、18.75t、25t、27.5t，对应的千斤顶读数按检定的回归线$P(\mathrm{MPa})=0.0646462F+0.323551$算得4.36MPa、8.40MPa、12.44MPa、16.49MPa、18.10MPa，对应的锚杆伸长值分别为9.4mm、18.8mm、28.2mm、37.6mm和41.3mm。

张拉时根据规范要求，张拉0→10%初应力→匀速分级加载→超张10%σ_k（控制应力，持荷5min）→锚固。张拉控制：张拉采用双控，以压力表读数作为控制依据，以锚杆伸长值作为校核。具体控制每一级张拉压力大小根据现场千斤顶、压力计的校准报告中回归方程计算。每一级张拉结束后持荷5min再进行下一级张拉，直至设计要求的张拉力，然后超拉10%并持荷5min，待预应力无明显减小后锁定，锁定后48h如有明显应力松弛应进行补偿张拉。

锚杆张拉到设计张拉力后，用锚具将锚固锁定。

5.8.4.3 1号洞身混凝土衬砌施工

（1）设计要求。泄洪洞标准断面为13.5m×9.0m，衬砌厚度0.8～2.0m，纵坡2.338%，双层钢筋网，迎水面保护层厚度为165mm，其他部位均为65mm，底板面层0.8m范围内采用$C_{90}50$硅粉剂混凝土，面层0.8m以下采用C30混凝土；标准段侧墙3m以下采用$C_{90}50$硅粉剂混凝土，以上采用C30混凝土；渐变段侧墙混凝土分界线呈阶梯状。

（2）施工规划。由于1号泄洪洞进口石方开挖持续时间较长，开挖时从出口进洞，洞身施工只有一个出口，为满足节点工期要求，1号泄洪洞采取边开挖边衬砌施工方式，即在洞身全断面进尺达到300m时，开始进行混凝土衬砌，此时开挖和衬砌同时进行施工。

同时，泄洪洞设计成型断面除进口渐变段外截面尺寸不变，施工具有可循环性，且断面较大，使用普通钢模板占用空间较大，剩余空间不能满足出渣车辆通行要求，且费工费时、工程造价高、外观质量无保证、平整度不能满足高速水流对混凝土表面的要求，鉴于以上情况，边顶拱衬砌计划采用一套长10.2m的全液压自行式钢模台车，且底板暂不浇筑，以免出渣车辆对新浇混凝土面形成破坏。

（3）基础面与施工缝处理。基础岩面处理：用机械对建基岩面进行粗略清理后，再用人工进行仔细地清理，并清除松动岩块，然后用高压风或高压水冲洗，最后人工用竹刷子清理细小的渣子，并用棉纱蘸干积水。要求清理后的岩面干净清洁，无异物、无积水、无松动岩块，岩石表面无油迹。

混凝土水平缝处理：混凝土终凝后，用人工拉毛，对拉毛不到位的地方，用钢钎子继续凿毛，用高压水清理表面浮渣，再用竹刷子仔细清理边角积渣，用棉纱蘸干积水。要求清理后的混凝土表面无乳皮、成毛面，无积水、无积渣杂物。

混凝土竖向缝处理：竖向模板拆除后，小面积的竖向缝采取人工钢钎凿毛法；对于面积较大的竖向缝（例如导流洞封堵）采取风镐凿毛法。凿毛后，要求混凝土表面无乳皮、成毛面。

（4）垫层浇筑。为便于钢筋绑扎和台车下口组合钢模板的立模工作，在组合钢模台车基础及洞身周边底板的基础面清理后，浇筑C20混凝土垫层，垫层上平面低于设计衬砌混凝土下平面 2cm 左右，以保证钢筋保护层厚度。

(5) 钢筋制作安装。钢筋按照图纸要求在钢筋加工厂加工，运到施工现场按照图纸要求进行安装。结合混凝土浇筑顺序，钢筋分两次进行安装，即先安装边顶拱钢筋，后安装底板钢筋。在安装边顶拱钢筋时，底板钢筋从木夹条中穿出，并留够搭接长度。

1) 钢筋加工。钢筋加工在 2 号营地内的钢筋加工场完成。

A. 钢筋端头及接头加工。当钢筋设计要求弯转 90°时，用内直径如下的中心钢筋进行弯转：钢筋直径小于 16mm 时，最小弯转内直径为 $5d$；不小于 16mm 时，最小弯转内直径为 $7d$。

钢筋端部加工后有弯曲时，采取措施予以矫直或割除，保证端头面的整齐，并与轴线垂直。

对不同连接方式的钢筋接头，采取不同的切割方式：采用电弧焊的接头，用钢筋切断机切割；采用螺纹连接的端头采用砂轮锯切割。

通过工艺试验，使加工的钢筋直螺纹长度、牙形、螺距等与连接套相一致，一个端部的螺纹丝扣长度=连接套长度的一半+一扣半长度（安装旋紧后约剩一扣外露）。

加工钢筋直螺纹时，采用肥皂水进行润滑。

采取措施对已检验合格的螺纹加以保护，钢筋螺纹头上戴保护帽。

B. 成品钢筋的存放。经检验合格的成品钢筋尽快运往工地安装使用，不长期存放。如确实需要存放时，上面覆盖防水雨布，底部垫高防潮以防钢筋生锈。

成品钢筋的存放按使用工程部位、名称、编号、加工时间挂牌存放，防止混号和造成成品钢筋变形。

存放直螺纹连接的钢筋时，端部螺纹要戴上防护帽。

2) 接头的分布。根据《水工混凝土钢筋施工规范》(DL/T 5169—2002) 的要求，进行错接头安装。

对于底板，由于有混凝土条带，而钢筋又不允许直接与条带接触，根据计算，需要弯出的底板钢筋长度分别为 1.37m 和 0.37m，与条带之间的净间距为 0.08m。接头错开的原则是焊接与机械连接相错开，同层间相错开、上下层间相错开、两侧墙上的底板钢筋接头错头。

钢筋接头采用螺接法，施工中采取戴防护帽的方法对丝接头进行保护，对接时再去掉防护帽，保证接头不生锈、不受损（见图 5.133）。

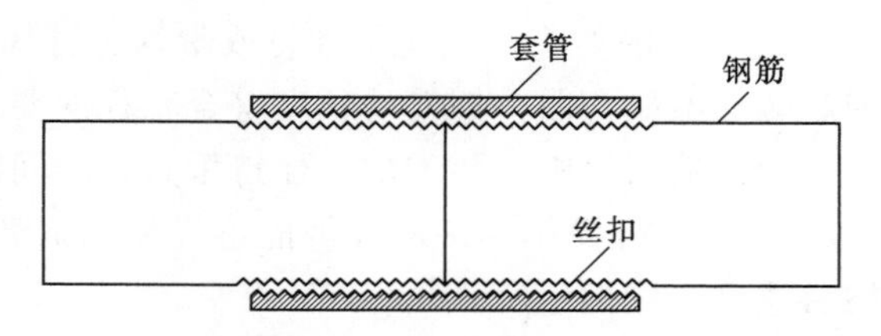

图 5.133　钢筋接头示意图

3) 钢筋安装。

A. 锚筋安装。采用直径 22mm 的Ⅱ级钢筋制作锚筋，并在周边围岩上用风钻钻孔埋设，钻孔直径 40mm，先将定量的锚固剂填入锚筋孔，再将锚筋打入。锚筋安装后，在凝固材料凝固过程中不得敲击、碰撞，必要时在孔口采取固定措施。

B. 架立筋安装。钢筋安装前先架设直径 22mm 的Ⅱ级钢架立筋，在安装架立筋时，调整好钢筋的保护层厚度，以免后续钢筋安装后出现保护层厚度不符合要求的现象发生。

C. 保护层。钢筋安装时应保证混凝土净保护层厚度满足“洞身断面迎水面为165mm，其余均为65mm”的设计图纸要求。

a. 仓段两端保护层厚度控制措施：测量人员通过测量，在洞壁上用水泥钉标出分仓位置，为了醒目，水泥钉周围用红漆画圈标注。施工时，用墨斗沿水泥钉打出分仓线，同时在顶部用挂垂球的方法确定仓段两端钢筋保护层的厚度。

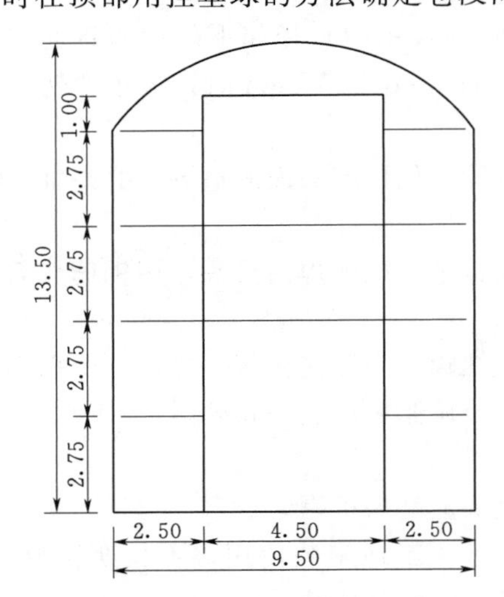

图 5.134　1号泄洪洞衬砌钢筋安装作业平台示意图（单位：m）

b. 迎水面和背水面保护层厚度的控制措施：在已浇筑的垫层上和拱部测出边墙钢筋的安装边线，再用牵线法确定钢筋保护层厚度。

c. 拱部保护层厚度的控制措施：在两拱脚和拱顶分别测出环向筋的安放位置，再安装仓位两端第一根环向钢筋，然后牵线控制其他环向钢筋的布设。

D. 钢筋安装。钢筋安装时，按设计要求的间距，在分布筋上用粉笔均匀地画出主筋的摆放位置，然后根据图纸要求摆放钢筋。

边墙及顶拱钢筋安装在作业平台上进行，其钢筋安装作业平台见图 5.134。

E. 钢筋绑扎。锚筋安装完成后，进行钢筋的安装，钢筋成网后，网片内钢筋交叉点的连接按50%的间隔绑扎，对直径大于等于16mm的Ⅱ级钢，在不损伤钢筋截面的情况下，可采用手工电弧焊代替绑扎，但应采用细焊条、小电流进行焊接，焊后钢筋不应有明显的咬边出现。钢筋绑扎用铁丝规格见表 5.41。

表 5.41　钢筋绑扎用铁丝规格选择表

钢筋直径/mm	12以下	14～25	28～40
铁丝规格号	22	20	18

附：钢筋直螺纹接头加工和安装过程。

a. 钢筋的切头。钢筋用砂轮或带锯进行切头，以保证切口平直。切口不能成马蹄形，钢筋端部不能弯曲，钢筋的长度符合工程的要求。

钢筋端面原则上要和轴线保持垂直，之间的夹角 $\alpha>10°$时需重新截头。

b. 套丝机操作。每班或每批正式加工前调整好套丝机，并试套3个丝头，待全部合格后才投入成批生产。

用套丝机机头进刀时要缓慢，避免发生冲击，打坏梳刀。

用套丝机套丝后的丝头每30个用螺纹卡尺抽查3个丝头的套丝长度和螺纹中径，如有不合格的要调整套丝机，试验合格后再投入生产。

每批（30个）丝头套丝完毕并检查合格后，立即戴上保护帽或拧上套筒对丝头进行保护。填写螺纹加工检验记录表，并记录在案。

套筒拧紧到丝头上，外露螺纹不超过两个完整扣为合格。超过两个完整扣时，要拧开套筒，检查套筒和丝头的尺寸，重新加工达到要求后才能重新拧上。

c. 直螺纹施工连接过程。直螺纹连接时除掉丝头保护套，将钢筋插入套筒，用手拧动钢筋 2～3 圈以上，然后用管钳拧紧，形成钢筋接头，使钢筋接头在套管中央位置相互顶紧。接头拧紧后，要检查接头的外观，套筒两端露出的螺纹长应大致相同，有螺纹露出一个完整扣时为合格。超过一个完整扣时，要拧开接头，检查拧合长度，撤下钢筋处理。

丝牙有损坏的要重新理牙。当由于各种原因而造成丝牙不能到位的要及时通知技术员改用其他方式连接。

连接和检查完成后，填写接头质量检查记录。

(6) 灌浆管安装。固结灌浆管采用 ϕ90mm 钢管。钢筋绑扎完成后，在顶拱范围内布置 ϕ50mm 的钢管作为回填灌浆管，每排 3 孔，中间的一孔布置在拱顶中心线位置，其余两孔以 45°角分散在两侧；灌浆孔排距 2m，每仓 5 排。顶拱超挖严重部位单独安装灌浆孔。

灌浆管安装时，堵塞两端管口，并使管口紧顶模板，以防混凝土进入并堵塞孔口。对已经安装的灌浆管，做好测量记录工作，以便灌浆作业时能够顺利找到管口，避免对钢筋和混凝土的破坏。

(7) 模板。

1) 标准段模板。1 号泄洪洞衬砌分为标准段和渐变段，标准段采用全液压自行式衬砌钢模台车，该台车为整体钢模板，液压油缸脱立模，施工中靠丝杆千斤支撑，电动减速机自动行走。渐变段边墙采用悬臂式爬升模板，顶拱采用满堂扣碗式脚手架、钢拱架和普通钢模板。钢模台车的制作及安装等见第 5.5 节。

2) 渐变段模板。渐变段底板、边墙及顶拱采用组合钢模板，中墩模板采用竹制镜面板，局部配以异形木模板。

A. 边墙模板安装。采用 1.8m 悬臂模板，周转速度快，现场不凌乱，可多作业面同时施工，避免工作面上的拥挤现象。悬臂模板的爬升采用汽车吊。

B. 渐变段中墩及末端倒坡模板安装。该段采用 1.22m×2.44m 竹制镜面板作为模板面，外侧钉装板带。安装时，在底板上先安装锚杆，加工制作内部支撑和拉筋，以保证模板的定位和混凝土浇筑过程中的安全（见图 5.135）。

C. 顶拱模板安装。底板与边墙混凝土浇筑后，采用下部满堂脚手架支撑上部安装龙骨的方法安装顶拱模板。

由于顶拱最大跨度超过 14m，混凝土厚度超过 2m，单位面积自重达 5.25t/m^2（考虑 20cm 超挖），加上模板自重、操作人员和设备负荷 0.25t/m^2 以及振捣混凝土时产生的荷载标准值 0.2t/m^2 等，单位面积上竖向压力约 6t/m^2，这对模板及其下部支撑的安全提出严峻的考验。

脚手架搭设：在底板上用碗扣式承重脚手架搭设下部支撑，脚手架钢管纵横与竖向间排距均为 0.65m，单根脚手架承重能力为 2.5t，根据南水北调的施工经验，该脚手架能够承担该竖向压力。脚手架下部垫 10cm×10cm×0.8cm 钢垫块，以增加受力面积，对底板混凝土的压力为 25MPa，底板 C50 混凝土能够承受该压力。

模板安装：以下游第一榀龙骨为例，碗扣式满堂承重脚手架搭设完成后，在其上安装

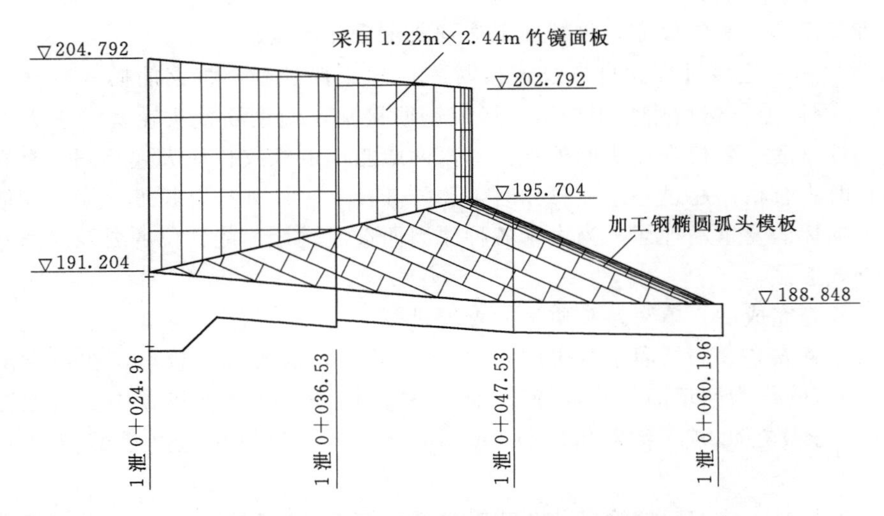

图5.135　1号泄洪洞渐变段中墩模板拼板图

龙骨，间距0.50m，龙骨下弦和弧面由10号槽钢加工而成，斜撑由70×7加工而成，由左中右三件拼装而成，龙骨拱架曲线符合设计要求，为便于各龙骨之间的连接和增加龙骨的整体刚度，在下弦及斜撑上焊接短钢管，并用ϕ48mm钢管连接各榀龙骨。

龙骨安装完成后，在其上焊接纵向钢管，钢管上焊接ϕ20mm环向螺纹钢，然后铺设30cm×150cm的钢模板。

由于钢模板为平面，铺设在曲面龙骨上后，板块间会留下一定宽度的缝隙，为保证混凝土外观质量，拟用腻子填补并抹平该缝隙，干燥后浇筑顶拱混凝土。

1号泄洪洞渐变段顶拱模板见图5.136，1号泄洪洞渐变段模板结构图5.137。

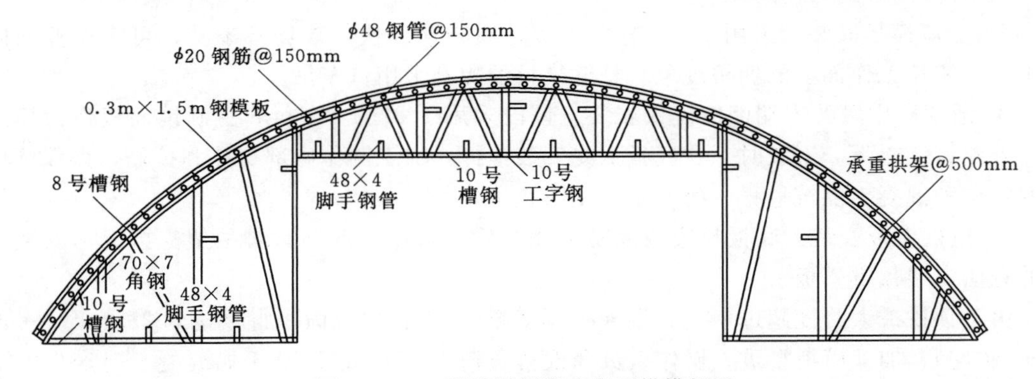

图5.136　1号泄洪洞渐变段顶拱模板图

（8）止水与分缝。

1）止水带安装。安装堵头模时同时安装止水带，止水带卡在两块堵头模之间。

止水带的下料，原则上不允许一次下料若干条，一般情况下可采用需用多少下料多少的办法。

下料前，须先检查止水带是否存在毛边、沙眼、厚薄不匀等质量缺陷，在确定没有质量缺陷的前提下按照施工图纸进行下料，并预留焊接长度，用以进行现场接头焊接。

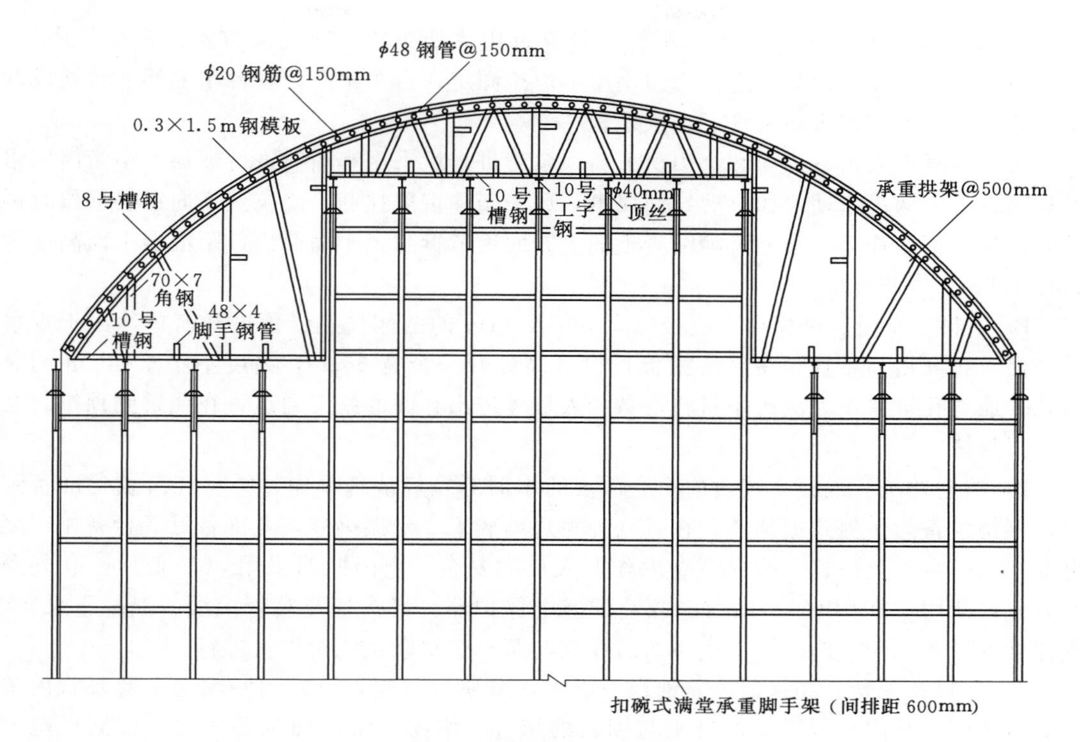

图 5.137　1 号泄洪洞渐变段模板结构图

止水接头处理：采用热塑法进行接头处理。焊接前用刀片把接头端切割整齐，用专用夹板夹紧接头。两个接头要同时靠近加热板，熔化后，快速移去加热板，对准两接头，压紧夹板使之焊接牢固。待接头冷却后，从夹板上移开。

为保证止水带在混凝土浇筑过程中不出现位置上的偏移，用钢筋 U 形卡对止水带予以固定，U 形卡焊接在环向主筋上，竖直方向安装止水带时，钢筋卡间距 20～40cm，水平方向安装止水带时，钢筋卡的间距不超过 20cm。

止水带在整个安装过程中，不允许有撕拉现象，防止止水带破裂，同时不允许在止水带上留有钉眼。

止水安装见图 5.138。

2）永久缝处理。挡头模板拆除后，割除外漏铁件，凿除突出的混凝土，填补混凝土表面的蜂窝麻面，使其表面平整，然后按设计要求均匀地涂沥青两遍。

(9) 混凝土浇筑。泄洪洞衬砌混凝凝土采用 $2m^3$ 混凝土拌和系统拌制，$9m^3$ 搅拌运输车运输，混凝土输送泵入仓浇筑，边墙及下顶拱采用插入式振捣棒振捣。只有在无法采用人工振捣的顶拱封拱阶段才采用附着式振捣器振捣。

1）混凝土输送泵及下料口布设。

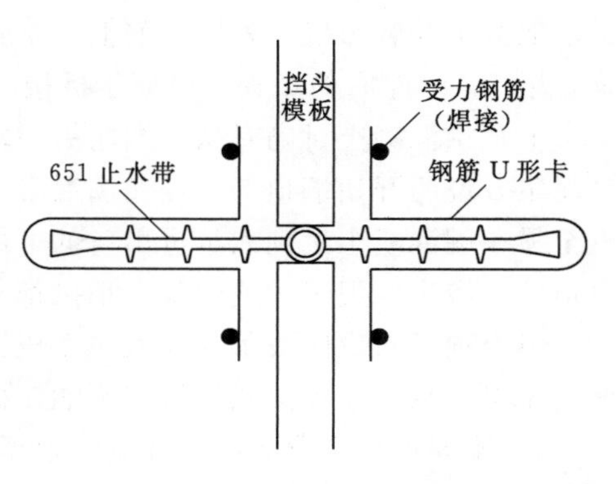

图 5.138　止水安装示意图

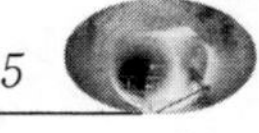

A. 输送泵布设。输送泵水平泵管尽量靠近边墙处布置，并交叉布置在台车的两端，竖向泵管预先架设，相对固定，用圆钢牢牢焊接固定在台车架上；在台车上部平台处设置泵管弯头，以备连接边墙泵管及顶拱泵管。

边墙混凝土采用下边窗和上边窗下料，泵管进仓后采用小溜筒进行下料，小溜筒用铅丝加固，人工两边拖动，如抗剪挂筋误事，可先摘除抗剪挂筋，浇筑到横向钢筋部位时再及时把抗剪钢筋挂上，小溜筒随混凝土的上升而逐节拆除。小溜筒出口距混凝土面高度不超过1.5m，以防离析。

B. 下料口布设。钢模台车底板以上5m及11m的两侧模上、顶拱开窗口，用于观察及振捣，相互错列布置。在堵头模板顶拱最高处开一个宽60cm，高度不小于50cm的通道孔。通道孔主要作为浇筑用材料设备和人员等进出仓面的施工通道，在浇筑到顶拱封仓后，再封堵。

2）清仓冲洗。混凝土浇筑前将仓面内的木屑等垃圾清理干净。并将浇筑设备准备到位。振捣设备为手提式振捣棒，在开仓前每边墙放置3台振捣棒，并准备好2台备用，配电盘在钢模台车上设置。为保证仓内作业人员的安全，仓内照明采用36V低压，仓外照明方允许使用220V电压，动力电源装配漏电保护器。堵头处及泵管沿线、混凝土泵车、支撑处等设置照明设施。混凝土浇筑时仓面与泵车送料联系用对讲机进行。

3）下料及平仓。浇筑前，先铺设一层水泥砂浆，首先，可起到对输送泵及泵管内壁的润滑作用，其次，可增加混凝土与围岩的结合。水泥砂浆的铺筑要均匀，根据规范要求，水泥砂浆的厚度不大于3cm。

混凝土竖向浇筑速度控制在1.0m/h以下，两侧墙混凝土均衡上升，浇筑高差小于0.8m。

上料从中间开始，每层厚度控制在30cm左右，摊铺中需保证摊铺一定面积后再振捣，以免离析或造成混凝土四处扩散，严禁混凝土料堆积过高，振捣时严禁以振捣代替平仓。

边墙混凝土衬砌下料采用小溜筒接泵管，为避免下料点集中，人工拖小溜筒向左右方向调整，随着浇筑高度，将小溜筒逐段拆除。为便于排水，每层混凝土亦由中部向两边放坡或一边向另一边放坡，仓内混凝土高差以不大于1.0m为原则。

下顶拱混凝土衬砌下料时，将混凝土泵管从顶拱水平进入仓内用90°弯管向两边分叉，混凝土泵管布置于外层钢筋上。泵管用ϕ48mm钢管搭设三脚架支撑泵管体，仓内的泵管采用1m左右的短管，以便于拆接。

上顶拱混凝土衬砌时从一端向另一端推进，开始端堵头模顶部出现泌水，随后又出现水泥浆，说明开始端顶部已经充满混凝土，此时移动泵管至中间的进料口进行泵送作业，直至另一端混凝土达到人员进出口的下部，封堵进出口，继续泵送作业。如果结束端堵头模顶部也渗出水泥浆，说明整个顶拱都充满了混凝土，此时，停止泵送作业。

整个顶拱封拱阶段都要加大输送压力，对人工能够振捣到的部位，尽量采取手提式振捣棒振捣，只有在手提式振捣棒不能振捣时，才采用台车顶部的附着式振捣器振捣。

4）不同混凝土分界线的控制。根据设计图纸，底板混凝土在衬砌厚度大于1.60m的洞段分两层布置，上部为80cm厚的硅粉混凝土，下部为普通混凝土，其余洞段的底板均为硅粉混凝土；边墙自底板以上3m以下为硅粉混凝土，其余部位为一般混凝土。

浇筑边顶拱混凝土时，测量人员事先用红漆明显地标示出混凝土分界线，硅粉混凝土浇筑达到设计高程后，现场施工人员及时通知拌和站改换混凝土配比，并对仓面进行全面平仓和振捣，振捣前的硅粉混凝土面可以高于设计高程5～10cm，但不能低于设计高程。

5）混凝土振捣。混凝土浇筑需先平仓后振捣，严禁以振捣代替平仓。浇筑混凝土需使振捣器振实到可能的最大密实度，振捣形式采用梅花形或方格形。

侧墙和下顶拱混凝土的振捣时间以混凝土不再显著下沉、不出现气泡并开始泛浆且泛浆厚度不超过2cm为准，避免过振和欠振，尤其要避免漏振现象发生，同时，在混凝土振捣后10～30min内，用直径50mm的振捣棒对靠台车面板一侧的混凝土进行二次复振，以消除表面气泡。

混凝土浇筑层厚按40～45cm控制，混凝土浇筑时两边墙和上下游之间上升速度要均匀，边墙混凝土上升高差不超过一层浇筑厚度，上升速度不超过1.0m/h。

上拱时的振捣主要采用附着式振捣器，振捣时要短振勤振，并注意顶拱模板的变化情况。

浇筑混凝土要安排专人边浇边平仓，不得堆积。仓内若有骨料堆积时，需均匀散布于砂浆较多处，但不得用砂浆覆盖，以免造成内部蜂窝，人工平仓距离不大于1.5m，采用三角耙或钉耙进行。

底板混凝土浇筑采用泵送入仓，插入式振捣棒振捣，3m刮尺刮平，收面机磨光。

现场施工人员要注意观察后续施工中混凝土料的使用情况，及时通知拌和站改换配料或停止拌和，避免混凝土的浪费。

6）仓门闭合。模板台车板面上设置泵送进料仓门，当该部位施工结束后，需要及时关闭仓门。如果仓门面板与台车面板不平齐，拆模后将会出现混凝土表面凸凹现象，影响混凝土外观质量。因此，施工中必须注意仓门的闭合问题。

在施工许可的条件下，尽量少使用仓门，用电焊机焊死不经常使用或不使用的仓门。

闭合仓门时，用钢楔从仓门背后把仓门面板顶至与台车面板相平齐，再固定钢楔，使之不因振捣棒的振动而滑动，保证两面板的平整度。

（10）渐变段混凝土浇筑。

1）浇筑顺序。从下游向上游进行基础面清理，并逐仓浇筑底板，全部底板浇筑完成后，再施工边顶拱。运输搅拌车运输混凝土，输送泵泵送入仓。

2）混凝土浇筑。由于渐变段混凝土浇筑时，洞内标准洞段底板已经开始施工，无法再把洞内作为施工运输道路，而1号进水塔基础也正在施工中，此时，渐变段处于两者的中间。且由于标准洞段底板施工战线较长，洞内施工干扰较大，故在进口引渠内安装混凝土输送泵，泵管经1号进水塔塔基流道至渐变段浇筑点，用2号拌和站拌制混凝土，搅拌运输车沿2号路及其延长段把混凝土运至进口引渠，泵送入仓浇筑，插入式振捣器振捣。

底板浇筑的重点是混凝土收面。在边墙插筋上用红漆标示底板浇筑高程，前后左右带线进行平整，初凝后用磨光机进行揉面和收光，直至混凝土终凝。

侧墙部位施工缝及时凿毛，以防止混凝土强度上来后给结合面处理增加难度。

边墙高度较大，为防止混凝土侧压力过大，必须控制混凝土上升速度，且需经常检查拉筋的受力情况。

由于顶拱模板板面及下部支撑均不及模板台车，因此浇筑顶拱时，输送泵泵管从上游挡头模顶部进入仓面，自流至下游端，人工在仓内用插入式振捣器振捣，下游仓顶设置观察窗，如充盈则及时终止混凝土浇筑，如有空腔，留待回填灌浆处理。

（11）混凝土做面。

1）边顶拱。边顶拱混凝土浇筑使用钢模台车，因此台车面板的质量控制为混凝土外观质量的重点。

台车进入作业面时，人工用角磨机对其表面进行全面地清理，使其表面光洁无污物，再在表面用高压喷雾的方式均匀地喷涂一层食用植物油。

钢模台车展开时，要注意板面的结合情况，板面缝控制在1mm以内，做到接缝严密。再通过挂线和吊线的方式，调整板面的整体平整度。

浇筑过程中，及时关闭和封堵不再使用的窗口，并使其内表面与板面项平齐，避免拆模后出现窗口凸凹现象，影响混凝土的外观质量。

2）底板。底板混凝土浇筑前，在边墙测出高于底板上平面20cm的一条高程线（简称腰线），用该线来控制底板混凝土的浇筑高程。

底板混凝土浇筑到设计高程并经插入式振捣棒振实后，人工用3m刮尺进行刮平，刮平时纵向挂线，横向也挂线，并随时量取与腰线的距离，多余的混凝土及时刮走，较低部位及时用混凝土赶平。

底板混凝土人工刮尺赶平后，用混凝土糅面机再对混凝土表面做进一步的整平，揉面不少于两道。

揉面结束后，把揉面机上的面板换为刮片，再对混凝土表面进行刮面处理，使混凝土表面更加光洁。刮面遍数不少于三道，第一道在终凝前，第二和第三道在终凝后。

刮面结束后，混凝土表面及时用毡布予以覆盖，以防水分散失，并对混凝土表面起到保护作用。

（12）混凝土养护。

1）边顶拱养护。边顶拱混凝土拆模后及时安排专人用高压喷枪对混凝土面进行洒水养护，养护时，机械拖动喷枪设备和水箱，来往反复对边顶拱混凝土进行养护，直至达到28d龄期。养护的标准是保持混凝土面湿润，无时干时湿现象。

为不对刚拆模的混凝土表面造成损伤，养护时先调整好喷枪压力，使养护水到达混凝土表面时成雾状。

2）底板养护。底板混凝土养护在作业面完成后及时进行，可采用毡布覆盖洒水法或流水养护法，养护时间不少于28d。

3）防止贯通后的穿堂风。泄洪洞贯通后，穿堂风对混凝土影响很大，使混凝土出现表面干裂甚至深层裂缝。为消除穿堂风的影响，采取在洞口挂帘的方法。对暂不承担交通任务的洞口进行挂帘封闭，承担交通任务的洞口只留下中间交通部位，其余不用部位也进行封闭。

（13）混凝土缺陷修补。浇筑后的混凝土出现缺陷时，要及时进行缺陷修补，但修补前需上报修补方案，批准后方能进行，不得在未经批准的情况下私自进行混凝土缺陷的修补。

混凝土缺陷修补要有缺陷备案记录，并填写《混凝土工程施工质量缺陷备案表》。

1）修补的基本要求。

A. 修补强度不低于原混凝土强度。

B. 修补材料应具有抗冲磨性能（硅粉混凝土）。

C. 修补材料不能产生裂缝。

D. 修补材料要和基面混凝土黏结牢靠。

E. 修补材料颜色和基面混凝土基本一致。

F. 修补后表面压光平整，满足设计平整度要求。

2）修补措施。对表面出现的蜂窝、狗洞、麻面等大于5mm且小于50mm的缺陷，采用环氧砂浆进行修补；对大于50mm的缺陷采用细石环氧混凝土修补。

面积大于$1.0m^2$、深度超过10cm的缺陷，在基面安装30cm×30cm、孔深50cm的ϕ16mm数值锚杆，布设20cm×30cm的ϕ16mm钢筋网片，然后回填环氧混凝土或硅粉混凝土进行修补。

对于错台、胀模等缺陷，先进行凿除处理，再按上述方法进行修补。

对于地质雷达检测出来的混凝土密实度缺陷，先采用水泥灌浆处理，再采用化学灌浆处理。

5.8.4.4 2号洞龙抬头改造

(1) 边墙段施工。

1）边墙钢筋。在流道内搭设脚手架，下部留3.5m宽的施工通道，4m以上设置斜撑、横撑和剪刀撑，使左右脚手架形成整体，搭设高度以能满足顶拱钢筋安装为准，用卷扬机牵引钢筋运输小车，人工卸车后用小型卷扬机吊装钢筋，边墙钢筋安装后安装底板插筋，插筋外漏长度1.0m和1.5m，长短间隔布置，一侧留焊接头，一侧留螺接头。

前6段钢筋从2号塔流道进入，加工场设置在1号塔高程195.00m引渠内；后9段钢筋从导流洞出口进入，加工场设置在导流洞出口左侧3号路上。

2）边墙模板。在洞壁围岩上安装锚杆间距0.75m、排距0.9m、埋深1.0m的锚杆，材料为直径20mm的Ⅱ级钢，以该锚杆作为90cm×150cm普通钢模板的施工拉筋。因底板为曲线，边墙模板底部需配木模板以找平，以某一段为例，边墙如采用跳仓浇筑，模板立法见图5.139。

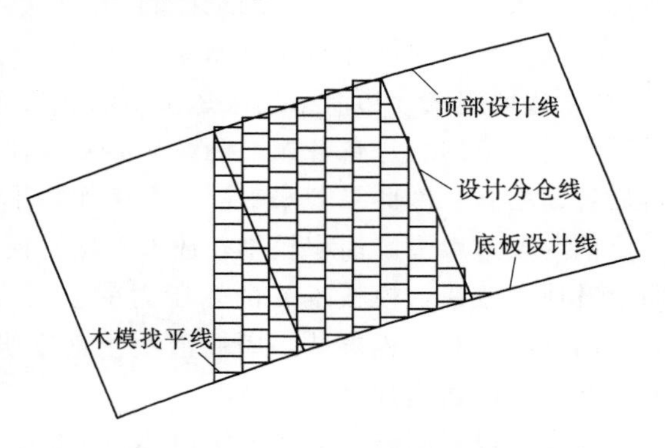

图5.139 边墙跳仓浇筑模板示意图

从图5.139中可以看出，如果采用跳仓浇筑法，则需要重复立的模板量极大，而且容易形成错台现象，外观质量欠佳，混凝土抗磨蚀能力大打折扣。因此，不论是前6段边墙还是后9段边墙，均从下游往上游连续立模，混凝土顺仓浇筑，不再跳仓。需拆除模板时，从顶部分界线向下挂铅垂线，保留下一仓能够用到的模板。因上游挡头模侧压力较小，混凝土浇筑后可以很快拆除上游挡头模板，下一仓的浇筑可以及时进行。

保留第1段（与2号塔相连接的渐变段）底板开挖渣料，暂不完全出渣并修筑材料进场坡道，其余5段开挖渣料全部清出洞外，底板及边墙浇筑找平层，以便于钢筋架设和模板安装。

边墙和顶拱钢筋从下游往上游连续绑扎安装，并事先安装底板插筋。由于底板钢筋直径多为32mm，规范要求的同截面接头数量不超过50%，底板插筋外漏长度分别为100cm和150cm，错接头布置，一端采用螺接；另一端采用单面焊接。

两侧边墙模板从下游往上游同时安装，模板以铅垂方向安装为主，其余方式为辅。首先立底板插筋部分的木模板，上部找平后再立9015钢模板，边墙顶部因是曲线斜坡道，为保证曲线形状和顶拱钢模台车的应用，边墙达到设计高程后进行超高处理，迎水面钢筋内侧用木模板做成台阶状，台阶高度0.3m，并用木模板纵向固定在钢筋外侧做成符合设计要求的曲线；墙体模板均以事先埋置在开挖围岩上的锚杆为拉筋基础，每块钢模板上必须有两根直径16mm的拉筋，为保证拆模后墙面不留下拉筋头，拉筋端部焊接直径16mm的高强丝，在高强丝端部安装椎头，椎头顶紧板面，拆模后旋出椎头，割断高强丝，并用高强砂浆抹平椎头坑槽。

由于施工从第6段开始，下游堵头模板水平角68°，浇筑过程中不但要承受侧压力，还要承受部分混凝土自重，因此该段下游堵头模安装必须极为牢固，内部拉筋与洞壁上的拉筋锚杆相焊接，每块堵头模板上安装4根拉筋，堵头模外侧搭设脚手架，从外部顶着堵头模板。

侧墙模板安装时，需同时考虑顶拱钢模台车轨道埋件安装，该埋件分为两部分：引轨埋件和工作轨埋件，其中，引轨埋件的作用是安装顶拱钢模台车，其顶部高程为210.93m，距离2号进水塔底板出口高差1.57m，布置在2～4段边墙上；工作轨埋件用于顶拱钢模台车的运行和为顶拱混凝土浇筑提供支撑。

由于顶拱台车横梁与边墙的距离为5cm，如果侧墙边墙跑模或稍微向内倾斜，则台车就不能顺利通过，进而影响顶拱衬砌施工，故左右两侧墙净间距不得小于7.5m，施工中要适当扩大净间距，并进行测量控制。

工作轨及引轨埋件布置见图5.140。

3）边墙浇筑。边墙采用泵送浇筑法左右对称施工，前6段边墙，2台输送泵设置在2号进水塔流道内，每台各顾一侧，从第6段往上游推进，由于泵管走的是下坡路，骨料离析后容易堵管，因此泵管水平固定在工作脚手架上（不与模板相连）。

前6段边墙下游面积较小，还涉及堵头模安全问题，如果前期入仓强度较大，混凝土面上升速度较快，模板承受的侧压力就会很大，极有可能出现拉筋崩断、堵头模垮塌现象，出现跑模和工程事故，因此混凝土面在没有全断面上升前，一定要严格控制入仓速度，之后可以适当加快入仓速度。

入仓口设置问题：边墙下游顶部高程以下，入仓口设置在仓位中间，当混凝土面到边墙下游顶部时，入仓口设置在仓位最上游顶部，此时，由于顶部为向下的曲线，而泵送混凝土流动性又较好，如不采取措施，混凝土向下游流淌和堆积，首先会给后续的顶拱浇筑

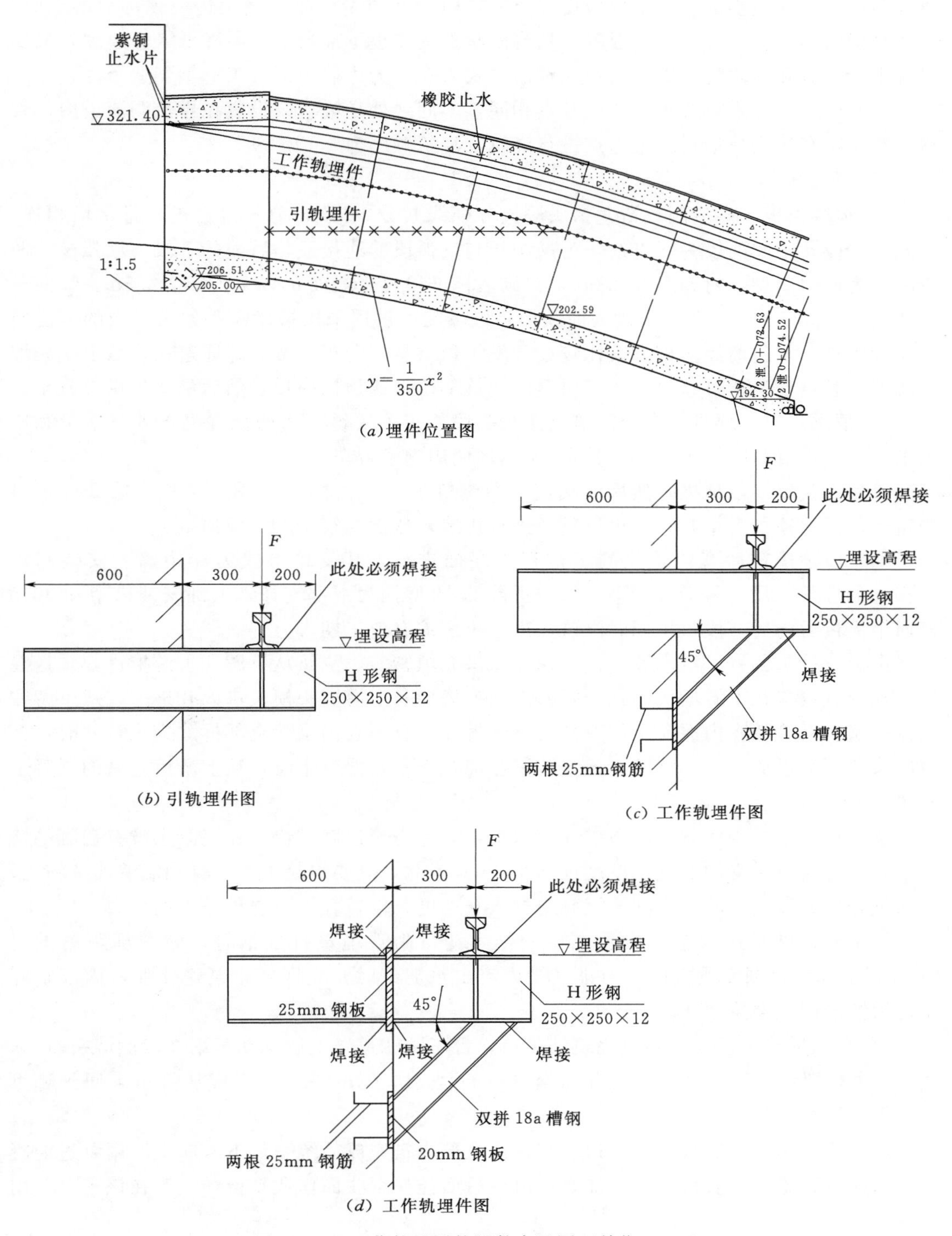

图5.140 工作轨及引轨埋件布置图（单位：mm）

造成困难；其次顶拱混凝土出现包皮现象，影响内在质量，故在浇筑边墙顶部混凝土时，设置台阶状挡头模板，为避免混凝土从台阶状挡头模板下部溢出，需降低入仓速度，只要混凝土不初凝和不堵管，以点击和间歇的方式入仓，为边墙顶部人工造型创造条件。

后 9 段边墙浇筑方式与前 6 段基本相同，不同之处是输送泵设置在导流洞流道内，管路上扬，罐车经出口运料至泵送点进行浇筑，浇筑顺序为 16→7 段。

（2）顶拱施工。

1）顶拱模板。导流洞改造龙抬头段按分仓线共分 15 段，前 6 段与进口进水塔相连，为抛物线段，中间两段为斜直线，为抛物线与反弧段的连接段，后面的 7 段为反弧段。两段断面为城门洞型，衬砌厚度 2.0m，衬砌后标准段过水断面 $b \times h = 7.5 \times 13.5$m，纵向最大坡比 1∶2.25。由于龙抬头段为曲线形，坡较陡，拱顶采用搭设脚手架大模板的方法施工比较困难。承包商经多种方案比较，开发了顶拱悬空台车方案。即通过在边墙上事先埋设轨道，悬空台车通过牵引设备牵引至所浇筑部位形成顶拱模板，然后浇筑顶拱混凝土。

2）顶拱浇筑。顶拱混凝土浇筑是龙抬头段施工的关键，为确保混凝土外观质量和压缩工期，顶拱浇筑除第 1 段外，其余 14 段均使用钢模台车。

首先浇筑第 6 段顶拱，然后依次往上游浇筑第 5 段、4 段、3 段、2 段，第 2 段顶拱浇筑后，拆除顶拱台车并移至出口重新进行拼装，依次浇筑 15→7 段顶拱。

第 1 段顶拱在后 9 段顶拱施工过程中穿插进行。其支撑形式为在边墙上安装间距 0.75m 的埋件，用 1 号泄洪洞渐变段内拆除的 H 型钢为下部支撑，上部安装拱架和 3015 普通钢模板后与后 9 段顶拱同时浇筑，进一步压缩有效工期。

由于龙抬头段有一定的坡度，为保证顶拱充填密实，浇筑从下游往上游推进，泵送混凝土入仓点设置在上游堵头的顶部，人工携振捣棒从上游堵头模板进人孔进入，从下游往上游振捣，泵管随仓内混凝土的充盈而不断拆除，直至仓内泵管全部拆除为止，此时，上游堵头顶部会形成一个小空腔，该空腔留待浇筑下一仓混凝土时，从上游流过来的混凝土充实严密。

浇筑过程中特别注意，因顶拱并不水平，如果浇筑速度过快，在混凝土没有初凝的情况下，下游模板承受的混凝土厚度远不止 2m。因此，只要混凝土不初凝和能够连续施工，可根据仓位的坡度情况适当减缓混凝土的入仓速度，以减轻下游顶拱模板的压力。

第 1 段顶拱泵送入仓口设置在中间，入仓口附近埋设排气钢管，其顶部距离围岩 0.3m，下部穿过渐变段板面，当排气管内流出水泥浆时，立即停止泵送作业，内部空腔留待后续的回填灌浆填实。

3）台车拆除。后 9 段顶拱浇筑结束后，台车顺轨道向上游移动至第 2 段侧墙引轨上，用 50t 吊车把台车逐节吊下引轨并运至进口高程 210.00m 平台，完成从哪里来回到哪里去的拆除过程。

（3）底板施工。底板浇筑在边墙与顶拱全部浇筑完成后统一从下游向上游用泵送混凝土和滑模方式施工，底板混凝土浇筑，滑模后面挂一个收面作业平台，人工在该平台上用铁抹子进行收面。

底板施工过程中一直处于坡面状态，如果泵送入仓速度过快，混凝土对滑模面板的浮托力就会很大，特别是直线段。因此，入仓速度以不初凝为前提尽量减缓。同时，为加快脱模时间，经试验室论证可行后，在混凝土内添加适当比例的早强剂。

5.8.4.5 导流洞封堵施工

(1) 概述。导流洞封堵体包括闸门安装、临时堵头段导 0+000.00～导 0+012.00 (12m)、永久封堵段导 0+080.00～导 0+144.00 (64m) 和封堵回填段导 0+144.00～导 0+193.72 (49.72m)；永久堵头段回填灌浆、接缝灌浆。其中，永久封堵段底板布置梅花形插筋，边墙和顶拱布置止浆片、回填与接触灌浆管道等。

(2) 设计要求。

1) 临时堵头段、封堵回填段混凝土强度等级为 C20；永久堵头段混凝土强度等级为 C25。

2) 与堵头混凝土接触的混凝土面，进行凿毛处理，在混凝土浇筑前进行清洗、保持整洁。

3) 永久堵头段底板布置 ϕ25mm 插筋，间排距为 2.0×2.0m，插筋长度为 1.5m，新老混凝土内各插入 75cm。

4) 混凝土温度冷却稳定后，进行回填灌浆和接缝灌浆，回填灌浆压力为 0.3～0.4MPa，接缝灌压力为 0.3～0.5MPa。

(3) 封堵门下闸。

1) 下闸方案。导流洞进口设平面滑动临时封堵闸门一扇，门体由 5 节组成，总重约 76t，门后设 12m 的 C20 临时堵头段。原设计在导流洞封堵闸门槽顶部高程 195.00m 以上浇筑约 40m 高的启闭机排架柱，上部安装固定卷扬机式启闭机，以安装封堵闸门，见图 5.141。但由于导流洞工期严重滞后，高程 195.20m 门槽孔口以上的工程因故没有建设，闸门不具备启闭条件，后经过研究，采用 500t 汽车吊直接下闸方案。

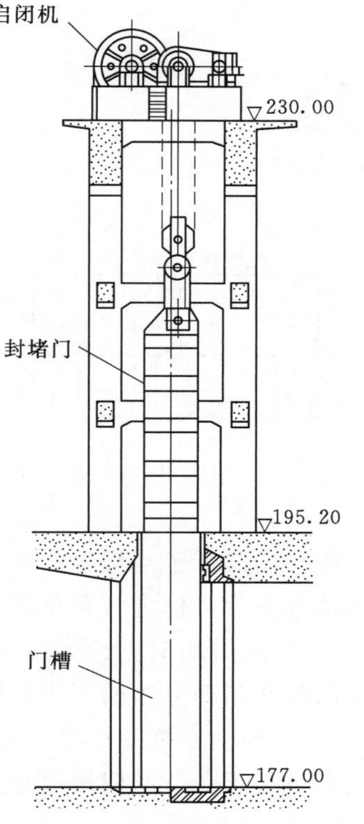

图 5.141 原导流洞封堵门启闭机布置图

封堵闸门特性见表 5.42。

表 5.42 封堵闸门特性表

项目	规格	项目	规格
孔口尺寸	11m×15m	闸门重量	76t
孔口数量	1 孔	提升拉力	160t
底槛高程	177m	提升水头	9m
闸门形式	平面滑动钢闸门	闸门节数	5 节
闸门尺寸（宽×高×厚）	10.3m×14.55m×1.3m	吊点间距	5.82m
设计水头	29m	启闭机	无
闸门数量	1 扇		

2) 门槽清理及门样试放。为保证下闸顺利，在闸门就位前，需对孔口进行检测，并对门槽进行清理，清理后进行门样试放，以检查门槽下闸情况。先制作闸门的门样钢桁

架，厚度和宽度方向上略小于门槽尺寸，高度视安装时水深而定，在孔口上方做一临时吊装系统进行下放，然后来回起吊和下放，把门槽上的附着物清理干净，同时根据来回起放情况判断门槽是否顺直，是否会在封堵闸门下放过程中出现卡死现象。

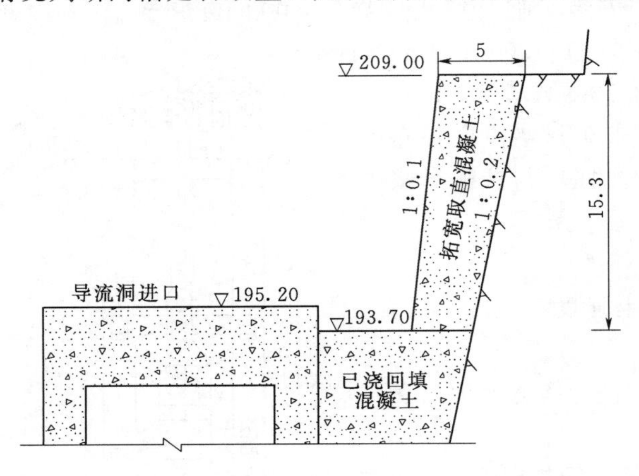

图 5.142 拓宽取直混凝土断面图（单位：m）

3）闸门拼装。

A. 汽车吊工作平台。闸门立拼采用两台 50t 汽车吊，下闸采用 500t 汽车吊，车身较长，转弯半径较大，经 2 号路延长线和 1 号泄洪洞进口引渠的斜坡路进入吊装现场时，由于 2 号路延长线末端导流洞进口处道路曲折狭窄，不能满足起重设备进场要求，因此需事先在导流洞进口左侧开挖边坡的外侧浇筑混凝土以拓宽取直进场道路，长度约 25m，断面见图 5.142。同时，导流洞进口右侧岩体崩塌，该处也需要浇筑挡墙并回填石渣；右侧石渣回填面低于高程 195.20m 约 1.5m，前端无挡墙，也需先浇筑挡墙后回填石渣。进口场地平整后，作为汽车吊工作平台（见图 5.143）。

B. 闸门卸车。2 台 50t 汽车吊一起作业，把门叶逐节从 2 号路延长线高程 209.00m 处吊放在门槽旁边的石渣回填区存放。

C. 闸门立拼及焊接。立拼第一节门体前先安装闸门的底止水，再安装主止水，用 50t 汽车吊把第一节闸门吊放至立拼位置，并用托梁临时固定和调整垂直度（见图 5.144）。

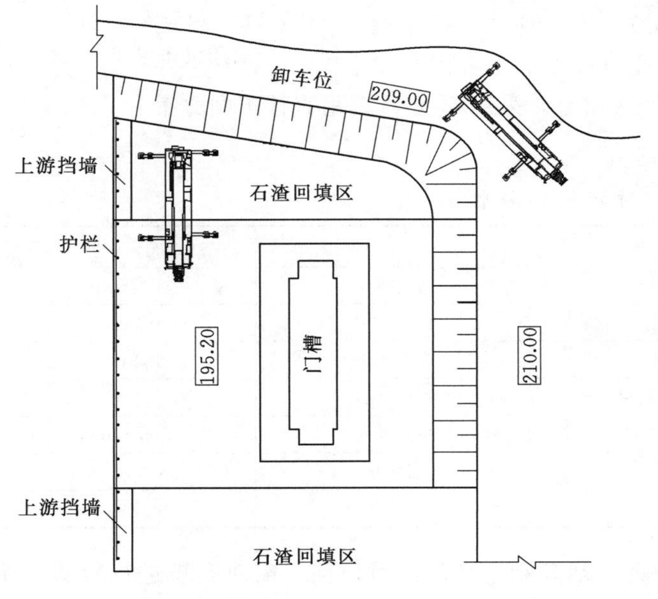

图 5.143 汽车吊工作平台示意图

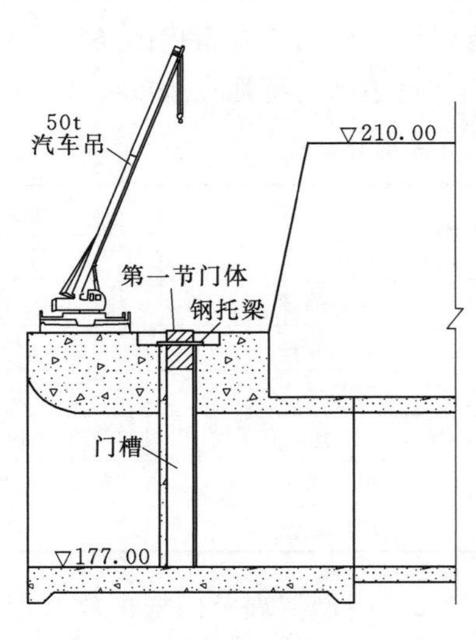

图 5.144 第一节门体立拼图

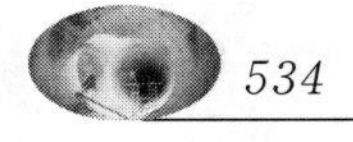

第二节门叶用50t汽车吊吊放至第一节门叶上方，经定位销与第一节精确连接，挂钢丝线调整门叶垂直度，焊接门叶间焊缝，安装主止水，然后用1台50t汽车吊把两节门叶吊起，采用托梁将第二节门叶临时固定在闸墩上（见图5.145）。

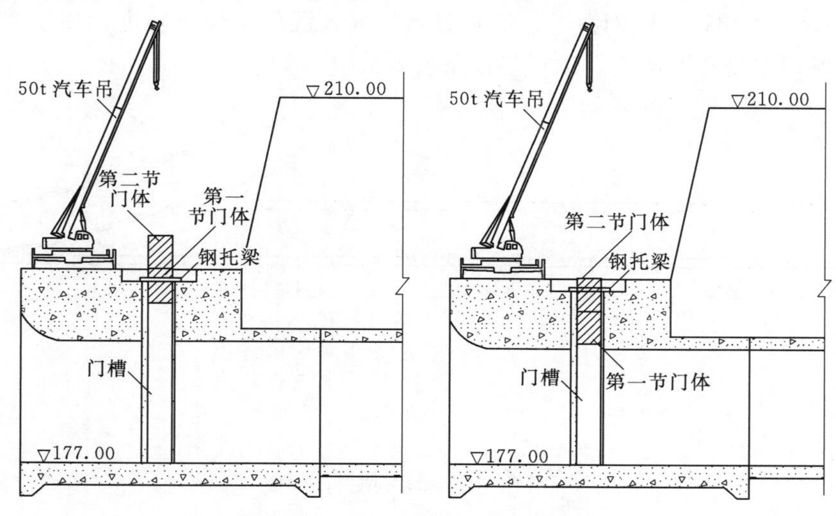

图5.145　第二节门体立拼图

D. 封堵前封堵门状态。按照以上步骤把第三至五节门叶拼装到位过程中，如果1台50t汽车吊不能满足起重要求时，使用2台50t汽车吊完成起重作业。至下闸封堵前，封堵前封堵门状态见图5.146。

(4) 下闸封堵。由于封堵闸门没有启闭机，采用500t汽车吊吊着闸门进行下闸。汽车吊进场前，事先拓宽并修筑河边小路，并填筑汽车吊工作平台，工程量约20000m³。下闸后，因河水上涨，汽车吊及时顺河边小路撤出（见图5.147）。

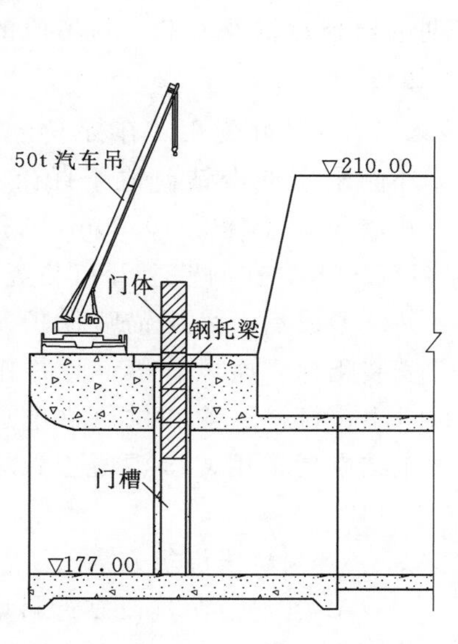

图5.146　封堵前封堵门状态图

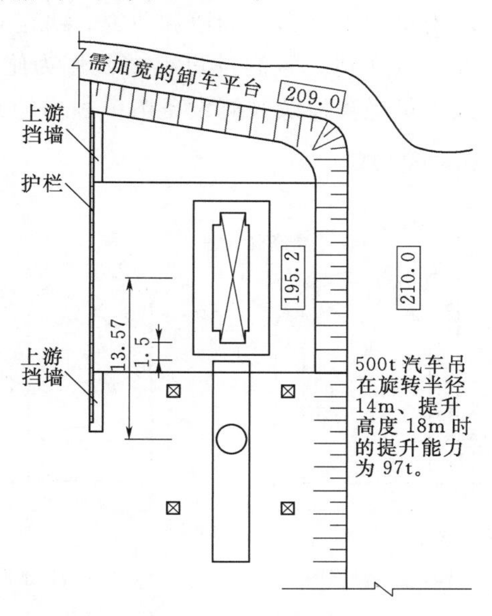

图5.147　汽车吊下闸示意图（单位：m）

(5) 封堵混凝土施工。

1) 封堵段施工通道方案选择。导流洞封堵是指在封堵闸门的后面用混凝土对导流洞进行全断面的封堵，共分为临时堵头段（12m）、永久封堵段（64m）和封堵回填段（49.72m），永久封堵段全断面凿毛，底板设置插筋，混凝土浇筑后进行回填灌浆和接触灌浆；其余洞段混凝土不凿毛，也不进行灌浆（见图5.148）。

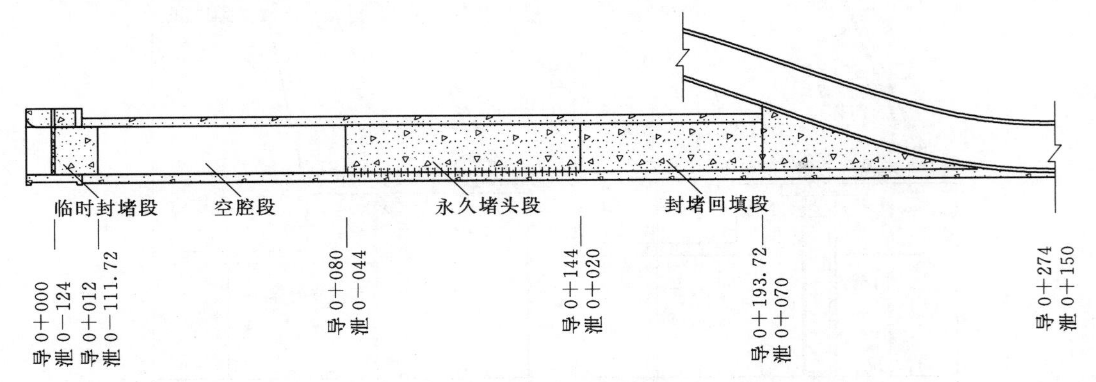

图5.148 导流洞封堵纵剖面图

施工顺序为临时堵头段、龙抬头拆除回填段、永久堵头段与封堵回填段、回填和接触灌浆。

由于导流洞不是全长度封堵，封堵段位于2号洞龙抬头中后部的下部，距离导流洞洞口尚有一定空腔距离，见图5.148。在进行封堵段施工时，虽然封堵段的混凝土运输可以从下游采用泵送入仓，但由于上游需安装模板，封堵结束后灌浆作业需在空腔段进行，施工结束后，设备与材料需撤出空腔段。但一旦封堵段施工完毕后，上游空腔段将是一个密闭的空间，灌浆作业及后续的设备材料撤出成为难题，同时，埋设在混凝土内的观测设备引线也无法引出。根据多方调研和研究，决定在导流洞永久封堵段上游空腔段增设一道竖井，该竖井一直通到2号洞进口上游，作为施工期的模板运输及安装、封堵段的灌浆作业、设备及人员撤离以及观测设备电缆引出的施工通道。

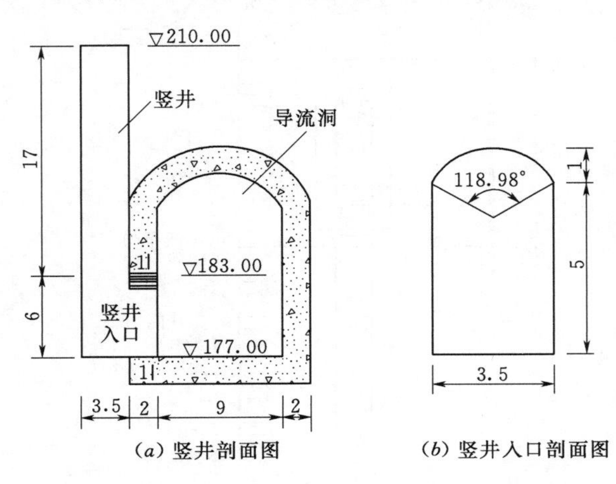

(a) 竖井剖面图　(b) 竖井入口剖面图

图5.149 竖井布置图（单位：m）

2) 竖井施工。在导0+060洞壁外侧采用冲击钻，钻一直径3.5m竖井，开口高程210.00m，底部高程177.00m，在洞壁上开口与竖井相连，井壁形成后，采用锚喷保护井壁，后安装爬梯、通风管等，竖井作为人员进出、材料运输和供风供电通道，施工结束后采用C25混凝土封堵（见图5.149）。

3) 封堵段浇筑方案。

A. 在导流洞进口靠近封堵闸门处钻两个直径300mm的钻孔，出口接串

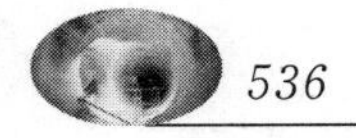

筒或象鼻溜管至临时封堵浇筑部位。

B. 临时封堵段下游设置挡墙，并安装直径300mm的排水管道至导0+274（泄0+150）以后，为导流洞封堵创造干地施工环境。同时，施工过程中产生的废水，也经过该管道流至下游。

C. 临时封堵段完成后，在导0+274下游安装输送泵，台阶立模浇筑龙抬头回填段，顶部预留高1.5m的通道暂不浇筑，供导流洞封堵混凝土浇筑泵送管道的铺设使用，使上下游形成两个相对独立的工作空间，下游工作面用于龙抬头后9段边顶拱的浇筑，上游工作面用于导流洞封堵回填施工。

D. 永久堵头段和封堵回填段两台混凝土输送泵设置在2号泄洪洞龙抬头回填段下游，泵管经事先预留的2号泄洪洞龙抬头改造回填段顶部的通道进入，混凝土经3号路和2号泄洪洞出口运至洞内泵送入仓浇筑。

4）排渗水措施。不论封堵闸门和临时堵头段的封堵效果再好，也需要考虑可能有轻微的渗漏，保证后续的封堵作业干地施工。

在导0+023浇筑C25混凝土挡墙，挡墙下部预埋直径300mm的导流钢管，该钢管穿过2号泄洪洞龙抬头回填段，渗水经钢管流出空腔段，使整个封堵工作处于干地作业环境中。同时，在管壁上焊接一进水口，施工中产生的废水经小水泵抽取进入排水管内并流出洞外。当封堵混凝土浇筑和灌浆作业完成后，从上游截断排水管并焊接堵头，安装排气阀，从下游出口用灌浆泵压入水泥净浆，管内空气从上游排气阀排除，当上游排气阀中冒出水泥浆时停止排水管灌浆作业，实现排水管的封堵。

5）临时堵头段施工。临时堵头段位于导0+000～0+012，长12m。因临时封堵段的封堵要求是，贴近封堵门的上游混凝土必须完全充盈，因此，在计划采用钻孔串筒溜管法浇筑时，钻孔靠近上游闸门部位。故在导0+003（距闸门3m、距下游面9m）导流洞顶部钻2个直径500mm的孔，孔口挂串筒，由于高差较大，为防止混凝土出现离析现象和保证骨料不破碎，出口处安装本单位的专利产品——混凝土垂直运输缓降器，下游模板顶部留一个兼做排气孔的进人孔，混凝土经溜槽从钻孔进入临时封堵段浇筑仓面，人工摆动串筒进行铺料和振捣，前期用三级配分层浇筑，分层厚度0.5m，当因高度问题人工不能在仓内进行摊铺时撤出人员和振捣及照明设备，并封堵下游进人孔使之变为排气孔，改用一级配C30泵送混凝土继续灌筑，直至钻孔内混凝土充盈为止。为达到彻底封堵和不漏水的效果，临时封堵段混凝土浇筑完毕后，从闸门顶部向下灌筑混凝土至把闸门顶部完全覆盖为止，见图5.150。

为满足洞内施工用水，临时堵头段混凝土浇筑前，在混凝土下料孔内预埋直径100mm的取水管道至洞内，管子进出口均设置阀门，靠虹吸原理向洞内提供施工用水，多余水经事先预埋的排水管道流至下游，施工结束后对该排水管进行灌浆封堵处理。

同时需注意，为保证临时封堵段顶部不透水，混凝土浇筑后应对该段顶部及时进行回填灌浆。

6）龙抬头拆除回填段施工。龙抬头拆除回填段在封堵闸门不漏水的情况下可与临时封堵段同时施工，首先是爆破拆除部分底板混凝土，然后用普通钢模板作为上下游挡头模板，上游挡头模板可根据情况一次立模到顶，也可分层立模；下游立台阶状悬空模板，输

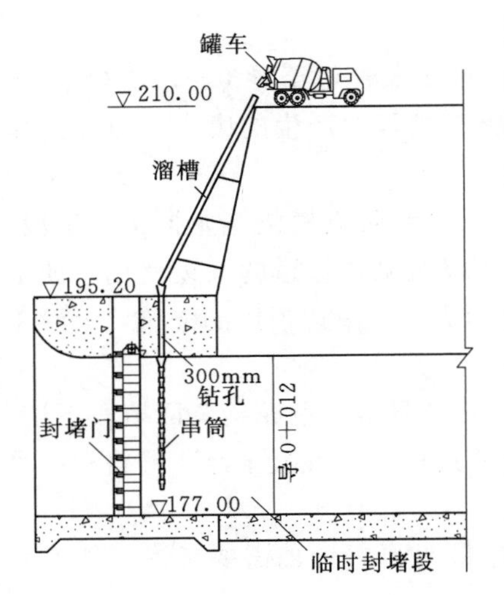

图 5.150　临时封堵段施工方法简图

送泵设置在导 0+274 下游，混凝土运输罐车倒退着从出口进入洞内。由于下游悬空模板容易造成混凝土翻浆，故一层浇筑完毕后可稍停施工，等混凝土稍有硬度但不初凝时再继续浇筑下一层直至浇筑完毕。

7）永久堵头段和封堵回填段施工。

A. 施工准备。永久堵头段位于导 0+080～0+144，长 64m；封堵回填段位于导 0+144～0+194，长 50m。

永久堵头段老混凝土面全断面凿毛，底板设置插筋，混凝土内设置冷却水管，混凝土浇筑后进行回填和接触灌浆，封堵回填段不再进行以上处理，直接进行混凝土浇筑。

考虑到下闸封堵后施工任务异常艰巨，工序复杂、工程量大、节点工期要求紧等，为减轻后续工作的压力，封堵闸门下闸前需进行各项前期准备工作，其中包括 3.5m 竖井钻孔、2 号泄洪洞龙抬头拆除段钻孔、各种键槽的预先凿出等，对于封堵混凝土来说，需要详细进行的前期准备工作有泵送混凝土适配与可泵性试验与研究、直径 3.5m 深 33m 的钻孔、洞内老混凝土面凿毛、键槽、管线及照明布设等。

设计把永久堵头段和封堵回填段单独划开，分段施工，但为加快施工进度，两段可同时浇筑，中间不再设施工缝。

永久堵头段洞壁凿毛在封堵作业进行前完成（见图 5.151、图 5.152）。

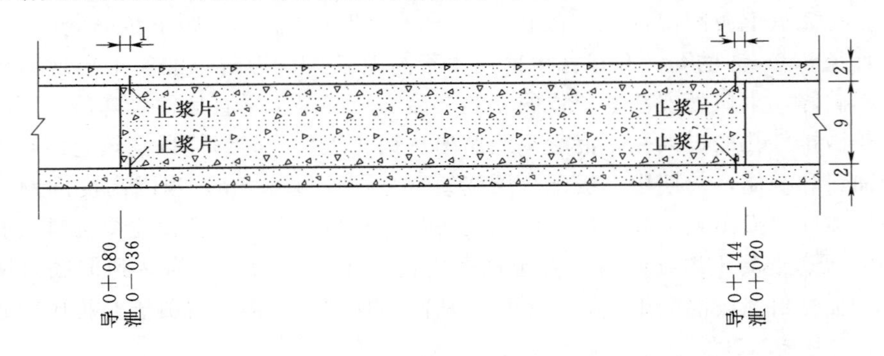

图 5.151　永久堵头段平面布置图（单位：m）

止浆片的安装：在设计安装位置的老混凝土面上用膨胀螺栓把止浆片固定在老混凝土面上，通过膨胀螺栓的紧固使 5mm 橡胶板产生压缩量，使之与老混凝土面紧密接触，实现止浆作用。止浆片安装见图 5.153。

封堵混凝土浇筑前，在顶拱埋设回填灌浆管道并在边墙上安装接触灌浆管道，管道的进出口均设置在上游，经空腔段临时通道引出洞外，在洞外进行灌浆作业。

在 0+080～0+194 共 114m 长的封堵洞段内搭设两道直达洞顶的泵管架子，浇筑时泵管顺一个架子布设，需要拆除的泵管直接放在另一条架子更高一层上，并及时连接成一

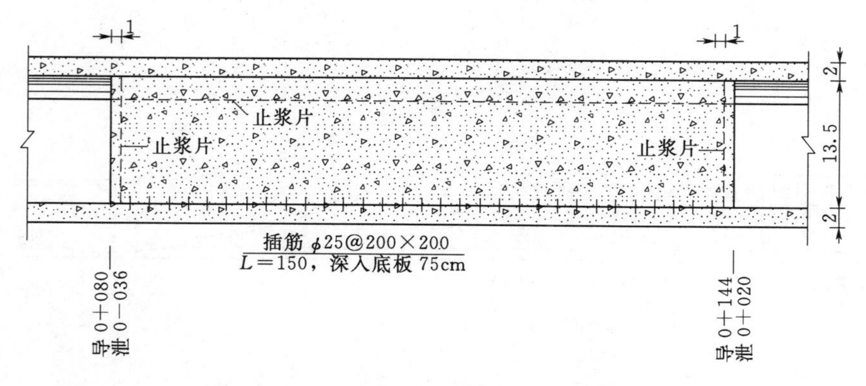

图 5.152 永久堵头段纵剖面图（单位：m）

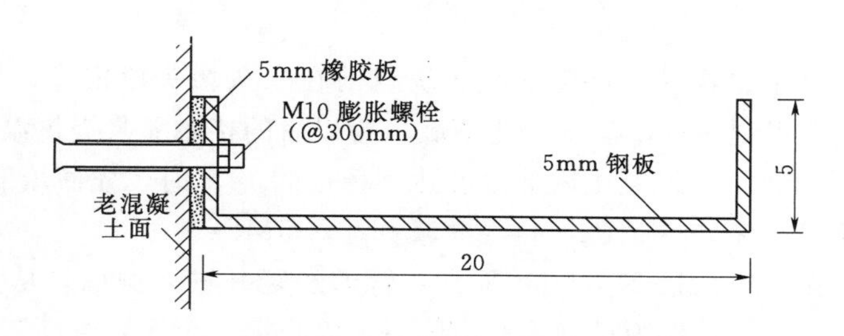

图 5.153 止浆片安装图（单位：cm）

个完整的管线，以保证封堵混凝土层间施工的连续性。

安装直径 300mm 的排水管道至 0＋150.28 下游，创造旱地作业施工环境。

以上作业完成后，在永久堵头段上游用普通钢模板立堵头模，为便于运出清仓渣料，一次立模高度不超过 2m。

B. 永久封堵施工。

a. 混凝土浇筑。混凝土输送泵设置在 2 号泄洪洞龙抬头改造拆除回填段下游，罐车经 3 号路和 2 号泄洪洞出口把半成品运送给混凝土输送泵，从上游往下游浇筑永久堵头段和封堵回填段混凝土，浇筑层厚度 1.5m，一边浇筑一边后退，拆除的泵管就地安放在预先架设的下一层浇筑管架上，先浇的混凝土终凝后，用拉毛机进行接触面拉毛处理，并用高压风进行仓面清理，清理出的渣料现场堆放成堆，当泵管回头浇筑时用人工斗车运至上游空腔段。一层浇筑完成后，回接泵管并重新从上游往下游按 1.5m 的层厚循环浇筑（层工程量 1540m^3，按 50m^3/h 的入仓速度，需 31h 以上，混凝土早已终凝并具有一定强度，此时浇筑上层混凝土，结合面混凝土强度满足要求）。其浇筑方法见图 5.154。

最上面一层浇筑前，下游堵头模板除留一进人孔外，其余部位彻底封死，浇筑过程中拆除的泵管、振捣设备和 12V 照明设备等陆续从下游撤出作业面，然后封堵进人孔，只在顶部留一排气孔，当排气孔内流出水泥浆的时候，下游此时及时停止泵送作业，以防压力过大压坏堵头模板。

混凝土浇筑完成后，拆除上游堵头模板，材料暂时码放在上游空腔段内。

b. 温控。永久堵头段混凝土浇筑过程中，设计了冷却水管对混凝土进行降温，但由于施工时段为冬季，混凝土入仓温度较低，且采用发热量相对较低的中热水泥和薄层浇筑

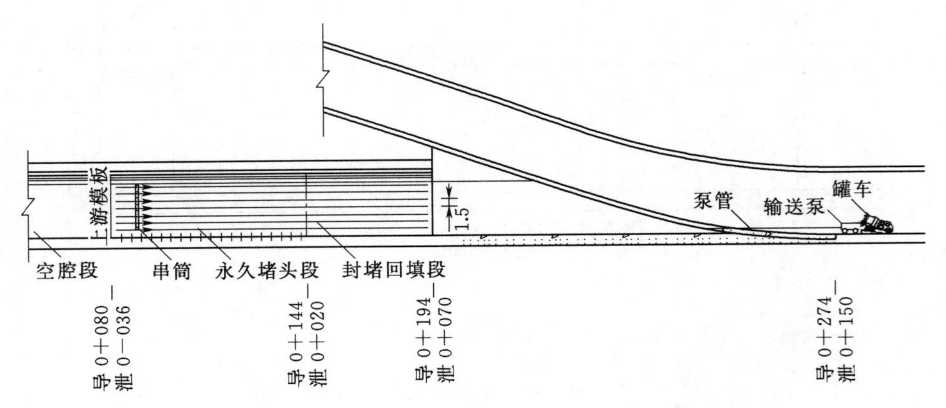

图 5.154　永久堵头段浇筑方法示意图（单位：m）

施工工艺，温控相对比较容易，每层混凝土浇筑前在永久堵头段按设计要求布设冷却水管，并埋设温控光纤以观察内部温度变化情况，为以后的接触灌浆提供温度数据支持。

c. 回填与接触灌浆。当混凝土内部温度达到稳定的14℃时，先回填灌浆再接触灌浆，灌浆压力：回填灌浆 0.3～0.4MPa，接触灌浆 0.3～05MPa。

灌浆泵站设置在进口高程 210.00m 平台，管道经竖井进入洞内，从下游往上游进行回填灌浆，当第二个灌浆管作为排气管并出浆后，停止第一个灌浆管灌浆，开始对第二个管灌浆，以此类推，直至全部结束。

接触灌浆从下游往上游分段进行，每段约 21m，进浆管上的支管间距 3m，在混凝土浇筑时支管管口用灌浆盒顶在老混凝土面上以防止管内进入水泥浆，回浆管设置阀门以控制灌浆压力，达到设计压力按规范要求持压后，封闭灌浆管进出口，移至下一段进行灌筑。

d. 后续工作及撤离。灌浆结束经质量检查合格后，用水泥净浆封堵直径 300mm 导流钢管，拆除 12V 照明设备并运至洞外，然后在竖井下口立模板，重新安装 box 管，用 C25 混凝土对竖井进行封堵，约 $20m^2$ 模板永久性废弃在空腔段内。

e. 注意事项。竖井顶部需设置围挡，清除四周任何可坠落物，保证洞内施工人员人身安全，罐车停靠在竖井旁边时，需设置挡车装置。

封堵施工时，人员及设备处在空腔段内，因此预防闸门渗漏和突降大雨极为重要，因此施工期安排专人观察闸门渗水情况以防不测，同时，虽是冬季施工，降大雨的可能性不大，但若遇大雨，人员需及时撤至洞外并断开洞内电源。

密封空间内空气不对流，人员呼吸产生的 CO_2 及空气中的 CO_2 会沉积在洞内，当洞内 CO_2 浓度超标时，会引起洞内施工人员的缺氧和昏厥，因此，施工期每天需定时向密封空间内通风，洞内施工人员觉得不适时及时撤出。

混凝土内部温度降至稳定的14℃时，方允许进行灌浆作业。

5.8.4.6　进水塔混凝土工程施工

(1) 施工总体方案。1号进水塔高 102m，2号进水塔高 84.5m；由于泄洪洞进水塔位于水库上游左岸靠山体侧布置，场地狭窄，周围无合适的拌和站可布置，混凝土拌和系统

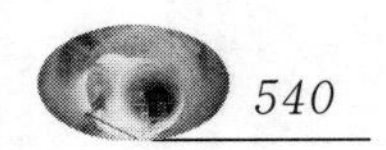

布置在水库下游约 3～4km 处，为高落差长距离输送混凝土情况，混凝土水平及垂直运输、浇筑等都比较困难。根据承包商多种方案必选，最后优选出皮带机输送、box 管垂直运输与仓面布料机联合的混凝土运输方案，现场安装 100t·m、250t·m 和 900t·m 塔式起重机各一台，250t·m 和 100t·m 塔机分别用于 1 号和 2 号进水塔钢筋及零星材料的运输，辅以 3.0m 悬臂爬升模板的提升，垂直运输系统用于塔架混凝土浇筑；900t·m 塔机用于进水塔混凝土浇筑系统、悬臂模板以及大件设备的提升，并作为塔架混凝土浇筑的备用方案。

（2）浇筑系统布置。

1）施工道路。施工主要道路为 2 号路，该路的设计末端在进水塔对外交通桥进口处，高程 291.00m。延长该路穿过泄洪洞进口开挖边坡并向下盘旋延伸至泄洪洞进口平台高程 210.00mm 处。混凝土拌和站（2 个）、钢筋加工厂、木材加工厂、项目部、作业工区等均经该路到达相应的工作面。

在 2 号路末端、溢洪道进口处修建一条临时道路至 2 号路下方的高程 265.00m 平台处，该平台作为两座进水塔相应高程以下混凝土浇筑的上料平台。

2）混凝土运输系统。

A. 高程 195.00～207.00m 运输。塔架高程 207.00m 以下由于位置较低，混凝土运输可利用罐车经 2 号道路运送至高程 210.00m 平台处，再经过皮带机到仓面布料机，完成底板仓面混凝土浇筑，见图 5.155、图 5.156。

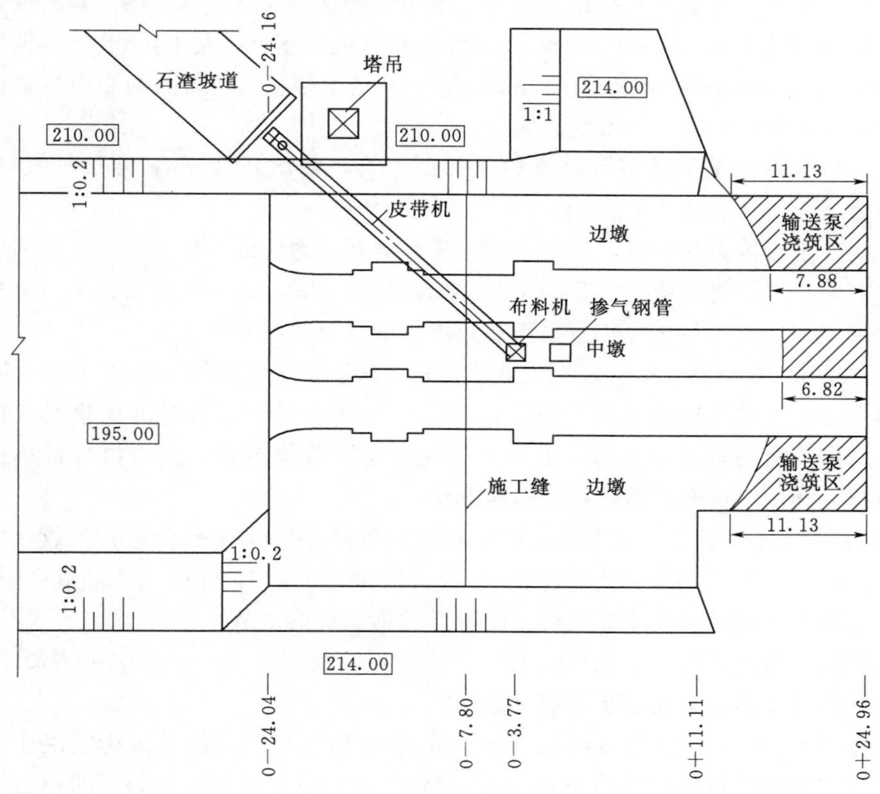

图 5.155　1 号进水塔高程 195.00～207.00m 混凝土运输平面布置图（单位：m）

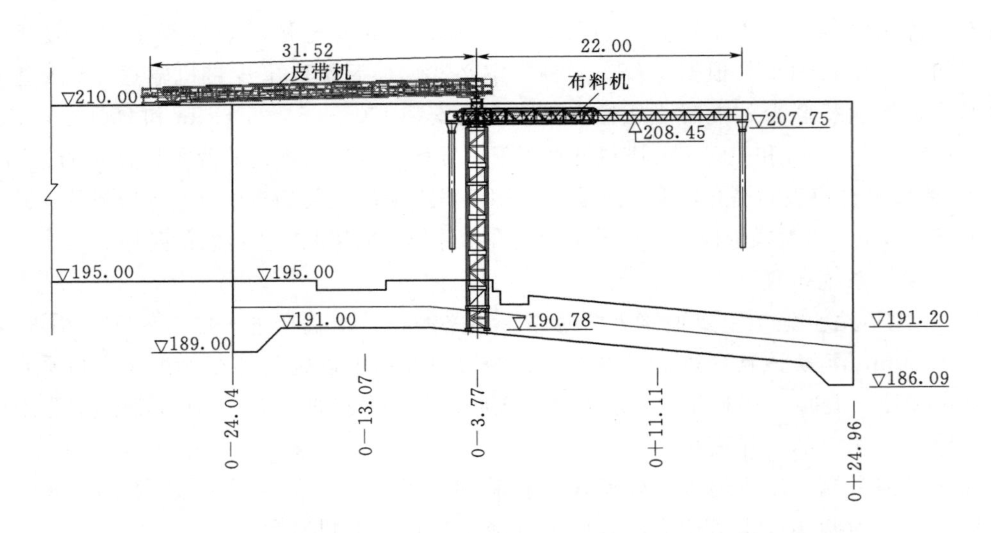

图 5.156　1 号进水塔高程 195.00～207.00m 混凝土运输剖面图（单位：m）

布料机设置在中墩 0—3.77 中间部位，设置在该位置后，1.5m 钢站柱外沿距离上游掺气钢管 0.5m，钢站柱下部固定在四个地脚锚板上，每个锚板用 4 根直径 36mm 的锚杆固定在底板岩面上，安装布料机钢站柱时，要用测量仪器控制其水平度与垂直度，校核无误后用 C25 混凝土浇筑 3.5m×3.5m×2.0m 的布料机基座，混凝土达到 7d 龄期后，安装臂长 22m 的仓面布料机和长 26.3m、带宽 650mm 的皮带机。皮带机与布料机连接处设置回旋支撑，以方便布料机旋转不受影响。

仓面布料机在施工中随浇筑高度的上升而上升，每次升高 6m，两端挂直径 425mm 的象鼻溜管。

底板混凝土未设置分仓缝，分上下两层进行浇筑。为保证下层混凝土浇筑后不影响上部插筋的安装，下层浇筑厚度 1.7m，上层浇筑厚度 2.3m，浇筑从下游向上游分层斜坡推进，下游洞内部分因布料机臂长所限不能到位，该部分采用泵送浇筑。

B. 高程 207.00～291.00m 塔架混凝土运输。1 号泄洪塔高程 207.00～291.00m 混凝土运输利用搅拌运输车运送混凝土到高程 265.00m 平台处，而后沿液压集料斗送料至皮带机，再沿皮带机送料至 box 管，沿 box 管送料至下部皮带机，最后沿皮带机输送料至仓内布料机，利用仓内布料机分料到浇筑部位。

高程 260.00m 以下浇筑完毕后，移皮带机至高程 291.00m 平台进行架设，中间设置一个 1.5m×2.5m 的钢站柱作为支撑，完成高程 260.00～291.00m 之间的混凝土浇筑。

上述混凝土运输系统的安装架设、改造详见第 5 章第 1 节。

仓内布料机位置同高程 207.00m 以下，在进行高程 207.00～291.00m 混凝土运输时，仅将布料机随塔体的上升而逐步升高（见图 5.157）。

为进行以上工作，须先加宽高程 265.00m 平台和 2 号路，使其成为混凝土罐车卸料平台。具体方法为砌筑浆砌石挡土墙，顶部高程 265.00m 和 291.00m，回填石渣后作为运输车辆的卸料平台。

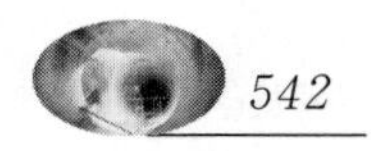

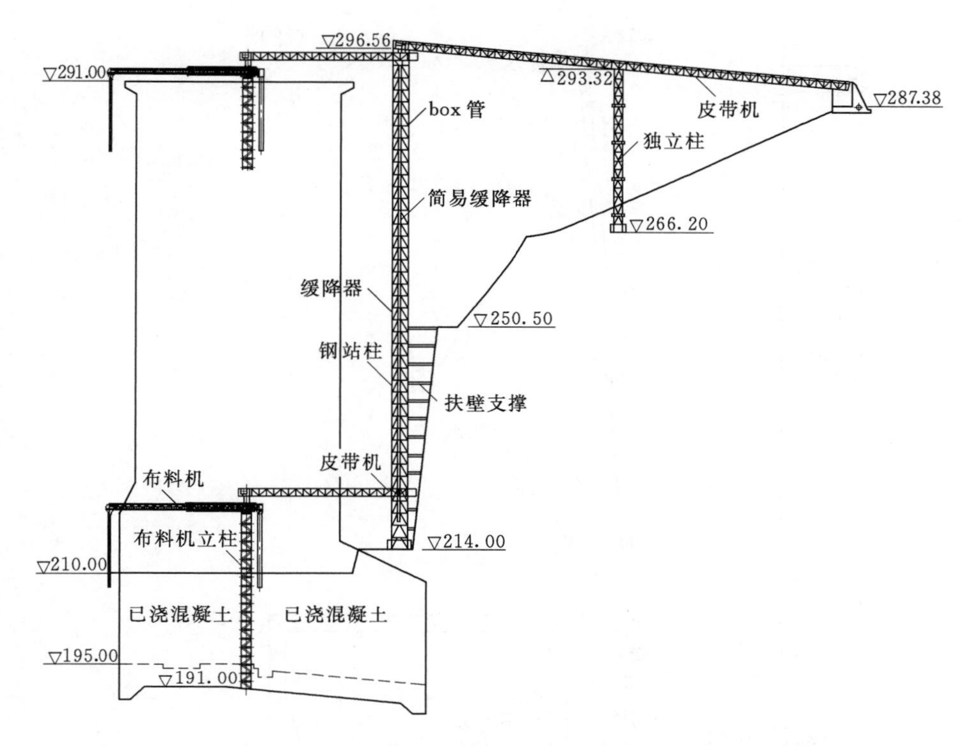

图 5.157　高程 207.00～291.00m 混凝土垂直运输系统布置图

3）物料提升系统。两条泄洪洞洞轴线间距 40m，两座进水塔在高程 210.00m 平台处净间距 14.3m，背后是 1∶0.1 的岩石边坡。因工期较紧，两座进水塔需同时施工，多卡悬臂模板的吊装、仓内钢筋的运输、埋件及金属结构安装等工作量较大，1 台塔吊不能满足现场施工需要，因此在现场安装了 1 台 100tm 塔吊、1 台 250tm 塔吊和 1 台 900t・m 塔吊。其中，100tm 塔吊专供 2 号进水塔使用，250tm 塔吊专供 1 号进水塔使用，900t・m 塔吊主要负责两座进水塔施工过程中的悬臂模板和布料系统的提升、大件金属结构安装起吊、混凝土浇筑时备用入仓方案等。

施工布置见图 5.158。

（3）进水塔模板。

1）进水塔立面模板。为保证混凝土外观质量，提高混凝土外表的平整度，减少模板缝、混凝土表面错台、挂帘等质量问题，1 号、2 号进水塔外模采用规格 3m×3.1m 的大型悬臂爬升模板。

2）塔架底板模板。1 号塔架底混凝土板厚 4m，齿槽混凝土厚 6.5m，分层浇筑厚度 1.5m，位于基础部位，无法采用大型爬升模板。根据底板尺寸，模板采用 0.9m×1.5m、0.9m×1.2m 为主要型号，边角部分采用小型组合钢模板和木模板。站筋、围檩采用 ϕ48mm 钢管，拉筋采用 ϕ12mm 圆钢。因模板为单面模板，所以模板外侧设 ϕ12mm 钢丝缆风绳，以保证模板的几何尺寸。

1 号进水塔底板见图 5.159。

（4）钢筋制作安装。加工成型后的钢筋运至施工现场后，经塔吊吊运至工作面进行

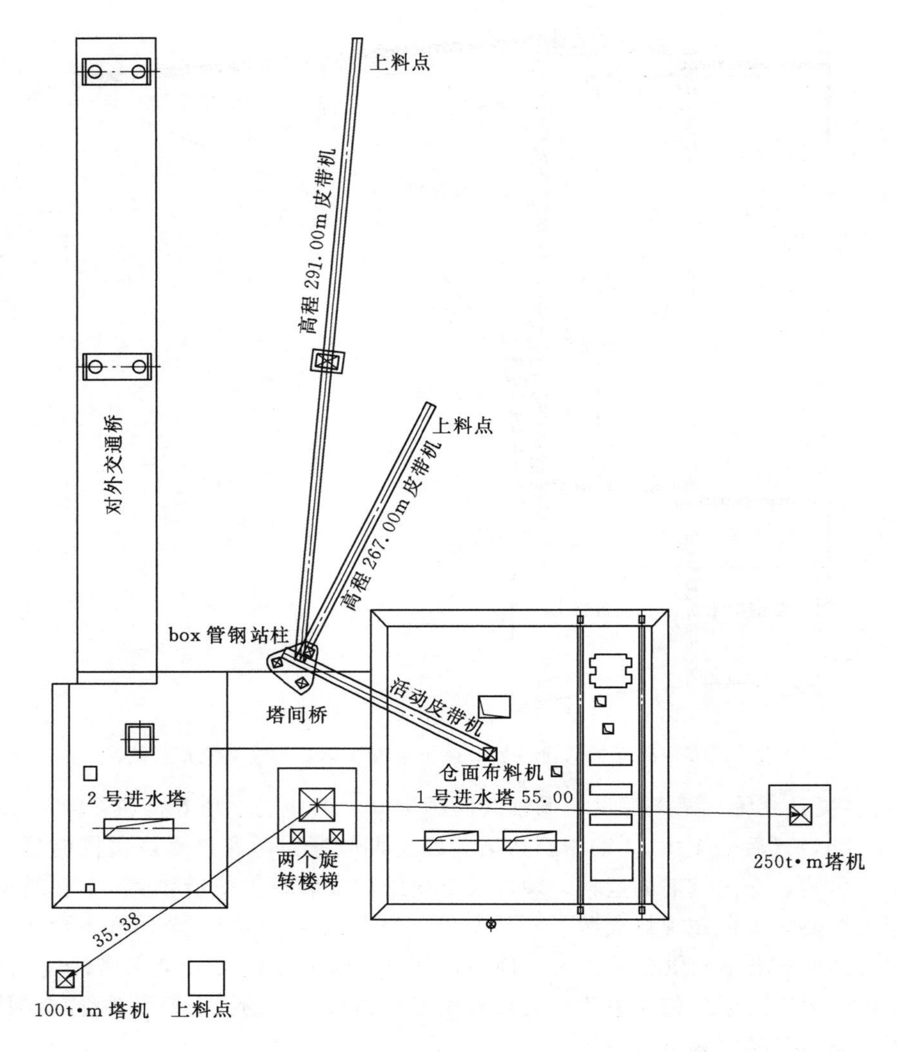

图 5.158 施工布置图（单位：m）

安装。

由于每次混凝土浇筑高度为 3.0m，高空作业时，若采用 9m 的竖向钢筋，会增加安装难度，安装质量也难以保证，同时还存在较大的安全隐患，故塔体竖向钢筋一律采用 4.5m 长。塔体钢筋采用直螺纹连接，错接头安装。

(5) 混凝土浇筑。

1) 浇筑前的准备。每次开仓浇筑前，先用清水湿润皮带机和 box 管，再用砂浆进一步润滑，避免首车混凝土内的浆液因粘在皮带机和 box 管管壁上而使混凝土到达仓面时成为疏松的分散体，减轻平仓振捣难度，减少出现蜂窝狗洞几率。每次浇筑完毕后，把安装有喷淋头的软管从上而下插入 box 管内，通水后对管壁进行冲洗，避免混凝土在管内的逐渐黏结和积存。

2) 混凝土配合比。进水塔混凝土分为 $C_{90}50W6F100$ 流道抗冲磨混凝土（NSF 硅粉

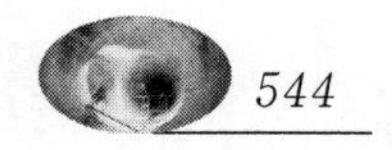

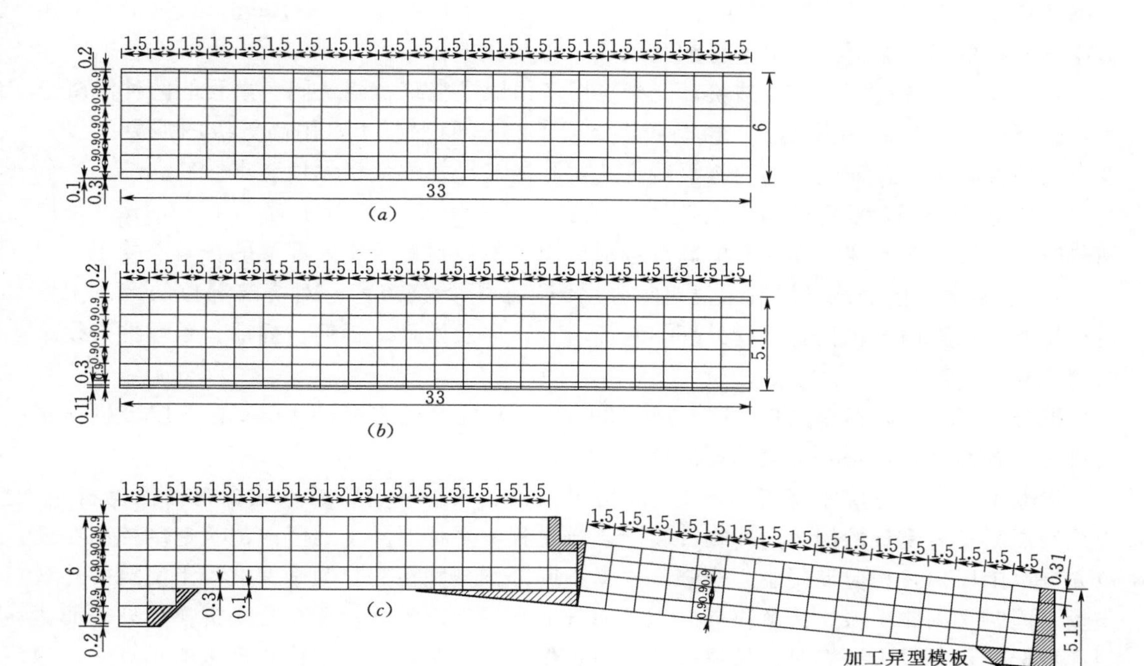

图 5.159　1 号进水塔底板模板图（单位：mm）

剂混凝土）和 C25 常态混凝土。施工前，委托有资质的试验单位进行混凝土配合比试验，参考配比见表 5.43。

表 5.43　泄洪洞进水塔工程混凝土参考配合比表　单位：kg/m^3

强度等级	水	水泥	粉煤灰	硅粉剂	砂	小石	中石	大石	减水剂	引气剂	备注
C_{90}50W6F100	160	283	114	59.4	699	458	559	—	—	0.091	流道
C25W6F150	128	213	71	—	785	357	357	475	2.844	0.057	水上
C25W6F100	128	213	71	—	785	357	357	475	2.844	0.028	水下

注　表中材料为 P. O42.5 普通硅酸盐水泥、1 级粉煤灰、NSF 减水型硅粉抗磨蚀剂、FAC 聚羧酸减水剂、FAC-4 引气剂。

3）塔架底板混凝土浇筑。1 号泄洪洞进水塔塔基长 49m、宽 33m、厚 4m（进口齿槽处 6m），不设置分缝，钢筋不断开。下部为 C25 混凝土，上部流道部分为 0.8m 厚的 C50 硅粉混凝土。

混凝土开始浇筑前，对浇筑部位的准备工作进行检查，检查内容包括仓面清理以及模板、钢筋、插筋、预埋件、止水等设施的埋设和安装等。

混凝土从 2 号路及其延长段经高程 210.00m 处运至现场，经皮带机和布料机进行仓面分层浇筑。浇筑时，根据混凝土的拌制运输能力和初凝时间，确定分层厚度，计划分层厚度控制在 30～50cm 之间，然后用插入式振捣棒振实。

插入式振捣器振捣时间以混凝土表面不再显著下沉，表面出现气泡，开始泛浆为准。

振捣器移动距离不超过其有效半径的 1.5 倍，并插入下层混凝土 5～10cm。振捣形式采用梅花形或方格形，振捣过程中不得触及钢筋、止水和模板。

流道部分 0.8m 厚的 C50 硅粉剂混凝土用塔吊跟进浇筑。浇筑同一高程的两种混凝土时，先浇筑 C50 硅粉剂混凝土，振捣后再浇筑 C25 普通混凝土，用高等级的混凝土侵占低等级的混凝土，保证流道高等级混凝土的实际浇筑尺寸不低于设计要求。

中墩宽 4～5m，设置硅粉剂混凝土外包层后，中间 C25 混凝土宽 2.4～3.4m，每层铺料时，先铺筑两侧迎水面部分的高等级混凝土，然后再铺筑中间部位的普通混凝土。

4）塔架混凝土浇筑。混凝土浇筑时分层施工。开始浇筑前，对浇筑部位的准备工作进行检查，检查内容包括施工缝处理、仓面清理，以及模板、钢筋、插筋、预埋件等设施的埋设和安装等。

混凝土经 2 号路运至高程 265.00m（291.00m）处，经皮带机→box 管→皮带机→布料机进行仓面浇筑，每一浇筑单元高度为 3.0m。

混凝土浇筑时分层厚度按 30～50cm 均匀上升，人工平仓，插入式振捣器振捣密实。为控制混凝土对模板的侧压力，在混凝土浇筑过程中要将混凝土的竖向浇筑速度控制在规范允许范围以内，相应混凝土入仓强度根据不同部位分别控制。为确保混凝土浇筑的外观质量，同时采用二次振捣法解决混凝土表面气泡和泛砂现象，保证混凝土拆模后外表面达到优良标准。混凝土振捣时，振捣棒要与模板保持一定距离，经常检查模板的垂直度，钢筋的位置是否正确，发现问题及时纠正。

5）混凝土抹面、凿毛与养护。

A. 抹面。成立混凝土抹面专业作业组，由多次参加类似工程施工且具有丰富抹面操作经验的技术工人组成，抹面人员三班制作业，24h 不停，抓住收面最佳时机，每仓抹面不少于三遍。

B. 混凝土结合面处理。混凝土终凝前，抓住最佳时机，派专人用拔毛机对混凝土面进行拉毛处理，对机械处理不能到位的地方，采用人工结合面处理。

C. 养护。由于塔架悬壁式模板随浇筑面的不断上升，塔架四周无任何支撑物，人工洒水养护不现实，挂管淋养后无法拆除管道，根据溪洛渡和向家坝水电站的成功经验，在混凝土表面粘贴 3cm 厚聚苯乙烯泡沫塑料板（简称苯板）进行自养。

模板拆除后，在混凝土表面涂抹黏合剂，然后粘贴苯板封闭混凝土表面，隔绝混凝土与外界空气的接触，保证混凝土内部水分不散失，达到自养的目的。

粘贴苯板的另外一个作用是混凝土保温，避免热交换，减小混凝土内外温差，避免裂缝的产生。

6）温控措施。

A. 施工措施。

a. 入仓前温度控制。

a）拌和站控制。搭设 10m 高全封闭砂石料储料仓，避免阳光照射，降低仓内骨料温度。

降低拌和水温度，计划采用 2 台冷却能力 $6m^3/h$ 的制冷机生产拌和用水（在扣除了砂石骨料中含水量的情况下，能供应的混凝土生产能力约为 $120m^3/h$）。

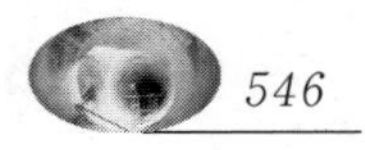

在料仓内安装喷淋设备，混凝土浇筑前6h即开始用井水对粗骨料进行降温处理，浇筑前2h改用冷却水进一步降温，骨料使用时的温度不高于21℃。

为避免混凝土浇筑过程中的热量倒灌，使混凝土产生温升，夏季施工时，混凝土罐车外部加裹罐衣，在拌和楼设置水管，罐车接料等待时，开水管对罐体降温并使罐体保持湿润，减小运输过程中的回温。

b）皮带机回温控制。皮带输送机上部加装遮阳板，降低皮带表面温度，减少混凝土在入仓过程中的曝晒时间，同时避免人工在操作或检修过程中被卷入皮带机而出现安全事故。

b. 入仓后温度控制。

a）降低浇筑层厚度，便于内部混凝土水化热散发，避免混凝土内外温差过大产生裂缝。

进水塔底板计划分两层进行浇筑，每层厚度2.0m，以利于水化热及时散失，避免内外温差过大而产生裂缝，同时采用分层台阶法浇筑；进水塔其他部位相对面积较小，且使用悬臂爬升模板，每层浇筑厚度3.0m。

b）用皮带机或布料机入仓，理论入仓能力为135m^3/h，远大于塔吊或其他设备的入仓能力，加快了入仓速度，同时采用振击能力更大的70mm插入式振捣器进行平仓振捣，以加快平仓振捣速度。

c）混凝土浇筑后，表面及时覆盖塑料薄膜以防止内部水分散失，靠其内部自身水分进行自养，上部覆盖棉被以提高表面温度，减小内外温差，降低开裂风险。棉被的层数根据内外温差来确定。

d）在进水塔墩墙侧面多卡悬臂模板外粘贴10mm厚的高密度海绵板，以保证拆模前混凝土内外温差不超标。

B. 技术措施。

a. 采用灰岩骨料，减少收缩量。由于灰岩骨料的收缩比较小，采用灰岩骨料可以减少混凝土的收缩。本工程上游料场生产的粗骨料为灰岩骨料，且碱活性符合设计要求，为比较理想的灰岩骨料。

b. 通过试验室内掺粉煤灰的方式来优化混凝土配合比，降低水泥用量，在改善混凝土浇筑性能的同时，降低混凝土内部温升。

c. 采用三级配常态混凝土（添加聚羧酸高性能减水剂）浇筑进水塔，因混凝土强度理论的基础是水胶比的大小，因此，在保证水胶比及和易性不变的情况下，进一步减少水泥用量。

d. 在大体积混凝土内埋设水平间距S=1.5m，垂直间距H=1.5m的冷却水管，使混凝土内部热量及时散失。

冷却水管通水方法：因混凝土内部温度出现在浇筑后的第三天，故开始浇筑时即开始大流量通水，及时带走了混凝土内部水化散发的热量，使热量不在内部聚集，达到削减内部温度峰值和减小内外温差的目的。当进出口温差较小时，说明通水流量过大，此时需减小通水量；当温差较大时，说明通水流量过小，此时需加大通水量。同时，高温季节用河水冷却，低温季节用井水冷却，以避免因温差过大而使水管四周的混凝土出现冷凝和细小裂缝。通水方向每24h变换1次。

冷却水管由专人负责，控制最高温度出现后的降温速度不大于1.0℃/d，并做好相应测温与通水方向记录，以方便查询和进行相关数据的分析。

冷却水管铺设过程中，单个冷却水管铺设长度不超过300m，同一仓面冷却水管长度尽量平均分配，干管内径40mm，支管内径32mm，每根干管上支管最多不超过3根。

e. 在大体积混凝土内埋设测温光纤，随时量测混凝土内部温度，当内表温差接近25℃时及时采取措施，防止温度裂缝的产生。

6 其他关键技术研究与应用

6.1 大坝施工与安全度汛工期进度控制研究

6.1.1 大坝施工与安全度汛矛盾分析

（1）2011年度汛方案及工程施工的矛盾分析。2011年由于大坝尚未截流，导流洞尚未建成，汛期和非汛期河水仍经原河道下泄。但由于2011年4月主体工程相继开工，本年度根据施工进度计划安排，汛期河道内仍有上游围堰防渗墙（2011年7月22日完成）、坝基高压旋喷桩和两岸坝肩开挖要施工，仍存在施工人员和机械安全度汛。

针对河道内坝基处理高压旋喷桩施工，专门进行了《大坝基础处理高压旋喷桩度汛方案》设计，根据河口村水库近几年坝址处汛期水情情况，河口村水库汛期最大流量约100～200m^3/s，因此根据这个经验，大坝试验区可以考虑按大河不超过300m^3/s流量作为临时度汛标准，汛期一旦超过这个流量就立即考虑人和设备迅速撤离。按照满足300m^3/s流量时不冲毁施工区域的标准，对高压旋喷桩施工区域进行临时填筑加高和防护。高压旋喷桩从2011年6月开始施工，直至2011年9月2—8日，2011年9月10—19日两次降雨过程，发生2次较大洪水，最大流量达350m^3/s，在洪水到来之前，做到了人员安全撤离，没有人员伤亡，重要机械设备及时转移，并按期保证了2011年10月19日河口水库成功实施截流。

（2）2012年度汛方案及工程施工的矛盾分析。2012年汛期是大坝截流后第一个汛期，工程度汛标准50年一遇，汛期由坝体临时断面挡水，洪水经导流洞和1号泄洪洞联合下泄。

为保证汛前达到设计50年一遇标准工程进度的目标，在主汛期到来前一期坝体填筑断面要达到高程225.50m的节点工期目标，大坝填筑通过加大人员机械设备和24h不间断施工等措施，使大坝一期填筑基本按期完成。

（3）2013年度汛方案及工程施工的矛盾分析。2013年是大坝截流后第二个汛期。汛前大坝坝体填筑到高程245.00m，坝高80m，库容1.08亿m^3，度汛标准由2012年的50年一遇提高到100年一遇，高程225.00m以下坝体一期面板已经完成，可以利用面板挡水。同时1号泄洪洞闸门具备临时启闭条件，洪水经导流洞和1号泄洪洞联合下泄。其次根据进度安排，坝前铺盖及盖重施工应在汛前（6 月 30 日）完成。

由于坝前现浇墙、连接板两岸高趾墙施工受溢洪道施工干扰和影响，以及观测仪器埋设的影响，导致坝前要赶在汛前未及时施工，只能赶在汛期施工。结果在 2013 年 7 月 3—4 日、7 月 9—11 日的两次强降雨后，同时引起上游张峰水库放水，造成超标准洪水漫过围堰进入坝前铺盖填筑基坑，造成基坑被淹和淤积。

（4）2014 年度汛方案及工程施工的矛盾分析。2014 年汛期是大坝截流后第三个汛期，汛前大坝坝体全断面填筑达到设计高程 286.00m，面板浇筑完成，1 号、2 号泄洪洞进水塔闸门安装完成，达到启闭过流条件，溢洪道参与挡水和泄流。因此，面板、闸门和启闭系统将投入运用接受洪水考验，已建工程安全度汛是今年防汛任务的一个重点，是安全度汛工作的重中之重。

6.1.2 大坝填筑进度分析

（1）坝体填筑的分期原则。

1）满足总进度计划要求对坝体各个时段度汛和挡水面貌要求。

2）填筑分期方案有利于减少坝体不均匀沉降。

3）每期面板浇筑前，大坝填筑体应满足规定的高度要求。

4）在满足上述要求的前提下，各期填筑强度尽量均衡合理，避免出现大起大落现象。

（2）坝体填筑的分期、工程量及强度。根据坝体填筑的分期原则，坝体填筑共分 3 期进行（见图 3.179）。

大坝填筑分期工程量、填筑时段及平均强度见表 6.1。

表 6.1　　大坝填筑分期工程量表

分期	高程范围/m	施工时段/（年-月-日）	工程量/万 m^3	平均强度/（万 m^3/月）	备注
第一期	165.00～225.50，坝后 172.00	2012-1-16～2012-6-20	144.86	28.97	
第二期	172.00～238.50	2012-6-21～2013-2-29	213.29	26.66	
第三期	238.50～286.00	2012-3-1～2013-11-30	174.80	19.42	
坝前铺盖	225.00 以下	2013-5-1～2013-6-30	33.74		
坝后压戗	220.00～172.00	2011-11-6～2014-4-20	167.24		
合计			733.93		

（3）坝体分期填筑施工进度分析。

1）一期坝体填筑。

填筑面貌：如果按全断面填筑，则在一期控制节点高程 225.50m 以下工程量较大，造成考虑一期填筑强度太高。因此，为考虑均衡施工目标和减轻一期填筑强度，先填筑上游侧部分坝体至高程 225.50m（图示下部黑色区域），填筑按 1∶1.5 的坡比控制到坝基，下游坝体全断面填筑到高程 172.00m，以满足 2012 年度度汛要求。

填筑量及填筑强度：一期填筑总量 144.86 万 m^3，施工时段自 2012 年 1 月中旬至 6 月下旬，共 5 个月，平均填筑强度约 28.97 万 m^3/月。

2）二期坝体填筑。

填筑面貌：上游坝体填筑到高程238.50m（包括主堆石和次堆石区）（图示中部白色区域），下游坝后压戗完成40%，上游铺盖全部完成。

填筑量及填筑强度：二期填筑总量213.29万m^3，施工时段自2012年6月至次年2月，共8个月，平均填筑强度26.66万m^3/月。2012年汛期过后，二期填筑先从一期填筑下游坡脚开始，根据坝体上升，坝后压戗按施工上坝道路需要进行填筑，最后主次堆石同时上升到高程238.50m，达到二期节点工期要求。

3）三期坝体填筑。

填筑面貌：在二期填筑断面基础上全断面填筑到高程286.00m（图示上部黑色区域）。

填筑量及填筑强度：三期填筑总量174.8万m^3，施工时段自2013年3—11月，共9个月，平均填筑强度19.42万m^3/月。至2013年11月30日，坝体全断面填筑到高程286.00m，坝后压戗按设计断面填筑至高程220.00m，然后开始二期面板混凝土的施工。

通过对大坝坝体填筑的分期，既满足了每年的度汛要求，又满足面板等各节点工期的要求，使大坝填筑强度均衡合理，便于施工和管理。

6.1.3 大坝填筑进度控制措施

（1）提前备料并做好料源规划，保证坝料供应充足。

（2）合理划分坝面施工区块，确保流水作业顺利进行。

（3）对分区填筑进行项目分解，控制好关键工序和施工进度，并对影响进度目标的因素进行分析，确定相应的预控措施。

（4）加强设备的维护保养，确保出勤率。

（5）设立激励机制，实行联产计酬的分配制度，调动施工人员的积极性。

（6）做好与其他标段和其他工种的协调工作，减少施工干扰。

（7）加强道路设施的养护，确保运输道路通畅。

（8）面对汛期工程建设和在建工程安全度汛双重目标，参建单位思想上高度重视每年防汛工作，认真分析安全度汛形势，多次组织技术人员讨论、完善、细化今年汛期度汛方案，明确度汛目标，确保在建工程安全度汛，把洪水造成的损失降到最小。

6.1.4 超标准洪水预案

大坝在填筑过程中，非汛期有上游围堰挡水，导流洞导流，汛期有大坝挡水，导流洞和泄洪洞泄流，因此，大坝施工在正常防洪标准中均能满足要求。但在遇到超标准洪水时，有可能漫坝，不仅影响大坝施工，有可能摧毁已填筑的坝体，同时对下游河道及两岸生命财产造成灾害，需要考虑超标准洪水预案。

（1）不过水方案。根据大坝度汛标准，正常情况下为50年一遇，当发生超过50年一遇标准洪水时，可将坝体挡水原标准适当提高到100年一遇，加高坝体以挡水满足超标准洪水要求，并全部打开导流洞和1号泄洪洞泄流，确保大坝不漫坝。

（2）过水方案。当发生超标准洪水时，加高坝体时间来不及，或坝体填筑到设计高程后，采用不加高方案，除了全部打开导流洞、泄洪洞以及溢洪道泄流外，考虑坝体临时过水，或坝体预留过水缺口。此时考虑对坝顶过水断面及下游坡脚进行保护，尽可能减少过流对坝体结构造成的破坏影响。同时进行溃坝分析，计算溃坝龙口宽度及溃坝后下泄流量，淹没范围，指导下游做好防洪撤离及恢复的措施。

（3）超标准洪水应急措施。

1）根据水情预报，发生施工期超标洪水（高于50年低于100年一遇标准）围堰及大坝难以避免过水情况发生时，为防止汛期超标洪水翻坝造成大坝基坑出现重大经济损失和工期延误。须采取措施对基坑内施工人员、设备、材料等进行紧急撤退，并事先预设紧急撤离线路和避险地点。对无法按规定时限撤离的设备，尽可能拆除电机等电器配件，并就地进行加固保护措施。

2）出现超标准洪水，有可能出现漫坝或垮坝的可能时，应及时将险情上报防汛指挥部，以便指挥部及时通知地方政府，采取紧急撤离措施，以保护下游河道及两岸民生安全。

3）汛期受超标洪水泄洪影响，水流可能对大坝开挖边坡产生局部冲刷，对可能产生的冲刷及时巡视和观测，发现险情及时报防汛指挥部。应准备一定数量的钢筋石笼和大块石等防汛物资，以备抢险加固。

4）对坝体进行度汛保护，且汛后要进行检查与修补。

5）为避免对坝体造成毁灭性破坏，减小水头落差，采取工程措施对基坑进行预充水。

（4）超标准洪水汛后恢复。洪水退后，可根据围堰遭破坏情况，及时修复围堰、抽排基坑积水，恢复基坑内的施工作业。如坝体过流面的填筑石方遭遇冲刷等破坏，汛后对过流面的处理应满足设计要求。

6.2 大坝基坑进水暨围堰过水与施工进度影响研究

6.2.1 大坝基坑进水暨围堰过水原因分析

2013年7月19日，河口村水库上游突降暴雨，张峰水库放水，造成围堰上游水面迅速上涨至高程189.50m（上游围堰高程187.00m），上游围堰顷刻间被冲毁并导致基坑被淹。由于上游围堰设计防洪标准低，上游围堰主要为非汛期20年一遇洪水标准，相应设计流量$318m^3/s$，而实际来水峰流量达$580m^3/s$，已超过上游围堰的设计防洪标准。其次受溢洪道进度影响，两岸高趾墙及连接板施工进度滞后，导致坝前铺盖及盖重未能按计划在汛前填筑完成。使坝前压盖填筑推迟工期约3个月。

6.2.2 大坝基坑进水对坝体填筑进度影响

2012年1月，开挖完成的大坝基坑因引沁电站放水导致大坝基坑被淹，致使大坝填筑推迟。大坝基坑进水，增加了基坑排水及降水的工作量，使大坝坝体填筑开始时间延迟约1个多月。

6.2.3 围堰过水对坝前黏土铺盖填筑进度影响分析

因围堰过水造成坝前铺盖基坑被大量泥土淤积，淤泥厚度约1.5m。由于坝前铺盖基

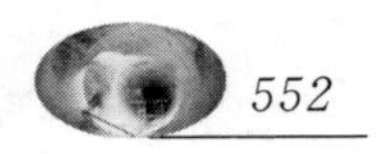

坑下部趾板、连接板混凝土及止水已施工完毕。为了不损坏下部混凝土及表层止水，主要采用人工清淤，因坝体水位较高，为防止连接板上浮，采用边清淤边填筑压盖粉煤灰和黏土。因淤泥量大，不宜采用大量机械作业，使坝前黏土铺盖填筑延迟3个多月。

根据工程投标阶段总体进度计划安排，本分部工程于2013年5月开始，至2013年6月30日前完成。但实际施工中由于交叉作业施工面较多，现场不具备施工条件，再加上2013年6—7月汛期来临较早，连续降雨形成上游洪水漫过围堰持续时间较长，经过清淤后，于2013年9月1日开始填筑，至2013年10月28日完成。由于此分部工程不在总体网络计划的关键线路上，实际完工时间没有影响总进度计划关键线路上的节点工期，也没有影响其他标段的施工工期。

6.2.4 大坝基坑排水措施

因大坝基坑开挖面积大，地基土层主要为砂卵石，透水性较好，结合现场施工交通情况，决定采取集水明排及深井降水相结合的方式进行降排水。

沿岸坡开挖集水沟，在上游围堰与基坑间合适的位置挖集水坑，集水沟的水汇流至集水坑内，用水泵抽排至上游库区。开挖每次下降3m，集水沟深5m，保证集水沟底高程始终低于开挖作业面1.0m。集水沟的开挖每次都优先于开挖作业面，并随开挖面降低而降低，直至开挖至设计高程。

为保证坝基面干燥施工，在开挖至设计高程时，采用盲沟的方式进行降排水，具体方法为采用“三纵两横”的方式进行排水，即：在坝基加固区下游侧按坝轴线方向挖一条排水沟；高程170.00m与165.00m坡角处横挖一条排水沟，纵向在沿中心线挖一条排水沟，和两岸坡脚的排水沟形成一个排水体系，排水沟的截面尺寸为2m×1.5m（深×宽）（坡比为1：0.5～1：1，高程170.00m与165.00m交界处）至3m×1.5m（深×宽）（趾板上游排水沟），开挖完成后采用过渡料进行回填。在上游设两个集水坑，尺寸为10m×4m×3.5m（长×宽×深），布置趾板上游（开挖区外）靠近左、右岸处，在加固区下游侧排水沟与坝体中心线排水沟相交的部位也设置一集水坑，采用潜水泵将积水排至上游库区，对于坝基面的积水采用人工挖明沟的方式引流至排水沟集中排水，保证坝基面无积水，建基面达到验收标准。

对于下游反向渗水，在基坑外20～30m设置2眼深井进行降水，井深比基坑底高程低5m以上，同时在一期填筑边线下游50m处设置3眼深井（深度18m左右，直径1.2m），以减少下游至165m基面的反渗水。

6.3 大坝观测仪器装置及安装技术研究

6.3.1 坝基水平固定仪装置改进暨算法发明专利开发

（1）开发背景。建筑物和地基的变形监测包括表面位移观测和内部位移观测。变形监测主要是观测水平位移和垂直位移，掌握变化规律，研究有无裂缝、滑坡、滑动和倾覆的趋势。常用的内部位移观测仪器有位移计、测缝计、倾斜仪、沉降仪、固定测斜仪、垂线坐标仪、引张线仪、多点变位计和应变计等。随着科学技术的迅猛发展，安全监测技术在水利水电、公路、铁路、民航等领域也在不断地完善和改进。现阶段，在涉及控制沉降的如水利的大坝、公路和铁路的路基和民航机场地基等方面，一般采用单点式（沉降板、沉降环）和分布式（固定测斜仪、沉降仪）进行沉降监测。应用水平固定测斜仪进行沉降监测为今后发展趋势之一，但现阶段仅在土石坝沉降方面有所应用，其安装埋设装置见图 6.1。

根据水平固定测斜仪观测系统的工作原理，起始端或结尾端均可作为起算点进行沉降累加计算，其沉降计算结果为相对于起始端或结尾端的相对沉降值，只要测得起始端或结尾端的绝对沉降值即可推算系统各监测点绝对沉降量。如受地质界面、荷载陡变等影响的水平固定测斜仪系统个别点的沉降量量值和变形趋势均与实际情况有较大差异（见图 6.2）。该误差值将随着沉降累加计算一直保持在该点后的所有点绝对沉降量量值中，将使其成果出现失真现象。

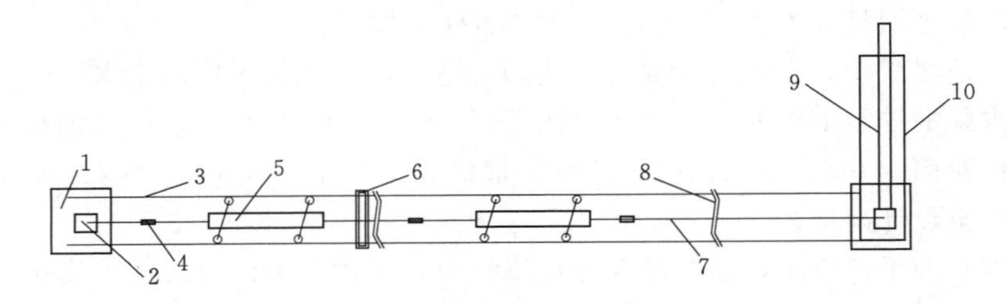

图 6.1　现有水平固定测斜仪监测沉降变形装置示意图

1—固定端；2—锚固块；3—带导槽的保护管；4—固定测斜仪连接杆接头；5—固定测斜仪；6—保护管接头；7—连接杆；8—简化重复装置；9—深埋基准点；10—基准点保护管

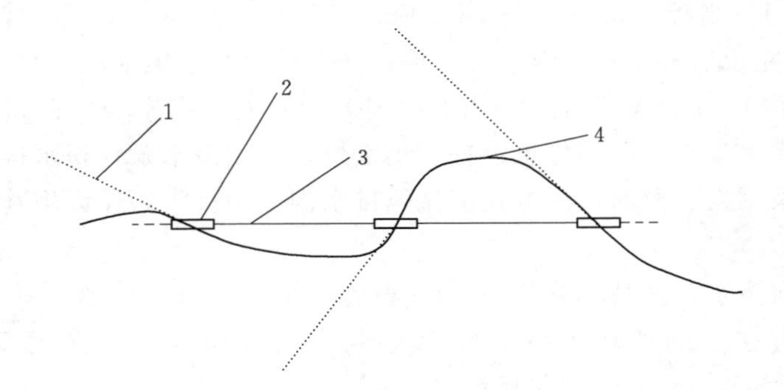

图 6.2　水平固定测斜仪计算示意图

1—水平固定测斜仪量值趋势线；2—水平固定测斜仪；3—水平固定测斜仪连接杆；4—实测沉降曲线

（2）专利开发。

1）发明目的。基于固定测斜仪和位移计的连续分布式沉降变形监测装置能有效地防止因地质界面、荷载陡变等因素所带来的个别点陡增降现象，使监测成果更接近真实现场情况。该装置主要解决原水平固定测斜仪可能出现的个别点异常，其次为检验位移计安装临近范围内水平固定测斜仪测值误差。

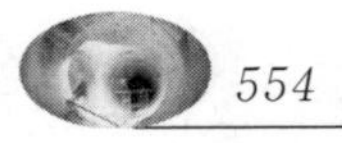

2）技术方案。

A. 安装埋设。基于固定测斜仪和位移计的连续分布式沉降变形监测装置见图 6.3，具体安装埋设方法如下：

a. 开挖沉降监测装置安装埋设沟槽，截面尺寸以 0.5m×0.5m 为宜。

b. 根据起始点、结尾点、地质界面、荷载陡变区域安装埋设固定端、过渡端，并安装埋设预埋件（如保护管接头、万向节、保护箱预埋螺丝）。

c. 以一侧固定端为起始点，从锚固块开始安装水平固定测斜仪连接杆，从固定端开始安装带导槽的保护管，逐渐加长连接杆和保护管，并按 2m 间距在保护管外底部布置固定架，直至水平固定测斜仪传感器位置。

d. 安装水平固定测斜仪传感器时，保持放置位置和方向，与所测沉降方向一致，并保证导轮方向整体一致，记录其原始读数。

e. 从水平固定测斜仪传感器位置继续牵引连接杆和带导槽的保护管，并仍按 2m 间距在保护管外底部布置固定架，连接下一套水平固定测斜仪传感器或过渡端。

f. 安装位移计时，先将传感器与过渡端上部万向节连接，传感器预拉 10%左右后调整连接杆长度与另一过渡端下部万向节连接。仪器安装完毕后，安装位移计保护箱，回填土工织物，记录其原始读数和两过渡端预埋件间的几何尺寸。

g. 安装深埋基准点时，从固定端上部预埋件连接深部基准点和基准点保护管，直至达到测量高程。

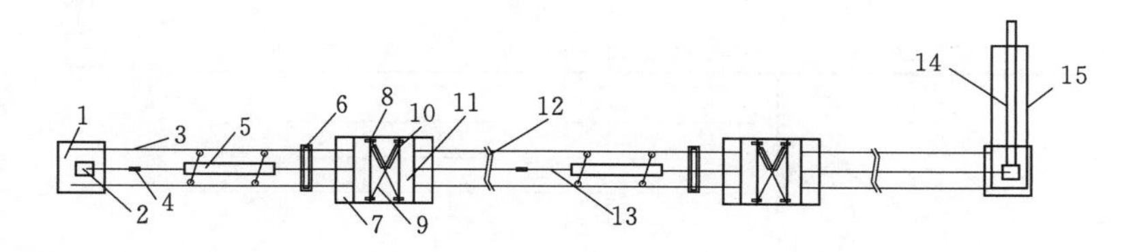

图 6.3　基于固定测斜仪和位移计的连续分布式沉降变形监测装置示意图

1—固定端；2—锚固块；3—带导槽的保护管；4—固定测斜仪连接杆接头；5—固定测斜仪；6—保护管接头；7—过渡端；8—万向节；9—位移计连接杆；10—位移计；11—位移计保护箱；12—简化重复装置；13—固定测斜仪连接杆；14—深埋基准点；15—基准点保护管

B. 计算方法。现有基于水平固定测斜仪的沉降监测装置，为不同位置的水平固定测斜仪组成的一条分布式沉降监测系统；而基于水平固定测斜仪和位移计的沉降监测装置，为先由不同位置的水平固定测斜仪组成的一段分布式沉降监测系统，再由段与段间的位移计组成连续分布式沉降监测系统。

基于水平固定测斜仪和位移计的沉降监测工作原理，起始端或结尾端均可作为连续分布式沉降监测的起算点，过渡端可作为一段分布式沉降监测的起算点，但起始端、结尾端或过渡端在计算过程中需沿同一方向进行各段沉降累加计算。段内沉降累加计算如基于水平固定测斜仪工作原理，段间沉降计算结合地质界面或荷载陡变等因素进行累加或累减计算。最后，沿同一方向整合段内和段间沉降值即可推算连续分布式沉降监测系统各监测点绝对沉降量。其计算见图 6.4。

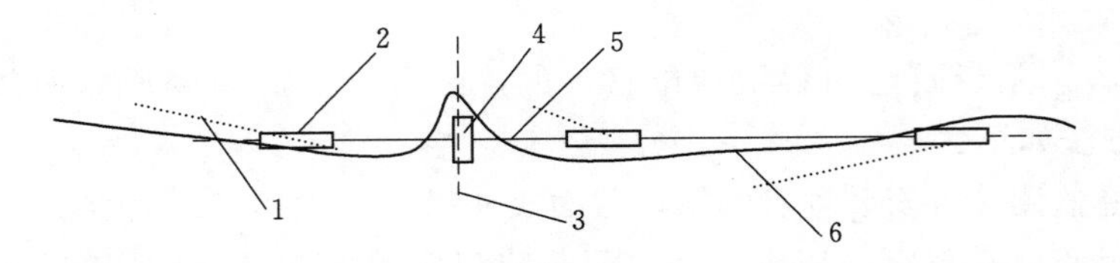

图 6.4　基于水平固定测斜仪和位移计的计算示意图

1—水平固定测斜仪量值趋势线；2—水平固定测斜仪；3—位移计量程趋势线；4—位移计；5—水平固定测斜仪连接杆；6—实测沉降曲线

3）有益效果。随着国家大型工程的兴建，监测技术亦得到不断完善，基于固定测斜仪和位移计的连续分布式沉降监测系统也将更广泛地应用于高土石坝、宽大路基、站场地基等方面。该系统将避免原有监测系统可能出现的个别点异常情况，更真实、更准确地反映现场实际情况，为校核设计、指导施工提供科学依据和技术支撑。

将两套沉降监测系统进行现场模型试验（见图 6.5、图 6.6）。结果表明基于水平固定测斜仪和位移计的沉降监测系统符合实际情况，基于水平固定测斜仪的沉降监测系统在地质界面附近存在测值放大现象。

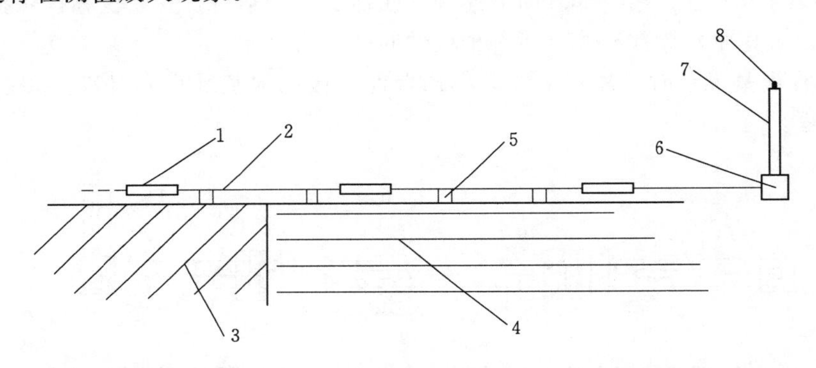

图 6.5　基于水平固定测斜仪的沉降监测系统现场埋设示意图

1—水平固定测斜仪；2—水平固定测斜仪连接杆；3—混凝土；4—第四纪杂填土；5—保护管支架；6—固定端；7—基准点保护管；8—基准点

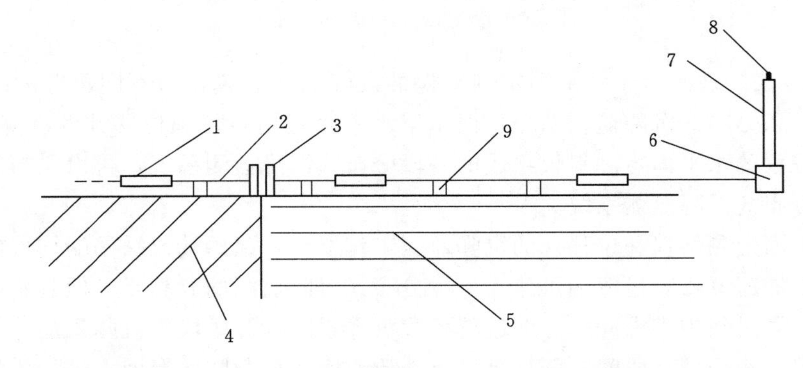

图 6.6　基于水平固定测斜仪和位移计的沉降监测系统现场埋设示意图

1—水平固定测斜仪；2—水平固定测斜仪连接杆；3—位移计；4—混凝土；5—第四纪杂填土；6—固定端；7—基准点保护管；8—基准点；9—保护管支架

(3) 工程应用。根据已授权的相关专利，并结合深厚覆盖层、大坝坝型和填料性状，在坝基设置一条水平固定测斜仪，用于监测坝基的沉降变形。

在大坝断面 0＋140 高程 173.00m 处埋设了一套从上游到下游贯通的水平固定测斜仪，按照每隔 5m、6m 和 7m 等间距布置了 63 支水平固定测斜仪，用于监测 350 多 m 的坝基沉降。其典型断面曲线见图 6.7、图 6.8。

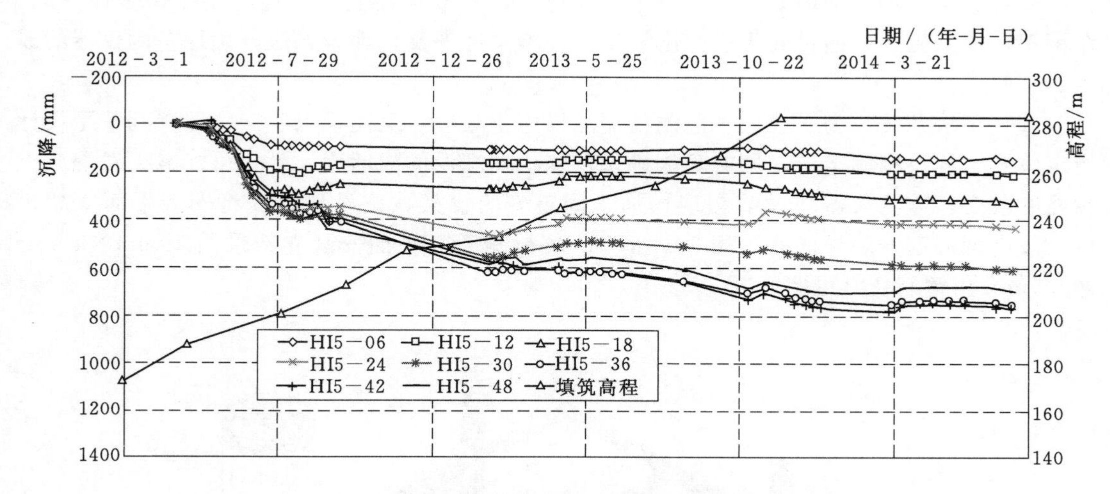

图 6.7　水平固定测斜仪典型测点时程曲线图

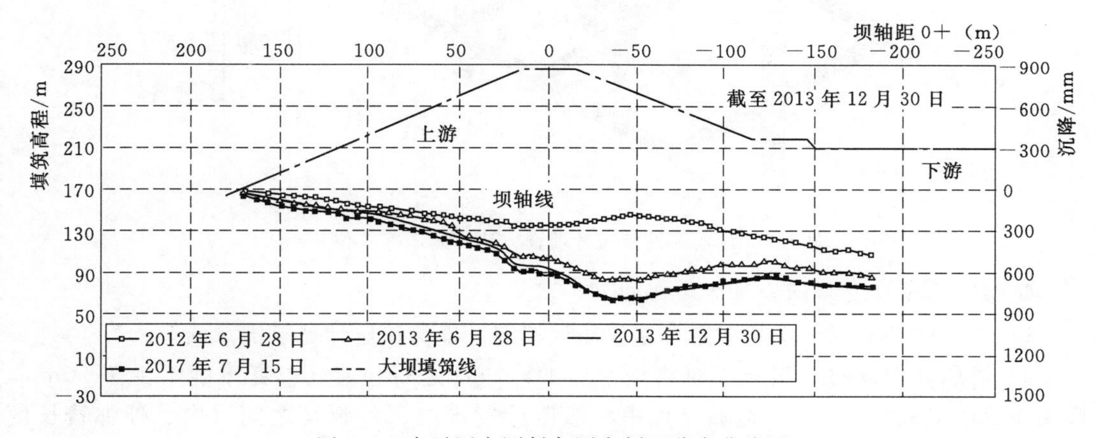

图 6.8　水平固定测斜各测点剖面分布曲线图

从图 6.7～图 6.8 可见，随着坝体填筑，坝基沉降变形逐渐增加，填筑至高程 225.00m 时，最大沉降变形为 461mm（D0－182）；填筑至高程 240.00m 时，最大沉降变形为 651mm（D0－51）；填筑至高程 286.00m 时，最大沉降变形为 789mm（D0－51）；填筑至高程 286.00m 静置后，沉降变形在－5～15mm 之间波动，目前变化趋稳。

坝基沉降变形呈现随着坝体填筑升高而逐渐增大的趋势，符合一般土石坝沉降变形规律。该授权专利在河口村坝基沉降方面的应用取得较好的工程效益，具有广泛的应用前景。

6.3.2 坝基防渗墙观测仪器防碰撞弹性安装设备建设工法应用

(1) 开发背景。在深厚覆盖层上筑坝，混凝土防渗墙是最为经济的截渗措施。为了解基础防渗墙的施工质量和运行性态，需要埋设监测仪器来实现，而监测仪器埋设是整个监测实施的关键环节。现阶段，常用的方法如钢架法、挂布法、钻孔法、预埋导管法、加压法、绳索法等，均因钢筋笼安装过程中损坏部分仪器或仪器安装后被混凝土包裹而失效。在钢架法的基础上，通过改进研究出渗压计深槽柔性弹簧杆埋设方法，确保监测仪器的成活、有效。

(2) 工法开发。为了能减少监测仪器埋设施工难度，又能确保监测仪器顺利下至设计指定位置、埋设精确定位，同时又能确保监测仪器埋设的成活率，且尽可能减少对混凝土性能的改变，监测仪器埋设前在现场加工固定安装支架，按设计高程将安装平面支架定位。改进型固定安装导向管采用 76mm×2.5mm 钢管。平面安装支架采用 40mm×40mm ×2.5mm 角钢制作（见图 6.9）。

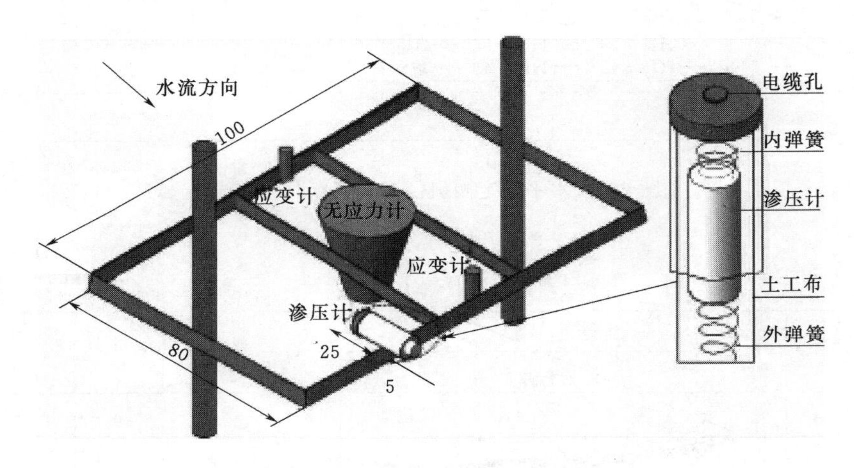

图 6.9 深槽柔性弹簧杆埋设方法示意图（单位：cm）

防渗墙渗压计安装埋设具体步骤如下：

1) 埋设前 24h 用清水将率定合格渗压计浸泡，确保渗压计处于饱水状态。

2) 渗压计埋设时，用土工布将浸泡后的渗压计进行包裹（包裹厚度不少于 20mm，长度外延透水端 150mm），包裹过程中将渗压计置于内、外弹簧之间（内、外弹簧长度均为 6cm）。安装时注意将渗压计电缆端穿过装置出线孔，且预留一定电缆（可伸缩），透水石一端连接外弹簧，采用无纺土工布包裹，确保渗压计埋设后能于地下水形成畅通通道。

3) 检查渗压计是否完好，用扎带将仪器电缆绑扎牵引。

4) 检查无误后，起吊支架，缓慢放入泥浆槽中。当导管下放至下一监测仪器埋设高度时，焊接平面安装支架于导管上，进行下一高程监测仪器安装固定。固定完成继续缓慢放入泥浆槽中，直至最顶层监测仪器入槽。

5) 在导管和安装仪器同步下放过程中，每间隔一段时间进行测量，确保仪器完好。

（3）工法应用。根据水利水电工程建设工法（见图 6.10），并结合防渗墙钢筋笼结构和监测仪器安装埋设高程和位置，进行渗压计安装埋设工作。

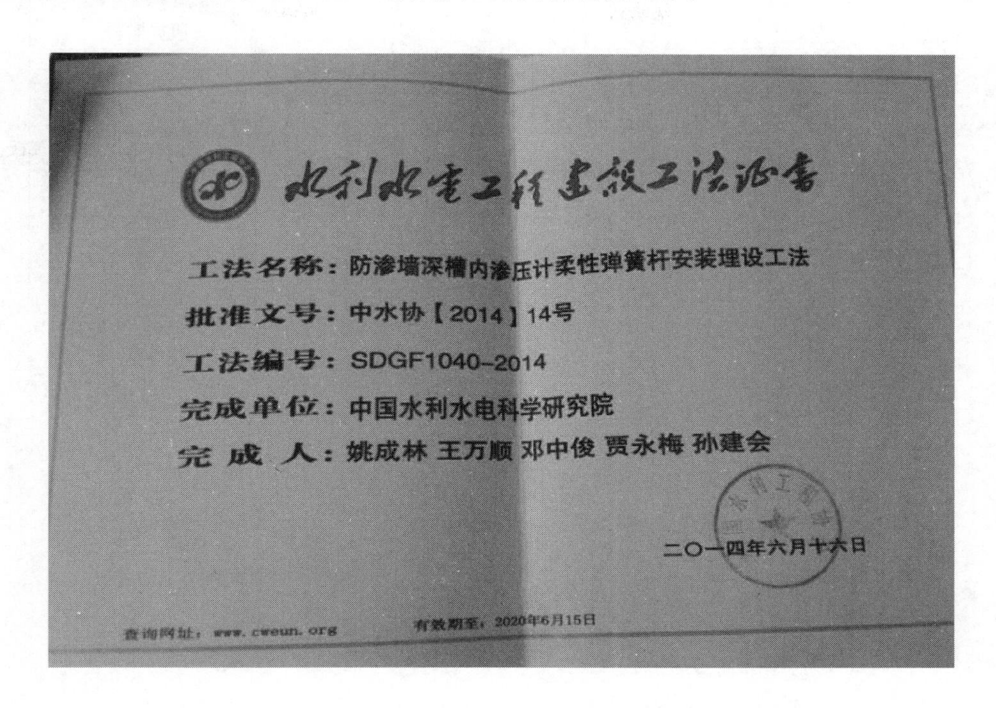

图 6.10　防渗墙深槽内渗压计柔性弹簧杆安装埋设工法证书

为监测大坝防渗墙的防渗效果，在 D0＋140、D0＋170、D0＋202 桩号布置三个监测断面，每个断面防渗墙前布置 1 支渗压计，墙后按照高程分别布置了 4 支和 5 支渗压计；同时在连接板、趾板坝基及接缝处各布置了 1 支渗压计。

防渗墙后渗压计受埋设放样、仪器固定和施工影响存在埋设位置不准确的可能，且一个孔内的几支渗压计计算水位不一致，初步判断可能存在仪器埋设在防渗墙内或被水泥浆包裹的情况。防渗墙后连接板及趾板坝基渗压计大部分呈无压或少压，坝体上游坝基渗压计大部分呈少压，与目前工程工况吻合。

为了解大坝防渗系统的渗流渗压变化规律，在防渗墙前后、趾板及连接板下、坝基等部位布置渗压计，并在左右岸边坡防渗帷幕内外布置测压管。其渗流渗压随时间变化曲线见图 6.11，其相关部位的渗流渗压分布曲线见图 6.12。

从图 6.11、图 6.12 可见，防渗墙墙前折算水位与库水位较相关。防渗墙后水位折减较大，与库水位不相关，且波动较小。连接板及坝基渗流渗压较小，基本呈无压或少压状态，且测值较稳定。防渗墙前后折减水位较明显，防渗效果较好。防渗墙后渗压计安装埋设难度很大，成活率较低，通过本工法应用，防渗墙部位的渗压计为检验防渗处理、导流洞封堵及下闸蓄水提供了科学依据，并为水库正常运行提供了技术支撑。该工法很好地解决了防渗墙渗压计的安装埋设失效问题，具有很高的工程应用推广价值。

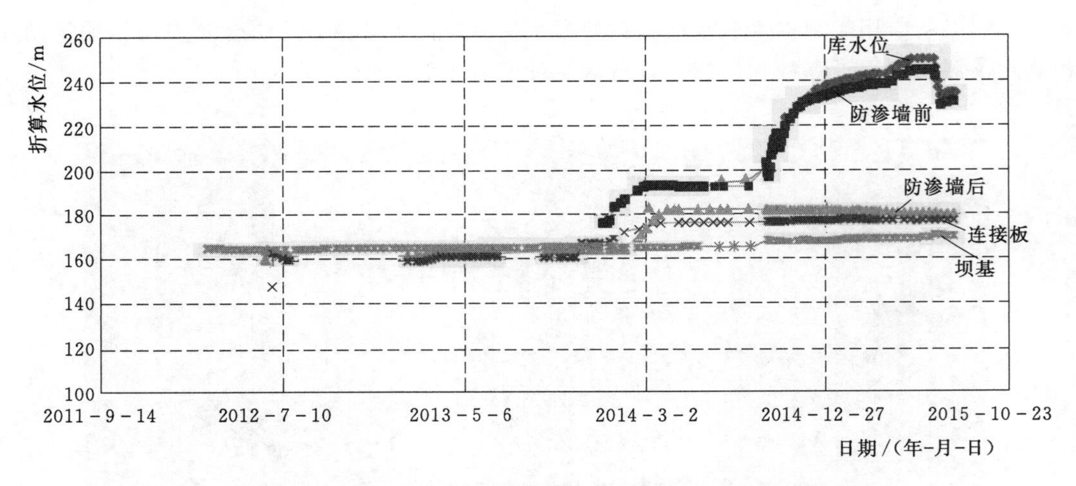

图 6.11　防渗墙前后渗压折算水位随时间变化曲线图

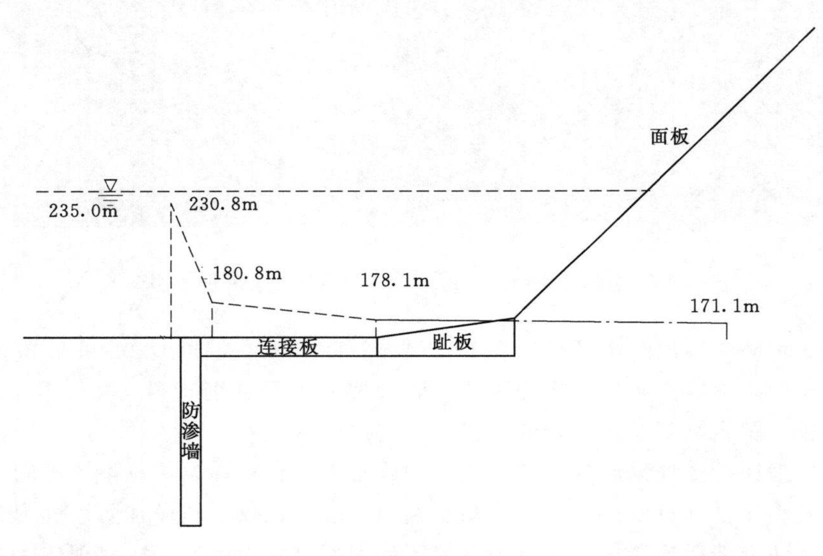

图 6.12　防渗墙前后折算水位分布曲线图（2015 年 7 月 22 日）

6.4　水库信息化建设

6.4.1　水库信息化建设缘由及必要性

信息化是当今世界经济和社会发展的大趋势，信息技术是当今世界创新速度最快、通用性最广、渗透性最强的高技术之一。近年来，随着经济社会的不断进步、信息技术的迅猛发展和水利事业的全面推进，水利信息化逐步深入，水利系统坚持以水利信息化带动水利现代化，紧紧围绕水利信息工作，认真贯彻实施全国水利信息化规划，初步形成了由基础设施、应用系统和保障环境组成的水利信息化综合体系，有力推动了传统水利向现代水利、可持续发展水利的转变。

信息技术主要是指信息的获取、传递、处理等技术，即信息的产生、收集、交换、存储、传输、显示、识别、提取、控制、加工和利用等技术。水利信息化就是充分利用现代信息技术，深入开发和广泛利用信息资源，促进信息交流和资源共享，实现水利各类信息及其处理的数字化、网络化、集成化、智能化，全面提升水利为国民经济和社会发展服务的能力和水平。

河口村水库是新建的综合性水库，建设过程中根据业务需要，初步建设部分信息化系统，如水情自动化监测、电站自动化监控、闸门自动化监控、水库自动化安全监测、办公自动化等系统，这些信息化系统的建设为水库的安全运行和高效管理提供了很好的支持。为了进一步加强水库运行管理，提高水库防汛减灾、水资源优化配置、水利政务管理等业务的信息技术应用水平，保障水资源合理利用，以信息化带动水利现代化，考虑建立一体化的水库信息平台，全面整合水库现有的信息化系统，开发水库运行所需业务管理模块，在一个大的平台环境下，实现各模块的信息集成和共享，完成水库运行信息的自动化采集、监测、预警、控制及调度决策支持等。

（1）水库信息化建设情况。河口村水库工程建设过程中，考虑水库建设管理、运行管理方面的需求，先后建设了如下系统：

1）河口村水库水情自动化测报系统。水库水情自动测报系统采用成熟、先进的技术和设备，建立了1座中心站、6座遥测水文站、2座遥测水位站、23座遥测雨量站，进行准确、实时的采集、存储和传输水、雨情信息，提供设备故障监测、报警及自检、设备电源电压异常监测及报警等功能。

2）电站自动化监控系统。电站自动化监控系统采用开放式全分布结构，分主控级和现地控制单元级。控制级主干网络采用100Mb/s快速交换式以太网光纤环网结构，整个网络采用TCP/IP协议族。实现电站4台发变机组、辅机系统及变电所电气设备的自动控制，达到远程监控、数据共享、图像远传浏览的水平，与上级变电所进行通信，实现远程调度的功能。

3）闸门自动化监控系统。闸门自动化监控系统由主控级与现地级组成。实现溢洪道、泄洪洞、电站闸门的启闭控制和调节，实时对各闸门状态参数（开度、电动机状态等）进行检测及显示，数据自动备份、记录，包括进行有关参数采集、巡检、定时打印。进行有关参数的越限报警及提示、记录；对整个闸门主要设备的事故及故障信号、监控系统的故障信号等进行监视及事件顺序显示记录。

4）水库自动化安全监测系统。水库自动化安全监测系统，实现水库大坝渗压、渗流、应变、水位、温度等数据的自动采集、发送、实时传输。可实时远程监测大坝的各测试参数，可根据需要设定采集频率、测点数据，对原始数据可进行各种计算。数据可以以各种图形方式显示，包括时间历程曲线图、X/Y坐标图、模拟图、直方图等形式。具有指标越限报警功能，现场即时上传报警信息时，主机会出现明显的报警画面和报警信息，同时还可提供各种声音报警等多媒体提示。

5）办公自动化管理系统。办公自动化管理系统是河口村水库工程建设管理的可视化平台，基于多角色和多业务的一体化、数字化与流程化管理需要，结合多层级用户、多个参建单位的不同管理权限和管理任务，为各个用户提供不同管理权限的业务应用功能系统。实现不同角色用户（河口村水库工程建设管理局、监理单位、施工单位）在同一平台协调办公的业务自动化系统。

6）水库视频监控系统。视频监控系统由前端设备、控制中心设备、远方客户端设备及信号传输系统组成。前端设备包括摄像机、云台、控制解码器及防护罩等；控制中心设备包括监控主机（矩阵切换设备）、控制键盘、图像存储设备、报警设备、报警应答设备等；远方客户端设备包括客户端电脑；信号传输部分由视频信号电缆、控制信号电缆、电源电缆和光缆组成。视频信号电缆用于传输摄像机至控制中心的图像信号，控制信号电缆用于传输控制中心至摄像机的控制信号（包括镜头变焦、聚焦、光圈、云台转动及其他辅助功能）。

（2）平台建设的必要性。以上各信息化系统或为满足水库某专业应用的需要，或为满足工程建设某阶段管理的需要，各系统仅提供水库部分业务管理的功能，其他业务管理还需要通过手工途径处理，且各系统间信息不能共享，无法满足水库现代化管理的要求。

本平台建设主要基于以下几个方面需求的考虑：

1）水库综合管理的需要。河口村水库为新建水库，根据现代水库管理及水库信息化发展要求，需要提供一套集水库流域地形、水情、工情、发电、供水、防汛抗旱等业务为一体的、数据互联互通的综合性业务平台。该平台应基于先进的互联网/物联网、云计算、大数据技术对现有业务系统进行整合，并支持以后新建业务系统的扩展，采用可视化虚拟仿真技术、地理信息技术等展示水库的实时运行状态，支持空间数据分析和模拟，为水库的防洪、发电、供水、安全评价、监测、监控、预警、故障分析等功能提供服务。

2）水库调度决策的需要。河口村水库与三门峡、小浪底、故县、陆浑四座水库联合运用，可使黄河花园口100年一遇洪峰流量削减600～1500m^3/s（3.82%～9.55%），从而减轻下游堤防的防洪压力，减少东平湖滞洪区分洪运用几率，进一步完善黄河下游防洪工程体系，为黄河下游调水调沙改善条件。同时实现年城市生活和工业用水12828万m^3、灌溉用水6280万m^3，灌溉面积31.05万亩，补源面积20万亩，保证五龙口断面5m^3/s流量。

因此，有必要针对防洪、发电、供水等多目标要求，建设水库调度决策系统，该系统在确保枢纽工程安全的条件下，对水库调度运行、管理的各种方案进行模拟、分析研究，制定最优调度方案，在可视化条件下，提供实时决策支持。以水库水量为供需平衡（上游天然来水，下游主要给城市供水）对象，基于水情及水文气象预报信息，以系统论为指导，采用优化理论和科学预测方法，合理地解决供需矛盾，尽可能使水库运行在正常区域和减少弃水，达到水资源的合理运用目的。

3）水质水环境的需要。沁河下游平原区人口密集，农业灌溉发达，现有引沁、广利、济河、丹西和丹东等大中型灌区，有效灌溉面积136.9万亩，是重要的粮食生产基地。同时沁北地区为国家规划的煤电铝重要能源基地，近年来建设了沁北电厂，并规划兴建紫陵电厂、铝电集团等工业企业，工业产值增长迅猛，沁河下游地区已成为河南省经济发展最具活力的地区之一。河口村水库水资源作为河南省豫北地区工农业发展的重要水源，也是济源市的备用水源地。为保证豫西北地区经济社会快速发展，迫切需要河口村水库为经济社会可持续发展提供可靠、安全、无污染的水源。

2011年新颁布的《中华人民共和国国民经济和社会发展第十二个五年规划纲要》要求“十一五”期间主要污染物化学需氧量和二氧化硫排放总量减少10%，并明确规定主要污染物减排指标作为经济社会发展的约束性指标。为实现“十一五”规划纲要的污染物减排目标，国家环境保护总局在水体污染防治工作中，重视水质监测工作，采用连续性水质在线监测提供准确监测数据和监测报告。水质监测在环境监测工作中发挥着越来越重要的作用，水质的在线自动监测已经成为有关部门及时获得连续性监测数据的有效手段。水质自动化监测系统只需经过几分钟的数据采集，水源地的水质信息就可发送到环境分析中心的服务器中。一旦观察到有某种污染物的浓度发生异变，环境监管部门就可以立刻采取相应的措施。

因此，有必要建立环境水质在线自动监测系统，快速而准确地获得水质监测数据。自动水质监测系统的应用，有助于环保部门建立大范围的监测网络收集监测数据，确定目标区域的污染状况和发展趋势，也有助于水库管理部门及时掌握水库水质的情况，监测河口村水库的水质安全，为河南省豫北地区工农业发展提供保障水源。

4）水库管理现代化的要求。水库现代化信息管理具有以下基本特征。

A. 统一标准，规范属性数据。水库各自动化信息模块应采用统一的数据格式、数据接口、通信等标准化的技术规范，从而形成科学、先进、互联互通和开放的水库自动化信息系统平台。同时实现多类型、多尺度数据集中化管理，保证水库数据的安全、高效、方便和一致性。

B. 集成水库自动化信息系统，共享信息资源。水库自动化信息系统集成是将各种功能和用途信息化模块的数据、接口、通信和应用等相关的软硬件产品整合起来。它包括数据集成、业务流程集成、功能及服务集成、软件界面集成等多种集成技术，可使断裂、重复、无机的信息流转变为完整、高效、有机、互动的信息流，从而解决不同设备、系统、软件之间的互联、互通、互操作问题，实现信息资源的共享。

C. 优化水库管理信息配置，提高经营管理水平。水库信息化服务的水平反映出一个水库的管理水平，水库自动化信息系统的集成对优化水库管理信息配置、提高经营管理水平，为国家方针政策决策提供准确、及时、可靠的信息资源有很好的支撑作用。

因此，有必要利用最新的信息技术，从更高水平的水库管理出发，优化整合现有信息化系统，通过整体规划，利用计算机、通信、数据库、标准化技术等信息处理技术，以水库管理监测中分散的、独立运行的各单元软件和模型为基础，对水库管理中各环节的数据和过程进行有效整合，优化数据流及业务过程，形成一个有机的综合信息应用系统，为水库安全运行及管理提供有效的信息支持。

6.4.2 系统建设目标与原则

河口村水库信息化建设是基于河口村水库自身的现状和特点，制定合适的建设目标和要求，目标制定既要具有一定的前瞻性和先进性，又要考虑目标的可行性，保证目标易于达成。建设过程既要考虑当前先进的信息化技术，又要合理利用现有的资源。

（1）系统建设特点。河口村水库是沁河流域规划的两座控制性骨干工程之一，其工程开发任务为以防洪、供水为主，兼顾灌溉、发电、改善河道基流等综合利用，工程建设任务即将结束。因此，河口村水库自动化信息系统具有如下特点：

1）系统建设在已有自动化、信息化系统基础上，进行系统整合，形成一个统一的系统平台，在一个大的系统下完成数据的管理、监测、预警、控制和业务分析。

2）系统建设以运行期为主，兼顾管理和维护，符合防汛度汛、联合调度及经济运行管理等的要求。

3）系统在满足可靠性和性价比高的基础上，应具有高度的开放性、兼容性和可拓展性，采用符合国际国内行业标准的设备、应用层协议等。

4）充分借鉴国内已建自动化信息系统的建设及运行的成功经验和不足，实现自动化信息系统的实用性和先进性的最佳结合。

（2）系统建设目标。结合河口村水库工程的任务及自动化信息系统特点，河口村水库自动化信息系统建设实现的功能及目标为：

1）实现对水情、水质、气象、大坝安全、闸门运行、水电站运行、水库运行（上下游水位、泥沙冲淤和回水位等）、用水供水、水库水质、险情灾情等信息的实时采集，最大可能实现水库管理信息的自动获取，确保信息的准确性和时效性。

2）通过水库运行实时信息的监测，实现水库洪水预报、库容动态分析和自动预警；针对防洪、发电、供水等多目标，在确保枢纽工程安全的条件下，实现对水库调度运行、管理的各种方案进行模拟、分析研究，制定最优调度方案，为水库调度决策提供服务支持。

3）实现水库管理日常业务工作和政务管理工作的办公自动化，实现库区电子巡更、库区视频监控等水库的安全管理。

4）运用BIM技术，实现河口村水库管理的数字化、可视化、智能化，形成河口村水库运行维护阶段的BIM模型及其标准，为同类工程的管理提供一套新的方法。

5）以RCM为基础理论，融合河口村的工程概况信息、产品故障信息、产品的维修保障信息、产品的费用信息等数字信息模型，确定重要功能产品（FSI）、运行故障模式影响分析（FMEA）、应用逻辑决断等要素，实现河口村运维阶段的计算机辅助RCM分析。

（3）系统建设原则。为达到河口村水库信息化目标，合理利用现有资源，信息化建设须遵循如下原则：

1）先进性原则。技术方案设计的起点要高，应尽量采用国内外先进成熟的主流技术、方法、软件和硬件设备，同时要考虑这些技术、方法和软硬件的发展趋势，以保证水库信息化建设的先进性和前瞻性。

2）实用性原则。河口村水库自动化信息系统要服务于水库建成后的运行管理，系统建设紧密结合管理的实际需求，充分考虑实用性和可操作性，以保证项目建成后的利用率和避免资源的浪费。

3）可靠性原则。信息系统是枢纽建设和运行管理的基础依据，必须保证信息资源的畅通和正确可靠。

4）经济性原则。在满足生产运行和安全的基础上，对建设方案进行先进性、实用性、可靠性等综合分析比较，方案的最终选择应考虑经济合理的原则。

6.4.3 信息化总控制系统研究与开发

河口村水库信息化总控制系统是水库各信息系统的门户和集成平台，它通过数据集成和功能集成的方式涵盖了水库的所有业务信息化处理业务，并通过PC设备或移动设备为水库用户提供服务。

（1）系统总体框架。系统设计采用物联网、云计算和面向服务的架构（Service Oriented Archtechture，SOA）的设计思想，通过物联网络，自动接入各信息化系统（如大坝安全监控、闸门自动化监控、电厂自动化监控等）的数据，传输到云服务中心进行数据的存储、分析和管理，为各级用户、各类终端设备提供信息服务。

平台开发采用.NET技术平。.NET是微软面向XML Web服务的技术平台，不管使用什么样的操作系统、设备或编程语言，XML Web服务都能够使应用程序在Internet上传输和共享数据。使用.NET平台可以快速开发、管理、部署和使用XML Web服务。Web服务是一个功能集，它被打包成独立的实体发布在网上供其他应用程序使用，允许其他用户快速访问他们的数字化信息。

.NET体系架构将传统的C/S（Client/Server客户端/服务端）或B/S（Browser/Server浏览器/服务端）两层体系结构分解为展示层、业务逻辑层、应用服务层与数据管理层，各层之间采用基于Internet/Intranet环境下的SOAP和XML协议通信，使系统的并行操作速度、网络计算能力大幅度提高，系统整体性能得以优化。由于采用先进的软件分层设计思想，支持基于框架的开发，降低开发的风险和难度，同时降低架构的耦合度，极大地增强软件的可维护性和可扩展性，满足开发大型管理信息系统的需要。

信息化总控制系统技术集成框架见图6.13。

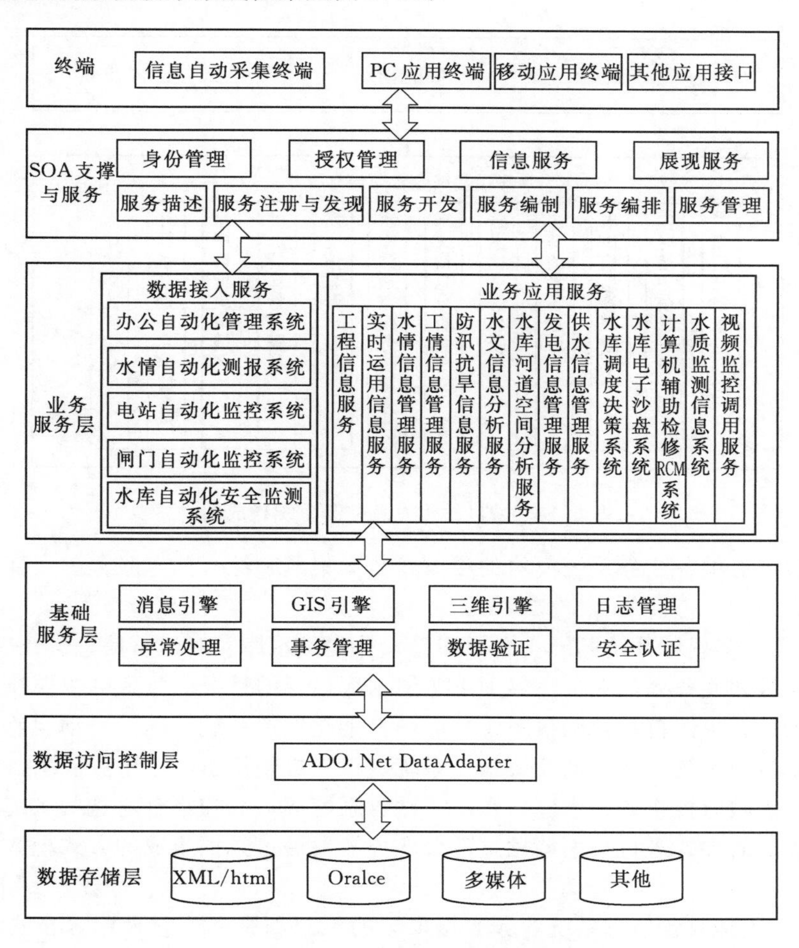

图6.13　信息化总控制系统技术集成框架图

系统总体技术架构包含多个相互独立的层：应用终端层、SOA 技术支撑与服务层、业务应用层、基础服务层、数据访问层以及数据存储层。整个技术架构以数据层为基础，以业务应用和基础服务为核心，以 SOA 技术服务层为媒介，为用户提供全面的高品质服务。

（2）系统基本构成。河口村水库总控制系统是一个以水库现代化管理为建设目标，利用先进的遥感技术、通信技术、3S 技术、网络技术、数据库技术、自动化监测技术、数值模拟技术和系统集成技术构建的综合业务管理平台，总控制系统构成见图 6.14。

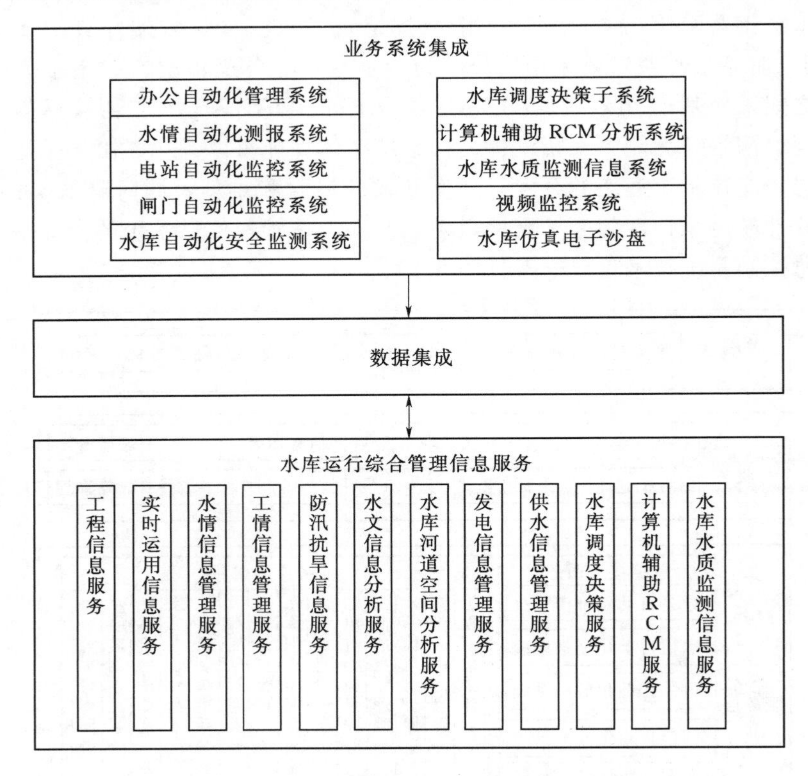

图 6.14　河口村水库总控制系统构成图

总控制系统提供各业务系统模块的集成、数据集成和综合信息服务三大部分功能，其功能分别如下：

1）业务集成实现各系统的统一登录入口，并提供水库实时运行信息、预警信息服务，使各类管理人员和业务人员在一个界面下了解水库运行的情况。集成的主要模块包括办公自动化管理系统、水情自动化测报系统、电站自动化监控系统、闸门自动化监控系统、水库自动化安全监测系统、水库调度决策子系统、计算机辅助 RCM 分析系统、水库水质监测信息系统、视频监控系统、水库仿真电子沙盘系统等，总控平台与这些系统模块集成主要采用功能集成的方式进行页面调用，部分业务需要通过数据集成的方式把数据汇总到数据集成中心。

2）数据集成是对各信息系统业务数据采集的汇总和服务，它采用分布式结构部署在各业务系统的前台或后台，通过与各个系统厂商、设备相关的数据采集适配器从各业务系统的数据库、文本文件、设备等上面实时采集数据，传输到云服务中心，为本地或远程用户提供信息服务。

3）水库综合业务管理服务平台是水库信息化总控制系统的应用部分。它通过有效的数据集成、业务分析和空间分析，以二维、三维、图文表格等展示方式，为水库运行管理提供工程信息、实时运用信息、水情信息、工情信息、发电信息、水文信息、调度信息等综合服务。系统支持的终端设备包括PC终端、平板电脑、智能手机等，并为其他应用提供Web服务接口。

（3）系统功能设计。如上所述，总控平台包括各业务集成模块集成、数据集成和水库运行综合管理信息服务，各部分的功能设计如下：

1）业务集成功能设计。业务集成通过功能组合和各系统运行数据的提取，为水库管理人员提供日常工作主界面。由三部分组成，见图6.15。界面上方显示水库logo、用户信息及运行预警提示信息；中间部分是各业务系统链接，可以直接打开相应系统；下方区域显示水库运行的实时信息，发现运行数据超标时给予预警提示。

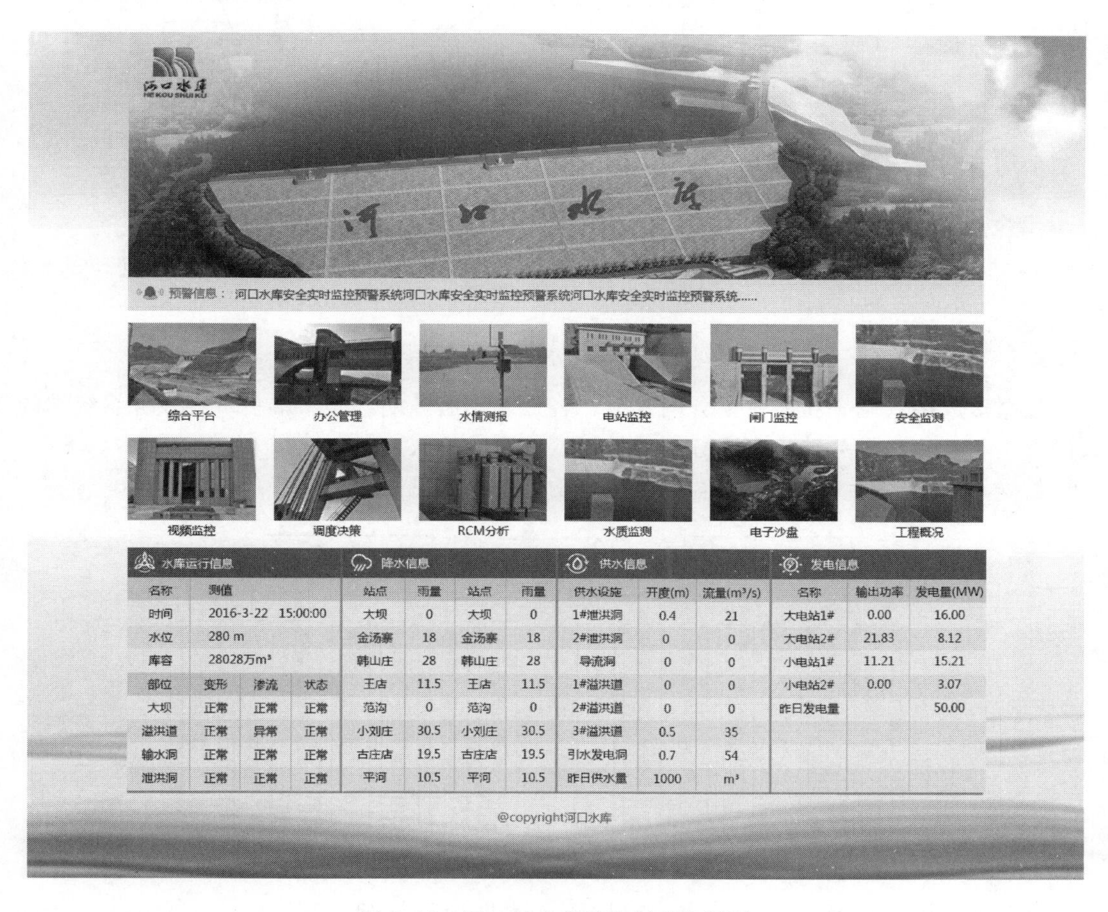

图6.15 河口村水库总控制系统界面

2）数据集成接入系统功能设计。数据集成接入系统主要用于对现有和即将建设的自动化业务系统的数据整合，根据对水库信息化数据接入的分析，用户业务系统数据可以分为四类：文件数据、数据库、设备直接对接和服务接口调用。

基于河口村水库各自动化业务系统的建设情况，数据集成接入系统采用模块化的设计思路进行设计，系统工作流程见图 6.16。

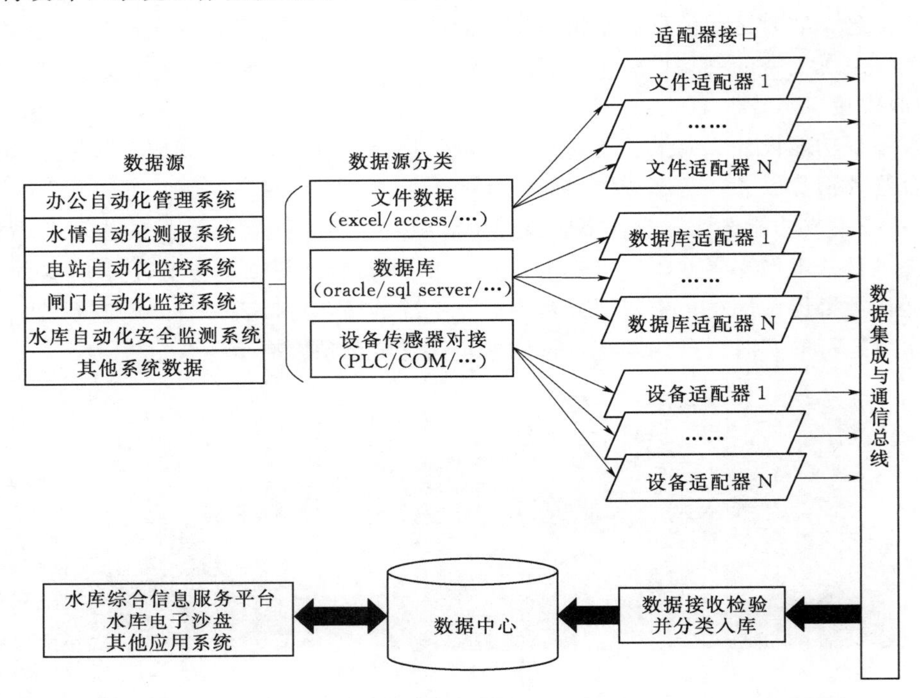

图 6.16　数据集成子系统工作流程图

数据集成接入系统功能主要分两部分：客户端和服务端。客户端负责各业务系统端的数据采集和上传，服务端负责服务端的数据接收和校验入库。

数据集成接入系统服务端、客户端主要功能划分（见图 6.17)。

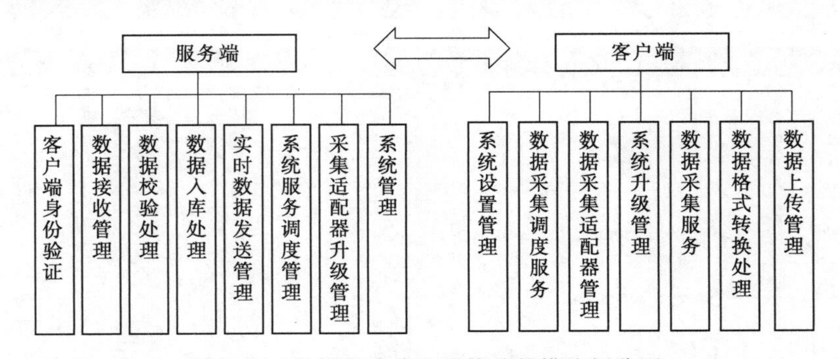

图 6.17　数据集成接入系统功能模块划分图

服务端功能运行于 IIS 环境中，通过微软数据通信框架（Windows Communication Foundation，简称 WCF）服务接收客户端传来的数据，调用业务分析处理服务模块进行数据存储和分析，若出现指标越界，则发送到客户端报警。

客户端以系统服务的模式进行自动运行，并提供设置管理的窗口进行管理和监控。

为保证数据客户端和服务端数据包的理解，系统建立统一的数据交换规范，数据传输采用 xml 数据包的格式进行发送和接收。

3）水库综合业务管理服务平台功能设计。水库综合业务管理服务平台功能涵盖了水库的主要信息化处理业务，并通过 PC 设备或移动设备为水库用户提供服务。系统主界面见图 6.18。

图 6.18　水库综合业务管理服务平台主界面

水库运行综合业务管理信息服务平台功能构成见图 6.19。

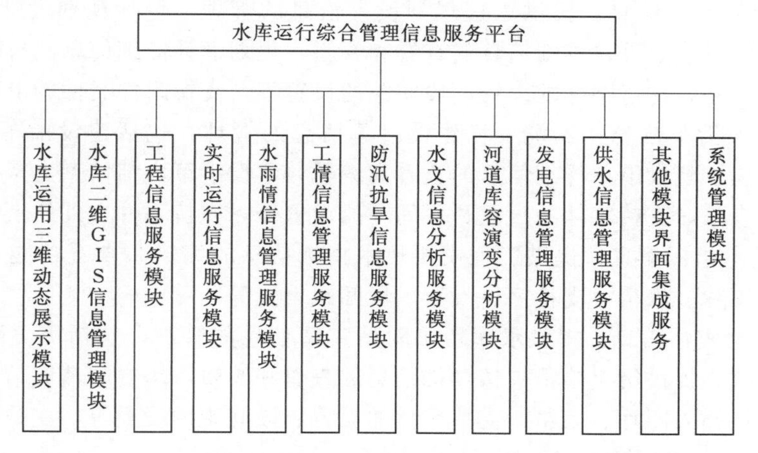

图 6.19　水库运行综合业务管理信息服务平台功能构成图

各模块主要功能如下：

A. 水库运用三维动态展示模块。水库运用三维动态展示模块，主要利用三维仿真技术和空间分析技术，把水库周边地形、水库河道地形及水库其他水工管理要素进行建模，根据实时入库流量和出库流量对水库动态库容和闸门放水等进行模拟，以便直观展示库区的水情、水态变化，主要功能如下：

a. 模型的缩放、旋转等基本操作。

b. 基于三维路径漫游动画播放。

c. 全球三维模型展示（重点是库区及周边环境模型）。

d. 三维视角的保存和定位。

e. 实时水位变化及淹没范围展示及模拟。

f. 闸门实时状态展示（泄洪动画）。

g. 主要水工建筑的属性信息和实时信息查询。

h. 其他信息查询（如视频监控）等。

B. 水库二维 GIS 信息管理模块。水库二维 GIS 信息管理模块主要在 GIS 平台上，对河口村水库的周边环境、水工建筑等在 GIS 平台上的查询和展示。二维平台和三维平台除了表现形式的差异外，更多的是功能上的互补。二维 GIS 信息管理模块主要功能如下：

a. 地图的缩放、漫游等基本操作。

b. 水库淹没范围展示。

c. 水工要素展示及查询。

d. 测站、断面信息展示及查询。

e. 其他信息展示及查询。

C. 工程信息服务模块。水库工程信息服务模块是对水库总体情况的编辑和查询。主要功能如下：

a. 工程概要信息：提供河口村工程概要介绍的编辑和查看功能，支持图文混排展示，支持插入图片、表格，支持字体的设置、段间距的设置等。

b. 工程规划设计信息：提供工程规划设计信息的管理，包括规划设计信息的插入、删除和修改；提供规划设计详细信息的查看和编辑，规划设计详细信息支持图文混排，支持插入图片、表格，支持字体的设置、段间距的设置等，支持附件文件的上传和删除等。

c. 工程建设沿革信息：提供工程建设沿革信息的管理，包括建设沿革信息的插入、删除和修改；提供建设沿革详细信息的查看和编辑，建设沿革详细信息支持图文混排，支持插入图片、表格，支持字体的设置、段间距的设置等，支持附件文件的上传和删除等。

d. 主要技术指标信息：提供工程主要技术指标信息的编辑和查看功能，支持图文混排，支持插入图片、表格，支持字体设置、段间距设置等。

e. 历史险情灾情信息：提供水库历史险情灾情信息的管理，包括历史险情灾情的插入、删除和修改；提供历史险情灾情详细信息的查看和编辑，历史险情灾情详细信息支持图文混排，支持插入图片、表格，支持字体的设置、段间距的设置等，支持附件文件的上传和删除等。

f. 组织机构管理信息：提供水库组织机构信息的编辑和查看功能，支持图文混排，支持插入图片、表格，支持字体的设置、段间距的设置等。

D. 水库运行实时信息服务模块。水库运行实时信息服务模块主要是对系统采集的实时信息的展示，实时信息通过消息通道直接发送到 PC 端和/或手机端。模块主要内容如下：

a. 实时水情信息：接收水库水位、出入库流量等数据，通过水情信息窗口进行实时显示，支持在三维平台上进行水情的模拟展示，支持通过互联网直接发送到智能终端。

b. 实时发电信息：接收水库发电机组实时运行和发电数据，通过实时发电模块信息窗口进行展示各发电机组的工作状态和当日、当月、当年的发电量，支持通过互联网直接发送到智能终端。

c. 实时工情信息：接收大坝检测实时数据，通过实时工情模块信息窗口展示大坝各观测点的实时观测数据，支持通过互联网直接发送到智能终端。

d. 实时供水信息：接收供水实时数据，通过实时供水模块信息窗口展示当前供水状态、当日/当月供水总量，支持通过互联网直接发送到智能终端。

e. 实时调度信息：接收闸门开关状态数据，通过实时调度模块信息窗口展示当前调度令、闸门开关状态等信息，闸门运行状态支持泄洪动画模拟，实时调度信息支持通过互联网直接发送到智能终端。

f. 实时险情信息：对险情从发生到结束的全过程实时动态的采集和信息展示，包括实时险情信息的采集、审核、发布以及险情处理过程的记录管理，以及险情信息的查看，实时险情信息管理支持 PC 端和移动端应用，移动端支持险情现场的照片、视频采集。

E. 水情信息管理服务模块。水情信息管理服务模块主要是对历史水情实测信息的查询和分析（不同于水文信息服务，水文信息服务是对整编数据的查询分析）。主要功能如下：

a. 水情观测站网管理：设置、查询水情观测站点的信息，如水位观测站、进出库流量观测站等，并提供在二维/三维模块标定展示的功能，可以通过选择测站来查看该测站的历史实测数据。

b. 历史水位流量查询：对各个水位、流量观测站点历史实测的水位、流量信息的查询，提供时间段、观测站点、水位上下限、流量上下限的过滤筛选功能。

c. 坝前水位过程：绘制某时间段内坝前水位变化的过程曲线，提供图表和表格数据查询功能。

d. 蓄水量变化过程：通过坝前水位变化和高程库容曲线计算水库蓄水量一段时间内的变化，并绘制水库蓄水量变化过程曲线，提供图表和表格数据查询功能。

e. 进出库流量过程：查询某时间段内水库的入库量和出库量，并绘制进出库流量过程线，提供图表和表格数据查询功能。

f. 来水量统计：按照年/月/日进行累计计算某时间段内水库的入库水量，并绘制来水量过程变化图，提供图表和表格数据查询功能。

F. 工情信息服务模块。工情信息管理服务模块主要是对大坝安全自动化观测站点和观测数据的管理，在无观测设备或观测设备失效的情况下，系统提供观测数据人工录入接口，其主要功能模块如下：

a. 观测类型管理：水库用到的大坝安全观测类型，不同观测类型和观测项目所对应的观测数据格式和数据分析方法不同。

b. 大坝安全观测布局图：管理水库大坝安全观测的布局图，在每个观测图上可以设置一个或多个观测点的位置、观测类型等。

c. 观测点设置：设置大坝观测的每个观测点的详细信息，包括观测点编号、名称、观测类型、观测项目、观测设备、信息预警上下限等信息。

d. 观测数据查询：根据大坝安全观测点、观测时段、观测类型和观测项目，查询大坝安全观测数据和对应的坝前水位数据，提供图表绘制和表格数据展示方式。

e. 观测数据分析预警：根据设置的观测点预警上下限，对大坝安全实时实测数据进行分析，如果出现数据超限，则自动产生预警信息并发送到用户终端进行提示。

f. 工情预警信息查询：对历史观测触发的预警信息进行查询，内容包括观测点、观测时间、观测数值、坝前水位、预警上下限等信息。

G. 防汛抗旱信息服务模块。防汛抗旱信息服务模块是通过对水库实时观测信息、水库预警指标、水库设计信息的综合分析，给出汛期和旱情预警，同时对防汛预案进行管理，主要功能如下：

a. 汛情或旱情预警设置：根据水库历史汛情旱情发生的规律，设置汛情旱情预警参数，包括汛情发生的最低入库流量、水位，旱情发生的最高入库流量、水位、持续时间等信息。

b. 防汛预案管理：管理水库防汛预案资料信息，包括各级防汛预案、防汛预案详细资料，提供防汛预案的添加、编辑、删除、查看等功能，支持附件上传，支持抢险队伍、抢险物资、抢险路线的二维地图设置和展示。

c. 汛情或旱情分析预警：根据汛情旱情预警参数的设置，以及水库水位、出入库流量、持续时间等，分析是进行汛情或旱情预警。如果进行汛情或旱情预警，则把预警信息发送到用户终端。

d. 汛情或旱情预警查询：按照时间段、汛情、旱情等条件，查询历史发出的汛情或旱情预警信息。

e. 历史汛情或旱情信息：管理历史上实际发生的汛情或旱情。包括汛情或旱情发生的时间、水位、流量、持续时间、采取的应对措施以及产生的影响等详细记录。

f. 历史汛情或旱情调度分析：是对历史上实际发生汛情或旱情期间，水库管理部门对水库进行的调度和闸门操作，以及引起的水位变化进行综合分析，为今后水库调度提供参考。内容包括入库流量、降雨量、坝前水位、下泄流量等，提供图表和表格对分析结果的展示方式。

H. 水文信息分析服务模块。水文信息分析服务模块主要功能是通过对水文整编数据资料的导入和利用分析，总结水库水文要素变化规律，分析水文特征的形成机理和规律，为水库运行管理和决策提供科学依据，水文信息服务模块的主要功能如下：

a. 水文整编数据管理：主要提供水文整编数据资料的导入、导出以及查询管理等功能。水文整编资料是水文分析的基础，因此，要按照系统提供的水文数据模板进行整理资料，系统会自动进行数据校验。

b. 来水量年内分配：统计某年每个月的来水量及其变化规律，提供图表显示和表格显示两种数据展示方式。

c. 多年来水量统计：按照年份统计多年水库的来水量及其变化规律，提供图表显示和表格显示两种数据展示方式。

d. 坝前水位过程：以日平均水位绘制设定时间段内每天坝前水位过程曲线，提供图表显示和表格显示两种数据展示方式。

e. 蓄水量变化过程：以日/月/年平均蓄水量来绘制设定时间段内的蓄水量变化过程线，提供图表显示和表格显示两种数据展示方式。

f. 进出库流量过程：以水库日平均进库流量和出库流量来绘制设定时间段内的进出库流量过程线，提供图表显示和表格显示两种数据展示方式。

g. 进出库水量累计过程：以水库日平均进库水量和出库水量来分析计算设定时间段内的进出库水累计量的变化过程，提供图表显示和表格显示两种数据展示方式。

h. 水文要素特征值查询：查询水文特征值数据，包括水位、流量、水温、降雨量、蒸发量、含沙量等不同特征值。

i. 进出库水量变差过程：分析查询水库日均进出库流量差值的变化过程，提供图表显示和表格显示两种数据展示方式。

j. 进出库水量变差累计过程：以日均进出库流量差值变化来分析计算水库某时间段内进出库水量变差的累计值变化过程，提供图表显示和表格显示两种数据展示方式。

k. 进出库沙量累计过程：以日均进出库水的含沙量来分析计算水库进出库含沙量的累计值变化过程，提供图表显示和表格显示两种数据展示方式。

l. 排沙比过程分析：按年/月统计水库排沙比数值变化过程，提供图表显示和表格显示两种数据展示方式。

I. 河道库容演变分析模块。河道库容演变分析模块基于对水库河道原始地形数据、过程测量数据、固定断面测量数据等空间和实测数据，计算分析水库河道形态演变的过程，其主要功能如下：

a. 库容高程曲线：根据水库设计参数绘制水库的库容高程曲线，支持多版本的库容高程数据的导入，支持图表和表格显示。库容高程曲线是水库进行防汛、抗旱、供水、发电以及水淹分析、动态库容分析等的基础。

b. 河道断面变化分析：根据水库各观测断面历年的观测数据，分析断面的演变过程，提供图表显示和表格显示两种数据展示方式。

c. 河道纵剖面分析：根据水库各观测断面和距坝里程，分析河床纵向演变过程，提供图表显示和表格显示两种数据展示方式。

d. 库容高程分布：根据水库库容高程曲线，计算各高程段库容的分布情况，提供图表显示和表格显示两种数据展示方式。

e. 库容沿程分布：根据水库连续断面观测数据，计算库容沿程的分布情况，提供图表显示和表格显示两种数据展示方式。

f. 断面面积沿程分析：根据水库断面观测数据和距坝里程，分析计算沿程断面面积，提供图表显示和表格显示两种数据展示方式。

g. 断面面积差沿程分析：根据水库断面观测数据和距坝里程，分析计算沿程断面面积差值，提供图表显示和表格显示两种数据展示方式。

h. 冲淤量沿程分布：根据水库断面连续观测数据和距坝里程，分析计算沿程库容变化量，库容变化量相反值即冲淤量，提供图表显示和表格显示两种数据展示方式。

i. 冲淤量高程分布：根据水库断面观测数据，分析计算冲淤量在高程区间的分布情况，提供图表显示和表格显示两种数据展示方式。

j. 冲淤量强度沿程分析：根据水库冲淤量沿程分布和流量观测数据，分析连续断面间的冲淤强度，提供图表显示和表格显示两种数据展示方式。

k. 投影面积沿程分析：根据水库断面观测数据，分析连续断面间的投影面积，提供图表显示和表格显示两种数据展示方式。

l. 库区冲淤量计算：根据水库断面观测数据，分析计算库区两次时间段内的冲淤量，提供图表显示和表格显示两种数据展示方式。

m. 冲淤量过程变化分析：根据水库多次冲淤量的计算结果，比对库区冲淤量的变化过程，提供图表显示和表格显示两种数据展示方式。

n. 河底高程变化过程分析：根据水库断面测量结果，分析比对库区河底高程的变化情况，提供图表显示和表格显示两种数据展示方式。

J. 发电信息管理服务模块。发电信息管理服务模块是通过接入电站已有自动化监测系统实时数据，为水库发电机组运行、发电分析、报表生成提供服务，主要功能模块如下：

a. 机组设计信息：输入机组的设计信息，包括机组编号、名称、规格型号、投运时间、最大出力等信息，提供机组的增加、删除、修改等功能。

b. 机组运行信息：查看机组的运行实时数据，包括机组运行状态、出力、运行时长等信息。

c. 日发电量统计：按照设定的时间段，依据机组运行信息，统计每个机组每天的发电量。

d. 月发电量统计：按照设定的时间段，依据日发电量数据，统计每个机组每月的发电量。

e. 年发电量统计：按照设定的时间段，依据日发电量数据，统计每个机组每年的发电量。

f. 机组检修状态管理：登记管理每个机组停运检修的信息，主要包括检修开始时间、检修类别、检修原因、检修结束时间等。

g. 发电量/水位过程分析：按照设定的条件，分析每个机组的发电量与坝前水位的关系，提供图表显示和表格显示两种数据展示方式。

h. 发电量/来水量过程分析：按照设定的条件，分析每个机组的发电量与水库来水量的关系，提供图表显示和表格显示两种数据展示方式。

i. 机组检修时间统计：根据机组检修登记信息，统计每个机组的检修时长。

j. 机组运行时间统计：根据机组运行信息，统计每个机组的运行时长。

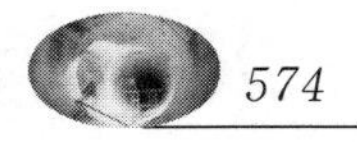

k. 水量利用率统计：根据水库来水、泄水和发电量，分析某段时间段内水库用于发电来水量与总来水量的关系。

K. 供水信息管理服务模块。供水信息管理服务模块通过对接供水自动化监测系统的实时数据，查询水库供水状态，以及对水库月、年供水量进行统计和报表生成，其主要功能模块如下：

a. 水库供水方式管理：主要设置水库供水的闸门、水泵等基本信息，提供供水闸门、水泵的添加、删除和修改功能。

b. 水库供水计划表：提供水库供水计划表的查看、编辑、修改等功能，制定水库供水年度、月度、日供水计划表。

c. 供水记录管理：在供水有自动化检测设备的情况下，查询数据集成接入子系统提供的供水记录；在自动化检测设备失效的情况下，提供水库供水记录的登记、修改等功能。

d. 供水量统计：按照年、月、日等类型，统计某段时间内水库的供水量，提供图表显示和表格显示两种数据展示方式。

e. 水库供水过程分析：分析某段时间内水库的供水量与水位的关系，提供图表显示和表格显示两种数据展示方式。

f. 死水位下供水分析：按照系统设置的死水位高程，统计在死水位下某段时间内水库的供水量。

g. 超计划供水统计：分析某段时间内水库实际供水量和计划供水量的关系，提供图表显示和表格显示两种数据展示方式。

L. 其他模块界面集成服务。其他模块界面集成服务主要用于对水库已建或待建的信息化系统，通过数据集成和功能集成方式提供统一的集成界面。主要业务系统如下：

a. OA 办公自动化系统。

b. 视频监控系统。

c. 水库电子沙盘系统。

d. 水库调度决策子系统。

e. 水库计算机辅助 RCM 分析系统。

f. 水库水质自动化监测系统等。

M. 系统管理服务模块。系统管理服务模块主要服务于水库系统管理员来配置管理水库的用户和角色，并管理系统运行日志。其主要功能模块如下：

a. 水库部门设置：主要添加、修改和删除水库的业务管理部门。

b. 用户设置：主要添加、修改和删除水库各业务管理部门的用户，内容包括登录名、姓名、编码、手机号等基本信息。

c. 权限管理：为水库用户分配软件系统操作的权限，水库设置有一个系统管理员，不允许删除。

d. 基础信息管理：主要是设置系统常用的字典类型数据。

e. 系统日志管理：主要是对日志的查看、导出、删除。系统运行一段时间后，日志数据量较大且可能没有继续存储的必要，因此可以导出以后，从系统中删除。

6.4.4 子系统构成与开发

（1）水情自动化测报系统。河口村水库水情自动测报系统采用成熟、先进的技术和设备，进行水位、雨量等信息的采集、数据管理、实时预报等的综合信息系统。其总体功能如下：

1）多信道资料实时采集及处理功能。①能够准确、实时地采集、存储和传输水、雨情信息。②具有定时报、增量报和人工编程功能。③系统中心站能实时接收有关资料，并对资料进行校检、纠错、插补、分类存储等功能。

2）系统监测及报警功能。①水、雨情指标越限监测及报警。②设备故障监测、报警及自检。③设备电源电压异常监测及报警。

3）数据管理功能。①对资料进行查询、检索、编辑和输出，可灵活显示、绘制和打印水雨情图、表。②对数据库进行维护管理。

4）水文预报功能。①定时水文预报；②随机水文预报；③水情会商。

5）扩展功能。①水情资料整编。②系统站网增减和遥测站采集设备的增减。③系统通信组网的优化调整。

（2）电站自动化监控系统。电站自动化监控系统实现电站4台发变机组、辅机系统及变电所电气设备的自动控制，实现远程监控、数据共享、图像远传浏览，并与上级变电所进行通信远程调度的功能。

系统设计采用开放式全分布结构，分主控级和现地控制单元级。控制级主干网络采用100Mb/s快速交换式以太网光纤环网结构，整个网络采用TCP/IP协议族。网络采用对等网工作方式，网上各节点设备（如PLC站、主控计算机）以对等（平等）方式交换信息，某一节点设备出故障不会影响其他设备和整个网络的正常工作。系统主要功能包括：①系统软件配置管理。②数据采集与处理功能。③运行监视界面。④控制调节功能。⑤运行记录和打印功能。⑥辅助运行管理功能。⑦微机保护。⑧系统诊断和仿真培训功能。

（3）闸门自动化监控系统。闸门自动化监控系统由主控级与现地级组成。主控级通过总线式以太网与现地级建立通信。通过工作站的监测监控界面，显示现场设备的运行参数与状态，同时下发控制命令，监督现地控制单元对监测监控命令的执行。现地控制级是系统最后一级也是最优先的一级控制，它向下接收各类传感器与执行机构的输入、输出信息，采集设备运行参数和状态信号；向上接收上级控制主机的监测监控命令，并上传现场实时信息，实施对现场执行的逻辑控制。主要功能如下：

1）数据采集、处理及显示记录。实时地对各闸门参数（开度、电动机状态等）进行检测、处理及显示、数据自动备份、记录，包括进行有关参数采集、巡检，定时打印；进行有关参数的越限报警及复限提示和显示、记录；对整个闸门主要设备的事故及故障信号、监控系统的故障信号等进行监视及事件顺序显示记录。

2）控制与调节。可根据运行人员实时输入的命令，进行闸门启闭控制和调节；并对操作过程进行监视、记录。此外，监控系统还可通过设置给定值的方式进行闸门的自动控制和调节，给定值由运行人员输入。

3）建立主设备档案。计算机监控系统能自动统计并记录主要设备和动作次数和运行小时数、事故和故障次数及其相应的时间等，以便考核并合理安排运行和检测计划。其内容包括电动机开、停次数，运行小时数，闸门启动次数等。

4）运行指导。计算机监控系统可根据所存储信息以及实时采集的信息，在正常操作或发生事故时，自动或由运行人员召唤提出操作指导意见。其内容包括对被选定操作的闸门或对象，能立即调出一幅与本操作有关的操作图或流程图；根据运行经验及专家意见，列出常见事故、故障对策表，当发生事故或故障时，能根据监控系统采集到保护动作、相关设备位置状态及运行参数等信息，确认事故性质，给出相应处理意见，并推出相应画面，为运行人员及时处理事故提供方便；编辑、打印典型操作票。

5）人机联系。计算机监控系统具有丰富的人机联系手段，使运行人员能清晰方便地通过显示器、计算机键盘、鼠标、打印机等人机接口工具，实现闸门运行监视、控制、调节，定值设定与修改、画面调用、打印记录及应用软件开发等各项功能。

6）屏幕显示。在主控计算机上可以显示设备的运行状态，主要设备的操作动态过程、事故和报警以及有关参数，同时事故报警的画面具有最高优先权。显示主要画面有以下几类：①报警画面类：显示越限报警、复限指示以及有关参数的趋势报警，事故、故障顺序纪录，相关量纪录以及监控系统自诊断报警等。②操作指导画面类：显示正常操作和事故操作指导。③表格类：显示系统正常运行报表、操作记录统计表、事故和故障统计表。④监控系统具备动态显示功能。

7）监控系统自诊断。闸门计算机监控系统能实现在线自诊断，当系统或个别功能单元发生故障时，自诊断程序能正确地判断出故障的内容及性质，并指出故障件位置，以便运行人员迅速更换，并且检测结果可打印记录。

8）操作口令。计算机监控软件支持几组不同权限的用户，通过口令才能监控系统的操作及修改。

9）其他辅助功能。包括监控系统备品备件管理、程序开发及运行人员培训等。

（4）水库自动化安全监测系统。水库自动化安全监测系统实现如下功能：

1）可实现水库大坝渗压、渗流、应变、水位、温度等数据的自动采集、发送、实时传输。可实时远程监测大坝的各测试参数，可根据需要设定采集频率、测点数据，对原始数据可进行各种计算。

2）具有高可靠性和耐恶劣环境能力，监测设备和传感器具有全防水的结构，系统具有多级防雷击及强电感应荷载冲击的能力。

3）可对水库大坝的采集数据进行专业评估，按水利专业要求进行相关的数据的计算、评估与处理，以适应各种评测模型的需要。

4）数据能够以各种数据库形式保存并可进行历史数据查询，还可以直接生成 EXCEL 或其他形式报表。

5）数据可以各种图形方式显示，包括时间历程曲线图、X/Y 坐标图、模拟图、直方图等形式。

6）具有参数越限报警功能，现场即时上传报警信息时，主机会出现明显的报警画面和报警信息，同时还可提供各种声光报警等多媒体提示。

7）实现对系统信息打印的功能，支持对图形、报表、曲线、报警信息、各种统计计算结果等的打印。

(5) 水库水质自动化监测系统。水库水质自动化监测系统是一套以自动分析仪器为核心，运用现代传感器技术、自动测量技术、自动控制技术以及相关的专用分析软件和通信网络所组成的综合性的自动监测系统。它把多项监测指标的分析仪表组合在一起，从采样、分析到记录、整理数据（包括远程数据）、中心遥测组成的系统，结合相应的监控及分析软件，实现实时自动监测，满足运行可靠稳定，维护量少的要求，并实现无人值守。系统实现主要功能如下：

1) 多信道资料实时采集及处理功能。①系统测站能够准确、实时地采集、存储和传输水质、流速信息。②系统测站具有定时报、增量报功能。

2) 系统监测及报警功能。①水质要素越限监测及报警。②设备故障监测、报警及自检。③设备电源电压异常监测及报警。

3) 数据管理功能。①系统可通过人机对话的方式方便地对资料进行查询、检索、编辑和输出，可灵活显示、绘制和打印水质、流速图、表。②可方便地对数据库进行维护管理。③可方便地对软件功能进行扩充及修改。

(6) 水库视频监控系统。视频监视系统由前端设备、控制中心设备、远方客户端设备及信号传输系统组成。前端设备包括摄像机、云台、控制解码器及防护罩等；控制中心设备包括监控主机（矩阵切换设备）、控制键盘、图像存储设备、报警设备、报警应答设备等；远方客户端设备包括客户端电脑；信号传输部分由视频信号电缆、控制信号电缆、电源电缆和光缆组成。视频信号电缆用于传输摄像机至控制中心的图像信号，控制信号电缆用于传输控制中心至摄像机的控制信号（包括镜头变焦、聚焦、光圈、云台转动及其他辅助功能）。

(7) 水库办公自动化管理系统。水库办公自动化管理系统即河口村水库可视化工程建设管理平台，它基于多角色和多业务的一体化、数字化与流程化管理需要，结合不同层级机构、不同参建角色的不同管理权限和管理任务，提供相应的业务应用。

1) 工程数据管理系统。系统主要功能包括满足数据录入、数据加载、数据接收、数据存储、数据组织和数据输出等多方面管理，支持各级机构之间的数据库动态链接、数据自动刷新。同时支持用户快捷地进行工程项目划分、设计信息录入、标段工程划分、施工单元划分和施工信息录入，以及项目划分审核审批等业务管理功能。

2) 工程规划管理系统。系统主要功能包括三个方面：①为工程人员提供一套能够直观浏览分析工程地理信息、工程规划、施工规划信息的图形管理系统。②支持管理人员便捷地从事规划方案制图、规划方案管理、地图打印和CAD地图输出。③提供空间量算分析、图形数据输出等服务。从而使管理人员能够摆脱抽象化管理与CAD制图的专业限制，更为科学地组织工程建设阶段的各项规划工作。

3) 工程概算管理系统。工程概算管理系统是为用户提供一套能够编制工程项目概算，能够对概算执行情况进行实时监控和统计分析的功能系统。具体功能包括概算编制管理、概算对比分析、概算控制管理、费用归项管理、概算执行分析、概算执行报表和文件档案管理等功能。可使用户能够全面掌握概算执行情况，动态实施概算控制管理。

4) 工程合同管理系统。工程合同管理系统为用户提供一套能够有效进行合同管理与控制分析的功能系统。具体功能包括合同分类管理、合同清单管理、合同结算管理、索赔信息管理、合同变化分析、合同统计分析、合同变更分析、合同台账生成、结算报表生成与合同档案管理等。从而使用户能够全面掌握合同管理过程信息，动态分析合同条件变化，研究和防范合同风险。

5）工程进度管理系统。工程进度管理系统通过施工进度信息的采集，为项目管理人员进行工程进度管理和控制提供服务。系统主要功能包括进度计划编制、进度计划管理、施工强度分析、进度三维模拟、施工日志管理、进度在线显示、施工过程分析、施工动态查询和进度档案管理等功能，支持单工程进度分析和多指标汇总分析等功能。

6）工程质量管理系统。工程质量管理系统面向质量控制标准化、流程化管理与控制分析，提供一套能够建立质量控制标准体系及质量监控的功能系统。具体包括质量评定体系管理、质量信息录入管理、质量评定流程管理、质量统计报表管理、质量控制过程分析和质量档案管理等功能。同时，它还应自动形成一套完善的质量信息档案，为减少工程竣工验收工作量和缩短验收周期提供技术支持。

7）工程移民管理系统。工程移民管理系统提供一套能够直观展示工程地理形态、移民现状信息和安置区规划信息，对移民搬迁过程和安置过程进行管理分析的功能系统。具体包括移民信息录入管理、安置信息录入管理、搬迁信息录入管理、移民搬迁进度管理、移民安置进度管理、迁安统计报表管理等功能。

(8) 水库调度决策系统。水库调度决策系统针对防洪、供水、发电等多目标调度的要求，在可视化条件下，以确保枢纽工程安全为前提，对水库调度运行、管理的各种方案进行模拟、分析，制定最优调度方案，提供调度决策支持。

水库调度决策系统包括洪水调度、发电调度、供水调度三个模块。

1）洪水调度模块。洪水调度模块主要包括数据提取、调度计算、方案生成、方案比较、可视化模拟、方案保存、交互式调度功能。

A. 数据提取。为用户提供提取洪水预报成果和人工假拟洪水过程两种功能。从已有洪水预报系统中，获取各预报节点的洪水预报成果集，分节点对成果集分类，经格式转换后，按唯一的预报成果编号存入专用数据库中，以备调度计算作为输入数据；用户也可以根据已有经验假拟预报洪水过程，并存入数据库，以备调度计算调用。

B. 调度计算。为用户提供指定下泄流量、控制最大下泄流量、控制最高水位和按调度方案进行调度四种洪水调度模型算法。调度计算以水量平衡原理为基础，计算结果以水位流量过程线和报表形式展示。用户可以对调度结果进行调整，重新计算得到新的调度过程，调度结果可以反复调整，直到用户对调度结果满意为止。

C. 方案生成。根据预报的洪水入流及指定的调度计算模型，系统进行自动试算，形成备选方案，按编号存入临时数据库中，并与预报成果和形势分析成果建立关联关系。

D. 方案比较。实现对某个节点的多个洪水调度方案进行特征值（如最高水位、洪峰、最大库容等指标）和洪水过程曲线比较、展示，使用户对各种防洪调度方案有直观、详细的横向比较。

E. 可视化模拟。通过调度方案编号从数据库中提取调度节点的一场洪水过程数据，对水位、流量、库容等数据随时间变化的过程进行可视化展示，把一个或多个要素值随时间的变化绘制成过程线，让用户直观地了解其过程及变化趋势。

F. 方案保存。经过方案对比后，用户选择满意的调度方案进行保存，调度方案按编号正式存入数据库，并与防洪形势分析、洪水预报建立关联关系。

G. 交互式调度。把水库优化调度的结果作为初始方案，并作为交互生成的其他方案的比较基准，其步骤如下：第一步，任意修改泄流量或预报入库洪水过程（根据经验判断）；第二步，重新进行调洪演算，推求相应的水库库容和水位，以及开启泄洪闸门的孔数和泄洪流量；第三步，显示保存交互生成的调度方案，在三维仿真系统中进行演示重复上述的步骤，可以生成不同水库调度方案，供决策者选择。

2）供水调度模块。水库供水调度模块主要包括如下几个大的部分：水库来水分析、确定用水方案、供水调度优化方案。

A. 水库来水分析。为制定供水优化调度方案，必须知道有多少来水、上游来水过程。水库的来水主要包括降雨、径流和上游来水。

B. 确定用水方案。水库供水量的大小取决于社会经济近期和远期的发展计划与发展目标。从设计的要求看，水库主要是以城市供水为主，兼顾农业灌溉。城市用水根据城市供水单位、灌区的城市供水的用水方案和农业灌溉用水计划，并按照工程设计要求，分析不同保证率的用水量，指定各种保证率下的总用水方案。

C. 供水调度优化。应在拟订供水调度方案的基础上，依据来水过程实时跟踪校正，进行用水方案调整和分析评判不同保证率供水方案的合理性和经济性，最终实现供水的调度优化。

3）发电调度模块。水库发电调度模块主要包括如下几个大的部分：数据读取、调度计算、编制发电计划。

A. 数据提取。读取流量预报、枢纽运行等信息。

B. 调度计算。根据调度计划，结合电网的实际负荷需求，计算时段电站的时段出力。

C. 编制发电计划。编制年计划、月计划、时段计划。

（9）水库电子沙盘系统。水库电子沙盘借助于建筑信息模型（Building Information Model，BIM）系统实现。BIM信息模型的实质是结构对象数字图形信息体系，该体系具有属性及事件的集合。水库BIM信息模型系统以数字图形介质理论及其“骨骼网架”建模方法，构建河口村水库工程、水库监测设备、流域地形的三维数字模型和三维信息模型，并且在该数字信息模型中实现图形与数据的统一。BIM信息模型具有模型属性的查询、评价功能以及模型事件的虚拟现实仿真模拟、监测报警、RCM分析功能。模型总体功能如下：

1）流域地形模型。该功能主要指河口村水库所在沁河流域的地形、地貌等地理信息模型，该模型系统具有河系分布、地域分布、水库分布等重要信息，功能包括：

A. 模型属性功能。①查询河系属性；②查询地域属性；③查询水库属性。

B. 模型事件功能。①洪水预报虚拟现实仿真模拟；②日常水情预报虚拟现实仿真模拟。

2）一般建筑物模型。该功能主要指大坝、溢洪道、泄洪洞、灌溉引水发电洞、电站厂房等建筑物的BIM信息模型，其总体功能如下：

A. 模型属性功能。①查询大坝属性，包括大坝建设信息、坝型、坝顶高程及其他参数指标等属性；②查询溢洪道属性，包括业主单位、设计单位、施工单位、位置、类型、尺寸、水力特性等属性；③查询泄洪洞属性，包括业主单位、设计单位、施工单位、位置、类型、底板高程、孔口尺寸等属性；④查询灌溉引水发电洞属性，包括业主单位、设计单位、施工单位、位置、类型、底板高程、孔口尺寸等属性；⑤查询电站厂房属性，包括业主单位、设计单位、施工单位、位置、类型、厂房轮廓、水轮机形式等属性。

B. 模型事件功能。①大坝安全监测内容虚拟现实仿真模拟，包括大坝变形、渗流等；②溢洪道泄洪虚拟现实仿真模拟。

3）水位模型。该功能主要指水库上、下游水位的BIM信息模型，其总体功能如下：

A. 模型属性功能。①查询当前水库上、下游水位；②查询历史某一时刻水库上、下游水位；③信息评价上、下游水位走势图。

B. 模型事件功能。①上、下游水位动态变化虚拟现实仿真模拟；②洪水预报水位虚拟现实仿真模拟；③日常水情预报水位虚拟现实仿真模拟。

4）水文遥测站模型。该功能主要指6座遥测水文站、2座遥测水位站、23座遥测雨量站的BIM信息模型，其总体功能如下：

A. 模型属性功能。

a. 查询遥测水文站属性，包括遥测站点站号、站名、建站时间、站点类型、所使用的仪器设备的型号、生产厂家、行政区划、经纬度坐标、对去往各遥测站点的道路示意图、现场位置图标及测站照片、电压报警门限值。

b. 查询遥测水位站属性，包括遥测站点站号、站名、建站时间、站点类型、所使用的仪器设备的型号、生产厂家、行政区划、经纬度坐标、对去往各遥测站点的道路示意图、现场位置图标及测站照片、水位报警门限值、电压报警门限值。

c. 查询遥测雨量站属性，包括遥测站点站号、站名、建站时间、站点类型、所使用的仪器设备的型号、生产厂家、行政区划、经纬度坐标、对去往各遥测站点的道路示意图、现场位置图标及测站照片、雨量报警门限值、电压报警门限值。

d. 查询遥测站的实时雨量或水位或流量信息。

e. 查询遥测站的历史某一时段雨量或水位或流量信息。

B. 模型事件功能。①监测水雨情要素越限；②监测设备故障；③监测电源电压异常；④报警水雨情要素越限；⑤报警设备故障；⑥报警电源电压异常。

5）电站模型。该功能主要指厂站层和现地控制单元层两部分组成的电站系统的BIM信息模型。厂站控制级设备包括1台通信服务器、2台操作员工作站、1台远动工作站、打印机、GPS时钟、机组及公用LCU、便携计算机、UPS电源等。机组现地站（LCU1～LCU4）主要监控对象为4台水轮发电机组、主变及辅助设备；公用系统现地站（LCU5）主要监控对象为厂内10kV配电设备、厂内0.4kV配电系统、直流电源系统、压缩空气系统和机组供排水系统等设备，其总体功能如下：

A. 模型属性功能。①查询水轮发电机属性，包括编号、名称、类型、设备的型号、生产厂家、尺寸等。②查询主变及辅助设备属性。③查询配电设备属性。

B. 模型事件功能。①监测水轮发电机运行状态。②监测主变及辅助设备运行状态。③监测厂内10kV配电设备运行状态。④监测厂内0.4kV配电设备运行状态。⑤监测直流电源系统运行状态。⑥监测压缩空气系统运行状态。⑦监测机组供排水系统运行状态。⑧报警水轮发电机运行状态。⑨报警主变及辅助设备运行状态。⑩报警厂内10kV配电设备运行状态。⑪报警厂内0.4kV配电设备运行状态。⑫报警直流电源系统运行状态。⑬报警压缩空气系统运行状态。⑭报警机组供排水系统运行状态。⑮闸门设备RCM分析。

6）闸门模型。该功能主要指溢洪道、泄洪洞的弧形闸门、平面闸门的BIM信息模型，其总体功能如下：

A. 模型属性功能。①查询闸门属性，包括闸门编号、名称、类型、设备的型号、生产厂家、尺寸等。②查询闸门运行报警信息，包括日期、时间、报警类型、操作员、备注。③查询闸门运行记录信息，包括日期、时间、动作记录、闸门开度、操作员、备注。④信息评价闸门开度实时趋势图。⑤信息评价闸门开度历史趋势图。

B. 模型事件功能。①闸门开度虚拟现实仿真模拟，包括开闸、急停、关闸等，控制参数为全开设置、全关设置、下滑1设置、下滑2设置、纠偏启动值、纠偏复归值、系统压力、闸门左开度、闸门右开度。②监测闸门运行状态，包括系统压力、油箱油位、油箱油温、回油过滤器、1号泵状态、2号泵状态等。③报警闸门运行状态，包括系统压力、油箱油位、油箱油温、回油过滤器、1号泵状态、2号泵状态等。④闸门设备RCM分析。

7）水库安全监测模型。该功能主要指由变形观测、渗流观测、应力/应变及温度观测、水位、水温、气温观测，以及水力学观测装置组成的水库安全监测系统的BIM信息模型，其总体功能如下：

A. 模型属性功能。①查询监测设备属性，包括名称、设备的型号、生产厂家、位置等。②查询监测设备采集的数据，包括上下游水位、气温、渗压力水位、渗流量、位移、裂缝、温度等。

B. 模型事件功能。①坝体变形虚拟现实仿真模拟。②坝体渗流虚拟现实仿真模拟。③信息评价测压管水位过程线。④信息评价渗流压力水位过程线。⑤信息评价渗流压力平面分布图。⑥信息评价各测点垂直位移过程线。⑦信息评价各测点应力分布图。

8）视频监测设备模型。该功能主要指由摄像设备、录像设备和中心控制装置组成的视频监控系统的BIM信息模型。主要监控位置包括大坝、水位、出水口和电厂内部水轮机、主控设备、电厂周围的出水口、电力设备等；主要起到设备、水文状态监控和人员操作管理，以及安全保卫功能，其总体功能如下：

A. 模型属性功能。①查询视频监测设备属性，包括名称、设备的型号、生产厂家、位置等。②查询实时视频图像。

B. 模型事件功能。①监测重要设备设施安全。②监测安全生产管理。③监测水面清洁度。④报警重要设备设施安全。⑤报警安全生产管理。⑥报警水面清洁度。

9）水质监测设备模型。该功能主要指Nimbus气泡水位计、SLD超声波多普勒流量计、Hydrolab多参数水质分析仪、数据采集遥测系统、供电系统装置组成的水质监测系统的 BIM 信息模型，其总体功能如下：

A. 模型属性功能。①查询水质监测站属性，包括水质监测站站号、站名、建站时间、站点类型、所使用的仪器设备的型号、生产厂家、行政区划、经纬度坐标、对去往各遥测站点的道路示意图、现场位置图标及水质监测站照片。②查询各种水环境信息。③查询水质级别。

B. 模型事件功能。①监测实时环境水质。②报警实时环境水质。

(10) 水库计算机辅助 RCM 分析子系统。水库计算机辅助 RCM 分析子系统是以 RCM 为基础方法，融合了河口村的产品概况信息、产品故障信息、产品的维修保障信息、产品的费用信息等数字信息，进行确定重要功能产品（FSI）、行故障模式影响分析（FMEA）、应用逻辑决断、系统综合以及形成计划的过程，形成河口村的 RCM 的分析方法，实现河口村工程设备运维阶段的计算机辅助 RCM 分析。

1）计算机辅助 RCM 分析子系统业务流程。水库计算机辅助 RCM 分析系统的业务流程分析见图 6.20。主要由五个部分组成：

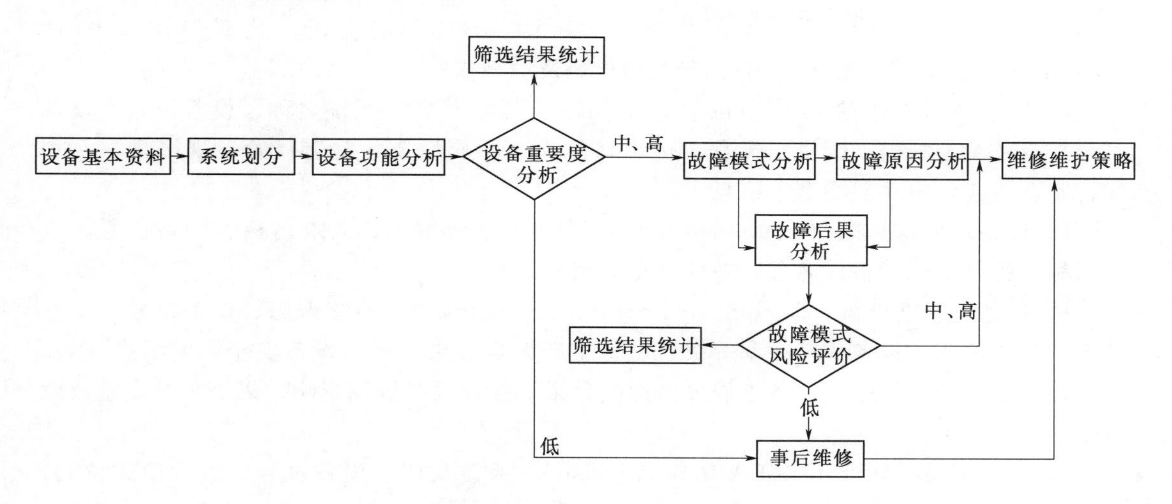

图 6.20 水库计算机辅助 RCM 分析系统的业务流程图

A. 基本资料收集，收集相关的装置设备、工艺方面的资料。

B. 装置系统划分，根据装置对相关设备、工艺资料进行划分。

C. 设备重要度分析，根据重要度评价准则，把设备分成三个等级。

D. 故障模式和影响分析，分析故障模式和故障原因，并对故障模式进行相应的风险评价。

E. 维修策略的制定，针对每一常见的故障原因提出相应的维修策略。

2）计算机辅助 RCM 分析子系统数据库设计。根据 RCM 软件业务流程并且结合上述数据通过分析、组织和整理，形成关系数据库。结合 RCM 分析的需要，将数据划分为八个模块，实现数据间的关联。RCM 数据库包括装置系统划分信息、设备功能及其设备资料信息和运行记录，在此数据记录基础上，进行设备重要度评价，分析故障模式和故障模式的根本原因，判断故障模式后果的影响度，结合故障的频率进行 FMEA 分析，最终制定设备的维修维护策略，见图 6.21。

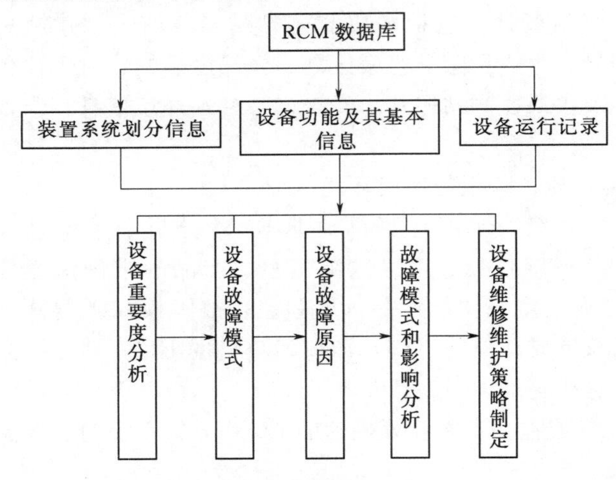

图 6.21　数据库各模块之间关系图

将 RCM 数据库分成系统、装置、设备的基本信息数据表、设备类别表、设备备件信息数据表、设备重要度数据分析表、FMEA 风险分析数据表、维修维护策略数据表、标准故障模式信息表及标准故障原因表。

A. 装置和系统信息表（Devieesystelnhifo）：装置、装置代码（父系统代码）、系统代码、系统名称、系统类型和系统描述信息。

B. 设备类别信息表（Equipment Classlnfo）：类型编号、类型名称、类型分层次码、类型 WBS（Work Broken Structure 工作分解结构）、父类型代码及类型描述。

C. 设备基本信息表（Equipment Basichifo）：系统代码、系统名称、设备位号、设备名称、设备类型编码、流量、扬程、进出口压力、介质性质、制造厂家、规格型号、型式、制造材质、驱动器类型等信息。

D. 设备备件信息表（Equipment spareslnfo）：系统编码、系统名称、设备位号、设备名称、备件编号、备件名称、备件数量等信息。

E. 设备重要度分析（Equipment linportance Analysis）：系统编码、设备位号、工作情况、故障说明、设备故障频率等级、设备生产影响后果等级、设备安全影响后果等级、设备环境影响后果等级、设备维修成本影响后果等级、设备故障影响后果等级及设备故障风险后果等级。

F. FMEA 风险分析（FMEA Risk Analysis）：系统代码、设备位号、故障模式编码、故障模式描述、故障影响说明。

G. 维修维护策略（Mainienanee strategy）：系统代码、设备位号、开机状态、故障模式编码、故障模式描述、故障原因编码、故障原因描述、故障部位、故障解决办法、运行维护策略、大修等。

H. 标准故障模式表（Criterion Fault Mode）：所属设备类型编码、故障模式编码、故障模式描述、故障模式名称。

I. 标准故障原因表（Criterion Fault Reason）：所属故障模式编码、故障原因编码、故障原因描述、原因模式描述。

3）计算机辅助 RCM 分析子系统功能设计。RCM 软件系统由五大模块组成，设备信息管理模块、设备重要度分析模块、FMEA 分析模块、维修维护策略模块、设备故障知识库模块（见图 6.22）。

A. 设备信息管理模块。主要由四部分组成，设备编码管理、设备台账信息、设备文档资料管理和设备维修记录（见图 6.23）。

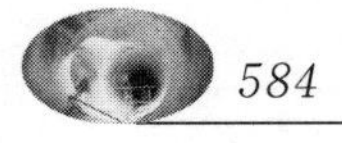

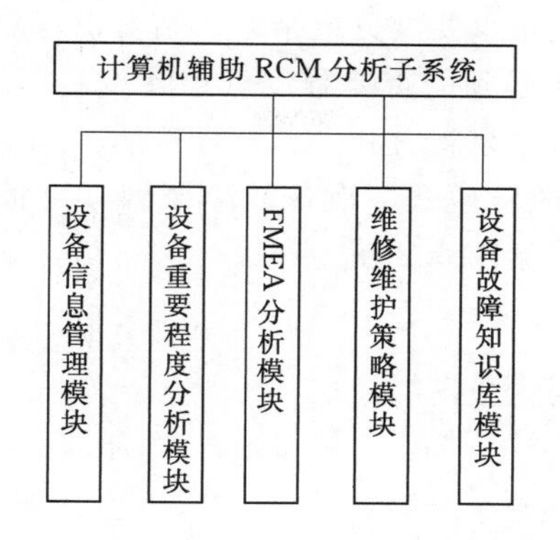

图 6.22　计算机辅助 RCM 分析子系统功能结构图

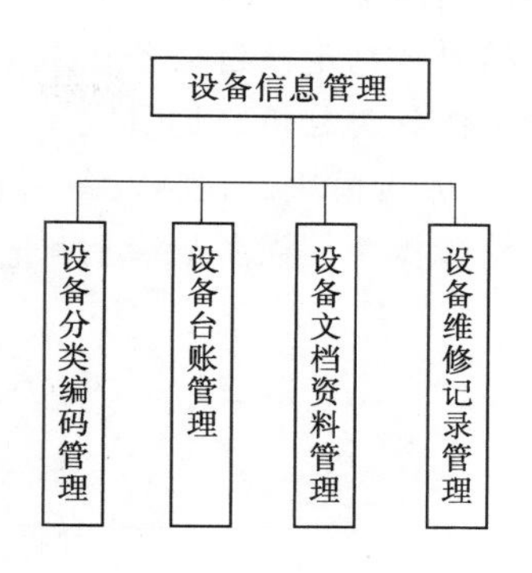

图 6.23　设备信息管理功能模块图

各主要模块功能说明如下：①设备分类编码管理。对设备进行编码的目的在于用一个代码唯一地标识一个设备，从而实现计算机对设备信息的各种简捷、快速处理。设备编码管理提供数据的添加、修改和删除等操作。②设备台账管理。记录设备基本功能属性信息，便于对此设备的了解，其中信息包括设备的类型、型号、规格、使用说明、制造商和供应商、功能参数等。提供设备台账数据的添加、修改和删除等操作。③设备文档资料管理。主要目的是将纸质文档转化为电子文档。通常文档资料包括设计数据、设备设计图纸、电器仪表、检维修作业规程、国家行业规定、测定信息等。提供文档资料的添加、修改和删除等操作，支持附件信息的上传和管理。④设备维修记录管理。管理设备维修相关信息，包括检修记录、零部件更换记录、零部件价格、检修工时、设备缺陷记录、设备改进及操作条件变更记录等。提供设备维修记录的添加、修改和删除等操作。

B. 设备重要程度分析模块。主要包括装置系统划分、设备功能说明、设备主要零部件、设备故障概率、设备故障后果，见图 6.24。

各主要模块功能说明如下：①系统划分。主要是把装置划分成具有独立功能而又有一定联系的不同系统，完成系统功能界定。提供系统划分的添加、修改和删除等操作。②设备功能界定。是指该设备在系统中所完成的功能（主要是指工艺方面），以及一旦出现故障所引起的影响，提供数据的添加、修改和删除等操作。③设备风险准则管理。接受准则表明在失效/故障发生时，“客户”愿意接受的风险。提供数据的添加、修改和删除等操作。④设备故障频率管理。在分析中一般采取一个大修周期内设备故障次数（设备重要度分析中不对故障形式进行区分）作为评判设备故障概率等级的依据，同时区分有备台和没有备台的设备分类。提供数据的添加、修改和删除等操作。⑤设备故障后果管理。指包括安全后果、环境后果、生产损失后果、维修成本后果四个方面，是指设备一旦发生故障以后会对安全、环境、生产和维修所造成的影

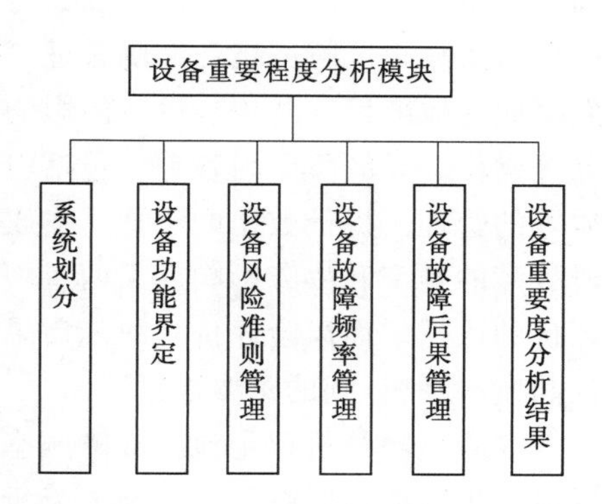

图 6.24　设备重要度分析功能模块图

响。提供数据的添加、修改和删除等操作。⑥设备重要度分析结果。结合设备故障概率和后果的分析结果，判定该台设备在整个系统中所起到的重要程度（重要度），对重要度不同级别的设备作分类分析。提供设备重要度分析结果查看和人工修订功能。

C. FMEA 分析模块。包括设备名称、设备故障模式、设备故障原因、设备故障起因性质、设备故障概率、设备故障后果六个部分（见图 6.25）。

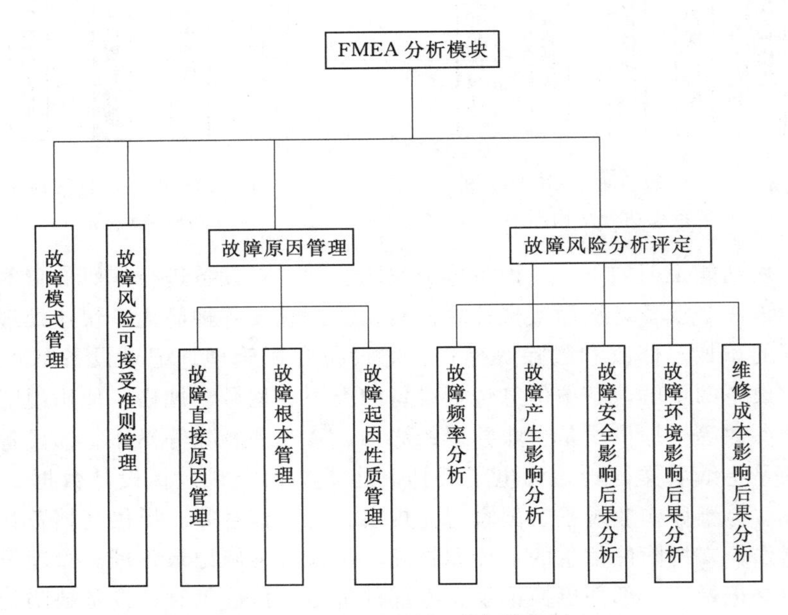

图 6.25　FMEA 分析功能模块图

各主要模块功能说明如下：①故障模式管理。主要来自故障知识库模块，同时结合不同装置设备自身的特点制定更加具有针对性的故障模式。提供数据的添加、修改和删除等操作。②故障风险可接受准则管理。与设备风险可接受准则相比，故障的可接受准则是指发生此种故障后，对该台设备的影响，制定相关可接受准则。提供数据的添加、修改和删除等操作。③故障原因管理。包括引起设备功能故障的直接原因、根本原因和故障起因性质等的管理。提供数据的添加、修改和删除等操作。④故障风险分析评定。风险评定是基于故障的频率和故障影响后果两者因素基础上进行评价，且故障模式和原因分析作为风险评价的依据，而风险评价对故障后果及影响进行评价和预测，其结果可以作为制定维修建议和监/检测计划的重要依据。

故障风险分析评定包括故障频率、故障产生影响、故障安全影响后果、故障环境影响后果、维修成本影响后果方面的分析评定。

D. 维修维护策略模块。包括故障模式、故障原因、故障部位、故障解决办法、预防同类事故发生措施、状态检测建议六个部分（见图 6.26）。

各主要模块功能说明如下：①故障模式。同 FMEA 分析模块，均来自设备故障知识库模块。②故障原因。同 FMEA 分析模块，均来自设备故障知识库模块。③故障部位。分析设备发生功能故障时可能发生的部位，可以指导维修维护人员有针对性地解决相应的问题。④故障解决办法。主要包括三类，停机维修、运行中维修、大修中维修。⑤预防同类事故发生措施。设备检修、维护、状态监测/检测技术、人员培训等方面提出针对性的故障预防措施，防止同类事故的再次发生。⑥状态检测建议。包括状态检测方式、状态检测点位置、检测点参数、正常状态检测频率、故障状态检测频率。主要是为设备进行状态检测提供建议，进行有效地防止故障的发生。

E. 设备故障知识库模块。包括设备型式、故障模式、故障原因、故障起因性质、故障解决办法、维修实践总结六个部分（见图 6.27）。

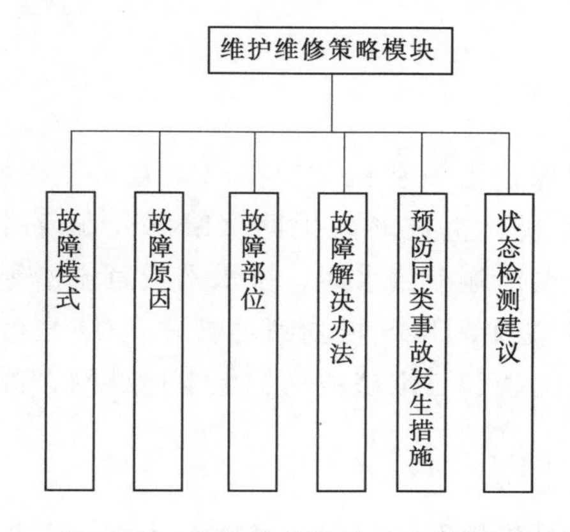

图 6.26 维修维护策略功能模块图

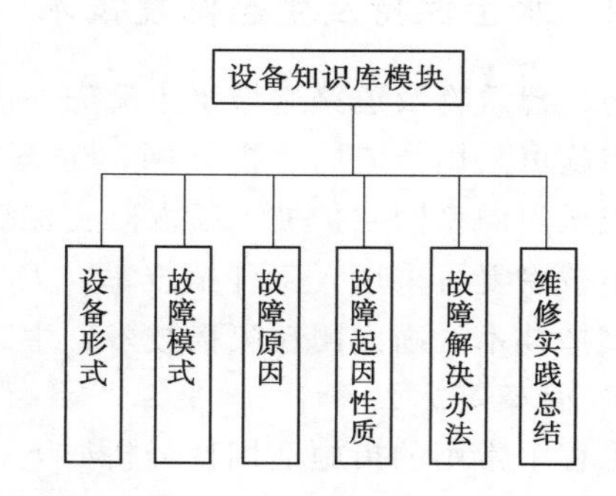

图 6.27 设备故障知识库功能模块图

各主要模块功能说明如下：①设备形式。按设备的类型进行详细的等级分类。②故障模式。同 FMEA 分析模块故障模式。③故障原因。同 FMEA 分析模块故障原因。④故障起因性质。同 FMEA 分析模块故障起因性质。⑤故障解决办法。同 FMEA 分析模块故障解决办法。⑥维修实践总结。通过相关行业的专家提供大量的工程实践经验，然后把它们总结归纳作为 RCM 分析的重要参考依据，对 RCM 分析的合理性有很大的帮助。

6.5 水库水土保持与生态修复技术应用

水库在建设过程中，由于大规模机械及人工开挖、爆破及其他施工活动，造成工程建设区域的自然边坡、陆地生态及植被扰动和破坏，不仅产生水土流失，生态恶化，也危及陆地自然边坡的稳定，影响人类的生活和环境。因此需对工程扰动边坡及陆地实施人工生态修复和保护。

在项目整个建设过程中，除施工期尽量减少植被破坏外，严格按规定及时收集处理施工废弃物，并采取水保工程措施防止水土流失发生；重点是工程建设后期，需要对裸露土地及边坡，采用人工植被修复、工程防治和生态治理及重建措施；同时推进林业生态建设，加大对工程区域内湿地的保护和恢复；广泛植树造林，种草，扩大森林覆盖面积，增加工程建设区域的植被，以达到生态修复和防止水土流失。

6.5.1 修复原则及范围

河口村水库建在沁河山区，因修筑挡水（大坝）、引水、泄水及发电建筑物、施工道

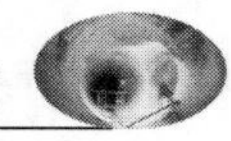

路，建设施工机械厂、营地等；由于机械开挖、爆破形成大量裸露土石边坡，除部分边坡采取混凝土喷锚支护外，大部分裸露边坡存在土石风化掉块、雨水冲刷，水土流失；其次大量开挖弃渣的临时堆放，如不加治理，也易发生水土流失，同时也恶化生态环境。因此生态修复的原则应该是边坡及陆地的安全性，周边环境协调一致性，施工简易性，经济合理性，先进性等，同时结合施工期的安全防护进行修复。

根据生态修复的原则，对河口村水库所有施工期造成的裸露边坡如建筑物进口高边坡、永久道路边坡、建筑物周边、坝下河道两岸边坡，以及施工期的堆渣、弃渣、挂渣边坡都进行修复。

6.5.2 水土保持及生态修复技术

防止建筑物及道路边坡水土流失一般有工程保护措施和植被保护（恢复）工程措施。工程措施可采用挡渣墙、拦石网、生态袋及植生袋、主被动防护网（SNS）、砌石护坡、菱形或城门洞型网架护坡、喷混凝土保护等；排水措施有截水沟、排水沟及急流槽等。

植被恢复可采用人工种植技术：人工播种及栽种、TBS植物喷播技术、GKS植被混凝土喷播技术、高次团粒喷播技术、生态袋、植生袋、三维植被网、土工格栅网、混凝土（砌石）骨架等。

工程中常用的措施适用性分析如下：

（1）植生基材喷播技术。植生基材喷播技术是集生态、材料、植物、土壤、工程等多项技术为一体的生态破坏区域生态植被恢复工程技术体系。其施工流程主要是先将有机质、保水剂、黏合剂、土壤改良剂、缓效肥、植物种子等材料经过科学试验，配置成核心基质材料，再根据施工现场可利用土源和施工现场的土壤地质条件，对基质进行二次调配，通过高压喷射系统将基质喷射到由于人为或者自然原因造成的植被破坏而缺少植物生长的土壤区域，营造植物生长条件，并让混入的植物种子迅速发芽生长，形成植被覆盖。植生基材喷附技术的优点是基质材料能够具有较强的抗侵蚀能力、保水能力、较好的土壤结构；并且能够为植物的生长提供持续的养分条件，植被恢复的速度快、效果好，成本适中；同时该技术使用范围广，对土石渣体、砂石、河床、滩地能够适用，对岩石、土石等坡面能够与锚杆挂网等工程措施结合使用。

（2）植被混凝土护坡绿化技术。植被混凝土护坡绿化技术是采用特定的混凝土配方和种子配方，对岩石边坡进行防护和绿化的新技术。植被混凝土是根据边坡地理位置、边坡角度、岩石性质、绿化要求等来确定水泥、土、腐殖质、保水剂、混凝土添加剂及混合植绿种子的组成比例。混合植绿种子是根据生物生长特性，采用冷季型草种和暖季型草种混合优选而成的。植被混凝土护坡绿化技术可以一劳永逸地解决岩坡防护与绿化问题，故此，又称工程绿化技术。

（3）生态灌浆技术。生态灌浆技术是沿用工程灌浆的一项技术，适用于石质堆渣、卵石滩地等地表物质呈块状、空隙大、缺少植物生长土壤物质基础的区域。应用中先把植被恢复基质材料、黏土、水根据一定的比例配置成浆状，然后对表层的植物生长层进行灌浆，这样做不仅可使表层稳定，起到防渗作用，而且可给植物的生长提供土壤和肥力条件，使植被恢复成为可能。

(4) 生态植被袋生物防护技术。生态植被袋生物防护技术是将选定的植物种子通过两层木浆纸附着在可降解的纤维材料编织袋的内侧，施工时在植被袋内装入营养土，封口后按照坡面防护要求码放，经过浇水养护，能够实现施工现场的生态修复。

(5) 生态植被毯。生态植被毯是利用稻草、麦秸等植物为原料生产出来的，在载体层添加草种、保水剂、营养土等材料，达到边坡植被恢复效果的技术，是国际上常用的最简洁有效的水土保持植被恢复措施。植被毯的结构分上网、植物纤维层、种子层、木浆纸层、下网五层。植被毯可以固定土壤，增加地面粗糙度，减少坡面径流量，减缓径流速度，缓解雨水对坡面表土的冲刷；由于在草毯中加入肥料、保水剂等材料，为植物种子出苗、后期生长提供了良好的基础条件；另外，植被毯能够生物降解，无污染，具有建植简易、快捷，维护管理粗放，养护管理成本低廉等特点。

(6) 人工播种及栽种。人工播种草籽、栽种乔灌木等，依据“适地适树，适地适草”的原则，选择优良乡土树种或草种对工程进行绿化。选种时考虑以下方面：①选择耐寒、耐旱、耐瘠薄、能适合当地气候土壤条件、速生、根系发达、固土能力强的树种。②选择耐寒、耐旱、耐瘠薄、繁殖容易、根系发达、保水固土能力强的草种。③选择有较强的抗噪声、抗污染、净化空气能力强的树种。④选择易种、易繁、易管、抗病虫害能力强的树种。⑤选择树型美观，具有良好景观效果，与附近植被和景观协调且树种来源丰富，经济可行的树种。

6.5.3 水库水土保持及生态修复技术应用

根据生态修复的原则，力求生态修复的理想效果，以达到恢复原有生态的大自然，达到水土保持的高效，在有限的资金范围内，尽量采取先进、简捷、高效的生态修复技术。

6.5.3.1 生态袋（植生袋）水土保持及复绿技术

(1) 生态袋（植生袋）的特点。生态袋（植生袋）是一种用聚丙烯及其他高分子材料复合制成的可以存土的袋子，其原理是将装满植物生长基质（植物土）的生态袋沿边坡表面层层堆叠的方式，在边坡表面形成一层适宜植物生长的环境，同时通过专利的连接配件将袋与袋之间，层与层之间，生态袋与边坡表面之间完全紧密地结合起来，达到牢固的护坡作用，同时随之植物在其上的生长，进一步将边坡固定，然后在堆叠好的袋面采用绿化手段播种或栽植植物，达到恢复植被的目的。

生态袋的特点：既可以用于固坡又便于植物生长，它允许水从袋体渗出，从而减少袋体的静水压力；它不允许袋中土壤泻出袋外，成为植被赖以生存的介质，生态袋具有目标性透水不透土的过滤功能，既能防止填充物（土壤和营养成分混合物）流失，又能实现水分在土壤中的正常交流，植物生长所需的水分得到了有效的保持和及时的补充，可使植物穿过袋体自由生长，根系进入工程基础土壤中。其次袋体柔软，整体性好，施工简便，为永久植被提供一种理想的种植块体，同时大大降低了维护费用。同时生态袋耐腐蚀性强，耐微生物分解，抗紫外线，易于植物生长，使用寿命长达 50 年以上。缺点是相对于植生袋投资较高，因此，生态袋在本工程中使用较少，仅在 2 号道路局部边坡采用。

植生袋和生态袋性质差不多，都是袋装植物土，既能保护边坡又能生长植物，但植生袋的植物播种和生态袋有所区别。植生袋是在工厂采用自动化的机械设备将种子准确均匀地分布并定植在营养膜上，植生袋分四层，最外层为尼龙纤维网，次外层为一定克数的无纺布，中层为植物种子，次内层为能在短期内自动分解的无纺棉纤维布（或者纸浆层）。可根据绿化场地的不同而生产各种不同物种不同规格的植生带，同时也可将不同物种均匀地混播，从而可建植出抗病虫害，抗逆性更好，草、灌、花共生的原生态群落。用植生袋建植防护的边坡，发芽快、出苗齐，形成草坪速度快。植生袋的优点是比生态袋便宜，缺点是寿命短。一半 3～5 年即袋体自动崩解，但 3～5 年后植物生长固坡后，植生袋就可以失去作用。

水库工程区有数条道路，大部分走在高山陡崖，存在高挖高填及高坡面挂渣，同时边坡高陡，如 2 号路 3 号、4 号、5 号、6 号（见图 6.28），4 号路 2 号、3 号、4 号及 5 号等 8 处冲沟挂渣边坡，边坡高度一般在 40～70m 之间，边坡坡比在 1：1.0～1：1.3 之间。这样高陡的边坡直接采用覆土和人工播种的方法很难保土，更不用说植物生长。因此需要先采取一些工程措施进行固坡，然后再进行植被恢复。经比较，对这些冲沟全部采用投资节省的植生袋恢复植被，既能固坡又能便于植被生长，恢复生态。植生袋的规格：有效尺寸 40cm×60cm×14～16cm，袋子分为三层：绿网＋无纺布＋夹种膜，植生袋内选用狗牙根草和紫穗槐灌木作为种植带。

图 6.28　2 号道路 3～6 号冲沟生态恢复前

（2）植生袋主要施工方法。

1）对坡面清理出合适的基底平面，坡面清理后，并对基础进行夯实，以减少墙体沉降。

2）装土封袋子，在施工现场装填袋子，为达到最佳的有效范围，填充物中不得有冻块、有机料及生活垃圾而且要填充到最满，用扎口带封口。

3）然后分层铺袋，袋与袋之间采用三角内锁扣连接。

4）夯实袋体：每层袋子铺设完成后在上面放置木板，并由人在上面行走踩踏以确保植生袋结构和三角内锁扣之间的良好连接，要求压实系数不小于 0.93。

2 号道路冲沟坡面植生袋施工及冲沟生态恢复见图 6.29、图 6.30。

6.5.3.2　网格及网眼植物管砌石护坡水土保持及复绿技术

（1）2 号渣场网格护坡。除上述的植生袋（生态袋）这种既能固坡、固土又能种植草本植物的护坡形式外，网格骨架护坡也是一种很常用的可以固坡、固土又能种植草本植物

图 6.29　2 号道路冲沟坡面植生袋施工

图 6.30　2 号道路 3～6 号冲沟生态恢复后

的护坡形式。网格护坡是采用在坡面用混凝土或浆砌石做网格骨架，网格内可以覆土，网格骨架用于固坡及固土，网格内植物土可以种植草本等植物固坡，一般这种网格护坡坡比范围在 1∶2.5～1∶1.5 之间。

2 号弃渣场位于大坝下游 1km 处左岸山坡地，主要堆存截流前左岸施工建筑物的开挖弃渣。高程为 230.00～265.00m，堆放弃渣 52.6 万 m^3，堆放边坡为 1∶2。2 号弃渣场占地面积为 33400m^2，容量为 66.0 万 m^3。区域土地以灌木林为主，有少量耕地。为防止渣场水土流失，需对 2 号渣场进行水土保持整治，整治措施分工程措施和植物措施两种。工程措施根据初设阶段方案比较，由于渣场修建在冲沟内，主要是采用拦渣、排水及网格护坡固坡的形式。即渣场形成后，对渣场进行削坡开级，边坡按 1∶2.5 控制（施工期调整为 1∶2.0），在渣场坡面布置菱形网格固坡，网格内渣面覆土，以便于坡面覆绿；冲沟坡脚修建拦渣挡土墙，在坡定四周修建排水沟，坡面修建急流槽，并沿坡脚拦渣墙中间修建排水渠导水。

植物措施：弃渣场属永久渣场，在施工结束后主要采取灌木、草种混合配置的办法进行防护和覆绿，灌木树种选择黄杨球、草种选取紫花苜蓿、麦冬等。

除2号渣场采用砌石网格做骨架（图6.31），然后加植物固坡外（图6.32），河口村水库在其他部位，如水电站尾水渠出口边坡（图6.33）、业主营地等边坡也采用这种形式。

图6.31　2号渣场网格石护坡

图6.32　2号渣场网格护坡绿化

图6.33　水电站河道边坡网格护坡绿化

(2) 网眼护坡。如果边坡陡于1∶1.0，如边坡坡比在1∶0.5～1∶1.0范围时，这种网格骨架一是固坡效果差，二是由于边坡较陡，网格很难固土，不适宜在坡面直接种植草本植物，水土流失较大。一般为保边坡水土流失，大多可采用实体砌石护坡或采用生态袋（植生袋）码放等型式。由于生态袋（植生袋）在较陡边坡上码砌稳定性较差，实体砌石护坡能实现水土保持的目的，但无法覆绿，达不到生态恢复的效果。

图6.34　网眼植物管砌石护坡

针对这一情况，现场业主及设计人员经过多次调研研究，开发了网眼植物管砌石护坡（图6.34）。即在实体浆砌石护坡上面预埋植物管，间排距1～2.0m，管径200～300mm，植物管穿过砌石面和原坡面连接，植物管内填植物土，一般种植攀援植物，通过植物的攀援覆盖砌石坡面，使其既达到了固坡保土又能覆绿（见图6.35），起到恢复生态的作用。

图6.35　网眼植物管砌石护坡覆绿

6.5.3.3 高次团粒生态复绿技术

（1）高次团粒技术原理。高次团粒技术属于生态防护的客土喷播技术，早期的客土喷播技术由于喷播的基材和施工工艺的不同种类也较多，主要是依靠锚杆（或土钉）、复合材料网（高镀锌铁丝网或土工网）、植生基质材和植被的共同作用以达到对边坡进行防护绿化。通过在边坡上挂高镀锌铁丝网，采用锚杆固定，然后喷射植物草籽及土壤各种混合物组成的植生基材喷射到坡面上，然后长出茂密的植物。从客土喷播技术出现以来，已经经历几个技术发展换新阶段，大致可分为如下几种：

第一种：也是最早发展的客土喷播，在土中不添加任何黏合剂，即客土喷植。材料基本上是用土或加一些附属材料，如泥炭土、保水剂、复合肥等，也有叫喷混植生的，就是把土或混合料喷在坡面上。未改变土的物理性质，不能防止冲刷。因此应用范围也受到很大限制，只能用于非岩石的缓边坡，如劣质土边坡、35°以下土夹石边坡等。优点是成本较低，缺点是不能用于岩石边坡绿化，即使勉强使用于岩石边坡，但有许多用客土喷植的岩石坡面，土已经被冲走了，坡面上留下的是一层铁丝网和绑扎在铁丝网上的一排一排的木棍树枝，还有用核桃粗的麻绳结成的网，网孔一尺见方，也挂在坡面上，几场雨过后，喷到坡面上的客土就所剩无几了，又回到了“石漠化”。

第二种：是在土或土的混合料中添加“高分子胶”黏合剂，现在市场上有许多不同的边坡绿化技术名称，其实大都属于这一种。如TBS技术、厚层基材技术等，都是使用高分子材料作黏合剂，它适用的坡面坡度一般不超过45°，用于较缓的、破碎的软岩边坡。但黏合剂有效期较短，另外，太阳光紫外线可以分解高分子化合物，一般两个月左右失效。如果坡面选择不当，用于高陡边坡，遇大雨也会大面积坍塌，小雨也会照样流失。

第三种：是以“水泥”作黏合剂，此技术的基本方法是在混合土中再添加一定量的水泥和“混凝土绿化添加剂”，制备成有一定强度的“植被混凝土”，喷射在岩石坡面上，叫做植被混凝土护坡绿化技术，如GKS植被混凝土。此基质凝固之后有一定的力学强度，不龟裂，不冲刷，不流失，适用于各种岩石边坡护坡绿化。这种喷播施工时需严格操作，严格控制水泥和混凝土绿化添加剂的用量，喷射完毕后，覆盖一层无纺布防晒保墒，水泥使植被混凝土形成具有一定强度的防护层。经过一段时间洒水养护，青草就会覆盖坡面，揭去无纺布，茂密的青草自然生长。但这种方法施工需要精细，需要后期的大量养护，否则也会因失去水分而不能生长生存，其次水泥掺量不当易影响植物生长。

第四种：目前最新发展的高次团粒喷播技术，特点是用特殊的设备、材料、施工工艺，使用富含有机质和黏粒的客土材料，在喷播瞬间与团粒剂混合并在空气的作用下诱发团粒反应，形成与自然界表土具有相同高次团粒结构的人造绿化基盘，由于喷播瞬间会发生疏水反应，所以黏结力极强的绿化基盘牢固地吸附于坡面上，能抵抗雨蚀和风蚀，防止水土流失。高次团粒剂经过团粒反应和疏水反应使土壤产生高次团粒结构，此结构具有极强的保水和防冲刷性能，从而达到边坡防护和绿化的目的，尤其适用于干旱地区的岩石边坡和过水边坡的绿化。能适用于各种岩石、贫瘠地、酸碱性土壤、河岸堤坝等脆弱生态区域。高次团粒喷播技术主要有如下特点：①对边坡有浅层防护作用，能阻止雨水集中进入坡体，所以能防止因雨水进入造成的坡体坍塌灾害。②对风化坡面的岩石加速风化有防止作用，开挖产生的风化岩石坡面，一旦暴露在外，就会加速风化，可以有效地防止因加速风化造成的坡面伤害。③不流失，不垮塌，这种方法的最大特点就是从土壤结构入手，制造出最佳结构的“人造土壤”，既能保水、保肥、透气、透水，适于植物生长，又能有效抵抗雨蚀和风蚀，抑制水土流失。④不用后期养护，高次团粒植物经过一个完整的生长周期后，除遇到特殊持续性干旱天气外，一般不需浇水养护。⑤高次团粒复绿是以树为主而复绿，其中以灌木为主、乔木为辅的木本植物覆盖率大于等于70%。高次团粒在许多高速公路、水电工程的高边坡植被绿化中都展现出了良好的效果，其中河南新乡宝泉抽水蓄能电站上的水库边坡的植被绿化就是比较明显的例子。

根据本工程泄洪洞出口上方及周边均为岩石边坡，施工期开挖后，为防止边坡风化脱落，水土流失，先采用喷混凝土进行保护（见图6.36），和周边的绿化山体及生态大自然环境不相协调，由于喷混凝土的表面无法绿化，经研究引进了高次团粒喷播技术对该边坡实施植被绿化。

图6.36　泄洪洞出口原喷混凝土面

（2）材料组成及要求。其组成材料一般有锚杆、镀锌铁丝网、土壤培养基（种植土、有机肥料、种子等）。

1）锚杆：主要固定镀锌铁丝网，分主锚杆和次锚杆。主锚杆一般布置在坡面上部，ϕ12（Ⅱ级钢），间排距1.0m，入坡面深度30～50cm。次锚杆一般布置在坡面中下部，ϕ10（Ⅰ级钢），间排距2.0m。

2）镀锌铁丝网：为固定植物土，直径2.0热镀锌铁丝，网孔尺寸5.5cm×5.5cm。

3）土壤培养基材料及厚度：土壤培养基为植物生长的土壤基盘，厚度即高次团粒的喷播厚度，厚度10～12cm，物料主要组成有水、植物土、草炭土或稻壳/锯末、牛粪或鸡粪、草纤维或木纤维、高次团粒剂、草种等。

4）草种选择与配比。草种选择与配比见表6.2。

（3）高次团粒主要施工技术。

1）坡面清除及处理：首先对坡面的喷射混凝土进行人工凿成鱼鳞坑，坑平面尺寸为0.3m×0.3m，间排距为1.5m×1.5m。以便于乔木或灌木植物根系穿过喷混凝土面进入

表 6.2 草种选择与配比表

品 种	种 子	用量/(g/m²)	生长季节			
			春	夏	秋	冬
草类	高羊茅	5		●	●	
	黑麦草（多年生）	9	●	●	●	●
	三叶草（白、红）	5		●	●	●
花类	二月兰	1	●			
	野菊花	1			●	
	波斯菊	1			●	
	紫花苜蓿	4	●	●	●	
灌木	刺槐	7	●	●	●	
	紫穗槐	4	●	●	●	
	白榆	2	●	●	●	
	臭椿	1	●	●	●	
	多花木兰	1	●	●	●	
合计		41				

原自然坡面，便于植物生长。然后清理坡面杂物、混凝土块、浮石及松动的岩石，对边坡进行修整，使坡面平顺，以便于铺设铁丝网。已喷混凝土拆除时原有露头的锚杆应尽量保护，原有铁丝网根据拆除情况，能保留的尽量保留。

2）铁丝网铺设及锚杆固定：铁丝网应顺坡面从上到下进行铺设，铺设时应先布置坡顶主锚杆，铁丝网挂入坡顶锚杆后拉紧至坡底再实施次锚杆固定，然后铺设下一幅。两幅网之间不得存在空隙，两网边搭接宽度不少于一个网眼，并用铁丝扎紧。主锚杆端头应做锐化处理，次锚杆端头应做成 5cm 弯钩，以便于采用扎丝将锚杆与镀锌铁丝网牢固连接。铺设铁丝网和锚杆时，应尽量利用原喷混凝土拆除时保留的锚杆和铁丝网。铺设铁丝网所需锚杆的长度、规格及布置的间排距在满足锚固的要求下，根据现场实际地形、地质条件调整确定。

3）草纤维铺设。为增加土壤培养基的营养料，铁丝网铺设后，在喷射土壤培养基之前，先铺设一层麦秸或稻草等草纤维，可加强土壤培养基与基岩面之间的营养成分，同时也起到土壤在喷射过程中与基岩面之间的缓冲作用，利于保护土壤培养基的生长。

4）培养基配置拌和与喷射。培养基按上述表格配比进行配制，并拌和均匀，为达到草灌结合将在基材中加入高次团粒剂 A 料拌和均匀，通过喷播机输送到团粒喷枪处后与团粒反应罐输送过来的团粒剂 B 料瞬间混合，产生团粒疏水反应，将物料喷洒在坡面上，形成物料培养基黏附在坡面上。

A. 喷射尽可能从正面进行（见图 6.37），喷播时喷枪口距坡面 100cm 左右，避免仰喷，喷播次序从上到下，凹凸部分及死角部分要充分注意，不遗漏，喷射厚度尽可能均匀，喷射一般分三层：首先喷射厚 4cm 左右不含种子的营养基材；再喷厚 4cm 左右的中层基盘；后喷厚 2cm 含种子的培养基。植生条件差一些的地方可加喷 1～2 层营养基层。

每平方米播种量 41g 左右，喷播完毕表面光滑平整。

图 6.37　泄洪洞出口高次团粒喷播施工

B. 喷播宜在种植季节施工，雨天不宜喷播施工。

C. 喷播施工中必须控制好用水量，保证基质有足够的含水量而不流淌。

D. 喷播中应注意找平，喷播完后，铁丝网被基材覆盖的面积应在 80%～90%之间。

(4) 植物养护浇灌布置。由于坡面较陡，为防止养护时水流冲刷坡面高次团粒，植物养护浇水宜采用滴灌布置方案。引水源头取自坡顶 2 号路右侧排水沟已建 ϕ110mm PPR 供水管处，从该处设三通采用 ϕ75mm PPR 管穿路引至坡顶，用 ϕ63mm PPR 管横架一条主水管道，每间隔 5～6m 铺设竖向 ϕ25mm PPR 分支水管道；分水管每间隔 5m 设置一个滴灌口；分水管用 300mm 支架架空安装于坡面有利于滴水灌溉。具体植物养护浇灌布置方案可根据坡面高次团粒分布情况及植物浇灌要求，结合现场地形条件实施。

(5) 养护管理。

1) 高次团粒喷播完毕后应及时铺盖无纺布进行保墒。

2) 养护期应根据出苗期、幼苗期、速生期及苗木硬化期等不同时期，采取不同的养护措施，应根据不同养护期及苗木生长要求及时进行滴水喷灌及施肥，确保草木正常生长，养护期为一年。

(6) 质量控制要求。

1) 高次团粒喷播后铁丝网被基材覆盖的面积大于 85%。

2) 高次团粒喷播后外观无明显龟裂现象。

3) 浇水或下雨后，坡面无浑水产生。

4) 喷播最小厚度满足设计要求（偏差不应大于－10mm），表面喷播均匀。

5) 锚杆固定牢靠，镀锌铁丝网连接牢固。

6）坡面绿化覆盖率不小于90%（见图6.38）。

图6.38　泄洪洞出口高次团粒绿化

参考文献

[1] 傅志安，凤家骥．混凝土面板堆石坝［M］．武汉：华中理工大学出版社，1993.

[2] 蒋国澄，傅志安，凤家骥．混凝土面板坝工程［M］．武汉：湖北科学技术出版社，1997.

[3] 赵魁芝，李国英，沈珠江．天生桥混凝土面板堆石坝原型观测资料反馈分析［J］．水利水运科学研究，2000（04）：15-19.

[4] 鞠石泉．面板堆石坝坝体变形监控模型研究［D］．南京：河海大学，2005.

[5] 孟玥．河口村水库大坝完工检测模式研究与探索［D］．郑州：郑州大学，2015.

[6] 李松平，赵玉良，赵雪萍，等．河口村水库泄洪洞水工模型试验研究［J］．人民黄河，2015，(01)：119-120；129.

[7] 芈书贞，张婷．GPS监控系统在河口村水库大坝施工质量控制中的应用［J］．中国水运（下半月），2015，(01)：159-160.

[8] 陈丽晔，姚宏超，杨丽娟．河口村水库偏心铰弧门设计与研究［J］．人民黄河，2014，(11)：93-95.

[9] 竹怀水，窦燕，王永新．河口村水库导流洞施工设计［J］．人民黄河，2014，(11)：96-98.

[10] 顾霜妹，吴国英，任艳粉．河口村水库1号泄洪洞水工模型试验研究［J］．中国水运（下半月），2014，(11)：151-152.

[11] 陈书丽，罗耀武，房后国．河口村水库泄洪洞1号进水塔静动力有限元分析［A］//中国水利学会．中国水利学会2014学术年会论文集（下册）［C］．中国水利学会，2014：5.

[12] 冯龙龙，苏晓丽，李星．河口村水库面板堆石坝地震响应分析［J］．人民黄河，2014，(10)：114-116.

[13] 竹怀水，徐庆，王永新．河口村水库进水塔底板混凝土温控仿真分析［J］．人民黄河，2014，(10)：120-122；135.

[14] 杜全胜，陈娜．河口村水库1号联合进口塔架整体稳定性分析［J］．河南水利与南水北调，2014，(18)：40-42.

[15] 周伟，陈丽晔，王春．河口村水库2号泄洪洞弧形工作闸门设计研究［J］．红水河，2014，(04)：11-14.

[16] 杨金顺，吕仲祥．GPS实时监控系统在河口村水库坝体填筑中的应用［J］．河南水利与南水北调，2014，(10)：24-26.

[17] 甘继胜，翟春明，王茹．河口村水库1号泄洪洞抗冲磨材料对比研究［J］．人民黄河，2014，(01)：127-129；133.

[18] 赵雪萍，赵玉良，李松平，等．河口村水库导流洞水工模型试验及分析［J］．水电能源科学，2013，(12)：133-135.

[19] 张彩双，韩健，陈艳丽．河口村水库左岸坝肩三维渗流分析［J］．河南水利与南水北调，2013，

(22)：43-44.
[20] 郭林山. 浅析河口村水库石料厂爆破安全控制［J］. 河南水利与南水北调，2013，(14)：33-34.
[21] 杜全胜，张晓瑞. 沁河河口村水库引水发电洞设计［J］. 科技信息，2013，(13)：436-437+466.
[22] 王文姣. 深覆盖层地基面板堆石坝的抗震特性研究［D］. 郑州大学，2013.
[23] 张鹏. 基于 ANSYS 的泄洪洞进水口塔架混凝土温控仿真分析［D］. 华北水利水电大学，2013.
[24] 芈书贞，王海周，潘路路. 挤压边墙施工技术在河口村水库中的应用［J］. 河南水利与南水北调，2013，(08)：32-33.
[25] 芈书贞，王海周，潘路路. 瑞雷波测试在河口水库地基中的探测应用效果分析——以河南省济源市克井镇河口村水库为例［J］. 安徽农业科学，2013，(07)：3233-3235.
[26] 刘庆军，周延国，王勇鑫. 河口村水库枢纽工程隧洞进口边坡稳定性评价［J］. 资源环境与工程，2012，(05)：428-431.
[27] 李博，王影. 河口村水库大坝基础处理旁压试验［J］. 河南水利与南水北调，2012，(20)：96-97.
[28] 任明辉. 安全系统工程在河口村水库大坝工程施工安全管理中的运用［J］. 河南水利与南水北调，2012，(18)：87-88.
[29] 建剑波，任博，杨志豪，等. 河口村水库上游围堰塑性混凝土防渗墙施工综述［J］. 河南水利与南水北调，2012，(12)：112；115.
[30] 褚青来，丛晓明. 河口村水库工程龟头山古滑坡体稳定性研究［J］. 河南水利与南水北调，2012，(10)：81-82.
[31] 杨志超，剑建波. 浅谈河口村水库导流洞工程混凝土缺陷修补措施［J］. 河南水利与南水北调，2012，(04)：26-28.
[32] 李红亮，翟建，熊建清，等. 河口村水库面板堆石坝施工动态三维可视化仿真研究［J］. 水电能源科学，2011，(11)：164-166；215.
[33] 孙永波，张晓瑞，何蕴华，等. 河口村水库泄洪洞进口左侧边坡的安全稳定分析［J］. 河南科技，2011，(21)：82-83.
[34] 郭其峰，刘庆军，王勇鑫. 河口村水库坝基河床深厚覆盖层工程地质特性研究［J］. 资源环境与工程，2011，(05)：400-403.
[35] 谢俊国，建剑波. 河口村水库混凝土面板堆石坝开挖技术研究［J］. 河南水利与南水北调，2011，(18)：132-133.
[36] 刘庆军，万伟锋，王耀军，等. 河口村水库岩溶发育特征及其对水库渗漏和防渗设计的影响［J］. 资源环境与工程，2010，(05)：485-489.
[37] 毛永生. 河口村水库导流洞衬砌施工技术探讨［J］. 河南水利与南水北调，2010，(06)：76-78.
[38] 章博，杨艳. 沁河河口村水库导流洞预应力锚杆喷锚支护［J］. 河南水利与南水北调，2010，(06)：79-80.
[39] 杨金顺. 砂卵石地质条件下钻孔灌注桩的施工及质量控制［J］. 河南水利与南水北调，2009，(08)：94-95.
[40] 王鹏. 沁河河口村水库导流洞石方洞挖爆破设计［J］. 河南水利与南水北调，2009，(08)：129-130.
[41] 史颂光，成利军. 全力加快小浪底北岸灌区和河口村水库工程进度［N］. 河南日报，2009-06-16 (002).
[42] 杨其格. 河口村水库前期工程初步设计方案评审会在郑召开［J］. 河南水利与南水北调，2007，(11)：30.
[43] 吴建军，张晓瑞，袁志刚，等. 河口村水库工程溢洪道设计［J］. 河南水利与南水北调，2007，

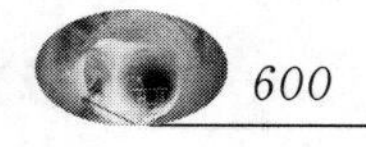

(03)：43-44.
[44] 吴建军，袁志刚，姜苏阳，等. 河口村水库工程坝型比较研究 [J]. 河南水利与南水北调，2007，(02)：21-22.
[45] 严汝文，郑会春，段彦超. 河口村水库在黄河下游防洪中的地位与作用 [J]. 水利规划与设计，2006，(06)：1-3.
[46] 张迎华，田华. 近期建设沁河河口村水库的必要性 [J]. 河南水利，2001，(02)：40；29.
[47] 李望潮. 砂卵石层中夹泥层工程地质特性初步研究 [J]. 水文地质工程地质，1985，(01)：47-49.
[48] 谢定松，蔡红，魏迎奇，等. 粗粒土渗透试验缩尺原则与方法探讨 [J]. 岩土工程学报，2015，(2)：369-373.
[49] 翁厚洋，朱俊高，余挺，等. 粗粒料缩尺效应研究现状与趋势 [J]. 河海大学学报（自然科学版），2009，37（4)：425-429.
[50] 杨韡韡. 矿山废弃地生态修复技术与效应研究——以河南省鲁山县某铁矿区为例 [D]. 华北水利水电学院，2012.